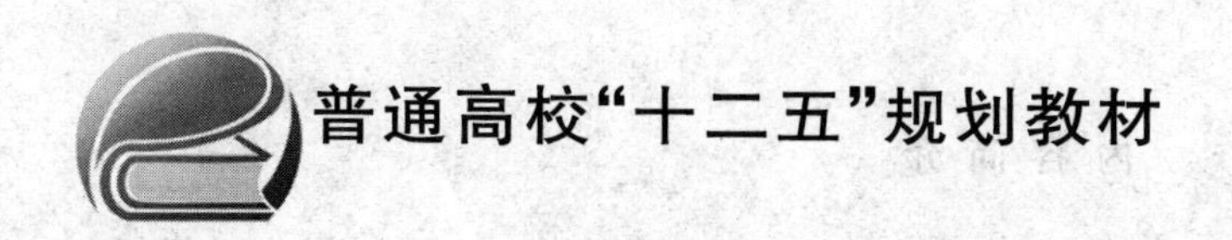

光电技术

江月松　唐　华　何云涛　编著

北京航空航天大学出版社

内容简介

“光电技术”教材分课堂讲授部分《光电技术》和实验操作指导部分《光电技术实验》。本书是课堂讲授部分，按照理论基础—元器件—光电系统的递进次序阐述现代光电技术的主要论题，内容包括：辐射理论；半导体光电子学基础；光辐射源；光探测器；光伏器件；晶体光学基础与光调制；光电成像器件；光学信息存储、光电信息显示和光电探测方式与探测系统。

本书适合于光电信息技术、电子信息工程、应用物理、自动控制、计量测试技术与仪器、光电检测、光学遥感、测绘工程等专业高年级本科生和研究生使用，也可作为光电信息技术领域的科研人员和工程技术人员的参考书。

图书在版编目(CIP)数据

光电技术 / 江月松，唐华，何云涛编著. -- 北京 ：北京航空航天大学出版社，2012.11

ISBN 978-7-5124-0993-4

Ⅰ. ①光… Ⅱ. ①江… ②唐… ③何… Ⅲ. ①光电子技术—高等学校—教材 Ⅳ. ①TN2

中国版本图书馆 CIP 数据核字(2012)第 249958 号

光电技术

江月松　唐　华　何云涛　编著

责任编辑　刘晓明

*

北京航空航天大学出版社出版发行

北京市海淀区学院路 37 号(邮编 100191)　http://www.buaapress.com.cn

发行部电话：(010)82317024　传真：(010)82328026

读者信箱：bhpress@263.net　　邮购电话：(010)82316936

北京兴华昌盛印刷有限公司印装　各地书店经销

*

开本：787×960　1/16　印张：35.25　字数：790 千字

2012 年 11 月第 1 版　2012 年 11 月第 1 次印刷　印数：2 500 册

ISBN 978-7-5124-0993-4　　定价：65.00 元

前言

“光电技术”教材分课堂讲授部分《光电技术》与实验操作部分《光电技术实验》。这套教材是作者在从事教学工作20多年的基础上，总结了其先后编著的全国电子信息类专业“九五”规划教材《光电技术与实验》（北京理工大学出版社，2000年）和北京市精品教材《光电信息技术基础》（北京航空航天大学出版社，2005年）的经验和教学实验研究经验，并结合当前本科—研究生一体化教学要求、国际光电技术的发展趋势和创新型人才培养需求编著而成的。

《光电技术与实验》自2000年出版后，被许多高校作为光电技术、应用物理、自动控制以及测试仪器等专业的教材，在出版后10余年的时间里，重印多次，取得了良好的教学效果。

随着光电技术的迅速发展，光电新器件、新技术不断涌现，光电技术的应用已经渗透到经济建设、国防与军事、社会与环境以及人们日常生活的方方面面。新技术的出现和社会发展的需求，也促使教材改革不断深入地进行；教学模式在变化，新的教育理念相继出现。面对这一现实，《光电技术与实验》已经难以适应当前“光电技术”的教学需求。为此，我们在总结教学实践经验、广泛听取和研究有关教师和学生意见的基础上，结合光电技术的发展趋势，对教材体系进行了革新，对教学内容进行了取舍和替补。

“光电技术”教学的成败不在于学生认识了多少原理和记住了多少定律、公式等，而在于是否能正确引导学生对所学知识及其内在结构关系的深刻理解及灵活应用。基于这样的考虑，本书在保持《光电技术与实验》基本特色的基础上，按照“行为主义→认知主义→建构主义”的现代教育理念制定教材体系，按照理论基础—元器件基础—单元技术—系统技术组织教材内容。教材由课堂理论讲授的《光电技术》和实验操作指导的《光电技术实验》两本书构成，实验操作指导内容紧密配合课堂的理论讲授内容，以达到学用结合、立竿见影的教学效果。

本书是课堂讲授部分——《光电技术》，内容分10章。第1章的辐射理论和第2章的半导体光电子学基础是全书的理论基础，学生在学习了这两章的内容

后，经习题求解和对应的实验训练，可以达到深刻理解客观事物及其特征的教学目的。第3章至第9章分别介绍了光辐射源、光探测器、光伏器件、晶体光学基础与光调制、光电成像器件、光学信息存储和光电信息显示的内容。通过这部分内容的学习，经习题求解和对应的实验训练，学生可以在深刻理解客观事物及其特征的基础上，深刻地理解客观事物之间的关系构成，使客观事物内化为其内部的认知结构。在此基础上，再通过第10章的光电探测方式与探测系统内容的学习，使学生能够认识到知识不能简单套用，需灵活运用所学知识来建构客观实体。通过整个课程的学习，虽然每个学生积累知识的程度和对客观事物之间的关系结构的认识大致相同，但每个人对客观事物的理解和赋予的意义却是不同的。

《光电技术实验》中的设计性实验和综合性实验是以每个人自己对事物的理解和经验（包括其他课程的知识理解、文体活动和社会交往等经验）为基础来建构现实的，将内在的智力动作外化为实际动作，使主观见之于客观，从而实现建构主义的教学目标，培养学生对知识的创新运用能力。学生经历了应用知识来解决问题的实践过程，就能体会到创新性想法的实质，从而培养创新意识和素质。

本书的体系和编写内容的确定由江月松完成。第1章至第8章由江月松执笔，第9章由唐华执笔，第10章由何云涛执笔。需要说明如下几点：

1. 本教材内容组织上遵循物理概念阐述、数学推演和实验验证相结合的原则，使得本教材适合于本科—研究生一体化教学。

2. 教材内容较多，各校和任课教师可根据专业需求的具体情况和学时安排灵活选用，可以按照不同章节进行选取与组合，构成深度和学时有区别的课程。

3. 鉴于光纤技术内容已经成为一门独立体系的课程，其内容和计算机接口数据采集内容在其他课程中也多有介绍，所以这两部分内容没有专门编写在本教材中。

4. 新能源、清洁能源已成为目前世界瞩目的重大问题，所以，本书中将光伏器件列为专门的一章加以介绍。

5. 光电技术应用领域不断扩展，光电新技术不断涌现，光电技术产业所占市场份额逐年增加，结合这一趋势，本书在加强经典内容的同时，编入了目前正在研发的一些新技术，如加强了发光二极管等内容，编入了近场光学存储、五维光学存储、三维全息显示等内容。

6. 本书的出版得到了北京航空航天大学精品课程建设的支持，作者在此表示衷心的感谢！

随着光电器件的多样化、微型化以及各种功能和技术指标的不断发展，光电新技术不断涌现，光电技术的新应用将会花样翻新、层出不穷，对国民经济、社会和军事的影响将日益深刻和巨大。这使我们更加深刻地认识到培养具有创新精神的人才是我们义不容辞的重要职责，期望本教材能在这方面发挥很好的作用。

限于作者水平，书中难免有错误与不妥之处，恳请读者批评指正。

作　者

2012 年 4 月

于北京航空航天大学电子信息工程学院

目　录

第 1 章　辐射理论

光辐射理论就是电磁波辐射理论。辐射理论回答了辐射能量是如何产生的问题。人类生活在电磁辐射的环境中，被天然的或人工的电磁辐射所包围。人类在开发和利用电磁辐射能为自身服务时，必须对这种辐射能进行测量和控制，在整个电磁频谱范围内，不同的频谱段，应采用不同的辐射能测量和控制方法。测量电磁辐射能或测量与这一能量特征有关的其他物理量的科学技术称为辐射度学或称辐射测量学(radiometry)。辐射度学适用于整个电磁波谱，可用于 X 射线、紫外线、可见光、红外线以及其他各种非可见的电磁辐射。

人们把真空中波长在 0.38～0.78 μm 范围内的电磁辐射叫可见光，通常用于测量可见光的有关参量称为光度学(photometry)量，它是以人的视觉习惯为基础而建立的。可见，辐射度学量是描述光辐射能的客观物理量，而光度学量是描述光辐射能为人眼接受所引起的视觉刺激大小及强度的物理量。

本章介绍了辐射度学与光度学的基本概念、热辐射理论和受激辐射理论，在此基础上，介绍一些基本的辐射源。

1.1　辐射度学与光度学基本物理量

辐射度学量是表示辐射能量的物理量，其基本量是辐射功率或辐射能通量，单位是瓦(W)；光度学的基本量是光通量，单位是流明(lm)。光度学量表示人眼对辐射能的视觉强度。光度学是辐射度学的一部分或特例，指辐射度学中可见光谱测量研究的那一部分。辐射度学与光度学在研究方法和概念上非常相似，基本物理量也是一一对应的。

1.1.1　辐射度学的基本物理量

电磁波的频谱很宽，波长从小于 10^{-12} m 到 10^{4} m 以上。电磁辐射因波长的不同而具有三个方面的互补特性，即其传播的直线性、波动性和粒子性。在波长较长的波段，例如长波红外以至微波，辐射能的波动性逐渐加强；相反，在短波波段，例如从紫外到 X 射线和波长更短的波段，辐射能传播的直线性逐渐明显。对于可见光波段，光在传播时表现出波动性，如光的干涉、衍射、偏振、反射、折射等；光与物质作用时表现出粒子性，如光的发射、吸收、色散、散射等。

1. 辐射能 Q_e

辐射能定义为一种以电磁波的形式发射、传播或接收的能量，单位是焦耳(J)。当辐射能被物质吸收时，可以转换成其他形式的能量，如热能、电能、机械能等。当物质吸收了强度调制的辐射能后，可以通过检测热波、电信号、声波等形式的能量来研究物质的特性。

2. 辐射通量 Φ_e

辐射通量又称辐射功率 P_e，是辐射能的时间变化率，单位为瓦(W)，即单位时间内通过某一定面积的发射、传播或接收的辐射能，$\Phi_e = dQ_e/dt$，单位为焦耳/秒(J/s)。

3. 辐射强度 I_e

辐射强度定义为点辐射源在给定方向上单位立体角内的辐射通量，单位为瓦/球面度(W/sr)，$I_e = d\Phi_e/d\Omega$。现实生活中，一个没有大小的几何点的点辐射源是不存在的。所谓点辐射源就是物理尺寸可以忽略不计，理想上将其抽象成为一个点辐射源，否则就是扩展辐射源。在实际应用中，能否把辐射源看成是点源的决定因素不是辐射源的真实物理尺寸，而是它相对于观测者(或探测器)所张的立体角大小。同一辐射源，在不同的场合，既可以被看作是点辐射源，也可以被看作是扩展辐射源。在光电技术中，常把一个没有充满光电探测系统视场的小扩展源看成点源。一般地，如果测量装置是一个不带光学系统的探测器，则在 10 倍于辐射源最大尺寸的距离以外，都可以认为辐射源是一个点源。如果测量装置使用了光学系统，则基本的判别标准是探测器尺寸和辐射源的像尺寸之间的关系：若像比探测器小，则可将辐射源看成是点源；若像比探测器大，则将辐射源看成是扩展源。

在所有方向上辐射强度都相同的点辐射源在有限立体角内发射的辐射通量为

$$\Phi_e = I_e \Omega \tag{1.1-1}$$

在空间所有方向($\Omega = 4\pi$)上发射的辐射通量为

$$\Phi_e = 4\pi I_e \tag{1.1-2}$$

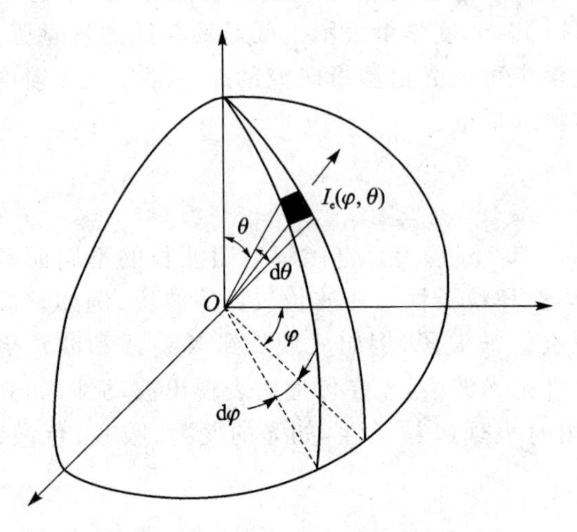

图 1-1　某一方向上的发光强度

实际上，一般辐射源多为各向异性的辐射源，其辐射强度随方向而变化，即 $I_e = I_e(\varphi,\theta)$，如图 1-1 所示。这样，点辐射源在整个空间发射的辐射通量为

$$\Phi_e = \int I_e(\varphi,\theta) d\Omega = \int_0^{2\pi} d\varphi \int_0^{\pi} I_e(\varphi,\theta) \sin\theta d\theta \tag{1.1-3}$$

4. 辐射照度 E_e

辐照度是描述物体被辐射能照射情况的物理量。辐射照度 E_e 表示为投射在单位面积上的辐射通量，即 $E_e = d\Phi_e/dA$，单位为瓦/平方米(W/m^2)；dA 为被照射表面的面积元。

5. 辐射出射度 M_e

辐射出射度为扩展辐射源单位面积所辐射的通量，也称为辐射发射度或辐出度（代表辐射本领），即$M_e = d\Phi/dS$。这里 $d\Phi$ 是扩展源表面 dS 在各方向上（通常为半空间 2π 立体角）所发出的总的辐射通量，单位为瓦/平方米（W/m^2）。

E_e 和 M_e 的单位相同，其区别仅在于前者是描述辐射接收面所接收的辐射特性，而后者则是描述扩展辐射源向外发出的辐射特性。

6. 辐射亮度 L_e

辐射亮度定义为扩展源表面一点处的面元在给定方向上单位立体角、单位投影面积内发出的辐射通量，即辐射表面定向发射的辐射强度，它取决于单位面积的辐射表面所发射的通量的空间分布。在与辐射表面 dS 的法线成 θ 角的方向上，辐射亮度等于该方向上的辐射强度 dI_e 与辐射表面在该方向垂直面上的投影面积之比，如图 1-2 所示，即

$$L_e = \frac{dI_e}{dS\cos\theta} = \frac{d^2\Phi_e}{d\Omega dS\cos\theta} \tag{1.1-4}$$

单位为瓦/（球面度・平方米）[$W/(sr\cdot m^2)$]。对于非自发光表面也可以类似地进行定义。L_e 的数值与扩展辐射源表面的性质有关，并且随方向而变。因此，辐射源辐射亮度的一般表达式为

$$L_e = \frac{d^2\Phi_e(\varphi,\theta)}{d\Omega dS\cos\theta} \tag{1.1-5}$$

在遥感传感器的辐射度学计算中，辐射亮度是一个极其重要的参数。

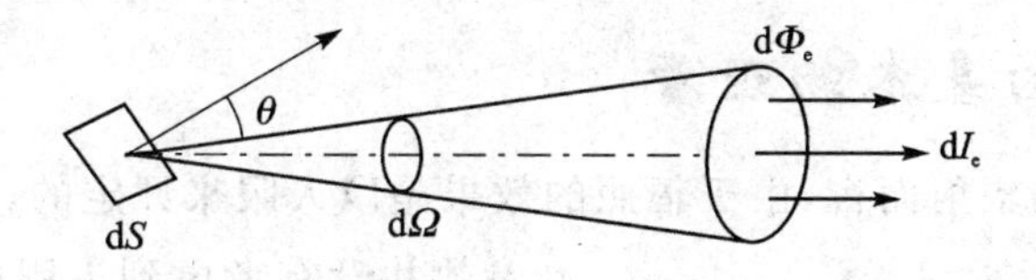

图 1-2　辐射源的辐射亮度

7. 光谱辐射通量

光谱辐射通量又称为辐射通量的光谱密度。为了表征辐射，不仅要知道辐射的总通量和强度，还应知道其光谱组分。辐射源所辐射的能量往往由许多不同波长的单色辐射所组成，为了研究各种不同波长的辐射通量，需要对某一波长的单色光的辐射能量作出相应的定义。光谱辐射通量是单位波长间隔内的辐射度量。

光谱辐射通量 $\Phi_e(\lambda)$：辐射源发出的光在波长 λ 处的单位波长间隔内的辐射通量。辐射通量与波长的关系如图 1-3 所示。其关系式为

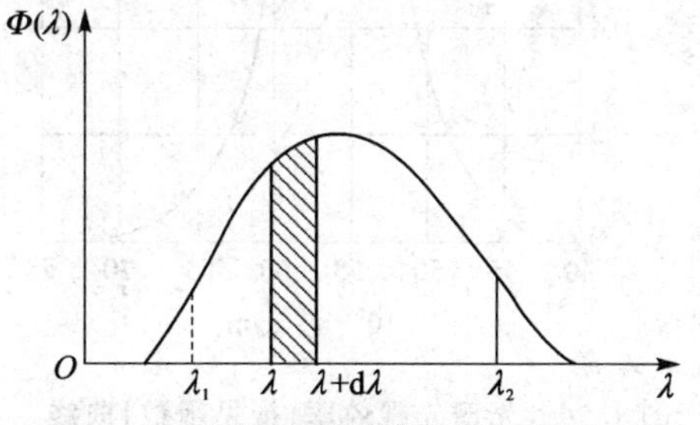

图 1-3　光谱辐射通量与波长的关系

$$\Phi_e(\lambda) = \mathrm{d}\Phi_e/\mathrm{d}\lambda \tag{1.1-6}$$

单位为瓦/微米(W/μm)或瓦/纳米(W/nm)。若按光谱积分该函数，则可求得总的辐射通量值：

$$\Phi_e = \int_0^{\infty} \Phi_e(\lambda)\mathrm{d}\lambda \tag{1.1-7}$$

前面介绍的几个重要的辐射量，都与光谱辐射通量有相对应的关系，如光谱辐照度 $E_e(\lambda) = \mathrm{d}E_e/\mathrm{d}\lambda$、光谱辐射出射度 $M_e(\lambda) = \mathrm{d}M_e/\mathrm{d}\lambda$ 等，其总辐射度量的积分形式也类似，可将其列于表 1-1 中。

表 1-1　光谱辐射度量

量的名称	符　号	定义式	单　位	单位符号
光谱辐射通量	$\Phi_e(\lambda)$	$\mathrm{d}\Phi_e(\lambda)/\mathrm{d}\lambda$	瓦/微米或瓦/纳米	W/μm 或 W/nm
光谱辐射强度	$I_e(\lambda)$	$\mathrm{d}I_e(\lambda)/\mathrm{d}\lambda$	瓦/(球面度·微米)	W/(sr·μm)
光谱辐射照度	$E_e(\lambda)$	$\mathrm{d}E_e(\lambda)/\mathrm{d}\lambda$	瓦/(米²·微米)	$\mathrm{W/(m^2 \cdot \mu m)}$
光谱辐射出射度	$M_e(\lambda)$	$\mathrm{d}M_e(\lambda)/\mathrm{d}\lambda$	瓦/(米²·微米)	$\mathrm{W/(m^2 \cdot \mu m)}$
光谱辐射亮度	$L_e(\lambda)$	$\mathrm{d}L_e(\lambda)/\mathrm{d}\lambda$	瓦/(米²·球面度·微米)	$\mathrm{W/(m^2 \cdot sr \cdot \mu m)}$

对于波长不连续的辐射源，具有线光谱或带状光谱特征，其总辐射通量为

$$\Phi_e = \sum \Phi_e(\lambda)\Delta\lambda \tag{1.1-8}$$

1.1.2　光度学的基本物理量

对于可见光范围的辐射而言，由于辐照的效果是以人眼来评定的，前面所介绍的辐射能特性参数并没有考虑到人眼的作用，因此，只用辐射能参数来描述可见光辐射源的特性是不够的，必须用基于人眼视觉的光学参数——光度学量来描述。

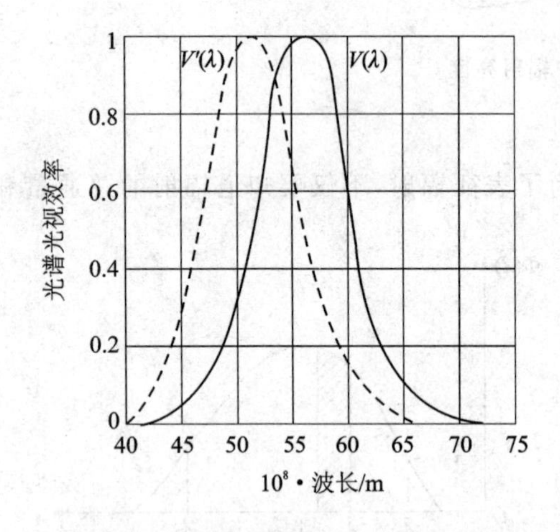

图 1-4　光谱光视效率(视见函数)曲线

1. 光谱光视效率

人的视神经对各种不同波长光的感光灵敏度是不一样的。对绿光最灵敏，对红、蓝光灵敏度较低。另外，由于受视觉生理和心理作用，不同的人对各种波长光的感光灵敏度也有差异。国际照明委员会(CIE)根据对许多人的大量观察结果，确定了人眼对各种波长光的平均相对灵敏度，称之为"标准光度观察者"光谱光视效率，或称之为视见函数。如图 1-4 所示，图中实线是亮度大于

3 cd/m² 时的明视觉光谱光视效率，用 $V(\lambda)$表示，此时的视觉主要是由人眼视网膜上分布的锥体细胞的刺激所引起的；$V(\lambda)$的最大值在 555 nm 处。图中虚线是亮度小于 0.001 cd/m² 时的暗视觉光谱光视效率，用 $V'(\lambda)$表示，此时的视觉主要是由人眼视网膜上分布的杆状细胞刺激所引起的，$V'(\lambda)$的最大值在 507 nm 处。表 1-2 给出了人眼的光谱光视效率的数值。

表 1-2　明视觉和暗视觉的光谱光视效率(最大值为 1)

波长/nm	明视觉 $V(\lambda)$	暗视觉 $V'(\lambda)$	波长/nm	明视觉 $V(\lambda)$	暗视觉 $V'(\lambda)$
380	0.000 04	0.000 589	590	0.757	0.065 5
390	0.000 12	0.002 209	600	0.631	0.033 15
400	0.000 4	0.009 29	610	0.503	0.015 93
410	0.001 2	0.034 84	620	0.381	0.007 37
420	0.004 0	0.096 6	630	0.265	0.003 335
430	0.011 6	0.199 8	640	0.175	0.001 497
440	0.023	0.328 1	650	0.107	0.000 677
450	0.038	0.455	660	0.061	0.000 312 9
460	0.060	0.567	670	0.032	0.000 148 0
470	0.091	0.676	680	0.017	0.000 071 5
480	0.139	0.793	690	0.008 2	0.000 035 33
490	0.208	0.904	700	0.004 1	0.000 017 80
500	0.323	0.982	710	0.002 1	0.000 009 14
510	0.503	0.997	720	0.001 05	0.000 004 78
520	0.710	0.935	730	0.000 52	0.000 002 546
530	0.862	0.811	740	0.000 25	0.000 001 379
540	0.954	0.650	750	0.000 12	0.000 000 760
550	0.995	0.481	760	0.000 06	0.000 000 425
560	0.995	0.328 8	770	0.000 03	0.000 000 241 3
570	0.952	0.207 6	780	0.000 015	0.000 000 139 0
580	0.870	0.121 2			

2. 光度的基本物理量

我们在辐射度量学中介绍的各个基本量 Φ_e、M_e、I_e、L_e 和 E_e 对整个电磁波谱都适用；而在光度学中光度量和辐射度量的定义、定义方程是一一对应的，只是光度量只在光谱的可见波

段(380～780 nm)才有意义。为避免混淆,在辐射度量符号上加下标“e”,而在光度量符号上加下标“v”。光度学中相应量 Φ_v、M_v、I_v、L_v 和 E_v 与辐射度量 Φ_e、M_e、I_e、L_e 和 E_e 间的对应关系由表 1-3 给出。由于人眼对等能量的不同波长的可见光辐射能所产生的光感觉是不同的,因而按人眼的视觉特性 $V(\lambda)$来评价的辐射通量 Φ_e 即为光通量 Φ_v,这两者的关系是

$$\Phi_v = K_m \int_{380}^{780} \Phi_e(\lambda) V(\lambda) \mathrm{d}\lambda \tag{1.1-9}$$

式中,K_m 为明视觉的最大光谱光视效率函数,亦称为光功当量,它表示人眼对波长为 555 nm ($V(555)=1$)光辐射产生光感觉的效能。按国际实用温标 IPTS—68 的理论计算值为 $K_m=$ 680 lm/W。K_m 确定之后,根据式(1.1-9)即可对光度量和辐射度量之间进行准确的换算。由此可进一步讨论辐射度和光度基准的统一。

表 1-3　辐射度量和光度量的对照表

辐射度量	符　号	单　位	光度量	符　号	单　位
辐[射]能	Q_e	J	光 量	Q_v	lm·s
辐[射]通量 (辐[射]功率)	Φ_e	W	光通量	Φ_v	lm
辐[射]照度	E_e	W/m²	[光]照度	E_v	lx=lm/m²
辐[射]出[射]度	M_e	W/m²	[光]出射度	M_v	lm/m²
辐[射]强度	I_e	W/sr	发光强度	I_v	cd=lm/sr
辐[射]亮度	L_e	W/(sr·m²)	[光]亮度	L_v	cd/m²
			光谱光视效率	$V(\lambda)$	

同理,其他光度量也有类似的关系。用一般的函数表示光度量与辐射量之间的关系,则有

$$X_v = K_m \int_{380}^{780} X_e(\lambda) V(\lambda) \mathrm{d}\lambda \tag{1.1-10}$$

光度量中最基本的单位是发光强度单位——坎德拉(Candela),记做 cd,它是国际单位制中七个基本单位之一。其定义是发出频率为 540×10^{12} Hz(对应在空气中 555 nm 波长)的单色辐射,在给定方向上的辐射强度为(1/683) W·sr^{-1}时,在该方向上的发光强度为 1 cd。

光通量的单位是流明(lm),它是发光强度为 1 cd 的均匀点光源在单位立体角(1 sr)内发出的光通量。

[光]照度的单位是勒克斯(lx),它相当于 1 lm 的光通量均匀地照在 1 m² 面积上所产生的光照度。

1.1.3　光子辐射量

光子探测器是光电技术中非常重要的一类探测器。应用光子探测器探测辐射能时,往往不仅仅要考虑入射辐射的功率,还要考虑它单位时间内接收到的光子数。因此,描述光子探测器的性能和与其有关的辐射量时,通常用单位时间内接收(或发射、传输)的光子数来定义辐射量,这样定义的辐射量称为光子辐射量。

1. 光子数

光子数是指由辐射源发出的光子数量,用 N_P 表示,是量纲为 1 的量。用光谱辐射能表示光子数的表达式为

$$\mathrm{d}N_p = \frac{Q_\nu}{h\nu}\mathrm{d}\nu, \qquad N_p = \int \mathrm{d}N_p = \frac{1}{h}\int \frac{Q_\nu}{\nu}\mathrm{d}\nu \tag{1.1-11}$$

式中,ν 为光辐射频率,Q_ν 为频率为 ν 的光子辐射能量,h 为 Plank 常数。

2. 光子通量

光子通量是指在单位时间内发射、传输或接收到的光子数,用 Φ_p 表示,即

$$\Phi_p = \frac{\partial N_p}{\partial t} \tag{1.1-12}$$

Φ_p 的单位是 1/s。

3. 光子辐射强度

光子辐射强度是光源在给定方向上的单位立体角内所发射的光子通量,用 I_p 表示,即

$$I_p = \frac{\partial \Phi_p}{\partial \Omega} \tag{1.1-13}$$

I_p 的单位是 1/(s・sr)。

4. 光子辐射亮度

辐射源在给定方向上的光子辐射亮度是指在该方向上的单位投影面积向单位立体角中发射的光子通量,用 L_p 表示。

在辐射源表面或辐射路径的某一点上,离开、到达或通过该点附近面源并在所给定方向上的立体角元传播的光子通量除以该立体角元和面元在该方向上的投影面积的商为光子辐射亮度,即

$$L_p = \frac{\partial^2 \Phi_p}{\partial \Omega \partial A\cos\theta} \tag{1.1-14}$$

L_p 的单位是 1/(s・m^2・sr)。

5. 光子辐射出射度

辐射源单位表面积向半球空间 2π 内发射的光子通量,称为光子辐射出射度,用 M_p 表

示，即

$$M_{\mathrm{p}} = \frac{\partial \Phi_{\mathrm{p}}}{\partial A} = \int_{2\pi} L_{\mathrm{p}} \cos\theta \mathrm{d}\Omega \tag{1.1-15}$$

M_{p} 的单位是 $1/(\mathrm{s} \cdot \mathrm{m}^2)$。

6. 光子辐射照度

光子辐射照度是指被照表面上某一点附近，单位面积上接收到的光子通量，用 E_{p} 表示，即

$$E_{\mathrm{p}} = \frac{\partial \Phi_{\mathrm{p}}}{\partial A} \tag{1.1-16}$$

E_{P} 的单位是 $1/(\mathrm{s} \cdot \mathrm{m}^2)$

7. 光子曝光量

光子曝光量是指表面上一点附近单位面积上接收到的光子数，用 H_{p} 表示，即

$$H_{\mathrm{p}} = \frac{\partial N_{\mathrm{p}}}{\partial A} = \int E_{\mathrm{p}} \mathrm{d}t \tag{1.1-17}$$

H_{p} 的单位是 m^{-2}。光子曝光量 H_{p} 还有一个等效的定义，即光子照度与辐射照射的持续时间的乘积。

1.1.4 辐射物性及其物理量

当辐射投射到物体表面上时会发生吸收、反射和透射现象。如图 1-5 所示，假设外界投射到物体表面的辐射功率为 P_0，其中一部分 P_α 在进入表面后被吸收；一部分 P_γ 在进入物体后被散射；另一部分 P_ρ 被物体反射；其余的部分 P_τ 透过物体。于是，根据能量守恒定律有

$$P_0 = P_\alpha + P_\gamma + P_\rho + P_\tau \quad 或 \quad \frac{P_\alpha}{P_0} + \frac{P_\gamma}{P_0} + \frac{P_\rho}{P_0} + \frac{P_\tau}{P_0} = 1 \tag{1.1-18}$$

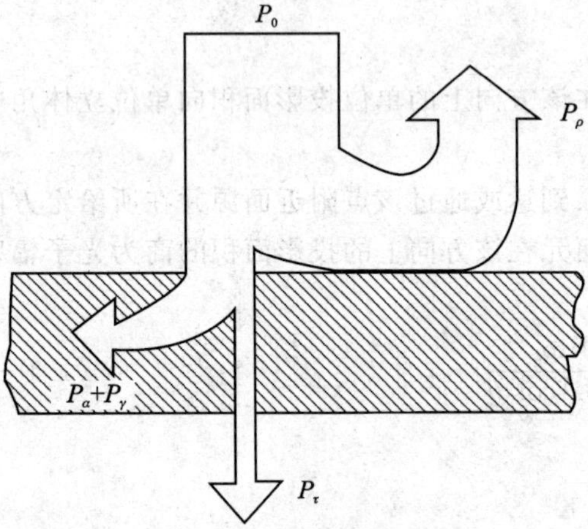

式中，各个能量比 P_α/P_0、P_γ/P_0、P_ρ/P_0 和 P_τ/P_0 分别称为吸收比、散射比、反射比和透射比，并依次用符号 α、γ、ρ 和 τ 表示。因此，上式也可写成

$$\alpha + \gamma + \rho + \tau = 1 \tag{1.1-19}$$

对于不透辐射的材料，透射比 $\tau=0$，这时式(1.1-19)就简化为

$$\alpha + \gamma + \rho = 1 \tag{1.1-20}$$

由此可见，吸收能力强的物体其反射能力就弱；反之，反射能力强的物体其吸收能力就弱。

图 1-5 吸收、反射和投射

辐射投射到物体表面上所产生的反射现象有镜面反射和漫反射之分，它取决于表面的粗糙程度，这里所指的粗糙程度是相对于辐射的波长而言的。当表面不平整尺寸小于入射辐射的波长时，形成镜面反射，这时 $\rho_\lambda=\rho=1$，反射角等于入射角。形成镜面反射的物体叫做镜体，高度磨光的金属板就是镜体的实例。当表面的不平整尺寸大于辐射波长时，则形成漫反射。漫反射时，反射的辐射强度与方向无关，具有漫反射性质的表面叫漫反射表面或**漫反射体**。将 $\rho_\lambda=\rho=1$ 的漫反射体叫做**白体**。

当辐射投射到气体上时，由于气体几乎没有反射能力，可认为反射比 $\rho=0$，这时式(1.1-19)简化成 $\alpha+\gamma+\tau=1$。显然，吸收性大的气体，其透射性就差。把透射比 $\tau=1$ 的物体称为**透明体**。

物体吸收外界热量而发生的辐射称为热辐射。物体发射的辐射强度与方向无关的性质叫漫发射。具有漫发射性质的物体叫**漫发射体(朗伯体)**，漫发射体必定漫吸收。热辐射源的特性是它的辐射能量直接与它的温度有关。描述热辐射物体的发射与吸收的主要物理量如下。

1. 辐射本领 $M'_\lambda(\lambda,T)$

辐射本领是辐射体表面在单位波长间隔、单位面积内所辐射的通量，即

$$M'_\lambda(\lambda,T)=\mathrm{d}\Phi_\mathrm{e}/\mathrm{d}\lambda\mathrm{d}A \tag{1.1-21}$$

式中，$\mathrm{d}\Phi_\mathrm{e}$ 为辐射源表面 $\mathrm{d}A$ 在波长 λ 到 $\lambda+\mathrm{d}\lambda$ 间隔内的辐射通量。$M'_\lambda(\lambda,T)$是辐射波长 λ 和辐射温度 T 的函数，单位为 $\mathrm{W/(\mu m\cdot m^2)}$。

2. 吸收率 $\alpha(\lambda,T)$

吸收率 $\alpha(\lambda,T)$是在波长 λ 到 $\lambda+d\lambda$ 间隔内被物体吸收的通量与入射通量之比，它与物体的温度 T 及波长 λ 有关，定义式为

$$\alpha(\lambda,T)=\mathrm{d}\Phi'_\mathrm{e}(\lambda)/\mathrm{d}\Phi_\mathrm{e}(\lambda) \tag{1.1-22}$$

式中，$\mathrm{d}\Phi_\mathrm{e}(\lambda)$是在波长 λ 到 $\lambda+\mathrm{d}\lambda$ 间隔内入射到物体上的通量，而 $\mathrm{d}\Phi'_\mathrm{e}(\lambda)$则是在相应的波长间隔内物体吸收的通量。由上式可知 $\alpha(\lambda,T)$是一个无量纲的量。

3. 绝对黑体

定义吸收率 $\alpha(\lambda,T)=1$ 的物体为**绝对黑体**(简称**黑体**)。任何物体，只要其温度在 0 K 以上，就向外界发出辐射，这称为温度辐射。绝对黑体是一种完全的温度辐射体，其辐射本领以 $M'_{\lambda\mathrm{b}}(\lambda,T)$表示，则

$$M'_{\lambda\mathrm{b}}(\lambda,T)=\frac{M'_\lambda(\lambda,T)}{\alpha(\lambda,T)} \tag{1.1-23}$$

因为一般物体的 $\alpha(\lambda,T)<1$，所以 $M'_{\lambda\mathrm{b}}(\lambda,T)>M'_\lambda(\lambda,T)$。这表明：在同一温度 T 中对任何波长，物体的辐射本领不会大于黑体的辐射本领。

在自然界中，理想的黑体是不存在的，吸收本领最多只有 0.96～0.99。实际工作时，黑体往往是用表面涂黑的球形或柱形空腔来人为地实现。

4. 物体的发射率 $\varepsilon(\lambda,T)$

物体的发射率 $\varepsilon(\lambda,T)$ 定义为物体的辐射本领 $M'_{\lambda}(\lambda,T)$ 与绝对黑体辐射本领 $M'_{\lambda b}(\lambda,T)$ 之比，即

$$\varepsilon(\lambda,T)=M'_{\lambda}(\lambda,T)/M'_{\lambda b}(\lambda,T) \tag{1.1-24}$$

由式(1.1-23)可以看出，$\varepsilon(\lambda,T)=\alpha(\lambda,T)$，这说明任何具有强辐射吸收的物体必定发出强的辐射。

自然界所有物体的吸收率 α、发射率 ε、反射比 ρ 和透射比 τ 的值都介于 0～1 之间。每个量的数值又因具体条件不同而千差万别。若把这些问题孤立地逐个研究，其复杂性是可想而知的。为了方便起见，从理想物体着手研究，可使问题得到简化。通常把镜体、黑体、白体、透明体、漫反射体、朗伯体都假设为**理想物体**。

5. 实际物体的辐射物性

实际物体(非黑体)($0<\varepsilon<1$)的辐射能力不仅与温度有关，而且与表面材料的性质有关。因此，实际物体的发射率取决于方向、光谱。为了描述物体发射能力随方向与光谱的分布性质，引入方向光谱发射率 ε'_{λ} 和方向光谱吸收率 α'_{λ}；半球光谱发射率 ε_{λ} 和半球光谱吸收率 α_{λ}；方向总发射率 ε' 和方向总吸收率 α'；半球总发射率 ε 和半球总吸收率 α 。

由于方向光谱发射率和吸收率是方向、波长及温度的函数，故它们可表示为 $\varepsilon'_{\lambda}(\lambda,\theta,\varphi,T)$ 及 $\alpha'_{\lambda}(\lambda,\theta,\varphi,T)$。

① 发射率。如果把 ε'_{λ} 对波长范围取平均，就用“总”来表示此平均值，方向总发射率 ε' 就是指某个方向的光谱发射率对整个波长范围取的平均值，相继应用式(1.1-24)、式(1.1-21)和式(1.1-4)并相应地变动下标可得

$$\varepsilon'(\theta,\varphi,T)=\frac{\pi\cos\theta\int_0^{\infty}\varepsilon'_{\lambda}(\lambda,\theta,\varphi,T)L_{\lambda,\mathrm{b,N}}(\lambda,T)\mathrm{d}\lambda}{\pi\cos\theta\int_0^{\infty}L_{\lambda,\mathrm{b,N}}(\lambda,T)\mathrm{d}\lambda}=\frac{\pi\int_0^{\infty}\varepsilon'_{\lambda}(\lambda,\theta,\varphi,T)L_{\lambda,\mathrm{b,N}}(\lambda,T)\mathrm{d}\lambda}{\sigma T^4} \tag{1.1-25}$$

式中，σ 是斯蒂芬-玻耳兹曼常数①，$L_{\lambda,\mathrm{b,N}}(\lambda,T)$ 为黑体在辐射面法线方向的光谱辐射亮度。

如果把 ε'_{λ} 对半球空间取平均值，就用“半球”来表示此平均值。例如半球光谱发射率 ε_{λ} 就是指光谱发射率在半球范围内取的平均值

$$\varepsilon_{\lambda}(\lambda,T)=\frac{\pi\int_{半球}\varepsilon'_{\lambda}(\lambda,\theta,\varphi,T)L_{\lambda,\mathrm{b,N}}(\lambda,T)\cos\theta\mathrm{d}\omega}{\pi\int_{半球}L_{\lambda,\mathrm{b,N}}(\lambda,T)\cos\theta\mathrm{d}\omega} \tag{1.1-26}$$

① σ 的定义见下一节相关内容。

式中，$L_{\lambda,b,N}(\lambda,T)$在半球范围内是常数，故式(1.1-26)就变为

$$\varepsilon_\lambda(\lambda,T)=\frac{1}{\pi}\int_{半球}\varepsilon'_\lambda(\lambda,\theta,\varphi,T)\cos\theta\mathrm{d}\omega \tag{1.1-27}$$

如果把ε'_λ既对波长范围又对半球空间取均值，则可用半球总发射率ε来表示，即

$$\varepsilon(T)=\frac{\int_{半球}\int_0^\infty\varepsilon'_\lambda(\lambda,\theta,\varphi,T)L_{\lambda,b,N}(\lambda,T)\cos\theta\mathrm{d}\lambda\mathrm{d}\omega}{\sigma T^4} \tag{1.1-28}$$

由上可以看出，描述物体发射能力最基本的参量是方向光谱发射率，由它可导出其他的发射率。但是目前方向光谱发射率研究数据很少，在许多工程问题中，均假定物体为漫发射体，即$\varepsilon'_\lambda(\lambda,\theta,\varphi,T)=\varepsilon_\lambda'(\lambda,T)$。

② 吸收率。与发射率相同，吸收率也有类似于上面的四种形式，即方向光谱、方向总吸收率、半球光谱和半球总吸收率。

方向总吸收率α'可表示为

$$\alpha'(\theta,\varphi,T)=\frac{\int_0^\infty\alpha'_\lambda(\lambda,\theta,\varphi,T)L'_{\lambda,i}(\lambda,\theta,\varphi)\mathrm{d}\lambda}{\int_0^\infty L'_{\lambda,i}(\lambda,\theta,\varphi)\mathrm{d}\lambda} \tag{1.1-29}$$

式中$L'_{\lambda,i}(\lambda,\theta,\varphi)$是研究方向$(\theta,\varphi)$入射到所研究表面的光谱辐射亮度。

半球光谱吸收率α_λ是方向光谱吸收率α'_λ在半球上取的平均值。如图1-6所示，从球面面积元$\mathrm{d}A_e$入射到球心处$\mathrm{d}A$上的功率$\mathrm{d}P_\lambda$为

$$\mathrm{d}P_\lambda=L'_{\lambda,i}(\lambda,\theta,\varphi)\mathrm{d}A_e\mathrm{d}\omega_e=L'_{\lambda,i}(\lambda,\theta,\varphi)\mathrm{d}A_e\frac{\mathrm{d}A}{R^2}\cos\theta=L'_{\lambda,i}(\lambda,\theta,\varphi)\mathrm{d}A\mathrm{d}\omega\cos\theta \tag{1.1-30}$$

所以半球光谱吸收率α_λ可表示为

$$\alpha_\lambda(\lambda,T)=\frac{\int_{半球}\alpha'_\lambda(\lambda,\theta,\varphi,T)L'_{\lambda,i}(\lambda,\theta,\varphi)\cos\theta\mathrm{d}\omega}{\int_{半球}L'_{\lambda,i}(\lambda,\theta,\varphi)\cos\theta\mathrm{d}\omega} \tag{1.1-31}$$

如果入射光谱辐射亮度的值不随方向而变，则

$$\alpha_\lambda(\lambda,T)=\frac{1}{\pi}\int_{半球}\alpha'_\lambda(\lambda,\theta,\varphi,T)\cos\theta\mathrm{d}\omega \tag{1.1-32}$$

半球总吸收率α是α'_λ对光谱范围和半球空间范围取的平均值

$$\alpha(T)=\frac{\int_{半球}\int_0^\infty\alpha'_\lambda(\lambda,\theta,\varphi,T)L'_{\lambda,i}(\lambda,\theta,\varphi)\cos\theta\mathrm{d}\omega\mathrm{d}\lambda}{\int_{半球}\int_0^\infty L'_{\lambda,i}(\lambda,\theta,\varphi)\cos\theta\mathrm{d}\omega\mathrm{d}\lambda} \tag{1.1-33}$$

③ 表面反射方向特性的表示。由于无论气体或固体，都不是理想的均匀层或朗伯面，所以都有垂直方向上的变化和结构。实际应用中许多物体表面既不是理想的漫反射，也不是理

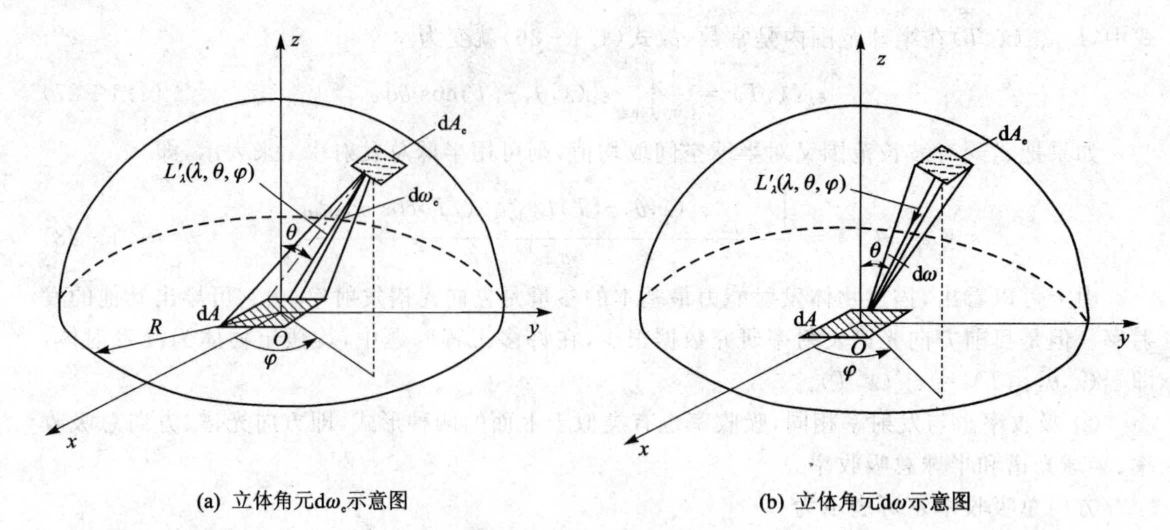

(a) 立体角元$d\omega_e$示意图

(b) 立体角元$d\omega$示意图

图 1-6　dA_e 和 dA 的转换

想的镜面反射，甚至不是二者的加权和。反射率除与光谱特性有关外，还与入射方向和反射方向有关。为此，引入二向反射分布函数（Bidirectional Reflectance Distribution Function，BRDF），即反射不仅具有方向性，且这种方向性还依赖于入射方向。物体的反射辐射/发射与物体表面结构特征及物体的物质组成有密切关系，不同物体表面将入射电磁波向四面八方散射（除吸收外），形成散射通量不同的空间分布，反射的方向性是其材料波谱特征和空间结构的函数。20 世纪 70 年代，Nicodemus 等给出的 BRDF 的定义为

$$\mathrm{BRDF}(\theta_i,\phi_i,\theta_r,\phi_r)=\frac{\mathrm{d}L(\Omega_r)}{\mathrm{d}E(\Omega_i)} \tag{1.1-34}$$

式中，θ_i 和 ϕ_i 确定入射方向；θ_r 和 ϕ_r 描述反射方向；Ω_r 和 Ω_i 分别表示在反射和入射方向上的两个非常小的（微分）立体角；$\mathrm{d}E(\Omega_i)$表示在一个微分面积元 $\mathrm{d}A$ 之上，由于 Ω_i 这个微分立体角内辐照度 $E(\Omega_i)$的增量所引起的 $\mathrm{d}A$ 上辐亮度的增量；$\mathrm{d}L(\Omega_r)$则是由于增量 $\mathrm{d}E(\Omega_i)$所引起的方向上辐照度的增量，参见图 1-7。

BRDF 的单位是球面度的倒数，但在实际应用中人们习惯使用无量纲的二向性反射因子 $R(\theta_i,\phi_i,\theta_r,\phi_r)$，它在数值上等于 $\mathrm{BRDF}(\theta_i,\phi_i,\theta_r,\phi_r)$乘以 π，即

$$R(\theta_i,\phi_i,\theta_r,\phi_r)=\pi\mathrm{BRDF}(\theta_i,\phi_i,\theta_r,\phi_r) \tag{1.1-35}$$

① 光谱二向反射分布函数 $\mathrm{BRDF}_\lambda(\lambda,\theta_i,\psi_i,\theta_r,\psi_r)$。如图 1-8 所示，在入射方向$(\theta_i,\psi_i)$上，入射立体角 $\mathrm{d}\Omega_i$ 内，单位面积的投射光谱辐射通量为

$$\Phi_\lambda(\lambda,\theta_i,\psi_i)\mathrm{d}\Omega_i=I_{\lambda,i}(\lambda,\theta_i,\psi_i)\cos\theta_i\mathrm{d}\Omega_i \tag{1.1-36}$$

此辐射通量投射到表面，在不同反射方向上反射的能量不同。若在反射方向(θ_r,ψ_r)上，反射的光谱辐射强度为 $I_{\lambda,r}(\lambda,\theta_i,\psi_i,\theta_r,\psi_r)$，则光谱二向反射分布函数定义为两能量之比，即

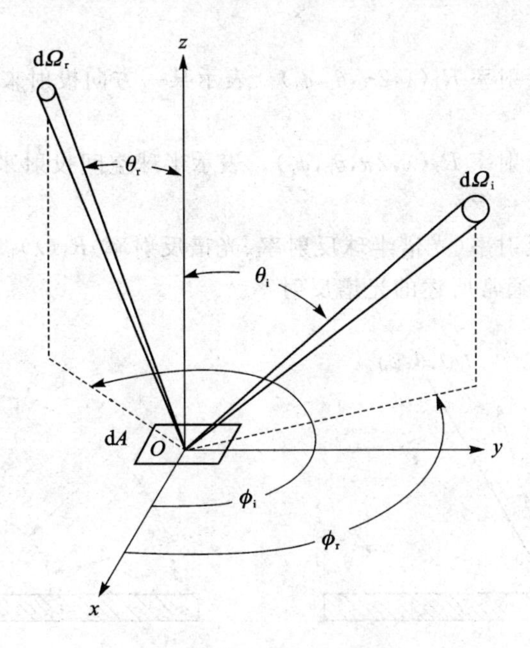

图1-7 BRDF中的参量图示

$$\mathrm{BRDF}_\lambda(\lambda,\theta_i,\phi_i,\theta_r,\phi_r,T)=\frac{I_{\lambda,r}(\lambda,\theta_i,\psi_i,\theta_r,\psi_r,T)}{I_{\lambda,i}(\lambda,\theta_i,\psi_i)\cos\theta_i\mathrm{d}\Omega_i} \tag{1.1-37}$$

式中，T 为物体表面的热力学温度。BRDF的取值从 $0\to\infty$。对于镜面表面，入射角等于反射角，即 $\theta_r=\theta_i=\theta,\psi_r=\psi_i+\pi$，反射辐射强度等于入射辐射强度，则此时反射方向的BRDF就等于无穷大，而其他方向的BRDF等于零。

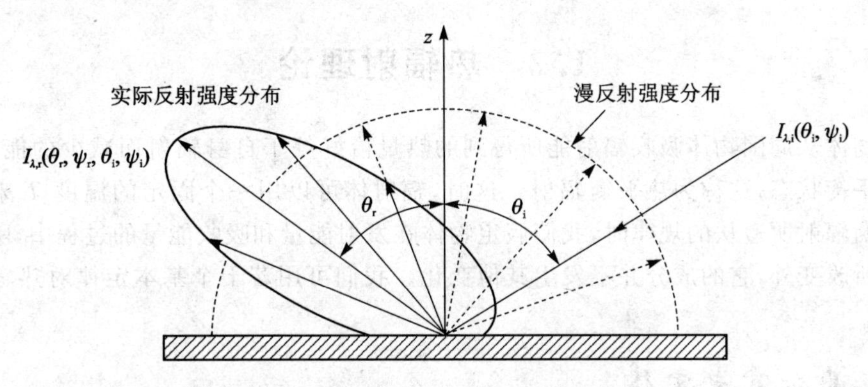

图1-8 光谱二向反射分布函数定义

二向反射分布函数符合互易性原理

$$\mathrm{BRDF}_\lambda(\lambda,\theta_i,\psi_i,\theta_r,\psi_r)=\mathrm{BRDF}_\lambda(\lambda,\theta_r,\psi_r,\theta_i,\psi_i) \tag{1.1-38}$$

即入射方向为 (θ_i,ψ_i)、反射方向为 (θ_r,ψ_r) 的BRDF，等于同一表面入射方向为 (θ_r,ψ_r)、反射方

向为(θ_i,ψ_i)的 BRDF。

② 光谱方向-半球反射率 $R_\lambda(\lambda,2\pi,\theta_i,\psi_i)$。表示某一方向投射来的光谱能量,向半球空间的反射比率,见图 1-9。

③ 光谱半球-方向反射率 $R_\lambda(\lambda,2\pi,\theta_r,\psi_r)$。表示半球空间投射来的能量向$(\theta_r,\psi_r)$方向反射的比率,见图 1-10。

④ 光谱半球-半球反射率(光谱半球反射率、光谱反射率)$R_\lambda(\lambda)$。表示半球空间投射来的能量向半球空间反射,即通常所述的光谱反射率。

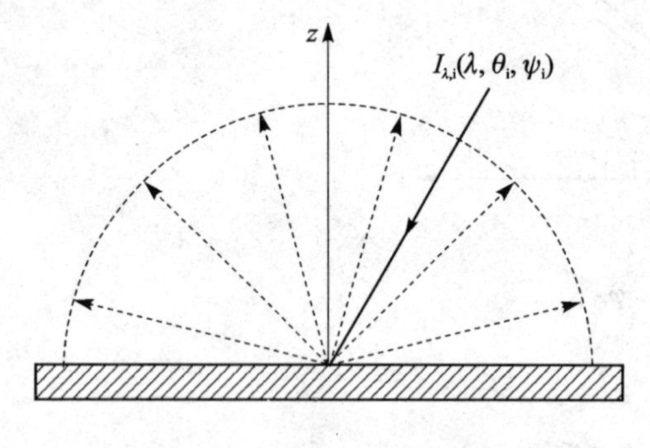

图 1-9 方向-半球反射率

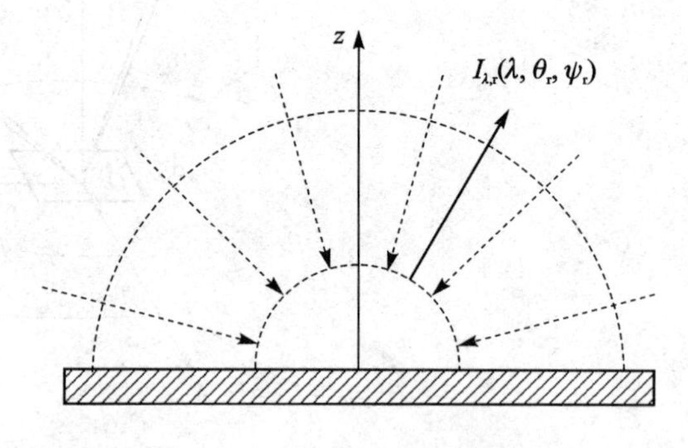

图 1-10 半球-方向反射率

严格地说,吸收率、反射率与透射率都不能算物体本身的属性,因为它们不仅与物体固有的性质有关,还与外界因素-投射辐射的性质有关;发射率也不能算物体本身的属性,因为固体表面反射率与固体所处环境介质的折射率有关。但通常情况下忽略外界因素,仍将它们归类为辐射物性参数。

1.2 热辐射理论

如果物体从周围物体吸收辐射能所得到的热量恰好等于自身辐射而减少的能量,则辐射过程达到平衡状态,这称为热平衡辐射。这时,辐射体可以用一个固定的温度 T 来描述。在研究热平衡辐射所遵从的规律时,我们假定物体在发射能量和吸收能量的过程中,除了物体的热状态有所改变外,它的成分并不发生其他变化。我们可用若干个基本定律对热辐射进行完善的描述。

1.2.1 基尔霍夫定律

基尔霍夫(Kirchhoff)发现,在任一给定温度的热平衡条件下,任何物体的辐射发射本领 $M'_\lambda(\lambda,T)$与吸收率 $\alpha(\lambda,T)$的比值与物体的性质无关,只是波长 λ 及温度 T 的普适函数,且恒等于同温度下绝对黑体的辐射本领,这就是基尔霍夫定律。该定律符合能量守恒定律。应用

方向光谱发射率 $\varepsilon'_\lambda(\lambda,\theta,\varphi,T)$ 和方向光谱吸收率 $\alpha'_\lambda(\lambda,\theta,\varphi,T)$ 的概念，基尔霍夫定律确切的表达式应为

$$\varepsilon'_\lambda(\lambda,\theta,\varphi,T)=\alpha'_\lambda(\lambda,\theta,\varphi,T) \tag{1.2-1}$$

应用式(1.2-1)，式(1.1-29)的方向总吸收率可表示为

$$\alpha'(\theta,\varphi,T)=\frac{\int_0^\infty \varepsilon'_\lambda(\lambda,\theta,\varphi,T)L'_{\lambda,\mathrm{i}}(\lambda,\theta,\varphi)\mathrm{d}\lambda}{\int_0^\infty L'_{\lambda,\mathrm{i}}(\lambda,\theta,\varphi)\mathrm{d}\lambda} \tag{1.2-2}$$

若入射的 $L'_{\lambda,\mathrm{i}}$ 与所研究物体具有相同温度的黑体的光谱辐射亮度的光谱分布规律相似，即

$$L'_{\lambda,\mathrm{i}}(\lambda,\theta,\varphi)=CL_{\lambda,\mathrm{b}}(\lambda,\theta,\varphi,T)=CL_{\lambda,\mathrm{b,N}}(\lambda,T)\cos\theta \tag{1.2-3}$$

式中，C 为常数，那么式(1.2-2)就可写为

$$\alpha'(\theta,\varphi,T)=\frac{\int_0^\infty \varepsilon'_\lambda(\lambda,\theta,\varphi,T)L_{\lambda,\mathrm{b,N}}(\lambda,T)\mathrm{d}\lambda}{\int_0^\infty L_{\lambda,\mathrm{b,N}}(\lambda,T)\mathrm{d}\lambda}=\frac{\pi\int_0^\infty \varepsilon'_\lambda(\lambda,\theta,\varphi,T)L_{\lambda,\mathrm{b,N}}(\lambda,T)\mathrm{d}\lambda}{\sigma T^4} \tag{1.2-4}$$

对比式(1.1-25)和式(1.2-4)，就可发现在满足式(1.2-3)的条件下，有

$$\varepsilon'(\theta,\varphi,T)=\alpha'(\theta,\varphi,T) \tag{1.2-5}$$

考虑到式(1.2-1)和式(1.1-27)可得

$$\alpha_\lambda(\lambda,T)=\varepsilon_\lambda(\lambda,T) \tag{1.2-6}$$

如果入射辐射不随方向而变，并满足式(1.2-3)的条件，考虑到 $\varepsilon'_\lambda(\lambda,\theta,\varphi,T)=\alpha'_\lambda(\lambda,\theta,\varphi,T)$，则

$$\alpha(T)=\frac{\int_{半球}\int_0^\infty \varepsilon'_\lambda(\lambda,\theta,\varphi,T)L_{\lambda,\mathrm{b,N}}(\lambda,T)\cos\theta\,\mathrm{d}\lambda\mathrm{d}\omega}{\sigma T^4} \tag{1.2-7}$$

对比式(1.1-33)和式(1.2-7)就得

$$\alpha(T)=\varepsilon(T) \tag{1.2-8}$$

综上所述，除了式(1.2-1)只需满足热平衡的条件外，其他三种发射率和吸收率的相等关系均需满足一定的条件。方向总发射率等于方向总吸收率的条件为：入射光的光谱分布应与黑体辐射的光谱相似。半球光谱发射率等于半球光谱吸收率的条件为：入射光的辐射亮度不随方向而变。而半球总发射率等于半球总吸收率的前提是必须使上述两个条件均满足。

1.2.2　朗伯余弦定律

朗伯(J. H. Lambert)余弦定律描述了辐射源向半球空间内的辐射亮度沿高低角变化的规律。该定律规定，若面积元 dF(见图 1-11)在法线方向的辐射亮度为 L_N，则它在高低角 θ 的方向上的辐射亮度 L'_θ 为

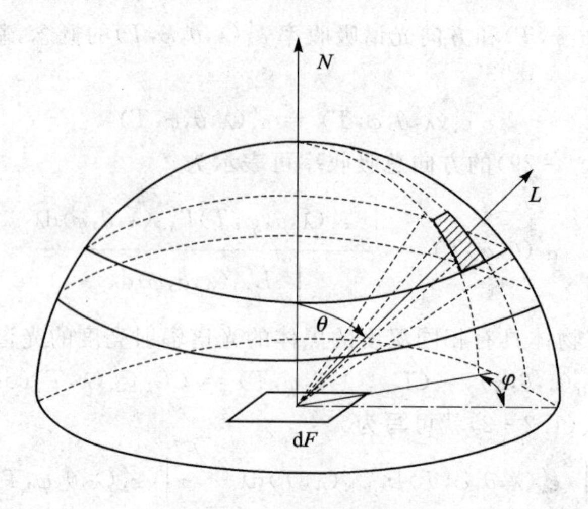

图 1-11　辐射的空间角

$$L'_\theta = L_N \cos\theta \tag{1.2-9}$$

漫反射体的辐射亮度分布服从朗伯余弦定律，自身发射的黑体辐射源也遵从朗伯余弦定律，凡辐射亮度遵从朗伯余弦定律的辐射源称为朗伯辐射源。

根据朗伯定律可以推算出朗伯面的单位面积向半球空间内辐射出去的总功率(即辐射出射度 M_e)与该面元的法向辐射亮度 L_N 的关系：

$$M_e = \int_\Omega L_N \cos\theta \mathrm{d}\Omega \tag{1.2-10}$$

应用微立体角概念于式(1.2-10)，得

$$M_e = \int_0^{2\pi}\int_0^{\frac{\pi}{2}} L_N \cos\theta \sin\theta \mathrm{d}\theta \mathrm{d}\varphi = \int_0^{2\pi}\int_0^{\frac{\pi}{2}} L_N \frac{\sin 2\theta}{4} \mathrm{d}(2\theta)\mathrm{d}\varphi = \pi L_N \tag{1.2-11}$$

式(1.2-11)表明，朗伯辐射源的辐出度为辐亮度的 π 倍。

对于扩展辐射源，若辐射面的线尺寸相对它至观察点的距离不是很小，则不满足点源的要求，此时在入射物体上形成的辐照度的计算与点源不同，在计算中需要利用朗伯定律。

1.2.3　距离平方反比定律

距离平方反比定律是来自均匀点光源向空间发射球面波的特性。点光源在传输方向上某点的辐照度与该点到点光源的距离平方成反比。

在任一锥立体角内，假设在传输路径上没有光能损失或分束，那么由点光源向空间发出的辐射通量 Φ 是不变的。然而位于球心的均匀点光源所张的立体角所截的表面积却和球半径 R 的平方成正比，这样在球面上的辐照度 E 就和点光源到该面的距离平方成反比，即

$$E = \frac{\Phi}{R^2} \tag{1.2-12}$$

实际光源总有一定的几何尺寸，根据光能的叠加原理，所求表面上某面元的辐照度，实际上是该有限尺寸光源上每一面元对该接收面元辐照度的贡献之和。图 1-12 是假设一辐射亮度为 L 的圆形均匀发光表面 A_1，半径为 R'，现在来求到它的距离为 l 的面元 dA_2 上的辐照度。

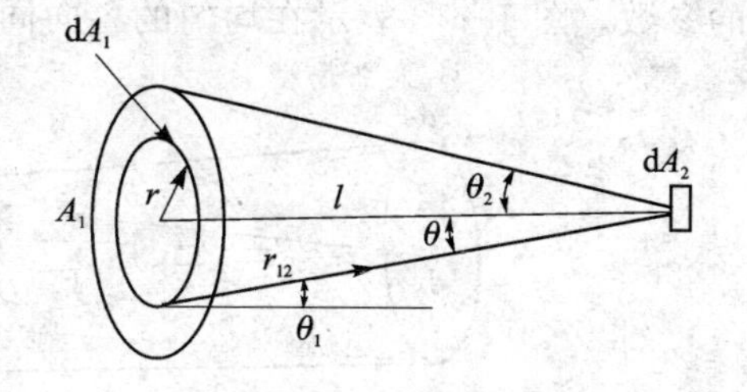

图 1-12　均匀发光圆盘在 dA₂ 上的辐照度

把圆盘分成若干个环带。半径为 r 处的环带面积为 $2\pi r\mathrm{d}r$，又由几何关系 $r=l\cdot\tan\theta$，则

$$2\pi r\mathrm{d}r = 2\pi l^2 \tan\theta \frac{\mathrm{d}\theta}{\cos^2\theta} = 2\pi l^2 \frac{\sin\theta}{\cos^3\theta}\mathrm{d}\theta$$

由 $2\pi r\mathrm{d}r$ 环带发光面在 $\mathrm{d}A_2$ 上产生的辐照度为

$$\mathrm{dE} = \frac{\mathrm{d}\Phi}{\mathrm{d}A_2} = \frac{2\pi r\mathrm{d}rL\cos\theta\mathrm{d}\Omega}{\mathrm{d}A_2}$$

因为

$$\mathrm{d}\Omega = \frac{\mathrm{d}A_2\cos\theta}{r_{12}^2} = \frac{\mathrm{d}A_2\cos\theta}{(l/\cos\theta)^2} = \frac{\cos^3\theta\mathrm{d}A_2}{l^2}$$

所以

$$\mathrm{d}E = 2\pi L\sin\theta\cos\theta\mathrm{d}\theta$$

对整个表面 A_1 进行积分，得

$$E = \int_0^{\theta_m} 2\pi L\sin\theta\cos\theta\mathrm{d}\theta = \pi L\frac{R'^2}{R'^2+l^2}$$

当 $l \geqslant R'$ 时，则

$$E' \approx \pi L\frac{R^2}{l^2} \tag{1.2-13}$$

即只有当面元 $\mathrm{d}A_2$ 距光源表面足够远时，才能用平方反比定律且不产生明显的误差。现在来估算一下有限距离上的误差，其相对误差为

$$\delta = \frac{E'}{E} - 1 = \frac{\pi L(R'/l)^2}{\pi L[R^2/(l^2+R^2)]} - 1 = \frac{1}{4}\left(\frac{2R'}{l}\right)^2 \tag{1.2-14}$$

式中，E' 为近似值，E 为真值。当光源的尺寸和距离之比（$2R'/l$）为 1∶5 时，用平方反比定律所产生的辐照度误差为 1 %；而当（$2R'/l$）为 1∶15 时，该误差只有 0.1 %了。一般辐射测量中，待测表面到光源的距离远大于光源的线尺寸，这时用距离平方反比定律所产生的误差可忽略不计。

1.2.4　辐亮度守恒定律

辐亮度可以用来定义辐射能流的大小。辐亮度是遥感传感器的辐射度学计算中一个极重要的参数。图 1－13 表示在均匀的各向同性介质中非相干辐射能的单元光束。

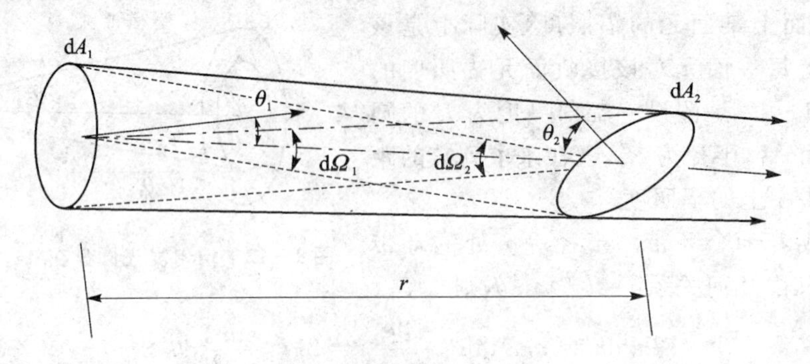

图 1－13　辐射能的单元光束

单元光束由确定的一条中心光线和一小束光线组成。这一小束光线，包括通过绕中心光线构成面元 dA_1 和 dA_2 的所有光线。两面元之间的距离为 r，它们的法线与传输方向的夹角分别为 θ_1 和 θ_2，则

$$d\Omega_1 = \frac{dA_2 \cos\theta_2}{r^2}, \qquad d\Omega_2 = \frac{dA_1 \cos\theta_1}{r^2}$$

设面元 1 的辐射亮度为 L_1。当把面元 1 看作子光源、面元 2 看作接收表面时，则由面元 1 发出、面元 2 接收的辐射通量为

$$d^2\Phi_{12} = L_1 dA_1 \cos\theta_1 d\Omega_1 = L_1 dA_1 \cos\theta_1 \frac{dA_2 \cos\theta_2}{r^2}$$

根据辐射亮度的定义，面元 2 的辐射亮度 L_2 为

$$L_2 = \frac{d^2\Phi_{12}}{dA_2 d\Omega_2 \cos\theta_2} = \frac{d^2\Phi_{12}}{dA_2 \cos\theta_2 dA_1 \cos\theta_1 / r^2} \tag{1.2-15}$$

把表示辐亮度定义公式中的分母叫做特征不变量 dG：

$$dG = d\Omega_2 \cos\theta_2 dA_2 = d\Omega_1 \cos\theta_1 dA_1 \tag{1.2-16}$$

将 $d^2\Phi_{12}$ 的值代入式(1.2－15)，得

$$L_2 = L_1 = L \tag{1.2-17}$$

可见，光辐射能在传输介质中没有损失时，表面 2 的辐射亮度和表面 1 的辐射亮度是相等的，即辐射亮度是守恒的。由于在无损介质中亮度守恒，所以可以方便地用辐亮度降低来表征由于介质吸收和散射所引起的损失。在光学遥感的情况下，典型的是辐射经大气传输所产生的辐亮度损失。

再来讨论面元 1 和面元 2 在不同介质中的情况。如图 1－14 所示，设辐射通量在介质边界上没有反射、吸收等损失，这样

$$d^2\Phi_{12} = L dA d\Omega \cos\theta = L' dA d\Omega' \cos\theta'$$

而

$$d\Omega = \sin\theta d\theta d\varphi, \qquad d\Omega' = \sin\theta' d\theta' d\varphi$$

再由折射定律 $n\sin\theta = n'\sin\theta'$，则

$$\frac{d\Omega\cos\theta}{d\Omega'\cos\theta'} = \frac{\sin\theta\cos\theta d\theta}{\sin\theta'\cos\theta' d\theta'} = \left(\frac{n'}{n}\right)\frac{d\sin\theta}{d\sin\theta'} = \left(\frac{n'}{n}\right)^2$$

代入上式得

$$\frac{L}{n^2} = \frac{L'}{n'^2} \tag{1.2-18}$$

若将 L/n^2 叫做基本辐射亮度，那么在不同介质中，传播光束的基本辐射亮度是守恒的。同样，由于基本辐亮度守恒，也可以方便地用基本辐亮度降低来表征界面上反射所引起的损失。

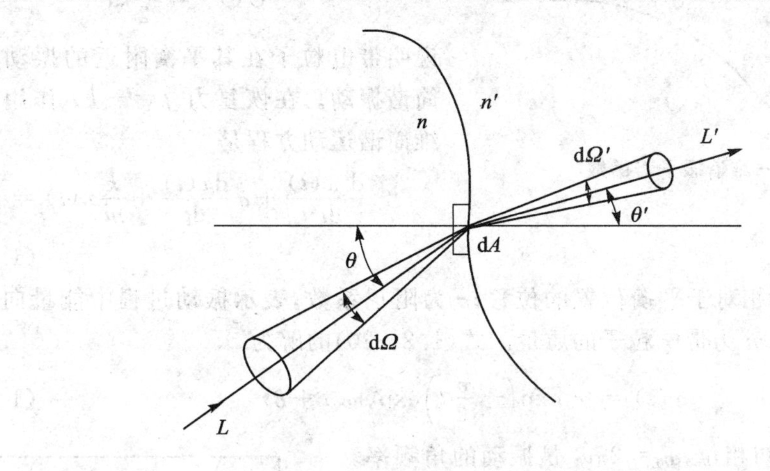

图 1-14　在介质边界上传输的辐亮度的关系

此外还可以证明，当有光学系统时，光学系统将改变传输光束的发散或会聚状态，像面辐射亮度 L' 与物面辐射亮度 L 之间有如下关系：

$$L' = \tau\left(\frac{n'}{n}\right)L \tag{1.2-19}$$

式中，n、n' 分别为物空间和像空间的折射率，τ 为光学系统的透射比。一般成像系统中，$n'=n$，$\tau<1$，因此像的辐射亮度不可能大于物的辐射亮度，即光学系统无助于亮度的增加。

1.2.5　普朗克公式

经典理论认为，电磁辐射来源于带电粒子在其平衡位置附近的热振动，形成带电的谐振子。谐振子周围有变化的电磁场，电磁场变化的频率与谐振子振动频率相同。所以这些带电的谐振子发射具有相应频率的电磁波，电磁波的能量是连续变化的。设一维运动带电粒子的势函数为如图 1-15 所示的 $U(x)$，在 $x=a$ 处，势能有极小值，这是一个稳定平衡点。这种势函数具有普遍意义，如极化原子形成的电偶极子的势能，双原子分子中两原子之间的势能等。

将 $U(x)$ 在 $x=a$ 处用幂级数展开有

$$U(x)=U(a)+\frac{U'(a)}{1!}(x-a)+\frac{U''(a)}{2!}(x-a)^2+\frac{U'''(a)}{3!}(x-a)^3+\cdots$$

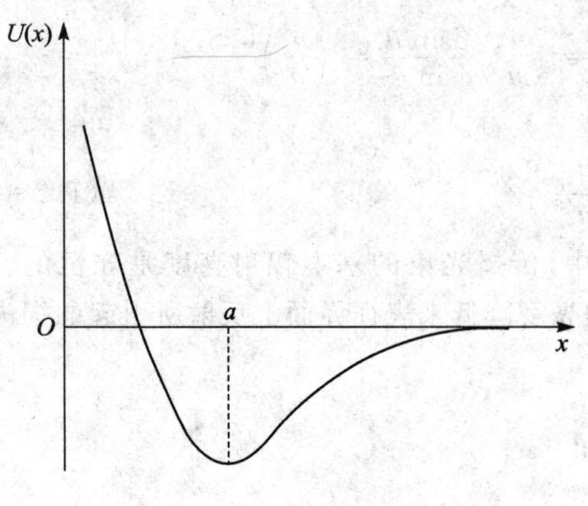

图 1-15　一维谐振子势函数

在 $x=a$ 附近，取二阶近似，并令 $U''(a)=k$，则有

$$U(x)=U(a)+\frac{1}{2}k(x-a)^2$$

取平衡点为坐标原点，则粒子的势能取如下形式：

$$U(x)=\frac{1}{2}kx^2$$

说明带电粒子在其平衡附近的振动是一个简谐振动。在恢复力 $f=-kx$ 作用下的一维简谐运动方程是

$$\frac{\mathrm{d}^2x(t)}{\mathrm{d}t^2}+\sigma\frac{\mathrm{d}x(t)}{\mathrm{d}t}+\frac{k}{m}x(t)=0 \tag{1.2-20}$$

式中，$x(t)$ 为带电粒子相对于平衡位置的位移；σ 为阻尼系数，表示振动过程中能量向外辐射而引起的振幅的衰减；m 为带电粒子的质量。式(1.2-20)的解为

$$x(t)=x_0\exp\left(-\frac{\sigma}{2}t\right)\exp(\mathrm{i}\omega_0 t+\delta) \tag{1.2-21}$$

式中，x_0 是振幅，δ 是初相位，$\omega_0=2\pi\nu_0$ 是振动的角频率。可见，辐射是正弦波形式。

实际的辐射体是由各种频率的大量的谐振子所组成的系统。为简单起见，假设系统是一个棱长为 a 的正立方体的金属空腔，在温度 T 时，腔壁就发射和吸收电磁辐射。通过发射和吸收，谐振子和辐射场交换能量。由电磁波在导体表面上的边界条件可知，电磁波在腔壁上的反射使腔内建立起驻波场。在腔壁上，电场形成波节，磁场形成波腹。在这种情况下，驻波存在的条件是在每一棱上有 n 个半波，其中 n 是正整数，如图 1-16 所示。

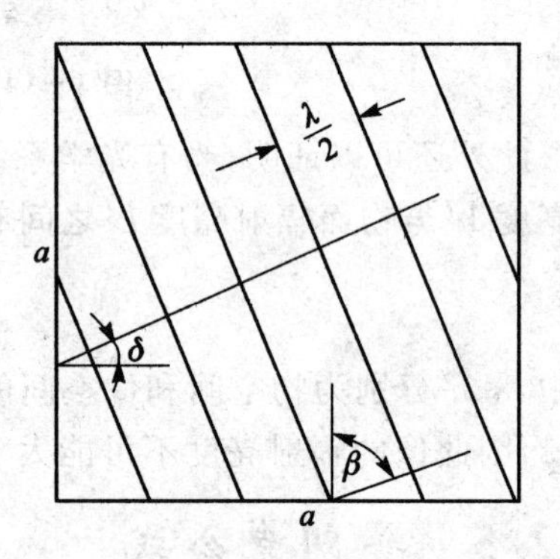

图 1-16　在立方体某一方向传播的驻波波节面

设驻波场波节面的法线与三个坐标轴的夹角分别为 α、β 和 γ，因而有下列关系：

$$\begin{cases} \dfrac{2a\cos\alpha}{\lambda} = n_1 \\ \dfrac{2a\cos\beta}{\lambda} = n_2 \\ \dfrac{2a\cos\gamma}{\lambda} = n_3 \end{cases}$$

式中，λ 为驻波的波长，n_1、n_2、n_3 均为正数。把这三个式子平方后相加，得

$$n_1^2 + n_2^2 + n_3^2 = \left(\frac{2a}{\lambda}\right)^2 = \left(\frac{2a\nu}{c}\right)^2 \tag{1.2-22}$$

式中，ν 为驻波频率，c 为光速。上式也可改写成

$$\nu = \frac{c}{2a}\sqrt{n_1^2 + n_2^2 + n_3^2} \tag{1.2-23}$$

由此可见，每三个正整数 n_1、n_2、n_3 对应于一个振荡频率。

现用一个直角坐标系统来标记 n_1、n_2 和 n_3。在图 1-17 所示的直角坐标系中，每个点 (n_1, n_2, n_3) 对应于一种振荡模式，有一个相应的振荡频率。可把这个坐标系称为"频率空间"的坐标系。

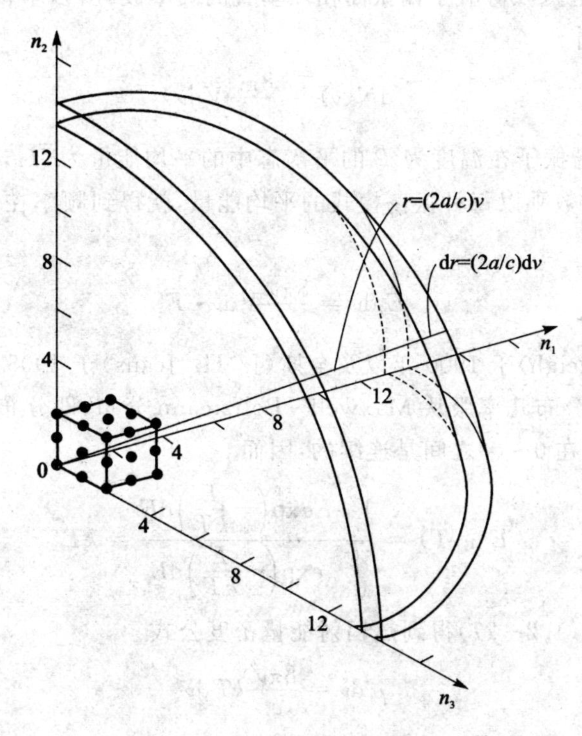

图 1-17　频率空间中的允许模式

为了计算从 0 到 ν 的本征频率总数，在频率空间中作一系列对应于一切可能的正整数(n_1,n_2,n_3)的点子，显然这个点系形成立方的小格子。元立方体的棱长为 1，因而体积也为 1。如果波长和腔的线尺度比较起来足够小，那么所有基本单元（小立方体）的体积之和将足够精确地等于式(1.2－22)所决定的半径为 $2a\nu/c$ 的球体积的 1/8。既然每一个单元的体积等于 1，那么，可以反过来说，球的 1/8 体积等于单元的个数。

如果知道每一个单元上有多少点，就可以求得腔内从 0 到 ν 的本征频率总数。每个基本单元有 8 个点，而每个点又同时属于 8 的单元。因此，每个单元配有一个点。所以本征频率数在数值上等于球体积的 1/8，即

$$N(\nu)=\frac{1}{8}\cdot\frac{4}{3}\pi\left(\frac{2a\nu}{c}\right)^3=\frac{4}{3}\pi\frac{a^3\nu^3}{c^3} \tag{1.2-24}$$

腔体内频率在 ν 到 $\nu+\mathrm{d}\nu$ 之间的频率数等于一个半径为 $2a\nu/c$ 和 $2a(\nu+\mathrm{d}\nu)/c$ 的球面壳层的 1/8 内分布的点数，即

$$\mathrm{d}N(\nu)=\frac{4\pi\nu^2}{c^3}a^3\mathrm{d}\nu \tag{1.2-25}$$

因为每一频率的电磁波对应于偏振面相互垂直的两个波，所以求得的数目还需要乘以 2。以 V 表示腔的体积，则

$$\mathrm{d}N(\nu)=\frac{8\pi\nu^2}{c^3}V\mathrm{d}\nu \tag{1.2-26}$$

如果频率为 ν 的谐振子在温度为 T 的平衡态中的平均能量为$\overline{E}(\nu,T)$，那么把频率在 ν 到 $\nu+\mathrm{d}\nu$ 之间的振荡模式数乘以每种振荡模式的平均能量，就得到频率在 ν 到 $\nu+\mathrm{d}\nu$ 之间的辐射能量

$$E_\nu\mathrm{d}\nu=\frac{8\pi\nu^2}{c^3}V\mathrm{d}\nu\cdot\overline{E} \tag{1.2-27}$$

瑞利(J. W. Rayleigh)于 1900 年以及金斯(J. H. Jeans)于 1905 年假设，热平衡态时的能量为 E 的谐振子的分布几率服从 Maxwell－Boltzmann 分布，即分布几率正比于 $\exp(-E/kT)$，谐振子的能量 E 在 $0\sim\infty$之间是连续的，因而

$$\overline{E}(\nu,T)=\frac{\int_0^\infty E\exp\left(-\frac{E}{kT}\right)\mathrm{d}E}{\int_0^\infty \exp\left(-\frac{E}{kT}\right)\mathrm{d}E}=kT \tag{1.2-28}$$

把式(1.2－28)代入式(1.2－27)得到热辐射能量密度公式

$$\rho_\nu\mathrm{d}\nu=\frac{8\pi\nu^2}{c^3}kT\mathrm{d}\nu \tag{1.2-29}$$

式(1.2－29)就是瑞利-金斯公式，它只在低频波段与实验结果相符。在高频区，$\nu\to\infty$时，$\rho_\nu\to\infty$，瑞利-金斯公式与实验结果非常不符合，而且总能量发散，即

$$E=\int_0^{\infty}\rho_\nu \mathrm{d}\nu=\frac{8\pi}{c^3}kT\int_0^{\infty}\nu^2\mathrm{d}\nu\to\infty \tag{1.2-30}$$

违背了基本的物理事实，辐射的经典理论遇到了困难，这个结果历史上称为“紫外灾难”，如图 1-18 所示。

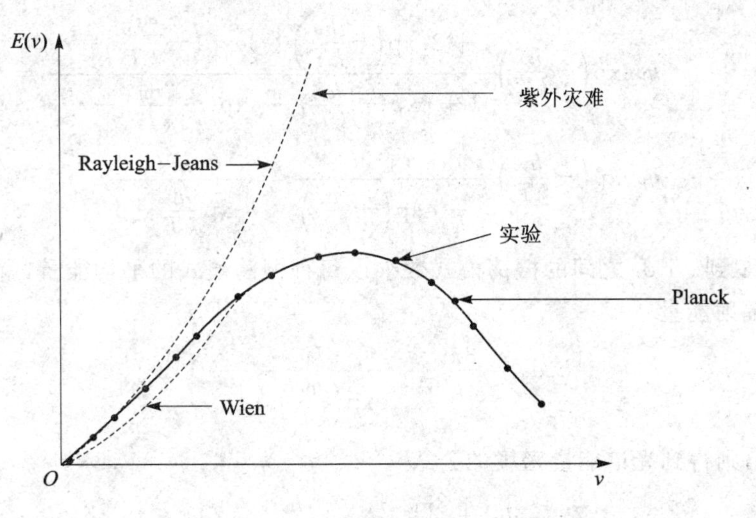

图 1-18　热辐射能量随频率 ν 的变化情况

在研究热辐射能量的光谱分布过程中，维恩(W. Wien)结合热力学的经典理论和电动力学理论，从黑体辐射的经验规律出发，给出了热辐射的理论公式为

$$\rho_\nu d\nu=c_1\nu^3\mathrm{e}^{-c_2\nu/kT} \tag{1.2-31}$$

式中，c_1、c_2 是常数。这个公式在高频区与实验符合得很好(见图 1-18)。瑞利-金斯公式和维恩公式都是在假定热辐射的能量随频率连续分布的情况下得出的，这暴露了经典物理学的缺陷。

1900 年，普朗克(Max Planck)在他的《自然光谱中能量分布规律》论文中建立了与实验完全符合的、黑体光谱辐射出射度与波长和热力学温度之间精确关系的著名公式。普朗克假设，一个频率为 ν 的谐振子，其能量不是像经典物理学中那样可取任意数值，而是只能取某些特定的值

$$E=nh\nu,\qquad n=1,2,3,\cdots$$

式中，h 是普朗克常数。就是说，谐振子的能量只能是 $h\nu$ 的整数倍，是分立的、不连续分布的。这种能量分立的概念，称为谐振子能量的量子化。

在温度 T 时，能量 $E=nh\nu$ 的谐振子的能量分布几率正比于 $\exp(-E/kT)$，因此，谐振子的平均能量为

$$\overline{E}=\frac{\sum_{n=0}^{\infty}nh\nu\exp\left(-\frac{nh\nu}{kT}\right)}{\sum_{n=0}^{\infty}\exp\left(-\frac{nh\nu}{kT}\right)}=$$

$$h\nu\exp\left(-\frac{h\nu}{kT}\right)\frac{1+2\exp\left(-\frac{h\nu}{kT}\right)+3\exp\left(-\frac{2h\nu}{kT}\right)+\cdots}{1+\exp(-\frac{h\nu}{kT})+\exp(-\frac{2h\nu}{kT})+\cdots}=$$

$$h\nu\exp\left(-\frac{h\nu}{kT}\right)\frac{1}{1-\exp\left(-\frac{h\nu}{kT}\right)}=\frac{h\nu}{\exp\frac{h\nu}{kT}-1} \tag{1.2-32}$$

把频率在 ν 到 $\nu+\mathrm{d}\nu$ 之间的振荡模式数乘以每种振荡模式的平均能量，就得到频率在 ν 到 $\nu+\mathrm{d}\nu$ 之间的辐射能量

$$E_\nu\mathrm{d}\nu=\frac{8\pi\nu^2}{c^3}\cdot\frac{h\nu}{\exp\left(\frac{h\nu}{kT}\right)-1}\cdot V\mathrm{d}\nu \tag{1.2-33}$$

若除以体积 V，则得到光谱能量密度的公式

$$\rho_\nu d\nu=\frac{8\pi\nu^2}{c^3}\cdot\frac{h\nu}{\exp\left(\frac{h\nu}{kT}\right)-1}\mathrm{d}\nu \tag{1.2-34}$$

这就是著名的普朗克公式。

如果用波长表示，则有

$$\rho_\lambda\mathrm{d}\lambda=-\rho_\nu\mathrm{d}\nu \tag{1.2-35}$$

式中，负号表示 $\mathrm{d}\lambda$ 和 $\mathrm{d}\nu$ 的变化相反，即频率的增加相应于波长的减小。由关系式 $\lambda v=c$，得

$$\mathrm{d}\nu=-\frac{c\cdot\mathrm{d}\lambda}{\lambda^2}$$

把它代入式(1.2-34)并利用式(1.2-35)，得

$$\rho_\lambda\mathrm{d}\lambda=\frac{8\pi hc}{\lambda^5}\cdot\frac{\mathrm{d}\lambda}{\exp\left(\frac{ch}{\lambda kT}\right)-1} \tag{1.2-36}$$

此式为普朗克公式的另一形式。普朗克公式和实验结果的比较绘于图 1-18 中。

空间的光谱辐射能密度为 ρ_λ，因而在单位面积、单位时间内发射的辐射通量为 $c\rho_\lambda$。这些辐射能是均匀地向周围空间传播的，因此在单位立体角内传播的辐射通量，即光谱辐射亮度为

$$L_{\mathrm{eb}}(\lambda,T)=\frac{c\rho_\lambda}{4\pi}$$

对于朗伯辐射体，光谱辐射出射度 $M_{\mathrm{eb}}(\lambda,T)$ 为

$$M_{eb}(\lambda,T)=\pi L_{eb}(\lambda,T)=\frac{c}{4}\rho_\lambda \tag{1.2-37}$$

把式(1.2-36)代入式(1.2-37),得

$$M_{eb}(\lambda,T)=\frac{2\pi hc^2}{\lambda^5}\cdot\frac{1}{\exp\left(\frac{ch}{\lambda kT}\right)-1} \tag{1.2-38}$$

通常也写成

$$M_{eb}(\lambda,T)=\frac{c_1}{\lambda^5}\cdot\frac{1}{\exp\left(\frac{c_2}{\lambda T}\right)-1} \tag{1.2-39}$$

式中,$c_1=2\pi hc^2=(3.741\ 774\pm0.000\ 002\ 2)\times10^{-16}\ \mathrm{W\cdot m^2}$,称为第一辐射常数；

$c_2=ch/k=(1.438\ 786\ 9\pm0.000\ 000\ 12)\times10^{-2}\ \mathrm{m\cdot K}$,称为第二辐射常数。

假若 $ch/\lambda\ll kT$,将式(1.2-38)中分母的指数项$\frac{ch}{\lambda kT}$展开成幂级数并略去高次项,得

$$M_{eb}(\lambda,T)=\frac{c_1}{c_2}\cdot\frac{T}{\lambda^4}$$

这就是用波长表示的瑞利-金斯公式。因此,普朗克公式在长波辐射中过渡到经典的瑞利-金斯公式。

如果 $ch/\lambda\geqslant kT$,则指数项远大于 1,这时分母中的 1 可略去,得

$$M_{eb}(\lambda,T)=\frac{c_1}{\lambda^5}\cdot\exp\left(-\frac{c_2}{\lambda T}\right)$$

这就是波长表示的维恩公式,所以普朗克公式在短波辐射中过渡到经典的维恩公式。

普朗克公式采用亮度表示,即

$$L_{eb}(\lambda,T)=2hc^2\lambda^{-5}\ \frac{1}{e^{hc/\lambda kT}-1} \tag{1.2-40}$$

为了说明普朗克公式的意义,作出不同温度下的黑体光谱辐射亮度曲线,即 $L_{eb}(\lambda)-\lambda$ 曲线。图 1-19 示出了温度从 200～6 000 K 范围内的黑体光谱辐射亮度曲线。

由图 1-19 可知,热辐射具有如下特征：

① 光谱辐射亮度 $L_{b\lambda}$ 随波长 λ 变化的每条曲线上只有 1 个极大值。

② 不同温度的各条曲线彼此不相交。在任一波长上,温度 T 越高,光谱辐射亮度越大,反之亦然。每一曲线下的面积等于 $\sigma T^4/\pi$。

③ 随着温度 T 的升高,曲线峰值所对应的波长(峰值波长 λ_m)向短波方向移动,这表明热辐射中短波部分所占比例增大。

④ 波长小于 λ_m 部分的能量约占 25 %,波长大于 λ_m 部分的能量约占 75 %。

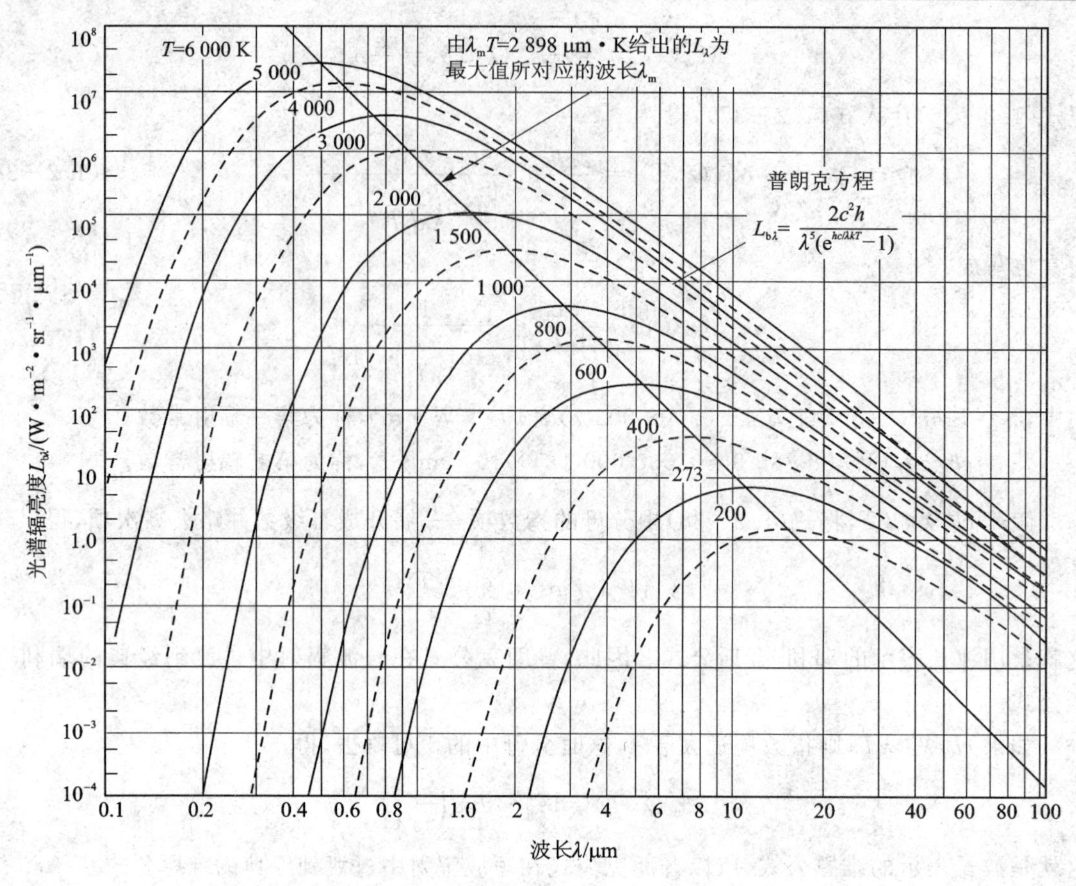

图 1-19　普朗克黑体光谱辐射亮度曲线

1.2.6　斯蒂芬-玻耳兹曼定律

1879 年斯蒂芬通过实验得出：黑体辐射的总能量与波长无关，仅与热力学温度的四次方成正比。1884 年玻耳兹曼将热力学和麦克斯韦电磁理论综合起来，从理论上证明了斯蒂芬的结论是正确的，从而建立起斯蒂芬-玻耳兹曼(Stefan - Boltzmann)定律。

如果把光谱辐射出射度 $M_{eb}(\lambda,T)$ 在整个波长范围内积分，则可得到温度为 T 的黑体在单位时间、单位面积上发射的全部辐射能量，即黑体的辐射出射度

$$M=\int_0^\infty M_{eb}(\lambda,T)\mathrm{d}\lambda \qquad (1.2-41)$$

把普朗克公式(1.2-39)代入上式，得

$$M=\int_0^\infty \frac{c_1}{\lambda^5}\cdot\frac{1}{\exp\left(\frac{c_2}{\lambda T}\right)-1}\mathrm{d}\lambda$$

令 $x=\frac{c_2}{\lambda T}$,则

$$\mathrm{d}x=-\frac{c_2}{\lambda^2 T}\mathrm{d}\lambda \quad \text{或} \quad \mathrm{d}\lambda=-\frac{\lambda^2 T}{c_2}\mathrm{d}x$$

故

$$M=\int_0^{\infty}\frac{c_1}{\lambda^5}\cdot\frac{\lambda^2 T}{c_2}\cdot\frac{\mathrm{d}x}{\exp(x)-1}=\frac{c_1}{c_2^4}T^4\int_0^{\infty}\frac{x^3\mathrm{d}x}{\exp(x)-1}$$

将分母用级数展开

$$\frac{1}{\exp(x)-1}=\frac{\exp(-x)}{1-\exp(-x)}=\exp(-x)[1+\exp(-x)+\exp(-2x)+\cdots]=\sum_{n=1}^{\infty}\exp(-nx)$$

因此

$$\int_0^{\infty}\frac{x^3\mathrm{d}x}{\exp(x)-1}=\sum_{n=1}^{\infty}\int_0^{\infty}x^3\exp(-nx)\mathrm{d}x$$

利用分部积分法或由积分表可求得

$$\int_0^{\infty}x^3\exp(-nx)\mathrm{d}x=\frac{6}{n^4}$$

可以证明

$$\sum_{n=1}^{\infty}\frac{1}{n^4}=\frac{\pi^4}{90}$$

或者因为它很快收敛,其数值可由前几项之和求出,等于 1.082。

因此

$$M=\frac{\pi^4}{15}\cdot\frac{c_1}{c_2^4}T^4=\frac{2\pi^5 k^4}{15c^2h^3}T^4=\sigma T^4 \tag{1.2-42}$$

式(1.2-42)是斯蒂芬-玻耳兹曼定律的数学表达式,式中 $\sigma=5.673\times10^{-12}\ \mathrm{W/(cm^2\cdot K^4)}$,称为斯蒂芬-玻耳兹曼常数。

辐射出射度与热力学温度四次方成正比,因此温度升高时,辐射出射度迅速增加,从图 1-19 可以明显看出。

1.2.7 维恩位移定律

从普朗克公式及图 1-19 可以看出,当黑体温度升高时,辐射谱峰向短波方向移动,维恩位移定律则以简单的形式给出这种变化的定量关系。

将普朗克公式(1.2-39)对 λ 求偏导,可以求出黑体在一定温度下光谱辐射出射度的峰值波长 λ_m。令

$$\frac{\partial M_\lambda}{\partial\lambda}=\frac{\partial}{\partial\lambda}\left[\frac{c_1}{\lambda^5}\cdot\frac{1}{\exp\left(\frac{c_2}{\lambda T}\right)-1}\right]=0$$

上式可化简为

$$\left(1-\frac{c_2}{5\lambda T}\right)\exp\left(\frac{c_2}{\lambda T}\right)=1 \quad 或 \quad \left(1-\frac{x}{5}\right)\exp(x)=1$$

式中，$x=\frac{c_2}{\lambda T}$。这个超越方程可用数值法求解，结果是

$$\begin{cases} x=0 & （无意义，舍去） \\ x=4.965\ 1 \end{cases}$$

因而有

$$\lambda_{\mathrm{m}} T=\frac{c_2}{4.965\ 1}=(2\ 898.8\pm 0.4)\ \mu\mathrm{m}\cdot\mathrm{K} \tag{1.2-43}$$

这个关系式称为维恩位移定律。光谱辐射出射度的峰值波长与热力学温度成反比，随着温度升高，峰值波长向短波方向移动。将 $\lambda_{\mathrm{m}} T$ 的值代入普朗克公式，可得到黑体光谱辐射出射度的峰值 $M_{\lambda_{\mathrm{m}}}$ 为

$$M_{\lambda_{\mathrm{m}}}=\frac{c_1}{\lambda_{\mathrm{m}}^5}\cdot\frac{1}{\exp(c_2/\lambda_{\mathrm{m}} T)-1}=bT^5 \tag{1.2-44}$$

式中，常数 $b=1.286\ 2\times 10^{-11}\ \mathrm{W/(m^2\cdot\mu m\cdot K^5)}$

1.2.8 热辐射理论的工程应用考虑

在对地观测遥感、军事侦察、光学制导等实际工程应用中，一方面需要对目标在某一温度的某一波段范围的辐射能量做有效的准确计算，另一方面还需将所观测的目标从复杂的背景中提取出来，因此，本节讨论热辐射的简易计算、辐射效率和辐射对比度问题。

1. 热辐射函数

利用式(1.2-38)或式(1.2-39)计算热辐射源的辐射出射度以及在某一波段($\lambda_1\sim\lambda_2$)内的积分值 $\int_{\lambda_1}^{\lambda_2} M_{\mathrm{eb}}(\lambda,T)\mathrm{d}\lambda$ 是相当困难的，利用热辐射基本函数 $f(\lambda T)$ 和 $F(\lambda T)$ 却可以很方便地计算出热辐射体在某一温度 T 时的辐射出射度以及在波长($\lambda_1\sim\lambda_2$)之间的辐射出射度。

普朗克公式也可以写成

$$\frac{M_\lambda}{T^5}=\frac{c_1}{(\lambda T)^5}\frac{1}{\exp\left(\frac{c_2}{\lambda T}\right)-1} \tag{1.2-45}$$

因此，黑体的光谱辐射出射度的峰值与热力学温度的五次方成正比。由式(1.2-44)可得

$$\frac{M_\lambda}{M_{\lambda_{\mathrm{m}}}}=\frac{(\lambda_{\mathrm{m}} T)^5}{(\lambda T)^5}\frac{\exp\left(\frac{c_2}{\lambda_{\mathrm{m}} T}\right)-1}{\exp\left(\frac{c_2}{\lambda T}\right)-1}=f(\lambda T) \tag{1.2-46}$$

式中，$M_{\lambda_{\mathrm{m}}}$ 是峰值波长的辐射出射度。相对光谱辐射出射度 $M_\lambda/M_{\lambda_{\mathrm{m}}}$ 是 λT 乘积的函数。因此，

如果以 λT 为变量，则可以计算出每组 λT 值对应的函数 $f(\lambda T)$ 值，于是得到一条通用的黑体光谱辐射出射度曲线 $f(\lambda T)$，如图 1-20 所示。

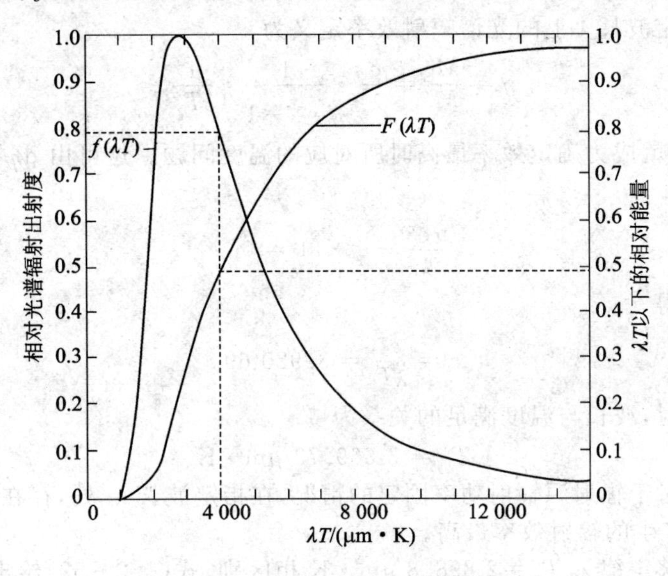

图 1-20　黑体通用曲线

图 1-20 中的另一条曲线 $F(\lambda T)$ 给出了从 0 到任一要求的 λT 之间的积分辐射出射度对总辐射出射度的分数值，即

$$F(\lambda T)=\frac{\int_0^{\lambda} M_\lambda(T)\mathrm{d}\lambda}{\int_0^{\infty} M_\lambda(T)\mathrm{d}\lambda}=\frac{M_{0\sim\lambda T}}{M_{0\sim\infty}} \tag{1.2-47}$$

对于给定的一系列的 λT 值可计算出相应的函数值 $F(\lambda T)$，黑体的 $F(\lambda T)$ 函数表列于附录中。

当辐射体温度 T 已知时，对某一特定波长 λ，可计算出 λT 值，再由函数 $f(\lambda T)$ 计算出 $f(\lambda T)$ 值，最后，可由下式计算出辐射体的光谱辐射出射度，即

$$M_\lambda = f(\lambda T)M_{\lambda_m} = f(\lambda T)bT^5 \tag{1.2-48}$$

利用 $F(\lambda T)$ 函数，可以完成下列计算。波长在 $0\sim\lambda$ 之间的黑体辐射出射度 $M_{0\sim\lambda}$ 为

$$M_{0\sim\lambda} = F(\lambda T)M_{0\sim\infty} = F(\lambda T)\sigma T^4 \tag{1.2-49}$$

波长在 $\lambda_1\sim\lambda_2$ 之间的黑体辐射出射度为

$$M_{\lambda_1\sim\lambda_2} = M_{0\sim\lambda_2} - M_{0\sim\lambda_1} = [F(\lambda_2 T)-F(\lambda_1 T)]\sigma T^4 \tag{1.2-50}$$

2. 辐射效率

当考虑把热辐射系统用于两个合作装置时，热辐射系统工程设计的一个关键问题就是要有效地利用工作信标的极限功率。若所研究的系统工作在单一波长上，在信标所考虑的工作

范围内输入功率转换成辐射通量的效率是常数，则问题就归结为恰当地选择信标的工作温度，以使系统工作效率最高。

将辐射源在特定波长 λ 上的光谱辐射效率定义为

$$\eta = \frac{M_\lambda}{M} = \frac{c_1}{\lambda^5} \cdot \frac{1}{e^{\frac{c_2}{\lambda T}} - 1} \cdot \frac{1}{\sigma T^4} \tag{1.2-51}$$

这样，系统设计问题就成为确定效率最高时所对应的温度问题。这可由 $\mathrm{d}\eta/\mathrm{d}T=0$ 来确定，通过数学运算可得

$$\frac{x e^x}{4} - e^x + 1 = 0$$

用逐次逼近方法可得

$$x = \frac{c_2}{\lambda T} = 3.920\ 69$$

最后得到效率最高时，波长与温度满足的关系为

$$\lambda_e T_e = 3\ 669.73\ \mu\mathrm{m} \cdot \mathrm{K} \tag{1.2-52}$$

式(1.2-52)说明，对于辐射源辐射功率固定的情况，在指定波长 λ_e 处，存在一个最佳温度，在此温度下，在 λ_e 上产生的辐射效率最高。

为了与维恩位移定律 $\lambda_m T_m = 2\ 898.8\ \mu\mathrm{m} \cdot \mathrm{K}$ 相区别，式(1.2-52)给出的值称为工程最大值。对于同一波长，T_e 与 T_m 有如下关系：

$$T_e = \frac{3\ 669.73}{2\ 898.8} T_m = 1.266 T_m \tag{1.2-53}$$

可见，工程最大值的温度比维恩位移定律的最大值温度要高 26.6 %。

3. 辐射对比度

当用热成像系统来观察目标并要区分与背景温度十分接近的目标时，希望有尽可能高的辐射对比度。

目标与背景的辐射对比度 C 定义为目标和背景辐射出射度之差与背景辐射出射度之比

$$C = \frac{M_T - M_B}{M_B} \tag{1.2-54}$$

式中，$M_T = \int_{\lambda_1}^{\lambda_2} M_\lambda(T_T)\mathrm{d}\lambda$ 为目标辐射波长在 $\lambda_1 \sim \lambda_2$ 间隔的辐射出射度，$M_B = \int_{\lambda_1}^{\lambda_2} M_\lambda(T_B)\mathrm{d}\lambda$ 为背景辐射波长在 $\lambda_1 \sim \lambda_2$ 间隔的辐射出射度。

要使目标和背景之间有最大的对比度，势必要求式(1.2-54)中分子的差值为最大。因目标和背景温度非常接近，要使差值大，也就是要使光谱辐射出射度随温度变化大。将普朗克公式对温度求偏导数，得光谱辐射出射度随温度的变化率为

$$\frac{\partial M_\lambda}{\partial T} = \frac{c_1}{\lambda^5} \cdot \frac{\left(\frac{c_2}{\lambda T^2}\right)\exp\left(\frac{c_2}{\lambda T}\right)}{\left(\exp\frac{c_2}{\lambda T} - 1\right)^2} = M_\lambda(T)\frac{1}{1-\exp\left(-\frac{c_2}{\lambda T}\right)} \cdot \frac{c_2}{\lambda T} \approx M_\lambda(T)\frac{c_2}{\lambda T} \tag{1.2-55}$$

式(1.2－55)中应用了在环境温度下的 $\exp(c_2/\lambda T)\gg 1$ 的近似。在工程中,常把$\partial M_\lambda/\partial T$ 叫做热成像系统的热导数。图 1－21 给出了$\partial M_\lambda/\partial T-\lambda T$ 的关系曲线。从图中可以看出,曲线有一峰值。采用类似于维恩位移定律的推导方法可得光谱辐射出射度变化率的峰值波长 λ_c 与热力学温度 T 的关系为

$$\lambda_c T = 2\ 411\ \mu\text{m} \tag{1.2-56}$$

因此最大对比度的峰值波长 λ_c 与辐射峰值波长 λ_m 的关系满足

$$\lambda_c = \frac{2\ 411}{2\ 898.8}\lambda_m = 0.832\lambda_m \tag{1.2-57}$$

辐射出射度与温度的微分关系为

$$\frac{\Delta M_{\lambda_1\sim\lambda_2}}{\Delta T} = \int_{\lambda_1}^{\lambda_2}\frac{\partial M_\lambda}{\partial T}\mathrm{d}\lambda = \int_{\lambda_1}^{\lambda_2}M_\lambda(T)\frac{c_2}{\lambda T}\mathrm{d}\lambda =$$

$$\int_0^{\lambda_2}M_\lambda(T)\frac{c_2}{\lambda T}\mathrm{d}\lambda - \int_0^{\lambda_1}M_\lambda(T)\frac{c_2}{\lambda T}\mathrm{d}\lambda = \Delta M_{0\sim\lambda_2} - \Delta M_{0\sim\lambda_1} \tag{1.2-58}$$

因为对比度对温度的变化率与 $\Delta M_{\lambda_1\sim\lambda_2}/\Delta T$ 相对应,所以为求得对比度,只要求得 $\Delta M_{\lambda_1\sim\lambda_2}/\Delta T$ 即可。300 K 是通常地面背景的温度,其 λ_c 值近似为 8 μm,所以,在不考虑其他因素的情况下,用热像仪观察地面时,采用 8～14 μm 波段最为理想。表 1－4 列出了 T=300 K 时的$\partial M_\lambda/\partial T$ 值和 $\Delta M_{0\sim\lambda}$值,可以利用表 1－4 来确定热辐射探测系统的热灵敏度。

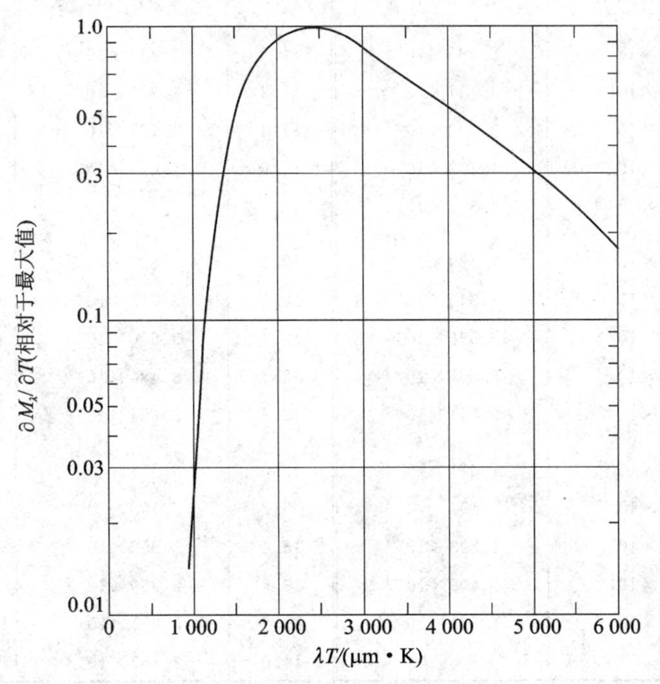

图 1－21　$\partial M_\lambda/\partial T-\lambda T$ 的关系曲线

表 1-4 $T=300$ K,$\lambda=2\sim14$ μm 时的$\partial M_\lambda/\partial T$和$\Delta M_{0\sim\lambda}$值

λ	$\frac{\partial M_\lambda}{\partial T}$	$\Delta M_{0\sim\lambda}$	λ	$\frac{\partial M_\lambda}{\partial T}$	$\Delta M_{0\sim\lambda}$
2.0	3.754×10^{-9}	3.201×10^{-10}	8.0	5.752×10^{-5}	1.636×10^{-4}
2.2	1.867×10^{-8}	2.289×10^{-9}	8.2	5.745×10^{-5}	1.751×10^{-4}
2.4	6.788×10^{-8}	1.008×10^{-8}	8.4	5.717×10^{-5}	1.866×10^{-4}
2.6	1.947×10^{-7}	3.457×10^{-8}	8.6	5.673×10^{-5}	1.980×10^{-4}
2.8	4.649×10^{-7}	9.751×10^{-8}	8.8	5.614×10^{-5}	2.092×10^{-4}
3.0	9.606×10^{-7}	2.356×10^{-7}	9.0	5.541×10^{-5}	2.204×10^{-4}
3.2	1.768×10^{-6}	5.026×10^{-7}	9.2	5.460×10^{-5}	2.314×10^{-4}
3.4	2.963×10^{-6}	9.676×10^{-7}	9.4	5.368×10^{-5}	2.423×10^{-4}
3.6	4.596×10^{-6}	1.717×10^{-6}	9.6	5.268×10^{-5}	2.528×10^{-4}
3.8	6.691×10^{-6}	2.838×10^{-6}	9.8	5.161×10^{-5}	2.633×10^{-4}
4.0	9.233×10^{-6}	4.423×10^{-6}	10.0	5.046×10^{-5}	2.736×10^{-4}
4.2	1.218×10^{-5}	6.534×10^{-6}	10.2	4.932×10^{-5}	2.835×10^{-4}
4.4	1.547×10^{-5}	9.320×10^{-6}	10.4	4.812×10^{-5}	2.933×10^{-4}
4.6	1.901×10^{-5}	1.276×10^{-5}	10.6	4.690×10^{-5}	3.028×10^{-4}
4.8	2.272×10^{-5}	1.693×10^{-5}	10.8	4.567×10^{-5}	3.120×10^{-4}
5.0	2.651×10^{-5}	2.185×10^{-5}	11.0	4.445×10^{-5}	3.210×10^{-4}
5.2	3.028×10^{-5}	2.754×10^{-5}	11.2	4.319×10^{-5}	3.298×10^{-4}
5.4	3.392×10^{-5}	3.392×10^{-5}	11.4	4.197×10^{-5}	3.383×10^{-4}
5.6	3.744×10^{-5}	4.109×10^{-5}	11.6	4.074×10^{-5}	3.465×10^{-4}
5.8	4.074×10^{-5}	4.891×10^{-5}	11.8	3.592×10^{-5}	3.546×10^{-4}
6.0	4.379×10^{-5}	5.739×10^{-5}	12.0	3.832×10^{-5}	3.622×10^{-4}
6.2	4.652×10^{-5}	6.644×10^{-5}	12.2	3.713×10^{-5}	3.700×10^{-4}
6.4	4.897×10^{-5}	7.596×10^{-5}	12.4	3.600×10^{-5}	3.773×10^{-4}
6.6	5.114×10^{-5}	8.601×10^{-5}	12.6	3.484×10^{-5}	3.842×10^{-4}
6.8	5.287×10^{-5}	9.641×10^{-5}	12.8	3.374×10^{-5}	3.911×10^{-4}
7.0	5.438×10^{-5}	1.071×10^{-4}	13.0	3.267×10^{-5}	3.977×10^{-4}
7.2	5.554×10^{-5}	1.181×10^{-4}	13.2	3.160×10^{-5}	4.043×10^{-4}
7.4	5.642×10^{-5}	1.293×10^{-4}	13.4	3.059×10^{-5}	4.106×10^{-4}
7.6	5.705×10^{-5}	1.406×10^{-4}	13.6	2.959×10^{-5}	4.165×10^{-4}
7.8	5.739×10^{-5}	1.521×10^{-4}	13.8	2.861×10^{-5}	4.224×10^{-4}
			14.0	2.767×10^{-5}	4.278×10^{-4}

1.2.9　热辐射定律的其他形式

1. 用光子数表示的热辐射定律

热辐射定律的光子表达式对研究光子探测器的特性有用，因光子探测器响应的是辐射光子数。如果用光子能量 $h\nu$(或 hc/λ)去除普朗克公式，就得到用光子辐射出射度表示的普朗克公式：

$$M_{q\lambda}=\frac{2\pi c}{\lambda^4}\frac{1}{\exp\left(\frac{hc}{\lambda kT}\right)-1}=\frac{c_1'}{\lambda^4}\frac{1}{\exp\left(\frac{c_2}{\lambda T}\right)-1} \tag{1.2-59}$$

式中，$c_1'=2\pi c=1.883\,6\times10^{27}\ \mu m^3/(m^2\cdot s)$，$M_{q\lambda}$ 的单位是光子数/$(m^2\cdot\mu m\cdot s)$。

将光谱光子辐射出射度在整个波长范围内积分，就得到黑体的光子总辐射度为

$$M_q=\int_0^\infty M_{q\lambda}d\lambda=0.370\frac{\sigma}{k}T^3=\sigma' T^3 \tag{1.2-60}$$

式中，$\sigma'=1.520\,4\times10^{15}\ s^{-1}\cdot m^{-2}\cdot K^{-3}$。

因此，黑体的光子总辐射出射度随热力学温度的三次方变化，而不是辐射通量所遵循的四次方关系。

将光谱光子辐射出射度微分，可求得光谱光子辐射度的峰值波长 λ_m'：

$$\lambda_m' T=3\,669.7\ \mu m\cdot K \tag{1.2-61}$$

所以，黑体辐射的辐射出射度和辐射光子数的位移定律具有相同形式，但光子辐射出射度的峰值波长比黑体辐射的约高 25 %。

2. 适用于介质的热辐射定律

对于折射率为 n 的介质中的黑体辐射定律有如下形式：

$$M_\lambda=\frac{c_1}{n^2\lambda^5\left(\exp\frac{c_2}{\lambda T}-1\right)} \tag{1.2-62}$$

维恩位移定律

$$n\lambda_m T=2\,898\ \mu m\cdot K \tag{1.2-63}$$

斯蒂芬-玻耳兹曼定律

$$M=n^{-2}\sigma T^4 \tag{1.2-64}$$

1.3　受激辐射理论

1.3.1　自发辐射、受激辐射和受激吸收

发光物质的原子(或者分子、离子)从高能态跃迁到低能态时将发射光子，从低能态跃迁到

高能态时则吸收光子。在发光物质内部,这些跃迁又是大量地随机发生的。所以,当讨论粒子能量的某种跃迁规律时,只能用统计方法描述,即只能预言此跃迁发生的概率。

处于高能态的粒子在不受外界的导引或控制的情况下以一定的概率向低能态跃迁称为自发跃迁,由自发跃迁引起的光发射称为自发辐射。对于由大量粒子构成的体系,各个粒子的自发跃迁是各自独立进行的,因而物质内部的自发辐射是若干列频率、相位、偏振方向和传播方向都没有固定关系的简谐波的非相干叠加。

以下标 m 和 k 分别表示能级的相对高低。设高能态 E_{m} 上的粒子数为 N_{m},在 $\mathrm{d}t$ 时间内由 E_{m} 能级跃迁到 E_{k} 能级的粒子数为 $\mathrm{d}N$。定义自发跃迁速率为

$$A_{\mathrm{mk}} = -\frac{\mathrm{d}N_{\mathrm{m}}/\mathrm{d}t}{N_{\mathrm{m}}} \tag{1.3-1}$$

由式(1.3-1)可得

$$N_{\mathrm{m}} = N_{\mathrm{m0}}\exp(-A_{\mathrm{mk}}t) = N_{\mathrm{m0}}\exp(-t/t_{\mathrm{m}}) \tag{1.3-2}$$

式中,t_{m} 为自发跃迁速率 A_{mk} 的倒数,称为激发态的自发寿命,它表示粒子在 E_{m} 能级上停留的平均时间,N_{m0} 是初始时刻 $t=0$ 时 E_{m} 能级上的粒子数。

处于高能态 E_{m} 上的粒子,得到能量恰好为 $h\nu=E_{\mathrm{m}}-E_{\mathrm{k}}$ 的外部光子的激励或者感应而跃迁到低能级 E_{k} 的过程,称为受激跃迁。由受激跃迁引起的光发射称为受激辐射。如果粒子体系外部原有的光波为单色平面波,则受激辐射的频率、相位、偏振方向和传播方向将与之完全相同。受激辐射的强度不仅取决于体系本身的性质,还与周围光场的能量密度 $\rho(\nu)$ 成正比,即

$$\mathrm{d}N = -BN\rho(\nu)\mathrm{d}t$$

式中,比例常数 B 称为受激辐射系数。受激跃迁既可以从高能级 E_{m} 跃迁到低能级 E_{k},也可以从低能级 E_{k} 跃迁到高能级 E_{m},前者为受激辐射过程,后者为受激吸收过程。相应的常数 B 除了上述的受激辐射系数外,还有受激吸收系数,它们以不同的下标区分为

$$\begin{cases} B_{\mathrm{mk}} = -\dfrac{\mathrm{d}N_{\mathrm{m}}/\mathrm{d}t}{N_{\mathrm{m}}\rho(\nu)} \\ B_{\mathrm{km}} = -\dfrac{\mathrm{d}N_{\mathrm{k}}/\mathrm{d}t}{N_{\mathrm{k}}\rho(\nu)} \end{cases}$$

粒子的自发辐射、受激辐射和受激吸收过程示于图1-22中。

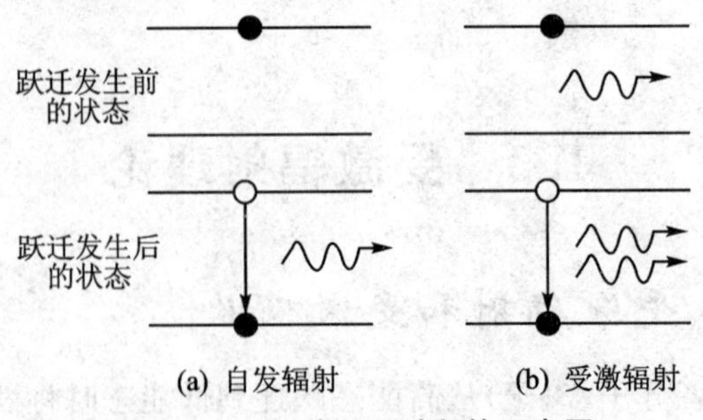

图1-22 三种跃迁过程的示意图

1.3.2 爱因斯坦关系式

爱因斯坦(Albert Einstein)于1917年运用经典统计理论加上普朗克能量量子化假设推导出了A_{mk}、B_{mk}和B_{km}三者之间的关系。

假设体系由N个粒子组成,其中处于能级E_m和E_k的粒子数分别为N_m和N_k;又假设体系与辐射场在热力学温度T下处于平衡,体系从光场吸收的能量等于向光场发射的能量。

发射能量=(从m到k态跃迁的粒子数)×$h\nu_{mk}$

吸收能量=(从k到m态跃迁的粒子数)×$h\nu_{km}$

按照能量守恒列出方程

$$N_m A_{mk} + N_m B_{mk}\rho(\nu) = N_k B_{km}\rho(\nu) \tag{1.3-3}$$

将普朗克热辐射公式

$$\rho(\nu)\mathrm{d}\nu = \frac{8\pi n^3 h\nu^3}{c^3}\cdot\frac{1}{\mathrm{e}^{\frac{h\nu}{kT}}-1}\mathrm{d}\nu$$

代入式(1.3-3),得

$$N_m\left[B_{mk}\frac{8\pi n^3 h\nu^3}{c^3(\mathrm{e}^{\frac{h\nu}{kT}}-1)} + A_{mk}\right] = N_k\left[B_{km}\frac{8\pi n^3 h\nu^3}{c^3(\mathrm{e}^{\frac{h\nu}{kT}}-1)}\right] \tag{1.3-4}$$

再应用经典统计理论的麦克斯韦-玻耳兹曼能量分布律

$$N_i = C(T)\exp-(-E_i/kT)$$

式中,$C(T)=N/f(T)$,N为体系的粒子总数;$f(T)$称为配分函数,它只随T而变,与能级无关。N_i为处于E_i能级的粒子数。因此式(1.3-3)中的N_k和N_m之比可表示为

$$\frac{N_k}{N_m}\exp[(E_m - E_k)/kT] = \exp(h\nu/kT) \tag{1.3-5}$$

将式(1.3-5)代入到式(1.3-4)中,可得对于任意ν和T都成立的条件是

$$\left.\begin{aligned} B_{km} &= B_{mk} \\ A_{mk} &= \frac{8\pi n^3 h\nu^3}{c^3}B_{mk} \end{aligned}\right\} \tag{1.3-6}$$

式(1.3-6)便是著名的爱因斯坦关系式。此式虽然是在热平衡条件下导出的,但关系式本身并不包含热力学参量。因此,只要辐射场达到稳定状态,即使在非热平衡条件下,此式仍然实用。

爱因斯坦关系式预言了受激辐射系数与受激吸收系数相等,并给出了自发跃迁速率与受激辐射系数之间的关系。

1.3.3 光增益系数

考虑频率为ν、强度为I的单色光在激活介质中沿z方向传播。设激活介质上能级为E_2,

其上的粒子数为 N_2；下能级为 E_1，其上的粒子数为 N_1。虽然我们理想地认为激活介质的粒子都具有这样的上、下能级结构，但每个粒子的上能级不一定都是 E_2 值，而是若干粒子在 E_2 能级附近形成上能带；每一个粒子的下能级也不一定都是同一个 E_1 值，而是若干个粒子在 E_1 能级附近形成下能带。从 1.2 节中辐射的经典谐振子模型来理解，实际辐射是如式(1.2-21)所示的阻尼振动的振幅衰减辐射，式(1.2-21)中的 ν_0 不再对应于单一的简谐运动的频率，而是一个频谱。认为辐射场的振幅与带电粒子相对其平衡位置的位移 $x(t)$ 成比例是合理的，因此，我们可以利用式(1.2-21)的傅里叶变换来求辐射场的频谱分布

$$E(\nu)=\int_0^{\infty}E_0\exp\left[-\frac{\sigma}{2}+\mathrm{i}2\pi(\nu_0-\nu)\right]t\mathrm{d}t=\frac{E_0}{\dfrac{\sigma}{2}-\mathrm{i}2\pi(\nu_0-\nu)} \tag{1.3-7}$$

辐射场的强度正比于电矢量振幅的平方，在单位频率间隔 $\nu\sim(\nu+\mathrm{d}\nu)$ 内的辐射强度应为

$$I(\nu)\propto|E(\nu)|^2=\frac{E_0^2}{4\pi^2(\nu_0-\nu)^2+\left(\dfrac{\sigma}{2}\right)^2} \tag{1.3-8}$$

全部频域内的总辐射强度为

$$I=\int_{-\infty}^{\infty}I(\nu)\mathrm{d}\nu=E_0^2\int_{-\infty}^{\infty}\frac{\mathrm{d}\nu}{4\pi^2(\nu_0-\nu)^2+(\sigma/2)^2}=E_0^2A \tag{1.3-9}$$

式中

$$A=\int_{-\infty}^{\infty}\frac{\mathrm{d}\nu}{4\pi^2(\nu_0-\nu)^2+(\sigma/2)^2} \tag{1.3-10}$$

为了定量地讨论辐射强度的频率分布，引入线形函数 $g(\nu)$ 参量，定义为

$$g(\nu)=\frac{I(\nu)}{I} \tag{1.3-11}$$

即 $g(\nu)$ 表示辐射场中单位频率间隔内频率为 ν 的光强占总光强的比率。因为光子数又与光强成比例，所以 $g(\nu)$ 也可以表示辐射场中频率为 ν 的光子数与总光子数的比率。将式(1.3-11)两边对 ν 在全部频域内积分，显然有

$$\int_{-\infty}^{\infty}g(\nu)\mathrm{d}\nu=1 \tag{1.3-12}$$

式(1.3-12)称为线形函数的归一化条件。根据线形函数 $g(\nu)$ 的定义，有

$$g(\nu)=\frac{1}{A}\frac{1}{4\pi^2(\nu_0-\nu)^2+(\sigma/2)^2}$$

再应用式(1.3-12)，可得 $A=1/\sigma$，所以

$$g(\nu)=\frac{\sigma}{4\pi^2(\nu_0-\nu)^2+(\sigma/2)^2} \tag{1.3-13}$$

由式(1.2-21)可以看出阻尼系数 σ 应有 s^{-1} 的量纲。当时间 $t=1/\sigma$ 时，辐射光强已降至初始值 I_0 的 1/e。如果我们定义辐射光强降至初始值 I_0 的 1/e 所需的时间为激活介质上能级 E_2

的寿命，并记为 t_2，则有 $\sigma=1/t_2$，$g(\nu)$ 的表达式便可改写为

$$g_N(\nu)=\frac{1/t_2}{4\pi^2(\nu_0-\nu)^2+(1/2t_2)^2} \tag{1.3-14}$$

式(1.3-14)便是至今仍被采用的自然展宽的线形函数表达式，$g(\nu)$ 加有下标 N 表示“自然”，t_2 为常数。所以 $g(\nu)-\nu$ 关系曲线必定呈左右对称的形式，称为洛伦兹线形函数。

$g(\nu)-\nu$ 关系描述的正是辐射光强的归一化频谱特性。如图 1-23 所示，线形函数的峰值对应的频率 ν_0 为辐射的中心频率。从物理意义上讲，它与激活介质的最可几上下能级差相对应，自然也是辐射场中最强的频率成分。通常把辐射的相对强度下降到峰值的一半时的频率范围 $\Delta\nu$ 定义为辐射谱线的线宽，称为半高全宽度。$\Delta\nu$ 越窄，表明激活介质系统辐射的单色性越好。

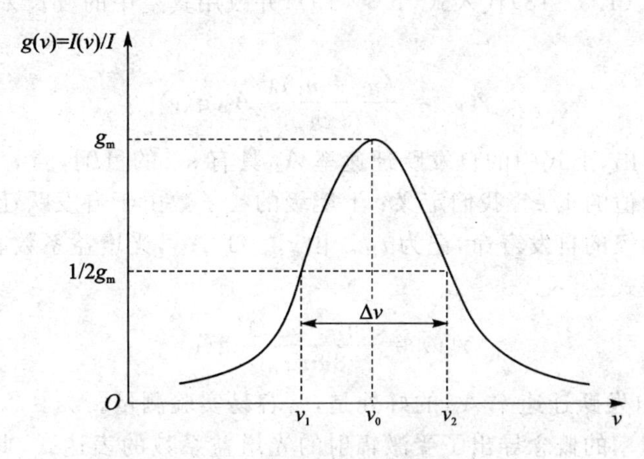

图 1-23　辐射场的频谱特性

单位时间内，从上能级受激跃迁到下能级的粒子数应为 $N_2B_{21}\rho(\nu)$，所以受激辐射中频率为 ν 的光子总能量应为

$$\varepsilon_{21}(\nu)=N_2B_{21}\rho(\nu)\cdot h\nu\cdot g(\nu)$$

受激吸收频率为 ν 的光子总能量应为

$$\varepsilon_{12}(\nu)=N_1B_{12}\rho(\nu)\cdot h\nu\cdot g(\nu)$$

于是，辐射场中单位时间内能量的增量应为

$$\frac{d\varepsilon}{dt}=(N_2B_{21}-N_1B_{12})\cdot\rho(\nu)\cdot g(\nu)\cdot h\nu$$

再应用爱因斯坦关系式(1.3-6)，可得

$$\frac{d\varepsilon}{dt}=(N_2-N_1)\cdot g(\nu)\frac{c^3}{8\pi n^3\nu^2}A_{21}\cdot\rho(\nu) \tag{1.3-15}$$

辐射场的光强又可写为

$$I(\nu)=\text{光速}\cdot\text{能量密度}=(c/n)\cdot(\varepsilon/V)=(c/n)\cdot\rho(\nu) \tag{1.3-16}$$

因此，可以利用 $I(\nu)$ 取代 $\rho(\nu)$，再由式(1.3－16)写出光场在介质中传播时介质的变化率

$$\frac{\mathrm{d}I(\nu)}{\mathrm{d}z}=\frac{(c/n)}{V}\frac{\mathrm{d}\varepsilon}{\mathrm{d}t}\frac{\mathrm{d}t}{\mathrm{d}z}=\frac{1}{V}\frac{\mathrm{d}\varepsilon}{\mathrm{d}t} \tag{1.3-17}$$

式中，V 为光场的体积。将式(1.3－17)代入式(1.3－15)即得

$$\frac{\mathrm{d}I(\nu)}{\mathrm{d}z}=(n_2-n_1)\frac{c^2}{8\pi n^2\nu^2}I(\nu)A_{21}g(\nu) \tag{1.3-18}$$

式中，n_2 和 n_1 分别为激活介质单位体积内处于上、下能级的粒子数，称为上、下能级的粒子密度。用 $\gamma(\nu)$ 表示辐射系统的光增益系数，定义如下：

$$\gamma(\nu)=\frac{1}{I(\nu)}\frac{\mathrm{d}I(\nu)}{\mathrm{d}z} \tag{1.3-19}$$

即 $I(z)=I_0\mathrm{e}^{\gamma z}$。将式(1.3－18)代入式(1.3－19)，并改用真空中的波长 $\lambda=c/\nu$，得到光增益系数的表示式

$$\gamma(\nu)=\frac{(n_2-n_1)\lambda^2}{8\pi n^2}A_{21}g(\nu)$$

由式(1.3－2)容易看出，上式中的自发跃迁速率 A_{21} 具有 s^{-1} 的量纲，当 $t=1/A_{21}$ 时，上能级的粒子数已衰减到初始值的 1/e。我们定义：上能级的粒子数由于自发跃迁衰减到初始值的1/e所需要的时间为上能级的自发寿命，记为 $t_{自}$。由 $t_{自}=1/A_{21}$，光增益系数表示式便改写成文献中普遍引用的如下形式：

$$\gamma(\nu)=\frac{(n_2-n_1)\lambda^2}{8\pi n^2 t_{自}}g(\nu) \tag{1.3-20}$$

用自发寿命 $t_{自}$ 取代自发跃迁速率 A_{21} 的好处是，$t_{自}$ 容易实验测量。

前面应用跃迁速率的概念导出了受激辐射的光增益系数的表达式，此结果与全量子理论导出的结果完全相同，这是由爱因斯坦关系式的正确性所决定的。

1.3.4 自然增宽、碰撞增宽和多普勒增宽

1. 自然增宽

由于高能级的粒子有自发向低能级跃迁并辐射出能量为 $h\nu$ 的光子的特性，粒子在激发态的高能级上只有有限的寿命 t_2，因此，根据量子力学的测不准原理，粒子在激发态就不可能具有确定的能量，也就是说，激发态能级有一定的宽度。能级宽度 ΔE 和寿命之间的测不准关系是

$$\Delta E\cdot t_2\geqslant\frac{h}{2\pi}$$

这样，辐射的谱线就有一定的宽度。由于这种增宽是必然存在的，所以称为自然增宽。谱线的自然宽度 $\Delta\nu_{\mathrm{N}}$ 为

$$\Delta\nu_{\mathrm{N}}=\frac{\Delta E}{h}=\frac{1}{2\pi t_2} \tag{1.3-21}$$

简谐振动经典理论中的阻尼系数（衰减系数）和量子理论中粒子在激发态上平均寿命之间的关系是

$$t_2 = \frac{1}{\sigma} \tag{1.3-22}$$

将式（1.3-22）代入式（1.3-14）并利用式（1.3-21），得到自然增宽的线形函数 $g_N(\nu)$ 为

$$g_N(\nu) = \frac{\Delta\nu_N/2\pi}{(\nu-\nu_0)^2+(\Delta\nu_N/2)^2} \tag{1.3-23}$$

2. 碰撞增宽

粒子之间无规则的碰撞是引起谱线增宽的另一个原因。大量粒子作无规则的热运动，当两个粒子相互作用使粒子原来的运动状态发生了变化时，就认为两粒子发生了“碰撞”。在气体中，当两个分子或原子处于足够近的距离时，能量发生耦合时就认为发生了碰撞；在晶体中，晶格的热振动使每个原子都受到相邻原子的耦合相互作用，因而，每个原子都可能因这种相互作用而改变自己的运动状态，这也称为“碰撞”，虽然实际上并未直接接触碰撞。

碰撞的发生是随机的。设任一个粒子和其他粒子发生碰撞的平均时间间隔为 τ_L，显然，τ_L 也就是由于碰撞而引起的平均寿命。由此可见，碰撞过程和自发辐射一样会引起谱线增宽，而且其线形函数也和自然增宽一样，属于洛伦兹线形函数，并表示为

$$g_L(\nu) = \frac{\Delta\nu_L/2\pi}{(\nu-\nu_0)^2+(\Delta\nu_L/2)^2} \tag{1.3-24}$$

$$\Delta\nu_L = \frac{1}{2\pi\tau_L} \tag{1.3-25}$$

在气体中，碰撞增宽的谱线宽度 $\Delta\nu_L$ 与压强和温度有关，实验证明：

$$\Delta\nu_L = \Delta\nu_{L0}\left(\frac{p}{p_0}\right)\left(\frac{T_0}{T}\right)^{\frac{1}{2}} \tag{1.3-26}$$

式中，$\Delta\nu_{L0}$ 是压强为 p_0、温度为 T_0 时的谱线宽度，而 $\Delta\nu_L$ 是压强为 p、温度为 T 时的谱线宽度。

3. 多普勒增宽

多普勒增宽是由热运动的发光粒子的多普勒频移引起的。处于高能级的粒子，一方面在不停地热运动，另一方面又向低能级跃迁而发射光波，这样，对接收器（例如光谱仪）来说，这些粒子是运动的光源。即使它们发射单一频率 ν_0 的光波，由于多普勒效应，向着接收器方向运动的粒子的发射，也会使得接收器接收到的频率高于 ν_0，而离开接收器方向运动的粒子的发射，使得接收器接收到的光波频率低于 ν_0，从而使接收器所接收到的频谱增宽了。这就是多普勒增宽。多普勒增宽的线形函数可由多普勒效应和热运动的 Maxwell 统计分布导得，即

$$g_D = \frac{c}{\nu_0}\left(\frac{M}{2\pi kT}\right)^{1/2}\exp\left[-\frac{Mc^2(\nu-\nu_0)^2}{2kT\nu_0^2}\right] = \frac{1}{\Delta\nu_D}\left(\frac{\ln 2}{\pi}\right)^{1/2}\exp\left[-\frac{\ln 2}{\Delta\nu_D^2}(\nu-\nu_0)^2\right] \tag{1.3-27}$$

式中，M 是粒子的质量，$\Delta\nu_D$ 为

$$\Delta\nu_D=\frac{2\nu_0}{c}\left(\frac{2kT}{M}\ln 2\right)^{1/2} \tag{1.3-28}$$

式(1.3-28)是多普勒线形的线宽。多普勒增宽的线形函数称为高斯线形函数，其图形见图1-24。

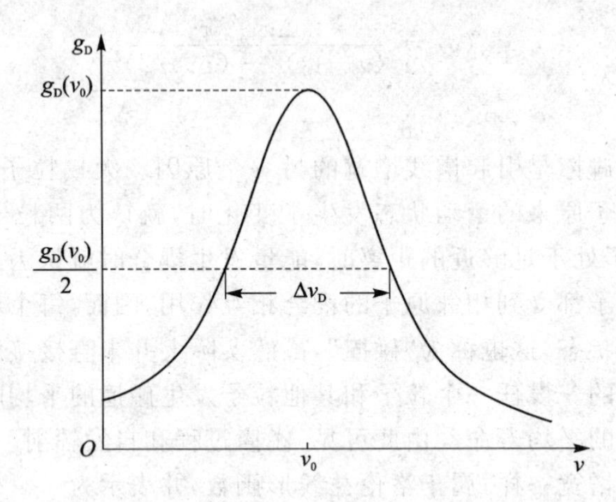

图1-24　多普勒增宽的高速线形函数

自然增宽和碰撞增宽也称均匀增宽，其特点是引起增宽的物理原因对每个粒子来说都是相同的。每个发光的粒子对谱线的每一频率分量都有贡献。多普勒增宽又称非均匀增宽，接收器所接收到的不同光波频率来自不同速度的粒子。每个粒子只对谱线内某个确定的频率分量有贡献，而不是对谱线内的全部频率分量有贡献。

在实际的光谱线中，往往同时存在多种增宽因素。例如，由于碰撞增宽，一定速度的粒子所发出的光就不再是单色光，它在多普勒加宽的线形中将贡献一条有一定宽度的谱线。整个多普勒线形是所有这些基元谱线的叠加。这样得出的线形称为综合增宽线形。在数学上是两种线形函数的卷积。

习　题

1. 求辐射亮度为 L 的各向同性面积元在张角为 α 的圆锥内所发射的辐射通量。

2. 已知一点辐射源，辐射强度为2.5 W/sr，求相距50 cm的仪器(仪器物镜面积是25 m^2)所接收到的辐射功率。

3. 如果忽略大气吸收，则地球表面受太阳垂直照射时，每平方米接收的辐射通量为1.35 kW。假设太阳的辐射遵循朗伯定律，试计算它在每平方米面积上所发射的辐射通量为多少？(从地球看太阳的张角为32′。)

4. 一点辐射源在上半空间发出的辐射通量为 62.8 W,求该辐射源在上半空间的平均辐射强度。

5. 有一半径为 R 的圆盘,其辐射亮度为 $L\cos\theta$,其中 θ 是观察方向与圆盘面法线的夹角。求圆盘的辐射出射度、辐射强度以及距中心垂直距离为 d 处 P 点的辐照度。

6. 房间的面积为 4.58 m×3.66 m,用 100 cd 的电灯照明,并悬于天花板中央,离地 2.44 m,求地面上如下不同位置的照度:

① 灯的正下方;

② 房屋的一角(假设灯在各个方向的发光强度均相同)。

7. 有一细长的朗伯面,辐射亮度为 L,长和宽分别为 l 和 $D(D\ll l)$。求在其中垂线上距离为 d 处的辐照度。

8. 在一平面 S 的上方 4 m 高处有一发光强度为 100 cd 的各向同性点光源 C,S 平面上有一点 P,$\angle OCP=60°$,求点源 C 对它正下方 S 上的 O 点产生的照度,以及对 S 面上 P 点产生的照度。

9. 表面分别为 A_1 和 A_2 的两个小球,相距一较远的距离 l,如果第一个小球的辐射出射度为 M,证明第二个小球接收到第一个小球的辐射功率为 $MA_1A_2/16\pi l^2$。

10. 某平面上有两点 A 和 B 相距为 x,若在 A 点上方 r 处悬挂一辐射强度为 I 的点源,试求 B 点处的辐照度。

11. 有一半径为 1.0 m 的圆形桌子,在距桌子中心正上方 2.0 m 高处放置一点光源,这时桌子的中心照度为 90.0 lx,在桌子其他点的照度随中心距离增大而下降,那么,当把光源置于离桌子中心 3.00 m 高处时,求桌子中心处和边缘上的照度。

12. 在一水平面的上方有一个点辐射源 S,在平面上有一点 B,B 点与源正下方 A 点的距离为 l。问当源 S 垂直下移时,在怎样的高度时,可使 B 点的辐射照度最大。

13. 波长为 460 nm、光通量为 620 lm 的蓝光,射在一个白色屏幕上,问屏幕上在 1 min 内接收多少焦耳的能量。

14. 两个具有一定距离的辐射源 A 和 B,在两者的连线上用辐射计测得辐射照度相等,但辐射计到两个辐射源的距离之比为 2∶5。将一红外滤光片置于 B 之前,再测平衡位置,距离之比变为 6∶5,求在探测器响应的波段内该滤光片的透射率。

15. 有一发光面 $S=8\ \mathrm{cm}^2$,其辐射亮度为 $10^4\ \mathrm{W/(m^2\cdot sr)}$。如果是按余弦发射体发出辐射,求在半顶角 5°~1.5°之间的立体角内发出的辐射通量。

16. 一支 He-Ne 激光器,发射出波长为 632.8 nm 的激光束,其功率为 10 mW,发散角为 2 mrad。如果光束截面直径为 1 mm,投射到距离激光器 10 m 远的屏上。试求此激光束的辐射强度、辐射亮度、光通量、发光强度以及在屏上的辐射照度、照度。(波长为 632.8 nm 的 $V=0.235$。)

17. 面积为 A 的微面元,按余弦发射体发出辐射,其辐射亮度为 L,在与其法线成 θ 角的

发射方向上发出辐射，求在与 A 平行且相距为 d 的平面上一点 B 处产生的辐射照度。如果把 B 点所在的平面在 B 处逆时针转动 φ 角，在 B 点处的辐射照度如何？

18. 一个发光表面 S 的面积是 0.5 cm^2，与其法线成 45°的 CP 方向的亮度为 5×10^6 cd/m^2，CP 与接收面元 dS 的法线方向成 60°，CP=50 cm，求 dS 上 P 点的照度。

19. 满月能够在地面上产生 0.2 lx 的照度。假设满月等价于直径为 3 476 km 的圆形面光源，距地面平均距离为 3.844×10^5 km，如果忽略大气衰减，计算月亮的亮度。

20. 有一直径为 0.060 m 的圆形均匀漫反射玻璃片，该玻璃片在波段内的透射率为 0.5。用一光源照射玻璃片，小光源距离玻璃片为 1 m，在玻璃片前方(中心线)3 m 处放一个带有直径为 0.040 0 m 的孔径光阑，这时，通过该孔的辐射通量是多少？小光源的辐射强度 I=8.00 W/sr。

21. 设黑体空腔处于某一给定温度，其辐射的峰值波长为 0.65 μm。如果把空腔温度升高，以致其辐射通量提高 1 倍，这时的峰值波长将是多少？

22. 已知普朗克公式，试证 $\lambda_m\nu_m=0.568c$，其中 c 为光速。

23. 假设灯丝是黑体，试计算在 2 000 K 下工作的 100 W 钨丝灯每秒在 0.5～0.51 μm 波长间隔内发射的光子数。

24. 用 500 K 黑体测试探测器的性能，要使透射到探测器窗口上的辐射总能量的 45 %通过，探测器的窗口材料在多大的波长范围内的透射率应大于 80 %？

25. 已知单位波长间隔内的辐射出射度为

$$M_\lambda=\frac{2\pi hc^2}{\lambda^5\left(\exp\dfrac{hc}{\lambda kT}-1\right)}$$

试证明整个波长范围内的光子数为 $N=\sigma T^4/2.75\ kT$。

26. 黑体在某一温度时的辐射出射度为 5.67×10^4/cm^2，试求这时光谱辐射出射度最大值所对应的波长 λ_m。

27. 黑体辐射源面积为 1 320 cm^2，温度从 800 ℃升到 900 ℃，辐射的功率增加了多少？

28. 计算黑体在 1 000 K 时的 λ_m、M_{λ_m}、$M_{3\ \mu m}$、$M_{5\ \mu m}$、M_b 以及 $M_{3\sim5\ \mu m}$的值。

29. 当温度 T=5 000 K 时，求绝对黑体的 M_λ 从可见光的红光(λ_1=0.75 μm)到黄绿光部分(λ_2=0.75 μm)改变了多少？

30. 在一次原子弹爆炸中，在直径为 12 cm 的球形的整个范围内产生 1×10^6℃的温度。若按照黑体辐射处理，试计算：

① 在这个范围内的辐射能密度；

② 辐射的总功率；

③ 辐射最大能量所对应的波长。

31. 试证：黑体辐射曲线在对数坐标纸上其峰值点的连线是一条直线。

32. 如果将恒星表面的辐射近似地看成是黑体辐射，则测得北极星辐射的峰值波长为 0.35 μm，试求其表面温度。

33. 电灯中的钨丝直径为 $d=0.05$ mm，若灯丝发亮时温度为 $T_1=2\ 700$ K，问电流切断后多长时间灯丝的温度可为 $T_2=600$ K？（设钨的吸收率 $\alpha=0.5$，密度 $\rho=1.9\times10^4$ kg/m³，比热容 $c=1.55\times10^2$ J/(kg·K)，忽略其他热损失。）

34. 今有一输入电功率为 800 W 的红外辐射板，其辐射转化效率 $\eta=70\ \%$，表面涂有涂层，发射率 $\varepsilon=0.8$，若从室温 27 ℃加热到其工作温度 227 ℃，求温度板的温度随时间的变化关系。

35. 考虑两块平行放置的不透明的平板 1 和平板 2 之间的辐射能量交换。两板相距一较近距离，吸收率分别为 α_1 和 α_2，若平板 1 的辐射出射度为 M_1，证明：

① 平板 1 发出又被平板 2 单位时间、单位面积吸收所接收的总能量为

$$Q=\frac{M_1\alpha_2}{1-(1-\alpha_1)(1-\alpha_2)}$$

② 平板 1 发出又被平板 1 单位时间、单位面积所接收的总能量为

$$Q=\frac{M_1(1-\alpha_2)\alpha_1}{1-(1-\alpha_1)(1-\alpha_2)}$$

36. 若某半透明介质的表面反射率为 ρ，透射率为 τ，试证明整个材料的反射比 ρ^*、透射比 τ^* 及吸收比 α^* 分别为

$$\rho^*=\rho\left[1+\frac{\tau^2(1-\rho)^2}{1-\rho^2\tau^2}\right]$$

$$\tau^*=\frac{\tau(1-\rho)^2}{1-\rho^2\tau^2}$$

$$\alpha^*=\frac{(1-\rho)(1-\tau)}{1-\rho\tau}$$

37. 一半径为 R_0 的球，由忽略热传导的绳悬在一大的空腔内，腔壁的发射率为 1 并保持温度为 T，球的发射率为 ε_0，球由电功率 P_0 加热，问球的平衡温度 T_0 是多少？现有一个与球同心的金属球壳放在球和空腔之间，球壳的半径为 R_1，发射率为 ε_1，入射到球壳上的辐射一部分被球壳吸收，另一部分被球壳镜面反射，假设球和球壳均为朗伯体，那么球壳的平衡温度 T_1 是多少，此时球的温度是多少？若 $R_0=1$ cm，$R_1=2$ cm，$\varepsilon_0=0.5$，$\varepsilon_1=0.1$，$P_0=1$ W，$T=300$ K，计算其结果。

38. 把一个温差热电堆放在一个有小圆孔的炉子附近，当炉温为 2 000 K 时，把热电堆移至炉孔附近适当距离处，使炉孔对热电堆所张的立体角与太阳对热电堆所张的立体角相等，则检流计的偏转等于热电堆放在太阳照射下的 1/80。若热电堆的响应率是线性的，试求太阳的温度。（注：将炉孔发出的辐射视为黑体辐射。）

39. 求黑体温度 $T=300$ K 时，波长 $\lambda=2$ μm 处的黑体的辐射出射度。

40. 设背景温度为 300 K,目标温度为 310 K,目标和背景均视为黑体,试计算辐射对比度:① $C_{0\sim\infty}$;② $C_{3.5\sim5\ \mu m}$;③ $C_{8\sim14\ \mu m}$。

41. 太阳表面温度 $T=6\ 000$ K,若视为黑体,求太阳的全波辐射出射度、可见光区辐射出射度和红外区辐射出射度。

42. 设简谐振动的势能为 $u(r)$,证明在平衡位置附近作简谐振动的系统,其零点振动能为

$$E_{r=r_0}=\frac{h}{4\pi u^{\frac{1}{2}}}\left(\frac{\partial^2 u}{\partial r^2}\bigg|_{r_0}\right)^{1/2}$$

式中,h 为普朗克常数。

43. 已知 He－Ne 激光器输出波长为 $\lambda=6\ 328\times10^{-10}$ m,激光器内能量密度为 $\rho(\nu)=10^{-3}$ J/m^3,求受激辐射与自发辐射之比。

44. 已知 E_2 能级的寿命 $\tau=10^{-8}$ s,约有 10^{11} 个原子处于 E_2 能级上,求经过多长时间发光原子只剩下 1/2?

45. 据测定,CO_2 气体的碰撞增宽和压强的比例系数为 0.05 MHz/Pa,试计算在 300 K 时,CO_2 的 4.3 μm 谱线的多普勒增宽和碰撞增宽。

参考文献

[1] 江月松,等.光电信息技术基础.北京:北京航空航天大学出版社,2005.
[2] 江月松主编.光电技术与实验.北京:北京理工大学出版社,2000.
[3] 徐淦卿,陈珏,程东杰.红外物理与技术.西安:西安电子科技大学出版社,1989.
[4] 陈泽民主编.近代物理与高新技术物理基础.北京:清华大学出版社,2001.
[5] 徐南荣,卞南华.红外辐射与制导.北京:国防工业出版社,1997.
[6] 谈和平,等.红外辐射特性与传输的数值计算.哈尔滨:哈尔滨工业大学出版社,2006.
[7] 梁顺林.定量遥感.北京:科学出版社,2009.
[8] 张建奇,方小平.红外物理.西安:西安电子科技大学出版社,2004.

第2章 半导体光电子学基础

半导体受光照射时引起光吸收，从而改变电子的运动状态，即产生光电效应；反之，光生载流子的扩散运动和在电场作用下的漂移运动，会使半导体中的电子在能级间跃迁从而引起光辐射，即产生发光效应。利用半导体的这些光电性质制成的器件就是半导体光电器件。

半导体光电器件中对光电信息转换起实质性作用的是不同材料的能带结构和不同的半导体材料吸收光子能量后所产生的各种光电效应，半导体材料是光电技术产业的主要支柱。本章以能带理论为基础，系统地介绍半导体和P－N结的概念以及光电技术中的主要光电效应。

2.1 能带理论基础

2.1.1 能带图

从现代物理学中我们知道，原子中电子的能量是量子化的，原子中的电子只占据某些能级。如图2－1所示的锂(Li)原子能级，有2个电子在1*s*能级壳层，1个电子在2*s*能级亚壳层。在含有几个原子的分子中，电子能量的情况也是如此。假设一块由10^{23}个锂原子聚集在一起时形成的锂金属结晶体，则结晶体中这些原子间的相互作用就导致电子能带的形成，2*s*能级就分裂成10^{23}个紧密间隔的能级，其效果就形成一个能带——2*s*能带。类似地，其他更高的能级也形成能带，如图2－1中所示的是2*p*、3*s*能带。这些能带部分重叠就形成一个表示金属能带结构的连续能带。

按照原子理论，每一能带是与一个原子的能级相关联的。占有某个原子能级的电子数受泡利不相容原理的限制，同样结晶体中一个晶格的能带内所能容纳的电子数也受这一原理的限制。我们来考虑锂晶体中相当于2*s*原子能级的能带。每个*s*能级至少可以容纳2个电子，所以n个锂原子的晶体的晶格中该2*s*能带可以容纳2n个电子。然而每个锂原子只有1个2*s*电子，所以在n个锂原子的晶格中只会有n个电子在2*s*能带内，也就是说该能带只填满了一半。金属的特征就是能带是部分填满的。

然而，半导体晶体中的电子能量与金属中的电子能量有显著的不同。图2－2示出了硅晶体的简化的二维视图。每个硅原子最外层有4个价电子，它们与相邻原子组成共价键后，形成原子最外层有8个电子的稳定结构，如图2－2(a)所示。在一般的原子中，内层电子的能级都是被电子填满的。当原子组成晶体后，与这些内层能级对应的能带也是被电子所填满的。在理想的0 K温度下，像硅、锗、金刚石等共价键结合的晶体中，从其最内层的电子直到最外层的

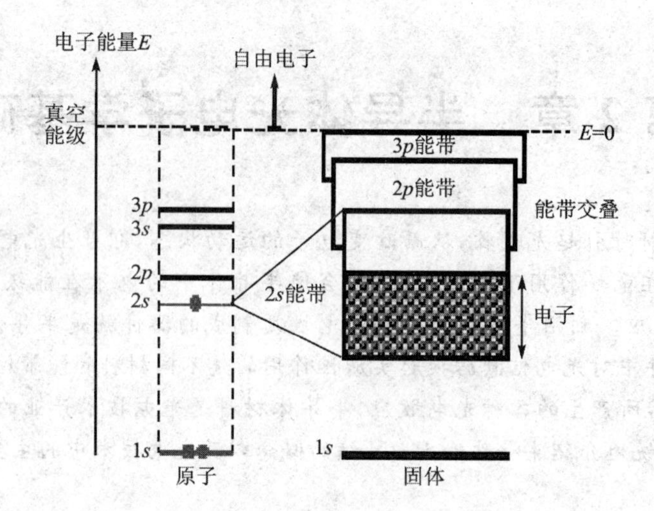

图 2-1 锂原子中的电子能带

价电子都正好填满相应的能带。能量最高的是价电子填满的能带，称为价带(valence band)。价带以上的能带基本上是空的，价带以上最低的能带称为导带(conduction band)。价带与导带之间的区域称为禁带(forbidden band)，也叫做带隙(bandgap，E_g)，如图 2-2(b)所示。

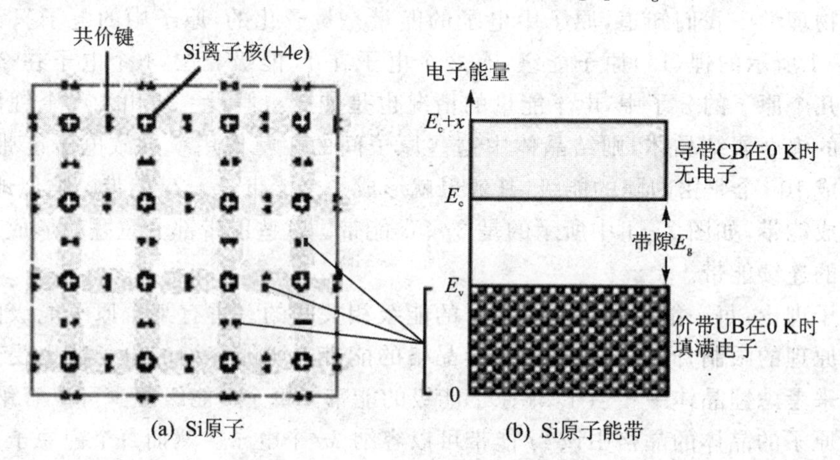

图 2-2 半导体硅的能带结构

硅原子以及它们的价电子之间的相互作用，导致硅晶体中电子的能量既可以落入价带，也可以落入导带这两个截然不同的区域，而不允许电子的能量落入带隙中。这些允许被电子能量占据的能带称为允带(allowed band)，允带之间的能量范围是不允许电子能量占据的。价带表示晶体中的电子波函数对应于原子之间的键，占据这些波函数的电子叫价电子。因为在0 K时所有键都被价电子占据(没有键断裂)，所以价带中的所有能级都被这些电子正常填充。

导带表示晶体中的波函数比价带中的电子波函数有更高的能量，正常情况下在 0 K 时是空的。价带的顶部能量记为 E_v，导带的底部能量记为 E_c，所以带隙能量为 $E_g=E_c-E_v$。导带的宽度叫做电子亲和势 χ。

由于导带中存在着大量的空能级，所以能量位于导带中的电子在晶体中既可以自由运动，也可以在外加电场的作用下作定向运动形成电流。从电场中获得能量的电子可以移动到那些更高的空能级状态上去。如果晶体中的电子是自由的，则可以用有效质量 m_e^* 来处理电子。有效质量是量子力学中的一个量，它表示电子在晶体中运动时，考虑了导带中的电子与周期势相互作用时的质量，它与真空中自由运动的电子对加速度的惯性阻力所定义的质量是不同的。

由于空能级只能在导带中，故将处于价带的电子激发到导带上去需要的最小能量是 E_g。图 2－3 示出了当能量 $h\nu>E_g$ 的入射光子与价带中的电子相互作用时所发生的情景。价带中的电子吸收了入射光子后获得了足够的能量越过能隙 E_g 到达导带，结果就在导带中产生一个电子，价带中则因失去电子而产生空穴（hole）。当然，在像硅（Si）和锗（Ge）这样的半导体中，光子的吸收过程也含有晶格的振动（Si 原子的振动）过程，图 2－3 中没有示出这一情景。

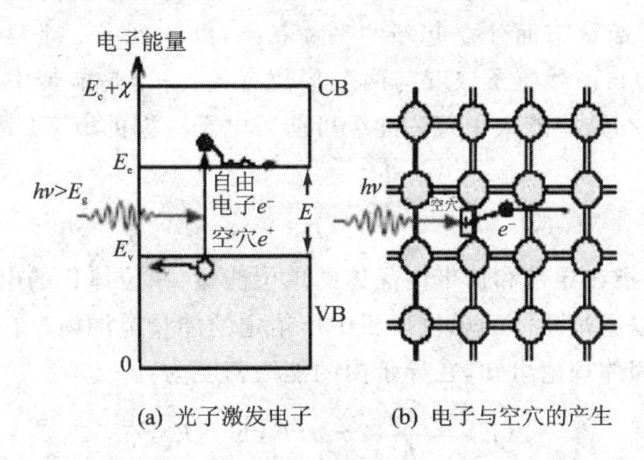

(a) 光子激发电子　　(b) 电子与空穴的产生

图 2－3　半导体吸收光子的情况

被激发到导带的自由电子可以在晶体中运动，当一个电场加到晶体上时，自由电子就沿着电场方向形成定向电流，从而对晶体的电导作出贡献。因晶体是电中性的，电子（记为 $-e$）是带负电的，电子被激发到导带后，价带中的空穴（记为 h^+）就带正电。因为相邻键中的电子能够“跳入”被激发到导带的电子留下的空穴中（隧道效应）以填充空缺的电子态，而在自己的原位置又产生一个空穴，因此空穴也就像自由电子状态一样在晶体中漫游，在效果上等价于空穴以相反方向被取代，这样，半导体中的导电性既可以以电子的形式出现，也可以以空穴的形式出现，它们各自具有电荷 $-e$ 和 $+e$ 以及有效质量 m_e^* 和 m_h^*。

除了能量为 $h\nu>E_g$ 的入射光子可以产生电子－空穴对外，其他的能源也能够导致电子－空穴对的产生。事实上，在没有辐射的情况下，在晶体中还可以有“热生”电子－空穴的过程。由于热能，晶体中的原子不断地振动，它对应于硅（Si）原子之间的键随着能量的分布作周期性的形变,高能的振动可以使键产生断裂,因而通过将价带的电子激发到导带而产生电子-空穴对。

当导带中的电子在运动过程中遇到价带中的空穴时,就要占据这个空的低能电子态,电子就从导带落入到价带去填充这个空穴,这个过程叫做复合,它导致导带中的电子和价带中的空穴湮灭。在某些半导体中,例如砷化镓(GaAs)和磷化铟(InP),电子从导带能量下降到价带能量,多余的能量就作为光子发出来;而在另外某些半导体中,例如硅(Si)和锗(Ge),这多余的能量就转化为晶格的振动(热)而失去。在稳定状态下,电子-空穴对的热产生速率被复合速率所平衡,称为热平衡状态,这时导带中的电子浓度 n 和价带中的空穴浓度 p 保持常数,n 和 p 两者都取决于温度。

2.1.2 半导体统计学

半导体的许多重要特性可以由导带中的电子和价带中的空穴来描述。导带中的自由电子和价带中的空穴统称为载流子。半导体的光电转换性质与材料的载流子浓度密切相关。所谓载流子浓度,就是单位体积内的载流子数。热平衡时,载流子浓度为某一定值。当温度改变后,就破坏了原来的平衡状态而建立起新的平衡状态,即达到另一个稳定值。由固体理论可知:热平衡时半导体中自由载流子浓度与两个参数有关,一个是能带中能级(能量状态)的分布(态密度),另一个是在这些能级中每一能级可能被电子占据的概率(费密-狄拉克函数:Feimi－Dirac function)。

1. 能级密度

能级密度 $g(E)$是指在导带和价带内晶体的单位能量、单位体积的电子状态(电子波函数)的数目。能级密度可以通过晶体的单位体积中所给定的能量范围内存在的电子波函数和应用量子力学来计算。由固体理论可知,在导带内的能级密度为

$$g(E)=\frac{4\pi}{h^3}(2m_e^*)^{3/2}(E-E_c)^{1/2} \tag{2.1-1}$$

在价带内的能级密度

$$g(E)=\frac{4\pi}{h^3}(2m_p^*)^{3/2}(E_v-E)^{1/2} \tag{2.1-2}$$

式中,$g(E)$为在电子能量 E 处的能级密度;m_e^* 为晶体中自由电子的有效质量,m_p^* 为晶体中自由空穴的有效质量;h 为普朗克常数。从上两式可知,当 E 距 E_c 或 E_v 愈远时,能级密度 $g(E)$ 愈大。

图 2－4 中的(a)和(b)简单地表明了 $g(E)$与导带中电子能量和价带中空穴能量之间的依赖关系。按照量子力学,对于一个被束缚在三位势阱中且在晶体中导电的电子而言,能级密度随着能量按照 $g(E)\propto(E-E_c)^{1/2}$ 的形式增加,这里 $E-E_c$ 是从导带底算起的能量,能级密度给出的仅仅是可能状态的信息,而不是它们实际占有的状态的信息。

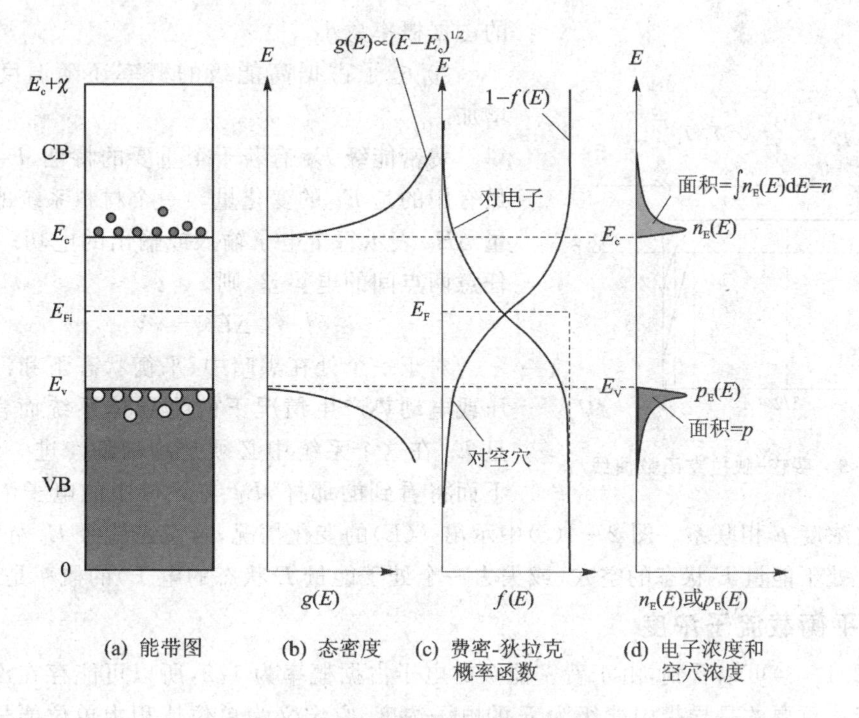

(a) 能带图　(b) 态密度　(c) 费密-狄拉克概率函数　(d) 电子浓度和空穴浓度

图 2-4　能级密度与电子概率分布

2. 费密-狄拉克函数

关于电子占据能级的规律，根据量子理论和泡利不相容原理，半导体中电子能级的分布服从费密-狄拉克统计分布规律。在热平衡条件下，能量为 E 的能级被电子占据的概率为

$$f(E)=\frac{1}{1+\exp\left(\frac{E-E_F}{kT}\right)} \tag{2.1-3}$$

式中，k 是玻耳兹曼常数，即 1.38×10^{-23} J/K；T 为热力学温度；E_F 是称为费密能级的电子能量参量。费密-狄拉克函数曲线示于图 2-5 中。从式(2.1-3)和图 2-5 可以看出：

① 当 $T=0$ K 时，若 $E<E_F$，则 $f(E)=1$，说明温度在 0 K 时，凡是能量比 E_F 小的能级，被电子占据的概率为 1。也就是说，电子占据费密能级 E_F 以下的全部能级，而 E_F 以上的能级是空的，不被电子占据。

② 当 $T>0$ K 时，若 $E=E_F$，则 $f(E)=0.5$，因此通常把电子占据概率为 0.5 的能级定义为费密能级。费密能级并不代表可为电子占据的真实能级，只是一个参考能量。在量子统计中，E_F 应视为固体中电子的化学势。常温下 E_F 随材料掺杂程度而变化。若 $E<E_F$，$f(E)>0.5$，则说明比费密能级低的能级被电子占据的概率大于 0.5；若 $E>E_F$，$f(E)<0.5$，则说明比费密能级高的能级被电子占据的概率小于 0.5，而且比费密能级能量高得愈多的能级，电子

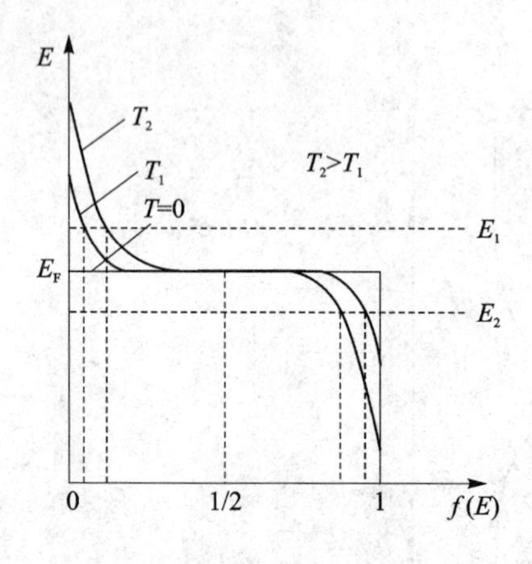

图 2-5 费密-狄拉克函数曲线

的占据概率愈小。

③ 电子占据高能级的概率还随温度的升高而增加。

费密能级 E_F 有若干个重要的特性，E_F 的定义中最有用的是 E_F 的变化量。一个材料系统的任意改变量 ΔE_F 表示每个电子输入或输出的电功。如果 V 是任意两点间的电势差，则

$$\Delta E_F = eV \tag{2.1-4}$$

对于一个处在黑暗中、平衡状态下和没有外加电压或电动势产生情况下的半导体系统而言，$\Delta E_F=0$ 且 E_F 在这个系统中必须是均匀的。进一步地，就像下面将看到的那样，E_F 与导带中的电子浓度 n 和价带中的空穴浓度 p 相联系。图 2-4(c)中示出 $f(E)$的变化情况，若费密能级 E_F 处于带隙中，则发现一个处于能量 E 状态的空穴（或失去一个处于能量 E 状态的电子）的概率是 $1-f(E)$。

3. 热平衡载流子浓度

从式(2.1-3)可以看到，由于费密能级的电子占据概率为 1/2，所以可能存在没有被电子占据的能级。重要的是导带中能级为 E 的电子浓度，它定义为单位体积中单位能量的实际电子数 $n_E(E)$等于在 E 处导带中能级密度 $g_{CB}(E)$和可被电子占据的概率的乘积，即 $n_E(E)=g_{CB}(E)f(E)$，如图 2-4(d)所示。这样 $n_E(E)\mathrm{d}E=g_{CB}(E)f(E)\mathrm{d}E$ 是在能量E 到$E+\mathrm{d}E$ 范围内的电子数。从导带底部(E_c)到导带顶部($E_c+\chi$)积分就给出导带中的电子浓度 n，也就是

$$n = \int_{E_c}^{E_c+\chi} g_{CB}(E)f(E)\mathrm{d}E \tag{2.1-5}$$

每当$(E_c-E_F)\geqslant kT$，即 E_F 至少低于 E_c 几个 kT 时，则 $f(E)\approx\exp[-(E-E_F)/kT]$，这样，费密-狄拉克统计就由玻耳兹曼统计来代替，这样的半导体叫做非简并，它意味着导带中的电子数远低于导带中的状态数。对于非简并的半导体，将式(2.1-1)和式(2.1-3)代入式(2.1-5)的积分结果为

$$n = N_c\exp\left[-\frac{(E_c-E_F)}{kT}\right] \tag{2.1-6}$$

式中，$N_c=2[2\pi m_e^* kT/h^2]^{3/2}$是一个取决于温度的常数，称为导带有效能级密度。式(2.1-6)可以作如下解释：如果用 E_c 处的有效浓度 N_c(单位体积中的状态数)来代替导带中所有的状态数，然后与玻耳兹曼概率函数 $f(E_c)\approx\exp[-(E_c-E_F)/kT]$相乘，就得到 E_c 处的电子浓度，即在导带中，N_c 是导带边缘的有效状态密度。

上述类似的分析应用于如图 2-4 所示的价带中的空穴浓度情况，将价带中的态密度 $g_{VB}(E)$ 与空穴的占据概率$[1-f(E)]$相乘，得出单位能量中的空穴浓度 p_E，再在 E_F 高于 E_v

几个 kT 的假设情况下对整个价带积分，就给出空穴浓度

$$p \approx N_v \exp\left[-\frac{(E_F - E_v)}{kT}\right] \tag{2.1-7}$$

式中，$N_v = 2[2\pi m_h^* kT/h^2]^{3/2}$，称为价带有效能级密度。

在上面的推导过程中，除了 E_F 是距离能带边缘几个 kT 的假设外，没有其他特别的假设条件，这意味着式(2.1-6)和式(2.1-7)是普遍适用的。从式(2.1-6)和式(2.1-7)可以明显地看出，E_F 的位置决定着电子和空穴的浓度，因此 E_F 是一个有用的材料特性。在本征半导体(纯净晶体)中，$n=p$，应用式(2.1-6)和式(2.1-7)可以证明：本征半导体中的费密能级 E_{Fi} 处于 E_v 之上、带隙之中，即

$$E_{Fi} = E_v + \frac{1}{2}E_g - \frac{1}{2}kT\ln\left(\frac{N_c}{N_v}\right) \tag{2.1-8}$$

N_c 和 N_v 的值相近且两者都同时出现在对数项中，所以 E_{Fi} 非常近似地位于如图 2-4 最初所示的带隙中间。

在半导体的 n 和 p 之间存在一个有用的关系式——质量作用定律。由式(2.1-6)和式(2.1-7)可知，n 和 p 的乘积为

$$np = N_c N_v \exp\left(-\frac{E_g}{kT}\right) = n_i^2 \tag{2.1-9}$$

式中，$E_g = E_v - E_c$ 为带隙能量，由 $N_c N_v \exp(-E_g/kT)$ 所定义的 n_i^2 是取决于温度和材料特性(即 E_g)的常数，与费密能级的位置无关。本征浓度 n_i 对应着非掺杂(纯净)晶体(即本征半导体)中的电子或空穴的浓度。在这样的半导体中，$n=p=n_i$，因此叫本征浓度。每当热平衡时或者样品放在暗处时，质量作用定律都是有效的。

式(2.1-6)和式(2.1-7)分别决定了导带中的电子浓度和价带中的空穴浓度，应用电子的能量分布 n_E 可以计算导带中电子的平均能量。结果是平均能量高于 $E_c(3/2)kT$。因处于晶体导带中、具有有效质量 m_e^* 的电子是“自由”的，它在晶体中就像气体中的自由原子或容器中的蒸气那样，以平均动能$(3/2)kT$ 运动，这并不奇怪，就像粒子既自由运动又服从玻耳兹曼统计规律那样。如果用 v 表示电子速度，用尖括号表示平均意义，则$\langle(1/2)m_e^* v^2\rangle$必定是$(3/2)kT$，这样我们就可以计算叫做“热速度”的均方根速度 $\sqrt{\langle v\rangle^2}$，其典型值约为$10^5\ \mathrm{m\cdot s^{-1}}$。这个概念同样可以应用到质量为 m_h^* 且位于价带中的空穴。

2.1.3　本征半导体与杂质半导体

结构完整、纯净的半导体称为本征半导体。例如纯净的硅称为本征硅。本征硅中，自由电子和空穴都是由于共价键破裂而产生的，所以电子浓度 n 等于空穴浓度 p，并称之为本征载流子浓度 n_i。n_i 随温度升高而增加，随禁带宽度的增加而减小，室温下硅的 n_i 约为 $10^{10}/\mathrm{cm}^3$。

半导体中人为地掺入少量杂质形成掺杂半导体，杂质对半导体的导电性能影响很大。在

技术上通常用控制杂质含量(即掺杂)来控制半导体的导电特性。半导体中不同的掺杂或缺陷都能在禁带中产生附加的能级,价带中的电子若先跃迁到这些能级上,然后再跃迁到导带中去,则要比直接从价带跃迁到导带容易得多。因此虽然只有少量杂质,却会明显地改变导带中的电子和价带中的空穴数目,从而显著地影响半导体的电导率。

1. N型半导体

在四价原子硅(Si)晶体中掺入五价原子,例如砷(As)(见图2-6(a)),在晶格中某个硅原子被砷原子所替代,五价原子用四个价电子与周围的四价原子形成共价键,而多余一个电子,这样,半导体中的电子浓度比空穴浓度大得多,称之为N型半导体。多余电子受原子束缚力要比共价键上电子所受束缚力小得多,容易被五价原子释放,游离跃迁到导带上形成自由电子。易释放电子的原子称为施主,施主束缚电子的能量状态称为施主能级 E_d。E_d 位于禁带中,较靠近材料的导带底。E_d 与 E_c 间的能量差称为施主电离能。N型半导体由施主控制材料的导电性。

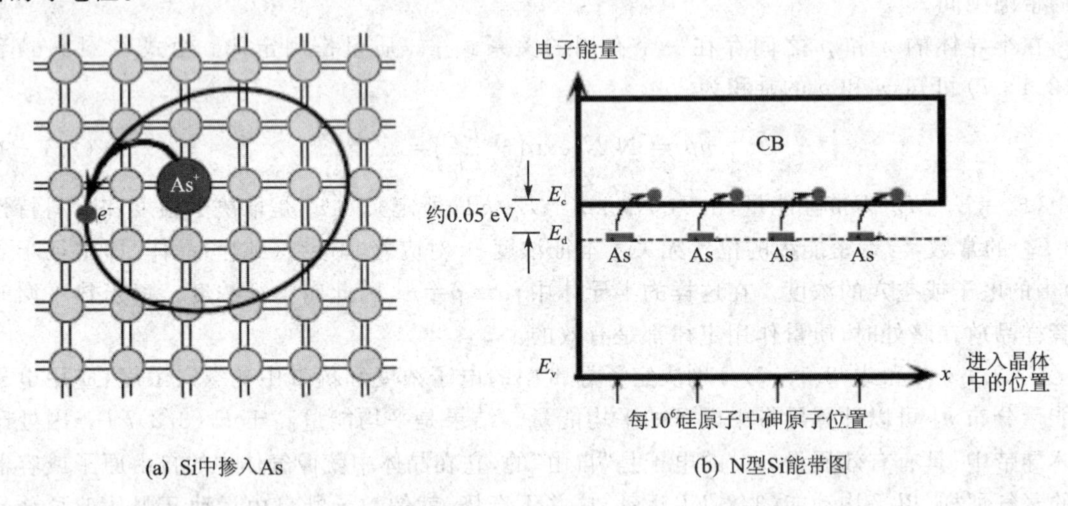

(a) Si中掺入As　　(b) N型Si能带图

图2-6　Si中掺As

由于As原子的一个多余的电子绕着As原子轨道运动(见图2-6(a)),硅环境中具有一个电子轨道的As离子中心,其行为就类似于氢原子,因此我们可以应用有关氢原子离子化的知识容易地计算出将这个多余的原子从As原子杂质所确定的场中释放成自由电子所需的能量,这个能量的计算结果是百分之几电子伏特,即约0.05 eV,与室温下的热能量相当($kT=0.025$ eV)。这样的能量可以使第五个价电子容易地从硅晶格的热振动中释放出来,这个电子就是“自由”的,即在导带中。也就是说,将电子激发到导带所需的能量是0.05 eV。因为第五个电子在As离子周围有一个类氢的局域波函数,所以As原子的掺入就在砷原子处引入了局域电子态,这些态的能量 E_d 就是将电子代入导带所需的能量,位于 E_c 下方约0.05 eV处。

室温下晶格振动的热激发就足以使 As 原子离子化，即将电子从 E_d 激发入导带。这个过程产生自由电子，而 As 离子仍保持不动。N 型半导体的能带图示于图 2-6(b)中。

因 As 原子捐献一个电子到导带，因此它就做施主杂质。E_d 是施主原子周围电子的能量。如果 N_d 是晶体中施主原子的浓度，并假设 $N_d \gg n_i$，即 $n = N_d$，因为导带中大量的电子与价带中的空穴复合以维持 $np = n_i^2$，所以空穴浓度为 $p = n_i^2 / N_d$，小于本征浓度。

因为电子和空穴两者都对电荷输运作出贡献，所以半导体的电导率 σ 既取决于电子，也取决于空穴，如果 μ_e 和 μ_h 分别是电子和空穴的漂移率，则

$$\sigma = en\mu_e + ep\mu_h \tag{2.1-10}$$

对于 N 型半导体，则

$$\sigma = eN_d\mu_e + e\left(\frac{n_i^2}{N_d}\right)\mu_h \approx eN_d\mu_e \tag{2.1-11}$$

2. P 型半导体

在四价原子硅(Si)晶体中掺入三价原子，例如硼(B)(见图 2-7(a))，晶体中某个硅原子被硼原子所替代，硼原子的三个价电子和周围的硅原子中四个价电子要组成共价键，形成八个电子的稳定结构，尚缺一个电子。于是很容易从硅晶体中获取一个电子形成稳定结构，使硼原子外层多了一个电子变成负离子，而在硅晶体中出现空穴。这样半导体中空穴的浓度就大于电子的浓度，称之为 P 型半导体。容易获取电子的原子称为受主。受主获取电子的能量状态称为受主能级 E_a，也位于禁带中。在价带顶 E_v 附近，E_a 与 E_v 之间的能量差称为受主电离能。P 型半导体由受主控制材料的导电性。

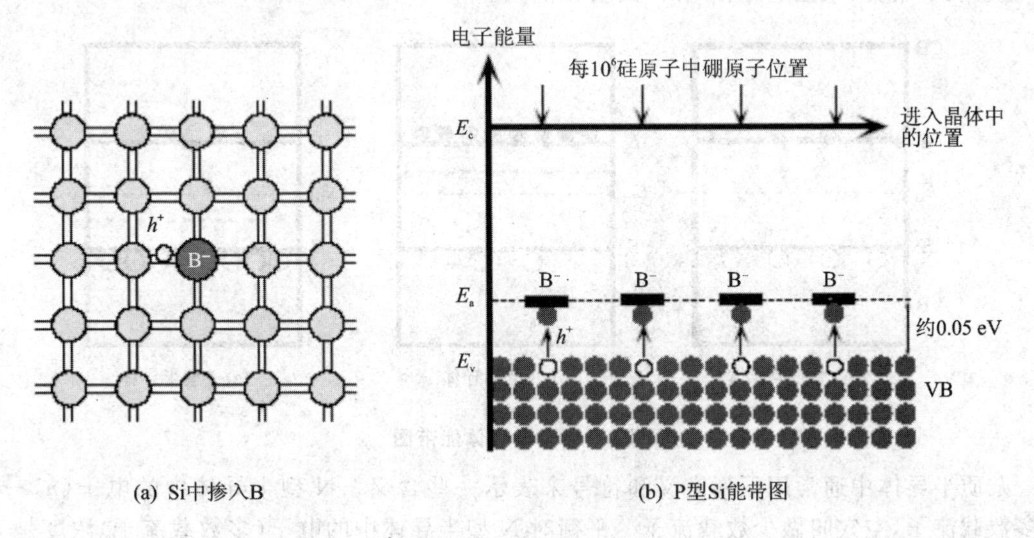

(a) Si中掺入B　　(b) P型Si能带图

图 2-7　Si 中掺 B

与 N 型硅情况一样，可以用类似氢原子的计算方法来计算出硼离子 B^- 对空穴的结合能，

这个结合能很小，约为 0.05 eV。所以在室温下，晶格的热振动就可以使空穴摆脱硼离子 B^- 的场的束缚而成为自由空穴，自由空穴位于价带中。从硼离子场中逃逸空穴的过程包含硼原子从附近的 Si—Si 键中（从价带中）接收电子的过程，其效果是空穴在运动最终成为价带自由空穴。因此 Si 晶体中掺入硼原子的作用就像一个电子接受体的杂质，由硼原子接收的电子来自附近的键。其反映在能带图中是电子离开价带，被变成负电荷的硼原子接收，这个过程是价带中留下空穴，如图 2-7(b)所示。

对于硅晶体中掺入三价杂质成为 P 型半导体的材料而言，由于带负电的硼离子不运动，对电导率没有贡献，故空穴多于电子。如果晶体中的受主杂质浓度 N_a 比本征浓度 n_i 大得多，则在室温下所有受主都被离子化，这样 $p=N_a$，则电子浓度由质量作用定律 $n=n_i^2/N_a$ 决定，它远小于 p，因此电导率可以简单地表示为 $\sigma=eN_a\mu_h$。表 2-1 给出 N 型半导体与 P 型半导体的特性比较。

表 2-1　N 型半导体与 P 型半导体的特性比较

半导体	所掺杂质	多数载流子(多子)	少数载流子(少子)	特　性
N 型	施主杂质	电子	空穴	电子浓度 $n_n \geqslant$ 空穴浓度 p_n
P 型	受主杂质	空穴	电子	电子浓度 $n_p \leqslant$ 空穴浓度 p_p

图 2-8 中示出了本征半导体、N 型半导体和 P 型半导体的能带图。按照式(2.1-6)和式(2.1-7)，由 E_F 距 E_c 和 E_v 的能量距离可以确定电子或空穴的浓度。图中分别以 E_{Fi}、E_{FN}、E_{FP} 表示本征、N 型、P 型半导体的费密能级。

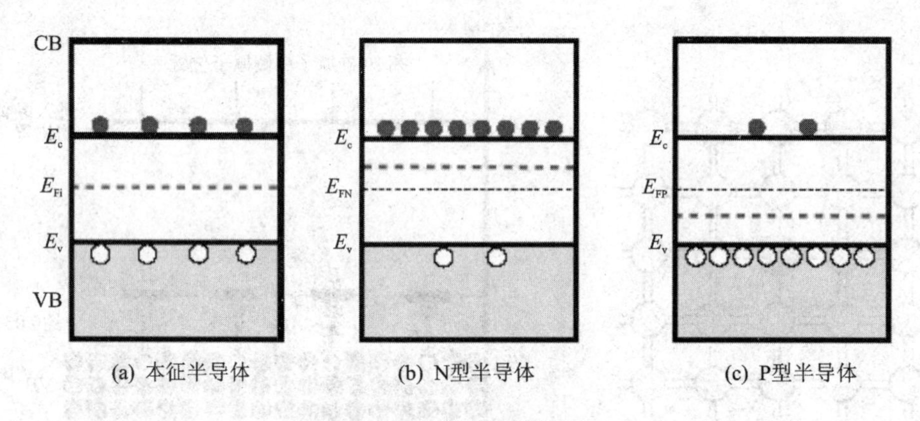

图 2-8　半导体能带图

杂质半导体中通常用下列定义和符号来表示一些含义。N 型半导体中的电子($n>p$)叫做多数载流子，空穴叫做少数载流子。平衡时 N 型半导体中的电子(多数载流子)浓度是 n_{No}，下标指的是 N 型半导体和平衡(不包括光子激发)。空穴(少数载流子)浓度用 p_{No} 标记。在这样的符号下，$n_{No}=N_d$，质量作用定律表示为 $n_{No}p_{No}=n_i^2$。类似地，对于 P 型半导体($p>n$)，空

穴是多数载流子，电子是少数载流子，分别用 p_{No} 和 p_{No} 表示多数载流子和少数载流子浓度。进一步有：$p_{Po}=N_a$ 以及 $n_{No}p_{No}=n_i^2$。

2.1.4　补偿掺杂

补偿掺杂描述了既用施主也用受主来控制半导体的特性。例如，一个掺杂为 N_a 的受主的 P 型半导体，可以通过简单地加入施主直到施主浓度 N_d 超过 N_a，P 型半导体就转变为 N 型半导体。施主的效应补偿了受主效应。反之亦然，则电子浓度由 N_d-N_a 给出(假设空穴浓度大于 n_i)。施主和受主二者都出现时，所发生的事在本质上是来自施主的电子与来自受主的空穴再复合，使得符合质量作用定律 $np=n_i^2$。注意：不可以同时增加电子和空穴浓度，因为这会导致复合率的增加，导致电子和空穴浓度回归以满足 $np=n_i^2$。当受主原子接受一个价带电子时，在价带中就产生一个空穴，然后这个空穴就与来自导带中的电子复合。当加入施主比受主多时，如果取初始电子浓度为 $n=N_d$，则来自施主的电子与由受主产生的空穴之间的复合导致电子浓度减少至 $n=N_d-N_a$。类似地，如果受主多于施主，则空穴浓度变为 $p=N_a-N_d$。

2.1.5　简并与非简并半导体

在非简并半导体中，导带中能级(状态)数远远大于电子数，两个电子同时占据同一状态几乎是不可能的，这意味着可以忽略泡利不相容原理，用玻耳兹曼统计来描述电子的统计行为就可以了。若 N_c 是导带中状态密度的测量值，则玻耳兹曼表达式(2.1-6)中，只有当 $n\ll N_c$ 时 n 值才是有效的。像 $n\ll N_c$ 和 $p\ll N_v$ 这样的半导体就叫做非简并半导体。

当用过多的施主杂质掺入半导体中时，在 n 大到可以和 N_c 相比的情况下，典型值是 $10^{19}\sim10^{20}/\text{cm}^3$。在这样的情况下，在电子统计行为的描述中，泡利不相容原理就变得非常重要，必须应用费密-狄拉克统计描述，这样的半导体所呈现的行为更像金属而不像半导体，即电阻率近似地与热力学温度成正比，将 $n>N_c$ 或 $p>N_v$ 的半导体叫做简并半导体。

在简并半导体中，由于重掺杂，载流子的浓度很大。例如，随着 N 型半导体中施主浓度的增加，施主原子互相之间变得越来越紧密，多余价电子的轨道互相交叠而形成窄的能带，成为导带中的部分能带。来自施主的价电子从 E_c 开始填充能带，这种情况就像金属中价电子填充交叠能带的情况。因此，在简并的 N 型半导体中，费密能级位于导带中，或者说位于 E_c 上方，就像金属中 E_F 在带中的位置那样。如图 2-9(a)所示，E_c 和 E_{FN} 之间的多数载流子为电子。在简并的 P 型半导体中，费密能级位于 E_v 下的价带中，如图 2-9(b)所示。因为在简并半导体中，杂质浓度比较大，以致它们相互之间产生影响，并不是所有的杂质都发生电离，如载流子浓度甚至能够达到典型值大约为 $10^{20}\ \text{cm}^{-3}$。所以在简并半导体中，不能简单地假定 $n=N_d$ 或 $p=N_a$。因此，质量作用定律 $np=n_i^2$ 对简并半导体来说不成立。

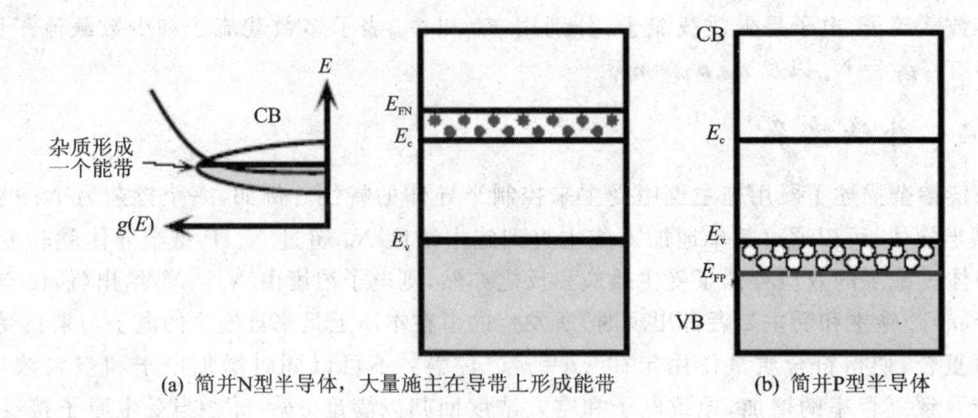

(a) 简并N型半导体，大量施主在导带上形成能带　　(b) 简并P型半导体

图 2-9　简并半导体

2.1.6　外加电场中的能带图

考虑外加电压且带有电流情况下的 N 型半导体的能带图,其费密能级 E_F 比本征半导体的费密能级(E_{Fi})高,更接近 E_c 而不是 E_v。外加电压沿着半导体产生均匀的压降以致半导体中的电子具有强迫的静电势能,如图 2-10 所示。该静电势能向正极方向减小,因此,当电子从 A 向 B 漂移时,整个能带结构(导带和价带)均发生倾斜。其势能因为电子到达正极而减少。

对于一个处在黑暗中的半导体系统而言,在平衡状态和没有外加电压(或没有电动势产生)的情况下,因为 $\Delta E_F = eV = 0$,所以 E_F 在整个系统中是不变的。然而,当电的能量加到系统上时,例如,当一块电池与半导体相连时,则整个系统中 E_F 将不再保持不变。材料系统中 E_F 就产生一个等于每个电子的电功(或 eV)的变化量 ΔE_F,从而费密能级 E_F 就随静电势能的变化而变化。从一端到另一端 E_F 的变化 $[E_F(A) - E_F(B)]$ 恰好为 eV,这恰好是把一个电子从半导体的一端移到另一端所需的能量,如图 2-10 所示。因为半导体中电子浓度是不变的,所以,整个半导体中 $E_c - E_F$ 必定为一常

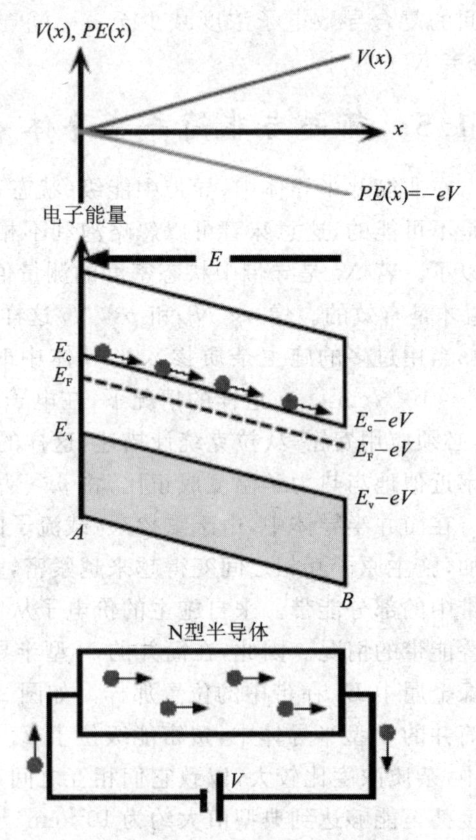

图 2-10　与电压 V 有关的 N 型半导体的能带图,整个能带图因为电子具有静电势能而倾斜

数。因此，导带、价带以及 E_F 都具有相同的倾斜量。

2.1.7　直接带隙半导体与间接带隙半导体：$E-k$ 图

由量子力学可知，当电子处于一个空间宽度为 L 的无限深势阱中时，其量子化的能量由下式给出，即

$$E_n = \frac{(\hbar k_n)^2}{2m_e} \tag{2.1-12}$$

式中，m_e 是电子质量；k_n 是德布罗意波的波矢量，k_n 本质上是由下式所决定的量子数，即

$$k_n = \frac{n\pi}{L} \tag{2.1-13}$$

式中，$n=1,2,3,\cdots$。能量随波矢量 k_n 呈抛物线增加。我们知道，电子的动量由 $\hbar k_n$ 给出。可以用这种描述来表示金属中电子的行为（因在金属中，电子的势垒近似地看成是零），即在金属中取 $V(x)=0$，而在金属外 $V(x)$ 为一个大的值，如 $V(x)=V_0$（几个电子伏特），这样电子就位于金属体内部。这就是金属的自由电子模型，该模型已经成功地解释了许多金属的特性，例如基于三位势阱的态密度计算问题。但由于该模型没有考虑晶体中电子势能的振动因素，显然该模型仍显得太简单了。

电子的势能取决于它在晶体中的位置，并且因晶格排列的周期性，电子的势能也是周期性的。周期性的势能要影响到能量 E、动量 k 之间的关系，它们不再是 $E_n=(\hbar k_n)^2/2m_e$。

为了得出晶体中电子的势能，我们必须求解三位周期势函数的薛定谔（Schrödinger）方程。假设晶体的一维情况如图 2-11 所示，每个原子的电子势能函数对总的势能函数 $V(x)$ 都作出贡献，显然，$V(x)$ 随着晶体的周期性在 x 方向以周期 a 变化着，即 $V(x)=V(x+a)=V(x+2a)=\cdots$。我们的任务就是求解受到以 a 为周期的势能 $V(x)=V(x+ma)$（$m=1,2,3,\cdots$）条件约束的薛定谔方程：

$$\frac{\mathrm{d}^2\psi}{\mathrm{d}x^2} + \frac{2m_e}{\hbar^2}[E-V(x)]\psi = 0 \tag{2.1-14}$$

式(2.1-14)的解给出了晶体中电子的波函数，因此也就给出了电子的能量。因为 $V(x)$ 是周期性的，根据直觉，解 $\psi(x)$ 也是周期性的。式(2.1-14)解的结果是布洛赫（Bloch）波函数，形式如下：

$$\psi_k(x) = U_k(x)\exp(\mathrm{j}kx) \tag{2.1-15}$$

式中，$U_k(x)$ 是取决于 $V(x)$ 的周期函数，与 $V(x)$ 具有相同的周期 a。$\exp(\mathrm{j}kx)$ 是波矢量为 k 的行波。但应记住，解的结果中还应该用 $\exp(-\mathrm{j}E/\hbar)$（E 是能量）来乘以式(2.1-15)，以获得总的波函数，形式是 $\psi(x,t)$，因此，晶体中电子的波函数是一个由 $U_k(x)$ 调制的行波。进一步地，$\exp(\mathrm{j}kx)$ 和 $\exp(-\mathrm{j}kx)$ 分别是向左和向右的行波。

一系列特定的 k 值（即 k_n 值）决定着一维晶体中众多的布洛赫波函数的解。每一个 $\psi_k(x)$

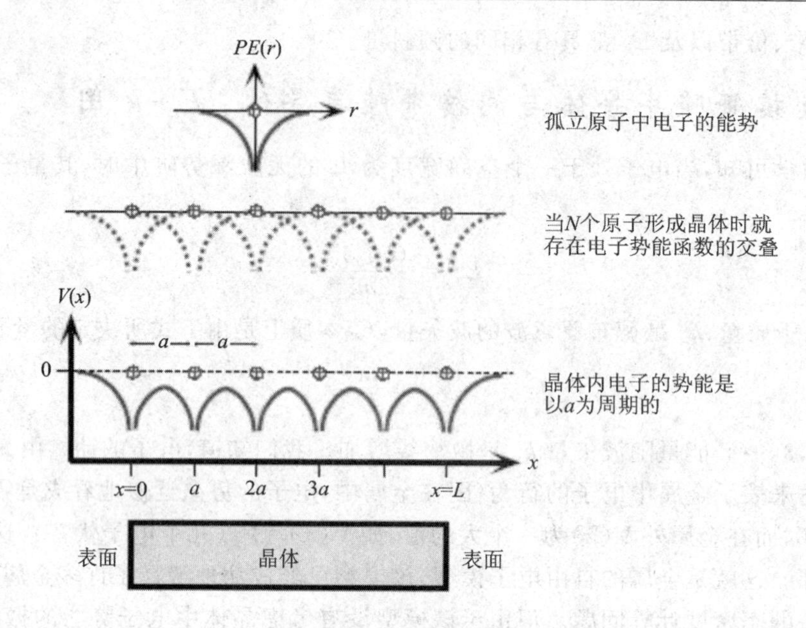

图 2-11　电子的势能

对应着一个具有能量 E_k 的特定的 k_n 值。能量 E_k 对波矢量 k 的依赖关系可以画成 $E-k$ 图。图 2-12示出了 k 值在 $-\pi/a \sim +\pi/a$ 的一维固体 $E-k$ 图。正像 $\hbar k$ 是自由电子的动量那样，对于布洛赫电子，$\hbar k$ 是包含在与光子吸收过程等这样的势场相互作用的电子的动量中。确实，$\hbar k$ 的变化率是作用在电子上的外加力 F_{ext}（如 $F_{ext}=eE$），这样，对于晶体中的电子而言，$d(\hbar k)/dt=F_{ext}$，因此，我们把 $\hbar k$ 叫做电子的晶体动量*。

由于晶体中 x 方向的电子动量由 $\hbar k$ 给出，$E-k$ 图就是能量对晶体动量的关系曲线。对价电子而言，$E-k$ 曲线下部的状态 $\psi_k(x)$（能级）就构成价电子的波函数，即对应着价带中的状态（能级）。另一方面，$E-k$ 图中的上部分因为有较高的能量，就对应着导带中的状态。当温度为 0 K 时，价电子填满 $E-k$ 图下部的状态（能级）（特定的 k_n 值）。

应当强调的是，图中的 $E-k$ 曲线由许多离散点组成，每一个点对应着晶体中的允许存在态（波函数）。这些点是如此靠近，以致将 $E-k$ 关系画成了曲线。从 $E-k$ 图中可以明显地看出，在 E_v 到 E_c 的能量区域中，薛定谔方程无解，因此也就没有对应着 E_v 到 E_c 范围内的能量的状态 $\psi_k(x)$。进一步从 $E-k$ 图中可以发现，除了导带底部附近和价带顶部附近满足抛物线关系外，其余部分已偏离了抛物线的关系。

---

* 因为 $d(\hbar k)/dt \neq F_{external}+F_{internal}$，所以电子的实际动量不是 $\hbar k$，真实的动量满足 $dp_e/dt \neq F_{exteranl}+F_{internal}$（所有作用在电子上的力）。但因我们感兴趣的是与像外加电场那样的外部力相互作用，所以将 $\hbar k$ 处理为晶体中的动量那样，并使用晶体动量这个名称。

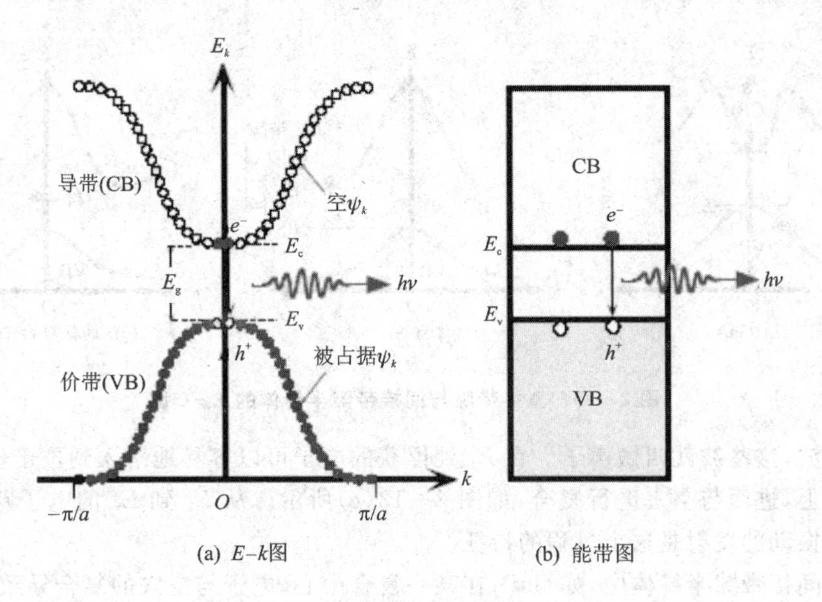

(a) E-k图　　(b) 能带图

图 2-12　直接带隙半导体的 E-k 图

当温度在 0 K 以上时，由于热激发，价带顶部的某些电子将被激发到导带底部。根据图 2-12 中的 E-k 图，当电子-空穴复合时，电子的能量就简单地从导带底部下降到价带顶部而不改变其 k 值，根据动量守恒，这种跃迁过程是可以接受的。实际上在这个过程中，电子-空穴复合所发射出的光子的动量与电子的动量相比很小，光子的动量被忽略了。因此，图 2-12 中的 E-k 图是直接带隙半导体的 E-k 图，即导带的极小值直接在价带的极大值之上。

图 2-12 的 E-k 图是假设在一维晶体的情况下得出的。在一维晶体的情况下，晶体中的每个原子简单地受两个相邻原子的束缚。但实际情况下晶体是三维的，势能函数 $V(x,y,z)$ 在多于一个方向上显示出周期性。E-k 曲线不再像图 2-12 所示的那样简单，而通常显示出不同寻常的特征。例如示于图 2-13(a)中 GaAs 的 E-k 图，就具有非常类似于图 2-12 中 E-k 图一般的特征，因此 GaAs 是直接带隙半导体，电子-空穴可以直接复合而发出光子。大多数发光器件都使用直接复合的直接带隙半导体。

在 Si 材料的情况下，菱形晶体结构导致 E-k 图的基本特征如图 2-13(b)所示，导带的最小值不再直接位于价带的最大值之上，而在 k 轴上有一个位移。这样的晶体叫做间接带隙半导体。因为位于导带底部的电子不再直接下降到价带的顶部，因而不是直接和价带顶部的电子复合，复合过程不再遵循动量守恒定律，动量必须从 k_{cb}变化到 k_{vb}。因此，在 Si 和 Ge 中，不再发生电子-空穴的直接复合。在这些基本的半导体中，复合过程通过位于图 2-13(c)所示带隙中的能级 E_r 的复合中心实现。这些复合中心可以是晶体缺陷或杂质。电子首先被位于 E_r 处的缺陷所捕获，通过这个俘获过程，电子的能量和动量转变成晶格的振动，即声子。就像电磁辐射是以光子量子化那样，晶体中的晶格振动是以声子来量子化的。晶体中晶格振动的传

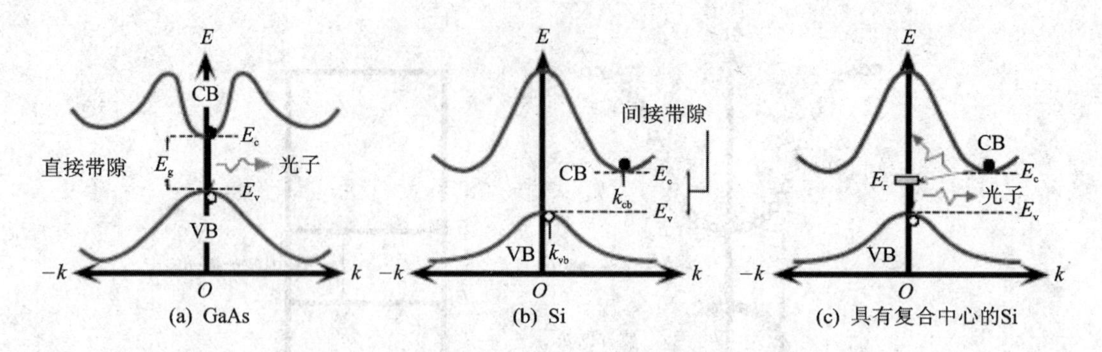

图 2-13 直接带隙与间接带隙半导体的 $E-k$ 图

播就像一个波，这些波就叫做声子。在 E_r 处俘获的电子可以容易地落入到位于价带顶部的空状态(能级)上，进而与空穴进行复合，如图 2-13(c)所示。从 E_c 到 E_v 的电子跃迁包含着进一步的晶格振动的发射是这个过程的特征。

在某些间接带隙半导体中，如 GaP，在某一复合中心，电子与空穴的复合导致光子发射，如果不通过有目的地向 GaP 中添加杂质氮而产生复合中心 E_r，则 $E-k$ 图类似于图 2-13(c)中所示的那样，电子从 E_r 到 E_v 的跃迁，包含光子发射。

2.2 非平衡载流子

半导体在外界条件(如受光照、温度变化等)有变化时，电子和空穴(载流子)的浓度要随之发生变化，载流子的产生率不等于复合率，此时系统的状态称为非热平衡态。载流子浓度对于热平衡状态时浓度的增量称为非平衡载流子，用 Δn 和 Δp 表示。如半导体受到光照后，导带和价带中电子和空穴的浓度分别成为 $n=n_0+\Delta n$ 和 $p=p_0+\Delta p$。这里 n_0 与 p_0 分别表示光照前一定温度下热平衡载流子的浓度。

当半导体继续接受光照时，产生率保持在高水平，复合率将随着非平衡载流子的增加而增加，直至复合率等于产生率，系统达到新的平衡，这时，载流子浓度 n 和 p 保持不变。当光照停止时，光致产生率为零，系统稳定态遭到破坏，复合率大于产生率，使非平衡载流子浓度逐渐减小，复合率随之下降，直至复合率等于产生率时，载流子浓度保持光照前的数值 n_0 和 p_0 不变，系统恢复到平衡状态。

2.2.1 非平衡载流子寿命 τ

非平衡载流子寿命 τ 的复合率一般可表示为

$$\text{复合率} = \frac{\Delta n}{\tau} \qquad \left(\text{或}\frac{\Delta p}{\tau}\right) \tag{2.2-1}$$

式中，非平衡载流子的寿命 τ 是常数。τ 的物理意义有如下三点：

① 从式(2.2-1)可以看出，寿命 τ 越长，复合率越小；寿命 τ 越短，复合率越大。

② τ 就是当非平衡载流子浓度衰减到原来的 1/e 所需的时间。在没有外界条件作用下，非平衡载流子浓度的变化率等于复合率(这里只考虑 Δn，Δp 也有同样形式)，即

$$\mathrm{d}\Delta n/\mathrm{d}t = -\Delta n/\tau \tag{2.2-2}$$

式中，右边的负号表示复合作用使 Δn 随时间 t 减小。Δn 是时间 t 的函数。从式(2.2-2)容易解得

$$\Delta n(t) = \Delta n(0)\mathrm{e}^{-t/\tau} \tag{2.2-3}$$

式中，$\Delta n(0)$ 为 $t=0$ 时非平衡载流子的浓度。当 $t=\tau$ 时，非平衡载流子的浓度衰减到原来的 1/e。

③ τ 是非平衡载流子的平均存在时间。非平衡载流子是逐渐消失的，$\int_0^\infty \Delta n\mathrm{d}t$ 为所有非平衡载流子存在时间的总和。而非平衡载流子的总数就是 $t=0$ 时的数值 $\Delta n(0)$。所以，载流子平均存在时间为

$$\frac{\int_0^\infty \Delta n\mathrm{d}t}{\Delta n(0)} = \int_0^\infty \mathrm{e}^{-t/\tau}\mathrm{d}t = \tau \tag{2.2-4}$$

2.2.2　非平衡载流子复合

非平衡载流子的复合大致可分为以下两种：① 自由电子与自由空穴的直接复合；② 通过复合中心的间接复合。若按现象发生的位置，可分为体内复合与表面复合。所有这些复合都表示在图 2-14 中。

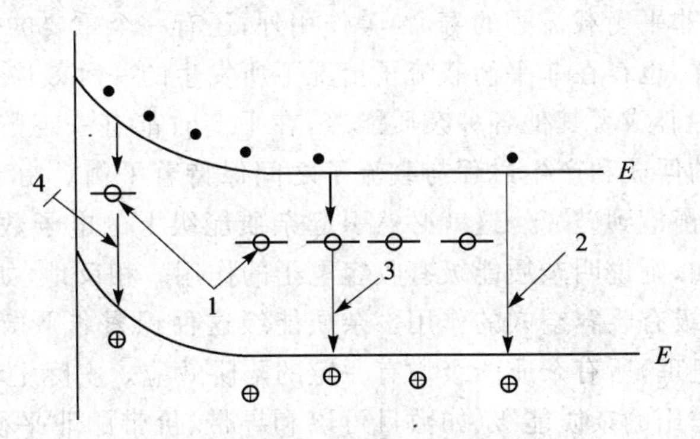

1—复合中心；2—直接复合；
3—间接复合(体内)；4—间接复合(表面)

图 2-14　载流子的各种复合

(1) 直接复合

直接复合是导带电子落在价带空穴的位置上，而与空穴结合失去自由态的过程。通常，直接复合会辐射出光子来，这种光子的能量等于自由载流子复合时所放出的能量，其数值大致等于晶体禁带宽度。这种光辐射有时称为带边辐射。

设 n 和 p 分别表示电子和空穴的浓度，每个电子都有可能和空穴相遇而复合，它们的复合显然和它们的浓度成比例。因此，单位体积内电子、空穴的复合率为

$$\text{复合率} = \gamma np \tag{2.2-5}$$

式中，γ 称为复合系数或复合概率。

在平衡情况下，复合率等于产生率。式(2.2-5)中的 n 和 p 即为平衡态载流子 n_0 和 p_0。

(2) 间接复合

间接复合是电子和空穴通过复合中心的复合。由于半导体中电子结构的不完整和杂质的存在，在禁带内存在一些深能级，这些能级能俘获自由电子与自由空穴，从而使它们复合，这种深能级称为复合中心。自由载流子通过复合中心复合也往往产生光辐射。通常，在自由载流子浓度较低时，复合过程主要是通过复合中心进行间接复合；而在自由载流子浓度较高的情况下，则主要是直接复合。

间接复合过程包括两个步骤：① 电子由导带落入复合中心；② 电子由复合中心落入价带中的空穴，从而完成了一对电子-空穴的复合。在每次复合过后，复合中心仍保持原来的情况，因而它们就不断地起复合中心的作用。

2.2.3 陷阱效应

半导体内部的杂质(或缺陷)除了决定材料的导电性质(起施主或受主的作用)和促进非平衡载流子的复合(决定非平衡载流子的寿命)等作用外，还有一个重要的作用，即陷阱效应。它和复合中心的作用一样，也存在非平衡载流子情况下所发生的一种效应。

施主、受主、复合中心或者其他各种杂质能级，在平衡时都有一定数目的电子。这些能级中的电子通过载流子的俘获和产生过程与载流子之间保持着平衡。由于某种原因，出现了非平衡载流子，使这种平衡遭到破坏。这就必然引起杂质能级上的电子数目发生变化。如果杂质能级上的电子数增加，则说明杂质能级有收容电子的作用。相反地，如果杂质能级上的电子数减少，则说明杂质能级有收容空穴的作用。杂质能级这种积累非平衡载流子的作用就叫做陷阱作用。按这样的机理，所有杂质能级均有一定的陷阱效应。实际上，需要注意的只是有显著累积非平衡载流子作用的杂质能级(如数目可以和导带、价带的非平衡载流子数目相比拟，甚至更大些)。通常，把有显著陷阱效应的杂质能级简称为陷阱。

如果一种杂质能级俘获电子和空穴的能力没有很大差别，那么这种杂质能级的陷阱效应是很不显著的，它基本上起复合中心的作用。有显著陷阱效应的典型陷阱必须有很不相同的电子和空穴的俘获几率。如果其杂质能级俘获电子的几率远大于俘获空穴的几率，则该杂质

能级可称为电子的陷阱；反之，可称为空穴的陷阱。

在一般情况下，陷阱的密度远小于材料中多数载流子的密度，这时尽管陷阱有很大的几率俘获多数载流子，但所俘获的多数载流子与总数相比还是可以忽略的；换句话说，对多数载流子没有明显的陷阱效应。只有当陷阱密度与多数载流子密度可以比拟或更大时，多数载流子的陷阱效应才不能忽略。对于少数载流子，只要陷阱数目比它多，就可以有显著的陷阱效应。少数载流子的数目本来就很少，即使很微量的陷阱也能引起显著的陷阱效应。宽禁带和低温都使少数载流子数目减少，因此，两者都有利于陷阱作用。

某种杂质能否成为很有效的陷阱，还取决于该杂质能级的位置。杂质能级和费密能级相重合时，陷阱效应最显著。例如，对电子陷阱来说，比费密能级低的杂质能级，平衡时已被电子填充得很满，不能再容纳很多电子，因此，减弱了陷阱的作用。费密能级以上的杂质能级原来基本上是空的，适于陷阱的作用。随着陷阱能级距费密能级越高，电子的激发率也迅速提高。因此，只要在费密能级之上，电子的陷阱能级越深，越有效。

陷阱的存在，直接影响着半导体的一些性质。陷阱能俘获电子和空穴而不使它们复合，就延长了载流子的存在时间，这些被陷载流子过一段时间后，在一定条件下，又会重新被激发到导带(或价带)，这时才能通过一定的复合机构复合，这样就显著延长了从非平衡到平衡的整个弛豫过程(加上电场后电流过渡到稳定值，或取消电场后电子分布恢复到平衡态过渡过程，也称为弛豫过程，过渡需要的时间称为弛豫时间)。在陷阱中的载流子被激发成自由载流子后，可能通过复合机构复合，但也可能再次为陷阱所俘获。往往有时载流子要被陷阱俘获几百次后才最后复合，这就是所谓的多次陷落现象。多次陷落更加延长了弛豫时间。少数载流子陷阱阻碍了少数载流子与多数载流子的复合，因而延长了多数载流子的寿命，从而提高了定态光电导灵敏度。多数载流子陷阱的存在使被光激发出的多数载流子一部分为陷阱俘获，这就减少了多数载流子的数目，当然也就降低了定态光电导的灵敏度。

2.2.4　载流子的运动——扩散与漂移

半导体中非平衡载流子的运动有两种，即扩散运动和漂移运动。它们都是定向运动，分别与扩散电流和漂移电流相联系。

扩散运动是在载流子浓度不均匀的情况下而发生的从高浓度处向低浓度处的迁移运动，是载流子无规则热运动的结果，它不是由电场力的推动而产生的。对于杂质均匀分布的半导体，其平衡载流子的浓度分布也是均匀的。因此不会有平衡载流子的扩散，这时只考虑非平衡载流子的扩散。当然，对于杂质分布不均匀的半导体，需要同时考虑平衡载流子和非平衡载流子的扩散。

载流子在电场的加速作用下，除热运动之外获得的附加运动称为漂移运动。

1. 扩散运动

考虑一维稳定扩散的情形。设光均匀地照射一块均匀的半导体，并假设光在受照表面很薄一层内几乎全部被吸收掉，受光部分将产生非平衡载流子，其浓度随离开表面距离 x 的增大而减小，因此非平衡载流子就要沿 x 方向从表面向体内扩散，使自己在晶格中重新达到均匀分布。扩散流面密度 j 与浓度梯度 $\mathrm{d}N(x)/\mathrm{d}x$ 成正比：

$$j = -D \cdot \mathrm{d}N(x)/\mathrm{d}x \tag{2.2-6}$$

式中，D 为扩散系数，表征非平衡载流子的扩散能力。式中负号表示扩散流方向与浓度梯度方向相反。因非平衡载流子沿 x 轴分布是在边扩散边复合中形成的，故下列关系式成立：

$$[-D \cdot \mathrm{d}N(x)/\mathrm{d}x]_x - [-D \cdot \mathrm{d}N(x)/\mathrm{d}x]_{x+\Delta x} = N(x)\Delta x/\tau \tag{2.2-7}$$

式中，τ 为非平衡载流子的平均寿命。定态下，$N(x)$分布稳定，单位时间内复合的非平衡载流子数必然要靠净扩散流补偿。式(2.2-7)两边同除以 Δx，并对等号左边取 $\Delta x \to 0$ 的极限，得扩散方程：

$$\mathrm{d}^2 N(x)/\mathrm{d}x^2 = N(x)/(\tau D) \tag{2.2-8}$$

利用边界条件 $x=0, N(x)=N_0; x=\infty, N(x)=0$，得

$$N(x) = N_0 \mathrm{e}^{-x/L} \tag{2.2-9}$$

式中，$L=(\tau D)^{1/2}$ 称为扩散长度，表示 $N(x)$减小到 N_0 的 1/e 时所对应的距离 x。光生的非平衡载流子复合发光后，在复合前扩散的距离有远近之分，从而形成 $N(x)$分布曲线。L 表示非平衡载流子复合前在半导体中扩散的平均深度。

2. 漂移运动

载流子在外电场作用下，电子向正电极方向运动、空穴向负电极方向运动称为漂移。在强电场作用下，由于饱和或雪崩击穿，半导体特性会偏离欧姆定律。在弱电场作用下，半导体中载流子漂移运动服从欧姆定律。

讨论漂移运动的重要参量是迁移率 μ(电子迁移率为 μ_n、空穴迁移率为 μ_p)。μ 的大小主要取决于晶格振动及杂质对载流子的散射作用。欧姆定律的微分形式如下：

$$j = \sigma E \tag{2.2-10}$$

式中，j 是电流密度；σ 是材料电导率；E 是电场强度。根据电流密度的定义：

$$j = nqv \tag{2.2-11}$$

式中，n 是电子浓度；q 是电子电量；v 是电子漂移平均速度，故 $nqv=\sigma E$(上面两式恒等)，$v=(\sigma/nq)E=\mu_n \cdot E$，表明电子漂移的平均速度与场强成正比。在电场中电子所获得的加速度

$$a = qE/m^* \tag{2.2-12}$$

式中，qE 表征电场力；m^* 为电子有效质量，是考虑了晶格对电子运动的影响并对电子静止质量进行修正后得到的值。

在漂移运动中，因电子与晶格碰撞发生散射，故每次碰撞后漂移速度降到零。如两次碰撞

之间的平均时间为 t_c，则经 t_c 后载流子的平均速度为

$$v = a \cdot t_c = (qE/m^* \cdot t_c) = (qt_c/m^*) \cdot E \tag{2.2-13}$$

有 $\mu = qt_c/m^*$，表明 μ 与 t_c、m^* 有关。在同一种半导体中，因电子与空穴运动状态不同，m^* 各不相同，故 μ_p、μ_n 不同。

同一种载流子在导电类型不同的半导体中，因浓度不同，平均自由程不同，t_c 也不同，故 μ 也不同。半导体中杂质浓度增加时，载流子碰撞机会增多，t_c 减小，μ 将随之减小。

在扩散与漂移同时存在(半导体既受光照，又外加电场)的情况下，扩散系数 D(D 表示扩散的难易)与迁移率 μ(μ 表示迁移的快慢)之间有爱因斯坦关系式：

$$D = (kT/q)\mu \tag{2.2-14}$$

式中，kT/q 为比例系数，室温下为 0.026 V。D 与 μ 成正比。

电子与空穴沿 x 轴扩散，但 $D_n \neq D_p$，故它们引起的扩散流不能抵消。在电场中多子、少子均做漂移运动，因多子数目远比少子多，所以漂移流主要是多子的贡献；在扩散情况下，如光照产生非平衡载流子，此时非平衡少子的浓度梯度最大，所以对扩散流的贡献主要是少子。

2.2.5　半导体对光的吸收

半导体材料吸收光子能量转换成电能是光电器件的工作基础。光垂直入射到半导体表面时，进入到半导体内的光强遵照吸收定律：

$$I_x = I_0(1 - r)e^{-\alpha x} \tag{2.2-15}$$

式中，I_x 是距材料表面 x 处的光强；I_0 是入射光强；r 是材料表面的反射率；α 是材料吸收系数，与材料、入射光波长等因素有关。

1. 本征吸收

半导体吸收光子的能量使价带中的电子激发到导带，在价带中留下空穴，产生等量的电子与空穴，这种吸收过程叫本征吸收。产生本征吸收的条件是入射光子的能量 $h\nu$ 至少要等于材料的禁带宽度 E_g，即

$$h\nu \geqslant E_g \tag{2.2-16}$$

从而有

$$\nu_0 \geqslant E_g/h, \qquad \lambda_0 \leqslant h/E_g = 1.24\ \mu\text{m} \cdot \text{eV}/E_g \tag{2.2-17}$$

式中，h 是普朗克常数，c 是光速，ν_0 是材料的频率阈值，λ_0 是材料的波长阈值。

2. 非本征吸收

非本征吸收包括杂质吸收、自由载流子吸收、激子吸收和晶格吸收等。

(1) 杂质吸收

杂质能级上的电子(或空穴)吸收光子能量，从杂质能级跃迁到导带(空穴跃迁到价带)，这种吸收称为杂质吸收，如图 2-15(a)所示。在这种跃迁过程中，光子能量与本征吸收一样，也

存在一个长波限 λ_0，即 $\lambda_0=hc/\Delta E_i$。这时，引起杂质吸收的光子的最小能量应等于杂质的电离能 ΔE_i，即 $h\nu=\Delta E_i$。由于杂质电离能比禁带宽度 E_g 小，所以这种吸收出现在本征限以外的长波区，即在本征吸收限长波侧形成如图 2-15(b)所示的吸收带，多在红外区或远红外区。

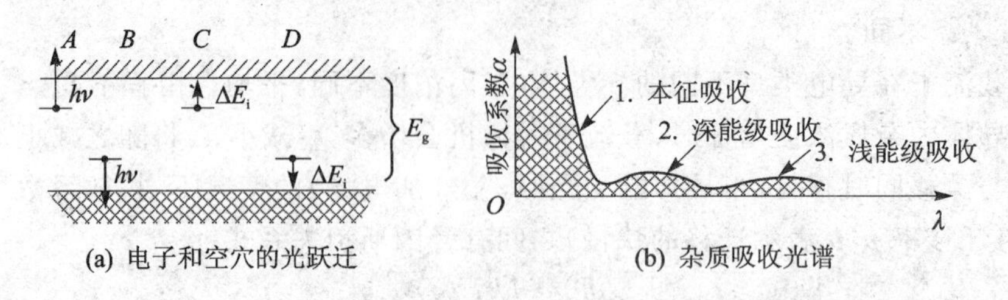

图 2-15　杂质吸收

(2) 自由载流子吸收

它是指由于自由载流子在同一能带内不同能级之间的跃迁而引起的吸收。当半导体处于足够低的温度中时，电子与晶格的联系显得非常微弱，此时吸收的辐射使载流子在能带内的能量分布发生显著变化。这种现象虽不致引起载流子浓度的变化，但由于电子迁移率依赖于能量，所以上述过程导致迁移率改变，从而使这种吸收引起电导率的改变。

半导体中光子与自由载流子之间发生的动量传递称做光子牵引效应。它在 1970 年被首次报道，之后研究人员又对此进行了大量研究。利用光子牵引效应制作的用于二氧化碳激光探测的新型光子探测器已经出现。例如用 P 型碲制作的高性能二氧化碳激光用光子探测器，它提供了一种研究二氧化碳激光的既简单而又非常方便的方法。因此，研究在其他波长处有价值的光子牵引探测器也显得很有必要。

(3) 激子吸收

价带中的电子吸收小于禁带宽度的光子能量也能离开价带，但因能量不够，还不能跃迁到导带成为自由电子。这时，电子实际还与空穴保持着库仑力的相互作用，形成一个电中性系统，称为激子。激子作为一个整体可以在晶格内自由运动。能产生激子的光吸收称为激子吸收。所吸收光子的波长要比长波限更大些，即在长波限的长波侧形成一些很尖锐的吸收线，每条谱线对应于一定的激发态($n=1$ 时为基态，$n>1$ 时为受激态)。图 2-16 中箭头所指的吸收峰表示 GaAs 的激子吸收。

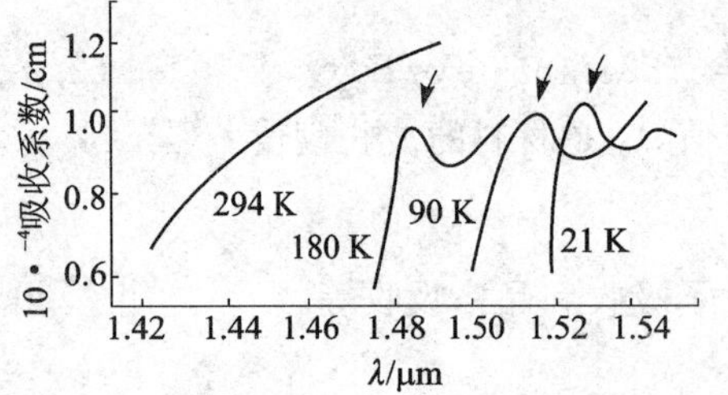

图 2-16　GaAs 的激子吸收

(4) 晶格吸收

半导体原子能吸收能量较低的光子，并将其能量直接变为晶格的振动能，从而在远红外区形成一个连续的吸收带，这种吸收称为晶格吸收。

半导体对光的吸收主要是本征吸收。对于硅材料，本征吸收的吸收系数比非本征吸收的吸收系数要大几十倍到几万倍，一般照明下只考虑

本征吸收，可认为硅对波长大于 1.15 μm 的可见光透明。

2.3　P－N 结

P－N 结在半导体器件中占有极其重要的地位，它是二极管、三极管、集成电路和其他结型光电器件最基本的结构单元。把 P 型、N 型、本征型（i 型）半导体有机配合起来，结合成不均匀的半导体，就能制造出多种半导体光电器件。这里所说的结合是冶金学意义上的结合，指一个单晶体内部根据杂质的种类和含量的不同而形成的接触区域，严格来说是指其中的过渡区。

2.3.1　P－N 结原理

结有多种：P－N 结、P－i 结、N－i 结、P^+－P 结、N^+－N 结等。i 型指本征型，P^+、N^+ 分别指相对于 P、N 型，半导体受主、施主浓度更大些。

制作 P－N 结的材料，可以是同一种半导体（同质结），也可以是由两种不同的半导体材料或金属与半导体的结合（异质结）。

1. 开路情况

可用一块半导体经掺杂形成 P 区和 N 区，如图 2－17(a) 所示，M 处是冶金意义上的结，左边是 Si 掺杂受主原子 B 而形成的 P 区，右边是 Si 掺杂施主原子 As 而形成的 N 区。由于杂质的激活能量 ΔE 很小，在室温下杂质差不多都电离成受主离子 B^- 和施主离子 As^+。在 P－N 区交界面处因存在载流子的浓度差，故彼此要向对方扩散。设想在结形成的一瞬间，在 N 区的电子为多数载流子，在 P 区的电子为少数载流子，使电子由 N 区流入 P 区，电子与空穴相遇又要发生复合，这样在原来是 N 区的结面附近电子变得很少，剩下的是浓度为 N_d 的正的施主离子 As^+，形成正的空间电荷。同样，空穴由 P 区扩散到 N 区后，由不能运动的浓度为 N_a 的受主离子 B^- 形成负的空间电荷。这样就在结 M 处的两侧（即在 P 区与 N 区界面两侧）发生载流子的耗尽，产生不能移动的离子区（也称耗尽区，或空间电荷区），于是出现空间电偶层，形成内电场（称内建电场），此电场对两区多子的扩散有抵制作用（因此空间电荷区也叫阻挡层），而对少子的漂移有帮助作用，当空穴向右的扩散速率被在电场 E_0 的驱动下空穴向左的漂移速率所平衡时，达到动态平衡；电子也有与此类似的过程，最终在界面两侧建立起稳定的内建电场，如图 2－17(b) 所示。

图 2－17(c) 示出了对应于图 2－17(b) 的电子与空穴浓度的分布情况，图中 p_{P0}、p_{N0}、n_{N0}、n_{P0}、n_i 分别是 P 区空穴、N 区空穴、N 区电子、P 区电子以及本征电子的浓度。必须注意的是，在平衡条件下（无偏置电压、无光照）有 $pn=n_i^2$。

对于均匀掺杂的 P 区和 N 区，整个半导体净的空间电荷密度 $\rho_{net}(x)$ 分布情况示于图 2－17(d) 中，设 M 位于 $x=0$ 处，在 x 从 $-W_P$ 到 $x=0$ 处，净空间电荷密度 $\rho_{net}(x)$ 是负的且

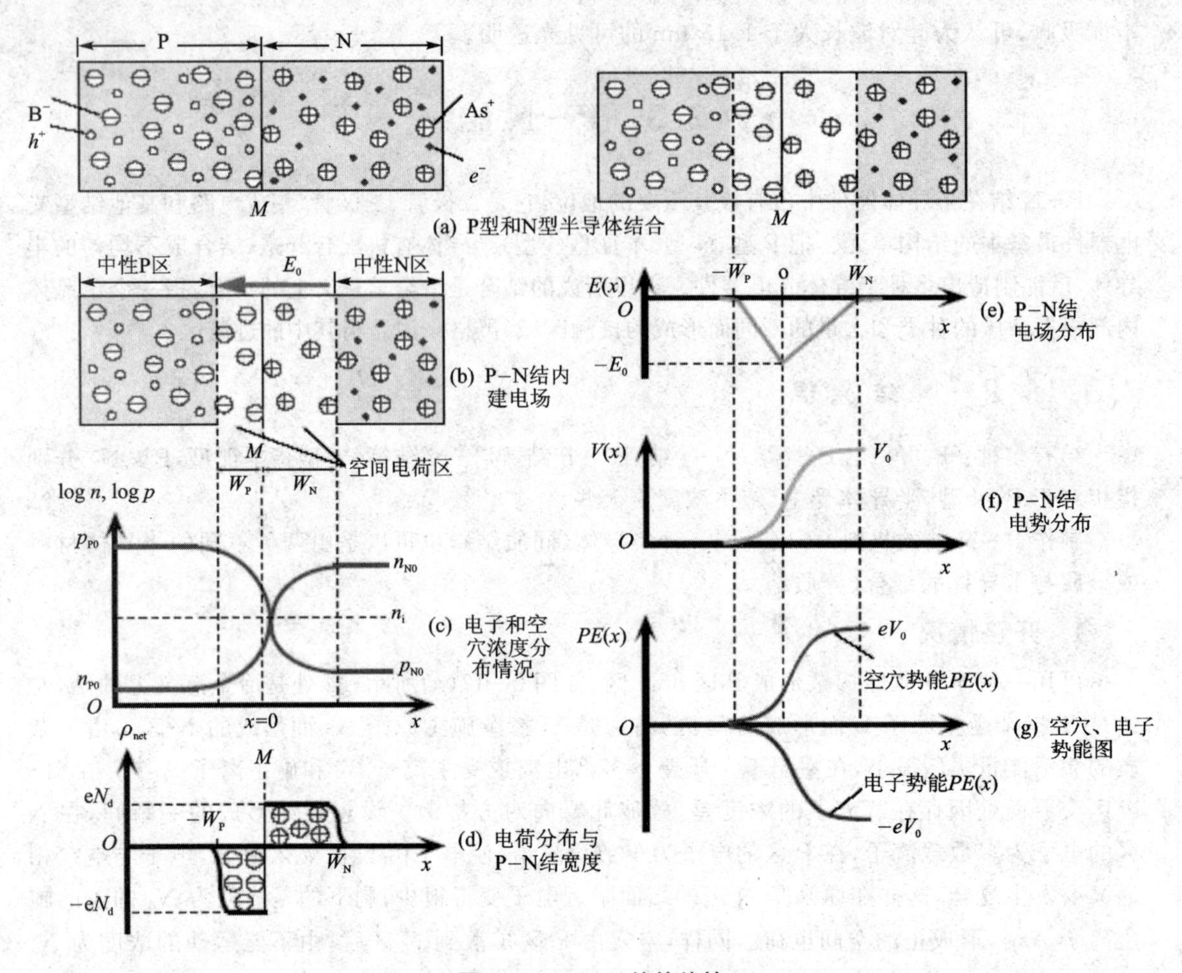

图 2-17　P-N 结的特性

等于$-eN_a$，在 $x=0$ 到 $x=W_N$ 处，净空间电荷密度 $\rho_{net}(x)$是正的且等于$+eN_d$。由于整个半导体是电中性的，左边的总电荷应等于右边的总电荷，所以有

$$N_a W_P = N_d W_N \tag{2.3-1}$$

在图 2-17 中，如果假设施主浓度低于受主浓度，即 $N_d < N_a$，则式(2.3-1)意味着 $W_N > W_P$，即耗尽区渗透入低掺杂的 N 区比渗透入重掺杂的 P 区更多的区域。确实，如果 $N_a \gg N_d$，则耗尽区几乎完全在 N 区。电场 $E(x)$和净空间电荷密度 $\rho_{net}(x)$以及半导体材料的介电常数 $\varepsilon=\varepsilon_0\varepsilon_r$（$\varepsilon_0$ 和 ε_r 分别是半导体材料的绝对介电常数和相对介电常数）由静电学关系相联系：$dE/dx=\rho_{net}(x)/\varepsilon$。这样我们可以在整个二极管对 $\rho_{net}(x)$进行积分来决定电场。整个 P-N 结电场的变化示于图 2-17(e)中。负的电场意味着负的 x 方向。注意，$E(x)$在 M 处达到最大值 E_0。

因 $E=\mathrm{d}V/\mathrm{d}x$，所以通过对任意的 x 点的电场积分就可以得出势能 $V(x)$。取 P 区中远离 M 处的势能为零(参考电位)，则在耗尽区向 N 区 $V(x)$ 的变化情况示于图 2-17(f)中，注意到在 N 区势能达到 V_0。V_0 叫做内建电势(build in potential)。

在 P-N 结的突变处，可以简单地用图 2-17(d)中所示的阶跃函数来近似地描述 $\rho_{\text{net}}(x)$。应用图 2-17(d)中 $\rho_{\text{net}}(x)$ 的阶跃函数形式并进行积分，则得出的内建电场和内建电势如下：

$$\left.\begin{aligned} E_0 &= -\frac{eN_dW_N}{\varepsilon} = -\frac{eN_aW_P}{\varepsilon} \\ V_0 &= -\frac{1}{2}E_0W_0 = \frac{eN_aN_dW_0^2}{2\varepsilon(N_a+N_d)} \end{aligned}\right\} \tag{2.3-2}$$

式中，$\varepsilon=\varepsilon_0\varepsilon_r$；$W_0=W_N+W_P$ 是零偏压下耗尽区总的宽度。如果我们知道了 W_0，则从式(2.3-1)可以容易地得出 W_N 和 W_P。式(2.3-2)中的第二式是内建电势 V_0 和耗尽区宽度 W_0 之间的关系。如果知道了 V_0，就可以计算出 W_0。

将 V_0 和掺杂参量相联系的简单方法是应用玻耳兹曼统计*。对于由 P-型半导体和 N-型半导体一起组成的系统而言，在平衡状态下，玻耳兹曼统计要求在势能 E_1 和 E_2 处载流子的浓度 n_1 和 n_2 由下式来代替，即

$$\frac{n_1}{n_2}=\exp\left[\frac{-(E_2-E_1)}{kT}\right] \tag{2.3-3}$$

式中，$E=qV$(q 是电荷，V 是电压)。对于电子，$q=-e$，从图 2-17(g)中我们可以看到：在 P 区远离 M 处，$E=0$，$n=n_{P0}$；而在 N 区远离 M 处，$E=-eV_0$，$n=n_{N0}$，因此

$$\frac{n_{P0}}{n_{N0}}=\exp(-eV_0/kT) \tag{2.3-4}$$

这表明，V_0 取决于 n_{N0} 和 n_{P0}，因此也就取决于 N_d 和 N_a。相应地，对于空穴浓度有相似的方程

$$\frac{p_{N0}}{p_{P0}}=\exp(-eV_0/kT) \tag{2.3-5}$$

可以将式(2.3-4)和式(2.3-5)重新改写为

$$V_0=\frac{kT}{e}\ln\left(\frac{n_{N0}}{n_{P0}}\right) \quad \text{以及} \quad V_0=\frac{kT}{e}\ln\left(\frac{p_{N0}}{p_{P0}}\right)$$

依据掺杂浓度可以将 p_{P0} 和 p_{N0} 写为 $p_{P0}=N_a$，$p_{N0}=n_i^2/n_{N0}=n_i^2/N_d$，因此，$V_0$ 可以写为

$$V_0=\frac{kT}{e}\ln\left(\frac{N_aN_d}{n_i^2}\right) \tag{2.3-6}$$

显然，V_0 通过 N_a、N_d 和 n_i^2[由($N_cN_v\exp(E_g/kT)$给出]与掺杂和基质材料特性相联系。

---

* 因为不管是在 N 区还是在 P 区，导带中的电子浓度不是很大，故泡利不相容原理起重要作用。只要导带中的载流子浓度比 N_c 小得多，就可以应用玻耳兹曼统计：$n(E)\propto\exp(-E/kT)$ 。

内建电压(V_0)是在开路的情况下，经过从 P-型半导体向 N-型半导体横跨 P-N 结的势能，而不是横跨由 V_0 和在电极处金属-半导体结的接触电势所组成二极管上的电压。如果加入 V_0 和电极端的接触电势，将发现它是零。一旦从式(2.3-6)知道了内建电势 V_0，就可以从式(2.3-3)计算出耗尽区的宽度 W_0。

2. 正向偏置

设电源的电压为 V，将 P 区接电源的正极、N 区接电源的负极，则 P-N 结上所加的就是正向偏置，如图 2-18(a)所示。由于在空间电荷层之外的体区域内有大量的多数载流子，而耗尽区主要是不移动的离子，因而空间电荷层之外的体区域内有高的电导率，外加的电压主要加在宽度为 W 的耗尽层上，而 V 和 V_0 的方向相反，则阻碍扩散的势垒就降低到如图 2-18(b)所示的 V_0-V 曲线，因此电源的作用是用 V 来降低势垒 V_0。因为势垒降低，产生的显著结果是 P 区的空穴越过势垒扩散到 N 区的概率与 $\exp[-e(V_0-V)/kT]$成正比。换句话说，外加正向电压有效地降低了阻止扩散的内建电场，从而许多空穴能够穿过耗尽区扩散进入到 N 区，其结果叫做过剩少数载流子(进入 N 区的空穴)注入。类似地，过剩的电子也能够向 P 区扩散并进入 P 区，从而成为多数载流子注入。

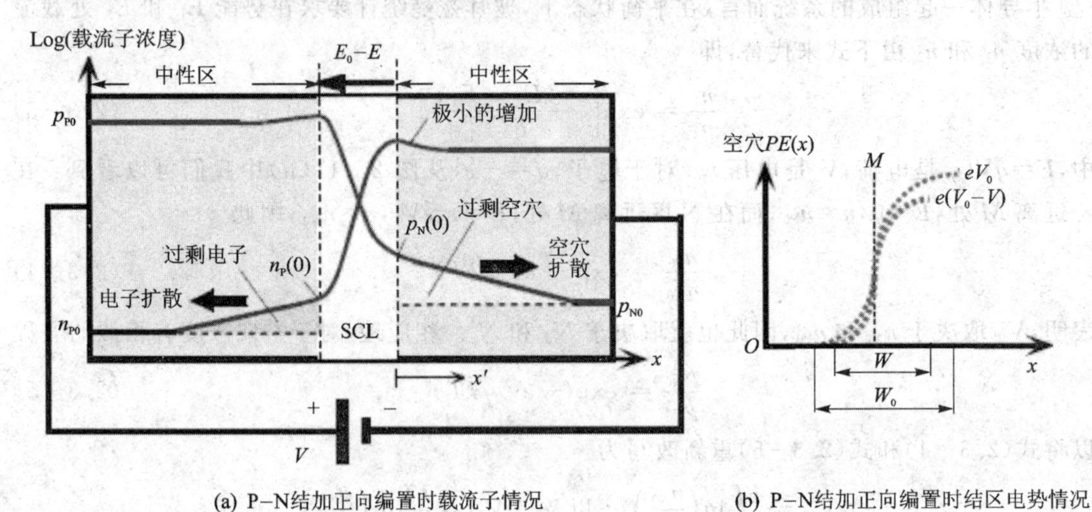

(a) P-N结加正向编置时载流子情况　　(b) P-N结加正向编置时结区电势情况

图 2-18　P-N 结的正向偏置

当空穴注入到中性的 N 区时，它从 N 区体积中(也就是从外加电源中)拉出一些电子，从而使电子浓度有小的增加；为了平衡空穴电荷而维持 N 区的电中性，这个小的多数载流子的增加是必需的。

作为因内建势垒的降低而导致的过剩空穴扩散的结果是：恰好在 $x'=0$(x'是从 W_N 测量算起)耗尽区之外空穴浓度 $p_N(0)=p_N(x'=0)$。浓度 $p_N(0)$是由越过新势垒 $e(V_0-V)$的概率决定的。

$$p_{N}(0)=p_{P0}\exp\left[\frac{-e(V_{0}-V)}{kT}\right] \tag{2.3-7}$$

如图 2-18(b)所示，从 $x=-W_P$ 到 $x=W_N$，空穴浓度从 p_{P0} 下降到 $p_N(0)$是应用 $e(V_0-V)$使空穴势能上升，直接从玻耳兹曼方程得出的必然结果；与此同时，用式(2.3-7)除以式(2.3-5)可以直接得到外加电压的效果，该效果表明外加电压 V 是如何影响扩散并确定到达 N 区的过剩空穴数量的。

$$p_{N}(0)=p_{N0}\exp\left(\frac{eV}{kT}\right) \tag{2.3-8}$$

式(2.3-8)叫做结定律，它描述了外加电压对恰好在耗尽区外边的注入少数载流子浓度 $p_N(0)$ 的效果。显然，没有外加电压时，即 $V=0$，$p_N(0)=p_{N0}$时，正如所预料的那样。

在 N 区中，注入空穴的扩散最终要与 N 区电子复合，在 N 区存在许多电子，由复合失去的电子容易地由连接到 N 区电源的负端来补充，而连接到 P 区的电源的正极不断地向 P 区补充因扩散进入 N 区而失去的空穴，这样使整个回路中的电流得以维持。

类似地，电子从 N 区注入到 P 区，恰好在 $x=-W_P$ 的耗尽区外边，电子的浓度由等价于式(2.3-8)的形式给出，即

$$n_{P}(0)=n_{P0}\exp\left(\frac{eV}{kT}\right) \tag{2.3-9}$$

在 P 区，注入的电子向电源正极(此处电子的浓度是 n_{P0})扩散，电子扩散时不断地与 P 区的一些空穴复合，那些因复合失去的空穴可以容易地由连接到 P 区的电源正极来补充，这样，电源负极不断地供给 N 区电子，电子又不断地向 P 区扩散，并在 P 区又不断地与空穴复合来维持电流。显然，正向偏置可以通过 P-N 结维持电子电流。看起来，电子电流似乎是由于多数载流子的扩散产生的，实际上也有多数载流子的漂移运动的贡献。

如果 P 区和 N 区的长度比多数载流子的扩散长度长，则我们将会证明就像图 2-18(a)所示的那样：N 区空穴浓度的分布 $p_N(x')$向热平衡值 p_{N0} 指数下降。如果 $\Delta p_N(x')=p_N(x')-p_{N0}$是过剩少数载流子浓度，则

$$\Delta p_{N}(x')=\Delta p_{N}(0)\exp(-x'/L_{h}) \tag{2.3-10}$$

式中，$L_h=\sqrt{D_h\tau_h}$，是空穴扩散长度。这里 D_h 是空穴扩散系数，τ_h 是 N 区空穴平均复合寿命(少数载流子寿命)。扩散长度是在被复合消失之前少数载流子扩散的平均距离。方程(2.3-10)可以通过严格的方法得到，但这里是作为一个合理的结果给出的。在中性 N 区中任意点 x'处，注入空穴的复合率与点 x'处过剩空穴浓度成正比。在稳定状态下，x'处的复合率正好被由扩散带到 x'处的空穴所平衡，这是导出式(2.3-10)的物理基础。

空穴扩散电流密度 $J_{D,hole}$是空穴扩散流乘以空穴电荷，即

$$J_{D,hole}=-eD_{h}\frac{dp_{N}(x')}{dx'}=-eD_{h}\frac{d\Delta p_{N}(x')}{dx'}$$

即

$$J_{\mathrm{D,hole}}=\left(\frac{eD_{\mathrm{h}}}{L_{\mathrm{h}}}\right)\Delta p_{\mathrm{N}}(0)\exp\left(-\frac{x'}{L_{\mathrm{h}}}\right) \tag{2.3-11}$$

尽管上述方程表示出空穴扩散电流取决于局部，但是，在任意局部处电流是空穴与电子贡献的总和与如图 2-19 中所示的 x 无关。总的来说，中心区域中的场不是零，而是一个小的值，恰好足以使巨量的多数载流子漂移到那里并维持电流为恒定值。

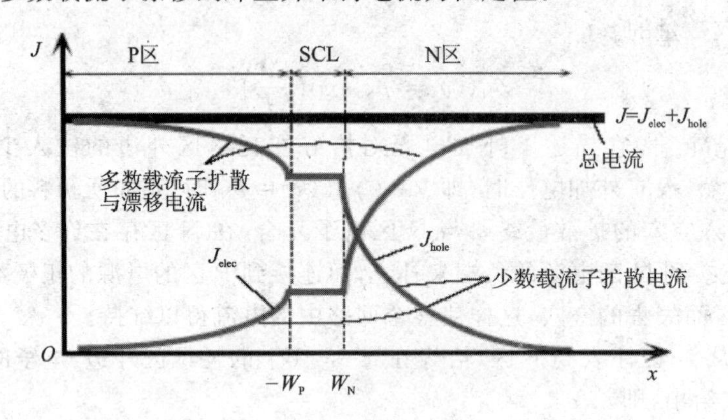

图 2-19　器件中任意处的总电流是恒定的

根据式(2.3-8)中的外加电压 V，应用结定律取代方程(2.3-11)中的 $\Delta p_{\mathrm{N}}(0)$，进而用 $p_{\mathrm{N0}}=n_{\mathrm{i}}^2/n_{\mathrm{N0}}=n_{\mathrm{i}}^2/N_{\mathrm{d}}$ 来消去 p_{N0}。从方程(2.3-11)可知，空穴扩散电流是

$$J_{\mathrm{D,hole}}=\left(\frac{eD_{\mathrm{h}}n_{\mathrm{i}}^2}{L_{\mathrm{h}}N_{\mathrm{d}}}\right)\left[\exp\left(\frac{eV}{kT}\right)-1\right]$$

在 P 区，电子扩散电流密度 $J_{\mathrm{D,elec}}$ 有类似的表达式。因为一般地说，耗尽层的宽度是窄的(暂时忽略空间电荷层中的复合)，假设电子和空穴电流穿过耗尽区并不改变，$x=-W_{\mathrm{P}}$ 处的电子电流与 $x=W_{\mathrm{N}}$ 处的电子电流相同，则总的电流密度简单地由 $J_{\mathrm{D,hole}}+J_{\mathrm{D,elec}}$ 给出，即

$$J=\left(\frac{eD_{\mathrm{h}}}{L_{\mathrm{h}}N_{\mathrm{d}}}+\frac{eD_{\mathrm{e}}}{L_{\mathrm{e}}N_{\mathrm{a}}}\right)n_{\mathrm{i}}^2\left[\exp\left(\frac{eV}{kT}\right)-1\right]$$

或

$$J=J_{\mathrm{s0}}\left[\exp\left(\frac{eV}{kT}\right)-1\right] \tag{2.3-12}$$

这是著名的具有 $J_{\mathrm{s0}}=[(eD_{\mathrm{h}}/L_{\mathrm{h}}N_{\mathrm{d}})+(eD_{\mathrm{e}}/L_{\mathrm{e}}N_{\mathrm{a}})]n_{\mathrm{i}}^2$ 的二极管方程，通常叫做肖克利(Shockley)方程，它代表了中性区域少数载流子的扩散。常数 J_{s0} 不仅取决于掺杂 N_{d} 和 N_{a}，也通过 n_{i}^2、D_{h}、D_{e}、L_{h} 和 L_{e} 取决于材料。如果外加反向偏置 $V=-V_{\mathrm{r}}$ 大于热电压 kT/e(为 25 mV)，则方程(2.3-12)成为 $J=-J_{\mathrm{s0}}$，所以 J_{s0} 又叫做反向饱和电流密度。

到目前为止，我们已假设在外加正向偏置情况下中性区域的少数载流子的扩散与复合情况。事实上，一些少数载流子也会在耗尽区复合掉，因此外加电流也必须提供在空间电荷层的

复合过程中失去的载流子。为了简单起见，考虑图 2-20 中在正向偏置下的对称 P-N 结的情况。在结的中心 C 处，空穴浓度 p_M 和电子浓度 n_M 是相等的，考虑宽度为 W_P 的 P 区中的电子复合和宽度为 W_N 的 N 区中的空穴复合，分别用如图 2-20 中的 ABC 和 BCD 的阴影区域所示。假定 W_N 中的平均空穴复合时间是 τ_h，W_P 中的平均电子复合时间是 τ_e。ABC 中的电子复合率是面积 S_{ABC}（几乎所有的注入电子）除以 τ_e。电子由二极管电流补充。类似地，BCD 中的空穴复合率是面积 S_{BCD} 除以 τ_h，这样复合电流密度是

$$J_{\text{recom}}=\frac{eS_{ABC}}{\tau_e}+\frac{eS_{BCD}}{\tau_h}$$

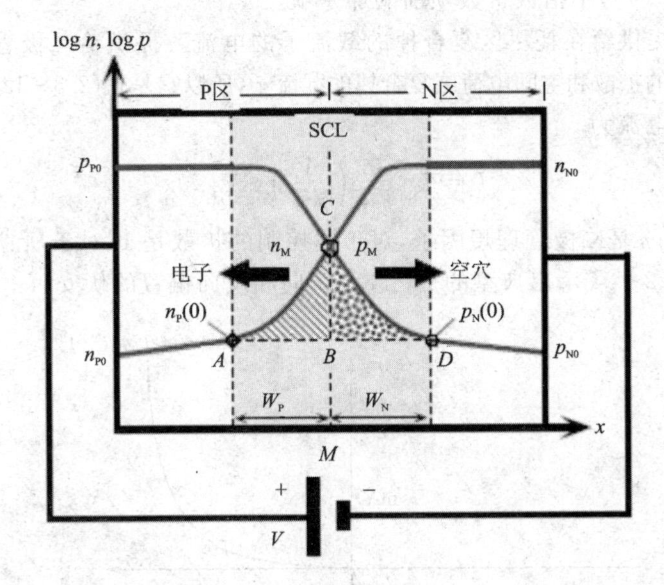

图 2-20　正向偏置 P-N 结及其空间电荷层中载流子的注入与复合

将面积 S_{ABC} 和 S_{BCD} 近似看做是三角形，估计一下它们的面积，$S_{ABC}\approx(1/2)W_p n_M$，$S_{BCD}\approx(1/2)W_N p_M$，所以

$$J_{\text{recom}}\approx\frac{eW_P n_M}{2\tau_e}+\frac{eW_N p_M}{2\tau_h}\tag{2.3-13}$$

在稳态与平衡条件下，假定是非简并半导体，我们应用玻耳兹曼统计将这些浓度与势能联系起来。在 A 处，势能是零；在 M 处，势能是 $e(V_0-V)/2$，所以有

$$\frac{p_M}{p_{P0}}=\exp\left[-\frac{e(V_0-V)}{2kT}\right]$$

因为 V_0 取决于示于方程(2.3-6)中的掺杂浓度 N_a、N_d 和 n_i，进一步地 $p_{P0}=N_a$，将上式简化为

$$p_M = n_i \exp\left(\frac{eV}{2kT}\right)$$

这意味着对于 $V > \frac{kT}{e}$，复合电流由下式给出，即

$$J_{\text{recom}} = \frac{en_i}{2}\left[\frac{W_P}{\tau_e} + \frac{W_N}{\tau_h}\right]\exp\left(\frac{eV}{2kT}\right) \quad (2.3-14)$$

为更好地定量分析，复合电流可以表示为(在更高级的教科书中有证明)

$$J_{\text{recom}} = J_{r0}[\exp(eV/2kT) - 1]$$

式中，J_{r0} 是方程(2.3－14)中指数常数项前的那一项。

式(2.3－14)是提供给在耗尽区复合掉的载流子的电流。提供给二极管的总电流将供给中性区域少数载流子的扩散和空间电荷层复合掉的载流子，所以它是式(2.3－12)和式(2.3－14)的和。一般地，二极管电流为

$$I = I_0\left[\exp\left(\frac{eV}{\eta kT}\right) - 1\right] \quad (2.3-15)$$

式中，I_0 是一个常数；η 是二极管理想因子，对于被控制的扩散是 1，对于所控制特性的空间电荷层的复合是 2。图 2－21 示出典型的 P－N 结正向和反向偏置的伏安($I-V$)特性。

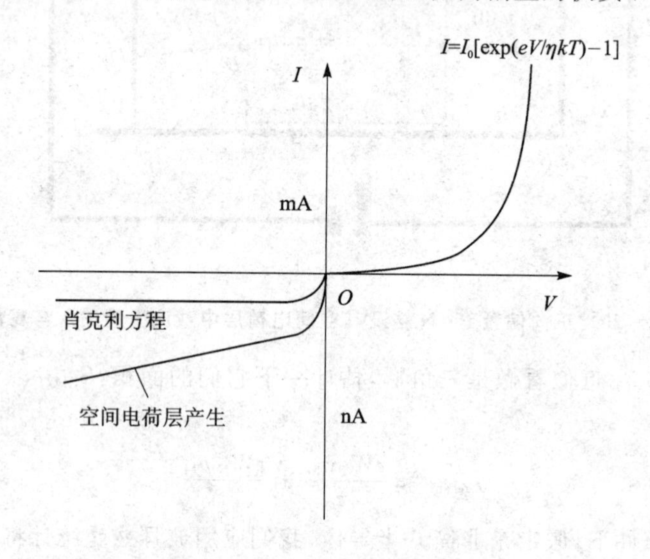

图 2－21　P－N 结的伏安特性

3. 反向偏置

在图 2－21 中，当 P－N 结反向偏置时，其反向电流非常小。反向偏置的外接电源的接法如图 2－22(a)所示。外加电压主要降落在阻挡耗尽区，从而使得阻挡耗尽区更宽。电源的负端将引起 P 区的空穴离开空间电荷层运动，导致更多裸露的负的受主离子，从而增宽空间电

荷层。类似地，外加电源的正端将从空间电荷层移走更多的电子，导致更多裸露的带正电的施主离子，因而 N 区的耗尽宽度也增宽。因为 N 区没有电子的提供源，所以 N 区的电子向正向电源正端运动不能维持下去。因 P 区几乎没有电子，所以它也不能提供电子给 N 区。然而由于两个原因仍存在小的反向电流。

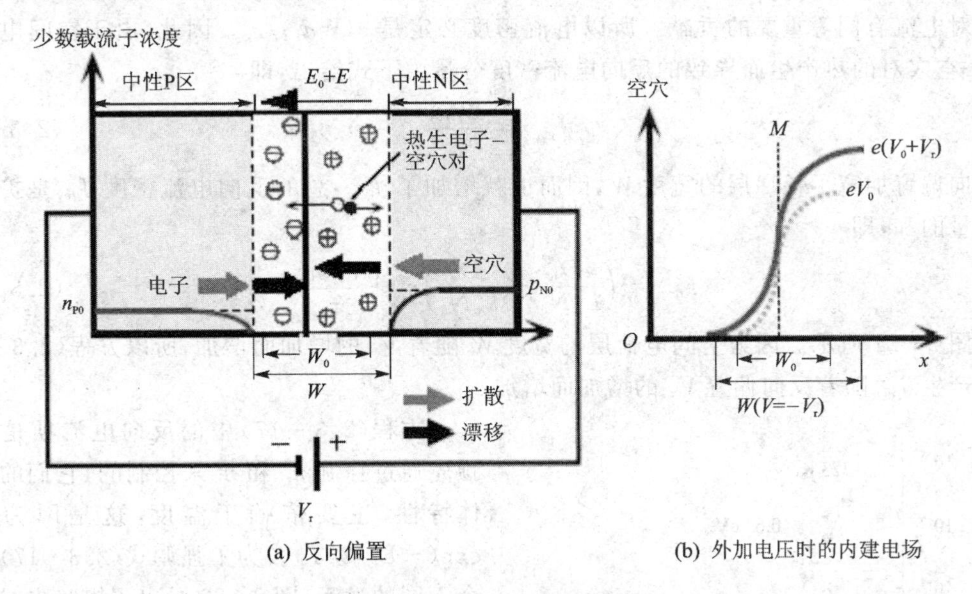

(a) 反向偏置　　(b) 外加电压时的内建电场

图 2-22　P-N 结反向偏置

如图 2-22(b)所示，外加电压增加内建势垒，空间电荷层的电场大于内建电场 E_0。在耗尽区附近，N 区上少量的空穴成为可萃取的并被降落在空间电荷层上的场扫出越过到 P 区。这个小的电流由从 N 区体内到空间电荷层边界空穴的扩散来维持。

假设反向偏置 $V_r > 25\ \mathrm{mV} = kT/e$。根据结定律式(2.3-8)，恰在空间电荷层外边的空穴浓度 $p_N(0)$ 几乎是零，但体内的空穴浓度(或电源负极附近)是小的平衡浓度 p_{N0}，因此存在一个小的浓度梯度，也就是存在一个如图 2-22(a)所示的小的向 SCL 的空穴扩散电流。类似地，存在一个从体 P 区向空间电荷层小的电子扩散电流。在空间电荷层中，这些载流子受到电场的作用而发生漂移。这个少数载流子的扩散电流是肖克利模型。由方程(2.3-12)给出的具有负电压的反向电流，其二极管电流密度为 $-J_{s0}$，叫做反向饱和电流密度。J_{s0} 的值不仅取决于材料的 n_i、μ_h、μ_e 和掺杂浓度等，还取决于电压($V_r > kT/e$)。进一步地，由于 J_{s0} 取决于 n_i^2，因此具有强烈的温度依赖性。在某些书中这样描述：空间电荷层扩散长度内中性区域中的热生少数载流子向空间电荷层扩散，然后通过空间电荷层漂移，是引起反向电流的原因。这种描述本质上等同于肖克利模型。

如图 2-22(a)所示，由于空间电荷层中的电场将电子和空穴分开并使它们向中性区域漂移，所以空间电荷区中的热生电子-空穴对对反向电流也有贡献。这个漂移除了由于少数载流子扩散引起的反向电流外,还会导致外部电流。假设 τ_g 是依据晶格热振动产生电子-空穴对的平均时间(也叫平均热产生时间)。给定了 τ_g,因为每单位体积中产生 n_i 个电子-空穴对,取平均时间 τ_g,所以每单位体积中热产生率必定是 n_i/τ_g。进一步地,设 A 是横截面,则 WA 是耗尽区的体积,电子-空穴对(或电荷载流子)的产生率是 $(AWn_i)/\tau_g$。耗尽区中的电子和空穴的漂移对电流有同等重要的贡献。所以电流密度必定是 $e(Wn_i)/\tau_g$。因此,由于空间电荷层中电子-空穴对的热产生而导致的反向电流密度分量由下式给出,即

$$J_{gen}=\frac{eWn_i}{\tau_g} \tag{2.3-16}$$

反向偏置加宽了耗尽层的宽度 W,因而也就增加了 J_{gen},总的反向电流密度 J_{rev} 是扩散和产生分量的和,即

$$J_{rev}=\left(\frac{eD_h}{L_hN_d}+\frac{eD_e}{L_eN_a}\right)n_i^2+\frac{eWn_i}{\tau_g} \tag{2.3-17}$$

上式如图 2-21 所示。因为空间电荷层的宽度 W 随着 V_r 的增加而增加,所以方程(2.3-16)中的热产生 J_{gen} 随着反向偏置 V_r 的增加而增加。

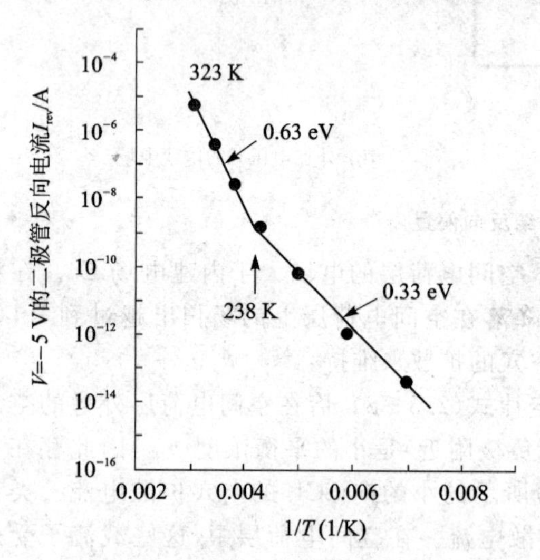

图 2-23 Ge P-N 结中的反向电流

方程(2.3-17)中的反向电流项是可以预先通过控制 n_i^2 和 n_i 来控制的,它们的半导体特性,主要依赖于温度,这是因为 n_i - $\exp(-E_g/2kT)$。为了强调式(2.3-17)中两个不同的过程,图 2-23 画出了黑暗中 Ge P-N 结(光电二极管)中 I_{rev} 与温度 T 的关系。图 2-23 中的测量值表明,在 238 K 以上,因为 $\ln(I_{rev})-1/T$ 的斜率产生一个近似 0.63 eV 的 E_g,接近于 Ge 中大约 0.66 eV 的期望值,所以 I_{rev} 是被 n_i^2 所控制的。在 238 K 以下,因为 $\ln(I_{rev})-1/T$ 的斜率等于 $E_g/2$,约 0.33 eV,所以 I_{rev} 是由 n_i 所控制的。在这个区域,反向电流是由空间电荷层中的缺陷与杂质(复合中心)电子-空穴对而产生的。

4. 耗尽层电容

显然,类似于图 2-17(d)中所示的那样,P-N 结的耗尽区在距离 W 上有分开的正电荷和负电荷,好像一个平行平板电容器。如果横截面积是 A,则在 N 区上的耗尽区中存储的电荷是 $+Q=eN_dW_NA$,P 区上的耗尽区存储的电荷是 $-Q=-eN_aW_PA$。与平板电容器不同,Q 并不是线性地依赖于通过器件的电压。定义一个与存储到跨于 P-N 结上的一个增量电压变化增量电荷相联系的增量电容是有用的。当跨在 P-N 结上的电压由 dV 到 V+dV 变化时,

则 W 也变化。作为变化的结果，耗尽区中电荷的变化量为 $Q+\mathrm{d}Q$，耗尽层电容定义为

$$C_{\mathrm{dep}}=\left|\frac{\mathrm{d}Q}{\mathrm{d}V}\right| \tag{2.3-18}$$

如果外加电压是 V，则加在耗尽层 W 上的电压是 V_0-V。在这种情况下，式(2.3-2)中的第二式变为

$$W=\left[\frac{2\varepsilon(N_a+N_d)(V_0-V)}{eN_aN_d}\right]^{1/2} \tag{2.3-19}$$

在耗尽层任一边的电荷量是 $|Q|=eN_dW_NA=eN_aW_PA$ 且 $W=W_N+W_P$。因此可以根据 Q 取代式(2.3-19)中的 W，耗尽层电容的最终结果是

$$C_{\mathrm{dep}}=\frac{\varepsilon A}{W}=\frac{A}{(V_0-V)^{1/2}}\left[\frac{e\varepsilon(N_aN_d)}{2(N_a+N_d)}\right]^{1/2} \tag{2.3-20}$$

应该注意，C_{dep} 与平板电容器的电容相同，但 W 按照式(2.3-19)的规律依赖于电压。将反向偏置电压 $V=-V_r$ 加在式(2.3-20)，结果是 C_{dep} 随着 V_r 的增加而减小。在反向偏置下，C_{dep} 的典型值是几个皮法的量级。

5. 复合寿命

考虑在一个直接带隙半导体中的复合，如掺入 GaAs。复合包含着电子-空穴对的直接相遇。假定已注入过剩的电子和空穴，就像在正向偏置 P-N 结中的那样，Δn_P 是过剩电子浓度，Δp_P 是过剩空穴浓度。在 GaAs P-N 结的中性区 P 区，注入的电子和空穴浓度维持电荷的电中性，即 $\Delta n_P=\Delta p_P$，即在任一瞬间，$n_P=n_{P0}+\Delta n_P=$ 瞬时少数载流子浓度和 $p_P=p_{P0}+\Delta p_P=$ 瞬时多数载流子浓度。

瞬时复合率既与当时的电子浓度成正比，也与当时的空穴浓度成正比。假如电子-空穴对的热生率是 $G_{热}$，则 Δn_P 的净变化率是

$$\partial\Delta n_P/\partial t=-Bn_Pp_P+G_{热} \tag{2.3-21}$$

式中，B 叫做直接复合俘获系数。平衡时，将 $\partial\Delta n_P/\partial t=0$ 代入式(2.3-21)，并应用 $n_P=n_{P0}$ 和 $p_P=p_{P0}$，这里的下标 0 指的是热平衡浓度，我们得到 $G_{热}=Bn_{P0}p_{P0}$。这样式(2.3-21)中 Δn_P 的变化率是

$$\frac{\partial\Delta n_P}{\partial t}=-B(n_Pp_P-n_{P0}p_{P0}) \tag{2.3-22}$$

在许多瞬时情况下，变化率 $\partial\Delta n_P/\partial t$ 与 Δn_P 成正比，过剩少数载流子复合时间（寿命）τ_e 定义为

$$\frac{\partial\Delta n_P}{\partial t}=-\frac{\Delta n_P}{\tau_e} \tag{2.3-23}$$

在实际情况下，注入的过剩少数载流子浓度 Δn_P 比平衡时的少数载流子浓度 n_{P0} 要大许多。与多数载流子浓度 p_{P0} 相比，存在两个与 Δn_P 有关的条件：基于 Δn_P 的弱注入和强注入。

在弱注入情况下，$\Delta n_P \ll p_{P0}$。则 $n_P \approx \Delta n_P$ 且 $p_P \approx p_{P0} + \Delta p_P \approx p_{P0} \approx N_a$ = 受主浓度，因此应用式(2.2－22)近似得到

$$\partial \Delta n_P / \partial t = - BN_a \Delta n_P \tag{2.3-24}$$

这样，与方程(2.3－23)比较得

$$\tau_e = 1/BN_a \tag{2.3-25}$$

τ_e 在弱注入条件下是常数。

在强注入条件下，$\Delta n_P \gg p_{P0}$，容易证明，这个条件下方程(2.3－22)成为

$$\partial \Delta n_P / \partial t = B \Delta p_P \Delta n_P = B(\Delta n_P)^2 \tag{2.3-26}$$

以致在高能级注入条件下，寿命 τ_e 与注入载流子浓度成反比。例如，当发光二极管(LED)受到调制时，在高注入能级情况下，少数载流子寿命不再是常数，因此导致调制光输出畸变。

2.3.2 P－N 结能带图

1. 开路情况

图 2－24(a)示出了开路情况下 P－N 结的能带图。设 E_{FP}和 E_{FN}分别是 P 区和 N 区的费密能级，则在黑暗中平衡时，如图 2－24(a)所示的那样，整个材料中费密能级是相同的。在远离结 M 处的 N 型半导体的体中，仍是 N 型半导体，且 $E_c - E_{FN}$应与孤立的 N 型半导体材料相同。类似地，在远离 M 的 P 型材料内，$E_{FP} - E_v$ 也应与孤立的 P 型材料中的相同。这些特征绘于图 2－24(a)中，在整个系统中保持 E_{FP}与 E_{FN}相同，因此维持带隙 $E_c - E_v$ 相同。显然，为了绘出能带图，必须将能带 E_c 和 E_v 弯曲，因为在接近 M 的结处，N 区的 E_c 接近 E_{FN}，P 区的 E_c 远离 E_{FP}。

两块半导体结合在一起形成结的瞬间，当电子从 N 区向 P 区扩散时，在近结处耗尽 N 区的电子向 M 移动时，E_c 必须离开 E_{FN}移动，这已形象地画于图 2－24(a)中。当向 M 移动时，空穴从 P 区向 N 区扩散，在靠近结处损失空穴意味着 E_v 离开 E_{FP}移动，也示于图中。进一步地，当电子和空穴互相相向扩散时，它们中的大部分复合并在 M 处消失，这导致如图 2－24(b)中所示的空间电荷层的形成。与体中相比，结附近的空间电荷层已经是载流子耗尽。

如图 2－24(a)所示，电子的静电势能从 P 区的 0 减少到 N 区的 $-eV_0$。因此从 P 区到 N 区总的电子能量减少量是 eV_0。换句话说，位于 E_c 处 N 区的电子必须克服势垒越进到P 区的 E_c。这个势垒就是 eV_0，这里的 V_0 就是以前提到的内建电势。因此 M 附近的带弯曲不仅考虑了这个区域中电子和空穴浓度的变化，也考虑了内建电场的效应。电子从 N 区向 P 区扩散受到内建势垒 eV_0 的阻碍，这个势垒也同样地阻碍空穴从 P 区向 N 区扩散。

应当注意的是，在空间电荷层区域中，与体中或中性半导体区域相比，费密能级既不接近于 E_c 也不接近于 E_v。这意味着与体中相比，N 区和 P 区比它们的体值 n_{N0} 和 p_{P0}，结区中载流子已经耗尽，因此外加电压降落在空间电荷层上。

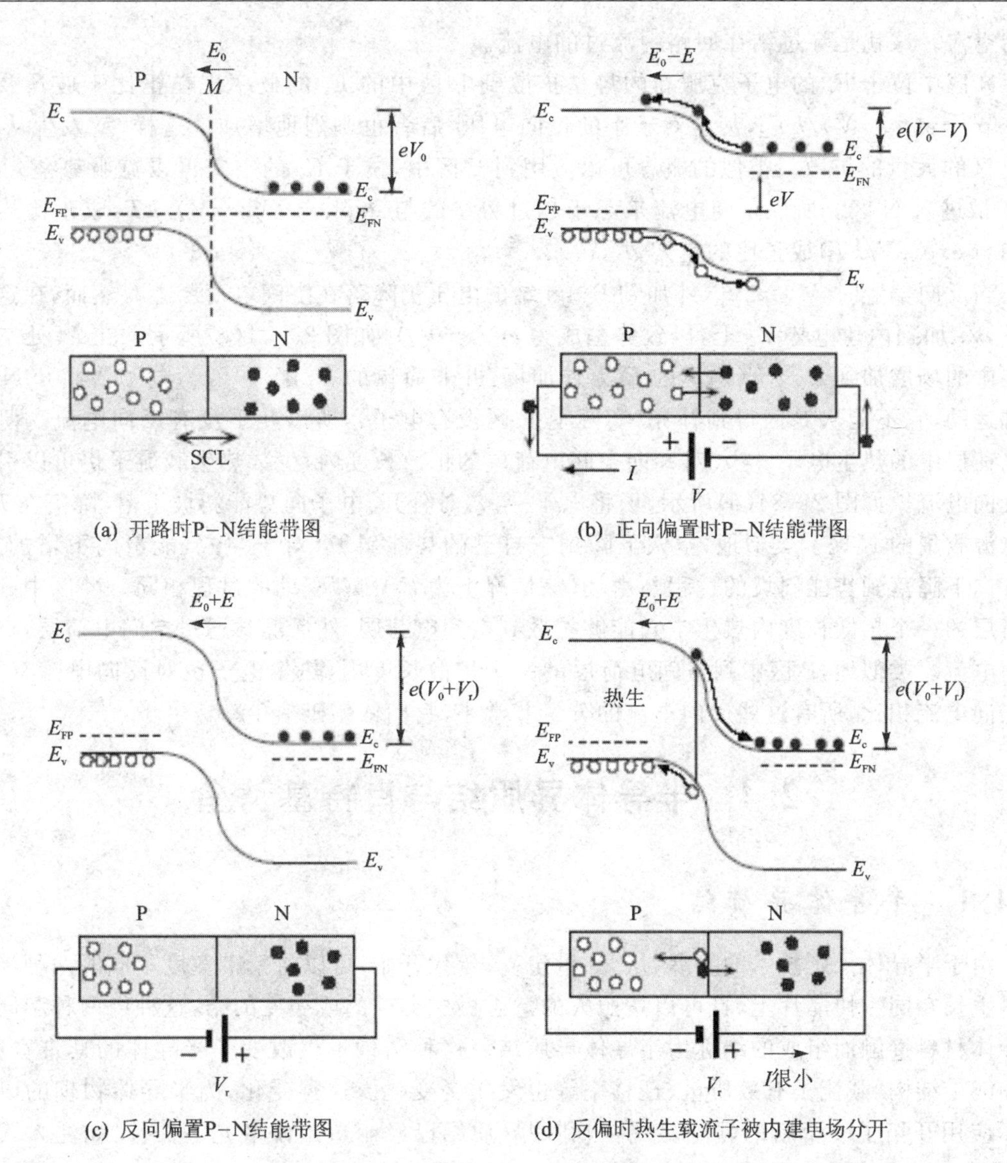

图 2－24　P－N 结能带图

2. 正向偏置与反向偏置

当 P－N 结是正向偏置时，外加电压的大部分降落在耗尽区，外加电压与内建电势 V_0 相反。图 2－24(b)示出正向偏置的效应，它将势垒从 eV_0 减小到 $e(V_0-V)$。N 区中位于 E_c 的电子可以容易地克服势垒扩散到 N 区。从 N 区扩散的电子可以容易地由连接到该区电源的负极来补充。类似地，空穴可以容易地从 P 区向 N 区扩散，电源的正极可以补充离开 P 区扩散的空穴。这就是穿过结在回路中流过的电流。

N 区中位于 E_c 的电子克服新的势垒扩散到 P 区中的 E_c 的概率现在正比于玻耳兹曼因子 $\exp[-e(V_0-V)/kT]$，甚至对于小的正向电压，后者也剧烈地增加。这样，就发生从 N 区到 P 区的大量的扩散。类似的概念可以应用到 P 区中，位于 E_v 的空穴可以克服势垒 $e(V_0-V)$ 扩散进入 N 区。所以正向电流来源于越过势垒的与 $\exp[-e(V_0-V)/kT]$ 成正比的电子数和与 $\exp(eV/kT)$ 成正比的空穴数。

当反向偏置时，$V=-V_r$，外加到 P-N 结的电压仍降落在空间电荷层上。然而，在这种情况下，V_r 加到内建电势 V_0 上，以致势垒成为 $e(V_0+V_r)$，如图 2-24(c)所示。在 M 处空间电荷层中的场增加到 E_0+E（这里的 E 为外加场，并非简单的 V/W）。因为电子要离开 N 区向正端运动，它不能从 P 区得到补充（实际上 P 区没有电子），所以几乎没有反向电流。但在空间电荷层中的热生电子-空穴对和向空间电荷层的扩散长度内，少数热生载流子仍可以引起小的反向电流。如图 2-24(d)所示，场将电子-空穴对分开，电子向势能斜坡下落，降落在 E_c，到由电源收集的 N 区。类似地，空穴下降到它自己的势能斜坡（对于空穴，能量向下增加）到 P 区。向下降落到势能斜坡的过程与由场（该情况下为 E_0+E）驱动的过程相同。N 区中到空间电荷层的一个扩散长度内热生空穴能够扩散到空间电荷层，然后漂移通过空间电荷层，将导致反向电流。类似地，P 区中到空间电荷层的一个扩散长度内，热生电子也对反向电流有贡献。与正向电流相比，所有这些反向电流的分量非常小，它们依赖于热生率。

2.4 半导体异质结与肖特基势垒

2.4.1 半导体异质结

由于半导体外延技术的发展，从 20 世纪 60 年代开始，可以将禁带宽度不同的两种半导体材料生长在同一块晶片上，且可以按照人的意志做成突变的或缓变的结，这种由两种不同质的半导体材料接触而组成的结称为半导体异质结。这种结构不仅改变了半导体的禁带宽度，其他如能带结构、载流子有效质量、迁移率等也发生了变化。这种变化，为半导体物理的研究和实际应用开拓了一个新的领域。现在，利用异质结已经制造出许多光电器件，如注入式激光器、发光二极管和太阳能电池等各种类型的光电器件。

异质结的构成，不只限于两种不同的半导体材料，对于由金属、绝缘体与半导体构成的结构均统称为异质结。如 Ge-GaAs 和 ZnS-Pt、ZnSeAl-Au、Ge-Si、$Ga_{1-x}Al_xAs$-GaAs 等。异质结是同质结的引伸和发展，而同质结是异质结的特殊情况。

当两种不同的半导体材料构成异质结时，由于它们的晶格常数、电子亲和势与热膨胀系数等各有差异，因此界面处能带的弯曲、界面态密度及势垒宽度等将受到极大的影响。对半导体异质结的研究，着重于它的电流-电压特性及电流的输运机理。在解释异质结性质的模型中，

最基本的是由安德生(Anderson)提出的理想模型。安德生作了这样两个假设：一是构成异质结的两种材料的晶格是完全匹配的，即它们的晶格结构、晶格常数及热膨胀系数相同；二是有不同的禁带宽度 E_g、介电常数 ε、功函数 ϕ 及电子亲和能 θ。

从以上假设可以得出结论：用上述材料制成的异质结，不存在界面态。因此势垒区的复合可以忽略，电流全部是由越过导带或价带的势垒而注入的载流子所引起的扩散流。这样，异质结的讨论，可简化为用类似同质结的理论来进行。

1. 异质结的能带结构

由于构成异质结的两种材料的物理性质有质的区别，这就导致了异质结比同质结有更复杂的能带结构及产生一些同质结所没有的特殊的物理性能。下面应用能带结构讨论这些特性。

实际上，构成异质结两种材料的晶格不会是完全匹配的，因此，有必要引入一个晶格失配系数，它表示为

$$\text{晶格失配系数} = \frac{2\mid a_1 - a_2 \mid}{a_1 + a_2} \tag{2.4-1}$$

式中，a_1、a_2 分别为两种材料的晶格常数。我们把晶格失配系数小于 1 %的异质结看成是晶格匹配异质结。由 P 型 Ge 和 N 型 GaAs 组成的异质结晶格失配系数小于 1 %。表 2-2 是这种异质结的一些主要参数。图 2-25 就是利用上述参数得到的能带图。其中(a)是两种材料的独立能带图；(b)是两种材料组成异质结后，在平衡状态下的能带图。

表 2-2　N 型 GaAs 和 P 型 Ge 异质结材料参数

参　数	符　号	单　位	GaAs	Ge
禁带宽度	E_g	eV	1.45	0.7
电子亲和力	θ	eV	4.07	4.13
净施主	$N_d - N_a$	cm^{-3}	10^{16}	
净受主	$N_a - N_d$	cm^{-3}		3×10^{16}
功函数	ϕ	eV	4.17	4.69
晶格常数	a	nm	0.565 4	0.565 8
相对介电常数	ε		11.5	16

当 N 型 GaAs 和 P 型 Ge 构成异质结时，它们的能带边缘将是不连续的，如图 2-25 所示。由于费密能级的差别，必将导致电荷转移，电子从 N 型 GaAs 移向 P 型 Ge，而空穴则由 P 型 Ge 向 N 型 GaAs 转移，从而在异质结内产生内建电场(电势用 V_D 表示)。内建电场阻止电子与空穴的进一步转移，达到平衡态，出现统一的费密能级 E_F。这样，P 型 Ge 内靠近结区附近形成局部的空穴耗尽区，使能带边向下弯曲。同时，N 型 GaAs 也发生相应的电荷再分布，

使能带边向上弯曲。

形成内建电场的电压 V_D(可理解为 P－N 结中的接触电势,它的值为两种材料费密能级之差)为两个内建电场电压之和,即

$$V_D = V_{D1} + V_{D2} \tag{2.4-2}$$

或

$$qV_D = E_{F1} - E_{F2} \tag{2.4-3}$$

式中,V_{D1} 和 V_{D2} 分别为接触电势 V_D 在材料 1、2 中的降落。

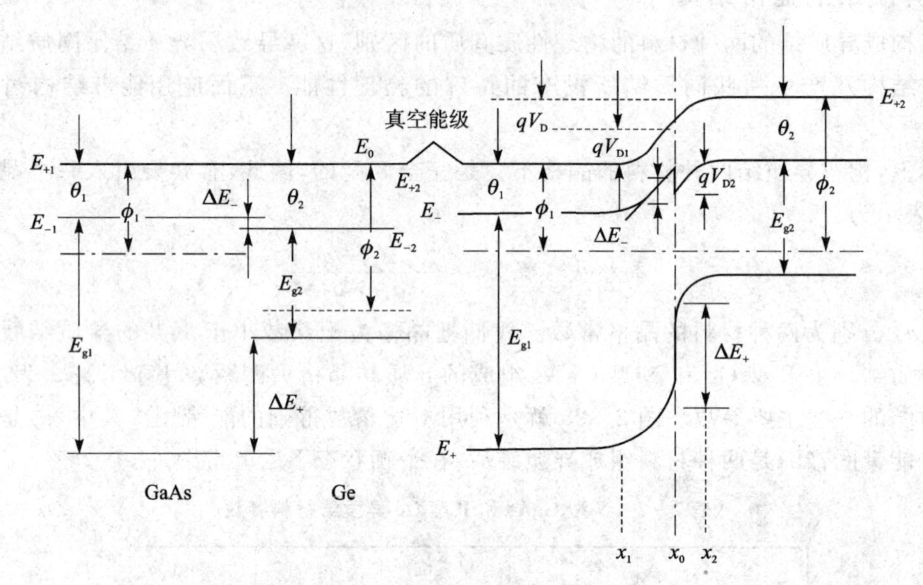

(a) 两种材料的独立能带图　　(b) 两种材料组成异质结后，在平衡状态下的能带图

图 2－25　N 型 GaAs－P 型 Ge 异质结能带图

由于异质结两边的物理参数不同,因此导带底 E_{-1}、E_{-2} 和价带顶 E_{+1}、E_{+2} 的位置不同,而且有差值 ΔE_- 及 ΔE_+。又由于两种材料的掺杂不同,出现了与真空电子自由能级弯曲情况不一致的台阶,即导带和价带出现不连续性的跃变。折叠的台阶为 $\Delta E_- = \theta_1 - \theta_2 = \Delta\theta$,$\Delta E_+ = \Delta E_g - \Delta\theta$。这就导致导带和价带的势差不同,即电子与空穴的势差不同。实际上,导带底和价带顶的台阶 ΔE_- 和 ΔE_+ 与材料的掺杂几乎无关,它反映的只是自由电荷从一种材料脱出进入另一种材料所必须给予的能量。这种能带的不连续性是研究半导体异质结能带模型的物理基础。

2. 异质结的伏-安特性

从安德生假设出发,由于晶格匹配而不存在界面态,因此,电流主要是通过结区的扩散流。从图 2－25 可以看出,阻止空穴从材料 2 向材料 1 扩散的势垒高度为 $q(V_{D1}+V_{D2})+\Delta E_+$,阻

止电子从材料 1 进入材料 2 的势垒高度为 qV_{D1}，电子的反扩散势垒高度为 $\Delta E_{-}-qV_{D_2}$。很明显，阻止电子扩散的势垒远比阻止空穴扩散的势垒小。因此，在所讨论的电子与空穴的扩散流中，只需考虑电子的扩散即可。在平衡态下，相反的两个方向上电子扩散流必然相等。由此推证出通过异质结的总电流为

$$I = I_0 e^{\frac{qV_{D1}}{kT}} \left(e^{\frac{qV_1}{kT}} - e^{-\frac{qV_2}{kT}} \right) \tag{2.4-4}$$

式中，$V_1 = K_1 V$，$V_2 = K_2 V$ 分别为外加电压 V 降落在材料 1 和 2 上的数值，而 K_1 与 K_2 表示 V 降落在不同材料上的比值，称分配系数；I_0 是反向饱和电流。实际上 I_0 是窄禁带材料中少数载流子的扩散系数及寿命函数。在一般异质结中，外加电压大部分降落在轻掺杂的宽禁带材料中。因此 $V_1 > V_2$，式(2.4-4)括号中的第二项可以略去。这样，在正向偏压下(如光照下)通过结的电流表达式为

$$I = I_0 e^{\frac{q(V_{D1} - K_1 V)}{kT}} \tag{2.4-5}$$

显然，正向电流随外加电压 V 的变化近似于指数规律。

2.4.2　肖特基势垒

1. 肖特基势垒的形成

一般来说，金属和半导体的逸出功是不同的，因此它的 E_F 值不同。当互相接触时，电子就从一个物体流向另一个物体，使两者都带电，并在界面上形成一个电偶层。金属内含有大量的可移动电子，因此可以把偶极层电荷看成是表面电荷。但半导体内的载流子数目有限，偶极层电荷必然分布在一个相当深的范围内，即形成一个有一定厚度的空间电荷区。这个区域就是所谓的耗尽层。

由于半导体边界上存在空间电荷，因而在能带图中表现为这一层里能带的弯曲。与金属接触并恢复平衡后，金属和半导体这一系统有一个统一的费密能级。在理想情况下，边界面上金属的费密能级与半导体导带底之间的距离不因接触而发生变化，这个距离称为金属半导体的逸出功 ϕ_{Bn}。此值仅由接触材料的性质决定。此外，离边界相当远处，半导体中的导带与费密能级之间的能量差 qV_n 与接触前的值一样。这些条件决定了金属和半导体接触后会出现一个高为 V_s 的势垒。图 2-26(a)示出了金属与 N 型半导体接触前后的能带图。半导体的逸出功 $E_A + qV_n$ 小于金属的逸出功 ϕ_m，其中 E_A 是半导体表面的电子亲和能。由于半导体的费密能级高于金属的费密能级，接触后半导体中的电子流向金属，于是在接触面附近的 N 型半导体中的电子数量减少，形成一耗尽层。这时的势垒高度为

$$qV_S = \phi_m - (E_A + qV_n) \tag{2.4-6}$$

金属半导体的逸出功为

$$\phi_{BN} = \phi_m - E_A \tag{2.4-7}$$

这是电子由金属进入半导体所遇到的势垒高度。

图 2-26(b)所示的是金属与 P 型半导体接触前后的能带图。半导体的逸出功大于金属的逸出功，即半导体的费密能级低于金属的费密能级。接触后金属中的电子流向半导体，与其中的多数载流子——空穴中和，造成接触面附近的 P 型半导体中空穴数量减少，形成一耗尽层，成为空穴势垒。

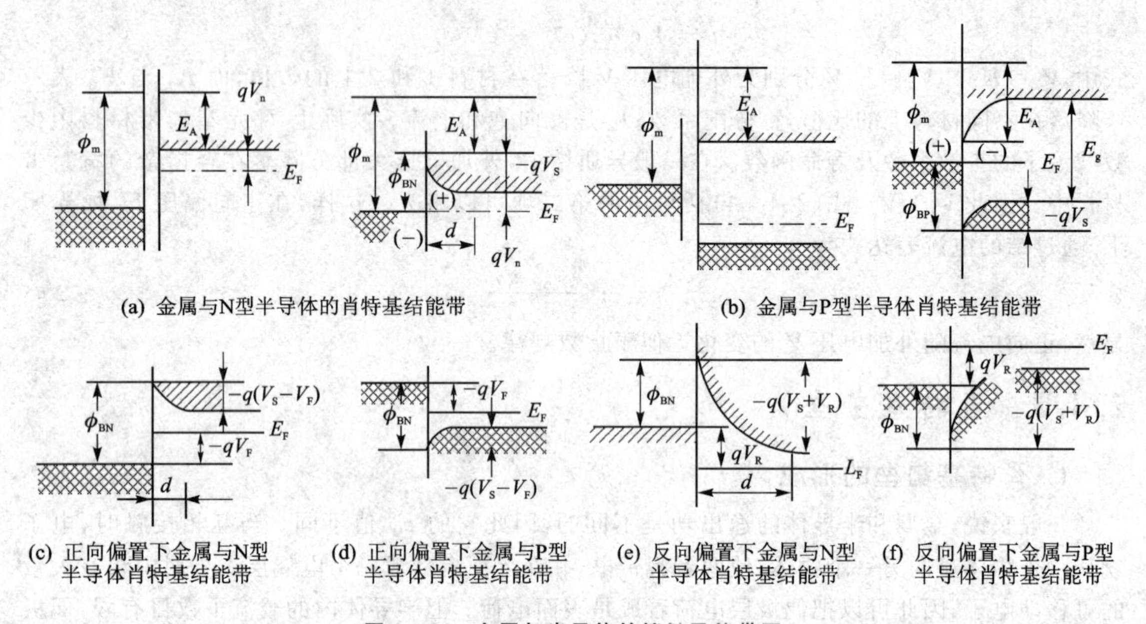

(a) 金属与N型半导体的肖特基结能带　(b) 金属与P型半导体肖特基结能带

(c) 正向偏置下金属与N型半导体肖特基结能带　(d) 正向偏置下金属与P型半导体肖特基结能带　(e) 反向偏置下金属与N型半导体肖特基结能带　(f) 反向偏置下金属与P型半导体肖特基结能带

图 2-26　金属与半导体的接触及能带图

加正向偏压 V_F 时的能带关系如图 2-26(c)、(d)所示。所谓正向偏置，就是使原有的势垒降低的偏置。对金属和 N 型半导体接触而言，就是金属接正极，N 型半导体接负极；对金属和 P 型半导体而言，就是金属接负极，P 型半导体接正极。反向偏置的能带如图 2-26(e)、(f)所示。其中 V_R 就是所加的反向偏置。

这样的势垒就称为肖特基势垒，能引起肖特基势垒的接触称为阻挡接触。当采用通常的近似时，可以得到与 P-N 结完全类似的电流-电压表达式，即

$$I = I_0\left(\exp\frac{qV}{kT} - 1\right) \tag{2.4-8}$$

这里的反向电流 I_0 并非是由载流子的扩散造成的，因为这种结的电流机理是多数载流子越过势垒的热离子发射。

2. 注入接触和欧姆接触

图 2-27(a)所示的金属与 N 型半导体的接触与上面讨论的相反，这时金属的费密能级高于半导体的费密能级。接触后的电子由金属注入到半导体，使半导体边界层内侧的电子浓度大于体内数值，得到一个由电子构成的负空间电荷区。这时，若半导体的长度很短(即一个薄

层)，则由注入引起的负空间电荷区有可能覆盖整个薄层，电流受负空间电荷的强烈影响，使电流-电压曲线呈超线性关系。若半导体的长度较长，则就整体而言，仍基本上服从欧姆定律。

对于图 2－27(b)所示的金属与 P 型半导体的接触来说，由于半导体的费密能级高于金属的费密能级，接触后就有电子从半导体流入金属。由平衡条件 $pn=n_i^2$ 可知，这将导致空穴密度的增加而形成一个正的空间电荷区，因此电流-电压曲线也将呈超线性关系。上述两种接触称为注入接触。

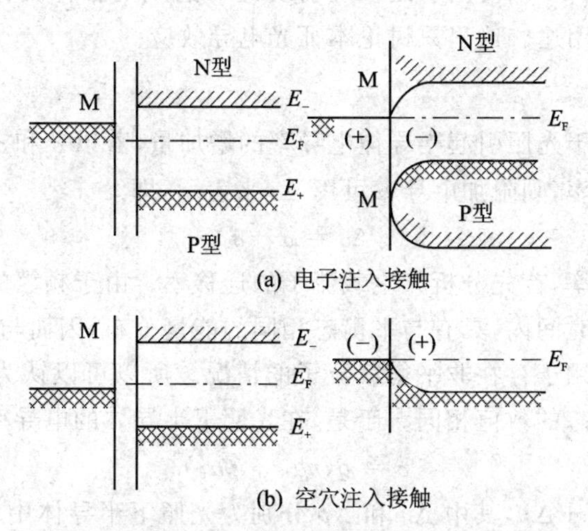

图 2－27　金属与半导体的注入接触

若金属与半导体的逸出功相同，则接触后没有电荷转移，接触区无电场。加上外电场时，$V-I$ 关系服从欧姆定律，这样的接触称为欧姆接触。在金属与半导体的实际接触中，经常要用到欧姆接触，但是真正做到欧姆接触是很困难的，通常用注入接触来代替。

2.5　光电效应

当光照射到物体上时，会使物体发射电子，或电导率发生变化，或产生光电动势等现象，这种因光照而引起物体电学特性的改变统称为光电效应。光电效应可归纳为两大类：

① 物质受到光照后向外发射电子的现象称为外光电效应。这种效应多发生于金属和金属氧化物。

② 物质受到光照后所产生的光电子只在物质的内部运动而不会逸出物质外部的现象称为内光电效应，包括：光电导效应——电导率发生变化；光生伏特效应——产生光电动势。

2.5.1　光电导效应

光照变化引起半导体材料电导率变化的现象称光电导效应。当光照射到半导体材料时，材料吸收光子的能量后，导致导带电子和价带空穴数目增加，形成非平衡附加载流子，使非传导态电子变为传导态电子，使载流子浓度显著增高，因而导致材料电导率的增大。光电导又可分为本征光电导和杂质光电导两种。非平衡载流子可以来自于带间跃迁，也可以来自于束缚在杂质能级上的电子或空穴电离，前者称为本征光电导，后者称为杂质光电导。利用光电导现象可以制成各种用途的光电元件，如光敏电阻、光电管等，它们的结构简单，但灵敏度可以很高，并且选用不同的材料，可以使用从远红外射线到X射线的各种波长的光电导，在科学技术领域有着广泛和重要的用途。这里只讨论本征光电导效应。

1. 附加电导率

附加电导率是指由于光照引起半导体电导率的增加量，若以 σ 和 σ_0 分别表示半导体在光照下和无光照时的电导率，则附加电导率可用 $\Delta\sigma$ 来表示，即

$$\Delta\sigma = \sigma - \sigma_0 \tag{2.5-1}$$

为了计算附加电导率，首先分析光生载流子的迁移率。由于频繁的散射作用，使光生载流子在其存在的绝大部分时间内，具有与平衡态相同的能量分布，因而与平衡态分布相联系的迁移率(平均量)同样可以用于存在非平衡载流子的情况。所以可以认为在整个光电导过程中，载流子的迁移率与平衡态的数值相同。于是，在光照下半导体的电导率为

$$\sigma = q(n\mu_n + p\mu_p) \tag{2.5-2}$$

式中，$n=n_0+\Delta n$，$p=p_0+\Delta p$，其中 Δn 和 Δp 分别为光照下半导体中增加的电子浓度和空穴浓度，即光生电子和光生空穴浓度。显然，无光照时半导体的暗电导率为

$$\sigma_0 = q(n_0\mu_0 + p_0\mu_p) \tag{2.5-3}$$

于是光电导为

$$\Delta\sigma = \sigma - \sigma_0 = q(\Delta n\mu_n + \Delta p\mu_p) \tag{2.5-4}$$

光电导的相对值为

$$\frac{\Delta\sigma}{\sigma_0} = \frac{\Delta n\mu_n + \Delta p\mu_p}{n_0\mu_n + p_0\mu_p} \tag{2.5-5}$$

对于部分高电阻率单极性光电导材料，对光电导有贡献的载流子主要是光生多数载流子，如N型CdS的光电导主要是光生电子的贡献。这就是说，在本征半导体中，光激发的电子和空穴数量虽然相等，但是在复合前，光生少数载流子往往被陷住，对光电导无贡献。根据这种情况，附加电导率式(2.5-4)应改写为

$$\Delta\sigma = \Delta nq\mu_n \quad 或 \quad \Delta\sigma = \Delta pq\mu_p \tag{2.5-6}$$

2. 直线型光电导与抛物线型光电导

通常把在恒定光照下的光电导数值称为定态光电导，其与光照间的关系就是半导体材料的光电导灵敏度。实际工作中发现，光电导与光照间的关系有两大类：直线型光电导和抛物线型光电导。

例如像锗、硅、氧化亚铜和其他一些半导体材料，在低光强照射下，定态光电导与光强有直线型关系，常称它为直线型光电导。有些半导体材料，如硫化铊(Tl_2S)，定态光电导与光强的平方根呈正比关系，常称它为抛物线型光电导。还有些半导体，如硫化镉(CdS)和硫化锌(ZnS)，在低光强照射下，呈直线型光电导，在强光照射下呈抛物线型光电导。

研究定态光电导与光强间的关系，常以上述两种情况为依据。实际上，它们反映着两种简单的复合规律。式(2.5-6)说明：光电导的变化直接体现为 Δn 和 Δp 的变化，对定态问题，Δn 和 Δp 的值应由光生载流子的产生过程和复合过程的动态平衡条件决定。

设 I 表示以光子数计算的光强，即单位时间通过单位面积的光子数目，α 为吸收系数，于是，$I\alpha$ 就等于单位体积内光子的吸收率。设 β 为量子产额，代表每吸收一个光子所产生的电子-空穴对数目。如果每一个被吸收的光子都能产生电子-空穴对，则 $\beta=1$；如果光子还由于其他原因被吸收，而不产生电子和空穴，那么 β 就小于 1；如果光子能量很高，使光生载流子也具有较大的能量，通过碰撞又会激发出更多的附加电子，则 β 就大于 1。可见电子-空穴对的产生率为

$$Q = I\alpha\beta \tag{2.5-7}$$

光生载流子的复合过程取决于它的复合机构。为简单起见，以直接复合为例分析。净复合率为

$$U = r(n_0 + p_0)\Delta p + r(\Delta p)^2$$

在低光强照射下(即属小注入情况)，$\Delta p \ll n_0 + p_0$，载流子寿命 τ 为恒定值。电子-空穴对的净复合率为

$$\frac{\Delta p}{\tau} = U \approx r(n_0 + p_0)\Delta p$$

在定态条件下，光生载流子的产生率等于它的复合率，所以有

$$I\alpha\beta = \frac{\Delta p}{\tau} \quad 即 \quad \Delta p = I\alpha\beta\tau \tag{2.5-8}$$

于是定态光电导为

$$\Delta\sigma_S = qI\alpha\beta(\mu_n\tau_n + \mu_p\tau_p) \tag{2.5-9}$$

可见定态光电导与光强呈线性关系，并且与参量 α、β、μ、τ 有关，这就是直线型光电导的情况。其中 α、β 表征光和半导体的相互作用，决定着光生载流子的激发过程；而 μ、τ 表征载流子与物质之间的相互作用，决定着载流子运动和非平衡载流子的复合过程。

在较高光强情况下，即属大注入情况，$\Delta p \geqslant n_0 + p_0$。于是净复合率 $U=r(\Delta p)^2$，据定态条件则有

$$I\alpha\beta = r(\Delta p)^2 \quad 或 \quad \Delta p = \sqrt{\frac{\alpha\beta}{r}I} \tag{2.5-10}$$

显然定态电导与光强的平方根呈比例关系，这就是抛物线型光电导的情况。

3. 光电导体的灵敏度

灵敏度通常指的是在一定条件下，单位照度所引起的电流。光电导体的灵敏度表示在一

定光强下光电导的强弱。它可用光电增益 G 来表示。根据定态条件下电子与空穴的产生率与复合率相等可推导出:

$$G = \beta\tau / t_L \tag{2.5-11}$$

式中,β 为量子产额,即吸收一个光子所产生的电子-空穴对数;τ 为光生载流子的寿命;t_L 为载流子在光电导两极间的渡越时间,一般有

$$t_L = \frac{l}{v_n} = \frac{l}{\mu E} = \frac{l^2}{\mu V} \tag{2.5-12}$$

将式(2.5-12)代入式(2.5-11)可得

$$G = \beta\tau\mu V / l^2 \tag{2.5-13}$$

式中,l 为光电导体两极间距;μ 为迁移率;V 为外加电源电压。由式(2.5-13)可知,光电导体的非平衡载流子寿命 τ 越大,迁移率 μ 越大,光电导体的灵敏度(光电流或光电增益)就越高。而且,光电导体的灵敏度还与电极间距 l 的平方成反比,这在光敏电阻等电极设计时有很大的参考意义。

如果在光电导体中自由电子与空穴均参与导电,那么,光电增益的表达式为

$$G = \beta(\tau_n\mu_n + \tau_p\mu_p)\frac{V}{l^2} \tag{2.5-14}$$

4. 光电导的弛豫过程

光电导材料从光照开始到获得稳定的光电流是要经过一定时间的;同样,光照停止后,光电流也是逐渐消失的。这些现象称为弛豫过程或惰性。光电导上升和下降所需的时间一般称为弛豫时间。光电导的弛豫现象反映着光电导对光强变化反应的快慢,弛豫时间长,表示反应慢,有时也称惯性大;弛豫时间短,则表示反应快,或称惯性小。实际上,光电导的弛豫性质决定着在迅速变化的光强下,一个光电器件能否有效工作的问题。当然,我们总是希望光电器件弛豫时间短一点。在实际应用中,光电导的弛豫现象也阻止了它的某些应用。从光电导的机理看,弛豫现象表现着光强变化时,光生载流子的积累和消失过程。这是一个非定态问题,附加载流子的产生率并不等于它的复合率,两者之差即为单位时间内附加载流子浓度的变化,即

$$\frac{d\Delta p}{dt} = I\alpha\beta \tag{2.5-15}$$

式(2.5-15)为附加载流子的复合率。解此方程即可得到光生载流子 Δn 或 Δp 随时间的变化率。

对弱光强照射(即小注入情况),复合率为 $\Delta p/\tau$,在光照过程中,Δp 的增加率为

$$\frac{d\Delta p}{dt} = I\alpha\beta - \frac{\Delta p}{\tau}$$

解此方程并利用初始条件:当 $t=0$ 时,$\Delta p=0$,其解为

$$\Delta p = I\alpha\beta\tau\left[1 - \exp\left(-\frac{t}{\tau}\right)\right] \tag{2.5-16}$$

说明在弱光照情况下，光生载流子浓度（或光电导）按指数规律上升（见图 2-28 中的上升曲线）。当 $t \gg \tau$ 时，$\Delta p = I\alpha\beta\tau$，这就是光生载流子的定态。此时若取消光照，则产生率为零，决定光生载流子浓度衰减的方程为

$$\frac{d\Delta p}{dt} = -\frac{\Delta p}{\tau}$$

该方程的初始条件为 $t=0$，$\Delta p = I\alpha\beta\tau$。解上述方程得

$$\Delta p = I\alpha\beta\tau\exp\left(-\frac{t}{\tau}\right) \tag{2.5-17}$$

说明光电导也按指数规律下降，见图 2-28 中的下降曲线。

常用上升时间常数 τ_r 和下降时间常数 τ_f 来作为描述弛豫过程长短的参数。τ_r 表示光生载流子浓度从零增长到稳态值的 63 %时所需的时间，τ_f 表示从停光前稳态值衰减到 37 %时所需的时间。

当输入光功率按正弦规律变化时，光生载流子浓度（对应于输出光电流）与光功率频率变化的关系，是一个低通特性，说明光电导的弛豫特性限制了器件对调制频率高的光功率的响应：

$$\Delta n = \frac{\Delta n_0}{\sqrt{1+(\omega\tau)^2}} \tag{2.5-18}$$

式中，Δn_0 是中频时非平衡载流子浓度；ω 是角频率，$\omega = 2\pi f$；τ 是非平衡载流子平均寿命，在这里称时间常数。将式(2.5-18)示于图 2-29 中，可见 Δn 随 ω 的增加而减小，当 $\omega = 1/\tau$ 时，$\Delta n = \Delta n_0/\sqrt{2}$，称此时 $f = 1/2\pi\tau$ 为上限截止频率或带宽。

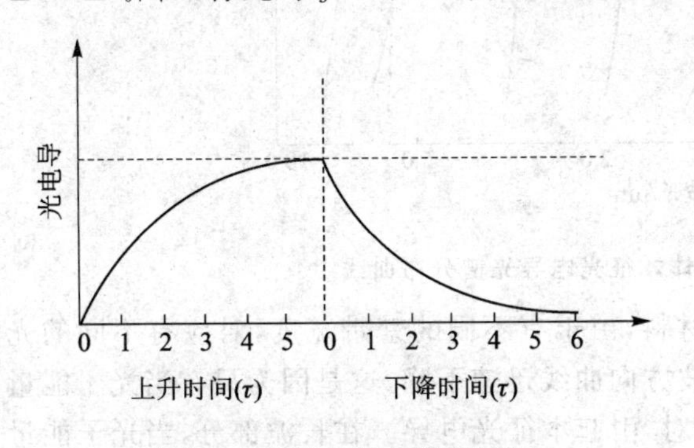

图 2-28　光电导的弛豫过程

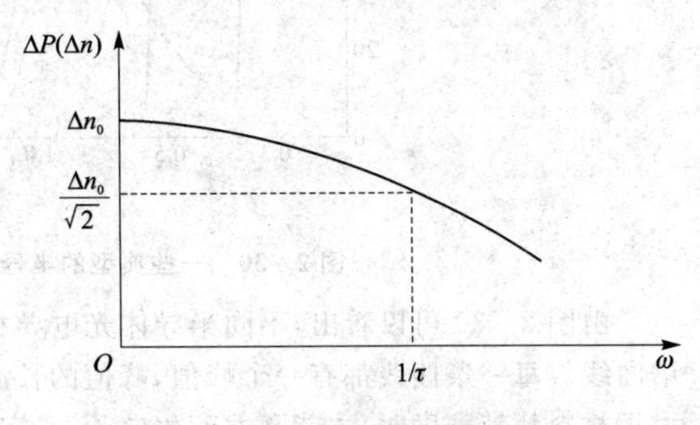

图 2-29　正弦光照弛豫过程图

5. 光电导的光谱分布

半导体的光电导与入射光的波长有密切关系，通常有某一波长为峰值，往长波方向和短波方向光电导均会下降。长波方向光电导下降，这一点比较好理解。因为在长波部分，光子能量低，不足以引起本征吸收，所以光电导迅速下降。通过测量光谱分布曲线的长波极限，可以分

析半导体的禁带宽度。在光电导峰值的短波方向光电导也下降。如果光谱曲线是等能量曲线，由于短波照射的光子数少，则自然引起光电导下降。如果光谱曲线是等量子曲线，则短波方向光电导下降的物理机制比较复杂。可以肯定，波长短，样品对光的吸收系数大，光生载流子就集中于光照表面。这时受表面影响大，例如表面能级、表面复合与电极等可能降低量子产额，减小载流子迁移率与缩短寿命，都将引起光电导下降。因此，半导体光电导的光谱分布不仅是确定半导体材料特性的一个重要依据，也是研究半导体表面状态的一个重要方面。

由本征激发产生的光电导称为本征光电导，由杂质激发产生的光电导称为杂质光电导。图 2-30 所示的是一些典型的半导体本征光电导的光谱分布曲线。光谱分布曲线是“等量子”曲线或“等能量”曲线。所谓“等量子”就是指对不同的波长以光量子计算的光强是相同的；换句话说，曲线所绘出的光电导是在相同的光子流之下测量的结果。所谓“等能量”就是指不同的波长下所用的光能量流是相等的。由于短波的每一个光子的能量较大，因此，在相同的光能量流的情况下，短波方面的光子数目较少。

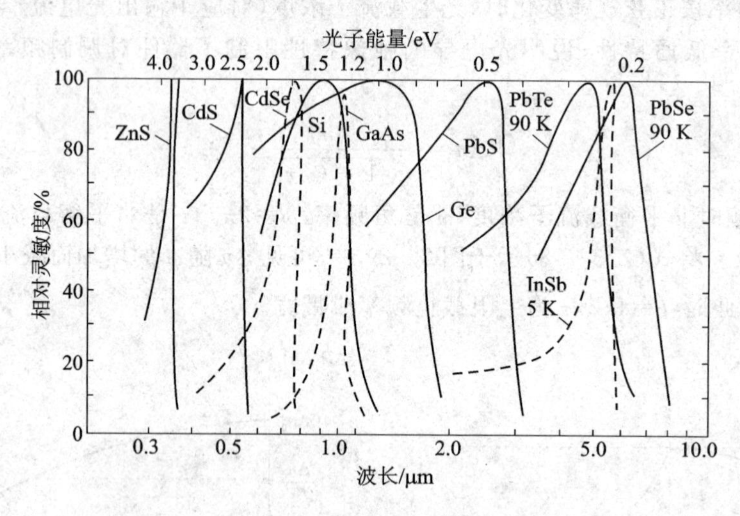

图 2-30　一些典型的半导体本征光电导光谱分布曲线

由图 2-30 可以看出，不同半导体光电导材料，由于有不同的禁带宽度，对应有不同的光谱曲线。每一条曲线都有一个峰值，峰值的长波方向曲线迅速下降，这是因为只有当光子能量大于材料禁带宽度时，才能激发产生电子-空穴对，引起本征光电导。在长波部分，当光子能量小于材料的禁带宽度时，就不足以将电子从价带激发到导带，这时光电导就迅速下降，因此光谱分布存在一长波限。可以从各条曲线的长波限来确定半导体材料的禁带宽度。但由图中可以看出，曲线并不是垂直下降的，所以具体确定长波限有一定的困难。莫司(Moss)认为，应当选取光电导下降到一半的波长为长波限。每条曲线在峰值的短波部分也在逐渐下降，其原因如前所述。

图 2-31 是典型的锗掺金杂质光电导光谱分布曲线。曲线在 0.7 eV 附近陡起明显，表示

本征光电导开始。在本征光电导长波限左边，光子能量小于锗禁带宽度（0.68 eV），这时光电导显然是杂质光电导。当杂质光电导光谱曲线继续向左边延伸时，可以看到，在某一波长处曲线迅速下降，这就是杂质光电导的长波限。在这个地方，光子的能量等于杂质的电离能。能量再低的光子就不能激发杂质能级上的电子或空穴。与本征光电导长波限一样，杂质光电导光谱分布曲线在长波限下降不是垂直的。因此，决定杂质长波限的正确位置也有一定困难。由长波限所确定的杂质能级的位置也只能是一种近似。

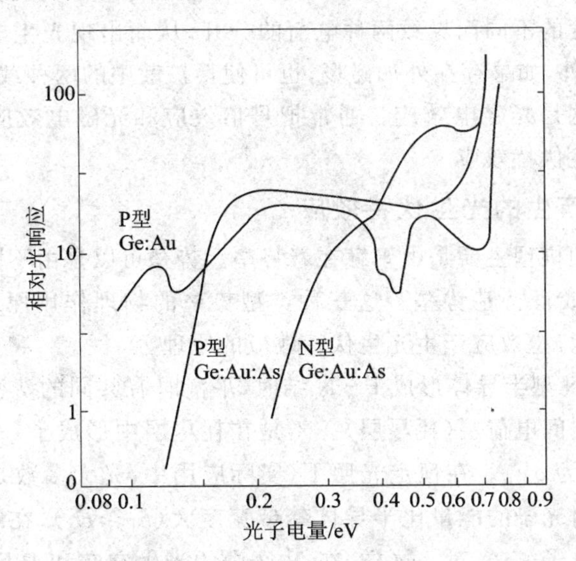

图 2－31　掺有不同量砷施主杂质的掺金锗杂质光电导光谱分布曲线

由杂质光电导的光谱分布曲线长波限所确定的杂质电离能数值与用电学方法所测定的杂质电离能的数值基本上是相符合的。因此杂质电离能的测量是研究杂质能级的重要方法。图 2－31 中三条曲线各表示掺有不同量的补偿砷施主杂质。金元素在锗中存在多重能级，在不加砷施主杂质时，金是受主，锗是 P 型半导体（P 型 Ge：Au），从曲线中看到，长波限在 0.05 eV 处。当加进少量砷施主杂质时，锗晶体仍是 P 型（P 型 Ge：Au：As），长波限相应于 0.15 eV。当加进足够多的砷施主杂质时，致使锗晶体从 P 型转变为 N 型（N 型 Ge：Au：As），从曲线中可以看到长波限相应于 0.2 eV。这与用其他电学方法测出的金属锗中形成多重能级的电离能是一致的。

2.5.2　光生伏特效应

光生伏特效应是把光能变为电能的一种效应。它是利用光照使不均匀或均匀半导体中光生电子和空穴在空间分开而产生电位差的一种现象。

如何使光生电子和空穴在空间分开、移动和积聚呢？在不均匀的半导体中，由同质的半导

体不同的掺杂形成的P－N结、不同的半导体组成的异质结或金属与半导体接触形成的肖特基势垒，都存在内建电场。当光照这种晶体时，由于半导体对光的吸收而产生了光生电子和空穴，它们在内建电场的作用下就会向相反的方向移动和积聚而产生电位差。这种由内建电场的作用或者说由势垒效应产生的光生电动势的现象是光生伏特效应最重要的一类。

在均匀半导体中没有内建电场。当光照这种半导体的一部分时，由于光生载流子浓度梯度的不同而引起载流子的扩散运动。但电子和空穴的迁移率不相等，使得在不均匀光照时，由于两种载流子扩散速度的不同而导致两种电荷的分开，从而出现光生电势。这种现象称为丹倍(Dember)效应。此外，如果存在外加磁场，也可使得扩散中的两种载流子向相反方向偏转，从而产生光电动势。这是光磁电效应。通常把丹倍效应和光磁电效应称为体积光生伏特效应。这就是第二类光生伏特效应。

1. 由势垒效应产生的光生伏特效应

产生这种电位差的机理主要是由于存在着势垒。势垒可以是由不同导电类型的半导体形成的P－N结、异质结或肖特基势垒。这三种类型势垒的物理作用原理极为相似，下面仅以P－N结为例来说明由势垒效应产生光生伏特效应的原理。

由P型半导体和N型半导体形成P－N结时，平衡时有共同的费密能级 E_F，在结中形成了由正负离子组成的空间电荷层(耗尽层)。于是在耗尽层中形成了一个由N区指向P区的内建电场，其势垒高度为 qV_D。在恒定光照下(实际应用中，光大多数是以垂直于P－N结的方向入射的)，只要入射光子的能量比半导体禁带宽度大($h\nu \geqslant E_g$)，在结区、P区和N区都会引起本征激发而产生电子-空穴对。这样，在N区中的光生空穴和P区中的光生电子会向结区扩散，只要在载流子时间内能到达结区，P－N结内原强大的内建电场就会把P区中的光生电子拉向N区，把N区中的光生空穴拉向P区，因而导致在N区边界附近有光生电子积累，在P区边界附近有光生空穴积累，从而产生一个与平衡P－N结的内建电场方向相反的光生电场，此电场使原来的势垒高度 qV_D 降低。这样相当于在P－N结上加一个正向电压 V，这就是光生电动势。如果将这样的P－N结与外电路相连，就有电流流过外电路，所以P－N结起了电池的作用。但是原来的P－N结势垒降低至 $qV_D - qV$，因此克服了这个势垒的载流子将注入另一区，在那里它们变成了少数载流子。这就是说，由于 V 的作用而产生一定的正向电流。在远离P－N结处的两个费密能级相应地位移 qV。光电压 V 和光电流 I 的大小取决于结外电路状况。在开路情形，所有被内建电场分开的光生载流子积聚于P－N结，最大限度地补偿势垒，即建立起最高的光电压，这称为开路光电压。在短路时，被内建电场分开的光生载流子沿外电路流动，不发生附加电荷的积聚且势垒高度不变，即光电压为零。这时得到最大的光电流，称为短路光电流。当外接一定电阻值的负载时，被内建电场分开的光生载流子中，一部分积聚于P－N结补偿势垒，使势垒降低，而另一部分载流子则流经外电路。

一般来说，当外接有限负载时，结上的光电压可以达到某一 V 值，而流经负载的净电流将

由于相反的方向(P－N 结正向)注入电流形式的漏电而小于短路光电流 I_{sc}。因此在某个光电压 V 时的光电流为

$$I = I_{sc} - I_s\left(\exp\frac{qV}{kT} - 1\right) \tag{2.5-19}$$

或者光电压为

$$V = \frac{kT}{q}\ln\left(\frac{I_{sc} - I}{I_s} + 1\right) \tag{2.5-20}$$

当 $I=0$ 时,可以确定开路电压 V_{oc} 为

$$V_{oc} = \frac{kT}{q}\ln\left(\frac{I_{sc}}{I_s} + 1\right) \tag{2.5-21}$$

一般来说,光生电压随光强的增加而增大,且应满足 $V_{oc} < E_g/q$。但是,也有电压较高的光生伏特现象,这种光生电压比禁带宽度 E_g 要高出好几倍($V_{oc} > V$),有时竟达 100 V 左右,这种现象称为反常光生伏特效应。如碲化镉(CdTe)薄膜与硫化锌(ZnS)晶体都有这种现象。一般认为,高电压是由于大量阻挡层的某种串联形成的。这种效应大多发生在多晶中。

2. 由载流子浓度梯度引起的光生伏特效应

这种效应在 1919 年被发现,国外称丹倍效应。其主要原理是:当用 $h\nu$ 足够大的光照射一均匀半导体时,由于半导体对光的吸收而在半导体的近表面层中产生高浓度的光生非平衡电子-空穴对。这样就造成从半导体近表面层至内部的载流子浓度梯度,因而发生两种载流子都向半导体内部的扩散运动。非平衡电子和空穴的扩散运动方向相同,因此它们扩散电流方向相反。由于迁移率与载流子的有效质量有关,而电子的有效质量比空穴小,所以电子的迁移率和扩散系数比空穴大,因此电子比空穴扩散得快并且扩散到较深的半导体内部。当没有其他场的影响时,这种扩散的差异导致电荷的分开积聚,从而使半导体表面带正电而内部带负电,于是建立起光生电场。这种电场又可引起电子和空穴的漂移运动。两种载流子的漂移运动方向相反,所以它们的漂移电流方向相同。在载流子的漂移运动和扩散运动达到平衡后,总电流应为零,在受照表面与暗表面之间产生一定的开路电压。这种由于光生载流子的扩散在光的传播方向产生电位差的现象称为光电扩散效应或丹倍效应,所产生的光电压称为光电扩散电压或丹倍电压。其大小可由丹倍电场强度的积分求得:

$$V_D = \frac{kT}{q}\left(\frac{\mu_n - \mu_p}{\mu_n + \mu_p}\right)\ln\left[1 + \frac{(\mu_n + \mu_p)\Delta n_0}{\mu_n n_0 + \mu_p p_0}\right] \tag{2.5-22}$$

式中,施主 n_0 和 p_0 为平衡载流子浓度;Δn_0 为半导体表面 $x=0$ 处的非平衡载流子浓度;μ_n 和 μ_p 分别为电子和空穴的迁移率。从这个公式可以看出:V_D 与两种迁移率之差成正比。要产生丹倍效应,必须 $\mu_n \neq \mu_p$,如相等,则 $V_D=0$。丹倍电压通常较低,小信号时(光强度和 Δn_0 不大),$V_D < kT/q$;大信号时才可达到 $V_D > kT/q$。一般小信号时 V_D 与 Δn_0 成正比,这就是说 V_D 与光强成正比。

利用半导体的丹倍效应也可以制造光电池。对硫化镉晶体的研究表明，不同条件下可以得到的最高开路电压为 240 mV，最大短路电流为 2.9×10^{-8} A。值得提出的是，输出功率低是丹倍效应实际应用的障碍。其原因是未照部分的电阻值比较大，一般约 2×10^{7} Ω。在短路时，实际上可能全部光电压降于晶体的未照部分，因此短路光电流很弱。此外，丹倍电压也很难准确测量。这是因为电子-空穴对只激发产生在光照表面附近，而此层内往往存在着一定量的空间电荷。表面层存在着边界势垒，也能产生光生电动势。它们对 V_D 的测量都要产生严重的干扰。

如果将均匀半导体放在与光传播方向相垂直的磁场中，则将有洛伦兹力作用于扩散的电子和空穴上，使它们向垂直于扩散方向的不同方向偏转。这种用外加磁场使得光生电子和空穴分开的光生伏特效应就是光电磁效应。这种效应除用于测量半导体材料的一些参数外，也可用于制造红外探测器。但妨碍其应用的一个重要原因是需要庞大的磁铁。与其他光生伏特效应探测器相比，其优点是在一个相当大的光强度范围内，开路电压与光强度成正比。

2.5.3　光电子发射效应

如果被激发的电子能逸出光敏物质的表面而在外电场作用下形成光电流，就叫做光电发射效应或叫做外光电效应。光电管、光电倍增管等一些特种光电器件，都是建立在外光电效应的基础上的。光电子发射效应的主要定律和性质有如下几点。

1. 爱因斯坦(Einstein)定律

光电发射第二定律：发射出光电子的最大动能随入射光频率的增高而线性地增大，而与入射光的光强无关，即光电子发射的能量关系符合爱因斯坦公式：

$$h\nu=\left(\frac{1}{2}m_e v^2\right)_{\max}+\varphi_0 \tag{2.5-23}$$

式中，h 为普朗克常数；ν 为入射光的频率；m_e 为光子的质量；v 表示出射光电子的速度；φ_0 为光电阴极的逸出功。电子逸出功是描述材料表面对电子束缚强弱的物理量，在数量上等于电子逸出表面所需的最低能量，也可以说是光电发射的能量阈值。

根据 1905 年爱因斯坦提出的光的量子理论可以很容易地解释上述定律。实际上，光敏物体在光线作用下，物体中的电子吸取了光子的能量，就有足够的动能克服光敏物体边界势垒的作用而逸出表面。根据爱因斯坦提出的假说，每个电子的逸出都是由于吸收了一个光量子的结果；而且一个光子的全部能量 $h\nu$ 都由辐射能转变为光电子的能量。因此光线愈强，也就是作用于阴极表面的量子数愈多，就愈会有较多的电子从阴极表面逸出。同时，入射光线的频率愈高，也就是说每个光子的能量愈大，阴极材料中处于最高能级的电子在取得这个能量并克服势垒作用逸出界面之后，其具有的动能也就较大。

2. 光电发射的红限

在入射光线频率范围内，光电阴极存在着临界波长。当光波波长等于这个临界波长时，光

电子刚刚能从阴极逸出。这个波长通常称为光电发射的“红限”，或称为光电子发射的阈值波长（光电阴极的长波阈值为 λ_0）。显然，在红限处光电子的初速（即动能）应该为零。因此 $h\nu_0=\varphi_0$，临界频率 $\nu_0=\varphi_0/h$，所以临界波长为

$$\lambda_0=\frac{c}{\nu_0}=\frac{ch}{\varphi_0}=\frac{1.24}{\varphi_0}\quad(\mu\text{m}) \tag{2.5-24}$$

最短波长的可见光（380 nm）在表面逸出功（也称功函数）不超过 3.2 eV 的阴极材料中产生光电子发射。而最长波长的可见光（780 nm）则只有在功函数低于 1.6 eV 的阴极材料中才会产生光电子发射。

3. 光电子发射的瞬时性

光电子发射的瞬时性是光电子发射的一个重要特性。实验证明，光电子发射的延迟时间不超过 3×10^{-13} s 的量级。因此，实际上可以认为光电子发射是无惯性的，这就决定了外光电效应器件具有很高的频响。光电发射瞬时性的原因是由于它不牵涉到电子在原子内迁移到亚稳态能级的物理过程。

以上结论严格地说在温度为 0 K 时才是正确的。因为随着温度的升高，阴极材料内电子的能量亦将提高，而有可能在原来的红限波长以下逸出表面。但是，实际上由于温度升高时这种具有很大能量的电子数目为数很少，在高温场合实际测量光电发射时，因受仪器灵敏度的限制，爱因斯坦定律和红限的结论对大多数金属来说仍是正确的。

最早的时候，认为光电子发射效应只发生在阴极材料的表面，即在阴极表面的单原子层或者离表面数十纳米的距离内。但在后来发现了灵敏度很高的阴极材料后，认为光电子发射不仅发生在物体的表面层，而且还深入到阴极材料的深层，通常称之为光电子发射的体积效应。而前者则称为光电发射的表面效应。

光电子发射过程包括 3 个基本阶段：

① 电子吸收光子后产生激发，即得到能量；

② 得到光子能量的电子（受激电子）从发射体内向真空界面运动（电子输运）；

③ 这种受激电子越过表面势垒向真空逸出。

电子激发阶段的情况取决于材料的光学性质。凡是光电子发射材料，都应具有光吸收能力。光学吸收系数应当尽量大，使得受激电子产生在离表面较近的地方，也就是说，激发深度较浅。在固体中，受激电子向表面运动时，由于各种相互作用的结果，将损失一部分能量。受激电子的输运能力可用有效逸出深度表示。它是指到达真空界面的受激电子所经过的平均距离。逸出深度与受激深度之比越大，发射体的效率就越高。为了完成光电子发射，即电子最终进入真空，到达表面的电子的能量应当大于材料的逸出功。逸出功越小，电子从物体向真空发射的几率就越大。电子从物体发射出去以后，就由外部电源的电子流来补偿，这样才能满足光阴极材料电导率的要求。

4. 金属的光电子发射

金属反射掉大部分入射的可见光(反射系数达 90 %以上),吸收效率很低。光电子与金属中大量的自由电子碰撞,在运动中丧失很多能量。只有很靠近表面的光电子,才有可能到达表面并克服势垒逸出,即金属中光电子逸出深度很浅,只有几 nm,而且金属逸出功大多大于 3 eV,对能量小于 3 eV($\lambda > 410$ nm)的可见光来说,很难产生光电子发射,只有铯(2 eV 逸出功)对可见光最灵敏,故可用于光阴极。但纯金属铯量子效率很低,小于 0.1 %,因其在光电子发射前两个阶段能量损耗太大。金属有大量的自由电子,没有禁带,费密能级以下基本上为电子所填满,费密能级以上基本上是空的,表面能带受内外电场影响很小,E_F 只取决于材料。所以金属的电子逸出功定义为 $T=0$ K 时真空能级与 E_F 之差,它是材料的参量,可以用来作为光电子发射的能量阈值。

5. 半导体的光电子发射

半导体的光电子逸出参量——电子亲和势:是指导带底上的电子向真空逸出时所需的最低能量,数值上等于真空能级(真空中静止电子能量)与导带底能级 E_c 之差。它有表面电子亲和势 E_a 与体内电子亲和势 E_{ae} 之分。E_a 是材料的参量,与掺杂、表面能带弯曲等因素无关。而 E_{ae} 不是材料参量,可随表面能带弯曲变化。

半导体自由电子较少,且有禁带,费密能级 E_F 一般都在禁带当中,且随掺杂和内外电场变化,所以真空能级与费密能级之差不是材料参量。半导体电子逸出功定义为 $T=0$ K 时真空能级与电子发射中心的能级之差,而电子发射中心的能级有的是价带顶,有的是杂质能级,有的是导带底,情况复杂,因此对于半导体很少用电子逸出功的概念。由于电子逸出功不管从哪里算起,其中都包含有亲和势(真空能级与导带底之差),因此为了表示光电子发射的难易,使用亲和势的概念比使用逸出功的概念更有实际意义。所以,对于半导体一般不用逸出功的概念,而用电子亲和势的概念。为了表示光电子发射的能量阈值,许多资料都是按真空能级与价带顶之差(亲和势加上禁带宽度)来计算的。

表面能带弯曲:半导体无界时,能带结构是平直的,有界时表面处破坏了晶格排列周期性(势场),而且表面易氧化及被杂质污染,因而在禁带中引入附加能级(表面能级)。由于表面能级的存在,因此在表面处引起能带弯曲。表面能带弯曲,对于体内的光电子发射是有影响的,因为表面电子亲和势 E_a 是材料的参量,它不随表面能带弯曲而变化;而体内电子亲和势则要随着表面能带弯曲而增减。

对于 N 型半导体,施主能级上的电子跃迁到表面能级时,半导体表面将产生一个负的空间电荷区。而距离表面稍远一点的体内则分布有等量正的体电荷,因此表面能带向上弯。向上弯的程度,可用表面势垒 eU_s 表示,e 为电子电荷,U_s 为表面势,在数值上等于体内与表面的电势差。对于 N 型半导体来说,因表面能带向上弯,体内的电子亲和势 E_{ae} 要比表面能带不发生弯曲时增加一个势垒高度 eU_s,使得体内光电子发射变得更困难。

对于P型半导体,情况正好相反。表面能级中能量高于受主能级的电子有的要跃迁到受主能级上,于是半导体表面即产生一个正的空间电荷区,距离表面稍远一点的体内则分布有等量的负电荷,因此表面能带向下弯。特别是P型半导体表面吸附有带正电性的原子(例如铯原子)或N型材料的时候,表面上偶电层正电性在外,能带弯曲就更厉害。能带弯曲的程度也用表面势垒 eU_s 表示。表面能带向下弯,使得体内电子亲和势比能带不发生弯曲时减少一个势垒高度 eU_s。这样,这种表面能带弯曲对于体内的光电子发射十分有利。

因此,现在各种实用光电阴极几乎全是以P型半导体材料为衬底,然后在它的表面再涂上带正电性的金属或N型材料而制成。这样,就能得到向下弯曲的表面能带,减小逸出功。如果再使能带弯曲足够小(带曲区宽度为 z),以至比材料吸收系数的倒数还小得多($z \leqslant 1/a$),则可以使光电子发射的主要部位来自于体内。这时,量子效率要比单纯能带弯曲高得多。另外,强P型半导体的费密能级十分靠近于价带,这可使热电子发射(暗电流)较小。

2.5.4　温差电效应

当两种不同的配对材料(可以是金属或半导体)两端并联熔接时,如果两个接头的温度不同,并联回路中就产生电动势,称为温差电动势。这时,回路中就有电流流通,如图 2-32 所示。如果把冷端分开并与一个电表相连,那么当光照熔接端(称为电偶接头)时,吸收光能使电偶接头温度升高,电表就有相应的电流读数,电流的数值就间接反映了光照能量的大小。这就是用热电偶来探测光能的原理。实际中,为了提高测量灵敏度,常常将若干个热电偶串联起来使用,称为热电堆,它在激光能量计中获得应用。

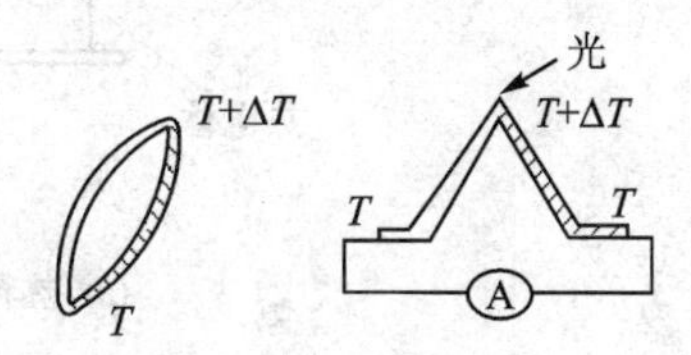

图 2-32　温差电效应

2.5.5　热释电效应

热释电效应指的是某些晶体的电极化强度随温度变化而释放表面吸附的部分电荷,它是通过所谓的热释电材料实现的。热释电材料是一种结晶对称性很差的压电晶体,因而在常态下具有自发电极化(即固有电偶极矩)。由电磁理论可知,在垂直于电极化矢量 P_s 的材料表面上,将出现面束缚电荷,面电荷密度 $\sigma_s = |P_s|$。由于晶体内部自发电极化矢量排列混乱,因而总的 P_s 并不大;再加上材料表面附近分布的外部自由电荷的中和作用,通常觉察不出有面电荷存在。如果对热电体施加直流电场,自发极化矢量将趋向一致排列(形成单畴极化),总的 P_s 加大。当电场去掉后,如果总的 P_s 仍能保持下来,这种热电体则称为热电-铁电体。它是实现热电现象的理想材料。

热电体的 $|P_s|$ 决定了面电荷密度 σ_s 的大小,当 $|P_s|$ 发生变化时,σ_s 也跟着变化。经过单畴化的热电体,保持着较大的 $|P_s|$。这个 $|P_s|$ 值是温度的函数,如图 2-33(b)所示。温度升高,$|P_s|$ 减小。温度升高到 T_C 值时,自然极化突然消失,T_C 称为居里(Curie)温度。在 T_C 温

度以下，才有热释电现象。当强度变化的光照射热电体时，热电体的温度发生变化，P_s 亦发生变化，面电荷跟着发生变化。重要的是，热电体表面附近的自由电荷对面电荷的中和作用比较缓慢。好的热电体，这个过程很慢。在来不及中和之前，热电体侧面就呈现出相应于温度变化的面电荷变化，这就是热释电现象。如果把热电体放进一个电容器极板之间，把一个电流表与电容器两端相接，就会有电流流过电流表，这个电流称为短路热释电电流，如图 2-33(a)所示。如果极板面积为 A，则电流为

$$i = A\frac{\mathrm{d}P_s}{\mathrm{d}t} = A\frac{\mathrm{d}P_s}{\mathrm{d}T}\frac{\mathrm{d}T}{\mathrm{d}t} = A\beta\frac{\mathrm{d}T}{\mathrm{d}t} \tag{2.5-25}$$

式中，$\beta=\mathrm{d}P_s/\mathrm{d}t$，称为热释电系数。很显然，如果照射的光是恒定的，那么 T 为恒定值，P_s 亦为恒定值，电流为零。所以热释电探测器是一种交流或瞬时响应的器件。

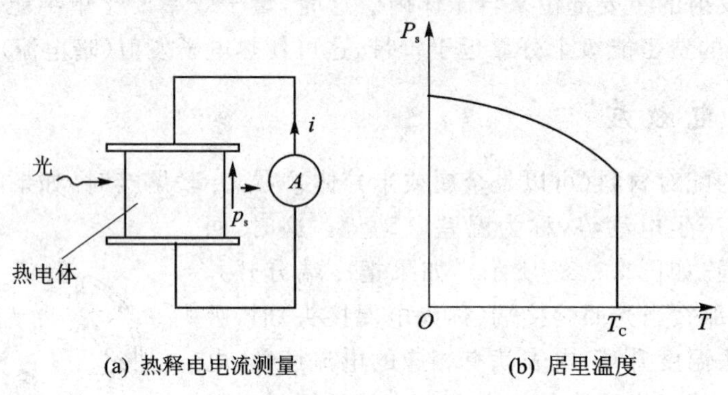

(a) 热释电电流测量　　(b) 居里温度

图 2-33　热释电效应

2.5.6　光子牵引效应

当一束光子能量还不足以引起电子-空穴产生的激光照射在一块样品上时，可以在光束方向上于样品的两端建立起电位差，电位差的大小与光功率成正比。这称为光子牵引效应。对它的研究始于 20 世纪 60 年代。真正用激光作为光源来研究是 1970 年的事。

原来，光子具有动量。当光子与材料中的载流子相互碰撞时，可以将动量传递给载流子，因而在光束方向引起载流子的定向运动，在端面形成电荷积累，产生附加电场。当附加电场对载流子的电场力与光子产生的冲力平衡时，便建立起稳定的电位差。

由于电子和空穴产生的光子牵引电位差符号相反，因此对本征半导体，这种效应极其微弱。要观察光子牵引效应，就必须选用 N 型半导体或 P 型半导体。

在前面那些与载流子产生有关的光电效应中，都是光子能量传递给电子，而光子牵引效应却不顾及载流子的产生，将光子的动量传递给电子。这种转移发生很快，用光子牵引效应制成的探测器有快速的响应(响应时间约 10^{-9} s)。

目前在 1～10 000 μm 波段内，能找到可用的光子牵引探测器，其灵敏度可达 0.1～40 μV/W。

习　题

1. 一块 N 型硅(Si)片,均匀地掺杂有 10^{16} 个/cm^3 锑(Sb)原子,试计算其费密能量 E_{FN} 与本征 Si 的费密能量 E_{Fi} 之差。当上述的 N 型 Si 样品进一步掺杂有 2×10^{17} 个/cm^3 硼(B)原子时,试计算室温时(300 K)费密能量 E_{Fp} 与本征 Si 的费密能量 E_{Fi} 之差。(本征硅的 $n_i=1.45\times10^{10}$ 个/cm^3)。

2. 如果电子的漂移率约是 1 350 cm^2 · V^{-1} · s^{-1},则均匀掺杂有 10^{16} 个/cm^3 的磷(P)原子(施主)的 N 型 Si 晶体的电导率是多少?

3. 一个横截面积为 $A=1$ mm^2 的对称 GaAs 的 P－N 结有下列一些特性:N_a(P 区掺杂)$=N_d$(N 区掺杂)$=10^{23}$ m^{-3};直接复合俘获系数 $B=7.21\times10^{-16}$ m^{3}s^{-1};$n_i=1.8\times10^{12}$ m^{-3};$\varepsilon_r=13.2$;μ_h(在 N 区中)$=250$ cm^2 · V^{-1} · s^{-1};μ_e(在 P 区中)$=5\,000$ cm^2 · V^{-1} · s^{-1}。扩散系数通过 Einstein 关系与漂移率相联系:$D_h=\mu_h kT/e$,$D_e=\mu_e kT/e$。在二极管上加上 1 V 的正向电压,假设在 300 K 时直接复合,则由于少数载流子的扩散而引起的二极管的电流是多少?如果在耗尽区少数载流子的平均复合时间约为 10 ns,估算一下电流的复合分量是多少?(提示:应用 SI 制单位,$kT/e=0.025\,85$ V,空穴和电子的扩散长度分别为 $L_h=(D_h\tau_h)^{1/2})$,$L_e=(D_e\tau_e)^{1/2}$。)

4. 对于半导体导带中的电子:

① 考虑导带中电子的能量分布 $n_E(E)$,假设态密度 $g_{CB}(E)\propto(E-E_c)^{\frac{1}{2}}$,由于玻耳兹曼统计 $f(E)\approx\exp[-(E-E_F)/kT]$,证明导带中电子的能量分布可以写作

$$y(x) = Cx^{1/2}\exp(-x)$$

式中,$x=E/kT$,是从 E_c 算起、以 kT 测量的电子能量,C 是与 E 无关的、依赖于温度的常数。

② 设 $C=1$,画出 $y(x)-x$ 的曲线,指出最大值在何处?半最大值的全宽度 FWHM 是多少?

③ 如果定义平均值

$$x_{\text{平均}} = \left(\int xy\,\mathrm{d}x\right)\Big/\left(\int y\mathrm{d}x\right)$$

式中的积分是从 $x=0(E_c)$ 到 $x=10$(远离 E_c,此处 $y\to0$),请应用数值积分证明导带中的平均电子能量是$(3/2)kT$。

④ 证明:能量分布中的最大值是在 $x=\dfrac{1}{2}$,或者是在 $E_{max}=(1/2)kT$。

⑤ 对于 GaAs,电子的有效质量 $m_e^*=0.067\ m_e$,计算导带电子的热速度。如果 μ_e 是电子迁移率,τ_e 是电子散射事件之间(电子与晶格振动之间)的平均自由时间,则对于给定的 $\mu_e=8\,500$ cm^2 · V^{-1} · s^{-1},由 $\mu_e=e\tau_e/m_e^*$ 计算 τ_e。在外加电场 $E=10^5$ V · m^{-1}的情况下,计算漂移速度$v_d=\mu_e E$ 的值,你能得出什么样的结论?

5. GaAs 在导带边沿的有效态密度为 $N_c=4.7\times10^{17}$ cm^{-3},在价带边沿的有效态密度为

$N_v = 7\times10^{18}\ cm^{-3}$,其带隙为 $E_g = 1.4\ eV$,试计算室温(取 300 K)下本征浓度和本征电阻系数。费密能级是多少?假设 N_c 和 N_v 与 $T^{3/2}$ 成比例,则在 100 ℃时本征浓度将是多少?如果 GaAs 晶体施主掺杂浓度为 10^{18} 个/cm^3(例如 Te),则样品的新的费密能级和电阻系数是多少? GaAs 的漂移率见表 2.1。

表 2.1 GaAs 的漂移率

掺杂浓度/(个 · cm^{-3})	0	10^{15}	10^{16}	10^{17}	10^{18}
μ_e/($cm^2\cdot V^{-1}\cdot s^{-1}$)	8 500	8 000	7 000	4 000	2 400
μ_h/($cm^2\cdot V^{-1}\cdot s^{-1}$)	400	380	310	220	160

6. 考虑有下列特性的 GaAs P-N 结:P 区 $N_a = 10^{16}\ cm^{-3}$,N 区 $N_d = 10^{16}\ cm^{-3}$,直接复合俘获系数 $B = 7.21\times10^{-16}\ m^3\cdot s^{-1}$,横截面积 $A = 0.1\ mm^2$。当二极管外加正向电压是 1 V 时,由于在 300 K 时中性区域的扩散而引起的二极管的电流是多少?(提示:参看上一问题和 GaAs 特性的表格。)

7. 考虑一个长的 P-N 结二极管,其 P 区的受主掺杂为 $N_a = 10^{18}\ cm^{-3}$,N 区的施主掺杂为 N_d,二极管的正向偏置电压为 0.6 V,二极管的横截面积是 1 mm^2。少数载流子的复合时间 τ 与掺杂浓度 N_{dopant}(个/cm^3)之间的近似依赖关系是

$$\tau = \frac{5\times10^{-7}}{1+2\times10^{-17}N_{dopant}}$$

① 假设 $N_d = 10^{15}\ cm^{-3}$,则耗尽层扩展进入 N 区,我们不得不考虑这个区中的少数载流子的复合时间 τ_h,试计算:当给定 $N_a = 10^{18}\ cm^{-3}$、$\mu_e \approx 250\ cm^2\cdot V^{-1}\cdot s^{-1}$时,以及 $N_d = 10^{15}\ cm^{-3}$、$\mu_h \approx 450\ cm^2\cdot V^{-1}\cdot s^{-1}$时,扩散和复合对总的二极管电流的贡献。你的结论是什么?

② 假设 $N_d = N_a$,则宽度 W 等价地向两边区域扩展,进一步假设 $\tau_e = \tau_h$,试计算:当 $N_a = 10^{18}\ cm^{-3}$、$\mu_e \approx 250\ cm^2\cdot V^{-1}\cdot s^{-1}$时,以及 $N_d = 10^{18}\ cm^{-3}$、$\mu_h \approx 130\ cm^2\cdot V^{-1}\cdot s^{-1}$时,扩散和复合对二极管电流的贡献。你的结论是什么?

参考文献

[1] Kasap S O. Optoelectronics and Photonics:Principles and Practices. Publishing House of Electronics Industry, Beijing, 2003.

[2] 江月松,李亮,钟宇.光电信息技术基础.北京:北京航空航天大学出版社,2005.

[3] 杨永才,何国兴,马军山.光电信息技术.上海:东华大学出版社,2002.

[4] 雷玉堂,王庆友,何加铭,等.光电检测技术.2版.北京:中国计量出版社,1997.

[5] 江月松主编.光电技术与实验.北京:北京理工大学出版社,2000.

[6] 缪家鼎,徐文娟,牟同升.光电技术.杭州:浙江大学出版社,1995.

第3章　光辐射源

光辐射源(简称光源)在科学研究和工程技术中有着广泛的应用,在遥感科学技术、光通信技术、物质的物理特性研究、化学特性分析、材料的结构研究、高灵敏度探测与高精度测量以及照明工程中,都离不开一定形式的光源。

本章介绍当前光电技术中经常涉及的主要光源。

3.1　光源的基本特性参数

3.1.1　辐射效率和发光效率

在给定 $\lambda_1 \sim \lambda_2$ 波长范围内,某一光源发出的辐射通量与产生这些辐射通量所需的电功率之比,称为该光源在规定光谱范围内的辐射效率,于是

$$\eta_e = \frac{\Phi_e}{P} = \frac{\int_{\lambda_1}^{\lambda_2} \Phi_e(\lambda)\,d\lambda}{P} \tag{3.1-1}$$

式中,$\Phi_e(\lambda)$为光源的光谱辐射通量,P 为所需的电功率,η_e 为光源的辐射效率。如果光电系统的光谱范围为 $\lambda_1 \sim \lambda_2$,那么应尽可能选用 η_e 较高的光源。

相应地,对于可见光范围,某一光源的发光效率 η_v 为所发射的光通量与产生这些光通量所需的电功率之比,就是该光源的发光效率,即

$$\eta_v = \frac{\Phi_v}{p} = \frac{K_m \int_{380}^{780} \Phi_e(\lambda) V(\lambda)\,d\lambda}{P} \tag{3.1-2}$$

式中,$\Phi_e(\lambda)$为可见光光谱通量,$V(\lambda)$为明视觉光谱光视效率,K_m 为明视觉最大光谱光视效率。η_v 的单位为 lm/W(流明/瓦)。

3.1.2　光谱功率分布

自然光源和人造热辐射光源大都是由单色光组成的复色光。不同光源在不同光谱上辐射出不同的光谱功率,常用光谱功率分布来描述。若令其最大值为 1,将光谱功率分布进行归一化,那么经过归一化后的光谱功率分布称为相对光谱功率分布。

光源的光谱功率分布通常可分成四种情况，如图 3-1 所示。图(a)为线状光谱，由若干条明显分隔的细线组成，如低压汞灯。图(b)为带状光谱，由一些分开的谱带组成，每一谱带中又包含许多细谱线，如高压汞灯、高压钠灯就属于这种分布。图(c)为连续光谱，所有热辐射光源的光谱都是连续光谱。图(d)是混合光谱，由连续光谱与线、带谱混合而成，一般荧光灯的光谱就属于这种分布。

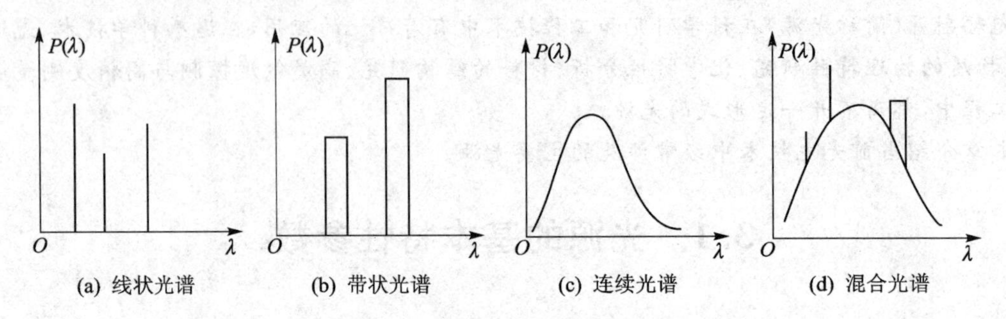

图 3-1　四种典型的光谱功率分布

在选择光源时，它的光谱功率分布应由测量对象的要求来决定。在目视光学系统中，一般采用可见光谱辐射比较丰富的光源。对于彩色摄影用光源，为了获得较好的色彩还原，应采用类似于日光色的光源，如卤钨灯、氙灯等。在紫外分光光度计中，通常使用氘灯、汞灯、氙灯等紫外辐射较强的光源。在光纤技术中，通常使用发光二极管和半导体激光器等光源。

3.1.3　空间光强分布

对于各向异性光源，其发光强度在空间各方向上是不相同的，若在空间某一截面上，自原点向各径向取矢量，则矢量的长度与该方向的发光强度成正比。将各矢量的端点连起来，就得到光源在该截面上的发光强度曲线，即配光曲线。图 3-2 是超高压球形氙灯的光强分布。

在有些情况下，为了提高光的利用率，一般选择发光强度高的方向作为照明方向。为了进一步利用背面方向的光辐射，还可以在光源的背面安装反光罩，反光罩的焦点位于光源的发光中心上。

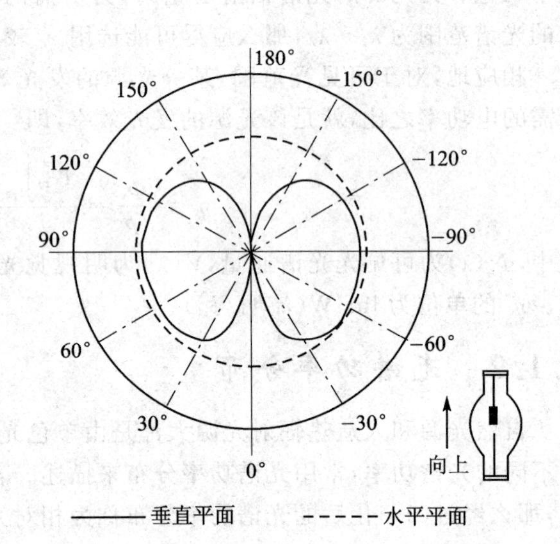

图 3-2　超高压球形氙灯光强分布

3.1.4　光源的色温

黑体的温度决定了它的光辐射特性。对非黑体辐射，它的某些特性常可用黑体辐射的特性来近似地表示。对于一般光源，经常用分布温度、色温或相关色温表示。

1. 分布温度

如果光源在某一波长范围内辐射的相对光谱分布与黑体在某一温度下辐射的相对光谱功率分布一致，那么该黑体的温度就称为该辐射源的分布温度。这种辐射体的光谱辐亮度可表示为

$$L_e(\lambda, T_v) = \varepsilon \frac{c_1}{\pi\lambda^5} \frac{1}{e^{c_2/\lambda T_v} - 1} \tag{3.1-3}$$

式中，T_v 为分布温度；ε 为发射率，它是一个与波长无关的常数，这类辐射体又称灰体。

2. 色　温

光源发射光的颜色可以由多种光谱分布产生，所以色温相同的光源，它们的相对光谱功率分布不一定相同。

3. 相关色温

对于一般光源，它的颜色与任何温度下的黑体辐射的颜色都不相同，这时的光源用相关色温表示。在均匀色度图中，如果光源的色坐标点与某一温度下黑体辐射的色坐标点最接近，则该黑体的温度称为该光源的相关色温。

3.1.5　光源的颜色

光源的颜色包含了两方面的含义，即色表和显色性。用眼睛直接观察光源时所看到的颜色称为光源的色表。例如高压钠灯的色表呈黄色，荧光灯的色表呈白色。当用这种光源照射物体时，物体呈现的颜色（也就是物体反射光在人眼内产生的颜色感觉）与该物体在完全辐射体照射下所呈现的颜的一致性，称为该光源的显色性。国际照明委员会（CIE）规定了 14 种特殊物体作为检验光源显色性的“试验色”。在我国标准中，增加了我国女性面部肤色的色样，作为第 15 种“试验色”。白炽灯、卤钨灯、镝灯等几种光源的显色性较好，适用于辨色要求较高的场合，如彩色电影、彩色电视的拍摄和放映，染料、彩色印刷等场合。高压汞灯、高压钠灯等光源的显色性差一些，一般用于道路、隧道等辨色要求较低的场合。

3.2　热辐射与气体放电光源

热辐射源遵循有关黑体的辐射定律。热辐射光源有三个特点：① 它们的发光特性都可以用普朗克公式进行精确的估算，即可以精确掌握和控制其发光或辐射性质。② 它们发出的

光通量构成连续的光谱，且光谱范围很宽，因此适用性强。但在通常情况下，紫外辐射含量很少，这又限制了这类光源的使用范围。③ 采用适当的稳压或稳流供电，可使这类光源的光获得很高的稳定度。

黑体是理想化的热辐射源，它的发射率 $\varepsilon_B=1$。然而，自然界中理想的黑体是不存在的，实际物体的发射率 ε 值在 0～1 之间，实际物体的发射率定义为在某一温度 T 时的辐射出射度与黑体在同一温度下的辐射出射度之比，其数学表达式为

$$\varepsilon=\frac{\int_0^{\infty}\varepsilon(\lambda,T)M(\lambda,T)\mathrm{d}\lambda}{\sigma T^4} \tag{3.2-1}$$

根据物体发射率的变化规律，热辐射源可分为三类：

① 黑体或普朗克辐射体。这类辐射体的特点是辐射率 ε_B 与波长 λ 和方向无关，其辐射率与吸收率 α_B 相等，且等于 1，即

$$\varepsilon(\lambda)=\varepsilon_B=\alpha_B=1 \tag{3.2-2}$$

② 灰体(灰色体)。灰体的发射率 ε 是小于 1 的一个常数，即

$$\varepsilon(\lambda)=\varepsilon=\text{常数}(<1) \tag{3.2-3}$$

③ 选择性辐射体。选择性辐射体的 $\varepsilon(\lambda)$ 随波长而变化，且 $\varepsilon(\lambda)<1$。

图 3-3 画出了在同一温度下三种不同辐射体的 ε 随波长 λ 的变化曲线。自然界中，如大地、空间背景、人体(皮肤)、无动力空间飞行器、气动加热表面及喷气式飞机尾喷管等辐射体，都可视为灰体。

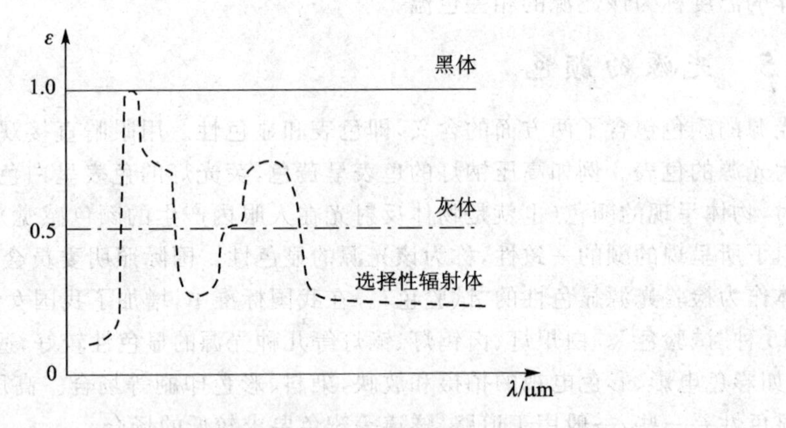

图 3-3　三类辐射体的 ε 与波长 λ 的关系曲线

选择性灰体的辐射特性与黑体辐射特性的差异较大，其 $\varepsilon\neq$常数，而是随波长 λ 的改变而变化，且其辐射光谱不连续，在某些波段辐射能较强，而在另一些波段又较弱。许多金属，特别是金属氧化物，以及它们的化合物或合金，大多数属于选择性辐射体。

图 3-4 给出了三类不同辐射体的光谱辐射出射度随波长 λ 的变化情况。可见，黑体的光

谱辐射出射度分布曲线是其他各种辐射体光谱分布曲线的包络线，它随 λ 连续变化。灰体的光谱辐射出射度分布曲线与黑体相似，只是由于灰体的发射率比黑体的低，因此，M_λ 的值小于黑体。选择性辐射体（灰体）的光谱辐射出射度分布曲线与黑体的曲线差异较大，这是由于 ε 随波长 λ 的变化起伏大的缘故。

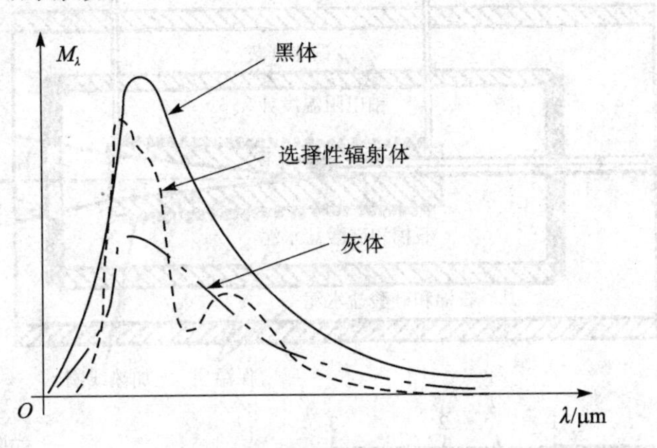

图 3-4　三类不同辐射体的 M_λ 与波长 λ 的关系曲线

3.2.1　标准辐射源

标准辐射源在光电技术中常用于测量各种材料的吸收、透射和反射系数，在实验室中常用做光学仪器或光电系统的定标等。

① 能斯托灯。能斯托灯是一种用锆、钇、钍和其他氧化物混合烧结成的直径为 1～3 mm、长为 20～30 mm 的圆柱体，低温时不导电，当加热到 400 ℃时变为导体。在继续加热通电时，能斯托灯的有效温度（即在特定波长上与该辐射具有相同光谱辐射亮度的黑体温度）约为 2 100 K。能斯托灯的发射率随波长会有些变化，在 2～15 μm 波段内的平均值在 0.66 左右。能斯托灯常用于在 2～14 μm 波段分光光度学中进行相对测量。

② 硅碳棒。硅碳棒是在红外分光计中常用的一种辐射源。它是直径为 6～8 mm、长为 50～250 mm 的硅碳棒。棒端固定于金属电极，可直接通电加热，可使棒温加热到 1 500 K。硅碳棒的发射率随波长会略有变化，在 2～15 μm 波段内平均约为 0.8。

③ 黑体型辐射源。绝对黑体是一个理想化的概念，这种理想的辐射体是无法制作的，实际工作中用图 3-5 所示的腔形辐射器来模拟黑体辐射源。这样的辐射器称为绝对黑体模型或模拟器，简称为黑体。它主要由包容腔体的黑体腔芯、无感加热绕组、测量及控制腔体的温度计和温度控制器以及腔体外的保温绝热层等组成。黑体的前方设有光阑，其孔径小于腔口的直径。这种黑体模拟器的发射率达 0.95～0.999。目前的黑体模拟器最高工作温度为 3 000 K，而实际应用的大多是在 2 000 K 以下。过高的温度不仅要消耗大量的电功率，而且

内腔表面材料的氧化会加剧。

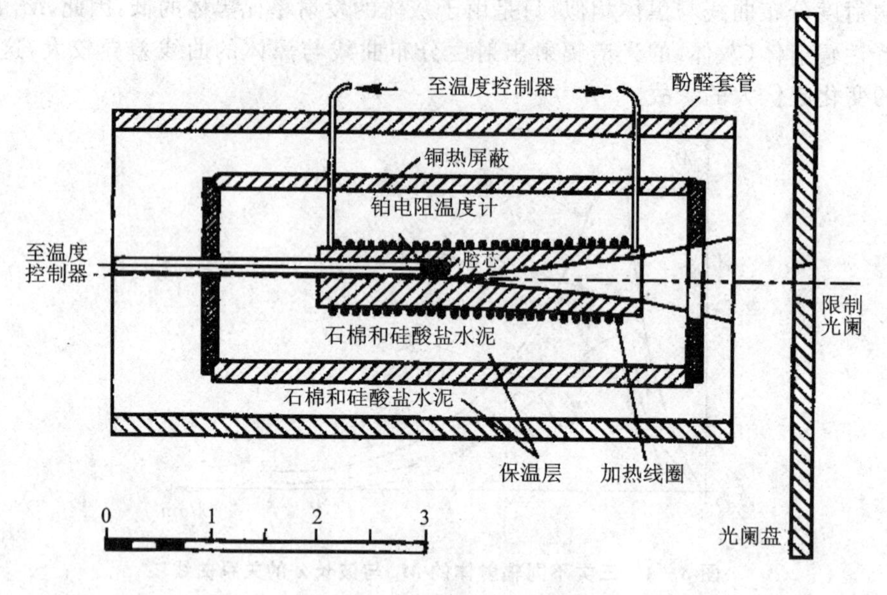

图 3-5　黑体辐射源的结构

黑体模拟器常用于实验室中各种用途的红外光学仪器或红外测量系统的定标中。附在光电仪器(或系统)上的黑体,多采用辐射面积较大的平面型黑体(作为面状温度参考源)。面状温度参考源的发射率不如黑体炉高,但它的面积可以做得较大,在与扫描镜靠近时能充满扫描视场,可以实时定标。

3.2.2　几种工程用辐射源

① 碳弧。低强度碳弧的温度约 3 000 K。当波长从 2 μm 增加到 10 μm 时,发光强度可降低到原值的 1/7。用于太阳模拟器的高强度碳弧的温度可高达 6 000 K。

② 钨丝白炽灯。白炽灯发射的是连续光谱,在可见光谱段中部与黑体辐射曲线相差约 0.5 %,而在整个光谱段内与黑体辐射曲线平均相差 2 %。此外,白炽灯的使用和量值复现方便,它的发光特性稳定,寿命长,因而也广泛用做各种辐射度量和光度量的标准光源。

白炽灯有真空钨丝白炽灯、充气钨丝白炽灯和卤钨灯等,光辐射是由钨丝通电加热发出的。真空钨丝白炽灯的工作温度为 2 300～2 800 K,光效约为 10 lm/W。由于钨的熔点约为 3 680 K,进一步提高钨的工作温度会导致钨的蒸发率急剧上升,从而使寿命骤减。

充气钨丝白炽灯,由于在灯泡中充入和钨不发生化学反应的氩、氮等惰性气体,使由灯丝蒸发出来的钨原子在和惰性气体原子碰撞时,部分钨原子能返回灯丝。这样可以有效地抑制钨的蒸发,从而使白炽灯的工作温度可以提高到 2 700～3 000 K,相应的光效提高到 17 m/W。

如果在灯泡内充入卤钨循环剂(如氯化碘、溴化硼等),则在一定温度下可以形成卤钨循环,即蒸发的钨和玻璃壳附近的卤素合成卤钨化合物,而该卤钨化合物扩散到温度较高的灯丝周围时,又分解成卤素和钨。这样,钨就重新沉积在灯丝上,而卤素被扩散到温度较低的泡壁区域再继续与钨化合。这一过程称为钨的再生循环。为了使玻壳区的卤钨化合物呈气态,而不致于凝结在玻壳上面,玻壳温度不能太低,如碘钨灯的管壁温度应高于 250 ℃。但管壁温度也不能太高,否则卤钨化合物就要部分分解,造成泡壳发黑。卤钨循环进一步提高了灯的寿命。灯的色温可达 3 200 K,光效也相应提高到 30 lm/W。

钨丝灯的玻璃外壳不能透过 4 μm 以上的辐射能,因此钨丝灯仅用做可见光和近红外波段的辐射源。普通民用灯泡,除 10 %的输入功率作为可见光从灯泡辐射出外,约 70 %是以不可见的光在近红外波段输出的。

③ 氙灯。氙灯是由充有惰性气体氙的石英玻壳内两个钨电极之间的高温电弧放电,从而发出强光的。高压氙灯的辐射光谱是连续的,与日光的光谱能量分布相接近(见图 3-6),色温为 6 000 K 左右,显色指数 90 以上,因此有“小太阳”之称。氙灯可分为长弧氙灯、短弧氙灯和脉冲氙灯三种。

当氙灯的电极间距为 15～130 cm 时,称为长弧氙灯,是细管形。它的工作气压一般为 101 kPa,发光效率为 25～30 lm/W。

当氙灯的电极间距缩短到毫米数量级时,称为短弧氙灯。灯内的氙气气压为 1～2 MPa (1 010～2 020 kPa),一般为直流供电,立式工作,上端为阳极,下端为阴极。该灯的电弧亮度很高,其阴极点的最大亮度可达几十万 cd/cm^2,电弧亮度在阴极和阳极距离上分布是很不均匀的,如图 3-7 所示。短弧氙灯常用于电影放映、荧光分光光度计及模拟日光等场合。

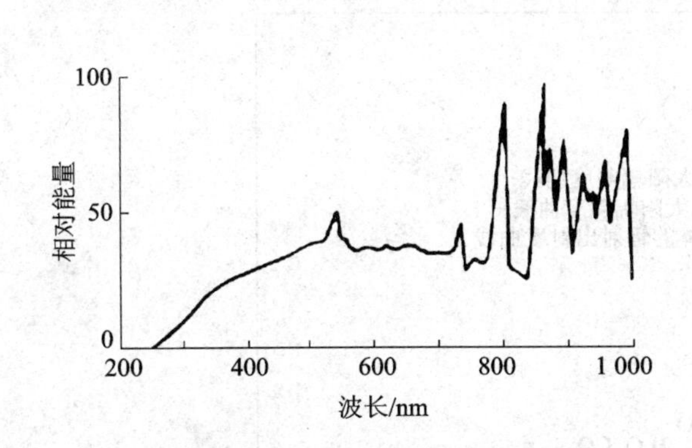

图 3-6 短弧氙灯光谱能量分布

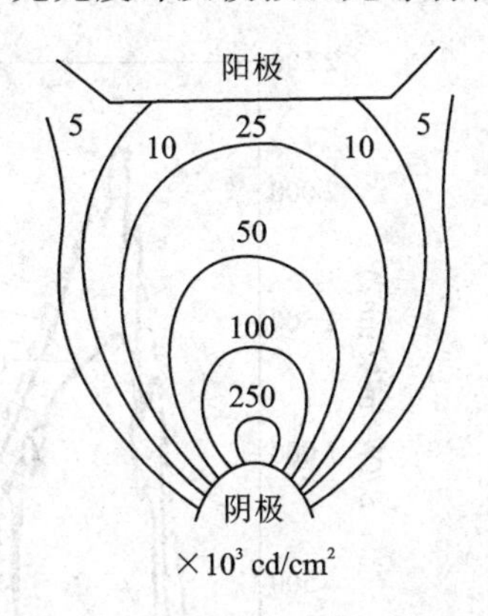

图 3-7 短弧氙灯电弧亮度分布

脉冲氙灯的发光是不连续的,能在很短的时间内发出很强的光。它的结构有管形、螺旋形和 U 形三种。管内气压均在 100 kPa(约一个大气压)以下。它用高压电脉冲激发产生光脉冲。脉冲氙灯广泛用做固体激光器的光泵、照相制版、高速摄影和光信号源等。

3.2.3 太　阳

太阳可看成是一个直径为 1.392×10^{9} m 的光球。它到地球的年平均距离是 1.49×10^{11} m。因此从地球上观看太阳时，太阳的张角只有 0.533°。

大气层外的太阳光谱能量分布相当于 5 900 K 左右的黑体辐射(见图 3-8)。其平均辐亮度为 2.01×10^{7} $W\cdot m^{-2}\cdot sr^{-1}$，平均亮度为 1.95×10^{9} $cd\cdot m^{-2}$。

在地球—太阳的年平均距离，在垂直太阳的入射方向上，大气层外太阳对地球的辐照度叫做太阳常数。它表征地球所接收的总太阳辐射能的大小，经过长年累月对太阳的观测，1972 年国际照明委员会推荐该值等于 1 350 $W\cdot m^{-2}$。1971 年美国航空与航天管理局(NASA)提出作为设计标准用的太阳常数值为(1 353±21) $W\cdot m^{-2}$。在 1969 年至 1980 年期间，大量的地面、飞机、火箭、卫星的观测表明，最可能的太阳常数值为(1 367±7) $W\cdot m^{-2}$，并为世界辐射中心(WRC)所采纳。在大气层外，太阳对地球的辐照度值在不同的光谱区所占的百分比为

紫外区(<0.38 μm)	6.46 %
可见区(0.38～0.78 μm)	46.25 %
红外区(>0.78 μm)	47.29 %

射到地球上的太阳辐射，要斜穿过一层厚厚的大气层，使太阳辐射在光谱和空间分布、能量大小、偏振状态等方面都发生了变化。大气的吸收光谱比较复杂，其中氧(O_2)、水汽(H_2O)、臭氧(O_3)，二氧化碳(CO_2)、一氧化碳(CO)和其他碳氢化合物(如 CH_4)等，都在不同程度上吸收了太阳辐射，而且它们都是光谱选择性的吸收介质。在标准海平面上，太阳的光谱辐射照度曲线如图 3-8 所示，其中的阴影部分表示大气的光谱吸收带。

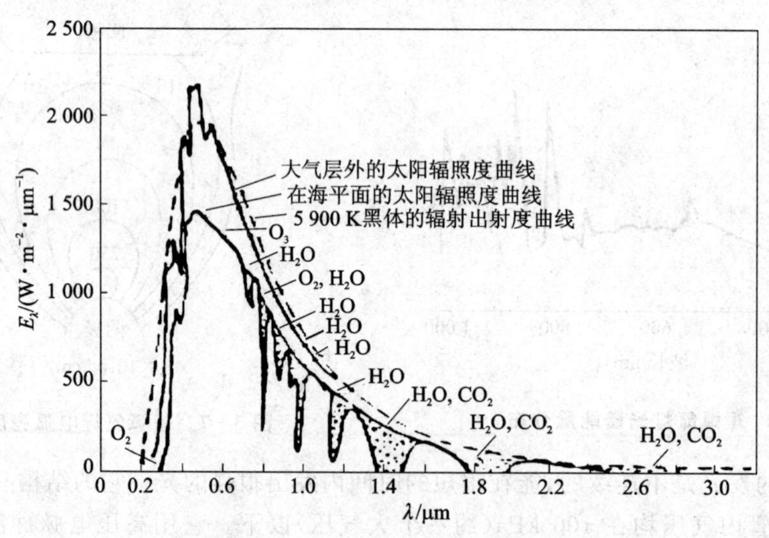

图 3-8 太阳的光谱能量分布曲线

3.2.4 月球、行星、恒星

月球和行星的光辐射由自身辐射和对太阳辐射的反射组成。月球辐射可视为一个温度 $T=400$ K 的绝对黑体，相应于自身辐射最大值的波长 $\lambda_m=7.2\ \mu m$。

月球表面的光谱反射系数是随波长的延伸而增大的，因而光谱辐射出射度曲线的最大值移向长波波段。考虑到月球本身和对太阳辐射的反射等因素，月球总辐射出射度最大值的对应波长约在 0.64 μm 处，而其总亮度不超过 500 $W \cdot m^{-2} \cdot sr^{-1}$。

恒星和行星，可能是被观察目标，也可能是某一观测对象的背景。通常，将恒星视为黑体，大部分最亮恒星光谱辐射出射度的最大值通常在 0.5～1 μm 的可见光和近红外波段之内。

对于大气密度较大的行星，如火星、金星，其整个行星表面的自身红外辐射出射度大致相同。行星表面的太阳辐射量会随季节和地形的变化有较大变化。反射辐射约有 95 %是在小于 2 μm 的近红外区以下。大多数的行星和恒星，都可以很容易地用工作在可见光和近红外波段的光学观测系统探测到。

3.2.5 地　球

太阳的最大光谱辐射亮度约在波长为 0.5 μm 处，而地球的约在 10 μm 处，其辐射与 280 K 的灰体相同。地球大气温度通常在 200～300 K 范围内。

白天，地球表面的辐射，是反射和散射太阳光线以及地球本身辐射的组合。在 3～4 μm 区段，含有水汽、CO_2 和 O_3 的大气的自身辐射和太阳光的散射辐射的辐射亮度几乎相同。这样，地球表面的光谱分布便出现两个峰：短波峰值（在 0.5 μm）是由于太阳光的散射产生的，而长波峰值（10 μm）是由于地球的热辐射所致。最小值则出现在两个峰值之间的 3～4 μm 波段。

天黑后或夜晚，远处地表的反射辐射就观察不到了。天将亮时，辐射增强，而当太阳光射线方向与观察方向重合时，辐射达到最大值。日落后，辐射便迅速减弱，此时的光谱分布相当于处于地球环境温度的灰体的光谱分布。

3.2.6 人　体

人体是一个具有温度为 310 K（或 36.84 ℃）的辐射体，人体的峰值辐射波长在 9.3 μm 附近，在中红外波段区。

人体被皮肤所包裹，皮肤裸露在外，因而皮肤温度是皮肤和周围环境之间辐射交换的复杂函数。人体皮肤的发射率很高，在波长 4 μm 以上的平均值约为 0.99。在正常室温（21 ℃）下，露在外面的脸部和手的皮肤温度约为 32℃。

为估算人体的辐射，有人曾用表面积为 1.86 m^2 的一组圆柱体来表示男性的平均值。假定皮肤是一个漫反射体，则有效辐射面积等于人体的投影面积，约合 0.6 m^2。当皮肤温度为

32 ℃时，裸露男子的平均辐射强度(假设是点目标)约为 93.5 $W \cdot sr^{-1}$。同时，假定大气吸收忽略不计，则在 304 m 的距离上，该男子将产生的辐照度为 10^{-3} $W \cdot m^{-2}$，约有 32 %的能量处在 8～13 μm 的红外波段，有 1 %的能量处在 3.2～4.8 μm 的红外波段。穿上衣服后，辐射能将有所下降。人体的发射本领与人种或肤色无关。

利用人体的辐射特点，可进行红外探测和控制，这项技术被广泛用于军事、民用等产品或装备上，如红外夜视仪、红外热像仪、活动目标的光电探测装置、自动红外光电控制、红外冲洗器、走廊或楼梯照明光电自动控制、防盗报警等光电装置。

3.3 载流子注入发光光源——发光二极管

发光二极管(Light Emitting Diode，LED)是一种注入式电致发光器件，它由 P 型和 N 型半导体组合而成，是少数载流子在 P－N 结区的注入与复合而导致发光的一种半导体光源。随着半导体技术的发展，近几年发光二极管器件发展很快，并且在光电子学及信息处理技术中起着越来越重要的作用。

3.3.1 工作原理

发光二极管实际上就是一个由直接带隙半导体(如 GaAs)制成的 P－N 结二极管。半导体内电子-空穴对的复合就产生光子发射。因此，发出的光子能量就近似等于带隙能量，$h\nu = E_g$。图 3－9(a)示出了 N 区比 P 区重掺杂的、无偏置情况下的 $P-N^+$ 结的能带图。在无偏置情况下，平衡时整个器件中费密能级是一致的。$P-N^+$ 结器件中耗尽区主要向 P 区扩展，存在一个从 N 区上的 E_c 到 P 区上的 E_c 的势垒 eV_0，即 $\Delta E_c = eV_0$(V_0 是内建电压)。N 区中更高的导电(自由)电子浓度促进导电电子从 N 区向 P 区扩散，但净电子扩散受到电子势垒 eV_0 的阻碍。

因为耗尽区是器件的最大电阻部分，所以一旦加上正向偏置电压 V，这个正向电压 V 降落在整个耗尽区上，从而内建电势就降低到 $V_0 - V$，然后来自 N^+ 区的电子就扩散或注入到 P 区，如图 3－9(b)所示。从 P 区注入到 N^+ 区的空穴数量要比从 N^+ 区注入到 P 区的电子数量少得多。注入到耗尽区和中性 P 区中的电子的复合导致光子的发射。复合主要发生在耗尽区中，且在体内扩展到 P 区中电子的扩散长度为 L_e。这个复合区常常称做活性区(active region)。这种由于少数载流子注入而导致电子-空穴对复合而产生的发光现象叫做注入电发光。由于电子和空穴之间复合过程的统计特征，发射的光子的方向是随机的，是非相干光。这是自发辐射过程和受激辐射过程之间的显著差别，所以发光二极管的结构必须具有使所发出的光子能够逃离器件并不再被半导体材料所吸收的特性，这意味着 P 区必须足够地窄，或者必须应用异质结结构的器件。

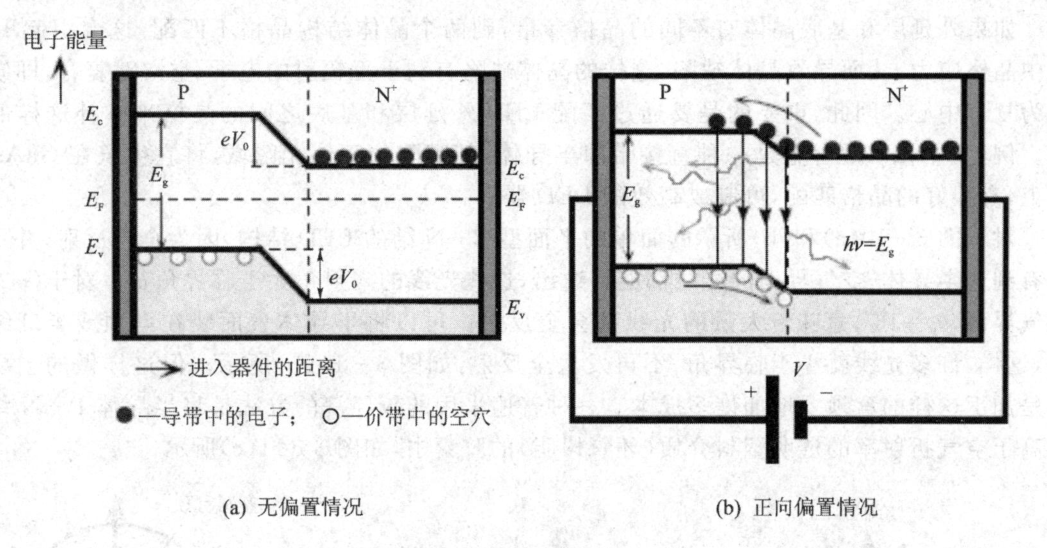

(a) 无偏置情况　　(b) 正向偏置情况

图 3-9　发光二极管的能带图

3.3.2　器件结构

制造 LED 最简单的技术是通过在合适的基底(如：GaAs 或 GaP 等)上外延生长掺杂半导体层来形成,如图 3-10(a)所示。这类平面 P-N 结通过先外延生长 N 层,然后再外延生长 P 层形成。基底实质上是用于 P-N 结器件的力学支撑的各种不同材料。表面上发光的 P 区做得很窄(几微米),便于光子逸出后不再被吸收。为了保证大部分复合发生在 P 区,N 区是重掺杂的(N^+)。那些向 N 区发射的光子或者被吸收,或者在基底界面被反射回来(取决于基底的厚度和 LED 结构)。图 3-10(b)中,使用分割式背电极有利于增加半导体-空气界面的反射,也可以通过扩散掺杂进入外延 N^+ 层而形成 P 区。如图 3-10(b)所示是扩散结平面型 LED。

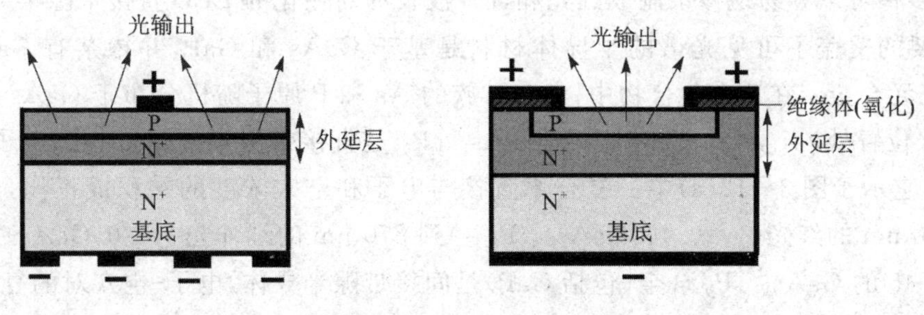

(a) 外延生长在N+基底上的P型层　　(b) 首先外延生长N+，然后通过掺杂扩散到外延层形成P区

图 3-10　典型的平面型 LED

如果外延层和基底晶体有不同的晶格参量，则两个晶体结构晶格不匹配，这会引起 LED 层中晶格应力，从而导致晶体缺陷，这样的晶体缺陷有利于无辐射的电子-空穴对复合，即缺陷作为复合中心。因此，重要的是要通过匹配 LED 外延层和基底之间的晶格来弥补这样的缺陷。例如：AlGaAs 合金是一种直接带隙半导体，其带隙位于红光区域，将它生长在 GaAs 基底上，有很好的晶格匹配，可制成高效的 LED 器件。

对于图 3-10(a)和(b)所示的简单的平面型 P-N 结的 LED 结构，因为全内反射，并不是所有到达半导体-空气界面的光线都能够逸出，这些光线的入射角大于临界角 θ_c。对于GaAs-空气界面，$\theta_c=16°$，意味着大量的光线都会全反射。可以将半导体表面装在穹顶或半球结构内，这样，许多光线就小于临界角，不再发生全反射，如图 3-11(b)所示。但这样做的主要缺点是加工这样的穹顶要增加许多成本。一种普遍采用的较经济的方法是将半导体 P-N 结装入高于空气折射率的透明塑料介质(环氧树脂)的胶囊中，如图 3-11(c)所示。

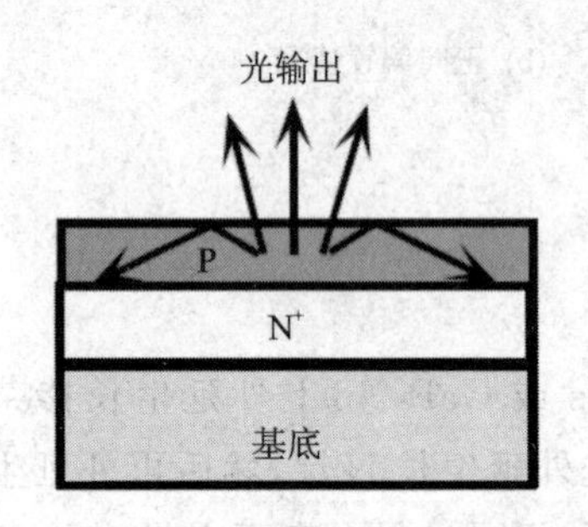

(a) 一些因全反射而不能逸出的光线

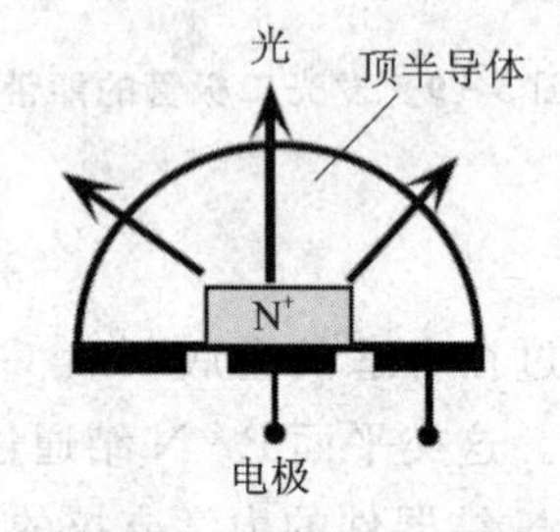

(b) 穹顶结构可以减少大于临界角的光线

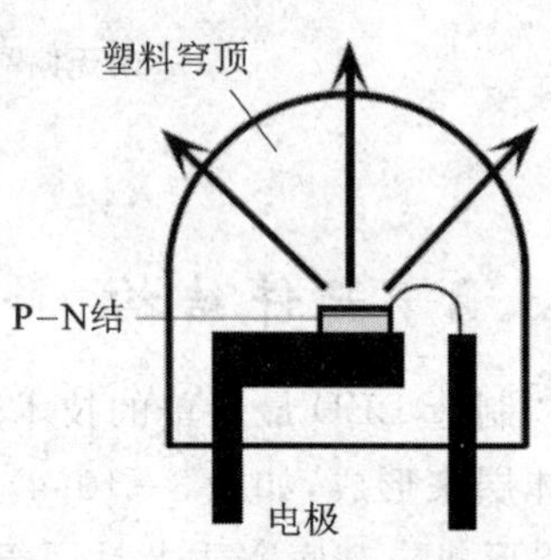

(c) 更经济的方法是应用透明塑料穹顶胶囊

图 3-11 P-N 结的 LED 结构

3.3.3 LED 材料

有许多种可以容易地掺杂制成红光和红外波长的商业化的 LED 直接带隙半导体材料，其中一类重要的覆盖了可见光谱的半导体材料是基于 GaAs 和 GaP，并掺杂有 $GaAs_{1-y}P_y$ 的Ⅲ-Ⅴ族三元合金。在这个化合物中，来自Ⅴ族的 As 和 P 原子随机分布于 GaAs 晶体结构中正常的 As 位置处，当 $y<0.45$ 时，合金 $GaAs_{1-y}P_y$ 是直接带隙半导体，因此，电子-空穴复合是直接的，它示于图 3-12(a)中。复合率直接与电子和空穴浓度的乘积成正比，发光波长的范围从 630 nm 的红光($y=0.45$，$GaAs_{0.55}P_{0.45}$)到 870 nm 的红外光($y=0$，GaAs)。

$y>0.45$ 的 $GaAs_{1-y}P_y$ 合金(包括 GaP)是间接带隙半导体，电子-空穴对的复合过程是通过复合中心实现的，且包含晶格振动而不是光子发射。但如果我们加入等电子杂质(比如与 P 同族的氮)进入半导体晶体，则这些 N 原子就取代了 P 原子。因为 N 和 P 有相同的化合价，取代 P 原子的 N 原子形成相同数目的键，其作用既不是施主也不是受主。然而，N 原子和 P

原子的电子核是不同的，与P原子相比，N的正核很少被电子隔离(屏蔽)，这意味着N原子邻近的导电电子受到吸引，可能在这个区域被俘获。因此，N原子就引入了局域化能级(或电子俘获能级)E_N，该能级在如图3-12(b)所示的导带边沿附近。当带电电子被E_N俘获后，可以通过库仑吸引(Coulombic attraction)来吸引与它邻近的价带中的空穴，并最终与该空穴复合而发出1个光子。因为E_N小于E_g且非常接近E_c，所以，所发出的光子的能量轻微地小于E_g。由于复合过程取决于N掺杂，故并不像直接复合那样有效。掺N的间接带隙$GaAs_{1-y}P_y$的半导体LED的发光效率小于直接带隙半导体。掺N的间接带隙$GaAs_{1-y}P_y$合金被广泛地应用于绿色、黄色和橙色LED。

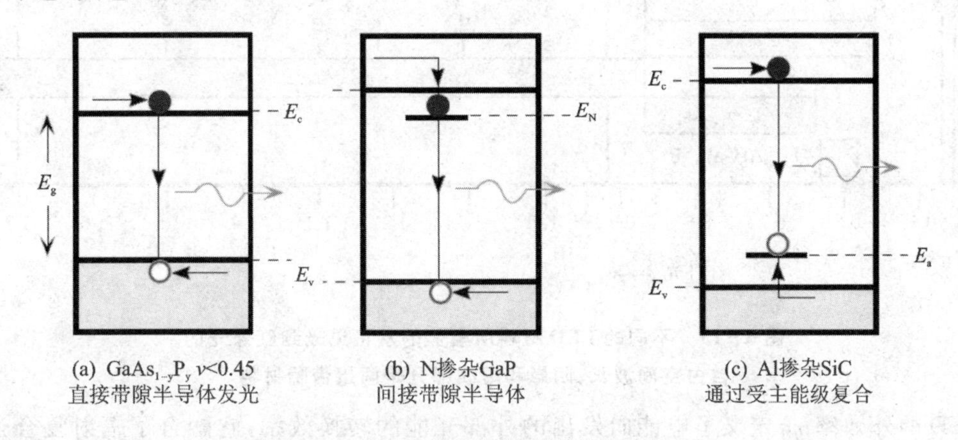

图3-12　直接带隙和间接带隙半导体的LED

有两类蓝色的LED材料，GaN是$E_g=3.4$ eV的直接带隙半导体，蓝色的GaN实际上是GaN合金；InGaN有对应于蓝光发射的带隙为$E_g \approx 2.7$ eV。较低效率型LED是掺铝碳化硅(SiC)，它是间接带隙半导体。受主型局域化能级从价带俘获1个空穴和从导带中俘获1个电子，然后，电子与空穴复合而发出1个光子，如图3-12(c)所示。因为复合过程不是直接的，所以发光效率不高，蓝色SiC的LED的亮度是有限的。近些年来，使用像Ⅱ-Ⅵ族半导体直接带隙化合物蓝色LED有更高的发光效率，例如ZnSe(Zn和Se是化学元素周期表中Ⅱ族和Ⅵ族元素)。使用Ⅱ-Ⅵ族化合物的主要问题是，当前适当地掺杂这些半导体的技术有难度，难以制造有效的P-N结。

有多种商业化的、发射红光和近红外波长的直接带隙半导体材料，典型的材料是基于Ⅲ族和Ⅴ族元素的三元素和四元素合金，例如：带隙约为1.43 eV的发射波长约为870 nm红外辐射的GaAs材料。但基于$x<0.43$的$Al_{1-x}Ga_xAs$材料是直接带隙半导体，可以改变成分比例以调节带隙，使其发出从深红光到红外光(640～870 nm)的辐射。

In-Ga-Al-P是四元素Ⅲ-Ⅴ族合金(In、Ga和Al是Ⅲ族元素，P是Ⅴ族元素)，可以改变成分比例，覆盖可见光辐射的直接带隙半导体。当成分范围从$In_{0.49}Al_{0.17}Ga_{0.34}P$到$In_{0.49}Al_{0.058}Ga_{0.452}P$时，它与GaAs基底可以做到晶格匹配。它很可能是最终支配高发光强度的可见光 LED 的材料。

可以通过改变四元素合金 $In_{1-x}Ga_xAs_{1-y}P_y$ 的成分比例而改变其带隙，以使发光波长从 870 nm(GaAs)到 3.5 μm(InAs)，它包括 1.3 μm 和 1.5 μm 的光通信波长。图 3-13 总结了发光波长范围从 0.4～1.7 μm 的几种典型材料。

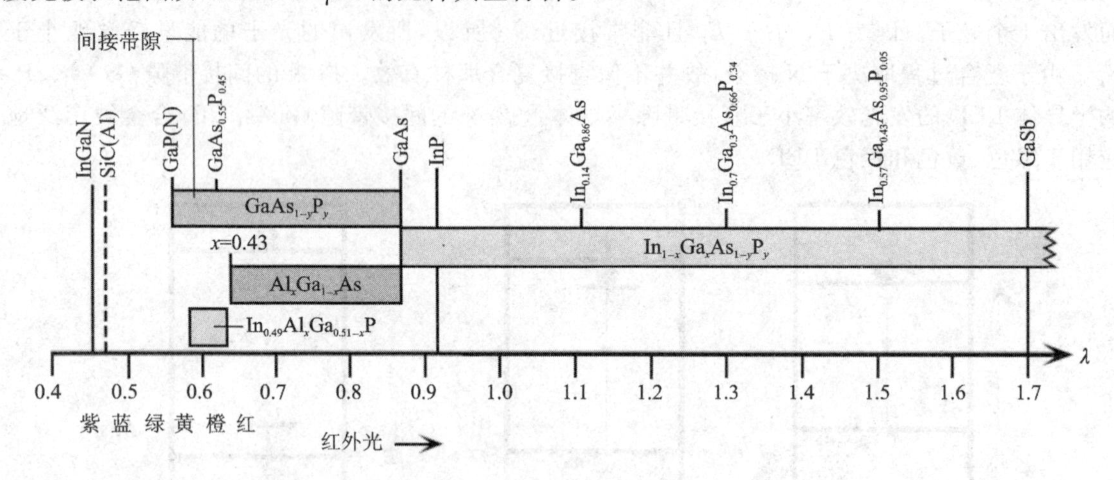

图 3-13　不同的 LED 材料所覆盖的从可见光到红外光的自由空间波长，阴影和虚线部分是间接带隙材料

LED 的外效率 $\eta_{外}$ 定义了电能向发出的外部光能的转换效率，它融合了辐射复合过程的"内部"效率和后继的从器件中提取光子的效率。输入到 LED 的电功率是二极管电流 I 和电压 V 的乘积。如果 $P_{输出}$ 是器件所发出的光功率，则

$$\eta_{外} = \frac{P_{输出}}{IV} \times 100\ \% \tag{3.3-1}$$

一些典型值列在表 3-1 中。间接带隙半导体的 $\eta_{外}$ 一般情况下小于 1 %，而具有正常器件结构的直接带隙半导体的 $\eta_{外}$ 是实测数。

表 3-1　典型的 LED 半导体材料

半导体	基　底	D 或者 I	λ	$\eta_{外}$/%
GaAs	GaAs	D	870～900 nm	10
$Al_xGa_{1-x}As$ ($0<x<0.4$)	GaAs	D	640～870 nm	5～20
$In_{1-x}Ga_xAs_yP_{1-y}$ ($y\approx2.20, 0<x<0.47$)	InP	D	1～1.6 μm	>10
InGaN 合金	GaN 或 SiC	D	430～460 nm	2
InGaN 合金	蓝宝石	D	500～530 nm	3

续表 3-1

半导体	基　底	D或者I	λ	$\eta_{外}$/%
SiC	Si;SiC	I	460～470 nm	0.02
$In_{0.49}Al_xGa_{0.51-x}P$	GaAs	D	590～630 nm	1～10
$GaAs_{1-y}P_y(y<0.45)$	GaAs	D	630～870 nm	<1
$GaAs_{1-y}P_y(y>0.45)$（掺N或Zn、O）	GaP	I	560～700 nm	<1
GaP(Zn-O)	GaP	I	700 nm	2～3
GaP(N)	GaP	I	565 nm	<1

注：D是直接带隙半导体，I是间接带隙半导体，$\eta_{外}$是典型值，可以随器件结构不同而改变。

3.3.4　异质结高强度 LED

具有两个不同带隙材料之间的 P-N 结的半导体器件叫做异质结器件（Heterostructure Devices，HD）。半导体材料的折射率取决于带隙。一个宽带隙半导体有较低的折射率，这意味着可以由异质结构建 LED。工程上通过在器件内构建介质波导，并在波导外附近形成复合区域的发光通道来构建 LED。

示于图 3-11(a)中的同质结 LED 有两个缺陷：① 为了允许光子逸出而不被更多地吸收，P 区必须很窄。当 P 区很窄时，在 P 区中的一些注入电子通过扩散会到达表面并通过表面附近的晶体缺陷复合。这个无辐射的复合过程降低了光输出。② 如果复合是发生在相对大的体积内（或距离内），由于长的电子扩散长度，则发出光子再吸收的机会就更多，随着材料体积的增加，被再吸收的光子量就增加。

为了增强输出光的强度，使用双异质结结构的 LED。图 3-14(a)示出一个基于不同带隙的半导体之间的两个双异质结器件。在这种情况下，半导体材料是 $E_g\approx2$ eV 的 AlGaAs 和 $E_g\approx1.4$ eV 的 GaAs。图 3-14(a)在 N^+-AlGaAs 和 P-GaAs 有一个 N^+P 异质结，在 P-GaAs 和 P-AlGaAs 还有另外一个异质结。P-GaAs 是薄层，典型值不到 1 μm，是轻掺杂的。

整个器件在无外加电压时简化的能带图示于图 3-14(b)中，在整个器件中费密能级是一致的。有一势垒 eV_0 阻止 N^+-AlGaAs 导带中的电子向 P-GaAs 扩散。在 P-GaAs 和 P-AlGaAs 之间有一带隙改变，导致 P-GaAs 和 P-AlGaAs 两能带之间导带 E_c 中的阶梯变化 ΔE_c。这个 ΔE_c 是一个阻止 P-GaAs 导带中的任意电子通向 P-AlGaAs 的导带。

当外加正向偏置时，多数载流子的电压降落在 N^+-AlGaAs 和 P-GaAs 之间，就像正常的 P-N 结二极管那样，降低了势垒 eV_0。这允许 N^+-AlGaAs 导带中的电子被注入（通过扩散）到 P-GaAs 中，如图 3-14(c)所示。然而，由于 P-GaAs 和 P-AlGaAs 之间存在一个势

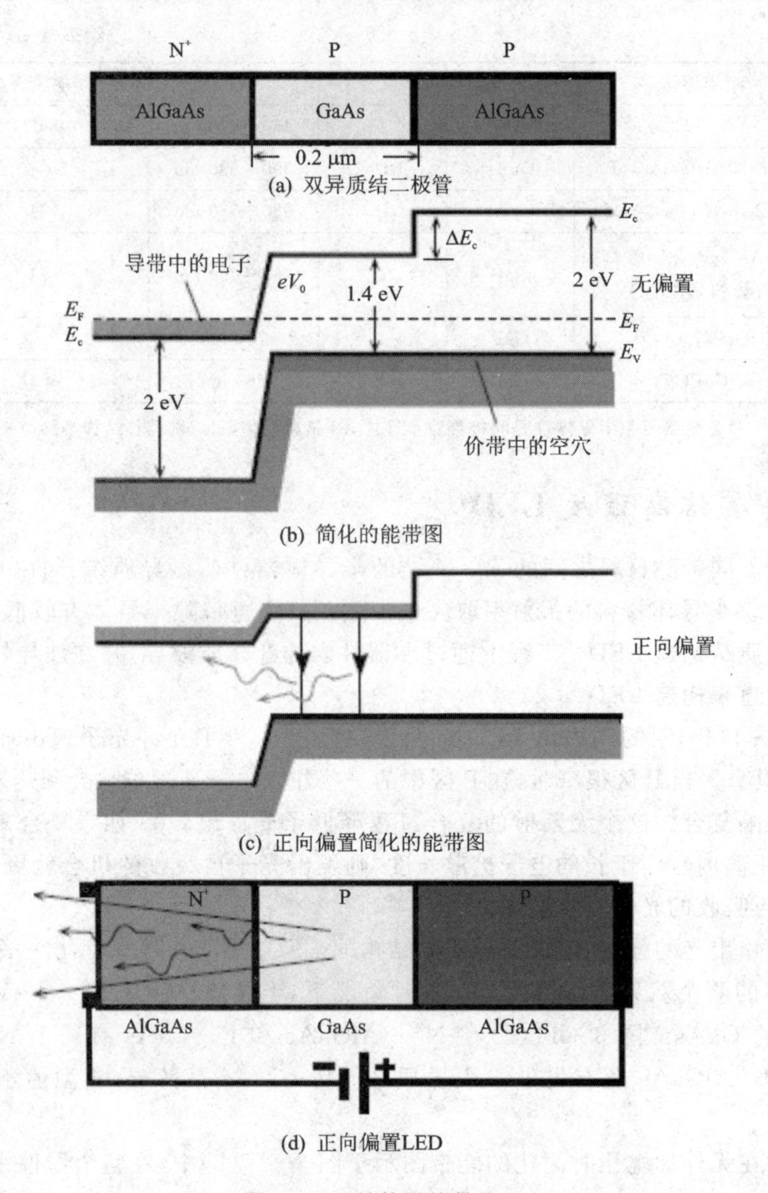

图 3-14　结构及能带图

垒 ΔE_c，这些电子被约束在 P-GaAs 的导带中。因此，宽带隙 AlGaAs 层的作用就像是限制被注入的电子到 P-GaAs 层的约束层。被注入的电子与已经出现在这个 P-GaAs 层中空穴的复合导致自发光子发射。因为 AlGaAs 的带隙 E_g 比 GaAs 的带隙大，故发出的光子不会再被吸收而逸出活性区到达器件表面(如图 3-14(d)所示)。因为光不再被 P-AlGaAs 吸收，因此它可以被反射而增加光的输出。AlGaAs/GaAs 异质结的另外一个优点是在两个晶体结

构之间只存在一个小的晶格失配，因此，与常规的异质结 LED 结构中半导体表面处的缺陷相比，可忽略器件中应力产生的界面缺陷(如位错)。DH LED 比同质结 LED 更为有效。

3.3.5 LED 特性

因导带中的电子和价带中的空穴是按能量分布的，所以，从 LED 发出的光子的能量并不是简单地等于带隙的能量。图 3-15(a)和(b)分别示出了导带中的电子和价带中的空穴的能带图和能量分布，电子浓度作为导带中能量的函数由 $g(E)f(E)$ 给出，这里 $g(E)$ 是态密度，$f(E)$ 是 Fermi-Dirac 函数(在具有能量 E 的态中找到一个电子的概率)。乘积 $g(E)f(E)$ 表示每单位能量中的电子浓度，在图 3-15(b)中沿着水平轴画出。价带中的空穴有类似的能量分布。

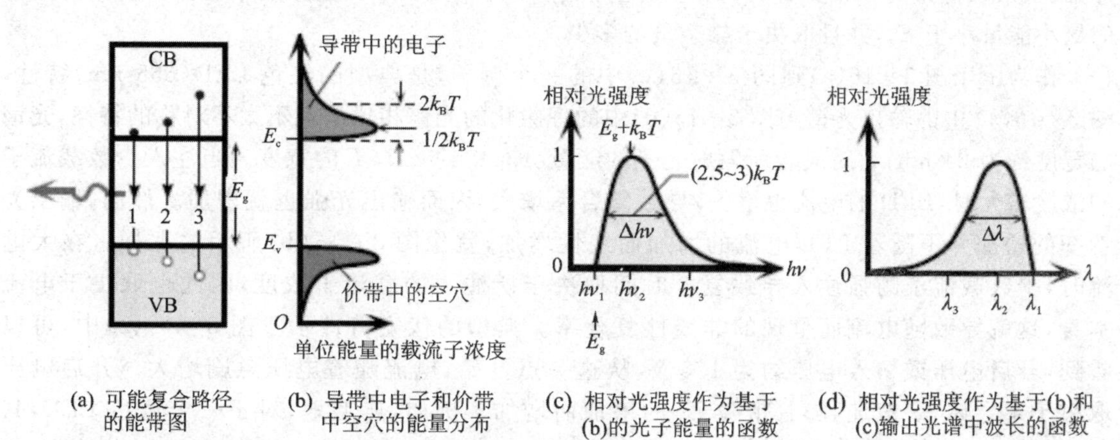

(a) 可能复合路径的能带图 (b) 导带中电子和价带中空穴的能量分布 (c) 相对光强度作为基于(b)的光子能量的函数 (d) 相对光强度作为基于(b)和(c)输出光谱中波长的函数

图 3-15 能带及函数图

作为能量函数的导带中的电子浓度是非对称的，且在 E_c 之上有一个峰值$(1/2)kT$，这些电子的能量分布是自 E_c 到大约 $2k_BT$，示于图 3-15(b)中。来自价带中 E_v 的空穴浓度有类似的分布。因直接复合率与所包含能量的电子和空穴的浓度二者成正比，图 3-15(a)中的 1 对应的跃迁含有 E_c 处电子和 E_v 处空穴的直接复合，但能带边沿附近的载流子浓度非常小，因此，这类复合出现的频率并不高，在这个光子能量 $h\nu_1$ 处的相对光强是弱的，如图 3-15(c)所示。含有最大电子和空穴浓度的跃迁发生的频率最高，如图 3-15(a)中的 2 对应的跃迁有最大的概率，因为在这些能量处，电子和空穴的浓度最大(见图 3-15(b))，所以，对应于这个跃迁能量，$h\nu_2$ 的光的相对强度最大，或接近最大，如图 3-15(c)所示。图 3-15(a)中标有 3 的跃迁发出相对高能的光子 $h\nu_3$，但所包含能量的电子和空穴浓度是小的，如图 3-15(b)所示。这样，在相对高光子能量处的发光强度是弱的。相对光强随光子能量分布的光谱特性示于图 3-15(c)中，它表示一个重要的 LED 特性。给定了图 3-15(c)中的光谱，就可以获得如图 3-15(d)所示的相对光强随波长的分布特性(因为 $\lambda=c/\nu$)，输出光谱的线宽($\Delta\nu$ 或 $\Delta\lambda$)定义为图 3-15(c)和图 3-15(d)中所示的半强度点之间的宽度。

显然,光谱中的峰值强度波长和线宽 $\Delta\lambda$ 与导带中的电子和价带中的空穴的能量分布相联系,因此也就与这些能带中的态密度(或与单独的半导体特性)相联系。峰值发射的光子能量约为 E_g+k_BT,因为它对应于图 3-15(b)中电子和空穴能量分布中的峰-峰跃迁,线宽 $\Delta(h\nu)$ 的典型值在(2.5～3)k_BT 之间(示于图 3-15(c)中)。

从一个 LED 发出的光谱(或者发出光的相对强度与波长的关系)不仅取决于半导体材料,而且也取决于 P-N 结半导体二极管的结构,包括掺杂浓度能级。图 3-15(d)表示一个没有在能带上重掺杂效应的理想输出光谱。对于重掺杂的 N 型半导体而言,施主杂质非常多,以致于这些施主的电子波函数交叠而产生位于中心 E_d 处窄的杂质能带,并扩展进入导带,这样,施主杂质能带与导带交叠,因而有效地降低了 E_c。所以,来自重掺杂半导体所发出的光子的最小能量小于 E_g,并且取决于掺杂量的多少。

作为示于图 3-16(a)到图 3-16(c)中的一个例子,是典型的红色 LED(655 nm)特性,图 3-16(a)中的输出光谱与图 3-15(d)中的理想化的光谱相比呈现不太不对称的特性,光谱的宽度约为 24 nm,它对应着所发射光子的能量分布中约 $2.7kT$ 的宽度。当注入少数载流子的浓度增大时,LED 的电流也增大,导致复合率增大,因而输出光强也就增加。然而,输出光功率的增加并不随着 LED 电流的增加而线性增加,就像图 3-16(b)所示的那样。在大电流时,少数载流子的强注入导致复合时间取决于所注入的载流子浓度,因此也取决于电流本身,这就导致随电流而呈现的非线性复合率。典型的伏安特性示于图 3-16(c)中,可以看到,开启电压或切入电压约为 1.5 V,从这一点开始,电流随着电压急剧增大。开启电压取决于半导体,一般地,随着带隙 E_g 的增加而增加。例如,典型地,对于一个蓝色 LED,其开启电压为3.5～4.5 V;对于黄色 LED,其开启电压约为 2 V;对于红外 GaAs,其开启电压约为 1 V。

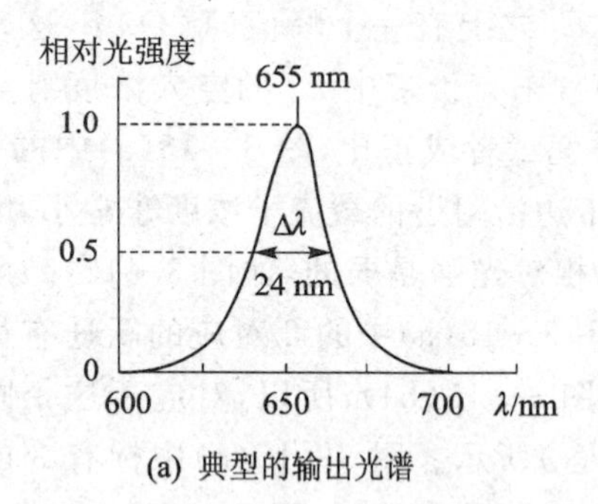

(a) 典型的输出光谱

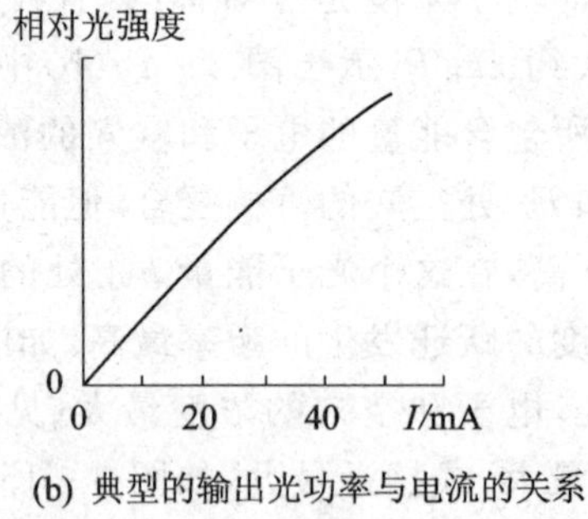

(b) 典型的输出光功率与电流的关系

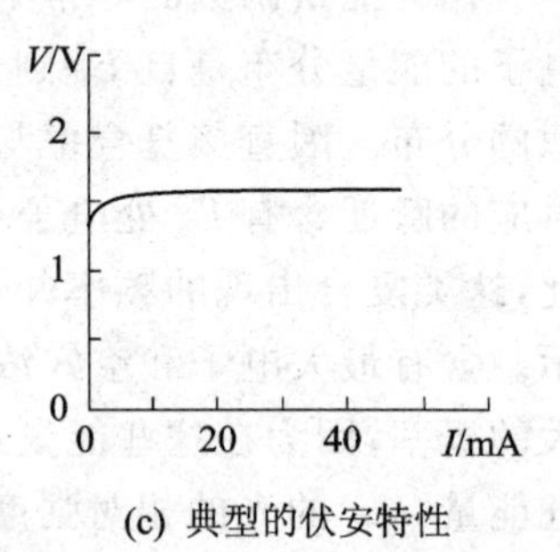

(c) 典型的伏安特性

图 3-16　特性图

3.3.6　用于光纤通信的 LED

适合于光纤通信的典型的 LED 光源不仅取决于通信距离，也取决于所需带宽。对于短距离网络应用(如局域网)，应选择驱动更简单、更经济，寿命更长，具有必要的输出功率，甚至能够提供比激光二极管输出光谱更宽的输出光谱的 LED。LED 常使用梯度折射率光纤，是因为梯度折射率光纤中的色散是模式之间而不是模式之内的色散。对于长距离、宽带通信而言，必须使用激光二极管，这是因为激光二极管具有窄线宽、高的输出功率和高的信号带宽能力。

图 3-17 中示出的是两种典型的 LED 器件，如果从图(a)中所示的复合层的平面中发出辐射能，则该器件就是面发射 LED；如果从图(b)中所示的晶体的边缘面上(即从垂直于活性层的晶体面上)发出光辐射，则器件就是边发射型 LED。

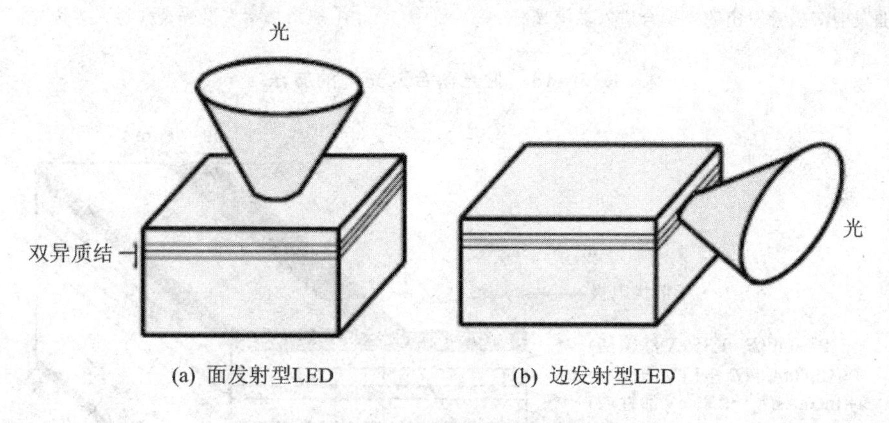

图 3-17　两种典型的 LED 器件

将从表面发射的 LED 发出的光辐射耦合进入光纤最简单的方法，是在平面 LED 结构中蚀刻一个阱，将光纤放入尽可能接近发生辐射的活性区，这类结构示于图 3-18(a)中，这类结构叫做 Burrus 型器件，使用环氧树脂将光纤固定住。环氧树脂提供了玻璃纤维和 LED 材料之间的折射率匹配，以尽可能获取更多的光线。注意在双异质结 LED 中使用这种方法，从活性区(如 P 型 GaAs)发出的光子不被邻近的具有更宽带隙的层(AlGaAs)吸收。另外一种方法是使用截断的、具有高折射率($n=1.9\sim2$)的球透镜(微透镜)将光聚焦到光纤中，如图 3-18(b)所示。用折射率匹配的结合剂将透镜和 LED 粘牢。

边发射型 LED 提供了比面发射型 LED 更大的光强和更易于准直的光束，图 3-19 示出了工作在约 1.5 μm 的典型的边发射 LED 结构。光被传导到由更宽带隙的、被双异质结围住的半导体形成的电介质波导晶体的边沿。注入载流子的复合发生在 InGaAs 活性区，该活性区的带隙是 $E_g=0.83$ V。复合被限制在这一层，是因为周围的 InGaAsP 层(限制层)有更宽的带隙($E_g\approx0.83$ V)，且 InGaAsP/InGaAs/InGaAsP 形成双异质结。活性区(InGaAs)中发

出的发散光进入邻近层(InGaAsP),该邻近层容纳光并将光沿着晶体导向边沿。InP 有更宽的带隙(E_g=1.35 V),且比 InGaAsP 有更低的折射率,两个 InP 层与 InGaAsP 层邻接,其作用就像覆盖层,将光限制在双异质结(DH)结构中。

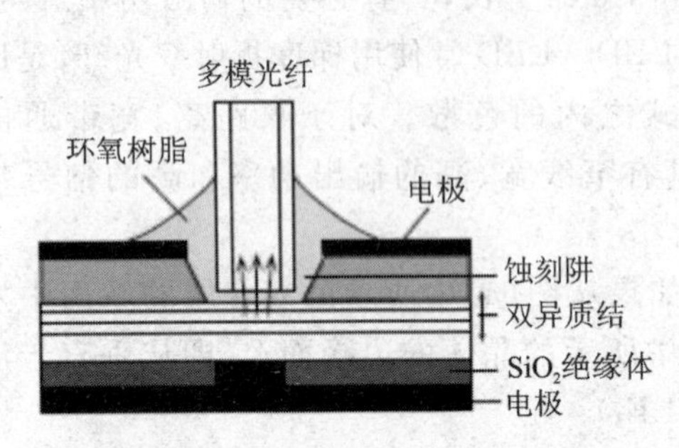

(a) 将面发射二极管发出的光耦合进入多模光纤

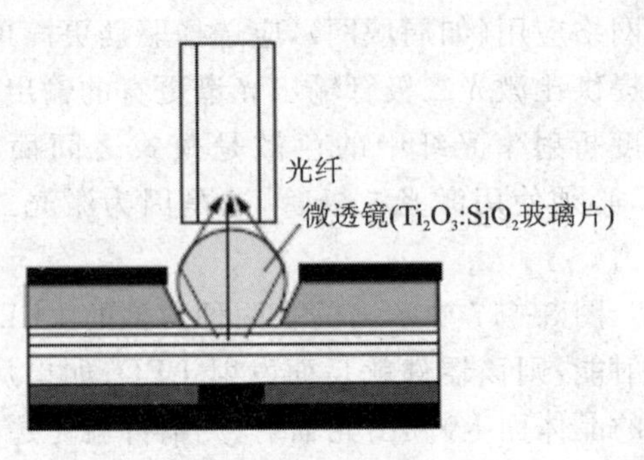

(b) 微透镜将发散光聚焦进入多模光纤

图 3-18　将光耦合入光纤的方法

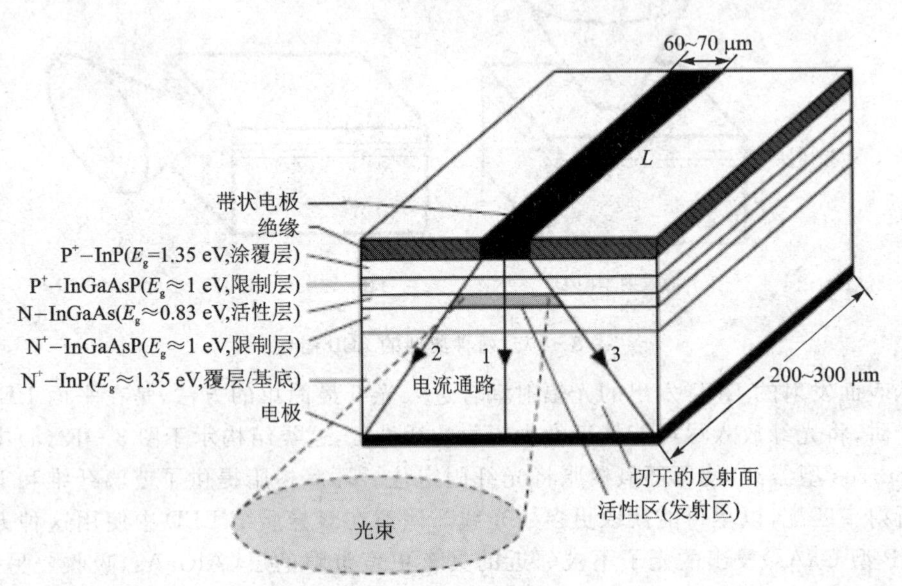

图 3-19　双异质结边发射 LED

通常使用某些种类透镜系统将来自边发射 LED 的光辐射耦合进入光纤,例如,图 3-20(a)中,用一个与光纤端相连的半球透镜将光束准直进入光纤。梯度折射率棒透镜是一个具有抛物面折射率形貌的玻璃棒,其横截面的棒轴上具有最大折射率。它像一个大直径、短长度的梯度折射率光纤(典型直径是 0.5~2 mm)。可以将梯度折射率棒透镜用来将边发光二极管(Edge Lighy Emitted Diode, ELED)聚焦进入光纤,如图 3-20(b)所示。因为单模光纤的芯

的直径典型值约为 10 μm，所以这种耦合方法对单模光纤特别有用。

使用相同材料的面发光二极管和边发光二极管的输出光谱不一定是相同的，第一个原因是活性区层有不同的掺杂能级；第二个原因是在边 ELED 中，沿着活性层波导的光会产生一些自吸收。ELED 发出的光谱线宽小于面发光二极管 SLED(Surface Light Emitted Diode)线宽。例如，一组实验测得，一个工作在 1 300 nm 的 InGaAsP ELED，观察到的光谱的线宽是 75 nm，而相应的 SLED 的线宽是 125 nm。

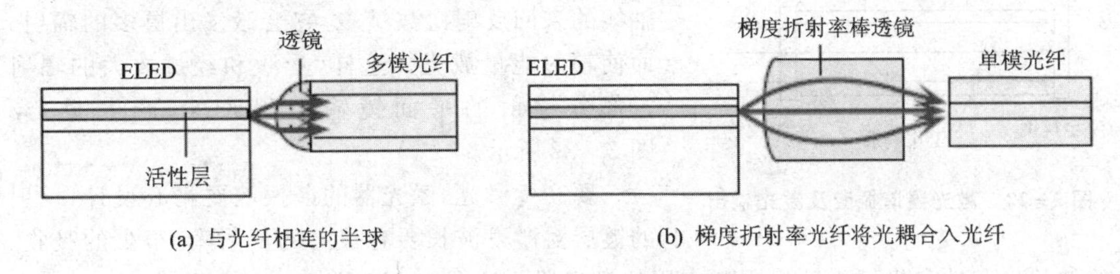

(a) 与光纤相连的半球　　(b) 梯度折射率光纤将光耦合入光纤

图 3-20　将 ELED 的光聚焦进入光纤

3.4　受激辐射光源——激光器

从 1960 年发现激光器以来，激光器件、激光技术和它们的应用均以很快的速度发展，目前已渗透到几乎所有的学科和应用领域。合理地使用激光器往往会形成新的光电技术和测量方法，还会显著地提高测量的精度。

3.4.1　激光器的工作原理

激光器一般是由工作物质、谐振腔和泵浦源组成的，如图 3-21 所示。常用的泵浦源是辐射源或电源，处于基态的原子被能量为 $h\nu_{13}=E_3-E_1$ 的入射光子泵浦到能级 E_3（见图(a)）。处于 E_3 能级的原子通过辐射光子或者晶格振动（$h\nu_{32}=E_3-E_2$）迅速衰减到亚稳态 E_2（见

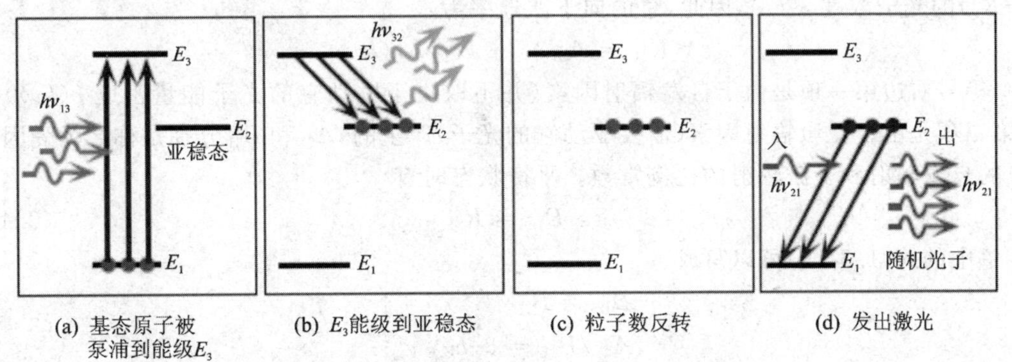

(a) 基态原子被泵浦到能级 E_3　　(b) E_3能级到亚稳态　　(c) 粒子数反转　　(d) 发出激光

图 3-21　激光器工作原理

图(b))。原子处于能级 E_2 的时间较长，很快使得 E_2 能态的原子数多于处于基态和低能态(E_1)的原子数(见图(c))，处于这一状态的原子或分子称为受激原子或分子。这个过程叫做 E_2 与 E_1 能态之间的粒子数反转，这是产生激光的必要条件。能量为 $h\nu_{21}=E_2-E_1$ 的随机光子(自发辐射)是初始的受激辐射光子，这些初始受激辐射光子再进一步激发其他原子的受激辐射，从而导致受激辐射的雪崩过程产生(见图(d))。这些辐射波沿由两平面构成的谐振腔来回传播时，沿轴线的来回反射次数最多，它会激发出更多的辐射，从而使辐射能量放大。这样，受激和经过放大的辐射通过部分透射的平面镜输出到腔外，产生激光，如图 3-22 所示。

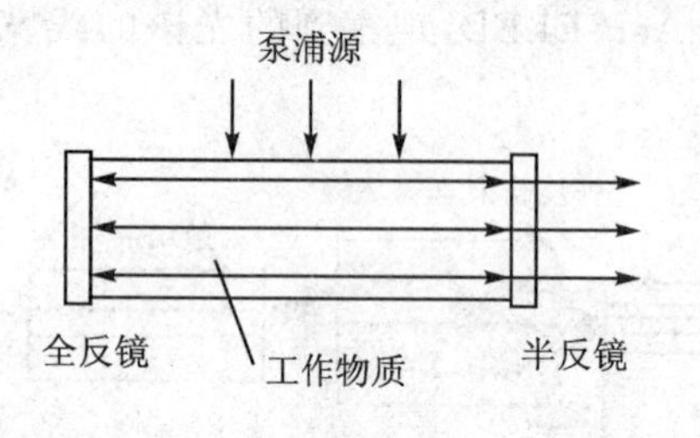

图 3-22　激光器谐振腔及激光输出

要产生激光，激光器的谐振腔要精心设计，反射镜的镀层对激发波长要有很高的反射率、很少的吸收、很高的波长稳定性和机械强度。因此实用的激光器要比图 3-22 所示的复杂很多。

3.4.2　受激辐射率与爱因斯坦系数

由第 1 章中的受激辐射理论可知，一个有用的受激辐射光源(激光器)媒质必须比自发辐射和吸收有更高的效率，我们必须能够控制和决定受激辐射、自发辐射和吸收的因子。为论述方便，假设图 1-22 中的低能级为能级 E_1，高能级为能级 E_2，则相应的 N_1、N_2 分别为具有能量 E_1 和能量 E_2 的单位体积的原子数。由第 1 章的受激辐射理论可知，从 E_1 到 E_2 吸收光子的向上跃迁率 R_{12} 取决于辐射的能量密度

$$R_{12} = B_{12}N_1\rho(h\nu) \tag{3.4-1}$$

式中，B_{12} 是称之为爱因斯坦系数的比例常数，$\rho(h\nu)$ 是单位频率(表示具有能量 $h\nu(h\nu=E_2-E_1)$ 的单位体积光子数)的光子能量密度。从 E_2 到 E_1 的向下跃迁率 R_{21} 包括自发辐射与受激辐射，自发辐射取决于 E_2 的原子浓度 N_2，受激辐射既取决于 N_2，也取决于具有能量 $h\nu(h\nu=E_2-E_1)$ 的光子浓度 $\rho(h\nu)$，因此，总的向下跃迁率为

$$R_{21} = A_{21}N_2 + B_{21}N_2\rho(h\nu) \tag{3.4-2}$$

式中，等号右边第一项是由于自发辐射因素(并不取决于驱动它的光子能量密度 $\rho(h\nu)$)产生的，第二项是由于受激辐射因素(需要驱动它的光子)产生的，A_{21} 和 B_{21} 分别是称之为爱因斯坦系数的自发辐射和受激辐射的比例常数。平衡状态时有

$$R_{12} = R_{21} \tag{3.4-3}$$

第 1 章中的式(1.3-6)可以写成

$$\left.\begin{aligned} B_{12} &= B_{21} \\ A_{21}/B_{21} &= 8\pi h\nu^3/c^3 \end{aligned}\right\} \tag{3.4-4}$$

现在考虑受激辐射率与自发辐射率之比

$$\frac{R_{21}(\text{受激辐射})}{R_{21}(\text{自发辐射})}=\frac{B_{21}N_2\rho(h\nu)}{A_{21}N_2}=\frac{B_{21}\rho(h\nu)}{A_{21}} \tag{3.4-5}$$

应用式(3.4-4)中的第二式,有

$$\frac{R_{21}(\text{受激辐射})}{R_{21}(\text{自发辐射})}=\frac{c^3}{8\pi h\nu^3}\rho(h\nu) \tag{3.4-6}$$

此外,受激辐射率与吸收率的比率为

$$\frac{R_{21}(\text{受激辐射})}{R_{12}(\text{吸收})}=\frac{N_2}{N_1} \tag{3.4-7}$$

必须重点指出的是:粒子数反转要求 $N_2>N_1$,这意味着远离热平衡态,按照玻耳兹曼统计

$$\frac{N_2}{N_1}=\exp\left(-\frac{E_2-E_1}{kT}\right) \tag{3.4-8}$$

$N_2>N_1$ 要求负的热力学温度。激光器原理是建立在非热平衡态之上的。

3.4.3　气体激光器——He-Ne 激光器

考虑发光波长为 632.8 nm 的红光 He-Ne 激光器,实际的受激辐射来自 Ne 原子,He 原子是用来通过原子碰撞激发 Ne 原子的。

Ne 原子是具有可以表示为 $2p^6$ 的、忽略内壳层 1s 和 2s 的基态($1s^2 2s^2 2p^6$)的惰性气体原子。如果来自 2p 轨道的 1 个电子被激发到 5s 轨道,则激发态($2p^5 5s^1$)是具有更高能量的 Ne 原子。类似地,He 也是惰性气体原子,其基态为 $1s^2$,当该态的 1 个电子被激发到可以表示为 $1s^1 2s^1$ 的 2s 轨道时,就具有更高的能量。

如图 3-23 所示,He-Ne 激光器是由在气体放电管中 He 和 Ne 的气体混合物组成的,管子的两端安装有镜子以反射受激辐射而在腔内建立起光的强度。换句话说,光腔是由端面镜子组成的,镜子可以将光子反射进入激光媒质以致在腔内建立起光子浓度。通过应用直流或射频高压,就可以在通过碰撞将 He 原子激发到激发态的管子内部获得气体放电,这样漂移的

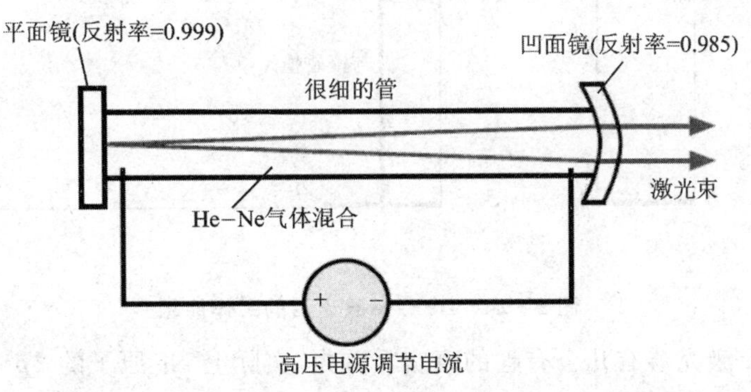

图 3-23　He-Ne 激光器工作原理

电子

$$He + e^- \rightarrow He^* + e^-$$

此处 He^* 是激发态 He 原子。

被一个电子碰撞激发的 He 原子将 He 中第二个电子放入到 $2s$ 态并改变其自旋，使得 He 原子的激发态 He^* 具有平行自旋的 $1s^1 2s^1$ 结构状态。与图 3-24 中所示的 $1s^2$ 态相比，该结构状态是亚稳态(持续时间较长)，因为电子的轨道量子数 l 的变化必须为 ± 1，即对于任一光子发射和吸收过程，Δl 必须是 ± 1，所以 He^* 不可以自发辐射 1 个光子衰减到基态($1s^2$)，因为 He^* 原子不允许简单地衰减回基态，这样，在气体放电期间就建立起了大量 He^* 原子。

因为 Ne 原子的空能级 $2p^5 5s^1$ 结构状态与 He^* 的 $1s^1 2s^1$ 结构状态相匹配，所以当被激发的 He 原子与 Ne 原子碰撞时，He 原子就通过共振能量交换，将其能量转移到 Ne 原子，这样的碰撞过程将 Ne 原子激发到激发态，而 He^* 就去激发衰减到基态，即

$$He^* + Ne \rightarrow He + Ne^*$$

随着气体放电过程中许多 He^* - Ne 的碰撞，最终产生大量的 Ne^* 原子，在 Ne 原子的 $2p^5 5s^1$ 态和 $2p^5 3p^1$ 态之间实现了粒子数反转，如图 3-24 所示。一个来自 $5s$ 到 $3p$ 的 Ne^* 原子光子的自发辐射引起受激辐射的雪崩过程发生，从而导致发出波长为 632.8 nm 的红光。

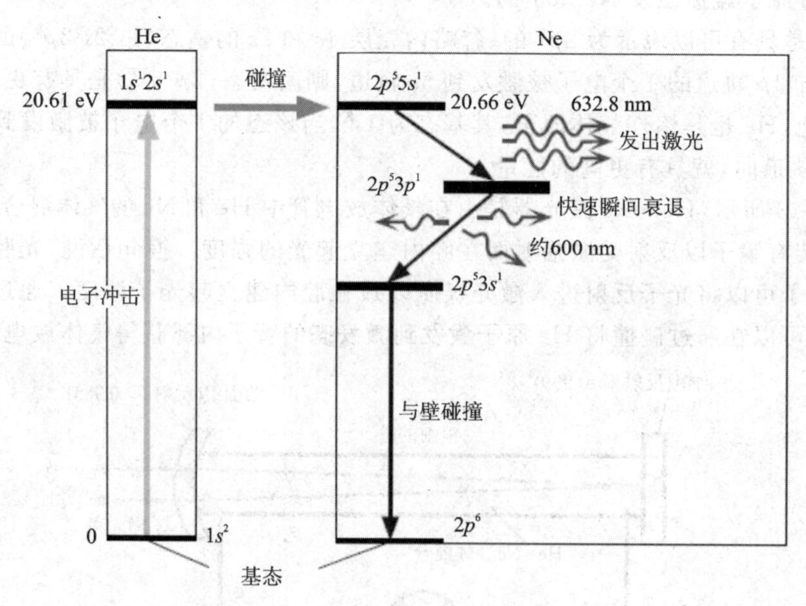

图 3-24 He-Ne 激光器的工作能级

关于 He-Ne 激光器有几个有趣的事实。首先，实际上 Ne 原子的 $2p^5 5s^1$ 和 $2p^5 3p^1$ 电子结构有一个能量扩展。例如，Ne($2p^5 5s^1$)有 4 个紧密靠近的能级。类似地，Ne($2p^5 3p^1$)有

10 个紧密靠近的能级。我们可以获得与若干个能级有关的粒子数反转，结果是从 He-Ne 激光器发出的激光有多种波长，在可见光有 2 个激光波长：红光 632.8 nm 和绿光 543 nm。进一步应当注意到，图 3-24 中没有示出的能量状态 $Ne(2p^5 4p^1)$ 在 $Ne(2p^5 3p^1)$ 之上，但在 $Ne(2p^5 5s^1)$ 之下，因此，也可以发生从 $Ne(2p^5 5s^1)$ 到 $Ne(2p^5 4p^1)$ 的受激跃迁，从而发出波长约为 3.39 μm 的红外激光。为了抑制不需要的激光波长（如红外光）而只获得感兴趣的激光，可以将反射镜做成具有波长选择性，这样，光学谐振腔就按照所选择的波长建立起光学振荡。

Ne 原子通过自发辐射从 $2p^5 3p^1$ 能级衰减到 $2p^5 3s^1$ 能级，然而，因为 3s 电子的返回要求其自旋翻转到接近 2p-亚壳层，所以，大多数具有 $2p^5 3s^1$ 结构的 Ne 原子不能简单地通过光子发射返回到基态 $2p^6$。电磁辐射不能改变电子自旋，这样，$Ne(2p^5 3s^1)$ 能级是亚稳态。返回到基态（对于下一个再次泵浦作用而言）唯一的可能是通过与激光管壁的碰撞，因为管壁的碰撞将积累更多的 Ne 原子在亚稳态（$2p^5 3s^1$），因此，不能简单地通过增加激光管壁的直径从 He-Ne 激光器增减可获得的功率。

图 3-23 中示出的典型的 He-Ne 激光器由含有 He 和 Ne 混合气体的细玻璃管组成，He 和 Ne 典型的比例是 5∶1，气体压力是几乇。因为管子越长，受激辐射的 Ne 原子越多，所以，发光强度（光增益）随着管子的长度而增加。因为处于 $2p^5 3s^1$ 态的 Ne 原子只能够通过与管壁的碰撞才能返回到基态，所以，发光强度随着管子直径的增大而减小。为便于准直，管子的一端用平面反射镜（99.9 %反射），另一端用凹面镜（99 %反射）封装，以使管内形成光学腔。凹面镜的外表面是研磨的，以使其性能像一个汇聚透镜，以补偿来自腔镜反射引起的光束发散。从管子输出的光束直径的典型值是 0.5～1 mm，在几毫瓦功率时的光束发散角是 1 mrad。在高功率 He-Ne 激光器中，镜子外接于管子。此外，在激光管两端使用典型的 Brewster 窗，只允许偏振光透射并在腔内放大以致输出的辐射是偏振光。

尽管我们试图使镜子尽可能在一条线上以获得平行光束，但仍然面临着输出光束产生衍射效应的困难。当输出激光束撞击激光管两端时，激光束就会衍射，以致出射光束必定是发散的。简单的衍射理论可以容易地预言激光束的发散角。进一步，为了更易于准直，将许多气体激光器中的一个或两个反射镜做成凹面镜以将受激辐射光子约束在活性媒质中。因此，在腔内的光束和出射辐射是近似的高斯光束。

由于构造相对简单，He-Ne 激光器被广泛应用于干涉测量、高精度距离测量、物体表面平整度测量、激光打印，以及全息、指向与准直等领域。

3.4.4 气体激光器的输出光谱

从气体激光器输出的辐射实际上并不是在一个单独的与激光跃迁相对应的波长上，而是覆盖了具有一个中心波长的光谱。这并不简单地是 Heisenberg 不确定原理的结果，而是由于 Doppler 效应引起的发射谱展宽的直接结果。从分子动力学理论我们可以想到，气体原子是以平均动能 $(3/2)kT$ 随机运功的。假设这些气体原子发出辐射的源频率为 ν_0，则由于

Doppler效应，当气体原子远离观察者运动时，则观察者会探测到较低的频率 ν_1，由下式给出，即

$$\nu_1 = \nu_0\left(1-\frac{\nu_x}{c}\right) \tag{3.4-9}$$

式中，ν_x 是原子沿着激光管（x 轴）运动相对于观察者的速度，c 是光速。当原子向着观察者运动时，则探测到更高的频率 ν_2，为

$$\nu_2 = \nu_0\left(1+\frac{\nu_x}{c}\right) \tag{3.4-10}$$

原子是随机运动的，由于Doppler效应，观察者将会探测到一个频率范围，结果是从气体激光器输出的辐射将有一个线宽 $\Delta\nu=\nu_2-\nu_1$，这就是我们通常所说的激光辐射的Doppler展宽线宽。当然，还有其他一些光谱展宽机制，但在气体激光器的情况下可以忽略。

从分子动力学理论我们知道，气体原子的速度服从Maxwell分布，因此，激光介质中的受激辐射波长必须呈现出围绕一个中心频率 $\lambda_0=c/\nu_0$ 的分布。换句话说，激光介质有一个围绕中心波长 $\lambda_0=c/\nu_0$ 周围的光增益（或光子增益），如图3-25(a)所示。光增益随着波长的变化叫做光增益线形，对于Doppler展宽情况，这个线形就是Gauss函数。对于许多激光器而言，这种从 ν_1 到 ν_2 的频率展开是2～5 GHz（对于He-Ne激光器对应的波长展开是约 0.02×10^{-10} m。

当考虑激光管中气体原子速度的Maxwell分布时，我们发现输出光强中的半强度点之间（半最大值全宽度：Full Width at Half Maximum，FWHM）线宽 $\Delta\nu_{1/2}$ 与频率谱之间关系由下式给出，即

$$\Delta\nu_{\frac{1}{2}} = 2\nu_0\sqrt{\frac{2kT\ln 2}{Mc^2}} \tag{3.4-11}$$

式中，M 是发光原子或分子的质量，与简单地取由式(3.4-9)和式(3.4-10)的 $\nu_2-\nu_1$ 差并使用沿着 x 方向的均方根有效速度（即使用 ν_x 为 $(1/2)M\nu_x^2=(1/2)kT$）相比，FWHM宽度 $\Delta\nu_{1/2}$ 的偏差约为18 %。可以将式(3.4-11)取为近乎所有气体激光器的光学增益曲线的FWHM宽度 $\Delta\nu_{1/2}$，它并不能应用到其他展宽机制工作的固体激光器中。

为了简便，考虑一个如图3-25(b)所示的长度为 L、具有端面镜的光学腔，这样的腔叫做Fabry-Perot光学振荡器或标准具。从激光器端面镜的反射就会在腔内的相反方向引起行波，这些相反方向传播的行波就会相互干涉而建立起驻波，即稳定的电磁振荡。一些振荡能量通过99 %的反射镜流出以获得输出激光，就像我们通过一个与LC回路接触的天线从LC电路的振荡电磁场中提取能量那样。然而，就像从乐器中只能获得一定波长的声波一样，我们只能从光学腔内获得一定波长的光学驻波。腔内任意驻波必须有一个与腔长 L 匹配的 $\lambda/2$ 的整数：

$$m\left(\frac{\lambda}{2}\right)= L \tag{3.4-12}$$

式中，m 是整数，叫做驻波的模式数。λ 是腔介质中的波长，对于气体激光器，折射率近似为 1，λ 与自由空间波长相同。满足式(3.4-12)的激光管(腔)内每一可能的驻波均叫做腔模式，由式(3.4-12)确定的腔模式示于图 3-25(b)中。沿着腔轴存在的模式叫做纵(轴)模式。当端面镜不平时，可能会引起其他一些稳定的电磁振荡模式。

这样，输出的激光有一个宽光谱，该宽光谱有若干个存在于 Doppler 展宽光学增益曲线中、与各种腔模式对应的确定波长的峰，如图 3-25(c)所示。在满足式(3.4-12)的、表示一定腔模式的波长处，输出强度上有刺。输出辐射的净包络是高斯分布的，本质上是 Doppler 展宽的线宽。注意到光谱中独立强度刺存在有限的宽度，主要原因是由于腔的非理想性，如腔长 L 的声和热涨落以及非理想的端面镜(小于 100 %的反射)。He-Ne 气体激光器中独立刺的频率宽度的典型值约是 1 MHz，目前，已经报道了高稳定气体激光器宽度低至 1 kHz。

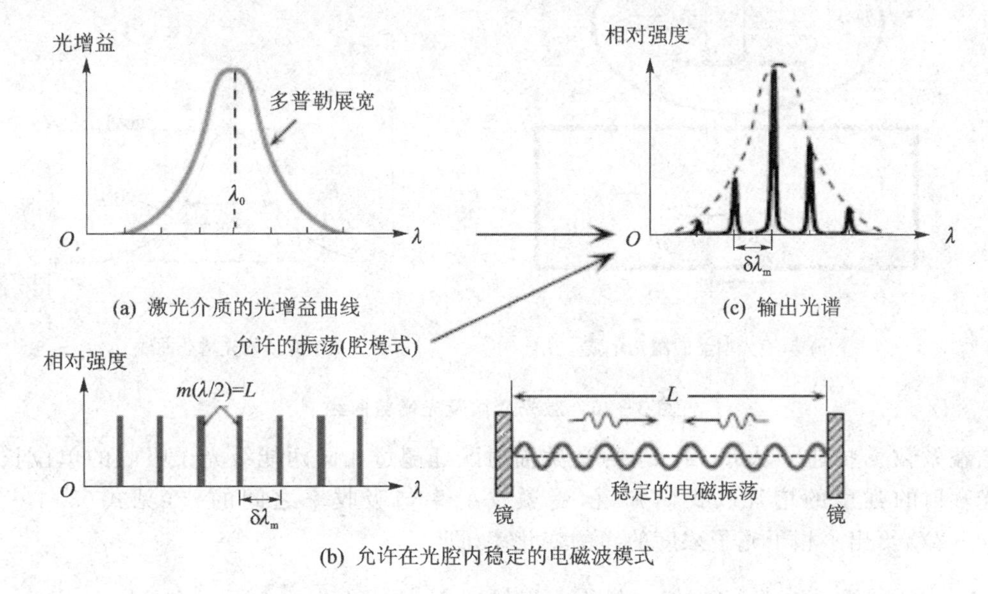

图 3-25　激光器增益曲线与振荡模式

重要的是要认识到，尽管激光介质有一定的光学增益，但因为一些辐射要通过镜子传输，光学腔总是有一些损失，且会存在像腔内散射那样的各种损失。只有那些光学增益能够补偿腔内损失的模式才能够存在。

3.4.5　激光振荡条件

1. 光增益系数 g

对于示于图 3-26(a)中的沿着某一方向 x 的相干辐射而言，考虑一般的用于泵浦的激光介质，并考虑一个在介质中沿着 x 方向传播的电磁波。当由于更大的受激辐射超过相同两能

级 E_2-E_1 的自发辐射和吸收时，它的传播功率（单位时间的能流）就增加。如果光强度减小，就使用因子 $\exp(-\alpha x)$（这里 α 是吸收系数）表示沿着方向 x 的功率损失；类似地，使用 $\exp(gx)$（g 是单位长度的光学增益）表示功率的增加。g 称为介质的光增益系数。增益系数定义为单位距离光功率（或强度）的部分变化。沿着 x 方向任意点处的光功率 P 与相干光子浓度 N_{ph} 和它们的能量 $h\nu$ 成正比。这些相干光子以速度 c/n（n 是折射率）传播，这样在激光管中，时间 δt 传播的距离为 $\delta x=(c/n)\delta t$，则

$$g=\frac{\delta P}{P\delta x}=\frac{\delta N_{ph}}{N_{ph}\delta x}=\frac{n}{cN_{ph}}\frac{\delta N_{ph}}{\delta t} \tag{3.4-13}$$

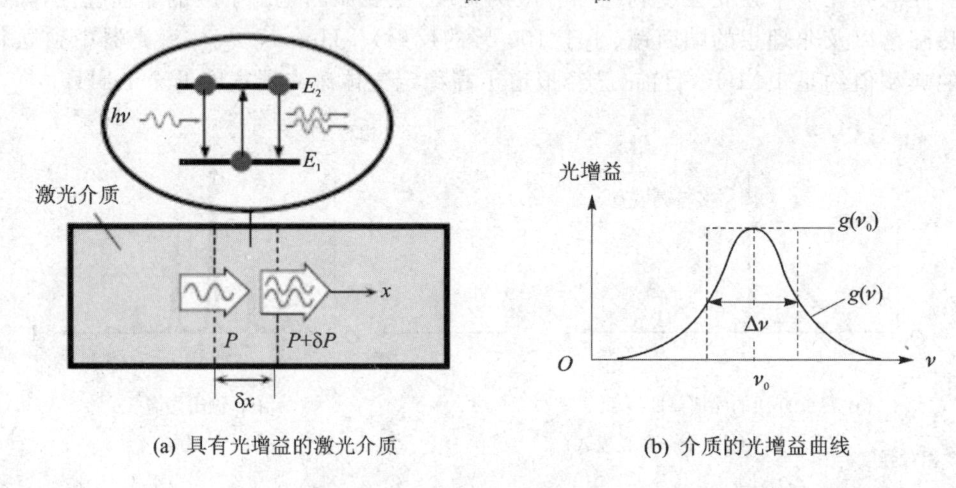

(a) 具有光增益的激光介质　　(b) 介质的光增益曲线

图 3-26　激光介质及光增益曲线

增益系数 g 描述了从 E_2 到 E_1 的受激辐射跃迁超过相同两能级光子吸收的单位长度腔内激光辐射的强度的增加。我们知道，受激辐射率与吸收率之间的差（见式(3.4-1)和式(3.4-2)）给出了相干光子浓度的净的变化率，即

$$\frac{\mathrm{d}N_{ph}}{\mathrm{d}t}=\text{净受激光子辐射}=N_2B_{21}\rho(h\nu)-N_1B_{21}\rho(h\nu)=(N_2-N_1)B_{21}\rho(h\nu) \tag{3.4-14}$$

通过一些假设和应用式(3.4-13)和式(3.4-14)可以直接获得光增益。因为我们对图 3-26 中沿着一定方向(x)传播的相干波的放大感兴趣，因此可以忽略随机方向的自发辐射。一般地，随机方向的自发辐射对方向波没有贡献。

正常地，发射和吸收过程并不产生离散光子能量 $h\nu$，但它们按光子能量或者某些频率间隔 $\Delta\nu$ 分布。例如，$\Delta\nu$ 的展宽可能是由于 Doppler 展宽或者能级 E_2 和 E_1 的展宽。不管怎样，这意味着光学增益将反映这个分布，这就是图 3-26(b)中所描述的 $g=g(\nu)$，增益曲线的光谱形状叫做线形函数。

我们可以用 N_{ph} 来表示 $\rho(h\nu)$（注意：$\rho(h\nu)$ 是单位频率的辐射能量密度）：

$$\rho(h\nu_0) \approx \frac{N_{ph}h\nu_0}{\Delta\nu} \tag{3.4-15}$$

应用式(3.4-15)和式(3.4-13)，取代式(3.4-14)中的 $\mathrm{d}N_{ph}/\mathrm{d}t$，可得到光学增益系数为

$$g(\nu_0) \approx (N_2 - N_1)\frac{B_{21}nh\nu_0}{\nu\Delta\nu} \tag{3.4-16}$$

式(3.4-16)给出了中心频率 ν_0 处的光学增益，更为严格地推导会发现光学增益曲线是图 3-26(b)中所示的频率的函数，从该曲线可得出 $g(\nu_0)$。

2. 阈值增益 g_{th}

考虑一个像图 3-27 中所示的 Fabry-Perot 腔那样的端部有镜子的光学腔。腔含有激光介质，以致可建立起稳态的可以连续工作的激光辐射。假设在腔内已经有达到稳态的电磁振荡，光腔的作用就像一个光学谐振腔。考虑在腔内某一点处电磁波的初始光功率为 P_i，并向图 3-27 中示出的面 1 传播，波传播了腔长度后在面 1 处被反射，返回传播腔长度在面 2 处被反射，到达开始点的最终功率为 P_f。在稳态条件下，并没有建立起谐振，也没有消亡，这意味着 P_f 与 P_i 相同，在往返一周后没有能量损失，这意味着净回程光增益 G_{op} 必定是 1。

$$G_{op} = P_f/P_i = 1 \tag{3.4-17}$$

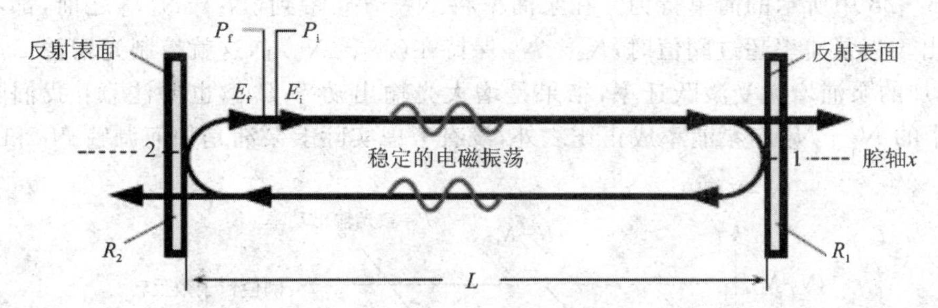

图 3-27　光学谐振腔

由于面 1 和面 2 的反射系数原因，在面 1 和面 2 的反射减小了腔内的光功率，还有一些其他因素，如传播过程中介质的吸收和散射损失光功率等，所有这些损失不必须由有效提供介质光增益的光腔内的受激辐射来补偿。当光传播时，其功率按照 $\exp(gx)$ 增大。然而，在腔内存在若干种损失因素，如缺陷和不均匀处的光散射、杂质的吸收、自由载流子的吸收(在半导体中特别重要)和其他一些损失因素，抵抗受激辐射增益。这些损耗因素使光功率按照 $\exp(-\gamma x)$ 减小，这里的 γ 是介质的衰减(或损耗)系数。γ 表示腔内和腔壁的所有损耗，但通过端面镜的光透射损耗和包含在受激辐射中的能级间的吸收除外，因为这融入在 g 中*。

在一个回程或传播 $2L$(见图 3-27)路径后电磁辐射的功率 P_f 由下式给出，即

---

* 不应将 γ 和自然吸收系数 α 混淆。

$$P_f = P_i R_1 R_2 \exp[g(2L)]\exp[-\gamma(2L)] \tag{3.4-18}$$

对于稳态条件,必须满足式(3.4-17)。使 $P_f/P_i=1$ 的增益系数 g 的值叫做阈值增益 g_{th},由式(3.4-18)得

$$g_{th} = \gamma + \frac{1}{2L}\ln\left(\frac{1}{R_1 R_2}\right) \tag{3.4-19}$$

式(3.4-19)给出了达到连续波激光发射的介质中所需要的光学增益。由式(3.4-15)可知,要获得必要的 g_{th},就必须通过适当的泵浦介质使得 N_2 比 N_1 足够大,这对应着阈值粒子数反转,或 $N_2-N_1=(N_2-N_1)_{th}$。由式(3.4-16)得

$$(N_2-N_1)_{th} = g_{th}\frac{c\Delta\nu}{B_{21}nh\nu_0} \tag{3.4-20}$$

最初,介质必须有一个大于 g_{th} 的 g,这允许在腔内建立起振荡,直到 $g=g_{th}$ 时达到稳态。这类似于电气谐振电路中的情况。镜子的反射系数 R_1 和 R_2 在决定阈值粒子数反转中是重要的,因为它们控制式(3.4-20)中的 g_{th}。显然,发射相干辐射的激光器实际上是一个激光振荡器。

考察一下稳态连续波相干辐射,其输出功率 P_0 与粒子数差 N_2-N_1 是泵浦率的函数,这将揭示图 3-28 中所示的简单行为。在泵浦率将 N_2-N_1 带到 $(N_2-N_1)_{th}$ 之前,都不会有相干辐射输出。当泵浦率超过阈值时,N_2-N_1 保持在 $(N_2-N_1)_{th}$,这就控制光增益 g 必须保持在 g_{th}。附加的泵浦增大受激跃迁率,结果是增大光输出功率 P_0。也要注意:我们除了考虑图 3-28 中的 N_2-N_1 与泵浦率成正比之外,没有考虑实际上泵浦是如何调整 N_1 和 N_2 的。

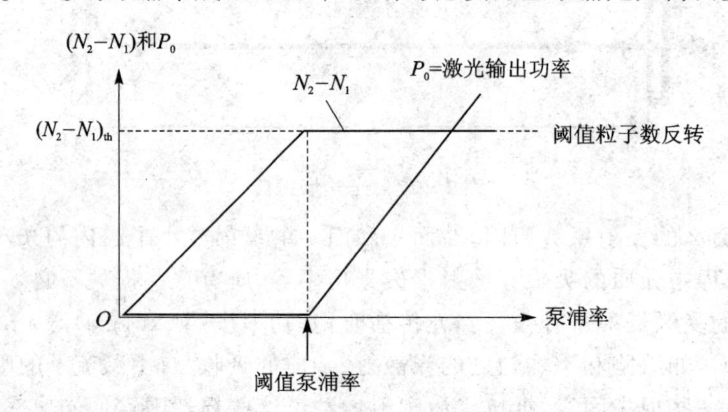

图 3-28 激光振荡器的简单描述

3. 相位条件与激光模式

在导出式(3.4-19)中的阈值增益 g_{th} 和式(3.4-17)中所述的激光振荡条件时只考虑了腔内的辐射强度。在图 3-27 中,具有功率 P_i 的初始波 E_i 在一个回程后传播到与初始位置精确相同的位置时,获得了功率 P_f 的波 E_f,从 E_i 到 E_f 的一个回程总的相位改变是 2π 的整数

倍，波 E_f 与初始波 E_i 不是完全相同的，因此回程相位改变 $\Delta\phi_{\text{round-trip}}$ 的条件必定是

$$\Delta\phi_{\text{round-trip}} = m(2\pi) \tag{3.4-21}$$

式中，m 是整数 1,2,…，这个条件保证了复制，而不是自相消。有许多因素可以使得式(3.4－21)中的相位条件的计算很复杂。一般地，介质的折射率取决于泵浦(半导体中尤其如此)。端面反射镜也可以引起相位变化。最简单的情况是假设折射率 n 是常数，并忽略镜子处的相位变化。如果 $k=2\pi/\lambda$ 是自由空间波矢，则只有这些满足式(3.4－21)的特殊波矢 k_m 能够作为腔内的辐射存在，即沿着腔轴的传播，且

$$nk_m(2L) = m(2\pi) \tag{3.4-22}$$

它导致通常的模式条件为

$$m\left(\frac{\lambda_m}{2n}\right) = L \tag{3.4-23}$$

因此，由式(3.4－23)所描述的驻波模式的直接表示是将式(3.4－21)所示的一般相位条件简化的结果。进一步地，式(3.4－23)的模式是由沿着光轴的光长度 L 控制的，这些模式叫做纵向轴模式。

在前面阈值增益与相位条件的讨论中，我们参考的是图 3－27。假设在两个完全平整与准直的镜子之间传播的是平面电磁波，平面波是一个理想化的、垂直于传播方向的无限大的平面。所有实际的激光腔体都是有限的、垂直于腔轴的横向尺寸，而且，并不是所有的腔在端面都是平面反射镜。在气体激光器中，激光管子端面的镜子有 1 个或者 2 个可能是球面镜，以便有更好的镜子准直，如图 3－29(a)和(b)所示。图 3－29(a)中示出的是离轴自复制光线的一个例子，这样的模式是非轴的，其特性不仅由离轴回程距离决定，而且由腔的横向尺寸决定。横向尺寸越大，能够存在的离轴模式越多。

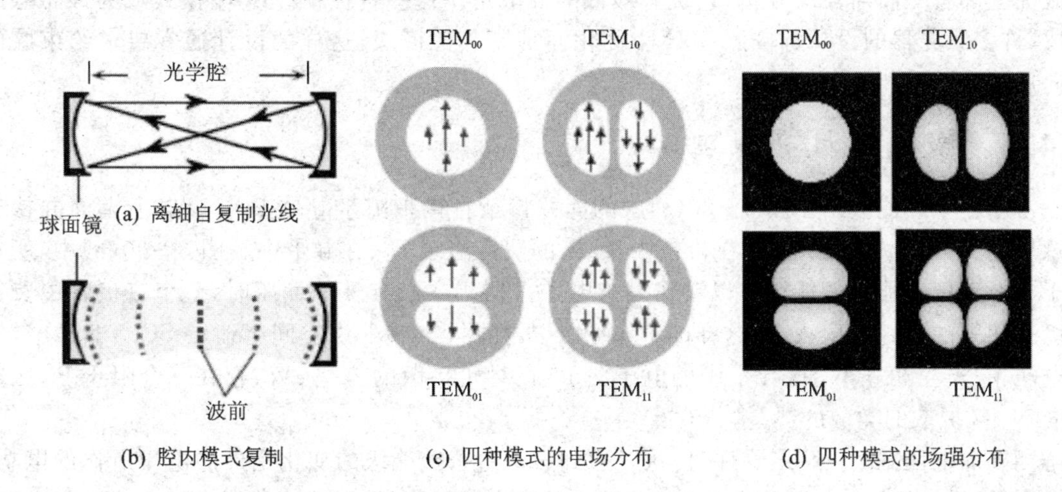

图 3－29　激光模式

理解模式的一个更好的方法是，模式表示腔内的特殊的电磁场结构，该结构在一个回程后能够自复制。图 3 - 29(b)示出了一个具体模式的波前开始平行于一个镜子的表面，在一个回程后它复制了自身。当辐射在腔内传播时，其波前曲率改变，在端面镜子处，该波前平行于镜子表面，这样的模式类似于高斯光束。

更一般地，不管端面镜是平面的还是球面的，都可以通过考虑在一个镜子处的空间场结构在传播一个回程后能够复制自身，来找到所有可能允许的模式。在一个反射镜处，具有一定场结构的模式能够传播到其他反射镜再次返回传播并回复到相同的场结构。所有这些模式可以用近乎垂直于腔轴的场（$\boldsymbol{E}$ 和 $\boldsymbol{B}$）表示。这些模式可以看作是横模或者横向电磁模式。每个允许的模式对应到反射镜处的特定场分布。反射镜处这些模式场结构可以用 3 个整数 p、q、m 描述，并标记为 TEM_{pqm}。整数 p、q 表示沿着横向方向（光束横截面）y 和 z 场分布的节点数。整数 m 是沿着腔轴 x 的场分布的节点数，通常是纵向模式数。图 3 - 29(c)和(d)分别示出 4 种 TEM_{pqm} 模式的场型分布和相应的 4 种模式的强度分布。具有一个给定的 p、q 横模有一组纵模（m 值），但通常 m 非常大（气体激光器中约为 10^6）且一般不写出，这样横模通常写做 TEM_{pq}，且每一横模有一组纵模（$m=1,2,\cdots$）。然而，由式(3.4 - 23)可知，两个不同的横模不一定有相同的纵向频率，例如，n 可能不是空间均匀的，不同的 TEM_{pq} 有不同的空间场分布。

横向模式取决于腔的尺寸、反射镜的尺寸以及腔中可以出现的其他发光孔径尺寸。这些模式要么是关于直角坐标轴对称的，要么是关于极坐标轴对称的。每当光学腔施加一更为有利的方向特征时，就会引起直角坐标轴对称场，否则，场的分布就呈现圆对称。对于图 3 - 29(c)和(d)的例子，如果偏振 Brewster 窗出现在腔的两端，就会引起直角坐标轴对称场。

最低阶模式 TEM_{00} 有一个关于腔轴径向对称的强度分布，并且在腔内和腔外每一处光束横截面上都有一高斯强度分布，它也有最低的发散角。这些特性使 TEM_{00} 模式成为最希望的模式，许多激光器的设计都按照 TEM_{00} 优化而抑制其他模式，这样的设计通常要求约束腔的横向尺寸。

3.4.6 激光二极管原理

考虑一个其能级示于图 3 - 30(a)中的简并掺杂直接带隙半导体 P - N 结，所谓简并掺杂的意思是 P 区的费密能级 E_{FP} 在价带中，N 区的费密能级 E_{FN} 在导带中。图 3 - 30(a)中，所有小于或等于费密能级的能级可以看作是被电子占据。在没有外加偏压时，整个二极管中费密能级是相等的，$E_{\mathrm{FP}}=E_{\mathrm{FN}}$。在这样的 P - N 结中，耗尽区（或者说空间电荷层 SCL）非常窄，内建电压 V_0 产生阻止 N^+ 区导带中的电子向 P^+ 区导带扩散的势垒 eV_0，存在一个阻止 P^+ 区空穴向 N^+ 区扩散的类似的势垒。

当外加电压到 P - N 结器件时，从一边到另一边费密能级的变化是外加电压所作的电功，即 $\Delta E_{\mathrm{F}}=eV$。假定这个简并掺杂的 P - N 结是正向偏置电压，是大于带隙电压的，即 $eV>E_{\mathrm{g}}$，如图 3 - 30(b)所示。E_{FN} 和 E_{FP} 之间分开的能量是外加势能 eV，外加电压几乎抵消了内建势

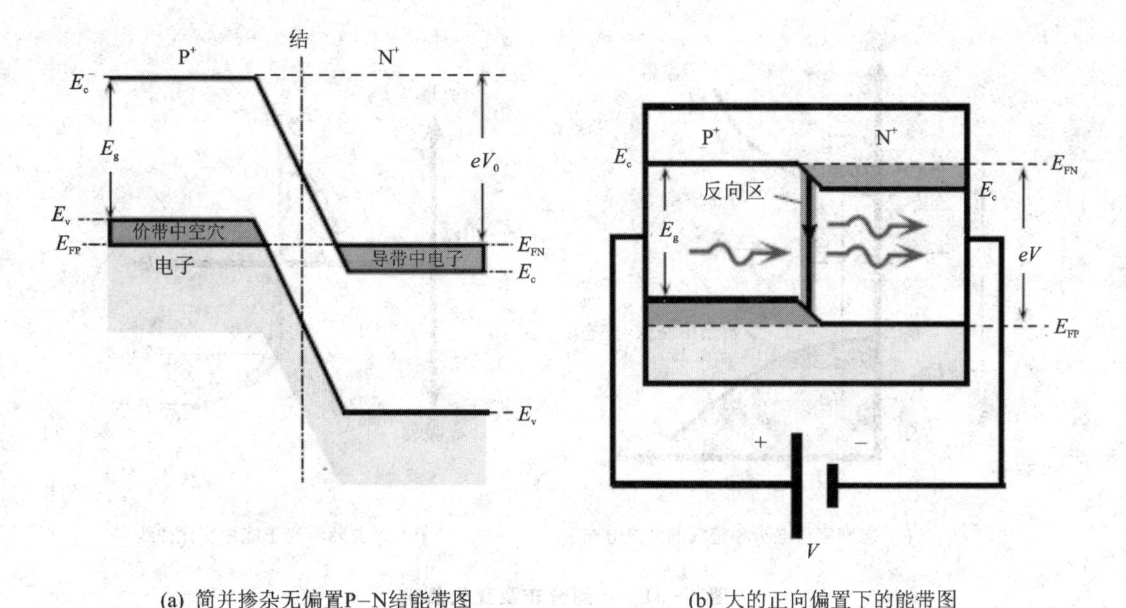

(a) 简并掺杂无偏置P–N结能带图　　(b) 大的正向偏置下的能带图

图 3-30　能带图

垒,这意味着电子流进空间电荷层(SCL)并且越过 P^+ 区流动以构成二极管电流。对于从 P^+ 区到 N^+ 区的空穴而言,势垒有类似的减少。最终的结果是电子从 N^+ 区流进 SCL,空穴从 P^+ 区流进 SCL,这个 SCL 区不再是耗尽的。如果画出具有 $E_{FN}-E_{FP}=eV>E_g$ 的能带图,则这个结论是显然的。在这个区域中,在能量接近 E_c 的导带中比能量接近 E_v 的价带中有更多的电子,如图 3-31(a)中结区的态密度图所示。换句话说,在结周围靠近 E_c 和靠近 E_v 的能量之间存在着粒子数反转。

这个粒子数反转区是一个沿着结的层,叫做反转层或叫做活性区。一个引入的具有能量 E_c-E_v 的光子不能从 E_v 到 E_c 激发电子,这是因为几乎没有能量接近 E_v 的电子,但却可以激发一个电子从 E_c 到 E_v 下落,如图 3-30(b)所示。因此,粒子数反转的区域受激辐射多于吸收,或者说,因为引入光子更有可能引起受激辐射而不是被吸收,从而活性区有一个光增益。因为在图 3-31(a)所示的活性层中,导带中电子和价带中空穴的能量分布是明显的,所以光增益取决于光子能量(因此取决于波长)。低温($T\approx 0$ K)时,E_c 与 E_{FN}之间的态被电子填充,而 E_{FP}与 E_v 之间的能级是空的。具有能量大于 E_g 但小于 $E_{FN}-E_{FP}$的光子引起受激辐射,而能量大于 $E_{FN}-E_{FP}$的光子被吸收。图 3-31(b)示出了在低温($T\approx 0$ K)时所期望的取决于光子能量的光增益和光吸收。当温度升高时,费密-狄拉克(Fermi - Dirac)函数将导带中电子的能量分布扩展到 E_{FN}之上,将空穴能量扩展到价带中 E_{FP}之下,结果是如图 3-31(b)所示的光增益减小。光增益取决于 $E_{FN}-E_{FP}$,$E_{FN}-E_{FP}$取决于外加电压,因此,光增益取决于二极管电流。

显然,E_c 附近和 E_v 附近能量之间的粒子数反转是在足够大的正向偏压下,由穿过结的载

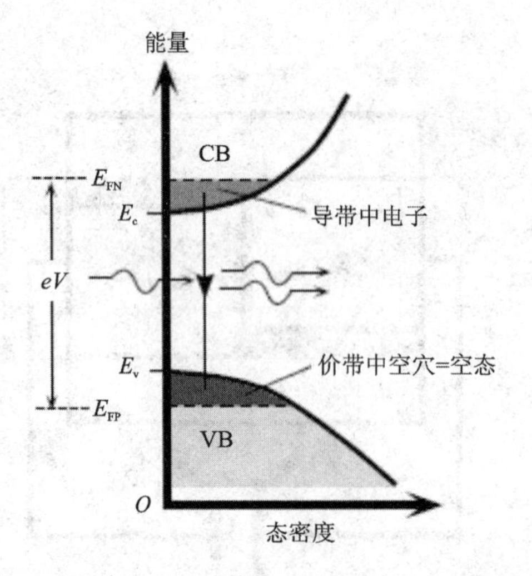

(a) 态密度与电子和空穴的能量分布

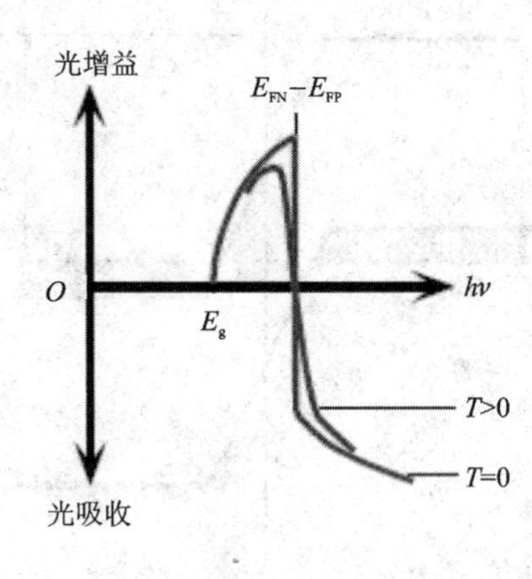

(b) 增益随着光子能量变化曲线

图 3-31 能量分布及变化曲线

流子注入来达到的。因此,泵浦机制是正向二极管电流,泵浦能量是由外部电池提供的,这类泵浦叫做注入泵浦。

此外,粒子数反转也需要一个光学腔来实现激光振荡,即由光学谐振腔建立起受激辐射强度。这会提供一个连续相干辐射。图 3-32 是一个同质结激光二极管结构示意图。P-N 结使用相同的直接带隙半导体材料(如 GaAs)。晶体端面被切成平面并光学上抛光以提供反射,从而形成光学谐振腔。从被切平面反射的光子激发更多相同频率的光子,如此反复,这个过程建立起腔内的辐射强度,其辐射波长取决于腔的长度,因为只有半波长的整数倍才能够在这样一个光学腔内存在,即

$$m\frac{\lambda}{2n}=L \tag{3.4-24}$$

式中,m 是整数,n 是半导体的折射率,λ 是自由空间波长。满足上述关系式的每一个辐射,本质上是腔的谐振频率,即腔的模式。可以容易地从式(3.4-24)中找出腔的可能模式之间的间隔(或允许的波长之间的间隔)$\Delta\lambda_m$。

如图 3-31 所示,可以从结附近导带中的电子能量分布和价带中的空穴能量分布推导出介质的光学增益与辐射波长之间的依赖关系。从激光二极管输出的精确光谱既依赖于光学谐振腔的本性,也依赖于光增益与波长之间的关系。只有当介质中的增益克服来自腔内的损耗时才能够获得激光辐射,这要求二极管电流 I 超过阈值电流 I_{th}。在 I_{th}之下,由于自发辐射,来自器件的光不能受激辐射,则输出的光是由非相干光子组成的,发光是随机的,器件的行为像一个发光二极管(LED)。

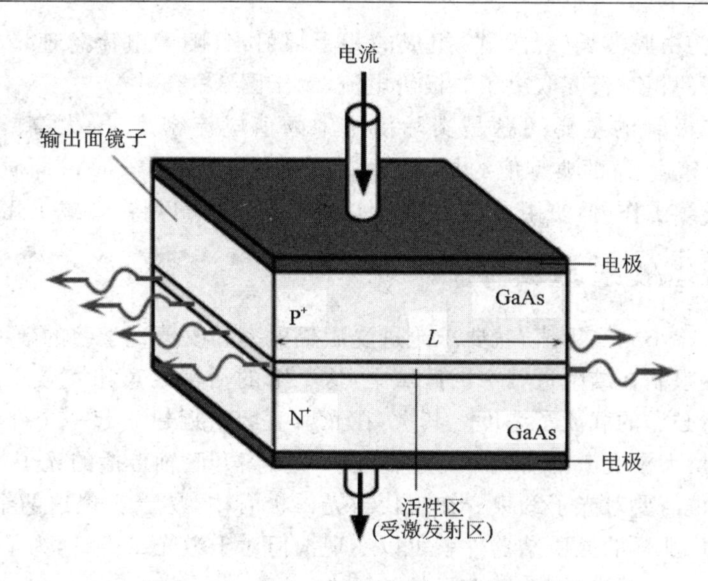

图 3－32　GaAs 同质结激光二极管示意图

可以区别两个临界二极管电流。第一个是恰好提供了足够的注入以导致恰好与吸收平衡的受激辐射的二极管电流，这叫做透明电流 I_{trans}。因为这不是净的光子吸收，故介质是透明的。尽管光学输出也不是连续波相干辐射，但 I_{trans} 有一个介质中的光学增益。只有当介质中的光学增益能够克服来自腔内的光学损耗，即光学增益 g 达到阈值增益 g_{th} 时，才能够发生激光振荡，这发生在阈值电流 I_{th} 时，也即第二个临界二极管电流。这些经过阈值光增益的腔谐振频率能够在腔内振荡，当切开的腔的端面不是完全反射时(典型的是 32 %的反射率)，则腔的一些辐射就从切开的端面传输出去。图 3－33 示出了输出光强作为二极管电流的函数。在

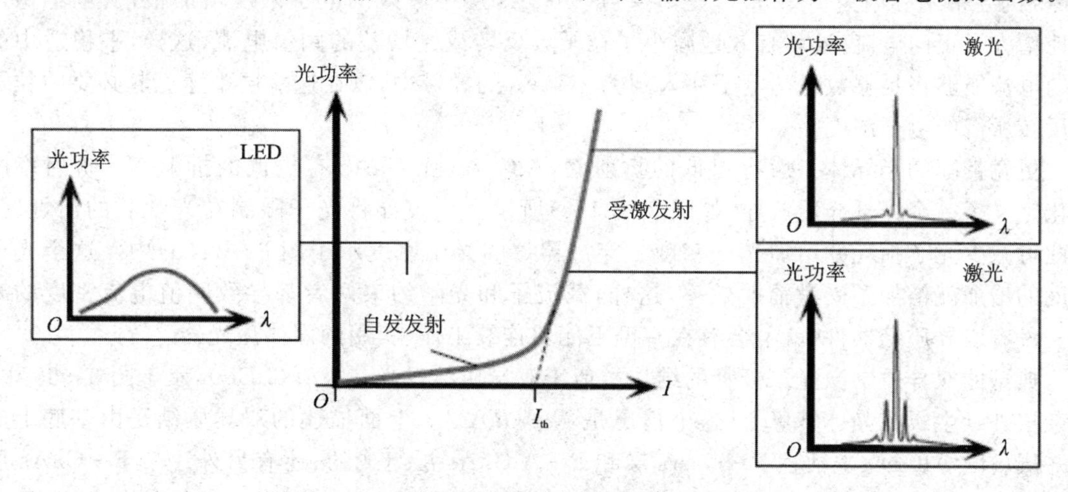

图 3－33　典型的输出功率与二极管电流的关系

I_{th}之上，光强度成为由腔波长(或模式)组成的相干辐射，且随着电流急速增加。输出光谱中的模式数以及它们的相对长度取决于二极管电流(示于图 3-33 中)。

同质结激光二极管的主要问题是实际使用中阈值电流密度 J_{th}太高。例如，室温下的GaAs，其阈值电流密度 J_{th}的典型值约是 500 A·mm^{-2}，这意味着 GaAs 同质结激光器只能在非常低的温度下连续工作，但使用异质结半导体激光二极管可以将 J_{th}减小几个数量级。

3.4.7 异质结激光二极管

要将阈值电流减小到实用值，就要求改进受激辐射率和改善光学腔的效率。首先，可以将注入的电子和空穴限制在结附近很窄的区域中，这个窄的活性区意味着较小的电流就可以建立起粒子数反转所必需的载流子浓度。其次，在光增益区附近建立起一个介质波导以增加光子浓度，因而也就增大了受激辐射概率。这样能够减少离开腔轴传播的光子的损失，所以既需要对载流子约束，也需要对光子约束。在现代激光二极管中，易于实现这两个要求，应用像高强度双异质结 LED 那样的异质结器件就可以实现。但对于激光二极管，为了维持一个使受激辐射超过自发辐射的好的光学腔，还有另外的要求。

图 3-34 示出了一个双异质结器件，该器件是基于具有不同带隙的不同半导体材料之间的两个结的器件。这种情况下的半导体是 $E_g \approx 2$ eV 的 AlGaAs 和 $E_g \approx 1.4$ eV 的 GaAs，P 型 GaAs 是一个薄层，典型值为 0.1～0.2 μm，构成发生复合以产生激光的活性层。P 型 GaAs 和 P 型 AlGaAs 都是重掺杂的 P 型材料，且在价带中与 E_F 是简并的。当外加一个足够大的正向偏置时，N-AlGaAs 的 E_c 移到 P-GaAs 的 E_c 之上，导致 N-AlGaAs 的导带中大量电子注入到 P-GaAs 中，如图 3-34(b)所示。但由于带隙的变化(E_v 中也有一个小的变化，这里忽略了)，在 P-GaAs 和 P-AlGaAs 之间存在一个势垒 ΔE_c，这些注入的电子被限制到 P-GaAs 的导带中。因为 P-GaAs 是薄层，P-GaAs 层中注入的电子浓度增加很快，也平稳适中地增大了正向电流，这就有效地减小了粒子数反转或光增益的阈值电流，这样，平稳适中的正向电流能够将足够数量的电子注入到 P-GaAs 的导带中，以在这一层中建立起必要的粒子数反转所需的电子浓度。

更宽带隙的半导体一般有更低的折射率，AlGaAs 比 GaAs 有更低的折射率。折射率的变化定义了一个光学介质波导，如图 3-34(c)所示。该波导将光子限制在光学腔的活性区，因此可减少光子损耗并增加光子密度。穿过器件的光子密度示于图 3-34(d)中。这个光子密度的增加就增加了受激辐射效率，这样，载流子和光学约束两者都导致阈值电流密度的减小。没有双异质结器件，就不会有在室温下能够连续工作、实用的固体激光器。

典型的双异质结激光二极管的结构类似于双异质结发光二极管(LED)，示于图 3-35 中。掺杂层外延生长在晶体基底上(这个情况是 N-GaAs)。上面描述的双异质结是由基底上的第一层(N-AlGaAs)、活性 P-GaAs 层和 P-AlGaAs 层组成的；还有另外一个 P-GaAs 层(叫做接触层)，紧靠 P-AlGaAs。可以看到，电极是与 GaAs 半导体材料接触而不是与

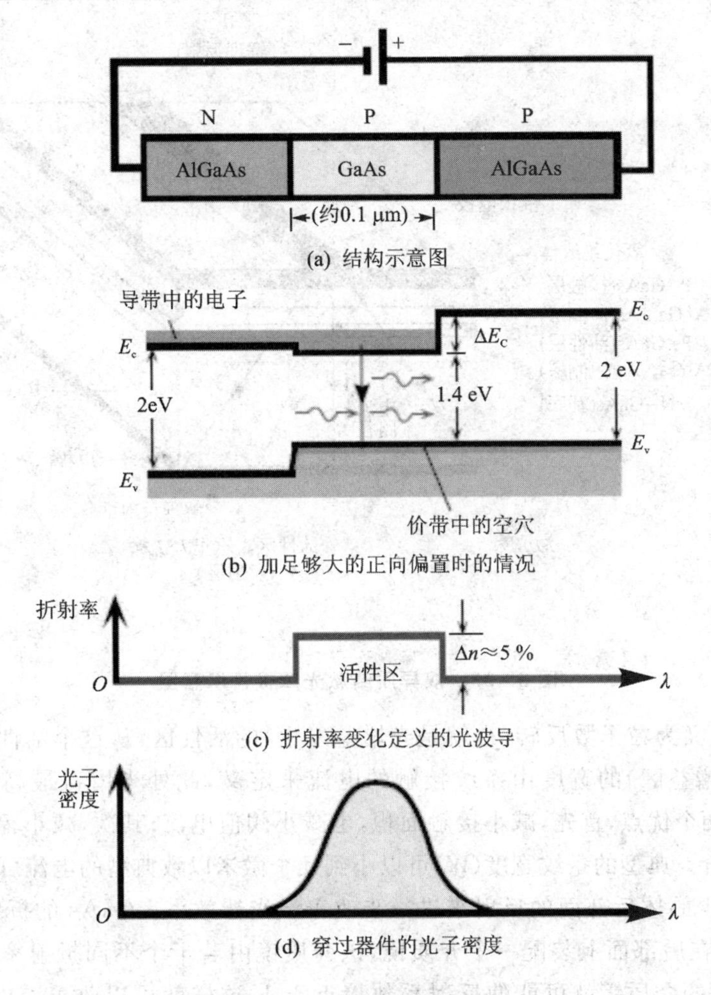

(a) 结构示意图

(b) 加足够大的正向偏置时的情况

(c) 折射率变化定义的光波导

(d) 穿过器件的光子密度

图 3-34　双异质结二极管

AlGaAs材料接触。这种选择是为了更好地接触并避免限制电流的 Schottky 结。P-AlGaAs 和 N-AlGaAs 层提供载流子，并通过与 P-GaAs 形成异质结而在垂直方向上提供光学约束。活性层是 P-GaAs，这意味着发出的激光波长范围是 870～900 nm，取决于掺杂能级。这一层也可以做成 $Al_yGa_{1-y}As$，但与约束的 $Al_xGa_{1-x}As$ 层的组分不同，仍然保持异质结特性。这允许通过活性层组分选择来控制发光波长。AlGaAs/GaAs 异质结的优点是在两个晶体结构之间只有很小的晶格不匹配，因此可以忽略器件中界面缺陷（如位错）引起的应力。这种缺陷的作用像无辐射复合中心，因此会减小辐射跃迁率。

这种激光二极管的一个重要特征是条纹几何，或者是 P-GaAs 上的条纹接触。来自条纹接触的电流密度 J 不是横向均匀的，沿着中心路径 1 处 J 最大，从路径 1 向 2 或 3，J 减小。电流被限制在路径 2 和 3 中流动。通过活性层，电流密度路径（此处 J 比阈值电流密度 J_{th} 大，示

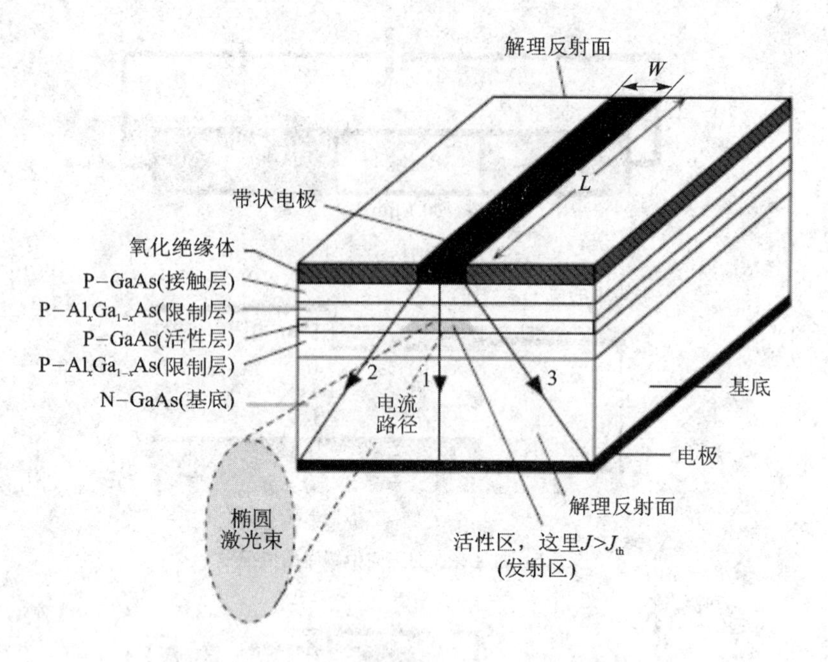

图 3－35 双异质结激光二极管示意图

于图 3－35 中)定义为粒子数反转(也就是光增益发生)的活性区,从这个活性区发出激光。因此,活性区(或光增益区)的宽度由条纹接触的电流来定义,此处光增益最高,电流密度最大。使用条纹几何有两个优点,首先,减小接触面积,也减小阈值电流;其次,减小辐射面积使得激光器易于和光线耦合。典型的条纹宽度(W)可以小到几个微米以致典型的电流可以是几十毫安。

可以通过减少晶体后部面的反射来进一步改善激光器效率。GaAs 的折射率约为 3.7,反射系数是 0.33。在后部面上装配一个介质镜,该介质镜由若干个不同折射率的 1/4 波长的半导体层组成,这样的介质镜就可能使反射系数接近于 1,这样就可以改善腔的光增益,相应地减小阈值电流。

图 3－35 中的条纹几何双异质结激光器的光学增益区的宽度(或横向尺寸)是由随着电流变化的电流密度确定的。更为重要的是,到达活性区的光子的横向光学约束是不好的,这是因为横向折射率没有明显的变化,因此,在横向上将光子约束到活性区以增大受激辐射率是一个优点,可以采用与由异质结结构确定垂直约束相同的方法,形成折射率分布来实现横向约束。图 3－36 给出这样一个双异质结激光二极管结构的示意图,图中,活性层(P－GaAs)在垂直方向和横向被更宽带隙、更低折射率的半导体 AlGaAs 限制住,活性层(GaAs)被有效地埋在更宽带隙材料(AlGaAs)中,因此该结构称为埋双异质结结构激光二极管。因为活性层被低折射率 AlGaAs 包围着,因此,活性层的行为像一个介质波导,保证光子被限制在增大受激辐射率(因而也就提高二极管效率)的活性区或光增益区。因光功率被限制在由折射率变化定义的波导中,故

这些二极管叫做折射率波导。进一步地，与辐射波长相比，如果埋结构有正确的尺寸，则就像电介质波导一样，这个波导结构中只有基模能够存在。这就是单模激光二极管。

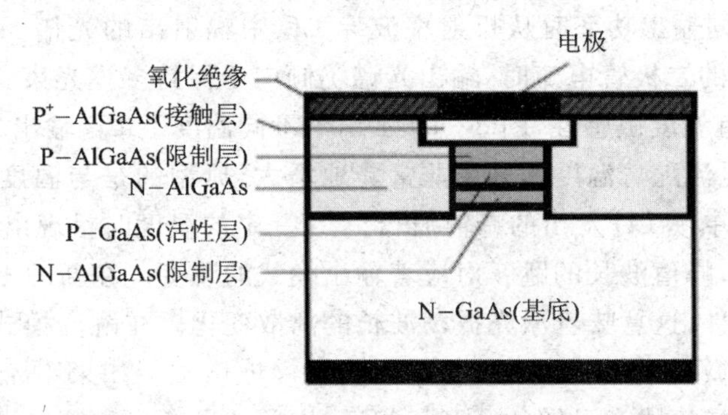

图 3-36　埋异质结激光二极管的横截面结构

GaAs 和 AlGaAs 的激光二极管异质结适合于波长为 900 nm 左右的辐射。对于应用于光通信波长为 1.3 μm 和 1.5 μm 的激光器，典型的异质结是基于 InP（基底）和四元合金 InGaAsP。InGaAsP 合金比 InP 有更窄的带隙和更大的折射率，可以调节 InGaAsP 的组分以获得活性区和限制层所需要的带隙。

3.4.8　激光二极管的基本特性

从激光二极管（Laser Diode，LD）发出的光谱取决于两个因素：用于建立起激光振荡的光学谐振腔的性质和活性介质的光增益曲线（线形）。光学谐振腔本质上是一个如图 3-37 所示的 Fabry-Perot 腔（F-P 腔），可用长度（L）、宽度（W）和高度（H）描述其尺寸，长度 L 决定激光二极管纵模的间隔，而宽度 W 和高度 H 决定横模（lateral modes）。如果横向尺寸（W 和 H）足够小，则只存在最低阶横模（TEM_{00}）。但这个 TEM_{00} 模有纵模，其纵模间隔取决于腔长度 L。图 3-37 也示出了发出的激光束是发散的，这是由于在腔端面处波的衍射，最小孔径会引起最大衍射。

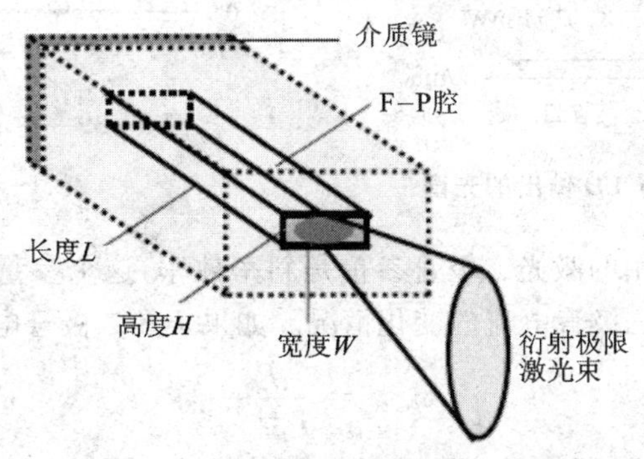

图 3-37　激光腔与输出激光束特性

一个 LD 输出光谱中存在的实际模式取决于这些模式经历的光学增益，光谱（光功率密度与波长关系曲线）或者是多模的或者是单模的，取决于光学谐振腔的结构和泵浦电流的大小。图 3－38 示出了在不同输出功率时从折射率波导 LD 中辐射出的光谱。与此相反，大多数增益波导 LD，甚至在大的二极管电流时，输出光谱仍倾向于保持多模光束。

LD 输出特性具有温度敏感性，图 3－39 示出了不同温度下 LD 输出光功率随着二极管电流的变化情况，阈值电流随着温度的升高非常陡地增大，典型的是与温度呈指数关系，输出光谱也随着温度变化。单模 LD 发出的峰值波长 λ_0 在一定的温度时呈现出如图 3－40(a) 和 (b) 所示的“跳跃”的情况，峰值波长的跳跃对应着输出模式的跳变。在新的工作温度下，另外一个模式满足激光振荡条件，这意味着激光振荡波长的离散变化。在跳变模式之间，由于折射率 n 和腔长随着温度有轻微的增加，所以 λ_0 随着温度缓慢地增加。如果不希望模式跳变，则必须将器件的结构做得保持模式有足够的分开。相反，增益波导激光的输出光谱有许多模式，以致 λ_0 随温度 T 的变化行为倾向于遵循带隙（光增益曲线）的变化情况，而不是腔特性的变化情况。市场上出售的高度稳定的 LD 通常配有与二极管包装在一起的热电冷却器，以控制器件的温度。

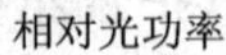
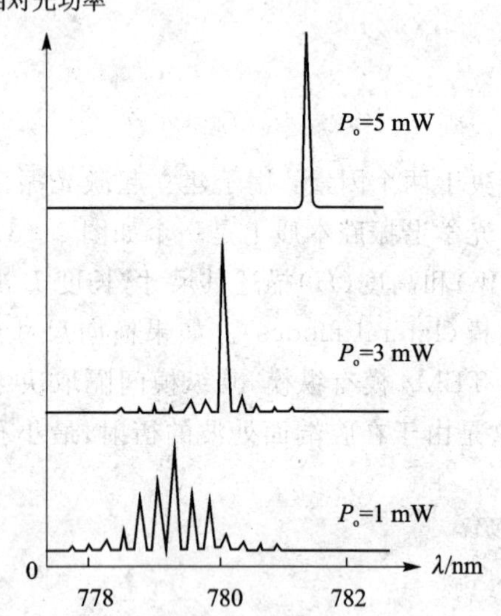

图 3－38　从折射率波导 LD 输出的光谱

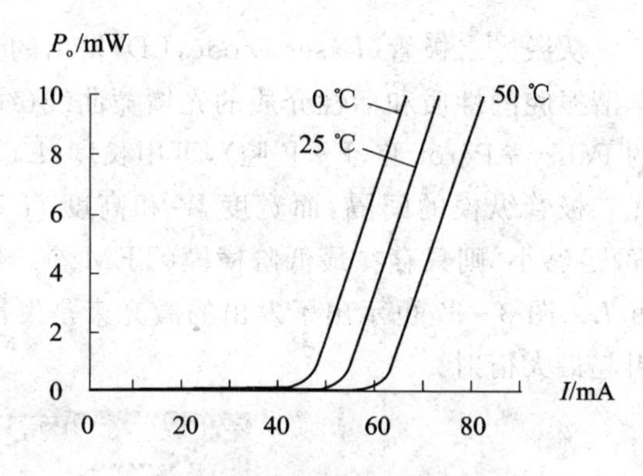

图 3－39　在不同温度下输出光功率随二极管电流的变化曲线

通常所述的重要且有用的激光二极管参量是斜率效率，这个参量决定了阈值电流之上的输出相干辐射的光功率随着二极管电流的变化情况。如果 I 是二极管电流，则斜率效率 η_{slope} 为

$$\eta_{slope} = \frac{P_o}{I - I_{th}} \tag{3.4-25}$$

以 W/A 或 W/mA 来测量。斜率效率取决于二极管结构以及半导体包装，通常可用的典型值

小于 1 W/A。转换效率规定为从输入电功率到输出光功率总的转换效率，尽管这个参量一般并不记录在数据表格中，但可以通过二极管的工作电压和工作电流容易地确定输出功率，在一些现代的 LD 中，该效率高达 30 %～40 %。

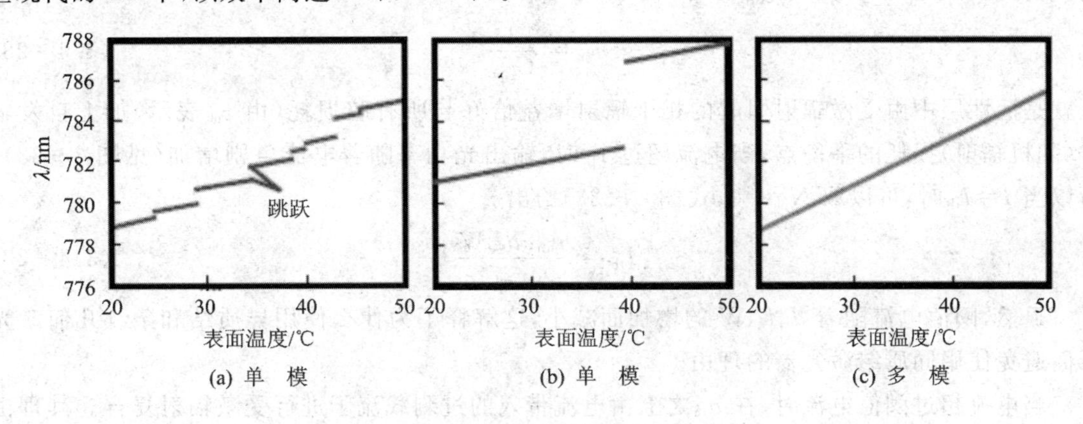

图 3-40　峰值波长随温度的变化情况

3.4.9　稳态半导体的速率方程

考虑一个示于图 3-35 中的正向偏压下的双异质结激光二极管，电流携带着电子进入活性层，在那里电子与空穴进行辐射复合。如果 d、L、W 分别是活性层的厚度、长度和宽度，则在稳态工作情况下，电流 I 将电子注入活性层的速率就等于自发辐射和受激辐射的复合速率（忽略无辐射复合），即

$$\frac{I}{edLW}=\frac{n}{\tau_{sp}}+CnN_{ph} \tag{3.4-26}$$

式中，n 是注入电子浓度，N_{ph} 是活性层中相干光子浓度，τ_{sp} 是自发辐射复合的平均时间，C 是常数（取决于 B_{21}）。第二项表示依赖于导带中有用的电子浓度 n 和活性层中相干光子浓度 N_{ph} 的受激辐射率。N_{ph} 只考虑了这些被光学腔激励的相干光子（即腔的模式）。当电流增大时，提供了更多的泵浦，N_{ph} 增加（在光学腔的帮助下），最终受激辐射项支配了自发辐射项（见图 3-33），输出功率 P_o 正比于 N_{ph}。

考虑腔内相干光子浓度 N_{ph}。在稳态条件下，腔内相干光子的损失等于受激辐射光子率，即

$$\frac{N_{ph}}{\tau_{ph}}=CnN_{ph} \tag{3.4-27}$$

式中，τ_{ph} 是通过端面透射、半导体中的散射和吸收而从腔中失去的光子。如果 α_t 是表示所有损失机理的总的衰减系数，则在没有放大的情况下，光波的功率随着 $\exp(-\alpha_t x)$ 衰减，它等于按照时间的衰减 $\exp(-t/\tau_{ph})$，这里 $\tau_{ph}=n/(c\alpha_t)$，n 是折射率。

在半导体激光器科学中，阈值电子浓度 n_{th} 和阈值电流 I_{th} 指的是受激辐射恰好超过自发辐射时的情况，且总的损耗机制包含在 τ_{ph} 中，当注入的 n 达到阈值浓度 n_{th} 时就发生这种情况。由式(3.4－27)可知

$$n_{th}=\frac{1}{C\tau_{ph}} \tag{3.4-28}$$

这就是活性层中由受激辐射引起的相干辐射增益恰好与所有腔损耗(由 τ_{ph} 表示)加上自发辐射(随机辐射)损耗的平衡点，当电流超过 I_{th} 时，输出光功率随着电流急剧增加(见图 3－33)，所以当 $I=I_{th}$ 时，可以取 $N_{ph}=0$，式(3.1－33)给出

$$I_{th}=\frac{n_{th}edLW}{\tau_{sp}} \tag{3.4-29}$$

显然，阈值电流随着 d、L、W 的增加而减小，这解释了为什么使用异质结和条纹几何激光器而避免使用同质结激光器的理由。

当电流超过阈值电流时，在 n_{th} 之上由电流带入的过剩载流子进行受激辐射复合。其理由是，在阈值之上，活性层有光增益，因而很快建立起相干辐射和依赖于 N_{ph} 的受激辐射，尽管载流子注入率和受激辐射复合率都增加，但稳态电子浓度仍保持恒定在 n_{th} 阈值之上。当 n 保持在 n_{th} 时，由式(3.4－26)得

$$\frac{I-I_{th}}{edLW}=Cn_{th}N_{th} \tag{3.4-30}$$

所以应用式(3.4－28)，并定义 $J=I/(WL)$，则 N_{ph} 为

$$N_{ph}=\frac{\tau_{ph}}{ed}(J-J_{th}) \tag{3.4-31}$$

为了找出输出功率 P_o，作如下考虑。光子穿过激光腔长度 L 所花的时间为 $\Delta t=nL/c$，任一瞬间，腔内只有一半的光子 $(1/2)N_{th}$ 向晶体的输出面运动，只有一部分 $(1-R)$ 辐射功率逃逸，这样，输出光功率是

$$P_o=\frac{\left(\frac{1}{2}N_{th}\right)(\text{腔体积})(\text{光子能量})}{\Delta t}(1-R)$$

应用式(3.4－31)中的 N_{ph}，获得的激光二极管方程为

$$P_o=\left[\frac{hc^2\tau_{ph}W(1-R)}{2en\lambda}\right](J-J_{th}) \tag{3.4-32}$$

上面的半定量稳态结果是一种特定的情况，更为普遍的半导体速率方程在更高级的教科书中有描述，在那里分析了激光二极管的时间响应。关键的结论包含在式(3.1－35)、式(3.4－29)和式(3.4－32)中，它们给出了 I_{th} 和理论相干光输出功率与二极管电流之间的确定性关系，示于图 3－41 中。

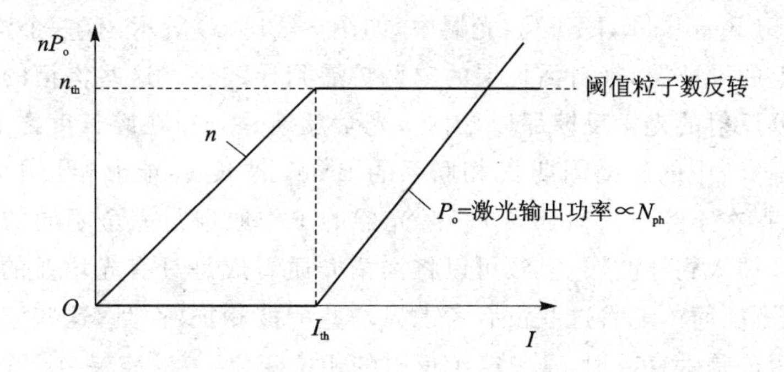

图 3-41 基于速率方程的半导体激光二极管的简化与理想描述

3.4.10 单频固体激光器

激光器输出的理想光谱应该是尽可能窄，这意味着只允许单模存在。有若干种可以工作在输出光谱是高纯模的结构。

保证激光腔内辐射是单模的方法之一是在半导体的切面处使用频率选择介质镜，图 3-42(a) 所示的分布式 Bragg 反射器(Distributed Bragg Reflector，DBR)是一个设计得像反射型的衍射光栅，它有周期的沟槽结构。直观上，只有当波长与沟槽周期的 2 倍相对应时，来自沟槽的部分反射波才能相长干涉(即互相加强)，如图 3-42(b)所示。例如，像 A 和 B 两个部分反射波有一个 2Λ 的光程差，这里的 Λ 是沟槽周期，如果 2Λ 是介质波长的整数倍，则它们只能相长干涉。每一个这种波长就叫做 Bragg 波长 λ_B，且由同相位干涉条件给出，即

$$q\frac{\lambda_B}{n} = 2\Lambda \tag{3.4-33}$$

式中，n 是沟槽材料的折射率，$q=1,2,\cdots$是整数，叫做衍射级次。DBR 在 λ_B 附近有高的反射，但在远离 λ_B 处有低的反射。结果是只有特定的 Fabry-Perot 腔的模式在光增益曲线中接近于 λ_B 的模式，能够发光而输出(模式频率的精确计算不在本书讨论范围)。

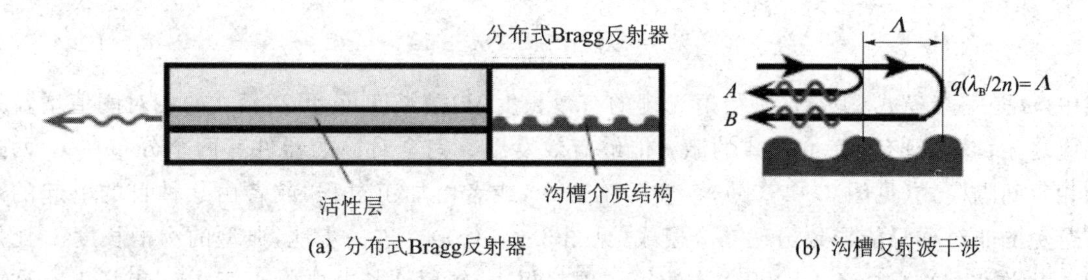

(a) 分布式Bragg反射器 (b) 沟槽反射波干涉

图 3-42 分布式 Bragg 反射激光器原理

在常规的激光器中，晶体表面提供了必要的光学反馈进入腔中以建立起光子浓度，在分布

式反馈(Distributed Feedback,DFB)激光器中,如图 3-43(a)所示,有一个沟槽层,它是一个紧靠在活性层之上的导波层,来自活性层的辐射扩展到导波层。这些沟槽的作用就像在腔长度之上的产生部分反射的光学反馈那样,因此,光学反馈是分布在腔长度之上的。直观地,只有那些与式(3.4-33)中的沟槽周期 Λ 相联系的 Bragg 波长 λ_B 能够相长干涉,以与图 3-42(b)中类似的方式存在于腔中。然而,DFB 激光器的工作原理是完全不同的。辐射被沿着整个腔长度从活性层馈入到导波层,以致可以将沟槽介质看成是具有光增益的介质。部分反射波经过增益,我们不能简单地将这些没有考虑光增益的波相加,而且,这些波可能有相位变化(式(3.4-33)中假设是垂直入射,且忽略了反射的相位变化)。导波层中一个向左的行波经过部分反射,并且这些反射波经过介质的光学放大以构成向右的行波。

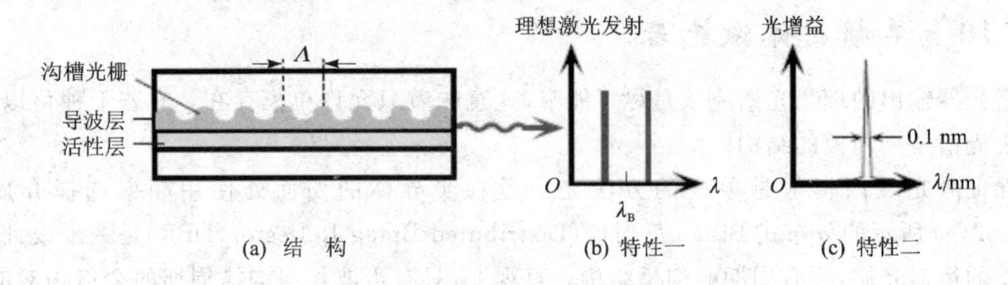

图 3-43 DFB 激光器结构与特性

在 Fabry-Perot 腔中,向右传播的波被反射后向左传播,在腔内任一点处,作为端面反射的结果,这些向右传播和向左传播的波产生干涉(或耦合)。如果它们是相干耦合,假设这些相反方向传播的波是等振幅的,则它们只能够建立起驻波,即一个模式,就要求它们一个回程的相位变化是 2π。在 DFB 结构中,行波被部分反射且是周期传播的,如果它们的频率与沟槽周期 Λ 相联系,则这些向左和向右传播的波只能相干耦合建立起一个模式,要考虑介质通过增益改变波的振幅。被允许的 DFB 模式并不精确地置于 Bragg 波长,而是对称地置于 λ_B 附近。如果 λ_B 是一个被允许的 DFB 激光模式,则

$$\lambda_m = \lambda_B \pm \frac{\lambda_B^2}{2nL}(m+1) \tag{3.4-34}$$

式中,m 是一个模式整数,L 是衍射光栅的有效长度(沟槽长度)。更高模式的相对阈值增益是如此之大,以致只有 $m=0$ 模式的激光能够有效发出。完全对称的器件有两个分布在 λ_B 两边的相等间隔模式(见图 3-43(b))。实际工程中,或者由加工过程,或者由某种目的引起的不可避免的非对称只能导致出现一个模式(见图 3-43(c))。进一步地,典型的沟槽长度 L 比周期 Λ 大许多,这样式(3.4-34)中右边第二项就很小,辐射波长非常接近于 λ_B。市场上有许多种单模 DFB 激光器,其 1.55 μm 通信通道的光谱宽度为 0.1 nm。

在切开耦合腔(C^3)激光器中,两个不同的激光光学腔 L 和 D(不同长度)像图 3-44(a)中那样耦合,两个激光器由不同电流泵浦,只有在两个腔中都能够存在的那些模式的波才能被允许,因为系统已经耦合了。在这个例子中,L 中的模式比 D 中的模式挨得更紧密,这两个不同模式的集合只有在如图 3-44(b)中所示那样的远距离间隔上是一致的。这种组合腔中可能模式的限制和模式之间的宽间隔导致单模工作。(请读者思考:为什么需要对两个腔都泵浦?)

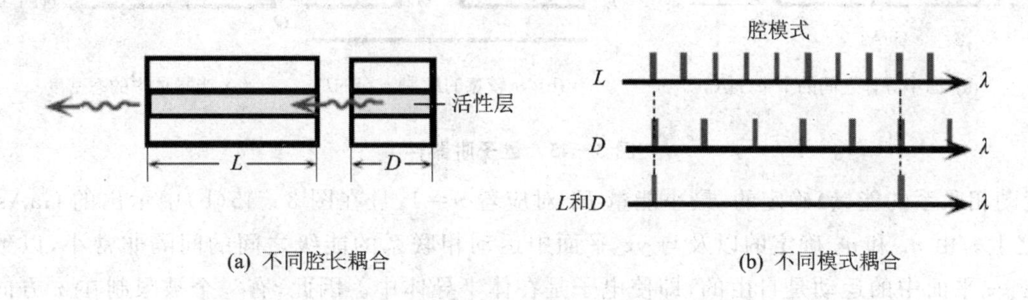

图 3-44　切开耦合腔(C^3)激光器

3.4.11　量子阱器件

典型的量子阱器件是一个超薄(典型值小于 50 nm)、窄带的异质结器件,图 3-45(a)所示的是夹在两个宽带半导体之间的窄带半导体 GaAs。假设两种半导体有相同的晶格参量 a,即是晶格匹配的,这意味着由于两种半导体之间晶格尺寸的不匹配引起的界面缺陷是最小限度的。因为在界面上 E_g 是变化的,因此在界面处 E_c 和 E_v 是不连续的,ΔE_c 和 ΔE_v 取决于半导体材料及其掺杂。在图 3-45 所示的 GaAs/AlGaAs 异质结的情况中,ΔE_c 大于 ΔE_v,从较宽的 E_{g2} 到较窄的 E_{g1} 的变化与 ΔE_c 的比近似为 60 %,与 ΔE_v 的比近似为 40 %,示于图 3-45(b)中。因为势垒 ΔE_c,薄的 GaAs 层中传导电子被限制在 x 方向;又因为限制长度 d 非常小,可以将这些电子作为 x 方向的一维势阱处理,但在 yz 平面中是自由电子。

考虑图 3-45(a)示出的 x 方向尺寸为 d,y 方向尺寸为 D_y,z 方向尺寸为 D_z 的 GaAs 层中传导电子的能量的约束效应。传导电子的能量与尺寸为 d、D_y 和 D_z 的三维势阱中的能量相同,即

$$E = E_c + \frac{h^2 n^2}{8m_e^* d^2} + \frac{h^2 n_y^2}{8m_e^* D_y^2} + \frac{h^2 n_z^2}{8m_e^* D_z^2} \tag{3.4-35}$$

式中,n、n_y 和 n_z 是量子数,值为 1,2,3,…。式(3.4-35)中的 E_c 项因为势垒是相对于 E_c 定义的,故这些势垒是 x 方向的,且电子的亲和势(电子从 E_c 到真空所需的能量)是 y 和 z 方向的,但 D_y 和 D_z 比 d 大几个数量级,所以,最小能量(标记为 E_1)是由具有 n 和 d 的项(与 x 方

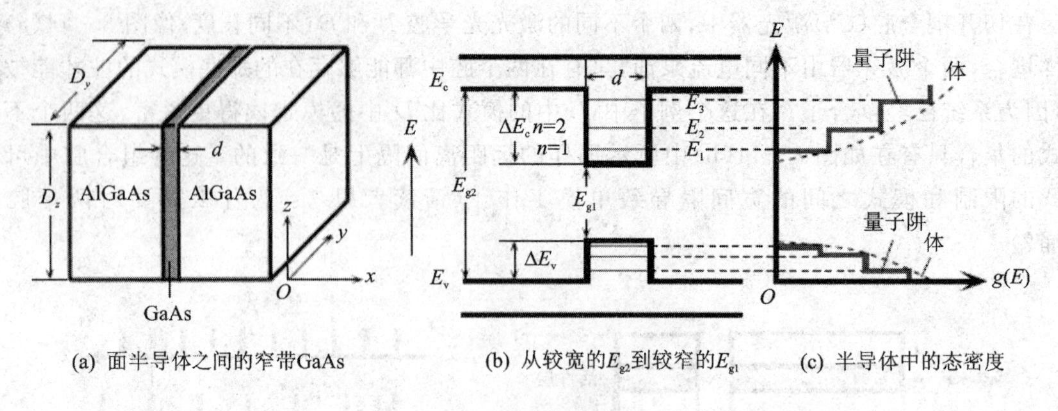

(a) 面半导体之间的窄带GaAs　(b) 从较宽的E_{g2}到较窄的E_{g1}　(c) 半导体中的态密度

图 3-45　量子阱器件

向运动相联系的能量)确定的，最小能量 E_1 对应着 $n=1$，且在图 3-45(b)中示出的 GaAs 的 E_c 之上。由 n_y 和 n_z 确定的以及与 yz 平面中运动相联系的能级之间的间隔非常小，以致电子在 yz 平面中的运动是自由的，即使电子是在体半导体中。因此，有一个被限制在 x 方向的二维电子气。价带中的空穴被势垒 ΔE_v 约束(空穴能量在电子能量的方向)，其行为类似于图 3-45(b) 中所示的那样。

对于二维电子系统而言，电子态密度与体半导体中的电子态密度是不同的。对于给定的电子浓度 n，态密度 $g(E)$(单位能量、单位体积中的量子态数)是不变的，不依赖于能量。对于被约束电子的态密度而言，体半导体中的态密度示于图 3-45(c)中。在 E_1 时，$g(E)$是不变的；到 E_2 时，$g(E)$增加一个台阶并保持不变；到 E_3 时，$g(E)$再增加一个台阶并保持不变；在每一个 E_n 时，$g(E)$都保持不变。价带中的态密度与此类似，也示于图 3-45(c)中。

既然在 E_1 时存在一个有限的且基本的态密度，则导带中的电子不必向远处能量扩展去寻找态。另一方面，在体半导体中，在 E_c 时的态密度是零，并随着能量缓慢增加(按$\sqrt{E}$)，这意味着电子扩展进入导带更深的地方寻找态。在 E_1 处可以容易地出现大的电子浓度，而在体半导体中，情况并非如此。类似地，价带中的多数空穴将在最小的空穴能量 E_1'处，因为在这个能量处存在足够的态，见图 3-46。在正向偏置下，电子被注入到作为活性层的 GaAs 层的导带中，注入的电子容易组成 E_1 处的电流，这意味着 E_1 处的电子浓度随着电流迅速增加，因此很快形成粒子数反转而不需要大的电流带来大量的电子。从 E_1 到 E_1'的受激跃迁导致发出激光，如图 3-46 所示。它有两个显著的优点：① 与体半导体器件相比，

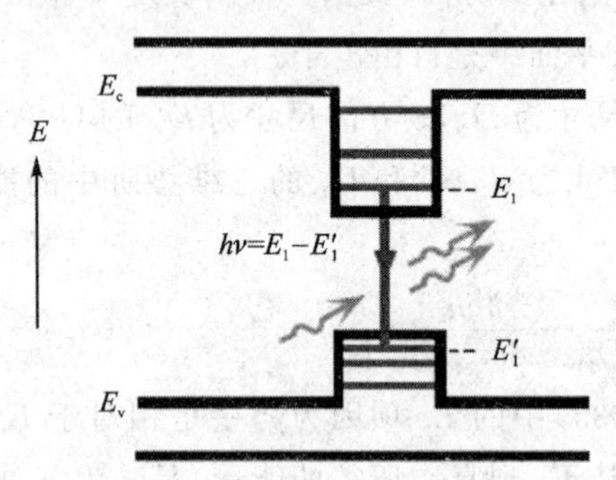

图 3-46　单量子阱激光器中的电子

用于粒子数反转(即用于发射激光)的阈值电流显著减小,例如,单量子阱中典型的激光阈值电流是 0.5～1 mA,而在双异质结激光器中,阈值电流是 10～50 mA;② 因为电子的多数载流子的能量接近于 E_1,空穴的能量接近于 E'_1,所以发出光子的能量非常接近于 $E_1-E'_1$,从而输出光谱中波长、线宽的展开宽度比体半导体激光器更窄。

单量子阱(Single Quantum Well,SQW)的优点是可以通过使用多个量子阱扩展到一个更大体积的晶体。在多量子阱(Multiple Quantum Well,MQW)激光器中,结构由交互的超薄宽度层和更窄带隙的半导体组成,如图 3-47 所示。更窄带隙层是活性层,电子被约束在活性层,激光跃迁也发生在活性层,更宽带隙层是势垒层。

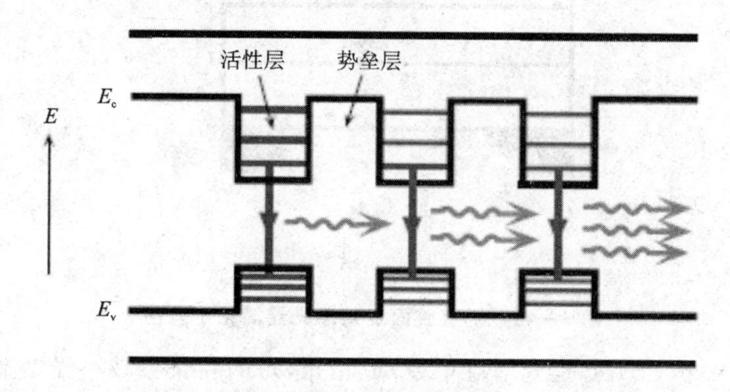

图 3-47　多量子阱结构

尽管光学增益曲线比体器件的光学增益曲线更窄,从量子阱器件输出的光谱并不必须是单模的,模式的个数取决于量子阱的独立宽度。当然,将一个 MQW 与一个分布式反馈结构设计组合在一起,有可能获得一个单模工作的激光器。

3.4.12　垂直腔表面发射激光器

图 3-48 示出了垂直腔表面发射激光器(Vertical Cavity Surface Emitting Lasers,VCSELs)的基本概念。就像通常的激光二极管那样,VCSEL 有一个沿着电流流动方向的光学腔轴,与横向尺寸相比,活性区长度很短,以致辐射能从腔的面而不是从腔的边发射出去。腔端面的反射器是由交互的高低折射率、1/4 波长厚度的多层材料组成的介质镜。这样的介质镜可以按照所需的自由空间波长,提供一个高度波长选择性反射。如果交互层的厚度为 d_1 和 d_2,折射率为 n_1 和 n_2,则根据界面处部分反射波的相长干涉条件,有

$$n_1d_1+n_2d_2=\frac{1}{2}\lambda \tag{3.4-36}$$

因为折射率的周期变化,其行为像一个光栅波是反射的,介质镜本质上是一个分布式 Bragg 反射器(Distributed Bragg Reflector,DBR)。选择式(3.4-36)中的波长与活性层的光增益一

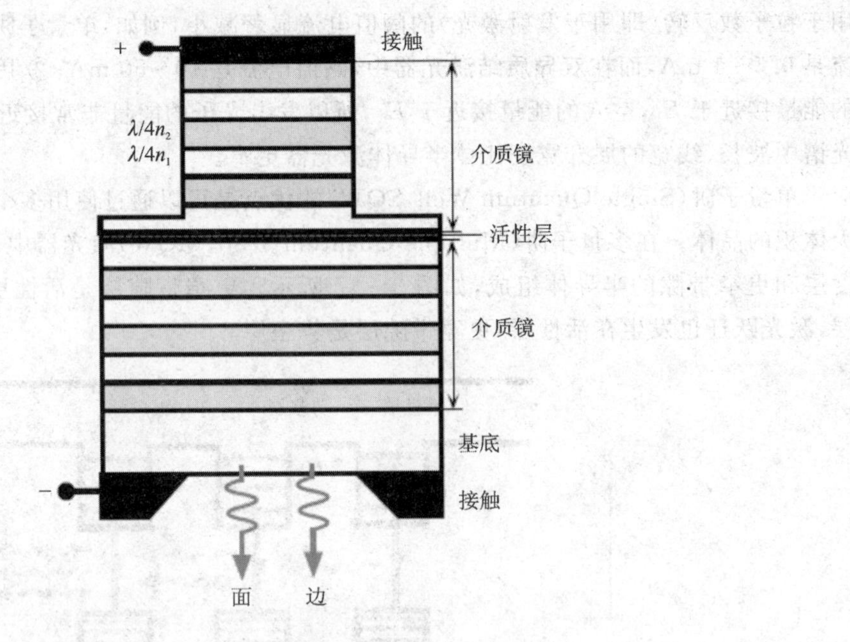

图 3－48　垂直腔面发射激光器简化示意图

致，因为光增益与 exp(gL)(g 是光增益系数)成正比，短的腔长会减小光增益，所以要求端面镜是高反射的，20～30 层的介质镜可以获得所需的反射系数(约 99 %)。如果我们将电流的方向看成是与通常的激光二极管腔的电流方向一致，则图 3－48 中的全部光腔看起来就是垂直的。

一般活性层很薄(<0.1 μm)，且为了改善阈值电流，很可能是多量子阱的，所需的半导体层外延生长在对发射波长透明的合适的基底上。例如，一个发光波长为 980 nm 的 VCSEL 器件，有 InGaAs 作为活性层以提供 980 nm 的辐射，用一个 GaAs 晶体作为基底(因为对 980 nm 是透明的)。介质镜是具有不同组分(因而有不同的带隙和折射率)的 AlGaAs 的交互层，顶端的介质镜是在所有层已经外延生长在 GaAs 基底上后蚀刻而成的，如图 3－48 所示。实际上，电流通过介质镜会引起一种不希望的压降，故应当用一些比将电流馈入活性层更直接的方法，例如，通过沉积外围接触接近到活性层。有许多种复杂的 VCSEL 结构，图 3－48 示出的只是一种简化的结构。

垂直腔通常是圆的，所以发出的光束有一个圆的横截面，这是一个优点。垂直腔的高度可以尽可能小到几个微米，因而纵向模的间隔足够大，以致只允许一个纵模工作，然而，却可能有一个或多于一个的横模，取决于腔的横向尺寸。实际工作时，VCSEL 激光器的输出光谱中只有一个单独的横模，因为腔的直径小于 8 μm。市场上销售的 VCSEL 有几个横模的，但光谱宽度仍然只有约 0.5 nm，本质上比通常的多纵模激光二极管要小。

腔的尺寸在微米范围，通常将这样的激光器看作是微激光器。微激光器最显著的优点之一就是它们可以组成一个宽面积的阵列发光体，这样的激光阵列在光互连和光计算技术中有潜在的重要应用价值；进一步地，这样的激光阵列比一个独立的激光二极管能够提供更大的光功率。已经有实验表明，这样的矩阵激光器，光功率可以达到几瓦。

3.4.13　光学激光放大器

可以将一个半导体激光器结构用做光学放大器，将通过活性区的光放大，如图 3－49 所示，被放大的辐射波长必须在激光器光增益带宽之内。这样的器件不是激光振荡器，发出的激光辐射没有输入，但光学放大器具有高增益的输入/输出端口。在行波半导体激光放大器中，光腔的端口有抗反射涂层，使得光学腔的作用并不是一个有效的用于光学谐振的光学振荡器。例如，来自光纤的光被耦合进入激光器结构的活性区中，当辐射通过活性层传播时，光学上有这一层传导，被引起的受激辐射放大，以更高的光强离开光学腔。显然，必须对器件泵浦以获得活性层中的光增益(粒子数反转)，活性层中的随机自发辐射将噪声馈入信号并展宽经过辐射的光谱宽度，这可以通过在输出端使用允许原始光波长通过的滤光器来克服。这种典型的激光放大器被埋在异质结器件中，有约 20 dB 的光增益，增益大小取决于抗反射涂层的效率。

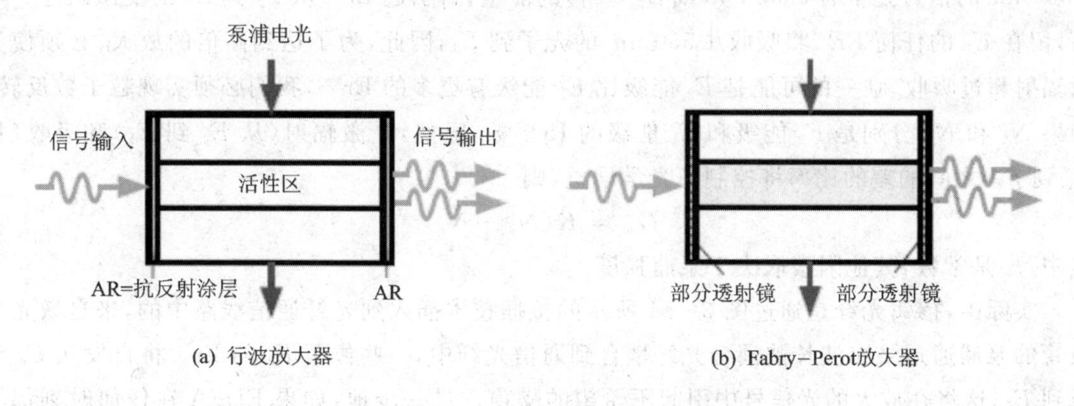

图 3－49　两种激光放大器简单示意图

示于图 3－49(b)中的 Fabry－Perot 激光放大器类似于通常的激光谐振器，但工作在低于激光谐振器的阈值电流之下，活性区有光增益但不足以自生激光的输出，因为存在光学谐振器和内放大反射器，所以通过这样的活性区的光将被受激辐射放大。这些多次反射导致光学增益带宽内的腔的谐振频率处增益最高，腔共振频率附近的光频比那些远离共振频率的光经历较高的增益。尽管 Fabry－Perot 激光放大器比行波放大器有更高的增益，但它不太稳定。

3.4.14 光纤放大器

沿着光纤远距离传输的光信号会有显著的衰减，对于几千千米的光纤通信网络而言，有必要在一定的距离间隔上再产生光信号，实用的做法是使用光放大器直接对信号进行放大。

一个实用的光学放大器是掺铒光纤放大器(Erbium Doped Fiber Amplifier，EDFA)，光纤的芯区掺有铒离子 Er^{3+}，也可以掺入像钕离子 Nd^{3+} 那样的其他稀土离子。主光纤芯材料是基于一种 SiO_3-GeO_2 玻璃和一些其他的像 Al_2O_3 那样形成氧化物的玻璃，用一种称之为插接的技术很容易熔融成单模长距离光纤。

当将 Er^{3+} 灌入主玻璃材料时，它具有如图 3-50 所示的能级。图中能级 E_1 对应着 Er^{3+} 可能的最低能级。有两个能量近似为 1.27 eV 和 1.54 eV 的易用于光学上泵浦 Er^{3+} 的能级，它们分别标记为 E_3 和 E_3'。Er^{3+} 是光学上泵浦的，通常从一个激光二极管被激发到 E_3。用于这个泵浦的波长大约是 980 nm。Er^{3+} 迅速从 E_3 到位于 E_2 的长寿命能级(寿命约为 10 ms，在原子尺度上是非常长的)。从 E_3'到 E_3 和从 E_3 到 E_2 含有无辐射跃迁的能量损失(声子发射)且非常快。这样，越来越多的 Er^{3+} 聚集在 E_2，导致 E_2 与 E_1 之间的粒子数反转，波长为 1 550 nm的信号光子有 0.08 eV(或 E_2-E_1)的能量，将引起 Er^{3+} 从 E_2 到 E_1 的受激跃迁。然而，留在 E_1 的任何 Er^{3+} 将吸收 1 550 nm 的光子到 E_2，因此，为了达到高倍的放大，必须使受激辐射超过吸收，唯一的可能是 E_2 能级比 E_1 能级有更多的 Er^{3+}，我们必须实现粒子数反转。如果 N_2 和 N_1 分别是 E_2 能级和 E_1 能级的 Er^{3+} 数，显然，受激辐射(从 E_2 到 E_1)和吸收(从 E_1 到 E_2)之间的差的比率将控制净光学增益，则

$$G_{op}=K(N_2-N_1)$$

式中，K 是常数，其他因素取决于泵浦强度。

实际中，掺铒光纤是通过图 3-51 所示的接插技术插入到光纤通信线路中的，来自激光二极管的泵浦通过泵浦波长被耦合光纤耦合到通信光纤中，一些位于 E_2 的 Er^{3+} 将自发从 E_2 衰减到 E_1，这将在放大的光信号中引起不希望的噪声。进一步地，如果 EDFA 在任何时刻都不泵浦，它的作用就像一个衰减器，1 550 nm 的光子将被 Er^{3+} 吸收，从 E_1 激发到 E_2，它们通过自发辐射返回到 E_1，随机地发出并不沿着光纤轴传输的光子。尽管也可以使用波长 810 nm 的泵浦将 Er^{3+} 泵浦到 E_3'能级，但这个过程比泵浦到 E_3 能级的 980 nm 的效率要低得多。插在放大器入口和出口处的隔离器只允许 1 550 nm 的信号通过，防止 980 nm 的波返回或向前传播进入通信系统。也许有另外的泵浦二极管在 EDFA 的右端耦合，类似于图 3-51 中左端耦合那样，常用光电探测器系统将泵浦功率耦合至监视器或者 EDFA 输出功率，这些没有在图 3-51 中示出。

关于 EDFA，有几个图 3-50 中没有示出的重要事实。首先，能级 E_1、E_2、E_3 等并不是独

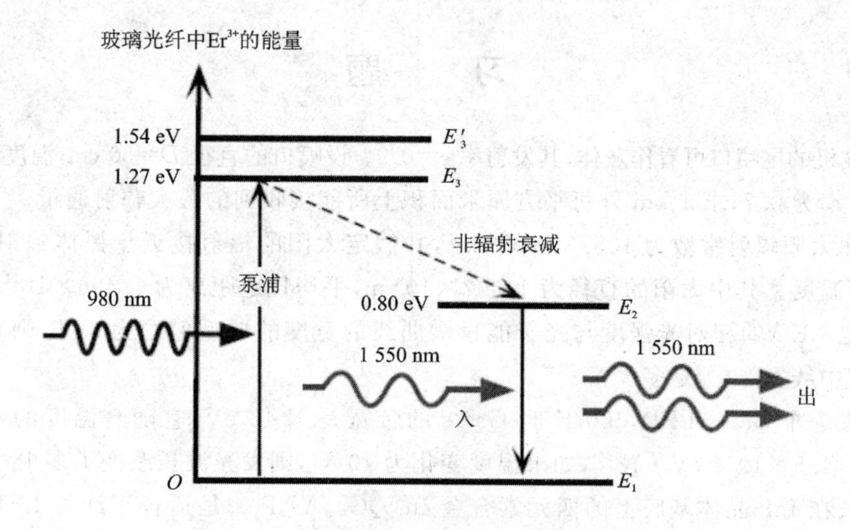

图 3－50　玻璃光纤介质中 Er^{3+} 离子能级图

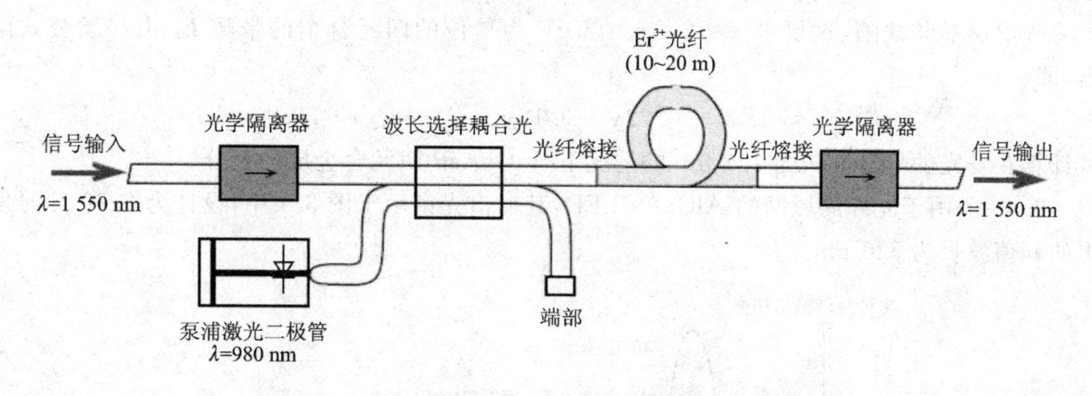

图 3－51　EDFA 简单示意图

立的唯一能级，而是每一个能级都紧密靠近的几个能级的集合，因而，从 E_2 到 E_1 的辐射有一个与能够被放大的 1 525～1 565 nm 的波长范围相对应的受激辐射，其光学带宽约为 40 nm。因此，EDFA 可以看成是这个光学带宽内波分复用系统中的光学放大器，但增益在整个带宽范围内是不均匀的，必须使用“变平(flatten)”特殊技术。其次，也可能用一个 1 480 nm 的激发泵浦将 Er^{3+} 从 E_1 能级的底部能级激发到 E_2 能级的顶部，当然，980 nm 的泵浦更为有效。

EDFA 的增益效率是每单位光学泵浦功率可达到的最大光学增益，单位为 dB/mW。典型的 980 nm 泵浦的增益系数为 8～10 dB/mW，用几毫瓦的 980 nm 泵浦能够获得 30 dB 或 10^3 倍的增益。

习　题

1. 喷气机的尾喷口可看作灰体，其发射率$\varepsilon=0.9$。设喷口的直径$D=50$ cm，温度为1 000 K，大气的透射率为0.7，求1 km外每平方厘米面积上所能接收到的最大辐射通量。

2. 已知太阳辐射常数为135.3 mW/cm^2，并假定太阳的辐射接近于黑体辐射($\varepsilon=1$)，求太阳的表面温度。其中太阳的直径为1.392×10^9 m，平均日地距离为1.496×10^{11} m。

3. 给定LED的相对光强度与光子能量谱曲线的宽度的典型值约为$3kT$，则在按照波长的输出光谱中线宽$\Delta\lambda_{1/2}$是多少？

4. 考虑一个GaAs LED，300 K时GaAs的带宽是1.42 eV，它随着温度的变化关系为$dE_g/dT=-4.5\times10^{-4}$ eV·K^{-1}，如果温度变化为10 ℃，则发光波长改变了多少？

5. 生长在InP晶体基底上的四元素合金$In_{1-x}Ga_xAs_yP_{1-y}$是适合于红外LED和激光二极管应用的商业化半导体材料。器件要求InGaAsP层与InP基底晶格匹配，以避免引起InGaAsP层晶体缺陷，这要求$y\approx2.2x$。以eV为单位的四元合金的带隙E_g由经验公式给出，即

$$E_g\approx1.35-0.72y+0.12y^2,\qquad 0\leqslant x\leqslant0.47$$

试计算在发光的峰值波长为1.3 μm的情况下，InGaAsP四元合金层的组分。

6. 一个用于光纤局域网的AlGaAs LED，其输出光谱示于图3.1中，设计为在25 ℃时发出的峰值波长为820 nm。

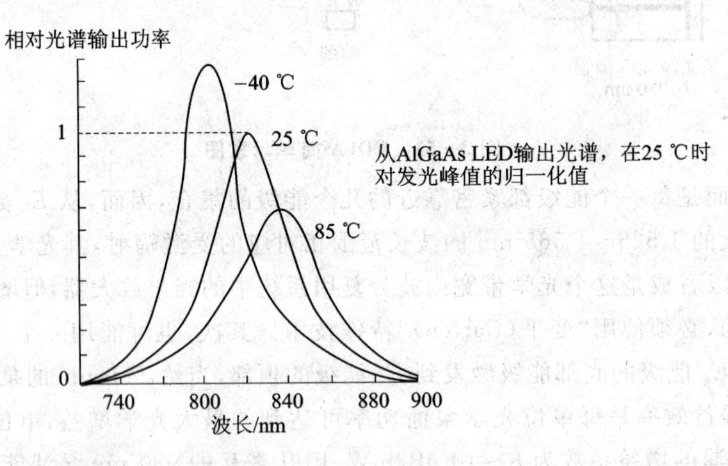

图3.1　AlGaAs LED输出光谱

① 在温度分别为−40 ℃、25 ℃和85 ℃时半功率点之间的线宽$\Delta\lambda$是多少？$\Delta\lambda$与给出的3个温度T之间的经验关系式是什么？这个关系式与$\Delta(h\nu)\approx2.5kT-3kT$相比有何差别？

② 为什么峰值发射波长随着温度的升高而增加？

③ 为什么峰值发光强度随着温度的升高而减小？

④ 这个 LED 中的带隙是多少？

⑤ 三元素合金 $Al_xGa_{1-x}As$ 的带隙 E_g 遵循下列经验公式：

$$E_g(\mathrm{eV}) = 1.424 + 1.266x + 0.266x^2$$

则在这个 LED 中 AlGaAs 的组分是多少？

⑥ 若加载在 LED 上的电压是 1.5 V，正向电流是 40 mA，通过透镜耦合进入多模光纤的光功率是 25 μW，则总的效率是多少？

7. 图 3.2 示出四元素Ⅲ-Ⅴ族合金系统中带隙 E_g 和晶格参数 a 之间的关系，连接两点的线表示 E_g 和 a 随着位于线的端点化合物组成的三元素合金组分的变化情况。例如在 GaAs 的开始点，E_g＝1.42 eV 和 a＝0.565 nm。沿着 GaAs 和 InAs 两点间连线移动，E_g 随着 GaAs 与 InAs 合金成分的改变减小，而 a 随着成分的改变而增大，最后在 InAs 处，E_g＝0.35 eV，a＝0.606 nm。在图中 X 点处是由 InAs 和 GaAs 组成的，它是三元合金 $In_xGa_{1-x}As$，E_g＝0.7 eV，a＝0.587 nm，与 InP 的晶格常数 a 相同。因此，在 X 处的 $In_xGa_{1-x}As$ 的晶格与 InP 的晶格匹配，所以可以将 $In_xGa_{1-x}As$ 生长在 InP 基底上而不会产生界面缺陷。

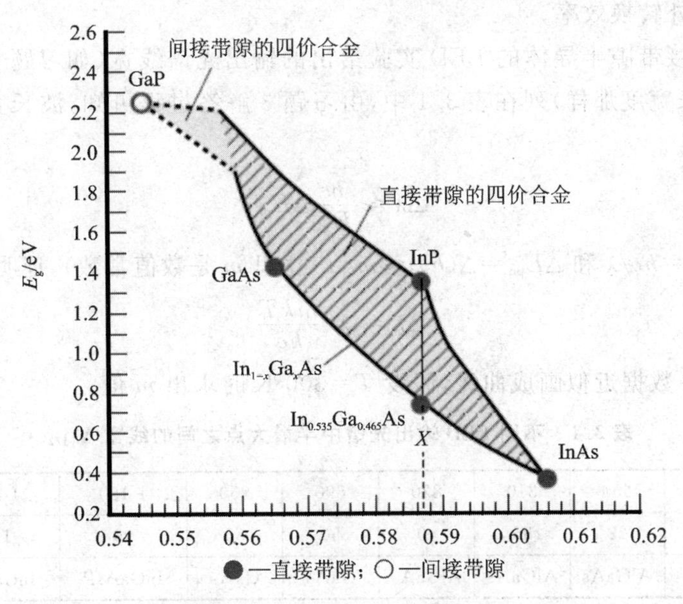

图 3.2　四元素 E_g－a 关系

进一步地，X 处的 $In_xGa_{1-x}As$ 可以与 InP 组成四元合金 $In_xGa_{1-x}As_yP_{1-y}$，其特性取决于 X 与 InP 之间的连线，因此，它与 InP 有相同的晶格参量而有不同的带隙。具有 X 与 InP 之间组分的 $In_xGa_{1-x}As_yP_{1-y}$ 层，能够通过液相外延（Liquid Phase Epitaxy，LPE）或者分子束外延(Molecular Beam Eptaxy, MBE)等不同的技术外延生长在 InP 基底上。

实线之间的开口面积表示带隙是适合于电子-空穴复合的直接带隙四元Ⅲ-Ⅴ族合金系统的 E_g 和 a 的可能值。

与 InP 晶格匹配的四元合金的组分遵循从 X 到 InP 的线段。

① 当 $y=2.15x$ 时，给定在 X 处的 $In_xGa_{1-x}As$ 是 $In_{0.535}Ga_{0.465}As$。试证明：四元合金 $In_xGa_{1-x}As_yP_{1-y}$ 与 InP 是晶格匹配的。

② 对于与 InP 晶格匹配的 $In_xGa_{1-x}As_yP_{1-y}$，带隙能量 E_g(eV)由经验公式给出，即

$$E_g(\mathrm{eV}) = 1.35 - 0.72y + 0.12y^2$$

请找出适合于工作在 1.55 μm 处发光二极管的四元素合金的组分。

8. 外转换效率 η_{ext} 定义为

$$\eta_{ext} = \frac{\text{输出光功率}}{\text{输入电功率}} = \frac{P_o}{IV}$$

减小外转换效率的主要因素之一是发出的光子受到 P-N 结材料和半导体外表面的吸收以及各种界面的反射等造成的光子的损失。

一个特殊的红光 AlGaAs LED 的总的输出光功率是 2.5 mW，当电流是 50 mA、电压是 1.6 V 时，试计算外转换效率。

9. 不同的直接带隙半导体的 LED 实验给出的输出光谱线宽(如习题 6 图 3.1 中所示半强度点之间的波长宽度那样)列在表 3.1 中，由习题 3 解答过程可知，波长宽度与光子能量宽度之间的关系为

$$\Delta\lambda \approx \frac{hc}{E_{ph}^2}\Delta E_{ph} \tag{1}$$

假设我们写出 $E_{ph}=hc/\lambda$ 和 $\Delta E_{ph}=\Delta(h\nu)\approx mkT$(这里 m 是数值常数)，证明：

$$\Delta\lambda \approx \lambda^2 \frac{mkT}{hc} \tag{2}$$

并通过将表 3.1 中数据近似画成曲线，假设 $T=300$ K 时求出 m 值。

表 3.1　不同 LED 输出光谱中半最大点之间的线宽 $\Delta\lambda_{1/2}$

峰值波长 λ/nm	650	810	820	890	950	1 150	1 270	1 500
$\Delta\lambda_{1/2}$/nm	22	36	40	50	55	90	110	150
材料(直接 E_g)	AlGaAs	AlGaAs	AlGaAs	GaAs	GaAs	InGaAsP	InGaAsP	InGaAsP

表 3.2 列出了不同的可见光 LED 的线宽 $\Delta\lambda_{1/2}$，辐射复合是通过近似掺杂材料而获得的。设方程(2)中的 $m\approx3$，$T=300$ K，计算每一种情况下所期望的线宽，并与实验值比较，你的结论是什么？你是否认为图 3-12(b)中的 E_N 是离散能级？

表 3.2　使用 SiC 和 GaAsP 材料的不同可见光 LED 的输出光谱中半最大点之间的线宽 $\Delta\lambda_{1/2}$

峰值波长 λ/nm	468	565	583	600	635
$\Delta\lambda_{1/2}$/nm	66	28	36	40	40
颜色	蓝	绿	黄	橙	红
材料	SiC(Al)	GaP(N)	GaAsP(N)	GaAsP(N)	GaAsP

10. 对 AlGaAs 面发射发光二极管(SLED)和边发射二极管(ELED)所做的实验给出的输出功率与电流的数据见表 3.3。

① 证明输出光功率与电流的关系不是线性的；

② 画出输出光功率(P_o)与电流(I)数据的对数曲线图，并证明 $P_o \propto I^n$，找出每一个 LED 的 n 值。

表 3.3　输出光功率与面发射和边发射二极管的直流电流的数据表

SLED I/mA	25	50	75	100	150	200	250	300
SLED P_o/mW	1.04	2.07	3.1	4.06	5.8	7.6	9.0	10.2
ELED I/mA	25	50	75	100	150	200	250	300
ELED P_o/mW	0.46	0.88	1.28	1.66	2.32	2.87	3.39	3.84

11. LED 与光纤的耦合效率。

① 当面发射 LED 的电流是 75 mA、加的电压是 1.5 V 时，由面发射 LED 耦合进入多模阶梯折射率光纤的功率近似为 200 μW，则 LED 总的工作效率是多少？

② 从 1 310 nm 边发射发光二极管(ELED)将光耦合进入多模和单模光纤。(a) 在室温下，ELED 的电流是 120 mA，电压是 1.3 V，耦合进入 NA(数值孔径)＝0.2 的 50 μm 的多模光纤的功率是 48 μW，则总的效率是多少；(b) 在室温时，ELED 的电流是 120 mA，电压是 1.3 V，耦合进入 9 μm 单模光纤的光功率是 7 μW，则总的效率是多少？

12. LED 的内效率 η_{int} 定义为 P－N 结在正向偏压作用下电子-空穴的复合是辐射而导致光子发射的那部分能量，而无辐射跃迁是电子-空穴通过像晶体缺陷或杂质那样的复合中心的复合并发射声子(晶格振动)，即

$$\eta_{\text{int}} = \frac{\text{辐射复合率}}{\text{总的复合率(辐射和无辐射)}} \tag{1}$$

$$\eta_{\text{int}} = \frac{\dfrac{1}{\tau_r}}{\dfrac{1}{\tau_r} + \dfrac{1}{\tau_{nr}}} \tag{2}$$

式中，τ_r 是辐射复合前少数载流子的平均寿命，τ_{nr} 是通过复合中心而无辐射光子复合的少数

载流子的寿命。总的电流 I 是由总的复合率决定的，而每秒发射的光子数 Φ_{ph} 由辐射复合率决定

$$\eta_{int}=\frac{\text{每秒发出的光子数}}{\text{每秒损失的总的载流子数}}=\frac{\Phi_{ph}}{\frac{I}{e}}=\frac{\frac{P_{o(int)}}{h\nu}}{\frac{I}{e}} \tag{3}$$

式中，$P_{o(int)}$ 是内产生的光功率(不是提取的)。

对于一个发光波长在 850 nm 的特殊的 AlGaAs LED，人们发现 $\tau_r=50$ ns，$\tau_{nr}=100$ ns，则电流在 100 mA 时产生的内光功率是多少？

13. 一个典型的低功率 5 mW He-Ne 激光管工作在直流电压 2 000 V 时的电流为 7 mA，问激光器的效率是多少？

14. 从激光管发出的激光束有一定量的发散，示于图 3.3 中。一个典型的 He-Ne 激光器，其输出光束的直径为 1 mm，发散角为 1 mrad，则在 10 m 远处激光束的直径是多少？

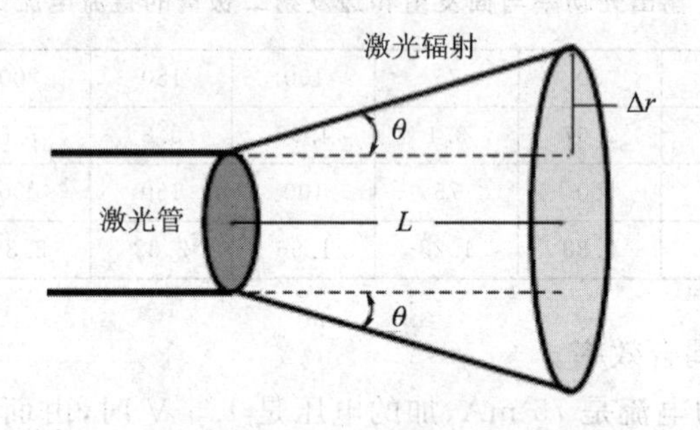

图 3.3　激光管发出的激光束

15. 对于波长 $\lambda=632.8$ nm 的 He-Ne 激光器跃迁而言，当气体发电温度约为 127 ℃时，计算频率和波长的 Doppler 展宽的线宽。Ne 的原子质量是 $20.2\ \text{g}\cdot\text{mol}^{-1}$，激光器管长度是 40 cm。在输出波长的光谱中线宽是多少？中心波长的模式数 m 是多少？两个相邻模式之间的间隔是多少？你期望在光增益曲线的线宽 $\Delta\lambda_{1/2}$ 内有多少模式？

16. 证明阈值粒子数反转 $\Delta N_{th}=(N_2-N_1)_{th}$ 可以写为

$$\Delta N_{th}\approx g_{th}\frac{8\pi n^2\nu_0^2\tau_{sp}\Delta\nu}{c^2}$$

式中，ν_0 是峰值发光频率(在输出光谱的峰值处)；n 是折射率；$\tau_{sp}=1/A_{21}$，是自发跃迁的平均时间；$\Delta\nu$ 是光学增益宽度(光增益线形的频率线宽)。

考虑一个工作在 623.8 nm 的 He-Ne 激光器，光长度 $L=50$ cm，管的直径是 1.5 mm，端面镜子的反射率分别约为 100 %和 90 %，线宽 $\Delta\nu=1.5$ GHz，损耗系数 $\gamma\approx0.05\ \text{m}^{-1}$，自发衰减时间常数 $\tau_{sp}=1/A_{21}\approx300$ ns，$n\approx1$，则阈值粒子数反转是多少？

17. 考虑一个基于异质结 AlGaAs 的激光二极管，有光腔的长度为 200 μm，辐射的峰值波

长是 870 nm,GaAs 的折射率约为 3.7,则峰值辐射波长模式的整数 m 是多少？腔模式之间的间隔是多少？如果光增益与波长关系曲线中的 FWHM 的波长宽度约为 6 nm,则在这个带宽内有多少个模式？如果腔的长度为 20 μm,则有多少个模式？

18. 给定 GaAs 的折射率 n 的温度依赖关系式 $\mathrm{d}n/\mathrm{d}T \approx 1.5 \times 10^{-4}\ \mathrm{K}^{-1}$,试估算：在模式跳变之间发光波长为 870 nm 的激光二极管,每度波长的变化是多少？

19. 考虑一个 DFB 激光器,其沟槽周期 $\Lambda = 0.22\ \mu\mathrm{m}$,光栅长度为 400 μm。假设介质的有效折射率是 3.5,假定是一级衍射,试计算 Bragg 波长、模式波长以及模式之间的间隔。

20. 考虑一个 GaAs 量子阱,GaAs 中一个传导电子的有效质量是 $0.07\ m_e$,这里 m_e 是真空中电子的质量。试计算厚度为 10 nm 的量子阱最初两个电子的能级。如果空穴的有效质量约是 $0.50\ m_e$,则空穴能量是多少？相对于能量带隙为 1.42 eV 的体 GaAs,发射波长改变了多少？

21. 一个 He－Ne 激光器(波长 $\lambda = 632.8$ nm)发出的激光功率为 2 mW,该激光束的平面发散角为 1 mrad,激光器的放电毛细管直径为 1 mm。

① 求出该激光束的光通量、发光强度、光亮度、光出射度。

② 若激光束投射在 10 m 远的白色漫反射屏上,该漫反射屏的反射比为 0.85,求该屏上的光亮度。

22. He－Ne 激光器系统的能级可以非常复杂,如图 3.4 所示。激光器中有若干个波长的

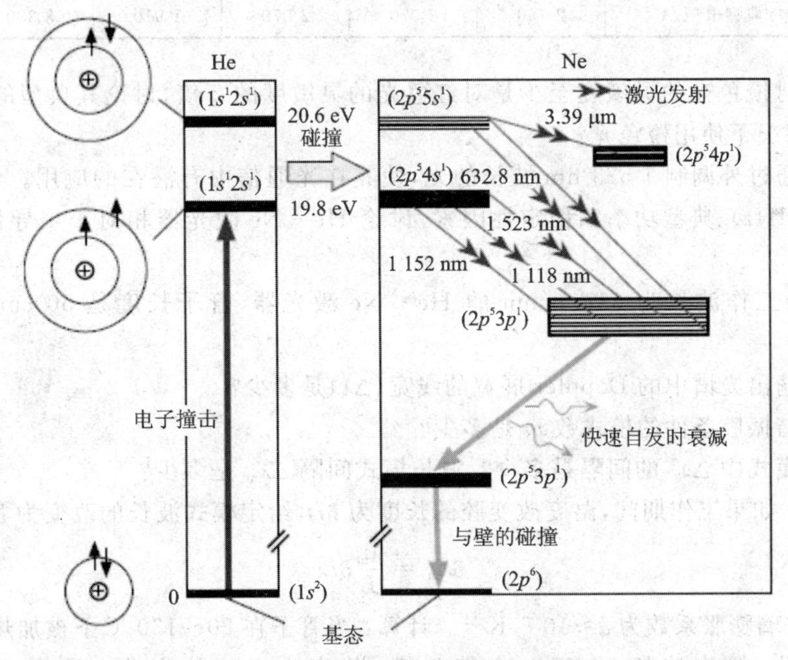

图 3.4　He－Ne 激光器系统的能级

激光辐射输出，如红(632.8 nm)、绿(543.5 nm)、橙(612 nm)、黄(594.1 nm)，以及红外波段的1.52 μm和3.39 μm，这使得He-Ne激光器有多种用途。所有在这些波长处工作的激光器的泵浦机理是相同的，能量转移是通过气体放电管中原子的碰撞从被激发的He原子到Ne原子。对于电子结构为$1s^1 2s^2$的He原子有2个激发态。图中示出了：具有电子自旋平行的电子结构比具有电子自旋相反的电子结构有更低的能量，这两个He的能态可以将Ne原子激发到$2p^5 4s^1$或者$2p^5 5s^1$态上，则在这些能级与$2p^5 3p^1$之间以及$2p^5 5s^1$与$2p^5 4p^1$之间存在将导致激光跃迁的粒子数反转。一般地，对于给定n、l电子结构的多电子原子的能量并没有独立的离散能级，例如，电子结构为$2p^5 3p^1$的原子有10个紧密靠近的能级，这10个能级来自多种不同的m_l和m_s值。m_l和m_s值可以在量子力学规则下分配到第6个被激发的电子($3p^1$)和剩下的电子($2p^5$)。因为光子辐射要求服从量子数选择规则，所以并不是这些能级的跃迁都是允许的。

① 表3.4是不同波长的典型的He-Ne激光器特性(30 %～50 %内)，试计算这些激光器的总的效率。

表3.4 不同波长的典型的He-Ne激光器特性

波长/nm	543.5	594.1	612	632.8	1 523
输出光功率/mW	1.5	2	4	5	1
典型电流/mA	6.5	6.5	6.5	6.5	6
典型电压/V	2 750	2 070	2 070	1 910	3 380

② 人眼对橙色光的灵敏度至少是对红色光的灵敏度的2倍，讨论其典型的应用，人们更希望在什么情况下使用橙色光？

③ 可以通过外调制1 523 nm波长的光，使其在光通信中有潜在的应用。考虑光谱线宽($\Delta\nu \approx 1\ 400$ MHz)、典型功率和稳定性因素，讨论He-Ne激光器相对于半导体激光器的优缺点。

23. 一个工作波长为632.8 nm的He-Ne激光器，管子长度是50 cm，工作温度是130 ℃。

① 估计输出光谱中的Doppler展宽的线宽($\Delta\lambda$)是多少？

② 满足谐振腔条件的模式数m是多少？

③ 频率模式中$\Delta\nu_m$的间隔是多少？波长模式间隔$\Delta\lambda_m$是多少？

④ 证明：如果工作期间，温度改变腔的长度为δL，给定模式波长的改变为$\delta\lambda_m$，且

$$\delta\lambda_m = \frac{\lambda_m}{L}\delta L$$

给出典型的玻璃膨胀系数为$\alpha \approx 10^{-6}\ \mathrm{K}^{-1}$。计算：当管子在20～130 ℃下被加热时，随工作温度每度的变化，输出波长(由于一个特殊模式)产生$\delta\lambda_m$的变化。注意：$\delta L/L = \alpha\delta T$，

$L'=L[1+\alpha(T'-T)]$。模式波长 $\delta\lambda_m$ 随着腔长度 L 的变化 δL 而变化就叫做模式扫描。

⑤ 当工作期间，管子温度在 20～130 ℃下加热时，模式间隔 $\Delta\nu_m$ 和 $\Delta\lambda_m$ 是如何变化的？

24. 氩离子激光器可以提供几瓦的连续波可见光相干辐射。激光器的工作过程是这样的，在高电流放电下，氩原子被电子碰撞成氩离子，进一步与电子多次碰撞将氩离子 Ar^+ 激发到氩原子的基态之上约 35 eV 的 $4p$ 能级（示于图 3.5 中），这样就在 $4p$ 能级与 $4s$ 能级（在氩原子基态能级之上约 33.5 eV）形成粒子数反转，因而从 $4p$ 能级下降到 $4s$ 能级的受激辐射含有 351.1～528.7 nm 的一系列波长，但大多数功率集中在近似 488 nm 和 514.5 nm 的辐射，在较低能级（$4s$）的 Ar^+ 经过辐射衰减到 Ar^+ 基态再回到中性原子的基态，通过与电子的复合形成中性原子，然后氩原子 Ar 准备再次泵浦。

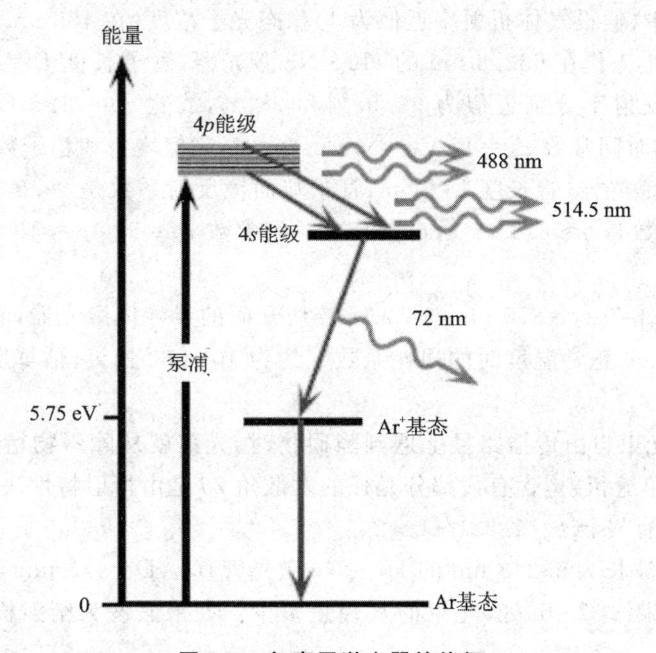

图 3.5　氩离子激光器的能级

① 计算：当被激发的 Ar^+ 受激发出辐射 514.5 nm 波长时，被激发的 Ar^+ 中含有的能量是多少？

② 514.5 nm 波长辐射 Doppler 展宽的线宽（$\Delta\nu$）大约为 3 500 MHz，半强度点之间线宽是多少？

③ (a) 计算波长的 Doppler 展宽宽度 $\Delta\lambda$；(b) 估计氩离子气体的工作温度，以℃表示。

④ 在一个特定的氩离子激光器中，放电管（由氧化铍制造）的长度为 30 cm，有 3 mm 直径的孔，当激光器工作在 200 V 直流电压、40 A 电流时，发出辐射的总的输出功率是 3 W，则激光器的效率是多少？

25. $\rho(h\nu)$是单位体积、单位频率的电磁辐射能量，假设单位体积中的光子数是 n_{ph}，每个光子的能量为 $h\nu$，发出辐射的频率范围是 $\Delta\nu$，则

$$\rho(h\nu)=\frac{n_{ph}h\nu}{\Delta\nu}$$

考虑一个氩离子激光器系统，发射波长是 488 nm，输出光谱半强度点之间的线宽大约为 5×10^9 MHz。估算：获得比自发辐射更多的受激辐射所必需的光子浓度是多少？

26. 氩离子激光器在 488 nm 波长处有激光发射，激光管的长度为 1 mm，孔直径是 3 mm，输出功率是 1 W。假设大部分输出功率是在 488 nm 处，管子端部透射系数 $T=0.1$，计算输出光子流（单位时间内从管子发出的激光光子数）、光子流通量（单位时间、单位面积发出的激光光子数），并估算管中（假设气体折射率近似为 1）稳态光子浓度（在 488 nm 处）的数量级。

27. ① 考虑一个工作在 632.8 nm 的 He－Ne 激光器，管子长度 $L=40$ cm，管子直径是 1.5 mm，端面镜的反射率分别近似为 99.9 ％和 98 ％，线宽 $\Delta\nu=1.5$ GHz，损耗系数 $\gamma\approx0.05\ \text{m}^{-1}$，自发衰减时间常数 $\tau_{sp}=1/A_{21}\approx300$ ns，$n\approx1$，阈值增益和粒子数反转是多少？

② 考虑氩离子激光器，管长度 $L=1$ m，管子端面镜反射系数是 99.9 ％和 95 ％，线宽是 $\Delta\nu=3$ GHz，损耗系数是 $\gamma\approx0.1\ \text{m}^{-1}$，自发衰减时间常数 $\tau_{sp}=1/A_{21}\approx10$ ns，$n\approx1$，阈值粒子数反转是多少？

③ 考虑一个工作在 $\lambda_0=870$ nm 的 GaAs 腔切开面的半导体激光器，腔的长度是 50 μm，GaAs 的折射率是 3.6，正常温度时的损耗系数 γ 约为 10 cm^{-1}量级，估算所需要的阈值增益，你的结论是什么？

28. 每当准直光束自由传播路径上遇到障碍物时，光束就从障碍物衍射发散。考虑普通物理中圆孔衍射和单缝衍射，含有大部分光强的发散角 2θ 是由衍射特性决定的，例如，来自直径为 D 的圆孔衍射有：$\sin\theta=1.22\lambda/D$。

① 一个工作在波长为 632.8 nm 的 He－Ne 激光管直径 $D=1.5$ mm，假设管子发出的激光束是高斯光束，在距离 20 m 处，光束的直径是多少？如果假设为衍射极限发散情况，则这个直径是多少？

② 考虑一个活性层宽度为 2 μm 的半导体激光器，基于衍射效应估计发散角 2θ，取折射率为典型值 3.5，发散角是多少？

29. ① 考虑一个理想的 He－Ne 激光器的光学腔，取 $L=0.5$ m，$R=0.99$，计算模式间隔和光谱宽度；

② 考虑一个长度为 200 μm、端面反射镜的反射系数为 0.8 的半导体 Fabry－Perot 光学腔，如果半导体折射率是 3.7，计算最接近自由空间波长 1 300 nm 腔的模式，计算这些模式的间隔和光谱宽度。

30. 考虑一个如图 3.6 所示的正向偏置下的 GaAs 激光二极管能量示意图，为简化，设器件是对称性的（$n=p$），并设粒子数反转恰好在 A 和 B 交叠处达到，这导致 $E_{FN}-E_{FP}=E_g$。估

算在 300 K 时粒子数反转的最小载流子浓度，GaAs 中本征载流子浓度是 $10^7\ \mathrm{cm}^{-3}$ 量级。为简化，设

$$n = n_i \exp[(E_{FN} - E_{Fi})/kT] \quad 和 \quad p = n_i \exp[(E_{Fi} - E_{FP})/kT]$$

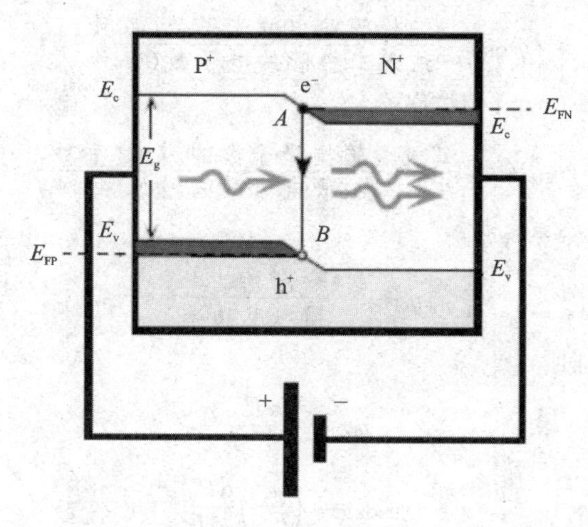

图 3.6　正向偏置下的 GaAs 激光二极管能量示意图

31. ① 考虑 3.4.9 小节中的速率方程及其结果，对于穿过激光腔长度 L 的光子取 $\Delta t = nL/c$，这里 n 是折射率。如果 N_{ph} 为相干辐射光子浓度，则腔内任何时刻仅有一半光子 $(1/2)N_{ph}$ 向晶体的输出面运动，给出活性区的长度 L、宽度 W 和厚度 d，证明相干输出功率和强度是

$$P_0\left(\frac{hc^2 N_{ph} dW}{2n\lambda}\right)(1-R) \quad 和 \quad I = \left(\frac{hc^2 N_{ph}}{2n\lambda}\right)(1-R)$$

式中，R 是半导体晶体面的反射率。

② 如果 α 是半导体活性层内不同损耗过程的相干辐射的衰减系数，R 是晶体端面的反射系数，则总的衰减系数是

$$\alpha_t = \alpha + \frac{1}{2L}\ln\left(\frac{1}{R^2}\right)$$

考虑工作在 1 310 nm 波长的双异质结 InGaAsP 半导体激光器，腔长 $L \approx 60\ \mu\mathrm{m}$，宽度 $W \approx 10\ \mu\mathrm{m}$，厚度 $d \approx 0.25\ \mu\mathrm{m}$，折射率 $n \approx 3.5$，损耗系数 $\alpha \approx 10\ \mathrm{cm}^{-1}$，求 α_t 和 τ_{ph}。

③ 对于上面的器件，阈值电流密度 $J_{th} = 500\ \mathrm{A \cdot cm^{-2}}$ 和 $\tau_{sp} \approx 10$ ps，则阈值电子浓度是多少？当电流是 5 mA 时，计算输出的激光光功率。

32. 考虑一个光腔长度为 250 μm 的 InGaAsP 激光二极管，峰值辐射波长是 1 550 nm，InGaAsP 的折射率是 4，光学增益带宽（半强度点之间测量）正常取决于泵浦电流（二极管电流），是 2 nm。① 峰值辐射的模式整数 m 是多少？② 腔的模式之间的间隔是多少？③ 腔内有多少个模式？④ 反射系数和腔端面的反射率是多少（InGaAsP 晶体面）？⑤ 光学腔发出的

激光束的发散角是多少？

33. ① 有几个激光二极管效率的定义式如下：

外量子效率 η_{EQE}

$$\eta_{EQE}=\frac{\text{二极管输出的光子数(每秒)}}{\text{注入二极管的电子数(每秒)}}$$

外微分量子效率 η_{EDQE}

$$\eta_{EDQE}=\frac{\text{二极管输出光子数的增加(每秒)}}{\text{注入二极管电子数的增加(每秒)}}$$

外功率效率 η_{EPE}

$$\eta_{EPE}=\frac{\text{输出光功率}}{\text{输入电功率}}$$

如果 P_0 是发射光功率，证明

$$\eta_{EQE}=\frac{eP_0}{E_g I}$$

$$\eta_{EDQE}=\left(\frac{e}{E_g}\right)\frac{\mathrm{d}P_0}{\mathrm{d}I}$$

$$\eta_{EPE}=\eta_{EQE}\left(\frac{E_g}{eV}\right)$$

② 发光波长为 670 nm(红光)的商业激光二极管有下列特性，温度 25 ℃时，阈值电流是 76 mA；在 $I=80$ mA 时，输出光功率是 2 mW；外加电压是 2.3 V。如果二极管的电流增加到 82 mA，光学输出功率增加到 3 mW，计算激光二极管的外量子效率、外微分量子效率和外功率效率。

③ 一个用于光通信的工作在 $\lambda=1\ 310$ nm 的 InGaAsP 激光二极管，光腔长度为 200 μm，折射率 $n=3.5$，在温度 25 ℃时阈值电流是 30 mA。当 $I=40$ mA 时，输出光功率是 3 mW，外加电压是 1.4 V。如果二极管电流增加到 45 mA，输出光功率增加到 4 mW，计算激光二极管的外量子效率、外微分量子效率和外功率效率。

34. 因为在更高温时达到粒子数反转需要更多的电流，所以激光二极管的阈值电流随着温度的升高而增大。对于一个具体的激光二极管，阈值电流在温度 25 ℃时，$I_{th}=76$ mA；在温度 0 ℃时，$I_{th}=57.8$ mA；在温度 50 ℃时，$I_{th}=100$ mA。应用这些数据证明：I_{th}与热力学温度的依赖关系是指数关系。经验表达式是什么？

35. 一个工作在波长为 1 550 nm 的 DFB 激光器，假设折射率 $n=3.4$(InGaAsP)，则对于一级光栅 $q=1$ 的沟槽周期 Λ 是多少？二级光栅 $q=2$ 的沟槽周期 Λ 是多少？如果腔长是 20 μm，对于一级光栅，需要多少沟槽？对于 $q=2$ 需要多少沟槽？

36. 一个 SQW(量子阱)激光器，超薄活性层 InGaAs 的带隙为 0.70 eV，两个 InAlAs 层之间的厚度为 10 nm，InAlAs 的带隙为 1.45 eV，InGaAs 中传导电子的有效质量约为

0.04m_e，m_e 是真空中的电子质量。计算 E_c 之上第一和第二电子能级，并计算量子阱中 E_v 之下第一空穴能级。这个 SQW 激光器发出的激光波长是多少？如果跃迁发生在具有相同带隙的体 InGaAs 中，则发出的激光波长是多少？

37. GaAs 中传导电子的有效质量是 0.07m_e，对于厚度为 8 nm 的量子阱而言，计算最初的三个电子能级，如果空穴的有效质量是 0.47m_e，则 E_v 之下的空穴能量是多少？相对于能量带隙为 1.42 eV 的体 GaAs 而言，发射光波长改变了多少？

38. 图 3-36 示出的一个基于 GaAs 和 AlGaAs 的埋异质结激光二极管的结构，讨论：对于工作在波长为 1.3 μm 和 1.55 μm 的激光二极管而言，使用相同的结构，如何改变半导体材料？

参考文献

[1]　江月松. 光电技术与实验. 北京：北京理工大学出版社，2000.

[2]　江月松，李亮，钟宇. 光电信息技术基础. 北京，北京航空航天大学出版社，2005.

[3]　缪家鼎，徐文娟，牟同升. 光电技术. 杭州：浙江大学出版社，1995.

[4]　Kasap S O. Optoelectronics and Photonics：Principles and Practice. Beijing：Publishing House of Electronics Industry，2003.

第4章　光电探测器

光电探测器也称为光探测器，是利用物质的光电效应把光辐射信号转换成电压或电流等电信号的器件。其在光电技术中的作用是发现信号、测量信号，并为随后的应用提取某些必要的信息。光电探测器在军事、空间技术和其他科学技术以及工农业生产上得到广泛应用，它的性能对光电信息系统的性能影响很大，如在缩小系统的体积、减轻系统的质量、增大系统的作用距离等方面仍有大量工作要做。目前已经有一系列工作于γ射线、X射线、紫外光、可见光、红外光波段的各种类型的光电探测器。根据器件对辐射响应的方式不同，光电探测器可分为两大类：一类是光子探测器，另一类是热探测器。

4.1　光电探测器的性能参数与噪声

4.1.1　光电探测器的性能参数

各种光电探测器，由于它们的工作原理及结构各不相同，因此需要用多个参数来说明其特性。这里首先讨论这些器件共有的常用参数，然后再具体介绍器件。

1. 响应度

响应度或称灵敏度。响应度是光电探测器输出信号与输入辐射功率之间关系的度量，描述的是光电探测器的光-电转换效能。定义为光电探测器的输出均方根电压V_S或电流I_S与入射到光电探测器上的平均光功率之比，并分别用R_V和R_I记之，即

$$R_V = \frac{V_S}{P} \quad (\mathrm{V/W}) \tag{4.1-1}$$

$$R_I = \frac{I_S}{P} \quad (\mathrm{A/W}) \tag{4.1-2}$$

式中，R_V和R_I分别称为光电探测器的电压响应度和电流响应度。由于光电探测器的响应度随入射辐射的波长变化而变化，因此又分光谱响应度和积分响应度。

2. 光谱响应度

光谱响应度又叫单色光响应度，它表示不同波长的单位辐射功率，辐射入射到一个探测器的敏感元上，其探测器输出强弱的不同。光谱响应度用R_λ表示，是光电探测器的输出电压或输出电流与入射到探测器上单色辐射通量（光通量）之比，即

$$R_{\lambda V}=\frac{V_{\mathrm{S}}}{\Phi(\lambda)}\quad(\mathrm{V/W})\tag{4.1-3}$$

$$R_{\lambda I}=\frac{I_{\mathrm{S}}}{\Phi(\lambda)}\quad(\mathrm{A/W})\tag{4.1-4}$$

式中，$\Phi(\lambda)$为入射的单色辐射通量。如果 $\Phi(\lambda)$为光通量，则 $R_{\lambda V}$ 的单位为 V/lm。

3. 积分响应度

积分响应度表示探测器对连续辐射通量的反应程度。对包含各种波长的辐射光源，总光通量为

$$\Phi=\int_0^{\infty}\Phi(\lambda)\mathrm{d}\lambda\tag{4.1-5}$$

光电探测器输出的电流或电压与入射总光通量之比称为积分响应度。由于光电探测器输出的光电流是由不同波长的光辐射引起的，所以输出光电流为

$$I_{\mathrm{S}}=\int_{\lambda_1}^{\lambda_0}I_{\mathrm{S}}(\lambda)\mathrm{d}\lambda=\int_{\lambda_1}^{\lambda_0}R_{\lambda}\Phi(\lambda)\mathrm{d}\lambda\tag{4.1-6}$$

由式(4.1-5)、式(4.1-6)可得积分响应度为

$$R=\frac{\int_{\lambda_1}^{\lambda_0}R_{\lambda}\Phi(\lambda)\mathrm{d}\lambda}{\int_0^{\infty}\Phi(\lambda)\mathrm{d}\lambda}\tag{4.1-7}$$

式中，λ_0、λ_1 分别为光电探测器的长波限和短波限。由于采用不同的辐射源，甚至具有不同色温的同一辐射源所发生的光谱通量分布也不相同，因此提供数据时应指明采用的辐射源及其色温。

4. 响应时间

响应时间是描述光电探测器对入射辐射响应快慢的一个参数，当入射辐射到光电探测器后或入射辐射遮断后，光电探测器的输出上升到稳定值或下降到照射前的值所需时间称为响应时间。为衡量其长短，常用时间常数 τ 的大小来表示。当用一个辐射脉冲照射光电探测器时，如果这个脉冲的上升和下降时间很短，如方波，则光电探测器的输出由于器件的惰性而有延迟，把从 10 %上升到 90 %峰值处所需的时间称为探测器的上升时间(t_r)，而把从 90 %下降到 10 %处所需的时间称为下降时间(t_f)，如图 4-1 所示。

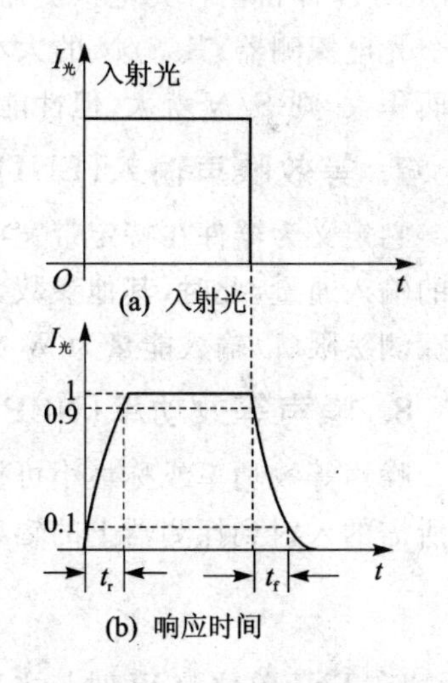

图 4-1　上升时间和下降时间

5. 频率响应

由于光电探测器信号的产生和消失存在着一个滞后过程，所以入射光辐射的频率对光电探测器的响应将会有较大

的影响。光电探测器的响应随入射辐射的调制频率而变化的特性称为频率响应。利用时间常数可得到光电探测器响应度与入射辐射调制频率的关系，其表达式为

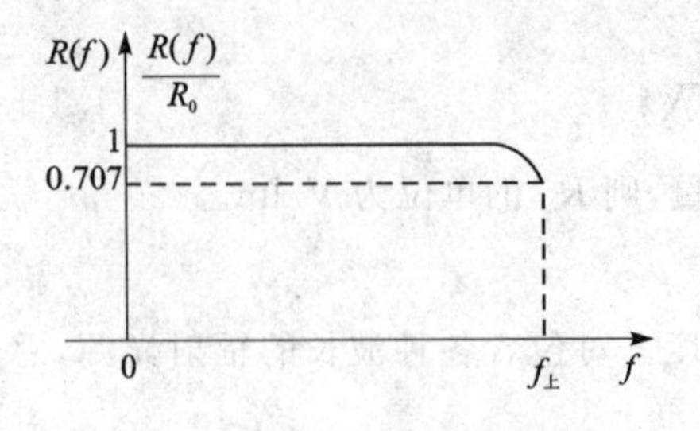

图 4-2　光电探测器的频率响应曲线

$$R(f)=\frac{R_0}{[1+(2\pi f\tau)^2]^{1/2}} \tag{4.1-8}$$

式中，$R(f)$为频率是 f 时的响应度；R_0 为频率是 0 时的响应度；τ 为时间常数（等于 RC）。当 $R(f)/R_0=1/\sqrt{2}=0.707$ 时，可得放大器的上限截止频率（见图 4-2）

$$f_上=\frac{1}{2\pi\tau}=\frac{1}{2\pi RC} \tag{4.1-9}$$

显然，时间常数决定了光电探测器频率响应的带宽。

6. 信噪比(S/N)

信噪比是判定噪声大小通常使用的参数。它是在负载电阻 R_L 上产生的信号功率与噪声功率之比，即

$$\frac{S}{N}=\frac{P_S}{P_N}=\frac{I_S^2R_L}{I_N^2R_L}=\frac{I_S^2}{I_N^2} \tag{4.1-10}$$

若用分贝(dB)表示，则为

$$\left(\frac{S}{N}\right)_{dB}=10\lg\frac{I_S^2}{I_N^2}=20\lg\frac{I_S}{I_N} \tag{4.1-11}$$

利用 S/N 评价两种光电探测器的性能时，必须在信号辐射功率相同的情况下才能比较。但对单个光电探测器，其 S/N 的大小与入射信号辐射功率及接收面积有关。如果入射辐射强，接收面积大，则 S/N 就大，但性能不一定就好。因此用 S/N 评价器件有一定的局限性。

7. 等效噪声输入(ENI)

它定义为器件在特定带宽(1 Hz)内产生的均方根信号电流恰好等于均方根噪声电流值时的输入通量，此时，其他参数，如频率、温度等应加以规定。这个参数是在确定光电探测器件的探测极限(以输入能量为 W 或 lm 表示)时使用。

8. 噪声等效功率(NEP)

噪声等效功率或称最小可探测功率 P_{min}。它定义为光电探测器输出信号功率与噪声功率时所需的入射到探测器上的辐射通量(单位为 W)，即

$$\mathrm{NEP}=\frac{\Phi_e}{S/N} \tag{4.1-12}$$

NEP 在 ENI 单位为 W 时与之等效。一般一个良好的探测器件的 NEP 约为 10^{-11} W。显然，NEP 越小，噪声就越小，器件的性能越好。若信号辐射功率小于噪声等效功率，则探测器信号

输出小于噪声。这就意味着探测器将无法感知目标辐射。所以噪声等效功率实际上就是探测器能够探知的最小目标辐射，标志着一个探测器的灵敏度。噪声等效功率愈小，探测器灵敏度就愈高。NEP 与探测器响应谱段、调制频率、工作温度、偏置、光敏面积、张角等条件有关。

9. 探测率 D 与比探测率 D^*

只用 NEP 无法比较两个不同来源的光电探测器的优劣。为此，引入两个新的特性参数——探测率 D 和比探测率 D^*。探测率又称探测度，是探测器接收单位功率辐射所能获得的信噪比，是噪声等效功率 NEP 的倒数，作为探测器探测最小辐射信号能力的指标，通常用符号 D 表示，其表达式为

$$D=\frac{1}{\mathrm{NEP}}=\frac{V_{\mathrm{S}}/V_{\mathrm{N}}}{P}\quad(\mathrm{W}^{-1})\tag{4.1-13}$$

显然，D 愈大，光电探测器的性能就愈好。探测率 D 所提供的信息与 NEP 一样，也是一项特征参数。不过它所描述的特性是：光电探测器在它的噪声电平之上产生一个可观测的电信号的本领，即光电探测器能响应的入射光功率越小，则其探测率越高。但是仅根据探测率 D 还不能比较不同的光电探测器的优劣，这是因为如果两只由相同材料制成的光电探测器，尽管内部结构完全相同，但光敏面积 A_{d} 不同，测量带宽不同，则 D 值也不相同。为了能方便地对不同来源的光电探测器进行比较，需要把探测率 D 标准化（归一化）到测量带宽为 1 Hz、光电探测器光敏面积为 1 cm^2。这样就能方便地比较不同测量带宽、不同光敏面积的光电探测器测量得到的探测率。

实验测量和理论分析表明，对于许多类型的光电探测器来说，其噪声电压 V_{N} 与光电探测器光敏面积 A_{d} 的平方根成正比（即 $V_{\mathrm{N}}/\sqrt{A_{\mathrm{d}}}=$常数），与测量带宽 Δf 的平方根成正比（即 $V_{\mathrm{N}}/\sqrt{\Delta f}=$常数）。因此将 V_{N} 除以 $\sqrt{A_{\mathrm{d}}\Delta f}$，则 D 就与 A_{d} 和 Δf 无关了，也就是归一化到测量带宽为 1 Hz、光电探测器光敏面积为 1 cm^2。这种归一化的探测率一般称为比探测率，通常用 D^* 记之。根据定义，D^* 的表达式为

$$D^*=\frac{\sqrt{A_{\mathrm{d}}\Delta f}}{\mathrm{NEP}}=\frac{V_{\mathrm{S}}/V_{\mathrm{N}}}{P}\sqrt{A_{\mathrm{d}}\Delta f}\quad(\mathrm{cm}\cdot\mathrm{Hz}^{1/2}\cdot\mathrm{W}^{-1})\tag{4.1-14}$$

可以证明，D^* 与响应率 R_V 可通过下式联系起来，即

$$D^*=R_V\,\frac{(A_{\mathrm{d}}\Delta f)^{1/2}}{V_{\mathrm{N}}}\tag{4.1-15}$$

10. 暗电流 I_{d}

暗电流即光电探测器在没有输入信号和背景辐射时所流过的电流（加电源时）。一般测量其直流值或平均值。

11. 量子效率 $\eta(\lambda)$

量子效率是评价光电器件性能的一个重要参数，它是在某一特定波长上在单位时间内光

电探测器输出的光电子数与这一特定波长入射光子数之比，属无量纲量，最大值为1。单个光量子的能量为 $h\nu=hc/\lambda$，单位波长的辐射通量为 $\Phi_{e\lambda}$，波长增量 $d\lambda$ 内的辐射通量为 $\Phi_{e\lambda}d\lambda$，所以在此窄带内的辐射通量，换算成量子流速率 N 为

$$N=\frac{\Phi_{e\lambda}d\lambda}{h\nu}=\frac{\lambda\Phi_{e\lambda}d\lambda}{hc} \tag{4.1-16}$$

量子流速率 N 即为每秒入射的光量子数。而每秒产生的光电子数为

$$\frac{I_S}{q}=\frac{R_\lambda\Phi_{e\lambda}d\lambda}{q} \tag{4.1-17}$$

式中，I_S 为信号电流，q 为电子电荷。因此量子效率 $\eta(\lambda)$ 为

$$\eta(\lambda)=\frac{I_S/q}{N}=\frac{R_\lambda hc}{q\lambda} \tag{4.1-18}$$

若 $\eta(\lambda)=1$（理论上），则入射一个光量子就能发射一个电子或产生一对电子-空穴对；实际上，$\eta(\lambda)<1$。一般 $\eta(\lambda)$ 反映的是入射辐射与最初的光敏元的相互作用。对于有增益的光电探测器（如光电倍增管等），$\eta(\lambda)$ 会远大于1，此时我们一般使用增益或放大倍数这个参数。

量子效率直接决定了光电探测器内所产生光电流的大小，一般取决于器件结构和制造工艺条件，也与波长有关。例如，硅 CCD 内电极结构很复杂，采用多晶硅半透明电极，不仅有吸收损失，还有 $Si-SiO_2$ 界面处的反射损失。量子效率与波长的关系就变成多峰谷状的曲线。

12. 线性度

线性度描述探测器的光电特性或光照特性曲线输出信号与输入信号保持线性关系的程度，即在规定的范围内，探测器的输出电量精确地正比于输入光量的性能。在这一规定的范围内，探测器的响应度是常数，这一规定的范围称为线性区。

光电探测器线性区的大小与探测器后的电子线路有很大关系。因此要获得所要的线性区，必须设计相应的电子线路。线性区的下限一般由器件的暗电流和噪声因素决定，上限由饱和效应或过载决定。光电探测器的线性区还随偏置、辐射调制及调制频率等条件的变化而变化。

线性度是辐射功率的复杂函数，是指器件中的实际响应曲线接近拟合直线的程度，通常用非线性误差 δ 来度量：

$$\delta=\frac{\Delta_{max}}{I_2-I_1} \tag{4.1-19}$$

式中，Δ_{max} 为实际响应曲线与拟合直线之间的最大偏差；I_1、I_2 分别为线性区中的最小和最大响应值。

在光电技术中，线性度是应认真考虑的问题之一，应结合具体情况进行选择和控制。

4.1.2 光电探测器的噪声

任何一个光电探测器在它的输出端总是存在着一些毫无规律、事先无法预知的电压起伏，

即噪声。依据噪声产生的物理原因，光电探测器的噪声分为散粒噪声、产生-复合噪声、光子噪声、热噪声和低频噪声等。

1. 散粒噪声

由于热激发作用，随机地产生电子所引起的起伏，称为散粒噪声。它是穿越势垒的载流子的随机涨落(统计起伏)所造成的。这种噪声存在于所有光电探测器中。理论计算结果给出热激发散粒噪声的功率谱为

$$g(f)=qiM^2 \tag{4.1-20}$$

式中，i 是流过探测器的平均暗电流，M 是探测器内增益，q 是电子电荷电量。于是散粒噪声的电流为

$$I_n=\sqrt{2qi\Delta f} \tag{4.1-21}$$

Δf 是测量带宽，设 R 是探测器的电阻，则相应的噪声电压为

$$V_n=\sqrt{2qiR^2\Delta f} \tag{4.1-22}$$

按照式中平均电流 i 产生的具体物理过程，有

$$i=i_d+i_b+i_s \tag{4.1-23}$$

式中，i_d 是热激发暗电流，i_b 和 i_s 分别为背景和信号电流，服从下面的转换关系：

$$i(t)=\frac{q\eta}{h\nu}P(t) \tag{4.1-24}$$

式中，$P(t)$为辐射功率，η 为量子效率。h 为普朗克常数，ν 为辐射光频率。这样由 i_d、i_b 和 i_s 产生的散粒噪声分别又称为热激发暗电流噪声、背景噪声和信号光子噪声。如果用背景光功率 P_b 和信号光功率 P_s 表示，则有

$$I_n=\left[Sq\left(i_d+\frac{q\eta}{h\nu}P_b+\frac{q\eta}{h\nu}P_sM^2\Delta f\right)\right]^{\frac{1}{2}} \tag{4.1-25}$$

式中，$S=2$ 是光电发射和光伏产生过程；$S=4$ 是光电导、产生-复合过程。$M=1$ 是光伏过程，$M>1$ 是光电倍增、雪崩和光导过程。

2. 产生-复合噪声

半导体中由于载流子的产生与复合的随机性而引起的载流子平均浓度的起伏所产生的噪声称为产生-复合噪声。这个过程不仅有载流子产生的起伏，而且还有载流子复合的起伏，这样就使起伏加倍。虽然其本质也是散粒噪声，但为强调产生和复合两个因素，取名为产生-复合散粒噪声，简称为产生-复合噪声，记为 I_{gr} 或 V_{gr}，即

$$I_{gr}=\sqrt{\frac{4qi(\tau/t)\Delta f}{1+(2\pi f\tau)^2}} \tag{4.1-26}$$

式中，i 为流过器件的平均电流；τ 为载流子的平均寿命；t 为载流子在器件两电极间的平均漂移时间；f 为频率。因此，这种噪声不是白噪声。如果频率很低，且满足 $2\pi f\tau\ll1$，此时

$$I_{gr} = \sqrt{4qi(\tau/t)\Delta f} \tag{4.1-27}$$

则产生-复合噪声为白噪声。

3. 光子噪声

当用光功率恒定的光照射探测器时，由于它实际上是光子数的统计平均值，每一瞬时到达探测器的光子数是随机的，因此光激发的载流子一定也是随机起伏的，也要产生噪声。因为这里强调光子起伏，故称为光子噪声。不管是信号光还是背景光，都有光子噪声伴随，而且光功率愈大，光子噪声也愈大。只要将暗电流 i_d 用背景光和信号光产生的电流 i_b 和 i_s 代替，便给出了光子噪声的表示式：

$$I_{nb} = \sqrt{2qi_bM^2\Delta f}, \qquad I_{ns} = \sqrt{2qi_sM^2\Delta f} \tag{4.1-28}$$

4. 热噪声

热噪声也称 Johnson 噪声，即由载流子的无规则热运动造成的噪声。当温度高于 0 K 时，导体或半导体中每一电子都作随机运动（相当于微电脉冲），尽管其平均值为零，但瞬时电流扰动会在探测器输出端产生均方根电流或均方根电压，其均方根值为

$$I_{nT} = \sqrt{4kT\Delta f/R}, \qquad V_{nT} = \sqrt{4kT\Delta f} \tag{4.1-29}$$

式中，R 是输出阻抗的实部；k 是玻耳兹曼常数；T 是探测器的热力学温度；Δf 是测量系统的噪声带宽。式(4.1-29)说明，热噪声存在于任何电阻中；热噪声与温度成正比，与频率无关。这说明热噪声是由各种频率分量组成的，就像白光是由各种波长的光组成的一样，所以热噪声可称为白噪声。

5. 1/*f* 噪声(低频噪声)

$1/f$ 噪声也叫闪烁噪声。几乎所有光电探测器都存在这种噪声。这种噪声是由于光敏层的微粒不均匀或不必要的微量杂质的存在，当电流存在时在微粒间发生微火花放电而引起的微电爆脉冲。它主要出现在大约 1 kHz 以下的低频频域，而且与光辐射的调制频率 f 成反比，故称为低频噪声或 $1/f$ 噪声。其经验公式为

$$I_{nf} = \sqrt{\frac{K_f i^\alpha \Delta f}{f^\beta}}, \qquad V_{nf} = \sqrt{\frac{K_f i^\alpha R^\gamma \Delta f}{f^\beta}} \tag{4.1-30}$$

式中，K_f 为与元件制作工艺、材料尺寸、表面状态等有关的比例系数；α 与流过元件的电流有关，通常 $\alpha=2$；β 与元件材料性质有关，其值在 0.8～1.3 之间，大部分材料 $\beta=1$；γ 与元件阻值有关，一般 $\gamma=1.4～1.7$。这种噪声不是白噪声，而属于“红”噪声，相当于白光的红色部分。

6. 噪声等效带宽

噪声等效带宽 Δf_N 是在噪声计算中所讨论的带宽，反映系统对噪声的选择性。噪声等效带宽定义为一个矩形噪声功率增益曲线的频率间隔。矩形噪声功率增益曲线与频率坐标图围

成的面积等于实际噪声功率增益曲线与频率坐标间的面积。此矩形的高为实际最大功率增益，如图 4－3 所示。

噪声带宽可表示为

$$\Delta f_{\mathrm{N}}=\frac{1}{G_0}\int_0^{\infty}G(f)\mathrm{d}f=\frac{1}{A_{v_0}^2}\int_0^{\infty}A_v(f)\mathrm{d}f \tag{4.1-31}$$

式中，$G(f)$ 是功率增益；G_0 是最大功率增益；$A_v(f)$ 是电压增益；A_{v_0} 是最大电压增益。

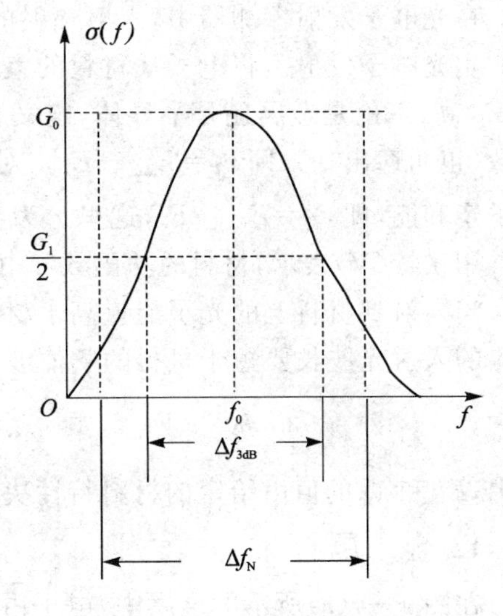

图 4－3　噪声等效带宽

噪声等效带宽不同于放大器的工作带宽（或信号带宽 Δf_s，即三分贝带宽 $\Delta f_{3\,\mathrm{dB}}$）。而放大器三分贝带宽 $f_{3\,\mathrm{dB}}$ 是指输出信号下降至最大值的 0.707 倍时对应的频率。噪声频谱与信号频谱具有完全不同的特征，所以 Δf_{N} 与 Δf_s（$\Delta f_{3\,\mathrm{dB}}$）具有完全不同的意义，两者之间的关系与放大器类型有关。通带内各频率都存在噪声，而且都对输出有贡献。引入噪声等效带宽（有时简称噪声带）便于估计总的噪声输出和进行噪声分析。

4.2　光子探测器

在光子探测器的发展中，最受重视的是入射光子和材料中的电子发生各种相互作用的光电子效应。几乎在所有情况下，所用的材料都是半导体。在众多的光电子效应中，只有光电子发射效应、光电导效应、光生伏特效应和光电磁效应得到广泛的应用。

基于光电子发射效应的器件在吸收了大于红外波长的光子能量以后，器件材料中的电子能逸出材料表面，这种器件称为外光电效应器件。

基于光电导、光伏特和光电磁效应的器件，在吸收了大于红外波长的光子能量以后，器件材料中出现光生自由电子和空穴，这种器件称为内光电效应器件。

4.2.1　光电子发射探测器

光电子发射探测器是基于外光电效应的光电探测器，其中有真空光电管、充气光电管和光电倍增管。真空光电管由光电阴极和阳极构成，用于要求响应极快的场合。但光电子发射探测器主要是可见光探测器，因为对红外辐射响应的光电阴极只有银-氧-铯光电阴极和新发展的负电子亲和势光电阴极，它们的响应波长也只扩展到 1.25 μm，只适用于近红外的探测，因此在红外系统中应用不多。目前光电管已经逐渐被半导体器件所取代，仍较广泛应用的是光电倍增管，它的内部有电子倍增系统，因而有很高的电流增益，能检测极微弱的光信号。本节重点介绍光电倍增管。

在光电子发射探测器中，入射辐射的作用是使电子从光电阴极表面发射到周围的空间中，即产生光电子发射。将电子从材料的束缚中释放出来的最低真空能级 E_{vac} 比材料中的费密能级 E_F 高，不论是金属还是半导体，定义真空能级与费密能级之间的能量差（能垒）为材料的功函数（也叫逸出功），即 $e\phi=E_{vac}-E_F$。对于半导体材料，定义最低真空能级与导带边缘之差为电子亲和能，即 $e\chi=E_{vac}-E_c$，这里 χ 为半导体的亲和势。ϕ 和 χ 具有电势的物理特性，其单位通常用伏特（V）表示，材料的功函数和电子亲和能的单位通常用电子伏特（eV）表示。

当入射到材料上的光子能量高于材料的某一阈值能量 E_{th} 时，才可能发生光电子发射，即对应的入射光波长要短于材料的阈值波长 λ_{th}：

$$h\nu \geqslant E_{th} \quad 或 \quad \lambda \leqslant \lambda_{th} = \frac{hc}{E_{th}} = \frac{1.239\,8}{E_{th}(\mathrm{eV})} \quad (\mu\mathrm{m}) \tag{4.2-1}$$

式中，E_{th} 和 λ_{th} 的值由给定的材料特性决定。

1. 金　属

在图 4-4(a)所示的金属中，电子占据费密能级之下的所有能级，从金属光电子发射所需的阈值光子能量为

$$E_{th} = e\phi \tag{4.2-2}$$

2. 非简并半导体

在图 4-4(b)所示的非简并半导体中，并不是所有电子都在费密能级之下，只有那些在价带边沿之下的能级被电子占据，这是因为费密能级位于带隙中。从非简并半导体的光电子发射所需的阈值光子能量为

$$E_{th} = e\chi + E_g > e\phi \qquad (如果\ \chi > 0) \tag{4.2-3}$$

3. 简并半导体

在简并半导体中，被电子占据的最高能级是费密能级，因此，从简并半导体的光电子发射的阈值光子能量是功函数，就像金属的式(4.2-2)那样。对于 N 型简并半导体，$E_{th}=e\phi<e\chi$，如图 4-4(c)所示。对于 P 型简并半导体，费密能级位于价带中，所以有 $E_{th}=e\phi>e\chi+E_g$，如图 4-4(d)所示。

基本金属的功函数的范围在 2～5 eV，最低的是铯（cesium，Cs），为 2.1 eV，对应于光电子发射的阈值波长是 590 nm。基本金属有很低的量子效率。通常的Ⅳ族和Ⅲ-Ⅴ族半导体（包括 Si、Ge、GaAs 和 InP），典型的功函数在 4～5 eV。因为常规的金属和半导体具有高的阈值光子能量和低的量子效率，所以不适用于可见光和红外光谱区的光电阴极。

有两组具有高量子效率和低阈值能量的实用的光电阴极，一组由碱金属化合物组成，另一组是由银-氧-铯组成，它们都用标准的光谱响应和窗型国际设计，像 S-1（AgOCs）、S-4

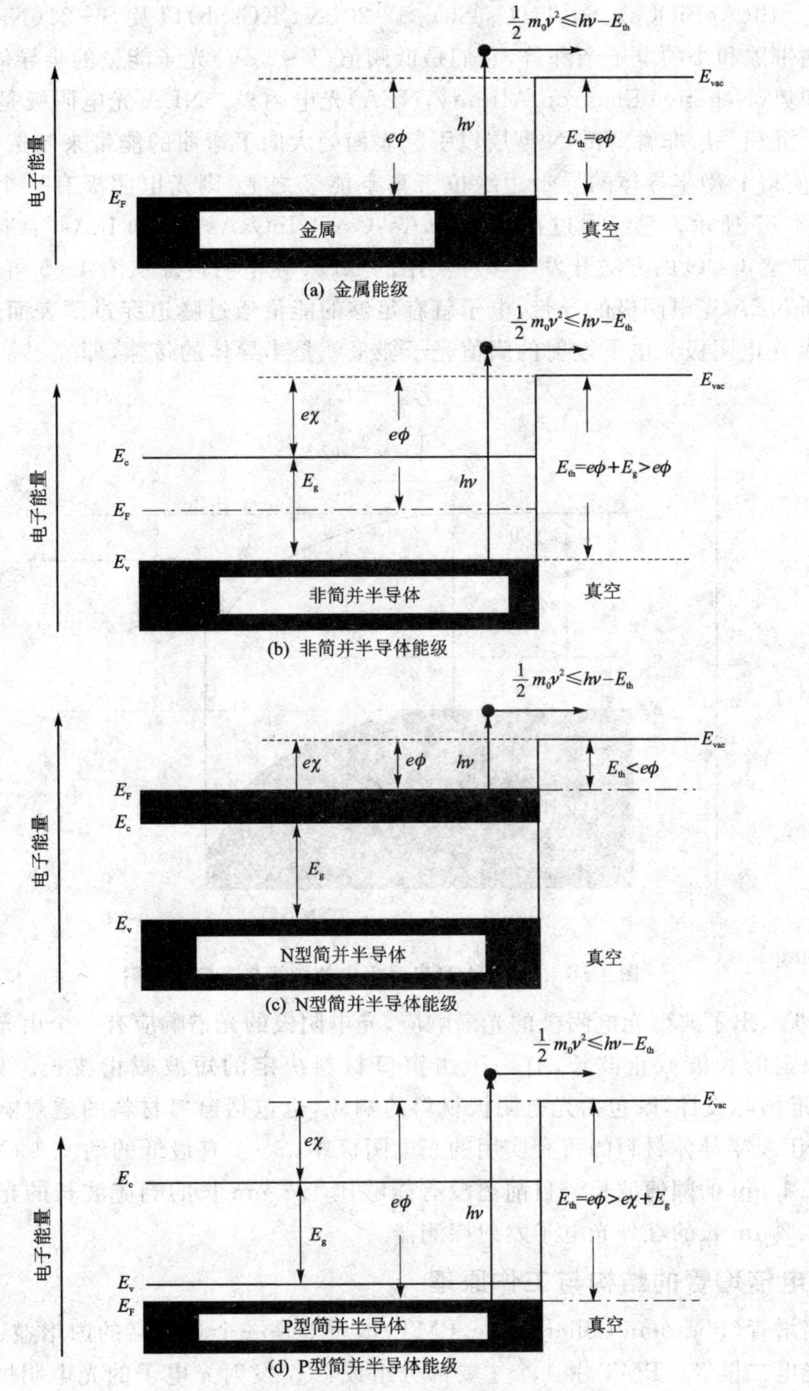

图 4-4　从表面光电子发射所需的电子能量

(Cs_3Sb)、S－10(AgBiOCs)、S－11(Cs_3Sb)、S－20(Na_2KCsSb)以及S－24(Na_2KSb)，这些化合物有小的带隙和小的电子亲和势，它们是低阈值(1～2 eV)光子能量的半导体。另外一组是负电子亲和势(Negative Electron Affinity，NEA)光电阴极。NEA光电阴极是通过在P型半导体表面上沉积一层非常薄的N型层以引起表面处大向下弯曲的能带来制造的，如果能带弯曲足够大，使得P型半导体的导带边缘位于真空能级之上，则光电阴极有一个负的有效的吸引力，如图4－5所示。已经通过在包括GaAs:Cs_2O、InGaAs:Cs和InAsP:Cs表面上沉积一层薄的Cs或者Cs_2O的方法开发了多种实用的NEA光电阴极。从图4－5可以看到，一旦电子被激发到NEA光电阴极的导带，电子就有足够的能量通过隧道穿过薄表面层发射出去，因此，从NEA光电阴极光电子发射的阈值光子能量就是半导体的带隙，即

$$E_{th} = E_g \tag{4.2-4}$$

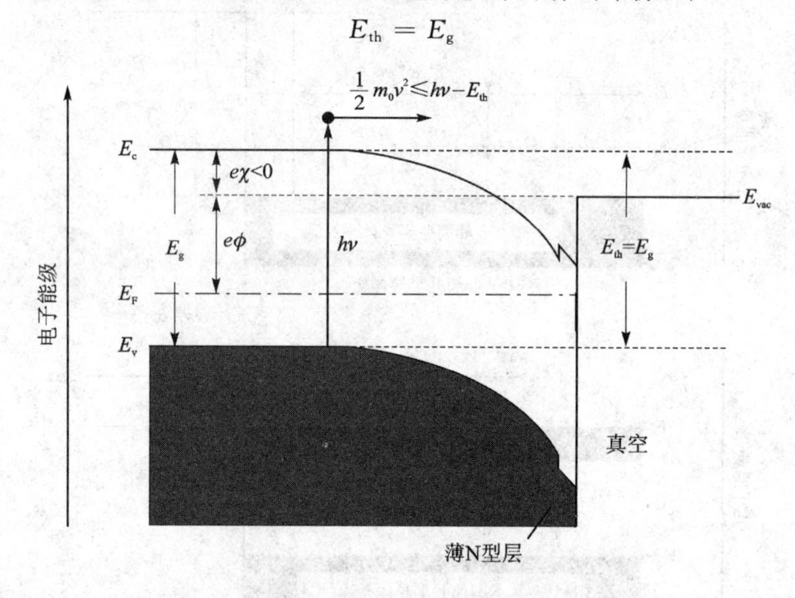

图4－5　在NEA光电阴极中的能级与光电子发射

图4－6示出了典型光电阴极的光谱响应，光电阴极的光谱响应有一个由光电阴极材料的阈值波长决定的长波截止波长，有一个由窗口材料决定的短波截止波长。具有字母S(如S－1)的标准国际设计，既包括光电阴极材料的响应，也包括窗口材料的透射响应。在包括碱化合物和NEA半导体材料的所有实用的光电阴极中，S－1有最低的约1.1 eV的阈值能量，对应于约1.1 μm的阈值波长。目前还没有能够比1.2 μm长的响应波长的光电阴极，因此，不存在比1.2 μm长的红外光电子发射探测器。

4. 光电倍增管的结构与工作原理

光电倍增管(Photomultiplier Tube，PMT)本质上是一个具有高的内增益、低噪声的电子放大器的光电二极管。PMT由4个主要部分组成：① 发射光电子的光电阴极；② 由用于将

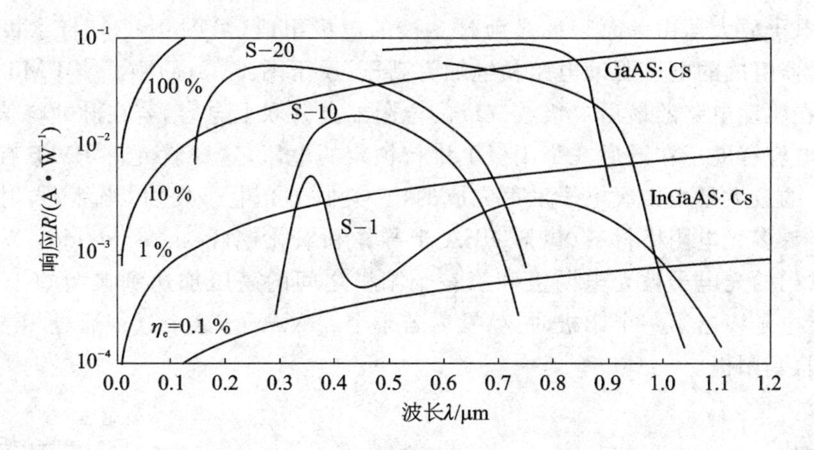

图 4－6　代表性的光电阴极的响应

光电子加速和聚焦到第一阳极的聚焦电极组成的电子光学系统；③ 由一串用于二次电子发射的阳极组成的电子放大器；④ 一个收集电子用于输出信号的阳极。有许多不同的光电倍增管结构，取决于光电倍增管中的电子放大器的结构（如圆笼形状、盒子和栅状、软百叶窗形、线打拿串、微通道板）。光电倍增管既可以使用反射模式也可以使用透射模式的光电阴极，光电阴极既可以在真空管的边上，也可以在真空管的一端。例如，图 4－7(a)和(b)分别示出了具有圆笼结构的边上反射模式光电阴极配置的 PMT 和具有盒与栅结构的断面上透射模式光电阴极配置的 PMT。

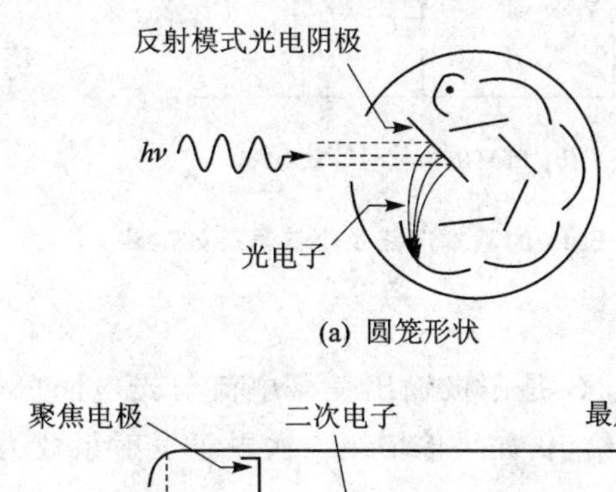

(a) 圆笼形状

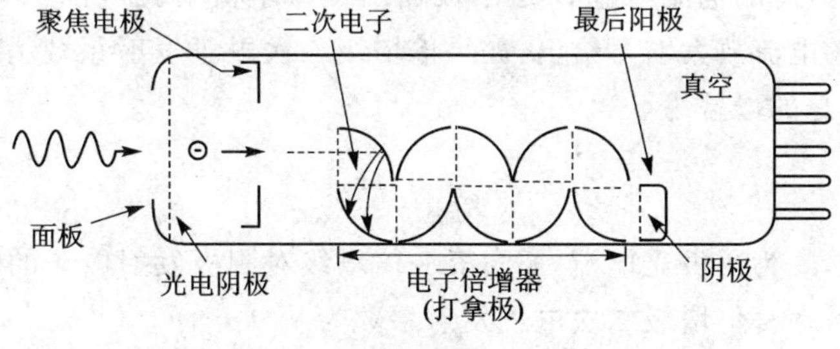

(b) 圆柱形状

图 4－7　PMT 的结构

PMT 的电子放大器由一系列称之为打拿极的电极组成(见图 4-7),打拿极上通过一个由一系列电阻器组成的电压驱动电路相继加有高压,示于图 4-8(a)中。当 PMT 用于高电流脉冲工作时,在驱动电路的最后二级或三级的电阻器上并联上电容,若在脉冲峰值电流时提供旁路,则这些电容有助于在最后几个阳极上维持恒定的电压,这样就允许 PMT 有大的线形动态范围。电子的放大是由二次电子发射完成的,它类似于光电子发射,当然,入射粒子是电子而不是光子。许多光电阴极材料(包括 NEA 半导体和氧化铯(cesiated oxides))也用做阳极,从光电阴极发出的光电子被光电阴极和第一个阳极之间的高压加速到典型的 100～200 eV,当这样的高能电子撞击第一个阳极时,就发射若干个二次电子,这个过程通过相继的打拿极依次继续下去,直到阳极。

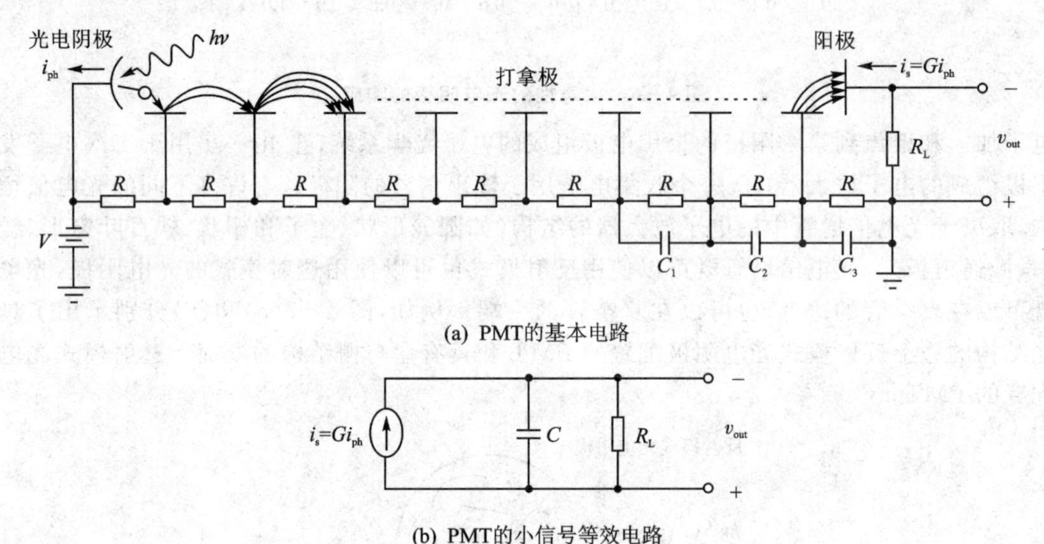

(a) PMT的基本电路

(b) PMT的小信号等效电路

图 4-8　PMT 的基本电路及小信号等效电路

5. 光电倍增管的性能

对于光电倍增管,总的电流增益 G 是阳极输出信号电流与光电阴极电流的比率,这个增益由通过阳极串总的电流放大增益给出,如果倍增级二次电子发射系数为 σ,则对于一个具有 n 个阳极串的 PMT 总的增益为

$$G = \frac{i_s}{i_{ph}} = f(g\sigma)^n \tag{4.2-5}$$

式中,i_s 为阳极电流,i_{ph} 为阴极光电流,f 为第一倍增级对阴极发射电子的收集率,g 为各倍增级之间的电子传递效率。倍增级二次电子发射系数为

$$\sigma_n = \frac{N_{n+1}}{N_n} \tag{4.2-6}$$

式中，N_n 为第 n 倍增级发射的电子数，σ_n 表示第 n 个倍增级每一个入射电子所能产生的二次电子倍数，即该级的电流增益。良好的电子光学设计可使 f、g 值在 0.9 以上。

理论和实验表明，倍增极的电流增益 σ 值主要取决于倍增极材料和极间电压。材料一定，总电流增益与极间电压的关系十分密切，工作电压微小变化将使 G 值有明显的波动，这将使光电倍增管的工作不稳定；但也表明，可用调整外加电压的办法来调整总的电流增益，从而使光电倍增管工作在最佳工作状态。因此要求光电倍增管电源必须是可调的电子稳压电源。这是使用光电倍增管的特点之一。

从式(4.2-5)可知，n 和 σ 愈大，G 值就愈高。但过多的倍增级数将使光电倍增管的管体加长，体积加大，同时还将使电子渡越效应变得严重，从而严重影响光电倍增管的频率特性和噪声性能。所以一般选择较大的 σ 值和较少的级数。通常 σ 值为 3～6，n 取 9～14 级，G 为 10^5～10^7。如果采用负电子亲和势倍增极，则 σ 值可达 20～25，这可使级数 n 大为减少，又可得到良好的频率特性。

为了简便，有时也笼统地用每个倍增级平均电子放大因子 m 来表示 PMT 总的增益，这样式(4.2-5)可表示为

$$G = \frac{i_s}{i_{ph}} = m^n \tag{4.2-7}$$

甚至当有最小的单级放大因子时，总的增益也是相当大的，例如，对于 $m=4$ 的 10 级阳极串，总增益为 $G \approx 10^6$；对于 $m=5$ 的，$G \approx 10^7$。显然，放大因子的小变化可导致总增益 G 的大变化。因为 m 值对倍增级的电压非常敏感，为了 PMT 能可靠地工作，电源和偏置电流必须非常稳定。典型的 PMT 有 9～12 个倍增级，阳极与光电阴极之间加的总电压为 500 V～3 kV，取决于倍增级和阳极所使用的材料和所期望的增益。

包含噪声源的 PMT 的小信号等效电路示于图 4-8(b)中，电容 C 是从阳极到地的总的等效电容，包括阳极到所有其他电极的杂散电容。

PMT 中主要暗电流源是来自光电阴极和阳极的热电子发射，其他不太显著的暗电流源包括漏电流、场发射以及由宇宙射线引起的电子发射。PMT 总的放大的暗电流 i_d 是在阳极，PMT 的阳极暗电流 i_{da} 是由被增益 G 放大的光电阴极暗电流 i_{dk} 和所有被小于 G 的增益放大的打拿极暗电流贡献的，如果我们取有效的打拿极暗电流为 i_{dd}，这样，打拿极贡献到阳极的暗电流就等于 Gi_{dd}，则阳极总的暗电流可以表示为

$$i_d = i_{da} = G(i_{dk} + i_{dd}) \tag{4.2-8}$$

PMT 的暗电流非常小，但因为 PMT 的高增益，PMT 的阳极暗电流是可以探测到的，是不能被忽略的。PMT 的总的阳极暗电流在 10 pA～10 nA 之间，取决于光电阴极和阳极材料以及工作温度。PMT 的噪声等效功率通常受到阳极暗电流的散粒噪声的限制，由 4-1 节中的讨论，PMT 的散粒噪声可表示为

$$\overline{i_{n,sh}^2} = 2eBG^2F(\overline{i_{ph}} + \overline{i_{bk}} + \overline{i_{dk}} + \overline{i_{dd}}) = 2eBGF(\overline{i_s} + \overline{i_b} + \overline{i_d}) \tag{4.2-9}$$

式中，$i_b = Gi_{bk}$，是背景辐射引起的阳极电流。对于一个 n 级的 PMT，过剩噪声因子 F 是放大因子 m 的函数，对于 $m>2$ 有

$$F = \frac{m^{n+1}-1}{m^n(m-1)} \approx \frac{m}{m-1} \tag{4.2-10}$$

因此，PMT 的 F 在 1 的数量级。PMT 总的电流噪声(包括热噪声)是

$$\overline{i_n^2} = 2eBGF(\overline{i_s} + \overline{i_b} + \overline{i_d}) + \frac{4kTB}{R_L} \tag{4.2-11}$$

有了这个总的噪声，PMT 的总的信噪比为

$$\text{SNR} = \frac{\overline{i_s^2}}{\overline{i_n^2}} = \frac{G^2\ \overline{i_{ph}^2}}{2eBG^2F(\overline{i_{ph}} + \overline{i_{b0}} + \overline{i_{d0}}) + \dfrac{4kTB}{R_L}} = \frac{\overline{P_s^2}R^2}{2eBGF(\overline{P_s}R + \overline{i_b} + \overline{i_d}) + 4kTBj/R_L} \tag{4.2-12}$$

式中，$R = G\eta_e e/h\nu$，是具有内增益的 PMT 的响应率。

由于高增益和低噪声，对于光电阴极的单光电子发射，PMT 能够产生很好信噪比的输出信号。在许多高灵敏探测中用 PMT 进行光子计数。典型的 PMT 的噪声等效功率(NEP)在 1 fW 的量级，探测率 D^* 在 10^{16} cm·Hz$^{1/2}$·W^{-1} 量级，工作在光子计数模式的 PMT 的 NEP 可以低达 10^{-19} W；PMT 的动态范围很大，典型值为 60～80 dB。

PMT 的响应速度是由两个因素决定的：① 从光电阴极到阳极的光电子的渡越时间和渡越时间分散；② 图 4-8(b)中示出的等效电路中的 RC 时间常数。渡越时间是光电子从光电阴极发射经过倍增级到达阳极的时间，渡越时间分散是光电子从光电阴极发射时初始动能的差别和轨道效应以及在倍增过程中的统计性质引起的光电子从阴极到达阳极时间的不一致。PMT 中光电子的渡越时间的典型值是 10～100 ns，但渡越时间分散比渡越时间小得多，典型值是 100 ps～2 ns。按照脉冲响应，长的渡越时间会引起响应延迟，响应脉冲的上升时间是由渡越时间分散和 PMT 电路的 RC 时间常数组合决定的，因此，PMT 的上升时间典型值在几个纳秒的量级，可以尽可能短到 1～2 ns，它比渡越时间分散大些，但比渡越时间小得多，所以，PMT 是响应非常快的探测器，在几百兆赫兹量级的频率带宽。尽管 PMT 不是响应最快的光子探测器，但它的高速和大增益的组合特性决定了 PMT 是极好的光子探测器，它的增益-带宽积是其他类型光子探测器无法匹敌的。

4.2.2 P-N 结光电二极管

在许多结型和光导型的光子探测器中，光信号向电信号的转换主要是通过电子-空穴对的产生(吸收光子在导带中产生电子和在价带中产生空穴)来达到的。光电二极管类型的 P-N 结器件具有体积小、响应速度快和探测灵敏度高的特点，可以应用于光电子学中各领域。

1. P－N 结光电二极管的工作原理

图 4－9(a)示出的是一个典型的具有 P^+N 型结的简化结构，P 区的受主浓度 N_a 大于 N 区的施主浓度 N_d，受光面有一个环形电极定义的窗口，入射光子可以照射到器件上。窗口上有抗反射涂层(典型的是 Si_3N_4)以减少光的反射。P^+ 区一般很薄(厚度小于 1 μm)，通常是由平面扩散进入 N 型外延层的。图 4－9(b)示出穿过 P^+N 结的净的空间电荷分布，这些电荷在

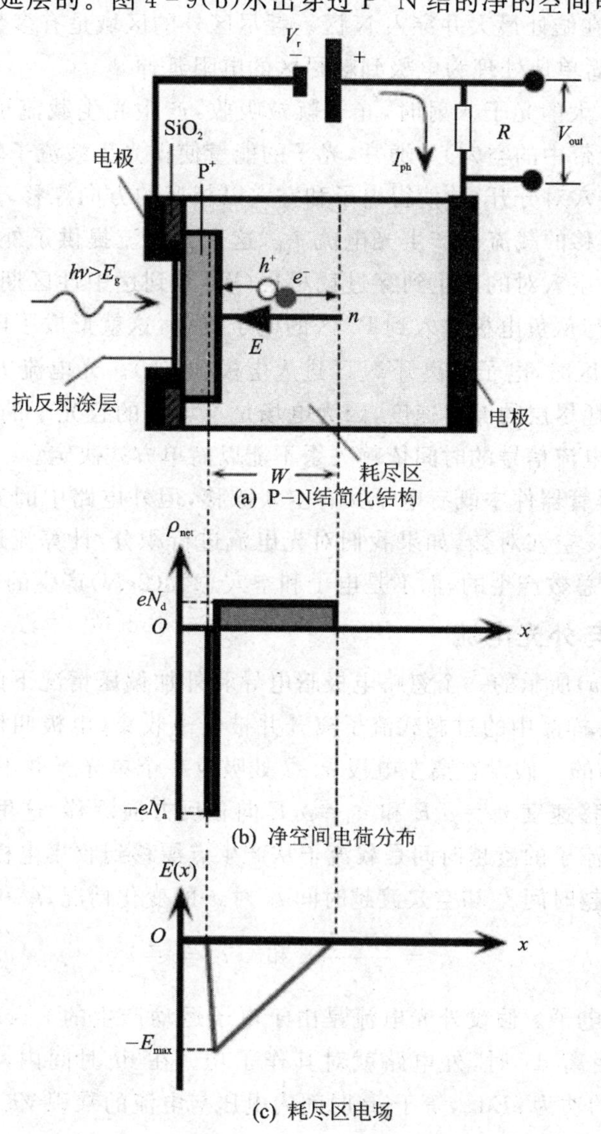

图 4－9　反偏下 P－N 结光电二极管空间电荷密度和耗尽区的场分布

耗尽区(或空间电荷层)中,代表 P^+ 区中暴露的负的受主电荷和 N 区中正的施主电荷,耗尽区几乎完全扩展进入轻掺杂的 N 区,且最多几微米。

正常使用的光电二极管是反偏的,外加反偏 V_r 降落在高阻的耗尽层宽度 W 上,这样在 W 上的电压等于 V_0+V_r(V_0 是内建电压)。图 4-9(b)中,承受 V_0+V_r 电压差的宽度 W 上的净空间电荷密度的积分就建立了电场,这个电场仅存在于耗尽区且是不均匀的,通过耗尽区的变化示于图 4-9(c)中,在结处最大并穿入 N 区。耗尽区外的区域是有多数载流子的中性区,有时易于将这些中性区简单地处理为电极到耗尽区的电阻延伸。

当比带隙能量 E_g 大的光子入射时,光子就被吸收,产生光生载流子的自由电子-空穴对(即导带中的电子和价带中的空穴)。通常,光子的能量使得光生载流子发生在耗尽层中,耗尽层中的电场将电子-空穴对分开,并使得电子和空穴以相反的方向漂移,直到它们到达图 4-9(a)所示的中性区。漂移的载流子产生光电流 I_{ph},这个光电流提供了外电路中的电信号。光电流一直持续在电子-空穴对的产生到穿过耗尽层(W)并到达中性区期间。当漂移的空穴到达中性的 P^+ 区时,它与从负电极进入到 P^+ 区的电子复合,这就形成了电池。类似地,当漂移的电子到达中性的 N 区时,电子就离开 N 区进入电极(电池)。光电流 I_{ph}取决于光生电子-空穴对数和载流子渡越耗尽层的漂移速度,因为电场是不均匀的且光子的吸收发生在取决于波长的距离上,因此,光电流信号的时间依赖关系不能以简单方式决定。

应当注意的是,尽管器件中既有电子又有空穴漂移,但外电路中的光电流仅属于电子流。假设有 N 个光生电子-空穴对数,如果我们对光电流进行积分,计算流过多少电荷,则会发现电荷是光生电子(eN)总数产生的,而不是电子和空穴总数($2eN$)产生的。

2. Ramo 定理与外光电流

考虑如图 4-10(a)所示的一个忽略电极暗电导和外加偏压情况下的半导体材料,电极并不注入载流子,但允许样品中的过剩载流子离开并被电池收集(电极叫做非注入电极)。样品中的电场 V/L 是均匀的。假设在离左电极 $x=l$ 处吸收一个单光子并不断产生电子-空穴对,电子和空穴各自以漂移速度 $v_e=\mu_e E$ 和 $v_h=\mu_h E$ 向相反方向漂移,这里 μ_e 和 μ_h 分别是电子和空穴的漂移率。载流子的渡越时间是载流子从产生点漂移到收集电极的时间,图 4-10(b)分别给出了电子的渡越时间 t_e 和空穴渡越时间 t_h 对 x 的变化情况,t_e 和 t_h 分别为

$$t_e = \frac{L-l}{v_e} \quad 和 \quad t_h = \frac{l}{v_h} \tag{4.2-13}$$

首先只考虑漂移电子。假设外光电流是由于电子运动产生的 $i_e(t)$,电子受到电场力 eE 的作用,当它移动了距离 dx 时,外电路就对其作了功。在 dt 时间内,电子漂移了一段距离 dx,电池对电子所作的功为 $eEdx$,等于 dt 时间内电压与电流的乘积 $Vi_e(t)dt$,即

$$eE\,dx = Vi_e(t)\,dt$$

应用 $E=V/L$ 和 $v_e=dx/dt$ 可得电子的光电流为

$$i_e(t)=\frac{ev_e}{L},\qquad t<t_e \tag{4.2-14}$$

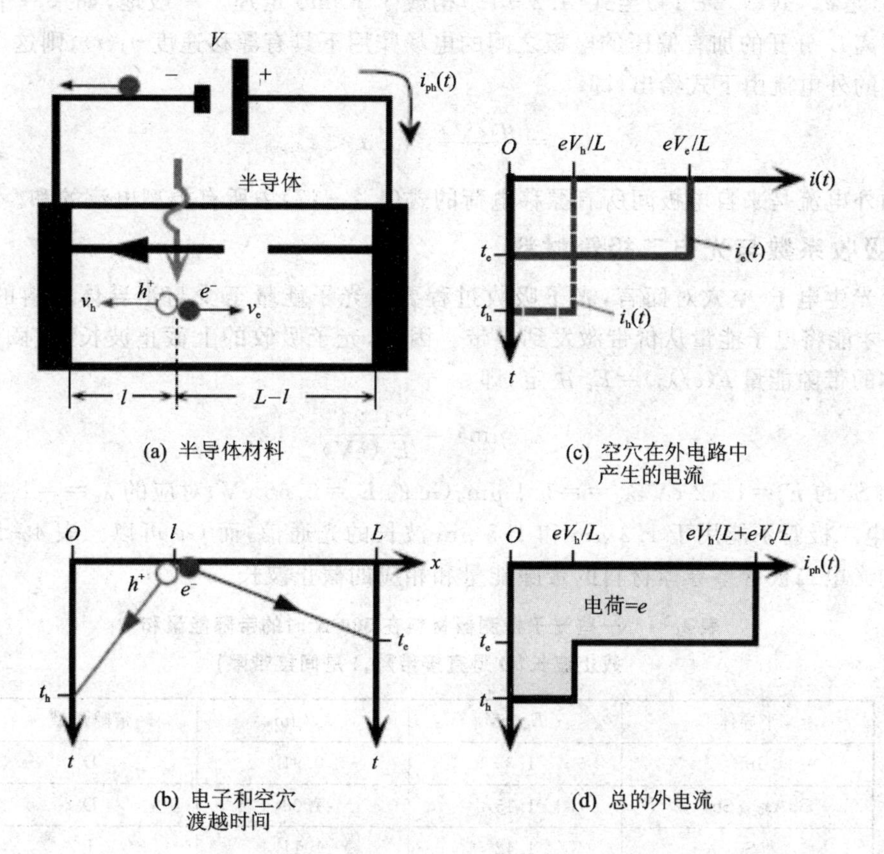

(a) 半导体材料

(b) 电子和空穴渡越时间

(c) 空穴在外电路中产生的电流

(d) 总的外电流

图 4-10　外加偏压情况下的半导体电流

显然，只要样品中电子是漂移的(有速度 v_e)，这个电流就流动，它持续在电子到达电池的端部时间 t_e 内。因此，尽管光生电子不断产生，但外部光生电流不是持续不断的，并有一时间分散，图 4-10(c)示出了电子光电流 $i_e(t)$。

可以对漂移空穴进行上述类似的讨论，漂移空穴在外电路中产生一个如图 4-10(c)所示的空穴光电流 $i_h(t)$，即

$$i_h(t)=\frac{ev_h}{L},\qquad t<t_h \tag{4.2-15}$$

总的外电流是 $i_e(t)$和 $i_h(t)$之和，如图 4-10(d)所示。

为了求收集电荷的值，我们对外电流进行积分得

$$Q_{收集}=\int_0^{t_e} i_e(t)\,dt+\int_0^{t_h} i_h(t)\,dt=e \tag{4.2-16}$$

这个结果可以通过图 4-10(d)中 $i_{ph}(t)$ 曲线下面积的计算来证实。因此,所收集的电荷不是 $2e$ 而是 e。式(4.2-14)至式(4.2-16)构成了 Ramo 定理。一般地,如果一个电荷 q 在两个被距离 L 分开的加有偏压的电极之间的电场作用下具有漂移速度 $v_d(t)$,则这个电荷 q 的运动产生的外电流由下式给出,即

$$i(t) = \frac{qv_d(t)}{L}, \qquad t < t_{transit} \tag{4.2-17}$$

总的外电流是来自电极间所有漂移电荷的式(4.2-17)中所有类型电流的和。

3. 吸收系数与光电二极管材料

对于光生电子-空穴对而言,光子吸收过程要求光子能量至少与半导体材料的带隙能量 E_g 相等,才能将电子能量从价带激发到导带。因此,光子吸收的上截止波长(或阈值波长)λ_{th} 由半导体的带隙能量 $h(c/\lambda_g)=E_g$ 决定,即

$$\lambda_g(\mu m) = \frac{1.24}{E_g(eV)} \tag{4.2-18}$$

例如 Si 的 E_g=1.12 eV,λ_g==1.1 μm;Ge 的 E_g=0.66 eV,对应的 λ_g==1.87 μm。显然,Si 光电二极管不能用于 1.3 μm 和 1.5 μm 波长的光通信,而 Ge 可以。表 4-1 列出了多种典型的光电二极管半导体材料的带隙能量和相应的截止波长。

表 4-1　一些光子探测器材料在 300 K 时的带隙能量和截止波长(D 是直接带隙,I 是间接带隙)

半导体	E_g/eV	λ_g/μm	带隙类型
InP	1.35	0.91	D
$GaAs_{0.88}Sb_{0.12}$	1.15	1.08	D
Si	1.12	1.11	I
$In_{0.7}Ga_{0.3}As_{0.64}P_{0.36}$	0.89	1.4	D
$In_{0.53}Ga_{0.47}As$	0.75	1.65	D
Ge	0.66	1.87	I
InAs	0.35	3.5	D
InSb	0.18	7	D

波长短于 λ_g 的入射光子在半导体中传播时被吸收,光强(与光子数成正比)随着进入半导体内的距离呈指数衰减。在离入射的半导体表面 x 处的光强为

$$I(x) = I_0\exp(-\alpha x) \tag{4.2-19}$$

式中,I_0 是入射辐射的光强,α 是取决于光子能量或波长 λ 的吸收系数。吸收系数 α 是材料特性。大多数光子的吸收发生在距离 $1/\alpha$ 处,因此,$1/\alpha$ 也叫做穿透深度 δ。图 4-11 示出了不同半导体的 $\alpha-\lambda$ 的关系曲线,显然,α 随着 λ 的变化行为取决于半导体材料。

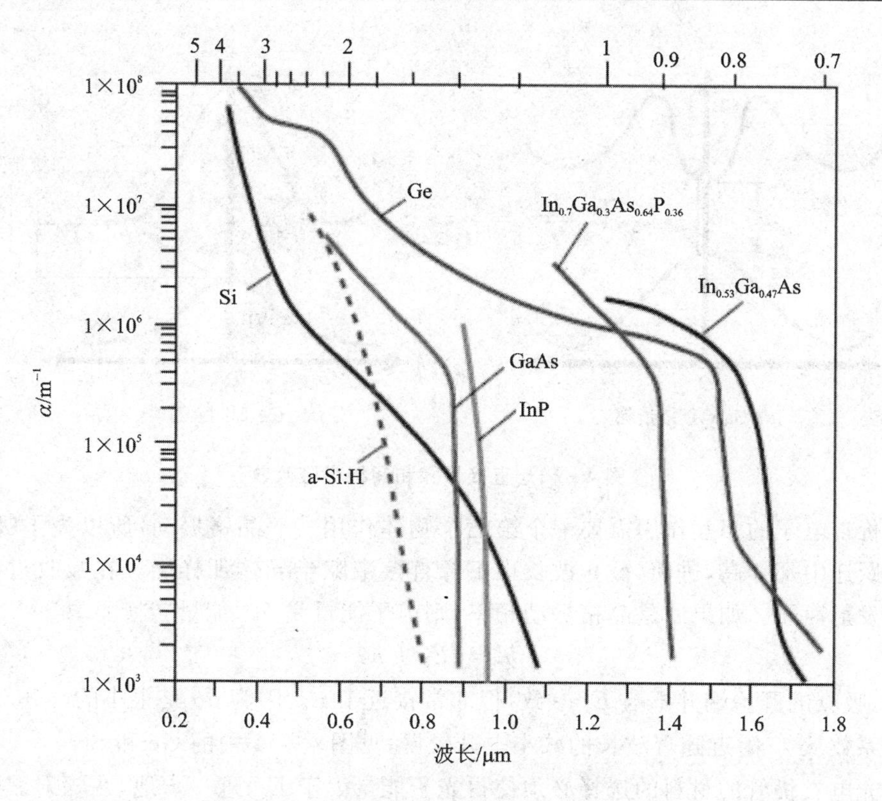

图 4-11 不同半导体吸收系数与波长的关系

在Ⅲ-Ⅴ族的直接带隙半导体(如 GaAs、InAs、InP、GaSb)中和许多它们的合金(如 InGaAs、GaAsSb)中,光子吸收是直接过程,不需要来自晶格振动的帮助。因为光子动量非常小,所以光子被吸收后,电子被直接从价带激发到导带而不改变其 k -矢量(或者晶体的动量 $\hbar k$)。从价带到导带电子动量的变化 $\hbar k_{CB}-\hbar k_{VB}=$光子动量$\approx 0$。这个过程对应于 $E-k$ 图上(即图 4-12(a)所示晶体中的电阻能量 E 与电子动量 $\hbar k$)的垂直跃迁,这些半导体的吸收系数从 λ_g 随着波长急剧上升,如图 4-11 中的 GaAs 和 InP。

在像 Si 和 Ge 那样的间接带隙半导体中,在近 E_g 光子能量的光子吸收期间要求有晶格振动的吸收和发射(即声子的吸收和发射),图 4-12(b)示出了吸收过程。如果 K 是晶格波(晶体中晶格振动的传播)的波矢量,则 $\hbar K$ 表示与这样一种晶格振动相联系的动量,即 $\hbar K$ 是一个声子动量。当价带中的电子被激发到导带时,晶体中电子的动量就变化,并且动量的这种变化不能由入射光子的动量(因入射光子的动量非常小)来提供,这样,动量差必须由声子的动量来平衡:

$$\hbar k_{CB}-\hbar k_{VB}=\text{声子动量}=\hbar K$$

因为吸收过程取决于晶格振动(因而也就取决于温度),所以这个吸收过程是间接的。因

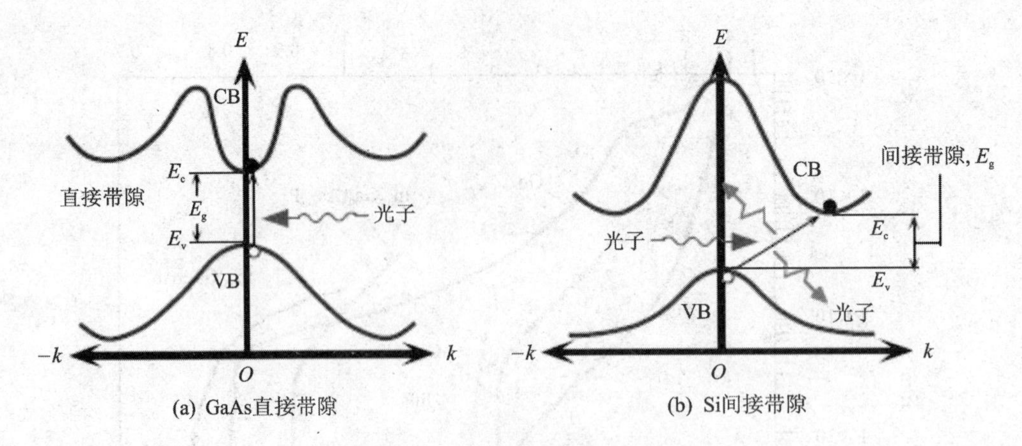

图 4－12　直接带隙和间接带隙吸收

为光子与价带电子的相互作用需要一个第三个物体作用——晶格振动，所以光子吸收的概率不像直接跃迁中那样高，进而，截止波长也不像直接带隙半导体那样陡。在吸收过程期间，可以吸收和发射声子。如果 ϑ 是晶格振动频率，则声子能量是 $h\vartheta$，能量转换要求

$$h\nu = E_g \pm h\vartheta$$

这样，吸收的开始端并不与 E_g 一致，但非常接近于 E_g，因为 $h\vartheta$ 是很小的(<0.1 eV)。初始时吸收系数从 λ_g 附近随着波长的减小上升较慢，见图 4－11 中的 Ge 和 Si。

用于光电二极管的材料的选择必须使得光子能量大于 E_g，进一步地，在辐射波长处，吸收发生在覆盖耗尽层的一定深度处，以使得光生电子-空穴对能够被场分离并在电极处被收集。如果吸收系数太大，则吸收将会在非常靠近 P^+ 层的表面(在耗尽层之外)发生。首先，不存在电场时，意味着光生电子只能到达耗尽层或者通过扩散穿过 N 区；其次，由于表面缺陷起复合中心的作用，近表面的光生载流子总是导致迅速复合。另一方面，如果吸收系数太小，耗尽层中就只有一小部分光子被吸收，只能产生有限的电子-空穴对。

4. 量子效率与响应率

并不是所有的光子都能被吸收，也不是所有被吸收的光子都能产生可被收集并能引起光电流的自由电子-空穴对。接收的光子到自由电子-空穴对的转换过程效率是由探测器的量子效率测量的，量子效率(Quantum Efficiency，QE)定义为

$$\eta = \frac{\text{产生和收集的电子-空穴对数}}{\text{入射光子数}} \tag{4.2-20}$$

在外电路中所测量的光电流应归于每秒到光电二极管端流动的电子。每秒收集的电子数是 I_{ph}/e，如果 P_0 是入射光功率，则每秒到达的光子数是 $P_0/h\nu$，则量子效率可以写为

$$\eta = \frac{I_{ph}/e}{P_0/h\nu} \tag{4.2-21}$$

并不是所有被吸收的光子数都产生能够被收集的自由电子-空穴对，一些电子-空穴对可以对光电流没有贡献而辐射消失掉或被直接俘获。进一步地，如果半导体长度可以与穿透深度($1/\alpha$)相比，则并非所有光子都被吸收。因此，器件的量子效率 η 总是小于 1，它取决于在感兴趣波长处的半导体的吸收系数和器件的结构，可以通过减少半导体表面的反射、增加耗尽层中的吸收，来防止收集之前的载流子的复合或俘获以增加量子效率。由式(4.2-20)定义的 η 是用于整个器件的。内量子效率是每吸收一个光子而产生的光生自由电子-空穴对数，且对许多器件而言是相当高的。式(4.2-20)定义的 η 与内量子效率一起应用于整个器件。

光电二极管的响应率 R 是给定波长处每单位入射光功率(P_0)产生的光电流(I_{ph})，即

$$R = \frac{I_{ph}}{P_0} \tag{4.2-22}$$

显然，依据量子效率的定义有

$$R = \eta \frac{e}{h\nu} = \eta \frac{e\lambda}{hc} \tag{4.2-23}$$

式(4.2-23)中的 η 取决于波长，因此，响应率取决于波长。R 也叫做光谱响应率或辐射灵敏度。$R-\lambda$ 的特性表示光电二极管的光谱响应，一般由制造厂家提供。理想的量子效率是 100 %(η=1)，R 应随着 λ 增加到 λ_g，如图 4-13 所示。实际中，QE 将响应率限制在理想二极管曲线之下，图 4-13 中也示出了典型的 Si 光电二极管较长波长和较短波长的限制。设计得很好的 Si 光电二极管在 700～900 nm 波长范围的量子效率为 90 %～95 %。

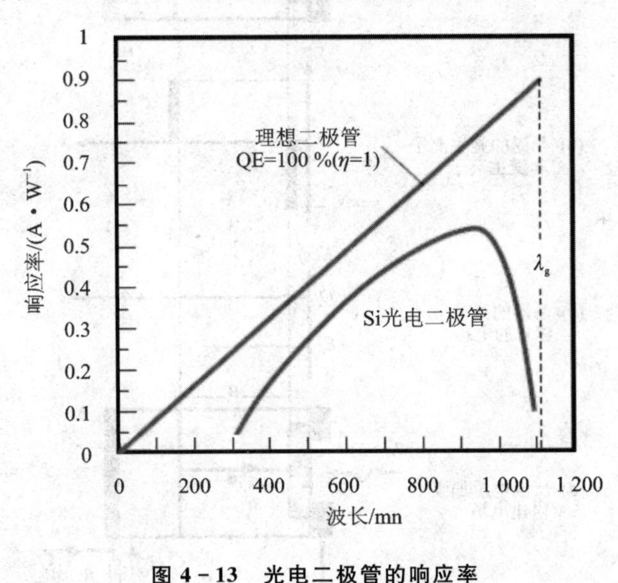

图 4-13　光电二极管的响应率

5. PIN 光电二极管

图 4-9 所示的简单的 P-N 结光电二极管有两个主要缺点：① 它的结电容或耗尽层电

容不足够小，使得它不允许高调制频率光信号的探测，这是一个 RC 时间常数的限制；② 它的耗尽层最多几微米，这意味着在长波长处，穿透深度比耗尽层宽度大，多数光子在没有电场将电子-空穴对分开并漂移的耗尽层外被吸收，在长波长处量子效率低。这些问题在 PIN 光电二极管中得到了实质上的减少。

PIN 指的是具有 P^+-本征-N^+ 结构的半导体器件，图 4-14(a)中示出了其理想结构。本征层比 P^+ 区和 N^+ 区掺杂小得多，并比这两区更宽，典型宽度值是 5～50 μm，取决于具体的应用。在理想的 PIN 光电二极管中，为了简便，i-Si 区是真实的、本征的。空穴从 P^+-区、电子从 N^+-区扩散进入 i-Si 区，在 i-Si 区中电子和空穴复合并消失而形成最初的 PIN 结构，这在 P^+-区中留下了一薄层暴露的负电荷受主离子，在 N^+-区留下了一薄层暴露的正电荷施主离子，如图 4-14(b)所示。这两个电荷层被厚度为 W 的 i-Si 层隔开，在 i-Si 层中形成一个从暴露的正离子到负离子的均匀的内建电场 E_0，如图 4-14(c)所示。相反，P-N 结的耗尽层中的内建电场是不均匀的，不加偏置电压时由内建电场 E_0 维持平衡，内建电场阻止多数载流子扩散进入 i-Si 层。

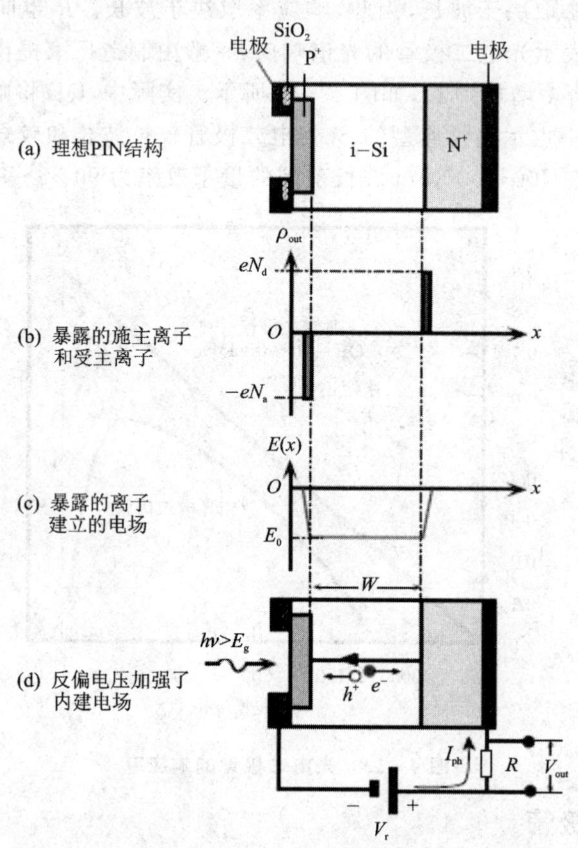

图 4-14　理想的 PIN 光电二极管结构、特性示意图

被一固定距离(i－Si 层宽度)隔开的两个非常薄的正负电荷层与平行平板电容器相同，PIN 管的结(或耗尽层)电容由下式给出，即

$$C_{dep} = \frac{\varepsilon_0 \varepsilon_r A}{W} \tag{4.2-24}$$

式中，A 是横截面面积，$\varepsilon_0 \varepsilon_r$ 是半导体(Si)的介电常数。进一步地，与 P－N 结电容相反，因为 i－Si 层的宽度 W 被结构固定住，结电容并不取决于外加电压。PIN 光电二极管中 C_{dep} 的典型值是在皮法量级，以便与 50 Ω 电阻结合，RC_{dep} 的时间常数大约为 50 ps。

当 PIN 器件外加反向偏置电压 V_r 时，该 V_r 几乎完全降落在 i－Si 层上，P^+－区和 N^+－区中的薄的受主和施主电荷层耗尽层宽度与 W 相比可以忽略，反偏电压 V_r 将内建电压加强到 V_0+V_r，示于图 4－14(d)中。i－Si 层中的电场仍然是均匀的，并增加到

$$E = E_0 + \frac{V_r}{W} \approx \frac{V_r}{W}, \qquad V_r \gg V_0 \tag{4.2-25}$$

设计 PIN 的结构使得光子吸收发生在整个 i－Si 层中，i－Si 层中的电子-空穴对被电场 E 分开并分别向 N^+－区和 P^+－区漂移，如图 4－14(d)所示。而光生载流子通过 i－Si 层漂移，在外电路中引起光生电流，该电流经过一个小的电阻器产生可被探测的电压(见图 4－14(d))。PIN 光电二极管的响应时间是由光生载流子穿过 i－Si 层宽度 W 的渡越时间决定的，增加宽度 W 可以增加被吸收的光子，也就增加了量子效率，但载流子渡越时间变长，延长了 PIN 管的响应时间。对于在 i－Si 层边缘的光生电荷载流子，穿过 i－Si 层的渡越(漂移)时间是

$$t_{drift} = \frac{W}{v_d} \tag{4.2-26}$$

式中，v_d 是漂移速度。为了减少漂移时间，增加响应速度，必须增加 v_d，因此，必须增加外加电场强度 E。在高电场强度下，v_d 并不遵循所期望的 $\mu_d E$ 的行为(μ_d 是迁移率)，而是趋向于饱和速度 v_{sat}。在 Si 情况时，当电场大于 $10^6\ \text{V}\cdot\text{m}^{-1}$ 时，v_{sat} 的量级在 $10^5\ \text{ms}^{-1}$。图 4－15 示出了 Si 中电子和空穴的漂移速度随着电场的变化情况，$v_d=\mu_d E$ 的行为只有在低电场强度情况

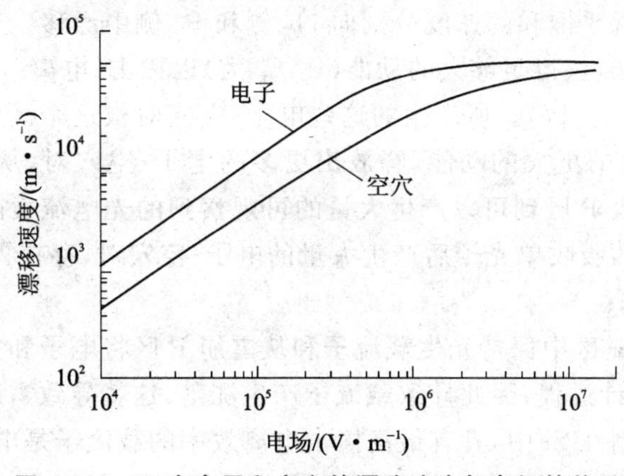

图 4－15　Si 中电子和空穴的漂移速度与电场的关系

下是符合的，在高电场强度情况下是漂移速度饱和。对于宽度为10 μm的i-Si层，载流子以饱和速度漂移，漂移时间约为0.1 ns，比典型的时间常数RC_{dep}长。PIN光电二极管的速度总是受到光生载流子穿过i-Si层的渡越时间的限制。

当然，示于图4-14中的PIN光电二极管的结构是理想化的，实际中，i-Si层会有一些小的掺杂。例如，如果夹心层是轻的N-型掺杂，将其标记为V-层，结构就为P^+VN^+，夹心V-层就成为一个具有小的暴露的正施主浓度的耗尽层，则跨在光电二极管的电场就不是完全均匀的，在P^+V处最大，穿过V-层到达N^+-区有轻微的减小。作为一种近似，我们仍将V-层看作是i-Si层。

6. 雪崩光电二极管

雪崩光电二极管(Avalanche Photo Diode，APD)由于其高的响应速度和高的内增益，被广泛应用于光通信和光探测领域。图4-16(a)是一个Si延展穿过雪崩光电二极管的简化示意图，N^+层很薄，是受光面，有一个允许光透过的窗口。与N^+层相邻的是三个不同掺杂量级的P-型层，以适合于修正跨在二极管上的电场分布。第一个是薄的P型层，第二个是厚的轻掺杂的P-型层(几乎是本征层)π-层，第三个是重掺杂的P^+型层。二极管是反向偏置，以增加耗尽区中的电场。图4-16(b)中示出的是跨在二极管中的归因于暴露的掺杂离子的净空间电荷的分布。在零偏压下，P区的耗尽层不正常地扩展穿过这一层到π-层，但当加上足够的反偏压时，P层中的耗尽区加宽，经延展-穿透(reach-through)到π-层，电场从N^+侧薄的耗尽层中暴露的正电荷施主一路扩展到P^+侧薄的耗尽层负电荷受主。

由整个器件在外加反向电压V_r下的净空间电荷密度ρ_{net}进行积分，可得出二极管中的电场，跨在二极管上的电场变化如图4-16(c)中所示，场线在正离子处开始，在负离子处终止，存在于P、π和P^+层，这意味着在N^+P结处电场E最大，然后缓慢减小穿过P层，穿过π-层，随着净空间电荷密度轻微地减小，在P^+侧中窄的耗尽层端面处消失。

光子的吸收和光生载流子的产生主要发生在长的π-层，这里，近乎均匀的电场将电子-空穴对分开，并将它们以近乎饱和的速度分别向N^+侧和P^+侧中漂移。当漂移的电子到达P层时，它们经受更大的电场，获得足够大的动能(比E_g大)以撞击、电离一些Si共价键，并释放出一些电子-空穴对(见图4-17)。所产生的这些电子-空穴对被这个区的高电场加速以获得足以进一步引起撞击电离的更大的动能，释放出更多的电子-空穴对，从而导致雪崩电离过程。这样，从一个单电子进入P层到可以产生大量的可观察到的光电流贡献的电子-空穴对，光电二极管具有内增益机制，吸收单光子后产生大量的电子-空穴对，存在雪崩放大的APD中的光电流，其量子效率超过1。

图4-16(a)中，在π区中保持光生载流子和从雪崩P区将电子和空穴合理地分开的理由是：雪崩放大是一个统计过程，因此导致载流子产生涨落，这就导致雪崩放大光电流的额外噪声，如果将撞击电离限制在Si中，具有最高撞击电离效率的载流子是电子，就可以将噪声最小化，这样，图4-16(a)的结构允许光生电子漂移并到达雪崩区，而光生空穴却不可以。

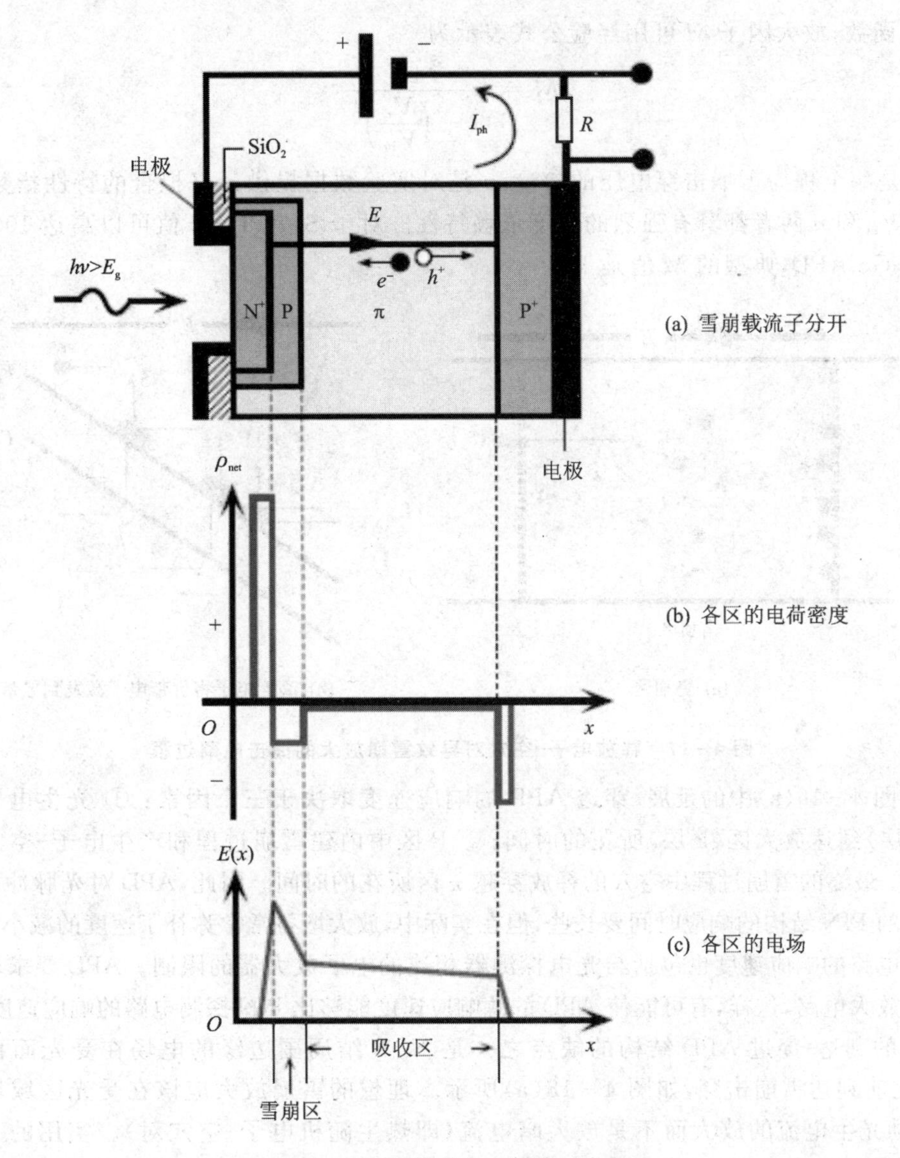

图 4-16　雪崩光电二极管示意图

雪崩区载流子的放大取决于撞击电离的概率，而撞击概率取决于该区的电场，也就取决于反向偏置电压 V_r。APD 总的有效雪崩放大因子 M 定义为

$$M = \frac{\text{放大的光电流}}{\text{未放大的光电流}} = \frac{I_{ph}}{I_{ph0}} \tag{4.2-27}$$

式中，I_{ph} 是已经被放大的 APD 的光电流，I_{ph0} 是主电流（未被放大的光电流）。未被放大的光电流是在没有放大的情况下测量的，例如，在小的反偏电压 V_r 下，放大因子 M 是反偏电压和

温度的强函数，放大因子 M 可用经验公式表示为

$$M=\frac{1}{1-\left(\frac{V_{\mathrm{r}}}{V_{\mathrm{br}}}\right)^{n}} \tag{4.2-28}$$

式中，V_{br} 是一个称为雪崩击穿电压的参量，n 是对实验数据提供最好拟合的特性指数（n 取决于温度），V_{br} 和 n 两者都具有强烈的温度依赖特性。对于 Si APD，M 值可以高达 100，而许多商业化的 Ge APD，典型的 M 值是 10。

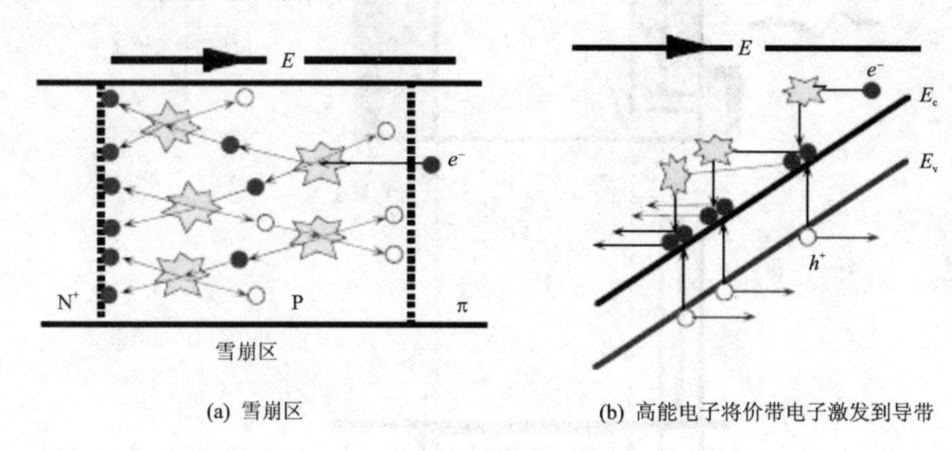

(a) 雪崩区　　(b) 高能电子将价带电子激发到导带

图 4-17　释放电子-空穴对导致雪崩放大的撞击电离过程

示于图 4-16(a)中的延展-穿透 APD 的响应速度取决于三个因素：① 光生电子穿过吸收区（π-层）到达放大区（P 层）所花的时间；② P 区中内建雪崩过程和产生电子-空穴对所花的时间；③ 最终的雪崩过程中空穴的释放穿越 π 区所花的时间。因此，APD 对光脉冲的响应时间比相应的 PIN 结构的响应时间要长些，但在实际中，放大增益常常弥补了速度的减小。总的光电探测器电路的响应速度也包括与光电探测器相连的电子放大器的限制。APD 要求较少的后继电子学放大电路，这样，有可能使 APD 的总响应速度能够比 PIN 探测电路的响应速度快。

简单的到达-穿过 APD 结构的缺点之一是 $N^{+}P$ 结周围边缘的电场在受光面积之下的 $N^{+}P$ 区之前到达雪崩击穿，如图 4-18(a)所示。理想的雪崩放大应该在受光区域均匀地发生，以激励光生电流的放大而不是放大暗电流（即热生随机电子-空穴对）。实用的 Si APD，N 型掺杂区作为一个保护环将 N^{+} 围在中间（如图 4-18(b)所示），使得外围的击穿电压更高，且雪崩被更多地限制在受光区域（$N^{+}P$ 结）。N^{+} 和 P 层很薄（$<2\ \mu\mathrm{m}$），以减少这个区域的任何吸收，主要吸收发生在厚的 π 区。

表 4-2 总结了由 Si、Ge 和 InGaAs 制造的 P-N 结、PIN 和 APD 光电探测器的一些典型特性。上升时间 t_{r} 指的是施加瞬时光学阶跃激发后，光生电流从它的稳态值的 10 % 上升到 90 % 所花的时间，它决定了光二极管的响应速度；R 是峰值波长时的响应率；I_{dark} 是在正常工作条件下、光敏面小于 1 mm^2 情况下典型的暗电流。当然，列在表中的典型参量非常依赖于

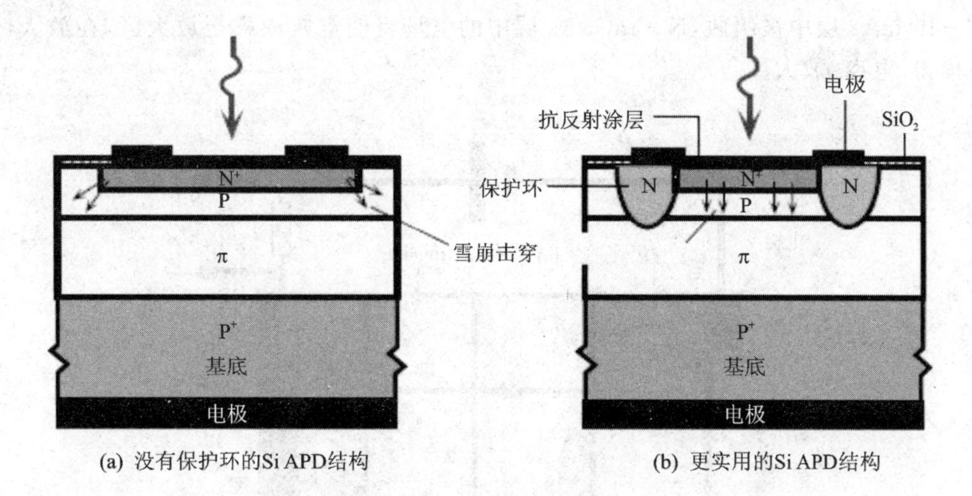

(a) 没有保护环的Si APD结构　　(b) 更实用的Si APD结构

图 4-18　Si APD 结构

特定的器件结构。

表 4-2　一些基于 Si、Ge 和 InGaAs 的 P-N 结、PIN 和 APD 的典型特性

光二极管	λ_{range}/nm	λ_{peak}/nm	$R/(\mathrm{A\cdot W^{-1}})$	增　益	t_r/ns	I_{dark}
Si P-N 结	200～1 100	600～900	0.5～0.6	<1	0.5	0.01～0.1 nA
Si PIN	300～1 100	800～900	0.5～0.6	<1	0.03～0.05	0.01～0.1 nA
Si APD	400～1 100	830～900	40～130	10～100	0.1	1～10 nA
Ge P-N 结	700～1 800	1 500～1 600	0.4～0.7	<1	0.05	0.1～1 μA
Ge APD	700～1 700	1 500～1 600	4～14	10～20	0.1	1～10 μA
InGaAs-InP PIN	800～1 700	1 500～1 600	0.7～0.9	<1	0.03～0.1	0.1～10 nA
InGaAs-InP APD	800～1 700	1 500～1 600	7～8	10～20	0.07～0.1	10～100 nA

7. 异质结光电二极管

(1) 分开吸收与放大 APD

就像在延展-穿透 Si APD 中那样，吸收(或光生载流子)区域和雪崩(或放大)区域是分开的。图 4-19 是一个具有吸收与放大区域分开的(Separate Absorption and Multiplication, SAM)InGaAs-InP 的结构示意图，InP 比 InGaAs 有更宽的带隙，用大写字母 P 和 N 表示 InP 的 P-型和 N-型掺杂，主要耗尽层在 P^+-InP 和 N-InP 层之间，且在 N-InP 内，正是在这里电场最大；也正是在这个 N-InP 内发生雪崩放大过程，在足够的反偏电压下，N-InGaAs 中的耗尽层延展穿透到 N-InP 层。N-InGaAs 中耗尽层中的电场不像 N-InP 中电场那样大，跨在器件上电场的变化示于图 4-19 中。入射到 InP 边上的长波光子，因为其光子能量小于 InP 的带隙能量(E_g=1.35 eV)，所以入射的长波光子不被 InP 吸收，光子通过 InP

层在 N－InGaAs 层中被吸收，N－InGaAs 层中的电场将使空穴漂移至放大区，在放大区中载流子被撞击、电离、放大。

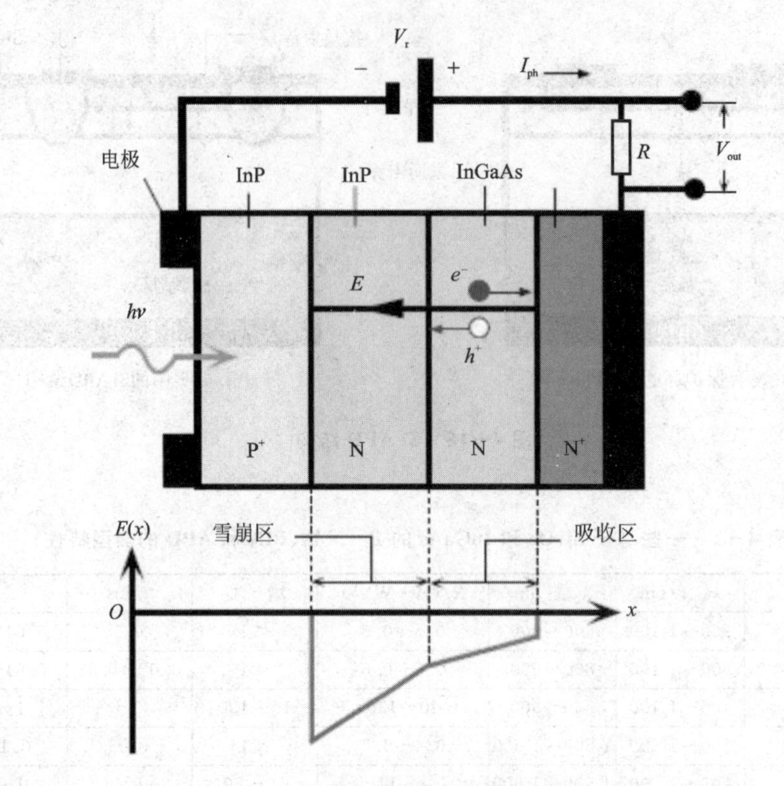

图 4－19 SAM APD 简化示意图

图 4－19 是高度简化的，有若干个实用特征没有在图中示出。因为两个半导体之间价带边缘（E_v 中的 ΔE_v）尖锐地变化，带隙又尖锐地增加，故空穴不能够越过势能垒 E_v（见图 4－20(a)）。可以通过使用具有中间带隙的薄的 N－型 InGaAsP 层来解决这个问题，以提供一个从 InGaAs 到 InP 的分级跃迁（见图 4－20(b)）。ΔE_v 被有效地分裂成两个台阶，空穴有足够的能量克服第一个台阶并进入 INGaAsP 层，在 InGaAsP 层中漂移并加速，以获得足够的能量越过第二个台阶。这样的器件被称为分开吸收、分级并放大（Separate Absorption, Grading and Multiplication, SAGM）APD。InP 层外延生长在 InP 基底上，基底本身并不用于直接制造 P－N 结，以防止放大区中出现基底晶体缺陷（如位错）时器件性能退化。更为实用的 SAGM APD 示意图如图 4－21 所示。

(2) 超晶格 APD

像前面已经提到的那样，由于雪崩放大过程中内在的统计变化，APD 呈现过剩的光电流噪声（在所期望的散粒噪声之上），只有当一类载流子（如电子）包含在撞击电离中时才能使过

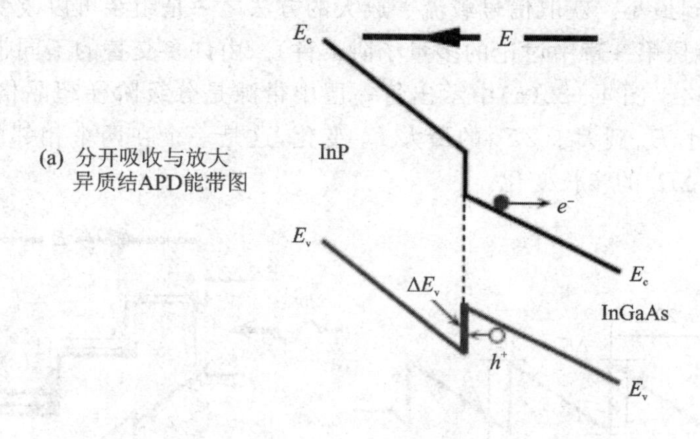

图 4－20　不同异质结的能带情况

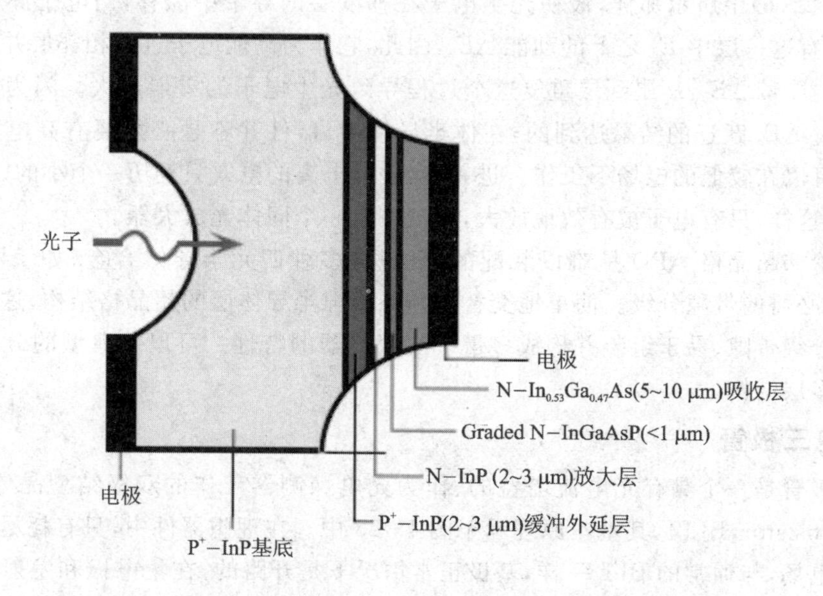

图 4－21　更实用的台面腐蚀的 SAGM 分层 APD 简化示意图

剩的雪崩噪声减小到最小。获取信号载流子放大的方法之一是组装可以改变不同带隙半导体次序的多层器件(就像第 3 章中讨论的多量子阱器件)。由许多交替的不同带隙半导体组成的多层结构叫做超晶格。图 4－22(a)中示出每一层中带隙是分级阶梯超晶格 APD 的能带图，每一层中带隙从最小 E_{g1} 到大于 $2E_{g1}$ 的最大 E_{g2} 变化，这是一个在两个相邻的比 E_{g1} 大的分级层之间导带边缘中 ΔE_c 的步长变化。

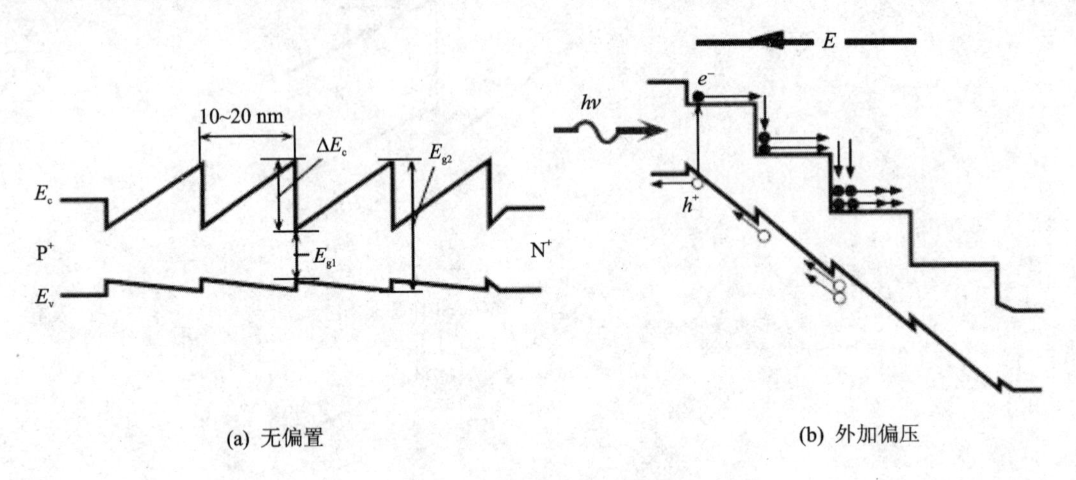

图 4－22　阶梯超晶格能带图

像图 4－22(b)中所示那样，最初光生电子在梯度层的导带中漂移，当电子漂移到相邻层时，电子就具有这一层中 E_c 之上的动能 ΔE_c，因此，它作为高能电子进入相邻层并通过碰撞电离损失过剩的能量 ΔE_c，从层到层重复这个过程导致光生电子的雪崩放大。因为碰撞电离主要是作为越过 ΔE_c 跃迁的结果达到的，在体半导体中，器件并不是必须要有高电场强度的雪崩放大。它可以在较低的电场下工作。进一步，碰撞电离的空穴只经历一个小的、不足以导致放大的 ΔE_v，这样，只有电子被有效地放大，而器件是一个固体光放大器。

这样的阶梯超晶格 APD 是难以装配的，且包含多种四元半导体合金(如 AlGaAsSb)组分，难以获得必需的带隙分级。简单地交替低和高带隙半导体层的超晶格结构，这样的多层系统并不具有分级带隙、易于组装并构成多量子阱探测器的特性。可以用典型的分子束外延来组装这样的多层结构。

8. 光电三极管

光电三极管是一个具有光电流增益的、作为光电探测器工作的双极结型晶体管(Bipolar Junction Transistor，BJT)，其基本原理示于图 4－23 中。在理想器件中，只有耗尽区或者空间电荷层含有电场，与通常的 BJT 一样，基极正常情况下是开路的，在集电极和发射级之间加上外加电压。入射的光子被基极与集电极之间的空间电荷层吸收，产生电子-空穴对，空间电荷层中的电场将电子-空穴对分开并将它们分别以相反方向漂移，这主要是光电流，并有效地构

成基极电流(尽管基极是开路的，电流从集电极流进基极)。当漂移电子到达集电极后被电池收集(因此被中和)。另一方面，当空穴进入中性区基区时，被注入基区的大量电子中和，空穴有效地“强迫”大量电子从发射区注入到基区。基区中典型的电子复合时间比电子扩散穿过基区所花的时间要长许多，这意味着来自发射极注入的电子只有一小部分能够与基区的空穴复合，这样，发射区必须注入大量的电子与基区中过剩的空穴中和。这些电子扩散穿过基区并到达集电区，在集电极构成放大的光生电流。

另一方面，也可以认为，集电区中的光生电子-空穴对的空间电荷层减小了这个区中的阻抗，减小了加载基区和集电区结上的电压 V_{BC}，因为 $V_{BE}+V_{BC}=V_{CC}$(见图 4－23)，所以必须增大基极-发射极电压 V_{BE}。增大 V_{BE} 的作用就好像在基极与发射极之间加上一个正向偏置，由于晶体管的作用，该正向偏置将电子注入到基区，那就是发射极电流 $I_E \propto \exp(eV_{BE}/kT)$。

因为主要的光生电流 I_{pho} 被放大就好像基极电流(I_B)被放大一样，所以外电路中的光生电流为

$$I_{ph} \approx \beta I_{pho}$$

式中，β 是晶体管的电流增益(或 h_{FE})。光电三极管的构成使入射的辐射在基区-集电区结的空间电荷层中被吸收。

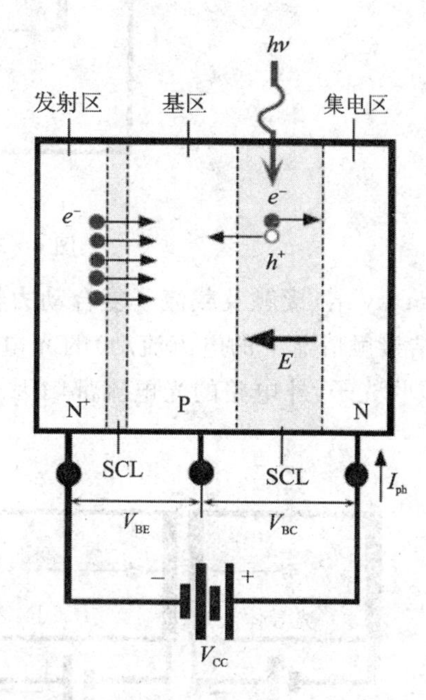

图 4－23　光电三极管的工作原理

也有可能构建一个具有不同带隙材料的发射区、基区和集电区异质结光电三极管，如果图 4－23 中的发射区是 InP(E_g＝1.35 eV)，基区是 INGaAsP 合金(如 $E_g \approx 0.85$ eV)，则能量小于 1.35 eV、大于 0.85 eV 的光子将通过发射区在基区被吸收，这意味着器件的受光面能够透过发射区。

4.2.3　光电导探测器与光导增益

光电导是应用最广泛的光电子效应。光电导可分为本征光电导和非本征(杂质)光电导两类。由于杂质半导体的电离能 E_i 远比本征半导体的禁带宽度 E_g 小，因而它的长波限要比本征类的长。但是由于杂质浓度低，所以非本征半导体要比本征类的半导体的光电导效应弱得多。由于光电导探测器的电阻对光敏感，所以也称为光敏电阻。

图 4－24 中画出了光电导探测器的简单结构示意图，图中，电极与对感兴趣的波长处具有良好吸收系数和量子效率的半导体接触，入射光子在半导体内被吸收，并产生电子-空穴对。结果是增大了半导体的电导率，因此也就增大了构成光电流的外电路电流 I_{ph}。

探测器的实际响应取决于和半导体的接触是欧姆接触还是块(如并不注入载流子的

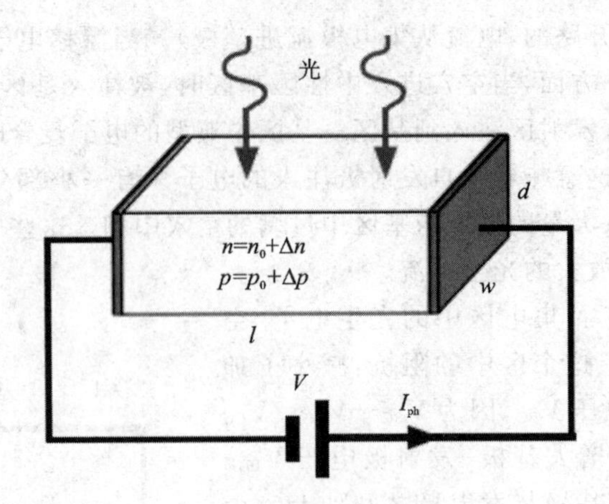
光
d
n=n₀+Δn
p=p₀+Δp
w
l
V
Iph

图 4-24　一个光导探测器及其尺寸

Schottky 结)接触及载流子复合动力学的本性。考虑一个欧姆接触(即接触不限制像 Schottky 结接触情况下的电流流动)的光电导,由于是欧姆接触,光电导呈现出光导增益,即对于每个吸收光子,外电路的光电流都归因于更多的电子流。图 4-25 示出了这种解释。

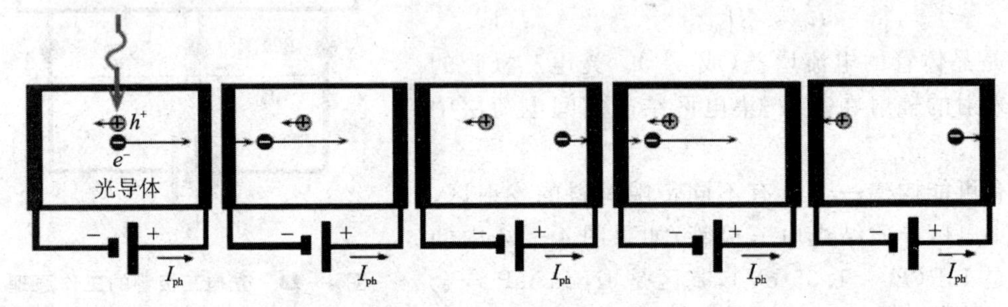
h⁺
e⁻
光导体
Iph
(a) 吸收光子产生光生电子-空穴对
(b) 从负电极进入样品的电子
(c) 空穴比电子漂移慢
(d) 另外一电子进入样品维持电中性
(e) 形成外电流

图 4-25　欧姆接触的光电导

当一个被吸收的光子产生光生电子-空穴对并以相反方向漂移时(见图 4-25(a)),电子比空穴漂移得更快,因此,电子离开样品结快一些,但样品必须是中性的,这意味着另外的电子从负电极进入样品中(电极是欧姆接触的)(见图 4-25(b))。这个新的电子也很快漂移穿过样品(见图 4-25(b)和(c))并离开样品,而空穴仍然缓慢地在样品中漂移,这样必须再有另外的电子进入样品以维持样品的电中性,如此继续,直到空穴到达负电极或者与进入样品的这些电子复合掉,因此,每吸收一个光子,外光电流都对应着许多电子,表现为增益,该增益取决于载流子的漂移时间和它们的寿命。

假设光电导突然被一个阶跃光照射,如果 Γ_{ph} 为单位时间到达单位面积上的光子数(光子流),则 $\Gamma_{ph}=I/h\nu$,这里 I 是光强度(单位时间、单位面积的能流),$h\nu$ 是光子能量。这样,每秒

单位体积所产生的电子-空穴对数，即每单位体积的光生载流子率 g_{ph} 由下式给出：

$$g_{\mathrm{ph}} = \frac{\eta A\Gamma_{\mathrm{ph}}}{Ad} = \frac{\eta\left(\dfrac{I}{h\nu}\right)}{d} = \frac{\eta I\lambda}{hcd} \tag{4.2-29}$$

式中，A 是受光面积。

设任意时刻电子浓度是 n（包含光生电子），热平衡浓度（在黑暗中）是 n_0，则 $\Delta n = n - n_0$ 是过剩电子浓度。对于光生载流子，显然 $\Delta n = \Delta p$。过剩电子浓度的增加率＝过剩电子光生率－过剩电子的复合率。如果 τ 是过剩电子的平均负荷寿命，则

$$\frac{\mathrm{d}\Delta n}{\mathrm{d}t} = g_{\mathrm{ph}} - \frac{\Delta n}{\tau} \tag{4.2-30}$$

从式(4.2-30)可以清楚地看出，从光入射时刻起，Δn 以指数形式增加直到达到稳态，此时

$$\frac{\mathrm{d}\Delta n}{\mathrm{d}t} = g_{\mathrm{ph}} - \frac{\Delta n}{\tau} = 0$$

$$\Delta n = \tau g_{\mathrm{ph}} = \frac{\tau\eta\dfrac{}{}\lambda}{hcd} \tag{4.2-31}$$

半导体的电导率为 $\sigma = e\mu_{\mathrm{e}} n + e\mu_{\mathrm{p}} p$，所以，电导率的变化（称之为光导率）是

$$\Delta\sigma = e\mu_{\mathrm{e}}\Delta n + e\mu_{\mathrm{p}}\Delta p = e\Delta n(\mu_{\mathrm{e}} + \mu_{\mathrm{h}})$$

因为电子和空穴是成对产生的，故 $\Delta n = \Delta p$，将 Δn 代入到 $\Delta\sigma$ 的表达式，有

$$\Delta\sigma = \frac{e(\eta/\lambda)\tau(\mu_{\mathrm{e}} + \mu_{\mathrm{h}})}{hcd} \tag{4.2-32}$$

光电流密度为

$$J_{\mathrm{ph}} = \Delta\sigma\frac{V}{l} = \Delta\sigma E \tag{4.2-33}$$

从光电流密度可以得出外电路中流动的电子数：

$$\text{电子流率} = \frac{I_{\mathrm{ph}}}{e} = \frac{wdJ_{\mathrm{ph}}}{e} = \frac{(\eta/\lambda)w\tau(\mu_{\mathrm{e}} + \mu_{\mathrm{h}})E}{hc} \tag{4.2-34}$$

电子产生率为

$$\text{电子产生率} = (\text{体积})g_{\mathrm{ph}} = (wdl)g_{\mathrm{ph}} = wl\frac{\eta/\lambda}{hc}$$

则光电导增益为

$$G = \frac{\text{外电路中的电子流率}}{\text{吸收光的电子产生率}} = \frac{\tau(\mu_{\mathrm{e}} + \mu_{\mathrm{h}})E}{l} \tag{4.2-35}$$

可以用光电导中电子的漂移速度 $\mu_{\mathrm{e}}E$ 和空穴的漂移速度 $\mu_{\mathrm{h}}E$ 将式(4.2-35)进一步简化，电子和空穴的渡越时间（穿过半导体的时间）分别为 $t_{\mathrm{e}} = l/(\mu_{\mathrm{e}}E)$ 和 $t_{\mathrm{h}} = l/\mu_{\mathrm{h}}E)$。在式(4.2-35)中应用这些渡越时间，有

$$G=\frac{\tau}{t_e}+\frac{\tau}{t_h}=\frac{\tau}{t_e}\left(1+\frac{\mu_h}{\mu_e}\right) \tag{4.2-36}$$

如果 τ/t_e 保持一个大的值(要求长的复合时间和短的电子渡越时间),则光电导的增益可以相当高。外加更大的电场可以缩短渡越时间,但这将导致暗电流增大而产生更多的噪声。器件的响应速度受到注入载流子复合时间的限制,长的 τ 意味着器件的响应速度慢。

4.2.4 光子探测器中的噪声

1. P-N 结和 PIN 光电二极管

光子探测器能够探测到的最弱信号是由通过探测器的电流和跨在探测器上电压的随机涨落范围(作为不同的统计过程的结果)决定的。当 P-N 结加上反偏电压时仍然有暗电流 I_d 出现,这主要是耗尽层中和到耗尽层的扩散长度内的热生电子-空穴对产生的。如果暗电流是没有涨落、绝对不变的,则二极管电流的任何变化很小(甚至是 I_d 的极小一部分)。通过设置障碍和移去 I_d 可以容易地探测到光学信号。然而,暗电流展示散粒噪声或 I_d 的涨落(如图 4-26 所示),这个散粒噪声归因于由离散电荷引起的电导涨落,这意味着穿过光电二极管的载流子渡越时间是一种统计分布。载流子被当作离散电荷量收集(随机到达,不是连续的)。

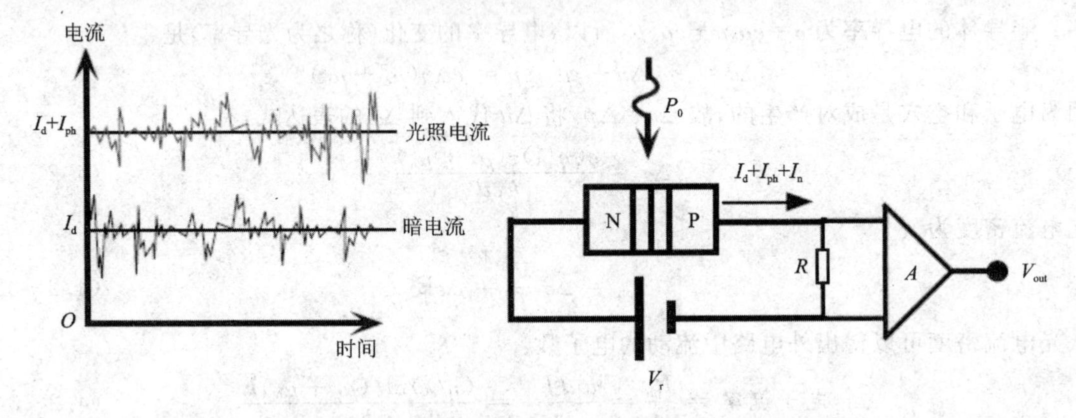

图 4-26 P-N 结和 PIN 光电二极管中的主要噪声源

暗电流涨落的均方根值表示散粒噪声电流 i_{n-dark},且

$$i_{n-dark}=(2eI_dB)^{1/2} \tag{4.2-37}$$

式中,B 是光子探测器的频率带宽,光电流信号必须比暗电流的散粒噪声电流大。

光探测过程包括离散光子与价电子的相互作用,光子的离散行为意味着,即使尽力去保持到达的光子率不变,也存在一个不可避免的到达光子率的随机涨落。因此,光子的量子本性引起光生过程中电子-空穴对的统计随机性,这类涨落叫做量子噪声(或光子噪声),其效果等价于散粒噪声。这样,光电流总是在它归因于量子噪声的平均值附近涨落。如果 I_{ph} 是平均光电流,则在这个平均值附近的涨落有一个叫做归因于量子噪声的散粒噪声电流的均

方根值，即

$$i_{n-quantum} = (2eI_{ph}B)^{1/2} \tag{4.2-38}$$

一般地，暗电流散粒噪声和量子噪声是 P-N 结和 PIN 型光电二极管中的主要噪声源，由光子探测器所产生的总的散粒噪声并不简单地是式(4.2-37)和式(4.2-38)的和，因为这两个过程是归因于独立的随机涨落，我们必须将每种情况的功率相加或者将散粒噪声电流的均方值相加，即

$$i_n^2 = n_{n-dark}^2 + i_{n-quantum}^2$$

则总的散粒噪声电流的均方根值是

$$i_n = [2e(I_d + I_{ph})B]^{1/2} \tag{4.2-39}$$

在图 4-26 中，光子探测器电流 $I_d + I_{ph} + I_n$ 流经负载电阻 R(作为一个测量电流的采样电阻)，跨在 R 上的电压是放大的。在考虑接收机的噪声中，也不得不包括电阻中的热噪声和放大器的输出步骤的噪声。热噪声是跨在任何由于导电电子随机运动的导体上随机的电压涨落，在接收机设计中，我们通常感兴趣的是信噪比 SNR 或 S/N，它定义为信号功率与噪声功率之比，即

$$\text{SNR} = \frac{\text{信号功率}}{\text{噪声功率}} \tag{4.2-40}$$

对于单独的光子探测器，SNR 简单地是 I_{ph}^2 与 I_n^2 之比，接收机的 SNR 必须包括采样电阻 R 和放大器的输出单元(如电阻器和晶体管)中所产生的噪声功率(热噪声)。

噪声等效功率(NEP)是一个经常引用的光子探测器的重要特性，NEP 是给定波长处和 1 Hz 的带宽内，光子探测器中产生的光电流信号(I_{ph})等于总的噪声电流(i_n)时所需要的光信号功率，显然，NEP 表示带宽 1 Hz 内获得信噪比为 1 时所需要的光功率，探测率 D 是 NEP 的倒数，$D=1/\text{NEP}$。

如果 R 是响应率，P_0 是单色光的入射功率，则产生的光电流是

$$I_{ph} = RP_0 \tag{4.2-41}$$

假设光生电流 I_{ph} 与式(4.2-39)中的噪声电流 i_n 相等，当入射光功率 P_0 是 P_1 时，则

$$RP_1 = [2e(I_d + I_{ph})B]^{1/2}$$

由此可以发现每平方根频率带宽的光功率为

$$\frac{P_1}{B^{1/2}} = \frac{1}{R}[2e(I_d + I_{ph})]^{1/2}$$

式中，$P_1/B^{1/2}$ 表示每平方根频率带宽所必需的光功率，则 NEP 为

$$\text{NEP} = \frac{P_1}{B^{1/2}} = \frac{1}{R}[2e(I_d + I_{ph})]^{1/2} \tag{4.2-42}$$

显然，如果 $B=1$ Hz，数值上 $\text{NEP}=P_1$，即是使得 I_{ph} 等于总的噪声电流的 P_0 值。由式(4.2-42)可知，NEP 的单位为 $\text{W} \cdot \text{Hz}^{-1/2}$。

2. APD中的雪崩噪声

在雪崩光电二极管中，光生和热生载流子都进入雪崩区被放大，与这些载流子相联系的散粒噪声也被放大。如果I_{do}和I_{pho}分别是APD中未被放大($M=1$)的暗电流和光生电流(主光生电流)，则APD中总的散粒噪声电流(均方根值)应该是

$$i_{n-APD}=M[2e(I_{do}+I_{pho})B]^{1/2}=[2e(I_{do}+I_{pho})M^2B]^{1/2} \tag{4.2-43}$$

APD展示在被放大的光电流和暗电流的散粒噪声之上的过剩雪崩噪声，是由于放大区中撞击电离过程的随机性所致。在引起撞击电离之前，这个区域中的一些载流子输运的距离远些，一些载流子输运的距离近些。进一步地，撞击电离并不是在整个区域中均匀地发生，而是在区域中的高电场区频繁发生，这样，放大倍数M就在平均值附近涨落，撞击电离的统计结果是过剩噪声(叫做雪崩噪声)对放大的散粒噪声的贡献。APD中噪声电流由下式给出，即

$$i_{n-APD}=[2e(I_{do}+I_{pho})M^2FB]^{1/2} \tag{4.2-44}$$

式中，F叫做过剩噪声因子，是M和撞击电离概率(叫做系数)的函数。一般地，F可由近似关系式$F\approx M^x$给出。这里x是取决于半导体、APD结构和使雪崩开始的载流子类型(电子或空穴)的一个指数，对于Si APD而言，x为0.3～0.5；而对于Ge和Ⅲ-Ⅴ族合金(如INGaAs)APD而言，x为0.7～1。

4.2.5 其他光子探测器简介

1. 光子牵引探测器

光子牵引探测器是一种非势垒光伏效应探测器。它和HgCdTe光电二极管一样适用于10.6 μm的激光波长探测。但是HgCdTe光电二极管只能在微弱光信号下使用，而光子牵引探测器则适用于强光探测。因此光子牵引探测器广泛用于$TEACO_2$脉冲激光器输出的探测。

现已用P型锗、P型碲、砷化铟、砷化镓等材料制成光子牵引探测器，其中研究得最多的是P型锗。用P型锗制成光子牵引探测器的结构原理示于图4-27中。当10.6 μm的强激光脉冲照射P型锗棒一端时，光子和空穴相互作用，使空穴不仅得到能量，而且获得动量，即空穴产生光子方向的动量，从而在光传播方向运动。这好像光子在牵着空穴前进，因而称为光子牵引探测器。由于光子的牵引作用，在激光脉冲前进的同时，Ge棒进光端空穴数目减少，出光端空穴数目增多。这样就在Ge棒两端产生电位差，称为光子牵引电压。光子牵引电压正比于入射光功率。当光入射方向相反时，光子牵引电压也反号。

光子牵引探测器的优点是响应快，损伤阈值高，室温工作，不需要电源。缺点是灵敏度低，典型的器件其单位带宽等效噪声功率为10^{-3} W，所以这种探测器只有在强光下才有响应。

2. 光电磁探测器

如图4-28所示，将半导体置于强磁场中，当半导体表面受到光辐射照射时，在表面产生

电子-空穴对，并且浓度逐渐增大，电子和空穴便向体内扩散；在扩散过程中，受到强磁场的洛伦兹力的作用，使空穴和电子的偏转方向相反，从而在半导体内产生一个电场，阻碍着电子和空穴的继续偏转。如果这时将半导体两端短路，则产生短路电流；开路时，则有开路电压。这种现象叫做光电磁效应。利用这种效应制成的光电探测器叫做光电磁探测器（PME 器件）。

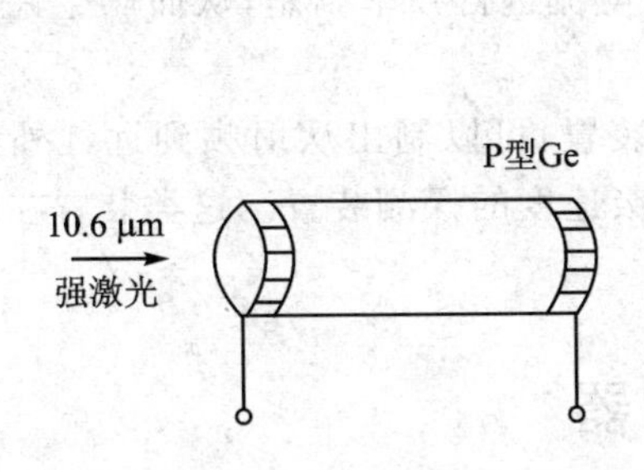

图 4－27　光子牵引探测器示意图

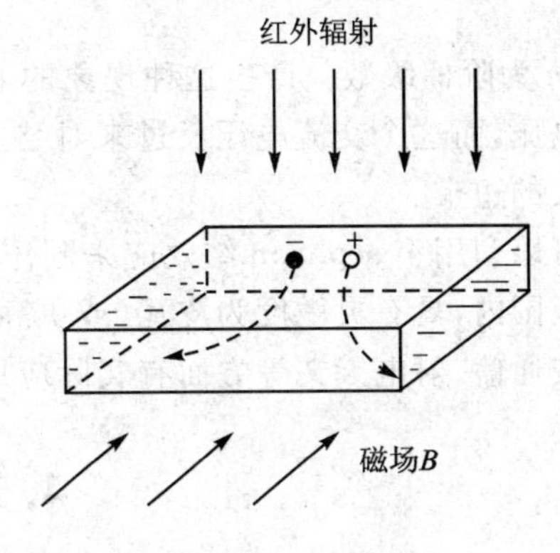

图 4－28　光电磁效应

光电磁探测器常用的材料有锑化铟、碲镉汞等，这种探测器的优点是不需制冷或只需冷却到干冰温度，响应波长可达 7.5 μm，不需要加偏压，有很低的内阻，因而大大降低了探测器的噪声，响应速度较快，有良好的稳定性和可靠性。其主要缺点是响应度不够高，且需要附加磁场装置，因而影响了其应用。

3. Josephson 结探测器

将两超导薄膜之间用一层（厚约 10×10^{-10} m）的电介质隔开，这种结构称为 Josephson 结，或超导隧道结。若通过隧道结的电流小于某一临界值，在结上没有电位降，则在隧道结的伏安特性曲线中存在一个零电压的电流。若通过隧道结的电流超过这个临界值，在结上将产生电位降，这时在伏安特性曲线上，将沿着测量负载线跳到正常电子隧道的曲线上，如图 4－29 所示。这种在隧道结中有隧道电流通过而不产生电位降的现象，称为直流 Josephson 效应。

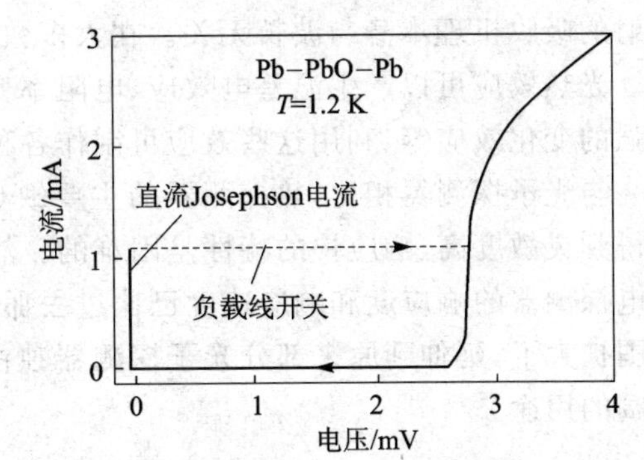

图 4－29　Pb－PbO－Pb 隧道结的伏安特性曲线

若在隧道结上维持一个有限的电位降 V，在隧道结两超导体之间将有一个频率为 f 的交流电流通过，频率 f 和电压 V 之间有下述关系：

$$f=(2e/h)V \tag{4.2-45}$$

式中，e 为电子电荷，h 为普朗克常数，$2e/h=483.6$ MHz/μV。这种现象称为交流 Josephson

结效应。

当隧道结受到光辐射照射时，在一系列分立的电压值上可以感应出额外的直流电流，则在隧道结的直流伏安特性曲线上，将出现电压-电流阶梯现象。阶梯处的电压 V_n 和外加辐照信号频率 f 的关系为

$$nf = 2eV_n/h \tag{4.2-46}$$

式中，n 为阶梯级数。产生这种现象的原因是，当隧道结受到辐射照射时，在结上可以感应出交流电压，而这个交流电压反过来对结上的 Josephson 电流进行频率调制，从而产生许多使电流增大的边带。

可以利用 Josephson 结效应来制作探测电磁波的装置，可以制出从射频到远红外的宽广频率范围内，具有灵敏度为皮瓦(或更高)，并有毫微秒级速度的探测装置。这类装置在毫米和毫米波通信、射电天文等方面有实际应用。

4.3 热探测器

热探测器对辐射的响应和光子探测器不同。它基于材料吸收了光辐射能量以后温度升高的现象，这一现象称为光热效应。光热效应的特点是入射光辐射与物质中的晶格相互作用，晶格因吸收光能而增加振动能量，这与光子将能量直接转移给电子的光电效应有本质的不同。光热效应与入射的光子的性质没有关系。因此，热效应一般与波长无关，即光电信号取决于入射辐射功率，而与入射辐射的光谱成分无关，即对光辐射的响应无波长选择性，这当然假定了辐射的吸收机理本身与波长无关。在大多数情况下，这一假定并不严格成立。

光热效应可以产生温差电效应、电阻率变化效应、自发极化强度的变化效应、气体体积和压强的变化效应等，利用这些效应可制作各种热探测器。

与光子探测器相比，热探测器的主要缺点是：响应率较低，响应时间较长。一般地，要同时得到灵敏度高、响应快的特性是困难的。然而自热释电探测器出现后，缓和了这一矛盾。热释电探测器的响应度和响应速度已比过去那些热探测器有了很大提高，因此热探测器的使用范围扩大了，延伸到原来部分光子探测器独占的领域，而且在大于 14 μm 的远红外区域有更广阔的用途。

4.3.1 温差热电偶和热电堆

在用不同的导体或半导体组成的具有温度梯度的电路中，会有电动势产生，这就是温差电势。通过这两点的闭合回路中就有电流流过，这个现象称为温差电效应(Seebeck 效应)。广义地说，温差电效应包括塞贝克效应、珀耳帖效应和汤姆逊效应。

1. 塞贝克(Seebeck)效应

当由两种不同的导体或半导体组成闭合回路的两个结点置于不同温度(两结点间的温差

为 ΔT)时，在两结点之间就产生一个电动势 V_{12}，这个电动势在闭合回路中引起连续电流，这种现象称为塞贝克效应。其中产生的电动势称为温差电动势或塞贝克电动势，上述回路称为热电偶或温差电池。之所以会产生塞贝克电动势，是由于受热不均匀的两结点的接触电位差不同所致。定义温差电动势率 a_{12}(通常称为塞贝克系数)为

$$a_{12} = \lim_{\Delta T \to 0} \frac{\Delta V_{12}}{\Delta T} = \frac{\mathrm{d}V_{12}}{\mathrm{d}T} \tag{4.3-1}$$

即

$$V_{12} = \int_{T_0}^{T} a_{12} \, \mathrm{d}T$$

通常 $\Delta T = T - T_0$ 是个微小量，在 ΔT 内 a_{12} 可视为常数，所以有

$$V_{12} = a_{12} \Delta T \tag{4.3-2}$$

a_{12}的物理意义是单位温差所产生的电动势的净增量，单位为 V/℃。金属材料的 a_{12} 值一般不大，为几 μV/℃到几十 μV/℃，半导体的 a_{12} 值较大。

2. 珀耳帖(Peltier)效应

珀耳帖效应被认为是塞贝克效应的逆效应。当电流通过两个不同材料的导体或半导体组成的回路时，除产生不可逆的焦耳热外，在不同的接点处分别出现吸热、放热现象。这一效应是热力学可逆的，如果电流方向反过来，吸热的接头处便放热，放热的接头处便吸热。热交换速率与通过的电流成正比，这种现象称为珀耳帖效应。在每一接头上热量流出率或流入率与通过的电流 I 间的关系可表示为

$$\frac{\mathrm{d}Q}{\mathrm{d}t} = \beta_{12} I \tag{4.3-3}$$

式中，β_{12} 为比例系数，通常称为珀耳帖系数或珀耳帖电压。β_{12} 所代表的是可逆热，是单位电流在单位时间内通过结点时该结点吸收或放出的热，它与电压有相同的量纲。珀耳帖系数的数值取决于结点的温度和组成结点的材料，正负号由电流的方向确定。β_{12} 为正时，正的电流使结点放出热量，负的电流使结点吸收热量。β_{12} 为负时，则与上述情况相反。改变电流的方向也就改变了两个结点的热交换能。

3. 汤姆逊(Tomson)效应

在单一均质导体或半导体中存在着与珀耳帖效应相同的现象。如果通有电流的材料有温差存在，也就是说，当电流通过具有一定温度梯度的均质导体或半导体时，就会可逆地吸收热或放出热，这一现象称为汤姆逊效应。单位时间、单位体积吸收或放出的热量为

$$\frac{\mathrm{d}Q}{\mathrm{d}t} = \gamma_{12} \frac{\mathrm{d}T}{\mathrm{d}x} I \tag{4.3-4}$$

式中，γ_{12} 为比例系数，称为汤姆逊系数，亦称电的比热容(因 γ_{12} 和一般热力学中的比热容类似)。γ_{12} 的意义是单位温差通过单位电流吸热或放热的速率。

从以上讨论看到，光辐射入射到导体或半导体上便产生一个温度梯度，从而产生温差电势。由电动势的高低可以测定接收端所吸收的光辐射的能量或功率。

由两种不同金属或半导体臂状物在两端分别连接成的闭合电路为温差电偶，如图4-30所示。设臂A、B的结点J_1附在受光辐射的敏感面上。臂A、B分别和导线的结点J_2、J_3的温度为环境温度T_d，结点J_1由于光辐射的温升为ΔT_d，由此温差产生的Seebeck效应会使电路产生开路电势

$$V_0 = \alpha_{12}\Delta T_d \tag{4.3-5}$$

式中，α_{12}为Seebeck系数，也称温差电势率，其单位为V/K。当形成闭合电路时，电流I将与图4-30中V_0方向相同。此电流将会引起珀耳帖(Peltier)效应，会使此温差电偶的热端J_1变冷，使冷端变热。在热结点J_1处吸收的热量为

$$\Delta Q_1 = \beta_{12} I \tag{4.3-6}$$

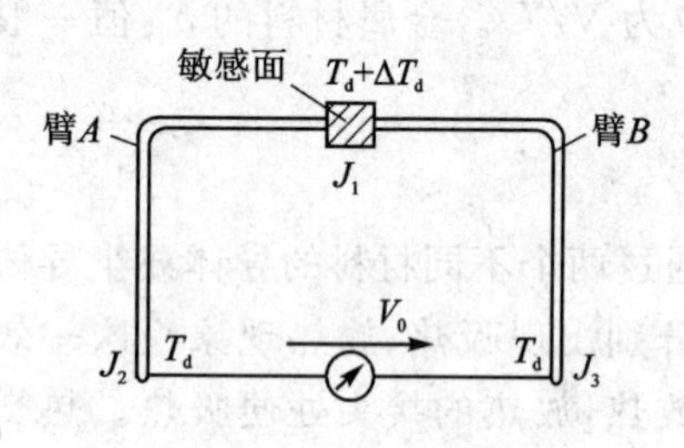

图4-30　温差电偶示意图

式中，β_{12}为珀耳帖系数，它与Seebeck系数α_{12}有如下关系：

$$\beta_{12} = T_d\alpha_{12} \tag{4.3-7}$$

由于有ΔQ_1，会使J_1点的温度下降$\Delta(\Delta T_d)$，即

$$\Delta(\Delta T_d) = I\alpha_{12} T_d Z_t \tag{4.3-8}$$

式中，Z_t为热结点J_1处敏感元的热阻。此温度降低量相当于附加一个Seebeck电势V_p，且

$$V_p = \alpha_{12}\Delta(\Delta T_d) = I\alpha_{12}^2 T_d Z_t \tag{4.3-9}$$

因此，总的电势应等于：由入射辐射使J_1升温而产生的电势V_0与珀耳帖效应引起的电势V_p之和

$$V_t = V_0 + V_p = V_0 + I\alpha_{12}^2 T_d Z_t \tag{4.3-10}$$

$$I = \frac{V_t}{R_d + R_L} \tag{4.3-11}$$

式中，R_d为探测器电阻，R_L为负载电阻。由式(4.3-10)和式(4.3-11)可得

$$V_0 = I(R_d + R_L + \alpha_{12}^2 T_d Z_t) \tag{4.3-12}$$

上式表明，珀耳帖效应相当于在电路中加了一个动态电阻R_{dn}，即

$$R_{dn} = \alpha_{12}^2 T_d Z_t \tag{4.3-13}$$

由式(4.3-11)可得

$$I = \frac{\alpha_{12}\Delta T_d}{(R_d + R_L + R_{dn})} \tag{4.3-14}$$

若敏感面上入射功率为P，敏感面表面的吸收率为α，则在敏感面上稳定状态时的热流平衡方程为

$$\frac{\Delta T_d}{Z_t} = \alpha P - \Delta Q_1$$

$$\frac{\Delta T_{\mathrm{d}}}{Z_{\mathrm{t}}} = \alpha P - \alpha_{12} T_{\mathrm{d}} I$$

将式(4.3-14)代入,得

$$\Delta T_{\mathrm{d}} = \frac{\alpha P}{\dfrac{1}{Z_{\mathrm{t}}} + \dfrac{\alpha_{12}^2 T_{\mathrm{d}}}{(R_{\mathrm{d}} + R_{\mathrm{L}} + R_{\mathrm{dn}})}} \tag{4.3-15}$$

在求开路电压时,可不涉及珀耳帖效应,此时温升可用 ΔT_0 表示:

$$\Delta T_0 = \alpha P Z_{\mathrm{t}}$$

$$V_0 = \alpha_{12} \Delta T_0 = \alpha_{12} \alpha P Z_{\mathrm{t}} \tag{4.3-16}$$

探测器对常值入射辐射功率 P 的响应率为

$$R = \frac{V_0}{P} = \frac{\alpha_{12} \alpha P Z_{\mathrm{t}}}{P} = \alpha_{12} \alpha Z_{\mathrm{t}} \tag{4.3-17}$$

从上式可见,为了得到高的响应率,应选择具有高值温差电势率 α_{12} 的温差电偶臂的材料;应使接受光辐射器件敏感面具有高的吸收率,为此常在敏感面上涂黑以增大吸收率;从式(4.3-17)可以看出,增大热阻也可以成比例地增大响应率。对传导性热传输,热阻为

$$Z_{\mathrm{t}} = \frac{L}{kA} \tag{4.3-18}$$

因此,增大温差电偶臂 L,或减小导热系数 k 和电偶臂界面 A,均可以增大 Z_{t},从而增大温差电偶的响应率。

为研究温差电偶的动态响应,设输入辐射为 P,此时敏感面一结点 J_1 系统的热流动平衡方程为(未计珀耳帖效应)

$$C_{\mathrm{d}} \frac{\mathrm{d}\Delta T}{\mathrm{d}t} + \frac{\Delta T}{Z_{\mathrm{t}}} = \alpha P \tag{4.3-19}$$

式中,等式左侧第一项为系统温升所需的热流,第二项为通过传热等损失的热流;等式右侧则为系统吸收的热流。

若 P 为一阶跃量 P_0,解上面的一阶线性微分方程,可得其解为

$$\Delta T(t) = \alpha P_0 Z_{\mathrm{t}} (1 - \mathrm{e}^{-t/\tau}) \tag{4.3-20}$$

式中,$\tau = C_{\mathrm{d}} Z_{\mathrm{t}}$ 为时间常数,为系统输出达到稳态输出量的 0.63 倍的时间。要增加系统的快速响应,就要减小时间常数 τ。从式(4.3-20)中还可看到,ΔT 还正比于热阻 Z_{t},要增大热阻,就要减少敏感元与周围环境的热交换。

为了研究温差电偶系统对交变的输入量的影响,可将式(4.3-19)改写为

$$\tau \frac{\mathrm{d}\Delta T}{\mathrm{d}t} + \Delta T = P' \tag{4.3-21}$$

式中,$\tau = C_{\mathrm{d}} Z_{\mathrm{t}}$,$P' = Z_{\mathrm{t}} \alpha P$。这样,由式(4.3-21)一阶微分方程描述的系统为一阶系统。由自动控制原理可知,它们的传递函数为

$$W(s) = \frac{1}{\tau s + 1} \tag{4.3-22}$$

其频率特性为

$$G(\mathrm{j}\omega) = \frac{1}{\tau(\mathrm{j}\omega) + 1} \tag{4.3-23}$$

其幅频特性为

$$A(\omega) = |\ G(\mathrm{j}\omega)\ | = \frac{1}{[(\tau\omega)^2 + 1]^{\frac{1}{2}}} \tag{4.3-24}$$

其对数幅频特性为

$$L(\omega) = 20\lg A(\omega) = -20\lg[(\tau\omega)^2 + 1]^{\frac{1}{2}} \tag{4.3-25}$$

从式(4.3－24)和式(4.3－25)均可看出，在 $\tau\omega \gg 1$ 的情况下，$A(\omega)$或 $L(\omega)$均将随 ω 的增大而明显地减小。

如果将若干个测辐射热电偶串接起来，就构成测辐射热电堆(温差电堆)，如图 4－31 所示。它的优点是：每个结上产生的电压相加从而提高了输出电压；串联连接使测辐射热电偶的电阻增大，易于与放大器匹配；串联连接还可降低测辐射热电偶的响应时间。

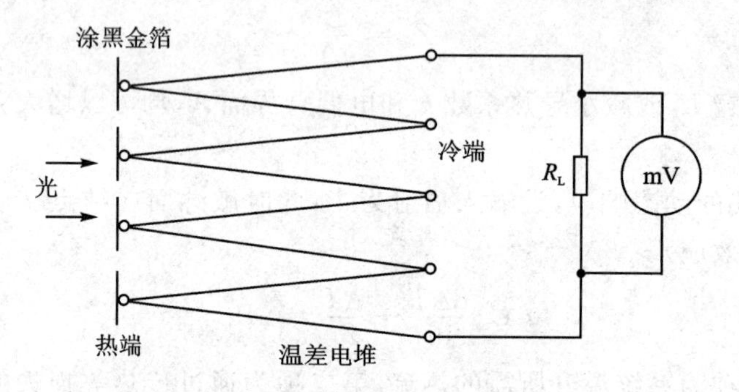

图 4－31　温差电堆示意图

以 C_1 型温差电堆为例，它由 12 个温差电偶串联而成，热端敏感面积为 0.79 mm^2，总电阻为 2 000 Ω。在室温下，入射辐射若有 1 W 功率被吸收，则它的输出电压将达 15 V。

4.3.2　测辐射热计

测辐射热计是利用入射辐射使敏感元件的温度提高从而使电阻随之改变而测出辐射的热探测器。

对温度敏感的电阻(也称热敏电阻)材料有两类：一类是金属材料，另一类是半导体材料。材料电阻随温度的变化可用下式表示，即

$$\Delta R = a_T R \Delta T \tag{4.3-26}$$

式中，a_T 称为材料的电阻温度系数。金属材料的 a_T 与温度成反比，为

$$\alpha_T = \frac{1}{T} \tag{4.3-27}$$

在室温下，金属材料的 $\alpha_T \approx 0.003\,3$。半导体材料的 α_T 与 T^2 成反比，为

$$\alpha_T = -\frac{\beta}{T^2} \tag{4.3-28}$$

式中，$\beta = 3\,000$ K。当 $T = 300$ K 时，$\alpha_T = 0.033$，它的绝对值比金属的大一个数量级。

图 4-32 所示为一测辐射热计的原理示意图。它通常由两个相同的热敏电阻(图中 R_1、R_2)和两个负载电阻构成桥式电路(见图 4-32(a))。两个热敏电阻中的一个作为热辐射接收元件，另一个作为环境温度补偿元件(见图 4-32(b))。

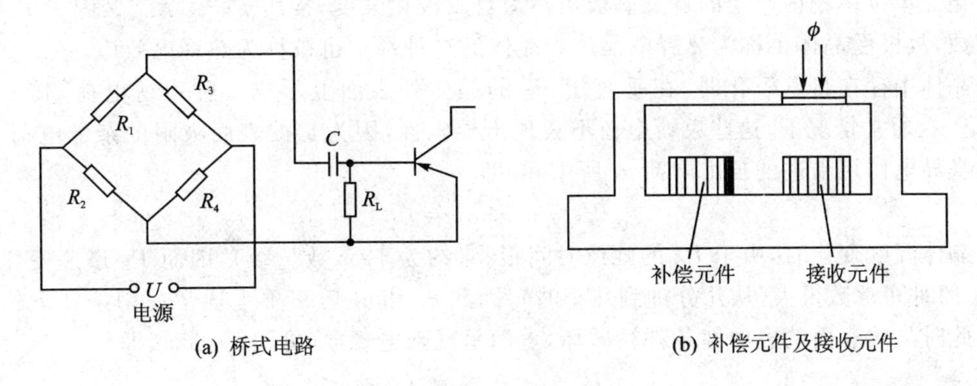

(a) 桥式电路　　(b) 补偿元件及接收元件

图 4-32　测辐射热计原理图

在无入射辐射时，电桥平衡，输出电压 $V=0$。此时

$$R_1R_4 = R_2R_3$$

当 R_1 受到辐射时，会产生温升 ΔT，阻值变化 ΔR，此时电桥不平衡，输出信号电压 V 为

$$V = \frac{U(R_3\Delta R)}{(R_1 + R_3 + \Delta R)(R_2 + R_4)}$$

式中，U 为电源电压。在辐射量不大时，$\Delta R \ll R_1 + R_3$，若选择 4 个电阻的阻值相同，则上式变为

$$V = \frac{U}{4}\frac{\Delta R}{R_1} \tag{4.3-29}$$

将式(4.3-26)代入上式可得

$$V = \frac{U}{4}\alpha_T\Delta T \tag{4.3-30}$$

由于热敏电阻的温升原因与温差电偶的相同，其热平衡关系也相同，故其温升的规律也相同，因而其动态响应的规律也相似。

制作测辐射热计敏感面的材料有金属和半导体两种。金属的有金、镍、铋等薄膜，其表面要涂黑以提高吸收率;半导体的大多为金属氧化物,如氧化锰、氧化镍及氧化钴等。金属的电阻温度系数是正的,其绝对值比半导体的小,但其耐高温能力较强,所以可用于温度较高的模拟测量。半导体的电阻温度系数是负的,其绝对值要比金属的高 10 倍左右,但其耐温能力较差,所以多用于辐射探测,如防盗报警、防火系统、热辐射体搜索跟踪等。

4.3.3 热释电探测器

根据结构的对称性,晶体可分为 32 类。在这 32 类中,有 20 类属于压电晶体,有 10 个具有唯一的极性轴,称为极性晶体。对压电晶体施加压力能够产生电极化。极性晶体在外电场和外加压力均为零的情况下,晶体内正负电荷中心并不重合而出现电偶极矩,因而也就具有自发电极化。单位体积内产生的自发偶极矩称为自发极化强度,常用 P_S 表示。又因为 P_S 是温度的函数,故极性晶体也称为热释电晶体。晶体的这种性质也被称为热释电效应。

当晶体中存在自发极化时,在垂直于 P_S 的晶体外表面上形成一种束缚电荷,其面密度 $\sigma_0 = P_S$。在通常情况下,这些束缚电荷不表现出导电性,因为它被表面吸附的杂散电荷 σ_1 和通过自身导电作用引进的自由电荷 σ_2 所中和,即

$$P_S + \sigma_1 + \sigma_2 = 0$$

当晶体温度变化时,由于 P_S 的弛豫时间很小(约为 1 ps 数量级),因而 P_S 迅速变化。而 σ_1 和 σ_2 的时间常数很大(从几分钟到几小时),因此 σ_1 和 σ_2 就跟不上通常应用条件下的温度变化。此时晶体表面的电中性条件被破坏,表面呈现带电现象(见图 4-33),即

$$P_S + \sigma_1 + \sigma_2 \neq 0$$

并能在外电路中产生电流,这就是热释电电流。

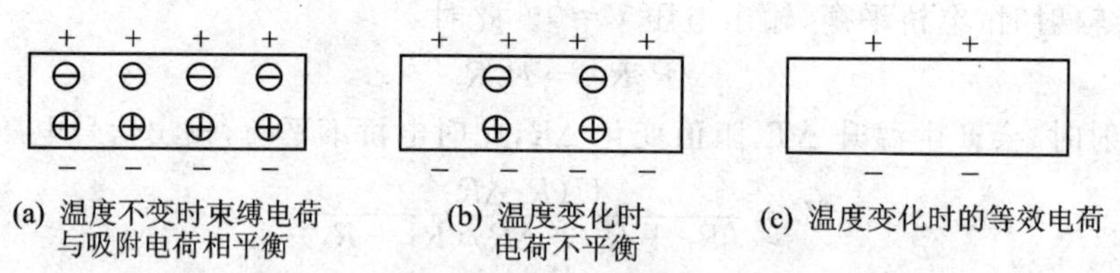

(a) 温度不变时束缚电荷
与吸附电荷相平衡
(b) 温度变化时
电荷不平衡
(c) 温度变化时的等效电荷

图 4-33 温度变化时的热释电现象

如果在沿垂直于极化强度 P_S 方向将晶体切成薄片,则在其两表面沉淀金属电极时,随着入射辐射的变化,晶体片温度也会变化,它的两个电极间就会出现一个电压 V_S,且

$$V_S = AR_0 p \frac{\mathrm{d}\,\overline{\Delta T}}{\mathrm{d}t}(1 - \mathrm{e}^{-t/\tau_e}) \tag{4.3-31}$$

当 $t > 3\tau_e$ 时

$$V_S = AR_0 p \frac{\mathrm{d}\,\overline{\Delta T}}{\mathrm{d}t} \tag{4.3-32}$$

式中，A 是金属电极的面积；R_0 是晶体薄片的电阻，$R_0=\dfrac{b\rho}{A}$，b 为薄片厚度，ρ 为薄片电阻率；p 是热释电系数，$p=\partial P_S/\partial T$；$t$ 是时间；$\overline{\Delta T}$是薄片厚度方向的平均温差，且

$$\Delta T=\frac{1}{b}\int_0^b \Delta T\mathrm{d}x$$

式中，x 为薄片厚度方向（P_S 方向）的距离坐标；τ_e 是时间常数，$\tau_e=R_0\varepsilon\varepsilon_0A/b$。$\varepsilon$ 为晶体的相对介电常数，ε_0 为真空介电常数。当接有外负载时，上面式中的 R_0 可用外负载 Z 代替。

由上面式子可见，热释电电压与晶体灵敏元接收红外辐射后所引起的温度变化速率 $\mathrm{d}\overline{\Delta T}/\mathrm{d}t$ 成正比，也与热释电材料的参数 p、ε、ρ 及其结构参数 b、A 等有关。需要注意，热释电现象不仅与温度变化率有关，还与温度有关。每一种热释电材料有一个特定的温度，高于此温度时，自发极化强度 P_S 等于零，此温度称为居里温度。因而只有当热释电材料的温度低于居里温度时，才会产生热电现象。目前常用的热释电材料有硫酸三甘肽（TGS）、掺 α 丙氨酸改性后的硫酸三甘肽（LATGS）、钽酸锂（$LiTaO_3$）、铌酸锶钡（SBN）晶体、锆钛酸铅（PZT）类陶瓷、聚氟乙烯（PVF）和聚二氟乙烯（PVF_2）聚合物薄膜等。表 4－3 和表 4－4 列出了几种常用的热释电材料和热释电探测器的特性参数。

表 4－3　几种常用的热释电材料的特性参数

材　料	居里温度/℃	介电常数 ε	10^8 · 热释电系数 p/（$\mathrm{C\cdot cm^{-2}\cdot K^{-1}}$）
TGS	49	35	4.0
$LiTaO_3$	618	54	2.3
PZT	200	380	约 18
$LiNbO_3$	1 200	30	0.4
$PbTiO_3$	470	200	6.0
SBN	115	380	6.5
PVF_2	120	11	0.24

表 4－4　几种热释电探测器的特性参数

材　料	灵敏面积/$\mathrm{mm^2}$	调制频率 f/Hz	D^*/（$\mathrm{cm\cdot Hz^{1/2}\cdot W^{-1}}$）	国　别
LATGS	1.5×1.5	10	2×10^9	英国
LATGS	—	12.5	2.5×10^9	英国
LATGS	$\left(\frac{1}{2}\right)^2\pi$	12.5	1.7×10^9	中国

续表 4-4

材　料	灵敏面积/mm^2	调制频率 f/Hz	D^*/(cm·Hz$^{1/2}$·W^{-1})	国　别
$LiTaO_3$	$\left(\frac{1}{2}\right)^2\pi$	12.5	1.2×10^9	中国
$LiTaO_3$	1×1	10	8×10^9	美国
$LiTaO_3$	1×1	30	8.5×10^9	美国

前面介绍的三种热探测器均有光谱响应范围宽、光谱响应平坦、一般不需制冷及价格较低等优点。在这三类中，热释电探测器是近十几年来发展较快的一种，它的机械强度、响应率、响应速度均较高，它的应用范围也日见广阔。但是和光子探测器相比，热探测器具有响应率低、时间常数大的弱点。

习　题

1. 一个硅光电探测器，在 850 nm 光信号处响应功率是 1 mW，光电流是 500 μA，则外量子效率是多少？并求出硅光电探测器的响应率。

2. 设上题中硅光电探测器有一个活性面积 $A=5\ \text{mm}^2$，带宽 $B=100$ MHz，暗电流 $i_d=$ 10 nA。① 求在带宽为 1 Hz 时，硅光电探测器的散粒噪声限制的 NEP，热噪声限制的 NEP 以及总的 NEP；② 求在其整个带宽内，硅光电探测器的散粒噪声限制的 NEP、热噪声限制的 NEP 以及总的 NEP。

3. 对于上题中的硅光电探测器，求在下列两种情况下的探测率和比探测率：① 探测器是被由具有大的负载电阻的暗电流限制的散粒噪声；② 探测器有 50 Ω 的负载电阻。

4. 前面所述的硅光电探测器，负载电阻为 50 Ω，饱和电流为 10 mA，求其饱和光信号功率和动态范围。

5. 前面所述的硅光电探测器，求其 3 dB 截止频率和脉冲响应的上升时间。

6. 一个响应光信号的光电流光子探测器有一个 $R=50\ \Omega$ 的负载电阻，带宽 $B=$ 100 MHz，它有一个可忽略的背景辐射电流和一个 $i_d=10$ nA 的暗电流。① 当它产生 1 μA 的光电流信号时，求其散粒噪声、热噪声和信噪比；② 当它产生 1 mA 光电流信号时，其散粒噪声、热噪声和信噪比是多少？

7. 一个边结构的 PMT 有 9 个打拿极，其光电阴极的有效面积为 8 mm×24 mm，在 $\lambda=$ 400 nm 时的外量子效率为 $\eta_e=23\ \%$。在阳极与阴极之间加上 1 kV 电压的典型工作条件下，PMT 有下列工作参量：每一级的平均电子放大因子 $m=6$；阳极暗电流是 5 nA；渡越时间是 22 ns；渡越时间分散是 1.2 ns；脉冲响应上升时间是 2.2 ns；总的等效电容是 $C=6$ pF；背景辐

射电流可以忽略。对于在 $\lambda=400$ nm 时 PMT 的响应，回答下列问题：① 求出光电阴极的内在响应率；② PMT 的增益和响应率是多少？③ 假设在一个大的负载电阻时，求出 1 Hz 带宽的 PMT 的 NEP 和比探测率；④ PMT 的截止频率 $f_{3\,dB}$ 和内带宽 B 是多少？⑤ 对于高速探测应用的 PMT，负载电阻的极限是多少？

8. 画出在单位外量子效率 $\eta_e=1$ 的理想饱和情况下，作为光波长函数的一个光电探测器最大可能的内在响应率在下列波长处的值是多少：200 nm、550 nm、850 nm，以及 1 μm、1.3 μm、1.55 μm、5 μm 和 10 μm。

9. 对于一个 $\lambda=1.3$ μm 的 InGaAs 光电探测器有响应率 $R=0.8\ \mathrm{A\cdot W^{-1}}$，一个特定的探测率 $D^*=7\times10^{10}\ \mathrm{cm\cdot Hz^{1/2}\cdot W^{-1}}$，带宽 $B=5$ GHz 和动态范围 $DR=60$ dB，有一直径为 80 μm 的圆活性面积，包括负载的总的电阻是 $R=50\ \Omega$，暗电流和背景辐射电流是未知的，求：① 这个光电探测器的 NEP 是多少？在这个功率级别的光电流是多少？② 这个光电探测器的饱和光信号是多少？这个功率级别的饱和光电流是多少？③ 在这个光电探测器的饱和功率级别处 SNR 是多少？在这个光功率级别处光电探测器是工作在量子条件还是热条件？

10. 一个光电探测器的带宽 B、截止频率 $f_{3\,dB}$ 和响应时间 t_r 是分别定义的，但却是互相联系的，应用书本中给出的定义证明：① $t_r=0.35/f_{3\,dB}$；② $f_{3dB}=0.886\,B$。

11. 能够被下列 3 dB 截止频率的、具有足够时间分辨率的光电探测器探测到的最快上升的光学信号是多少：① 1 GHz；② 2.5 GHz；③ 10 GHz；④ 50 GHz。使用这样的光电探测器能够探测到的最短矩形光脉冲是多少？

12. 由下列材料的光电子发射所决定的阈值光子能量是多少：① 金属；② 非简并半导体；③ N 型简并半导体；④ P 型简并半导体；⑤ NEA 半导体？

13. 为什么基本金属和常规半导体不适合于做光电阴极？适用于光电阴极典型的材料是什么？

14. 决定光电阴极或 PMT 的速度的因素是什么？增加响应速度要做些什么工作？

15. 讨论光子探测器与热探测器之间在工作原理、特性和应用方面的差别，以及光子探测器的进一步分类情况。

16. 光子探测器的主要噪声源有哪些？描述它们的物理起源与特征。

17. 回答下列关于一般噪声特性问题：① 在给定的量化信号中噪声的幅度是多少？噪声是如何与信号幅度相联系的？② 为什么不用平均值而用均方根值测量噪声的振幅？

18. 工作在量子条件下的没有内增益的一个光子探测器，如果它的所有组合的电流满足下列方程

$$\overline{i_{ph}}+\overline{i_b}+\overline{i_d}>\frac{2kT}{eR}=\frac{T}{300\ \mathrm{K}}\,\frac{51.8\ \mathrm{mV}}{R}$$

式中，T 是热力学温度，求在 300 K 时，具有 50 Ω 电阻的光电探测器要工作在量子条件下的最小光电流是多少？讨论关于改善光电探测器探测率的关系式的含义，求出具有一个内增益光

电探测器的类似关系式。

19. 一个光电探测器，产生 1 mA 的光电流，其暗电流和背景辐射电流与信号电流相比小到可以忽略，求出其在下列各种情况下的散粒噪声、热噪声以及信噪比。① 带宽 B=1 GHz，负载 R=50 Ω；② 带宽 B=10 MHz，负载 R=1 kΩ。问每种情况下，探测器是工作在量子条件还是工作在热条件？比较两种情况下的信噪比 SNR，并找出信噪比中的差别。

20. 一个有宽度为 20 μm 的 i－Si 层 Si PIN 光电二极管，受光的 P^+ 层很薄(0.1 μm)，PIN 二极管上加的反向偏压为 100 V，然后用波长为 900 nm 非常短的光脉冲照射，如果吸收发生在整个 i－Si 层中，则光生电流的持续时间为多少？

21. 图 4.1 中示出一个反向偏置的 PIN 二极管，被一个短波长光子照射，光子在非常靠近表面处被吸收，如果 i－Si 层是 20 μm，P^+ 层是 1 μm，外加电压是 120 V，重掺杂 P^+ 区中电子的扩散系数(D_e)近似为 $3\times10^{-4}\ m^2s^{-1}$，问这个光电二极管的响应速度是多少？

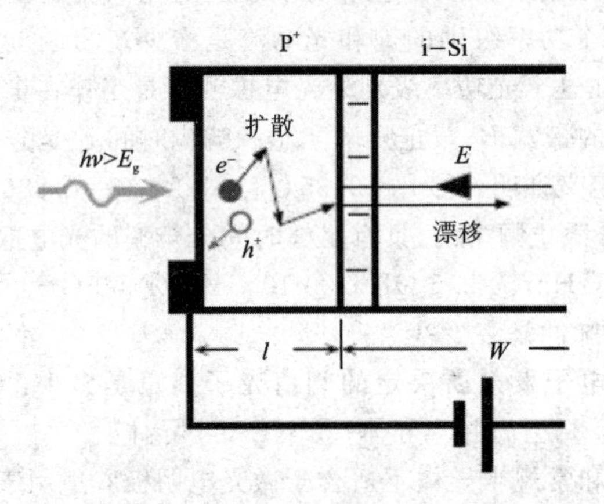

图 4.1 光照的反偏 PIN 光电二极管

22. 一个 Si PIN 光电二极管有一个直径为 0.4 mm 的光接收面积，当波长为 700 nm(红光)、强度为 0.1 mW·cm^{-2}的光入射到受光面上时，该二极管的光生电流为 56.6 nA，则该光电二极管在 700 nm 时的响应率和量子效率是多少？

23. 一个 InGaAs APD 在 1.55 μm 处且没有放大(M=1)的情况下的量子效率(QE，η)为 60 %，在加偏置情况下放大因子为 12。如果入射光功率是 20 nW，则当放大倍数是 12 时，它的响应率是多少？

24. 一个 Si APD，在没有放大(M=1)的情况下，在波长 830 nm 处的量子效率为 70 %，该 APD 在偏置下工作时的放大倍数为 100。如果入射光功率是 10 nW，则光电流是多少？

25. 一个 Si PIN 光电探测器的噪声等效功率为 NEP=1×10^{-13} W·$Hz^{-1/2}$，如果工作带宽为 1 GHz，则信噪比 SNR=1 时所需的光信号功率是多少？

26. 考虑一个 η=1(QE=100 %)理想的光二极管，没有暗电流(I_d=0)，证明：信噪比为 1

时所需要的最小光功率为

$$P_1 = \frac{2hc}{\lambda}B$$

计算信噪比为 1、工作波长为 1 300 nm 和带宽为 1 GHz 情况下的理想光探测器最小光功率，相应的光生电流是多少？

27. 考虑一个在如图 4-26 所示的接收机电路中使用的负载电阻为 1 kΩ 的 InGaAs PIN 光电二极管，该光电二极管有 5 nA 的暗电流，放大器的带宽是 500 MHz。假设放大器是无噪声的，当入射光功率产生一个 15 nA 的平均光电流时，计算其 SNR(相应一个约为 20 nW 的入射光功率)。

28. 考虑一个 $x \approx 0.7$、工作在 $M=10$ 的 InGaAs APD，未放大的暗电流是 10 nA，带宽是 700 MHz。① 每平方根带宽 APD 的噪声电流是多少？② 700 MHz 带宽时 APD 的噪声电流是多少？③ 如果在 $M=1$ 时的响应率是 0.8，对于 SNR=10 时最小的光功率是多少？

29. ① 如果一个半导体光电探测器对黄光(波长为 600 nm)敏感，则它的最大带隙 E_g 是多少？② 一个光电探测器的受光面积为 5×10^{-2} cm^2，入射黄光的强度为 2 mW·cm^{-2}，假设每个光子产生一个电子-空穴对，计算每秒钟产生的电子-空穴对数；③ 从已知的 GaAs 半导体的带隙($E_g=1.42$ eV)，计算：作为电子-空穴复合的结果，从这个晶体中发出的光子的主要波长是多少？这个波长是否为可见光？④ 硅光电探测器对来自 GaAs 激光器的辐射是否灵敏，为什么？

30. ① 如果 d 是光电探测器材料的厚度，I_0 是入射辐射强度，证明：每单位体积样品中所吸收的光子数是

$$n_{ph} = \frac{I_0[1-\exp(-\alpha d)]}{dh\nu}$$

② 吸收波长为 1.5 μm 的 98 %的入射辐射所必需的 Ge 和 $In_{0.53}Ga_{0.47}As$ 晶体层的厚度是多少？

③ 设在量子效率为 1 的光电探测器中，每吸收 1 个光子就释放 1 个电子(或电子-空穴对)，且光生电子被直接收集，这样，收集的变化率受到光子产生率的限制，则对于②中的光电探测器而言，如果入射辐射是 100 μW·mm^{-2}，则外光生电流密度是多少？

31. 一个商业化的 Ge P-N 结光电二极管，其响应率示于图 4.2 中，它的光敏面积是 0.008 mm^2，应用在反向偏置 10 V 时暗电流是

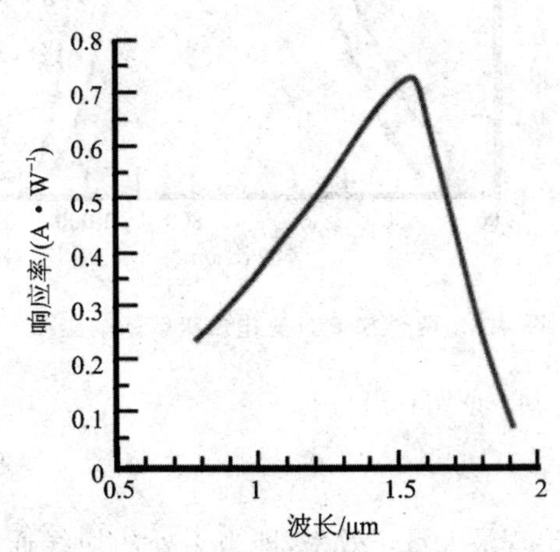

图 4.2　Ge P-N 结光电二极管响应率

0.3 μA,结电容是 4 pF,光电二极管的上升时间是 0.5 ns。① 计算 850 nm、1 300 nm 和 1 550 nm 波长时的量子效率;② 在 1 550 nm 时光电流等于暗电流的条件下,光强度是多少? ③ 在响应率曲线上降低温度的效应是什么? ④ 给定暗电流是在微安范围内,降低温度的优点是什么? ⑤ 假设光二极管使用 100 Ω 电阻对光电流进行采样,限制响应速度的因素是什么?

32. 两个商业化的 Si PIN 光电二极管,A 型和 B 型两者都作为快速 PIN 光电二极管,它们的响应率示于图 4.3 中,响应率的差别是由于 PIN 管的结构所致,光响应面积是 0.125 mm^2(直径 0.4 mm)。① 当用波长为 450 nm、强度为 1 $\mu W \cdot cm^{-2}$ 的蓝光照射时,计算每一个光电二极管的光生电流及每个器件的量子效率是多少? ② 当用波长为 7 00nm、强度为 1 $\mu W \cdot cm^{-2}$ 的红光照射时,计算每一个光电二极管的光生电流及每个器件的量子效率是多少? ③ 当用波长为1 000 nm、强度为 1 $\mu W \cdot cm^{-2}$ 的红外光照射时,计算每一个光电二极管的光生电流及每个器件的量子效率是多少? ④ 你的结论是什么?

33. 一个商业化的 InGaAs PIN 光电二极管,其响应率示于图 4.4 中,它的暗电流是 5 nA。① 在波长 1 550 nm 时的光电流是暗电流的 2 倍,光功率是多少? 1 550 nm 时光电二极管的量子效率是多少? ② 如果光的波长是 1 300 nm,则光生电流是多少? 工作在 1 300 nm 时的量子效率是多少?

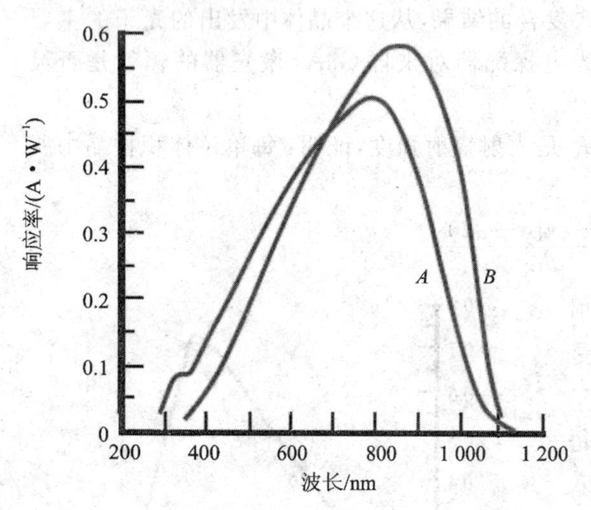

图 4.3 两个 Si PIN 光电二极管的响应率

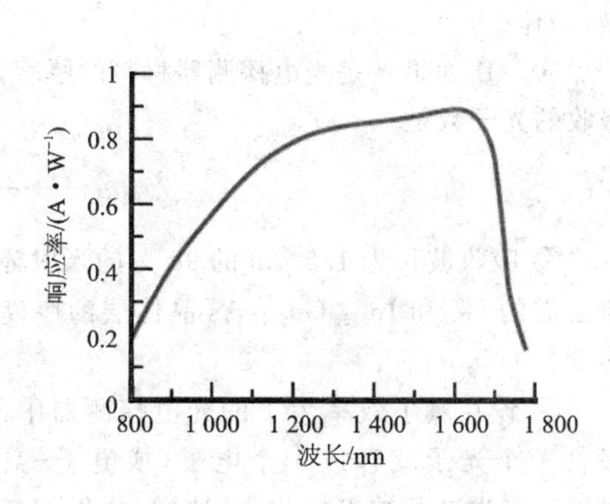

图 4.4 InGaAs PIN 光电二极管响应率

34. 证明:当

$$\frac{dR}{d\lambda} = \frac{R}{\lambda}$$

时,出现最大量子效率,即当 λ 处的切线通过原点时量子效率最大。因此,分别确定 33 题的图 4.4 中 InGaAs PIN 管和 32 题的图 4.3 中两个 Si 和 Ge 的光电二极管的最大量子效率

在何处？

35. Si PIN 二极管有一厚度为 0.75 μm 的 P^+ 层，宽度为 10 μm 的 i - Si 层，反向偏置电压是 20 V。① 归因于体吸收的响应速度是多少？导致这种响应速度的波长是多少？② 归因于近表面吸收的响应速度是多少？导致这种响应速度的波长是多少？

36. 示于图 4.5 中的反向偏置的 Si PIN 二极管，加上适当的反偏使得耗尽区中(i - Si 层)的电场 $E=V_r/W$ 是饱和电场，这样，这层中的光生电子和空穴分别以饱和速度 v_{de} 和 v_{dh} 漂移。假设电场是均匀的，且可以忽略 P^+ 的厚度，一个非常短的光脉冲(无限短)在耗尽层中产生电子-空穴对(示于图 4.5 中)。电子-空穴对的浓度在宽度 W 上是指数衰减的，图中示出了 $t=0$ 时和其后电子漂移距离 $\Delta x=v_{de}\Delta t$ 时的光生电子浓度，那些电子到达电极 B 后被收集，电子分布以恒定速度移动，直到最初的 A 处电子到达表示最长渡越时间 $\tau_e=W/v_{de}$ 的 B 处为止。类似的讨论也可以应用于空穴，但空穴的渡越时间是 $\tau_{hy}=W/v_{dh}$，任一瞬间光生电流密度是

$$j_{ph}=j_e(t)+j_h(t)=eN_e v_{de}+eN_h v_{dh}$$

式中，N_e 和 N_h 分别是时间 t 时样品中总的电子和空穴的浓度。为了方便，假设横截面积 $A=1$(下面的推导并不影响我们对光电流密度感兴趣)。

① 画出在时间 $t(\tau_h>t>0$，且 $\tau_h=$空穴漂移时间$=W/v_{dh})$时空穴的分布；

② 当时间为 t 时(对应于在 $t=0$ 由 $v_{de}t$ 漂移的)电子浓度的分布为 $n(t)$，这样，在 W 中总的电子与从 A(在 $x=v_{de}t$ 处)到 B($x=W$ 处)电子浓度分布 $n(t)$ 的积分成正比，给出 $t=0$ 时，$n(x)=n_0\exp(-\alpha x)$(n_0 是 $t=0$ 时 $x=0$ 的电子浓度)，有

$$\text{时间 } t \text{ 时总的电子数}=\int_{v_{de}t}^{W} n_0\exp[-\alpha(x-v_{de}t)]\mathrm{d}x$$

和

$$N_e(t)=\frac{\text{时间 } t \text{ 时总的电子数}}{\text{体积}}$$

则

$$N_e(t)=\frac{1}{W}\int_{v_{de}t}^{W} n_0\exp[-\alpha(x-v_{de}t)]\mathrm{d}x=\frac{n_0}{W\alpha}\left\{1-\exp\left[-\alpha W\left(1-\frac{t}{\tau_e}\right)\right]\right\}$$

式中，$N_e(0)$是最初的 $t=0$ 时总的电子浓度，即

$$N_e(0)=\frac{1}{W}\int_0^W n_0\exp(-\alpha x)\mathrm{d}x=\frac{n_0}{W\alpha}[1-\exp(-\alpha W)]$$

注意到 n_0 取决于光脉冲的强度，所以 $n_0\propto I$。对于空穴，证明：

$$N_h(t)=\frac{n_0\exp(-\alpha W)}{W\alpha}\left\{\exp\left[\alpha W\left(1-\frac{t}{\tau_h}\right)\right]-1\right\}$$

③ 给定 $W=40\ \mu\text{m}$，$\alpha=5\times10^4\ \text{m}^{-1}$，$v_{de}=10^5\ \text{ms}^{-1}$，$v_{dh}=0.8\times10^5\ \text{ms}^{-1}$，$n_0=10^{13}\ \text{cm}^{-3}$，计算，电子和空穴的渡越时间，画出光电流密度 $j_e(t)$ 和 $j_h(t)$ 以及 $j_{ph}(t)$ 为时间函数的示意图，计算初始电流。你的结论是什么？

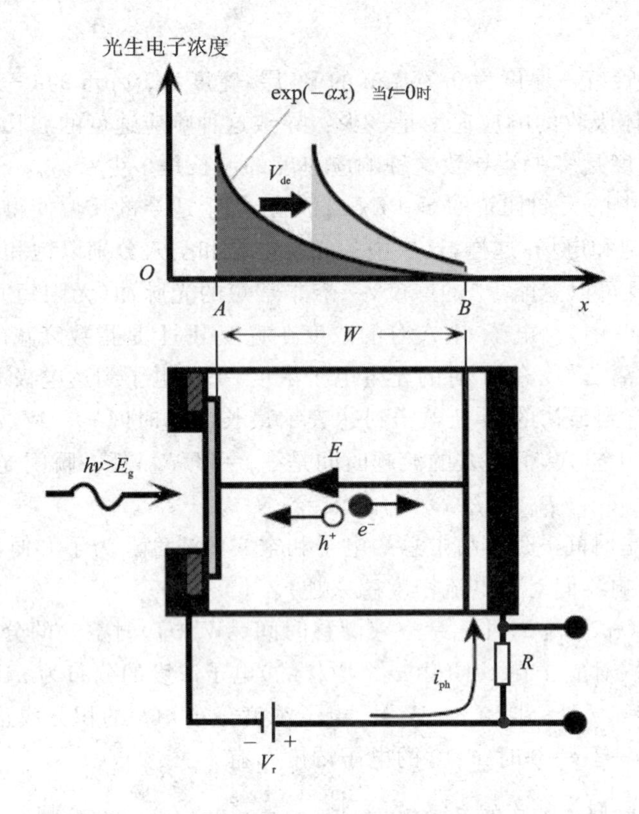

图 4.5 反向偏置的 Si PIN 二极管

37. 商业化的 InGaAs PIN 光电二极管，其响应率示于 33 题的图 4.4 中，这被用在接收电路中，为了辨别输出信号(用户能够接受的信噪比)，需要的最小光生电流为 5 nA，假设 InGaAs PIN 光电二极管与衰减为 0.35 dB·km^{-1}的单模光纤一起工作在 1 300 nm 的波长，如果激光二极管最多只能发出 2 mW 的光功率进入光纤，则没有转发器时最大的通信距离为多少？

38. 一个 N 型 Si 光电探测器，长度为 $L=100\ \mu m$，空穴寿命为 1 μs，光电导的外加电压是 10 V。① 电子和空穴穿过 L 的渡越时间 t_e 和 t_h 分别是多少？光电流的增益是多少？② 电子比空穴快许多是显然的，光生电子很快离开光电导，因此，半导体中留下了漂移空穴正电荷，然后，二级电子(即附加电子)流进光电导以维持样品的电中性和电流的连续流动，这种情况持续直到空穴被复合消失掉，取平均时间 τ，这样，单位时间流过接触电极的电荷比单位时间实际光生的电荷要多，如果接触电极不是欧姆接触的(即它们是非注入的)，将会发生什么情况？③ 关于 $\Delta\sigma$ 和正比于 $1/\tau$ 响应速度的积，能够告诉我们什么？

39. ① 证明光电二极管的噪声等效功率由下式给出，即

$$\text{NEP}=\frac{P_1}{B^{1/2}}=\frac{hc}{\eta e\lambda}[2e(I_d+I_{ph})]^{1/2}$$

你如何改善光二极管的 NEP？工作在 $\lambda=1.55\ \mu\text{m}$ 的理想光电二极管的 NEP 是多少？

② 给定光电二极管的暗电流 I_d，证明：SNR=1 时的光生电流为

$$I_{ph}=eB\left[1+\left(1+\frac{2I_d}{eB}\right)^{1/2}\right]$$

③ 一个 Ge P－N 结光电二极管，其光敏面积的直径为 0.3 mm，在反向偏置下探测光时的暗电流为 0.5 μA，在 1.55 μm 时的峰值响应率是 0.7 A/V(见 31 题中图 4.2)，光电探测器与放大电路的带宽是 100 MHz，计算在峰值波长时的 NEP，并求出信噪比 SNR＝1 时的最小光功率(最低光强度)。你如何改善最小可探测光功率？④ 表 4.1 列出了典型的 Ge P－N 结和 InGaAs PIN 光电二极管的响应率和暗电流的特性。假设有一理想的、无噪声的前置放大器连接到光电探测器来探测光电流，在表中空格处填上相应的项。假设工作带宽 B 为 1 MHz，你的结论是什么？

表 4.1　典型的 Ge P－N 结和 InGaAs PIN 光电二极管的响应率和暗电流特性

光电二极管	1.55 μm 处 $R/(\text{A}\cdot\text{W}^{-1})$	I_d/nA	SNR=1，B=1 MHz 时 I_{ph}/nA	SNR=1，B=1 MHz 时 光功率/nW	NEP/ $(\text{W}\cdot\text{Hz}^{-1/2})$	注
25 ℃ Ge	0.8	400				
－20 ℃ Ge	0.8	5				热电制冷
InGaAs PIN	0.95	3				

40. APD 展示出对二极管电流的散粒噪声有贡献的过剩雪崩噪声，APD 中总的噪声电流由下式给出，即

$$i_{n-\text{APD}}=[2e(I_{do}+I_{pho})M^2FB]^{1/2}$$

式中，F 是过剩噪声因子，它以复杂的方式不仅取决于 M，也取决于器件中载流子的电离概率。正常取 M^x 的简单形式，这里 x 取决于半导体材料和器件结构。① 表 4.2 中提供了 1.55 μm 时 Ge APD 的 F 对 M 的一些光生测量值，找出 $F=M^x$ 中的 x 值，它拟合得是否很好？② 上述的 Ge APD，在其峰值波长 1.55 μm 处，有一个未放大的 0.5 nA 的暗电流和一个未放大的 0.8 A·V^{-1}的响应率，并且加偏置工作在 M=6 的带宽为 500 MHz 的接收电路中，则 SNR＝1 时的最小光电流是多少？如果光敏面积直径是 0.3 mm，则相应的最小光功率(光强度)是多少？③ SNR＝10 时的光生电流和入射光功率是多少？

表 4.2　1.55 μm 时 Ge APD 的 F 对 M 的一些光生测量值

M	1	3	5	7	9
F	1.1	2.8	4.4	5.5	7.5

41. 一个室温下工作的电阻 $R_S=10\ k\Omega$，在带宽为 1 MHz 时其热噪声均方根电压 $\sqrt{\overline{V_{NJ}^2}}$ 和均方根电流 $\sqrt{\overline{I_{NJ}^2}}$ 等于多少？当工作温度降至 77 K 时，相应的均方根电压和电流又为多少？

42. 证明并从物理意义上说明，如果载流子的表面复合可以忽略，那么辐射在光电导表面被吸收而引起光生载流子在光电导体内不均匀分布和假定光生载流子在光电导体内均匀分布有相同的响应率计算式。

43. 某光电导探测器对黑体的响应率为 5 A/W，它的电阻值为 $10^6\ \Omega$。探测器有效面积是 1 mm^2，$\Delta f=10$ Hz。设器件在室温下工作，其噪声主要是热噪声，计算噪声等效功率和比探测率。

44. 具有相同截止波长的本征光电导探测器和掺杂光电导探测器，它们的工作温度是否会有差别？为什么？

45. 在 77 K 温度下工作的某光电导探测器和室温下的负载串联工作。设信号光电流为 10^{-9} A，噪声等效带宽 $\Delta f=1$ Hz，求负载电阻 R_L 分别为 100 kΩ、1 MΩ、5 MΩ 和 20 MΩ 时输出信号的信噪比。

46. 在上题中，如果工作条件是 $V_B=-7$ V，$R_L=35\ \Omega$，求工作点的电流、电压值，以及对黑体的电流响应率和电压响应率。

47. 试将热探测器的温度噪声和光子探测器的背景噪声作一比较。

48. 试证明：在测辐射热电偶的电路中接入导线和仪表，只要其结点的温度相同，对回路的温差电势便没有影响。

49. 试分析热释电材料的介电系数、比热容和密度对热释电探测器特性的影响。

50. 热释电探测器的结构可采用面电极结构和边电极结构两种形式，如图 4.6 所示。试分析两种结构对探测器特性的影响。

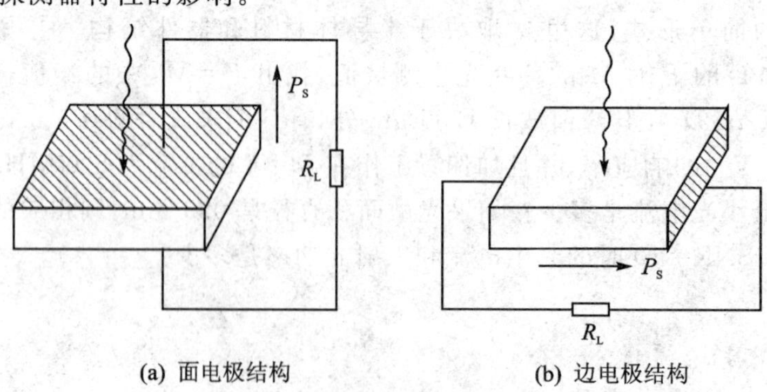

图 4.6　热释电探测器的结构

参考文献

[1]　江月松.光电技术与实验.北京：北京理工大学出版社，2000.

[2]　江月松，李亮，钟宇.光电信息技术基础.北京，北京航空航天大学出版社，2005.

[3]　缪家鼎，徐文娟，牟同升.光电技术.杭州：浙江大学出版社，1995.

[4]　Kasap S O. Optoelectronics and Photonics：Principles and Practice. Beijing：Publishing House of Electronics Industry，2003.

[5]　Liu Jia Ming. Photonic Devices. Inc. Publishing as Prentice Hall. Cambridge University Press，2005.

第 5 章　光伏器件

光伏器件或太阳能电池可将入射的太阳能转换为电能。入射的光子被吸收到光生电荷载流子上，这个载流子通过一个外部的负载作电功——利用电能。光伏器件的应用范围很广，从小的消费电子器件，比如不到几毫瓦功率的太阳能电池计算器，到能产生几百万瓦功率的光伏功率发电厂。目前已经有一些可产生百万瓦功率的光伏能量的企业，数以万计的 kW 级的光伏发电系统在运行。

5.1　太阳能光谱

太阳辐射强度的光谱类似于温度在 6 000 K 左右（或者 5 700 ℃左右）时的黑体辐射。图 5－1 给出了在两种与太阳辐射有关的不同条件下的太阳辐射光谱，即在地球大气层之上和在地球表面上的太阳辐射光谱。这个光谱受多种因素的影响，比如太阳大气，夫琅和费吸收（氢吸收），以及太阳对着我们这一面的温度变化。光强随光波长的变化一般以每单位波长的强度来表示，称为光谱强度 I_λ，因此 $I_\lambda\delta\lambda$ 是在一个小间隔 $\delta\lambda$ 上的强度。I_λ 在整个光谱上的积分就是总光强 I。

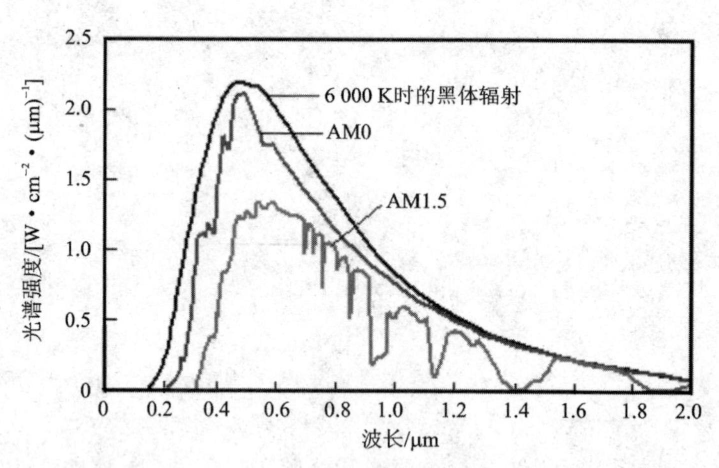

图 5－1　太阳能的光谱强度

在地球大气之上的积分强度给出了通过垂直于太阳方向的单位面积上的总功率流。这个量叫做太阳常数或者零大气量（大气光学质量为零，AM0）辐射，它大约是一个值为

1.353 kW·m^{-2} 的常数。AM0 从本质上来说是不变的。

地球表面的实际光谱强度取决于大气的吸收和散射效应，因此取决于大气的组成成分和在大气层中的辐射路径长度。这些大气效应取决于波长。云层增加太阳光的吸收和散射，因此显著削弱了太阳光入射到地表的强度。在晴朗的天气中，到达地球表面的光强大约是大气层上面光强的 70 %。吸收和散射效应随着太阳光线在大气层中通过的路径增加而增加。当太阳在某处的正上方时，光线穿过大气层的路径最短，此时接收到的光谱被称为大气光学质量 1(AM1)，如图 5-2(a)所示。当入射角为其他值(在图 5-2(a)中 $\theta \neq 90°$)时，通过大气层的光程都将增加，因此大气损失也将增加。大气光学质量 m(AMm)被定义为实际辐射路径 h 与最短路径 h_0 的比值，即 $m=h/h_0$，如图 5-2(a)所示。因为 $h=h_0 \sec\theta$，则 AMm 就为 AM $\sec\theta$。在 AM1.5 处的光谱分布如图 5-1 所示。这个光谱图针对的是普通角度的单位面积上的入射能量(太阳光线必须在大气中穿过一个长为 h 的路程，如图 5-2(a)所示)。

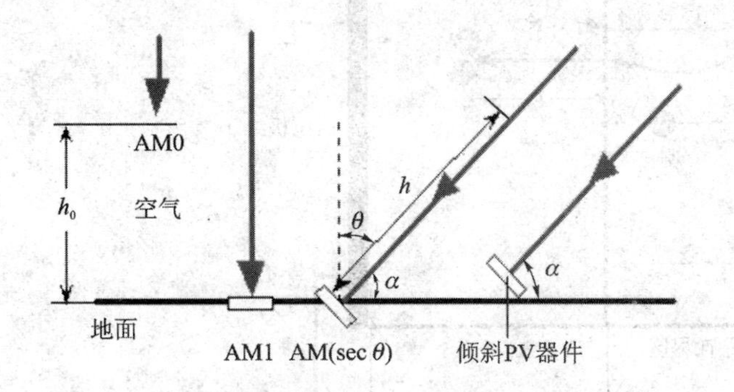

(a) 入射角效应和AM0、AM1的定义

(b) 散射削弱了入射光强度并引起弥散辐射

图 5-2　大气光学质量与散射辐射

在图 5-1 的光谱中，很显然，在某些波长处有几个尖锐的吸收峰值，这是因为这些波长被大气中各种分子所吸收，比如臭氧(在高海拔区)、空气和水蒸气分子。另外，大气分子和灰尘粒子对太阳光进行散射。散射不仅降低了太阳辐射在通往地球方向上的强度，并且使得太阳光线到达地球的角度更加随意，如图 5-2(b)所示。因此，到达地球的光除了直射部分，还有散射部分。散射部分随着云层的增加和太阳的位置而变化，并且光谱向蓝光移动。光的散射随着波长的减小而增加，因此，原始太阳光束中波长短的比波长长的受到更多的散射。在晴天，散射部分大约是总辐射的 20 %；在阴天，这个数值要高得多。

由图 5-2(a)可知，入射辐射的量取决于太阳的位置，随着地球的自转和公转以日和年为周期变化。地球表面上的一个平铺的光伏器件将接收到比因子 $\cos\theta$ 更少的太阳能。然而，光伏器件能被调整到直接面向太阳来使太阳能收集效率最大化，如图 5-2(a)所示。

5.2 光伏器件原理

图 5-3 是一个普通太阳能电池工作原理的简化图。考虑一个 N-区非常窄的并且重度掺杂的 P-N 结。光照从 N-边穿过。耗尽区(*W*)或者说空间电荷层(SCL)主要向 P-区延伸。在耗尽层中有一个内建电场 E_0。N-区受光面上的电极必须允许光照进入器件,同时形成一个小的串联电阻。它们被淀积到 N-区受光面上,从而在其表面上形成一系列的手指电极,如图 5-4 所示。表面上一层薄薄的增透膜(图中未画出)可以减小反射,使得更多的光照进入器件内部。

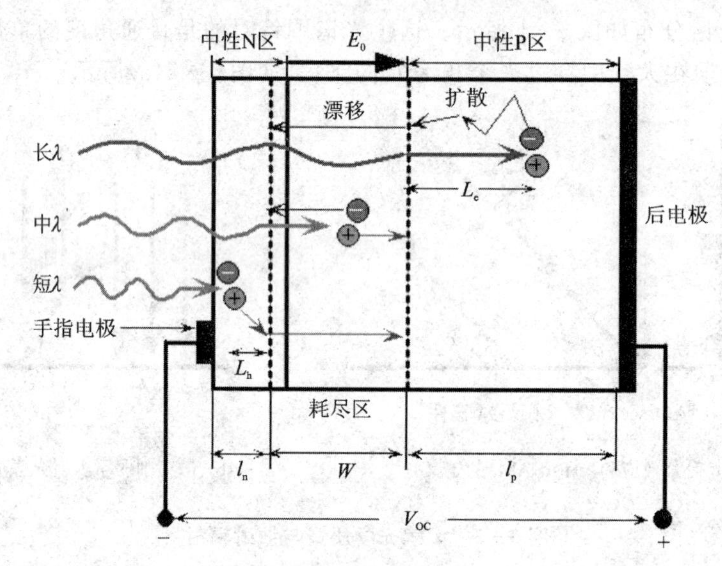

图 5-3 太阳能电池的工作原理

由于 N-区很窄,大部分的光子在耗尽区(*W*)和中性 P-区(l_p)被吸收,从而在这些区域产生电子-空穴对(Electron-Hole Pairs,EHPs)。耗尽区的电子-空穴对在内建电场 E_0 的作用下立即分离。电子漂移到达中性 N+区,并且在这里通过 $-e$ 电荷量的聚集使这个区域变成负的。同样地,空穴漂移到达中性 P+区并使这个区域变成正的。因此在器件的两端就形成了一个开路电压,与 N-区一边相比,P-区一边为正。如果连接一个外界负载,则 N-区一边多余的电子就能通过外界环路作功到达 P-区一边,与那儿多余的空穴再次结合。有一点很重要,即没有内部电场 E_0,就不能将电子-空穴对分开,并且在 N-边聚集多余的电子,在 P-边聚集多余的空穴。

受波长较长的光子激发的光生电子-空穴对被中性 P-区吸收,因为在这个区域没有电场,所以只能在这个区域内扩散。如果电子再次复合的寿命为 τ_e,它能扩散的平均距离为 $L_e=$

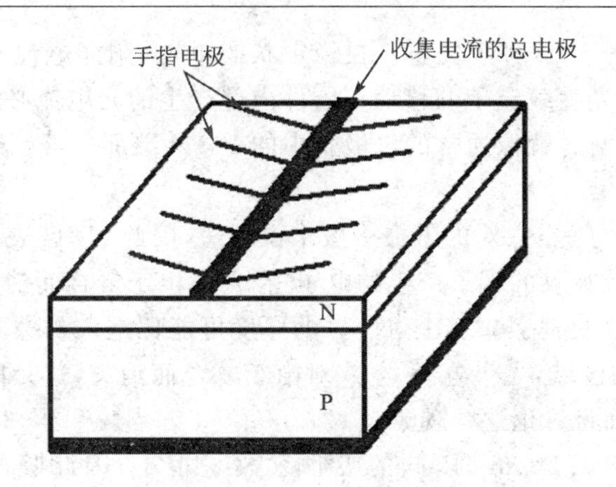

图 5-4　太阳能电池表面上减少串联电阻的手指电极

$\sqrt{2D_e\tau_e}$,其中 D_e 是它在 P-区的扩散系数,则那些到耗尽区的距离小于 L_e 的电子一定能扩散到达这个区域,在这里它们受 E_0 的作用向 N-区移动,如图 5-3 所示。因此,只有那些距离耗尽层在 L_e 之内的电子-空穴对对光伏效应有贡献。当然,内建电场 E_0 的重要性是显而易见的。一旦电子扩散到耗尽区,E_0 就将其带到 N-区,使 N-区的负电荷不断累积。留在 P-区的空穴在这个区域贡献一个净正电荷。那些距离耗尽区大于 L_e 的电子-空穴对由于复合而消失,因此,使得 L_e 尽可能小非常重要。这就是选择硅 P-N 结作为 P-型的理由,这使得电子成为少数载流子;在硅中电子扩散长度比空穴扩散长度要长。这同样也适用于 N-区吸收的短波长光子激发产生的电子-空穴对。那些受激产生的空穴在扩散距离 L_h 以内时可以到达耗尽层,并在电场的作用下移动到 P-区。因此,那些促成光伏效应的电子-空穴对的激发发生在区域 L_h+W+L_e 中。如果器件的两端被短路,如图 5-5 所示,则 N-区多余的电子能通过外部电路移动到 P-区,以中和 P-区多余的空穴。这个由光生载流子移动形成的电流称为光电流。

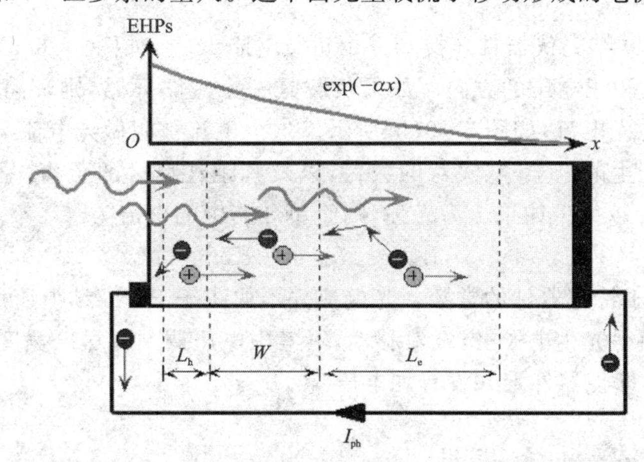

图 5-5　引起光电流的体内光生载流子

我们必须注意到，图 5-3 并不完整。在稳定状态下，太阳能电池开路的情况下并没有净电流通过。这意味着由光生载流子的移动在器件内部产生的光电流必须被相反方向移动的载流子（少数载流子）来平衡。就像通常的二极管中的 P-N 结那样，P-N 结上出现的光伏电压注入少数载流子。

由于 N 区的光生电子-空穴对的寿命一般来说很短，因此 N-区表面区域附近或离耗尽区在扩散距离 L_h 以外区域吸收的光子产生的电子-空穴对由于复合而消失。N-区做得很薄，厚度一般小于 0.2 μm 或者更薄。事实上，N-区的厚度可能比空穴扩散距离 L_h 还要小。然而，在离 N 区表面非常近的区域，光生电子-空穴对由于复合而消失，这是因为各种表面效应充当了复合中心的作用，下面将讨论这个现象。

在波长较长，为 1～1.2 μm 时，硅的吸收系数 α 很小，因此吸收深度（$1/\alpha$）一般大于 100 μm。为了捕捉到这些长波长的光子，需要 P 区较厚，同时少数载流子扩散距离 L_e 较长。一般 P 区厚度为 200～500 μm，L_e 更小些。

晶体硅的带隙为 1.1 eV，对应的阈值波长为 1.1 μm。从图 5-1 可以看出，波长大于 1.1 μm 的入射能量将被浪费掉，这不是一个可忽略的量（约为 25 %）。然而，对效率产生限制的最糟糕的因素来自于高能光子在晶体表面被吸收并且由于在表面区域的复合而消失。晶体表面和分界面处复合中心高度集中，这些复合中心将促进表面附近受激产生的电子-空穴对的复合。由于表面上及表面附近的电子-空穴对的复合引起的损失高达 40 %，这些复合效应使得效率下降到 45 %。此外，增透膜并不完美，这将使得收集到的光子总量减少，这个因子为 0.8～0.9。当我们把光伏效应本身的限制（下面将进行讨论）考虑在内时，室温下一个利用单晶体硅的光伏器件的效率最高为 24 %～26 %。

5.3 P-N 结光伏 *I*-*V* 器件特性

将一个理想 P-N 结光伏器件连接到一个负载电阻 R 上，如图 5-6(a)所示。注意图中的 I 和 V 定义了正电流和正电压的方向。如果负载是一个短路环路，则环路里通过的唯一的电流就是入射光产生的光电流，如图 5-6(b)所示。这个电流被叫做光电流 I_{ph}，其大小取决于在耗尽区附近区域内光生的电子-空穴对的数目，以及其距耗尽区的距离（见图 5-3）。光强越大，激发速率越高，I_{ph}越大。如果 I 为光强，则简单环路中的电流为

$$I_{sc}=-I_{ph}=-KI \tag{5.3-1}$$

式中，K 是一个取决于特定器件的常数。光电流并不取决于 P-N 结上所加的电压，这是因为总有一个内部电场使得光生电子-空穴对移动，不考虑电压调制耗尽区宽度的二级效应。光电流 I_{ph}因此一直流动，即使器件上并没有加电压。

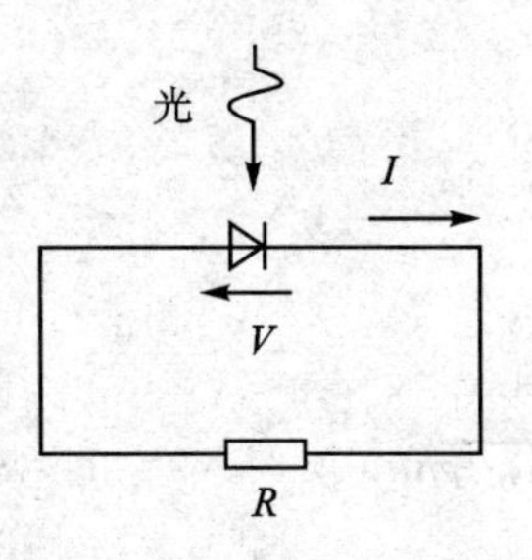

(a) 与外负载R相连的太阳能电池

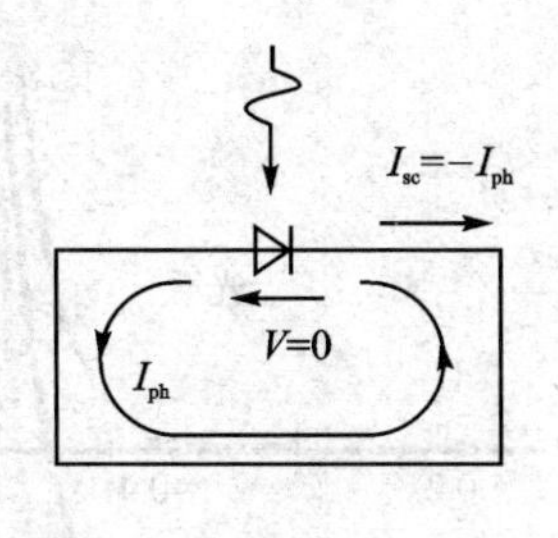

(b) 短路时的太阳能电池

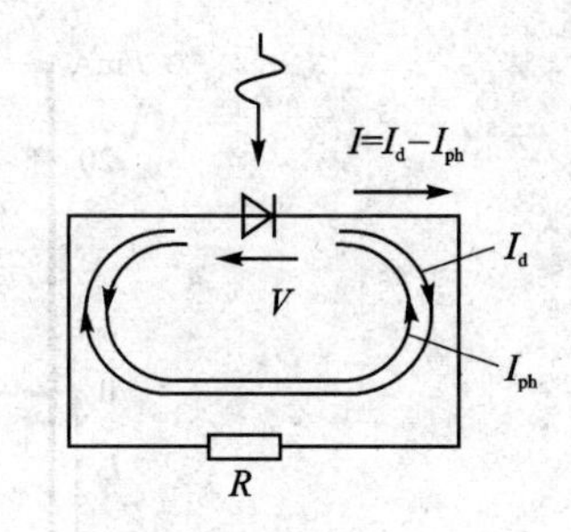

(c) 驱动外电路负载的太阳能电池

图 5-6　太阳能电池中的电流与电压

如果 R 不是短路，则由于电流通过负载 P-N 结两端将会有一个正电压出现，如图 5-6(c)所示。这个电压减小了内建的 P-N 结上的潜在电压，因此使得少数载流子如同在一个普通的二极管中那样注入和扩散。因此，如图 5-6(c)所示，除了 I_{ph}，电路中还有一个向前的二极管电流 I_d，这个电流起源于 R 两端的电压。由于 I_d 就是普通的 P-N 结现象，由二极管特性有

$$I_d = I_0\left[\exp\left(\frac{eV}{nk_B T}\right) - 1\right]$$

式中，I_0 是反向饱和电流，n 是理想系数($n=1\sim2$，取决于半导体材料和制造工艺)。在一个开路的电路中，净电流为 0。这意味着光电流 I_{ph} 只提供了光伏电压 V_{oc} 来产生一个二极管电流，$I_d = I_{ph}$。

因此通过太阳能电池的总电流为

$$I = -I_{ph} + I_0\left[\exp\left(\frac{eV}{nk_B T}\right) - 1\right] \tag{5.3-2}$$

一个典型的硅太阳能电池的总的 $I-V$ 特性如图 5-7 所示。可以看出，这个曲线对应于正常的暗特征曲线下移 I_{ph}，光电流依赖于光强 I。太阳能电池的开路输出电压 V_{oc} 是 $I-V$ 曲线与 V 轴相交($I=0$)时电压的值。显然，即使 V_{oc} 依赖于光强，它的值一般在 0.4～0.6 V 范围内。

式(5.3-2)只给出了太阳能电池的 $I-V$ 特性。当太阳能电池被连接到一个负载上时，如图 5-6(a)所示，这个负载上的电压和通过的电流与太阳能电池相同。但是通过 R 的电流 I 现在与传统的电流由高电位流向低点位相反。因此，如图 5-8(a)所示，有

$$I = \frac{V}{R} \tag{5.3-3}$$

电路中实际的电流 I 和电压 V 必须同时满足太阳能电池的 $I-V$ 特性(式(5.3-2))与负载的 $I-V$ 特性(式(5.3-3))。我们能通过联立解方程(5.3-2)与方程(5.3-3)得到 I' 和 V'，然而这并非快捷的分析步骤。利用太阳能电池的特性的图解法更加直观明了。

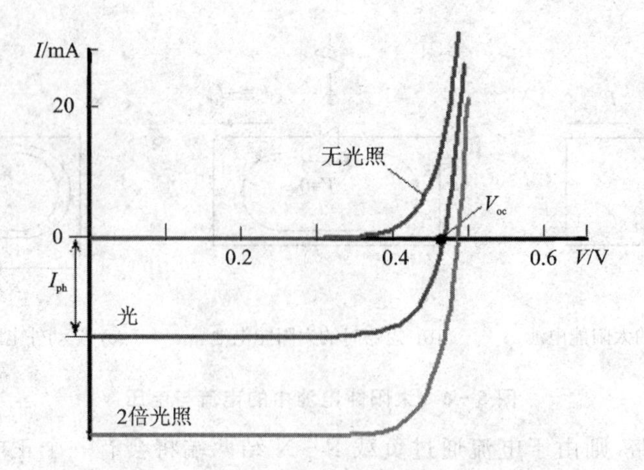

图 5-7　典型的 Si 太阳能电池伏安特性

通过一条负载线的构造，很容易得出太阳能电池环路中的电流 I' 和电压 V'。式(5.3-3)中负载的 $I-V$ 特性是一条斜率为 $-1/R$ 的直线。这被叫做负载线，如图 5-8(b)所示。图 5-8(b)同时也画出了在给定照明强度下的太阳能电池的 $I-V$ 特性。这条负载线和太阳能电池的 $I-V$ 特性曲线交于 P。在 P 点，负载和太阳能电池有相同的电流 I' 和电压 V'。因此，点 P 同时满足方程(5.3-2)与方程(5.3-3)，代表了电路的工作点，电流 I 和电压 V 由点 P 给出。

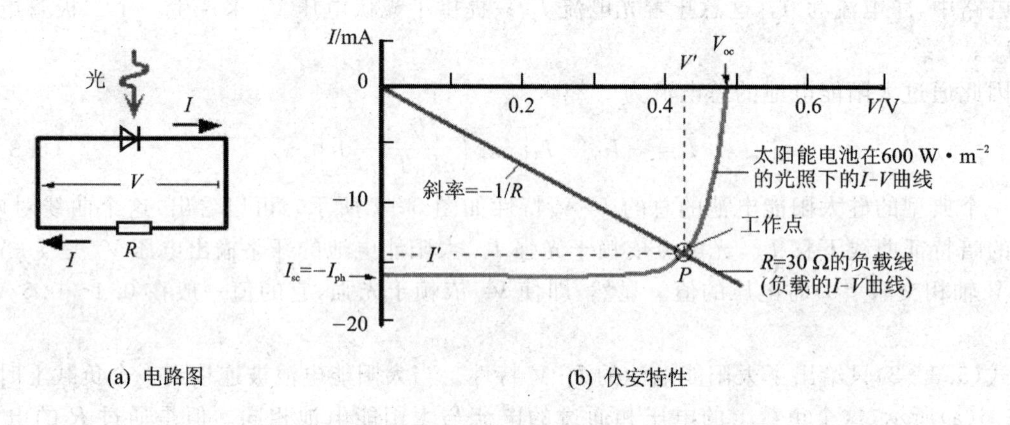

图 5-8　太阳能电池加负载时的伏安特性

负载消耗掉的功率为 $P_{out}=I'V'$，也就是图 5-8(b)中由 I 轴、V 轴以及虚线围成的矩形的面积。当这个矩形的面积为最大时(通过改变 R 或者入射光强度的大小)，传递到负载上的功率也最大，即 $I'=I_m$，$V'=V_m$。由于可能的最大电流为 I_{sc}，可能达到的最大电压为 V_{oc}，因此对一个给定的太阳能电池，$I_{sc}V_{oc}$ 表示我们希望达到的功率传递的目标值。因此把最大功率输出 I_mV_m 与 $I_{sc}V_{oc}$ 相比是有意义的。填充因子 FF 是衡量太阳能电池质量的一个值，定义为

$$\mathrm{FF}=\frac{I_{\mathrm{m}}V_{\mathrm{m}}}{I_{\mathrm{sc}}V_{\mathrm{oc}}} \tag{5.3-4}$$

FF 是衡量太阳能电池的 $I-V$ 曲线和矩形(理想形状)的接近程度。显然,让 FF 值尽可能接近 1 是有好处的,但是 P－N 结的指数特性使其不能成为现实。一般地,FF 的值所在的范围为 70 %～85 %,取决于器件的材料和构造。

5.4　串联电阻及等效电路

由于一些原因,实际器件可能在本质上与图 5－7 所示的理想 P－N 结太阳能电池的特性相偏离。考虑一个驱动电阻负载 R_{L} 的被光照射的 P－N 结,假设激发在耗尽区发生。如图 5－9 所示,光生电子必须通过一个表面半导体区才能到达最近的手指电极。所有这些从 N 层表面区域到手指电极的电子的路径给光伏电路中引入了一个有效串联电阻 R_{S},如图 5－9 所示。如果手指电极比较细,那么电极的电阻本身将使 R_{S} 大大增加。同时,P 区也会引入一个串联电阻,但是与电子到手指电极的电阻相比很小。

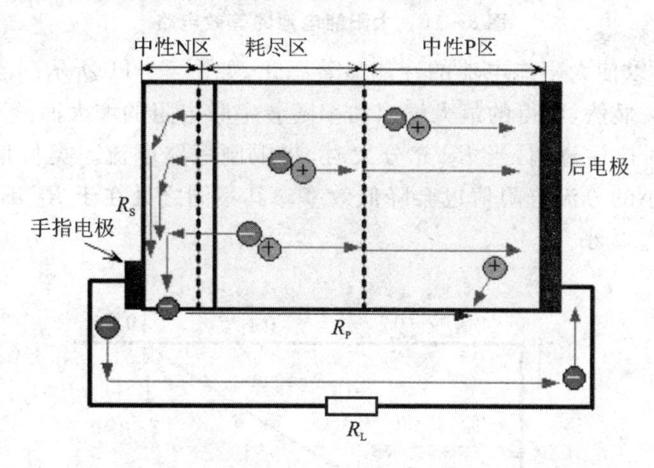

图 5－9　不同光生电子-空穴对时的串联与并联电阻

图 5－10(a)给出了一个理想 P－N 结太阳能电池的等效电路。光生过程被表示为一个恒流源 I_{ph},这个电流源与光强成比例。受激载流子通过 P－N 结,使得 P－N 结两端产生一个光伏电势差 V,这个电压使二极管中产生电流 $I_{\mathrm{d}}=I_0[\exp(eV/nk_{\mathrm{B}}T)-1]$。在图 5－10(a)中,这个二极管电流 I_{d} 在电路中被表示为一个理想 P－N 结二极管。很明显,I_{ph} 和 I_{d} 方向相反(I_{ph} 向上,I_{d} 向下),因此,在开路光伏电路中,I_{ph} 和 I_{d} 有相同的量级,相互抵消。

图 5－10(b)给出了一个更为实际的太阳能电池的等效电路。图 5－10(b)中的串联电阻 R_{S} 产生了一个电压降,因此使得 A 与 B 之间的输出并不是全部的光伏电压。一部分(通常很少)载流子可以通过晶体表面(器件边缘)或者多晶器件的晶界流动,而不是通过外接负载 R_{L}。

这些阻止受激载流子在外部电路中流动的效应可以被表示为一个有效内部分流，或者并联电阻 R_P。这个电流从负载 R_L 上分流。一般来说，在器件整体性能上，R_P 没有 R_S 重要，除非这个器件高度多晶，并且流过晶界的电流不可忽略。

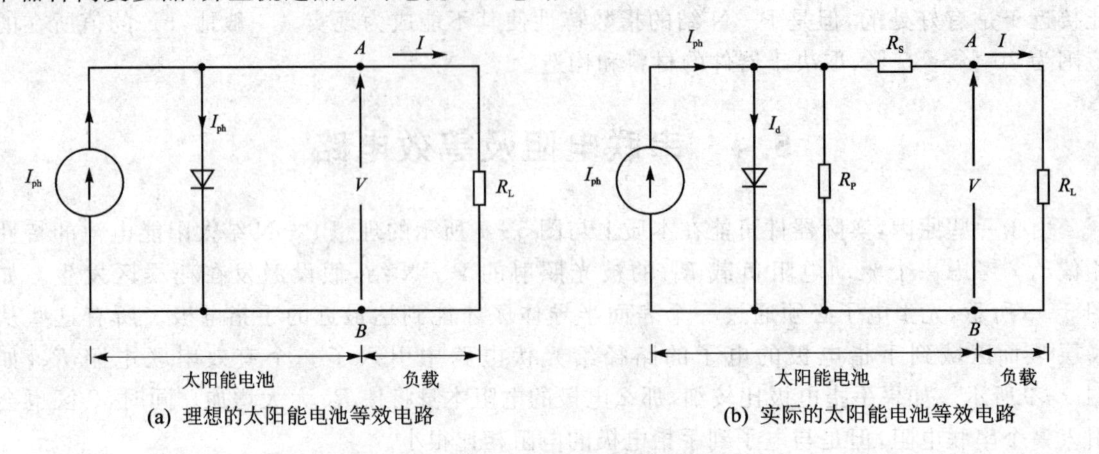

(a) 理想的太阳能电池等效电路　　(b) 实际的太阳能电池等效电路

图 5-10　太阳能电池的等效电路

串联电阻 R_S 可以使太阳能电池的性能显著恶化，如图 5-11 所示。当 $R_S=0$ 时，太阳能电池达到最佳性能。显然，可得的最大输出功率随着串联电阻的增大而减小，因此将会使得电池的效率降低。同时应注意到，当 R_S 充分大时，将限制短路电流。类似地，由于材料中大量存在的缺陷导致的小的分流电阻值也会降低效率。其不同之处在于 R_S 不影响开路电压 V_{oc}，小的 R_P 将会使得 V_{oc} 减小。

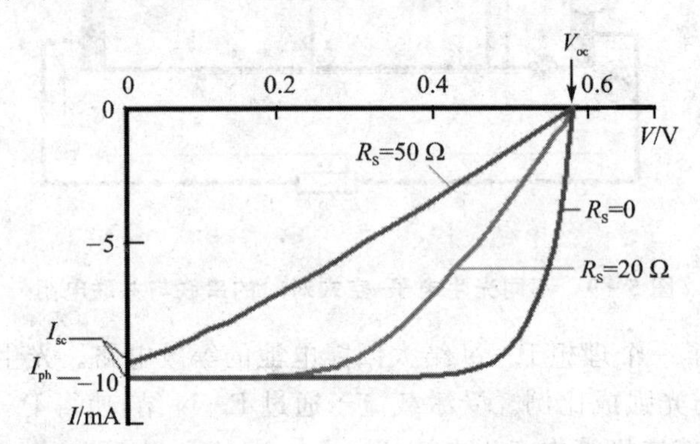

图 5-11　串联电阻展宽了伏安特性并减小了最大可能的功率

例 5.4.1　并联太阳能电池。

设两个完全相同的太阳能电池接受相同的光照，太阳能电池的参数为 $I_0=25\times10^{-6}$ mA，$n=1.5$，$R_S=20\ \Omega$，因此 $I_{ph}=10$ mA。阐释这两个太阳能电池并联时的特性。求一个电池以及两个电池串联时能输出的最大功率，并且找出在最大功率处对应的电压和电流值（假设

$R_P=\infty$)。

解　考虑一个如图 5-10 所示的独立的太阳能电池。二极管两端的电压 $V_d=V-R_S I$,因此外部电流 I 为

$$I=-I_{ph}+I_0\left[\exp\left(\frac{eV_d}{nk_BT}\right)-1\right]=-I_{ph}+I_0\exp\left[\frac{e(V-R_SI)}{nk_BT}\right]-I_0 \tag{1}$$

上式给出了一个电池的 $I-V$ 特性,如图 5-12 中虚线所示*。输出功率 P 就是 IV,在图 5-12中以虚线画出。当电流为约 8 mA 时,电压为 0.27 V,这时输出功率最大,为 2.2 mW。负载必须为 34 Ω。

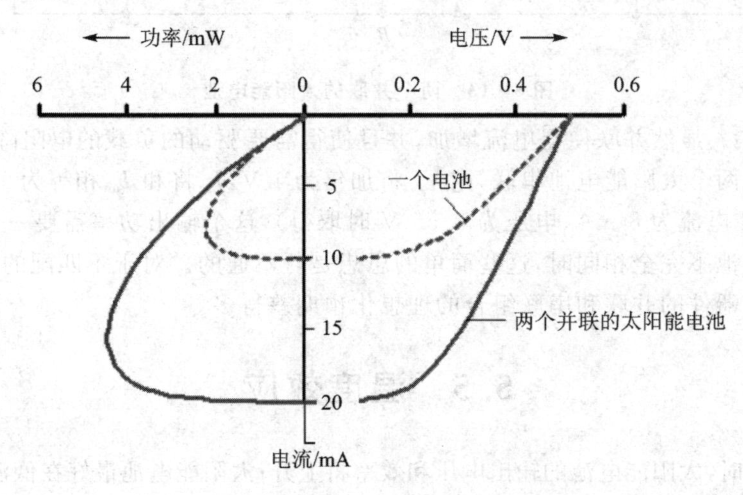

图 5-12　电流-电压和功率-电流特性

图 5-13 是两个太阳能电池并联驱动负载 R_L 的等效电路。现在 I 和 V 分别表示两个器件并联后整个系统的电流和电压。每个器件的电流为 $0.5I$。一个电池的二极管两端的电压为 $V_d-0.5R_sI$。因此

$$0.5I=-I_{ph}+I_0\exp\left[\frac{e(V-0.5R_SI)}{nk_BT}\right]-I_0$$

或者

$$I=-2I_{ph}+2I_0\exp\left[\frac{e(V-0.5R_SI)}{nk_BT}\right]-2I_0 \tag{2}$$

将式(2)与式(1)比较,我们发现,并联使得电阻减半,光电流加倍,并且使二极管反向饱和电流 I_0 加倍。所有这些和直观预期是一致的,因而器件的面积现在加倍。图 5-12 给出了组合器件的 $I-V$ 特性和 $P-I$ 特性。当 $I\approx16$ mA,$V\approx0.27$ V 时,功率区的最大值约为 4.4 mW,对

* 可以容易地通过选择 I 值从(1)计算 V 值。

$$V=(nk_BT/e)\ln[(I+I_{ph}+I_0)/I_0]+R_SI$$

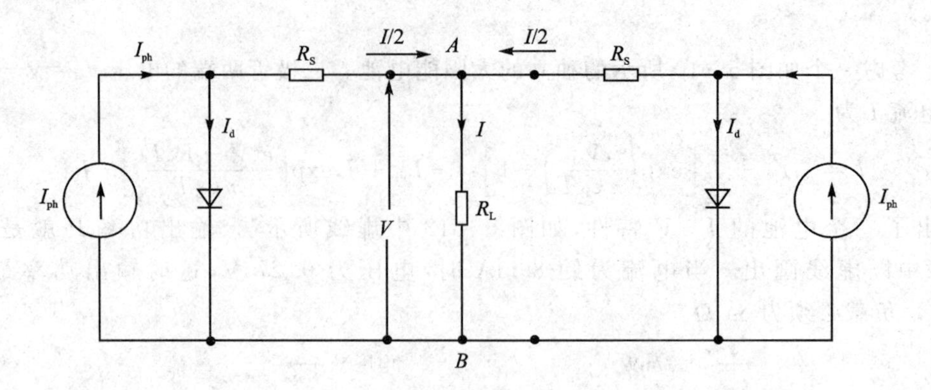

图 5-13　两个并联的太阳能电池

应的负载为 17 Ω。显然并联使得电流增加，并且使得需要驱动的负载的电阻降低。

如果我们将两个太阳能电池串联，则 V_{oc} 将加倍为 1 V，I_{sc} 将和 I_{ph} 相等为 10 mA。最大功率为 4.4 mW（在电流为 8 mA、电压为 0.55 V 时取得），这个输出功率需要一个约为 34 Ω 的负载。然而当电池不完全相同时，这些简单的思想是行不通的。对于不匹配的电池的组合，其性能比基于匹配器件的并联和串联组合的理想化预期差得多。

5.5　温度效应

当温度降低时，太阳能电池的输出电压和效率将上升；太阳能电池最好在低温下工作。考虑图 5-8(b) 中的器件的开路电压 V_{oc}。由于电池的总电流为 0，光照产生的光电流 I_{ph} 必须被由光伏电压 V_{oc} 产生的 I_d 平衡，即 $I_d=I_0\exp(eV_{oc}/nk_BT)$。如果 n_i 是本征浓度，则 I_0 与 n_i^2 成比例，这意味着 I_0 随着温度的下降快速下降。因此必须产生一个更大的电压来产生 I_d，以平衡 I_{ph}。

当 $V_{oc}\gg nk_BT/e$ 时，输出电压 V_{oc} 由下式给出，即

$$V_{oc}=\frac{nk_BT}{e}\ln\left(\frac{I_{ph}}{I_0}\right)\tag{5.5-1}$$

式中，I_0 是反向饱和电流，由于依赖于 n_i^2（n_i 是本征浓度），故对温度的依赖性很大。更进一步，由于 $I_{ph}=KI$，其中 K 是一个常数，I 是光强，我们可以将上式写成

$$V_{oc}=\frac{nk_BT}{e}\ln\left(\frac{KI}{I_0}\right)$$

或者

$$\frac{eV_{oc}}{nk_BT}=\ln\left(\frac{KI}{I_0}\right)$$

假设 $n=1$，将在相同光照而在不同温度 T_1 和 T_2 下的两式相减，有

$$\frac{eV_{oc2}}{k_BT_2}-\frac{eV_{oc2}}{k_BT_1}=\ln\left(\frac{KI}{I_{02}}\right)-\ln\left(\frac{KI}{I_{01}}\right)=\ln\left(\frac{I_{01}}{I_{02}}\right)\approx\ln\left(\frac{n_{i1}^2}{n_{i2}^2}\right)$$

式中，下标 1 和 2 分别表示温度 T_1 和 T_2 对应的量。

我们将 $n_i^2 = N_c N_v \exp(-E_g/k_B T)$ 代入并且忽略 N_c 和 N_v 对温度的依赖，得

$$\frac{eV_{oc2}}{k_B T_2} - \frac{eV_{oc1}}{k_B T_1} = \frac{E_g}{k_B}\left(\frac{1}{T_2} - \frac{1}{T_1}\right)$$

整理，得

$$V_{oc2} = V_{oc1}\left(\frac{T_2}{T_1}\right) + \frac{E_g}{e}\left(1 - \frac{T_2}{T_1}\right) \tag{5.5-2}$$

例如，对于一个硅太阳能电池，如果在 20 ℃($T_1 = 293$ K)时，$V_{oc1} = 0.55$ V，则在 60 ℃($T_2 = 333$ K)时的 V_{oc2} 为

$$V_{oc2} = (0.55\ \text{V})\left(\frac{333}{293}\right) + (1.1\ \text{V})\left(1 - \frac{333}{293}\right) = 0.475\ \text{V}$$

如果我们假设到 1 阶吸收特性不变(E_g、扩散长度等基本不变)，则 I_{ph} 不变，效率至少由于这个因素而降低。

5.6　太阳能电池材料、器件及效率

太阳能电池的效率是它最重要的性能之一，因为这使得太阳能电池被认为比其他能量转换器更加经济。太阳能电池的效率总是入射光能量转换为电能的比率。对于给定的太阳能光谱，这个转换效率依赖于半导体材料的特性和器件结构；此外，还受外界环境的影响，比如被温度和由高能粒子引起的高辐射损坏。不同地区的太阳光谱也有很大的不同，这可能使太阳能电池的效率发生变化。在太阳光谱中有很大一部分为散射光的地区，应用高带隙半导体的器件可能会有更高的效率。用太阳光聚焦器来把太阳光聚集到太阳能电池上，将使整体效率有显著的增加。如果一个高效率的电池在应用中太过昂贵，则效率本身是无意义的。因此我们必须知道产生每单位电能需要的花费，但是这个值很难评估，因为批量生产将降低整体成本，并且其他形式的能量成本并没有包括环境污染等带来的损失。

大部分的太阳能电池是基于硅的，因为硅半导体制造工艺现在是一项成熟的技术，从而能使得器件的成本较低。对一般的基于硅的太阳能电池来说，多晶器件的效率约为 18 %，有特殊结构以吸收尽可能多的入射光子的高效率单晶器件的效率为 22 %～24 %。图 5-14 示出了各种因素是怎样使硅太阳能电池的效率降低的。

大约有 25 %的太阳能是因为光子的能量不够大、不能激发电子-空穴对而被浪费掉的。高能的光子在晶体表面被吸收，这些被激发的电子-空穴对由于复合而消失。这部分取决于表面钝化条件，可能随着不同器件的设计而变化。太阳能电池必须吸收尽可能多的有用光子，这个光子收集效率依赖于具体的器件结构。对一个高效率的硅太阳能电池，最终的效率约为 20 %。

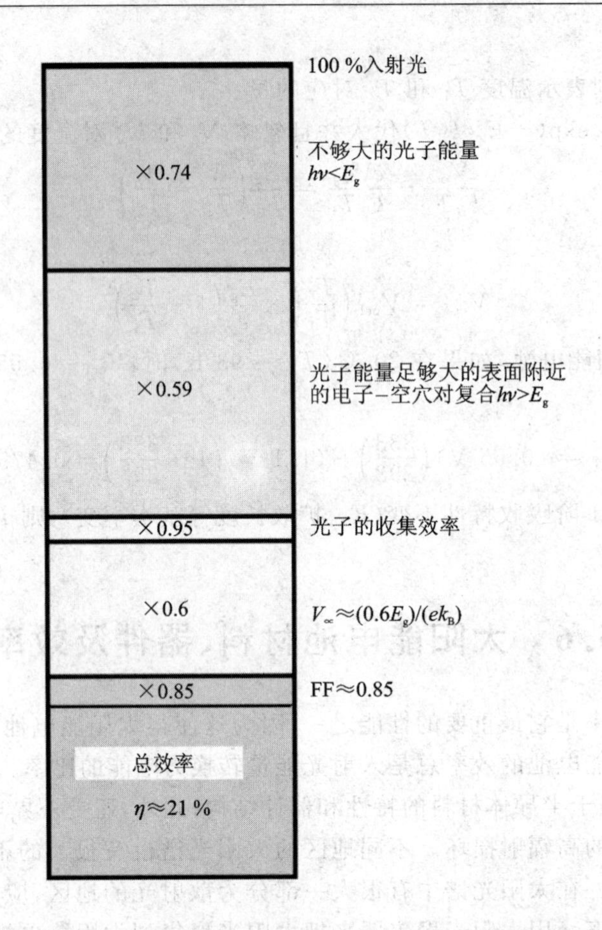

图 5-14　计算高效硅太阳能电池中的各种损耗

在同种晶体中制造一个 P-N 结得到的太阳能电池叫做同质结。最好的利用昂贵的单晶 PERL 的硅同质结太阳能电池的效率约为 24 %。PERL 和类似的电池表面上有纹路,其表面被蚀刻上一系列的"倒金字塔"来捕捉入射光,如图 5-15 所示。通常从一个平整晶体表面的反射会引起光的损失,而在这些金字塔之间的反射则提供了第二次或者第三次吸收机会。更进一步,反射之后,光子将以倾斜角进入半导体,这意味着这些光子将在激发区域被吸收,即在图 5-15 中所示的耗尽层的 L_e 内被吸收。

表 5-1 总结出了各种太阳能电池的一些典型特征。GaAs 和 Si 太阳能电池的效率差不多,尽管理论上 GaAs 的带隙比较宽,应该效率更高。在图 5-14 中明显可以看出,使得 Si 太阳能电池的效率降低的最主要因素是那些能量为 $h\nu<E_g$ 的光子未被吸收,以及短波长的光子在表面附近被吸收。如果用下面讨论的串联电池结构或者异质结,则这两个因素造成的影响都将减小。

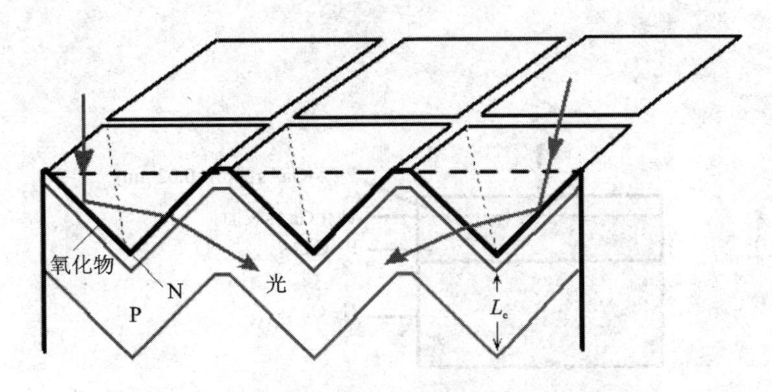

图 5-15　减少反射损耗,增加吸收的倒金字塔表面

表 5-1　在 AM1.5 照明为 1 000 W·m^{-2} 典型情况下室温下的典型值

半导体	E_g/eV	V_{oc}	最大 J_{sc}/(mA·cm^{-2})	FF	η/%	注
Si,单晶	1.1	0.5～0.69	42	0.7～0.8	16～24	
Si,多晶	1.1	0.5	38	0.7～0.8	12～19	
非晶 Si：Ge：H 薄膜					8～10	具有级联结构的非晶薄膜,易于大面积组装
GaAs,单晶	1.42	1.03	27.6	0.85	24～25	
AlGaAs/GaAs 级联		1.03	27.9	0.864	24.8	扩散带隙材料
GaInP/GaAs 级联		2.5	14	0.86	25～30	不同带隙材料
CdTe 薄膜	1.5	0.84	26	0.73	15～16	多晶薄膜
InP,单晶	1.34	0.88	29	0.85	21～22	
$CuInSe_2$	1.0				12～13	

有很多 III-V 族半导体合金能被制造成有不同带隙但具有相同的晶格常数的形式。由这些材料制成的异质结(不同材料之间的结)表面缺陷可以被忽视。AlGaAs 的带隙比 GaAs 宽,将使得大多数的太阳光子通过。如果在一个 GaAs 的 P-N 结上加一层 AlGaAs 薄层,如图 5-16 所示,那么这个薄层将钝化同质结电池中存在的表面缺陷。因此,这个 AlGaAs 窗口层克服了表面复合的限制,因而提高了电池的效率(这样的电池效率大约为 24 %)。晶格匹配的有不同带隙的 III-V 半导体之间的异质结提供了制造高效率太阳能电池的可能。图 5-17 所示的最简单的单异质结的例子包含了一个用更宽带隙的 N-AlGaAs 与 P-GaAs 组成的 P-N 结。较高能量的光子($h\nu>2$ eV)被 AlGaAs 层吸收,较低能量的光子($1.4<h\nu<2$ eV)被 GaAs 层吸收。在更精密的电池中,通过 AlGaAs 层构成的变化,AlGaAs 的带隙从表面开

始慢慢衰减。

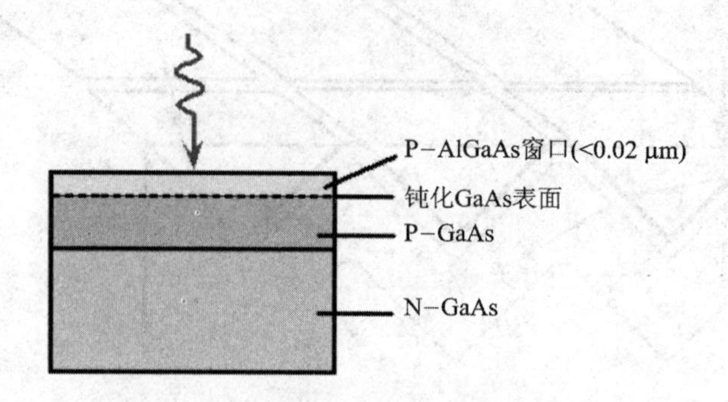

图 5-16　AlGaAs 窗口层

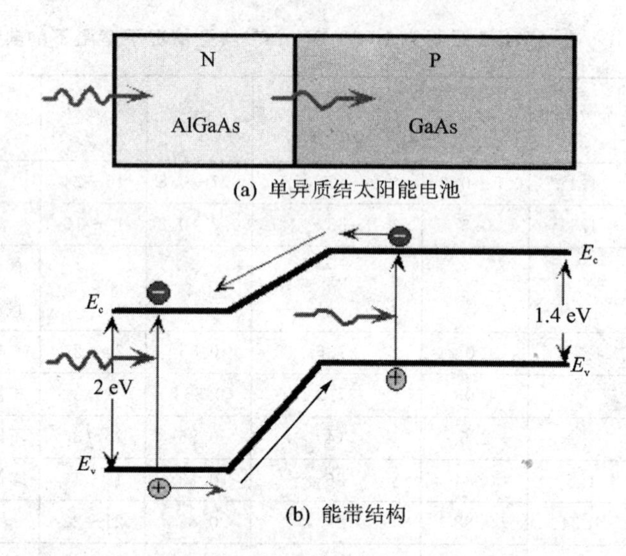

图 5-17　单异质结太阳能电池

串联或级联电池利用两个或多个串联或级联的电池来增加入射光中被吸收的光子数，如图 5-18 所示。第一个电池由宽带隙的材料制成，只吸收能量为 $h\nu > E_{g1}$ 的光子。第二个电池吸收通过第一个电池并且能量 $h\nu > E_{g2}$ 的光子。整个结构可以通过利用晶格匹配的多晶层在一个单晶体内实现，这将使得串联电池很庞大。如果同时利用聚光器，效率还将进一步提高。例如，一个 GaAs-GaSb 级联电池在 100 -阳光条件下(即普通太阳光照的 100 倍)工作时的效率将达到大约 34 %。在薄膜 a-Si:H(非结晶氢化硅)太阳能电池中利用级联电池能获得约 12 %的效率。这些级联电池包括 a-Si:H 电池和 a-Si:Ge:H 电池，可以很容易地制造出大面积的电池。

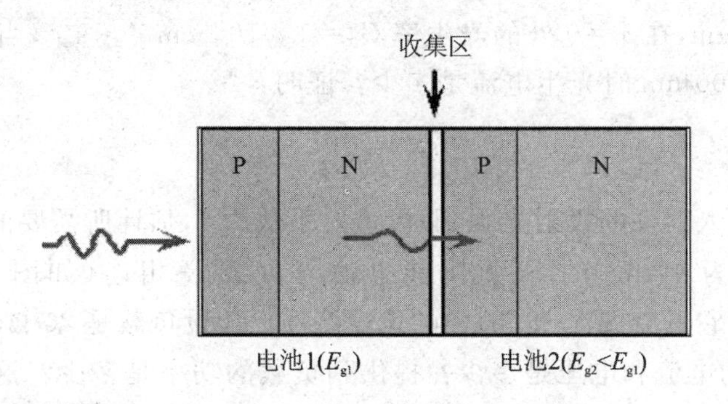

图 5 - 18　级联电池

习　　题

1. 假设有一户人家所处地区一年到头日照充足,平均每天需要耗电 500 W。如果一年内平均每天的入射太阳能强度约为 6 kW·h·m^{-2},有一个将太阳能转换为电能的光伏器件的效率为 15 %,那么这个光伏器件需要多大的面积才能满足要求?

2. 考虑一个特殊的光伏器件,对这个器件进行照明的光的波长使得激发在图 5 - 5 中所示的器件厚度处发生,并且电子-空穴对激发速率 G_{ph}(单位时间内、单位体积受激发产生的电子-空穴对的数目)以 $G_0\exp(-\alpha x)$的规律衰减,其中 G_0 是表面处的激发速率,α 是吸收系数。假设这个器件很短,如图 5 - 5 所示,能够使所有的受激载流子在外电路流动(只有电子在外电路流动)。假设 L_h 比 N 区的厚度 l_n 大,则所有的在区域 l_n+W+L_e 中受激产生的电子-空穴对对光电流作贡献。更进一步,假设晶体表面附近的电子-空穴对的复合可以忽略不计,那么证明光电流为

$$I_{ph}=\frac{eG_0A}{\alpha}\{1-\exp[-\alpha(l_n+W+L_e)]\}$$

式中,A 是器件表面可以接收到光的面积(不被手指电极挡住的部分)。

3. 考虑一个太阳能电池驱动一个 30 Ω 的电阻负载,如图 5 - 8(a)所示。假定这个电池接受光照的面积为 1 cm×1 cm,被强度为 600 W·m^{-2} 的光照射,其 $I-V$ 特性曲线如图 5 - 8(b)所示,那么电路中的电流和电压分别是多少?传递到负载的功率为多少?这个电路中的太阳能电池的效率为多少?

4. 在强度为 600 W·m^{-2}的光照下,一个太阳能电池的短路电流 I_{sc}为 16.1 mA,开路输出电压 V_{oc}为 0.485 V。那么当光强加倍时,短路电流和开路电压的值为多少?

5. 按照图 5 - 1,你如何获得 $I_{h\nu}-h\nu$ 的光谱,这里 $I_{h\nu}$是每单位光子能量的光谱强度,$h\nu$ 是光子能量。在 $I_\lambda-\lambda$ 曲线上取 5 个点,画出能谱示意图。

6. 晶体 Si 的吸收系数示于图 4 - 11 中,一个晶体 Si 器件有 $A=4$ cm×4 cm,$l_n=0.5$ μm,

$W=1.5\ \mu m$，$L_e=70\ \mu m$，在 $x=0$ 处的光生率 $G_0=1\times10^{18}\ cm^{-3}\cdot s^{-1}$，当 $\lambda=1.1\ \mu m$ 时光生电流是多少？当 $\lambda\approx500$ nm 时光生电流是多少？证明：

$$G_0=\frac{I_0\alpha}{h\nu}$$

式中，I_0 是 $x=0$ 处进入器件的投射光强，假设透射系数为 1，估计所需要的入射光强度。

7. ① 一个面积为 4 cm^2 的 Si 太阳能电池与负载 R 相连（如图 5-8(a)所示），在 600 $W\cdot m^{-2}$ 光照下，它具有图 5-8(b)中的伏安特性。假设负载是 20 Ω，在 1 $kW\cdot m^{-2}$ 的光强下使用，则电路中的电流和电压是多少？提供到负载的功率是多少？这个电路中的太阳能电池效率是多少？② 为了获得在 1 $kW\cdot m^{-2}$ 的光强照射下从太阳能电池到负载的最大功率传输，则负载是多少？在 600 $W\cdot m^{-2}$ 光强照射情况下负载是多少？③ 一个计算器需要最小电压是3 V，在 3～4 V 时的电流为 3.0 mA，现用若干个太阳能电池驱动该计算器，在室内大约400 $W\cdot m^{-2}$ 光强下使用，则需要多少太阳能电池？你如何将它们连接起来？在什么样的光强下计算器会停止工作？

8. 一个太阳能电池在 100 $W\cdot m^{-2}$ 光强照射下有短路电流为 $I_{sc}=50$ mA 和开路电压 $V_{oc}=0.55$ V，当光强减半时，短路电流和开路电压分别是多少？

9. 考虑示于图 5-10 中的太阳能电池等效电路，① 证明：

$$I=-I_{ph}+I_d+\frac{V}{R_p}=-I_{ph}+I_0\exp\left(\frac{eV}{nkT}\right)-I_0+\frac{V}{R_P}$$

② 画出一个 $n=2$ 和 $I_0=3\times10^{-4}$ mA 光照以致 $I_{ph}=5$ mA 情况下多晶硅太阳能电池的 $I-V$ 曲线。使用 $R_P=\infty$、$R_P=1\ 000\ \Omega$ 和 $R_P=100\ \Omega$，你的结论是什么？

10. 两个完全相同的太阳能电池，其特性为：$I_0=25\times10^{-6}$ mA，$n=1.5$，$R_S=20\ \Omega$，受到相同的照射，产生 $I_{ph}=10$ mA，画出独立电池的 $I-V$ 特性和两个电池串联时的 $I-V$ 特性，找出能够由一个电池提供和两个电池串联提供的最大功率，并找出最大功率点处相应的电压和电流。

11. 两个太阳能电池，电池 1 有：$I_{01}=25\times10^{-6}$ mA，$n_1=1.5$，$R_{S1}=10\ \Omega$；电池 2 有：$I_{02}=1\times10^{-7}$ mA，$n_2=1.0$，$R_{S2}=50\ \Omega$。光照产生的光生电流为 $I_{ph1}=10$ mA，$I_{ph2}=15$ mA。画出独立电池的 $I-V$ 特性和两个电池串联时的 $I-V$ 特性，找出每个电池独立时提供的最大功率和两个电池串联时提供的最大功率，找出最大功率点处的电流和电压，你的结论是什么？

12. 证明：P-N 结太阳能电池的开路电压近似为

$$V_{oc}\approx\frac{nkT}{e}\ln\left(\frac{BI}{n_i^2}\right)$$

式中，I 是光强，n_i 是本征浓度，与 n_i 相比，B 是与温度有很弱的依赖关系的常数（即 $B\propto T^\gamma$，$\gamma<1$）。

13. 太阳能电池的填充因子 FF 由经验公式给出：

$$\mathrm{FF} \approx \frac{v_{oc} - \ln(v_{oc} + 0.72)}{v_{oc} + 2}$$

式中，$v_{oc} = V_{oc}/(nkT/e)$是归一化的开路电压（与热电压 kT/e 归一化），从太阳能电池输出的最大功率是

$$P = \mathrm{FF} I_{sc} V_{oc}$$

取 $V_{oc}=0.58$ V 和 $I_{sc}=I_{ph}=35$ mA·cm^{-2}，计算在室温 20 ℃、−40 ℃和 40 ℃时每单位面积的太阳能电池可能的功率是多少？

14. ① 到达地球上太阳纬度是 α 的一点的太阳光强度可以近似表示为

$$I = 1.353(0.7)^{(\csc\alpha)^{0.678}} \ \mathrm{kW \cdot m^{-2}}$$

式中，$\csc\alpha = 1/\sin\alpha$，太阳纬度 α 是太阳射线与水平线之间的夹角，在 9 月 23 日和 3 月22 日前后，太阳射线平行到达赤道平面，如果光-电转换效率为 10 %，则面积为 1 m^2 的平面光伏器件能够获得的最大功率是多少？② 在 27 ℃时对特定的 Si P－N 结太阳能电池的加工特性进行测试，开路电压为 0.45 V，短路电流为 400 mA。当用光强 1 000 W·m^{-2}直接照射时，太阳能电池的填充因子是 0.73，将这个太阳能电池用在纬度(ϕ)为 63°的 Eskimo 点便携式设备上，当在 9 月 23 日中午温度为约−10 ℃时，计算开路输出电压和能够获得的最大功率，这个太阳能电池能够提供给电子设备的最大电流是多少？你的结论是什么？

15. 给定太阳能电池电流方程，从太阳能电池提取的功率是$-IV$。证明：当 $V=V_m$ 和 $I=I_m$时出现最大功率

$$\frac{V_m}{nV_T}\exp\left(\frac{V_m}{nV_T}\right) \approx \frac{I_{ph}}{I_0} \quad 和 \quad I_m = -I_{ph}\left(1 - \frac{nV_T}{V_m}\right)$$

式中，$V_T = kT/e$ 是热电压，给定 n，$I_{sc} \approx I_{ph}$和 V_{oc}，提出估算 I_m和 V_m 的方法以及 FF。

16. ① 用有光照和无光照时的能带图解释光伏作用；② 画出从左到右减小 E_g 的 N－型半导体的能带示意图，并说明光生电子-空穴对是如何产生的？

参考文献

[1] Kasap S O. Optoelectronics and Photonics: Principles and Practice. Beijing: Publishing House of Electronics Industry, 2003.

[2] Wenham S R, Green M A, Watt M E, et al. Corkish, Applied Photovoltaics. Earthscan inUk, 2007.

[3] Peyer Würfel. Physics of Solar Cells. From Principles to New Concept, Wiley－VCH, 2005.

第 6 章　晶体光学基础与光调制

电磁波在与传播方向相垂直的方向上有电场和磁场，光的偏振描述的是当光波通过介质传播时光波中电场矢量的行为。使光的偏振状态的变化和辐射强度等特征参量按照被传送信息的特征变化，以实现光信息的传送和检测的方法叫做光辐射的调制。本章将讨论当前常用的光偏振态调制技术和光辐射强度调制技术。

6.1　光的偏振

6.1.1　偏振态

如果光波中所有时刻的电场的振荡都在一条线内，则称此光波为线偏振的，如图 6-1(a)所示，电场的振动和传播方向(z 方向)定义了一个偏振面(振动平面)，所以线偏振指的是偏振平面的波。相反，如果一束光的电场的方向每时每刻都在与传播方向垂直的平面内的随机方向振动，则此光束就是非偏振的。非偏振光束通过一个偏振片后可以成为线偏振光束。

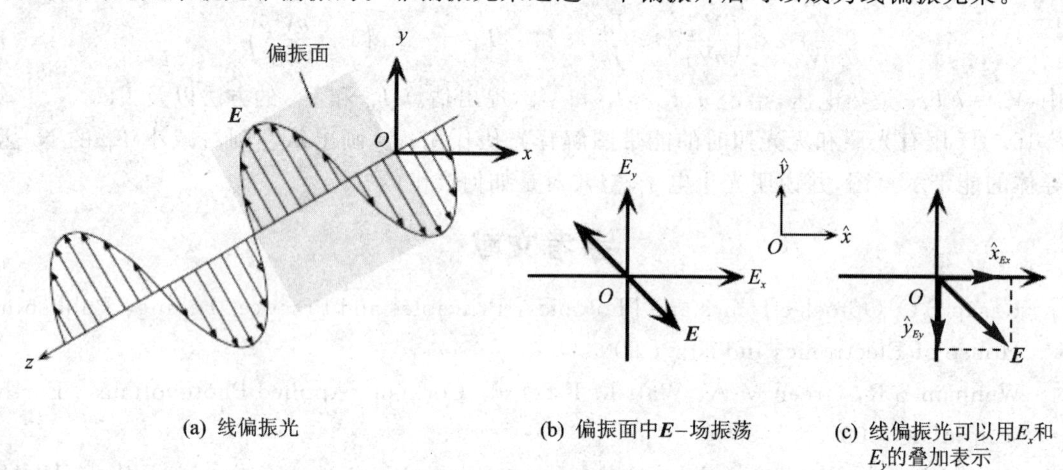

图 6-1　光的偏振态

假设任意设置与光束传播方向垂直的 x 轴和 y 轴方向，则光波中电场 $\boldsymbol{E}$ 可以分解成沿 x 轴的电场分量 E_x 和 y 轴的电场分量 E_y，可以用波动方程独立描述 E_x 和 E_y，它们具有相同的角频率 ω 和波数 k，但它们之间有相位差 ϕ，即

$$E_x = E_{x0}\cos(\omega t - kz) \tag{6.1-1}$$

和

$$E_y = E_{y0}\cos(\omega t - kz + \phi) \tag{6.1-2}$$

式中，ϕ 是 E_x 和 E_y 之间的相位差，如果一个电场分量被延迟了，就引起相位差 ϕ。

图 6-1(a)中的线形偏振光在 x 轴的 $-45°$ 有 $\boldsymbol{E}$ 的偏振(见图 6-1(b))，我们可以通过选择式(6.1-1)和式(6.1-2)中的 $E_{x0}=E_{y0}$ 和 $\phi=\pm180°(\pm\pi)$ 来产生偏振电场，即 E_x 和 E_y 有相同的振幅但相位差为 180°，如果 $\hat{x}$ 和 $\hat{y}$ 是 x 轴和 y 轴的单位矢量，在式(6.1-2)中应用 $\phi=\pi$，则光波的电场可以表示为

$$\boldsymbol{E} = \hat{x}E_x + \hat{y}E_y = \hat{x}E_{x0}\cos(\omega t - kz) - \hat{y}E_{y0}\cos(\omega t - kz)$$

或者

$$\boldsymbol{E} = \boldsymbol{E}_0\cos(\omega t - kz) \tag{6.1-3}$$

式中

$$\boldsymbol{E}_0 = \hat{x}E_{x0} - \hat{y}E_{y0} \tag{6.1-4}$$

式(6.1-3)和式(6.1-4)表示矢量 $\boldsymbol{E}_0$ 与 x 轴成 $-45°$ 角，沿 z 轴传播。

除了图 6-1 中线性偏振光外，还有多种电场的行为，例如，如果电场 $\boldsymbol{E}$ 的振幅保持不变，电场矢量的端点随着时间以顺时针转动描绘出一个圆，则我们将此光波称为右旋偏振光(见图 6-2)。由式(6.1-1)和式(6.1-2)可以明显看出，右旋偏振光具有 $E_{x0}=E_{y0}=A$(一个振幅)和 $\phi=\pi/2$，这意味着

$$E_x = A\cos(\omega t - kz) \tag{6.1-5a}$$

和

$$E_y = A\cos(\omega t - kz) \tag{6.1-5b}$$

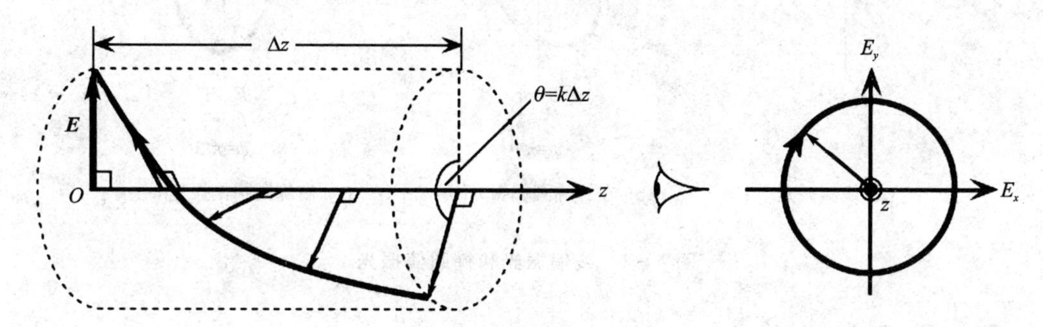

图 6-2　右旋偏振光

这相对直接地证明了式(6.1-5a)和式(6.1-5b)表示的圆是

$$E_x^2 + E_y^2 = A^2 \tag{6.1-6}$$

图 6-2 中示出了瞬间的在距离 Δz 上的圆偏振光，电场 $\boldsymbol{E}$ 转动了一个角度 $\theta=k\Delta z$。线偏振光

和圆偏振光的概念总结在图 6-3 中，图中假设 $E_{y0}=1$，也示出了相应的 E_{x0} 和 ϕ。

当光波沿着空间某一方向传播时，电场的端点轨迹是椭圆，则该光波就是椭圆偏振光。与圆偏振光一样，椭圆偏振光也有左旋椭圆偏振光和右旋椭圆偏振光，它取决于电场矢量是按逆时针方向还是按顺时针方向转动。图 6-4 示出了椭圆偏振光，它的相位差 ϕ 既不是零，也不是 π 的整数倍，振幅 E_{0x} 和 E_{0y} 也不相等。但当 $E_{x0}=E_{y0}$ 且相位差 $\phi=\pm\pi/4$ 或者 $\phi=\pm3\pi/4$ 时，也可获得椭圆偏振光。

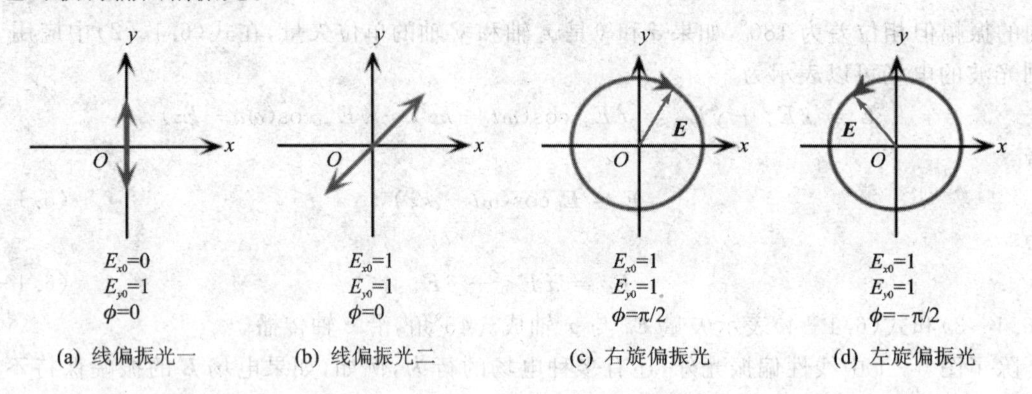

图 6-3　线偏振与圆偏振的例子

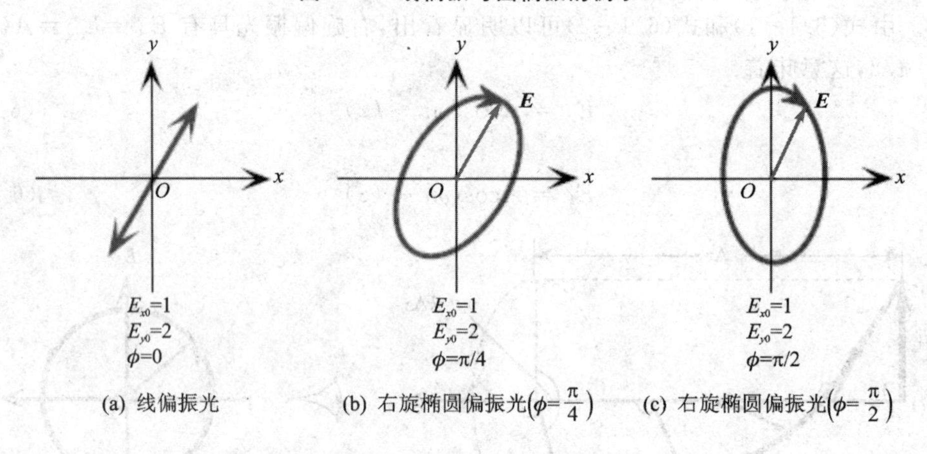

图 6-4　线偏振光和椭圆偏振光

6.1.2　马吕斯定律

有多种能够改变光偏振状态的光学元器件，线形偏振片只允许电场振动方向沿着所期望的方向（透射轴）的光通过，如图 6-5 所示。像电气石那样的二向色晶体是好的偏振片，它是光学各向异性晶体。

如果从偏振器出来的线偏振光入射到第二个完全相同的偏振器上，则通过转动第二个偏

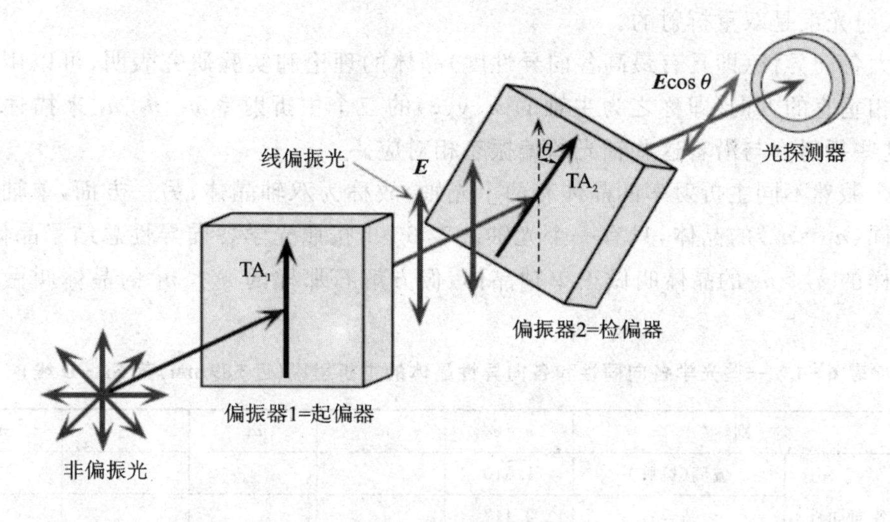

图 6－5　马吕斯定律

振器的透射轴可以分析入射光束的偏振态，因此，通常把第二个偏振器叫做检偏器。如果第二个偏振器的透射光轴与入射光束的电场(即第一个偏振器的投射光轴)成 θ 角，则只有 $\boldsymbol{E}\cos\theta$ 场的分量允许通过检偏器(见图 6－5)，通过检偏器的光的强度与场强的平方成正比，即探测到的光强是($\boldsymbol{E}\cos\theta)^2$，因为 $\theta=0$ 时通过光强最大，故任意角度时通过的光强由 Malus 定律给出

$$I(\theta)=I(0)\cos^2\theta \tag{6.1-7}$$

因此，马吕斯定律将通过偏振器的线偏振光的光强与透射轴和电场之间的角度联系起来。

6.2　各向异性介质中光的传播——双折射

6.2.1　光学各向异性

晶体的重要特性取决于晶体的各向异性。介电常数 ε_r 取决于包括电子与正原子核之间位移的电子极化。因为沿着一定的晶体方向更易于移动电子，所以电子的极化取决于晶体的方向，这意味着晶体的折射率取决于晶体中传播光束的电场的方向，因而，晶体中光的速度取决于传播方向和光的偏振态。像玻璃和液体，以及所有的立方晶体那样的许多非晶态材料是光学各向同性的，即折射率在所有方向都是相同的。所有晶体类(包括立方结构)，折射率取决于传播方向和偏振态。光学各向异性导致除了某一特定方向外，任一进入晶体的非偏振光都可以分裂成两个具有不同偏振态和相速度的不同的光线。光学上的各向异性晶体叫做双折

射，因为入射光束是双重折射的。

对最大各向异性(即具有最高各向异性度)晶体的理论和实验研究表明，可以用沿着晶体中三个互相垂直的方向(即称之为主轴的 x、y、z)的三个主折射率 n_1、n_2、n_3 来描述晶体中光的传播，这些折射率与沿着这些轴光的偏振态相对应。

有三个截然不同主折射率的晶体有两个光轴，故称为双轴晶体；另一方面，单轴晶体是两个主轴相同($n_1=n_2$)的晶体，只有一个光轴。表 6-1 按照光学各向异性总结了晶体的分类。像石英那样的 $n_3>n_1$ 的晶体叫做正单轴晶体，像方解石那样的 $n_3<n_1$ 的晶体叫做负的单轴晶体。

表 6-1　一些光学各向同性和各向异性晶体的主折射率(近 589 nm，黄 Na-D 线)

类　别		$n=n_0$	n_e	n_1	n_2	n_3
光学各向同性	玻璃(冕牌)	1.510				
	钻石	2.417				
	萤石(CaF_2)	1.434				
单轴正晶体	冰	1.309	1.310 5			
	石英	1.544 2	1.553 3			
	金红石(TiO_2)	2.616	2.903			
单轴负晶体	方解石($CaCO_3$)	1.658	1.486			
	电气石	1.669	1.638			
	铌酸锂($LiNBO_3$)	2.29	2.20			
双轴晶体	云母			1.560 1	1.593 6	1.597 7

6.2.2　单轴晶体与 Fresnel 折射率椭球

进入各向异性晶体的光波分裂成两个垂直的、以不同相速度(经历不同的折射率)传播的线偏振光，单轴晶体中这两个垂直的偏振光称为寻常光(ordinary，o)和异常光(extrodinary，e)，o-光在所有方向有相同的相速度，其传播行为与通常的光波一样，电场垂直于相传播方向。e-光的相速度取决于传播方向和偏振态，且 e-光的电场不必垂直于相传播方向。这两种光只在一个特定的、叫做光轴的方向有相同的速度，o-光总是垂直偏振于光轴且遵从 Snell 定律。

图 6-6(a)示出了晶体中的三个主轴 x、y、z 及其主轴方向的折射率 n_1、n_2、n_3，在这些主轴特定的方向，偏振矢量和电场矢量是平行的，即电位移矢量 $\boldsymbol{D}=\varepsilon_0\boldsymbol{E}+\boldsymbol{P}$($\boldsymbol{P}$ 是该点处的偏振矢量)和电场 $\boldsymbol{E}$ 矢量是平行的。

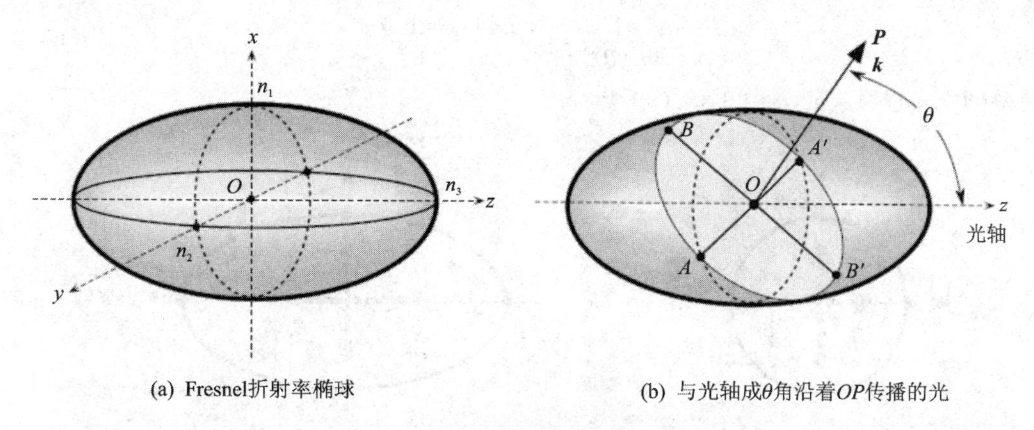

(a) Fresnel折射率椭球　　(b) 与光轴成θ角沿着OP传播的光

图 6-6　晶体的主轴与光轴

与晶体中特殊光波相联系的折射率可以通过应用 Fresnel 折射率椭球来确定。折射率椭球是一个位于主轴中心的折射率面，如图 6-6(a)所示。x、y、z 轴上的截距为 n_1、n_2、n_3，如果三个折射率是相同的，即 $n_1=n_2=n_3=n_0$，则折射率面是一个球面，所有电场偏振方向都经历相同的折射率 n_0。这样的球面表示光学各向同性晶体，对于像石英那样的正单轴晶体，$n_1=n_2<n_3$，图 6-6(a)是其例子。

倘若我们希望找出一个任意波矢量 $\boldsymbol{k}$($\boldsymbol{k}$ 表示相位传播方向)光传播的折射率，相位传播方向示于图 6-6(b)中，与 z-轴成 θ 角。我们放置一个通过折射率椭球中心的、垂直于 OP 的平面，这个平面在椭球上截取一个椭圆曲线 $ABA'B'$，这个椭圆的长轴(BOB')和短轴(AOA')决定了场的振荡方向和与该光波相联系的折射率，换句话说，原始的光波现在由两个正交的光波表示。

短轴 AOA'线对应于寻常光的偏振，它的半轴 OA 是该寻常光的折射率 $n_0=n_2$。电位移与电场方向相同，都平行于 AOA'。如果要改变 OP 方向，则总是可以找到相同的短轴，即不管 OP 方向如何，n_0 要么是 n_1，要么是 n_2，这意味着寻常光在所有方向上总是经历相同的折射率。

图 6-6(b)中的长轴 BOB'线对应于异常光中的电位移矢量 $\boldsymbol{D}$ 的振荡方向，其半轴 OB 线是该异常光的折射率 $n_e(\theta)$，该折射率小于 n_3 但大于 n_2($n_2=n_0$)，因此，在晶体中这个特殊的方向上，异常光比寻常光传播得更慢。如果改变 OP 方向，则长轴的长度随 OP 方向变化而改变，因此，$n_e(\theta)$取决于光的传播方向 θ。当 OP 沿着 z 轴时，即光沿着图 6-7(a)中的 z 方向传播，显然有 $n_e=n_0$。这个方向就是光轴，所有沿着光轴方向传播的光，不管其偏振状态如何，都有相同的相速度。当异常光沿着 y 轴或 x 轴方向传播时，$n_e(\theta)=n_3=n_e$，异常光有最慢的相速度，如图 6-7(b)所示。沿着与光轴成 θ 角的任意 OP 方向，异常光的折射率 $n_e(\theta)$由下式给出，即

$$\frac{1}{n_e(\theta)^2}=\frac{\cos^2\theta}{n_0^2}+\frac{\sin^2\theta}{n_e^2} \tag{6.2-1}$$

显然，$\theta=0°$，$n_e(0°)=n_0$，$\theta=90°$，$n_e(90°)=n_e$。

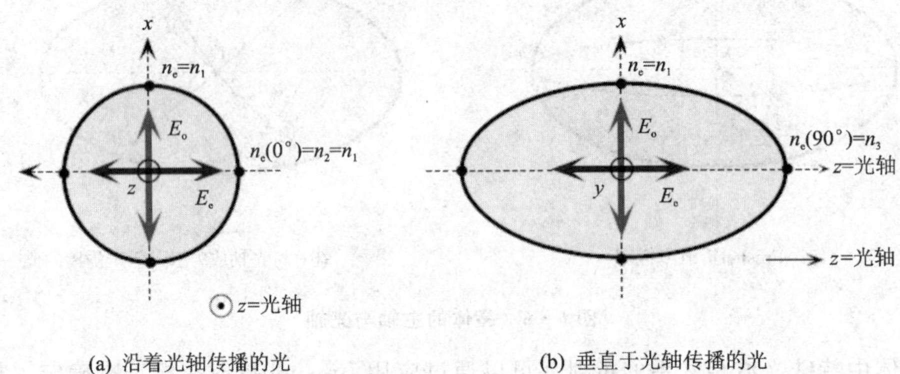

图 6-7　沿着光轴和垂直于光轴方向传播的光

图 6-6(b)中的长轴 BOB' 决定了由电位移矢量 $\boldsymbol{D}$ 的方向而不是电场 $\boldsymbol{E}$ 的方向定义的异常光的偏振方向，尽管 $\boldsymbol{D}$ 垂直于 $\boldsymbol{k}$，而 $\boldsymbol{E}$ 却不是。异常光的电场矢量垂直于寻常光的电场矢量，是由 $\boldsymbol{k}$ 和光轴确定的平面，当异常光沿着主轴之一传播时，$\boldsymbol{E}$ 垂直于 $\boldsymbol{k}$。

由式(6.2-1)可以确定任意方向的 o-光与 e-光的折射率并计算它们的波矢量，然后可以构造每一种 o-光和 e-光的波矢量表面。从原点 O 到波矢量表面上的任一点 P 的距离表示沿着方向 OP 的波矢量 $\boldsymbol{k}$ 的值，因为 o-光在所有方向上有相同的折射率，波矢量表面是一个半径为 $n_0 k_{\text{vacuum}}$(k_{vacuum} 是自由空间波矢)的球。这在 $x-z$ 横截面上是一个圆(见图 6-8(a))。另一方面，e-光的波矢量取决于传播方向，并由 $n_e(\theta)k_{\text{vacuum}}$ 给出，其表面在 $x-z$ 横截面上是一个椭圆(见图 6-8(a))。表示分别沿着任意方向 OP 和 OQ 传播的 o-光和 e-光的波矢量 $\boldsymbol{k}_o$ 和 $\boldsymbol{k}_e$ 的两个例子示于图 6-8(a)中(选取不同的方向是为了清楚)。

o-光的电场 $\boldsymbol{E}_o$ 总是垂直于波矢量方向 $\boldsymbol{k}_o$，也总是垂直于光轴。这一事实示于图 6-8(a)中 o-光波矢量表面上的点。因为 o-光的电场和磁场垂直于 $\boldsymbol{k}_o$，故 o-光的 Poynting 矢量 $\boldsymbol{S}_o$，即能流方向是沿着 $\boldsymbol{k}_o$ 的。

就像 o-光中正常的电磁波传播那样，异常光中的电场 $\boldsymbol{E}_e$ 应该垂直于波矢量 $\boldsymbol{k}_e$。一般来说，情况并非如此。其理由是：介质的极化并不平行于异常光中的诱导电场，因此，光波中的总的电场 $\boldsymbol{E}_e$ 并不垂直于相位传播方向 $\boldsymbol{k}_e$(如图 6-8(a)所示)。这意味着能流(群速度)与相速度方向是不同的，能流方向，即 Poynting 矢量 $\boldsymbol{S}_e$ 方向取异常光的光线方向，所以波前沿着图 6-8(b)中所示的旁路前进，群速度与能流($\boldsymbol{S}_e$)相同。

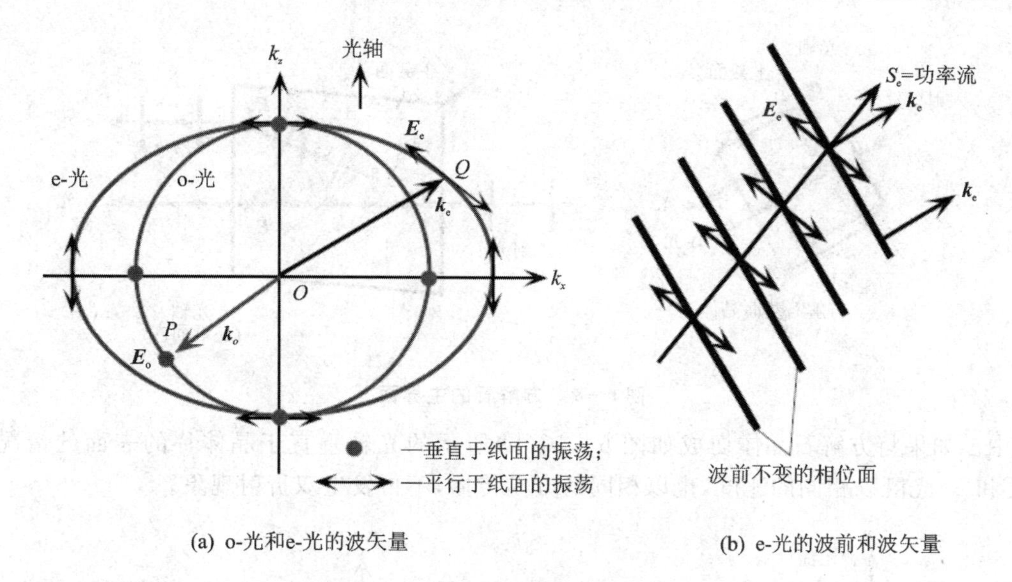

(a) o-光和e-光的波矢量　　　　(b) e-光的波前和波矢量

图 6-8　寻常光与异常光的波矢量情况

6.2.3　方解石的双折射

方解石晶体($CaCO_3$)是一个负单轴晶体,它具有双折射特性。当沿着一定的晶体面将方解石切开时,方解石晶体就获得一种切割形式的形状,形成的晶体表面是菱面体(角度为 78.08°和 101.92°的平行四边形)。切割形式的晶体叫做方解石菱形。含有光轴的并垂直于一对相反的晶体表面的方解石的平面称为主截面。

当非偏振光(或自然光)垂直于方解石表面入射(该表面也垂直于主界面)进入方解石晶体时,入射光线与光轴之间的夹角如图 6-9 所示,入射光线就分解成互相垂直偏振的寻常光(o-光)和异常光(e-光),因主界面平面也含有入射光,所以光就在主界面平面内传播。o-光中电场的振荡方向垂直于光轴,它服从 Snell 定律,这意味着它进入晶体并不偏折,o-光中的电场 $E_\perp$ 在图 6-9 中用点表示,振荡方向垂直于纸面。

主界面(含有光轴和 $\boldsymbol{k}$)中 e-光的偏转垂直于 o-光的偏振,e-光偏振方向在纸面内,图 6-9 中以 $\boldsymbol{E}_{/\!/}$ 表示,它以与 o-光不同的速度脱离 o 光反向传播,显然,e-光不服从通常的 Snell 定律(因为其折射角不是零)。可以通过标记图 6-8 中与 $\boldsymbol{E}_{/\!/}$ 垂直的旁路来确定 e-光的传播方向(功率流方向)。

如果将方解石晶体切成如图 6-10(a)所示的、光轴沿着 z 轴方向的晶体片,则垂直于晶体片面入射的光并不分裂成两个分开的光波,这就是图 6-7(b)中所示的情况,光沿着 y 方向传播(此时不计 $n_e<n_o$),o-光和 e-光以相同的方向、但以不同的速度传播,出射光也以相同的方向传播,这意味着我们看不到双折射现象。这种光学安排常用于构造各种光学延迟器和偏

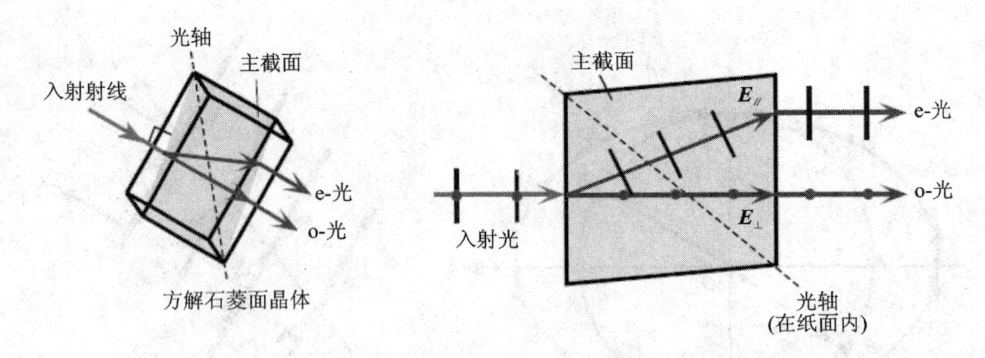

图 6-9　方解石的主界面

振器中。如果将方解石晶体切成如图 6-10(b)所示的光轴垂直于晶体片的表面的情况，则o-光和e-光既以相同的速度，也以相同的方向传播，不再发生双折射现象。

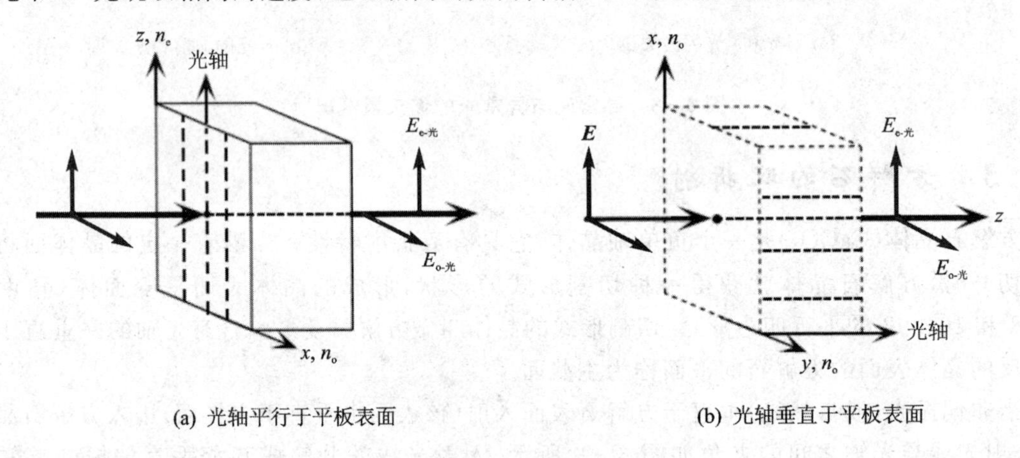

(a) 光轴平行于平板表面　　(b) 光轴垂直于平板表面

图 6-10　方解石晶体片

6.2.4　二向色性

一些晶体除了折射率变化之外，还呈现出二向色性。所谓二向色性就是物质中的光吸收取决于光束的传播方向和偏振状态。二向色性晶体是光学各向异性晶体，晶体中e-光或者是o-光是重度衰减的(被吸收)，这意味着进入二向色性晶体的任意偏振态的光波以一个定义好的偏振态光波出射，因为另外一个正交的偏振态被衰减了。一般地，二向色性取决于光波的波长，例如，电气石(硼硅酸铝)晶体，o-光被严重地吸收，而e-光则很少被吸收。

6.3　双折射光学器件

6.3.1　延迟片

考虑一个像石英那样的正单轴晶体($n_e>n_o$)片，取如图 6 - 11 所示的光轴(取沿着 z 轴)平行于晶体片的表面，设一个线偏振光垂直入射到延迟片的面上，如果电场 $\boldsymbol{E}$ 平行于光轴($\boldsymbol{E}_{/\!/}$)，则因为 $n_e>n_o$，该光以慢于 o -光的速度 c/n_e 的 e -光透过晶体，对于平行于光轴的电场的光波而言，光轴是慢轴。如果光波的电场 $\boldsymbol{E}$ 是垂直于光轴的光($\boldsymbol{E}_{\perp}$)，则该光将以速度 c/n_o 传播，在晶体中以最快的速度传播，因此，偏振沿着垂直于光轴的轴(x -轴)是快轴。当光线以垂直于光轴和晶体面进入晶体时(见图 6 - 10(a))，o -光和 e -光以相同方向传播(示于图 6 - 11 中)。当然，可以将一个线偏振与 z 轴成 α 角的垂直入射光分解成 $\boldsymbol{E}_{\perp}$ 和 $\boldsymbol{E}_{/\!/}$，当光从与入射面相对的那一面出射时，$\boldsymbol{E}_{\perp}$ 和 $\boldsymbol{E}_{/\!/}$ 两个分量产生相移 ϕ，该相移 ϕ 取决于 $\boldsymbol{E}$ 的初始角 α 和晶体的长度，这样，出射光束使得它入射时的偏振态转动了，或者变成椭圆，或者变成圆偏振光，总结在图 6 - 12 中。

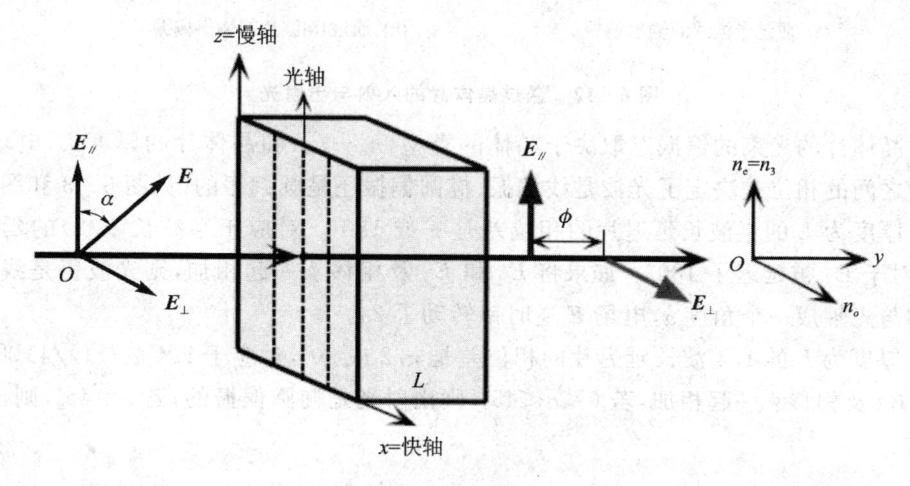

图 6 - 11　延迟片

如果晶体片的厚度为 L，则 o -光通过晶体片所经历的相位变化为 k_oL，这里 $k_o=(2\pi/\lambda)n_o$ 是 o 光的波矢，λ 是自由空间的波长。类似地，e -光通过晶体片后经历的行为变化是 $(2\pi/\lambda)n_eL$，这样，出射光束的两个正交分量之间的相位差是

$$\phi=\frac{2\pi}{\lambda}(n_e-n_o)L \tag{6.3-1}$$

以全波长表示的相位差 ϕ 叫做晶体片的延迟，例如，180°的相位差 ϕ 是半波延迟。

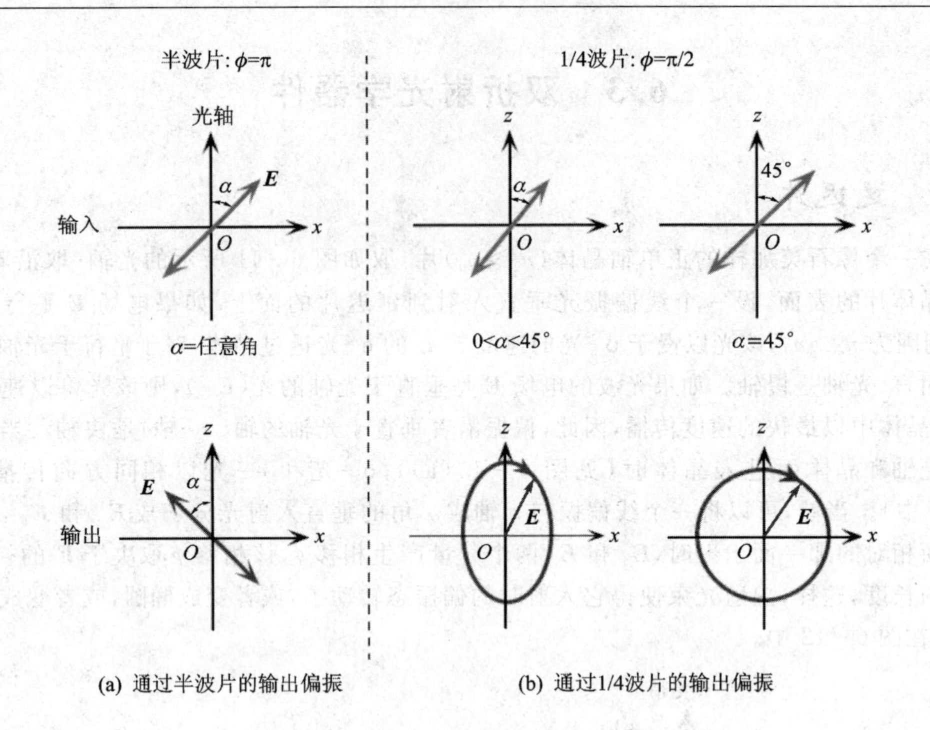

图 6-12　通过晶体片的入射与出射光

通过晶体片的光束的偏振态取决于晶体的类型（n_e-n_o）和晶体片的厚度 L，电场的两个正交分量之间的相位差决定了光波是线偏振、椭圆偏振还是圆偏振的（见图 6-3 和图 6-4）。

具有厚度为 L 的半波长延迟片的相位差是 π 或 180°。对应于半波长（$\lambda/2$）的延迟，结果是 $\boldsymbol{E}_{/\!/}$ 相对于 $\boldsymbol{E}_{\perp}$ 被延迟了 180°。如果将 $\boldsymbol{E}_{\perp}$ 和 $\boldsymbol{E}_{/\!/}$ 及相移 ϕ 一起相加，则光波仍是线偏振的，偏振方向与光轴成一个角度 α，电场 $\boldsymbol{E}$ 逆时针转动了 2α。

具有厚度为 L 的 1/4 波长延迟片的相位差是 $\pi/2$ 或 90°，对应于 1/4 波长（$\lambda/4$）延迟，如果将 $\boldsymbol{E}_{\perp}$ 和 $\boldsymbol{E}_{/\!/}$ 及相移 ϕ 一起相加，若 $0<\alpha<45°$，则出射光是椭圆偏振的；若 $\alpha=45°$，则出射光是圆偏振的。

6.3.2　Soleil-Babinet 补偿器

光学补偿器是一种能够控制通过器件的光的延迟（相位变化）的器件，在像半波片那样的波片延迟器中，寻常光和异常光之间的相对相位变化取决于波片的厚度，相位差是不能改变的。在补偿器中，相位差 ϕ 是可调的。下面介绍的 Soleil-Babinet 补偿器就是这样的一种器件，被广泛地应用于光偏振态的控制和分析方面。

图 6-13 中示出的光学结构有两个石英楔子，它们大的面接触以形成一个高度 d 可调的块。在一块楔子上滑动另一个楔子就可以改变这个块的厚度，两个楔子块放在一个固定厚度

D 的平行石英板上，石英板的光轴平行于表面，楔子中的光轴是平行的且垂直于石英板中的光轴，如图 6-13 所示。

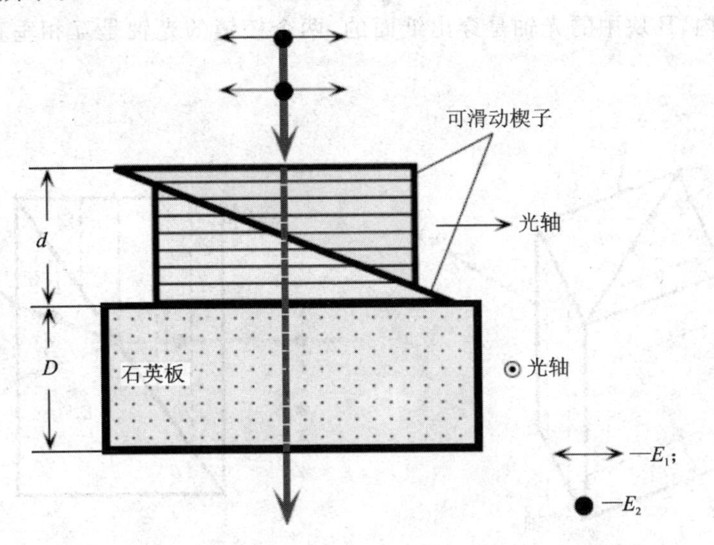

图 6-13　Soleil-Babinet 补偿器

设一个线偏振光垂直入射在补偿器上，用与两个楔子块的光轴平行和垂直的电场的振荡来表示这个光，电场分别为 E_1 和 E_2。偏振为 E_1 的光通过楔子(d)后经历折射率是 n_e(E_1 是沿着光轴的)，并通过石英板(D)经历的折射率是 n_o(E_1 是垂直于光轴的)，其相位变化是

$$\phi_1 = \frac{2\pi}{\lambda}(n_e d + n_o D)$$

但 E_2 偏振光先通过楔子(d)经历折射率 n_o，然后通过石英板(D)经历折射率 n_e，其行为变化是

$$\phi_2 = \frac{2\pi}{\lambda}(n_o d + n_e D)$$

两个偏振光之间的相位差($\phi = \phi_2 - \phi_1$)是

$$\phi = \frac{2\pi}{\lambda}(n_e - n_o)(D - d) \qquad (6.3-2)$$

显然，我们可以通过滑动楔子(用螺旋测微计)连续改变 d，而从 $0 \sim 2\pi$ 连续改变相位差 ϕ。因此，可以通过简单调节这个补偿器来产生 1/4 波片或半波片。应当强调的是，这种控制只发生在对应于两个楔子的表面区域上，是个很窄的区域。

6.3.3　双折射棱镜

由双折射晶体制造的棱镜通常用于产生高偏振度的光或者将光分离成偏振光，Wollaston

棱镜是偏振光束分离器，将光束分成两个正交偏振的光，两个方解石（石英）直角棱镜 A 和 B 以对角面接触放置形成一个如图 6－14 所示的矩形块。看一下这个矩形块的横截面，A 块中的光轴是在纸面内，B 块中的光轴是穿出纸面的，两个棱镜的光轴是互相垂直的，且光轴平行于棱镜的边。

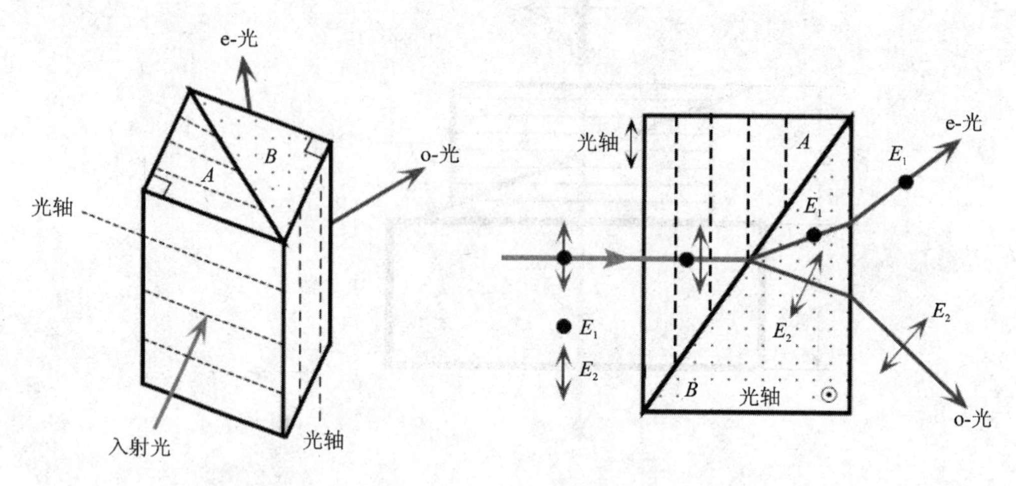

图 6－14　Wollaston 棱镜

一个任意偏振状态的光垂直入射到棱镜 A，如图 6－14 所示，进入棱镜 A 中的光束以两个正交偏振光 E_1 和 E_2 传播，E_1（垂直于纸面）与光轴垂直，与 A 中的 o－光相对应；E_2（在纸面内）沿着 A 的光轴，对应于 A 中的 e－光。A 中 E_1 和 E_2 的折射率分别为 n_o 和 n_e。但在棱镜 B 中，E_1 是 e－光，这意味着，通过对角界面，E_1 经历了从 n_o 到 n_e（对于方解石）的减少；另一方面，A 中的 e－光成为 B 中的 o－光，经历了 n_e 到 n_o 的增加，注意到 E_2 在 B 中与光轴是正交的。这些折射率的变化是相反的，意味着两个光波在对角界面上以相反方向折射，如图 6－14 所示，E_1 光离开垂直方向，而 E_2 光更接近于垂直方向，因此，两个正交偏振光被相反变化的折射率在传播角度上分开，发散角取决于棱镜楔子的角度 θ，不同的 Wollaston 棱镜典型的光束分离角度为 15°～45°。

6.4　光学活性与圆双折射

当线偏振光沿着石英晶体的光轴通过石英晶体时，能够观察到出射光的电场矢量 $\boldsymbol{E}$（偏振面）转动，示于图 6－15 中，这个转动随着通过晶体传播的距离连续地增加（约每毫米石英 21.7°）。偏振面转动的物质叫做光学活性介质，以非常简单直接的术语说，光学活性出现在外电磁场引起的电子运动遵循着螺旋路径（或螺旋轨道）的材料中，螺旋路径中的电子流类似线圈中的电流，因而具有一个磁矩。因此，光中的光场引起振荡磁矩，该磁矩或者平行、或者反平

行于感应振荡的电偶极子,来自这些振荡的子波引起磁偶极子和电偶极子干涉以构成向前的波,这种向前的波的光场或者顺时针、或者逆时针转动。

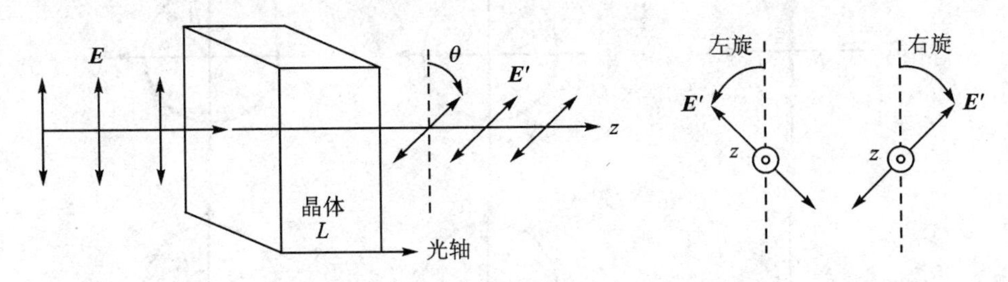

图 6-15　转动入射光偏振面的光学活性材料

如果 $\boldsymbol{E}$ 的转动角是 θ,则 θ 与在光学活性介质中传播的距离 L 成正比,如图 6-15 所示。对于接收通过石英的光的观察者而言,偏振面的转动或者是顺时针(向右)、或者是逆时针(向左)方向,分别称之为右旋形式的光学活性和左旋形式的光学活性。石英的结构是这样的,原子的排列或者以顺时针、或者以逆时针螺旋绕着光轴,因此,石英以两种截然不同的晶线(右手和左手)形式出现,它们分别展示出右旋型和左旋型的光学活性。尽管这里用石英作为例子,还有许多物质是光学活性的,包括许多生物物质甚至液体溶液(如:玉米糖浆),它们含有各种具有转动动力的有机分子。

定义:比转动功率(θ/L)为在光学活性物质中传播的光每单位长度距离上转动的程度,比转动功率取决于波长。例如,石英在 400 nm 时比转动功率是 49(°)/mm,在 650 nm 时比转动功率是17(°)/mm。

可以根据晶体中以不同速度传播(即经历不同折射率)的左旋和右旋圆偏振来理解光学活性。由于晶体中分子或原子排列的螺旋扭曲,圆偏振光的速度或者取决于光场的顺时针转动,或者取决于光场的逆时针转动,输入的电场为 $\boldsymbol{E}$ 的垂直偏振光可以看成是两个关于 y 轴对称的右手和左手圆偏振光 $\boldsymbol{E}_{\mathrm{R}}$ 和 $\boldsymbol{E}_{\mathrm{L}}$,即任一瞬间,$\alpha=\beta=\omega t$,如图 6-16 所示。如果它们以相同速度通过晶体,则它们相对于垂直方向保持对称性($\alpha=\beta$ 保持相同),且结果仍然是垂直偏振光。但如果它们以不同速度通过介质,则输出光 $\boldsymbol{E}'_{\mathrm{R}}$ 和 $\boldsymbol{E}'_{\mathrm{L}}$ 不再相对于垂直方向是对称的,$\alpha'\neq\beta'$,结果是矢量 $\boldsymbol{E}_{\mathrm{R}}$ 与 y 轴成一角度 θ。

设 n_{R} 和 n_{L} 分别是右旋圆偏振光和左旋圆偏振光经历的折射率,在晶体中传播长度 L 后,输出光场 $\boldsymbol{E}'_{\mathrm{R}}$ 和 $\boldsymbol{E}'_{\mathrm{L}}$ 之间的相位差导致一个新的光场 $\boldsymbol{E}'$,该新光场 $\boldsymbol{E}'$ 是 $\boldsymbol{E}$ 转动了 θ,即

$$\theta=\frac{\pi}{\lambda}(n_{\mathrm{R}}-n_{\mathrm{L}})L \tag{6.4-1}$$

式中,λ 是自由空间波长。对于左手石英晶体,沿着光轴传播的 589 nm 的光,$n_{\mathrm{R}}=1.544\ 27$,$n_{\mathrm{L}}=1.544\ 20$,这意味着比转动功率大约是 21.4(°)/mm。

在圆双折射介质中,右手和左手圆偏振光以不同的速度传播且经历不同的折射率 n_{R} 和

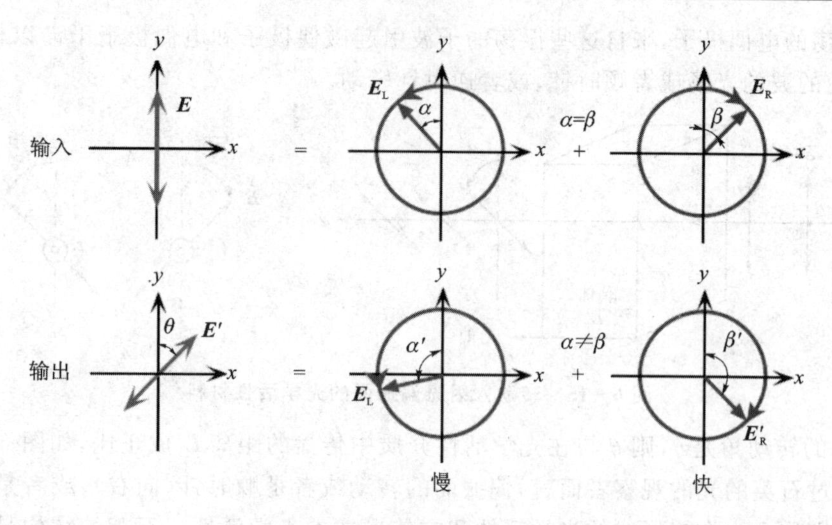

图 6-16　偏振光的组合态

n_L。因为光学活性材料自然转动光场,随着光场转动的圆偏振光与光学活性介质转动光场的意义是相同的这一看法是合理的,所以,对于右旋和左旋圆偏振光,光学活性介质有不同的折射率,并展示出圆双折射。应当注意的是,光波的方向是翻转的,光线折回到自身,且 $\boldsymbol{E}'$ 变成 $\boldsymbol{E}$。

6.5　电光效应

6.5.1　定　义

电光效应指的是外加电场后引起材料的折射率的变化,因此可以“调制”光学特性,这里所说的外加电场不是光场中的电场,而是外部电场。可以通过将晶体相对面上放置电极,并将电极连接到电源来加上外部电场。这种电场的存在扭曲了物质的原子或分子中的电子运动,或者扭曲了晶体结构,导致光学特性的变化。例如,外加电场能够引起像 GaAs 这样的光学各向同性晶体变成双折射晶体,在这种情况下,电场感应出主轴和一个光轴,典型的折射率变化很小,外加电场的频率必须是:与介质改变光学特性所需的时间相比,电场是静态的。电光效应可分为第一类电光效应和第二类电光效应。

如果取折射率是外加电场的函数,即 $n=n(E)$,将折射率按照 E 展开成 Taylor 级数,则新的折射率为

$$n' = n + a_1 E + a_2 E^2 + \cdots \tag{6.5-1}$$

式中,系数 a_1 和 a_2 分别叫做线性电光效应系数和二阶电光效应系数。尽管我们希望展开式(6.5-1)中的更高项,但这些更高项非常小,可以忽略。由第一项 E 引起的折射率 n 的变

化叫做 Pockels 效应，由第二项 E^2 引起的折射率的变化叫做 Kerr 效应，且系数 a_2 一般写做 λK，这里 K 叫做 Kerr 系数，这样，两个效应是

$$\Delta n = a_1 E \tag{6.5-2}$$

和

$$\Delta n = a_2 E^2 = (\lambda K) E^2 \tag{6.5-3}$$

所有材料都表现出 Kerr 效应。实际中只有一定的水晶材料才表现出 Pockels 效应。如果在晶体上外加一个电场，然后再将电场反向，按照式(6.5-2)，Δn 应改变符号。如果加 E 后折射率增加，则加上 $-E$ 后折射率必须减少，反向电场不应该导致一个完全相同的效应(相同的 Δn)，结构必须响应不同的 E 和 $-E$，因此，结构中必须有一些不对称性，以区别 E 和 $-E$ 之间的不同。在非水晶材料中，加上 E 的 Δn 和加上 $-E$ 的 Δn 应该是相同的，因为根据电介质特性，所有方向上是等价的。这样，对于所有水晶材料(如玻璃和液体)，$a_1=0$。类似地，如果晶体结构有一对称中心，则反向电场有一个等同的效应，且 a_1 仍然为 0。只有非中心对称的晶体才能呈现 Pockels 效应，例如 NaCl 晶体(中心对称)并不呈现 Pockels 效应，但 GaAs 晶体(中心对称)却呈现出 Pockels 效应。

6.5.2 Pockels 效应

式(6.5-2)中表示的 Pockels 效应过于简单，因为实际中必须考虑沿着特定晶体方向外加电场对给定传播方向和偏振态的光的效应。例如，设 x、y、z 是晶体的主轴，n_1、n_2、n_3 分别是主轴方向的折射率，对于各向同性晶体，这些折射率是相同的。对于图 6-17(a)中所示的 xy 横截面的单轴各向异性晶体，有 $n_1=n_2\neq n_3$，假设加一个合适的电压到晶体上，并沿着 z 轴外加一直流电场 E_a，在 Pockels 效应中，外加的电场将修正光学折射率椭球，精确的效应取决于晶体结构。例如，像 GaAs 那样的晶体，光学各向同性的折射率球变成双折射晶体；像 KDP(KH_2PO_4，磷酸二氢钾)那样的单轴晶体变成双轴晶体。在 KDP 的情况中，沿着 z 轴的电场 E_a 将主轴绕着 z 转 45°，改变了主轴的折射率，如图 6-17(b)所示。新的主轴折射率是 n_1' 和 n_2'，意味着现在的横截面是椭圆。在图 6-17(b)所示的外加电场下，沿着 z 轴传播的光波出现了不同的折射率 n_1' 和 n_2'，显然，外加电场引起了该晶体的新的主轴 x' 和 y'。在 $LiNbO_3$(铌酸锂)晶体(光电子学中一个重要的单轴晶体)的情况，沿着 y 方向的 E_a 并不显著转动主轴，但却将主轴折射率 n_1 和 n_2(两者都等于 n_0)改变到 n_1' 和 n_2'，如图 6-17(b)所示。

作为一个例子，考虑沿着 $LiNbO_3$ 晶体中 z 轴(光轴)传播的光，这个光无论偏振态如何，都将经历相同的折射率($n_1=n_2=n_0$)(见图 6-17(a))。但在外加平行于 y 轴的电场 E_a 情况下(见图 6-17(c))，光以两个互相垂直的偏振波(平行于 x 和 y)传播，经历不同的折射率 n_1' 和 n_2'，这样，对于沿着 z 轴传播的光，外加电场就引起了双折射，尽管外加电场也引起了主轴转动，但转动很小，可以忽略。在外加电场之前，折射率 n_1 和 n_2 两者都等于 n_0。存在 E_a 的情况下，Pockels 效应引起的折射率 n_1' 和 n_2' 为

$$n_1' \approx n_1 + \frac{1}{2}n_1^3 r_{22} E_a \quad 和 \quad n_2' \approx n_2 - \frac{1}{2}n_2^3 r_{22} E_a \tag{6.5-4}$$

式中，r_{22} 是常数，叫做 Pockels 系数，它取决于晶体结构和材料，是晶体对特定的外加电场方向的响应的张量元之一。如果外加电场是沿着 z 方向，则式(6.5-4)中的 Pockels 系数应该是 r_{13}。

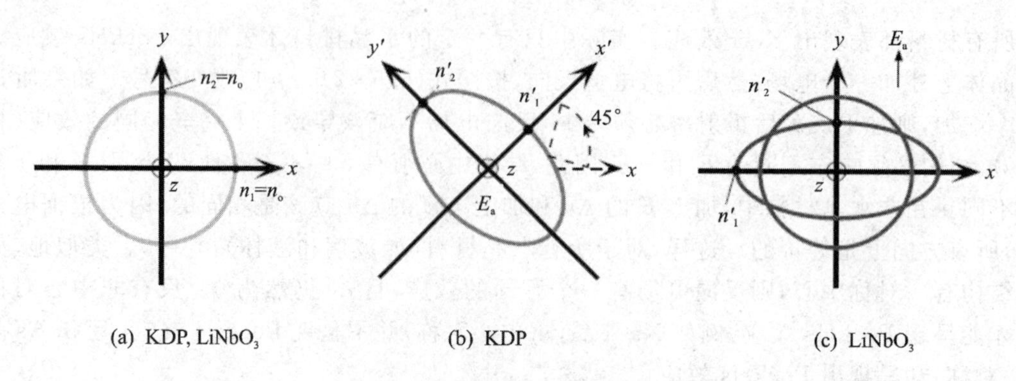

图 6-17　晶体中的折射率

显然，用外加电场(外加电压)控制折射率是一个显著的优点，它可以使得通过 Pockels 晶体光的相位能够被控制或调制，这样的相位调制叫做 Pockels 池(Pockels cell)，在纵向 Pockels 池相位调制器中，外加电场与光的传播方向相同；而在横向相位调制器中，外加电场相对于传播方向是横向的。对于沿着 z 轴传播的光，纵向和横向效应分别示于图 6-17(b)和(c)中。

图 6-18 中的横向相位调制器，外加电场 $E_a = V/d$ 垂直于 y 方向，垂直于沿着 z 传播的光的方向。设入射光束是线偏振的(E)，偏振方向与 y 轴成 45°，可以按照沿 x 轴和 y 轴的偏振(E_x 和 E_y)来表示入射光，电场分量 E_x 和 E_y 经历的折射率分别为 n_1' 和 n_2'，因此，当 E_x 经过长度距离 L 时，其相位变化为

$$\phi_1 = \frac{2\pi n_1'}{\lambda}L = \frac{2\pi L}{\lambda}\left(n_0 + \frac{1}{2}n_0^3 r_{22}\frac{V}{d}\right)$$

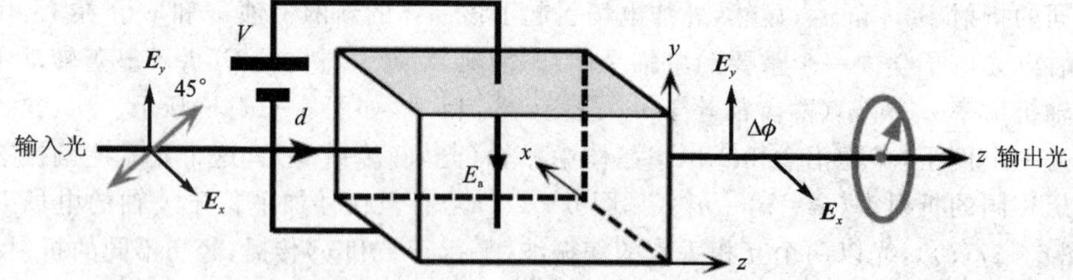

图 6-18　横向 Pockels 池相位调制器

当电场分量 E_y 经过距离 L 时，其相位变化 ϕ_2 有类似的表达式，只是系数 r_{22} 改变符号，这

样，两个电场分量之间的相位变化为

$$\Delta\phi = \phi_1 - \phi_2 = \frac{2\pi}{\lambda} n_0^3 r_{22} \frac{L}{d} V \tag{6.5-5}$$

这样，外加电压就起到调节两个电场分量之间的相位差的作用，因此，输出光的偏振态可以由外加电压控制，Pockels 池是一个偏振调制器。通过调节电压 V，可以将介质从 1/4 波片调节到半波片。半波电压 $V=V_{\lambda/2}$ 对应于 $\Delta\phi=\pi$，就产生半波片。横向 Pockels 效应的优点是，因 $\Delta\phi$ 与 L/d 成正比，故可以独立减小 d（即增加场强）和增加晶体的长度 L 来建立起更多的相位变化。在纵向 Pockels 效应中，情况并非如此。如果 L 和 d 是相同的，典型的 $V_{\lambda/2}$ 会是几千伏，但将 d/L 剪裁到远小于 1，就可将 $V_{\lambda/2}$ 降低到所期望的实用值。

在图 6-18 所示的相位调制器前面插入一个偏振片 P 和后面插入一个检偏器 A，就可以将相位调制器改造成一个如图 6-19 所示的强度调制器，P 和 A 的透射轴互成 90°，P 的透射轴与 y 轴成 45°（因此 A 的透射轴与 y 轴也成 45°），以使得进入晶体的光有相等的 E_x 和 E_y 分量，在不加外电压时，两个分量以相同的折射率传播，晶体输出光的偏转态与输入光的偏振态相同，因 A 与 P 透射轴垂直，按照马吕斯定律，此时探测器探测不到光强。

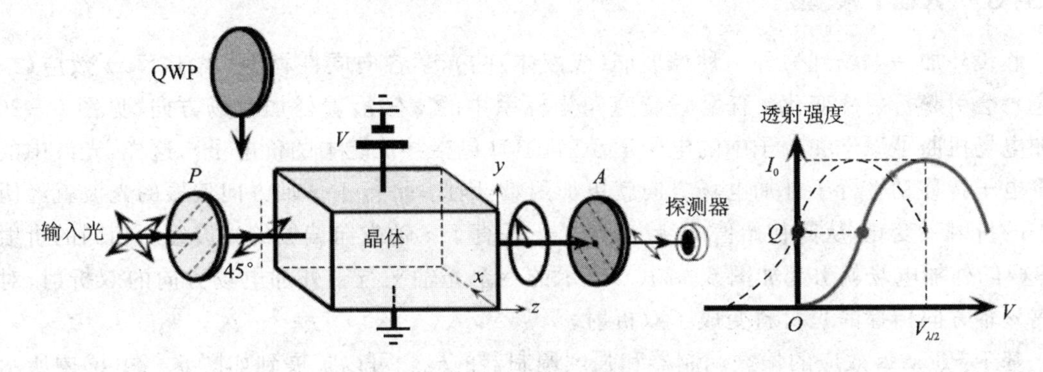

图 6-19　强度调制器

外加电压在两个电场分量之间引入一个相位差 $\Delta\phi$，从晶体出射的光是椭圆偏振的，因此，沿着 A 的透射轴方向有电场分量，光的一部分能量透过检偏器 A 到达探测器，透射光的强度取决于外加电压。检偏器处电场的分量由相位差 $\Delta\phi$ 确定。设 E_0 是入射在晶体面上的电场，则 x 方向和 y 方向的每一电场振幅是 $E_0/\sqrt{2}$（注意 E_x 是沿着 x 方向），在检偏器处总的电场是

$$E = -\hat{x}\frac{E_0}{\sqrt{2}}\cos(\omega t) + \hat{y}\frac{E_0}{\sqrt{2}}\cos(\omega t + \Delta\phi)$$

每个分量通过 A 都有因子 cos 45°，我们可以解得沿着 A 轴的 E_x 和 E_y，然后将这些分量相加，并应用三角恒等式以获得从 A 出射的电场

$$E = E_0 \sin\left(\frac{1}{2}\Delta\phi\right)\sin\left(\omega t + \frac{1}{2}\Delta\phi\right)$$

则探测到的光束的强度为

$$I = I_0 \sin^2\left(\frac{1}{2}\Delta\phi\right) \tag{6.5-6a}$$

或

$$I = I_0 \sin^2\left(\frac{\pi}{2} \cdot \frac{V}{V_{\lambda/2}}\right) \tag{6.5-6b}$$

式中，I_0 是全透射情况下的光强。

外加电压 $V_{\lambda/2}$ 必须是全透射的。这种调制器的全透射特性示于图 6-19 中。在数字电子学中，可以开关一个脉冲使得取决于式(6.5-6b)中 V 的非线性透射强度的依赖关系不是问题。但如果我们希望获得光强 I 与电压 V 之间的线性调制，就必须使外加电压置于曲线半高度的“线形区域”，这可以通过在偏振片后加一个提供输出光为圆偏振光的 1/4 波片来做到。在外加电压之前，$\Delta\phi$ 已经相移了 $\pi/4$，则外加电压依据信号增加或减少 $\Delta\phi$，新的透射特性如图 6-19 中的虚线所示，这样，就在这个新特性曲线上 Q 点处形成光学上偏置的调制器。

6.5.3 Kerr 效应

假设外加一电场到另外一种像玻璃(或液体)的光学各向同性材料，由于 Kerr 效应(二阶效应)，会引起折射率变化。任意设置直角坐标系中的 z 轴沿着外加电场方向(见图 6-20)，外加电场扭曲了原子和分子中的电子运动(轨道)(包括共价键中的价电子)，这样，光波中的电场将电子转移到平行于外加电场方向就更加困难，因此，平行于 z 轴方向偏振的光波就经历一个小的折射率变化，从其初始值 n_o 减小到 n_e。垂直于 z 轴方向偏振的光波经历相同的折射率 n_o，这样，外加电场就引起如图 6-20(a)所示的一个光轴平行于外加电场方向的双折射，对于偏离 z 轴方向传播的光材料变成了双折射。

基于 Pockels 效应的偏振调制器和强度调制器的概念可以扩展到如图 6-20(b)中所示的相位调制器的 Kerr 效应调制器，在这种情况下，外加电场再次引起双折射。图 6-20(b)中的相位调制器使用 Kerr 效应，因此，沿着 z 方向的外加电场引起平行于 z 轴的折射率 n_e，而沿着 x 轴的折射率仍然是 n_o。沿着材料传播的光场分量 E_x 和 E_y 具有不同的速度，从材料出射时有相位差 $\Delta\phi$，导致椭圆偏振光。但因 Kerr 效应是二阶效应，这个效应很小，只有用于高电场调制时才行。其优点是：所有材料(包括玻璃和液体)都呈现出 Kerr 效应，且在固体中响应时间很短，远小于纳秒，导致可用于高的调制频率(高于 GHz)。

如果外加电场是 E_a，则如图 6-20(a)所示的平行于外加电场方向的折射率的变化由下式给出，即

$$\Delta n = \lambda K E_a^2 \tag{6.5-7}$$

式中，K 是 Kerr 系数。现在可以应用式(6.5-3)找出引起的相位差 $\Delta\phi$ 以及与其相联系的外加电压。

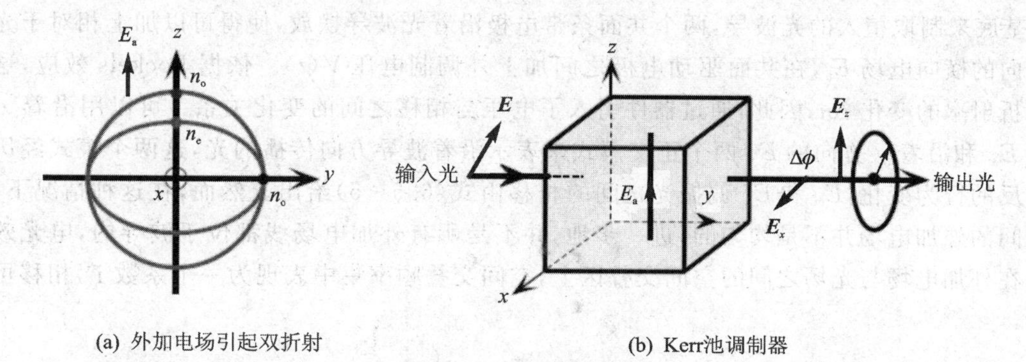

(a) 外加电场引起双折射　　(b) Kerr池调制器

图 6-20　Kerr 相位调制器

表 6-2 概括了不同材料的 Pockels 系数和 Kerr 系数，Kerr 效应也出现在各向同性晶体中，但其 Kerr 效应不能简单地由单独一个系数 K 来表征。

表 6-2　几种材料的 Pockels(r)和 Kerr(K)系数

材　料	晶　体	折射率	$10^{12} \cdot r/(\mathrm{m \cdot V^{-1}})$	$K/(\mathrm{m \cdot V^{-2}})$	注　释
$LiNbO_3$	单轴	$n_o=2.272$ $n_e=2.187$	$r_{13}=8.6$；$r_{33}=30.8$ $r_{22}=3.4$；$r_{51}=28$		$\lambda=500$ nm
KDP	单轴	$n_o=1.512$ $n_e=1.470$	$r_{41}=8.8$；$r_{63}=10.5$		$\lambda\approx546$ nm
GaAs	各向同性	$n_o=3.6$	$r_{41}=1.5$		$\lambda\approx546$ nm
玻璃	各向同性	$n_o\approx1.5$	0	3×10^{-15}	
硝基苯	各向同性	$n_o\approx1.5$	0	3×10^{-12}	

6.6　集成光学调制器

6.6.1　相位与偏振调制

集成光学指的是将不同的光学器件和元件集成在一个单独的共同的基底上，就像集成电子学中那样，所有给定功能的必要的器件都集成在同一块半导体晶体基底上。例如，集成光学中的铌酸锂(显著的优点是实现各种光通信器件)，可以将激光二极管、光波导、光束分离器、调制器、光子探测器等集成在同一块基底上，以便小型化并增强总体性能和实用性。

最简单的例子之一是示于图 6-21 中的偏振调制器，用增加折射率的 Ti 原子灌输 LiN-

bO_3 基底来制取植入的光波导，两个共面条带电极沿着光波导摆放，使得可以加上相对于光传播方向的横向电场 E_a，在共面驱动电极之间加上外调制电压 $V(t)$。依据 Pockels 效应，这将引起折射率的变化 Δn，因此，通过器件引入了电压与相移之间的变化关系。可以用沿着 x 方向的 E_x 和沿着 y 方向的 E_y 两个正交模式来表示沿着波导方向传播的光，这两个模式经历对称相反的行为变化，E_x 和 E_y 偏振光之间的相移由式(6.5－5)给出。然而，在这种情况下，电极之间的外加电场并不是均匀的，进一步地，并不是所有外加电场线都位于波导内，电光效应发生在外加电场与光场之间的空间交叠区上，空间交叠频率集中表现为一个系数 Γ，相移可写做为

$$\Delta\phi = \Gamma \frac{2\pi}{\lambda} n_o^3 r_{22} \frac{L}{d} V$$

对于这类不同的集成偏振调制器，式中 Γ 的典型值在 $\Gamma \approx 0.5 \sim 0.7$。因为相移取决于电压 V 和长度 L，对于相移为 π(半波长)的相应的器件参量应是 $V \times L$，即 $V_{\lambda/2}L$。对于图 6－21 中所示的 x－切割的 $LiNbO_3$ 调制器，当 $\lambda = 1.5\ \mu m$，$d \approx 10\ \mu m$ 时，$V_{\lambda/2}L \approx 35\ V \cdot cm$。例如，一个调制器的 $L = 2\ cm$，则半波电压 $V_{\lambda/2} = 17.5\ V$。与 z－切割的 $LiNbO_3$ 基底比较，对于沿着 y 方向传播、E_a 沿着 z 方向的光而言，相对的 Pockels 系数(r_{13} 和 r_{33})比 r_{22} 要大得多，导致 $V_{\lambda/2}L \approx 5\ V \cdot cm$。

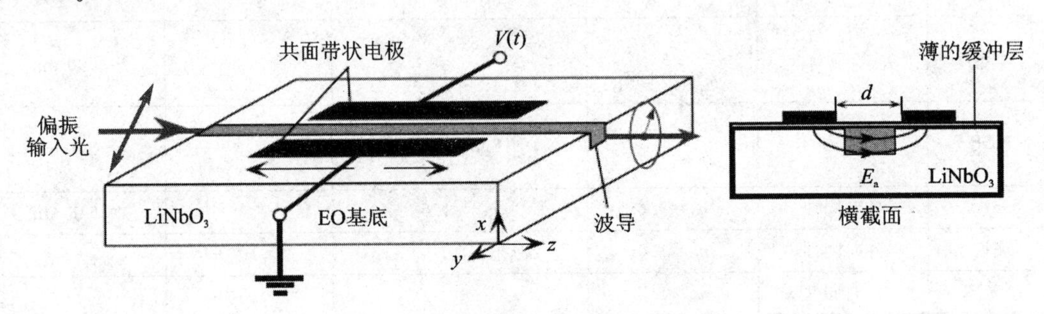

图 6－21　集成横向 Pockels 池相位调制器

6.6.2　Mach－Zehnder 调制器

由外加电压引起的相移通过应用干涉仪(将两个相同频率但不同相位的光干涉的一种器件)可以转变成振幅的变化。如图 6－22 所示，在 $LiNbO_3$(或其他电光材料)基底上植入单模光波导，光波导由输入分支、输入分支的输出端 C、两个传播分支臂 A 和 B、传播分支结合点 D 和输出分支组成。波导在 C 处分离和在 D 处组合，含有简单的 Y－结波导。在理想情况下，传播的光功率在 C 处被平均分离进入到两臂 A 和 B 中，每一臂中的电场下降了$\sqrt{2}$因子，因为通过 A 臂和 B 臂传播的两个光波在输出端口 D 处产生干涉，输出的振幅取决于分支 A 和分支 B 中光波之间的相位差(光程差)，所以这种结构的作用是一个干涉仪。两个背靠背的全同相

位调制器能够调制 A 和 B 中的光波相位的变化。注意分支 A 中和分支 B 中所加的电场方向是反向的，因此折射率的变化是相反的，这意味着 A 分支中和 B 分支中相位的变化也是相反的，如果外加电压引起 A 分支中光波的相位变化是 $\pi/2$，则 B 分支中光波的相位变化将是 $-\pi/2$。这样，分支 A 和分支 B 输出光波的相位差就是 π，这两个光波就会相消干涉，在 D 处互相抵消，输出的光强度就是零。因为外加电压可以控制输出光波中 A 分支和 B 分支两个干涉光波之间的相位差，因此，尽管电压与输出光强之间的关系不是线性的，这个电压也控制输出光强度。

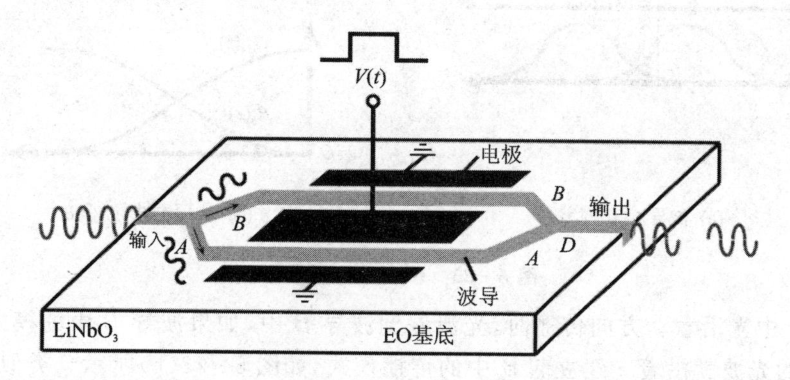

图 6-22　集成的 Mach-Zehnder 强度调制器

显然，分支 A 和分支 B 光波之间的相对相位差对于每一个分支中光波的相位变化 ϕ 是双倍的，可以通过将在 D 处的光波 A 和光波 B 相加来预言光波的输出强度。如果设 A 是光波 A 和光波 B 的振幅（假设在 C 处等功率分离），则输出端的光场为

$$E_{\text{output}} = A\cos(\omega t + \phi) + A\cos(\omega t - \phi) = 2A\cos\phi\cos(\omega t)$$

输出功率与 E_{output}^2 成正比，在 $\phi=0$ 时最大，因此，有

$$\frac{P_{\text{out}}(\phi)}{P_{\text{out}}(0)} = \cos^2\phi \tag{6.6-1}$$

尽管推导过于简单，但上式近似表达了功率传输与每个调制臂中引起的相位之间的正确关系，当 $\phi=\pi/2$ 时，功率传输是零。实际中，Y-结损耗和不均匀分离导致了理想性能的下降，当 $\phi=\pi/2$ 时，A 和 B 中的光波不再完全抵消。

6.6.3　耦合波导调制器

当两个平行的光波导 A 和 B 互相足够接近时，则与 A 和 B 中传播模式相联系的电场就会互相交叠而发生耦合，如图 6-23(a)所示，这意味着光波能够从一个波导耦合到另一个波导。假设将光发射进入单模波导 A，因为两个波导之间的间隔 d 很小，这个模式中的倏逝波的一些电场就扩展到波导 B 中，因此，一些电磁能量就从 A 转移到 B，这个能量转移取决于两个波导之间的耦合效率和波导 A 与 B 中模式的行为（取决于波导和基底的折射率与几何结构）。

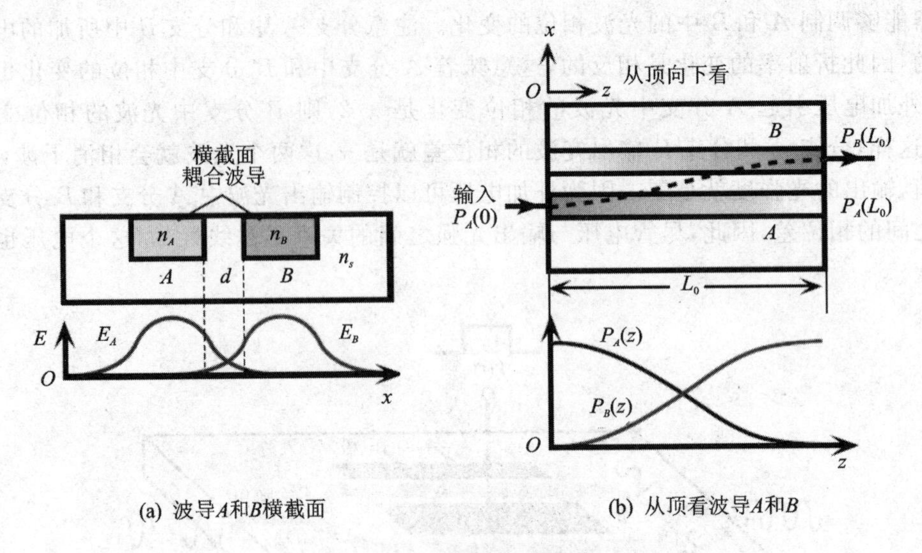

图 6－23　耦合波导调制器

当波导 A 中光沿着 z 方向传播时，光泄漏到波导 B 中，如果波导 B 中的模式有正确的相位，则所转移的光波就沿着 z 建立起 B 中的传播模式，如图 6－23(b)所示。类似地，如果 A 中的模式有正确的相位，则 B 中沿着 z 传播的光波也可以转移回到 A 中。两个波导 A 和 B 之间能量的有效转移要求两个模式同相位，允许沿着 z 方向建立起转移振幅。如果两个模式不同相，则光波转移进入波导不再互相加强，耦合效率低下。假设 β_A 和 β_B 分别是波导 A 和 B 中基模的传播常数，则沿着 z 方向存在着单位长度的相位不匹配，为 $\Delta\beta=\beta_A-\beta_B$。两个波导之间的能量转移效率取决于这个相位差。如果相位不匹配，$\Delta\beta=0$，则从 A 到 B 的全部能量转移需要一个耦合长度 L_0，叫做转移距离，示于图 6－23(b)中。这个转移距离取决于两个波导 A 和 B 之间的耦合效率 C，也取决于两个波导的折射率和几何结构。C 取决于图 6－23(b)中所示的电场 E_A 和 E_B 模式的交叠程度。传输长度 L_0 与 C 成反比(事实上，理论证明 $L_0=\pi/C$)。

在匹配情况下，$\Delta\beta=0$，在距离 L_0 上发生完全转移，但如果存在不匹配，则在距离 L_0 上转移的功率比成为 $\Delta\beta$ 的函数，因此，如果 $P_A(z)$ 和 $P_B(z)$ 分别表示波导 A 和 B 中在 z 处的光功率，则

$$\frac{P_B(L_0)}{P_A(L_0)}=f(\Delta\beta) \qquad (6.6-2)$$

这个函数示于图 6－24 中，$\Delta\beta=0$ 时有最大值(没有不匹配)，$\Delta\beta=\pi\sqrt{3}/L_0$ 时衰减到零。如果通过外加电场引入相位不匹配 $\Delta\beta=\pi\sqrt{3}/L_0$(调制波导的折射率)，就能够防止光功率从 A 到 B 的转移。

图 6－25 示出一个集成定向耦合器，两个植入的对称波导 A 和 B 通过长度 L_0 耦合，且有电极置于波导上。没有外加电压时，$\Delta\beta=0$(完全匹配)，从波导 A 到波导 B 有完全转移。如果

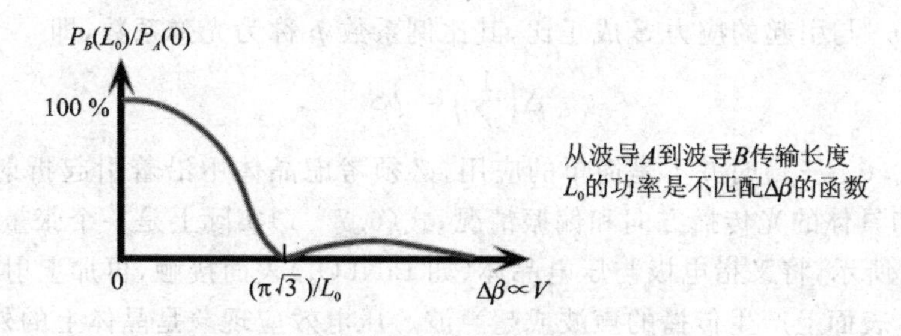

图 6-24　从波导 A 到波导 B 的传输功率比

电极之间外加电压，两个波导就加有相反方向的电场 E_a，就引起它们的折射率相反的变化。假设每个波导的折射率为 $n(n=n_A=n_B)$，Δn 是由 Pockels 效应引起的每个波导折射率的变化，引起的两个波导之间的折射率差 Δn_{AB} 是 $2\Delta n$，作为一级近似，取 $E_a\approx V/d$，则不匹配 $\Delta\beta$ 是

$$\Delta\beta=\Delta n_{AB}\left(\frac{2\pi}{\lambda}\right)\approx 2\left(\frac{1}{2}n^3 r\frac{V}{d}\right)\left(\frac{2\pi}{\lambda}\right)$$

式中，r 是近似 Pockels 系数。为了阻止功率转移，设 $\Delta\beta=\pi\sqrt{3}/L_0$，则相应的开关电压是

$$V_0=\frac{\sqrt{3}\lambda d}{2n^3 rL_0} \tag{6.6-3}$$

因 L_0 与耦合系数 C 成反比，故对于给定的波长，V_0 取决于波导的折射率和几何结构。

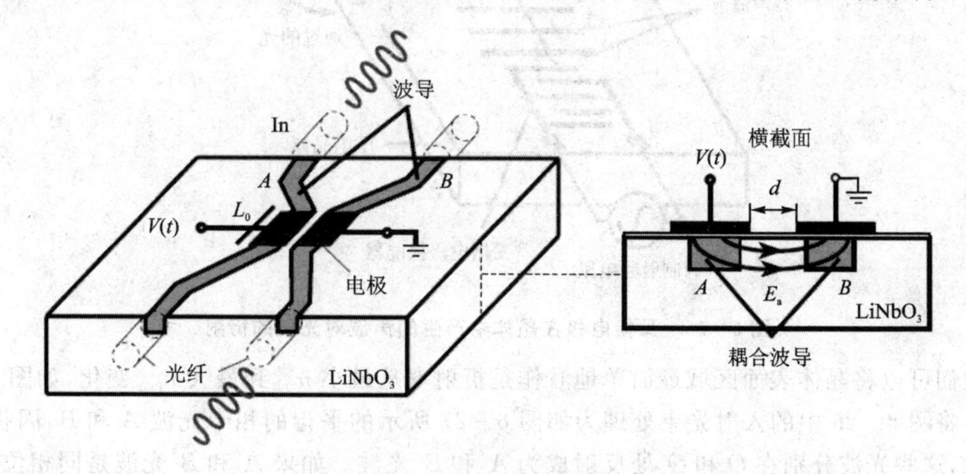

图 6-25　集成定向耦合器

6.7　声光调制器

人们发现晶体中引起的应力(S)会改变晶体的折射率 n，这叫做光弹效应。应力改变了晶体的密度并扭曲了化学键(即电子的轨道)，从而导致晶体的折射率变化。如果考察 $1/n^2$ 的变

化，则会发现 $1/n^2$ 与引起的应力 S 成正比，其比例系数 p 称为光弹系数，即

$$\Delta\left(\frac{1}{n^2}\right)=pS \tag{6.7-1}$$

实际应用式(6.7-1)时并不是简单的应用，必须考虑晶体中沿着引起折射率变化方向的应力 S 的效应和具体的光传播方向和偏振情况，式(6.7-1)实际上是一个张量关系。

如图 6-26 所示，将叉指电极与压电晶体(如 $LiNbO_3$)表面接触，再加上射频调制电压，就可以在压电晶体表面上产生传播的声波或超声波。压电效应现象是晶体上的外加电场在晶体中产生应力。电极上的调制电压 $V(t)$ 通过压电效应在晶体上产生表面声波，这些声波通过膨胀和压缩晶体表面区域方式传播，使得晶体表面密度随声波振幅同步产生周期性的变化，因此，也就使得晶体表面折射率随着声波振幅同步变化。换句话说，晶体应力 S 的周期性变化，由于光弹效应，导致了晶体折射率的周期性变化。

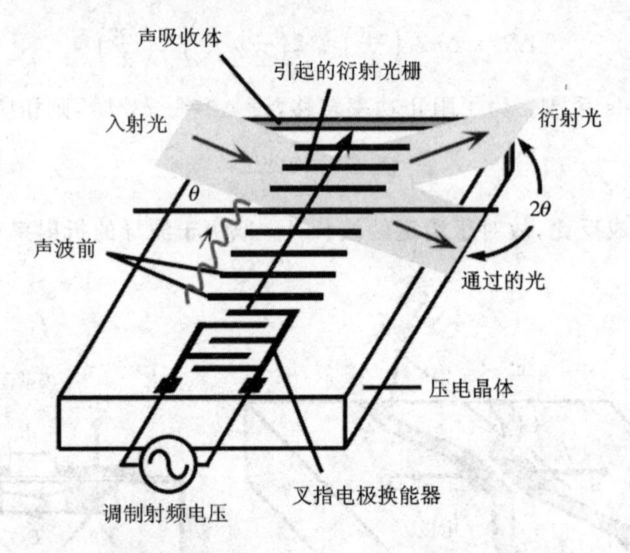

图 6-26 叉指电极在晶体中产生的声波对光波的衍射

我们可以将晶体表面区域最简单地看作是折射率从最小 $n_{\min}$ 到最大 $n_{\max}$ 变化，如图 6-27 所示。将图 6-26 中的入射光束处理为如图 6-27 所示的平行的相干光波 A 和 B，因折射率的变化，这些光波分别在 O 和 O' 处反射成为 A' 和 B' 光波。如果 A' 和 B' 光波是同相位的，则它们就会互相干涉而构成衍射光束。假设声波的波长为 Λ，它表示折射率边界的间隔，A' 和 B' 光波之间的光程差是 $PO'Q=2\Lambda\sin\theta$，这必定是介质中的总的光波长，即必须是 λ/n，这里 λ 是光波的自由空间波长，这样，衍射光束存在的条件就是

$$2\Lambda\sin\theta=\lambda/n \tag{6.7-2}$$

若入射光束的入射角(称之为 Bragg 角)满足式(6.7-2)，就发生衍射，就可以简单地选择声波波长 Λ 使入射光束发生偏转，显然，由式(6.7-2)可见，调制了声波波长就导致调至了衍射角。

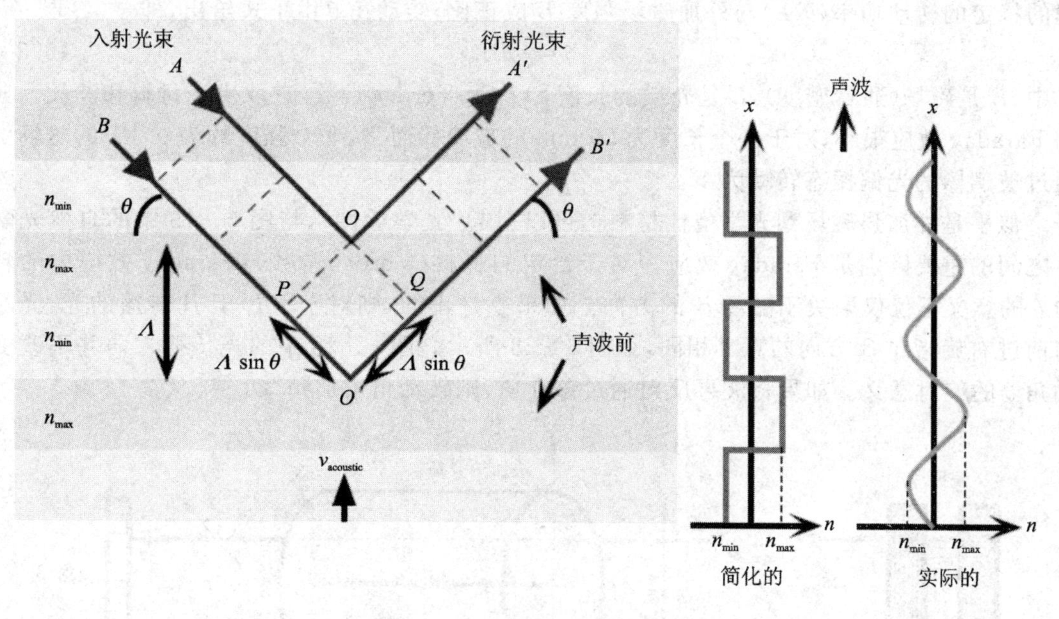

图 6-27　相干光波的衍射

设 ω 是入射光波的角频率，光波就从移动的衍射光栅(移动的速度 $v_{acoustic}$ 示于图 6-27 中)反射，作为多普勒效应的结果，衍射光束有稍高或者稍低的频率，它取决于传播声波的方向。如果 Ω 是声波的频率，则衍射光波的多普勒频移同由下式给出，即

$$\omega' = \omega \pm \Omega \tag{6.7-3}$$

当声波是向着入射光波的方向传播时(见图 6-27)，衍射光波的频率就向上频移，即 $\omega' = \omega + \Omega$；若声波是远离入射光波的方向传播，衍射光的频率就向下移，即 $\omega' = \omega - \Omega$。显然，可以通过调制声波的频率(衍射角也改变)来调制光波的频率。

对于光束偏折而言，尽管 Bragg 条件是指定了具体的入射角度 θ，但并没有告诉我们关于衍射光强的任何信息。不是所有光波振幅在图 6-27 中的 O 和 O' 处都成为反射光，这意味着还有通过的光束(非偏折光束)。在图 6-27 中，折射率边界处反射的振幅取决于光弹的变化 Δn，Δn 取决于声波振幅。衍射光束的强度与 Δn^2 成正比，因此，也与声波的强度成正比。改变声波的强度(通过改变射频电压)可以调制衍射光束的强度。

6.8　磁光效应

将一个像玻璃那样的光学惰性材料放在强磁场中，然后将一个平面偏振光沿着磁场方向送出，就会发现出射光的偏振面发生旋转，这叫做 Faraday 效应(最初由 Michael Faraday 于 1845 年观察到)。磁场是可以外加的，例如，可以将材料放入一个磁线圈(螺线管)中心处，引

起的特定的转动功率(θ/L)与外加磁场强度 B 成正比,转动角 θ 由下式给出,即

$$\theta = \vartheta BL \tag{6.8-1}$$

式中,B 是磁场(通量密度),L 是介质的长度,ϑ 称为 Verdet 常数,它取决于材料和波长。典型的 Faraday 效应很小,对于一个长度为 20 mm 的玻璃棒而言,一个强度约为 $0.1T$ 的磁场引起通过玻璃棒的光偏振态转动为 1°。

似乎是外加强磁场到光学惰性材料上可以引起"光学活性",与图 6-15 中的自然光学活性之间的重要区别是 Faraday 效应。对于给定的材料(Verdet 常数),Faraday 效应中的转动角 θ 的意义不仅仅取决于磁场 B 的方向。如果 ϑ 是正的,则对于平行于 B 传播的光,光场 E 与前进右旋指向 B 方向的意义相同,如图 6-28 所示。图 6-28 中的光传播方向并不改变转动角 θ 的绝对意义。如果将波再反射通过该介质,则转动角增加到 2θ。

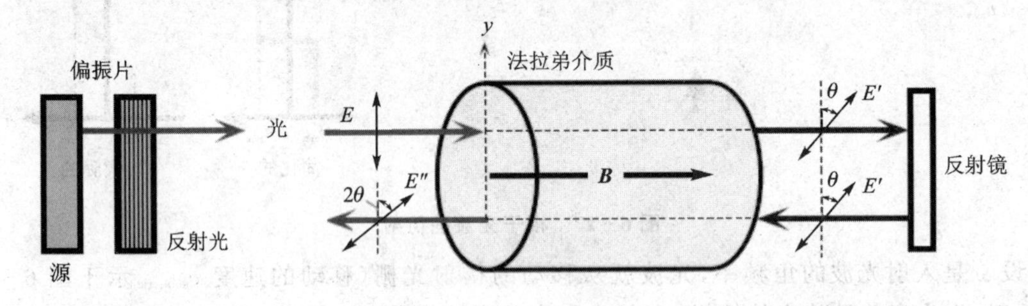

图 6-28　磁光效应

光学隔离器允许光向一个方向通过而不允许光反方向通过,例如,可以将图 6-28 中所示的偏振片和转动电场 45°的 Faraday 转动器放在光路中,将光源的器件各种反射隔离开来。反射光将有 $2\theta=90°$的转动,不再通过偏振片回到光源。典型的外加磁场是稀土磁环中密封的法拉第介质。

6.9　非线性光学与二次谐波的产生

将电场加到介电材料上会引起要素原子和分子极化,用材料的极化矢量 $\boldsymbol{P}$ 表示引起单位体积的偶极子的动量。线性介电材料中,引起的极化矢量 $\boldsymbol{P}$ 与该点的电场 $\boldsymbol{E}$ 成正比,其关系为 $\boldsymbol{P}=\varepsilon_0\chi\boldsymbol{E}$,这里$\chi$是电敏感系数。但在高电场情况下,$\boldsymbol{P}$ 与 $\boldsymbol{E}$ 的关系就偏离了线性关系。如图 6-29(a) 所示,$\boldsymbol{P}$ 是 $\boldsymbol{E}$ 的幂次展开函数,通常引起的极化 $\boldsymbol{P}$ 表示为

$$\boldsymbol{P} = \varepsilon_0\chi_1\boldsymbol{E} + \varepsilon_0\chi_2\boldsymbol{E}^2 + \varepsilon_0\chi_3\boldsymbol{E}^3 \tag{6.9-1}$$

式中,χ_1、χ_2、χ_3 分别是线性、二阶和三阶电敏感系数。式(6.9-1)中没有示出的高阶项的系数迅速减小,二阶和三阶项(即非线性效应)的重要性取决于电场的强度 $\boldsymbol{E}$,当电场很大时(约 $10^7\ \mathrm{V\cdot m^{-1}}$),非线性效应就可以观察了。这样高的电场要求的光的强度(约 $1\,000\ \mathrm{kW\cdot cm^{-2}}$)

只有激光器才能实现。所有材料,不管是晶体还是非晶体,都具有 χ_3 系数,只有某些类的晶体有有限的 χ_2 系数。只有像石英那样的一些晶体(没有中心对称性)有非零的 χ_2 系数,这些晶体也是压电体。非线性效应最重要的一个结果是二次谐波产生(Sencond Harmonic Generation,SHG),当角频率为 ω 的强光束通过一个合适的晶体(如石英)时,就产生 2 倍频率(2ω)的光束。SHG 是基于有限的 χ_2 系数,其中 χ_3 系数效应是忽略的。

考虑一个角频率为 ω 的单色光束,通过一个介质,介质中任意点的光场 E 将使介质在该点随着光场振荡而同步极化,振荡的偶极子动量被看成是电磁辐射源(正像一个天线),这些偶极子的电磁发射相干涉,从而构成通过介质实际传播的波。设光场是如图 6-29(b)中所示的在 $\pm E_0$ 之间的正弦振荡,在线性区(E_0 是"小的"),P 也以频率 ω 振荡。

如果场强足够大,引起的极化将不再是图 6-29(b)中所示的线性情况,现在的极化是在 P_+ 和 P_- 之间振荡,且是不对称振荡;现在的偶极子动量的振荡不再是以频率 ω,而是以频率 2ω 发射电磁波。此外,还有一个直流分量(光被"整流",即引起一个小的永久性的极化)。图 6-29(c)中示出了基波 ω、二次谐波 2ω 分量以及伴随的直流分量。

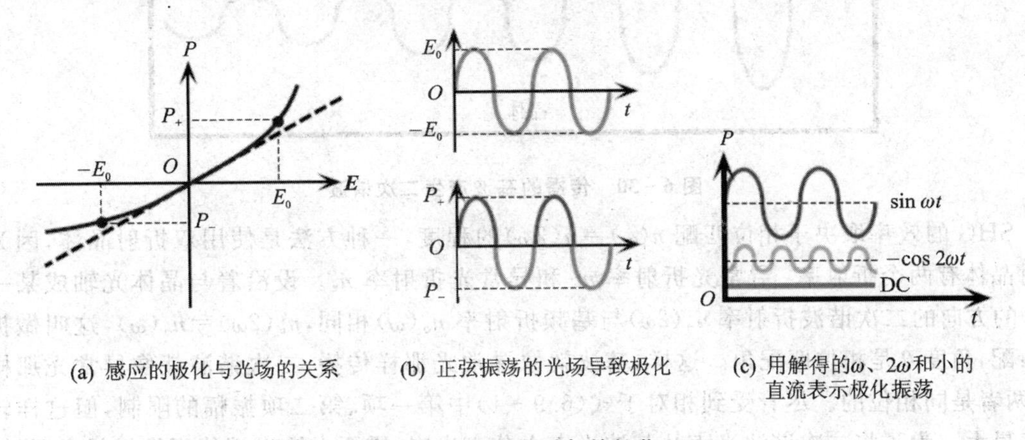

图 6-29　光场引起的极化

如果将光场写为 $E=E_0\sin(\omega t)$ 并代入到式(6.9-1),经一些三角运算并忽略 χ_3 项,则引起的 P 为

$$P=\varepsilon_0\,\chi_1 E_0\sin(\omega t)-\frac{1}{2}\varepsilon_0\,\chi_2 E_0\cos(2\omega)+\frac{1}{2}\varepsilon_0\,\chi_2 E_0 \tag{6.9-2}$$

式中,第一项是基波项,第二项是二次谐波项,第三项是直流项。局部偶极子动量的二次谐波振荡在晶体中产生二次谐波,可以认为,就像基波那样,这个二次谐波是相长干涉并导致二次谐波光束传播。但对于不同的频率 ω_1 和 ω_2,晶体通常有不同的折射率 $n(\omega_1)$ 和 $n(\omega_2)$,这意味着分别以频率 ω 和 2ω 传播的光波有不同的相速度 v_1 和 v_2。当频率 ω 的光波在晶体中传播时,就沿着传播的路径产生 2ω 的光波,图 6-30 中以 $S_1,S_2,S_3,\cdots$ 标出。当产生 S_2 光波时,

S_1 必须同相位到达那里，这意味着 S_1 以与基波相同的速度传播；如此继续（见图 6-30）。显然，如果这些 2ω 的光波是同相位的，即它们以与 ω 光波相同的速度传播，它们就互相相长干涉构成二次谐波光束；否则，S_1，S_2，S_3，…最终就将不同相位而互相相消干涉，就没有或有很小的二次谐波光束。二次谐波产生的条件必须是以基波相同的速度传播以构成二次谐波束，这叫做相位匹配，且要求 $n(\omega)=n(2\omega)$。对于大多数晶体而言，这是不可能的，n 都是色散的，取决于波长。

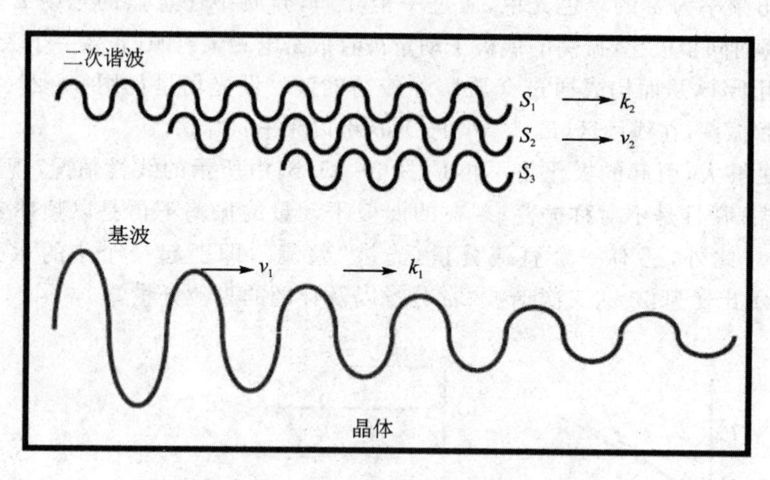

图 6-30　传播的基波产生二次谐波

SHG 的效率取决于相位匹配 $n(\omega)=n(2\omega)$ 的程度，一种方法是使用双折射晶体，因为双折射晶体有两个折射率：寻常光折射率 n_o 和异常光折射率 n_e。设沿着与晶体光轴成某一角度 θ 的方向的二次谐波折射率 $n_e(2\omega)$ 与基频折射率 $n_o(\omega)$ 相同，$n_e(2\omega)=n_o(\omega)$，这叫做折射率匹配，角度 θ 是相位匹配角。这样，基波就像寻常光那样传播，二次谐波就像异常光那样传播，两者是同相位的。尽管受到相对于式(6.9-1)中第一项、第二项振幅的限制，但这样转换效率最大。为了将二次谐波光束从基波光束中分离出来，需要在输出端使用像衍射光栅、棱镜或者光学滤光器之类的光学元件，如图 6-31 所示。相位匹配角 θ 取决于波长（或 ω），并且对温度是敏感的。

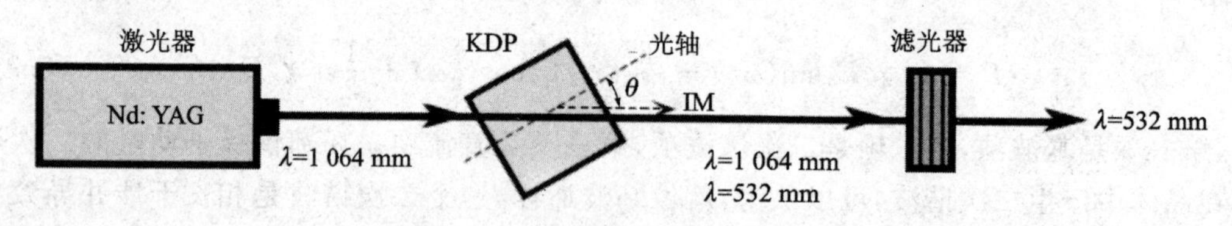

图 6-31　用 KDP 晶体倍频的示意图

考虑如图 6-32 所示的光子相互作用产生二次谐波的过程是有意义的，两个基模光子与

偶极子动量相互作用产生单个的二次谐波光子，光子动量是 $\hbar k$，能量是 $h\omega$。设下标 1 和 2 分别指的是基波和二次谐波，则可以写出下列方程。依据动量守恒有

$$\hbar k_1 + \hbar k_1 = \hbar k_2 \tag{6.9-3}$$

能量守恒要求

$$\hbar \omega_1 + \hbar \omega_1 = \hbar \omega_2 \tag{6.9-4}$$

这里假设相互作用并不导致声子(晶格振动)产生或吸收。取 $\omega_2 = 2\omega_1$ 可以满足式(6.9-4)，说明二次谐波频率确实是基本频率的 2 倍。为了满足式(6.9-3)，取 $k_2 = 2k_1$，则二次谐波的相速度为

$$v_2 = \frac{\omega_2}{k_2} = \frac{2\omega_1}{2k_1} = \frac{\omega_1}{k_1} = v_1$$

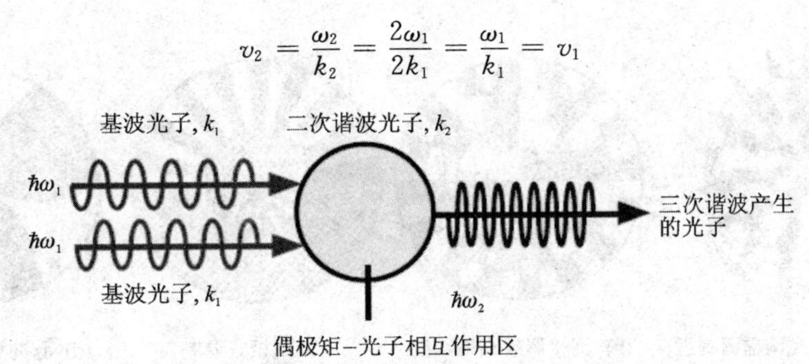

图 6-32　光子相互作用产生二次谐波

因此，要求基波与二次谐波的光子有相同的相速度，这与上面的纯粹波的相位匹配判据是等价的。如果 k_2 并不精确等于 $2k_1$，即 $\Delta k = k_2 - 2k_1$ 不是零，也就是存在着不匹配，则 SHG 只在有限长度 l_c 上有效(可以证明 $l_c = \pi/\Delta k$)。这个长度 l_c 实质上是二次谐波的相干长度(取决于折射率差，该长度相当短，即 $l_c = 1 \sim 100\ \mu m$)。如果晶体尺寸比这个长度长，则二次谐波将互相随机干涉，SHG 效率如果不是零，也是非常低的。因此，相位匹配实质上是 SHG 的要求。转换效率取决于激发激光束的强度、材料的 χ_2 系数和相位匹配程度。如果工程上做得好，则转换效率可高达 70 %～80 %，例如，将转换晶体放入激光腔中。

6.10　调制盘

调制盘是光强度调制的一种，是点源探测和跟踪系统中的一个元件，它在构造上往往是很小的，但在功用上却非常重要。调制盘的制作方法很多，最常用的是在能透过光辐射的基板上覆盖一层不透光的涂层，然后用光刻的方法把涂层做成许多透光和不透光的栅格，由这些栅格构成调制盘的花纹图案。简单的调制盘也可以通过在金属板上切割成各种图形得到。通常，调制盘被置于光学系统的焦面上，位于光电探测器之前。当目标像点与调制盘之间有相对运动时，透光和不透光的栅格切割像点，使得通过调制盘的辐射能量变成了断续形式，于是光点

探测器接收到的光辐射被调制成周期性重复的光强度调制信号。

调制盘最基本的作用是把恒定的辐射通量变成周期性重复的光辐射通量。对一般的光电系统,调制盘的作用主要有如下几点:① 提供目标的空间方位;② 进行空间滤波以抑制背景干扰;③ 抑制噪声与干扰,以提高系统的检测性能。

光电信息技术中采用的调制盘种类繁多,图案各异,目标像点与调制盘之间相对运动的方式也各有不同,因此提供目标方位的方式也各不相同。按照调制方式的不同,可将调制盘这种光强度调制器分为以下几种类型:调幅式(AM)、调频式(FM)、调相式(PM)、调宽式(WM)和脉冲编码式。图 6-33 举例示出了其中的几种。

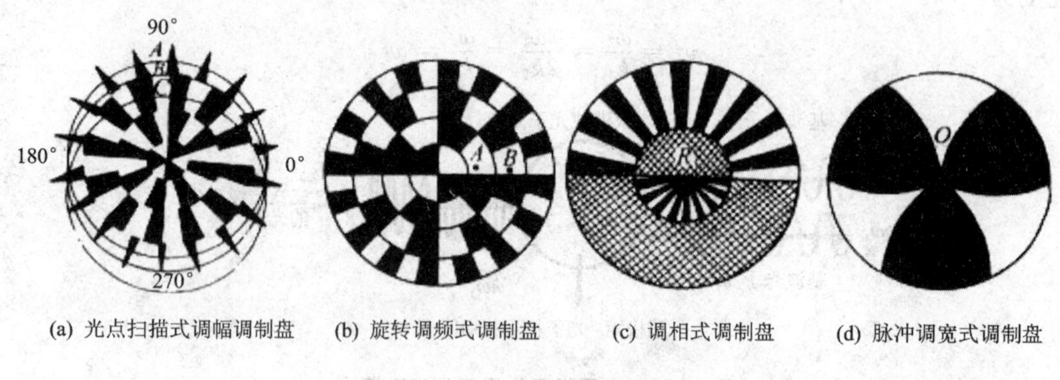

(a) 光点扫描式调幅调制盘 (b) 旋转调频式调制盘 (c) 调相式调制盘 (d) 脉冲调宽式调制盘

图 6-33 调制盘图案举例

按照目标像点与调制盘之间相对运动方式的不同,可将扫描方式分为三种:① 旋转式;② 圆锥扫描式(即光点扫描式);③ 圆周平移式。其中旋转式和圆锥扫描式的调制盘中心与光学系统的主轴重合,只是旋转式的调制盘绕光轴转动;而在圆锥扫描式中,调制盘本身固定不动,而利用光学系统使目标像点相对于调制盘作圆周运动。在圆周平移式中,采用调制盘绕光轴作圆周平移的扫描方式。三种扫描方式各有特点,此处不再详述。下面结合具体的应用情况来讨论调制盘的空间滤波和目标方位转化的工作原理。

6.10.1 调制盘的空间滤波作用

由于被探测目标(如导弹、飞机、军舰、坦克等)总是存在于背景(如大气、云层、地物等)之中,因此背景辐射总是不可避免地与目标辐射同时进入系统。例如,在红外制导与跟踪系统中,背景辐射由于距离近甚至会比目标辐射大几个数量级,如果背景和目标辐射的红外线在波长分布上差别较大,滤光片就可以用来消除背景的干扰。然而情况并非如此简单。例如由背景云彩散射的阳光在 2~2.5 μm 波段的辐射要比远距离涡轮喷气发动机在导弹红外探测器上的辐照度值高 10^4~10^5 倍,显然,滤光片无法解决这样的背景干扰。但导弹攻击的目标与背景相比,对系统的张角很小,如果在探测器前加一个旋转的带黑白相间格子的调制盘,当目标和云彩的辐射透过调制盘照到探测器上时,输出信号就不同了。利用目标和背景相对于系

统张角的不同，即利用目标和背景空间分布的差异，调制盘可以抑制背景，突出目标，从而把目标从背景中分辨出来。调制盘这种滤去背景干扰的作用称为空间滤波。

如图 6-34 所示，当带有旋转调制盘的探测系统扫过目标时，由于目标的像较小，像的辐射透过调制盘后使探测器的输出成为频率为 f_s 的一列脉冲串，脉冲波形将随像点大小与格子尺寸之比而变化，当像点相对格子来说很小时，信号波形就是矩形脉冲。脉冲频率为

$$f_s = nf_r \tag{6.10-1}$$

式中，f_r 为调制盘的旋转频率，n 为全调制盘上的黑白相间的格子对数。

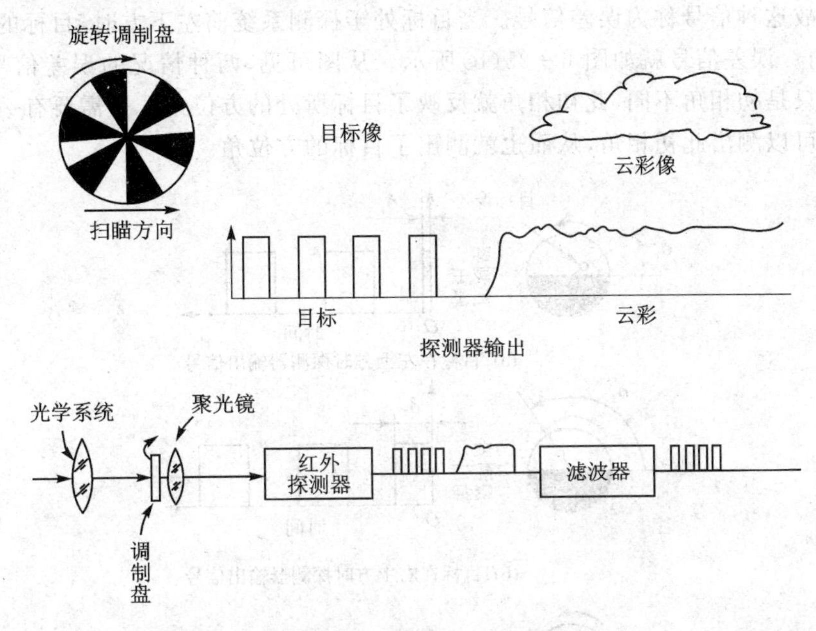

图 6-34　旋转调制盘对目标和背景的扫描

当光学系统视场内有云彩时，由于云彩像较大，一般要占有调制盘的多个格子，每一瞬时占有的黑白格子数是相近的，因此输出是一个幅值变化很小的信号(接近直流信号)。这种直流信号经交流放大器后就会被滤除；相反，目标像点形成的脉冲信号就不会被滤除。但是，云彩或天空的亮度梯度所形成的带波纹的准直流信号并非是完全的直流信号，这种波纹信号还会经交流放大器漏过去。当目标较远，目标所形成的脉冲信号的幅值与背景的波纹信号的幅值相近时，就很难识别目标了。假如采用 3～5 μm 波段的探测器，背景干扰的情况就可以减弱。这是因为：① 涡轮喷气发动机的红外辐射的峰值波长在 3.5～4 μm 的范围；② 云彩反射的阳光辐射在大于 3 μm 时将降得很小。

6.10.2　调制盘提供目标的方位信息

目标的方位信息包括方位角和失调角两种信息。下面分别叙述调制盘如何提供这两种信息。

(1) 方位角信息

可以想象，如果不能提供目标的方位信息，那么即使没有背景干扰，探测器仅能感知目标存在与否而不知目标的方位，因而也不能完成跟踪与制导任务。

图 6-35 所示是一种简单的双扇面调制盘。这是能提供目标方位角信息的最简单的调制盘。工作时调制盘绕系统的光轴旋转，当目标处于光轴上时，像点始终透过一半，探测器输出信号是个不交变的直流信号（见图 6-35(c)）。当目标在探测系统前方右下角时，目标像点落在调制盘的左上方，探测器的输出如图 6-35(a)所示。由于目标偏离了光轴，才有图中所示的信号输出，故这种信号称为误差信号。当目标处于探测系统前左下方时，目标的像点落在调制盘的右上角。误差信号就如图 6-35(b)所示。从图可见，两种情况的误差信号的波形、幅值均无差别，只是初相角不同，此初相角就反映了目标所处的方位角。只需要有一个基准信号与之相比，就可以测出此初相角，从而也就测出了目标的方位角。

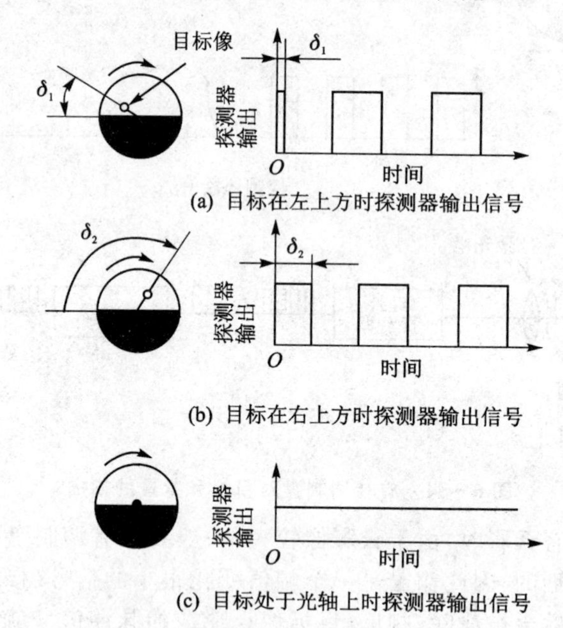

(a) 目标在左上方时探测器输出信号

(b) 目标在右上方时探测器输出信号

(c) 目标处于光轴上时探测器输出信号

图 6-35　双扇面调制盘产生目标方位信息图

那么，基准信号是怎样产生的呢？图 6-36 所示是一种产生方法的原理图。调制盘与一块永久磁铁装在一起绕系统的光轴转动。在探测系统的外壳上固定两个径向绕制的线圈。当永久磁铁旋转时，线圈中就产生一个正弦变化的感应电势（见图 6-36(a)），这就是基准信号。这里要注意，调制盘安装时应使用两个半圆的分界线与磁铁极线相一致。

在调制盘旋转一周内，探测器输出的目标误差信号就如图 6-36(b)所示。将误差信号和基准信号相比就可得出误差信号的相位角。

(2) 失调角信息

失调角指目标与探测器的连线与探测系统光轴间的夹角(见图 6－37)。按照提供失调角信息的方法,调制盘可分为调幅式、调频式、调相式等多种。具体可参看相关的书籍。

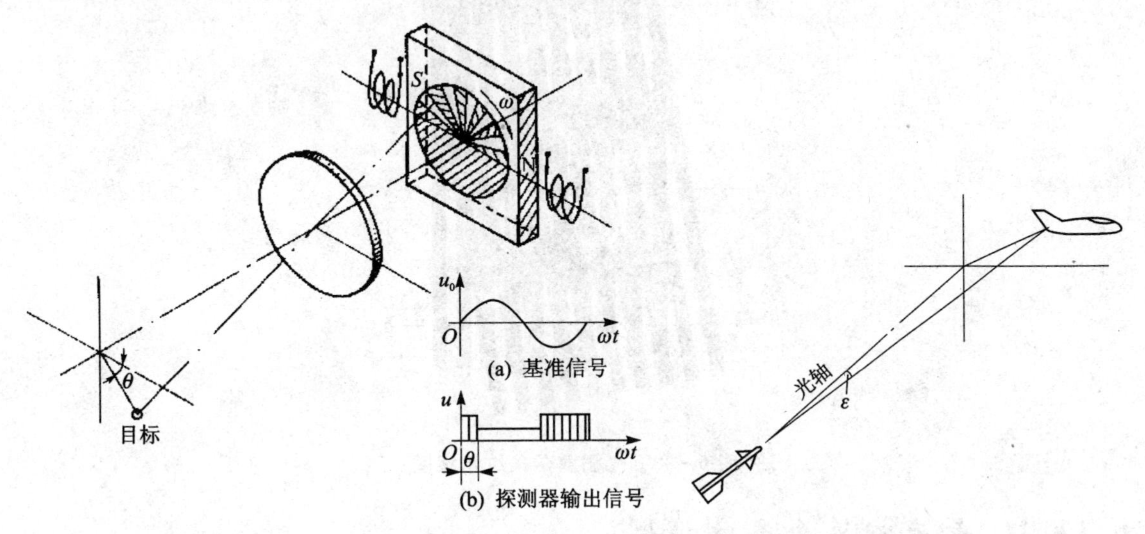

图 6－36　基准信号产生示意图

图 6－37　失调角示意图

6.11　光栅莫尔条纹调制

莫尔现象在日常生活中经常能够看到。例如,阳光照射交叉编插的竹竿篱笆,在地面上投下一片明暗相间的花纹条带,这就是一种莫尔条纹。

起初,莫尔条纹只是应用于装饰方面。随着科学技术的发展,莫尔条纹现象作为一种精确的检测手段,逐渐应用于光电测量技术中。

光栅可看做是辐条式调制盘的特例,只不过光栅的刻线特别细。对计量光栅的光栅刻线,每毫米有 20～250 对刻线。

莫尔条纹是将两块光栅(其中一块称主光栅,另一块称指示光栅。有时也称光栅对)叠合在一起,并使它们的栅线有一小的交角 θ。当光栅对之间有一相对运动时(其运动方向与主光栅栅线垂直),对着光源看过去,就会发现有一组垂直于光栅运动方向的明暗相间的条纹运动,把此移动的条纹称为莫尔条纹。莫尔条纹的方向与光栅栅线的方向垂直。莫尔条纹与栅线方向如图 6－38 所示。

光栅莫尔条纹可分为长光栅莫尔条纹调制及圆光栅莫尔条纹调制。下面分别叙述它们的调制原理。

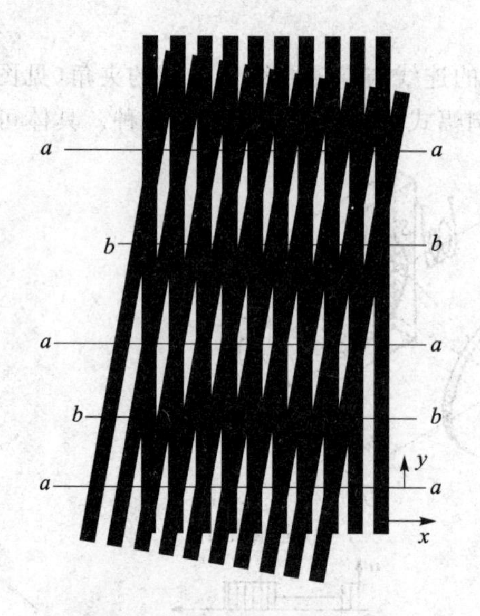

图 6-38 光栅莫尔条纹示意图

6.11.1 长光栅莫尔条纹调制

设光栅对的栅线交角为θ，取主光栅A的零号栅线为y轴，垂直于主光栅A的诸栅线的方向为x轴。x与y在零号线的交点为原点，参看图 6-39。

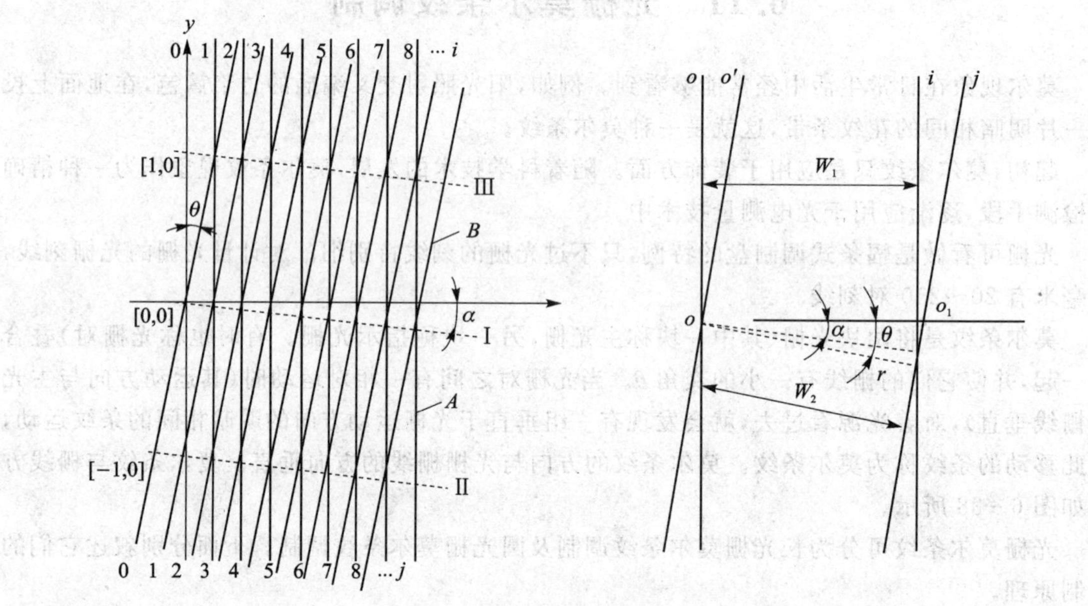

图 6-39 长光栅莫尔条纹

由图 6－39 看出，主光栅与指示光栅同各刻线交点的连线为莫尔条纹的中线。如果主光栅刻线序列用 $I=1,2,3,\cdots$ 表示，则两光栅刻线的交点为 $[i,j]$。I^* 莫尔条纹由两光栅同各刻线交点 $(0,0),(1,1),\cdots$ 连线构成。又设主光栅 A 相邻刻线的间距(栅距)为 W_1，指示光栅 B 的栅距为 W_2，由图中看出主光栅方程为

$$x_i = iW_1 \tag{6.11-1}$$

指示光栅 B 的任意一刻线 j 与 x 轴交点的坐标为

$$x_j = \frac{jW_2}{\cos\theta} \tag{6.11-2}$$

现在求莫尔条纹Ⅰ的方程。莫尔条纹Ⅰ是由 A、B 两光栅同各 $i=j$ 刻线的交点连接而成的，所以

$$x_{i,j} = iW_1 \tag{6.11-3}$$

$$y_{i,j} = iW_1\cos\theta - \frac{jW_2}{\sin\theta} \tag{6.11-4}$$

莫尔条纹Ⅰ的斜率为

$$\tan\alpha = \frac{y_{i,j}-y_{0,0}}{x_{i,j}-x_{0,0}} = \frac{W_1\cos\theta - W_2}{W_1\sin\theta} \tag{6.11-5}$$

莫尔条纹Ⅰ的方程为

$$y_{\mathrm{I}} = x\tan\alpha = \frac{W_1\cos\theta - W_2}{W_1\sin\theta}x \tag{6.11-6}$$

同样可求得 $(i,j+1)$ 和 $(i+1,j)$ 构成的莫尔条纹Ⅱ和Ⅲ的方程：

$$y_{\mathrm{II}} = \frac{W_1\cos\theta - W_2}{W_1\sin\theta}x - \frac{W_2}{\sin\theta} \tag{6.11-7}$$

$$y_{\mathrm{III}} = \frac{W_1\cos\theta - W_2}{W_1\sin\theta}x + \frac{W_2}{\sin\theta} \tag{6.11-8}$$

由式(6.11－6)、式(6.11－7)和式(6.11－8)可以得出结论：莫尔条纹是周期函数，其周期 $T=W_2/\sin\theta$。它也称为莫尔条纹的宽度 B。

当两光栅 A、B 的栅距相等，W_1、$W_2=W$ 时，由式(6.11－6)可得

$$y_1 = -x\tan\frac{\theta}{2}, \qquad \tan\alpha = -\tan\frac{\theta}{2} \tag{6.11-9}$$

式(6.11－9)是通常所说的“横向莫尔条纹”方程。横向莫尔条纹与 x 轴的交角为 $\theta/2$。实用中两光栅的夹角 θ 很小，因此，可认为莫尔条纹几乎与 y 轴垂直，如图 6－40(a)所示。因此把它称为横向莫尔条纹。严格地说，等栅距的两块光栅只能形成斜向莫尔条纹，如图 6－40(b)所示。

严格的莫尔条纹要求 $\alpha=0$，在 θ 不等于零的条件下，由式(6.11－5)可知，只能是

$$W_1\cos\theta - W_2 = 0$$

即

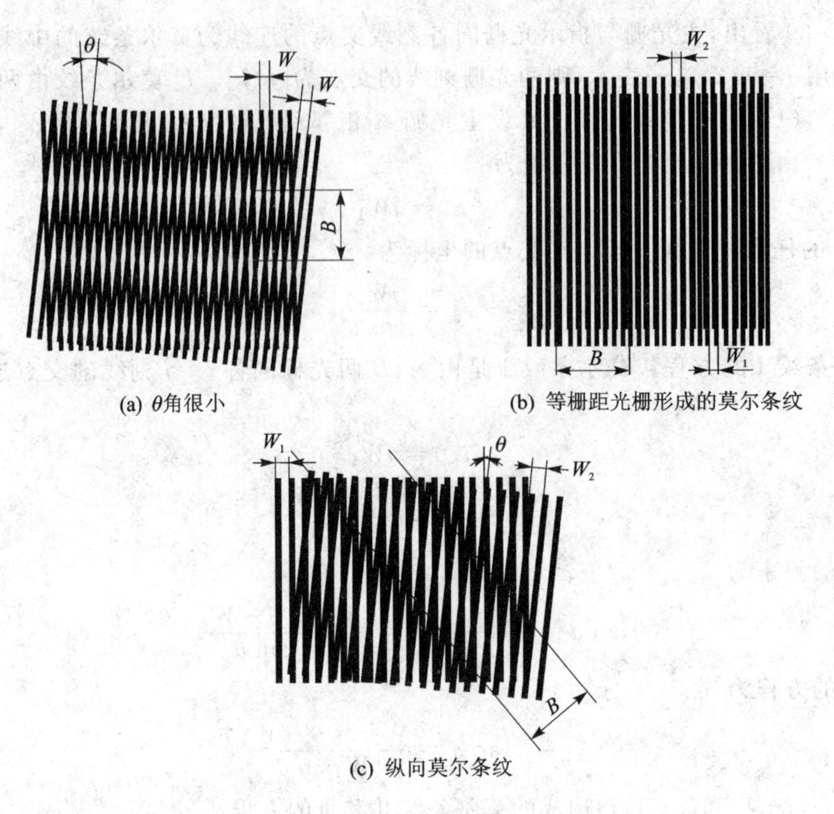

(a) θ角很小

(b) 等栅距光栅形成的莫尔条纹

(c) 纵向莫尔条纹

图 6-40　莫尔条纹

$$W_1\cos\theta = W_2$$

也就是说只有两光栅的栅线不等时,才能找到一个 θ 角,使莫尔条纹垂直于 y 轴。

当 $\theta=0, W_1\neq W_2$ 时,得到如图 6-40(c)所示的纵向莫尔条纹。

在计量光栅中,$W_1=W_2$,且栅线夹角很小。当光栅对中任一光栅沿垂直于光栅刻线的方向平移时,它们所形成的莫尔条纹也在运动,运动方向与光栅移动方向近似垂直;而且,光栅移动一个栅距 W,莫尔条纹相对移动一个条纹间隔 $B=W/\sin\theta$。由此可知,莫尔条纹有放大作用,放大倍数 $K=B/W=1/\sin\theta$。由于 θ 角很小,故 K 值很大。例如,$\theta=20'$,$K=172$。

综上所述,一束恒定不变的光强照射到运动着的光栅对上时,通过光栅对的光强变成周期为 B 的交变光,说明光栅对光起了调制作用。

6.11.2　圆光栅莫尔条纹调制

圆光栅可分成径向圆光栅及切向圆光栅。径向圆光栅的刻线都从圆心向外辐射,切向圆光栅的刻线都与一个小圆相切。

径向光栅莫尔条纹是由两块节距相同的径向光栅保持一个较小的偏心量 e 叠合,形成圆

弧莫尔条纹。其径向光栅莫尔条纹图案示于图 6-41 上。两块光栅的中心分别为 θ_1、θ_2，其中心偏移量为 e，节距角为 θ。由图可知，在沿着偏心的方向上，产生近似平行于栅线的纵向莫尔条纹；在偏心方向垂直的位置上产生近似垂直于栅线的莫尔条纹；其他方向为斜向莫尔条纹。

径向光栅莫尔条纹的产生过程可由图 6-42 说明。它是由一系列圆弧曲线构成的。图上 1，2，3，…是光栅 1 的径向栅线，圆心为 O_1。$1'$，$2'$，$3'$，…是光栅 2 的径向栅线，圆心为 O_2。O_1 和 O_2 的偏离量为 e。由图可看出，由$(1',2)$，$(2',3)$，$(3',4)$，…构成圆弧莫尔条纹Ⅰ；由$(1',3)$，$(2',4)$，$(3',5)$，…构成圆弧莫尔条纹Ⅱ；以此类推，有更高级次的圆弧莫尔条纹形成。圆弧莫尔条纹族的圆心位于两光栅中心连线的垂直平分线上，全部圆条纹通过两光栅中心。图 6-42 只画出上半圆的部分莫尔条纹，下半圆的莫尔条纹未画出，它们对称分布。当两光栅相对运动时，莫尔条纹向外扩散或向内收缩。扩散与收缩运动取决于光栅的转动方向。光栅转过一个节距角 θ 时，莫尔条纹移动一个条纹间距隔。

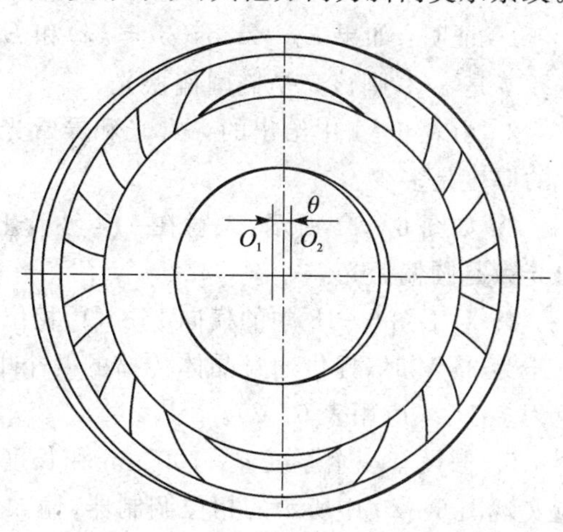

图 6-41　径向光栅莫尔条纹

切向光栅所形成的莫尔条纹如图 6-43 所示。它是两块刻线数相同、切向方向相反而切线圆半径分别为 r_1、r_2 的切向圆光栅同心叠合得到的莫尔条纹。由图可知，莫尔条纹是圆环形的，于是把它称为圆环莫尔条纹。圆环莫尔条纹主要用于检查圆光栅的分度误差及高精度测角。

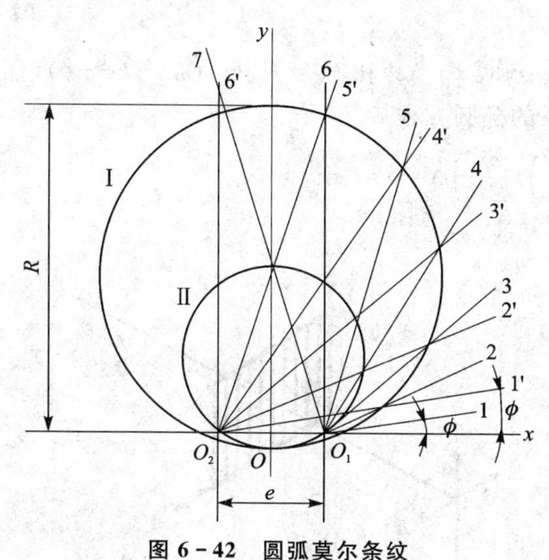

图 6-42　圆弧莫尔条纹

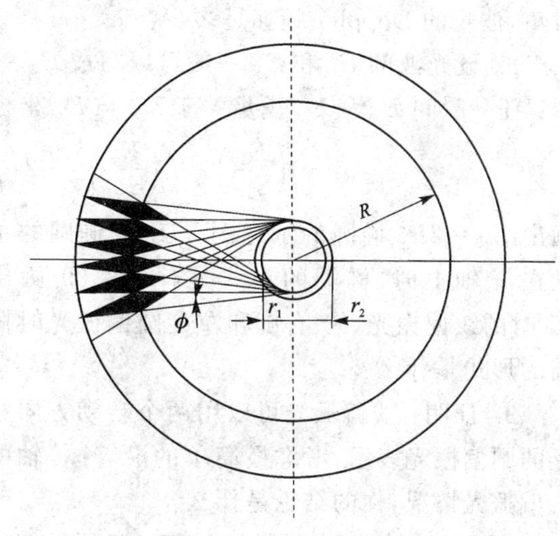

图 6-43　环形莫尔条纹

习 题

1. 证明：如果 $E_x = A\cos(\omega t - kz)$ 和 $E_y = B\cos(\omega t - kz + \phi)$，振幅 A 和 B 是不同的，且相位差 ϕ 是 $\pi/2$，则该光是椭圆偏振光。

2. 由表 6-1 中给出的寻常光和异常光的折射率，对于波长 $\lambda \approx 590$ nm 的光，半波长石英片的厚度是多少？

3. 如图 6-11 所示，入射在 1/4 波片上的线偏振光，偏振方向相对于慢轴是 45°，证明输出光束是圆偏振光。

4. 对于图 6-18 中的横向 $LiNiO_3$ 相位调制器，工作在自由空间，波长为 1.3 μm。当外加电压为 24 V 时，提供通过晶体传播的两个电场分量之间的相移 $\Delta\phi = \pi$（半波长），则比率 d/L 应为多少？（应用表 6-2）。

5. 假设有一个厚度 $d = 100$ μm 和长度 $L = 20$ mm 的玻璃矩形块，我们希望使用 Kerr 效应实现图 6-20 中所示的相位调制器，输入光已经是平行于外加电场 E_a 方向、沿着 z 轴方向的偏振光，则引起 π 的相位变化（半波长）的外加电压是多少？

6. 设两个光波导植入在像 $LiNbO_3$ 那样的基底中，像图 6-25 中那样耦合，转移长度 $L_0 = 10$ mm，如果耦合间隔 $d \approx 10$ μm，$n \approx 2.2$，工作波长是 1.3 μm，取近似 Pockels 系数 $r \approx 10 \times 10^{-12}$ m/V，则开关电压是多少？

7. 设在 $LiNbO_3$ 基底上产生 250 MHz 声波，$LiNbO_3$ 中的声速是 6.57 km/s，折射率约为 2.2，调制 He-Ne 激光器发射出的红激光束，激光波长 $\lambda = 632.8$ nm，计算声波长和 Bragg 衍射角，波长的 Doppler 频移是多少？

8. 设光波的 E_x 和 E_y 一般可以写成 $E_x = E_{x0}\cos(\omega t - kz)$ 和 $E_y = E_{y0}\cos(\omega t - kz + \phi)$，证明：任一瞬间 E_x 和 E_y 满足关于 E_x 与 E_y 坐标系的椭圆方程

$$\left(\frac{E_x}{E_{x0}}\right)^2 + \left(\frac{E_y}{E_{y0}}\right)^2 - 2\left(\frac{E_x}{E_{x0}}\right)\left(\frac{E_y}{E_{y0}}\right)\cos\phi = \sin^2\phi$$

画出 $E_{x0} = 2E_{y0}$ 椭圆的示意图。① 当椭圆的主轴在 x 轴上时，椭圆的形式是什么？② 画出 45°时的线偏振光；③ 右旋和左旋圆偏振光时椭圆的形式是什么？

9. 证明：线偏振光可以用两个转动方向相反的圆偏振光表示，考虑最简单的沿着 y-轴的线偏振光情况，你的结论是什么？

10. 图 6.1 中示出一个由紧密间隔平行的细导线组成的导线光栅偏振器，则可以观察到：

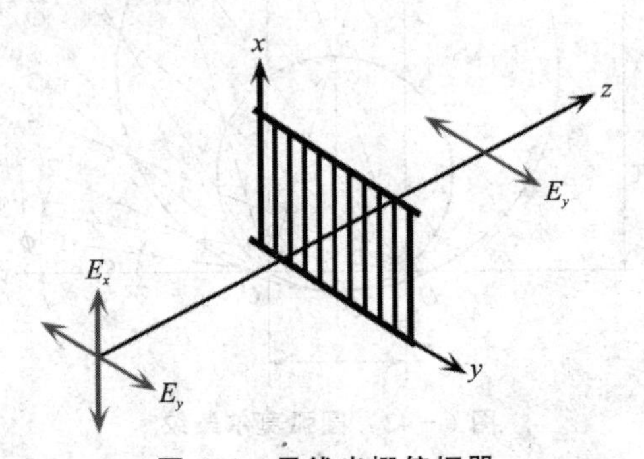

图 6.1　导线光栅偏振器

通过导线光栅的光束是垂直于导线的线偏振光。你能够解释该偏振器的工作原理吗？

11. 电偶极子发射电磁波是众所周知的。图 6.2(a)中示出平行于 y 轴的振荡电偶极子动量 $p(t)$ 周围的瞬间电场分布，沿着偶极子轴 y 方向没有电场辐射，沿着与垂直于偶极子轴方向成 θ 方向的辐射强度 I 与 $\cos^2\theta$ 成正比，画出偶极子周围的相对辐射强度分布图。假设入射电磁波中的电场引起介质的一个分子中偶极子振荡，请解释这个分子对入射的非偏振(极化)电磁波的散射是怎样导致图(b)中的具有沿着 x 轴和 y 轴的不同偏振的波。

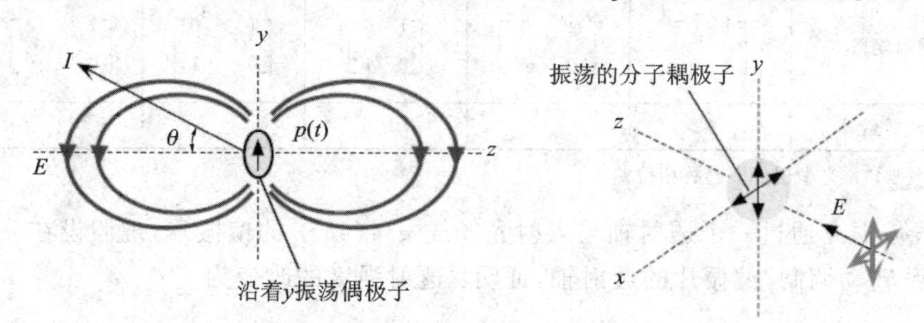

(a) y方向振荡偶极矩周围的瞬间电场　　(b) 由诱导分子偶极子振荡引起的散射电磁波是各向异性的

图 6.2　电偶极子辐射的电磁波

12. 当使用 Jones 矩阵(或矢量)来表示偏振光的状态时，则关于光偏振态的各种运算就与表示光学运算的这个矩阵与另一矩阵乘积相对应。考虑一个具有 x 轴和 y 轴电场分量的 E_x 和 E_y 且沿着 z 轴传播的光波，通常这些 E_x 和 E_y 分量是正交的且有不同的振幅，它们之间有一相位差 ϕ，如果用指数形式表示，则有 $E_x=E_{x0}\exp[\mathrm{j}(\omega t-kz+\phi_x)]$和 $E_y=E_{y0}\exp[\mathrm{j}(\omega t-kz+\phi_y)]$。Jones 矩阵是一个列矩阵，它的矩阵元 E_x 和 E_y 为(略去共同的指数因子 $\exp\mathrm{j}(\omega t-kz)$)

$$\boldsymbol{E}=\begin{bmatrix}E_x\\E_y\end{bmatrix}=\begin{bmatrix}E_{x0}\exp(\mathrm{j}\phi_x)\\E_{y0}\exp(\mathrm{j}\phi_y)\end{bmatrix}\tag{1}$$

通常用总的振幅 $E_0=(E_{x0}^2+E_{y0}^2)^{1/2}$ 来除式(1)进行归一化，进一步简化获得 Jones 矩阵

$$\boldsymbol{J}=\frac{1}{E_0}\begin{bmatrix}E_{x0}\\E_{y0}\exp(\mathrm{j}\phi)\end{bmatrix}\tag{2}$$

式中，$\phi=\phi_y-\phi_x$。① 表 6.1 中列出不同偏振态的 Jones 矢量，识别出每一矩阵的偏振态；② 给定一个 Jones 矢量表示的入射光波 $\boldsymbol{J}_{\text{in}}$，该光波通过一个由透射矩阵 $\boldsymbol{T}$ 表示的器件，则通过此器件出射的光波用 $\boldsymbol{J}_{\text{out}}$ 表示，$\boldsymbol{J}_{\text{out}}=\boldsymbol{T}\boldsymbol{J}_{\text{in}}$，$\boldsymbol{T}$ 表示的透射器件的光学运算为

$$\boldsymbol{T}=\begin{bmatrix}1&0\\0&\mathrm{j}\end{bmatrix}\tag{3}$$

确定表 6.1 中给定 Jones 矢量光波的输出光波的偏振态(提示：为了确定 $\boldsymbol{T}$，使用 $\begin{bmatrix}1\\1\end{bmatrix}$ 作为

输入）。

表 6.1　不同偏振态的 Jones 矢量

Jones 矢量 $\boldsymbol{J}_{in}$	$\begin{bmatrix}1\\0\end{bmatrix}$	$\frac{1}{\sqrt{2}}\begin{bmatrix}1\\1\end{bmatrix}$	$\begin{bmatrix}\cos\theta\\\sin\theta\end{bmatrix}$	$\frac{1}{\sqrt{2}}\begin{bmatrix}1\\j\end{bmatrix}$	$\frac{1}{\sqrt{2}}\begin{bmatrix}1\\-j\end{bmatrix}$
偏振态	?	?	?	?	?
透射矩阵 $\boldsymbol{T}$	$\begin{bmatrix}1&0\\0&0\end{bmatrix}$	$\begin{bmatrix}e^{j\phi}&0\\0&e^{j\phi}\end{bmatrix}$	$\begin{bmatrix}1&0\\0&j\end{bmatrix}$	$\begin{bmatrix}1&0\\0&-1\end{bmatrix}$	$\begin{bmatrix}1&0\\0&e^{-j\Gamma}\end{bmatrix}$
光学运算	?	?	?	?	?

注：Γ 是光学器件引起的相位差。

13. 设线偏振光通过一个透射轴与入射光场成 $\pi/4(45°)$ 的偏振片，现假设在 $\pi/4(45°)$ 附近以小量的 ϕ“转动调制”偏振片的透射轴，证明：透射强度的改变为

$$\Delta I = -\phi + \frac{2}{3}\phi^3 - \cdots$$

式中，ϕ 的单位是弧度。为了使第二项只有第一项的 1 %，则 ϕ 的变化范围是多少（以度表示）？你的结论是什么？

14. 一个像方解石那样的负单轴晶体（$n_e < n_o$）片，其光轴（取为 z 方向）平行于晶体表面，设一线偏振光垂直入射到晶体面上，如果光场与光轴成 45°，画出通过方解石片的光线。

15. 计算并比较工作波长为 $\lambda \approx 590$ nm，由方解石、石英和 $LiNbO_3$ 晶体制造的 1/4 波片的厚度。你的结论如何？假设折射率有相对小的变化，在波长加倍时，它们的厚度为多少？

16. 考虑图 6-13 中的石英晶体 Soleil 补偿器，给定波长 $\lambda \approx 600$ nm 的光波，较低片厚度为 5 mm，计算提供 0～π（半波长）延迟的图 6-13 中 d 值的范围。

17. 画出石英 Walloston 棱镜，并标出通过该棱镜传播的正交偏振光波的偏振方向和传播方向。你如何测试出射光波的偏振态？考虑两个全同的 Walloston 棱镜，一个由方解石制造，另一个由石英制造，哪一个有更大的光束分离能力（解释）？

18. 图 6.3 中示出的是一个 Glan-Foucault 棱镜的横截面，该棱镜由两个直角方解石棱镜制造，直角方解石棱镜的一个棱镜角为 38.5°，这两个棱镜的光轴互相平行，并平行于每一块的面（如图中所示）。解释该棱镜的工作原理，并证明 o-光确实经历了全内反射。

19. 沿着通过一个介质的线偏振光传播方向外加磁场，可以导致偏振平面的转动，转动角由下式给出，即

$$\theta = \vartheta BL$$

式中，B 是磁通量密度，L 是介质的长度，ϑ 是取决于材料和波长的 Verdet 常数。与光学活性介质相反，偏振面的转动与光传播方向无关。给定玻璃和 ZnS 在 589 nm 波长时的 Verdet 常数分别为 3 和 22 角分 $T^{-1}\cdot m^{-1}$，计算传播长度 10 mm、偏振面转动 10°时所需的磁场，对于

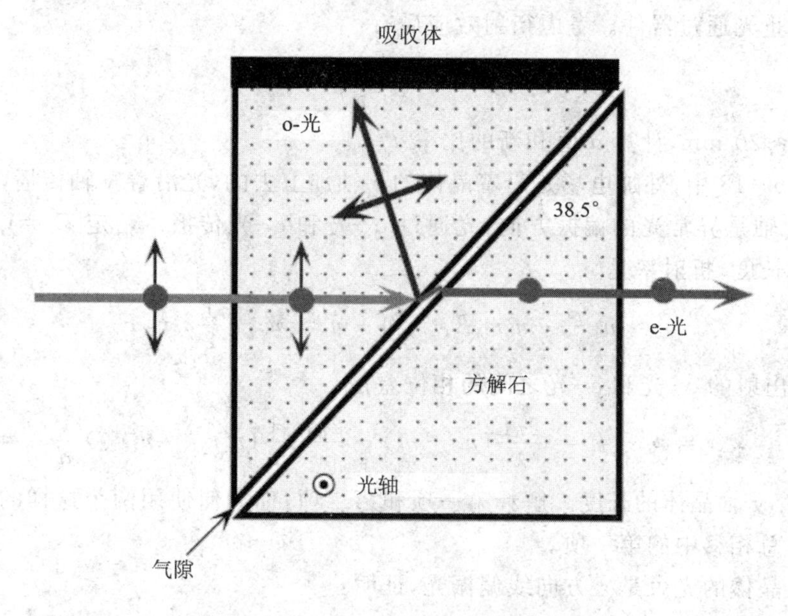

图 6.3　Glan－Foucault 棱镜的横截面

长度为 1 m 的介质而言，单位磁场转动的角度是多少？(注意每角度等于 60 角分)。

20. ① 一个光学活性介质，实验者 A(Alan)发送一个垂直偏振光进入介质，如题 18 中的图 6.3 所示，从晶体后面出来的光被实验者 B(Barbara)接收，B 观察到光场 E 已经逆时针转动到 E'，它再将光反射进入介质，使得 A 能够接收到它。描述 A 和 B 观察的情况，你的结论是什么？

② 图 6.4 中示出的是简单形式的 Fresnel 棱镜，它可将入射的非偏振光转变成两个相反旋转的分支偏振光，解释其工作原理。

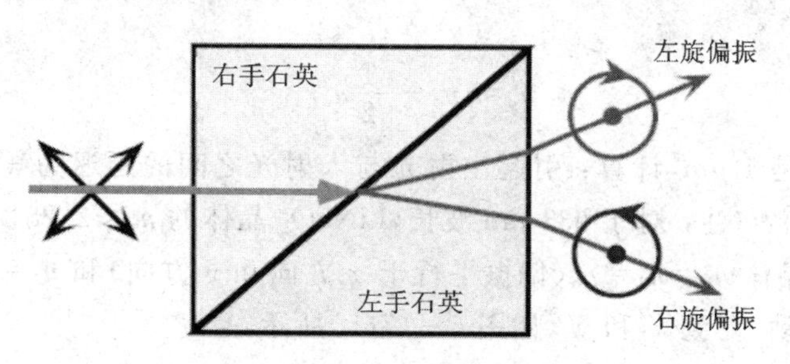

图 6.4　简单形式的 Fresnel 棱镜

21. 图 6－18 中的横向 $LiNbO_3$ 相位调制器工作在自由空间波长 1.3 μm 时，提供通过晶体传播的两个场分量之间的半波长的相移 $\Delta\phi=\pi$，外加电压是 12 V，则比率 d/L 是多少？

我们不能任意设置 d/L 到所希望的比率，理由很简单，因为 d 太小，光会受到衍射效应，

衍射效应会阻止光通过器件。考虑衍射效应后有

$$d \approx 2\left(\frac{\lambda L}{n_{\mathrm{o}}\pi}\right)^{1/2}$$

取晶体长度 $L \approx 20$ mm，计算 d 值和新的比率 d/L。

22. 设图 6－18 中，外加电场是沿着晶体的 z 轴加上去的，光沿着 y 轴传播，x 轴是寻常光的偏振方向，z 轴是异常光的偏振方向，光通过 o－光和 e－光传播。给定 $E_{\mathrm{a}}=V/d$，这里 d 是沿着 z 的晶体长度，折射率是

$$n_{\mathrm{o}}' \approx n_{\mathrm{o}}-\frac{1}{2}n_{\mathrm{o}}^{3}r_{13}E_{\mathrm{a}} \quad 和 \quad n_{\mathrm{e}}' \approx n_{\mathrm{e}}-\frac{1}{2}n_{\mathrm{e}}^{3}r_{33}E_{\mathrm{a}}$$

证明：从晶体出射的 o－光和 e－光之间的相位差是

$$\Delta\phi=\phi_{\mathrm{e}}-\phi_{\mathrm{o}}=\frac{2\pi L}{\lambda}(n_{\mathrm{e}}-n_{\mathrm{o}})-\frac{2\pi L}{\lambda}\frac{1}{2}(n_{\mathrm{e}}^{3}r_{33}-n_{\mathrm{o}}^{3}r_{13})\frac{V}{d}$$

式中，L 是沿着 y 轴晶体的长度。解释第一项和第二项，你如何使用两个这样的 Pockels 池来消除两个池的总相移中的第一项。

如果进入晶体的光束是 z 方向线偏振光，证明：

$$\Delta\phi=\frac{2\pi n_{\mathrm{e}}L}{\lambda}+\frac{2\pi L}{\lambda}\frac{(n_{\mathrm{e}}^{3}r_{33})}{2}\frac{V}{d}$$

考虑一个自由空间波长 $\lambda=500$ nm 的单色光，沿着 z 方向偏振，给定比率 $d/L=0.01$ 的 $LiNbO_3$ 晶体(见表 6－2)，计算输出相位差 $\Delta\phi=\pi$ 所需的电压 V_{π}。

23. ① 画出外加电场方向是沿着光传播方向(二者都平行于 z 轴——光轴)的纵向 Pockels 池的结构示意图，建议示意图中表示出允许光沿着外加电场方向进入晶体。② 设使用的 $LiNbO_3$ 晶体是单轴晶体 $n_1=n_2=n_{\mathrm{o}}$(偏振平行于 x 方向和 y 方向)和 $n_3=n_{\mathrm{e}}$(偏振平行于 z 方向)，忽略轴的转动(存在外加电场中相同的主轴)，如果 E_{a} 是沿着 z 方向的电场，则新的折射率是

$$n_{\mathrm{o}}' \approx n_{\mathrm{o}}-\frac{1}{2}n_{\mathrm{o}}^{3}r_{13}E_{\mathrm{a}}$$

如果自由空间波长是 1 μm，计算：引起出射光与入射光之间的延迟为 π 时所需的半波电压，它们的偏振情况如何？(注：对于 633 nm 波长，$LiNbO_3$ 晶体的 $n_{\mathrm{o}} \approx 2.28$，$r_{13} \approx 9\times10^{-12}$ m/V)。③ 使用 KDP 单轴晶体 $n_1=n_2=n_{\mathrm{o}}$(偏振平行于 x 方向和 y 方向)和 $n_3=n_{\mathrm{e}}$(偏振平行于 z 方向)，主轴 x 和 y 转动 45°到 x' 和 y'，如图 6－17(b)所示，且

$$n_1' \approx n_{\mathrm{o}}-\frac{1}{2}n_{\mathrm{o}}^{3}r_{63}E_{\mathrm{a}}, \qquad n_2' \approx n_{\mathrm{o}}+\frac{1}{2}n_{\mathrm{o}}^{3}r_{63}E_{\mathrm{a}}, \qquad n_3'=n_3=n_{\mathrm{e}}$$

计算：自由空间波长为 633 nm 时，引起出射电场分量之间延迟为 π 所需的半波电压。(633 nm时 KDP 的有关参量：$n_{\mathrm{o}} \approx 1.51$，$r_{63} \approx 10.5\times10^{-12}$ m/V。)

24. 考虑图 6.5(a)中所示的电光调制器，从电源突然加上一个输出电阻 $R_{\mathrm{s}}=50\ \Omega$ 的阶跃

电压，电极之间的电光晶体是相对介电常数为 ε_r 的电介质，电极之间电容的充电（和放电）所需的时间由电路的时间常数 $\tau=R_sC_{EO}$（C_{EO}是电光晶体的电容）确定。另一方面，光必须通过电光晶体的长度 L 传播，光的渡越时间 τ_{light} 由长度 L 和折射率 n 确定，即

$$\tau=\frac{R_sLW\varepsilon_0\varepsilon_r}{D},\qquad \tau_{light}=\frac{L}{c/n}$$

设工作在 $\lambda=1.3\ \mu m$ 的 GaAs 晶体，其尺寸为 $L=20$ mm，$W=2$ mm，$D=2$ mm，$\varepsilon_r\approx12$，$n\approx3.6$，请计算这种情况下 GaAs 晶体的特征时间。

如果从输出信号源电阻 R_s 加一个交流信号 V_s，则最大调制频率将是 $(2\pi R_sC_{EO})^{-1}$，在这个频率上，大部分电压降落在 R_s 上，如图 6.5(b)所示可以将电感 L 和一个等价的并联电阻 $R_p(R_p\gg R_s)$ 连接起来改进调制器的高频性能，现在源看上去是一个 C_{EO}、L、R_p 并联组合形成的阻抗，在谐振频率 f_0 时，调制器上的跨压最大为 V_m，当晶体加的电压大于 $V_m/\sqrt{2}$时的频率带宽为 Δf，证明 f_0 和 Δf 是

$$f_0=\frac{1}{2\pi\sqrt{LC_{EO}}},\qquad \Delta f=\frac{1}{2\pi C_{EO}R_p}$$

谐振时，加到晶体调制器上的功率是 V_m^2/R_p，假设应用中要求通过电光晶体的最大的相位变化为 Φ（电场分量之间），从式(6.5-5)可知，V_m 引起的相位变化 $\Phi=(2\pi/\lambda)(n_o^3r_{12})(L/D)V_m$，这里 r_{12} 为合适的 Pockels 系数，证明：每单位频率带宽所提供的功率为

$$\frac{P}{\Delta f}=\frac{\lambda^2\varepsilon_0\varepsilon_r}{4\pi n_o^6r_{12}^2}\frac{WD}{L}\Phi^2$$

记外加交流电压的 V_m 是信号的振幅，并不是峰-峰值电压($2V_m$)，如果希望从 0 到全强度调制，则峰-峰值电压 $2V_m$ 应跨一个 π 的相位变化，或者 V_m 应跨 $\Phi=\pi/2$ 的相位。这样，对应于 $\Phi=\pi/2$ 的开和关。考虑图 6.5(a)中的 GaAs 电光调制器有参数 $n\approx3.6$，$\varepsilon_r\approx12$，$r_{12}\approx15\times10^{-12}$ m/V，以及材料的体积参数为 $L=10$ mm，宽度 $W=15\ \mu m$，厚度 $d=5\ \mu m$，设 $\Phi=\pi/2$ 是强度开关所需要的行为变化，请计算每单位频率带宽的功率。

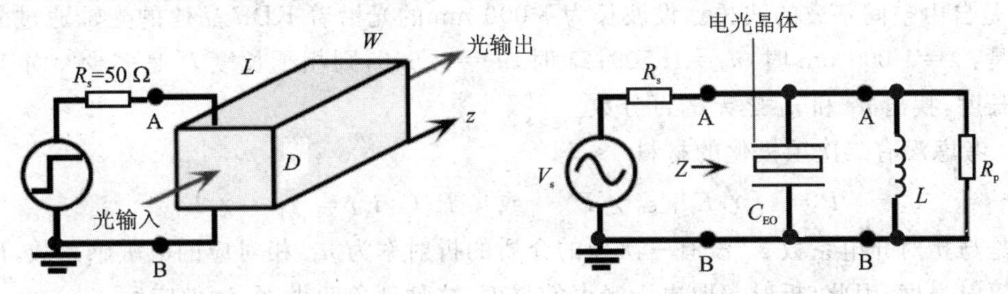

图 6.5　电光调制器

25. 图 6－26 中所示的声光调制器，可以用波矢 $\boldsymbol{k}$ 和 $\boldsymbol{k}'$ 分别表示入射光波和衍射光波，入射和衍射光子的能量分别为 $\hbar\omega$ 和 $\hbar\omega'$，入射和衍射光子的动量分别为 $\hbar k$ 和 $\hbar k'$。声波由晶格振动（晶体原子的振动）组成，这些振动量子化为声子。晶格中传播的波本质上是应力波，可以表示为 $S=S_0\cos(\Omega t-\boldsymbol{K}x)$。这里 S 是 x 处的瞬时应力振幅，Ω 是声波角频率，$\boldsymbol{K}$ 是应力波的波矢，$\boldsymbol{K}=2\pi/\Lambda$，$S_0$ 是应力波的振幅。声子有能量 $\hbar\Omega$ 和动量 $\hbar\boldsymbol{K}$。当入射光子被衍射时，它确实与声子相互作用，被吸收或产生一个声子。可以像处理任意两个粒子之间的相互作用那样来处理光子和声子的相互作用，它们服从动量守恒和能量守恒规则：

$$\hbar\boldsymbol{k}'=\hbar\boldsymbol{k}\pm\hbar\boldsymbol{K}$$

$$\hbar\omega'=\hbar\omega\pm\hbar\Omega$$

图 6.6 中示出了符号为正的情况，它包含声子的吸收。因为声频率远小于光频率（$\Omega\ll\omega$），可以假设 $\boldsymbol{k}'\approx\boldsymbol{k}$，应用上面的守恒规则，导出衍射条件。

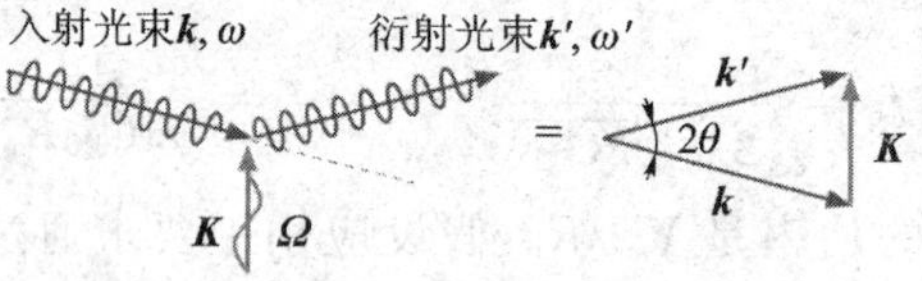

入射光束$\boldsymbol{k},\omega$　衍射光束$\boldsymbol{k}',\omega'$　$\boldsymbol{K}$　Ω　$=$　$\boldsymbol{k}'$　2θ　$\boldsymbol{K}$　$\boldsymbol{k}$

图 6.6　入射与衍射光波的波矢量

26. ① 画出应用 Faraday 效应建立光强调制器的示意图，它的优点和缺点是什么？② 画出应用 Faraday 转动器和两个偏振片建立光学隔离器的示意图，该隔离器只允许光向一个方向传播，而不允许光向相反方向传播。

27. 二次谐波波矢 $\boldsymbol{k}_2$ 和基波波矢 $\boldsymbol{k}_1$ 之间的不匹配定义为 $\Delta\boldsymbol{k}=\boldsymbol{k}_2-2\boldsymbol{k}_1$，完全匹配意味着 $\boldsymbol{k}_2=2\boldsymbol{k}_1$ 和 $\Delta\boldsymbol{k}=\boldsymbol{0}$；当 $\Delta\boldsymbol{k}\neq\boldsymbol{0}$ 时，则相干长度 l_c 为 $l_c=\pi/(\Delta\boldsymbol{k})$。证明：

$$l_c=\frac{\lambda}{4(n_2-n_1)}$$

式中，λ 是自由空间基波的波长。设波长为 1 000 nm 的光沿着 KDP 晶体的光轴通过晶体，给定参量是：$\lambda=1\ 000$ nm 时，$n_o=1.509$；2λ 时，$n_o=1.530$，则相干长度 l_c 是多少？对于 2 mm 的相干长度，找出 n_2 和 n_1 之差的百分数。

28. 考虑没有二次项极化的材料

$$P=\varepsilon_0\chi_1E+\varepsilon_0\chi_3E^3\quad\text{或}\quad P/(\varepsilon_0E)=\chi_1+\chi_3E^2$$

第一项是与相对介电系数 ε_r（没有三次项的介质的折射率为 n_o）相对应的电敏感系数，E^2 表示光束的辐射强度，因此，折射率取决于光束的强度，这种现象叫做 Kerr 效应

$$n=n_0+n_2I\quad\text{和}\quad n_2=\frac{3\eta\chi_3}{4n_0^2}$$

式中，$\eta=(\mu_0/\varepsilon_0)^{1/2}=120\pi=377\ \Omega$，是自由空间阻抗。

① 许多材料的典型值是：玻璃 $\chi_3 \approx 10^{-21}\ m^2/W$；掺杂玻璃 $\chi_3 \approx 10^{-18}\ m^2/W$；有机物质 $\chi_3 \approx 10^{-17}\ m^2/W$；半导体 $\chi_3 \approx 10^{-14}\ m^2/W$。要求每种情况下，用比例 10^{-3} 改变 n，计算所需的 n_2 和光强。

② 在 z 点处的相位由下式给出，即

$$\phi = \omega_0 t - \frac{2\pi n}{\lambda} z = \omega_0 t - \frac{2\pi(n_0 + n_2 I)}{\lambda} z$$

显然，相位取决于光的强度且传播 Δz 距离，相位变化与光强的关系为

$$\Delta\phi = \frac{2\pi n_2 I}{\lambda} \Delta z$$

由于光强调制相位，故叫做自相位调制(self - phase modulation)，光是控制光。当光强很小时 $n_2 I \ll n_0$，瞬时频率为

$$\omega = \partial\phi/\partial t = \omega_0$$

设有一依赖于时间的强光束 $I=I(t)$，一个沿着 z 方向传播的光脉冲，且随着时间变化的光强 $I(t)$是高斯形状，求出瞬时频率 ω，它是否仍是 ω_0？频率随着时间是如何变化的？或越过的光脉冲随着时间是如何变化的？脉冲上频率的变化叫做“啁啾”，因此，自相位调制改变传播期间光脉冲的频率谱，这个结果的意义是什么？

③ 考虑光束横截面强度随着径向变化为高斯型的高斯光束，让光束通过一个非线性介质片，解释光束是如何成为自聚焦的？你可以想像一下，能否利用自聚焦效应来平衡对发散施加影响的衍射效应？

参考文献

[1] Kasap S O. Optoelectronics and Photonics：Principles and Practice. Beijing：Publishing House of Electronics Industry，2003.

[2] 江月松，李亮，钟宇. 光电信息技术基础. 北京：北京航空航天大学出版社，2005.

[3] Liu Jia Ming. Photonic Devices. London：Cambridge University Press，2005.

[4] 江月松. 光电技术与实验. 北京：北京理工大学出版社，2000.

[5] Emmanuel Rosencher，Borge Vinter. Optoelectronics. London：Combridge University Press，2002.

[6] Christopher C. Davis，Lasers and Elctro - Optics. Fuandamentals and Engineering，Cambridge University Press，1996.

第7章　光电成像器件

成像器件是现代视觉信息获取的重要基础器件，它能够实现信息的获取、处理、转换和视觉功能的扩展（拓宽光谱、提高可视灵敏度等），能给出直观、真实、层次最多、内容最丰富的可视化图像信息。成像器件是人类生活、生产和军事上应用最为广泛的器件之一。

现代的光电成像探测系统按波长分，已经从传统的可见光（含微光条件）、紫外光、红外光，扩展到目前的太赫兹波、毫米波-微波成像系统。光电成像器件按工作方式可分为直视型成像器件和非直视型成像器件两大类。直视型器件本身具有图像转换、增强及显示功能，这类器件主要有各个波段的变像管、微通道板、像增强器等。非直视型成像器件本身完成的功能是将可见光或辐射图像转换成视频电信号。这类器件主要有各种摄像器件、光机扫描成像探测器件及探测器阵列等。

光电成像器件的历史悠久，发展迅速，种类较多，大体经历了从1934年的光电像管（Iconoscope）—1947年的超正析像管（Image Orthico）—1954年的灵敏度较高的视像管（Vidicon）—1965年的氧化铅管（Plumbicon）—1976年的灵敏度更高、成本更低的硒靶管（Saticon）和硅靶管—1970年的电荷耦合器件（CCD）的重要发展阶段。目前，CCD摄像器件占领了光电成像器件的绝大部分市场。CCD固体摄像器件的发明是光电成像器件领域中的一次革命，它的产生和发展，不仅推动了可见光广播电视的发展，也极大地推动了工业电视、医用电视、军用电视、微光电视和红外电视等特种成像器件技术的发展。将CCD应用到红外探测器后，成功地解决了焦平面上红外探测器阵列输出信号的延迟积分和多路传输问题，使得红外焦平面凝视阵列完全实用化信息获取效率和信噪比也大幅度提高，使热成像系统的结构发生了根本的变革。

除介绍光电成像器件相关内容外，本章最后还针对CCD成像器件在应用中存在的不足，介绍了具有良好发展前景的CMOS图像传感器和自扫描光电二极管阵列。

7.1　光电成像器件的基本特性

7.1.1　光谱响应

光电成像器件的光谱响应取决于光电转换材料的光谱响应，其短波限有时受窗口材料吸收特性的影响。例如，属于外光电效应摄像管的光谱响应由光电阴极材料决定；属于内光电效应的视像管和CCD摄像器件的光谱响应分别由靶材料和硅材料决定；热释电摄像管由于材料

的热释电效应，它的光谱响应特性近似为直线。

图 7－1 所示为多碱锑化物光电阴极摄像管、氧化铅摄像管及 CCD 摄像器件的光谱响应特性。当然，采用减薄光敏材料的厚度及掺杂某种特殊材料，可以使摄像器件的紫外响应增强或做某种光谱移动工作。

在选用光电成像器件时，应当考虑器件的光谱响应与被测景物辐射的光谱的匹配。

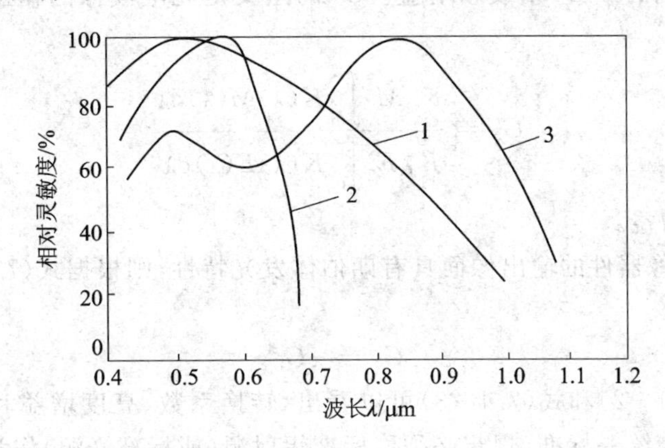

1—多碱锑化物光电阴极摄像管；2—氧化铅摄像管；3—CCD 摄像器件

图 7－1　光谱特性曲线示意图

7.1.2　光电转换特性

光电成像器件的转换特性是表示其输入物理量与输出物理量之间的依从关系。转换特性的参量有转换系数(增益)、光电灵敏度(响应率)等。

1. 转换系数(增益)

对于直视型光电成像器件，其输入量与输出量分别是不同波段电磁波辐射通量(或光通量)。用于评价这类光电成像特性的转换系数可定义为

$$G=\frac{L}{E}=\frac{\frac{\partial}{\partial\omega}\left[K_{\mathrm{m}}M_{\mathrm{m}}\int_{0}^{\infty}K(\lambda)M(\lambda)\mathrm{d}\lambda\right]_{\theta=0}}{E_{\mathrm{m}}\int_{0}^{\infty}E(\lambda)\mathrm{d}\lambda}\tag{7.1-1}$$

式(7.1－1)的物理意义是，取光电成像器件在法线方向($\theta=0$)输出的亮度 L 与输入的辐照度 E 之比值表示转换系数。式中 ω 是输出面的球面度，θ 是输出面的法向角，λ 是电磁波的波长，K_{m} 和 $K(\lambda)$分别是人眼的最大光谱光视效能和相对光谱光视效能。M_{m} 和 $M(\lambda)$分别是输出的最大单色辐射出射度和相对光谱辐射出射度。

当直视型光电成像器件是用于增强可见光图像时，则转换系数又被定义为亮度增益 G_{l}，它的数学表达式是将式(7.1－1)中的输入辐照度 E 改为输入光照度 E_{l}，得到

$$G_l = \frac{L}{E_l} = \frac{\frac{\partial}{\partial \omega}\left[K_m M_m \int_0^{\infty} K(\lambda) M(\lambda) d\lambda\right]_{\theta=0}}{K_m E_m \int_0^{\infty} K(\lambda) E(\lambda) d\lambda} \tag{7.1-2}$$

由式(7.1-2)所表示的亮度增益是有量纲的物理量[cd/(m² · lx)]。工程上为了计算和测试方便,又采用了无量纲的量 G_0 来表示增益。G_0 的定义是光电成像的输出光出射度与输入照度之比。其表达式为

$$G_0 = \frac{K_m M_m \int_0^{\infty} K(\lambda) M(\lambda) d\lambda}{K_m E_m \int_0^{\infty} K(\lambda) E(\lambda) d\lambda} \tag{7.1-3}$$

G_0 在工程上称为光增益。

若直视型光电成像器件的输出像面具有朗伯体发光特性,则根据式(7.1-2)和式(7.1-3)可得出如下关系式:

$$G_0 = \pi G_l \tag{7.1-4}$$

从式(7.1-1)、式(7.1-2)和式(7.1-3)可以看出,转换系数、亮度增益和光增益都与输入光谱分布有关。因此,为统一标准,规定必须取标准辐射源(或标准光源)作为输入源。同时为了描述直视型光电成像器件对不同光谱的转换特性,又定义了单色转换系数 G_λ。在式(7.1-1)中用单色辐照度 E_λ 取代光谱积分的辐照度,即得到 G_λ 的表达式:

$$G_\lambda = \frac{L}{E_\lambda} = \frac{\frac{\partial}{\partial \omega}\left[K_m M_m \int_0^{\infty} K(\lambda) M(\lambda) d\lambda\right]_{\theta=0}}{E_\lambda} \tag{7.1-5}$$

单色转换系数 G_λ 是随波长变化而变化的一组数值。它可以定量描述光电成像器件的光谱响应特性。

2. 光电灵敏度(响应率)

非直视型光电成像器件的转换特性,通常用光电灵敏度(响应率)表示。由于这类器件的输入是辐射通量(或光通量),输出是电信号(或视频信号),故这类器件的光电灵敏度可表示为如下两种形式:

$$R_I = \frac{I}{AE_m \int_0^{\infty} E(\lambda) d\lambda} \tag{7.1-6}$$

$$R_V = \frac{V}{AE_m \int_0^{\infty} E(\lambda) d\lambda} \tag{7.1-7}$$

式中,I 是等效短路状态输出信号的电流值,V 是开路状态输出信号的电压值,A 是光敏面的有效面积(或扫描面积)。R_I 称为电流响应率,R_V 称为电压响应率。光电灵敏度(响应率)与入射辐射的光谱分布有关。在工程中规定标准辐射源(或标准光源)作为输入以求得统一。

当用单色辐射（或单色光）E_λ 输入时，所得到的单色灵敏度 $R_{\lambda I}$ 和 $R_{\lambda V}$ 分别为

$$R_{\lambda I} = \frac{I}{E_\lambda} \tag{7.1-8}$$

$$R_{\lambda V} = \frac{V}{E_\lambda} \tag{7.1-9}$$

当单色灵敏度（单色响应率）取最大值时，对应的单色辐射波长为峰值波长，灵敏度称为峰值波长灵敏度。当在长波一端取单色灵敏度下降为峰值的一半时，所对应的波长称为截止波长，或称为长波限。

7.1.3　时间响应特性

1. 惰　性

光电成像过程中存在着惰性环节，如荧光屏、光电导靶等。由惰性产生时间响应的滞后。

直视型光电成像器件的输出屏是限制时间响应的主要环节。荧光屏的惰性表现为余辉，它来源于荧光粉的受激发光过程中电子被陷阱能级暂态俘获。而陷阱能级上电子再获释的时间分散就决定了发光的延迟。由于发光在下降过程中的滞后比上升过程严重，所以通常用余辉来表示直视型光电成像器件的惰性。

当入射辐射（或输入光）瞬间截止，余辉的衰减呈负指数函数形式时，可用余辉的时间常数来表示惰性。

非直视型光电成像器件的惰性来源于光电导效应的滞后和电容效应的滞后。光电导滞后发生在载流子暂态俘获再重新获释的过程。电容性滞后发生在扫描电子束着靶的过程中，它取决于扫描电子束等效电阻与靶电容构成充电回路的时间常数大小。

对于电视摄像器件的惰性在工程上有所规定。取输入照度截止后第三场输出信号的相对值为惰性指标。

光电成像的惰性可从理论上确定其时间常数。如果输入辐射（或可见光）瞬间截止，其输出的信号（光或电信号）衰减为 $B(t)$，则惰性的时间常数 τ 定义为

$$\tau = \frac{1}{B(0)}\int_0^\infty B(t)\,\mathrm{d}t \tag{7.1-10}$$

当惰性的衰减函数呈负指数函数时，即

$$B(t) = b\exp(-bt), \qquad t > 0 \tag{7.1-11}$$

可求出这一惰性的时间常数为

$$\tau = \frac{1}{b}\int_0^\infty b\exp(-bt)\,\mathrm{d}t = \frac{1}{b} \tag{7.1-12}$$

惰性的时间常数 τ 也称为弛豫时间。B 为取决于惰性的系数。

2. 脉冲响应函数与瞬时调制传递函数

光电成像过程的惰性主要来源于荧光屏和光电导的滞后，而这类光电转换的滞后又主要

表现在衰减的过程中。实验也证实光电转换上升过程的滞后远小于下降过程的滞后。因此光电成像的脉冲响应函数可以近似取上升斜率为∞。光电成像脉冲响应函数的下降过程则取决于光电转换的机制。综合各类光电转换的衰减特性，可以将脉冲响应函数归结为三种类型。

(1) 比例函数衰减型

当光电成像器件的输入辐照度(或照度)为脉冲函数时，得到输出信号是时间函数。取其归一化的函数 $B(t)$ 定义为脉冲响应函数。如果 $B(t)$ 呈如下函数：

$$\begin{cases} B(t) = \dfrac{2a}{B_0^2}(B_0 - at), & 0 \leqslant t \leqslant \dfrac{B_0}{a} \\ B(t) = 0, & t < 0 \end{cases} \tag{7.1-13}$$

则这类光电成像器件具有比例衰减型的脉冲响应特性。式(7.1-13)中，a 是取决于惰性的系数，B_0 是取决于转换特性的系数。当 a 增大时，惰性呈比例减小。

(2) 负指数衰减型

光电成像器件接收脉冲输入时，输出的归一化函数 $B(t)$ 呈负指数形式，即

$$\begin{cases} B(t) = b\exp(-bt), & t \geqslant 0 \\ B(t) = 0 \end{cases} \tag{7.1-14}$$

则这类光电成像器件具有负指数衰减型的脉冲响应函数。式(7.1-15)中，b 是取决于惰性的系数。当 b 增大时，惰性呈指数率减小。

(3) 双曲函数衰减型

光电成像器件接收脉冲输入时，输出的归一化函数 $B(t)$ 呈双曲函数形式，即

$$\begin{cases} B(t) = \dfrac{\alpha\beta\sqrt{B_0}}{(\alpha + \beta\sqrt{B_0}t)^2}, & t \geqslant 0 \\ B(t) = 0, & t < 0 \end{cases} \tag{7.1-15}$$

则这类光电成像器件具有双曲函数衰减的脉冲响应函数。式(7.1-15)中，α 是与输出变化率相关的系数，β 是与量子产额相关的系数。双曲函数表现出较为严重的惰性。

采用脉冲响应函数可以全面定量地描述光电成像的时间响应特性。如果光电成像的过程满足线性及时间不变性等条件，则还可用瞬时调制传递函数来表示时间响应特性。

瞬时调制传递函数所描述的是光电成像在频率阈的时间响应特性。它建立在傅里叶数学分析的基础之上。其定义为：光电成像所输出的归一化时间频谱函数与理想输出(无惰性)的归一化时间频谱函数之比。其表达式为

$$T(f) = \frac{F[h(t)]\Big/\int_{-\infty}^{\infty} h(t)\mathrm{d}t}{F[h_0(t)]\Big/\int_{-\infty}^{\infty} h_0(t)\mathrm{d}t} \tag{7.1-16}$$

式中，$h_0(t)$ 是理想的时间响应函数，$h(t)$ 是实际输出的时间响应函数，$F[h_0(t)]$ 是 $h_0(t)$ 的傅

里叶变换，$F[h(t)]$是$h(t)$的傅里叶变换。式中的$\int_{-\infty}^{\infty} h_0(t)\mathrm{d}t$和$\int_{-\infty}^{\infty} h(t)\mathrm{d}t$分别是归一化因子。

根据式(7.1-17)，当光电成像器件的输入照度为光脉冲时，令其输出的时间响应函数为$p(t)$。对于理想无惰性的状态，则可以用脉冲函数$\delta(t)$来表示理想输出的时间响应函数。将这一结果代入式(7.1-16)，得到

$$T(f)=\frac{\int_{-\infty}^{\infty} p(t)\exp(-\mathrm{j}2\pi ft)\mathrm{d}t\int_{-\infty}^{\infty}\delta(t)\mathrm{d}t}{\int_{-\infty}^{\infty}\delta(t)\exp(-\mathrm{j}2\pi ft)\mathrm{d}t\int_{-\infty}^{\infty} p(t)\mathrm{d}t}=\frac{\int_{-\infty}^{\infty} p(t)\exp(-\mathrm{j}2\pi ft)\mathrm{d}t}{\int_{-\infty}^{\infty} p(t)\mathrm{d}t} \tag{7.1-17}$$

该结果表明，光电成像的瞬间，调制传递函数就等于归一化的脉冲响应频谱函数，即脉冲响应函数与瞬时调制传递函数是一组傅里叶变换对。

当光电成像的脉冲响应函数呈负指数衰减时，可以对式(7.1-14)进行傅里叶变换来获得瞬时调制传递函数，即

$$T(f)=\frac{\int_{0}^{\infty} b\exp(-bt-\mathrm{j}2\pi ft)\mathrm{d}t}{\int_{0}^{\infty} b\exp(-bt)\mathrm{d}t}=\frac{b}{\sqrt{b^2+(2\pi f)^2}}\exp\left(-\mathrm{j}\arctan\frac{2\pi f}{b}\right) \tag{7.1-18}$$

式(7.1-18)定量地表示了负指数衰减型光电成像的频率响应特性。式中的实部是幅频响应，虚部是相频响应。

在工程应用上又规定了幅频响应的等效带宽Δf，其定义为

$$\Delta f=\frac{1}{|T(0)|^2}\int_{-\infty}^{\infty} T^*(f)T(f)\mathrm{d}f \tag{7.1-19}$$

以负指数衰减型的光电成像为例，求出等效带宽Δf值，即

$$\Delta f=\int_{-\infty}^{\infty}\frac{b^2}{b^2+(2\pi f)^2}\mathrm{d}f=\frac{b}{2} \tag{7.1-20}$$

对比式(7.1-19)与式(7.1-20)可知，脉冲响应的时间常数τ与瞬时调制传递的等效带宽Δf呈如下关系：

$$\Delta f=\frac{1}{2\tau} \tag{7.1-21}$$

7.2　光电成像原理与电视制式

7.2.1　光电成像原理

图7-2为光电成像系统的原理框图。从图中可以看出光电成像系统由光学成像系统、光电变换器、同步扫描和控制系统、视频信号处理系统和荧光显示系统等构成。其中的光学系统

即为摄像机的物镜,光电变换器、像素分割器、同步扫描及视频信号形成电路等构成摄像机,同步分离器、同步扫描发生器、视频调辉器与荧光显示器构成了监视器或电视接收机。

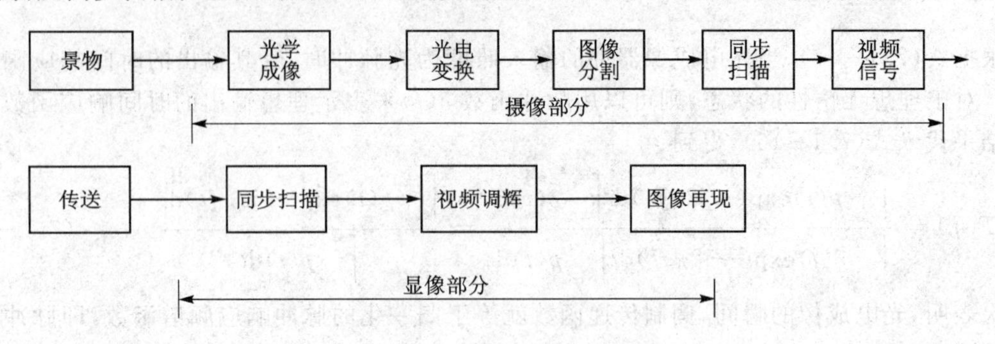

图 7-2　光电成像系统原理图

光学物镜将目标所反射出来的光强分布成像到光电成像器件的像敏面上,形成二维光学图像。光电成像器件完成将二维光学图像转变成"电气"图像的工作。这里的二维电气图像由所用的光电成像器件决定,超正析像管为电子图像,视像管为电阻图像或电势图像,面阵 CCD 为电荷图像等。电气图像的电气量在二维空间的分布与光学图像的光强分布保持着线性对应关系。组成一幅图像的最小单元称做像素,像素单元的大小或一幅图像所含像素数决定了图像的清晰度。像素数越多,或像素几何尺寸越小,反映图像的细节越强,图像越清晰,图像质量越高。这就是图像的分割。

按照一定的规则将所分割的电气图像转变成一维时序信号,即将电气图像按从左向右,从上向下的规律输出即为扫描。从左向右的扫描称为行扫描,从上向下的扫描称为场扫描。为了保证图像中的任意一点的信息能够稳定地显示在荧光屏的某一确定点上,在进行行、场扫描时,还必须给出同步控制信号,常称为行、场同步脉冲。由于监视器的显像管几乎都是利用电子束扫描荧光屏,荧光屏又具有一定的余辉效应,便可在显像管上获得可供观察的图像。例如,将亮度按正弦分布的光栅图像(图 7-3(a)画出了光栅图像亮度 L 沿水平 x 方向的分布),经光电成像器件或摄像器扫描一行形成如图 7-3(b)所示的一行电压按时间分布的图像信号,或称行视频信号。图 7-3(a)、(b)都是正弦波,但它们的纵坐标一个是亮度 L,一个是电压 U,而横坐标分别为水平距离 x 和时间 t。假设 f_x(周/米)为正弦光栅的空间频率,W 为光栅的宽度,电子束从左向右扫描,则通常称为正程扫描。设它所对应的时间为 t_{hf},由图 7-3(a)、(b)可以看出电

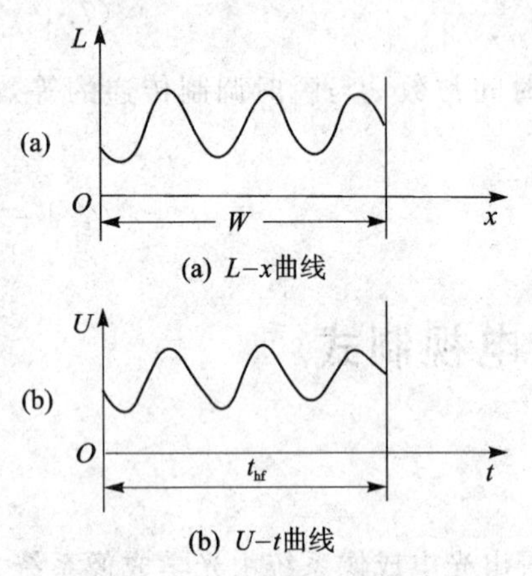

图 7-3　正弦光栅与视频信号

信号的时间频率为

$$f = f_x \frac{W}{t_{hf}} \tag{7.2-1}$$

式中，$\frac{W}{t_{hf}}$为电子束的正程扫描速度。若用 v_{hf} 来表示这一速度，则式(7.2-1)可改写为

$$f = f_x v_{hf} \tag{7.2-2}$$

式(7.2-1)、式(7.2-2)均可以说明在将光学图像转换成视频信号的过程中，当需要传送的细节 f_x 固定时，视频 f 与电子束扫描速度成正比。

值得说明的是，CCD 成像器件是在驱动脉冲的作用下完成信号电荷的传输的，它既具有与普通电子束摄像相一致的扫描制式，又具有其独特的时钟驱动特点。

7.2.2　电视制式

电视画面的宽高比、帧频、场频、行频等是电视系统的重要参数。它影响着电视系统的性能指标。这些参数的确定是非常重要的，要考虑到许多因素。下面分别讨论。

1. 电视图像的宽高比

用 W 和 H 分别代表电视屏幕上显示出来的图像宽度和高度，二者之比则称为图像的宽高比，用 a 来表示，即

$$a = \frac{W}{H} \tag{7.2-3}$$

电视选用早期电影中所选定的画面宽高比(4∶3)，电影画面的宽高比是通过观测试验得到的。观察者坐在影院中心位置上，与银幕保持适当的距离，当画面的宽高比为 4∶3 时，多数观察者看电影时头不需要摆动，眼球也不需要左右或上下转动，感到轻松、舒适。

2. 帧频与场频

帧频为每秒电视屏幕变化的数目，即电视图像的重复频率。这个参数也参考了电影中画面的重复率不得低于每秒 48 次的要求，又考虑到电视中交流电的干扰的特有问题。为了降低这种干扰，应使电视图像的重复频率与本国电力网的周率(50 Hz 或 60 Hz)相一致。在电影技术中，为了得到每秒 48 幅画面的重复频率又不致于因胶片转动速度太高带来机械传动的困难，采用了每秒向银幕投影 24 幅画面，再将每一幅画面用遮光阀挡一次，从而得到 48 次的重复频率。与此类似，在电视中，采用如图 7-4 所示的隔行扫描方式：第一场(称奇数场)扫描 1,3,5,…奇数行，第二场(称偶数场)扫描 2,4,6,…偶数行。两场合起来构成一幅画

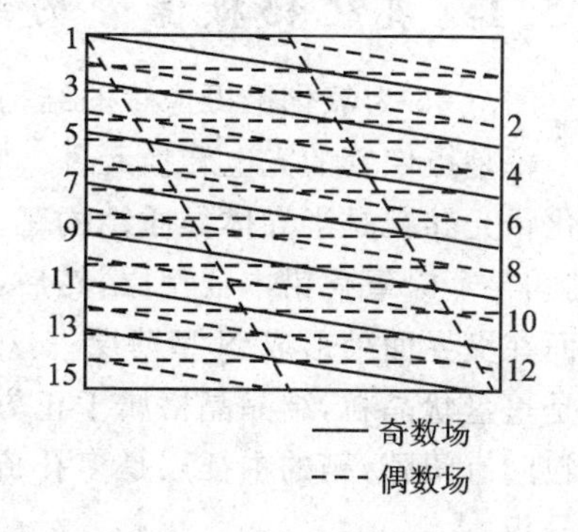

图 7-4　隔行扫描原理图

面，称为一帧。这样，每秒内光栅重复 50 次。而实际上显示的画面只有 25 幅，即场频 50 Hz，而帧频只有 25 Hz。

3. 扫描行数与行频

场频、帧频确定后，电视扫描系统中还需确定的参数就是组成每帧图像的行数和行频。确定扫描行数，实质上就是确定电子束在水平方向上的扫描速度 v_{hf}，因为在场频一定的情况下，行数越多，扫描速度就需要越快，而根据式(7.2-1)，在待传送的图像细节 f_x 给定的条件下，时间频率与扫描速度成正比，由于图像信号的低频分量可以接近于零频，所以电视系统中直接用视频信号的上限频率 f_B 来代表视频带宽。因此上述分析意味着在所传送图像的视频带宽与行数(扫描速度 v_{hf})之间需要折衷。选择时，应兼顾到图像的清晰度指标和电视设备，特别是电视接收机的成本这两方面的因素。

我国现行电视标准中规定每帧画面的扫描行数为 625 行，行频为 15 625 Hz，每帧画的水平分辨率为 466 线，垂直分辨率为 400 线。这样综合起来我国现行电视制式(PAL 制式)的主要参数为：宽高比 $a=4/3$；$f_v=50$ Hz，$f_1=15\ 625$ Hz；场周期为 20 ms，其中正程扫描时间为 18.4 ms，逆程扫描时间为 1.6 ms；行周期为 64 μs。其中行正程扫描时间为 52 μs，行逆程扫描时间为 12 μs。

7.3 真空摄像管

真空摄像管的种类很多。按照其光敏面光电材料的光电效应来分，可分为外光电效应与内光电效应两大类型。如析像管、超正析像管、分流管、二次电子导电摄像管等，均属于外光电效应型；硫化锑视像管、氧化铅摄像管等，属于内光电效应型。

真空摄像管的基本结构、工作原理和特性参数的差异较大，但由于篇幅所限不能一一讨论。这节我们着重讨论这一类型中应用最广泛的氧化铅摄像管。

7.3.1 氧化铅摄像管的结构

图 7-5 为氧化铅摄像管的结构图，它由光电导靶、扫描电子枪以及管体组成。

靶是摄像管的光电转换元件。它安置在入射窗的内表面上，光学图像直接投射在靶面上。氧化铅光导靶是半导体异质结构靶。在入射窗的内表面首先蒸上一层极薄的二氧化锡透明导电膜，再蒸涂氧化铅本征型层，然后，氧化处理形成 P 型层。由于氧化铅与二氧化锡两者的接触而在交界面处形成 N 型薄层。这样就构成了 NIP 型异质结靶，如图 7-6 所示。其微观结构是呈盘状晶粒，结晶晶格属于正方晶系。每个晶粒约具有 1 μm×1 μm×0.1 μm 的尺寸。晶粒间有间隙，靶的本征层是多孔疏松结构，其疏松度为 50 %左右。二氧化锡导电膜又称为信号板。

氧化铅靶在工作时，其信号板上加有＋40 V 左右的电压(相对电子枪阴极电位)。通过电

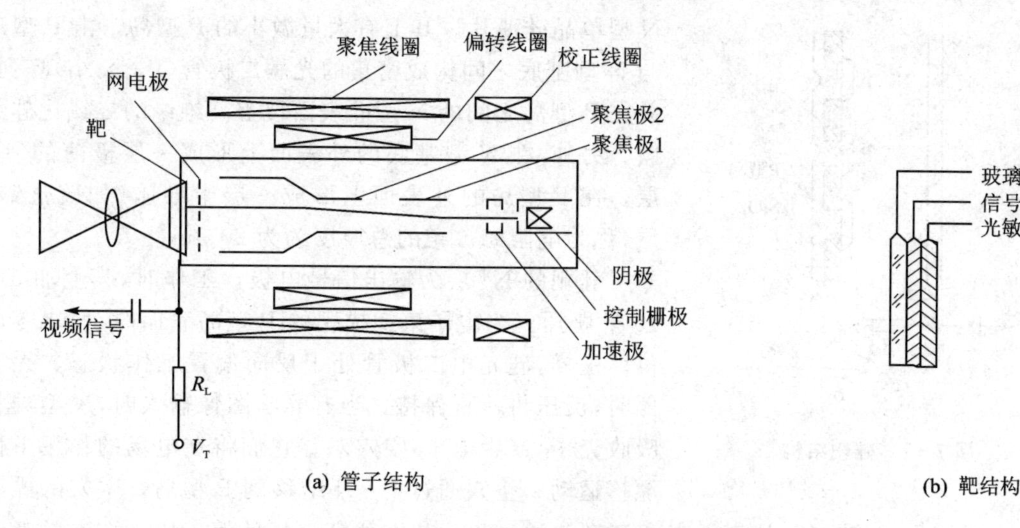

(a) 管子结构　　(b) 靶结构

图 7-5　氧化铅光导摄像管的结构示意图

子束对靶面扫描，靶的扫描面电位被稳定在 10 V。这样 NIP 异质结处于反向偏置。由于本征层的电阻率高，所以外加的反偏电压主要是施加在本征层上。本征型层中具有较强的电场。

当摄像管有光学图像输入时，则入射光子打到靶上。由于本征层占有靶厚的绝大部分，入射光子大部分被本征层吸收，产生光生载流子，且在强电场的作用下，光生载流子一旦产生，便被内电场拉开，电子被拉向 N 区，空穴被拉向 P 区。这样，若假定把曝光前本征型层两端加有强电场看作是电容的充电，则此刻因光生载流子的漂移运动的结果相当于电容的放电。其结果是，在一帧的时间内，在靶面上便获得了与输入图像光照分布 $E_{x,y}$ 相对应的电位分布 $U_{x,y}$，完成了图像变换和记录的过程。

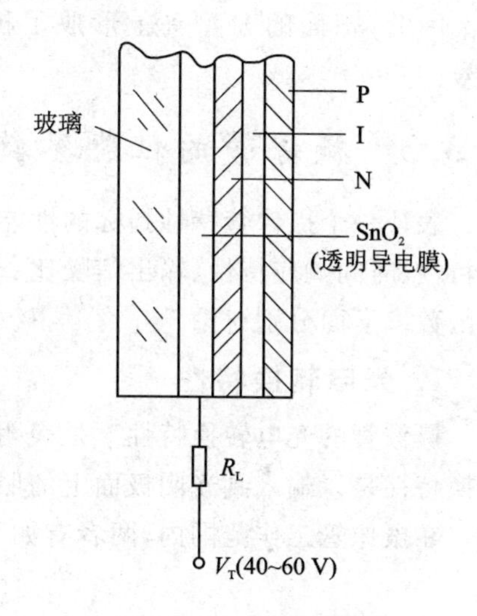

图 7-6　PbO 靶结构

氧化铅摄像管的阅读也是由扫描电子枪来实现的。当扫描电子束扫描某个像元时，电子束将中和该像元的空穴形成电流，而在输出电阻上产生视频信号输出。

7.3.2　其他摄像管的靶结构简介

摄像管的靶面结构及材料的不同构成了各种不同的摄像管。这里我们主要介绍硅靶。

图 7-7 为硅靶的结构示意图。左边是光的入射面，右边是电子束扫描面，靶的基体是

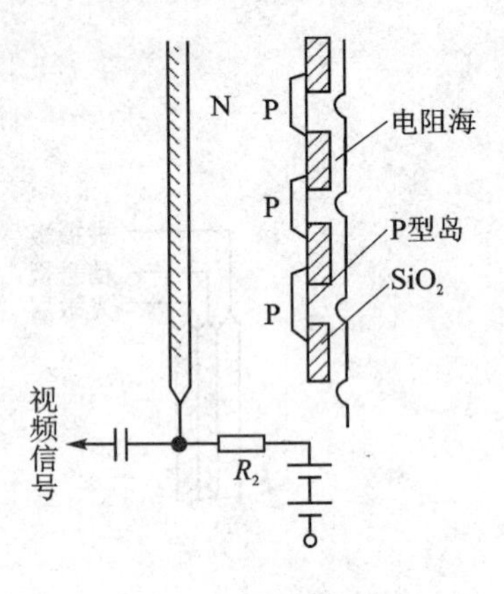

图 7-7　硅靶结构

N型单晶硅薄片。其上有大量微小的P型岛。由P型岛与N型基底之间构成密集的光敏二极管(P-N结)阵列，并在P型岛之间的N型硅表面覆盖高绝缘的二氧化硅薄膜。另外，在N型基底的外表面上形成一层极薄的N^+层。在P型岛的外表面上形成一层半导体(如硫化镉)层，称为电阻海。靶的总厚度约为20 μm。

硅靶的N^+层为输出信号电极。工作时，其上加5～15 V靶压。当电子束扫描靶的P型岛表面时，使之零电位。这样，硅光电二极管处于反向偏置工作状态。无光照时，反压将一直保持。当有光学图像输入时，N型硅将吸收光子，产生电子-空穴对。它们将在电场的作用下做漂移运动。空穴通过P-N结移到P型岛。空穴的漂移在一帧的周期内连续进行，从而提高了P型岛的电位。其电位升高的数值正比于该点的曝光量。因此，靶面的P型岛上形成了积累的电荷图像。这时通过电子束扫描，即可得到视频信号。

7.3.3　摄像管的性能参数

表征一个摄像管特性指标的性能参数很多。其中主要的性能参数包括光电转换持性、光谱特性、时间响应特性、输出信噪比、动态范围，以及表征摄像图像传递特性的鉴别率或调制传递函数。下面分别讨论。

1. 光电转换特性

摄像管的光电转换特性γ是表明输出量与输入量的依从关系。具体地说，摄像管的光电转换特性是以输入到光阴极面上的照度E与输出视频信号电流I(或电压U)之间的关系确定的。在摄像管工作范围内，两者有如下关系：

$$I = AE_v^{\gamma} \tag{7.3-1}$$

若对式(7.3-1)两边取对数，即$\ln I = \ln A + \gamma \ln E_v$，则在双对数曲线下，可以得到各种摄像管的光电转换特性曲线，如图7-8所示。曲线的斜率称为管子的灰度系数γ。由图可见，硫化锑摄像管的γ值较小，在0.6～0.7之间，氧化铅摄像管、硅摄像管以及超正析摄像管的γ值为1。γ值低的摄像管易于适应较宽范围的输入光照等级；γ接近于1的摄像管，适应于彩色电视摄像的要求。超正析摄像管在高光照时输出信号电流发生饱和，曲线弯曲。由光电转换特性曲线可以确定某类型摄像管的工作照度范围以及在某照度下的输出信号电平。

2. 光谱特性

超正析摄像管等外光电效应摄像管的光谱响应取决于所用光电阴极材料。氧化铅等摄像

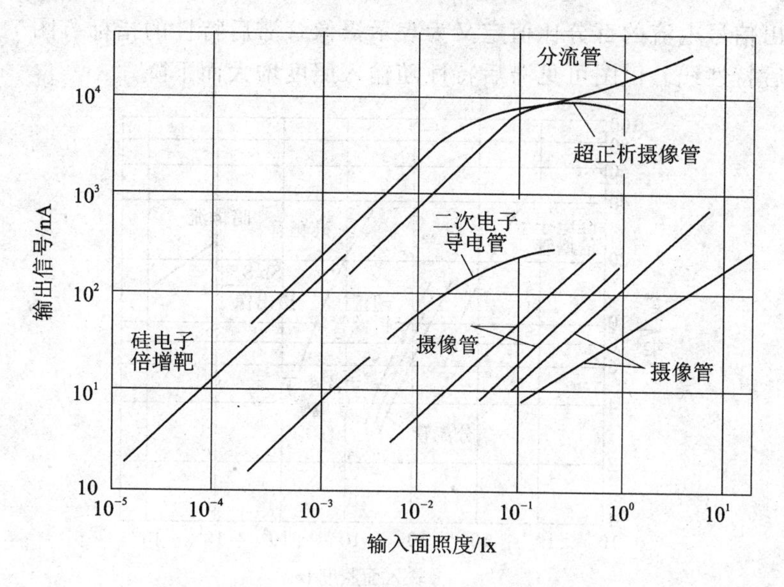

图 7－8　典型摄像管的转换特性

管的光谱响应取决于靶材料及其结构。图 7－9 给出了几种摄像管的光谱响应特性曲线。

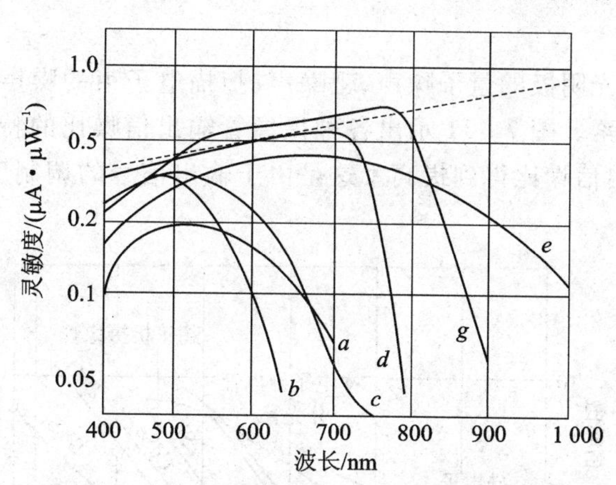

a—Sb_2S_3 光导摄像管；*b*—PbO 光导摄像管（标准型）；*c*—PbO 光导摄像管（全色型）；
d—CdSe 光导摄像管；*e*—硅靶摄像管；*f*—SeAsTe 光导摄像管；*g*—ZnCdTe 光导摄像管

图 7－9　光导摄像管的光谱

从图 7－9 中可以看出，曲线 *c* 的光谱响应接近于人眼的光谱响应，为全色型的。这样，在彩色摄像时能获得色调的高保真度。而硅靶摄像管的光谱响应范围最宽，适用于近红外摄像。

3. 时间响应特性

将在摄像管输入光照度突然截止后，其第三场（或第十二场）衰减的输出信号电流占未截止光照时的输出信号电流的百分比值定义为表示摄像管滞后特性的指标。图 7－10 为几种摄像管的时间滞后特性线。由图可见滞后特性随输入照度增大而下降。

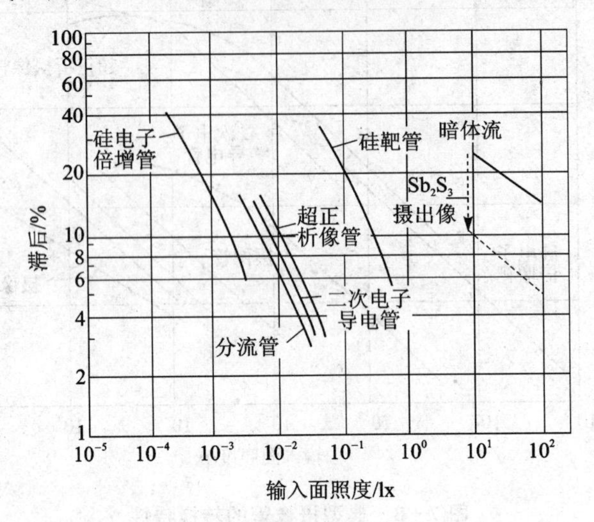

图 7－10　典型摄像管的滞后特性

4．输出信噪比

输出信噪比取决于光阴极的量子噪声、靶噪声、扫描电子束的噪声、二次电子倍增器以及前置放大器的噪声等因素。图 7－11 示出各种摄像管输出信噪比的特性曲线。曲线表明，随着入射照度的增加，输出信噪比得到提高。这是由于输出信号的调制度随着输入照度的增加而增大的缘故。

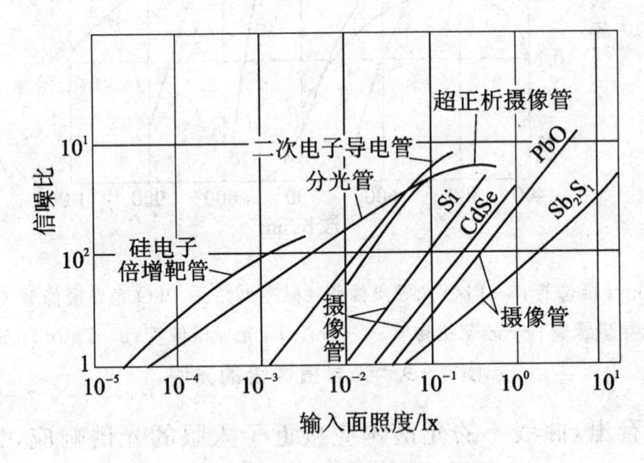

图 7－11　典型摄像管的信噪比特性

5. 动态范围

摄像管的动态范围取决于摄像管的暗电流及其饱和电流。暗电流所引起的噪声决定了摄像管的最低入射照度，饱和电流决定了摄像管的最高入射照度。最高入射照度与最低入射照度之比为该摄像管的动态范围。

摄像管的暗电流一般都很小，在毫微安量级。图 7－12 所示为几种摄像管的靶压与输出电流及暗电流的关系曲线。另外，暗电流还与温度有关，温度升高，暗电流增大。

6. 图像传递特性

摄像管的图像传递特性是用输出信号电流的调制度来表示图像的调制度。其输出图像的空间频率是用幅面的电视线数来表示的。图 7－13 是用对数坐标画出几种摄像管的调制传递函数。它们的图像传递特性取决于：移像区的电子光学系统的像差；靶的电荷图像像差以及扫描电子束的弥散和滞后等因素。

图 7－13 是对应于不同输入照度(横坐标)及对比度(30 %～100 %)条件下的极限分辨率(电视线数)。

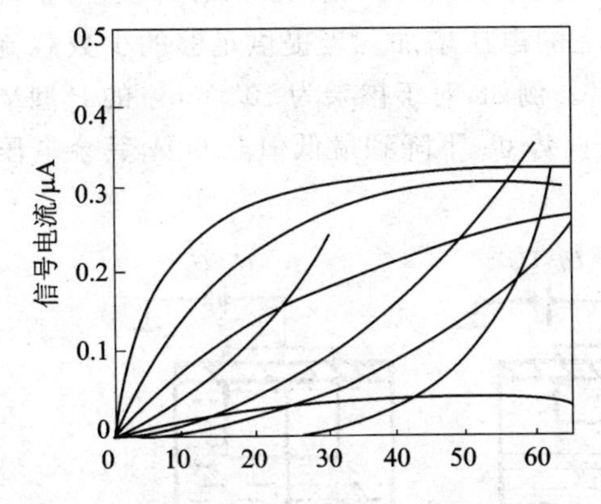

图 7－12　光导靶的伏安特性及暗电流曲线

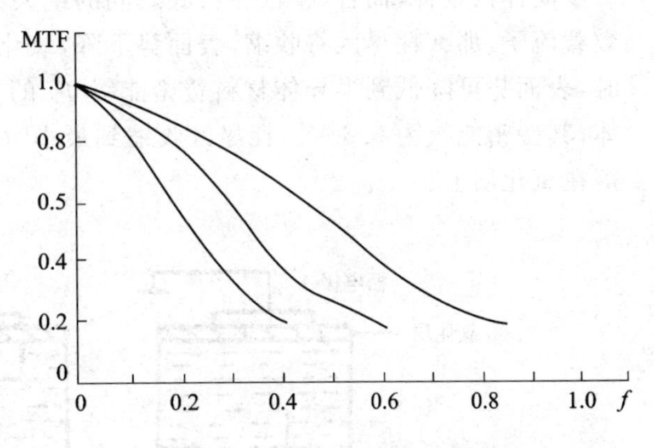

图 7－13　几种摄像管的调制传递函数

7.4　电荷耦合器件(CCD)

电荷耦合器件(Charge Coupled Device，简称 CCD)是在 MOS 集成电路基础上发展起来的，是一种多栅 MOS 晶体管，即在源极与漏极之间密布着许多栅极、沟道极长的 MOS 晶体管。CCD 的突出特点是以电荷作为信号，而不同于其他大多数器件是以电流或者电压作为信号。CCD 的基本功能是电荷的存储和电荷的转移。因此，CCD 工作过程的主要问题是信号电荷的产生、存储、传输和检测。

CCD 有两种基本类型：一是电荷包存储在半导体与绝缘体之间的界面，并沿界面传输，这类器件称为表面沟道 CCD(简称 SCCD);二是电荷包存储在离半导体表面一定深度的体内,并在半导体体内沿一定方向传输,这类器件称为体沟道或埋沟道器件(简称 BCCD)。下面以 SCCD 为主讨论 CCD 的基本工作原理。

7.4.1 电荷存储

构成 CCD 的基本单元是 MOS(金属-氧化物-半导体)结构。如图 7-14(a)所示,在栅极施加正偏压 U_G 之前,P 型半导体中的空穴(多数载流子)的分布是均匀的。当栅极施加正偏压 U_G(此时 U_G 小于 P 型半导体的阈值电压 U_{th})后,空穴被排斥,产生耗尽区,如图 7-14(b)所示。偏压继续增加,耗尽区将进一步向半导体体内延伸。当 $U_G>U_{th}$ 时,半导体与绝缘体界面上的电势(常称为表面势,用 Φ_S 表示)变得非常高,以致于将半导体体内的电子(少数载流子)吸引到表面,形成一层极薄(约 10^2 μm)的但电荷浓度很高的反型层,如图 7-14(c)所示。反型层电荷的存在表明了 MOS 结构存储电荷的功能。然而,当栅极电压由零突变到高于阈值电压时,掺杂半导体中的少数载流子很少,不能立即建立反型层。在此情况下,耗尽区将进一步向体内延伸,而且,栅极和衬底之间的绝大部分电压降落在耗尽区上。如果随后可获得少数载流子,那么耗尽区将收缩,表面势下降,氧化层上的电压增加。当提供足够的少数载流子时,表面势可降低到半导体材料费密能级 Φ_F 的 2 倍。例如,对于掺杂为 10^{15} cm^{-3} 的 P 型半导体,其费密能级为 0.3 V。耗尽区收缩到最小时,表面势 Φ_S 下降到最低值 0.6 V,其余电压降落在氧化层上。

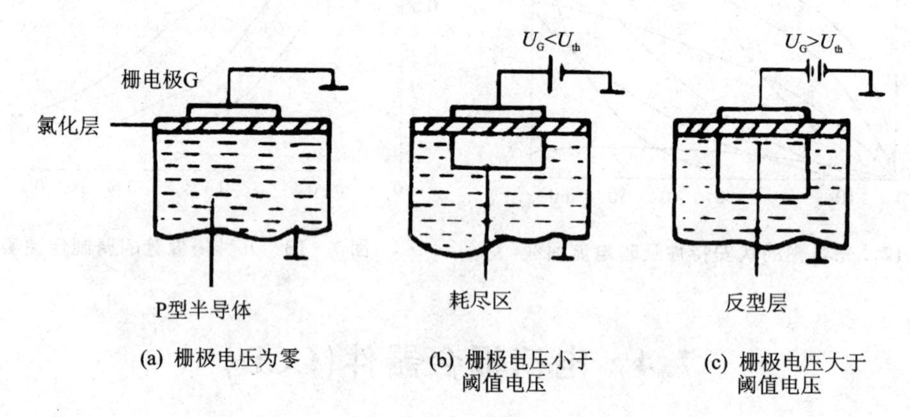

图 7-14 单个 CCD 栅极电压变化对耗尽区的影响

表面势 Φ_S 随栅极电压 U_G、反型层电荷密度 Q_{INV} 的变化如图 7-15 和图 7-16 所示。图 7-15 是在掺杂为 10^{21} m^{-3} 的情况下,对于氧化层的不同厚度在不存在反型层电荷时,表面势 Φ_S 与栅极电压 U_G 的关系曲线。图 7-16 为在栅极电压不变的情况下,表面势 Φ_S 与反型层电荷密度 Q_{INV} 的关系曲线。

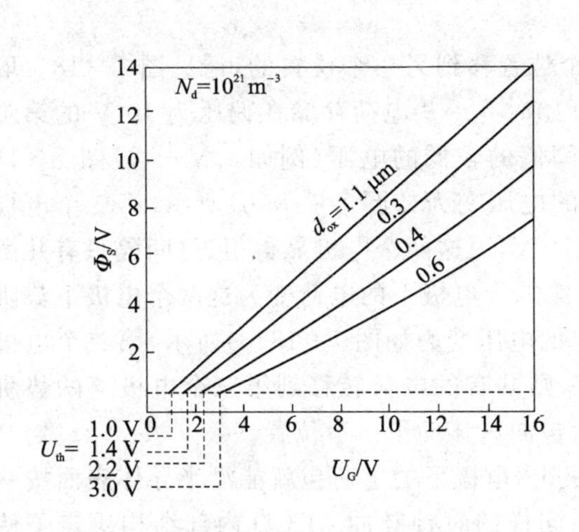

图 7-15　表面势 Φ_S 与栅极电压 U_G 的关系

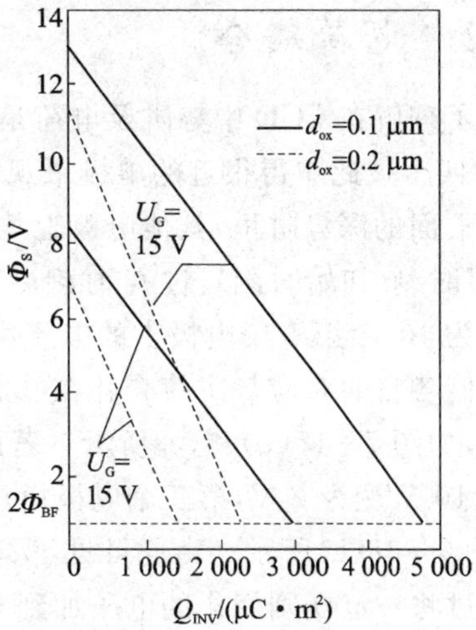

图 7-16　表面势 Φ_S 与反型层电荷密度 Q_{INV}

曲线的直线性好，说明表面势 Φ_S 与反型层电荷浓度 Q_{INV} 有着良好的反比例线性关系。这种线性关系很容易用半导体物理中"势阱"的概念来描述。电子所以被加有栅极电压 U_G 的 MOS 结构吸引到氧化层与半导体的交界面处，是因为那里的势能最低。在没有反型层电荷时，势阱的深度与栅极电压 U_G 的关系恰如 Φ_S 与 U_G 的线性关系，如图 7-17(a)所示空势阱的情况。图 7-17(b)为反型层电荷填充 1/3 势阱时，表面势收缩。表面势 Φ_S 与反型层电荷 Q_{INV} 之间的关系如图 7-17(c)所示。当反型层电荷足够多，使势阱被填满时，Φ_S 降到 $2\Phi_{BF}$，此时，表面势不再束缚多余的电子，电子将产生溢出现象。因此，表面势可作为势阱深度的量度。而表面势又与栅极电压 U_G、氧化层厚度 d_{ox} 有关，即与 MOS 电容容量 C_{ox} 与 U_G 的乘积有关。势阱的横截面积取决于栅极电极的面积 A，MOS 电容存储信号电荷的容量为

$$Q = C_{ox}U_GA \tag{7.4-1}$$

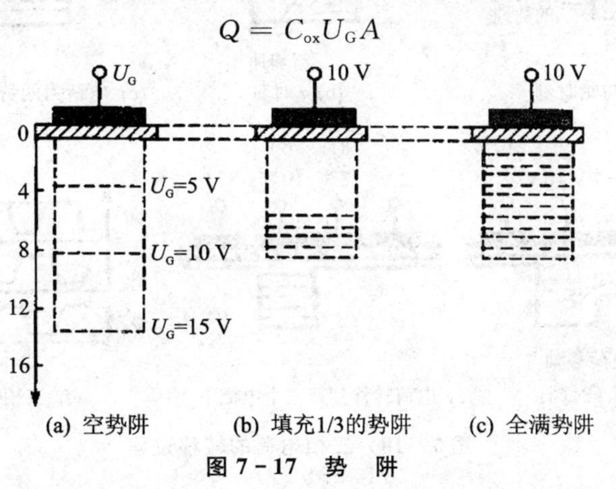

图 7-17　势　阱

7.4.2 电荷耦合

为了理解在CCD中势阱及电荷是如何从一个位置移到另一个位置的，请见图7-18。取CCD中四个彼此靠得很近的电极来观察。假定开始时有一些电荷存储在偏压为10 V的第二个电极下面的深势阱里，其他电极上均加有大于阈值的较低的电压(例如2 V)。设图7-18(a)为零时刻(初始时刻)，过t_1时刻后，各电极上的电压变为如图7-18(b)所示，第二个电极仍保持为10 V，第三个电极上的电压由2 V变到10 V，因这两个电极靠得很近(间隔只有几微米)，它们各自的对应势阱将合并在一起。原来在第二个电极下的电荷变为这两个电极下势阱所共有，如图7-18(b)和(c)所示。若此后电极上的电压变为如图7-18(d)所示，第二个电极电压由10 V变为2 V，第三个电极电压仍为10V，则共有的电荷转移到第三个电极下的势阱中，如图7-18(e)所示。由此可见，深势阱及电荷包向右移动了一个位置。

通过将一定规则变化的电压加到CCD各电极上，电极下的电荷包就能沿半导体表面按一定方向移动。通常把CCD电极分为几组，并施加同样的时钟脉冲。CCD内部结构决定了使其正常工作所需的相数。图7-18所示的结构需要三相时钟脉冲，其波形如图7-18(f)所示，这样的CCD称为三相CCD。三相CCD电荷耦合(传输)方式必须在三相交迭脉冲的作用下才能以一定的方向逐个单元地转移。应该指出，CCD电极间隙必须很小，电荷才能不受阻碍地自一个电极转移到相邻电极下。这对于图7-18所示的电极结构是一个关键问题。如果电极间隙比较大，两相邻电极间的势阱将被势垒隔开，不能合并，电荷也不能从一个电极向另一个电极转移。CCD便不能在外部脉冲作用下正常工作。

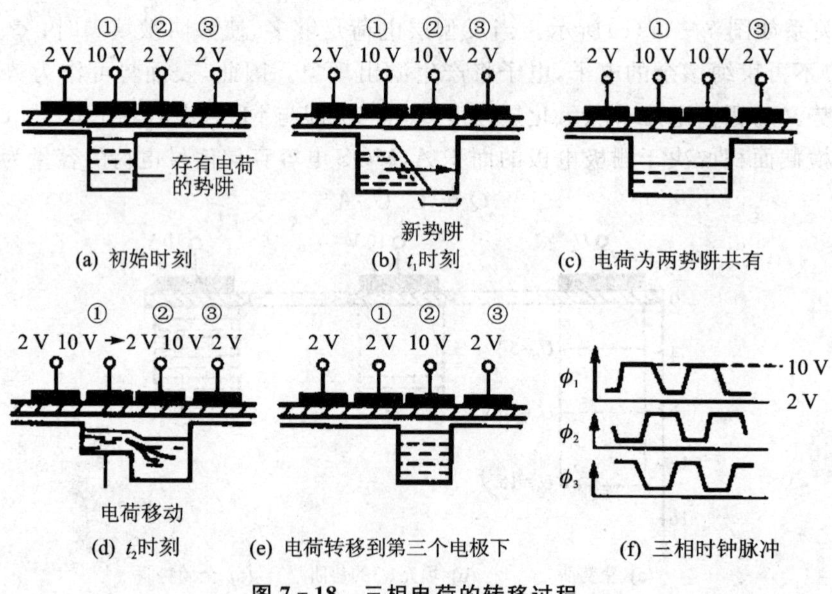

图7-18 三相电荷的转移过程

能够产生完全耦合条件的最大间隙一般由具体电极结构、表面态密度等因素决定。理论计算和实验证实，为了不使电极间隙下方界面处出现阻碍电荷转移的势垒，间隙的长度应小于 3 μm，这也是同样条件下半导体表面深耗尽区宽度的大致尺寸。当然，如果氧化层厚度、表面态密度不同，结果也会不同。但对绝大多数 CCD，1 μm 的间隙长度是足够小的。

以电子为信号电荷的 CCD 称为 N 型沟道 CCD，简称为 N 型 CCD。而以空穴为信号电荷的 CCD 称为 P 型沟道 CCD，简称为 P 型 CCD。由于电子的迁移率（单位场强下的运动速度）远大于空穴的迁移率，因此，N 型 CCD 比 P 型 CCD 的工作频率高得多。

7.4.3 电荷的注入和检测

1. 电荷的注入

在 CCD 中，电荷注入的方法有很多，归纳起来，可分为两类：光注入和电注入。

(1) 光注入

当光照射 CCD 硅片时，在栅极附近的半导体体内产生电子-空穴对，其多数载流子被栅极电压排开，少数载流子则被收集在势阱中形成信号电荷。光注入方式又可分为正面照射式及背面照射式。图 7-19 所示为背面照射式光注入的示意图，CCD 摄像器件的光敏单元为光注入方式。光注入电荷为

$$Q_{IP} = \eta q \Delta n_{e0} A T_0 \qquad (7.4-2)$$

式中，η 为材料的量子效率；q 为电子电荷量；Δn_{e0} 为入射光的光子流速率；A 为光敏单元的受光面积；T_0 为光注入时间。

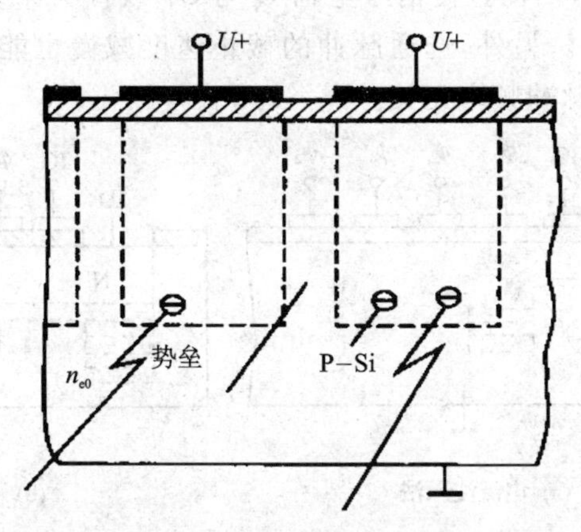

图 7-19 背面照射式光注入

(2) 电注入

所谓电注入就是 CCD 通过输入结构对信号电压或电流进行采样，将信号电压或电流转换为信号电荷。电注入的方法很多，这里仅介绍两种常用的电流注入法和电压注入法。

1）电流注入法

如图 7-20(a)所示，由 N^+ 扩散区和 P 型衬底构成注入二极管。IG 为 CCD 的输入栅，其上加适当的正偏压以保持开启并作为基准电压，模拟输入信号 U_{IN}加在输入二极管 ID 上。当 ϕ_2 为高电平时，可将 N^+ 区（ID 极）看作 MOS 晶体管的源极，IG 为其栅极，而 ϕ_2 为其漏极。当它工作在饱和区时，输入栅下沟道电流为

$$I_s = \mu \frac{W}{L_G} \cdot \frac{C}{2}(U_{IN} - U_{IG} - U)^2 \tag{7.4-3}$$

式中，W 为信号沟道宽度；L_G 为注入栅 IG 的长度；μ 为载流子表面迁移率；C 为注入栅电容。经过 T_C 时间注入后，ϕ_2 下势阱的信号电荷量 Q_S 为

$$Q_S = \mu \frac{W}{L_G} \cdot \frac{C}{2}(U_{IN} - U_{IG} - U)^2 T_C \tag{7.4-4}$$

可见这种注入方式的信号电荷 Q_S 不仅依赖于 U_{IN}和 T_C，而且与输入二极管所加偏压的大小有关。因此，Q_S 与 U_{IN}的线性关系较差。

2）电压注入法

如图 7-20(b)所示，电压注入法与电流注入法类似，也是把信号加到源极扩散区上，所不同的是输入栅 IG 电极上加与 ϕ_2 同相位的选通脉冲，其宽度小于 ϕ_2 的脉宽。在选通脉冲的作用下，电荷被注入到第一个转移栅 ϕ_2 下的势阱里，直到阱的电位与 N^+ 区的电位相等时，注入电荷才停止。ϕ_2 下势阱中的电荷向下一极转移之前，由于选通脉冲已经终止，输入栅下的势垒开始把 ϕ_2 下和 N^+ 的势阱分开，同时，留在 IG 下的电荷被挤到 ϕ_2 和 N^+ 的势阱中。由此而引起起伏，不仅产生输入噪声，而且使信号电荷 Q 与 U_{IG}线性关系变坏。这种起伏，可以通过减小 IG 电极的面积来克服。另外，选通脉冲的截止速度减慢也能减小这种起伏。电压注入法的电荷注入量 Q 与时钟脉冲频率无关。

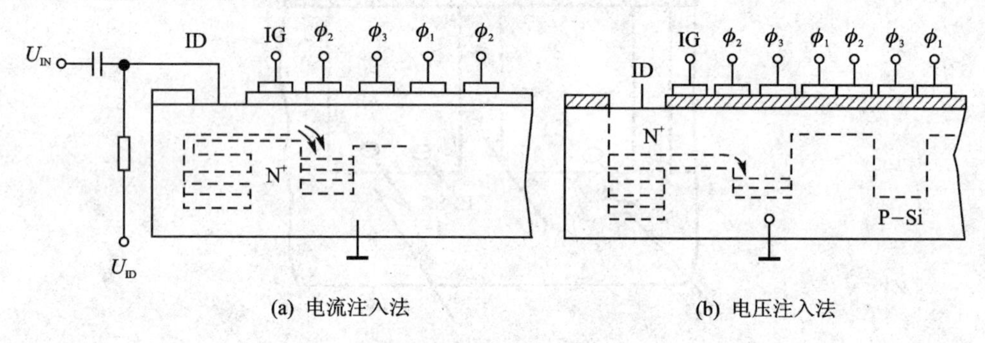

(a) 电流注入法　　(b) 电压注入法

图 7-20　电荷的注入

2. 电荷的检测(输出方式)

在 CCD 中，有效地收集和检测电荷是一个重要问题。CCD 的重要特性之一是信号电荷在转移过程中与时钟脉冲没有任何电容耦合，而在输出端则不可避免。因此，选择适当的输出

电路可以尽量地减小时钟容性地馈入输出电路的程度。目前 CCD 的输出方式主要有电流输出、浮置扩散放大器输出和浮置栅放大器输出。

(1) 电流输出

如图 7-21(a)所示,由反向偏置二极管收集信号电荷来控制 A 点电位的变化,直流偏置的输出栅 OG 用来使漏扩散和时钟脉冲之间退耦,由于二极管反向偏置,形成了一个深陷信号电荷的势阱,转移到 ϕ_2 电极下的电荷包越过输出栅,流到深势阱中。

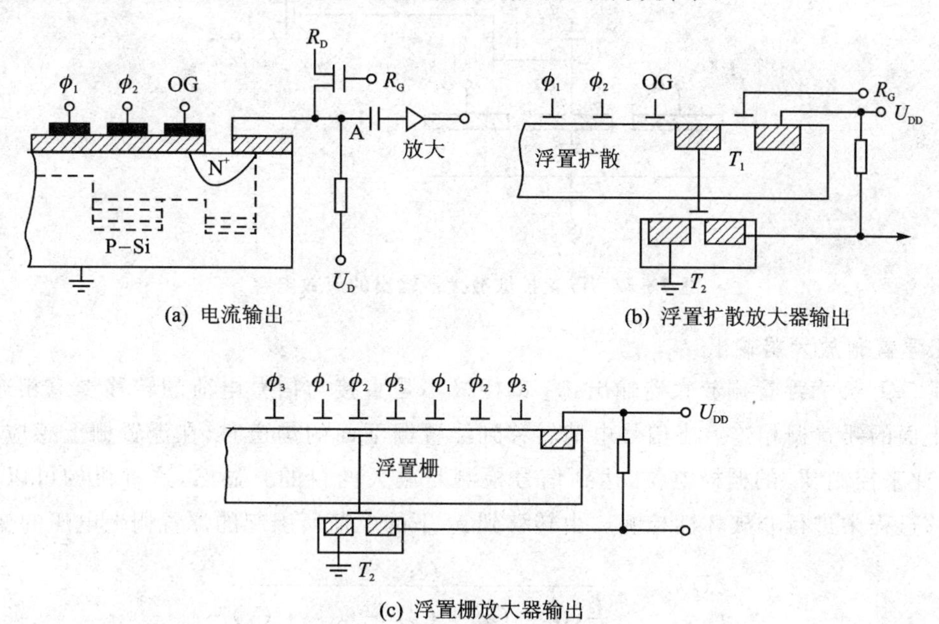

图 7-21　电荷输出电路

若二极管输出电流为 I_D,则信号电荷为

$$Q_S = I_D \mathrm{d}t \tag{7.4-5}$$

(2) 浮置扩散放大器输出

如图 7-21(b)所示,前置放大器与 CCD 同做在一个硅片上,T_1 为复位管,T_2 为放大管。复位管在 ϕ_2 下的势阱未形成之前,在 RG 端加复位脉冲 ϕ_k,使复位管导通,把浮置扩散区剩余电荷抽走,复位到 U_{DD}。而当电荷到来时,复位管截止,由浮置扩散区收集的信号电荷来控制 T_2 管栅极电位的变化,设电位变化量为 ΔU,则有

$$\Delta U = \frac{Q_S}{C_{FD}} \tag{7.4-6}$$

式中,C_{FD}为与浮置扩散区有关的总电容,如图 7-22 所示,包括浮置二极管势垒电容 C_d,OG、DG 与 FD 之间的耦合电容 C_i 及 T 管的输入电容 C_g,即

$$C_{FD} = C_d + C_i + C_g \tag{7.4-7}$$

经放大器放大 K_V 倍后，输出的信号为

$$U_0 = K_V \Delta U \tag{7.4-8}$$

以上两种输出机构均为破坏性的一次性输出。

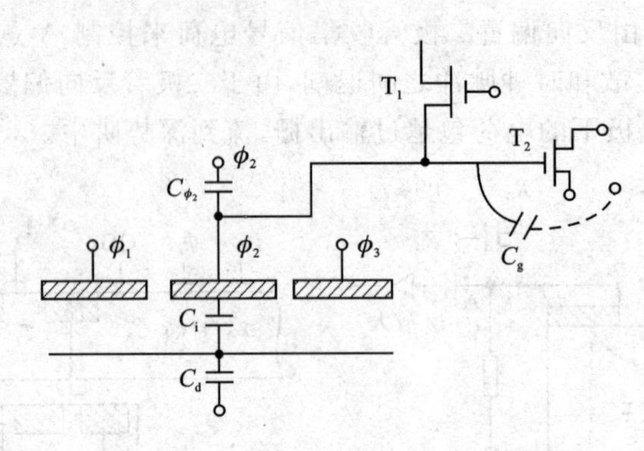

图 7-22 浮置扩散放大器输出的等效电容

(3) 浮置栅放大器输出

图 7-21(c)为浮置栅放大器输出，T_2 的栅极不是直接与信号电荷的转移沟道相连，而是与沟道上面的浮置栅相连。当信号电荷转移到浮置栅下面的沟道时，在浮置栅上感应出镜像电荷，以此来控制 T_2 的栅极电位，达到信号检测与放大的目的。显然，这种机构可以实现电荷在转移过程中进行非破坏性检测。由转移到 ϕ_2 下的电荷所引起的浮置栅上电压的变化为

$$\Delta U_{FG} = \frac{|Q_S|}{\dfrac{C_d}{C_i}(C_i + C_{\phi_2} + C_g) + (C_{\phi_2} + C_g)} \tag{7.4-9}$$

式中，C_{ϕ_2} 为 FG 与 ϕ_2 间氧化层的电容。图 7-22 绘出了浮栅放大器的复位电路及有关电容分布情况。ΔU_{FG} 可以通过 MOS 晶体管 T_2 加以放大输出。

7.4.4 CCD 的特性参数

1. 转移效率 η 和转移损失率 ε

电荷转移效率是表征 CCD 性能好坏的重要参数。把一次转移后到达下一个势阱中的电荷与原来势阱中的电荷之比称为转移效率。如 $t=0$ 时，某电极下的电荷为 $Q(0)$；在时间 t 时，大多数电荷在电场作用下向下一个电极转移，但总有一小部分电荷由于某种原因留在该电极下，若被留下来的电荷为 $Q(t)$，则转移效率为

$$\eta = \frac{Q(0) - Q(t)}{Q(0)} = 1 - \frac{Q(t)}{Q(0)} \tag{7.4-10}$$

如果转移损失率定义为

$$\varepsilon = \frac{Q(t)}{Q(0)} \tag{7.4-11}$$

则转移效率 η 与转移损失率 ε 的关系为

$$\eta = 1 - \varepsilon \tag{7.4-12}$$

理想情况下 η 应等于 1，但实际上电荷在转移中有损失，所以，总是 $\eta<1$，常为 0.999 9 以上。一个电荷 $Q(0)$ 的电荷包，经过 n 次转移后，所剩下的电荷 $Q(n)$ 为

$$Q(n) = Q(0)\eta^2 \tag{7.4-13}$$

这样，n 次转移前后电荷之间的关系为

$$\frac{Q(n)}{Q(0)} = \mathrm{e}^{-n} \tag{7.4-14}$$

如果 $\eta=0.99$，经 24 次转移后，$\frac{Q(n)}{Q(0)}=78\ \%$；而经过 192 转移后，$\frac{Q(n)}{Q(0)}=14\ \%$。由此可见，提高转移效率 η，是电荷耦合器件能否实用的关键。

影响电荷转移效率的主要因素是界面态对电荷的俘获。为此，常采用"胖零"工作模式，即让"零"信号也有一定的电荷。图 7-23 给出两种不同频率下，电荷转移损失率与"胖零"电荷之间的关系。

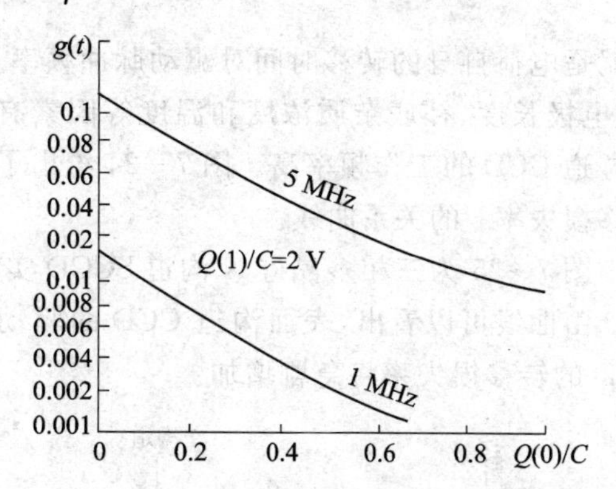

图 7-23　两种频率下电荷转移损失率与"胖零"电荷之间的关系

图中 C 代表转移电极的有效电容，$Q(1)$ 代表"1"信号电荷，$Q(0)$ 代表"0"信号电荷。从图中可以看出，增加"0"信号电荷，可以减小电荷每次转移的损失率。

2. 工作频率 f

(1) 工作频率的下限

为了避免由于热产生的少数载流子对注入信号的干扰，注入电荷从一个电极转移到另一个电极所用的时间，必须小于少数载流子的平均寿命 τ，即

$$t < \tau$$

在正常工作条件下，对于三相 CCD，t 为

$$t = \frac{T}{3} = \frac{1}{3f}$$

故

$$f > \frac{1}{3\tau} \tag{7.4-15}$$

可见，工作频率的下限与少数载流子的寿命有关。

(2) 工作频率的上限

当工作频率升高时，若电荷本身从一个电极转移到另一个电极所需的时间 t 大于驱动脉冲使其转移的时间 $\frac{T}{3}$，那么，信号电荷跟不上驱动脉冲的变化，将会使转移效率大大下降。为此，要求 $t \leqslant \frac{T}{3}$，即

$$f \leqslant \frac{1}{3t} \tag{7.4-16}$$

这就是电荷自身的转移时间对驱动脉冲频率上限的限制。由于电荷转移的快慢与载流子迁移率、电极长度、衬底杂质浓度和温度等因素有关，因此，对于相同的结构设计，N 沟道 CCD 比 P 沟道 CCD 的工作频率高。图 7-24 绘出了 P 沟道 CCD 在不同衬底电荷情况下工作频率与转移损失率 ε 的关系曲线。

图 7-25 为三相多晶硅 N 沟道 SCCD 实测驱动脉冲频率 f 与转移损失率 ε 之间的关系曲线。由曲线可以看出，表面沟道 CCD 的驱动脉冲频率的上限为 10 MHz，高于 10 MHz 后，CCD 的转移损失率将急剧增加。

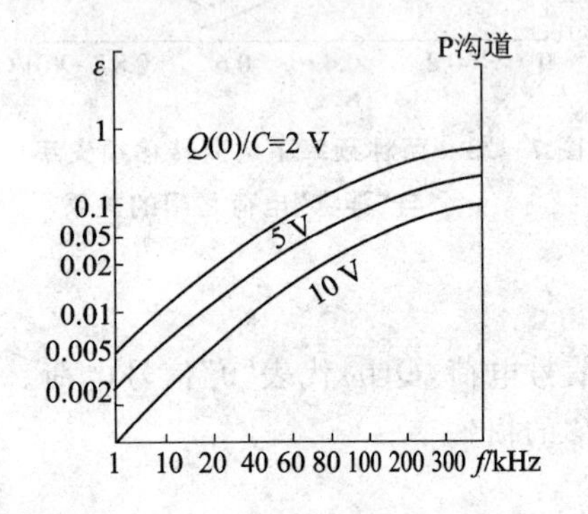

图 7-24　转移损失率与驱动脉冲频率间的关系

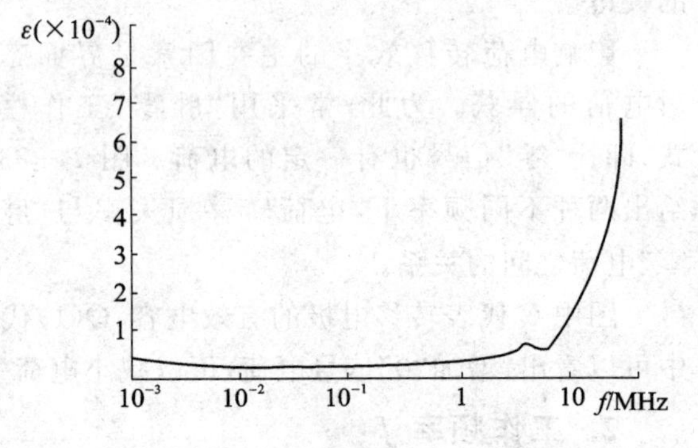

图 7-25　驱动脉冲频率 f 与转移损失率 ε 之间的关系

7.4.5　电荷耦合摄像器件

1. 工作原理

电荷耦合摄像器件是用于摄像或像敏的器件，简称为 ICCD。它的功能是把二维光学图像信号转变为一维时序的视频信号输出。

它有两大类型：线型和面型。二者都需要用光学成像系统将景物图像成在 CCD 的像敏面上。像敏面将照在每一像敏单元上的图像照度信号转变为少数载流子数密度信号存储于像敏单元(MOS 电容)中，然后再转移到 CCD 的移位寄存器(转移电极下的势阱)中，在驱动脉冲的作用下顺序地移出器件，成为视频信号。

对于线型器件，它可以直接接收一维光信息，而不能直接将二维图像转变为视频信号输出。为了得到整个二维图像的视频信号，就必须用扫描的方法来实现。

(1) 线型 CCD 摄像器件的两种基本形式

1) 单沟道线型 ICCD

图 7-26 所示为三相单沟道线型 ICCD 的结构图。由图可见，光敏列与转移区——移位寄存器是分开的，移位寄存器被遮挡。这种器件在光积分周期里，光栅电极电压为高电平，光敏区在光的作用下产生电荷并存储在光敏 MOS 电容势阱中。当转移脉冲到来时，线阵光敏阵列势阱中的信号电荷并行转移到 CCD 移位寄存器中，最后在时钟脉冲的作用下一位位地移出器件，形成视频脉冲信号。这种 CCD 转移次数多、转移效率低，只适用于像敏单元较少的摄像器件。

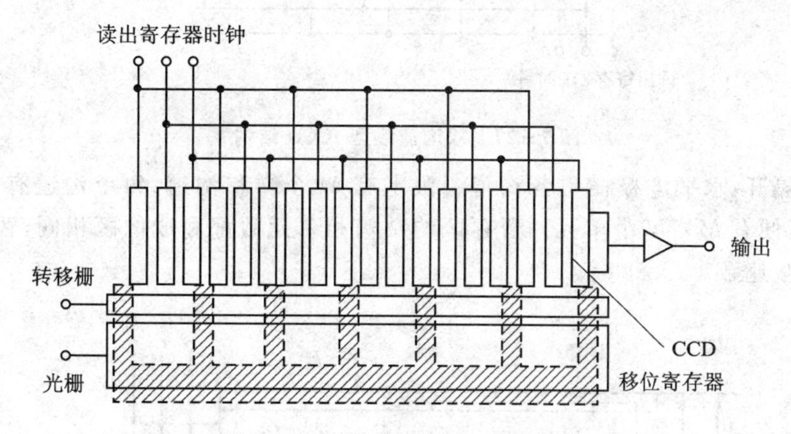

图 7-26　单沟道线型 ICCD 结构

2) 双沟道线阵 ICCD

图 7-27 为双沟道线型摄像器件。它具有两列 CCD 移位寄存器 A 与 B，分列在像敏阵列的两边。当转移栅 A 与 B 为高电位(对于 N 沟道器件)时，光积分阵列的信号电荷包同时按箭头方向转移到对应的移位寄存器内，然后在驱动脉冲的作用下，分别向左转移，最后以视频信号输出。显然，同样像敏单元的双沟道线阵 ICCD 要比单沟道线阵 ICCD 的转移次数少一半，它的总转移效率也大大提高。故一般高于 256 位的线阵 ICCD 都为双沟道的。

(2) 面阵 ICCD

按一定的方式将一维线型 ICCD 的光敏单元及移位寄存器排列成二维阵列，即可以构成二维面阵 ICCD。由于排列方式不同，面阵 ICCD 常有帧转移、隔列转移和线转移三种。

1) 帧转移面阵 ICCD

图 7-28 为三相帧转移面阵摄像器的结构图。它由成像区(光敏区)、暂存区和水平读出寄存器三部分构成。成像区由并行排列的若干电荷耦合沟道组成(见图中的虚线方框)，各沟

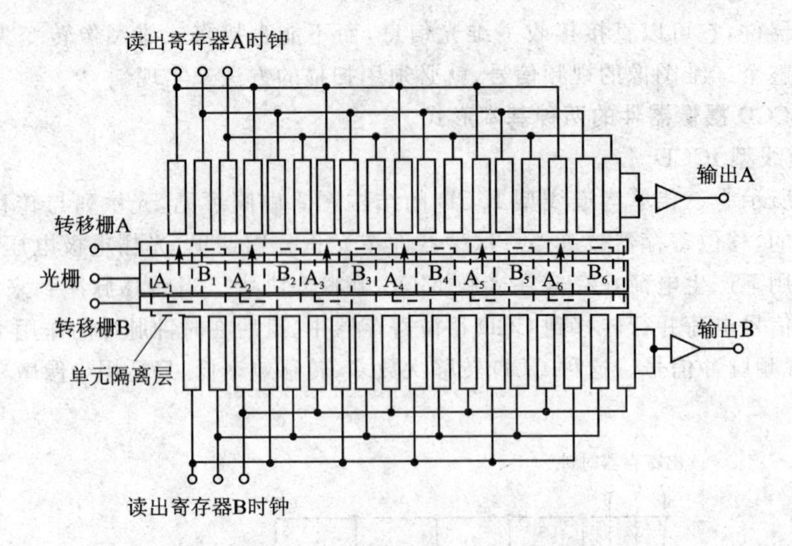

图 7-27　双沟道线型 ICCD 结构

道之间用沟阻隔开，水平电极横贯各沟道。假定有 M 个转移沟道，每个沟道有 N 个成像单元，整个成像区便有 $M\times N$ 个单元。暂存区的结构和单元数都和成像区相同，暂存区与水平读出寄存器均被遮蔽。

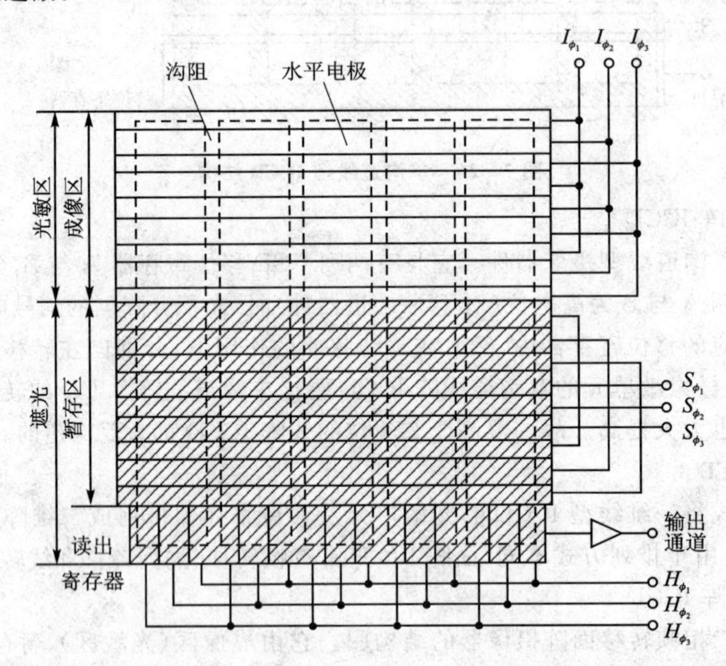

图 7-28　三相帧转移面阵 ICCD 结构图

其工作过程如下：图像经物镜成像到光敏区，当光敏区的某一相电极（如 I_{ϕ}）加有适当的偏压时，光生电荷将被收集到这些电极下方的势阱里。这样被摄光学图像就变成了光积分电极下的电荷包图像。

当光积分周期结束时，加到成像区和存储区电极上的时钟脉冲便将收集到的信号电荷迅速转移到存储区中，然后，依靠加在存储区和水平读出寄存器上的适当脉冲，并由它经输出级输出一帧信息。在第一场读出的同时，第二场信息通过光积分又收集到势阱中。一旦第一场信息被全部读出，第二场信息马上就传送给寄存器，使之连续地读出。

这种面阵 CCD 的特点是结构简单，光敏单元的尺寸可以很小，但光敏面积占总面积的比例小。

2）隔列转移面阵 ICCD

隔列转移面阵 ICCD 的结构如图 7－29(a)所示。它的像敏单元（见图中虚线方块）呈二维排列，每列像敏单元被遮光的读出寄存器及沟阻隔开，像敏单元与读出寄存器之间又有转移控制栅。由图可见，每一像敏单元对应于两个遮光的读出寄存器单元（图中斜线表示被遮蔽，斜线部位的方块为读出寄存器单元）。读出寄存器与像敏单元的另一侧被沟阻隔开。由于每列像敏单元均被读出寄存器所隔，因此，这种面阵 ICCD 称为隔列转移型 ICCD。图中最下面是二相时钟脉冲 ϕ_1、ϕ_2 驱动的水平读出寄存器。

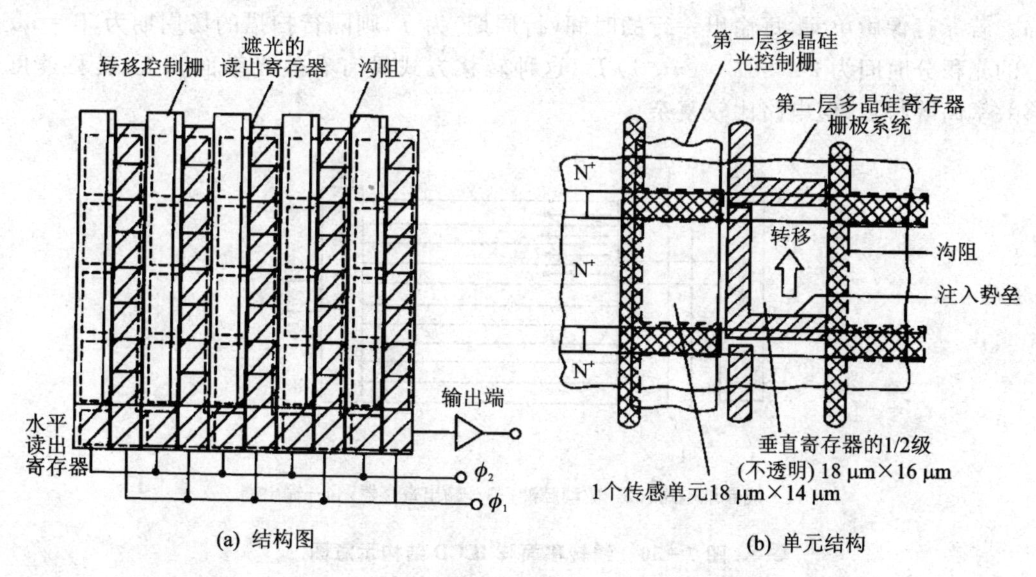

(a) 结构图　　(b) 单元结构

图 7－29　隔列转移面阵 ICCD 结构图

这种面阵 ICCD 的工作过程如下：在光积分期间，光生电荷包存储在像敏单元的势阱里，转移栅为低电位，转移栅下的势垒将像敏单元的势阱与读出寄存器的变化势阱隔开。当光积分时间结束时，转移栅的电位由低变高，像敏单元中的光生电荷便经过转移栅转移到读出寄存器。转移的过程为并行的，即各列光敏单元的光生电荷同时转移到对应的读出寄存器中。转移过程很快，转移控制栅上的电位很快变为低电平。转移过程结束后，光敏单元与读出寄存器又被隔开，转移到读出寄存器中的光生电荷在遮光脉冲的作用下一行行地向水平读出寄存器中转移，水平读出寄存器快速地将其经输出端输出。在输出端得到与光学图像对应的一行行视频信号。

图 7-29(b)是隔列转移面阵 ICCD 的二相注入势垒器件的像敏单元和寄存器单元的结构图。采用两层多晶硅，第一层提供像敏单元上的 MOS 电容器电极，又称为多晶硅光控制栅。第二层基本上是连续的多晶硅，选择掺杂后得到二相转移电极系统，称为多晶硅寄存器栅极系统。转移方向用离子注入势垒造成，使电荷只能按规定的方向转移，沟阻常用来阻止电荷向外扩散。

3）线转移面阵 ICCD

如图 7-30 所示，它与前面两种转移方式相比，取消了存储区，多了一个线寻址电路(见图中 1)。它的像敏单元一行行地紧密排列，很类似于帧转移型 ICCD 的光敏区，但它的每一行都有一定的地址。它没有水平读出寄存器，只有一个输出寄存器(见图中 3)。当线寻址电路选中某一行像敏单元时，驱动脉冲(见图中 2)将使该行的光生电荷包一位位地按箭头方向转移，并移入输出寄存器，输出寄存器亦在驱动脉冲的作用下使信号电荷包经输出端输出。根据不同的使用要求，线寻址电路发不同的数码，就可以方便地选择扫描方式，实现逐行扫描或隔行扫描。若 n 行像敏单元，每输出一行的时间(行周期)为 T，则隔行扫描的场周期为 $T'=nT/2$。每行的光积分时间为 $2T'-T=(n-1)T$。这种转移方式具有有效光敏面积大、转移速度快、转移效率高等特点，但电路比较复杂。

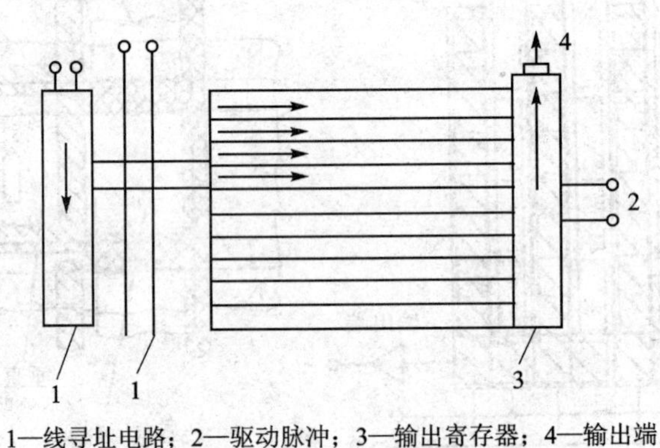

1—线寻址电路；2—驱动脉冲；3—输出寄存器；4—输出端

图 7-30　线转移面阵 ICCD 结构示意图

2. ICCD 的基本特性参数

(1) 光电转换特性

在 ICCD 中，电荷包是由入射光子被硅衬底吸收产生的少数载流子形成的，因此，它具有良好的光电转换特性。它的光电转换因子可达到 99.7 %。

(2) 光谱响应

ICCD 接收光的方式有正面光照与背面光照两种不同方式。由于 ICCD 的正面布置着很多电极，电极的反射和散射作用使得正面照射的光谱灵敏度比背面照射时低。即使是透明的多晶硅电极，也会因为电极的吸收以及在整个硅-二氧化硅界面上的多次反射引起某些波长的光产生干涉现象，出现若干个明暗条纹，使光谱响应曲线出现若干个峰与谷，即发生起伏。为比，ICCD 常采用背面照射的方法。采用硅衬底的 ICCD，其光谱响应范围为 0.4～1.1 μm，平均量子效率为 25 %，绝对响应为 0.1～0.2 $A \cdot W^{-1}$。

另外，读出结构也可使量子效率再降低一半。例如，在垂直隔列传输结构中，转移沟必须遮光，以免产生拖影，使量子效率降低。

(3) 动态范围

动态范围由势阱的最大电荷存储量与噪声电荷量之比决定。

① 势阱的最大电荷存储量。由式(7.4－1)，CCD 势阱的最大电荷存储量与电极面积 A 成正比，与栅极电压 U_G 成正比，与单位面积的氧化层电容 C_{ox} 成正比；另外，还与器件的结构(是 SCCD 还是 BCCD，是二相 CCD 还是三相 CCD)等因素有关。

如某 CCD 的电极面积为 10 μm×20 μm，P 型 Si 的杂质浓度 N_A 为 10^{15} cm^{-3}，氧化膜厚度为 0.1 μm，栅极电压为 10 V，则 SCCD 结构势阱的电荷最大存储量为 0.6 PC 或 3.7×10^5 个电子。

BCCD 结构的情况比较复杂，随着沟道深度的增加，势阱可容纳的电荷量减少。对于与上述 BCCD 相同条件的 BCCD，若氧化膜厚度为 0.1 μm，相当于沟道深度外延层厚度为21 μm，则 Q_{SCCD}/Q_{BCCD} 约为 4.5。

② 噪声 CCD 中有以下几种噪声源：电荷注入噪声、电荷转移过程中电荷量的变化引起的噪声和检测时产生的噪声。

CCD 的平均噪声值如表 7－1 所列，与 CCD 传感器有关的噪声如表 7－2 所列。

表 7－1　CCD 噪声

噪声的种类	噪声电平(电子数)
输出噪声	400
转移噪声 SCCD	1 000
转移噪声 BCCD	100
输出噪声	400
总均方根载流子变化	
SCCD	1 150
BCCD	570

表 7－2　与 CCD 传感器有关的噪声

噪声源	参　数	代表值(均方根载流子)
光子噪声	N_s	100，$N_s=10^{-4}$ 1 000，$N_s=10^6$
暗电流	N_{DC}	100，$D_{DC}=1\ \%N_{smax}$
光学胖零	N_{PZ}	300，$N_{PZ}=10\%N_{smax}$
电子胖零	$400C_{in}$	100，$C_{iN}=0.1pF(N_{amsx}=10^6)$
俘获噪声		10^3，SCCD；10^2，BCCD　2 000 次转移
输出电路噪声	$400\sqrt{C_{out}}$	200，$C_{out}=0.25$ pF

注：N_s 为电荷包的大小。

(4) 暗电流

在正常工作的情况下，MOS电容不为电荷所饱和，而处于非平衡态。然而随着时间的推移，由于热激发而产主的少数载流子使系统趋向平衡。因此，即使在没有光照或其他方式对器件进行电荷注入的情况下，也会存在不希望有的暗电流。众所周知，暗电流是大多数摄像器件所共有的特性，是判断一个摄像器件好坏的重要标准。尤其是暗电流在整个摄像区域不均匀时，更是如此。

产生暗电流的主要原因有：

① 耗尽的硅衬底中电子自价带至导带的本征跃迁。它的大小由下式决定，即

$$I_i = q\frac{n_i}{\tau_i}X_d \tag{7.4-17}$$

式中，$n_i=1.6\times10^{10}\ \mathrm{cm^{-3}}$，$\tau_i=25\times10^{-3}\ \mathrm{s}$，则 $I_i=0.1\times X_d$，I_i 的单位为 $\mathrm{nA\cdot cm^{-2}}$，X_d 以 μm 为单位。由上式可见，电流密度 I_i 随耗尽区宽度 X_d 而增加，而 X_d 依衬底掺杂、时钟电压和信号电荷而不同，一般在 1～5 μm 范围变化。

② 少数载流子在中性体内的扩散。在P型材料中，每单位面积内由于这种原因而产生的电流 I_b 可写成

$$I_b = \frac{qn_i^2}{N_A}L_n = \frac{6.6}{N_A}\left(\frac{\mu}{\tau_n}\right)^{\frac{1}{2}}\quad (\mathrm{A\cdot cm^{-2}}) \tag{7.4-18}$$

式中，N_A 为空穴浓度，L_n 为扩散长度，μ 为电子迁移率，n_i 为本征载流子浓度。若 $\mu=1\ 200\ \mathrm{cm^2\cdot s^{-1}}$，$N_A=5\times10^{14}\ \mathrm{cm^{-3}}$，$\tau_n=1\times10^{-4}\ \mathrm{s}$，则可以得到 $I_b=0.5\ \mathrm{nA\cdot cm^{-2}}$。

③ 来自 SiO_2 表面引起的暗电流为

$$I_g = \frac{1}{2}\cdot\frac{qn_iX_d}{\tau_n} = \frac{1}{2}qn_i\delta_b V_{th}X_dN_t \tag{7.4-19}$$

式中，N_t 为禁带中央的体内陷阱密度；δ_b 为俘获截面；V_{th}为电子热运动速度。这个暗电流分量受硅中缺陷和杂质数目影响很大，因此很难预测其大小。

④ Si－SiO_2 界面表面引起的暗电流为

$$I_s = 10^{-3}\delta_s N_{ss} \tag{7.4-20}$$

式中，δ_s 为界面态的俘获截面，N_{ss}为界面态密度。假定 $\delta_s=1\times10^{-15}\ \mathrm{cm^2}$，$N_{ss}=1\times10^{10}\ \mathrm{cm^{-2}\cdot eV^{-1}}$，则 $I_s=10\ \mathrm{nA\cdot cm^{-2}}$。

在大多数情况下以 SiO_2 表面引起暗电流为主，在室温下，它达到 $5\ \mathrm{nA\cdot cm^{-2}}$的暗电流密度。但是，在许多器件中，有许多单元可能有几百 $\mathrm{nA\cdot cm^{-2}}$的局部暗电流密度，它来源于一定的体内杂质。它们产生引起暗电流的能带间复合中心。这些杂质在原始硅材料中就有，在制造器件时也可能被引入。为了减小暗电流，应采用缺陷尽可能少的晶体和减少玷污。

另外，暗电流还与温度有关，温度越高，热激发少数载流子越多，暗电流也就越大。据计算，温度每降低 10 ℃，暗电流可降低 1/2。

(5) 分辨率

分辨率是图像传感器的重要特性,常用光学传递函数(OTF)中的调制传递函数(MTF)来评价。图 7-31 为宽带光源(白光)与窄带光源照明下某线阵 ICCD 的 MTF 曲线。图中横坐标为归一化的空间频率,纵坐标为其模传递函数。

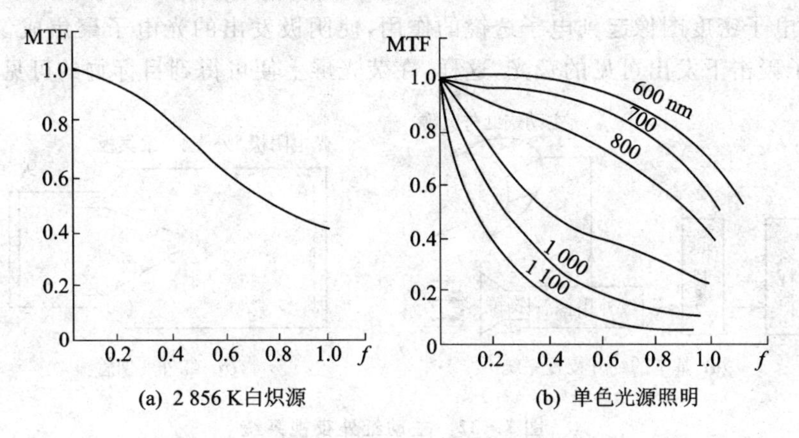

图 7-31　某线阵 ICCD 的 MTF 曲线

7.5　变像管和像增强器

7.5.1　概　述

把各种不可见图像(包括红外图像、紫外图像及 X 射线图像)转换成可见图像的器件称为变像管;把强度低于视觉阈值的图像增强到可以观察程度的光电成像器件称为像增强器。可见,变像管与像增强器都是图像变换器件,二者的工作原理相同,只是光阴极面的光谱响应不同。为此,人们把能够实现这样一些特殊功能的成像器件称为特种 CCD 成像器件。

特种 CCD 成像器件包括微光 CCD 成像器件、红外光 CCD 成像器件、紫外光 CCD 成像器件和 X 光 CCD 成像器件等。这里先从像增强器开始,讨论微光 CCD 成像器件类型、基本工作原理、基本结构和特性等问题。

1. 红外变像管与像增强器

红外变像管和像增强器是一种真空光电子器件。它可以将夜晚暗不可见的目标和景物变成人眼可见或亮度得到增强的图像。所以,人们又称它为黑夜的眼睛。

由于夜间亮度很低,红外变像管的光电阴极直接接收从目标和景物反射或散射到光电阴极的照度太小,无法发现和识别目标,因此,红外变像管工作时要附带上一个红外光源。利用此红外光源对目标进行照射,结果增加了从目标反射回来的光强,所以叫主动红外夜视器件,其结构如图 7－32 所示。在抽真空的玻璃外壳(现常用金属外壳)内的一个端面上涂以银-氧-铯光电阴极，目标物所发出某波长范围的红外光通过物镜在光电阴极上形成目标的像，引起光电子发射。阴极面每一点发射的电子数密度正比于该点的辐照度。这样，光电阴极将光学图像转变成电子数密度图像。加有正高压的阳极形成很强的静电场，合理地安排阳极的位置和形状，让它对电子密度图像起到电子透镜的作用，使阴极发出的光电子聚焦成像在荧光屏上。荧光屏在电子轰击下发出可见的荧光，这样，在荧光屏上便可得到目标物的可见图像。

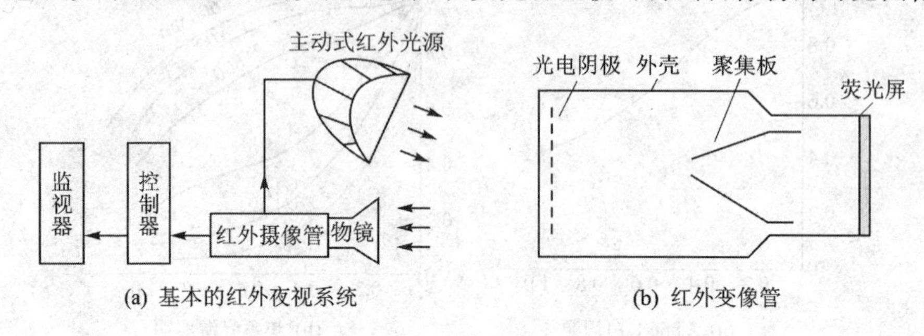

(a) 基本的红外夜视系统　　(b) 红外变像管

图 7－32　主动红外夜视系统

由于红外变像管对光的灵敏度很低，不能满足日益发展的夜视要求，于是，人们又探索新的成像方法，生产出所谓的第一代像增强器，它可以把三个如同上述的成像器件级联在一起(如图 7－33 所示)，使得到的图像信号获得串联放大后，不需要任何另加光源就能观察到星光乃至黑暗环境下的目标，可以观测照度低于 0.1 lx 的景物。由该器件构成的仪器就称为夜视仪。

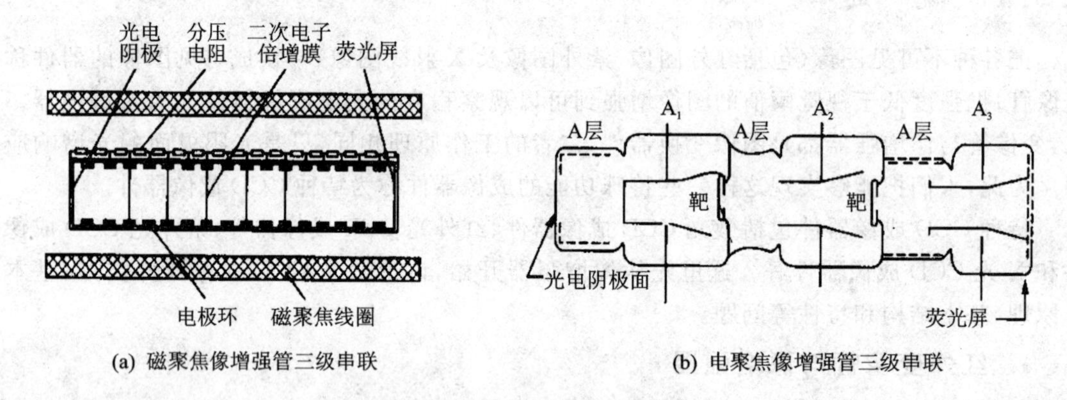

(a) 磁聚焦像增强管三级串联　　(b) 电聚焦像增强管三级串联

图 7－33　像增强器的串联

夜视仪的出现，标志了微光像增强器突破性的进展。到了 20 世纪 70 年代，由于通道板(Microchannel Plate，MCP)的成熟应用，出现了所谓的第二代像增强器。随着半导体技术的迅速发展，以砷化镓(GaAs)为基体，外延生长成光电阴极材料所得到的光电阴极灵敏度比一

代和二代光电阴极提高了 3～5 倍；同时，在红外波段 0.8～0.9 μm 处光谱响应灵敏度较高，大大改善了像增强器的功能。这种像增强器称为第三代像增强器。

像增强器的工作原理与红外变像管一样，通过物镜把目标和景物透射到成像器的光电阴极面上，真空中的光电阴极在电场作用下发射出电子，这些电子经电子透镜聚焦(磁聚焦或者电聚焦)打到荧光屏或者 MCP 上，电子以高速打到荧光粉上，一般有 6～15 kV 的加速电压，荧光屏显示出可见光，人眼通过目镜可以观察到一个经成像增强的光学图像。由像增强器构成的能够直接通过荧光屏观测微光景物图像的仪器，称为直视夜视仪。

2. 从普通 CCD 到微光 CCD

普通的 CCD 在明光成像方面获得了广泛的应用，但它对暗光、弱光却显得力不从心。而 CCD 具有对信号进行点处理的能力，像增强器具有光强放大作用，但没有信号处理能力；同时，虽然直视夜视仪的荧光屏可以直接观看图像，但只够一两个人观看，无法进行远距离传送，更无法保留图像。为了适应搜救、战争等特殊需要，夜视仪应能够实时地将图像传输到后方指挥系统，并能存储、保留图像，于是人们想到将像增强器和 CCD 结合到一起(见图 7－34)，制成能够在暗光、弱光下，在较远距离成像的器件，这种器件能集二者的优势，人们把这种器件称为微光电视摄像管，简称微光 CCD。

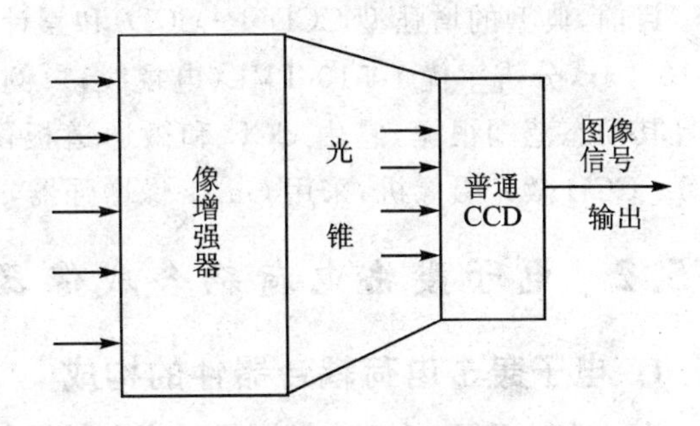

图 7－34　带有像增强器的微光 CCD

3. 微光 CCD 成像器件的特点与结构类型

微光 CCD 与直视夜视仪相比具有如下特点：

① 便于利用图像处理技术，提高显示图像的品质。

② 可以实现图像的远距离传输或远距离遥控摄像。

③ 可以与光电自动控制系统构成电视跟踪系统，直接用于武器制导、指挥射击等领域，具有较强的抗干扰能力和快速反应能力。

④ 可供多人、多地点同时观察。

⑤ 可以录像并长期保存。

⑥ 体积、质量、能耗、成本和使用维护等方面不如直视夜视仪。

综合上述特点，微光 CCD 被广泛应用于国防、安全、医疗和天文观测等方面。

目前，国际上所用的微光电视摄像系统的产品按结构可归结为 6 种类型，不同类型之间的区别在于摄像器件的不同。

第一类：使用串联式(也称级联式)像增强器耦合光导摄像管组成的微光电视摄像管。

第二类：使用微通道板像增强耦合光导摄像管组成的微光电视摄像管(MCPI－V)；第三代是像增强耦合异质结摄像管组成的微光摄像管(TGI－HJC)。

第三类：使用像增强器耦合二次电子电导摄像管组成的微光摄像管(I－SEC)。

第四类：使用像增强器耦合电子轰击硅靶摄像管组成的微光摄像管(I－EBS、I－SIT、I－SEM)。

第五类：使用电子轰击 CCD 构成的微光摄像管(EB－CCD)，或采用砷化镓(GaAs)半导体材料光电阴极构成的像增强器与 CCD 耦合构成的微光摄像管(I－CCD)。

第六类：电子累计方式的微光 CCD 摄像管(TDI－CCD)，这一类微光摄像管是最有前途的一类。

目前，典型的增强型 CCD(I－CCD)和累计型 CCD(TDI－CCD)摄像管的最低照度已经达到 10^{-6} lx，分辨率优于 510 TVL(电视线)。例如：德国的 SIM－CCD 可以在 10^{-6} lx 下工作，并且其动态范围很宽，它由 CCD 和微通道板像增强器构成，分辨率高达 510 TVL。美国的 TDI－CCD 微光摄像机，采用 GaAs 像增强器，可以工作在低于 10^{-6} lx 的照度下。

7.5.2 电子轰击电荷耦合成像器件(EB－CCD)

1. 电子轰击电荷耦合器件的构成

为了改进 CCD 的微光探测灵敏度和扩展其工作波长范围，自 20 世纪 70 年代中期开始把适合接受电子轰击的 CCD 作为电子图像探测器，直接在像增强器内用电子轰击 CCD 产生增益，于是出现了电子轰击电荷耦合器件 EBCCD(Electron Bombarded Charge Coupled Devices)。对于 EBCCD，大量的实验研究表明，光电子的每 3.6 eV 能量即可在 CCD 的探测单元里产生 1 个电子-空穴对，因此，1 个加速至 10 keV 的单个光电子能够产生约 2 700 个电子的信号，并由 CCD 对电子图像进行检测和读出处理，这样就构成被称之为电子轰击的 CCD。CCD 探测器与像增强器耦合的原理如图 7－35 所示，它由探测物镜系统、像增强器、光锥、普通 CCD 和图像记录显示系统组成。

EBCCD 具有很高的调制传递函数和高信噪比，其性能又优于其他器件，这就是为什么尽管它存在着复杂的加工工艺而仍被人们不断进行研制的原因。

EBCCD 可在景物照度 10^{-4} lx 下工作，分辨率为 500 TVL，在天文、高能物理、光谱学研究、微光摄像技术、航空航天及其他空间科学中获得广泛的应用。

2. EBCCD 结构类型

EBCCD 是由光学纤维面板(或光学玻璃)窗口、光电阴极电子聚焦系统、阳极、专用背照 CCD、保护玻璃窗口和陶瓷金属器壳等部件组成的。

EBCCD 结构大致分为倒像式(静电聚焦)、近贴式和磁聚焦三种结构。其中静电聚焦式的质量、体积较为适中，调节方便，制造工艺易于实现，是较为常用的一种结构。美国生产的

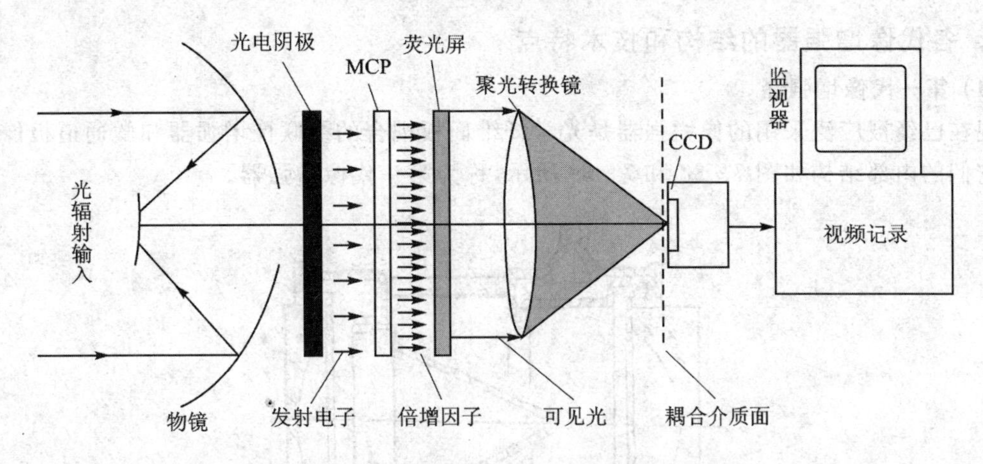

图 7-35　CCD 探测器与像增强器耦合的原理图

C81020 E 型和俄罗斯生产的 30Ⅱ-1 型 EBCCD 均属此类产品，它们分别采用像素为 403×256、像素尺寸为 16 μm×20 μm，以及像素为 532×290、像素尺寸为 17 μm×23 μm 的背照 CCD。图 7-36 为美国 RCA 公司研制生产的 C81020 E 型 EBCCD 结构图，图 7-37 为美国 IIVW 公司研制生产的近贴聚焦 EBCCD 结构图。

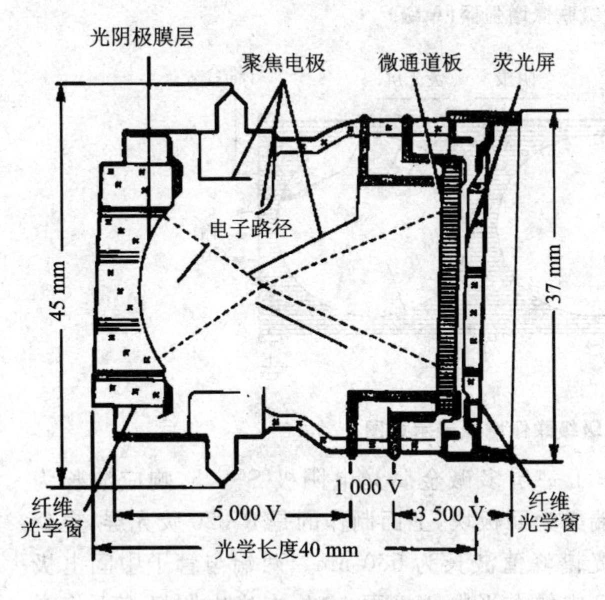

图 7-36　二代倒像式像增强器

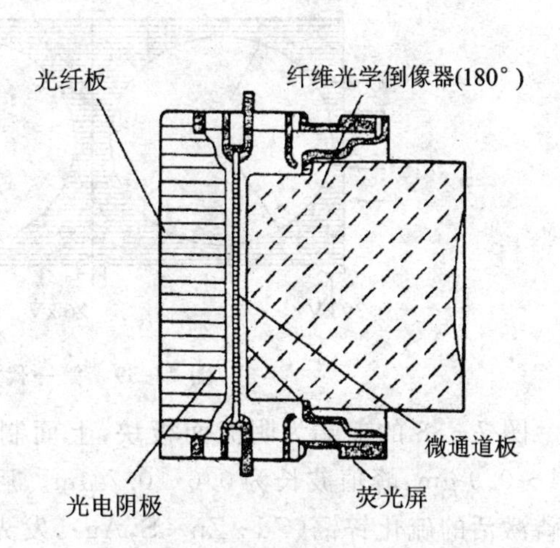

图 7-37　二代近贴聚焦像增强器

3. 各代像增强器的结构和技术特点

(1) 第一代像增强器

现在已经被广泛采用的像增强器是光学纤维面板耦合的级联像增强器和微通道板像增强器。它们的内部结构如图 7-38 和 7-39 所示，称为第一代像增强器。

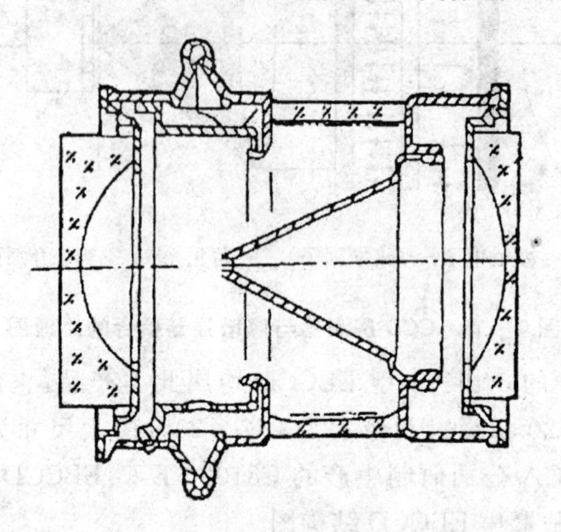

图 7-38　第一代级联像增强器(单级)

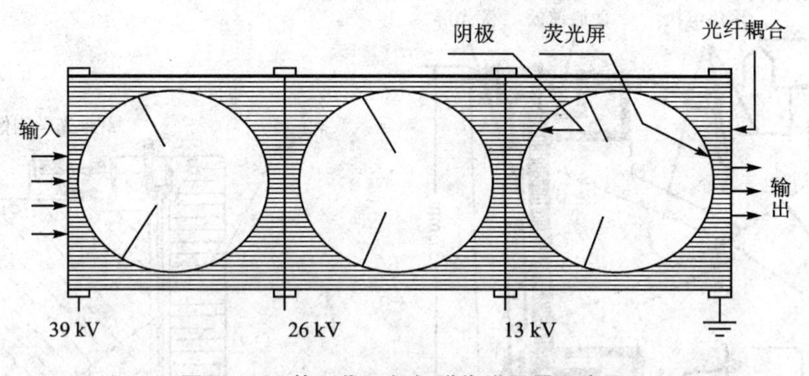

图 7-39　第一代三级级联像增强器示意图

图 7-38 的前端为阴极面板块，上面制作了一层多碱金属光电阴极 S-25，响应波长为 0.4～0.9 μm，峰值波长为 0.6～0.7 μm。后端亦为面板块，上面制作的是 P-20 荧光屏，也就是磷激活的硫化锌镉(Cd-Zn-S,Ag)，发光光谱峰值波长为 550 nm。两端与管子中间电极形成电子光学系统。当目标图像经过光学物镜成像在光电阴极面上时，在光电阴极表面将产生与投射光强成比例的光电子，在光电阴极上完成光电转换，阴极的灵敏度越高，产生的光电子会越多。转换出的一幅电荷图像受电子透镜形成的电场聚焦和加速(通常为 15 kV)，以很高的速度轰击荧光屏，于是荧光屏又将电荷图像转换成一幅可见的光学图像。不过，这是一幅

增强了的光学图像，增益可达 50～80 倍。如果将 3 个增强器级联起来，第一代 EBCCD 摄像系统的光灵敏度为 300 μm·lm^{-1}，辐射灵敏度（响应波长为 0.85 μm 时）为 20 mA·W^{-1}，亮度增益为 $2\times10^4\sim3\times10^4$ cd·m^{-2}·lx^{-1}，分辨率为 35 lp·mm^{-1}。

如图 7－39 所示，第一阴极面输入的微弱图像将获得连续 3 次增强，末端输出图像将获得数万倍的增益。若将末级输出用高灵敏度的 CCD 摄像机来接收，就组成了另一种高灵敏度、低噪声微光 CCD 摄像机。图 7－40 即为这种摄像机系统的结构示意图。

必须指出，第一代像增强器具有增益高、成像清晰的优点，但防强光能力差。

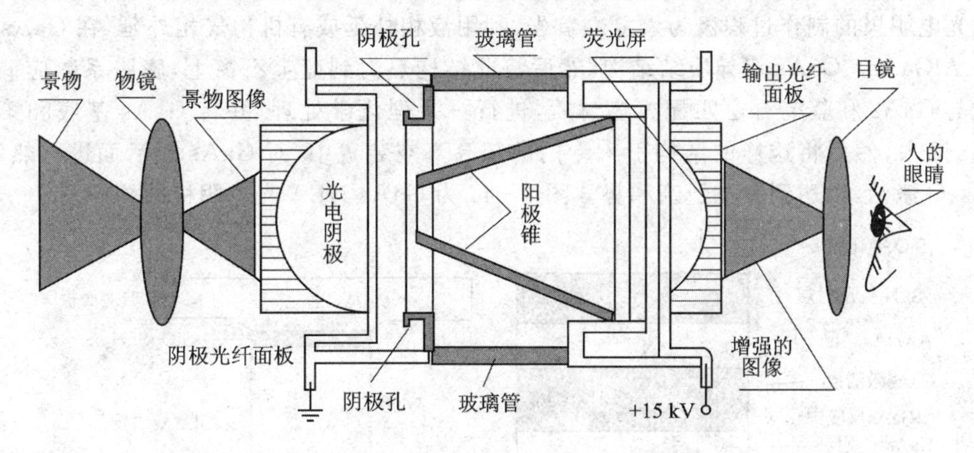

图 7－40　EBCCD 摄像系统的结构示意图

（2）第二代像增强器

图 7－36 和图 7－37 所示的是两种不同类型的第二代微光增强器。图 7－36 所示像增强器的主要特点是在第一代增强器中引入了一个微通道电子倍增器（MCP），称为二代倒像增强器，使得管子增益大大提高，一个单管就能得到万倍以上的增益。图 7－37 是对图 7－36 所示的增强器改倒像式静电聚焦为全贴近聚焦，在光阴极和荧光屏之间采取双近贴方式，荧光屏配置在纤维光学面板或光纤扭像器上，这就是人们常说的双近贴式二代管。采用双近贴结构会损失部分增益，但体积却进一步缩小，它同样可获得数千倍的增益。

与一代像增强器相比，二代像增强器有如下一些优点：① 体积小，质量轻。整管总长度约为一代微光管的 1/3（对二代倒像管）或 1/6（对双近贴管），质量约为其 1/2 或 1/10。② 调制传递函数好于一代管。③ 防强光。依靠微通道板电流的饱和效应，能实现自动防强光。④ 能通过控制通道板的外加电压来自动调节像增强器的亮度增益，控制范围可达 3 个数量级以上，从而使荧光屏输出亮度维持在某一合适的值，以利于人眼观察。⑤ 减少了荧光屏的光反馈。

但微通道板像增强器也存在着一些缺点：① 噪声大，这是由于在像增强器中加入 MCP，因而附加了 MCP 的噪声（噪声因子比一代管大 2～3 倍），因此，在低照度下（10^{-3} lx），一代微光管的性能优于二代微光管。② 工艺难度大，成品率低。

(3) 第三代像增强器

负电子亲和势(NEA)光电阴极像增强器即为第三代像增强器，目前其发展受到高度重视。其主要特点是光电阴极灵敏度很高，反射式 NEA 阴极的积分灵敏度高达 2 000 μA/lm，透射式 NEA 阴极的积分灵敏度可达 900 μA/lm，甚至更高，而且这种阴极的光谱响应的长波限向近红外延伸到 1.06 μm(有的可达 1.58 μm)，因而它与夜间天光的光谱匹配比多碱金属阴极要好得多。

第三代像增强器是在二代近贴管的基础上，将三碱光电阴极置换为 GaAs NEA 光电阴极。此光电阴极的制作过程极为繁复。首先，利用液相外延或有机物气相外延，在 GaAs 基底上生长 AlGaAs－GaAs 双异质结结构，然后将此结构热封到蓝宝石窗上，膨胀系数应调节到尽可能与 GaAs 和蓝宝石窗匹配。热封后，进行一系列化学处理，并将 GaAs 基底和第一层 AlGaAs 除去，然后将这样的结构引入专门的超高真空装置中，对 GaAs 激活面进行热清洁，进行 Cs、O 激活，以达到负电子亲和势。图 7－41 为 GaAs NEA 光电阴极结构简图。

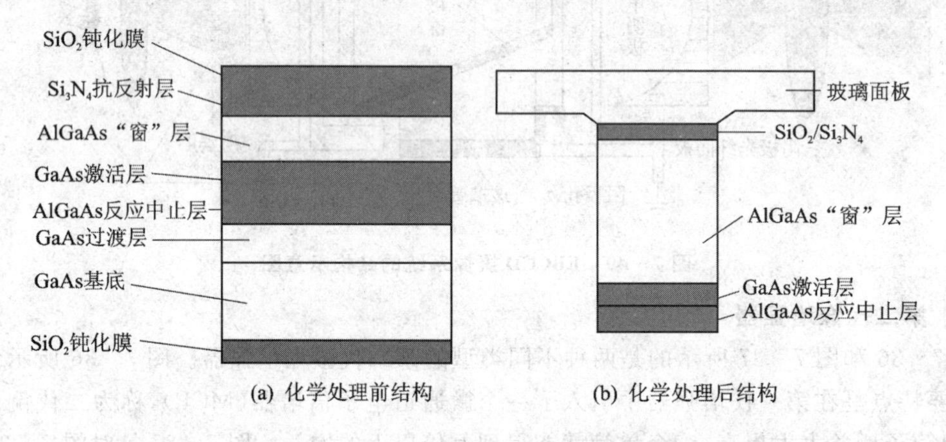

图 7－41　GaAs NEA 光电阴极结构简图

图 7－42 是夜间天光光谱与 S－25 及 GaAs 光电阴极的光谱响应曲线。由图可见，GaAs 阴极与 S－25 阴极相比，不仅积分灵敏度高，而且同夜间天光的光谱匹配要好得多。此外，NEA 阴极在近红外区的量子效率要比对近红外灵敏的 S－1 阴极高几十倍，而暗电流仅为后者的千分之一。上述 NEA 的这些特点，使得第三代像增强器既可用于微光夜视系统，又可用于主动红外夜视系统。由于目前只能在平面上生长 GaAs 单晶，不能在光纤板上制作球面阴极，所以只好做成带 MCP 的双近贴 NEA 像增强器，而不能做成带 MCP 的倒像式 NEA 像增强器。

制作 GaAs 光电阴极时需 10^{-9} Pa 以上的超高真空条件，比制作二代管需要真空度高出 3 个数量级，所以 NEA 阴极的工艺难度大、成本高。使用 NEA 光电阴极像增强器探测系统的作用距离可提高 50 %左右。随着三代管工艺的成熟和耦合技术的发展，高灵敏度、超小型

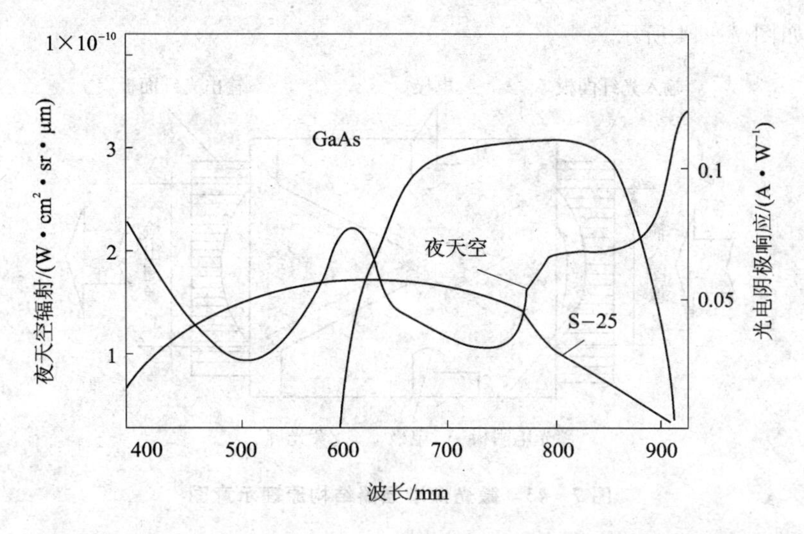

图 7-42 夜间天光光谱与 S-25 及砷化镓光电阴极的光谱响应曲线

的微光 CCD 将会在军事、安全、科学研究等方面得到广泛应用。

(4) 超二代像增强器

超二代像增强器(二代半)是以玻璃面板为输入窗、提高三碱光电阴极灵敏度和 MCP 性能的二代管。

提高三碱光电阴极灵敏度,可通过改变传统的先形成 K_3Sb 的方法而先形成 Na_3Sb,然后蒸发 K 和 Sb,使之形成有很强晶体结构的 Na_2KSb,并增大 $Na_2KSb(Cs)$ 光电阴极中光电子的逸出长度,且使它具有适当厚度,通过测反射率法和光电流监测法互相结合,共同监控光电阴极制作。用这种制作工艺,三碱光电阴极灵敏度已由 300 μA/lm 提高到 700 μA/lm。

可以通过增大 MCP 的开口面积比,提高电子首次撞击的二次发射系数以及撞击的倍增过程统计特性来减小 MCP 的噪声系数,以改善 MCP 的性能。此外,在通道端的出端上涂两次高发射系数的材料,也有助于降低噪声因素。

4. 微光像增强器的工作原理

图 7-43 为微光像增强器结构原理示意图。光电阴极将光学图像转换为电子图像,电子光学系统将电子图像传递到荧光屏,在传递过程中增强电子能量并完成电子图像的几何缩放,荧光屏完成电光转换,将电子图像转换为可见光图像。图像的亮度已被增强到足以引起人眼视觉,在夜间和低照度下可以直接进行观察。

(1) 光学纤维面板

微光像增强器的输入、输出窗一般由光学玻璃或光纤面板组成。光导纤维是由石英、玻璃等材料制成的传光纤维束、传像纤维束和光学纤维面板等,可用来传送光能及图像信息。它由较高折射率的芯体和较低折射率的包皮组成。当入射光满足全反射条件时,便在光纤内形成导波而传光，如图 7-44 所示。

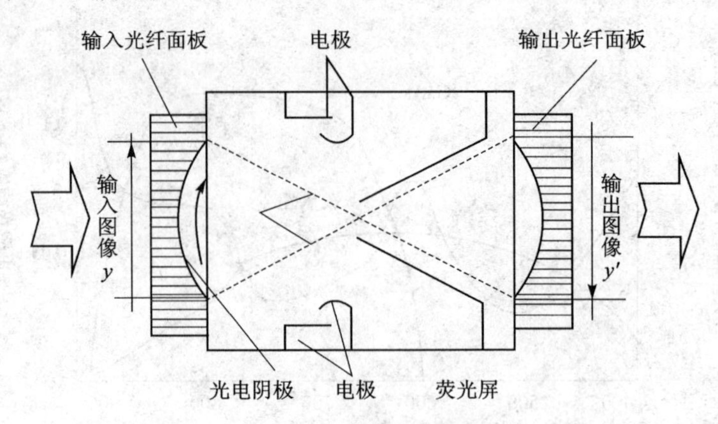

图 7-43　微光像增强器结构原理示意图

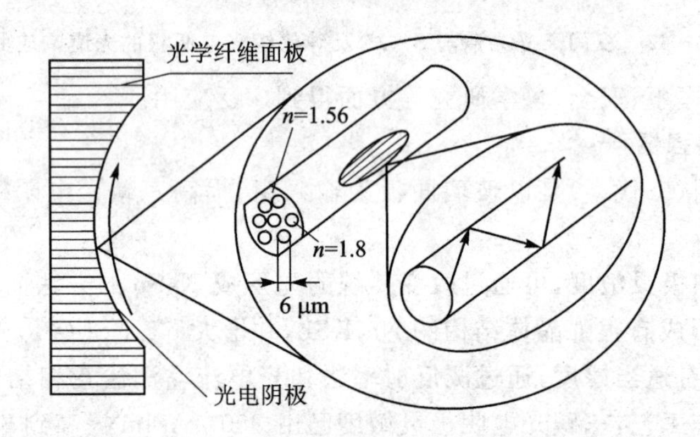

图 7-44　光导纤维传光示意图

光导纤维传输光的能力用数值孔径 NA 来表示，即

$$\mathrm{NA} = n_0 \sin \alpha = \sqrt{n_1^2 - n_2^2} \tag{7.5-1}$$

式中，α 为光线在纤维内发生全反射的临界角；n_0 为介质(一般为空气)的折射率；n_1 为芯体玻璃的折射率；n_2 为包皮的折射率。NA 值越大，表明集光能力越强。

把许多单根的光导纤维细丝整齐排列成纤维束，使它们在入射端面和出射端面中一一对应，则每根光纤的端面都可以看成一个取样单元。这样，经过光纤束就可以把图像从入射端面传送到出射端面。光学纤维面板就是利用入射光线在各单根纤维芯-包皮界面全反射的原理实现图像传送的。

光纤面板具有集光效率高、传像清晰的优点，其端面可加工成球面，以满足电子光学设计中消像差的要求。对光纤面板的性能要求有：数值孔径、透过率、传递函数、纤维直径、热性能、化学稳定性、气密性、与 S-20 光电阴极和 P20 荧光粉的相容性，以及疵病、网纹、畸变极限

等。

像增强器用的光纤面板由三种玻璃材料组成：高折射率芯玻璃、低折射率包皮玻璃和光吸收玻璃。三种玻璃的粘度和膨胀系数应相近，且彼此化学相容，与多碱光电阴极不起作用。

像增强器中除了采用一般光导纤维中的光导纤维面板作为输入、输出窗（见图 7-45）外，在其二代产品中还采用了一种特殊的光导纤维——空心纤维。它是选用适当电阻和二次发射性能的材料制成的。空心纤维平行密合并熔成空心纤维后，经一系列加工（切割、磨光、镀电极等）即形成微通道板。在其两端加以高压电场时，入射的微弱光在光电阴极面上转换为光电子后，受电场的加速作用撞击通道内壁，从而引起二次发射，产生二次电子。这些电子在电场作用下，加速并再次撞击通道内壁放出电子，如此重复多次，形成电子倍增，其电子增益在一定高压下可达 1×10^4。由于微通道板具有电子增益饱和特性，故能自动防强光。改变加到微通道板上的电压，可实现光亮度增益的自动控制，使输出亮度保持不变。

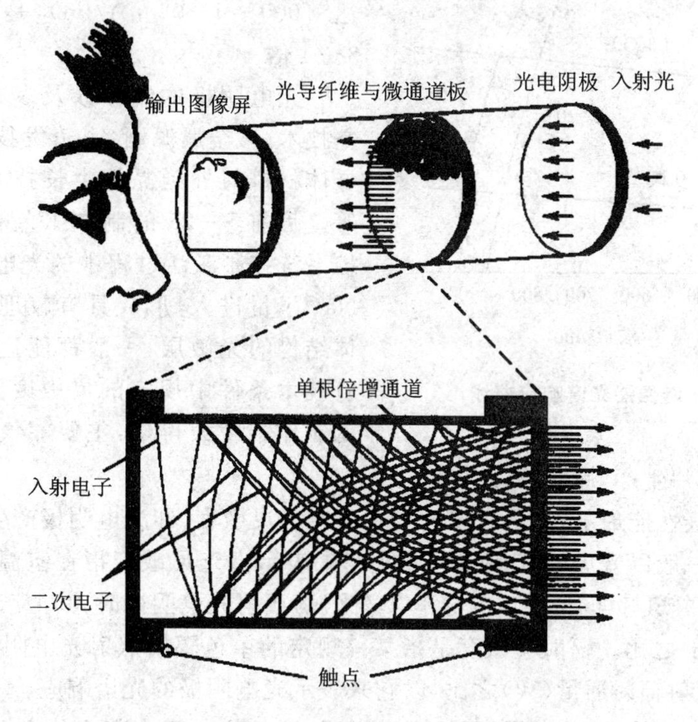

图 7-45　光导纤维及其微通道面板成像示意图

(2) 光电阴极

像增器中的光电阴极（见图 7-45）起到将微弱光的光学图像转换并增强为电子图像的作用，光电转换是利用外光电效应来完成的，电子图像的增强是利用电子光学系统实现的。

像增强管的工作特性和应用范围主要取决于所采用的光电阴极材料和制作工艺，最受关注的光电阴极是具有很高灵敏度的锑钾钠镉多碱光电阴极，这种阴极灵敏度高，热发射电流小，在可见光区光谱灵敏度均匀，使用这种阴极的光电器件性能大大提高，使低照度下图像增强成为可能。这种多碱阴极的编号为 S－20，具体可参看光电器件产品手册等。

在 S－20 的基础上再进一步改进制作工艺，使其光谱响应向红外延伸，可以获得与夜天光谱更好的匹配。据此又研制成功 S－25 光电阴极，目前第一代和第二代像增强管都采用了这类阴极，其光谱响应曲线见图 7－46。

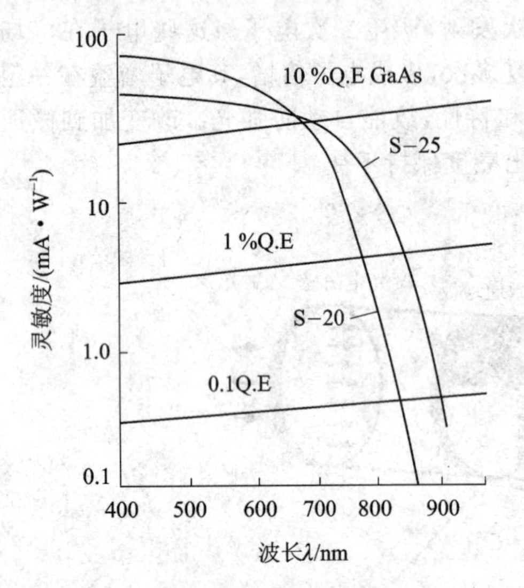

图 7－46　增像器光谱响应曲线

将 S－25 阴极置换为砷化镓负电子亲和势（GaAs NEA）光电阴极是制作第三代像增强器的基础。GaAs 在机制上与 S－20 阴极截然不同，GaAs 阴极具有很高的灵敏度（国际典型值达 1 000～1 300 μA/lm），是二代光电阴极的 3～4 倍。

光电阴极的制作涉及多方面的技术，如真空技术、碱金属源制备、蒸发技术、测试技术、半导体材料与外延晶体生长技术、表面物理技术等。目前 S－25 的制作工艺相当稳定，通过监控系统控制激活过程中的光电流，使合适的 K、Na、Cs 量进入，形成具有较理想化学组成和晶体结构的光敏层，一般都能达到或超过像增强管技术条件中规定的灵敏度要求。GaAs 阴极的制作难度大得多，主要靠气相外延或液相外延提供材料，属单片生产，周期长，效率低，造价高。

表征光电阴极性能最基本、最重要的参量是光电灵敏度，即光电阴极产生的光电流与入射辐射通量之比。一般以光灵敏度和辐射灵敏度来表示。光灵敏度指在室温下，用 2 856 K±50 K 的标准钨丝白炽灯（CIE 规定的标准“A”光源）照射光电阴极时，其上产生的光电流（μA）与入射光通量（lm）之比。辐射灵敏度是指某一规定的单色辐射照射光电阴极时，其上产生的光电流（mA）与入射辐射通量（W）之比，以它来表示光电阴极的光谱响应。

光电阴极的发射特性可以用量子效率来说明，即单位时间内产生的光电子数与入射光子数之比 $\eta_\lambda = n_e / n_{ph}$，它也是入射波长的函数。光电灵敏度和量子效率都是表征光电转换效率的，可以通过换算得到，即

$$\eta_\lambda = \frac{hc}{e\lambda} S_\lambda \tag{7.5-2}$$

式中，h 为普朗克常量，数值为 6.62×10^{-34} J·s；c 为真空中的光速，数值为 3×10^{10} cm/s；λ 为

入射辐射的波长，单位为 μm；e 为电子电荷，电量为 1.6×10^{-19} C；S_λ 为波长 λ 时的辐射灵敏度，单位为 $\mathrm{A\cdot W^{-1}}$。如果量子效率用百分数表示，则

$$\eta_\lambda = 1.24\times10^2\ \frac{S_\lambda}{\lambda}\times100\ \% \tag{7.5-3}$$

5. 多帧积累型微光 CCD 摄像机

现代通用的 CCD 电视摄像机的噪声主要有四种：① 信号中的散粒噪声；② 放大器的噪声；③ 暗电流的噪声；④ 暗电流的不均匀性引起的固有噪声(FPN)。其中，前三种均为随机噪声，而 FPN 噪声远小于随机噪声。通过对 CCD 器件进行制冷，可以有效地抑制 FPN 噪声，同时对随机噪声也有一定的抑制作用。但是，抑制随机噪声最直接、最简单也最有效的方法是采用信号积分的方法。对图像来说，就是用图像信号进行多帧积累的方法。

设进行 m 帧图像累积，则每个像元的电压值按功率关系相加的一般表达式为

$$P=\left(\sum_{i=1}^{m}V_i\right)^2=\sum_{i=1}^{m}V_i^2+2\sum_{i=1}^{m}C_{ij}V_iV_j,\qquad \begin{cases}1<i<j<m\\ i=1,2,\cdots,m\end{cases} \tag{7.5-4}$$

式中，C_{ij} 为个电压之间的相关关系，$0<C_{ij}<1$。由于信号中的随机噪声 V_{n} 是不相关的，服从泊松分布，因此，噪声之间的相关系数 $C_{ij}=0$。m 帧图像积累后，每个像元的噪声功率为

$$S=\left[\sum_{i=1}^{m}V_i\right]^2=\sum_{i=1}^{m}V_{\mathrm{n}i}^2=mV_{\mathrm{n}}^2 \tag{7.5-5}$$

对于图像信号来说，假设摄像扫描系统在空间的扫描位置不变，则有以下结论。

① 图像是静止的。各帧图像在同一空间位置的信号是相同的，设为 V_{s}，各帧信号之间的相关系数 $C_{ij}=1$。m 帧图像积累后的信号功率为

$$S=\left[\sum_{i=1}^{m}V_{si}\right]^2=m^2V_{\mathrm{s}}^2 \tag{7.5-6}$$

而功率信噪比为

$$\mathrm{SNR}=\frac{S}{N}=\frac{m^2V_{\mathrm{s}}^2}{mV_{\mathrm{n}}^2}=m\cdot\frac{V_{\mathrm{s}}^2}{V_{\mathrm{n}}^2} \tag{7.5-7}$$

假设没有积累的任一帧图像的信噪比为 $\mathrm{SNR_0}=V_{\mathrm{s}}^2/V_{\mathrm{n}}^2$，因此

$$\mathrm{SNR}=m\ \mathrm{SNR_0} \tag{7.5-8}$$

由式(7.5-8)可知，静止图像 m 帧积累以后，信号的功率信噪比可以提高 m 倍。

② 目标图像是运动的。此时相关系数 C_{ij} 在 0～1 之间取值，由式(7.5-4)可知，积累后的信号值将小于静止目标的积累值，积累后的信噪比提高也将小于式(7.5-7)和式(7.5-8)给出的值。对于缓慢运动和远距离移动的目标来说，相邻像元之间也存在着一定的相关性，多帧积累后，信噪比的提高也有明显的效果。

7.5.3 微光成像器件的主要性能指标

1. 光照灵敏度

微光电视摄像系统的光照灵敏度是指保证图像质量所需要的景物最低照度，它主要取决于摄像器件的光照灵敏度。除此之外，投射到摄像器件光敏面上的光照度受景物的光出射度、视距距离以及光学系统的通光孔径、焦距等因素的影响。例如，用微光电视摄像系统摄取距离为 l 处的景物时，当景物表面光出射度为 M_0、摄像物镜的透射系数为 τ_0、相对孔径为 D/f 时，若不考虑大气对光的衰减，则景物在摄像器件像敏面上的照度为

$$E_v = \frac{\pi}{4}\tau_0\left(\frac{D}{f}\right)^2 M_0 \tag{7.5-9}$$

2. 分辨率

分辨率是指显示的景物图像充满整个摄像器件的光敏面所呈现的电视线数。分辨率分为水平分辨率和垂直分辨率。微光 CCD 摄像系统的水平分辨率不但与 CCD 的水平分辨率有关，而且与光电阴极的水平分辨率有关。CCD 的水平分辨率可达 500 TVL，而组合起来的 CCD 微光摄像系统的水平分辨率一般可以做到 400 TVL 以上；垂直分辨率主要取决于一帧画面上所采用的扫描行数 N，微光 CCD 摄像系统的扫描行数 N 常为有效像元的行数。

3. 动态范围

动态范围指保证图像所需景物的最高照度和最低照度之比。对微光电视摄像系统，要求具有全天候工作的能力，既可以在夜间无星或月光的情况下（景物照度 10^{-5} lx）使用，又可以在白天阳光下（景物照度 10^5 lx）工作，动态范围高达 10^{10}。要满足这样大的动态范围，若不采用必要的自动调节系统，只靠改变光圈的办法是不行的。微光 CCD 摄像系统可以通过改变 CCD 的积分时间（具有 5 000 倍的调节能力）和改变光圈面积的办法来实现。

4. 灰　度

把图像的亮度从最亮到最暗分成 10 个亮度等级，该亮度等级称为灰度。由实践中得知，若灰度等级不劣于 6 级，则图像层次已较为清楚。微光 CCD 摄像系统中，CCD 的灰度比较高，常可以分成 256 个等级，但光电阴极和显示器的亮度等级低。

5. 对比度

对比度指图像最明处与最暗处亮度之差与最大亮度之比，以百分数表示。最大对比度是 100 %，但只有在实验室条件下才能得到。实际观察条件下，一般只有 10 %～30 %。对比度高，图像效果很硬，过渡区太明显，看起来不舒适；对比度太低，图像灰蒙蒙的，看起来也不舒适。对比度在 30 %左右观看时，图像的效果最佳。

6. 非线性失真

非线性失真是指景物经过微光电视摄像系统后所生成的图像产生的畸变，以非线性失真

系数表示。一般规定为行非线性失真系数小于或等于 17 %、场非线性失真系数小于或等于 12 %，即可使人眼觉察不到失真。对微光 CCD 摄像系统来说，这一要求很容易达到。

7. 信噪比(S/N)

信噪比是指微光摄像系统输出的视频信号功率与噪声功率之比，常用分贝数表示。虽然最终人眼是在显示器上观看图像，但根据系统噪声理论分析可知，对于电视摄像系统的信噪比，主要取决于所采用的摄像器件本身以及通道接口和通道电路的前置级的噪声。从实践中得知，信噪比达到 30 dB 以上时，所显示的图像较为满意。这对于一般广播电视和应用电视系统都是必须满足的要求；但对于微光电视摄像系统，在微光条件下观察往往很难达到。为此，在设计时就必须考虑到，应尽量提高摄像系统的信噪比。电视系统的信噪比与图像质量之间的关系如表 7－3 所列。

表 7－3　电视系统信噪比与图像质量的关系对照表

质量等级	信号噪声比 $S\cdot N^{-1}$/dB	对图像清晰度的影响
1	60	完全看不到噪声干扰
2	50	稍微能看到一些干扰
3	40	能看清噪声和干扰，但图像清晰度几乎无影响
4	30	对图像有影响，但不妨碍收看
5	20	对收看稍微有影响
6	10	对收看有明显妨碍
7	0	妨碍严重，图像不能成形

8. 视　场

视场指微光电视摄像系统所能摄取图像的空间范围，取决于摄影物镜的视场角，一般要求达到几度到几十度。

相对孔径(D/f)指摄影物镜的有效通光孔径 D 与焦距 f 之比。在物镜上所标的光圈指数值 F 为相对孔径的倒数。F 值越小，说明其相对孔径越大，镜头的分辨率越高。

摄像物镜分辨率是指焦平面上 1 mm 范围内所能分辨的明暗线条数(lp/mm)。但这些表示是不严格的，因它包含了观察者的主观因素在内，所以近年来多采用比较严格的调制传递函数来表示镜头的分辨率。调制传递函数是指传递系统的输出调制度 $C'(N)$ 与输入调制度 $C(N)$ 之比，即

$$M(N)=\frac{C'(N)}{C(N)} \tag{7.5-10}$$

对于物镜的调制度 C 定义为传递图像的最大亮度和最小亮度的差值与和值之比，即

$$C=\frac{L_{\max}-L_{\min}}{L_{\max}+L_{\min}} \tag{7.5-11}$$

一般摄像物镜的分辨率在中心区为 40～60 lp/mm，在边缘区域要下降一半，这种镜头对 1 in 以下的光敏面（或光电阴极有效直径）的摄像管够用了；但对 1 in 以上的摄像管尚显不足。

图 7－47 是一个实际电视镜头的调制传递函数曲线，透射比（τ_0）与 T 值透射比是指通过微光电视系统的光学系统出射光通量与入射光通量之比，一般要求 $\tau_0 \geqslant 70\ \%$。T 值是综合考虑物镜的相对孔径（D/f）和透射比（τ_0）指标的一个参数。定义：$T=f/D$，一般要求 $T<2.0$。

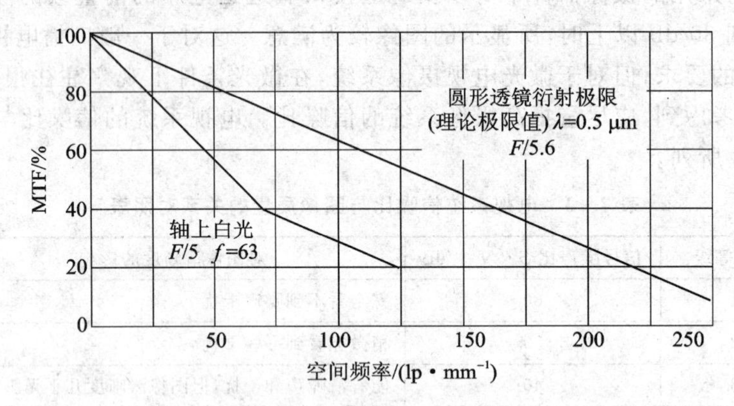

图 7－47 摄像物镜调制特性曲线

9. 使用环境要求

一般军用装备的使用环境要求都很苛刻，设计时必须考虑仪器能够在高温、低温、振动、冲击和淋雨等环境下工作，在特殊条件下使用还要附加其他要求。

10. 电　源

电源要求尽量和所配备的装备上现存的电源相一致，这样可使电源简化，也可以避免相互之间的干扰。

11. 体积、质量和工作寿命

原则上要求做到体积小，质量轻，工作寿命长。若用在航空航天装备中，则要求更为严格。

7.5.4 微光 CCD 成像器件的主要技术

1. 集光概率

在讨论夜间观察系统的时候，最重要的就是器件的微光性能。图 7－48 示出了夜间照度的分布情况，晴天满月的夜间照度相当于 2×10^{-1} lx，有云无月的夜间照度相当于 10^{-4} lx。如果要求夜间微光电视系统至少要在夜间 80 %的时间内工作，那么系统的照度阈值就要达到 5×10^{-4} lx。这个照度大致只能使像敏器件每帧、每个像元产生 10～30 个电子。其原因是像敏器件在夜间对照度具有累积概率（见图 7－48）。当然，在预测系统的性能时，还必须考虑视

觉和微光系统受到大气传输和散射的影响，但这里不再赘述。

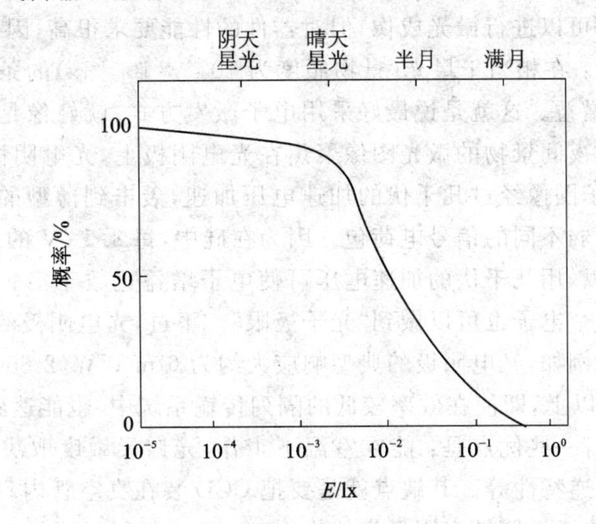

图 7-48　像敏器件在夜间对照度的累积概率

2. 微光 CCD 成像器件的激发方式

一般使用 CCD 做微光成像系统基本上有三种激发方式，即光子激发方式、电子激发方式以及光子和电子混合的激发方式。

(1) 光子激发方式

光子激发就是由景物反射的夜间自然辐射光子来激发 CCD 像敏器件，使 CCD 的各单元按照光线强弱产生相应的电荷包；信号电荷包再通过扫描、传输和放大，送到显示装置上，变成与景物相应的光学图像。但是，在夜间极微弱的光照下，每个信号电荷包只有几十个电子，要探测这样弱的信号，器件本身的噪声必须很低，否则无法成像。因此，一般的 CCD 像敏器件在室温下是无法由光子直接激发工作的，必须制造出高性能的 CCD 或者加以冷却才行。采用埋沟器件并冷却到 $-20\sim-40$ ℃，可使 CCD 本身的暗电流噪声降低到每帧、每像元几个电子。对于这样弱的信号，除器件本身的噪声必须很低外，还需要使用专门的低噪声放大技术；也就是说，信号在采集放大过程中电路本身带来的噪声必须很小。目前，微弱信号放大技术使得 CCD 的信噪比是一般真空摄像系统的 10 倍左右。如果采用浮置栅放大器，信噪比还可以提高。已经证明，用浮置栅放大器可使杂散电容低达 3×10^{-1} pF。因为这种浮置栅放大器能够无损地读出信号，所以，很弱的信号也可以通过一连串的浮置栅结构加以放大。这种浮置栅结构叫做分配浮置栅放大器，记做 DFGA。在这种放大器中，信号的放大与浮置栅的级数 M 成正比，而噪声的增加则与 M^2 成正比。现在国际上已经研制出了 12 级的 DFGA 放大器，并且已经证实，其噪声等效电荷低于 20 电子/(像元 · 帧)。探测灵敏度比一般的光导摄像系统高 100 倍。常温下的 CCD 摄像机已经可以在 10^{-2} lx 照度下进行正常摄像。

(2) 电子激发方式

光子激发方式虽然可以进行微光成像，但对器件的性能要求很高，因而制造困难。人们根据分析和实验研究认为：在相当于星光(景物照度为 $10^{-4}\sim10^{-3}$ lx)的条件下进行摄像，最好是在 CCD 前面有附加增益。这就是说最好采用电子激发方式，就好像是用 CCD 像敏器件取代变像管中的荧光屏。夜间景物的微光图像聚焦在光电阴极上，光电阴极根据光线的强弱产生相应的电子图像，电子图像经过几千伏的加速电压加速，轰击到薄型的 CCD 上，使 CCD 像敏器件的各单元产生强弱不同的信号电荷包。因为在硅中，每 3.5 eV 的入射电子能量就产生一个电子一空穴对，所以，用几千伏的加速电压可使电子增益达数千倍。有了这个增益，前置放大器噪声即使是几百个电子也可以做到"光子极限"。不过，光电阴极的量子效率比较低，会部分地抵消这个优点。例如，光电阴极的典型响应大约为 6 mA/W(2 854 K 钨丝灯)，而硅的响应则可达 90 mA/W 以上，即使在效率较低的隔列传输系统中，也能达到 30 mA/W。

此外，电子轰击还有一些优点是：能在室温下工作，光谱灵敏度取决于光电阴极，在整个光谱区有良好的调制传递特性等。其缺点就是要把 CCD 装在真空管内，在工艺上和操作上都比较麻烦，且失去了固体成像器件牢固可靠的优点。

图 7-49 是以电子激发方式工作的两个方案：图(a)为倒像式电子轰击电荷耦合器件，图(b)为近贴式电子轰击电荷耦合器件。

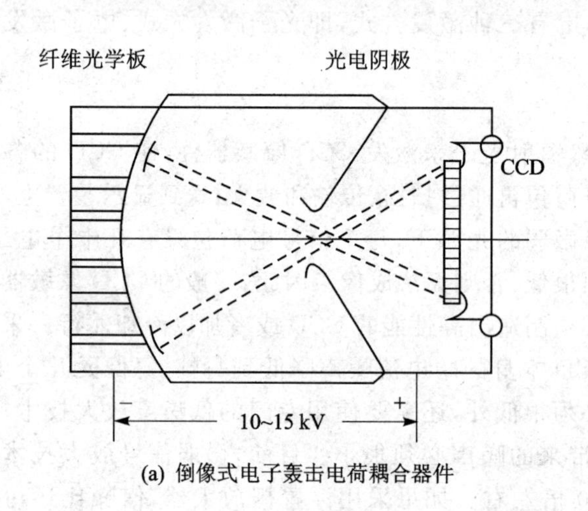

(a) 倒像式电子轰击电荷耦合器件

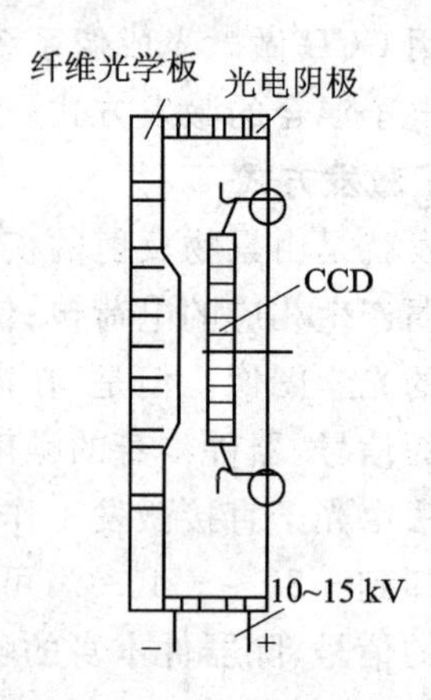

(b) 近贴式电子轰击电荷耦合器件

图 7-49 以电子激发方式工作的两个方案

比较直接光子激发 CCD 和电子激发 CCD 的性能是相当困难的，但有人曾假定两者的像元面积为 6.45×10^{-4} mm²，积分时间为(1/30) s，光子激发 CCD 的灵敏度为 30 mA/W，噪声电平为 10 电子/(像元·帧)，而电子激发 CCD 的灵敏度为 6 mA/W，噪声电平为 0，在这种情况下，当辐照度高于 6.2×10^{-6} W/m² 时，直接光子激发 CCD 在各种对比度下都有较高的信噪比。当辐照度低于 6.2×10^{-6} W/m² 时，电子激发 CCD 的信噪比优于光子激发 CCD。不

过，这个优点也只是在对比度为 1 时才比较重要，在其他对比度下是无关紧要的。

由此可见，在较高的光照度下，光子激发 CCD 并不亚于同样大小的电子激发 CCD，不过，前置放大器的噪声电平不得高出 10 个电子。然而，采用倒像式电子轰击 CCD 可使相面缩小，因而，可把较大的光电阴极与 CCD 阵列结合在一起，使灵敏度提高一些。

(3) 光子和电子的混合激发方式

光子激发 CCD 与电子激发 CCD 一直处在实验研究之中，而电子增强、光子激发 CCD 的混合方式，即像增强器与 CCD 的耦合方式却获得了高速的发展，达到了实际应用的阶段。

3. 像增强器与 CCD 的耦合技术

像增强器与 CCD 耦合的微光成像器件近几年发展很快，并得到了较为广泛的实际工程应用，取得了令人满意的结果。这是因为微光摄像机所用的像增强器可以是级联管或者微通道板、倒像式或者近贴移像式、静电聚焦或者电磁聚焦。同像增强管耦合的成像器件可以是光电导摄像管，也可以是 CCD 这类固体摄像器件。硫化锑摄像管同像增强管的耦合系数约为 0.45，氧化铅摄像管约为 0.5，CCD 的峰值响应波长也可与普通像增强管荧光屏的发射光谱较好地匹配。CCD 正在各种系统中取代各类光导摄像管，如前面的图 7－40 示出的由单级像增强器用光锥与 CCD 摄像机耦合构成的微光摄像机。图 7－50 示出了由二级像增强器用光锥与 CCD 摄像机耦合构成的微光摄像机，这些像增强器摄像机已经得到了较广泛的应用。

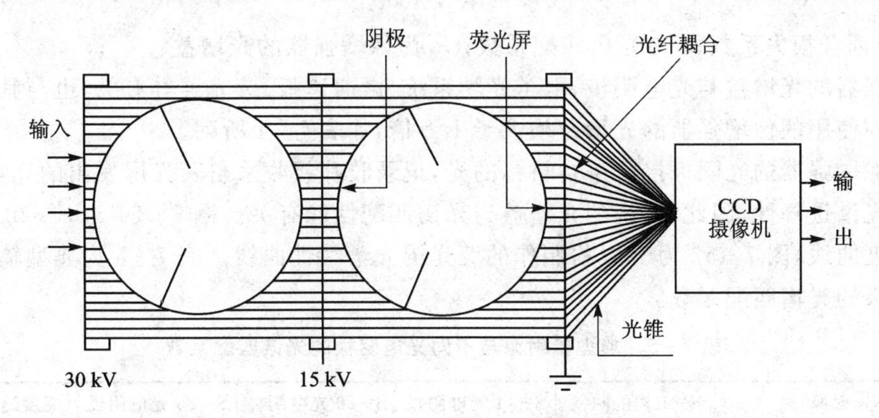

图 7－50　二级像增强器用光锥与 CCD 摄像机耦合示意图

光电系统中的这些像增强管的增益可达 $10^4 \sim 10^5$ 倍，所以，与之耦合的摄像器件都可在微光下工作。但是，高增益的同时却伴随着新的附加噪声（如在级联管中的第一级初级电子的发射、荧光屏粒度和发光效率的差异、光学纤维束的不均匀性等；在微通道板管中的电子入射角的不同、微通道板管径的偏差、发射材料的不均匀、电子的散射等），因而使输出信噪比劣化。同时因为光子、电子多次转换和处理，使得清晰度也下降不少。由于这些原因，就不能追求像增强管有过高的增益。相反，在不是极微弱照度时，采用增益低一些的像增强管进行耦合，反而会得到更好的观察效果。表 7－4 给出了各类像增强器的增益，以供选择。

表 7-4　各类像增强器的光增益

管　型	亮度增益/lx^{-1}
一代像增强器	>50
二代 18/18 倒像管 xx1306	23 000～46 000
二代 25/75 倒像管(USA)	30 000～70 000
二代 10/30 倒像管 xx1380	3 000～25 000
二代 50/40 倒像管	30 000～54 000
二代 18/18 近贴管(USA)	7 500～15 000

7.5.5　耦合增益与耦合损耗

1. 耦合增益分析

像增强高速电影摄影系统的光增益与像增强器的光增益有关，也与像增强器与 CCD 的耦合有关。

系统的光增益 G 表示为

$$G = K \cdot a \cdot G_{增} \tag{7.5-12}$$

式中，K 为耦合损失系数；a 为光谱匹配系数；$G_{增}$ 为像增强器的光增益。

像增强器的光增益与光电阴极、电子光学系统、微通道板、荧光屏等有关，也与其制造工艺有关。目前使用的像增强器的光增益均大于 1 万倍，如表 7-4 所列。

由于像增强器的光阴极接收来自目标的光，记录胶片接收来自荧光屏发出的光，光阴极与胶片具有光谱选择性，因此，系统的光增益与光谱匹配性能有关。图 7-51 为 S-20 光电阴极的光灵敏度曲线，图 7-52 为 P20 粉制作的荧光屏光谱特性曲线。表 7-5 为典型辐射源与不同光电阴极的光谱匹配系数。

表 7-5　典型辐射源与不同光电阴极的光谱匹配系数

辐射源	S-1 光电阴极	S-11 光电阴极	S-20 光电阴极	S-25 光电阴极	亮度适应人眼
太阳光	0.535	0.328	0.406	0.507	0.176
月光			0.130	0.270	0.088
星光			0.148	0.063	0.008
标准 A 光源	0.500	0.055	0.103	0.211	
标准 A 光源带红外滤光片	0.273		0.018		

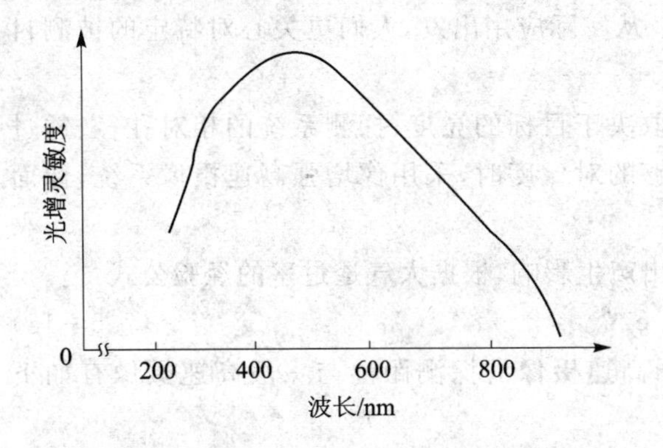

图 7-51　S-20 光电阴极的光谱曲线图

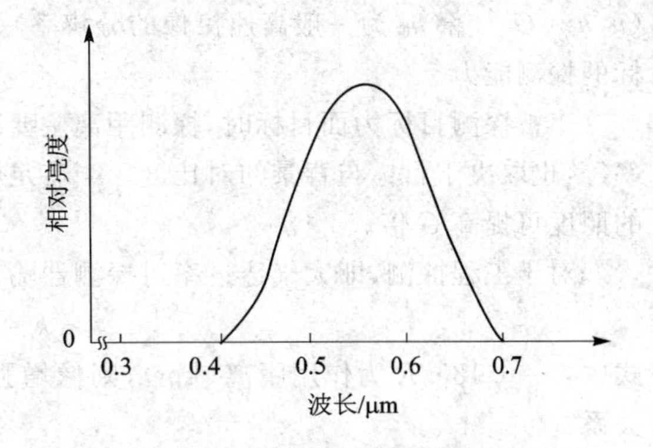

图 7-52　P20 粉荧光屏光谱特性曲线

像增强器的光增益中一个重要因素是耦合带来光损失。实现耦合的方式通常有两种，一种为中继透镜式耦合方式，另一种为光纤面板近贴方式。由于中继透镜耦合方式光能损失大，仅有百分之几的光能被传递，所以通常选用光纤面板近贴耦合。

由于荧光屏具有朗伯光源发光的特点，则光纤面板输出用的光能量为

$$F = \int_0^{\arcsin(\mathrm{NA})} 2\pi I_0 \sin \Phi \cdot \mathrm{d}\Phi = \pi I_0 (\mathrm{NA})^2 \qquad (7.5-13)$$

表 7-6 为当像增强器的光增益 $G=10\ 000$、光纤面板透过率 $\tau=0.7$、光谱匹配系数 $a=0.58$ 时，采用实用的不同数值孔径的光纤面板耦合的系统总光增益。表 7-7 为不同数值孔径的光纤面板集光效率。不难看出，耦合光纤面板对系统的光增益影响是很大的。

表 7-6　$G=10\ 000$、$\tau=0.7$、$a=0.58$ 时光纤面板耦合的系统总光增益

光纤面板数值孔径 NA	0.4	0.5	0.6	0.7	0.8
系统光增益	515	805	1 159	1 577	2 060

表 7-7　不同数值孔径的光纤面板的集光效率

光纤面板数值孔径 NA	0.1	0.2	0.3	0.4	0.5	0.6	0.7	0.8
集光效率/%	1	4	9	16	25	36	49	64

2. 像增强摄像器件的探测能力

从信息量的角度，像增强摄像可获得较一般摄像高得多的信息量，其获得的信息量为

$$I = pFn^2[\lg(1+S/N)](t_p EG/H)^{2/3} \qquad (7.5-14)$$

式中，p 为成像频率，F 为画幅面积，n 为分辨率，S/N 为信噪比，t_p 为画幅周期时间，E 为增强器灵敏面照度，G 为系统光增益，H 为曝光量。与一般摄像比较，其获得的信息量可高出

$(n/n_0)^2G^{2/3}$ 倍（n_0 为一般高速摄像的分辨率）。从实际应用出发，人们更关心对特定的被测目标的探测能力。

当被探测目标为面目标时，探测距离主要取决于目标的亮度、探测系统的相对孔径、透过率等，也取决于目标与背景的对比度。当有足够的对比度时，采用像增强高速摄像系统，像面的照度可提高 G 倍。

对于工程探测，即大气透过率对探测器输出产生影响，根据大气透过率的经验公式：

$$k = \mathrm{e}^{-\alpha R} \tag{7.5-15}$$

式中，$\alpha=0.135$，R 为作用距离（km），则像增强高速摄像的探测距离与一般高速摄像有如下关系：

$$G\mathrm{e}^{-\alpha R}/\mathrm{e}^{-\alpha R_0} = 1 \tag{7.5-16}$$

式中，R_0 为一般摄像的极限探测距离，$R=R_0+17\lg G$。

表 7-8 是一般摄像极限探测距离为不同数值时，像增强高速电影摄像探测能力的提高系数（R/R_0）。

表 7-8　G=1 000 时的像增强摄像探测能力

R_0/km	2	5	8	10	15	20	30	40	50
R/R_0	26.5	11.2	7.38	6.10	4.40	3.55	2.70	2.23	2.02

由表 7-6 可看出，在 G=10 000 时，随着摄像距离的不同，其像增强高速电影摄像探测能力的提高系数是相同的。

若被探测目标为点目标，则其探测距离为

$$R = \sqrt{\frac{ID^2}{Ed^2}\tau} \tag{7.5-17}$$

式中，I 为目标发出光强度，D 为摄像口径，d 为像点直径，τ 为摄像系统透过率，E 为像面所需要的照度。

当采用像增强高速电影摄像时，像面所需照度可降低 $1/G$，探测距离得到了提高。

$$R = G^{\frac{1}{2}}\sqrt{\frac{ID^2}{Ed^2}\tau} \tag{7.5-18}$$

式中，G 为系统的光增益。可以看出，对于点目标，探测距离较一般高速摄像提高了 G 倍。对于工程探测，像增强高速电影摄像探测距离与一般高速摄像有如下关系：

$$\left.\begin{aligned} &G^{\frac{1}{2}}\cdot \mathrm{e}^{-\alpha R/2}/\mathrm{e}^{-\alpha R_0/2} \\ &R = R_0 + 17\lg G \end{aligned}\right\} \tag{7.5-19}$$

式中，R_0 为一般像增强摄像极限探测距离。但由于像增强高速电影摄像的分辨率较一般高速摄像低，则探测距离比上述表达式有所降低。

总之，采用像增强摄像有以下特点：

① 采用像增强摄像，可大大提高摄像微光探测系统的探测能力，其探测能力的提高与摄像探测极限有关。

② 像增强摄像系统采用光纤面板的紧贴耦合方式较中继透镜更有利于提高增益。

③ 选择适当的数值孔径光纤面板对实现高摄像质量是十分重要的。

④ 采用像增强摄像技术是现代微光探测系统广泛采用的方法。

7.6　红外焦平面成像器件

随着现代光电子技术、集成光学技术、导波光学、薄膜光学及器件材料的“能带”工程等技术的飞速发展，在各种单项功能成像探测器件的基础上，制成各种阵列型成像器件，满足现代光电系统的应用需求，成为现代光电成像器件发展的一个重要特征。通常所述的红外阵列探测器件是指光纤通信波段(850～1 550 nm)以外的中远红外探测器，它主要应用于红外成像、制导、遥感、跟踪以及空间通信与光电对抗等技术领域。已经研制和开发的各种红外探测器件中，以 HgCaTe 为材料的单元、多元及焦平面阵列的探测器受到广泛重视。在 3～5 μm 波段，HgCaTe 与 InSb 的焦平面阵列探测器互为竞争对象，各有长处；在 8～14 μm 波段，则以 HgCaTe 焦平面阵列探测器件为发展重点。提高阵列单元数目，探索新材料和新结构，是发展红外成像探测器件的重要任务。

7.6.1　红外焦平面阵列(IRFPA)成像器件概述

光学上的“焦平面”一词是指光在光轴被聚焦的成像平面。在红外领域里，人们把这个面上进行的红外探测器与信号读出的光学系统也称为焦平面；或者说，既能在焦平面上完成红外信号探测，也能在焦平面上完成信号转移、多路传输、一路或多路读出的器件，就叫做红外焦平面阵列(Infrared Focal Plane Array，IRFPA)器件。

IRFPA 是现代红外成像系统的关键器件之一，其产品目前已经发展到第三代。第一代器件的功能只是将红外辐射信号转换成电信号，对信号的进一步处理是在制冷器(杜瓦瓶)外完成的。第二代器件增加了信号读出集成电路(ROIC)，探测器与 ROIC 连在一起，并同装在制冷器中，其信号探测和信号处理都在制冷器内部完成。第三代为凝视型红外探测器，凝视型又分为扫描方式和非扫描方式两种。目前只有凝视型红外探测器具有非扫描成像功能。

目前，红外焦平面探测器产品能够大批量生产的有：N 系列产品，如(288×4)元，(576×4)元，(768×10)元，(960×6)元，(1 500×1)元；大面阵器件产品批量生产的有(256×256)元，(512×512)元，(640×480)元，(1 024×1 024)元等。

1. IRFPA 特点

与单元红外探测器相比，IRFPA 具有以下优点：

① 它是一种集光电转换和信号处理于一体的固体光电阵列摄像器件，因此，它在红外系统中的应用不仅可以简化，而且可以省略光机扫描系统。

② IRFPA 器件具有信号转换、多路传输、时间延迟积分(TDI)、复杂信号处理(信号分割、撤除、缺陷元剔除)、增益控制、改变扫描方向、视窗选择、变帧频等功能。

③ 由于它具有对信号积分累加功能，所以可以提高系统的灵敏度和分辨率。

④ 简化信号处理电路，降低对制冷系统的要求，从而减轻了系统的质量和减小了尺寸，提高了可靠性，降低了功耗和成本。

扫描性红外焦平面阵列器件的优点如下：

① 扫描型器件能用较少的探测元获得较多像素的图像信号，降低了成本，像质比凝视型要好，如(288×4)元扫描型 FPA 扫描后的图像质量要比凝视型(256×256)元好得多。

② 利用 N 系列 FPA 的 TDI 功能，可提高探测器的灵敏度。

③ FPA 的空间频率决定 TDI 的空间截止频率，探测元之间的中心距离决定了空间截止频率，这样，可以通过缩小线列中心距离，来提高空间分辨率。

④ N 系列的 FPA，读出处理电路可以做在芯片的两侧，这样，可增加更多的输出路数，从而可有效地提高数据处理功能和工作频率。

其缺点如下：

① 需要扫描光学系统。

② 帧频不易改变。

凝视型红外焦平面阵列器件的特点如下：

① 由于不需要扫描光学系统，简化了系统结构，缩小了体积，减轻了质量，故非常适用于红外制导。

② 节省扫描系统，便增加了每个探测元的积分时间，提高了系统的灵敏度。

③ 能连续地探测、跟踪和测量在背景中的目标，特别是高速或超高速目标，这是扫描型红外焦平面阵列器件不可能做到的。

④ 能方便地改变帧频。

⑤ 若采用扫描机构，也可改善和提高空间分辨率。

⑥ 由于 FPA 与系统光学共同决定其视场，在 FPA 不满足系统光学时，可增大 FPA 的规格，或扫描微扫描机构，矛盾即可解决。

⑦ 同等规格的 FPA，制造凝视型红外焦平面阵列器件比制造扫描型红外焦平面阵列器件难度大得多，所以凝视型 FPA 比扫描型 FPA 要昂贵得多。

2. IRFPA 器件的分类及约束条件

IRFPA 是在材料、探测器阵列、微电子、互连、封装等多项技术的基础上发展起来的，因此，在结构上、使用上都存在一定的约束条件。

(1) IRFPA 的结构条件

IRFPA 可根据其结构、光学系统的扫描方式、焦平面上的制冷方式、读出电路方式或根据不同响应波段采用的材料进行分类；按照结构可分为单片式和混合式；按照光学系统扫描方式可分为扫描型和凝视型。按照读出电路可分为 CCD(电荷耦合器件)、MOSFET(金属氧化物半导体场效应管)、CAM(电荷注入)和 CID(电荷成像矩阵)等类型。按照制冷方式可分为制冷型和非制冷型。按照响应波段与材料可分为 1～3 μm 波段(代表材料 HgCdTe(碲镉汞))、3～5 μm 波段(代表材料 HgCdTe、InSb(锑化铟)和 PtSi(硅化铂))及 8～12 μm 波段(代表材料 HgCdTe)。

(2) IRFPA 的工作条件

IRFPA 通常工作于 1～3 μm、3～5 μm 和 8～12 μm 的红外波段并多数探测 300 K 背景中的目标。典型的红外热成像条件是在 300 K 背景中探测温度变化为 0.1 K 的目标。

由表 7-9 可见，随波长的变长，背景辐射的光子密度增加，通常光子密度高于 $10^{13}/(cm^2 \cdot s)$的背景称为高背景条件，因此 3～5 μm 和 8～12 μm 波段的室温背景为高背景条件。表 7-9 中同时列出了各个波段的辐射对比度，它随波长增长而减小。若要 IRFPA 在高背景对比度条件下工作，则对设计提出了更高的要求，增加了研制的难度。

表 7-9　光子密度随波长变化情况

器件波长/μm	1～3	3～5	8～12
300 K 背景辐射光子通量密度·光子速度$^{-1}$/($cm^2 \cdot s$)	$\approx 10^{12}$	$\approx 10^{16}$	$\approx 10^{17}$
光积分时间(饱和时间)/μs	10^6	10^2	10
辐射对比度(300 K 背景)/%	≈10	≈3	≈1

7.6.2　红外焦平面阵列器件构成原理

最简单的焦平面器件——扫积型(Signal Processing In The Element, SPRITE)探测器。扫积型的含义是内部信号处理器件，由于实现内部信号延迟积分，只用 3 个连接点的单条碲镉汞就代替了普通行扫描系统中的一整列不相连的元件，它只需要一个前置放大器，而且不需要外部延迟电路，所以也叫自身扫积(扫描)型探测器，如图 7-53 所示。

目前，具有代表性的 SPRITE 探测器是由 8 个细长条 $Hg_{1-x}Cd_xTe$ 组成的，如图 7-53(a)所示。每条长 700 μm、宽 62.5 μm，彼此间隔 12.5 μm，厚 10 μm。将 N 型 $Hg_{1-x}Cd_xTe$ 材料按要求进行切、磨、抛后，粘贴在衬底上，经精细加工，镀制电极，刻蚀成小条，再经适当处理就成了 SPRITE 探测器的芯片。如图 7-53(b)所示，每一长条相当于 N 个分立的单元探测器。N 的数目由长条的长度和扫描光斑的大小决定。每一长条相当于 11～14 个分立的单元探测器，所以 8 条 SPRITE 相当于 100 个单元探测器。每一长条有 3 个电极，其中 2 个用来加电压，1 个用来作为信号读出极。读出极很靠近负电极。整个读出长度为 50 μm、宽度为 35 μm。

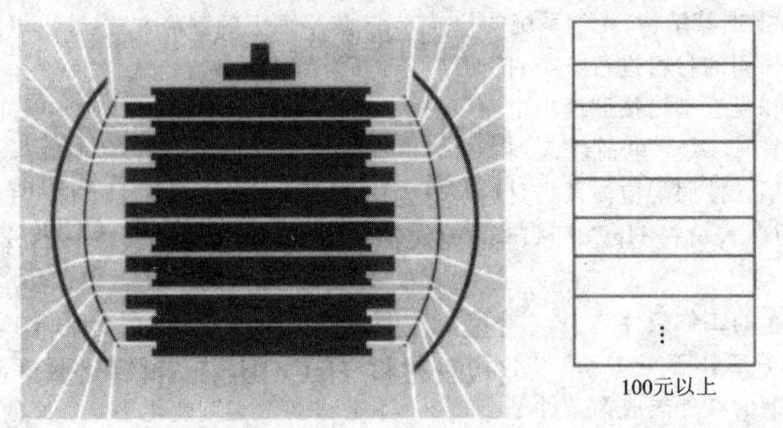

(a) 器件外形结构　　(b) 100元SPRITE原理图

图 7-53　8 条 SPRITE 探测器

假设 N 型 $Hg_{1-x}Cd_xTe$ SPRITE 探测器的每一条如图 7-54 所示，红外辐射从每一长条的左端至右端进行扫描，当红外辐射在Ⅰ区产生的非平衡载流子在电场 E_x 的作用下无复合地向Ⅱ区漂移时，其双极漂移速度为 v，则

$$v = \mu E_x \tag{7.6-1}$$

式中，μ 为双极迁移率，其表达式为

$$\mu = \frac{n-p}{\dfrac{n}{\mu_p}+\dfrac{p}{\mu_n}} = \frac{(n-p)\mu_N\mu_P}{n\mu_N + p\mu_P} \tag{7.6-2}$$

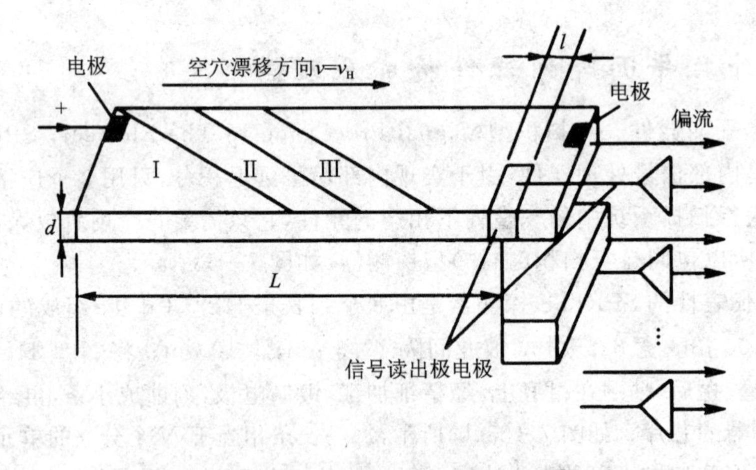

图 7-54　SPRITE 探测器的工作原理

如果是N型半导体，$n \gg p$，则由上式可以得出$\mu=\mu_P$，这时是少数载流子空穴在电场的作用下做漂移运动。当双极漂移速度v与红外图像扫描速度v_H相等时，从Ⅰ区产生的非平衡载流子空穴在电场的作用下漂移到Ⅱ区，在Ⅱ区又产生空穴(同时又产生电子)。红外图像在Ⅰ区产生的空穴与在Ⅱ区的空穴正好叠加。如果红外图像不断地从左到右扫描，则所产生的非平衡载流子空穴在电场的作用下不断地进行漂移运动，并依次叠加，最后从读出区读出，从而实现了目标信号在探测器内的延迟与叠加。这就是SPRITE探测器的工作原理。

从上面的讨论可知，实现SPRITE探测器信号延迟和叠加的必要条件是红外图像扫描速度$v_H=v$(非平衡载流子空穴的双极漂移速度)。v与N型$Hg_{1-x}Cd_xTe$材料的少数载流子迁移率μ_P和加于长条的电场强度E_x有关。因为对于一定材料，其μ_P是一定的，所以，唯有外加电场可以调节。

另外，SPRITE探测器有TDI功能，所以它是一种1×8的最简单的红外焦平面器件。它具有以下两个功能：① 将图像光辐射信号变成在空间与其对应的电信号；② 将所获取的空间电信号按一定时序送出。

固体光电阵列摄像器件一般由两个基本结构部分构成：

① 光敏元阵列。它将入射的图像光信号转变并存储为电信号。光敏元可以采用光电二极管或光电导，也可采用其他光敏器件；可以是线列，也可以是面阵。根据使用要求，它所包含的光敏元数可以有几百到几万，甚至上百万个；所转变成的电信号可以是电荷，也可以是电流或电压。

② 读出电路。将光敏元阵列所采集的电信号按一定顺序输出并对输出信号进行必要的处理。读出电路包括多路传输电路、输出电路、必要的信号处理电路以及光敏元阵列至多路传输器的输入电路。多路传输电路可采用戽链式器件(BBD)电路，也可采用电荷耦合器件(CCD)电路或X、Y寻址电路。信号处理电路甚至可以包括模/数转换电路等。

人们首先利用成熟的硅集成工艺，将这两部分电路集成在一个硅芯片上，如图7-55所示。目前趋向采用光互连方式完成芯片间和双波长芯片间的集成，如图7-56所示。显然，它体积小、质量轻、耗电少，有其巨大的优越性。但由于常温下硅的禁带宽度为1.1 eV，本征激发红外波长约为1 μm，因此，它只能用于摄取可见光或近红外光的辐射图像。

为了摄取较长波长的红外辐射图像，红外焦平面阵列需要使用红外光敏元，即需要使用红外半导体材料制作的红外探测器作为光敏元。工作于大气窗口3～5 μm和8～12 μm的红外焦平面阵列需要使用禁带宽度或激发能为0.1～0.25 eV的红外半导体材料(例如：PtSi、InSb、HgCdTe等)制作的光敏元阵列，而多路传输电路仍多采用硅材料制作，因为硅材料集成工艺已经非常成熟。因此，这将产生很复杂的探测器阵列与硅多路传输器的互连问题。另外，大多数光子型红外探测器必须在低温下工作，必须使红外焦平面阵列(主要是探测器阵列)进行低温冷却。这也说明制作红外焦平面阵列需要解决低温高性能模拟电路的电子设计问题。如果采用室温工作的红外探测器，则焦平面不再需要冷却，常称这类器件为非制冷焦平面器件。

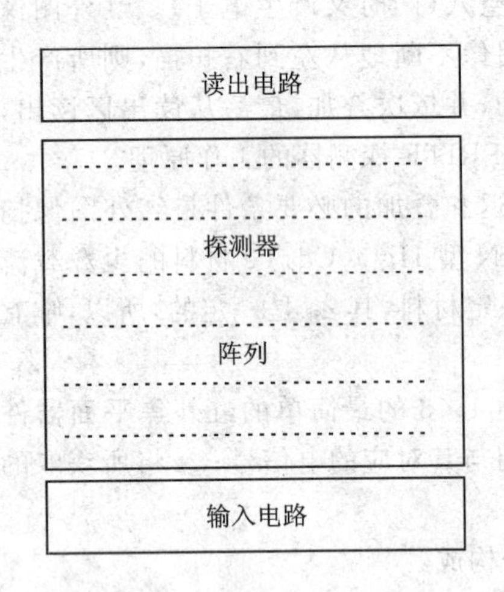

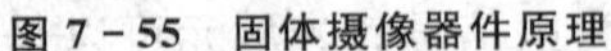

图 7-55　固体摄像器件原理

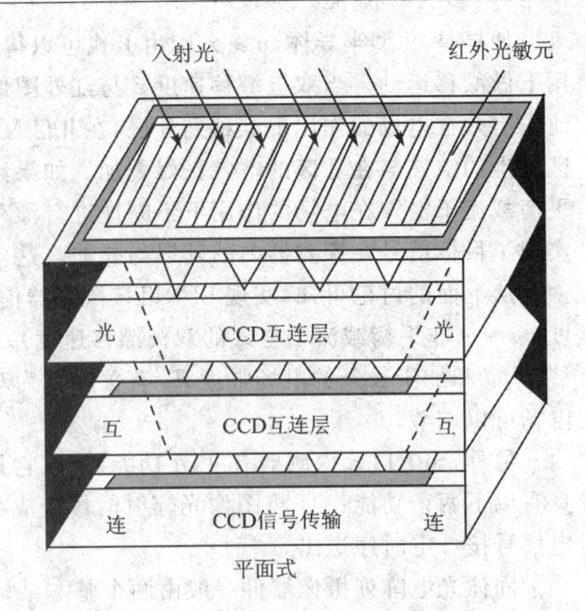

图 7-56　固体阵列器件的平面集成方法

总之,IRFPA 器件也有两个基本结构部分:红外探测器阵列部分和读出电路部分。随着半导体集成工艺的发展,已经采用了多种结构形式制造 IRFPA,主要分为单片式和混合式两类。

单片式 IRFPA 的基本结构和可见光焦平面阵列相似,即将红外探测器和读出电路都制作在同一硅衬底上,如图 7-57 所示。随着硅半导体集成电路的成熟发展,人们已经成功地研制出了采用 PtSi 肖特基势垒探测器阵列的大面积 IRFPA,可用于 3～5 μm 的红外辐射图像探测。同时,人们也在研究在硅衬底上外延或淀积红外敏感材料,以实验制作其他波段的单片式红外焦平面。

混合式 IRFPA 又分为两类结构形式,图 7-57(a)所示的结构形式称为直接混合式,图 7-57(b)为 z 平面结构的焦平面器件,这种结构的红外焦平面阵列,由预先独立制作的红外探测器阵列与硅读出电路组成,由分别预制作在红外探测器阵列和硅多路传输电路上的分布相同的铟柱互连,通过两边的铟柱将红外探测器阵列上的每一个红外探测器与多路传输器一对一地准确地配接起来,从而使红外探测器阵列能够和单片式结构相似地将所采集的图像信号通过多路传输器输送出去,完成红外焦平面阵列的全部功能。应该注意,红外探测器衬底上制作的红外探测器位于铟柱一侧,即在下表面而不是在上表面(或者说不在外表面)。通常 IRFPA 工作时,图像光辐射通过红外探测器衬底入射于红外探测器阵列。为了增多透过红外探测器衬底的红外辐射光,通常要将衬底减薄或使用对红外透明的衬底材料。

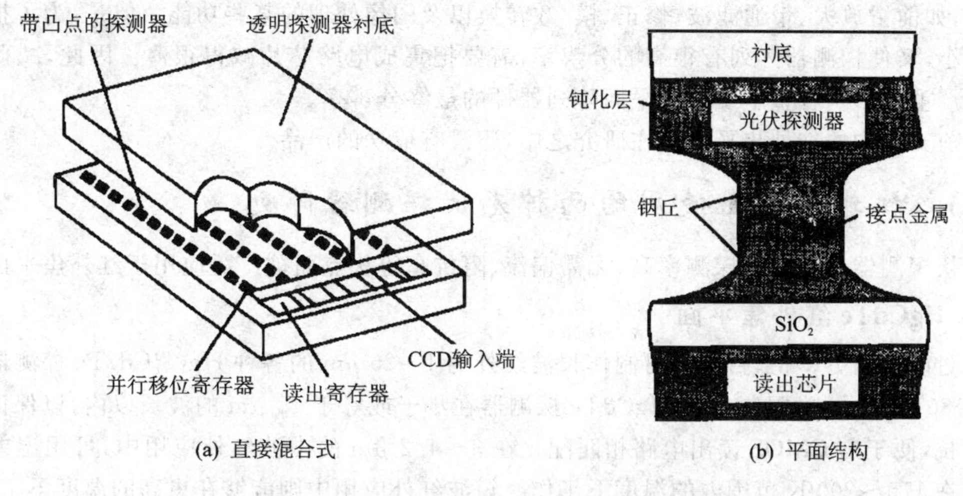

图 7－57　混合式红外焦平面阵列结构原理图

图 7－58 所示的结构称为 z 平面结构。它将许多集成电路芯片层叠起来形成一个三维的"电子楼房"(因此将此结构命名为 z 平面结构),而将红外探测器阵列互连于层叠起来的集成电路芯片的一个侧面,并由另一侧面互连的多路传输电路输出。这样,由于增加了许多集成电路芯片,使每个探测器都有一个通道,从而可以在整个红外焦平面阵列器件上完成许多信号处

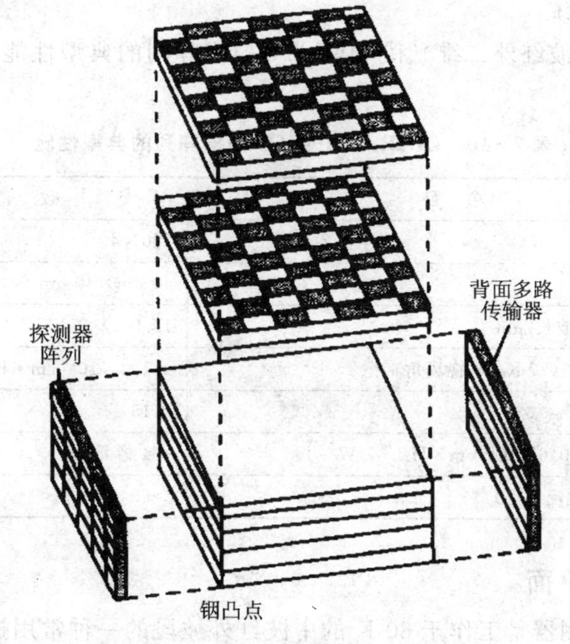

图 7－58　z 平面结构的 IRFPA

理功能,如前置放大、带通滤波、修正、模/数转换以及图像处理的某些功能。但是,为了把器件做得很小,又使探测器阵列有很高的分辨率,需要把集成电路芯片减得很薄。因此,减薄技术的优劣严重地影响着整个红外焦平面阵列器件的最终分辨率。

目前 z 结构的红外焦平面尚在研究之中,还没有成功的产品。

7.6.3 红外焦平面使用的两种光伏探测器阵列

光伏探测器由于具有探测率高、无需偏流、阻抗高等优点而被广泛应用于红外焦平面中。

1. HgCdTe 红外焦平面

通过改变组分 x 值,目前已可制作长波红外为 1~25 μm 的各种 $Hg_{1-x}Cd_xTe$ 探测器。在应用于 80 K 时,通常限制光伏 HgCdTe 探测器在小于或等于 11 μm 的波长以内,以保证有足够的阻抗,便于与 CMOS 读出电路相匹配。在 3~4.2 μm 的中波红外应用中,可用温差电制冷使其在 175~200 K 范围内的温度下工作。短波红外应用中则能够在更高的温度下工作,甚至达到室温以上。

已研制出的商品级 HgCdTe 探测器阵列有(4×240)元、(4×288)元、(4×480)元以及(4×960)元,具有时间延迟积分(TDI)功能的二维扫描阵列和(32×32)元、(64×64)元、(118×118)元、(256×256)元和(480×640)元凝视阵列;像元尺寸有 20 μm^2~1 mm^2。这些器件已经应用于卫星地球资源测绘的扫帚式扫描系统,以及短波红外、中波红外和长波红外光谱区中的热成像和搜索跟踪等系统。

表 7-10 列出了长波红外二维光伏 HgCdTe 扫描阵列的典型性能技术指标,该阵列有 4 个像元执行 TDI。

表 7-10 LWIR PV HgCdTe 扫描阵列的典型性能

项 目	数 值
列阵元数	240×4
像元尺寸	40 μm×40 μm
相对响应截止波长/μm	11.0<λ<11.5
平均探测率 D^*(77 K,30°视场角)	≥1.2×10^{11} cm·$Hz^{1/2}$·W^{-1}
D^* 标准偏差/%	<15
D^* 缺陷(小于 0.6×10^{11} cm·$Hz^{1/2}$·W^{-1})	<4 像元
量子效率(无抗反射层)/%	>65

2. InSb 红外焦平面

光伏 InSb 红外探测器是工作于 80 K 的中波红外波段的一种常用探测器。图 7-59 为在 80 K 下 InSb 探测器的相对光谱响应曲线。InSb 材料是高度均匀的,因此,其探测器的响应率

均匀性很好，已经研制出(58×62)元、(118×118)元、(200×200)元、(256×256)元和(600×480)元的背面照射、直接混合带有读出电路的商品级凝视型探测器阵列，它既适用于地面强背景下工作，又适用于天文学弱背景应用。表 7-11 给出了天文学应用的 InSb 器件特性。

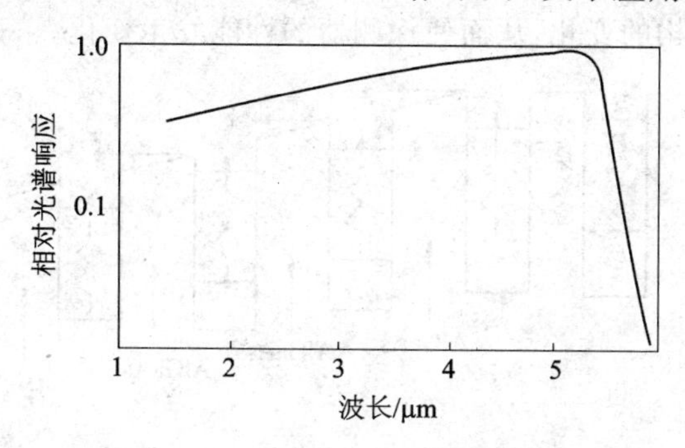

图 7-59　在 80 K 下 InSb 探测器的相对光谱响应曲线

表 7-11　在 50 K 下天文学应用的 InSb 探测器阵列典型性能

项　目	数　值	
元数	58×62，3 596	256×256，65 536
间距/μm	76	30
填充因子/%	>90	>90
峰值量子效率/%	>90	>90
暗电流/μA	⩽2.5	⩽1
NEP(mW)，在 3 μm 处，100 s 时 在 2.2 μm 处，1 s 时	⩽10	⩽20
有效像元数/%	⩾96	⩾96
平均读出噪声(电子数)积分 260 ms 积分 1 s	⩽400	⩽75

7.6.4　量子阱探测器(QWIP)及 IRFPA

1. 不同量子阱的 QWIP

(1) N 型掺杂束缚态到束缚态跃迁探测器(B-B QWIP)

量子阱如图 7-60 所示。基态 E_0 位于阱内是束缚态，第一激发态 E_1 也是束缚态。该探测器吸收红外辐射，位于 E_0 的电子被光激发后跃迁到 E_1，隧穿出量子阱，在偏置电场的作用下，形成光电流。该探测器的吸收光谱峰值位于 10.8 μm，峰值波长响应率 R_p = 0.52 A/W。这些性能参数是由其结构参数决定的：量子阱区包含 50 个周期的阱层(约 40×10^{-10} m)

GaAs 和垒层 $Al_{0.25}Ga_{0.75}$，阱宽（30～50）$\times 10^{-10}$ m，垒宽（300～500）$\times 10^{-10}$ m，组分 Al 为 0.2～0.3；量子阱区夹在上下 GaAs 电极层之间，上电极层厚 0.5 μm，下电极层厚 1.0 μm；阱中的掺杂浓度 $N_D = 1.4\times 10^{18}$ cm^{-3}，上下电极层掺杂浓度 $N_D = 4\times 10^{18}$ cm^{-3}。改变一个或几个参数，就会引起量子结构的变化，从而使探测器的性能发生变化。

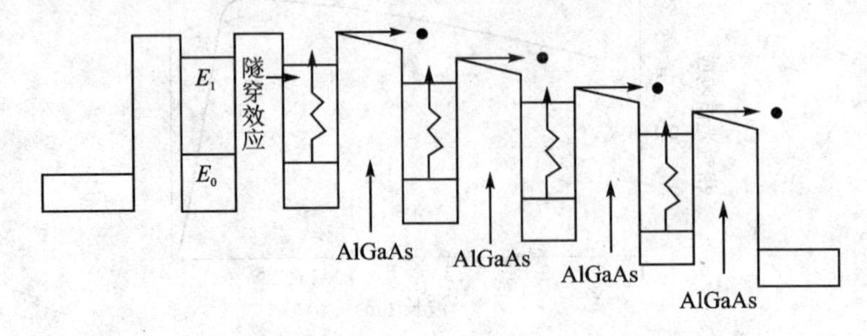

图 7-60　B-B QWIP 的导带示意图

后来，Choi 等人对这个量子结构进行了改进，适当地增加势垒的厚度和高度，导致引起暗电流的基态电子隧穿数目减少。B-B QWIP 的探测率有了一定的提高。

(2) N 型掺杂的束缚态到连续态跃迁探测器(B-C QWIP)

20 世纪 80 年代末，Levine 等人对 B-B QWIP 的量子结构进行了改造，研制出 B-C QWIP。他们通过减小阱宽，使 B-B QWIP 中的第一激发态不再是束缚态，而成为连续态，如图 7-61 所示。这种 B-C QWIP 的主要优点是光激发电子能从阱中激发到连续态上，不需要图 7-60 所示的隧穿过程。这样，有效收集光电子所需的偏置电压大大降低，暗电流也会随之大幅度减小。因为不必考虑势垒厚度对光电子收集效率的影响，势垒厚度可增加到 50 nm，基态电子隧穿引起的暗电流下降 1 个数量级。

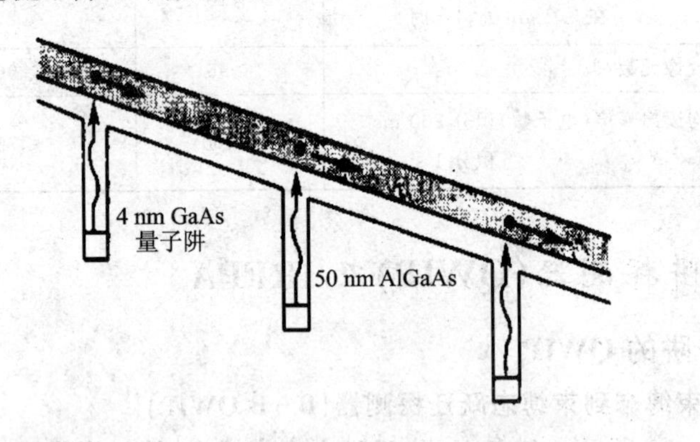

图 7-61　B-C QWIP 的导带示意图

20 世纪 90 年代初，Levine 等推出的 B-C QWIP，性能有了很大改善，探测率 D^* 高达 3×10^{10} cm·$Hz^{1/2}$·W^{-1}，截止波长为 10 μm，温度为 68 K。

(3) N 型掺杂的束缚态到准束缚态跃迁探测器(B－DB QWIP)

提高探测率是探测器研究中始终不渝的奋斗目标。探测率提高的关键是降低暗电流。

研究发现，当温度处在 45 K 以上时，暗电流主要是由基态电子热激发到连续态所形成的。因此，20 世纪 90 年代中期，加州理工学院的 Gunahala 等科学家设计了基态为束缚态，第一激发态为准束缚态的量子阱结构。通过改变阱宽、垒宽和势垒的高度，使第一激发态位于量子阱顶部，如图 7－62 所示。由图 7－62 看出，在 B－C QWIP 中，对热激发而言，势垒的高度比光电离能低 10～15 meV；而在 B－QB QWIP 中，势垒高度与光电离能的高度相同。这样，在 B－QB QWIP 中暗电流降低一个数量级，探测器的 D^* 提高了。目前 Gunahala 等科学家采用这种量子阱结构，研制出 256×256 及 640×484 阵列的红外焦平面摄像机。

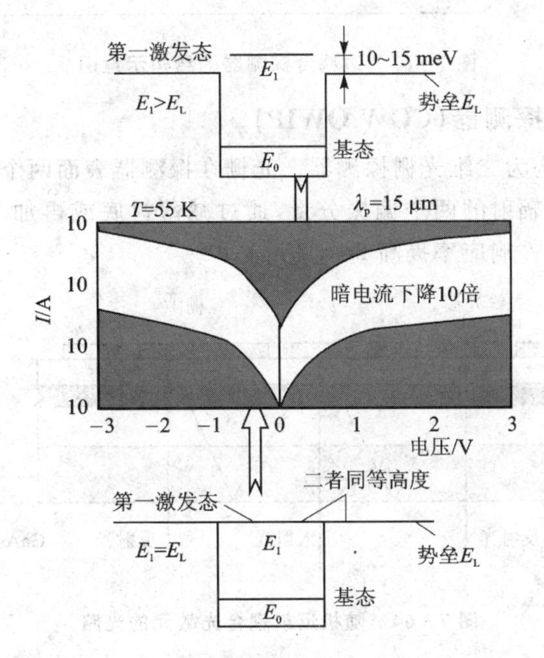

图 7－62 B－C QWIP 和 B－QB QWIP 的量子新结构

通过改变垒宽、阱宽、垒高、掺杂元素及浓度等参数，已经可以使器件的峰值响应波长在 6～20 μm 范围内变化，而且，根据需要，光谱响应宽度 $\Delta\lambda/\lambda$ 也可以从 10 %变化到 40 %。除此之外，科学家们正在设计多色量子阱结构的 QWIP，随着理论的发展及材料生长工艺的进步，会有更多性能优良、用途广泛的 QWIP 设计出来。

2. 不同光耦合模式的 QWIP

根据量子力学跃迁选择定则，只有电矢量垂直于多量子阱生长面的入射光(即 $\boldsymbol{E}_\perp \neq 0$)，才能被子带中的电子吸收，从基态跃迁到激发态，导致电导率的变化被器件探测。一般情况下，红外辐射垂直于量子阱生长面入射，需要采取一定措施(光耦合)使辐射被探测器吸收。最

初的光耦合模式是边耦合，也就是在器件的一边刻蚀出倾角为45°的斜面，如图7-63所示。这种耦合方式只适用于线阵列和单个器件。

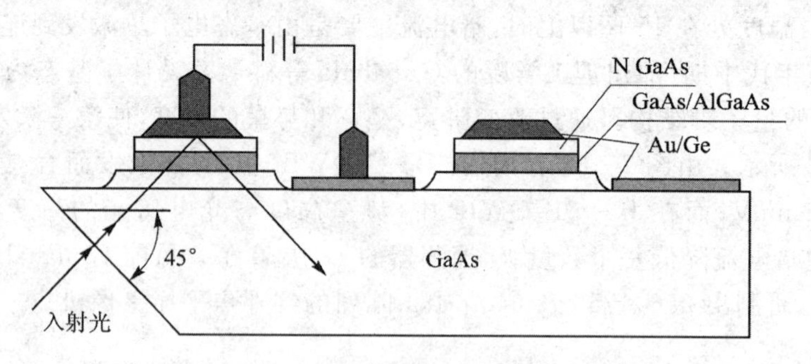

图7-63　边耦合探测器的结构示意图

3. 二维周期光栅探测器(CGW QWIP)

图7-64所示的结构为二维光栅探测器。光栅在探测器表面两个垂直方向上周期性地重复，导致探测器吸收红外辐射的两个偏振分量，通过减薄衬底或再加一层AlGaAs，在量子阱区域形成波导的方法，器件响应率提高2～3倍。

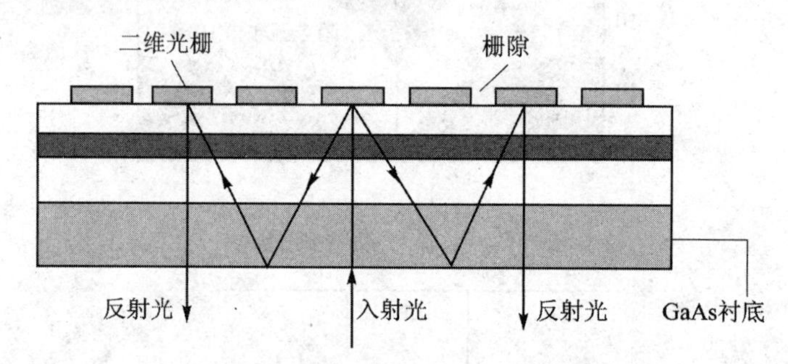

图7-64　随机反射耦合光敏元的光路

虽然光栅耦合好于边耦合，但它也有不足之处。首先，光栅耦合依据是集合的衍射效应，光敏元台面大小对器件的量子效率及探测率等参数有较大影响，台面面积越大，其性能参数越好。若要提高器件的分辨率，必须减小台面的尺寸，这样做势必影响性能参数。其次，由光栅耦合的固有特性决定，它对探测的辐射波长有选择性，这也就阻止了光栅耦合技术在宽带探测或复色探测方面的应用。二维光栅探测器的结构与光路如图7-64所示，表明入射光束经二维光栅表面两次反射后逃逸。

4. 随机反射耦合探测器(CRR-QWIP)

不论对大面积的焦平面阵列，还是对单个探测器来说，随机反射耦合都是一种优秀的光耦合模式，如图7-65所示。在衍射出衬底前，红外光束在二维光栅耦合探测器的量子阱区只经

历了一次衍射、二次反射过程，即经过了二次可吸收路径，从而使光栅耦合效率不是很理想。从增加可吸收路径次数的角度出发，贝尔实验室的科学家们设计了一种新颖的光耦合模式——随机反射耦合。所谓随机反射耦合就是针对不同的探测波长设计所需要的随机反射单元，通过光刻技术在顶层 GaAs 接触层上随机刻蚀出反射单元，形成粗糙的反射面，垂直于衬底入射的光束遇到反射单元发生大角度反射。这些角度大部分符合全反射条件，光束就这样被捕获在量子阱区域，只有在晶体反射锥形角 θ_c（$\sin\theta_c=1/n$，在 GaAs 中 $\theta_c=18°$）内的小部分辐射逃逸。当然，减薄 GaAs 衬底，还可以使器件的响应率提高，由于光刻工艺问题，如果光敏元台面面积较小，在其上光刻反射单元就比较困难，刻蚀出的反射单元棱角模糊，则光耦合效率低。因此，随机反射耦合效率低，所以，随机反射耦合不适合于小面积的光敏元。

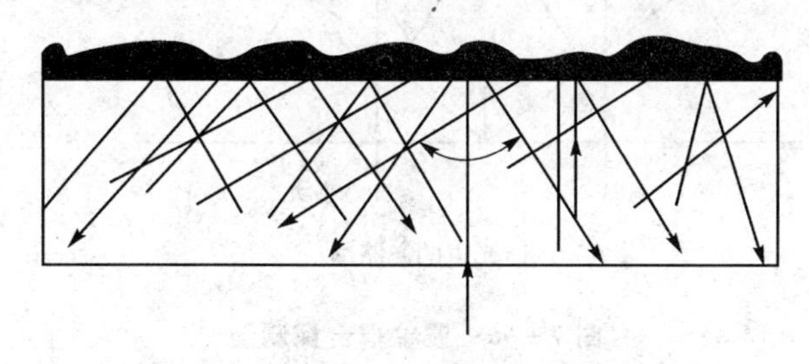

图 7-65　随机反射耦合光敏元的光路

5. 波纹耦合探测器(C-QWIP)

采用 CGW QWIP 或 CRR QWIP，耦合效率的确比边耦合的高得多，然而，它们有各自的实用范围。在高分辨率探测器阵列中，光敏元的面积变小，这两种耦合模式就不再适用了。普林斯顿大学的科学家们提出了一种新的光耦合模式——波纹耦合，并且制造出 C-QWIP。

如图 7-66 所示，通过化学方法，在量子阱区域刻蚀出 V 形槽，刻蚀深度达底层 GaAs 接触层，这样，器件表面就由一些三角线组成(类似波纹)。图 7-66 是器件剖面图以及垂直衬底入射的光束在器件中的光路图。从图可知，波纹耦合模式利用 AlGaAs 和空气之间能够发生全反射的原理，入射光束在量子阱区的路径几乎平行于量子阱的生长面，这有利于量子阱对辐射的吸收，提高器件的量子效率。C-QWIP 较之现有的光耦合模式，有许多优点，主要表现在：

① 与光栅耦合比较，全反射与三角线的数目无关，即光耦合效率与三角线的数目没有联系，而与光栅的周期有关，波纹耦合更适用于面积小于 50 μm×50 μm 的光敏元。

② 考虑到全反射与探测波长无关，波纹耦合不像光栅耦合那样，存在光谱带宽变窄的情况。探测波长范围为 3～17 μm，因此，对于宽带探测器和复色探测器来说，波纹耦合是近乎理想的光耦合模式；而且，波纹耦合与光敏元台面的大小无关。

③ 在波纹耦合中近 1/2 的量子阱区被化学刻蚀掉，这样器件的暗电流自然会降低。

④ 器件制作过程简单。如果把衬底变薄，则波纹耦合的量子效率还会提高，达到光栅耦合的 1.45 倍。

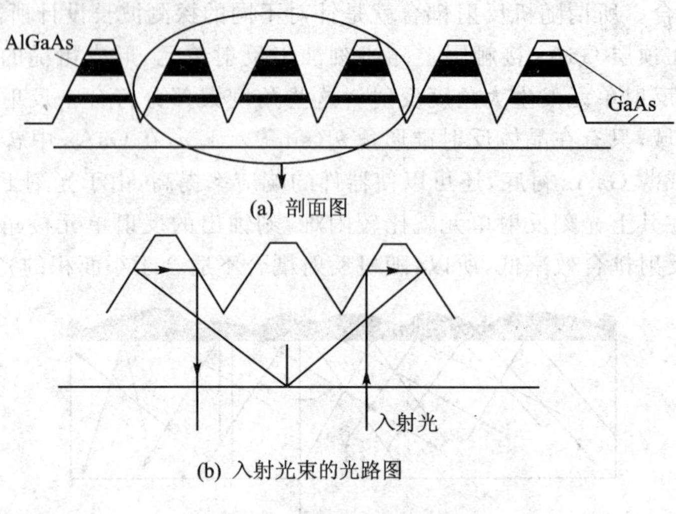

(a) 剖面图

(b) 入射光束的光路图

图 7-66　波纹耦合探测器

6. MQW-IRFPA

若单从 MQW-IRFPA 发展来说，自 20 世纪 70 年代人们就利用金属有机气相沉积(MOCVD)和分子束外延(MBE)的生产工艺，选择一定的衬底材料，用这两种工艺在衬底上依次交替地淀积两种不同的半导体 A 和 B 薄层，形成 ABAB…或其他周期结构，薄层的厚度到几十个原子层，形成一种完全新颖的材料，称为超晶格材料。其性质取决于 A 和 B 的性质及它们的厚度。由于 A 和 B 的厚度可有较大的选择余地，因而，人为地创造了具有与原材料特性完全不同的材料。目前根据 A 和 B 两种材料能带的差别，分为Ⅰ、Ⅱ、Ⅲ三种超晶格材料。其中发展最快的为Ⅰ类 AlGaAs/GaAs 超晶格材料，它们的能带结构如图 7-67 所示。电子由 E_1 与 E_2 到导带间跃迁或空穴由 H_1 与 H_2 到价带间跃迁。其中 AlGaAs 为势垒，GaAs 为势阱，当势垒高度较高(大于 0.5 eV)及较厚(大于 20 mm)时，电子的运动被限制在势阱中，这种情况下超晶格材料称为量子阱(QW)材料。如果有多个相同量子阱叠加，就组成了多量子阱(MQW)材料。由量子阱构成的探测器，其探测机理不同于通常的半导体，是由导带中的 E_1 与 E_2 或价带中的 H_1 与 H_2 之间的吸收过程完成的，如图 7-67 所示。这种发生在子带间的电子跃迁，在外电场作用下运动形成光电流。由于子带间的能隙较窄，适宜于制作长波红外探测器。

20 世纪 90 年代初，就已经出现了 AlGaAs/GaAs MQW 材料制成的 118×118 混合式 IRFPA。器件的典型参数为 $\lambda_p=7.7\ \mu m$，$\lambda_c=8.1\ \mu m$，$\Delta\lambda\approx1.2\ \mu m$，背景光电流为 4.2×10^{-3} $A\cdot cm^2$。在 $T=295$ K、180°视场角时，电流响应率为 0.15 A/W，量子效率为 6.5 %。在室温

热辐射下，偏压为 2 V 时，探测器电阻与面积乘积 $R\times A=6.0\times10^4\ \Omega\cdot cm^2$。由噪声特性测量结果看出，$1/f$ 噪声很低，适宜制成凝视 IRFPA。这是一种原理性的 MQW，其性能并不很高，但仍给出了令人鼓舞的结果。在 78 K 下其平均 $D^*=5.7\times10^9\ cm\cdot Hz^{1/2}\cdot W^{-1}$，成像时最小分辨温度为 30×10^{-3} K。这种器件的均匀性好，成像时不需要进行增益不均匀校正，最小可利用的动态范围为 83.2 dB。

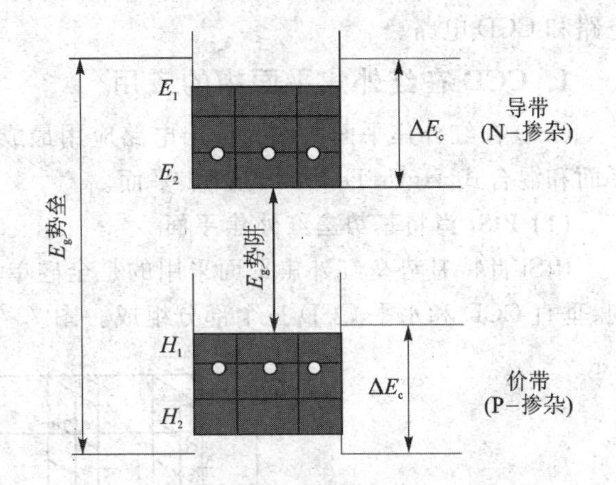

图 7-67　多量子阱(MQW)IRFPA 能带结构

此外，利用Ⅱ类和Ⅲ类的超晶格材料研制长波红外探测器已取得了进展。随着量子阱红外探测器的材料与器件水平的不断提高，已研制出实用化的 IRFPA。

半导体超晶格、量子阱结构用于红外辐射探测可以有多种结构和不同光跃迁过程，例如量子阱导带子带间的跃迁，轻重空穴混合的空穴子带间跃迁，窄禁带阱中直接跃迁以及空间间接跃迁等，所有这些跃迁都会产生光电导效应。其中以量子阱导带子带间跃迁为基础的多量子阱红外探测器(如 GaAs/GaAlAs 体系探测器)已经发展到相当好的水平，在 8～14 μm 波段的峰值探测率超过了碲镉汞探测器，黑体探测率也接近碲镉汞探测器，达到 $5\times10^9\ cm\cdot Hz^{1/2}\cdot W^{-1}$。由于该材料均匀性容易做好，因此也做成(118×118)元的长波红外焦平面。但是为了提高性能，器件必须在大约 60 K 的温度下工作。

7.6.5　红外焦平面器件的读出电路

红外焦平面读出电路是焦平面阵列中非常重要的组成部分，其中包括输入电路、多路传输电路、输出电路和必要的信号处理电路。如果没有多路传输电路，使用探测器阵列获取图像信号的唯一方法是将其中每一个探测器用一根导线引出，以便取出所采集的电信号。这不仅需要复杂的信号处理电路，而且需要将这些导线全部通过一个小小的杜瓦瓶引出，在探测器数目比较大时，这将是制造工艺和制冷器无法接受的，更不用说目前已经做到数十万甚至数百万像素的大规模探测器阵列了。多路传输器的研制成功，不但能使焦平面阵列信号输出和处理过程可以在焦平面上进行，而且提供了焦平面阵列大规模集成的手段，大大改变了成像系统的复杂性，并降低了成本。如前所述，红外焦平面阵列需要使用禁带宽度较窄的红外半导体材料制作的红外探测器阵列作为光敏元阵列，而读出电路仍多采用硅材料制作、引出，需要有输入电路使探测器得到的信号匹配地注入多路传输电路。人们已经为焦平面阵列研制了许多种多路传输电路，它们是：电荷耦合器件(CCD)、电荷注入器件(CID)、MOSFET(MOS 场效应管)开关电路、电荷成像矩阵(CIM)和戽链器件(BBD)等。其中在焦平面中最常用的是 CMOS 开关

电路和 CCD 电路。

1. CCD 在红外焦平面中的应用

CCD 在红外焦平面中作为读出电路应用最成功的例子是单片式 PtSi 肖特基势垒红外焦平面和混合式 HgCdTe TDI 红外焦平面。

(1) PtSi 肖特基势垒红外焦平面

PtSi 肖特基势垒红外焦平面采用的是全硅单片式结构，它由 PtSi 肖特基二极管光敏元阵列、垂直 CCD 和水平 CCD 三个部分组成。图 7－68 为肖特基势垒红外焦平面结构原理图。

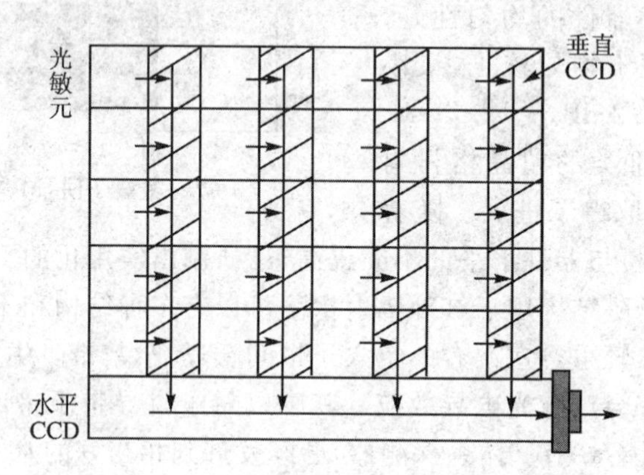

图 7－68　肖特基势垒红外焦平面结构原理图

光敏元阵列积分的图像电荷首先按列转移到行间的垂直 CCD，然后将垂直 CCD 的信号电荷逐行输送到水平 CCD，再由水平 CCD 逐元输送到输出端（常称这种结构模式为行间转移模式）。

(2) 混合式 HgCdTe 红外焦平面

利用 CCD 存储和转移电荷的功能可以制成具有 TDI 功能的混合式焦平面。TDI 红外焦平面的工作原理如图 7－69 所示，4 个 HgCdTe 光伏二极管产生的红外图像信号通过转移栅对应地输送到 4 位 CCD 中。红外图像沿 HgCdTe 二极管排列的方向串行扫描。如果使 CCD 中信号电荷在电极间转移的速度与红外图像在各光敏二极管上扫描的速度一致，那么，图像信号会在 CCD 中得到积分，即通过 CCD 后图像信号被累加了 4 次。由于噪声的累加为 8 倍，因此，信噪比可提高 2 倍。以上是 4 级 TDI 的例子，如果采用 N 级 TDI，则可使信噪比提高 $\sqrt{N}$倍。

肖特基势垒红外焦平面器件，也叫固体图像传感器，又称电荷扫描器件（Charge Sweep Device，CSD）。器件有黑白/彩色之分，有 SBISRD 和 PtSi－SBISRD 两种型号，这种器件与普通 CCD 相比，其优点如下：

① 电荷转移量大，CSD 可在一条垂直线的全部电荷转移单元中存储信号。一长达数毫米

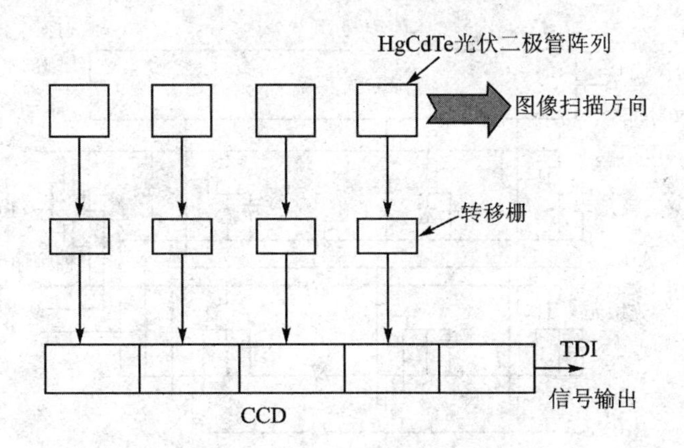

图 7-69　TDI 红外焦平面的工作原理

的垂直数据区，即使沟道宽度窄到制版的极限，也能获得足够的转移电荷量。

② 孔径率大。由于 CSD 可缩小沟道宽度，故即使缩小像素尺寸，仍可得到大的孔径率，特别是对测量精度没有影响。

③ 可低压工作，一般只需 1.2 V 即可驱动。

④ 动态范围比 CCD 大，但 CSD 与 CCD 有同等低噪声特性，而且 CSD 的电荷转移量比一般 CCD 大，动态范围比 IT-CCD 大得多。

⑤ 可变形工作，就 CSD 而言，可进行 IT-CCD 无法完成的各种变形工作。附加扫描工作就是这种变形工作的一种，其作用是大大提高转移效率。此外，在一水平扫描期间，进行两次扫描的拖影抑制和随机存取工作，这也是 CSD 的变形工作。

2. 几种典型的焦平面器件

(1) MOSFET 开关阵列器件

可以利用 MOSFET 开关电路将光敏元阵列转换成图像信号，并依次选通到视频输出端，完成多路传输功能。

图 7-70 所示为一个硅光电二极管线阵列，利用数字移位寄存器控制 MOSFET 开关并依次选通光电二极管，将它所采集的图像信号送到输出端的结构原理图。

光敏元阵列包含一行硅光电二极管，其中每个光电二极管并联着一个存储电容，这个存储电容就是它的结电容，用它来积分光电流产生图像信号。而与各光电二极管串联的一组 MOSFET 用做多路开关，由数字移位寄存器控制。多路开关的另一端连接到视频输出线，C_V 为视频输出(复位)线电容。

哑元线列部分和光敏元部分结构相似，只是哑元二极管不接收光照。相似的多路开关使哑元和相对应的光电二极管同时接受数字移位寄存器控制。多路开关的另一端连接到哑元输出(复位)线，其电容也是 C_V。输出电路包含光敏元输出线和哑元输出线的复位晶体管，用于

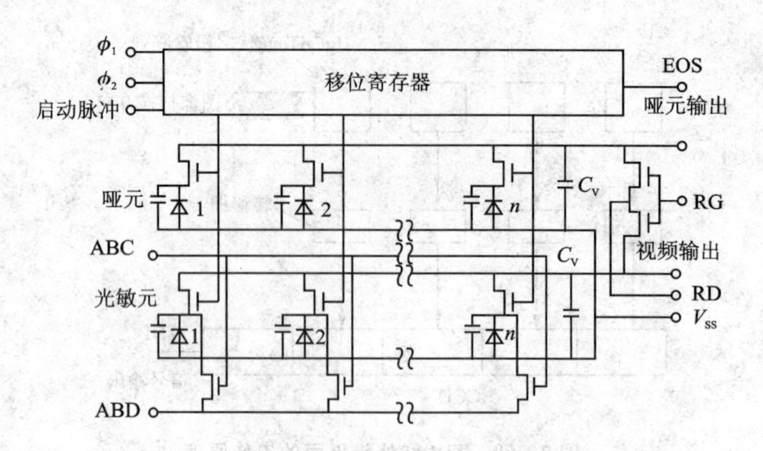

图 7-70 硅光电二极管线阵 MOSFET 读出电路

使两输出线复位于复位漏电压 V_{RD}。

数字移位寄存器由二相连续时钟脉冲驱动，由它控制多路开关依次选通各光敏元和哑元到其输出线，完成自动扫描功能。启动脉冲用于启动自动扫描的开始。因此，启动脉冲的周期即为光敏元的光积分时间。

在抗晕电路部分中，连接于各光电二极管的抗晕晶体管，可以利用抗晕栅极 V_{ABG} 控制多余电子电荷泄漏到抗晕漏极 V_{ABD}。在输入光信号对比度很高时，可以利用它提高性能。其工作过程如下：

首先启动移位寄存器对二极管阵列扫描，使每个二极管通过输出线加一给定偏置电压，使其存储电容存储一定数量的电荷。在光积分期间，各光敏元光电二极管存储的电荷被光电流逐渐移去。所移走的电荷总量与入射光强成比例，当开关在下一次扫描选通（输出）时，这一电荷总量通过视频输出线的复位而读出。其读出信号是一个脉冲电流，而该脉冲电流的积分便是与入射光强成正比的总电荷。

在输出的信号中，会叠加有移位寄存器方波经 MOSFET 电路容性耦合于视频输出线的信号。显然，哑元输出线上也有相似的耦合输出信号，所以，可以通过有效光敏元视频输出线和哑元输出线差动输出以获得优质的输出信号。

应该注意，它采用的是电流输出方式，所以需要用外接高输入阻抗差动电流运算放大器积分转换成电压信号输出，并且，还应该为输出线提供直流电压。

由此可见，用 MOSFET 开关采样输出方式的优点是没有转移损失问题，并且有可能任意寻址采样输出。

在红外焦平面中，硅光电二极管由光伏型红外探测器所取代，从而构成混合型焦平面。这时红外探测器阵列产生的图像经 MOS 开关多路传输电路读出。由于 CMOS 电路设计与工艺已得到高度的发展，因此，CMOS 多路传输器的读出电路在焦平面中已广泛采用。

(2) 戽链 BBD 阵列器件

也可以用戽链器件传输光敏元所采集的信号电荷。图 7-71 所示硅光电二极管面阵所采用的读出电路工作程序是：首先在垂直(y)方向上由数字移位寄存器扫描选通所采集的行号，将该行各列光电二极管所采集的信号输送到相应列线(电容)上；再由行转移脉冲控制行转移 MOSFET 开关，将各列线(电容)上所获得的该行各列信号全部输送到戽链器件(BBD)的相应单元的电容 C_1 上，BBD 在两脉冲的驱动下将该行各列信号电荷依序传送到输出端。

行复位脉冲 L_R 和由它控制的该行各列复位晶体管，在该行各列光电二极管信号转入各列线(电容)以前，使列线电容复位。

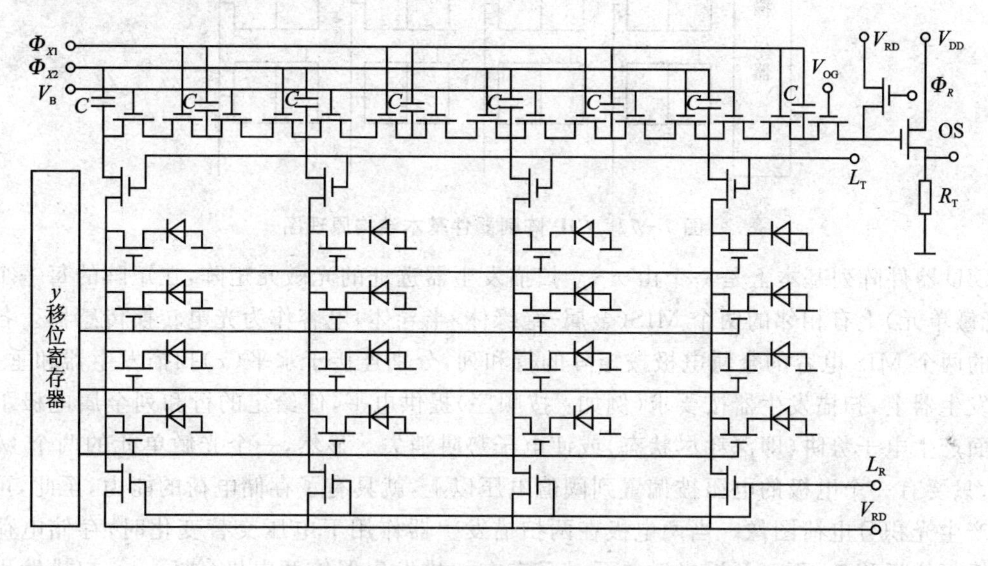

图 7-71 采用 BBD 的面阵器件原理

BBD 的每个单元由四栅 MOSFET 组成，V_{BB} 使它控制的 MOSFET 常处于导通状态，当 Φ_{X1} 处于低电平(Φ_{X2} 处于高电平)时，由 C_1 接受列线(电容)上的信号电荷；当 Φ_{X1} 处于高电平(Φ_{X2} 处于低电平)时，信号电荷由 C_1 转移到 C_2；当 Φ_{X1} 再次变为低电平时，信号电荷又被转移到下个单元的 C_1，即通过 Φ_X 的每一个周期，信号电荷向后移动一个单元。其中，V_{BB} 和由它控制的 MOSFET 的作用是防止信号电荷逆转，并减少时钟脉冲干扰。

其输出电路也采用 FDA 输出放大器，由复位晶体管和输出晶体管组成。戽链器件的特点是结构和工艺复杂，通常已被 CCD 所取代，近期发展的红外焦平面很少采用。

(3) 电荷注入阵列器件(CID)

CID 不是电荷转移器件，它采用 $x-y$ 寻址方式读出光敏元面阵上的信号电荷，类似于 MODFET 开关结构的方法。由于 CID 的独特优点，已制作成红外焦平面阵列(IRFPA)。CID 阵列器件的基本结构如图 7-72 所示。

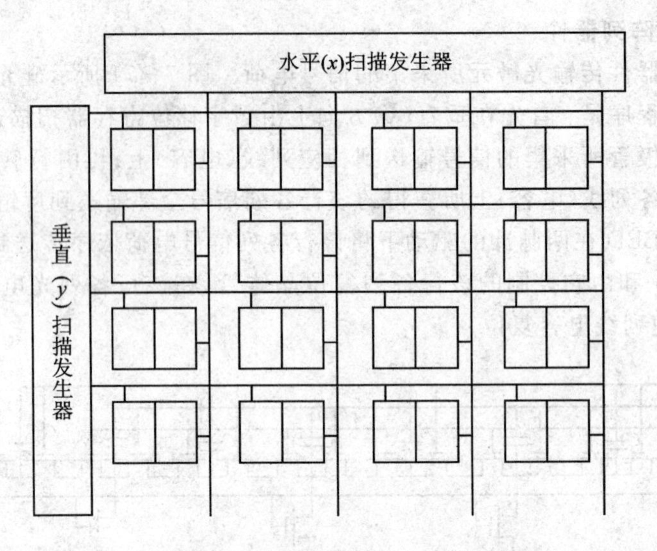

图 7-72 CID 阵列器件基本结构原理图

CID 器件阵列基本上是一个由 $x-y$ 扫描发生器选址的光敏元矩阵，在矩阵的每一个传感位（光敏单元）上有相邻的两个 MIS（金属-绝缘体-半导体）电容作为光电转换传感器。各光敏单元的两个 MIS 电容的金属电极按矩阵的行和列，分别连接于水平（x）扫描发生器和垂直（y）扫描发生器上，扫描发生器按要求（例如：按顺序）提供电平，使给定的行和列金属电极下半导体表面产生电子势阱（即深耗尽状态）或使电子势阱消失。显然，一个光敏单元的两个 MIS 电容中，只要有一个电极的电压被偏置到阈值电压以上，就具有了存储电荷的能力，至此，可以在面阵产生光积分电荷图像。当两电极在两扫描发生器作用下电压交替变化时，存储电荷只在两电极下往返移动，不离开该光敏单元。只有在扫描发生器使两电极（被 $x-y$ 扫描发生器选定地址的光敏单元）同时为低电平时，存储电荷才被释放，注入到衬底中。可以用信号电荷注入衬底产生的电流作为输出信号，由 $x-y$ 扫描发生器逐行逐列地顺序输出一帧电荷图像的各像元信号。可以看出，CID 也可以由两扫描发生器按要求任意寻址，单独地提取给定像元的信号电荷。

另外，按 CID 工作方式，对 $M\times N$ 的光敏元矩阵，只需要（$M+N$）根线就可完成对各光敏元的寻址，而不是（$M\times N$）根。这使我们可以只用（$M+N$）根线，就可以将用窄带半导体材料制作的 CID 光敏元阵列和用硅制作的读出电路（扫描发生器输出电路等）互连起来，以致可以将两者相邻地安装在一个陶瓷芯片上，构成结构较为简单的“准单片式”结构。已经研制成功（118×118）元的 InSb CID 红外焦平面，但由于红外辐射必须经过栅电极才能入射到 InSb 中，因此，量子效率很低。

也可以由测量各光敏单元两个存储电容在电荷转移中所产生的电势变化进行读出。

如图 7-73 所示为 4×4 光敏元阵列输出电路原理图，图中还表示出了有关存储电容电极

下的载流子势阱和所存储的载流子的位置。加在行电极 Y_i 上的电压大于加在列电极 X_i 上的电压，以使未选址的列线不受信号电荷（位于行电极下）的影响，减少干扰。开始时，各行 Y_i 都加有电压，由于开关使列线置于较低的参考电压 V_S，光积分过程中信号电荷将只位于行电极下的势阱中。读出时，将选定的读出行的电压去掉，在图中为 V_S 行，使该行信号电荷转移到相应列电极下。这种转移到列电极下载流子势阱中的信号电荷将使相应的浮置列线产生相应的电势变化。然后，由水平（x）扫描发生器将它逐个输送到输出视频线上，用 FDA 法读出。

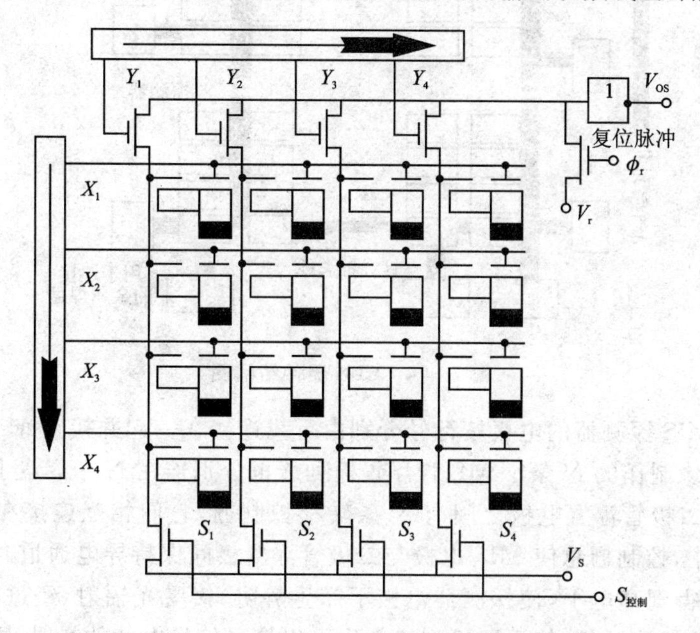

图 7－73　CID 输出电路原理图

在各列都已扫描输出后，可再把电压加于行电极，使信号电荷重新转移到行电极下，说明这种输出方式可以是非破坏性输出方式。也可以在给定行读出结束后，将该行信号电荷全部注入衬底，开始新的电荷积累。

(4) 电荷成像矩阵(CIM)器件

还有另一种将 MIS 探测器阵列与硅芯片读出电路互连在一起构成准单片式结构的方法，它就是 CIM 器件。

在讨论 CCD 器件的 FDA 输出电路中，我们已经知道，可以利用扩散极 A（它与衬底实际构成二极管结构）通过控制栅接收转移电极下势阱中的信号电荷。它的工作情况是：当（终端）转移栅 MIS 电极为高电平且电极下存在势阱时，信号电荷储存在 MIS 电极下的势阱中；当浮置扩散极二极管反偏且 MIS 电极电平变低，电极下的势阱消失时，信号电荷被转移到浮置扩散极输出。图 7－74 所示为按原理设计的（$M\times N$）个 MIS 探测器构成的电荷成像矩阵（CIM）结构原理。

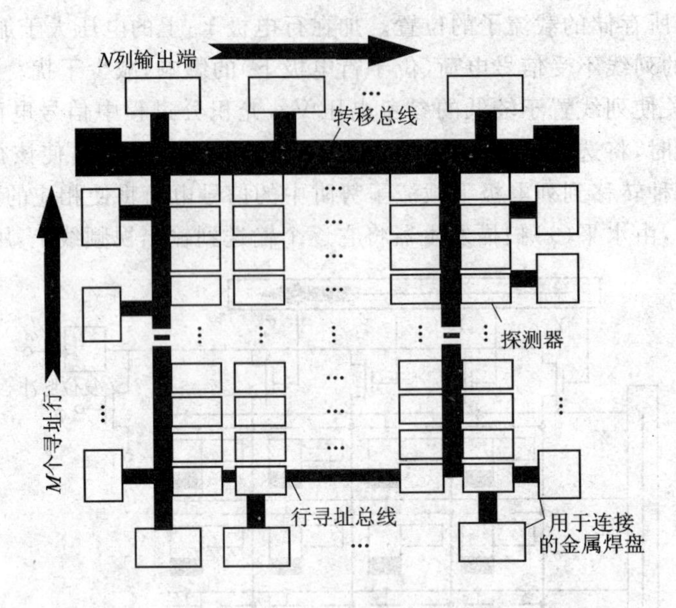

图 7-74　CIM 器件结构图

$(M \times N)$个 MIS 探测器的电极按行号分别由行线连接在一起并接在 M 个行寻址码盘上，在 MIS 探测器边缘制作的 N 条窄 MB 管浮置极列线也分别连在 N 个焊盘上，在 P 列 MIS 探测器电极和 N 条二极管浮置电极之间有 N 条转移控制栅，它们相互连接在一起并连接在一个焊盘上。工作中，控制栅总使 MIS 电极与二极管浮置极间保持导电通道。首先通过行寻址电路使 MIS 电极得到高电平，使探测器电极下产生势阱，接受光辐射，经过积分，产生信号电荷；输出时，先使二极管反偏，使浮置极列线产生可以接受信号电荷的势阱，再由寻址电路使选定的一行 MIS 探测器电极全部变为低电平，势阱消失，因此，该行各列探测器势阱中的信号电荷将分别转移到相应的浮置极列线上。用硅制作的辅助电路应当产生控制栅所需的电压、行扫描电压以及处理一行 N 个浮置列线上各像元信号的通路。

CIM 阵列和硅辅助芯片可以互连在一个陶瓷底座上，构成准单片式结构。

7.6.6　红外焦平面器件的输入电路

1. 对输入电路的要求和约束条件

对输入电路设计的约束条件如图 7-75 所示。这种约束是相当严格的，通常单元尺寸为 25～50 μm 或更小。在功率耗散方面，阵列工作在 77 K 时应将热负载设计在 0.25 W 以下，以满足实际的制冷限制条件。这样对于 10 000 个探测器元来说，每个输入电路的功耗必须小于 25 μW；另外，还应考虑生产的成本与成品率问题，见表 7-12。

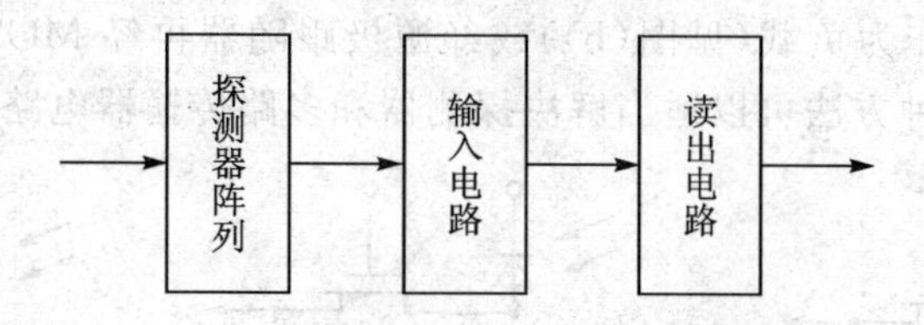

图 7-75　对输入电路设计的约束条件

表 7-12　对输入电路的要求和约束条件

项　目	要　求	约束条件(一)	约束条件(二)
RoA	低噪声	单位像元面积	数据率
I/f 噪声	动态范围	功率耗散	电荷容量
$I(V)$曲线	背景抑制	阈值灵敏度	
量子效率	电荷处理容量	低温	
均匀性	晕光控制	成品率	
光子通量	频率响应		
	线性		
	均匀性		

现代焦平面器件是通过光互连的形式将各部分器件和电路复合集成在一起的,约束条件更加严格,其性能大大提高。如前所述,因为一般红外焦平面器件的探测器阵列和读出电路的多路传输器电路是用不同材料制作的,所以除了准确地互连和热匹配以外,还需要考虑适当的输入电路,以解决探测器和多路传输器电路的电匹配问题。首先在电路上要有最佳的耦合方式和阻抗匹配,还要效率高、面积小、噪声低、动态范围大、线性好、均匀性好、功耗低以及工艺简单等。因此,常常有些厂家以其自己设计的输入电路作为专利。以下介绍几种常用的基本输入方法原理。

2. 输入方法

(1) 直接注入法

图 7-76 为直接注入法工作原理电路图。红外探测器光电管(P-N 结)在辐照下产生的光电流通过栅控 MOS 场效应管源漏通道直接送入积分电容 C_{int},然后经过多路传输器依次输出。栅控 MOS 管用于控制加在红外探测器上的偏压。

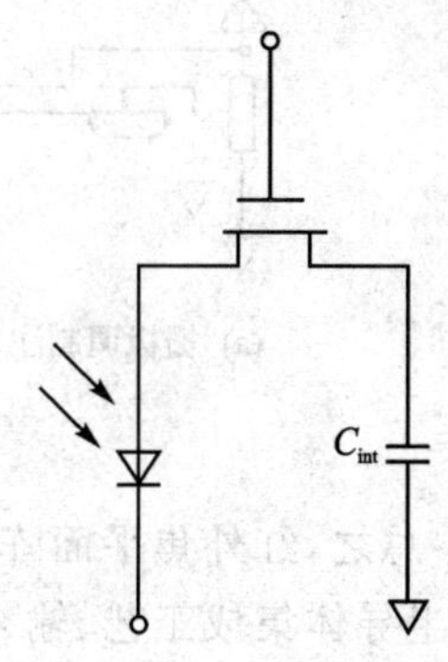

图 7-76　直接注入法

(2) 缓冲输入法

图 7-77(a)、(b)、(c)为缓冲注入法工作原理电路图。红外探测器(图中的 P-N 结也可以是光电导或其他器件)以电阻作为负

载(见图(a))、场效应管作为负载(见图(b))或经源极跟随器再经 MOS 导电通道送入积分电容 C_{int}(见图(c))。用这种方法可以适当解决探测器和多路传输器电路的阻抗匹配问题。

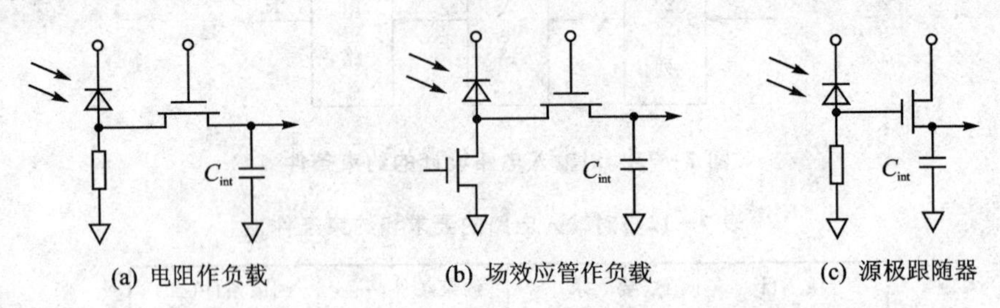

(a) 电阻作负载　(b) 场效应管作负载　(c) 源极跟随器

图 7-77　几种缓冲注入法

(3) 其他几种常用的注入法

以上是两种最基本的焦平面注入法。人们根据需要又发展了以下几种注入法。

① 栅极调制注入法。原理如图 7-78(a)所示,它利用 CCD 电注入的栅极调制注入法,使探测器接收辐射产生的信号电压调制输入栅极,成比例地控制向转移栅下势阱中转移的电荷。

② 缓冲直接注入法。它用反馈改进直接注入法,原理电路图如图 7-78(b)所示。将连接在输入扩散极的探测器同时接入一个放大器的输入端,而将放大器的输出端连接到输入栅极。电路分析表明,其电气性能和直接注入法相似,只是可以改进电路的注入效率、噪声和响应频率等。

③ 运放积分器注入法。原理电路图如图 7-78(c)所示,红外探测器产生的光电流经运放积分器 A 积分后再进入多路传输器。这种注入多路有很大的动态范围,噪声低,线性好,探测器又可在很低的偏压下工作,因此,是一种理想的焦平面注入多路;但电路所占面积较大,功耗也比较大。

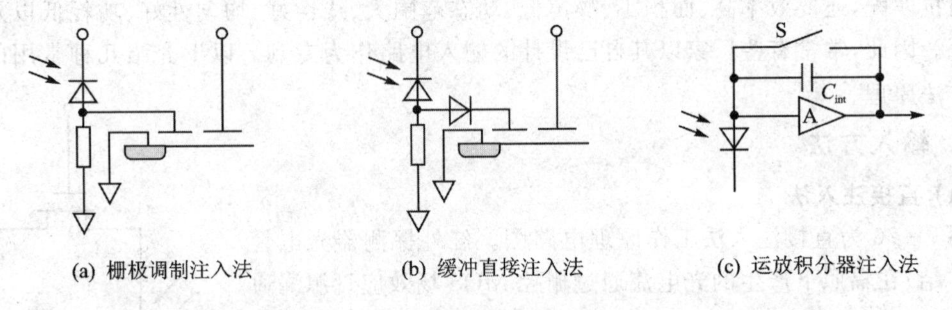

(a) 栅极调制注入法　(b) 缓冲直接注入法　(c) 运放积分器注入法

图 7-78　其他几种常用的注入法

总之,红外焦平面阵列器件是一种技术复杂的涉及红外半导体材料制作、半导体器件制作、半导体集成工艺、输入/输出电路设计、信号处理、互连、低温制冷等一系列综合高新科学的技术,不但如此,它的特性测量技术和特性分析研究也比较复杂。

7.6.7　红外焦平面的特性参数及其测试评价

红外焦平面探测器的结构、探测信号的工作过程、处理过程以及输出信号都很复杂，所以它的工作特性也很复杂。不过，按照工作过程和作用，可以把它的工作性能分为以下几大类分别讨论：光电响应特性，噪声与极限特性，红外焦平面成像特性，其他。

另外，由于红外焦平面器件的工作特性常常与器件工作的电气参数有关，如工作电压、工作频率、光积分时间等，而且工作电气参数的范围和稳定性也是器件的重要指标，因此，红外焦平面器件的特性也应包括其电气参数特性。有些特性还应说明与其有关的电气参数等条件。

为便于用户使用和检测，表征红外焦平面器件的特性参数应当以输出端的测量数据为依据，并尽量与光学成像仪器的性能要求接轨。

1. 光电响应特性

红外焦平面器件有与单元探测器相似的响应特性。但是，单元探测器本身是对辐射光波长有选择性的器件，焦平面器件又包含了大量的探测器，所以，它比单元探测器的响应特性还要复杂。

(1) 像元响应度

它是表征单个像元输出信号电压与所接受入射辐射功率之间光电转换的特性参数，定义为：在线性响应区，像元在单位入射辐射功率下所产生的输出信号电压，符号为 $R(i,j)$，单位为伏特/瓦(V/W)，用下式表示，即

$$R(i,j)=\frac{V_{s}(i,j)}{P} \tag{7.6-3}$$

式中：$R(i,j)$为第 i 行、第 j 列像元的响应度；$V_{s}(i,j)$为第 i 行、第 j 列像元在受入射辐射功率 P 辐照时的响应电压(V)；P 为第 i 行、第 j 列像元所受的入射辐射功率(W)。

由于一般红外焦平面上的探测器的响应电压还与入射辐射的波长和积分时间有关，故通常用两种辐射源测量红外焦平面的响应度：一种是黑体辐射源，另一种是单色光辐射源。用黑体辐射源测得的像元响应度称为像元的黑体响应度，以 $R_{t}(i,j)$表示，并应说明黑体辐射源的温度，一般采用 500 K；用单色光辐射源测得的像元响应度称为像元的单色响应度，以 $R_{\lambda}(i,j)$表示，并应说明单色光的波长。另外，还必须注明其积分时间。

(2) 光谱响应

要定量地表示焦平面探测器的光谱响应特性，通常采用以下两个参数。

① 相对光谱响应。它是表征焦平面光谱响应特性的参数。定义为：焦平面探测器在入射波长为 λ 的单色光照射下的像元响应度与其最大值之比，符号为 $S(\lambda)$，显然，它是 λ 的函数。一般来说，同一焦平面上的各像元，其相对光谱响应度应该是一样的，所以，可以认为像元的相对光谱响应度也就是焦平面的相对光谱响应度，统称为光谱响应度；否则，必须求出各像

元的光谱响应度。

② 光谱响应范围。它是表征焦平面有响应输出的入射辐射的波长范围的参量。定义为：相对光谱响应度为0.1时，所对应的入射辐射最短波长与最长波长之间的波长范围。

(3) 饱和辐照功率

定义：焦平面有效像元输出信号达到饱和时，入射于像元上的最小辐照功率称为饱和辐照功率，符号为 P_{sa}，单位为瓦(W)。注意，必须说明辐射源种类，各像元有差别可取折衷值作为焦平面的饱和辐照能。

以上这些参数和单元探测器响应参数类似。

(4) 多元阵列特有的响应参数

大面积焦平面上像元很多，由于衬底缺陷，可能有个别像元与其他像元性能相差较大。特规定：响应度小于平均响应度的1/10的像元称为死像元，输出的噪声电压大于焦平面平均噪声电压10倍的像元称为过热像元，二者统称为无效像元，而把其余像元称为有效像元。

① 平均响应度。定义：焦平面上各有效像元响应度的平均值为平均响应度，符号为$\overline{R}$，由下式表示，即

$$\overline{R}=\frac{1}{M\cdot N-(d+h)}\sum_{i=1}^{M}\sum_{j=1}^{N}R(i,j) \tag{7.6-4}$$

式中，M 为焦平面像元总行数，N 为焦平面像元总列数，d 为死像元数，h 为过热像元数。求和中不包括无效像元。

② 响应度均方根差。它是反映焦平面各有效像元响应度偏离其平均值的情况的参数。定义：焦平面各有效像元响应度与平均响应度之差的均方根值为响应度均方根差，符号为 ΔR，由下式表示，即

$$\Delta R=\sqrt{\frac{1}{M\cdot N-(d+h)}\sum_{i=1}^{M}\sum_{j=1}^{N}[R(i,j)-\overline{R}]^2} \tag{7.6-5}$$

求和不包括无效像元，其符号规定同上。

③ 响应度不均匀性。定义：焦平面响应度均方根偏差 ΔR 与平均响应度$\overline{R}$之比为响应度不均匀性，符号为 U_R，由下式表示，即

$$U_R=\frac{\Delta R}{\overline{R}} \tag{7.6-6}$$

④ 无效像元占有率。定义：焦平面的无效像元数占总像元数的百分比为无效像元占有率，符号为 N_{NE}，由下式表示：

$$N_{NE}=\frac{d+h}{M\cdot N} \tag{7.6-7}$$

⑤ 串扰。它是反映焦平面中一个像元获取信号时串入相邻像元情况的参数。定义：当用小光点照射焦平面上一个像元使之获得输出电信号 V_s 时，串入相邻像元电信号占 V_s 的百

分数为串扰。

由于焦平面上各像元情况相似，所以，可以用一个像元的串扰表示焦平面的串扰，否则，焦平面的串扰应以各像元的串扰表示。焦平面的串扰会影响器件的成像质量参数，它通常包括在传递函数中。

⑥ 暗（背景）输出特性。焦平面常在背景辐照下工作，在背景辐照下各有效像元都会产生输出信号；又由于衬底材料及工艺条件的影响，彼此有些差别，因此，焦平面背景输出特性中应包括像元背景输出电压、平均背景输出电压和背景输出电压均方根偏差等参数。

2. 噪声与极限特性

焦平面上每个探测器的输出电信号都存在涨落现象，也就是存在瞬态噪声。它影响着各像元探测器探测入射辐射信号的极限。由于在实际应用中，被探测图像常常叠加于相当强的背景辐射中，这时，焦平面探测信号的极限应当主要考虑受背景辐射时所产生的像元瞬态输出噪声。

在背景辐照下，焦平面上每个给定的有效像元都产生输出电压，以符号 $V_b(i,j)$ 表示第 i 行、第 j 列有效像元的输出电压，实际上它还存在涨落。

(1) 像元瞬态噪声电压

定义：背景辐照下，焦平面上给定有效像元输出电压的涨落量的均方根值，以符号 $V_{bn}(i,j)$ 表示第 i 行、第 j 列有效像元输出电压的涨落量的均方根值，单位为伏（V）。

(2) 像元平均瞬态噪声电压

定义：背景辐照下焦平面上各有效像元瞬态噪声电压的平均值，以符号$\overline{V_{bn}}$表示，单位为伏（V）：

$$\overline{V_{bn}} = \frac{1}{M \cdot N - (d+h)} \sum_{i=1}^{M} \sum_{j=1}^{N} V_{bn}(i,j)$$

求和中不包括无效像元。

(3) 噪声等效辐照功率

定义：在背景辐照条件下，红外焦平面阵列上像元另外还接收信号红外辐射功率，若使其所产生的信号电压等于像元的平均瞬态噪声电压，则称它所接收的红外辐射功率为它们的噪声等效辐照能，符号为 NEP，单位为瓦（W），以下式表示，即

$$\mathrm{NEP} = \frac{\overline{V_{bn}}}{\overline{R}} \qquad (7.6-8)$$

式中，符号规定同前。注意应该按照所使用的响应度说明像元噪声等效辐照功率是黑体辐射的还是单色辐射的。

(4) 像元探测率

通常单元探测器的探测率定义为：将探测器面积折算成 1 cm²，并将噪声电压折算成1 Hz 带宽时（将像元面积和噪声带宽归一化），其响应度与像元瞬态噪声电压之比，用以标识探测器

的质量，但是，考虑到红外焦平面的探测器像元是光积分器件，其信噪比还与积分时间有关，故通常将像元探测器探测率定义为下式，单位为 $\text{cm}\cdot\text{Hz}^{1/2}\cdot\text{W}^{-1}$：

$$D^*(i,j)=\sqrt{\frac{A_d}{2t_{int}}}\cdot\frac{R(i,j)}{V_{bn}(i,j)} \tag{7.6-9}$$

式中，$D^*(i,j)$为第 i 行、第 j 列像元的探测率，A_d 为像元的面积，单位为 μm^2，；t_{int}为焦平面像元的积分时间，单位为 s；$1/(2t_{int})$可理解为像元积分周期的奈奎斯特频率。显然，应说明它是黑体辐射的，还是单色的。

(5) 平均探测率

定义：红外焦平面上各有效像元探测率的平均值，符号为$\overline{D^*}$，单位为 $\text{cm}\cdot\text{Hz}^{1/2}\cdot\text{W}^{-1}$，以下式表示，即

$$\overline{D^*}=\frac{1}{M\cdot N-(d+h)}\sum_{i=1}^{M}\sum_{j=1}^{N}D^*(i,j) \tag{7.6-10}$$

各符号规定同前。必须说明它是黑体辐射的，还是单色的。

(6) 噪声等效温差

定义：在背景辐射(背景温度 T_b)中测量目标温度 T 时，若目标温差使焦平面像元产生的平均信号电压等于像元平均瞬态噪声电压，则称此温差为噪声等效温差，符号为 NETD，以下式表示，即

$$\text{NETD}=(T-T_b)\Big/\frac{V_s}{V_{bn}} \tag{7.6-11}$$

式中，NETD 为红外焦平面的噪声等效温差；V_s 为目标温差在焦平面像元产生的平均信号电压，单位为 V。

3. 红外焦平面成像特性

在光学成像设备中常以调制传递函数作为表征其图像转换空间分辨能力的特性参数。

定义：在奈奎斯特频率范围内，焦平面在各正弦空间频率 f 的调制光的作用下，器件输出信号调制度 $M_o(f)$与入射辐射信号调制度 $M_i(f)$的比值称为焦平面的调制传递函数，符号为 MTF，以下式表示，即

$$\text{MTF}=\frac{M_o(f)}{M_i(f)} \tag{7.6-12}$$

应该注意：调制传递函数与入射光的频率有关。

4. 其　他

(1) 饱和输出电压

定义：入射到像元上的辐射能大于一定值后，器件的输出信号电压不再增加，此时的输出信号电压值称为饱和输出电压，符号为 V_{sa}。

(2) 动态范围

它表征焦平面能探测红外辐射信号大小的相对范围。定义：焦平面的饱和辐照功率 P_{sa} 与其噪声等效辐照功率的比值称为焦平面的动态范围，符号为 D_r，以下式表示，即

$$D_r = P_{sa}/\mathrm{NEP} \tag{7.6-13}$$

应该指出，红外焦平面器件仍属于发展中器件，其特性参数国际上尚无统一规定，对其特征表征的观点彼此有些区别，甚至同一名词的定义彼此也可能有些差别，应当注意其真正含意。

5. 特性参数的测试

焦平面主要特性参数的测试可以归结为响应电压和瞬态噪声电压的测试。

(1) 响应电压的测试

通常采用 500 K 黑体源均匀照射红外焦平面器件，采集各像素输出信号 $V_s(i,j)$，用计算机处理、显示和打印所需要的参数和图表。黑体源发射到像元的光信号功率 P 可由下式计算，即

$$P = \frac{\sigma \times (T^4 - T_b^4) \times d^2 \times A_D}{4 \times L^2} \tag{7.6-14}$$

式中，σ 为斯蒂芬-玻耳兹曼常数，即 5.673×10^{-12} W/(cm^2·K^4)；T 为黑体源温度(K)；T_b 为背景温度(K)；d 为黑体源辐射孔径(cm)；A_D 为焦平面像元面积(cm^2)；L 为黑体源辐射孔至像元的垂直距离(cm)。

这样，由它就可以测出各有效像元的输出电压，计算出各有效像元的响应度 $R(i,j)$。由这一组像元响应度数据，即可利用计算机，得到死像元数、过热像元数、平均响应度、响应度均方根偏差、响应度不均匀性和无效像元占有率。

通过改变辐射源与焦平面的间距和积分时间，可以求得器件的饱和输出信号电压和饱和辐照能。在只有背景辐照的情况下，同样可以采集各像元的输出信号电压 $V_b(i,j)$，进而计算其在焦平面上的平均值 $\overline{V_b}$。

(2) 噪声电压的测试

在背景辐照下，焦平面上给定像元的输出电压存在涨落现象，即存在瞬态噪声电压。为了测量焦平面上各像元的瞬态噪声电压，需要在背景辐照下对焦平面上所有像元作多次或多帧连续采样。若以符号 $V_b[(i,j),f]$ 表示第 f 次(第 f 帧)采得的第 i 行、第 j 列像元输出电压，则在 F 次(或 F 帧)采样中，如果 F 足够大，则该像元输出电压的平均值 $\overline{V_b(i,j)}$ 和像元瞬态噪声电压 $V_{bn}(i,j)$ 分别为

$$\overline{V_b(i,j)} = \frac{1}{F}\sum_{f=1}^{F} V_b[(i,j),f] \tag{7.6-15}$$

$$V_{bn}(i,j) = \sqrt{\frac{1}{F-1}\sum_{f=1}^{F}\{V_b[(i,j),f] - \overline{V_b(i,j)}\}^2} \tag{7.6-16}$$

由此可见，通过在背景辐照下对焦平面探测器阵列输出信号的多帧采样和以上所说的响应测量，就可以用计算机计算出以上提到的除串扰和调制传递函数以外的许多主要参数。也可以用红外单色光光源(如激光)测量红外焦平面的响应特性参数。串扰只能用小光点光源测量。

由于很难制作不同空间频率的正弦红外光源，焦平面的调制传递函数的严格测量甚难，故通常用不同频率黑白条纹代替，需要进一步在理论上分析研究。

以上只讨论了焦平面器件外部表现的特性参数，显然，它们一定是器件内部微观过程的表现。为了器件的发展研究，还应当对它进行理论分析。

7.7 CMOS 图像传感器

CCD 成像器件虽然已经得到广泛应用，但在实际应用中还存在一些不足之处，主要表现为：① 因 CCD 的驱动电路和信号电路很难与 CCD 成像阵列单片集成，所以 CCD 的图像系统为多芯片系统；② 因有二相、三相或四相时钟脉冲，因而需要相对高的工作电压；③ 蓝光响应差，有光晕和图像的拖尾现象；④ 不能与亚微米和深亚微米的 VLSI 技术兼容，制作工艺特殊，因而成品率低，成本高；⑤ 电荷转移要求严格准确，以便获得信号的完整性；⑥ 图像信息只能按规定的过程自扫描输出，不能随机读取。针对这些不足，人们研制出了 CMOS 图像传感器。

CMOS 是 Complementary Metal - Oxide Semiconductor 的缩写，即互补金属氧化物半导体。与 CCD 相比，CMOS 图像传感器最明显的优势是器件结构简单，集成度高，功耗小，生产成品率高，成本低，容易与其他芯片整合。它可以将模/数转换、控制芯片等集成在一起，使图像数据不必在迷宫般的电路中被传来送去，因而极大地提高了捕获速度。此外，CMOS 的功耗仅相当于 CCD 功耗的 1/10～1/8，可以制造出微型化、智能化产品，从而可以开拓更多的新的应用领域。

7.7.1 CMOS 图像传感器的结构和原理

1. CMOS 图像传感器的像素单元结构及原理

CMOS 图像传感器最基本的像素单元结构，是在 MOS 场效应管的基础上加上光电二极管构成的。它最基本的像素单元结构如图 7－79 所示。图 7－79(a)为 CMOS 成像器件结构的无源像素传感器(PPS)，它用 2 个 NCMOS 场效应管构成最简单的像素，在低光照时有低的信噪比、较低的空间噪声和高读出噪声；图 7－79(b)为有源像素传感器(APS)，它由 3 个 NMOS 场效应管构成，在低光照时有高的信噪比和较低的时间噪声，但需要使用微透镜。目前，CMOS 摄像机大多采用图 7－79(b)的结构。

在图 7－79(b)中，场效应管 VT_1 是光电二极管的负载，它起开关作用，其栅极接复位信号。当有复位脉冲时，VT_1 导通，光电二极管被瞬时复位；复位脉冲消失后，VT_1 截止，光电二

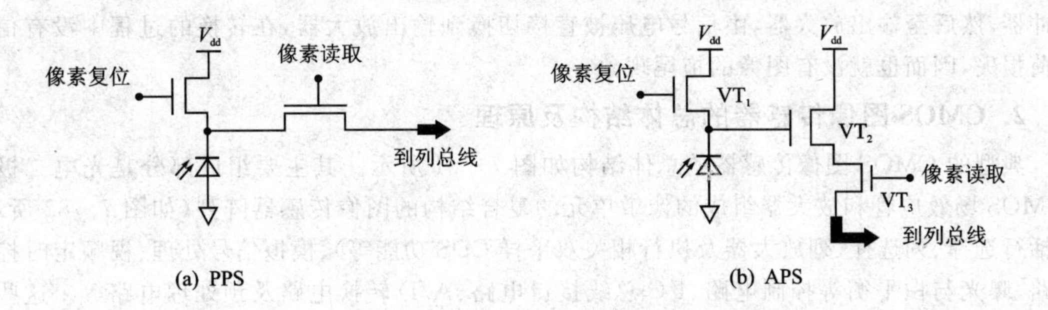

图7-79 CMOS摄像器件的像素单元电路结构

极管开始积分光信号。VT_2 就是一源极跟随放大器(图7-79(a)没有),它将光电二极管的输出信号进行电流放大。VT_3 是用做选址的开关,只有当选通脉冲引入时,它才导通,从而使得被放大的光信号输送到列总线上。因此,对APS的CMOS成像阵列来说,在每一像素位置都有一个放大器,在一个较低的带宽下,在帧频需要复位时使离散的信号电荷包转变成一个电压,因为是在较低带宽内对信号的放大,所以提高了信噪比。这是这种成像器件的一个优点。因此,APS比PPS具有低读出噪声和高读出速率等优点,但像素单元结构复杂一些,填充系数降低(其填充系数一般只有20%~30%)。

有源像素单元的时序如图7-80所示。当复位脉冲到来时,VT_1 开通,此时光电二极管复位;当复位脉冲消失后,VT_2 截止,光电二极管进行光积分;光积分结束时,VT_3 开通,此时输出光信号。

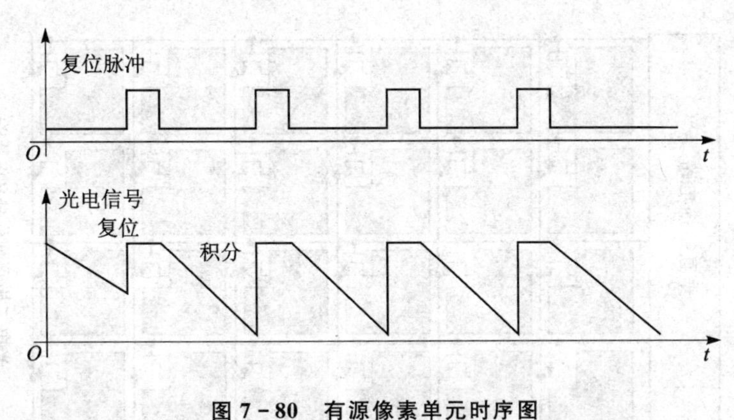

图7-80 有源像素单元时序图

随着大规模集成电路的发展,在每一个像素位置,还可以增加电子快门、转移阻抗放大器以及采样保持电路等,虽可能增加像素的复杂性,但附加的优点是降低了固定图像噪声。而每一像素位置上电路的增加又减小了光电二极管可利用的面积,目前只好在每一像素位置,配置能定向入射光电二极管的微透镜而减少照度的损失。

CMOS-APS成像器件的另一个优点是,在每一个像素位置放大的信号电压被切换到列

缓冲器，然后至输出放大器，由信号电压被直接切换到输出放大器，在转换的过程中没有信号电荷损失，因而也就没有图像的拖尾现象。

2. CMOS 图像传感器的总体结构及原理

典型的 CMOS 图像传感器的总体结构如图 7-81 所示。其主要组成部分是光电二极管与 MOS 场效应管和放大器组成的像敏单元的复合结构的图像传感器阵列（如图 7-82 所示，包括行选择、列选择、列放大器及执行相关双采样 CDS 功能等）、模拟信号处理、视频定时控制电路、曝光与白平衡等控制电路、I^2C 总线接口电路、A/D 转换电路及预处理电路等。这些电路均集成在同一芯片上。

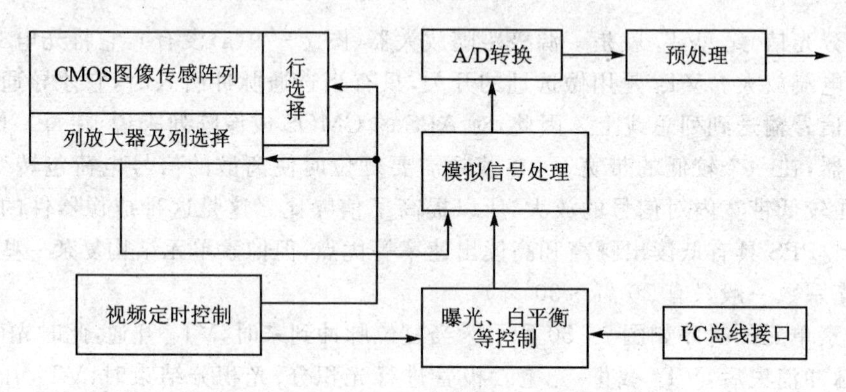

图 7-81 CMOS 传感器的总体结构

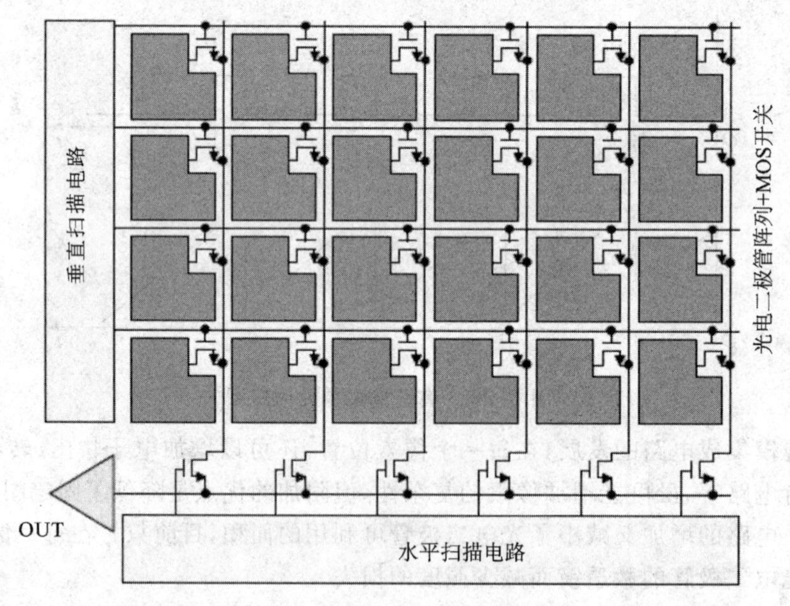

图 7-82 二维 CMOS 图像传感器

如图 7-82 所示，CMOS 图像传感器中的像敏单元阵列中的像素由若干个全同像素组成，每一个像素含有一个光电二极管和一个选址三极管。整个阵列单元按 X 和 Y 方向上的地址，分别由 X 和 Y 方向的地址译码器（一般采用移位寄存器）进行选择，即所谓的列选择与行选择。Y 方向的选址（或扫描）寄存器是逐行通过激活像素中选址三极管进行的，X 方向的选址（或扫描）寄存器是对一行中的像素选好一个之后再对另一像素选址，并且每一列像敏单元都对应一个列放大器，而列放大器输出信号分别接到由 X 方向的地址译码控制器进行选择的模拟多路开关，其输出经模拟信号处理与放大输出到 A/D 转换，最后经预处理电路输出。

图像传感器内的视频定时控制电路提供传感器所需的各种工作脉冲，并通过总线编程（I^2C 总线）对自动曝光、自动增益、白色平衡、黑电平即 γ 校正等功能进行处理。

3. CMOS 图像传感器的工作流程

一般地，CMOS 图像传感器的工作流程如图 7-83 所示。

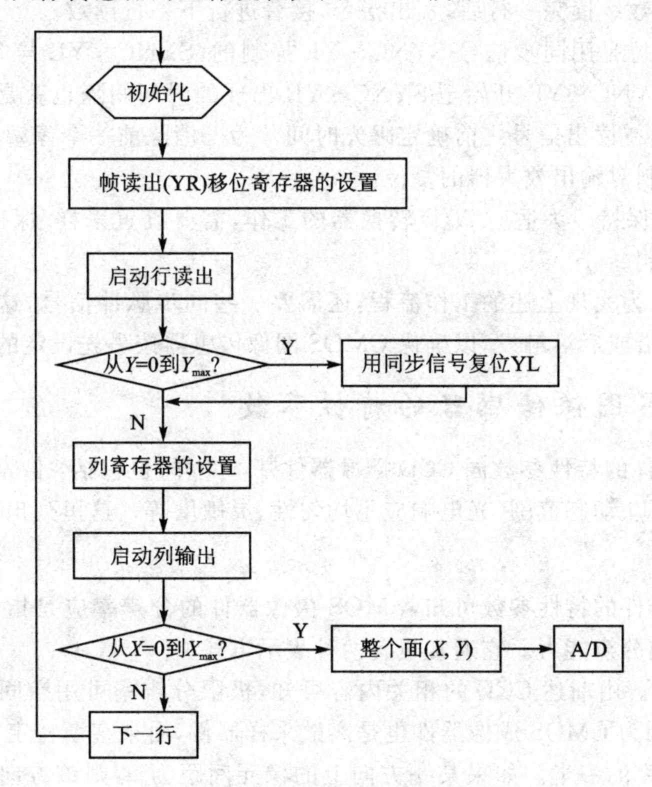

图 7-83　CMOS 图像传感器的工作流程

① 初始化。初始化就是要确定图像传感器的工作模式。如设定光积分时间、放大器的增益、输出电压、取景器的大小及是否开通等。

② 帧读出（YR）移位寄存器的设置。利用同步脉冲 SYNC-YR，可以使帧读出（YR）移位

寄存器初始化，即设置(YR)。因 SYNC - YR 为行启动脉冲序列，在它的第一行启动脉冲到来之前，有一消隐期间，在此期间内要发送一个帧启动脉冲。

③ 启动行读出。SYNC - YR 指令可以启动行读出，从 $Y=0$ 第一行开始，直到 $Y=Y_{max}$ 止(实际上，这个 Y_{max} 等于行的像敏单元减去积分时间所占用的像敏单元)。此时，用同步信号复位 Y 向移位寄存器(YL)，Y 向复位移位寄存器用于对各像敏单元进行复位(各像敏单元被复位时即开始光信号的积分，这个复位至读出开始的时间间隔即为曝光时间)，以清除帧与帧之间信号的影响。

④ 列(X)的移位寄存器的设置。利用同步信号 SYNC - X，可以使 X 移位寄存器初始化。

⑤ 启动列输出。SYNC - X 指令可以使列移位寄存器读出，从 $X=0$ 起，至 $X=X_{max}$ 止。X 移位寄存器存一幅图像信号。

⑥ 信号采样。利用 A/D 转换器对一幅图像进行 A/D 数据采集。

⑦ 启动下行读数。读完一行后，发出指令，接着进行下一行读数。

⑧ 复位。帧复位是用同步信号 SYNC - YL 控制的，SYNC - YL 与 SYNC - YR 是分时操作的。显然，从 SYNC - YL 开始至 SYNC - YR 出现的时间间隔也就是曝光时间。为了不引起混乱，一般应当在读出信号之前确定曝光时间。为了消除前一个像敏单元信号的影响，还需要用脉冲信号控制对输出放大器的复位。

⑨ 信号的采样保持。为适应 A/D 转换器的工作，需要设置采样/保持脉冲，这个脉冲需由时序脉冲信号控制。

值得提出的是，为实现上述的工作流程，还需要一些同步脉冲信号，这些同步脉冲信号按时序利用脉冲的前沿或后沿触发，以确保 CMOS 图像传感器按事先设定的程序工作。

7.7.2 CMOS 图像传感器的特性参数

CMOS 摄像器件的特性参数同 CCD 摄像器件基本一样，也包括：像素数、分辨率、最低照度、暗电流、光谱响应、动态范围、光电响应不均匀性、灵敏度等。这里列出主要特性参数。

1. 分辨率

由 CCD 摄像器件的特性参数可知，CMOS 摄像器件的分辨率应是指 CMOS 摄像器件对景物中明、暗细节的分辨能力。它通常也有两种表示方式。

① 极限分辨率。由前述 CCD 的相关内容可知，极限分辨率可用空间频率(IP/mm，即线对/mm)来表示。因为 CMOS 成像器件也是离散采样器件，由奈奎斯特定理可知，它的极限分辨率为空间采样频率的一半。如果某一方向上的像元间距为 a，则该方向上的空间采样频率为 $1/a$(单位为 IP/mm)，其极限分辨率将小于 $1/(2a)$。所以，CMOS 成像器件的行或列的有效像素与它的行或列的尺寸，是衡量分辨率的重要相关指标。由此可得

$$\text{行或列的极限分辨率} = \text{行或列的有效像素} /(2\times \text{行或列的传感器尺寸}) \tag{7.7-1}$$

式中，极限分辨率的单位为 IP/mm。

② 空间传递函数。通常，可利用 CMOS 摄像器件的像素尺寸 b 和像素间隔等参数，容易地推导出 CMOS 成像器件的理论空间传递函数，即

$$T(f) = \sin c(bf) \tag{7.7-2}$$

式中，f 为空间频率，而 $T(f)=0$ 的空间频率称为奈奎斯特频率 f_N，因而从上式中可求得

$$f_N = 1/2b \tag{7.7-3}$$

同 CCD 一样，随着频率的增高，其空间传递函数减小。

2. 光电响应不均匀性

CMOS 摄像器件的光电响应不均匀性，简称 PRUN。其定义是，在标准的均匀照明条件下，各个像元的固定模式噪声电压 FPN 与信号电压 U_s 的比值，即

$$\text{FPUN} = (\text{FPN}/U_s) \times 100\ \% \tag{7.7-4}$$

实际上，固定模式噪声 FPN 是指非暂态空间噪声，其产生的原因主要是像素与彩色滤色器之间的不匹配、列放大器的波动、PGA 与 ADC 之间的不匹配等。

FPN 可以是耦合的或非耦合的，行范围耦合类 FPN 噪声也可由较差的共模抑制造成。在实际的应用中，由于受到测量的约束，常将上面的定义等效为：在标准的均匀照明条件下，各个像元输出电压的最大值 U_{max} 与最小值 U_{min} 的差与各个像元输出电压的平均值 U_0 的比值，即

$$\text{PRUN} = [(U_{max} - U_{min})/U_0] \times 100\ \% \tag{7.7-5}$$

上式也可通过像元的灰度数据值来表示。因为每个像元的输出电压直接对应于输出的灰度值，因此，可将像元集合中的灰度最大数据作为灰度最大值 G_{max}，将像元集合中的灰度最小数据作为灰度最小值 G_{min}，将像元集合中的灰度数据的平均值作为平均灰度值 G_0，于是可得

$$\text{PRUN} = [(G_{max} - G_{min})/G_0] \times 100\ \% \tag{7.7-6}$$

3. 光谱响应特性与量子效率

CMOS 成像器件的光谱响应范围，是由光敏面的材料确定的。其本征硅的光谱响应范围同样在 400～1 100 nm 之间。

实际上，CMOS 成像器件的光谱性能和量子效率均取决于它的像敏单元（光电二极管）。而光电二极管的光谱响应特性与器件的量子效率，受器件表面光反射、光干涉、光透过表面层的透过率的差异及光电子复合等因素的影响，一般量子效率总是低于 100 %。此外，由于上述因素的影响会随波长而改变，所以量子效率也是随着波长的变化而变化的。例如，波长在 400 nm 处的量子效率为 50 %；波长在 700 nm 处达到峰值时的量子效率约为 70 %；而波长在 1 000 nm 处的量子效率仅为 8 %。

4. 填充因子

所谓填充因子，是指光敏面积对全部像敏面积之比，它对器件有效灵敏度、噪声、时间响

应、模传递函数 MTF 等影响很大。因为 CMOS 图像传感器包括驱动、放大和处理电路，会占据一定的表面面积，这样就降低了器件的填充因子。被动（无源）像敏单元结构的器件具有的附加电路少一些，因而它的填充因子会大一些。主动（有源）像敏单元结构的器件具有的附加电路相对多一些，因而它的填充因子会小一些；但大面积的图像传感器结构，其光敏面积所占的比例会大一些，其填充因子会大一些。因此，提高填充因子，使光敏面积占据更大的表面面积，是充分利用半导体制造大光敏面图像传感器的关键。有两种提高方法。

① 微透镜法。如图 7-84 所示，即在 CMOS 成像器件的上方，安装一层矩形的面阵微透镜，它可将入射到像敏单元的全部光线都会聚到各个面积很小的光敏面上，所以填充因子可以提高到 90 %。此外，由于光敏元件的面积减小，就减小了结电容，提高了器件的响应速度，并且降低了噪声，提高了灵敏度。这种方法很好，它已在 CCD 上得到成功的应用。

② 特殊像敏单元结构法。如图 7-85 所示，它是一种填充效率较高的 CMOS 图像传感器的像敏单元结构。它的表面有光电二极管和其他电路，二者是相互隔离的。由图可以看出，在光电二极管的 N^+ 区下面，增加了 N 区，它用于接收扩散的光电子；而在 N^+ 区的下面，设置了一个 P^+ 静电阻挡层，用于阻挡光电子进入其他电路中。

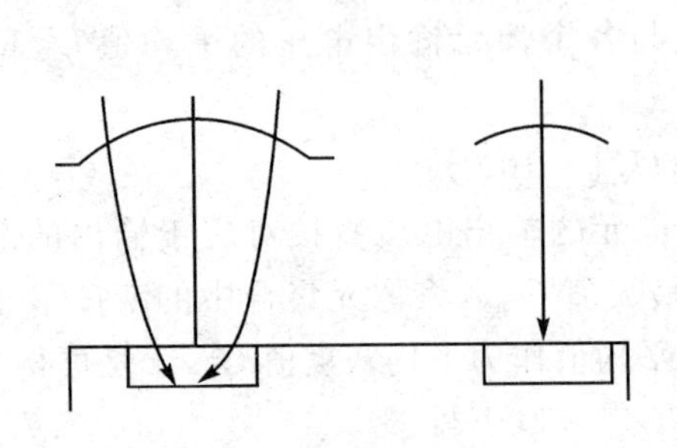

图 7-84　微透镜作用

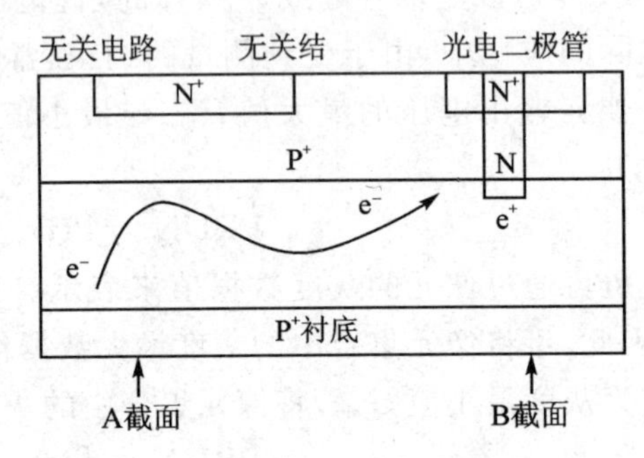

图 7-85　高填充率的 CMOS 像敏单元结构

在像敏单元结构中，表层的光电二极管、电路及其阻挡层均很薄，而且是透明的。当入射光透过后，到达外延的光敏层，所以产生的光电子几乎可以全部扩散到光电二极管中。尽管光电二极管的表面积不大，但光敏面积却像是整个像敏单元的表面积，所以等效填充因子接近于 100 %。实际上，填充因子不可能达到 100 %，其原因是：① 在电路层中有光陷阱，从而限制了光的透过率，而对于短波长光线，影响会更大些；② 表层有反射作用；③ 存在光电子复合现象。

这种特殊像敏单元结构法也有缺点，即存在串音现象。因为有阻挡层，所以光电子也会比较容易地扩散到相邻的像敏单元中，从而使图像变得模糊。

在高填充率的像敏单元结构中，光电二极管的尺寸很小，结果提高了灵敏度，降低了噪声，并提高了器件的工作速度。

5. 输出特性

一般地，CMOS 成像器件有四种基本输出模式(如图 7-86 所示)，它们的动态范围相差很大，特性也有较大区别。

① 线性输出模式。线性输出模式的输出一般与光强成正比，如图 7-86 中的曲线 1 所示。这种输出模式的动态范围最小，而且在线性范围的最高端信噪比最大。在小信号时，因噪声的影响增大，故信噪比一般很低，但它适用于要求进行连续测量的场合。

② 双斜率输出模式。双斜率的输出模式是一种扩大动态范围的方法，如图 7-86 中的曲线 2 所示。由图看出，它采用两种曝光时间：当信号很弱时，采用长时间曝光，输出信号曲线的斜率很大；而当信号很强后，改用短时间曝光，这时曲线斜率就会很低，从而可以扩大动态范围。为了改善输出的平滑性，还可以采用多种曝光时间。这样，输出曲线是由多段直线拟合的，显然会平滑得多。

③ 对数输出模式。对数输出模式如图 7-86 中的曲线 3 所示。它的动态范围非常大，可达到几个数量级，使得无需对照相机的曝光时间进行控制，也无需对其镜头的光圈进行调节。此外，在 CMOS 成像器件中，可以方便地设计出对数响应电路，并且实现起来也很容易。值得说明的是，人眼对光的响应也接近对数率，因此这种输出模式有良好的使用性能。

④ γ 校正模式。γ 校正模式如图 7-86 中的曲线 4 所示。它的输出规律如下式所示：

$$U = K\mathrm{e}^{\gamma E} \tag{7.7-7}$$

式中，U 为信号输出电压；E 为输入光强；K 为常数；γ 为校正因子，$\gamma<1$。可见，这种模式也使输出信号的增长速度逐渐减缓。

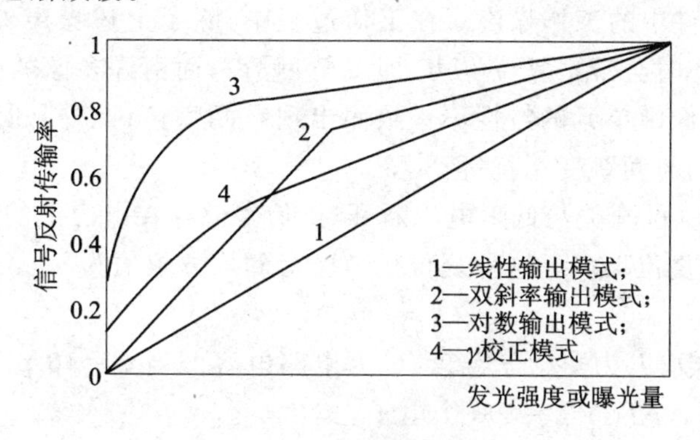

图 7-86　四种输出模式

由此可以看出，CMOS 摄像器件的四种输出模式的输出特性与动态范围均有区别，因此，只能根据实际应用的需求进行选择。此外，还可以根据实际需要将两种输出模式进行组合。

6. 动态范围与噪声

① 动态范围。CMOS 成像器件的动态范围也由它的信号处理能力和噪声决定，这也反映

了 CMOS 成像器件的工作范围。其数值也是输出端的信号峰值电压与均方根噪声电压之比(通常用 dB 表示)。一般地,线性输出模式的动态范围最小,只有 40～60 dB。为扩大这种输出模式的动态范围,采用线性-对数输出模式,开始时输出随图像亮度正比例增加(线性响应),当亮度信号超过某给定阈值后,输出呈对数响应,这样的响应模式使 CMOS 成像器件的动态范围大大提高,其光电响应不仅扩大了动态范围,还可以防止图像滞后与克服图像重影。

CMOS 成像器件噪声通常分为时间噪声和空间噪声两大类,时间噪声如 kTC 噪声、Johnson 噪声、闪烁噪声(flicker noise)、RTS 噪声、暗电流散粒噪声、光子散粒噪声、电源噪声、相位噪声和量化噪声等;空间噪声如暗的固定图案噪声、光固定图案噪声、列固定图案噪声、行固定图案噪声、缺陷像素噪声、死和病态像素噪声以及刮擦噪声等。这些噪声来源于像敏单元的光电二极管、用于放大器与行列选择等开关的场效应管以及由它们组成像敏阵列与电路而构成图像传感器产生的工作噪声等。光敏管与场效应管的噪声既有相似之处,也有很大差别。

② 光电二极管的噪声。有热噪声、散粒噪声、产生复合噪声和 $1/f$ 噪声 4 种。

③ MOS 场效应管的噪声。有热噪声、散粒噪声与栅极诱生噪声 3 种。因为电子在导电沟道中热运动形成的沟道电势分布的起伏会通过极电容耦合到栅极上,从而产生栅极噪声并通过漏极或源极传输出去。由于该噪声是由栅极电容耦合得来的,因而称为栅极诱生噪声。其电流均方值为

$$\overline{I_{nh}}^2 = 0.12\omega^2 C_{th}^2/g_{ms} \tag{7.7-8}$$

式中,C_{th}是单位沟道宽度上的栅极沟道电容;g_{ms}是饱和时的栅极跨导。上式表明,这种噪声会随工作频率的增高而明显增大。

④ CMOS 成像器件中的工作噪声。在工作过程中,除了上述噪声外,还要产生一些新的噪声。如复位开关工作时会带来复位噪声,即 KTC 噪声;而由许多像敏单元组成 CMOS 成像器件时,又会因为各个像敏单元的特性不一致而出现空间噪声;此外,还存在电磁干扰和多个时钟脉冲变化而引起的时间跳变干扰等。

ⓐ 复位噪声。当复位开关与低阻电源断开时,信号储存在电容上的残存电荷往往是不确定的,这就引起了一种复位噪声。这种复位噪声电荷的均方根值为

$$Q_n = (kTC)^{1/2} \tag{7.7-9}$$

式中,k 为玻耳兹曼常数;T 为热力学温度;C 为电路电容。当 $C=10$ pF 时,$(kTC)^{1/2}=40$ 个电子;而当 $C=1$ pF 时,$(kTC)^{1/2}=400$ 个电子。

值得说明的是,虽然复位噪声是随机的,但是可以用相关双采样的方法将它消除掉。

ⓑ 空间噪声。空间噪声除各个像敏单元的特性不一致引起的外,还包括暗电流不均匀直接引起的固定图案噪声(FPN)、暗电流的产生与复合不均匀引起的噪声、像素缺陷带来的响应不均匀引起的噪声及成像器件中存在温度梯度引起的热图像噪声等。这些空间噪声是由成像器件材料的不均匀或工艺方法缺陷带来的,有的(如 FPN)可以用双采样方法消除。

⑤ 光子散粒噪声。光子散粒噪声是 CMOS 图像传感器中一个非常重要的噪声分量,所

以这里深入地介绍一下。

光子散粒噪声是由曝光期间撞击到传感器的光子数的统计变化而引起的，统计过程由Poisson统计描述。如果曝光期间像素接收到的光子数为n_{ph}，则这个n_{ph}是平均值，它由表示光子散粒噪声的噪声分量σ_{ph}表征。平均值n_{ph}和其相联系的噪声σ_{ph}之间的关系由下式给出，即

$$\sigma_{ph}=\sqrt{n_{ph}} \tag{7.7-10}$$

当入射进硅的光子被吸收后，每个像素中的n_{ph}光子就产生n_e个电子，n_e个电子由噪声分量$\sigma_e=\sqrt{n_e}$描述。

光子散粒噪声分量对摄像器件的信噪比有重要影响，在完全无噪声的摄像机中，在成像器件完全无噪声的情况下，摄像系统的性能完全受光子散粒噪声的限制，则最大信噪比为

$$\left(\frac{S}{N}\right)_{max}=\frac{n_e}{\sigma_e}=\frac{n_e}{\sqrt{n_e}}=\sqrt{n_e} \tag{7.7-11}$$

即最大信噪比等于输出信号值的平方根。这导致一个人们感兴趣的大拇指规则：为了取得消费者应用满意的成像性能，要求最小40 dB或更多的信噪比，应用式(7.7-11)，每个像素中需10 000个电子。

7.7.3　CMOS摄像器件的技术发展与应用前景

在利用CMOS成像器件做产品设计时，不仅要考虑上面提到的特性参数指标，还要考虑器件的功耗、模/数转换位数(即转换精度，因为其位数越高，决定了成像器件的数字化信息输出精度越高，则成像器件的性能越好)、开发的简便性(数据可控制接口的简便性，即接口便于开发)、成本因素等。

1. CMOS像素结构改进

对于目前大多采用的如图7-79(b)所示的CMOS结构摄像机而言，虽然解决了许多噪声问题，但由光电二极管复位引入的KTC噪声仍然存在。为了解决滤波电容器中存在的热FET噪声问题，人们将CCD成像传感器中普遍使用的称之为“图钉式光电二极管像素(Pinned Photo Diaode pixel，PPD pixel)”引入到CMOS成像传感器中，如图7-87所示。图7-87中的RST、RS和TX分别是复位、行选择和转移三极管。我们可以看到，图7-87中右边的结构与有源(主动)成像传感器的像素结构完全相同。在该像素的左边附加上一个图钉式光电二极管，该图钉式光电二极管利用附加的转移门TX与读出电路相连，有了这个附加像素，光电二极管与读出节点分开。

图钉式光电二极管像素工作过程是：① 入射光子在图钉式光电二极管中被转化为光生载流子；② 曝光结束时，通过复位晶体管将读出节点复位；③ 复位后第一次测量输出电压；④ 通过激活TX将全部电荷从光电二极管转移到读出节而将光电二极管倒空；⑤ 转移后第二次测量输出电压；⑥ 将两次测量结果相减(相关双采样：Correlated Double Sampling，CDS)。

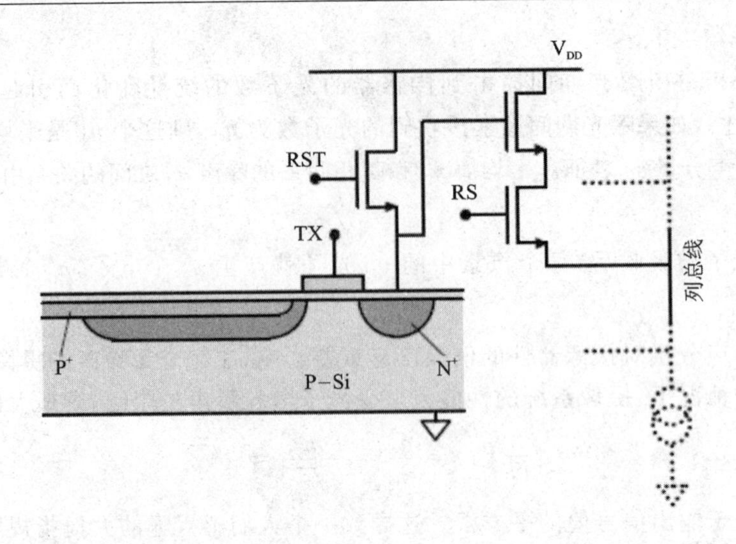

图 7-87　基于图钉式光电二极管组合的像素中放大器的 CMOS 结构

完全耗尽的图钉式光电二极管有几个非常诱人的特征：① 读出节点的 KTC 噪声可以利用 CDS 技术彻底消除；② CDS 对源极跟随器的 $1/f$ 噪声及其残留偏置也有正向效应；③ 因为在完全耗尽的情况下光电二极管可以完全被倒空，所以光电二极管自身的 KTC 噪声是完全不存在的；④ 因为图钉式光电二极管的耗尽层几乎伸展到 Si-SiO_2 的界面，而光强又取决于耗尽层的宽度，所以，图钉式光电二极管的光强要比传统的光电二极管的光强高；⑤ 因为是双结(P^+N 和 NP 基底)，内在的电荷储存容量就更高，因而导致更大的动态范围；⑥ Si-SiO_2 的界面完全被 P^+ 层保护并维持界面完全被空穴填充，这就使得漏电流和暗电流非常低。

正是图钉式光电二极管的这些优点，促进了 CMOS 成像传感器进入市场产品的份额逐步取代 CCD 的市场份额。

具有图钉式光电二极管的有源 CMOS 结构的特征是每个像素中有 4 个晶体管和 5 个连接处，这种结构上的复杂性导致相对低的填充因子，像素边缘消耗太多的空间，这样，若使像素的尺寸小于 3 μm 是非常困难的。

为了解决这个问题，人们提出了“共享像素(shared pixel)”的概念，即几个相邻的像素共用相同的输出电路，其基本思想示于图 7-88 中。在图 7-88 中，RST 和 RS 分别是复位和行选择晶体管，单独像素的进一步选择是由不同的转移门 TX 实现的。一组 2×2 图钉式像素占用相同的源极跟随器、复位晶体管、选址晶体管和读出节。像素群有 4 个图钉式光电二极管和 4 个转移门。像素的计时变得较复杂一点，但共享像素结构现在已经发展到 8 个互连和 7 个晶体管，导致每个光电二极管享有 2 个互连和 1.75 个晶体管，这对填充因子的正面效应是显然的。对于共享像素概念的 CMOS 器件而言，人们必须付出的每个像素设计的价格是不对称的，如图 7-88 中示出的 4 个单独的图钉式光电二极管彼此之间不再是完全相同的，在每个平

方面积内必须放入 4 个光电二极管和 3 个晶体管，这就导致一种固定的图案噪声分量，这个噪声分量必须在图像处理过程中加以消除。

目前，已经有像素尺寸小到 1.45 μm 的、基于共享像素概念的图钉式光电二极管的图像传感器面世。

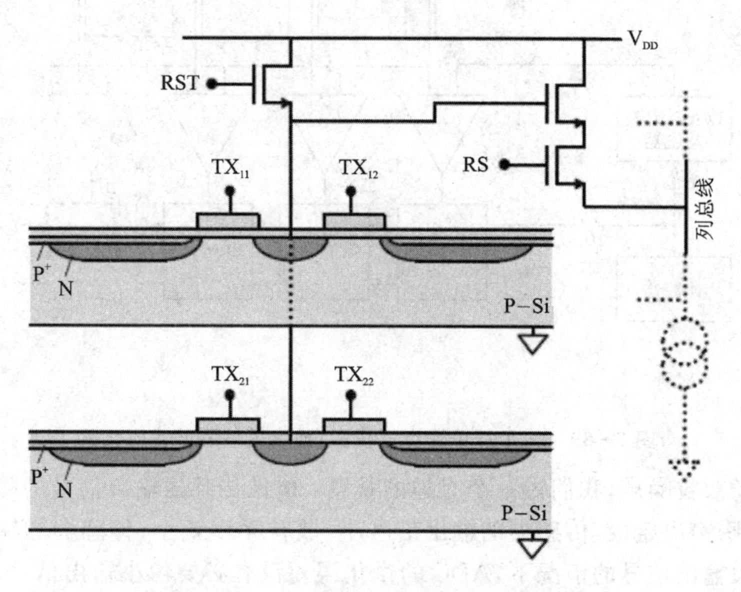

图 7-88　共享像素结构概念的示意图

2. CMOS 成像传感器的模拟/数字转换器的改进

传统的用于 CMOS 的模拟/数字转换器（Analog-to-Digital Converters，ADC）可以是闪电转换器、$\sigma-\delta$ sigma-delta 转换器、相继近似单斜率 ADC、管线 ADC、循环 ADC 等，这里我们只讨论一种特殊结构的单斜率（single-slope）ADC。这个概念对于每列甚至对每个像素拥有 ADC 的 CMOS 成像器件来说是非常受欢迎的。特别地，对于高速应用而言，列平行转换器有一些很感兴趣的优点，因为在这种情况下，传感器芯片有像列那么多的 ADC，并且这些 ADC 全部并行工作。

单斜率 ADC 的基本工作原理示于图 7-89 中，需要被转换的模拟输入信号 V_{IN} 与模拟斜坡信号 V_{ramp} 进行比较，V_{ramp} 由计数器产生。当电压 V_{IN} 和 V_{ramp} 相等时，比较器改变状态，并将计数器值锁进寄存器（memory）。储存在寄存器中的数据变成与输入模拟电压 V_{IN} 值相对应的数字值，在列并行转换的情况下，成像器在每个列上有一个比较器和一个数字寄存器。在一个单行上，对所有像素的数字计数是共同的。

数字化后，摄像机的输出信号有一个额外的量化噪声分量为

$$\sigma_{\mathrm{ADC}} = \frac{V_{\mathrm{LSB}}}{\sqrt{12}} \tag{7.7-12}$$

式中，V_{LSB}是最小可观察位的模拟电压。

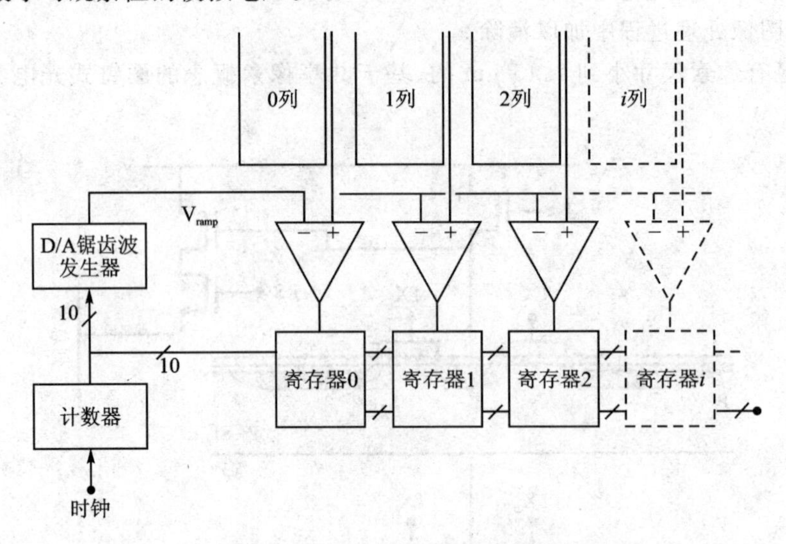

图 7－89　列平行单锯齿波模拟/数字转换器的基本结构

考虑到光子散粒噪声，我们做一个有趣的观察：成像传感器输出信号的噪声总是(最好情况)由光子散粒噪声决定的，传感器的输出信号小，散粒噪声就小；传感器的输出信号大，散粒噪声就大。在大输出信号的情况下，ADC 的量化误差没有必要像小输出信号时那样低。这一思想允许 ADC 有一个适当的量化步骤：小信号时就小，大信号时就大。用单锯齿波 ADC 可以相对容易地实现这一思想。在这种情况下，最初由数字计数器产生的锯齿波将不再随时间呈线性关系，而是有一个分段线性靠近，如图 7－90 所示。图 7－90 中也示出了靠近锯齿波自身的光子散粒噪声和量化噪声。可以看到，当量化步骤增加时，量化噪声也增加，但只要它低于散粒噪声，就不会限制传感器的性能。在这个简单的例子中(量化噪声保持低于散粒噪声因子 2)，ADC 从一个单斜率改变到一个所谓的多斜率 ADC，这样，不用增加消耗功率就可以将速度增加 3 倍。

另外一个增加单锯齿波 ADC 速度的途径就是改变单锯齿波、多锯齿波的概念，其思想就是并行运转几个锯齿波，几个锯齿波有相同的斜率，但彼此之间有不同的直流偏置。在开始转换之前，完成一个粗的 ADC 功能，将成像传感器的每一列分配到专门的斜坡。粗转换之后接着一个细转换循环，最后，将两者结果组合起来。在图 7－91 中示出了多重锯齿波的概念，首先进行粗转换，其输出被存储在 2 位的寄存器单元中(这个例子中的 2 位有 4 个平行的锯齿波)。

这些 2 位的数字不仅表示了数字语言的最重要的位，也含有必须被分配用于转换的锯齿波电压的信息。在后者过程中，将 4 个平行的锯齿波电压供给所有的列，但每一列只有一个特殊的锯齿波电压，显然，速度的增加大约等于平行的锯齿波电压数(忽略必须完成的粗转换 ADC 的时间)。

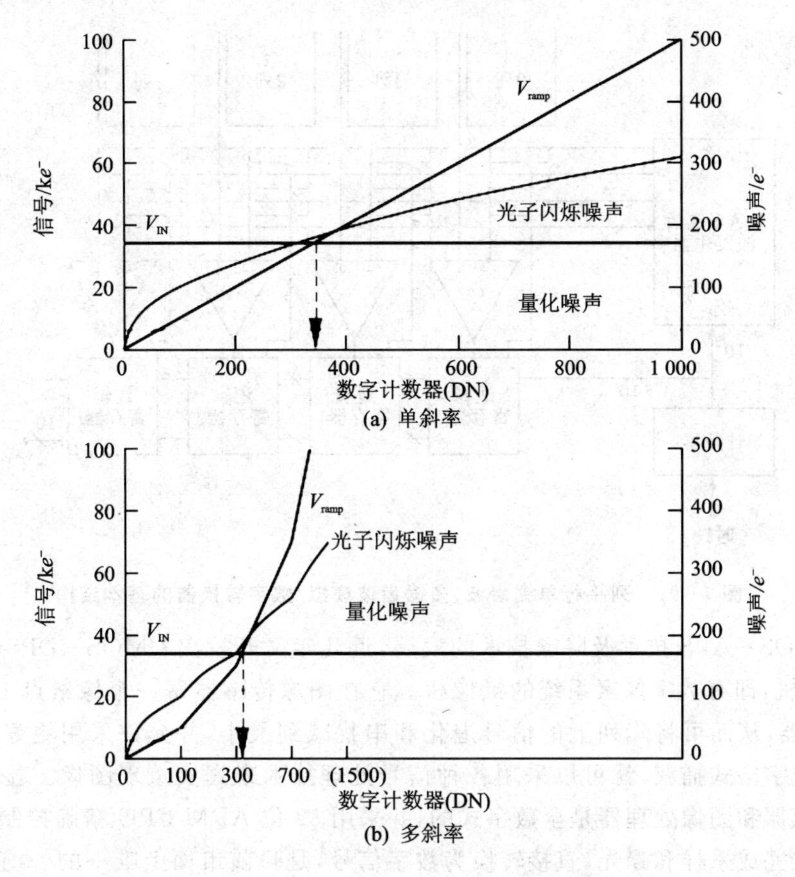

图 7－90　单斜率和多斜率 ADC 锯齿波电压与光子闪烁噪声和量化噪声的关系

3. 应用前景

从前面讨论中可以看到，与 CCD 摄像器件相比，CMOS 图像传感器具有体积小、功耗低、成本低、能单芯片集成系统、随机存取、无损读取、抗光晕图像无拖尾、高帧速、高动态范围等突出优点，因而具有广阔的应用前景和市场诱惑力。

现在市场上大都是 CMOS－APS 摄像机，它实际上是将摄像机的所有功能电路集成在一个芯片上的芯片摄像机，如以美国 OmniVision 公司的 OV7910(彩色)和 OV7410/OV7411(黑/白)1/3 in CMOS 摄像器件为核心的单芯片 CMOS－APS 摄像机等。目前，CMOS－APS 图像传感器的分辨率已经做到(4 096×4 096)像素(1 680 万像素)。随着超大规模微细加工的发展，今后还需研制 8K×8K 像元分辨率。此外，加拿大 Dalsa 公司的 CMOS 传感器的帧速率最高可达到 20 000 帧/秒，其采用线性-对数模式的 IM28－SA 型 CMOS 摄像机，动态范围可高达 120 dB。

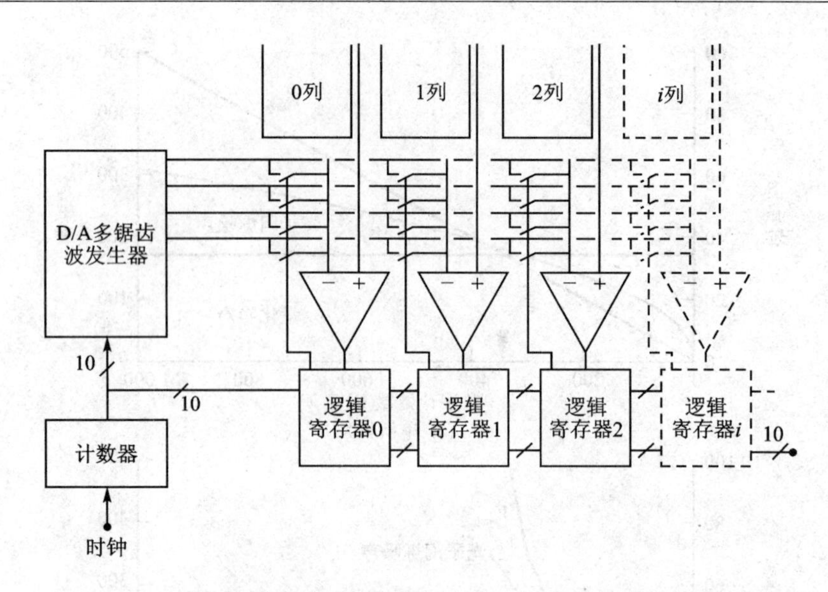

图 7-91　列平行单锯齿波、多锯齿波模拟/数字转换器的基本结构

随着 CMOS-APS 技术及降噪技术的发展，近几年又开发出 CMOS-DPS(Digital Pixel System)摄像机，即有数字像素系统的摄像机。它在图像传感器每一个像素点上包含一个 10 位 A/D 转换器，从而可将阵列上的信号退化和串扰减到最小，并允许采用更好的降噪方法。一旦数据以数字格式捕获，就可以采用各种信号处理技术来真实重现图像。显然，DPS 技术中的图像传感器和图像处理器是全数字式的，并采用 32 位 ARM CPU 精确控制每个像素，使每个像素独立完成采样和曝光，直接转换为数字信号，是目前市面上唯一的、真正的全数字图像处理系统。这种 CMOS-DPS 摄像机，不但动态范围能达 120 dB，而且便于智能化。

7.8　自扫描光电二极管阵列(SSPA)

7.8.1　SSPA 的结构及原理

自扫描光电二极管阵列(Self-Scanned Photodiode Array，SSPA)是将光敏二极管与移位寄存器和 MOS 多路开关等电路集成在同一硅片上来实现成像功能的。SSPA 器件的内部单元结构如图 7-92 所示。这种成像器件的外部引线大为减少，引线数与阵列所含二极管数无关。光电二极管阵列根据像元的排列情况不同，可分为线阵、面阵及其他特殊形式的特殊阵列(如楔形、扇形等)。

SSPA 具有较高的空间分辨率和时间分辨率、较高的扫描速度(大于 1 MHz)，光谱范围宽，灵敏度高，动态范围大，使用电路简单，并具有体积小、质量轻、寿命长、功耗低等固态电路

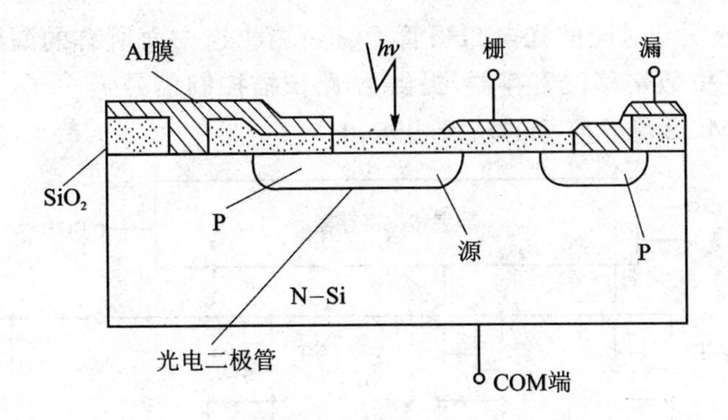

图 7-92 SSPA 内部单元结构

特点,因而已广泛用于模式识别、传真、雷达、导航,以及工业上的非接触测量、尺寸位置检测等。

SSPA 的工作时序如图 7-93 所示。给移位寄存器加上两相互补的时钟脉冲 Φ_1 和 Φ_2,用一个周期性起始脉冲 S 引导每次扫描,移位寄存器就产生一次延迟一拍的脉冲,使多路开关按顺序依次闭合、断开,从而把 N 位二极管上的光电信号 U_o 从视频线上串行输出,实现对光电信号的"自扫描"功能。工作在电荷存储方式下的 SSPA 器件的二极管输出电压 U_o 在不饱和状态时正比于光强,当光强达到一定值时,U_o 呈非线性增长直至饱和。要分析 SSPA 接收的光能量的大小,就必须取 U_o 的峰值信号,这样才有可能在速度较低的采集卡上实现采样要求。

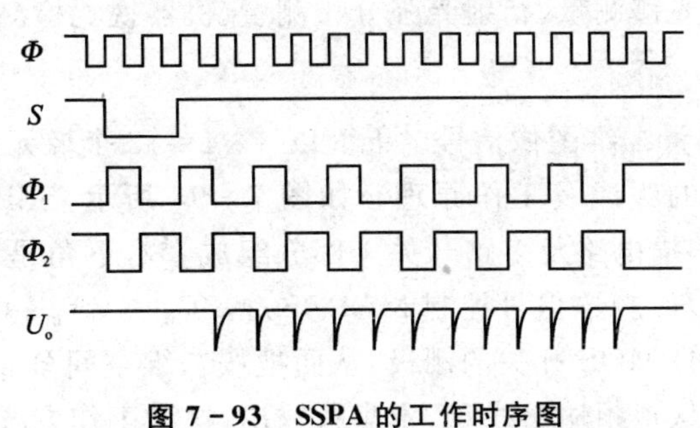

图 7-93 SSPA 的工作时序图

7.8.2 SSPA 的类型、信号读出及放大电路

自扫描光电二极管阵列根据像元的排列方式不同,可分为线阵和面阵。

1. SSPA 线阵

SSPA 线阵如图 7-94 所示,它主要由以下三部分组成:① N 位完全相同的光电二极管阵列等间距地排列成一条直线,称为线阵。这些二极管上的电容 C_d 相同,它们的 N(负)端连在一起,组成公共端 COM。② N 个多路开关:由 N 个 MOS 场效应管 $VT_1 \sim VT_N$ 组成,每个场效应管的源极分别与对应的光电二极管P(正)端相连。而所有的漏极连在一起,组成视频输出线U_o。③ N位数字移位寄存器,提供N路扫描控制信号$e_1 \sim e_N$(负脉冲)。其每路的输出信号与对应的MOS场效应管的栅极相连。

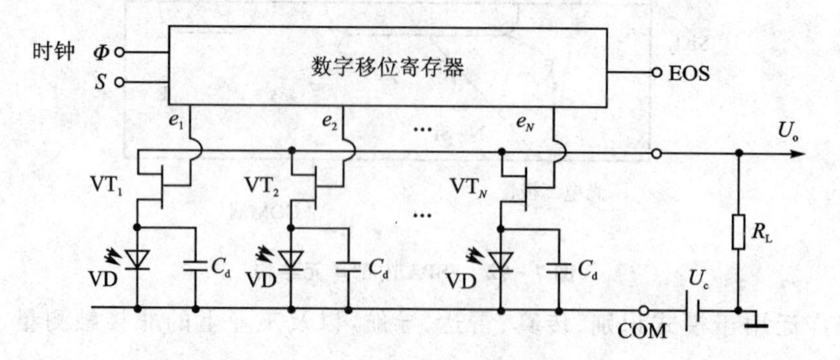

图7-94 SSPA线阵(N位)电路原理图

SSPA线阵的工作过程是,给数字移位寄存器加上时钟信号Φ(实际SSPA器件的时钟有两相、三相、四相和六相等),当用一个周期性的起始脉冲S引导每次扫描开始时,移位寄存器就产生依次延迟一拍的采样扫描信号$e_1 \sim e_N$,使多路开关$VT_1 \sim VT_N$按顺序依次闭合、断开,从而把$1 \sim N$位光电二极管上的光电信号从视频线上输出。若SSPA器件上的照度为$E(x)$,则不同单元输出的光电信号幅度$U_o(t)$将随不同位置照度的变化而变化。这样,一幅光照随位置变化的光学图像就转变成了一列幅值随时间变化的视频输出信号。SSPA线阵主要用于一维图像信号的测量,如光谱测量、衍射光强分布测量、机器视觉检测等。

2. SSPA面阵

SSPA面阵能直接测量二维图像信号。下面以$3 \times 4 = 12$个像元的MOS型图像传感器为例,介绍SSPA面阵器件的组成及工作原理。如图7-95所示,SSPA面阵由光电二极管阵列、水平扫描电路、垂直扫描电路及多路开关4部分组成。右下角是每一像素的单元电路;水平扫描电路输出的$H_1 \sim H_4$扫描信号控制MOS开关$VT_{h1} \sim VT_{h4}$;垂直扫描电路输出的$U_1 \sim U_3$信号控制每一像素内的MOS开关的栅极,从而把按二维空间分布照射在面阵上的光强信息转变为相应的电信号,从视频输出线U_o上串行输出,这种工作方式称为XY寻址方式,其工作原理和线阵完全相同,读者可自行分析。

3. SSPA器件的信号读出及放大电路

SSPA器件的信号输出放大电路通常分为下面两种类型:

① 电流放大器输出电路。电流放大器输出电路如图7-96所示。输出信号为尖脉冲。优点是:电路简单,工作速度高(可达10 MHz)。

② 电荷积分放大器输出电路。电荷积分放大器输出电路如图7-97所示。输出信号为线性波。优点是:信号的开关噪声小,动态范围宽,扫描频率中等(2 MHz)以下。

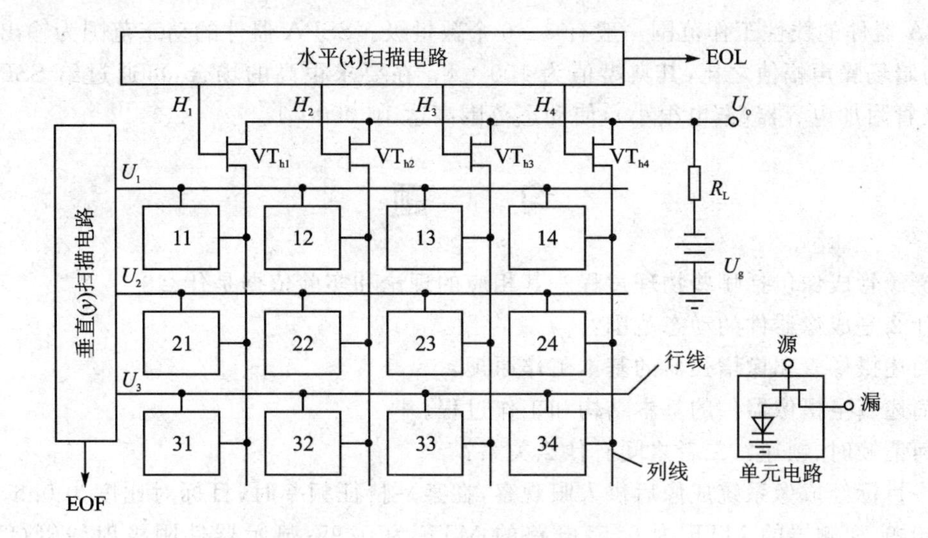

图 7－95　MOS 型 SSPA 面阵框图

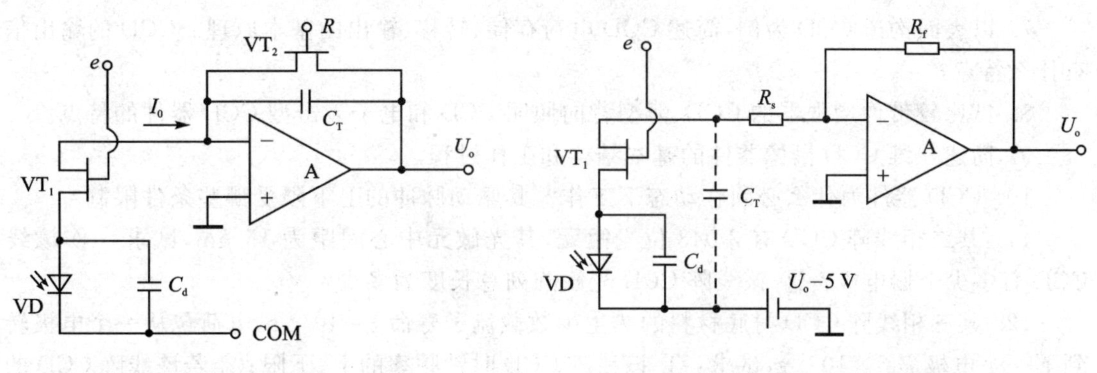

图 7－96　电流放大器输出电路

图 7－97　电荷积分放大器输出电路

7.8.3　SSPA 的应用性能

SSPA 器件工作时的积分时间长，所以暗电流不能忽视，温度每升高 7 ℃，暗电流约增加 1 倍，因此随着器件温度的升高，最大允许的积分时间将缩短。降低器件的工作温度（如采用液氮制冷），可使积分时间大大延长（几分钟乃至几小时），这样便可探测非常微弱的光强信号。

SSPA 器件的开关噪声大部分是周期性的，可以用特殊的电荷积分和采样保持电路加以消除；至于暗信号中非周期固定图形噪声，其典型值一般小于饱和电平的 1 %；热噪声虽不容易通过信号处理去掉，但其幅值为饱和电平的 0.1 %，对大多数应用影响不大。

SSPA 器件的线性工作范围一般有 3～6 个数量级。SSPA 器件的动态范围为输出饱和信号幅值与暗场噪声幅值之比，其典型值为 100∶1。在要求很高的场合，可通过给 SSPA 线阵每个二极管附加电容器（漏电很小），使动态范围高达 10 000∶1。

习　题

1. 摄像管成像包括哪些物理过程？其相应的理论和实验依据是什么？

2. 什么是成像器件的动态范围？

3. 简述摄像管和像增强器的基本工作原理。

4. 简述真空摄像器件的基本结构和工作过程。

5. 何谓帧时、帧速？二者之间有什么关系？

6. 一目标经成像系统成像后供人眼观察，在某一特征频率时，目标对比度为 0.5，大气的 MTF 为 0.9，探测器的 MTF 为 0.5，电路的 MTF 为 0.95，显示器件阴极射线管（CRT）的 MTF 为 0.5。在这一特征频率下，光学系统的 MTF 至少要多大？

7. 以表面沟道 CCD 为例，简述 CCD 电荷存储、转移、输出的基本原理。CCD 的输出信号有什么特点？

8. 试比较带像增强器的 CCD、薄型背向照明 CCD 和电子轰击型 CCD 器件的特点。

9. 简述一维 CCD 摄像器件的基本结构和工作过程。

10. CCD 器件为什么必须在动态下工作？其驱动脉冲的上下限受哪些条件限制？

11. 某二相线阵 CCD 有 2 048 位光敏元，其光敏元中心间距为 15 μm，试求：① 该线阵 CCD 有多少个栅电极？② 该线阵 CCD 光敏阵列总长度为多少？

12. 某三相线阵 CCD 衬底材料的热生少数载流子寿命 $\tau=10^{-6}$ s，电荷包从一个电极转移到下一个电极需 5×10^{-8} s，试求：① 该线阵 CCD 时钟频率的上、下限；② 若该线阵 CCD 的转移效率为 99.9 %，求转移损失率。

13. 设有一个 1 728 位三相线阵 CCD 的衰减时间常数 $\tau_D=10^{-8}$ s，当要求总的转移效率不低于 99.99 %时，求时钟频率的上限。

14. 某 5 000 位线阵 CCD，其两像元中心间距为 7 μm，像元高度为 10 μm，试求：① 该线阵 CCD 的空间采样频率为多少？② 该线阵 CCD 能分辨多少对线？③ 该线阵 CCD 可分辨的最大空间频率为多少？

15. 某四相线阵 CCD 有 2 048 位光敏元，若光敏元中心间距为 8 μm，试求：① 该线阵 CCD 光敏阵列总长度为多少？② 该线阵 CCD 有多少个栅电极？③ 当少数载流子寿命为 10^{-6} s、两电极间电荷包转移时间为 5×10^{-8} s 时，该线阵 CCD 时钟频率的上、下限为多少？④ 若该 CCD 的转移损失率为 10^{-5}，试计算出转移效率为多少？

16. 某 CCD 的栅电极面积 $A=10\times20\ \mu m^2$，栅极电压 $U_G=10$ V，其 MOS 电容 $C_{ax}=30$ pF，试求 MOS 电容存储信号电荷的容量 Q 为多少？

17. 当输入正弦光波时(即一个确定的空间频率的物像投射在 CCD 上)，CCD 的输出也将是随时间变化的一种正弦波。设波峰 A 处电压为 1.2 V，波谷 B 处电压为 0.6 V。试求：① 当该 CCD 的输出调制度 M_{in} 为 24 %时，MTF 为多少？

18. 什么是 SCCD 与 BCCD？各有何特点？影响 SCCD 转移效率的原因及提高转移效率的方法是什么？

19. CCD 在 IRFPA 中主要起什么作用？什么是红外焦平面阵列器件的约束条件？

20. IRFPA 成像系统为什么能省掉光机扫描系统？它是怎样实现成像的？

21. 简述 IRFPA 的读出原理和信号处理过程。

22. InSb IRFPA 器件有什么特点？红外 CCD 焦平面阵列器件是混合型器件吗？它由哪几个部分组成？

23. 单片与 IRFPA 在性能上有何区别？在使用中应注意什么问题？

24. InSb IRFPA 与 HgCdTe IRFPA 在使用上有什么不同？

25. 评价 IRFPA 的参数有哪些？

26. 设某摄像管光电阴极的入射辐照度为 10 lx，其亮度转换增益为 10^2，试求：① 该摄像管荧光屏的光出射度 M_V 为多少？② 当光电阴极的有效接收面积 $A_K=100\ mm^2$，其光电阴极发出的光电流为 100 μA 时，该光电阴极的电流灵敏度 S_I 为多少？

27. 如果某成像器件的饱和信号峰值电压 U_{os} 为 18 V，当噪声暗态峰值电压 U_N 为 0.2 V 时，该器件的动态范围为多少？CCD 与 CMOS 成像器件谁的动态范围大？为什么？

28. 某 CMOS 图像传感器一行的有效像素为 2 048，若像敏元的大小为 10 μm，试求极限分辨率为多少 IP/mm？如果 CMOS 成像器件工作在 γ 校正输出模式下，若 $\gamma=0.8$，输出信号电压为 1 V，常数 $K=1$，试求其输入光强为多少？

29. 在标准的均匀照明条件下，CMOS 图像传感器各个像元输出电压中的最大值 U_{max} 与最小值 U_{min} 的差为 0.08 V，而各个像元输出电压的平均值 U_o 为 0.8 V，试求 CMOS 摄像器件的光电响应不均匀性 PRUN 为多少？

30. 用一成像器件摄取图像信息，其光电流灵敏度为 $2\times10^5\ \mu A/lm$，负载电阻 $R_L=100\ k\Omega$；用场效应管作为前置放大器，其跨导为 1.75 mA/V，总分布电容 $C=23$ pF。若工作在室温 300 K 下入射光通量的平均值为 1.5×10^{-6} lm，设上限频率为 10 MHz，求信噪比 S/N 为多少 dB？

31. 试比较 CCD 与 CMOS 成像器件的优缺点。试比较 CCD 与 SSPA 成像器件的优缺点。

参考文献

[1] 雷玉堂.光电信息技术.北京：电子工业出版社，2011.
[2] 江月松主编.光电技术与实验.北京：北京理工大学出版社，2000.
[3] 江月松，李亮，钟宇.光电信息技术基础.北京：北京航空航天大学出版社，2005.
[4] 缪家鼎，徐文娟，牟同升.光电技术.杭州：浙江大学出版社，1995.
[5] 宋丰华.现代光电器件技术及应用.北京：国防工业出版社，2004.
[6] Jun Ohta. Smart CMOS Image Sensors and Applications. CRC Press，2007.

第 8 章　光学信息存储

能量和质量是基本的物理量，而空间和时间是基本的物理“维”(尺度)。信息存储就是介质存储某一时刻的空间能量分布，并在此之后给予再现。这个空间能量分布可以是字符、文献、声音、图像等有用数据。能量在空间上的分布可以通过扫描而变为时间上的分布。

随着科学技术的发展，存储技术经历了由纸张书写、微缩照片、机械唱盘、磁带、磁盘的演变过程，发展到今天的采用光学存储技术的新阶段。近年来，光学存储技术不论是在纯光学的全息扫描记录，还是在采用光热形变的光盘或采用光热磁效应的光磁盘技术等方面，都取得了很大进展，它们的发展前景是十分光明的。光学存储技术凝聚了现代光电子技术的精华和技术诀窍，有关检测、调制、跟踪、控制等各种光电方法得到了充分的利用。

以互联网为代表的海量信息传输技术的发展带来了海量信息存储问题，这是目前国际上的研究热点之一。大容量、高速度、高密度、高稳定性和可靠性的存储系统竞相研究与推出，各类信息库及工作站相继建成，目前信息存储中的记录方式向全光光盘发展，光头波长向短波长方向推进，因而记录密度不断提高。

8.1　光学存储介质与存储密度

8.1.1　光学存储介质

1. 照相胶片

照相胶片(photographic)，或者叫卤化银胶片，是用来存储图像的最常用介质。胶片通常以透明的醋酸纤维胶片或者玻璃片作为基底，在其上镀一层感光乳胶。乳胶由大量微小的感光卤化银颗粒组成，这些颗粒悬浮在明胶当中。当感光乳胶曝光时，一些卤化银颗粒吸收光能后发生复杂的物理化学变化，吸收足够能量的颗粒马上会还原为银原子。在卤化银颗粒中，银原子聚集的地方称为显影中心，银原子的还原是通过显影化学过程完成的。任何卤化银颗粒如果聚集了至少 4 个银原子，那么在显影过程中就会完全被还原为银。那些没有被曝光的颗粒或者没有吸收到足够光能量的颗粒将保持不变。如果显影后的胶片再经历定影过程，则没有曝光的卤化银颗粒将被除掉，而只留下凝胶中的金属化银粒子。这些留下的金属颗粒对于光频很大程度上是不透明的，所以显影后胶片的通过率取决于这些颗粒的密度。

卤化银乳胶可以用来产生相位调制和振幅调制。为了产生相位调制，需要得到一个由透明电介质化合物(如卤化银)颗粒形式构成的最终图像，这可以通过在显影后的漂白过程将银

从乳胶中除去。剩下的卤化银对光不敏感，它调制通过它的光相位。

2. 重铬酸盐明胶

如果将牛的软骨、蹄和骨头放在一起煮足够长的时间，它们最后将成为胶状，这些胶再经过提炼就可以得到明胶。明胶能够吸收大量的水分而继续保持坚硬，也就是说，它能在水里膨胀。明胶本身并不对光线敏感，可用化学敏化方法增加其感光性，通常是在其中加入重铬酸铵（$[NH_4]_2Cr_2O_7$），它能够使明胶内部发生变化从而对光敏感。

到目前为止，人们还没有完全弄清楚重铬酸盐明胶（dirchromated gelatin）曝光后所发生的光化学过程。一个普遍接受的解释是，Cr^{6+}在吸收光能量后被还原成了Cr^{3+}，Cr^{3+}与明胶的再反应使得曝光较多的位置明胶分子链具有更多的交叉连接，这些位置在水中的膨胀变弱；如果迅速将浸在水中的明胶取出至酒精中进行脱水，那么，在膨胀最大和最小的区域之间就会产生微分应力，微分应力的存在改变了这些地方的折射率。

明胶胶片可以通过在衬底上浸涂（dip－coating）或者刮制（doctor－blading）的方法获得。因为感光胶片所包含的明胶是以乳胶的形式存在的，因而，另外一种方法是从商用照相胶片（如 Kodak 649F）的乳胶中除去卤化银。

3. 光敏聚合物

聚合过程就是两个或多个相同物质的分子结合在一起形成一个新的分子（聚合体），这个分子和原来的物质分子（单体）具有相同的组分，其相对分子质量是组成聚合体的原始相对分子质量的整数倍。在实现聚合的许多方法中，使用光进行聚合是其中重要的方法之一，称为光聚合（photopolymer）。光聚合物的聚合态可以用光与聚合物直接作用实现，或者使用光敏物质作为中介物实现。

商用的光聚合物是由单体和光敏物质通过聚合胶混合形成的软片。在曝光时，部分单体发生聚合，聚合的程度取决于该处的辐射光强。由于余下的单体分子分布不均匀，所以在曝光的同时以及之后，单体的分子会向那些分子分布浓度低的地方扩散，而聚合体分子实际上不移动。当聚合和扩散完成后，用荧光进行后期曝光可显著提高其衍射效率，后期曝光也能使图像更稳定。这样，就可以通过聚合体的浓度变化来实现折射率调制。

4. 光刻胶

光刻胶（photoresist）是一种有机光敏材料，它广泛应用于集成电路（IC）芯片制造的光刻过程。有两种类型的光刻胶：正型光刻胶和负型光刻胶。在曝光之后，负型光刻胶会由于聚合或者其他过程而变得不溶于溶剂，那些没有曝光的部分被冲洗掉之后就剩下了曝光的图像。与此相反，正型光刻胶被曝光部分由于解聚合或者光作用的其他过程而变为可溶于溶剂，于是图像或者全息干涉图像就会以一种光刻胶层的表面浮雕图样而被记录下来。将这种制成的表面浮雕图样镀铝可制备反射全息图，并且可通过轧花工艺来大量复制该浮雕图样。改进的光刻胶能够不经涂敷就作为相位全息片来使用。

5. 热塑薄膜

热塑薄膜(thermoplastic film)也称为光塑性器件,它通过透明层的表面形变来调制透过光束的相位。热塑过程中的基本要素是在热塑层中建立与入射光场图样相同的电场图样,电脉冲对热塑层加热,使热塑层的形变对应于电场图样。

这种器件的玻璃基底上镀有透明导电层(氧化锡或者氧化铟),在透明导电层的上面是一层光电导材料,光电导材料之上是一层热塑层。用三硝基芴酮(TNF)敏化聚乙烯基咔唑(Poly-n-Vinyl Carbazole,PVC),制作成有较高感光度的光电导材料,与热塑性树脂一起使用。

在曝光之前,将玻璃基底上的透明导电层接地,同时使用电晕器件对热塑层进行充电。这时电离气体的阳离子会附着在热塑层的表面,而电压是在热塑层和光电导层之间容性分布的。充电后,热塑层就可以用信号光场进行曝光了。在照明区有一个放电过程,电荷通过光电导层转移到透明的导电层,从而降低了热塑层外表面的面电势。之后,热塑层被再充电到原来的面电势。这样一来,那些照明区域由于第二次充电,跨过热塑层的电场加强了。尽管热塑层的面电势是均匀的,将热塑层的温度升到软化点,然后再迅速降到室温,热塑性就显现出来了。由静电力引起的表面形变则产生了入射光强度的相位记录。将热塑性材料加热到熔点以上,热塑性表面张力拉平其表面形变,从而擦去了这些记录。

6. 光折变材料

光折变材料是含有电子陷阱的材料。它是由物质固有的缺陷以及残留的杂质产生的。在晶体结构中加入铁离子,会显著提高晶体的光敏感程度。例如,在生长铌酸锂晶体的时候加入 Fe_2O_3,铁以 Fe^{2+} 或者 Fe^{3+} 的形式进入晶格,它们开始均匀地分散在晶体中。当入射光曝光时,Fe^{2+} 的一个电子被激发进入导带而形成 Fe^{3+},晶体的导带中出现电子的迁移,电子在低光强区域重新被 Fe^{3+} 俘获。

当光折变材料受光照射时,光子的能量将电子从陷阱中激发到导带中,在导带中电子可以自由地移动。自由电子进行热扩散运动或者在外电场(或内建电场)作用下作漂移运动又会被重新俘获,尤其在那些光场强度较低的地方更是如此。空间电荷区的建立要持续到所形成的电场完全抵消扩散和漂移效应时为止,也就是说,此时内部电流处处为零。最终的电荷分布根据线性电光效应确定,改变了材料的折射率。

7. 光致变色材料

光致变色材料有两种独特的稳定状态 A 和 B,称为色心,它们分别对应于两个吸收带波长 λ_1 和 λ_2。当采用波长为 λ_1 的光照明时,材料从稳定态 A 向稳定态 B 转变。当转变完成后,材料就不再对 λ_1 的光敏感,材料的吸收带也被移到了 λ_2。因此可以使用波长为 λ_1 的光写入光学数据,而使用波长为 λ_2 的光读出光学数据。然而,在使用 λ_2 的光照明时,材料将经历一个逆过程,从稳定态 B 返回到稳定态 A。这种逆过程在黑暗中或者被加热时也能自然发生。

无机光致变色材料通常具有宽带隙绝缘体或者半导体,而晶格中的缺陷以及杂质的存在

使得在能带隙中出现两个附加的定域能级 A 和 B。当使用 λ_1 的光照射时,电子从能级 A 被激发进入导带,并被能级 B 中的电子陷阱俘获,而被俘获的电子也能在波长为 λ_2 的光照下从能级 B 激发到导带,再被能级 A 中的电阻陷阱俘获。因为 $\lambda_2>\lambda_1$,所以在热稳定状态下,电子占据陷阱 A 的概率要大于占据陷阱 B 的概率。

可以利用波长为 λ_1 或 λ_2 的光在光致色变材料中记录全息图,同样能够使用波长为 λ_1 或 λ_2 的光来读取被记录的全息图。读取信息的过程要更为复杂一些,应考虑伴随着吸收调制的折射率调制。在有机光致色变材料中,这个效应通常还包括分子结构的改变,例如顺-反光致异构化。异构体就是成分相同、相对分子质量相同但化学或者物理性质不同的化合物。顺-反同分异构现象的产生是由于双键的形式连接到 2 个原子的原子或原子团的布局不一样。通常,光致色变材料的折射率改变是很小的,但是二苯乙烯的顺-反异构体以及其他有机材料光致色变材料却能产生较大的折射率改变。

8. 电子俘获材料

电子俘获(Electron-Tapping,ET)类似于光致色变材料,也有两个可以通过吸收波长 λ_1 和 λ_2 的光而相互转换的可逆稳定态 A 和 B。与光致色变材料不同的是,可以利用电子俘获材料的受激辐射光 λ_3 来输出,而不是采用吸收读出光 λ_2 的方式。例如电子俘获材料 SrS:Eu,Sm 的光辐射机制是这样的:每一种杂质(Eu,Sm)的基态能级和激发态能级都位于基质材料(SrS)的能隙之中。蓝色写入光($\lambda_1=488$ nm)将位于 Eu^{2+} 基态能级中的电子激发到激发态,而一些位于高能级中的电子又隧穿到了 Sm^{3+} 中,并且仍一直被俘获,直到被红外读出光激励,材料必须被加热到大约 250 ℃。使用红外读出光($\lambda_2=1\ 064$ nm)激励时,被俘获的电子则隧穿回 Eu^{2+},继而电子再回到基态,得到 Eu^{2+} 辐射特性($\lambda_3=615$ nm)。

除了起源于红外传感器的电子俘获材料外,也有了使用 Eu 的氯化钾(KCl: Eu)的电子俘获材料的报道。KCl: Eu 样品首先被 240 nm 的紫外光照射,当样品被波长为 560 nm 的可见光激发时,很快可观察到峰值约为 420 nm 的强辐射。

9. 双光子吸收材料

双光子吸收在光学存储中的重要作用已经得到重视。双光子材料的工作方式与电子俘获材料非常类似,都需要记录光束进行数据写入,利用读出光束激励材料的受激部分而发光。双光子吸收材料从基态到稳定的激发态的跃迁需要 2 个而不是 1 个光子,并且也需要另一对光子去激励激发态离子返回到基态。这 2 个光子可以是波长相同的,但不同波长的光子会更好。双光子吸收现象通常被称为光子选通,即利用一个光子控制另外一个光子的行为。

双光子吸收材料的一个例子是螺二环已烷(spirobenzopyran)。双光子吸收的机制是这样的:分子初始位于 S1 态,当同时吸收了波长为 532 nm 和 1 064 nm 的 2 个光子后,分子先被激发到 S2 态,然后停留在稳定的 S3 态。当再吸收了 2 个 1 064 nm 的光子后,分子又被激发到了 S4 态,这是一个不稳定的态。被激发的分子又很快回到 S3 这个稳定能级并且辐射波长

约为 700 nm 的光。利用这种机制，写入的信息可以在被读出的同时不被擦除。然而，实际上这种机制可能还包含了其他一些效应，人们发现在读出过程中有部分写入数据被擦除了。要完全擦除写入数据，需要将双光子材料加热到 50 ℃或者使用红外光照射。通过升高温度，S3 态上的分子就会恢复到原来的 S1 态。需要注意的是，在电子俘获材料中，也有双光子吸收现象。

10. 细菌视紫红质

细菌视紫红质(bacterior hodopsin)是一种生物学光致变质材料，它是微生物紫色膜中一种吸收光的蛋白质，叫做 halobacterium halobium。这种细菌生长在盐沼泽地中，那里的含盐浓度约为海水的 6 倍。细菌视紫红质胶片能够通过直接干燥分离紫色膜并使其覆盖于玻璃基底上或者嵌入聚合体中而获得。得到基于视紫红质的介质不仅仅局限于天生的蛋白质，已经开发出的一系列的生物化学和基因工具可以极大地改变这些蛋白质的性质。

细菌视紫红质是嗜盐细菌进行光合作用的关键，因为它在将光能转换成化学能的过程中扮演了光驱动质子泵的角色。细菌视紫红质的初始状态为 B 态。吸收了 1 个 570 nm 的光子后，它由 B 态转化为 J 态，之后弛豫到 K 态和 L 态，最后通过释放 1 个质子从 L 态转换到 M 态。M 态是一个稳定态，它能吸收 1 个 412 nm 的光子并俘获 1 个质子被驱回到 B 态。而从 M 态到 B 态的倒转变换也可以通过加热过程实现。在细菌视紫红质中，B 态和 M 态是两个分离的稳定光致变色态。两个态之间的每一次跃迁均需吸收 570 nm 和 412 nm 的光子，也可以同时吸收 2 个 1 140 nm 的光子和 2 个 820 nm 的光子激发这一跃迁。

11. 光化学烧孔材料

在光致变色材料中，对波长为 λ_1 的光吸收将改变材料对波长为 λ_2 的光吸收系数，反之亦然。材料只有 λ_1 和 λ_2 两个吸收波段并且只有一个能处在激活状态。而在光化学烧孔中，材料却存在很多吸收波段，理论上同一位置同时存在的吸收带可多达 $\lambda_1 \sim \lambda_{1\,000}$。

通常，嵌在固体光学晶格中的染料分子(杂质)的吸收频率会因为它们与周围晶格的相互作用而发生移动，因此染料分子的吸收线就成为一个宽而连续的不均匀的光学吸收带。当染料分子被特定频率的光照明时，它们就会发生光化学反应。当材料对波长为 λ_1 的光能充分吸收以后，就不再吸收该波长的光了；换句话说，λ_1 波长的光就被漂白了，因而就会在那个宽而不均匀的吸收带内产生光谱孔。这个光谱孔能够用相同波长 λ_1 的光来读出。与双光子吸收材料类似，λ_1 和 λ_2 的两个光子能够同时用于写入，而 λ_1 的光子用于读出。不论是有机材料还是无机材料，这些材料所面临的主要困难是它们必须在很低的温度下工作(低于 100 K)。

12. 磁光材料

磁光(MO)材料将二进制信息存储为磁化向上和向下两个状态。最常用的 MO 介质是锰铋(MnBi)合金薄膜，所记录的数据用线偏振激光读出，该激光束会因法拉第效应或克尔效应产生一个小的旋转，光束偏振态是左旋还是右旋取决于磁化是向上还是向下。在透射的法拉

第效应中，旋转角与薄膜厚度成比例。反射读出时，由于克尔效应存在一个偏转态，克尔转动是入射角的敏感函数，克尔转动很少超过 1°。从原理上讲，用一个检偏器就可以得到强度调制。

铁磁性材料在撤除外部磁化场时仍能保持磁化强度。在铁磁材料中，原子的磁矩沿相同方向排列，当铁磁材料被加热到超过居里点的温度时，原子开始随机热运动，磁矩也随机取向，结果材料变成顺磁性的。为了将二进制数据写入 MnBi 膜上，MnBi 介质在数据斑点处的温度就应升高到超过物质的居里点温度(180～360 ℃)，用聚焦的激光束加热斑点。在从居里点冷却的过程中，斑点的磁化可以通过一个外加磁场确定。

在室温下，MO 介质阻止磁化的变化，为了减少记录材料的磁化，需要的反向磁场称为矫顽磁场。MO 膜的矫顽磁场在室温下非常高；某些材料，例如掺磷的钴类颜料(Co[P])，显示出矫顽磁场与温度有很强的关系。在约 150 ℃时，矫顽磁场是室温值的 1/3。因此，只要用激光脉冲把斑点温度提高到 150 ℃(比居里点温度低)，就可以用一个合适的外场写入二进制数据。一旦冷却，数据不会因为周围的磁场而改变，因而，只有被加热到 150 ℃以上时，数据才会受到周围磁场的影响。

13. 相变型光存储材料

相变材料利用光束反射强度的差别来识别记录的二进制数据。用相变材料进行光学记录的基本原理是数据记录点在两个状态的转换是受控且可逆的，这两个状态通常是非晶态和结晶态。与液态和气态不同，固体是有恒定形状和体积的物体。但是，结晶体与非结晶体是有差别的。结晶体中的原子是按周期重复排列的，而非结晶体中的原子是以随机方式排列的。非晶态是透明的，结晶态是不透明的。可以用一束光通过薄膜读出相变薄膜上存储的数据。另外，通过检测反射光也可以读出数据，结晶态的反射率可以是非晶态的 4 倍。

一类特殊的非晶态的固体是玻璃，这是从熔点冷却下来而得到的非结晶体。当温度缓慢降到熔点温度 T_m 以下时，液体冻结并变成结晶固体；但若将液体迅速从熔点温度冷却到玻璃的转变温度 T_g，则结晶化就不会发生，而是形成非结晶的固体或玻璃。原则上讲，要实现从非晶态到晶态的转变，可以用激光束将数据记录点加热到高于转变温度 T_g，但刚低于熔点温度 T_m 的程度。再由转变温度 T_g 冷却到室温，材料有足够的时间结晶化。为了从晶态转变为非晶态，用激光束将斑点加热到高于熔点温度 T_m，在这种情况下，只要在激光脉冲终止后将材料迅速从熔点温度 T_m 冷却到转变温度 T_g，就可防止结晶。

8.1.2 光学存储密度

光学存储就是用介质记录光强分布，经过激发，这个介质能忠实地还原先前存储的光强分布。这个光强分布就代表信号，通常用光电检测器将光强分布转化为电信号。能否区分两个相邻的能量点是由光电检测器的像素大小决定的，而能量分辨率取决于检测器的灵敏度。如果我们把检测器能够分辨的最小能量点距离和能分辨的最小能量差值作为检测器测量值的基

本单位，则任何模拟信号实际上都可以看作是数字信号，因为它们已经不可避免地被检测器取样和量化了。

通常所说的数字信号并不是简单量化了的数字信号，而是指二进制信号。二进制只能用 0 和 1 来表示。二进制数以 2 作为基，例如，十进制的 1,2,3,4,5,…，在二进制中分别表示为 1,10,11,100,101,…，以此类推。二进制的长度用“位”来表示，它代表二进制的单位。因此，1 是一位数，10 和 11 是两位数，100 和 101 是三位数，等等。由于二进制数只有 0 或 1 两种状态，所以可以利用 0.5 这个阈值条件很容易地恢复失真的数据。如果光信息存储采用二进制的形式，那么存储量可以用“位”来表示。举例来说，如果一张微型胶片可以刚好存储下一张 64 个黑白格子的国际象棋盘，则它的存储容量就是 64 位。

由光的衍射理论可知，透镜能够将光聚焦成一个大小受衍射限制的光斑（通常称为艾里斑），艾里斑由中心的一个亮点和它周围的环状条纹组成。艾里斑中心亮点的直径为

$$Q \approx 2.44 \frac{f}{D}\lambda \tag{8.1-1}$$

式中，f 和 D 分别为透镜的焦距和直径，λ 是光的波长。在实践中通常采用

$$Q \approx \lambda \tag{8.1-2}$$

存储一个光学“位”所需的面积近似为 λ^2，因此，二维介质存储容量的上限就是

$$SC_{2D} = \frac{\text{面积}}{\lambda^2} \tag{8.1-3}$$

类推到体光学存储的三维情况，存储一个位所需的体积为 λ^3，则三维介质的存储上限是

$$SC_{3D} = \frac{\text{体积}}{\lambda^3} \tag{8.1-4}$$

我们还可以通过记录图像的 Fourier 变换全息图来代替存储图像，当用与全息记录时相同的参考光束照明全息图时，原始的图像就会显现出来。全息图有 $a\times a$ 的总面积，而记录的最小元素大小为 $\lambda\times\lambda$。根据 Fourier 理论，最小记录元素 $\lambda\times\lambda$ 的大小决定了图像大小须与 $(1/\lambda)\times(1/\lambda)$ 成比例，而全息图的大小 $a\times a$ 将决定图像最小元素的大小，它要与 $(1/a)\times(1/a)$ 成比例。因此，全息图的存储容量为

$$SC_{H} = \frac{a^2}{\lambda^2} \tag{8.1-5}$$

图像的存储容量为

$$SC_{I} = \frac{1/\lambda^2}{1/a^2} = \frac{a^2}{\lambda^2} \tag{8.1-6}$$

我们可以据此认为，不论是直接的位图还是全息图，二维介质的存储密度均为 $1/\lambda^2$。当然，对于后面介绍的近场光学情况，存储密度要比由衍射极限决定的存储密度高，因为，对于近场光学而言，衍射还没有出现。

当将全息介质用于制作体全息图时，它可被 n 个全息图复用。最大复用数为

$$n_{\max} = \frac{d}{\lambda} \tag{8.1-7}$$

式中，d 是体全息图的厚度，将式(8.1－5)和式(8.1－7)结合，可以计算得到体全息的存储容量：

$$SC_{\mathrm{VH}} = \frac{\dfrac{a^2}{\lambda^2}}{\dfrac{d}{\lambda}} = \frac{\text{体积}}{\lambda^3} \tag{8.1-8}$$

参考式(8.1－8)和式(8.1－4)，对于三维存储介质，不论是直接分层存储位图还是通过将各个存储体全息多路复用，其存储密度的上限都是 $1/\lambda^3$。这个原理是 van Heerden 于 1963 年首先提出的。

8.2 光存储类型概述

在光学存储体系结构中，要记录的和之后要读出的信息都是一连串的二进制数(位)。与电子信息处理系统有关的信息都是一维的，例如，计算机或者其他通信设备中的信息。上述一维信息可以采用二维或者三维的形式排布，以达到允许的最大存储密度。由位同样表示光学信息的最直接的存储方法就是直接记录位图。

8.2.1 光学磁带

一连串的数据能够记录在磁带上，但磁带记录的缺点是不能快速地随机访问数据。磁带必须从头开始卷带以寻找需要的数据。光学磁带传统上用于电影胶片来记录影片的音轨。

8.2.2 光　盘

光盘存储器是一种圆盘状的信息存储器件，是在衬盘上淀积了记录介质及保护膜的盘片。在盘片的记录面上有轨迹为螺旋状的一系列微小凹坑或其他形式的信息记录点，需记录的信号以凹坑(或其他形式的信息记录点)长度以及轨道上坑与坑(记录点与记录点)之间的距离来编码。20 世纪 80 年代中期至 90 年代中期推向市场的第一代光盘，两个相邻轨道之间的距离(轨距，track pitch)为 1.6 μm。每个坑的宽度等于记录点的大小，为 0.5～0.7 μm。目前用于光盘记录的光源大多是波长为 0.78～0.83 μm 的 GaAlAs 半导体激光器，其存储容量为 650 MB(约 8 MB/cm^2)；20 世纪 90 年代中后期开始逐渐占领市场的以 DVD 家族为代表的第二代光盘，光源采用 650 nm 波长红外半导体激光，其存储容量为 4.7 GB(约 60 MB/cm^2)；现在市场上又推出波长在 400～500 nm 附近的蓝绿光(因波长短，衍射光斑更小，所以存储密度更高)光盘，采用超分辨率记录和检测技术，将光盘的记录密度进一步提高，容量达到 10～15 GB。

光盘里由受调制的细激光束改变盘面介质不同位置处的光学性质，记录下待存储的数据。当用激光束照射介质表面时，依靠各种信息点处光学特性的不同，读出被存储的信息。读出光束的光斑大小由物镜的数值孔径（NA）决定。通常选择 $\lambda/NA=1.55$。这个光斑直径大于坑的宽度，但是一个读出光斑不会覆盖两条轨道。

8.2.3　光盘存储的类型

光盘存储包括信息的“写入”和“读出”过程。信息写入就是利用激光的单色性和相干性，将要存储的模拟或数字信息通过调制激光聚焦到记录介质上，使介质的光照微区（直径一般在微米以下）发生物理、化学等变化，从而实现信息的记录效果。而信息“读出”就是利用低功率密度的激光扫描信息轨道，利用光电探测器检测信号记录区反射率的差别，通过解调取出所需要的信息过程。光盘存储类型通常有以下两种。

1. 记录用光盘

记录用光盘也称“写后只读型（draw）”光盘，它兼有写入和读出两种功能，并且写入后不需要处理即可直接读出所记录的信息，因此可作为信息的追加记录。这类系统根据记录介质和记录方式的不同又可分为一次写入和可擦重写两类。一次写入类主要用于文件档案、图书资料、图纸图像的存储，可擦重写方式特别适用于做计算机的外部存储设备。

2. 只读存储光盘（Read Only Memoery, ROM）

这种光盘的特点是：当光盘生产之后，所记录的数据就不能再改变了。它只能用来再现由专业工厂事先复制的信息，不能由用户自行追加记录。例如激光电视唱片（CD-ROM）、计算机软件光盘等都属于这一类。此类光盘批量大、成本低。

8.2.4　光盘存储的特点

1. 存储密度高

存储密度是指记录介质单位长度或单位面积内所存储的二进制位数B。前者称线密度，后者称面密度。光盘的线密度一般是 10^3 B/mm，面密度一般是 $10^5\sim10^6$ B/mm^2。在直径300 mm的数字光盘中，数据总容量为 8×10^{10} 位；光盘纹迹间距为1.6 μm，直径为300 mm的光盘每面有54 000道纹迹，如每圈纹迹对应一幅图像，则可供容纳50 000多幅静止的图像。

2. 数据传输速率高

数据传输速率可达每秒几MB至几十MB量级，并最终可望达到每秒GB、TB量级。

3. 存储寿命长

光记录中，记录介质薄膜封入两层保护膜之中，激光的写入和读出都是无接触过程，防尘，耐污染，因此寿命很长，储存时间长于10年。

4. 信息位价格低

一张 CD 光盘的容量为 650 MB,仅需 5～10 元,每 MB 仅几分钱;一张 DVD 的容量 4.7 GB,10 元左右,每 MB 不足一分钱。

8.3 只读存储光盘

8.3.1 ROM 光盘的存储原理

图 8-1 是只读存储光盘的存储原理示意图。

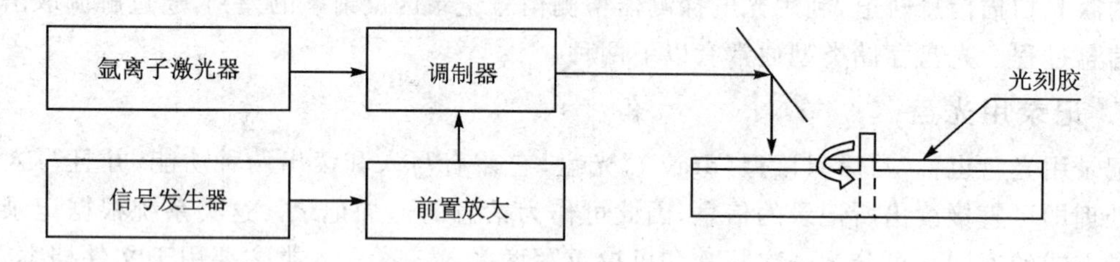

图 8-1 ROM 刻录示意图

将事先载在其他记录介质上的音频、视频或文件信息,通过信号发生器、前置放大器去驱动电光或声光调制器,经过调制的激光束被聚焦透镜缩小成直径 1 μm 左右的光点。高能量密度的细激光束加热光盘的记录介质表面,使局部位置发生永久性变形,这造成介质表面光学特性的二值化改变。由于光盘是旋转的,而写入头是平移的,在光盘面上会形成轨迹为螺旋状的一系列微小凹坑或其他形式的信息记录点。这些信息点的不同编码方式就代表了被存储的信息数据。光盘的凹坑一般宽度为 0.4 μm;深度为读出光束波长的 1/4,为 0.11～0.13 μm;螺旋线形的纹迹间距为 1.67 μm。坑内和盘面上都镀有高反射率的材料(如 Al)。

信息的读取过程是这样的:将照射激光束聚焦在光盘信息层上,当激光束落在光盘信息层的平坦区域时,大部分光束被反射回物镜,落在凹坑边缘的反射光因衍射作用而向两侧扩散,只有少量反射光能折回物镜。落在凹坑底部的光束由于坑深为 $\lambda/4$,故反射光相位与坑上反射光相位差为 $\lambda/2$。由干涉理论可知,坑内反射的光和盘面反射的光的相位差为 π,这样两束光就在探测器表面相消干涉而形成暗纹。由此可见,当激光束全部照在光盘信息层的平坦区域时,反射光为亮纹;而当部分激光束落到凹坑底部时,反射光为暗纹。这样,当光盘按一定的速度旋转时,来自光盘的反射激光束亮度将随光盘上的凹坑的变化而变化,只要用光电检测器接收反射回来的被信息点调制的光强,就可得到"0"或"1"的信号。读出数据时与写入数据时相同,光盘转动,读数头做平移运动,即合成螺旋运动。

8.3.2 ROM光盘主盘与副盘制备

图 8-2 为光盘制备过程示意图。经过调制的激光束以不同的功率密度聚焦在甩有光刻胶的玻璃衬盘上，使光刻胶曝光，之后经过显影、刻蚀，制成主盘（又称母盘，master），再经喷镀、电镀等工序制成副盘（又称印膜，stamper），然后再经过 2P 注塑形成 ROM 光盘。

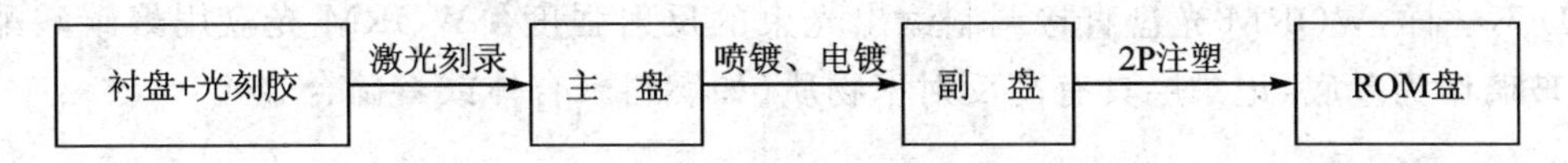

图 8-2　ROM 光盘制备过程示意图

ROM 光盘的主盘与副盘制备一般经过如图 8-3 所示的工序。

① 衬盘甩胶。对玻璃等衬盘进行精密研磨、抛光后进行超声清洗，得到规格统一、表面清洁的衬盘；在此光盘上滴以光刻胶，放入高速离心机中甩胶，以在衬盘表面形成一层均匀的光刻胶膜；取出放入烘箱中进行前烘，以得到与衬底附着良好且致密的光刻胶膜。

② 调制曝光。将膜片置入高精度激光刻录机中，按预定调制信号进行信息写入。若衬盘以恒定角速度旋转，同时刻录机的光学头沿径向均匀平移，则可在甩了胶的盘片上刻录出螺旋形的信息轨迹。

③ 显影刻蚀。将刻有信息的盘片放入显影液中进行监控显影，若所用光刻胶为正性光刻胶，则曝光部分脱落（若为负性光刻胶，不曝光部分脱落），于是各信息道出现符合调制信号的信息凹坑，凹坑的形状、深度及坑间距与携带信息有关。这种携带有调制信息的凹凸结构的盘片就是主盘。由于此过程中所用的光刻胶一般为正性，因而所得主盘为正像主盘。

④ 喷镀银层。在主盘表面喷镀一层银膜。这层银膜一方面用来提高信息结构的反射率，以便检验主盘的质量；另一方面，还作为下一步电镀镍的电极之一。

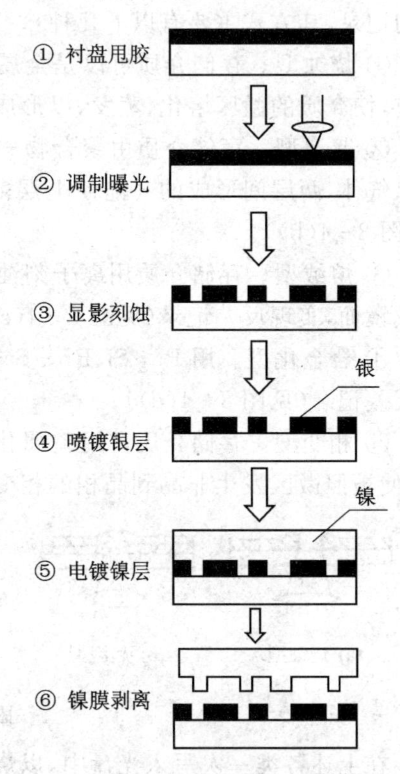

图 8-3　ROM 主盘、副盘制备工序

⑤ 电镀镍层。在喷镀银的盘片表面用电解的方法镀镍，使得主盘上长出一层厚度符合要求的金属镍膜。

⑥ 镍膜剥离。将上述盘片经过化学处理，使得镍膜从主盘剥脱，形成一个副盘。

上述每一主盘都可通过⑤、⑥步骤的重复，制得若干个副像子盘——副盘；而每一副盘又都可以通过⑤、⑥步骤的重复，制得若干个正像子盘。

8.4 一次写入光盘

一次写入光盘也叫 WORM（一次写入，多次读取）光盘。与我们前面所说的只读型光盘或者 CD 不一样，WORM 光盘直接调制读出光束的反射强度。WORM 光盘用聚碳酸酯或者坚硬的玻璃作为基底，记录层具有高反射率物质（如燃料聚合体或者碲合金）。

8.4.1 写入方式

光盘的信息写入是利用激光光斑在存储介质的微区产生不可逆的物理、化学变化进行信息的记录，其方式主要有以下几种：

① 烧蚀型。存储介质可以是金属、半导体合金、金属氧化物或有机染料。利用介质的热效应，使介质的微区熔化、蒸发，以形成信息坑孔（见图 8－4(a)）。

② 起泡型。存储介质由聚合物——高熔点金属两层薄膜组成。激光照射使聚合物分解排出气体，两层间形成的气泡使上层薄膜隆起，与周围形成反射率的差异而实现信息的记录（见图 8－4(b)）。

③ 熔绒型。存储介质用离子刻蚀的硅，表面呈现绒状结构，激光光斑使照射部分的绒面熔成镜面，实现反差记录（见图 8－4(c)）。

④ 合金化型。用 Pt－Si、Rh－Si 或 Au－Si 制成双层结构，激光加热的微区熔成合金，形成反差记录（见图 8－4(d)）。

⑤ 相变型。存储介质多用硫属化合物或金属合金制成薄膜，利用金属的热效应和光效应，使被照微区发生非晶到晶相的相变（见图 8－4(e)）。

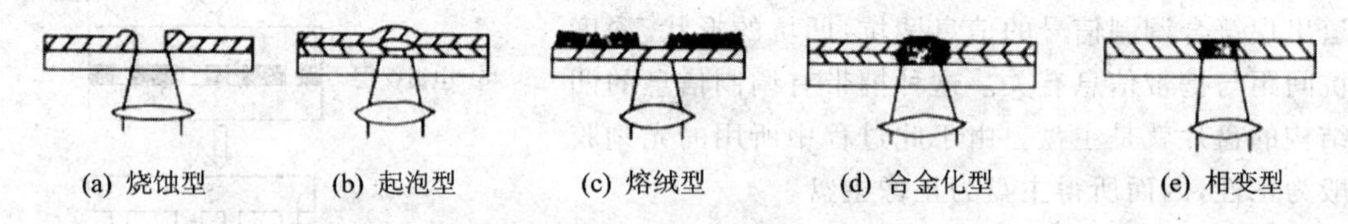

图 8－4 一次写入方式

在上述各类一次写入光盘中，以烧蚀型率先推出产品。本节将以它为实例，着重讨论光盘的介质优选、存储原理以及结构的优化设计。

8.4.2 光盘读/写对存储介质的基本要求

光盘读/写对存储介质有多方面的要求，综合起来主要包括以下几方面：

① 分辨率及信息凹坑的规整几何形状。这是为了保证光盘能在高存储密度的情况下获

得较小的原始误码率。图 8-5 示出已记录的信息坑孔，坑孔边缘形状不规整的偏差程度用 δ 表示。当读取激光束从信息道的无记录区扫入或扫出信息凹坑时，定为读取信号的“1”，否则为“0”。这样得到的读取信号波形如图 8-5 的下方所示。若存储密度为 10^8 B/cm^2，则每信息位仅占有 1 μm^2 的面积。存储介质应能保持这些显微坑孔的规整几何形状并以更高精度分辨它们的位置，这就要求边缘偏差 δ 落在 $\pm 100\times10^{-10}$ m 以内，以保证原始误码率小于 10^{-8}。

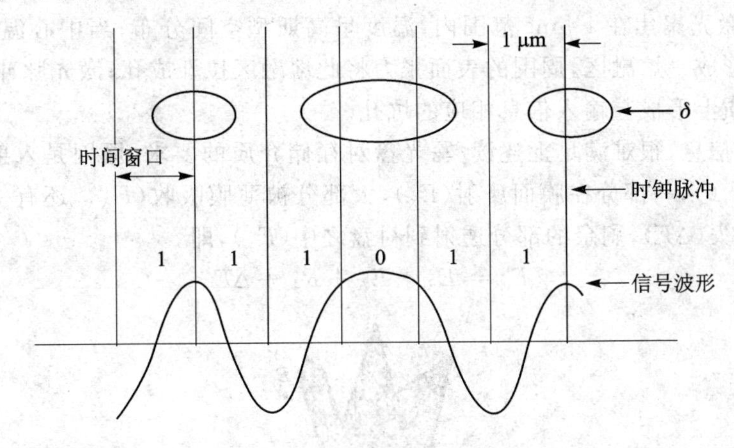

图 8-5　读取分辨率示意图

② 没有中间处理过程。存储介质要能实时记录数据并及时读出信息，不需要任何中间处理过程，只有这样才可能使光盘能实现写后直读（即 Direct Read After Write, DRAW）功能，以保证记录数据的实时校验。

③ 较好的记录阈值。记录阈值是指在存储介质中形成规整信息标志所需要的最小激光功率密度。只有适当地记录阈值，才能使信息被读出次数大于 10^8 次而仍不会使信息凹坑发生退化，记录阈值过高或过低，都会影响凹坑的质量和读出效果。

④ 记录灵敏。要求存储介质对所用的激光波长吸收系数大、光响应特性好，能在较高的数据传输速率、保证波形不失真的情况下，用很小的激光功率形成可靠的记录标志。

⑤ 较高的反衬度。反衬度是指信道上记录区与未记录区的反射率对比度。存储介质以及经过优化设计的光盘应有尽可能高的反衬度，以便读出信噪比达到最佳值。

⑥ 稳定的抗显微腐蚀能力。存储介质应做到大面积成膜均匀，致密性好，显微缺陷密度小，抗缺陷性能强，从而得到低于 10^{-4} 数量级的原始误码率及至少 10 年的存储寿命。

⑦ 与预格式化衬盘相容。一次写入光盘可用来存储和检索文档资料，因此光盘上应有地址码，包括信道号、扇区号及同步信号等。这些码都以标准格式预先刻录并复制在光盘的衬盘上。存储介质应与预格式化衬盘实现力、热及光学的匹配，以保证轨道跟踪的顺利进行，并能实现在任一轨道的任意扇区进行信息的读和写。

⑧ 高生产率、低成本。

8.4.3 WORM 光盘的存储原理

利用激光热效应对存储介质单层薄膜进行烧蚀时，存储介质吸收到达的激光的能量超过存储介质的熔点时形成信息坑孔。

常用 WORM 光盘以聚甲基丙烯酸酯（PMMA）为衬底，厚 1.2 mm，上面溅射一介质薄层。用 830 nm 激光聚焦在 1 μm^2 范围内，温度呈高斯型空间分布；当中心温度超过熔点 T_m 时，在介质表面形成一熔融区，周围的表面张力将此熔融区拉开成孔；激光脉冲撤去，孔的边缘凝固，在记录介质上形成与输入信息相应的坑孔。

这样记录的信息，很难满足上述读/写光盘对存储介质的要求，原因是入射到膜面的激光能量 E_0（见图 8-6），一部分在膜面反射（E_R），大部分被薄膜吸收（E_A），还有一部分在薄膜中因径向扩散而损失（ΔE），剩余的部分透射到衬盘之中（E_T），即

$$E_0 = E_R + E_A + R_T + \Delta E \tag{8.4-1}$$

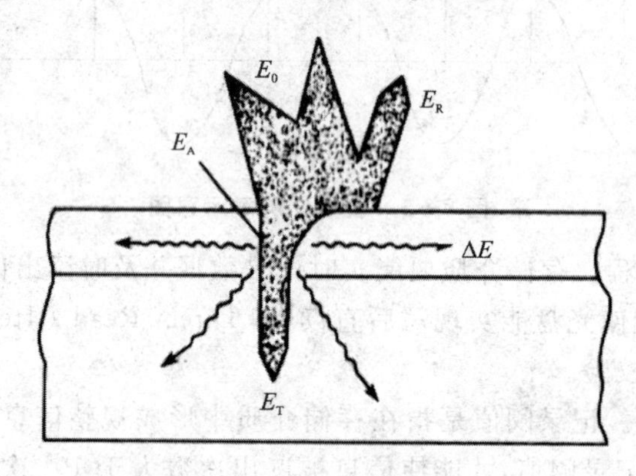

图 8-6 记录光的分配

若要存储介质的灵敏度高，式(8.4-1)中的 E_A 应尽量地大，以更快更好地吸收能量，使光斑中心的温度尽快超过介质的熔点，为此，E_R、E_T 及 ΔE 都应尽可能地小。

要 E_R 最小，必须使记录层上下两个界面反射回来的光实现相消干涉。由于上界面有半波损失而下界面没有，因此求得记录层厚度最小值为 $\lambda/2n_1$，n_1 为介质层折射率，λ 为入射光波长；但由于此时上下界面能量差很大，因而很难实现明显的消反，为此需要记录层和衬底层之间加一层金属铝反射层。在新的相消条件下算得记录厚度下限为 $\lambda/4n_1$。

加铝条之后，E_R 得到明显减小，但由于铝是热的良导体，反而会使 E_T 加大，为此，还应在记录层和反射层之间加一层热障层（一般选透明介质 SiO_2），其折射率为 n_2，厚度为 d_2。它可以充分阻挡介质层吸收的能量向衬盘传导。此时，消反条件的相应最小厚度为

$$n_1 d_1 + n_2 d_2 = \frac{\lambda}{4} \tag{8.4-2}$$

这样就形成了记录层、热障层和反射层这种三层结构的存储介质，如图 8－7(a)所示。

目前，实用化 WORM 光盘均为三层式，主要采用空气夹层式(见图 8－7(b))和直接封闭式(见图 8－7(c))两种基本结构，且均已商品化。

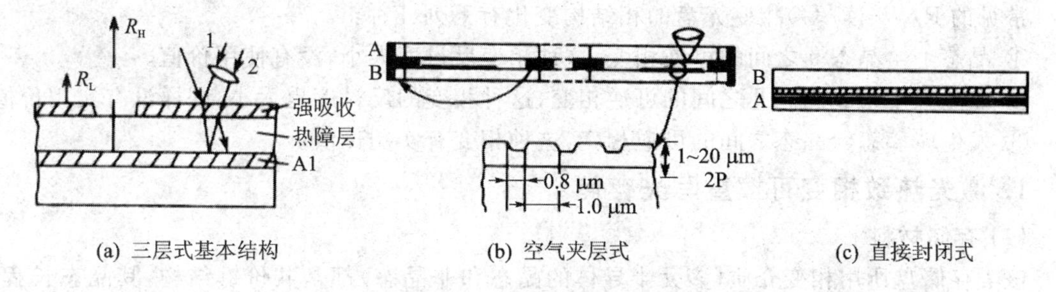

(a) 三层式基本结构　(b) 空气夹层式　(c) 直接封闭式

图 8－7　一次写入光盘结构

在吸收强、热导低的记录介质中，刻蚀信息坑孔所需的激光能量主要与介质的熔化(气化)热、光效率、热效率有关。对于选定的介质材料，其熔化(气化)热已固定，因而为了提高介质的存储灵敏度，要求光效率与热效率都尽量接近 100 %。为此，有效提高光效率与热效率成为光盘优化设计的中心。提高光效率的关键包括：记录层和热障层介质的光学常量和热学常量应选配得当，记录层和热障层的厚度应满足反射光的干涉相消条件；提高热效率的关键，就是要使信息坑孔形成的时间 τ_s 小于热障层的热扩散时间常量 τ_D。热障层的厚度应大于 $\sqrt{K_D\tau_s}$，K_D 为热障层热扩散系数；还应该选择热障系数大的衬盘材料。

8.5　可擦重写光盘

可擦重写光盘从记录介质写、读、擦的机理来讲，主要分为两大类。

1. 相变光盘

这类光盘采用多元半导体元素配制成的结构相变材料作为记录介质膜，利用激光与介质膜相互作用时，激光的热和光效应导致介质在晶态与玻璃态之间的可逆相变来实现反复写、擦要求，可分为热致相变光盘和光致相变光盘。

2. 磁光盘

磁光盘(MO)利用了磁光记录材料在室温下能够抵抗磁化的性质。它采用稀土-过渡金属合金制成的磁性相变介质作为记录薄膜，这种薄膜介质具有垂直于薄膜表面的易磁化轴，利用光致退磁效应以及偏置磁场作用下磁化强度取向的正或负来区别二进制中的“0”或“1”。

结构相变光盘和磁光盘虽然工作机制不同，但从本质上来讲，都属于二级相变过程。它与一级相变不同，不存在两相共存的情况，故可用介质的两个稳定态来区别二进制中的“0”或“1”。可擦重写光盘中的反复写、擦过程与记录介质中的可逆相变过程相对应。从广义的角度讲,任何具有光致双稳态变化的材料都可用做读/写记录介质。

8.5.1 可擦重写相变光盘的原理

常见的 R/W(读/写)相变光盘的相结构变化有下列几种:

① 晶态Ⅰ⇔晶态Ⅱ之间的可逆相变,这种相变反衬度太小,没有使用价值。

② 非晶态Ⅰ⇔非晶态Ⅱ之间的可逆相变,这种相变的反衬度也太小,同样没有实用价值。

③ 发生玻璃态⇔晶态之间的可逆相变,这种相变有实用价值。

1. 激光热致相变可擦重写光存储

(1) 存储材料

该类存储盘所用相变介质(多元半导体的晶态和非晶态)都是共价键结构,其晶态长程有序,非晶态因键长和键角发生畸变,原子组态出现各种缺陷,因而短程有序。这类介质中原子受到键长和键角的约束,平均配位数为 2.45,配位数大于此值为过约束,小于此值为欠约束。蒸发、溅射等淀积的非晶态记录介质是无定形态,不稳定,可以通过晶化过程进入结晶态,也可以通过玻璃化过程进入玻璃态,即通过读、写、擦等初始化过程进入晶态或玻璃态。由于两态光学参量差异很大,因而可获得较大的反衬度和信噪比。因此记录介质的可逆相变选定为玻璃态和晶态中间的反复转变:写信息时吸收能量从晶态进入玻璃态,擦除信息时从玻璃态回到晶态。从激光热效应导致可逆相变的角度看,材料设计应考虑响应灵敏度、热稳定性、相变速率及反衬度等要求。

由于碲基、硒基及碲硒基等硫系元素半导体具有二度配位数的共价键结构,欠约束,其无序态原子排列成链状结构,且具有生性活泼的孤对电子,容易因激发而使介质发生相结构的变化,因而对光的响应十分灵敏,常被选作可逆相变光记录介质的基质材料。

材料的晶化温度和晶化激活能越高,热稳定性越好。为了改变硫系元素半导体晶化温度偏低、稳定性差等缺陷,需掺入过约束元素,形成以 GeTe、InTe、SbTe、InSe、SbSe 为基的二元无序体系。

无序体系的热稳定性越好,晶化就愈困难。为了解决增强热稳定性和提高晶化速率的矛盾,在制备过程中还要掺入能起成核或起催化作用的 Cu、Ag、Au 等一价元素,或 Ni、Co、Pd 等过渡金属元素,以加快相变速率,形成三元结构体系。

为了增加介质分别处于玻璃态和晶态的反射率对比度,制备时还需掺入一些对反衬度有增强效应的元素。

这样就形成了三元或多元合金光记录介质。图 8-8(a)给出相变过程中介质体积随温度的变化情况,图 8-8(b)给出透射率随温度的变化情况。

研究表明,只要材料的设计满足一定条件,就可以既增强介质玻璃态的稳定性,又提高其晶化速率。应注意的是,以上掺入的元素应尽可能避免在晶化过程中发生分离,因为相分离一出现,光盘的擦、写循环次数就会降低。组分符合电阻计量比的介质在晶化过程中没有相分

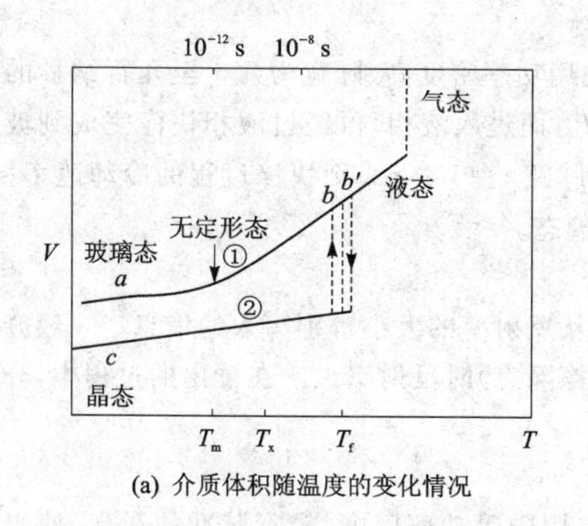

(a) 介质体积随温度的变化情况

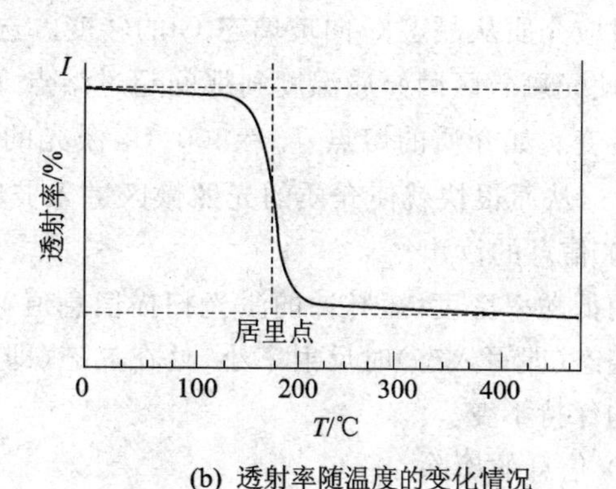

(b) 透射率随温度的变化情况

图 8-8　可擦重写光盘材料特性

离，只有共晶相，从玻璃态到晶态的相转变过程也较快。

(2) 存储原理与过程

近红外波段的激光作用在介质上，能加剧介质中原子、分子的振动，从而加速相变的进行。因此近红外激光对介质的作用以热效应为主，其中写、读、擦激光与其相应的相变过程见图 8-9。图的上半部是用来写入、读出及擦除信息的激光脉冲；下半部表示出在这三种不同的脉冲作用下，在介质内部发生的相应的相变过程。

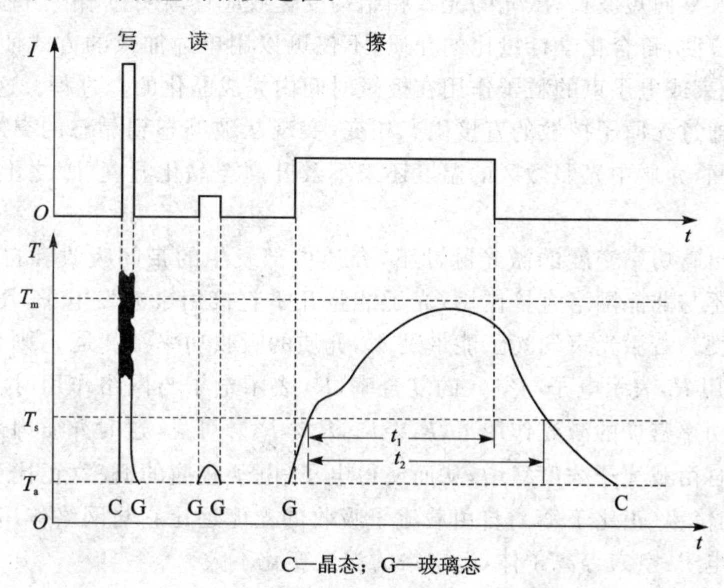

C—晶态；G—玻璃态

图 8-9　写、读、擦激光脉冲与其效应的相变过程

1）信息的记录

对应介质从晶态C向玻璃态G的转变。选用功率密度高、脉宽为几十至几百纳秒的激光脉冲，使光斑微区因介质温度刹那间超过熔点 T_m 而进入液相，再经过液相快淬完成到玻璃态的相转变。如介质的熔点 $T_m=600$ ℃，激光的脉宽 $\tau=100$ ns，则快淬过程的冷却速率≈6×10^9 ℃/s，从而很快就使介质的光照微区进入玻璃态。

2）信息的读出

用低功率密度、短脉冲的激光扫描信息道，从反射率的大小辨别写入的信息。一般介质处在玻璃态（即写入态）时反射率小，处在晶态（即擦除态）时反射率大。在读出的过程中，介质的相结构保持不变。

3）信息的擦除

对应介质从玻璃态G向晶态C的转变。选用中等功率密度、较宽脉冲的激光，使光斑微区因介质温度升至接近 T_m 处，再经过成核-长大完成晶化。在此过程中，光诱导缺陷中心可以成为新的成核中心，因此激光的作用使成核速率、生长速度大大提高，从而导致激光热晶化比单纯热晶化的速率要高。

总之，激光热致相变中通过成核-长大过程完成晶化：随着温度升高，非晶薄膜中有晶核形成，晶粒随温度升高而长大。激光作用使这一过程速度加快。

2. 激光光致相变

随着激光波长移向短波长，激光的光致相结构变化效应逐渐明显，相变机制也与热相变的机制不同。研究表明，符合化学计量比的介质，不仅可以用单纯加热的方式使之晶化，还可以不加热，通过激光束或电子束的粒子作用在极短时间内完成晶化的全过程。这一过程中，介质在光激发作用下通过无原子扩散的直接固态相变，实现从玻璃态到晶态的突发性转变。在晶化突然发生的瞬间，介质中光照微区的温度还来不及升高至晶化温度 T_c 之上，因而相变速度极快。

图8-10示出高功率密度的激光脉冲下，介质内部发生的带间吸收和自由载流子吸收。由于入射激光束不与非晶网络直接作用，光子能量几乎直接用来激发电子，用 N 表示任意时刻受激载流子浓度。若激光束的光子能量是 $h\nu$，介质的吸收功率密度是 ρ，则自由载流子的产生率 $R_e=\rho/h\nu$。用 R_r 表示电子与空穴的复合率，R_c 表示电子与网络作用时将能量传递给声子的概率。在高功率密度的激光作用下，$R_e\gg R_r$，$R_c\gg R_e$。可见，这时介质内部的光吸收由带间吸收为主变为自由载流子浓度猛增，从而使得电子-电子碰撞的概率（正比于 N^2）远远超过电子-网络碰撞的概率（正比于 N），自由载流子吸收的光能远比它与网络作用损失的能量高，形成温度很高的电子-空穴等离子体，但网络的温度变化不大。

激光脉冲结束后，等离子体中的过热电子在与声子相互作用过程中将能量传递给晶体，或与空穴复合而释放能量，最终使介质回到自由能最低的晶态。对于组分符合化学计量比的介

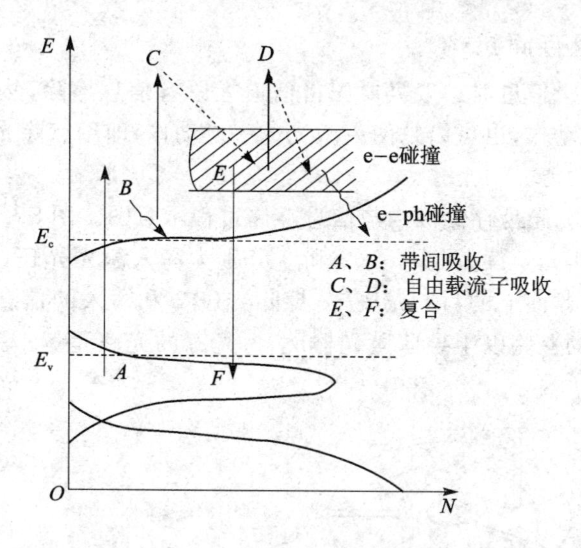

图 8-10　光致相变介质内部光吸收过程

质，在光晶化的过程中没有长程原子扩散，只有原胞范围内原子位置的重新调整。所以光晶化的机制是一种无扩散的跃迁复合机制。它利用弛豫过程和复合过程释放的能量促成网络原胞内原子位置的调整以及键角畸变的消失，从而完成晶化的全过程。

可见，光致晶化过程包括光致突发晶化和声子参与的弛豫过程，前者需时在 $10^{-9}\sim10^{-12}$ s 量级，后者约几十纳秒。它与激光热致晶化过程的对比见表 8-1。

表 8-1　激光热致晶化与光致晶化过程的对比

类　别	热致晶化	光致晶化
本质	扩散型成核-长大式晶化过程	非扩散型跃迁-复合式晶化过程
条件	符合或不符合化学计量比的组分；所用的亚稳相	符合化学计量比组分；直接固态相变，无需成核
起因	热致起伏	激光束激发或电子束激发
耦合性质	相分离、原子扩散、原子振动、分子振动	无相分离，无扩散；原子位置调整；键角畸变消失
自持效应	不重要	自持晶化，重要
穿透深度	整体效应	激光束：$100\sim5\,000\times10^{-10}$ m；电子束：1～2 μm
晶化时间	较长的退火过程(0.5 μm～1.0 ms)	突发作用(1 ns～1 ps)＋弛豫过程(10～200 ns)

3. 可擦重写光盘存储机构

可擦重写光盘在记录信息时一般需要先将信道上原有信息擦除，然后再写入新信息。这可以是一束激光的两次动作，也可以是两束激光的一次动作，即用擦除光束和之后写入光束的协调动作来完成擦、写功能。

图 8-11 是可擦重写光盘存储机构与信息存储过程示意图。图 8-11(a)中的虚线框内是一个双光束光学头，或叫光学读/写头。1、2 和 3 分别为写入激光光斑、擦除激光光斑和写入的信息道。激光聚焦在盘面上的写入光斑 1′、擦除光斑 2′和写入的信息 3′，都在图 8-11(b)中放大示出。读/写头的左侧以半导体激光器 λ_1 为光源的光路是读/写光路；右侧以 λ_2 为光源的光路是擦除光路。

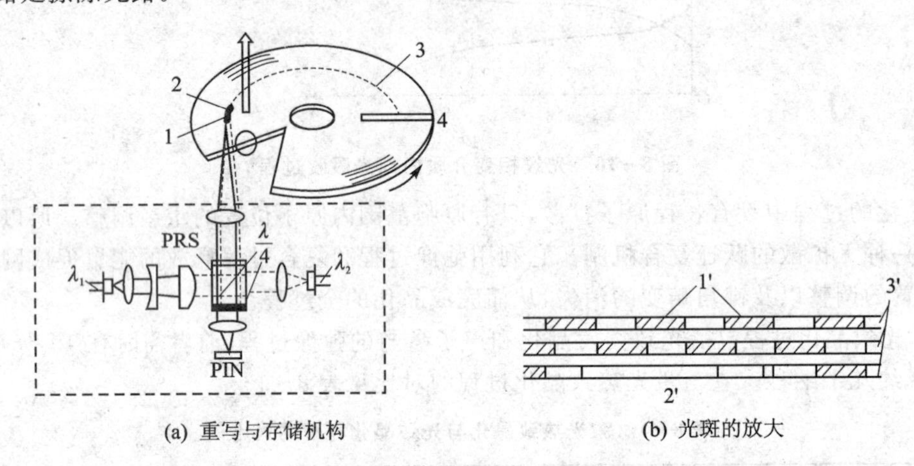

(a) 重写与存储机构　(b) 光斑的放大

图 8-11　可擦重写光盘存储机构与信息存储过程示意图

由于擦信号脉宽较宽，必然影响光盘数据传输速率的提高，并带来光盘驱动器设计与制作上的复杂性。为了能像磁盘那样在记录新信息的同时自动擦除旧信息，就必须寻找快速晶化也就是快速擦除的光存储材料，实现真正的直接重写光盘存储。

8.5.2　可擦重写磁光光盘的原理

磁光记录由来已久。早在 1957 年，美国 Bell 实验室 H. Williams 用热笔在 MnBi 薄膜上记录，用法拉第效应读出。1958 年 L. Mayer 用居里点记录，1960 年 Miyata 用 Kerr 角读出，1965 年开始用补偿点记录；1971 年至 1973 年，P. Chaudhali 用 GdCo 做磁光存储器件；1978 年日本某公司研究所在 TbFe 薄膜上，用半导体激光器件实现信息的存储。这些工作开辟了利用稀土-过渡金属(RE-TM)磁性非晶薄膜实现磁光存储的新纪元。

目前磁光薄膜的记录方式有补偿点记录和居里点记录两类，前者以稀土-钴合金为主，后者则多为稀土-铁合金。下面以补偿点写入的磁介质为例来讨论磁光记录介质的读、写、擦

原理。

GdCo 薄膜是利用补偿点写入的典型材料。Gd 和 Co 的磁化强度对温度有不同的依赖关系，见图 8－12(a)。在补偿点，它们的正、负磁化强度正好等值反向，净磁化强度为零。图 8－12(b) 示出 GdCo 的矫顽力 H_C 随温度的变化，在室温附近 H_C 很大；但在室温以上，H_C 随温度的升高按指数规律很快减小。因此，可以选择 GdCo 的组分，使 T_{comp} 正好落在室温以下，这样就可以在比室温略高的情况下，如 70～80 ℃之间，使 H_C 降至极小值。补偿点写入正是利用了这一特性。

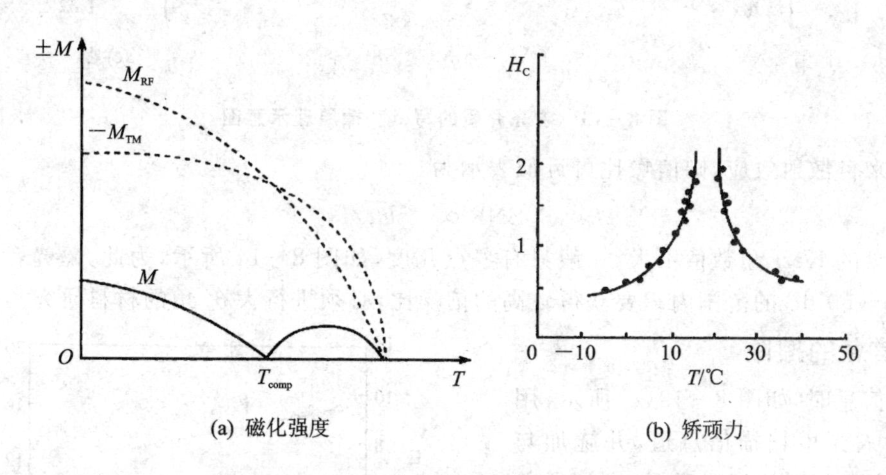

(a) 磁化强度　　(b) 矫顽力

图 8－12　GdCo 磁学特性与温度的依赖关系

1. 信息的写入

GdCo 有一垂直于薄膜表面的易磁化轴。在写入信息之前，用一定强度的磁场 H_0 对介质进行初始磁化，使各磁畴单元具有相同的磁化方向。在写入信息时，磁光读/写头的脉冲激光聚焦在介质表面，光照微斑因升温而迅速退磁，此时通过读/写头中的线圈施加一反偏磁场，就可使光照区微斑反向磁化，如图 8－13(a)所示；而无光照的相邻磁畴磁化方向仍保持原来的方向，从而实现磁化方向相反的反差记录。

2. 信息的读出

信息读出是利用 Kerr 效应检测记录单元的磁化方向。1877 年 Kerr 发现，若用线偏振光扫描录有信息的信道，光束到达磁化方向向上的微斑，经反射后，偏振方向会绕反射线右旋一个角度 θ_k，如图 8－13(b)所示。反之，若光扫到磁化方向向下的微斑，反射光的偏振方向则左旋一个 θ_k，以 $-\theta_k$ 表示。实际测试时，使检偏器的主截面调到与 $-\theta_k$ 对应的偏振方向相垂直的方位，则来自向下磁化微斑的反射光不能通过检偏器到达探测器，而从向上磁化微斑反射的光束就可以通过 $\sin(2\theta_k)$的分量，这样探测器就有效地读出了写入的信号。

实际应用时，光盘的信噪比与 Kerr 角的大小密切相关，若反射光强度为 I，且光盘的本底

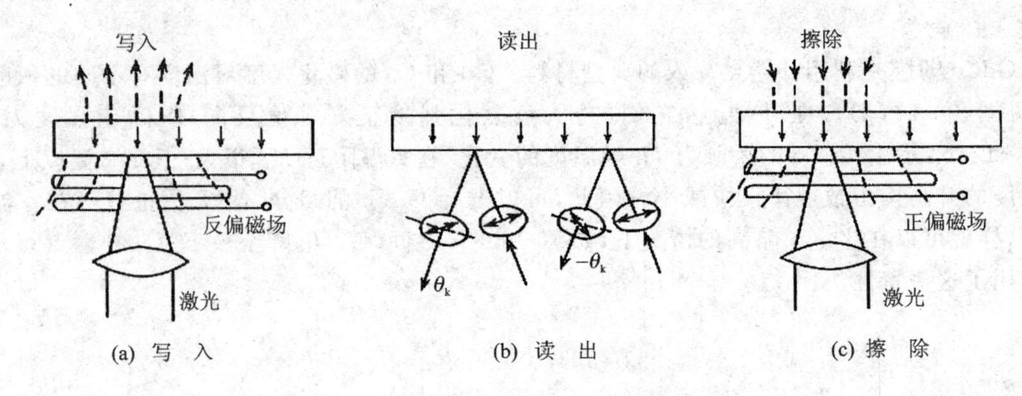

图 8-13 磁光介质的写、读、擦原理示意图

噪声主要来自散射效应，则信噪比可近似表示为

$$\mathrm{SNR} \propto \sqrt{I\theta_k} \tag{8.5-1}$$

实用磁光盘的 Kerr 角数值不大，一般只有零点几度，如图 8-14 所示，为此，磁光盘的信噪比需落在 45～50 dB 的范围内。要获得较高的信噪比，必须进行大 θ_k 角的材料研究。

3. 信息的擦除

擦除信息时，如图 8-13(c)所示，用原来的写入光束扫描信息道，并施加与初始 H_0 方向相同的偏置磁场，则记录单元的磁化方向又会恢复原状。由于翻转磁畴的磁化方向速率有限，故磁光光盘一般也需要两次动作来写入信息，即第一转，擦除信息道上的信息；第二转，写入新的信息。

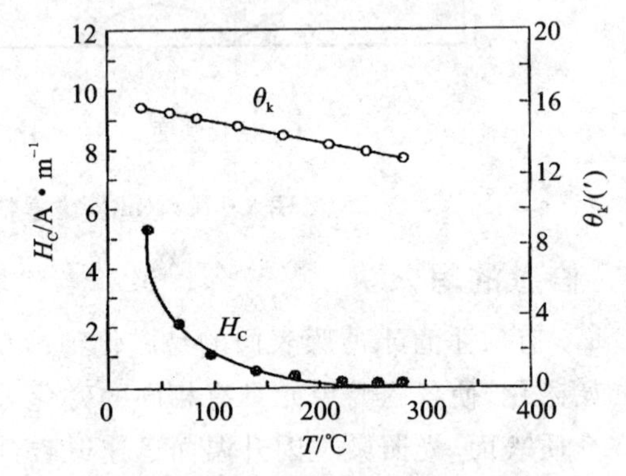

注：左边纵坐标的值应乘以7.96×10⁴。

图 8-14 某磁光薄膜矫顽力及 Kerr 角随温度的变化

对于稀土-铁合金磁光介质，其写、读、擦原理与补偿点记录方式一样，所不同的是，这类介质有一个居里点 T_C，当介质微斑温度高于 T_C 时，该区的矫顽力 H_C 很快下降至极小值。因此在记录时，应使光照微斑的温度升至 T_C 以上，再用偏置磁场实现反向磁化。这种记录方式叫居里点写入。

有些稀土-铁钴合金材料，既可用补偿点写入，又可用居里点写入，如 1989 年，美国 IBM 公司开发的 Gd-TbFeCo，选定组分为$(Gd_{85}Tb_{15})_{25}(FeCo)_{75}$时，它的补偿温度是 13 ℃，而居里点却高达接近 300 ℃。显然后者不实用。近年来，美、日等国都在加紧开发可以实现直接重写的磁光介质，如 TbFeCo 及 Gd-TbFeCo 等。

8.6　光盘衬盘材料

8.6.1　光盘规格

光盘衬盘厚 1.2 μm，其直径尺寸按 1984 年 ISO X3B11 推荐的国际标准共有直径 ϕ＝356 mm、300 mm、200 mm、130 mm、120 mm 等规格。ISO 是国际标准化组织（International Standardization Organization）的简称，它管辖的信息部，代号是 X3；X3B11 是信息部所属光盘技术委员会的代号。凡标有 ISO 符号的数据，都表示 ISO X3B11 推荐的国际标准值。

光盘衬盘上分布着间距为 1.6 μm（ISO）的预刻沟槽，同心圆或螺旋线都可，槽宽约 0.8 μm，槽深取 $\lambda/8n$，n 是衬盘的折射率。目前半导体激光器当波长 $\lambda=830$ nm，衬盘 $n=1.49$ 时，槽深为 70 nm。信息可以记录在槽内或在两槽之间的岸上。

8.6.2　衬盘材料的选择

衬盘材料应满足以下要求。

1. 物理化学特性

物理化学特性要求密度小，吸水率、成型收缩率尽可能低，用它制备光盘时脱气时间短，抗溶剂性强。

2. 光学性能

对紫外光透射性能好；对写、读、擦波长吸收系数小；双折射低；透光均匀；材料中应当没有气泡、缺陷、杂质、凝胶胶粒等，否则会引起读、写、擦光束的衍射或消光，从而导致信号失真或信息误传。

3. 耐热性能

抗热变形性的能力要强，热膨胀率应低；软化温度、热变形温度应尽可能地高；洛氏硬度应大，断裂生长百分率应高。

表 8－2 列出了国际上几种衬盘材料的测试结果。表中各材料的全名加下：

PMMA——聚甲基丙烯酸甲酯（polyme－thymethacrylate）；PC——聚碳酸酯（polycar－bonate）；APO——非晶态聚烯烃（amorphous polyolefin）。

一般只读存储和一次写入光盘的衬盘材料选用 PMMA；可擦重写、直接重写相变光盘衬盘材料选用 PC；磁光光盘衬盘选用 PC 及钢化玻璃；APO 是新开发的材料，从吸水指标来看，是很有应用前景的材料。

表 8-2 几种常用衬盘材料性能参数的对比

性能指标 \ 衬盘材料		PMMA		PC	APO	钢化玻璃
		Ⅰ	Ⅱ			
物化性能	密度/($g\cdot cm^{-3}$)	1.19	1.19	1.20	1.05	2.5
	吸水率(24h,25 ℃)/%	2	0.5	0.15	<0.01	约0
	成型收缩率/%	0.6	0.5	0.5～0.7	0.5～0.6	—
	达到 1.33×10^{-4} Pa 的时间/min	约 1 000	约 500	522	53	快
	抗溶剂性能	弱	良	强	—	强
光学特性	折射率	1.49	1.49	1.58	1.55	1.45～1.57
	透光率(紫外)/%	92	92	88	92	约90
	吸收系数(830 mm)/mm^{-1}	2.73×10^{-3}	1.41×10^{-4}	2.44×10^{-2}	—	—
	双折射 6 328 mm	<20	<20	<50	<20	～0
	10^7・光弹性系数/($cm^2\cdot kg^{-1}$)	6	6	80		
耐热性能	热膨胀率($\times10^{-6}$/℃)	80	70	60～70	—	3～12
	热传导率(4.19×10^{-2}/m・K)	4～6	4～6	4.7	—	12～19
	蒸气透过率(24 h)/($g\cdot m^{-2}$)	2.8	2.8	3.6	—	—
	软化温度/℃	110	133	154	150	—
	热变形温度/mPa	95～105	120～130	120～132	—	—
机械特性	抗拉伸强度/mPa	43.15	—	54.92	57.86	—
	抗挠弯强度/mPa	64.72	—	98.07	88.26	—
	挠曲模量/mPa	3 237	—	2 452	3 138	73 550
	断裂伸长/%	2	—	47	3	—
	拉伸储能模量(20 ℃)/GPa	5.2	10	2.9	—	—
	洛氏硬度(M 标度)	82(≤3H)	5.7	45(HB)	75(2H)	(7H)

8.7 三维光学存储

8.7.1 多层光盘

如果把光盘认为是二维的存储设备，那么，多层光盘就是一个三维的光存储设备。新的光盘结构使得只读光盘已经达到 6 层，而 WORM 光盘也已经达到 4 层。从研究文献报道来看，将只读光盘做到 10～20 层没有原则上的困难。将许多薄的盘层用间隔层叠在一起就构成了多层光盘。当读出光需要变换目标层时，光学摄像管将物镜重新聚焦到新的一层。各层之间的间隔至少为 100 μm，这样，可以保证另外的数据表面离焦点足够远。对于间隔为 100 μm 的两个层，激光束在最靠近焦点层的相邻层上的光斑大小比焦点层上的光斑扩大了 1 万倍以上，这与聚焦透镜的数值孔径 NA 值有关。

每个盘层都必须是部分透过的，这样才能保证激光束能够穿过重叠的所有层，但同时每一个表面必须具有足够的反射以使其上的数据可读，平均来说，表面反射约为入射光的 5 %。而只读光盘的表面反射则达到了入射光的 95 %。因此，系统中的电子学部分应该能够将光电探测器的输出信号放大到与标准光学驱动器相兼容的电平。按照通常光盘存储密度，一张 10 层光盘能够存储 6.5 GB 的信息（每层存储容量为 650 MB）。多层光盘如图 8 - 15 所示。

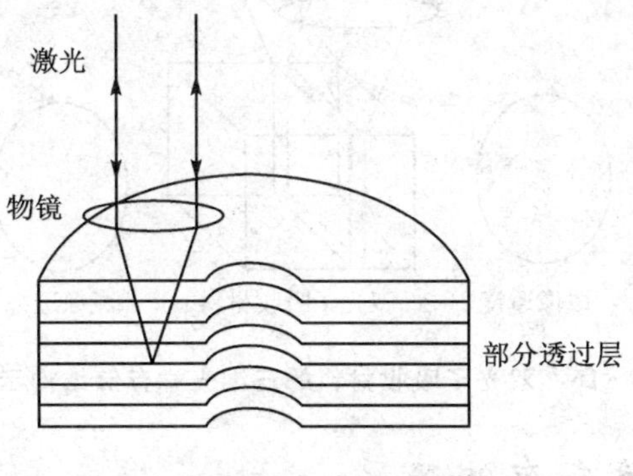

图 8 - 15　多层光盘

8.7.2 光子选通三维光学存储器

三维存储的目的就是在三维结构中排列和存储二进制数位串。一本书就是三维存储最好的例子。一维的位图样首先以二维的形式来排列，这叫做页面存储。页面存储堆叠起来形成三维存储介质。我们可以自由地翻开一本书来阅读其中的一页，却不能机械地打开一个三维存储介质来选择某一页或者某一层。获得三维存储的第一个途径是多层光盘。由于层与层之间有一定的间隔，聚焦在某一层上的激光束在邻近层上的光斑会明显地增大，光强也会随之降

低。这种技术能够容易地应用于光盘,因为光盘的写入和读出都基于一种有顺序的机制,并且在每一个时刻只有一个光斑存在。当我们对页面存储进行并行写入或者读出时,同时会有很多明亮的激光斑存在。尽管在相邻层上的各个激光斑是模糊的,但是,也存在这样的可能性,即这些模糊的激光斑的交叠会使得叠加的光强高到一个聚焦光斑的光强。

为了能够选出一页,需要一种开关在一个时刻只激活一个页面,这个开关可以是光子选通。在光子选通过程中,光学存储的写入或者读出需要在同一位置和同一时刻有 2 个光子。我们使用激光束(第一个光子)将页面存储成像到某个选定的层上,然后,提供另外一束激光(第二个光子)只照明这个层,就能够选择性地读出或者写入这一层。

这个方案最适合于双光子吸收材料,其结构原理如图 8-16 所示。我们注意到,三维存储介质是由双光子吸收材料做成的透明的体介质,没有分层结构。可以用柱透镜将平行光聚焦来形成片状光从侧面照射体介质,形成光学激活层。某一层存储的数据也可以一个光斑接一个光斑顺序地读出来,而不是将整个层的数据并行地读出来,这避免了产生均匀片状光束的难题。序列读出结构也可以应用到细菌视紫红质(bacteriorhodopsim),这种三维存储器件的输出信号不是光,而是它所产生的光电压信号的测量值。

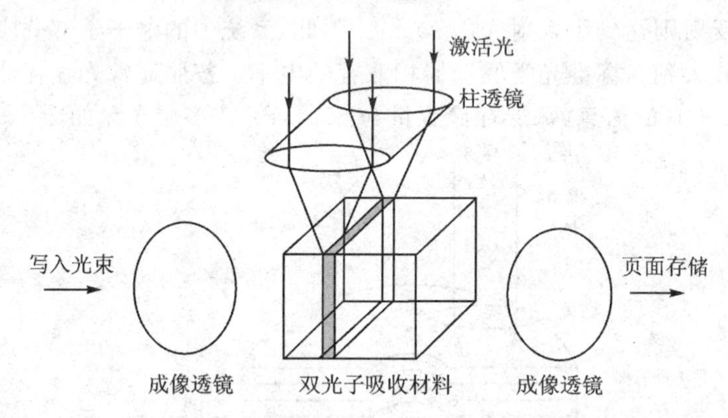

图 8-16 双光子吸收材料的三维光学存储结构示意图

8.7.3 叠层的三维光存储器

使用体介质的光子选通三维存储没有分层结构,与其不同的是,叠层的三维光存储器真的是由多层堆积而成,这种结构可以用基于电子俘获材料的三维存储来实现。

用电子俘获层的堆叠做成的三维光存储器件的原理如图 8-17 所示。二维页面存储可将页成像到指定层上用 488 nm 蓝色光写入。类似于多层光盘片,若相邻层上的离焦光斑直径会增大 200 倍,则强度相应减小到原来的 1/40 000。然而,当 1 000 bit×1 000 bit 的数平行写入时,离焦光斑会相互重叠,叠加的光斑可能产生严重的串扰噪声。

这种串扰问题可以用如图 8-18 所示的编码和解码技术予以克服。由于每个“1”和“0”包

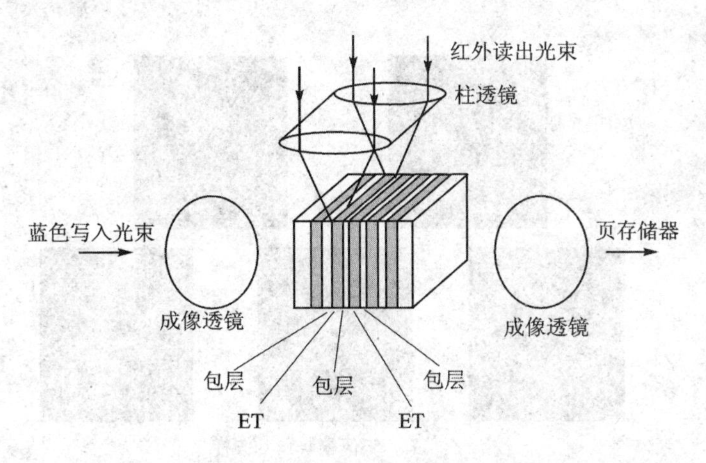

图 8-17　采用电子俘获介质的三维光学存储器示意图

含相同数量的亮像素和暗像素，对同样编码的位“1”和“0”编码图样，除了焦点层外，在其他层上给出了均匀强度。

为读出存放在指定层上的页面存储，用 1 064 nm 红外片状光从叠层存储的侧面，对电子俘获层选址，每个 4～10 μm 厚的电子俘获薄膜和透明的覆盖层一起构成平片波导。由于红外读出光从电子俘获读出的边缘进入，红外读出光将被限制在波导内传播。红外激发的结果，该层中写入的页面存储将产生相应的橙色辐射(615 nm)，有一部分将穿过叠层并到达阵列检测器。

一种由 5 层电子俘获薄膜构成的三维光学存储器件已有实验演示。图 8-19(a)示出了 5 层电子俘获层采用图 8-18 所示编码方法得到的二值编码输入图样。图 8-19(b)给出了依照前一节所述读出方法得到的 5 层电子俘获层的输出图样，可见，直接输出图样受到串扰的影响。但二值图样解码输出是可以纠正的，如图 8-19(c)所示。

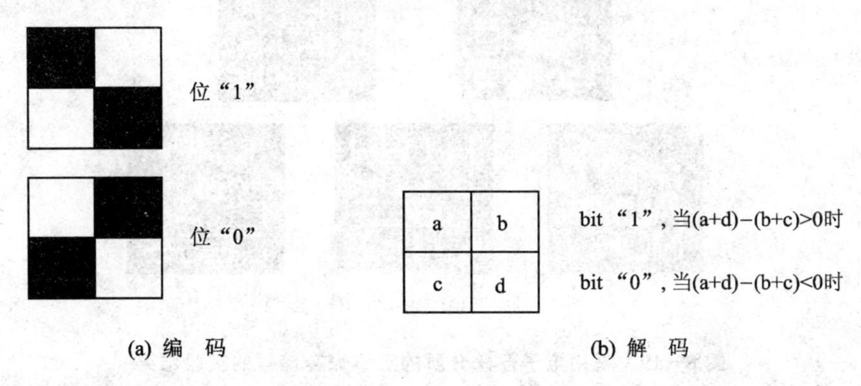

图 8-18　采用电子俘获材料的三维光学存储器中的“1”和“0”的编码和解码

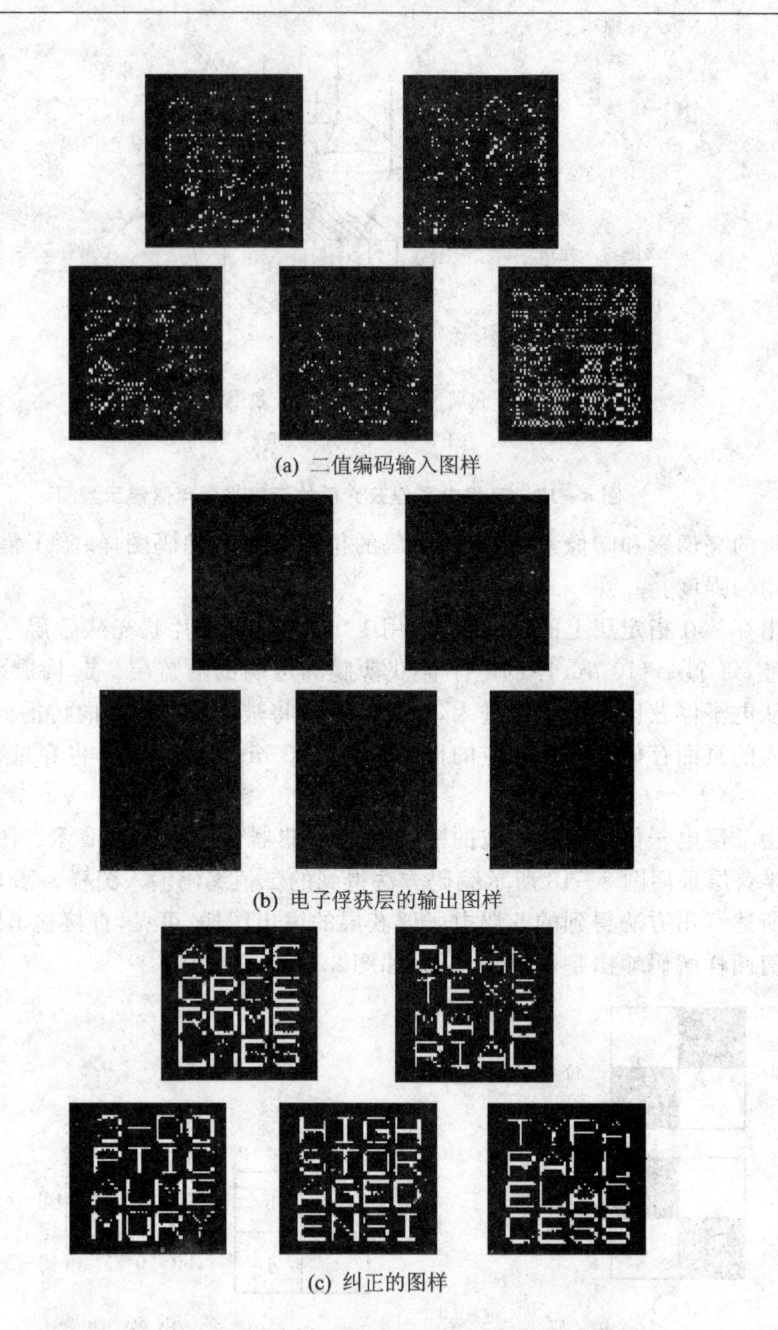

(a) 二值编码输入图样

(b) 电子俘获层的输出图样

(c) 纠正的图样

图 8－19　采用电子俘获介质的三维光存储器的实验结果

8.7.4 持续光谱烧孔三维光信息存储

持续光谱烧孔 PSHB(Persistent Spectral Hole Burning)应用于光信息存储,可以使光的频率成为新的存储维,将传统的二维(x,y)光信息存储发展成为三维(x,y,v)光信息存储。与目前的光盘存储系统(记录密度限为 10^8 B/cm^2)相比较,PSHB 的三维光信息存储(以下简称 PSHB 存储)在理论上可以使记录密度提高 3～4 个量级。

在光存储技术中,由于光的衍射现象,光不可能聚焦在一个体积约小于 10^{-12} cm^3 的材料上,因此目前的光存储系统存在一个大小约为 10^8 B/cm^2 的存储密度上限。与此相对应,1 B 所占据的空间含有 10^6～10^7 个分子。如果能将一个分子用做 1 B 的存储元件,就可能在目前光存储系统的基础上提高记录密度 10^6～10^7 倍。为了实现分子级存储,除了要求稳定性之外,还要求具备选择或识别每个分子的方法。持续烧孔光谱技术正是利用光活性分子所处的周围环境的不同而引起对应能量的差别来识别不同分子的。但是 PSHB 技术的分辨率并不太高,一般来说,对应于一个能量状态,仍然有 10^3～10^4 个分子,因而 PSHB 技术只能识别一个分子集团。应用 PSHB 技术,可以在一个记录斑点中通过对光的频率(或波长)的扫描来记录多重信息。理论上估计,多重度可达 10^3～10^4,因而记录密度能达到 10^{11}～10^{12} B/cm^2。

光子烧孔大致可分为两类:化学烧孔和物理烧孔。现重点介绍化学烧孔。

能够产生 PSHB 现象的物质系统必须由客体分子(光活性分子)和主体分子(透明固体基质)两部分组成。客体分子均匀地分散在固体基质中,低温下,在激光诱导下发生具有位置选择性的光化学反应,引起在非均匀的宽带吸收光谱带上有选择性地产生一个均匀光谱孔。为了防止 PSHB 过程中光活性分子能量的转移,要求其分子浓度在 10^{-4}～10^{-6} mol/L。我们根据图 8－20 来说明 PSHB 过程。

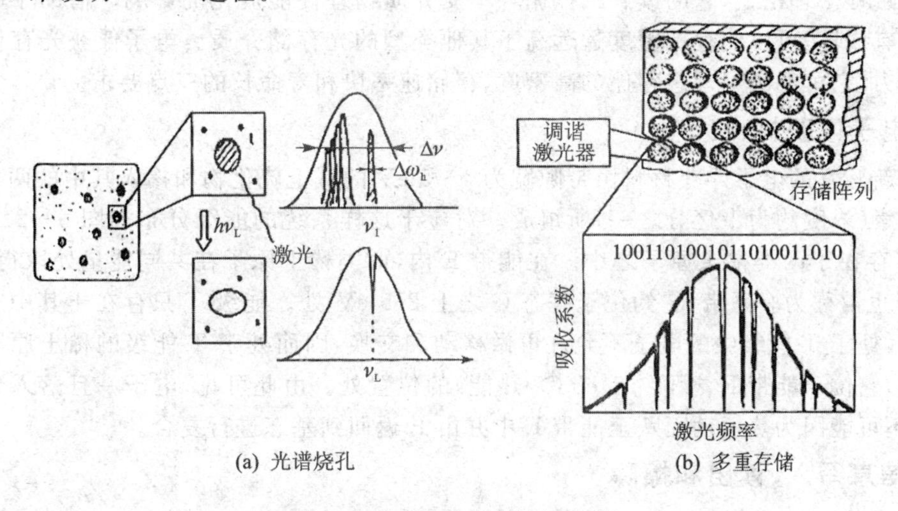

(a) 光谱烧孔　　(b) 多重存储

图 8－20　PSHB 光存储示意图

一方面，由于存在应力等外界因素，同一类客体分子可以具有不同的局域环境，对应于不同谐振频率的基本谱线。考虑到分子的量子态受到来自周围的微扰，它们不可能保持无限长的寿命，因而基本谱线要发生均匀展宽，线宽为 $\Delta\omega_h$；另一方面，所有均匀吸收带的叠加形成了连续的非均匀展宽，线宽为 $\Delta\omega_i$。在 $\Delta\omega_h \leqslant \Delta\omega_i$ 的条件下，可以利用调谐激光器，在低温（<10 K）下将激光频率（或波长）调谐至非均匀吸收带范围内的任何一个频率 v_L，对 PSHB 物质系统进行强辐照。此时在测点中，只有激发能与入射光能量相同的客体分子才能被选择性激发，然后进一步导致光化学变化（同时也伴随着光物理变化），从而产生一种与原来分子具有完全不同的电子结构的光化学产物。在这个基础上，当用弱光去检测这个物质系统的光谱吸收时，由于已产生光化学反应的客体分子对吸收已不作贡献，因而在非均匀吸收带内，与激光频率相对应的频率 v_L 位置处，光吸收减弱或消失，从而形成了缺口（光谱烧孔），如图 8-20(a)所示。在同一测点上，利用可调谐激光器对非均匀吸收带范围内的频率进行扫描，就会在同一测点上得到一系列的光谱孔。按孔的有和无编译成二进制码“1”和“0”，就实现了 PSHB 频率域内的多重存储，如图 8-20(b)所示。其多重度取决于 $\Delta\omega_i/\Delta\omega_h$ 的比值。这种高密度存储方式可在原来的二维存储中增加一个频率维度，从而提高其光存储密度。理论推得，这一比值可达 $10^3 \sim 10^4$，因而 PSHB 存储可将记录密度提高 $10^3 \sim 10^4$ 倍。

8.7.5 电子俘获光存储技术

目前的三类光存储器（ROM、WORM 和 RW）中，RW 光盘虽存储密度较高，但数据存取速率仍低于磁盘，并且仍然存在着热诱导介质的物理性能退化对读、写、擦循环次数的影响，因而稳定性和寿命仍然有一定问题。电子俘获材料与磁光型和相变型光存储技术不同，电子俘获光存储是通过低能激光去俘获光盘特定斑点处的电子来实现存储的，它是一种高度局域化的光电子过程。理论上，它的读、写、擦循环不受介质物理性能退化的影响。借助于电子俘获材料的固有线性，可以使存储密度远远高于其他类型的光存储介质。电子俘获光存储技术具有很大潜力，它可能满足理想存储的高密度、存储速率快和寿命长的三点要求。

1. 电子俘获材料

一种新开发的电子俘获材料由带隙宽为 4～5 eV 的碱土硫化物和掺入其中的两类不同稀土金属元素（浓度约为十亿分之一）所组成。对应于这样系统的能级分布如图 8-21 所示，其中能带 E 存在于两类稀土原子之中。在能带 E 内，两类稀土原子在共同能量处取得联系，因而能带 E 也被称为联系带，它约位于基态 G 之上 2.5 eV 处。能级 T 只存在于其中一类稀土原子之中，处于 T 能级中的电子不允许再做移动和交换，因而处于 T 能级的稀土原子是一种电子陷阱，它位于能带 E 之下约 1 eV（≫热能）的位置处。由此可见，电子一旦落入到这种陷阱中，就不可能因为热运动而跃至能带 E 中并由 E 返回到基态进行复合。

2. 信息写入、读出和擦除

在电子俘获光存储技术中，二进制信息位“1”的写入是以记录点局域位置处的陷阱对电子

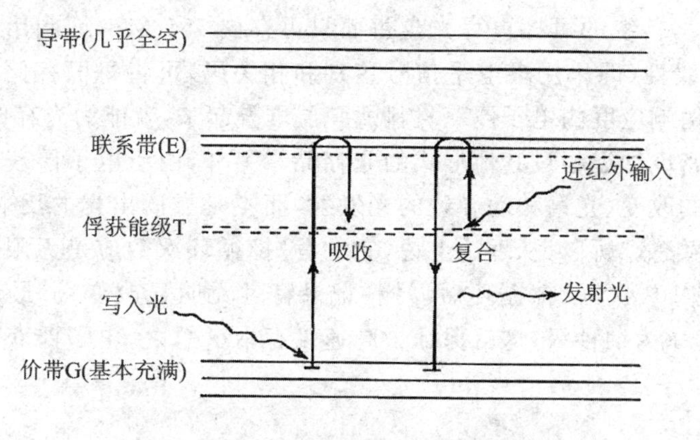

图 8-21　一种电子俘获材料的能级分布

的俘获(即电子对陷阱的填充)来表征的。当用一束光子能量对应于电子跃迁能量范围内的激光进行辐照时,基态中的电子被激发到能带 E 中,稍作停留后下落,并被 T 能级处的陷阱俘获(见图 8-22),这样,被电子填充了的陷阱就代表二进制信息位"1"的存入。写入光束中断后,陷阱中被俘获的电子不可能自由地返回基态 G 去进行复合。这表明,被存入的信息应能长期保存。读出已被存入的信息位"1"(或证明存储单元局域位置中电子陷阱已被电子所填充)是借助于一束近红外光的照射来实现的(其光波波长对应于足以使被俘获电子逃逸出陷阱并跃入能带 E 之中的光子能量。图 8-22 表示一种特定的电子俘获材料的光谱特性)。通过近红外辐照,光斑局域位置处已被俘获的电子获得光子能量后跃迁到能带 E 中,再与另一种稀土原子取得联系后返回基态 G,同时发射出与跃迁过程所损失的能量相对应的波长(约 600 nm)的光,对这种光的探测就能证实存储单元局域位置处陷阱被电子所填充或二进制信息位"1"的存入。显然信息的读出是以陷阱对电子的释放为基础的,因而对信息位"1"的每一次读出(或访问)会引起存储单元局域位置中被俘获电子的减少,这样多次读出(或选用适当大功率光一次读出)会使被俘获电子基本耗尽,这对应于信息的擦除。

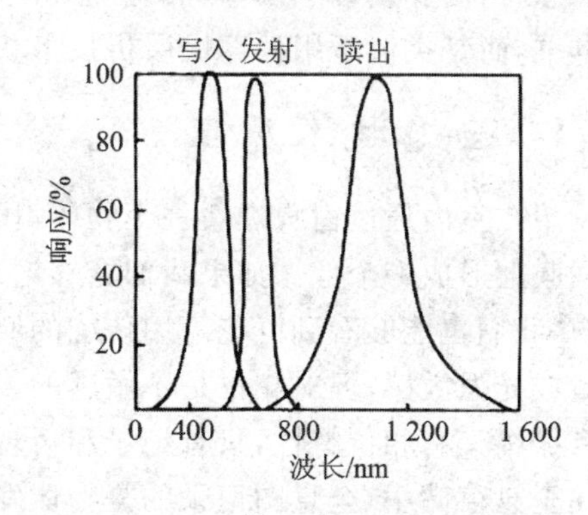

图 8-22　电子俘获存储读、写、擦光谱特性

3. 电子俘获光存储技术的优点

已由测量表明,存储单元局域位置中的陷阱对电子的俘获与写入光束能量间存在固有的线性。同样,读出过程中发光强度与读出所用的近红外光强度间也存在线性关系,这种固有的线性关系为模拟或多电平数据存储提供了可能。例如,一个直径为 130 mm 的光盘,当记录光

斑的直径为 1 μm 时，传统的可擦重写光盘每面只可存储 550 MB，而利用电子俘获光存储技术并借助于固有的线性(即采用多电平信号鉴别和相关码)可将每面存储容量增至 1.5 GB。若进一步将不同光谱响应度的电子俘获材料薄膜层堆叠起来，就能为光存储开辟第三维，因而最终使光信息存储密度远远超过其他形式的光存储。另外，由于电子俘获光存储技术的读出只借助于电子能态的改变、光谱移动导致的光发射，而不是靠读出光的反射，因而它对表面缺陷及形貌扰动并不敏感。所以，从理论上说，它的写/擦循环次数应是无限的。这一点已被实际测试所证实(即经 10^8 次写、擦循环后，材料记录特性无明显改变)。最后，测试表明，电子上、下跃迁改变的速率为纳秒级，这就保证了高速度存取。总之，电子俘获存储是一种相当有前途的光存储技术。

8.8 全息光学存储

全息技术是一种记录和重现波前的技术，物体全息图像记录的是由物体的像和参考光束产生的干涉图样，重构全息图可以得到初始的三维图像。光全息存储是一种既能减少存取时间，又能在降低信息位价格的情况下增加存储容量的海量信息存储技术。

在全息三维光学存储中，输入的二维页面信息被编码并分布到整个存储空间，此时的存储是由多个层面组成的存储，每一层中记录的页面存储采用了不同的编码。当要读出所记录的页面信息时，需要读每一层，激活每一层，采用适当的解码可重建初始的页面信息。这不是去读一本书，而是类似于用计算机层析技术获得人体的横截面图像。

8.8.1 全息技术原理

设想在室内通过窗户观察一个物体，比如一朵鲜花，来自鲜花的光必须透过窗户并在我们的视网膜上形成一个像。如果我们能够记录窗户平面上的光波，然后再现所记录的光，即使没有窗户，我们也能够看到鲜花。用传统的照相技术是不能做到这一点的，因为记录介质只能对光能量或光强敏感，但对相位是不敏感的。窗户平面上鲜花发出的光是用它的波前表示的，波前既有振幅又有相位特性，只有记录和再现窗户平面的波前，才能构造出人为的假窗户。

在全息存储中，全息图记录的是物体发射或散射出的光场的完整信息，包括光场的振幅和相位信息。由于任何采用探测器或记录材料都无法直接响应光波的相对相位分布，因而，波场的相位变化必须用适当的方式变成强度变化，即所谓"编码"以记录相位信息。全息图一旦形成，便可实行解码以再现原来的波场。"编码"就是引入参考光波与待记录的物体光波相干涉，记录下物体波前和参考波前的干涉图样(类似光栅结构的过程)，而"解码"则是通过此干涉图样(光栅结构)对入射光的衍射，再现原来物体光场的过程，两者都是光学方法。

设记录在全息图上的光强是

$$|O+R|^2=|O|^2+|R|^2+OR^*+O^*R \tag{8.8-1}$$

式中,O 和 R 分别是全息图平面上物光束和参考光束的复振幅,符号“ * ”表示复共轭。全息图的振幅透过率(如显影了的相片)与记录的光强成比例。当全息图被再现激光束照明时(在记录全息图时,它同样是参考光束),透过全息图的光波由下式给出,即

$$|O+R|^2R=|O|^2R+|R|^2R+O|R|^2+O^*R^2 \tag{8.8-2}$$

式中,如果 R 代表平面波,则 $|R|^2$ 在相片上是常量,而等式右边第三项与复振幅 O 成比例,O 是全息图平面上物体的最初波前,因此,原则上讲,使式(8.8-2)中等号右边的第一项、第二项和第四项的传播方向与第三项所代表的波前传播方向分离,就可以实现前面所述的人造的假窗户。

8.8.2　平面全息存储器

对传统的高密度缩微胶片那样的位图存储而言,胶片上一粒小小的灰尘就可导致记录的部分信息丢失,丢失的信息可能永远不能恢复。然而,用全息图进行高密度记录,胶片上的刮痕或者灰尘不会破坏信息,仅仅引起重构像的噪声稍微增加,不会引起所记录信息的部分丢失。设想记录的信息是一位串,这位串首先被排列成二维格式,称为页面存储。在最简单的光学系统中,页面存储是被显示在组页器上的。例如,一张由白点和黑点的列阵组成的透明片,每一点表示一个二进制信息元。组页器是一种空间光调制器。一束准直的相干光经空间光调制器的调制后通过一个透镜,在透镜的焦平面上得到页面存储的傅里叶变换。在焦平面上的全息介质记录参考光束与页面存储傅里叶变换的干涉图样。如果用同样的参考光束照射记录的全息图,就将得到页面存储的傅里叶变换。再用另一个透镜对它进行傅里叶变换,就可以再现页面存储。图 8-23 示出了组页器-全息图-探测器阵列页状结构全息存储器中的基本存储单元,图中的探测器阵列一般由光电二极管阵列(或者 CCD—Charge Coupled Device 成像器件,或者 CMOS—Complementary Metal - Oxide Semiconductor 成像器件)组成,每只二极管(或 CCD 像素,或 CMOS 像素)与原组页器透明片上一个单元对应。组页器和探测器阵列实际上就是电-光和光-电接口。

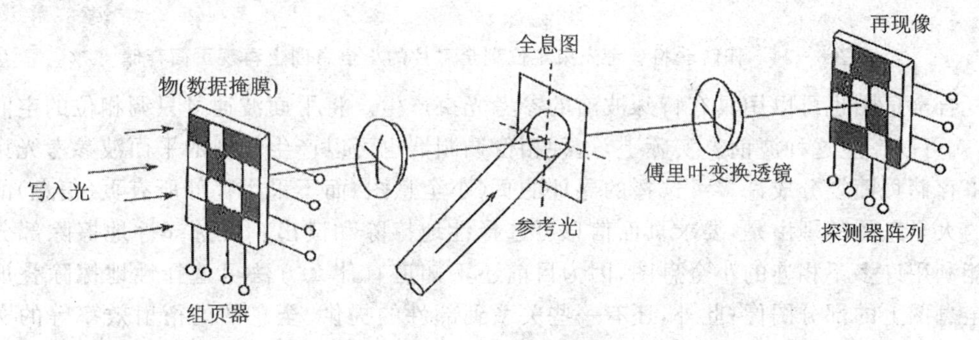

图 8-23　页状全息存储器基本单元配置

式(8.8-2)说明,只有用与记录全息图所用参考光束完全相同的光作为参考光束才能再现物体,这一特征提供了复用能力。参考光束相继以不同的入射角投向同一张胶片上,就可以记录多张全息图。特定角度的参考光束只再现特定位置上记录的物,而其他物的再现位置则是偏移的。

通常采用在激光器输出光束中配置一个 $x-y$ 光束偏转器,使写入光束同参考光束重叠在存储面上任何(x,y)点,从而可在存储面上记录许多并行排列的小全息图阵列。读出时,每一个小全息图被一束方向与记录该小全息图的参考光束相同的激光束所照射,而其再现页(信息)则成像在同一个探测器阵列上(即不管小全息图在存储面上的位置如何,其再现像始终成在同一个位置上),所以只要用一只探测器来探测由所有小全息图再现出的各个像即可。由此可知,激光束对全息图的寻址是由 $x-y$ 光束偏转器来控制的,此偏转器即为存储器的寻址单元,它能控制激光束射向每一个所需的小全息图。在随机存取存储器中,激光束是在相同的随机存取时间内导向和作用在所需的小全息图位置上的。图 8-24 给出了平面全息存储器的示意图。

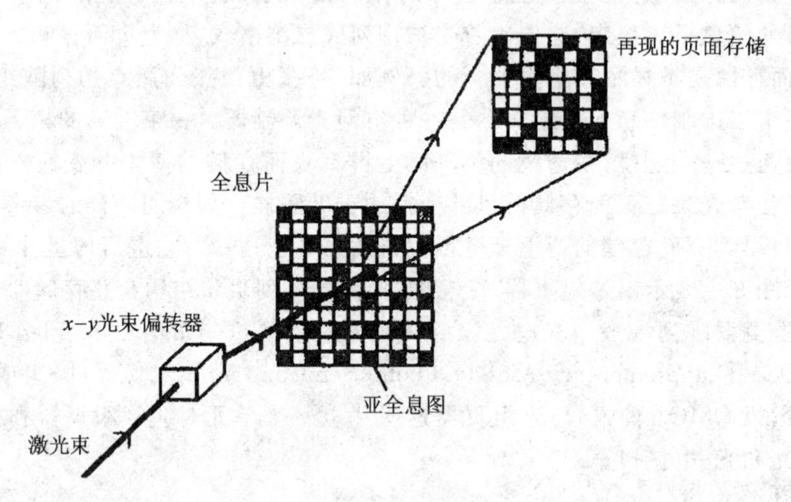

图 8-24　偏转器将参考光束定位到全息片的小全息图上再现页面存储

复合全息图也可以用具有特殊波前的参考光束产生。将平面波通过只调相位的空间光调制器,就可以产生这种波前。实际上,这种相位调制器也可以产生倾斜的平面波参考光束。

将存储页面划分成许多可选择的寻址的页(小全息图)而不采用存储所有页(信息)的一个单一的大全息图的理由是,要求页面信息可选择性地擦除和读出。可选择性地擦除部分信息只可能利用许多不相连的小全息图,因为目前还不知道有什么方法可选择性地擦除叠加在同一个全息图上的部分图像;此外,还有一些关系到部件的提供、全息图的衍射效率等的实际问题,也要求在存储平面上不用一个单一的大全息图,而只用一些不相连的小全息图。

由于页面存储必须显示在空间光调制器上,并且它的再现像必须用阵列探测器读出,所以

页面存储的大小受空间光调制器和阵列探测器技术发展水平的限制，也受透镜和系统中其他光学元件大小的限制。

实际上，在全息海量存储器中，要想用光束偏转器使物光束和参考光束精确地交于存储面上的各点来记录小全息图，还要配置一个蝇眼透镜（微透镜阵列，如短焦距玻璃透镜阵列、单片模压塑料透镜阵列、渐变折射率光纤阵列以及如 32×32 全息二进制相位波带片阵列那样的全息光学元件列阵等）。图 8-25 是配置蝇眼透镜的傅里叶变换全息存储器。在这种存储器的光路中，用一个光束偏转器来控制参考光束和写入光束，使写入光束投射在绳眼透镜的一个微透镜上。蝇眼透镜中微透镜的数目与存储面上的小全息图的总数相同，它的作用是扩展输入的准直光束，再经透镜 L_2、L_3 的作用使之成为方向与微透镜的位置相关的平行光，照明 L_3 后面组页器的整个孔径，透过组页器的物光束经透镜 L_4、L_5 的傅里叶变换，汇聚在存储面 H 上的一个小区域并同照射在该处的平行参考光束叠加，形成一个小全息图。存储面上各个微元与微透镜阵列单元的位置一一对应。若用记录时的参考光作为读出光束来照射各小全息图，则可从探测器阵列逐个输出对应于被存储的各页信息。

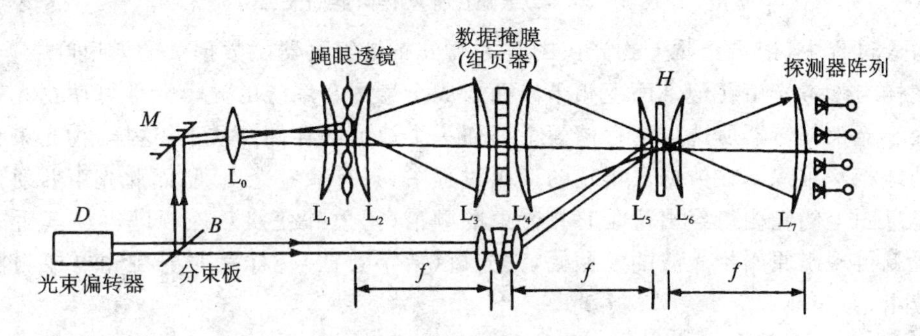

图 8-25　配置蝇眼透镜的傅里叶变换全息存储器

在页状结构的全息存储器中不应包含机械部分，这是达到与计算机要求相一致的实际运行速度所必需的。此外，在复杂的存储系统中的机械运动往往会使可靠性降至不能接受的程度。

光学全息存储器可按在存储和检索过程中所使用的记录介质的厚度来分类：二维存储器使用薄记录介质，记录面全息图；三维存储器使用厚记录介质，记录体全息图。

图 8-26 所示的是二维随机存取存储器的光路，在这种系统中薄记录介质可以是诸如热塑料或高分辨率照相底片。从图中可清楚地看到，所有光全息存储器中的基本部分是光源、光束偏转器、记录介质和探测器阵列，这些部件用各种通常的光学和电子的部件互相连接。图中所示的是一种典型的配置，根据存储器的性质，当然还可以有其他的配置。

存储器的操作是靠电光偏振转子来控制光束的偏振方向以实现写入和读出的。因设计的分束板不反射平行于入射面振动的偏振光束，故写入时用垂直于入射面振动的光束，读出时用平行于入射面振动的偏振光束。

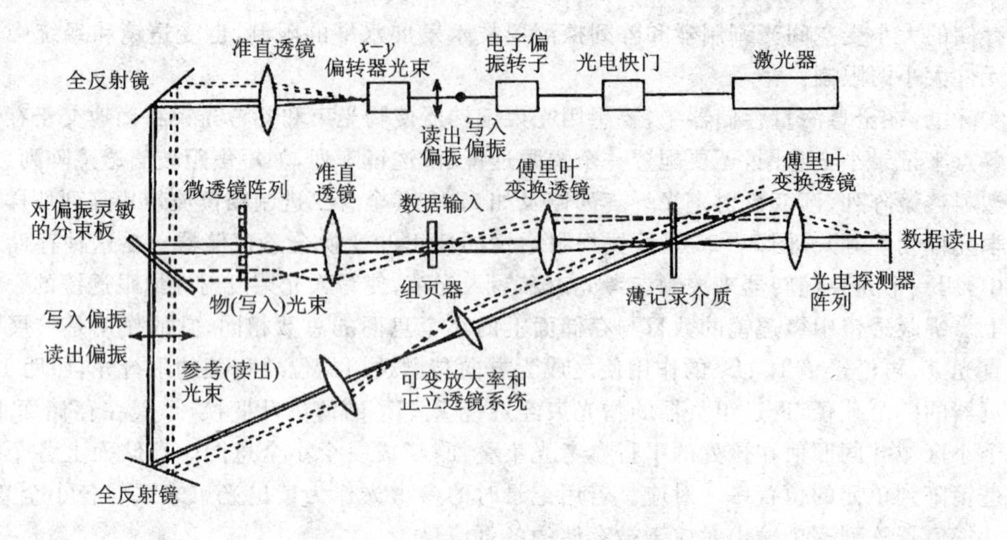

图 8-26　二维随机存取存储器的光路

在写入过程中，记录介质上物光束的复振幅分布是组页器中数据页的傅里叶变换(近似)，该振幅花样与参考光束在记录面上相干涉而形成全息图。系统的光学元件可使物光束与参考光束相交于光束偏转器所选定的存储面上任何一个地址的存储介质上，这样，物光束和参考光束就自动地相互跟踪。在数据页再现的读出过程中，只有参考光出现，而此光束照射记录介质后就被全息图上的光栅衍射出记录时物光束的频谱(傅里叶变换)，该频谱再经其后的傅里叶变换透镜就再现出原始物光波的复振幅，其光斑(数字数据)花样就照射在光电探测器阵列上并被它读出。

8.8.3　堆叠全息图的三维光学存储器

如果能够选择激活任意一层，那么几个平面全息图就能以分层结构方式堆叠在一起形成三维光学存储器。在使用双光子吸收材料的光子选通三维存储器中，选通光子激活需要读出的层；在采用电子俘获材料的叠层三维存储器中，在薄膜中传播的激发红外光束激活所要读出的层；在堆叠全息图三维存储器中，电信号可以激活选定的层。

1. SBN 层的堆叠

铌酸锶钡($Sr_xBa_{1\times x}Nb_2O_6$)通常缩写为 SBN，是一种可以用来产生全息图的光折变材料。实验证实，外加电场可以控制 SBN 全息图记录的灵敏度和全息图再现中的衍射效率。对记录全息图来说，纯 SBN 晶体($Sr_{0.75}Ba_{0.25}Nb_2O_6$)的灵敏度是非常低的，然而，当没有合适的方向给晶体外加大约 5×10^5 V/m 的电场时，其灵敏度显著增加，并能够记录全息图。这是由于外加电场提供的漂移场促进了光离化电荷的分离。有外加电场时获得的漂移电流明显大于仅受光离化电荷密度的空间差异所驱动的平均扩散电流。

记录的全息图还可以被隐藏，方法是加上约 10^5 V/m 的电场，电场方向与记录过程中为提高记录灵敏度所加的电场方向相反。在隐藏状态下，全息图的衍射效率很低，外加电场引起电荷分布发生变化，使得全息图不再衍射读出光束。在外加电场撤除后，这个变化仍保留下来。但是，最初的电荷分布并没有丢失。最初的电荷效应只是被抑制，并可以再次变回来，甚至增强。其办法是加上约 5×10^5 V/m 的电场对抗抑制场，电场方向与增强记录的电场方向相同。因而，具有分离开关的透明 SBN 全息层叠可以用做三维光学存储器件。注意，电极应放在 SBN 层的边缘。

2. PVA 层堆叠

(1) 光致变色存储

某些无机和有机化合物，在光的作用下，它的吸收谱发生可逆变化，这就是光致变色现象。这种现象可用下式表示，即

$$\mathrm{A} \overset{h\nu}{\longleftrightarrow} \mathrm{B}$$

例如，用紫外光照在无色物质 A 上，物质 A 就变到准稳态 B 而着色；如再用可见光照射或加热，物质 B 又重新回到无色的 A 状态。

具有光致变色性能的材料有很多种，日常生活中见得最多的变色太阳镜就是由光致变色玻璃制成的。目前，在我国和一些发达国家，关于新的光致变色材料的开发、材料结构的分析和光化学过程等方面的研究十分活跃。

光致变色材料除应用于光量调节用的滤波片、显示器、光量计、照相印刷用的记录介质、装饰用的涂料等领域外，由于光致变色材料特别是有机化合物是通过光子以分子单位进行变化的，因此分辨率非常高，具有作为高密度信息存储的可逆存储介质的可能性，因此更受人们的青睐。本节主要叙述与光存储材料有关的有机光致变色材料。

(2) 光致变色存储的工作原理

我们讨论如图 8-27 所示的理想模型。设存储介质具有两个吸收带，在波长 λ_1 的光照射下，介质由状态 1 完全变到状态 2。同样，在波长 λ_2 的光照射下，介质由状态 2 完全返回到状态 1，即有如下过程：

$$\mathrm{A} \overset{h\nu}{\longleftrightarrow} \mathrm{B}$$

我们可以用下述方法进行记录。首先用波长 λ_1 的光（擦除光）照射，将记录介质由状态 1 变到状态 2。记录时，通过波长 λ_2 的光（写入光）做二进制编码的信息写入，使被 λ_2 照射到的那一部分由状态 2 变到状态 1 而记录了二进制编码的“1”；未被 λ_2 光照射的另一部分仍为状态 2，它对应于二进制编码“0”。信息的读出可以用读出透射率变化的方法，也可以用读出折射率变化的方法。

读出透射率变化是利用波长 λ_2 的光照射并测量透射率变化而读出信息的。当 λ_2 的光照射到编码为“0”处（状态 2）时，因吸收大而透射率很小；当 λ_2 的光照射到编码为“1”处（状态 1）

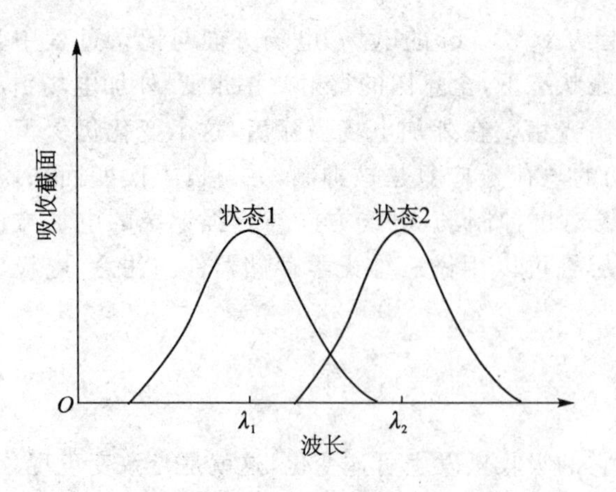

图 8-27 光致变色存储理想模型

时，因无吸收而透射率大。因此，根据透射率的大小，就能测得已记录的信息。这种方法有一个致命的缺点，就是为了保持必要的探测灵敏度，要求读出光 λ_2 的光强不能太弱。但是不太弱的读出光会引起光致变色反应，在多次读出后，会破坏原先记录的数据(被称为破坏性读出)。为了克服这个缺点，需要开发出具有阈值的光致变色化合物，也即读出光强在阈值以下时，不会产生光致变色反应。

读出折射率变化是利用波长不在两个吸收谱中的光的照射，测量其折射率的变化而读出信息的。这是由于吸收谱的变化必然会产生折射率的变化。从原理上来说，折射率变化这一物理量是能够测出的，由于在读出折射率变化量时，所使用的读出光的波长可以远离 λ_1 和 λ_2，因而解决了破坏性读出的问题，但要测出状态 1 和状态 2 的折射率的不同，就要加大记录介质的厚度。这样写入光的能量密度和功率就要提高数倍。

(3) 光致变色记录材料的实用化条件

要使光致变色材料符合光记录介质的要求而达到实用化阶段，必须首先解决以下几个问题。

1) 在半导体激光波长范围内有吸收

目前使用的半导体激光器的输出波长为 830 nm 和 780 nm，因此要求光致变色材料的变色波长落在这些波长上。当然，随着半导体激光器的输出波长移向短波长以及非线性光学元件的开发，对光致变色材料变色波长的要求也就可以放宽。

2) 非破坏性读出

所谓非破坏性读出就是在读出信息时不破坏已记录的信息，这就要求开发出具有阈值的光致变色材料；或者通过读出透射率以外的物理量，诸如折射率、反射率等物理量来读出信息。

3) 记录的热稳定性

在很多光致变色材料的两种状态中，其中一种往往不是热稳定的，即使在黑暗环境下也会慢慢地向另一种状态改变。这就意味着热的不稳定性，使记录的信息丢失，需要有防止这种现象产生的措施。

满足上述三个条件的光致变色材料可以作为光记录的一次写入型记录材料来使用。

4) 反复写、擦的稳定性

如将光致变色材料用做可擦除光记录材料，就必须有反复写、擦的稳定性。

目前，完全满足上述四个条件的光致变色材料尚未开发出来。

(4) PVA 层堆叠

一些有机光致变色材料,包括 azo-dye-doped Polyvinyl Alcohol (PVA),对光的偏振是敏感的,只有特定偏振状态的光束才能记录和再现全息。用 PVA 层存储全息图,每一层 PVA 上有偏振旋转器,它是由一对透明电极之间夹一层液晶而构成的。液晶旋转器在电极未加电压时,可以将入射光的偏振态旋转 90°(on 态)。如果加上电压,液晶偏振旋转器将不影响入射光的偏振态(off 态)。

设入射光偏振方向是 0°,且激活 PVA 层要求 90°偏振。当液晶偏振旋转器是在 off 态时,入射光通过偏振旋转器并且 PVA 层不受影响。若要激活一选定的 PVA 层,则该层的液晶偏振旋转器置于 on 态,正好将光偏振方向旋转 90°。在通过这一选定的 PVA 层后,下一个液晶旋转器也设定为 on 态并将偏振方向再次旋转 90°,使光的偏振方向又回到 0°。因而,再现光不受影响地穿过剩下的各层。

8.8.4　体全息三维光学存储器

前面我们已经用窗户的例子讨论了全息图记录来自鲜花的波前。通过窗户,不仅可以看到鲜花,还可以看到其他许多物体。窗户可以透过无限多个物的波前。然而,能够记录在全息图上的波前数量是有限的,这是因为必须以干涉图样的形式记录波前,并且能被记录的数量取决于全息图的分辨率和动态范围。显然,全息图越大,存储容量也越大。

传统的方法需要将光图样存储在平面上,而全息技术是将二维图样转换成三维干涉图样而记录下来的,被记录的三维干涉图样称为体全息图。在再现过程中,它又可以转换回最初的二维物体图样。结果,在三维介质中记录的干涉图样可以显著提高存储容量,因为体全息图具有三维衍射光栅的性质。图的再现受布拉格条件的限制,相同波长的再现光束的照射角度必须与记录过程中参考光束的角度相同。平面全息图几乎从任何角度都可以再现;与之相反,体全息图的再现光束在除记录角度外的任何角度上都不会产生物波前。

全息存储技术的写入和读出通常应该使用同一光束,或者当满足布拉格条件时,不管是平面全息图还是体全息图,写入和读出也可以使用不同波长的光。因此,平面和体全息存储器在结构方面几乎没有差异。

有意思的是,在普通应用中,平面全息图用来产生物体的三维显示;而在数字光学存储应用中,体全息图用于记录和显示二维页面存储。

具有独创性设计的第一个三维全息光学存储器的原型是 D'Auria 等人在 1974 年提出的,它基于图 8-24 所示的结构,只是每一微小的平面亚全息图替换为掺铁铌酸锂体亚全息图。他们的巧妙设计是增加一个偏转器(图 8-24 中没有示出)使参考光束(也是读出光束)以一定旋转角到达微体积亚全息图上,因此,每个微体积亚全息图可以用角度复用方式存储许多页面。亚全息图的面积为$(5\times5)\mathrm{mm}^2$,其厚度为 3 mm,10 个 8×8 位页面存储复用在一个亚全息图上。

上面提到的微体积亚全息图可以用 SBN 光纤代替。光纤的直径近似为 1 mm、长约为 4 mm，30～50 页面存储，可以复用起来并存储在一根 SBN 光纤中。数百根光纤以紧接触的结构排列，非常像通常的微通道板。这一方法的优点是高质量的 SBN 晶体光纤比大块的晶体更容易生长。另一方面，随着技术的不断进步，Mok 等人成功地将 500 张（320×320）像素图像全息图存储在一块 1 cm×1 cm×1 cm 掺铁铌酸锂晶体内，后来在一块 2 cm×1.5 cm×1 cm 的掺铁铌酸锂晶体内存储了 5 000 张全息图。

X. Yang 等人采用了波前复用和角度复用双重技术进行了三维全息光学存储，波前复用是让参考光束通过一个能显示特定位相图样的纯位相调制空间光调制器（phase - only spatial light modulator）来实现的，计算机生成的一系列复用位相图样彼此正交。角度复用是通过将全息图倾斜来实现的。计算机基于特殊算法生成 36 个正交的相位图样，然后在三个角度上记录全息图，成功记录了 108 张全息图，图 8 - 28 给出了其中的 6 张。

(a) 第一个角度

(b) 第二个角度

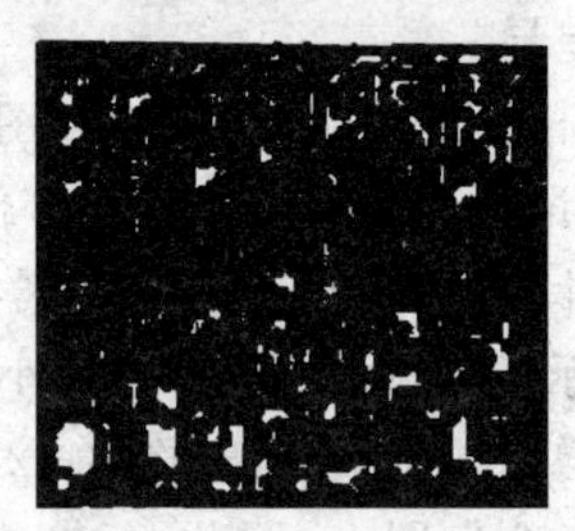

(c) 第三个角度位置分别存储的36个图像中的2个输出图像

图 8 - 28　波前和角度复用的实验结果

8.8.5 三维随机存取存储器光路

图 8-29 所示的是三维随机存取存储器的光路，在这一系统中的厚记录介质可以是电光晶体或光致变色晶体。许多三维存储系统已经被设计出来，这些系统在厚记录介质内同一个位置重叠许多全息图，它是通过对其中每一个全息图使用不同方向的参考光而被记录的，这些全息图由于其体性质而呈现十分强的角选择性。也就是说，要读出其中一个全息图，一定要用与该全息图相应的参考光束照明，该参考光束的入射角度则要求处在对该全息图而言的布拉格角附近的角度范围内，否则，再现数据的强度将随角度的偏离而很快下降；而且，全息图越厚，再现的角度范围就变得越窄。在单一的体位置上重叠许多个全息图将引入一个额外问题：在光折变介质的体积中写入一个新的全息图而不影响原来在那里的全息图。该问题已在铌酸锂晶体中外加一电场获得解决。它可大大增加写入的灵敏度，而对擦除的灵敏度保持不变或变为更低的值。因此，当一新的全息图写入时，在该位置的其他全息图仅稍有擦除。此外，多重全息图存储已在铌酸锂中通过加一热偏置而实现。在掺有 0.01 %铁的铌酸锂晶体中已记录了 500 多个全息图，每一个全息图的衍射效率都大于 2.5 %。在重叠的诸全息图中，选择性地擦除其中一个全息图的问题则已通过写入一个折射率变化可抵消该全息图折射率变化的互补全息图而获得解决。

图 8-29 中额外地增加了一个 φ 角光束偏转系统而使记录介质上给定的(x,y)点的参考光束的入射角 φ 可以改变。不管两个光束偏转器所选择的(x,y,φ)的方位如何，光学系统仍

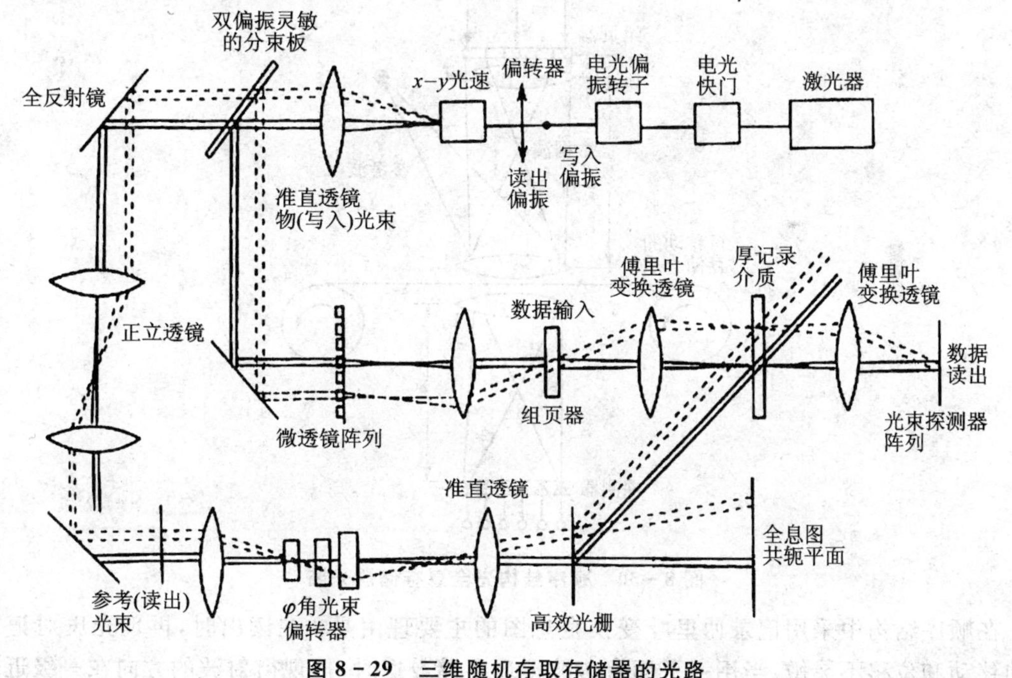

图 8-29　三维随机存取存储器的光路

使物光束和参考光束在存储介质上相交。因此，通过光学设计，仍可将这种自动跟踪结合进去。除每个(x,y)地址外，还有一些为数众多的φ角地址。三维系统的写入和读出过程与二维系统的情况相同。

8.8.6 顺序结构全息存储器

顺序结构全息存储技术放弃了非机械的随机存取，由此所得的代价是，总的存储容量在原则上将不受更多的限制。此外，要实现一个实验系统将更容易和更便宜。

顺序结构存储器是以把数字数据记录页存储在可移动的记录介质上为基础的。可考虑使用不同的移动机构，诸如可移动的带、盘或鼓等。存储时可使用比较简单的光学记录和再现设备，而此设备仅仅是设计用于并行地传递少量数字数据的，避免了在随机存取配置中光学寻址一个大的存储面问题。图 8-30 所示是傅里叶变换全息图的顺序存储器光路，使用的存储材料是可移动的带，要存储的数据是用一处于准直光束光路上的组页器来光学地呈现的。通过使用傅里叶变换透镜系统，将透过组页器的数据光波的傅里叶变换（由 L_1、L_2 完成）形成在存储介质上。在记录一个全息图时，数据波和参考波是用一束激光闪光短暂地产生的，曝光时间必须短到足以使存储材料感光而又不至由于带的移动而使干涉模糊；下一个全息图是直接在第一个全息图之后，而且正好落在带通过一个全息图长度之后的位置上，等等。一连串的全息图就这样相继顺序地记录在带上。

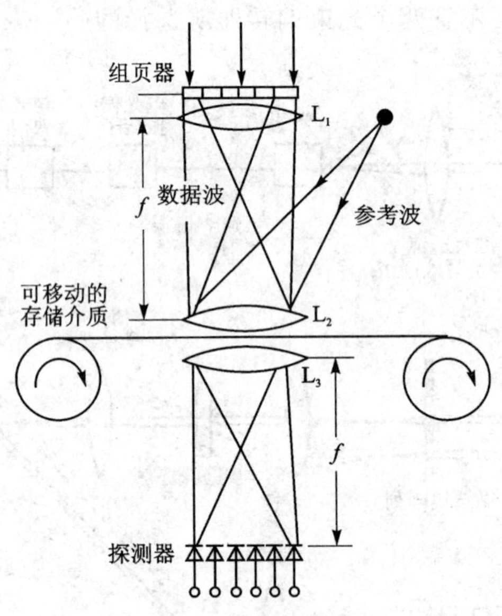

图 8-30　顺序结构光全息存储器光路

在顺序结构中采用记录傅里叶变换全息图的主要理由是：在读出时，再现光斑对记录介质的移动和位移不灵敏，当用一平面参考波再现存储数据时，再现衍射波的方向在一级近似下

与存储介质的移动和位移无关。用于读出的探测器列阵是在透镜 L_3 的后焦面上，因而左探测器上的再现光斑对带的移动不灵敏这一点很重要，这是因为在实际操作中不能在读出时将机械地移动的存储介质定位得与记录时的位置严格一致。

8.9　近场光学存储

计算机显示器的图像分辨率受像素尺寸和数量的限制，例如，液晶显示有大约 100 万个(1 000×1 000)像素，每个像素尺寸约 10 μm×10 μm。类似地，在现实世界中，我们看到的图像也受视网膜光敏细胞尺寸和数量的限制。人有大约 1.2 亿个直径为 2 μm、对弱光高度灵敏但对色彩不敏感的杆状感光细胞，还有 600 万个直径为 6 μm、对色彩敏感但对低功率光不敏感的锥形感光细胞。如果像的细节不能被视网膜的感光细胞所分辨，要想清楚地看到像，则必须在像进入我们眼睛之前将其进行光学放大。通常用光学显微镜来实现这一点。

然而，光学成像分辨率受到光波衍射极限的限制，即显微镜不可能任意地、无限地放大图像。透镜的分辨率极限由瑞利判据决定：

$$\left(\frac{Q}{2}\right)=1.22\,\frac{f}{D}\lambda \tag{8.9-1}$$

式中，$(Q/2)^{-1}$ 是艾里斑中心点的直径，与式(8.1-1)给出的一样；$Q/2$ 是瑞利分辨极限，f 为透镜的焦距，D 为透镜的直径，λ 为光波长。我们不能一直增加 D 而将 $Q/2$ 减小到零，因为实际上透镜的 f 和 D 不是独立的。当 f 很小时，D 将受透镜表面曲率半径的限制，反之亦然。

瑞利判据的依据是圆孔的衍射图样，即艾里斑。$Q/2$ 实际上是艾里斑第一暗环半径，我们不能认为光学系统的最高空间频率就是 $(Q/2)^{-1}$ 或者 $D/(1.22f\lambda)$，因为它可能比 $1/\lambda$ 更大，而高于 $1/\lambda$ 的空间频率不可能传播得远，这可以在下面的内容里看出来。

如果已知光场 $f(x,y,0)$，则 $f(x,y,z)$ 满足如下的波动方程：

$$(\nabla^2+k^2)f(x,y,z)=0 \tag{8.9-2}$$

用 $f(x,y,z)$ 的傅里叶分量表示，有

$$(\nabla^2+k^2)\left[\iint F(u,v,z)\mathrm{e}^{2\pi\mathrm{i}(ux+vy)}\,\mathrm{d}u\mathrm{d}v\right]=0 \tag{8.9-3}$$

注意：(x,y) 是二维空间域，(u,v) 是二维空间频率域。改变积分次序有

$$\iint\left[(2\pi\mathrm{i}u)^2+(2\pi\mathrm{i}v)^2+\frac{\partial^2}{\partial z^2}+k^2\right]F(u,v,z)\mathrm{e}^{2\pi\mathrm{i}(ux+vy)}\,\mathrm{d}u\mathrm{d}v=0 \tag{8.9-4}$$

因为 0 的傅里叶变换(或逆傅里叶变换)也是 0，得出

$$\left[(2\pi\mathrm{i}u)^2+(2\pi\mathrm{i}v)^2+\frac{\partial^2}{\partial z^2}+k^2\right]F(u,v,z)=0 \tag{8.9-5}$$

式中，$k=2\pi/\lambda$，最后得出 $F(x,y,z)$ 的波动方程为

$$\frac{\partial^2}{\partial z^2}F(u,v,z)+k^2[1-\lambda^2(u^2+v^2)]F(u,v,z)=0 \tag{8.9-6}$$

它的解是

$$F(u,v,z)=F(u,v,0)\mathrm{e}^{\mathrm{i}zk\sqrt{1-\lambda^2(u^2+v^2)}} \tag{8.9-7}$$

应注意到

$$f(x,y,z)\neq f(x,y,0)\mathrm{e}^{\mathrm{i}zk\sqrt{1-\lambda^2(u^2+v^2)}} \tag{8.9-8}$$

如果

$$u^2+v^2<\frac{1}{\lambda^2} \tag{8.9-9}$$

则式(8.9-7)表明$F(x,y,z)$是一个传播波。

然而，若

$$u^2+v^2>\frac{1}{\lambda^2} \tag{8.9-10}$$

则$F(x,y,z)$不再是传播波，而是一个倏逝波。因此，高于$1/\lambda$的空间频率在很短的距离内衰减，不能到达像平面。

为了收集高于$1/\lambda$的空间频率所携带的信息，探测器必须放在非常靠近物的位置以便在倏逝波消失之前将信息探测到。为了使高频信息传输一定的距离，就必须将倏逝波转换成传输波。实际上，小孔是由锥形的光纤组成的，光进入孔径在光纤内传输到达探测器，进一步地，用小孔扫描可以得到二维像。这样，分辨率就取决于小孔的大小以及小孔与物距的距离了。

虽然近场光学概念可追溯到1928年，但直到20世纪80年代中期，当小孔的制作、小孔与物距之间距离的控制以及扫描过程等方面的技术变得足够成熟后，近场光学才得以实现。

根据巴比涅原理，非常小的孔产生的衍射效应与针尖(针尖是小孔的负像)的衍射效应相同。因此，不用很小的孔而用针尖也可以更加靠近物，针尖所散射的光与用小孔收集的光是相同的。

近场光学存储使用了一孔径探针，这是一根锥形光纤。光纤先处于拉紧状态，然后用脉冲CO_2激光加热，使光纤在加热区伸长并劈开，得到一孔径为20 nm的圆锥形光纤。由于光线的端面很小，它不再作为波导起作用。为了将光锥系在光纤中，必须将圆锥形区域以外的部分用铝覆盖。可以在光纤的倾斜侧壁上镀一层铝，同时应避免盖住端面处的20 nm小孔。Betzig等人首先给出了使用20 nm孔径的圆锥形光纤在Co/Pt多层膜上的近场磁光记录，得到了中心距间距为120 nm、磁体斑大小为60 nm的(20×20)阵列，此时，写入光和读出光的波长分别是515 nm和488 nm，而存储密度达到45 Gbit/in^2，结果，近场光学的存储密度超过了衍射光学所规定的存储密度的上限。

锥形光纤的缺点是光纤的圆锥形区域不再是波导，大部分功率通过发热耗散而损失掉。例如，在光波长为514.5 nm处，对100 nm孔径的锥形光纤，当进入光纤的功率为10 mW时，锥端的输出功率仅为50 nW，效率为5×10^{-3}。解决这个问题的方法之一就是在激光二极管

的端面镀上一层金属膜，然后在镀金膜的位置做一个小孔(250 nm)。小孔激光二极管以 1 的效率直接向近场衬底释放功率，没有射出小孔的光在激光二极管中循环，没有能量损失。

8.10　五维光学存储

复用光学记录通过在相同的记录体积中储存多重复用、可个别设定寻址的模式，提供了一种将信息密度增加到 10^{12} bit/cm^3(1 Tbit/cm^3)以上的技术途径。尽管已经开发了波长、极化(偏振)和空间维等复用技术，但还没有将这些技术方法集成为能够最大限度地将信息容量增加到几个数量级的单一技术，其主要障碍是缺少合适的，在波长域、偏振域和三维空间域内精心选择的，在五维空间中能够提供正交状态的记录介质。本节介绍一种实际的五维光学记录技术，该技术是通过开发金纳米棒的纵断面表面等离子共振(Surface Plasmon Resonance, SPR)的独特性质来实现的。纵断面 SPR 呈现一种卓越的波长和偏振灵敏度，而用与光热记录机制所必需的、截然不同的能量阈值提供轴向选择性。应用纵断面 SPR 为媒介的双光子发光来探测记录的信息，与传统的线性探测机制相比，这种探测技术具有增强波长和角度选择性的特性。与高的横截面双光子发光结合在一起，可实现无损、无串扰读出的功能，这个技术可以直接用于更高密度的光学模式制定、光学加密与数据存储。

五维模式的概念示于图 8-31 中，其左图中，样品是由在玻璃基底上掺杂入金纳米棒的聚乙烯醇自旋涂层的薄记录层组成，这些薄的记录层(约 1 μm)被一个压力敏感的透明隔层(约 10 μm)分开。在记录层中，使用记录激光的不同波长($\lambda_1 \sim \lambda_3$)和偏振态，将多个图像模式化。在图 8-31 的中图中，当用非偏振宽带光照明时，在探测器(滤光器会衰减反射的读出激光)上就会观察到所有模式的卷积。在图 8-31 的右图中，当选择正确的波长和偏振时，就可以无串扰地读出单一的模式信息。

在波长和偏振域中，一个记录层中的三态多路复用提供总的 9 个复用态，成功实现这种五维编码记录材料的关键是：① 记录与读出过程中所有维度上是正交的；② 在每一维度上材料能够提供多重记录通道；③ 材料具有环境稳定性并可以无损读出。目前现有的多重复用技术只在一个维度(或者波长或者偏振)上是正交的，并且常常是环境条件和读出器会通过不希望有的异构作用或者光漂白使得所记录的信息退化。

我们看到，以等离子体的金纳米棒为基础的记录材料满足上面提到的所有要求，因为金纳米棒的独特光学和光热特性，已被应用于宽广的范围。将一个金纳米棒的窄的纵断面 SPR 线宽(在近红外波段有 100～150 meV，或 45～65 nm)与双极光学响应结合在一起，就可以在激光照射区域中光学上仅寻址一小分段纳米棒。我们应用这种选择性，可分别通过由光热再成形和双光子照明控制的探测，来实现以纵断面 SPR 为媒介的记录和读出。

在记录期间，激光脉冲的吸收会使所选择的金纳米棒温度升高，足够高的激光脉冲能量会将所选择的金纳米棒加热到温度阈值以上，使金纳米棒形成更短的金纳米棒或球形粒子，这导

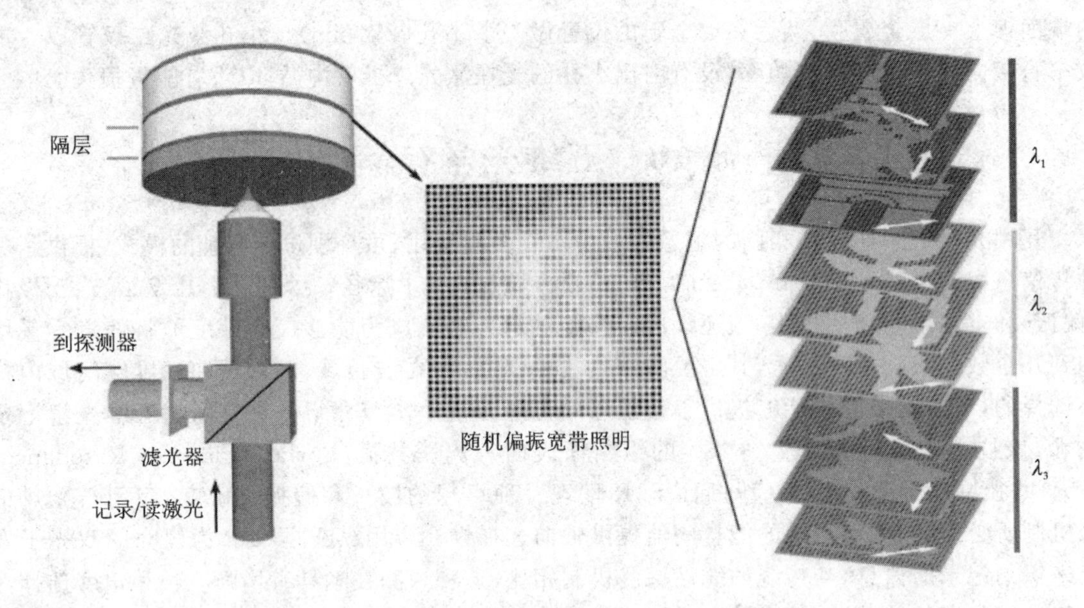

图 8-31　五维光记录的样品结构与模式

致具有一定朝向比率和取向的金纳米棒段耗尽(如图 8-32(a)左图所示)。在图 8-32(a)中，线偏振的激光脉冲被与激光偏振方向排列一致的、其吸收截面与激光波长相匹配的金纳米棒吸收。图 8-32(a)的上部，波长为 840 nm 的 s-偏振激光仅影响具有与激光偏振方向排列一致的中等方向比率的金纳米棒(图中示出了再成形棒)；在图 8-32(a)的下部，波长为 980 nm 的 p-偏振激光只对与激光偏振方向排列一致的高方向比率的金纳米棒再成形(图中示出了再成形棒)。

因此，在消光形貌的棒外形中发生了依赖漂白的偏振。尽管纵断面 SPR 的单光子消光形貌，但光热融化的阈值将轴向上写的过程限制到聚焦体积内，并提供三维记录的能力。这与用光子漂白或光子异构作用的单光子记录形成鲜明的对比，聚焦激光之外的地方仍然引起记录。

图 8-32(b)中示出了我们在记录层中使用的三种金纳米棒分布的透射电子显微图像和消光形貌。上部为一个铜栅格上的金纳米棒的透射电子显微图像，下部为归一化的像金纳米棒溶液中准备的那样的消光光谱。从左向右，金纳米棒的平均尺寸是 37 nm×19 nm(方向比率为 2±1)，50 nm×12 nm(方向比率为 4.2±1)，和 50 nm×8 nm(方向比率为 6±2)，图中比例条长度是 50 nm。在多层样品中，每一个记录层都用这些金纳米棒的混合物进行掺杂以形成一个非均匀的展宽的消光形貌。为了证实精心选择的再成形，金纳米棒的混合物被自旋涂到玻璃滑板上。

图 8-32(c)和图 8-32(d)分别是用单独线性偏振飞秒激光脉冲(λ=840 nm，在物体的焦平面内脉冲能量为 0.28 nJ)辐照前和辐照后的扫描电子显微图像，受到激光脉冲影响的金纳米棒如箭头所指(图中比例条为 100 nm)。我们看到，只有与水平激光偏振方向成 25°角范围内排列的方向比率为 3.4±0.9 的金纳米棒受到激光脉冲的影响(平均超过 20 个再成形粒

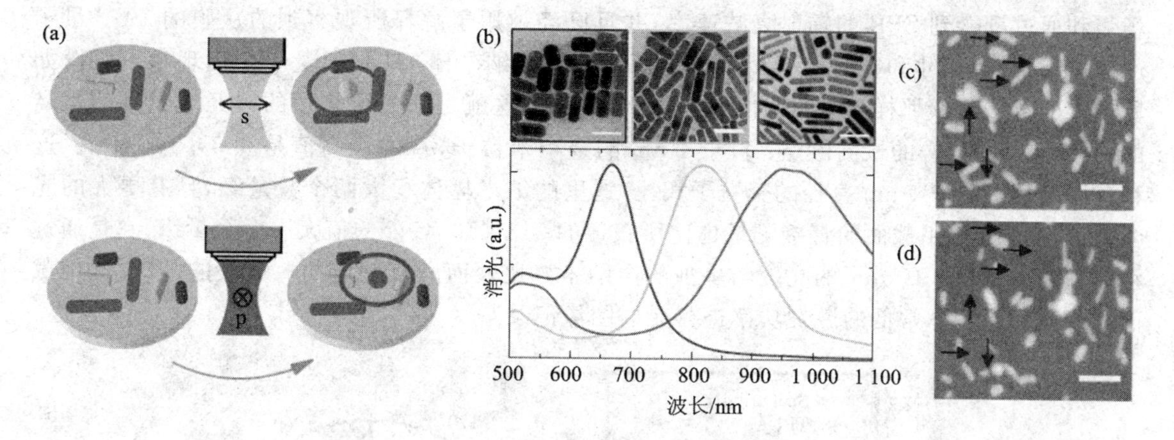

图 8-32　光热模式与记录层结构

子)，由于融化过程中质量中心的迅速改变，一些金纳米棒被从玻璃表面上推动，因为金纳米棒被嵌入在厚的聚合物层中，所以在记录介质中阻止这种移动。

像双光子照明这样的非线性探测过程有意义重大的更高角度和波长灵敏度，为了说明这一点，人们获取了既是波长又是偏振的函数的一个单独的金纳米棒(平均方向比率是 3，平均尺寸是 90 nm×30 nm)散射和双光子照明形貌(如图 8-33(a)和图 8-33(b)所示)。双光子照明的非线性特性引起的激发线宽比线性散射谱的线宽窄几乎 60 %(见图 8-33(a))，进一步我们发现，角度激发的形貌减少了几乎 50 %(见图 8-33(b))。

图 8-33 中，线的形貌集中在纵断面 SPR 能量 $\hbar\Omega_{LSP}$的中心。图 8-33(b)是偏振散射强度(空的方形符号)和双光子照明强度(实心的圆符号)与激发光的偏振之间的关系；图 8-33(c)是应用单个激光脉冲模式的、归一化的双光子照明光栅扫描图像，每个像素是用 840 nm 的波长和垂直偏振(面板(c)～(f)标有激光波长，双头箭头指出偏振方向)。双光子照明时，与制模中所用的波长和偏振相同。模式是(75×75)像素，每个像素是 1.33 μm 间隔。插入一个高倍放大的记录图像(尺寸是 7 μm×7 μm)。

即便如此，由双光子激发引起的轴向分割允许紧密的隔层无串音输出。双光子照明最吸引人的特性是最有效地激发线性等离子体吸收带共振，使得用一个波长与照射波长相同的单光子记录和多光子读出成为可能。

金纳米棒的双光子照明(Two Photon Luminescence，TPL)亮度是通过它们的 TPL 作用截面(为 $\eta\sigma_2$，这里 η 是光照的量子产额，σ_2 是单独金纳米棒的双光子吸收截面)来计算的。从一个孤立的金纳米棒(平均方向率是 4，平均尺寸是 44 nm×12 nm)的 TPL 光栅扫描出发，为了激发纵断面的 SPR 共振，我们估计 TPL 作用截面约为 3×10^4 GM。如果 η 已知，就可以从 TPL 的作用截面计算出 σ_2。以前的金纳米粒子的光照明报告指出，与球形粒子或者膜相比，金纳米棒几何的量子产额急剧增加。所谓的金纳米棒周围的“光照棒效应”被认为是增强局部

场强和通过耦合到 SPR 的辐射衰减速率，并且已经被用于解释所观察到的从膜的 10^{-10} 量子产额增加到棒（尺寸和方向比率小于这里所研究的金纳米棒）的 10^{-4} 量子产额现象。假设如所报告的量子产额那样，我们估计 $\sigma_2 \approx 3\times10^8$ GM。这就是我们所知道的曾经观察到的最高的 σ_2 值。以前报告的最高值是：对于 4 nm 的金纳米粒子，σ_2 的最高值是 3.5×10^6 GM。这种急剧增加是：与 4 nm 直径的金粒子相比，这里的纳米棒体积大两个数量级，且有更大的光学截面。TPL 作用截面的直接测量也比所报道的 2.3×10^3 GM 的值大一个数量级，它是通过将单独的诺丹明 6 G 分子的亮度与单独的金纳米棒比较而间接确定的。更大的 TPL 作用截面允许我们应用非常低的激发功率进行无损图像记录。

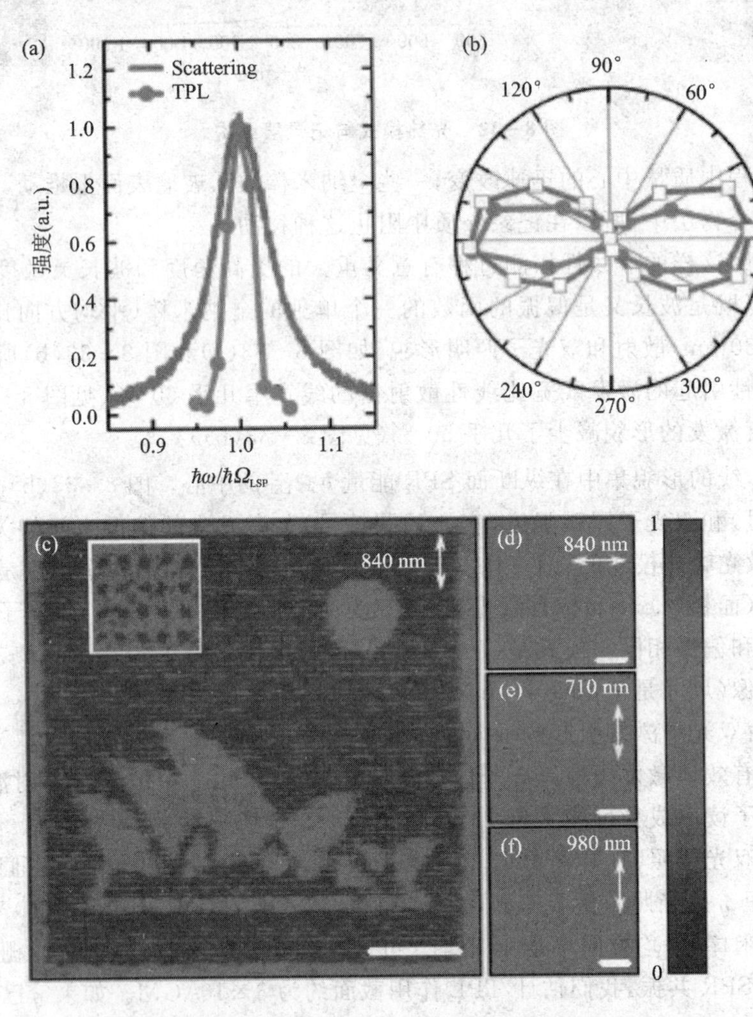

图 8-33　应用双光子照明的读出

为了说明用 TPL 的读出过程，我们首先使用波长为 840 nm 的垂直偏振光记录一幅单独的图像（见图 8-33(c)），用一个单独的聚焦通过一个 0.95 NA 的物镜的飞秒激光写像素。使用单独的激光脉冲写像素是为了防止在像素阵列上有害的热效应的积累。用光栅扫描样品并探测 TPL 信号就可以从金纳米棒提取所记录的图案信息。TPL 是用与制定图案所使用的波长和偏振相同的激光激发的，由于具有与读出激光一起共振的纵向 SPR 金纳米棒数量的耗尽，故这些像素呈现较低的 TPL 信号。在与成像物体的响应函数一起解卷积后，我们发现一个尺寸为(500±100) nm 的平均像素，它与所期望的 470 nm 的衍射极限相符。因为所有共振的带有激光的金纳米棒重新成形像素的对比度（定义为$|I_{pixel}-I_{bg}|/(I_{pixel}+I_{bg})$，$I_{pixel}$和 I_{bg}分别是像素和背景的 TPL 信号）是 1。当用透射模式读这个图像时，发现对比度是 0.05。考虑到金纳米棒的浓缩，我们估计这个对比度会引起聚焦体积中大约 30 个金纳米棒的再成形。当用水平偏振激光束激发 TPL 时（见图 8-33(d)），或者当波长调到 710 nm（见图 8-33(e)）或 980 nm（见图 8-33(f)）时没有观察到任何对比度，这说明只有与记录激光共振的、具有纵断面 SPR 金纳米棒的分段已经重新成形。

应用以纵断面 SPR 为媒介的记录和读出机制，可以获取五维光学记录。在图 8-34 中示出了在相同面积上编码的、使用 2 种激光偏振光和 3 种不同的激光衍射波长制作的归一化的 TPL 光栅扫描的 18 幅图像，图像中的每个像素是使用单个飞秒激光脉冲实现的，使用 700 nm、840 nm 和 980 nm 波长，每个波长都使用水平偏振和垂直偏振。图像的尺寸是 100 μm×100 μm，图案是(75×75)像素。图像以三层图案制作，每一层间隔 10 μm，位间隔 1.33 μm，用于制作图案的激光脉冲能量和波长被优化到使得衍射记录通道之间最小无串扰。虽然是用飞秒脉冲激光制作图

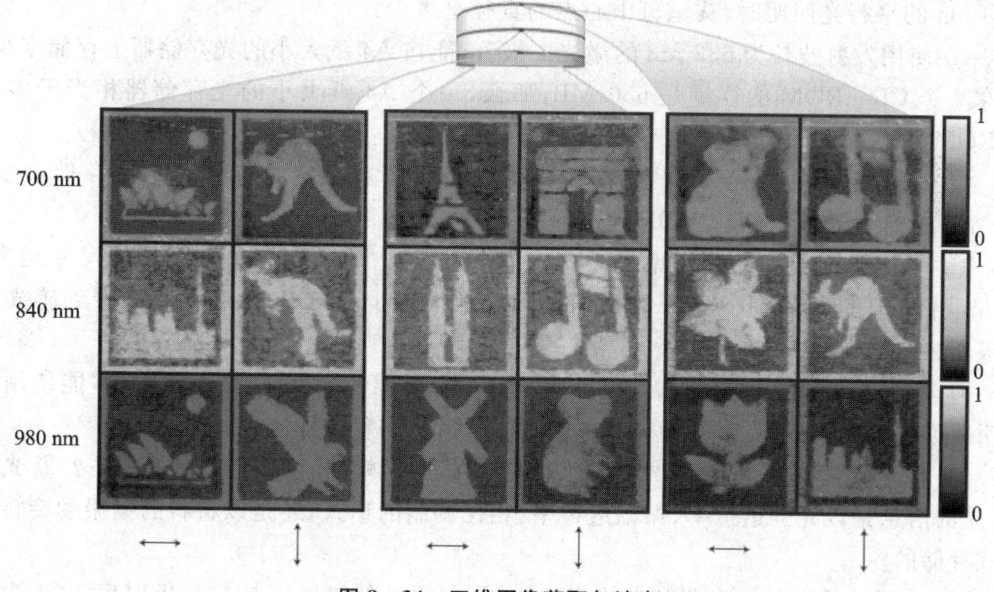

图 8-34　五维图像获取与读出

案，但也可以用连续激光或者激光二极管来形成图案，为制作低成本记录仪器铺平道路。

使用这个技术可以改进安全标记和实现信息加密，所增加的维数可以作为扩展的防伪密钥，在这样的应用中，不必进行光栅扫描就可以即刻存取图案。此外，由图案引起的透射光的调制可以用于与偏振和波长有关的光学器件，例如，金纳米棒的大的消光可用于超连续谱光源的多个波段的特定调制。这可以用一个独立滤光器(在芯片上)完成，该滤光器不会受到漂白并呈现出高的损伤阈值(大于10 $mJ \cdot cm^{-2}$，以记录一个像素所需的阈值能量为基础)。

图8-34中示出的两种偏振与三个波长通道、一个10 μm的隔离层和一个间隔等于0.75 μm位直径的位结合可达1.1 $Tbit/cm^3$的位密度，这导致1.6 TB容量的DVD光盘的诞生。如果用三种偏振态编码并结合更薄的隔离层，则可以进一步提高存储容量。将隔离层厚度减小为原来的1/3，记录层厚度降到1 μm是可能的，这样光盘容量可提高到7.2 TB。逐位记录技术完全与现存的驱动技术相兼容，当使用高重复率激光源时，可使记录速度增加到1 Gbit/s。由于记录脉冲能量低(小于0.5 nJ/脉冲)，所以当一个超连续谱光源被同时用于所有记录通道中进行记录时，可以获得急剧增加的记录速度。

习　题

1. ① 二进制数1和0在光学上是如何表示光强、振幅、相位和偏振态的？② 光强、振幅、相位和偏振态是如何表示存储在光存储器中的二进制的？

2. 在相机中，透镜的焦距是5 cm，光圈快门的直径是2 cm。当相机被来自钠灯的波长为$\lambda = 589$ nm的平行光照明时，艾里斑中心点的直径是多少？

3. ① 使用发射波长为633 nm的激光二极管，能在A4纸大小的光存储器上存储多少位？② 如果一个CD-ROM的容量是650 MB，那么，一个A4纸大小的光存储器相当于多少个CD-ROM？

4. ① 使用相同的激光二极管，在体积为1 cm^3的一个三维存储器中能存储多少位？② 其容量相当于多少个CD-ROM？

5. ① 一块照相干板的分辨率是1 000 lp/mm，其上的感光卤化银颗粒的尺寸是多少？② 如果我们的眼睛能看到小至0.2 mm的点，在放大多少的情况下，我们将会看到感光板上卤化银颗粒的结构？

6. ① 在照相时能使用重铬酸盐明胶膜吗？解释其原因。② 在光存储器中，能使用重铬酸盐明胶膜吗？如果不能，解释为什么不能；如果可以，解释怎样实现？

7. ① 在光聚合物中，存储了光的什么信息：强度、振幅、相位还是光的偏振态？② 光聚合物中，光的信息是以光强透过率、振幅透过率、相位调制的形式，还是以材料的偏振度旋转特性的形式存储的？

8. ① 光刻胶是以什么来调制光的相位的，是它的局部厚度还是局部折射率？② 为什么

表面涂敷了铝的光刻胶可以调制反射光？

9. 与重铬酸盐明胶膜、光聚合物薄膜和光刻胶薄膜相比，热塑材料薄膜的优点是什么？

10. ① 光折变晶体调制光的相位是由于其局部的折射率。它的局部折射率正比于曝光的光强、振幅、相位还是偏振态？② 光折变晶体的记录过程包括像在感光板上记录时所用的显影和定影灯步骤吗？

11. 用波长为 λ_1 的光将图样 A 记录在光变色材料中，然后用波长为 λ_2 的光将信息读出，请说明波长 λ_2 的输出图样是 1－A。

12. 用蓝光($\lambda_1=488$ nm)将图样 A 记录到电子俘获材料中。当用红光($\lambda_2=1\ 064$ nm)将图样 B 投影到电子俘获材料中时，电子俘获材料发射出图样为 C 的橙色光($\lambda_3=615$ nm)。如何用 A 和 B 表示 C？

13. ① 一种电子俘获材料首先受到 $\lambda_1=488$ nm 的均匀光照明，然后用 $\lambda_2=1\ 064$ nm 的图样 A 照射，最后用 $\lambda_2=1\ 064$ nm 的图样 B 照射，产生了 $\lambda_3=615$ nm 的图样为 C 的光辐射。如何用 A 和 B 表示 C？② 一种电子俘获材料首先受到 $\lambda_1=488$ nm 光的均匀照明，然后依次受到在相同波长 $\lambda_2=1\ 064$ nm 的图样 A 和图样 B 的照射，最后受到 $\lambda_2=1\ 064$ nm 的均匀光照明，产生了 $\lambda_3=615$ nm 的图样为 C 的光辐射。如何用 A 和 B 表示 C？

14. 解释为什么双光子吸收材料可以不擦除存储信息就能读出信息，而对电子俘获材料上信息的读取将存储已存储的信息。

15. 下面哪种叙述是正确的？

① 在 412 nm 光的激发下，细菌视紫红质在 570 nm 处发光。② 细菌视紫红质调制通过它的光辐射。③ 细菌视紫红质调制通过它的光学位。④ 细菌视紫红质调制通过它的光频率。

16. 在漂白后，能在漂白波段 λ_1 读出光谱烧孔材料的信息吗？在 λ_1 波段读出信息会擦除存储信息吗？

17. ① 在将信息写进磁光材料时，需要偏振吗？请说明为什么需要或者为什么不需要。② 将存储信息从磁光材料中读出时，需要偏振光吗？请说明为什么需要或者为什么不需要。

18. 相变材料调制读取信息光的光强、相位或者偏振态吗？

19. 如图 8.1 所示是光盘光学读出基本装置(LD：激光二极管；PBS：偏振光束分离器；λ/4：1/4 波片)。假定激光器发出线偏振光，从原理上说明可以采集到 100 %的反射光。

20. ① 为什么读出光斑的尺寸必须比光盘上凹槽的宽度大？② 为什么读出光斑的尺寸必须比 WORM 盘和 MO 盘上凹槽的尺寸小？

21. 图 8.2 示出了光盘的表面结构。光波长为 λ，透明涂敷层的折射率为 n，凹槽厚度为 d。如果 $\lambda=0.78\ \mu$m，$n=1.5$，d 是多少？

22. 如果在磁光盘上，位 1 表示光的偏振方向旋转 1°，而位 0 表示光的偏振方向不旋转，那么与读出光的初始偏振方向夹角分别为 0°和 90°的偏振态所对应的位 1 和位 0 的输出光强

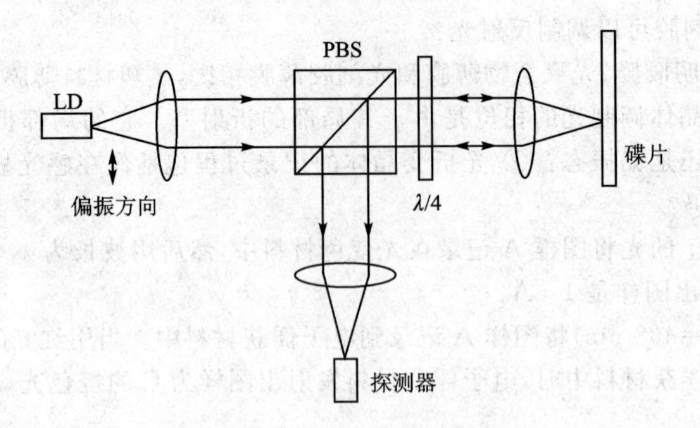

图 8.1　光盘光学读出基本装置

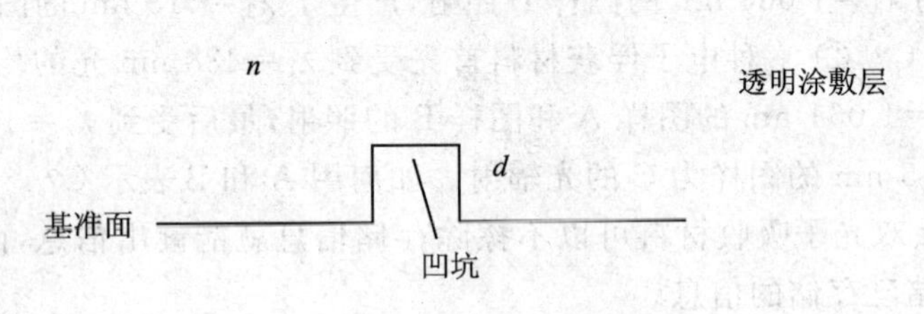

图 8.2　光盘的表面结构

是多少？(提示：使用马吕斯定律。)

23. 如图 8.3 所示，激光束被聚焦到多层光存储器的一层上形成直径为 1 μm 的光点。如果层间间隔为 50 μm，且聚焦透镜的 NA 是 0.45，相邻层上的光斑直径约为多少？聚焦层与相邻层面积的比值约为多少？

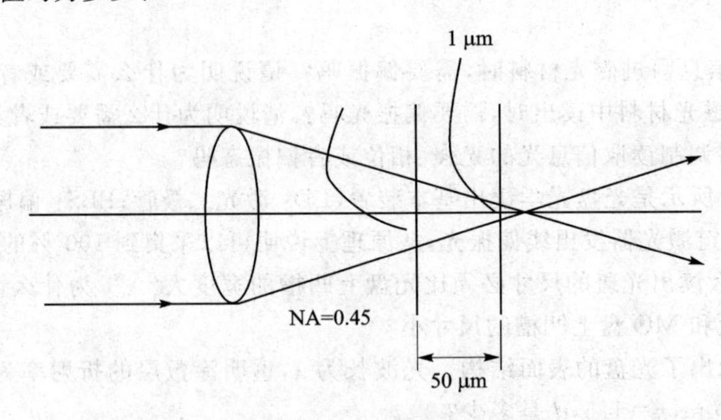

图 8.3　激光束聚焦

24. 如图 8.4 所示，为了在光子选通三维光存储器上读取一页面存储，使用柱透镜将平行

光聚焦成片光。

① 说明三维存储器的容量是受柱透镜聚焦的景深限制的。

② 如果聚焦景深是 αd，其中 d 是膜层厚度，且二维存储密度是 1 μm^{-2}，体积为(1×1×1) mm^3，三维存储器的最大存储容量是多少？

25. 在习题 23 和习题 24 的基础上，解释为什么光子选通三维光存储器在球形透镜上读入和写出信息时，希望透镜的数值孔径更高；而采用柱透镜工作时，希望透镜的数值孔径更低。

26. 对使用电子俘获材料的层堆叠三维光存储器，请说明光存储信息的柱透镜的数值孔径是

$$\mathrm{NA} = (n_2^2 - n_1^2)^{1/2}$$

式中，n_1 是电子俘获薄膜的折射率，n_2 是图层的折射率。

27. 为什么光塑性器件适合于全息而不适合于照相使用呢？

28. 用光塑性器件可以制成薄相位光栅。该薄相位光栅可以表示为

$$t(x,y) = \exp[\mathrm{i}\alpha\cos(2\pi b y)] = \sum \mathrm{i}^n J_n(\alpha)\exp(\mathrm{i}n2\pi b y)$$

式中，J_n 是 n 阶的第一类贝塞尔函数，α 是一个常数。说明最大效率是 33.9 %。(提示：使用贝塞尔函数表。)

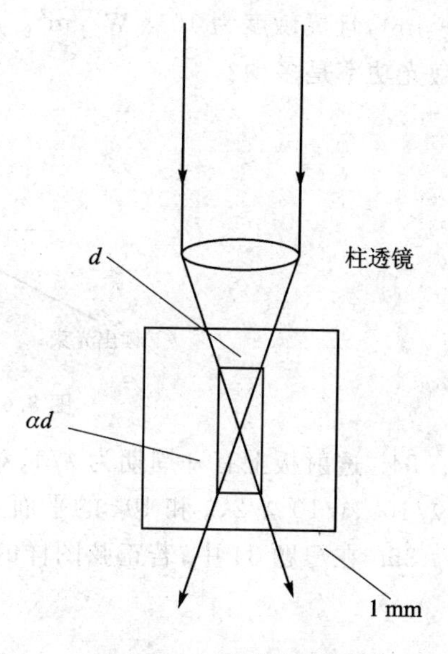

图 8.4　三维光存储器

29. 记录在照相干板上的光栅振幅透过率可以用图 8.5 表示。当照相干板被一个平面照射时，其衍射效率是多少？

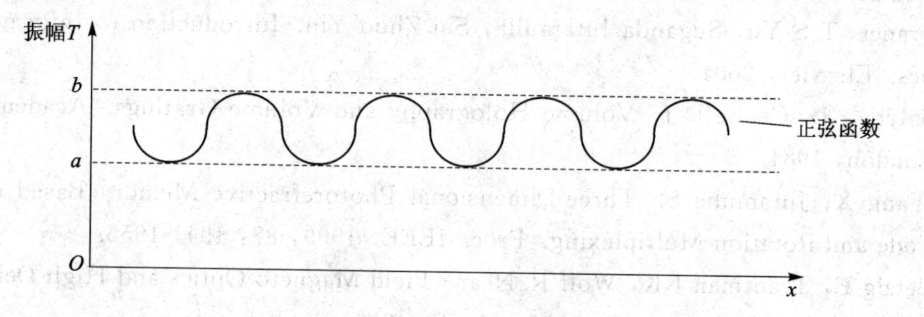

图 8.5　记录在照相干板上的光栅振幅透过率

30. 若电子俘获薄膜对蓝光和红外光曝光的量子效率分别为 10 %和 5 %，电子俘获薄膜的光学增益是多少？

31. 能用电子俘获薄膜来记录和重建全息图吗？请说明为什么能或者为什么不能。

32. 用 488 nm、10 mW 的氩离子激光器将一全息图写入灵敏度为 200 nJ/μm^2 的光折变晶体中，设激光的所有能量都聚焦到面积为(0.5×0.5)mm^2 的区域上，曝光时间需要多长？

33. 如图 8.6 所示，光折变晶体用做全息存储器存储了 1 000×1 000 位图样，存储图样用激光束读出，再现的全息像用相同像素 1 000×1 000 的 CCD 来探测。每个像素大小是(10×10) μm^2，且灵敏度为 10^{-6} W/cm^2。若全息图的衍射效率是 10 %，读出存储信息所需要的最小激光功率是多少？

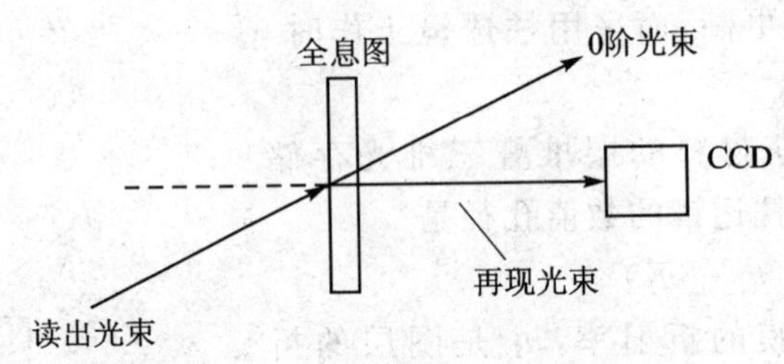

图 8.6 用激光读出全息存储器信息

34. 透射板上有一周期为 λ/4、对比度为 1 的正弦图样，该板被均匀平面波照明。在离该板 λ/100、λ/10、λ/2、λ 和 10λ 的平面上，条纹对比度是多少？

35. 在习题 34 中，若正弦图样的周期为 λ/20，相应的答案是多少？

参考文献

[1] 朱京平. 光电子技术基础. 2 版. 北京：科学出版社，2009.

[2] 杨永才，何国兴，马军山. 光电信息技术. 上海：东华大学出版社，2002.

[3] 李志能. 光电信息处理系统. 杭州：浙江大学出版社，1999.

[4] Francis T S Yu，Suganda Jutamulia，Shi Zhuo Yin. Introduction to Information Optics. Elsevier，2001.

[5] Solymar L，Cooke D J. Volume Holography and Volume Gratings. Academic Press，London，1981.

[6] Yang X，Jutamulia S. Three-Dimensional Photorefractive Memory Based on Phase-Code and Rotation Multiplexing. Proc. IEEE，1999，87：1941-1955.

[7] Betzig E，Trautman J K，Wolf R. Near－Field Magneto-Optics and High-Density Data Storage. Appl. Phys. Lett，1992，61：142-144.

[8] Peter Zijlstra，et al. Five－dimensional optical recording mediated by surface plasmons in gold nanorods. Nature，2009，459：410-413.

第9章　光电信息显示

光电显示技术是多学科的交叉综合技术，主要有阴极射线管(Cathode Ray Tube，CRT)、液晶显示(Liquid Crystal，LC)、等离子体显示(Plasma Display Panel，PDP)以及电致发光(Electro Luminescnce Diode，ELD)等几种形式。阴极射线管是传统的光电信息显示器件，它显示质量优良，制作和驱动比较简单，有很好的性能价格比，因此，自1897年德国的布朗发明阴极射线管的雏形之后的百余年来，CRT一直占据光电显示的主导地位。但同时它也有一些严重的缺陷，如电压高，有软X射线，体积大，笨重等。液晶是一种介于固态与液态之间的有机化合物，兼有液体的流动性与固体的光学性质。1889年德国的莱曼发现其有双折射现象，1968年美国的Heilmeier发现其双折射的电光效应可以用于制作显示装置，即现在的液晶显示器LCD。等离子体显示是利用气体放电发光进行显示的平面显示板，可以看成是由大量小型日光灯排列构成的。等离子体显示技术成为近年来人们看好的未来大屏幕平板显示的主流。电致发光显示(或场致发光显示——Field Emitting Tube，FET)是另一种很有发展前途的平板显示器件，它是将电能直接转换成光能的一种物理现象。

近年来，大规模集成电路的发展，要求电压低，体积小，信息密度高，CRT与这种趋势显得很不相称；另外，大屏幕显示的发展，要求100 cm以上的屏幕CRT的质量要超过100 kg，体积大，搬动困难，不能适应现代社会对高清晰度电视(HDTV)和现代战争对大屏幕显示器的要求。LCD、ELD和PDP被认为代表着光电显示器件现在和未来的发展方向。

由于真实世界是人的视觉系统能感觉到的三维时空，这使得信息显示领域的理想目标是实现实时的三维显示，而全息技术是最有可能实现这一目标的技术。因此，本章在介绍CRT、LCD、PDP和ELD等显示技术之后，再讨论全息技术原理，重点说明当前的全息显示技术：光学扫描全息技术和合成孔径全息技术。

9.1　颜色与色度基础

9.1.1　颜　色

颜色具有以下性质：

① 连续性。指光波长连续变化时颜色连续变化的性质，颜色 c 表示为波长 λ 的函数

$$c = f(\lambda) \tag{9.1-1}$$

② 可分性。指白光可分为其他颜色成分，如三棱镜可以将白光分成多种颜色。

③ 可合性。指多种颜色的光总可以按一定比例混合，合成为白光，因而任何一种颜色 c 都可以看作是许多独立色彩 c_k 的组合：

$$c = \sum_{k=1}^{n} a_k c_k \tag{9.1-2}$$

④ 三基色原理。指自然界中客观存在的一种颜色均可以表示为三个确定的相互独立的基色的线性组合。实际中常选红(R)、绿(G)、蓝(B)作为三基色。将三基色按一定比例混合调配，就可以模拟出各种颜色。彩色显示中常采用相加混色法获得所需颜色；而彩印、胶片中常采用相减混色法。为了方便，相减混色法常取黄、品红和青为三基色，三者相加为黑色。

颜色包括三个特征参量：亮度、色调和饱和度。

亮度表示各种颜色的光对人眼所引起的视觉强度，它与光的辐射功率有关。

色调(色品)表示颜色种类的区别，也就是不同波长的辐射在色觉上的不同色调表现。发光体的色调取决于它本身光辐射的光谱，非发光体的色调取决于照明光源的光谱组成和该物体的光谱反射或透射特性。

饱和度(色纯度)表示颜色光的色纯粹性程度，与颜色光中白光含量有关；色越纯，白光含量越少。

通常所说的色度是色调和饱和度的总称。度量颜色常用色度图或色坐标来表示。

9.1.2 视　觉

人眼不仅有明暗视觉，而且有彩色视觉。国际标准眼能分辨出 3 000 多种颜色，一般有经验的人的眼睛也能分辨出 120 多种颜色。

人眼彩色视觉特性包括：

① 人眼有三种锥状色感细胞，分别对红、绿、蓝最敏感，体现为三条相对光视效率曲线，三者相加则为明暗视觉。

② 人眼具有空间混色特性。指同一时刻当空间三种不同颜色的点靠得足够近时，人眼不能分辨出各自颜色，而只能感觉到它们的混合色。

③ 人眼具有时间混色特性。指同一空间不同颜色的变换时间小于人眼的视觉惰性时，人眼不能分辨出其各自的颜色，而只能感觉到它们的混合色。

④ 人眼具有生理混色特性。指两只眼睛同时分别观看两种不同颜色的同一景象时，人眼不能分辨出其各自的颜色，而只能感觉到它们的混合色。

9.1.3 色度坐标系

为了使各种颜色可以通过人的视觉系统良好地重现，人们建立了各种色度坐标系，总的来说，主要有以下种类。

1. CIE－RGB 计色系统

该系统规定：波长为 700 nm、光通量为 1 lm 的红光为一个红基色单位，用(R)表示；波长为 546.1 nm、光通量为 4.590 7 lm 的绿光为一个绿基色单位，用(G)表示；波长为 435.8 nm、光通量为 0.060 1 lm 的蓝光为 1 个蓝基色单位，用(B)表示；等量的 RGB 能配出等能白光。任一彩色光 F 总可以通过下列配色方程配出，即

$$F = R(R) + G(G) + B(B) = m[r(R) + g(G) + b(B)] \tag{9.1-3}$$

式中，$R(R)$、$G(G)$、$B(B)$称为 F 的三色分量，R、B、B 称为三色系数。m 称为色模，代表 F 所含三基色单位的总量。r、g、b 称为色度坐标或相对色系数，分别代表 F 所用三基色单位总量为 1 时所需的各基色量的数值，且

$$r + g + b = 1 \tag{9.1-4}$$

由此采用 $r-g$ 二维直角坐标系表示 RGB 色度图，如图 9－1 所示。本图及以后各色度图中，A、B、C、D、E 分别代表色温为 2 854 K、4 800 K、6 800 K、5 500 K(等能白光)、6 500 K 时的位置。如图 9－1 所示，可见光光谱轨迹为一舌形曲线，其中(R)的坐标为(1,0)，(G)的坐标为(0,1)，(B)的坐标为(0,0)，△RGB 内各点所代表的彩色可以用规定的三基色相加配出，三角形的中心坐标 E 为等能白光色坐标，而三角形之外的彩色不能直接相加配出，需将 1 个或 2 个基色移到待配彩色一侧才能配出。该基色系统存在缺陷：① 光谱分布色系数和色坐标出现负值，不易理解且计算不便；② 光谱轨迹不全在坐标第一象限内，作图不便；③ 色度图上没有直接表示出亮度，需要经过计算才能求出。

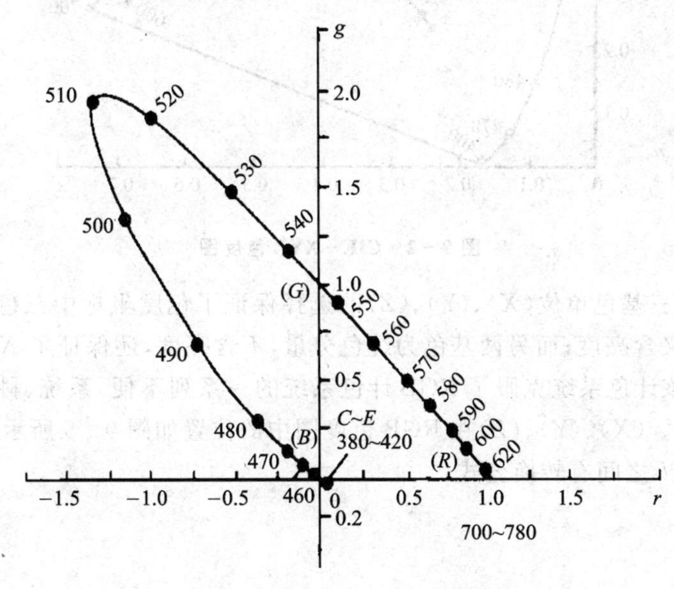

图 9－1　CIE－RGB 色度图

2. CIE－XYZ 计色系统

为了克服 CIE－RGB 计色系统的缺陷，国际照明委员会（CIE）规定了一种新的计色系统，其中任意彩色光 F 的配色方程为

$$F = X(X) + Y(Y) + Z(Z) = m'[x(X) + y(Y) + z(Z)] \tag{9.1-5}$$

式中，(X)、(Y)、(Z) 为三基色单位，$X(X)$、$Y(Y)$、$Z(Z)$ 称为 F 的三色分量，X、Y、Z 称为三色系数，m' 称为色模，x、y、z 称为色度坐标或相对色系数，且

$$x + y + z = 1 \tag{9.1-6}$$

由此采用 $x-y$ 二维直角坐标系表示 XYZ 色度图，如图 9－2 所示。

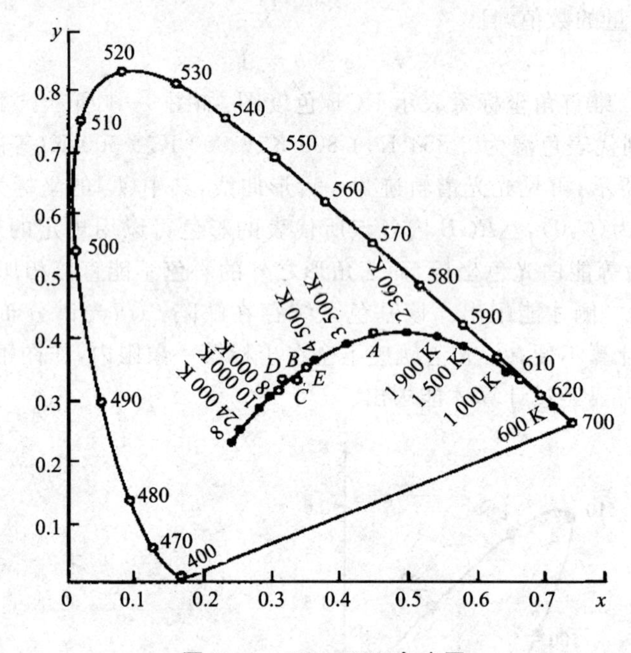

图 9－2　CIE－XYZ 色度图

该基色系统中三基色单位 (X)、(Y)、(Z) 的选择保证了色度坐标中三色系数均为正，并规定 $Y(Y)$ 既含色度又含亮度；而另两基色为纯色分量，不含亮度，还保证了 $X=Y=Z$ 时仍代表等能白光。可见，该计色系统克服了 RGB 计色系统的一系列不便，系统、科学、方便地解决了定量描述色度问题。(X)、(Y)、(Z) 在 RGB 色度图中的位置如图 9－3 所示。

x、y、z 与 r、g、b 之间有转换公式：

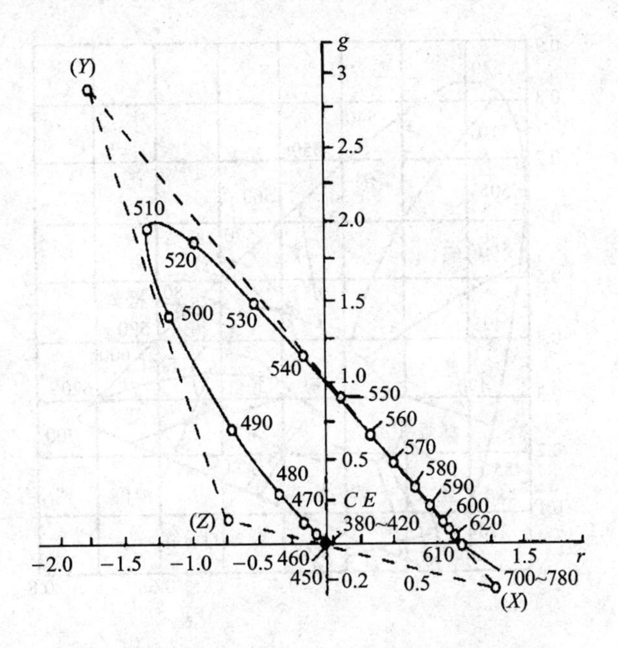

图 9-3　(X)、(Y)、(Z)在 RGB 色度图中的位置

$$
\left.\begin{aligned}
x &= \frac{0.490\,00r + 0.310\,00g + 0.200\,00b}{0.666\,97r + 1.132\,40g + 1.200\,63b} \\
y &= \frac{0.176\,97r + 0.812\,40g + 0.010\,63b}{0.666\,97r + 1.132\,40g + 1.200\,63b} \\
z &= \frac{0.010\,00g + 0.990\,00b}{0.666\,97r + 1.132\,40g + 1.200\,63b}
\end{aligned}\right\} \tag{9.1-7}
$$

为了使用方便，人们又在 XYZ 制色度图基础上，根据不同坐标点颜色的异同程度划分成若干小区，形成色域图，如图 9-4 所示；另外，还根据需要得到了等色调图、等饱和度图、等色差域图等，如图 9-5 所示。

3. CIE-UCS 计色系统

CIE-XYZ 色度图色度空间的不均匀性给颜色差别的衡量带来很多不便，为此，提出均匀计色系统 CIE-UCS，其色度图如图 9-6 所示。

这一计色系统规定

$$
\left.\begin{aligned}
u &= \frac{4x}{-2x + 12y + 3} \\
v &= \frac{6y}{-2x + 12y + 3} \\
w &= 1 - u - v
\end{aligned}\right\} \tag{9.1-8}
$$

并规定 v 坐标决定颜色亮度，白色点坐标为(0.201，0.307)。

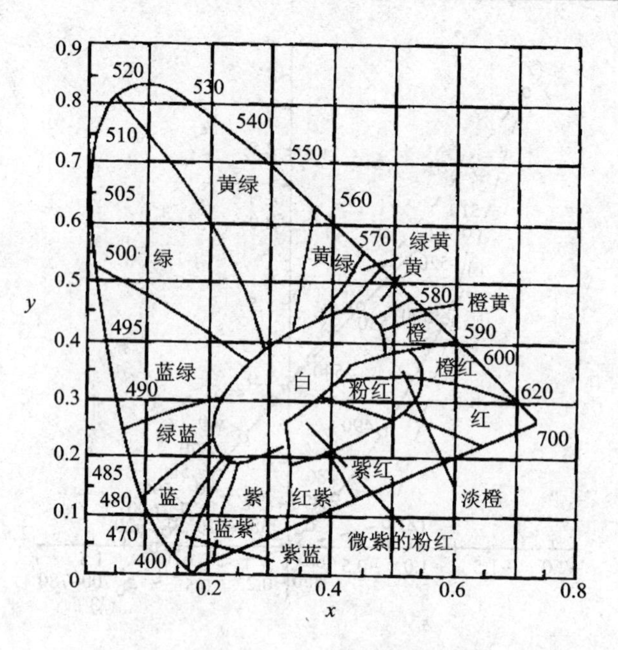

图 9-4 XYZ 色域图

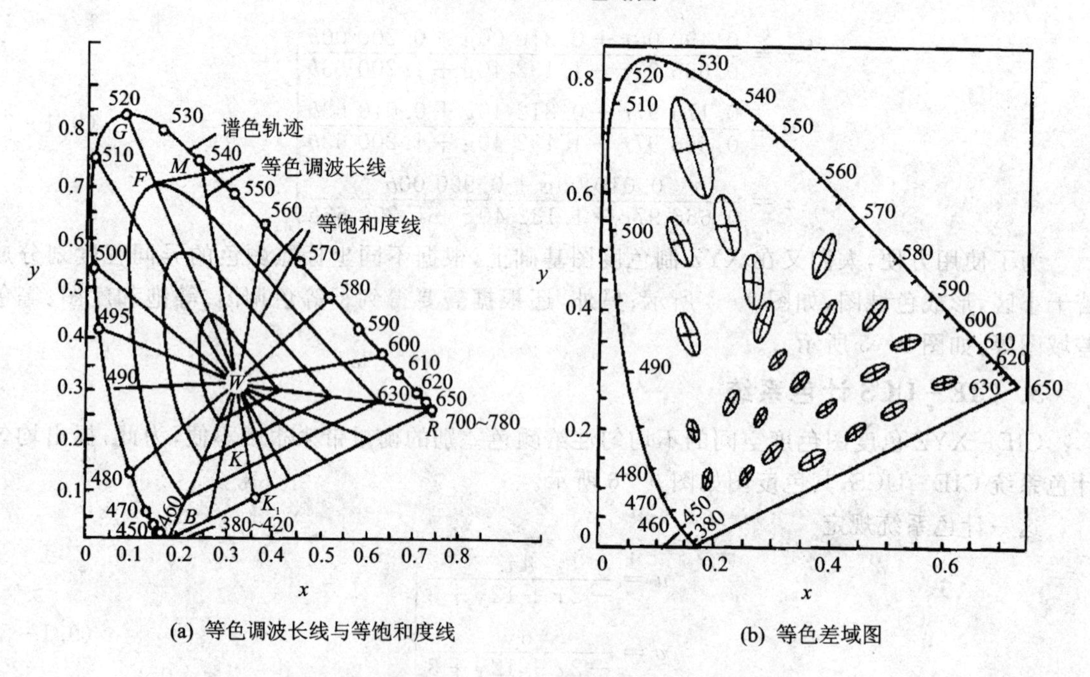

(a) 等色调波长线与等饱和度线

(b) 等色差域图

图 9-5 等色调波长线与等饱和度线、等色差域图

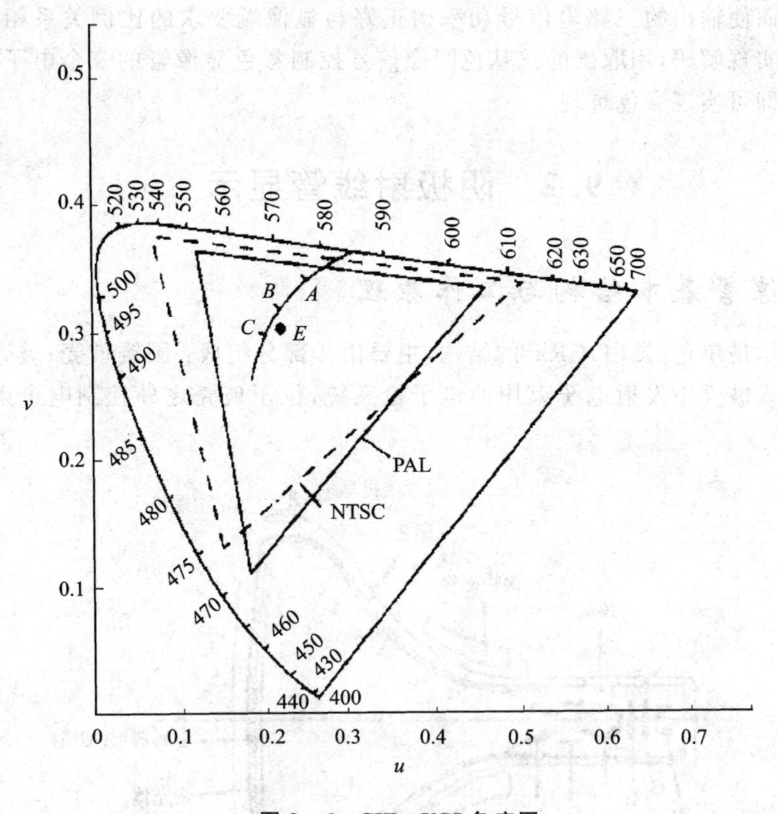

图 9－6　CIE－UCS 色度图

9.1.4　彩色重现

有了视觉及颜色概念后，人们就可以就此研究进行色彩重现。电视彩色图像的获得需经过景物彩色画面的分色、摄像器件的光电转换、电信号的处理和传输、显像器件的电光转换等主要过程。

对于利用荧光粉作为彩色重现而言，彩色重现是利用红、绿、蓝三种荧光粉作为显色的三基色，采用空间相加混色法实现彩色重现。由于荧光粉选择时必须考虑到发光效率、亮度、色彩等因素，希望重现图像的亮度和饱和度都尽量高，折衷考虑的结果必然使得显像三基色很难与 CIE 规定的标准光谱三基色完全一致，只能使色点尽可能靠近 CIE 三基色。另外，还必须选择一个合适的参考白场，并保证白场亮度必须达到 100 cd/m^2。不同制式采用的参考白场不同。国际电视 NTSC 制采用 CIE 标准照明体 C_{65} 作为白场。不同制式彩色重现的亮度和色度略有差异。

荧光粉与白场选定后，对图像的亮度、色调和饱和度三参量的电信号进行色度编码，通过矩阵电路使其成为发送端的编码矩阵，并使摄像端的综合光谱相应曲线分别与显像三基色混

色曲线一致，从而使输出的三路电信号功率谱正好与显像端要求的比例关系相吻合；在接收端，用矩阵电路实现解码，用取出的三基色图像信号控制彩色显像管的三个电子束，激发相应的荧光粉发光，即可实现彩色重现。

9.2　阴极射线管显示

9.2.1　显像管基本结构与工作原理

图 9-7 所示是单色(黑白)CRT 的结构，主要由 4 部分组成：圆锥玻壳；玻壳正面用于显示的荧光屏；封入玻壳中发射电子束用的电子枪系统；位于玻壳之外控制电子束偏转扫描的磁轭。

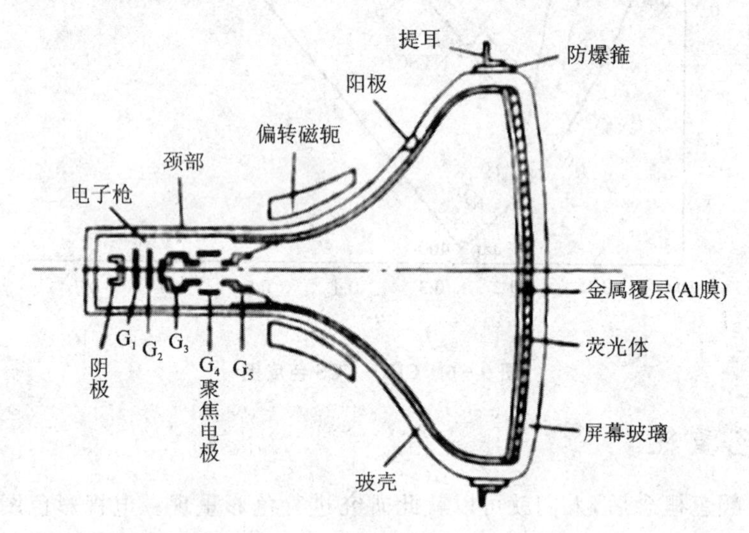

图 9-7　单色 CRT

在电子枪中，阴极被灯丝间接加热，当加热至约 2 000 K 时，阴极便发射大量电子。电子束经加速、聚焦后轰击荧光屏上的荧光体，荧光体发出可见光。电子束的电流是受显示信号控制的，信号电压高，电子束的电流也越高，荧光体发光亮度也越强。通过偏转磁轭控制电子束在荧光屏上扫描，就可以将一幅图像或文字完整地显示在荧光屏上。

9.2.2　主要单元

1. 电子枪

电子枪用来产生电子束，以轰击荧光屏上的荧光粉发光。在 CRT 中，为了在屏幕上得到亮而清晰的图像，要求电子枪产生大的电子束电流，并且能够在屏幕上聚焦成细小的扫描点

（约 0.2 mm）。此外，由于电子束电流受电信号的调制，因而，电子枪应有良好的调制特性，在调制信号控制过程中，扫描点不应有明显的散焦现象。

图 9-8 是电子枪的结构示意图。如图所示，电子枪一般由 5 个或 6 个电极构成，为阴极、栅极（亦称调制极、控制极）、第一阳极（亦称加速极）、第二阳极、第四阳极（连在一起）和第三阳极。

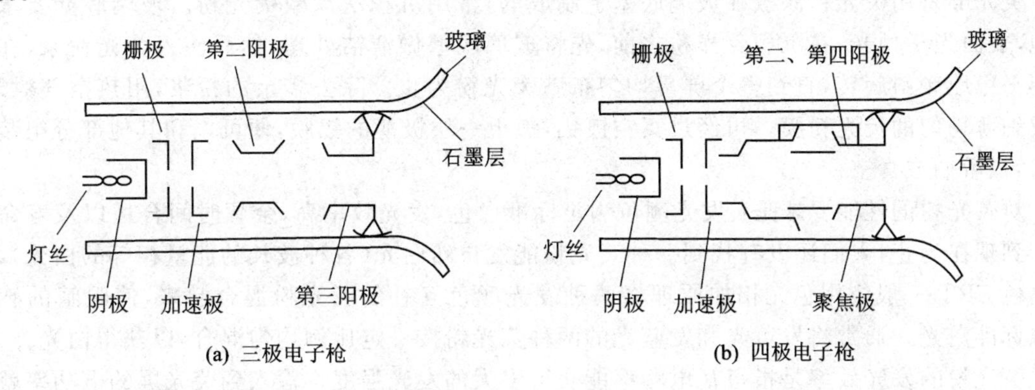

图 9-8 电子枪示意图

阴极的外形是一个圆筒，一般由镍金属制成，筒的顶端涂有氧化物材料，称为氧化物阴极。氧化物阴极比其他金属制成的阴极更容易发射电子。筒内装有加热灯丝，灯丝加电发热时，阴极被间接均匀加热，当加热至约 2 000 K 时，阴极便大量发射电子。

栅极也是一个小圆筒形，套在阴极圆筒的外边。在对准阴极顶端的中心处，开有一个小圆孔，使电子流经此孔成束地飞行出去。电子飞出去的多少，由栅极所加电压的大小决定，从而控制光点亮暗。栅极在正常运用时，在它上面所加的电压比阴极低，对从阴极来的电子起排斥作用，因而只有部分电子能通过栅极到达屏幕，大部分电子被排斥阻挡，回到阴极附近，形成电子云。改变栅极负电压的大小，可以改变电子被排斥的程度，从而使电子束的电流大小改变。栅极电压负到使电子束电流为零时的电压值称为截止电压。设阴极电压为零，则栅极截止电压为－20～－90 V，因不同的管型而异。变化的原因是由于栅极与阴极的距离不同，以及加速极所加电压不同。栅极离阴极较近，通常在 1 mm 以下，栅极中心孔直径为 0.6～0.8 mm。栅极距阴极越近，控制作用越强。

栅极的前面是加速极，其外形是圆盘状，中间也开有小孔。加速极的电压相对阴极电压为 300～500 V。

第二和第四阳极各为一节金属圆筒，也可以把它们看成两节圆筒组成的一个整体。两节电极相连，第四阳极通过金属弹片与锥体内壁的石墨导电层相接，所以实际上和荧光粉后面的铝背膜相连。它们上面统一加有 8 000～16 000 V 的高压，使电子束以足够高的速度轰击荧光屏，激发荧光粉发出亮光。

第三阳极是个金属圆筒，装在第二和第四阳极之间，加有相对于阴极为 0～450 V 的可调

直流电压。改变这个电压可以改变电子束聚焦的质量，所以第三阳极也叫聚焦极。

以上五个电极用玻璃绝缘柱支撑组装成一个坚实的整体，总称为电子枪，它发出很细的电子束向荧光屏轰击。

2. 荧光屏

荧光屏是用荧光粉涂敷在玻璃底壁上制成的，常用沉积法涂敷荧光粉。玻璃底壁要求无气泡，表面光学抛光；在沉积荧光粉之前，先将玻璃底壁做清洁处理，然后注入荧光粉浆，在机架上平稳地倾斜旋转，直到整个屏幕均匀布满荧光粉为止。除去多余的粉浆，用热空气烘干，制成细薄均匀的荧光粉膜。再经过真空镀铝，镀上一层极薄的铝膜，便可以和其他部分组装在一起，最后抽成真空。

对荧光粉的性能要求是：发光颜色满足标准白色，发光效率高，余辉时间合适以及寿命长等。到现在为止，人们还没有找到一种荧光粉能发自然白光（各种波长的能量相等的白光），因此单色 CRT 一般应用色光相加原理将两种发光颜色互补的荧光粉混合起来，使眼睛的感觉近似标准白光。通常将发黄光和发蓝光的两种荧光粉按一定比例均匀混合，以获得白光。

荧光粉的发光效率是指每瓦电功率能获得多大的发光强度。输入到荧光屏的电功率就是电子束电流与屏幕电压的乘积，发光强度以 cd（坎德拉）计。常用的荧光粉发光效率都大于 5 cd/W，有的高达 10 cd/W；而白炽灯的发光效率不超过 2 cd/W。

荧光粉的余辉特性是指这样一种性质：电子束轰击荧光粉时，荧光粉的分子受激而发光，当电子束轰击停止后，荧光粉的光亮并非立即消失，而是按指数规律衰减，这种特性称为余辉特性。余辉时间定义为：从电子束停止轰击到发光亮度下降到初始值的 1 %所经历的时间。按余辉时间的长短，荧光粉可分为三类：短余辉荧光粉（余辉时间短于 1 ms）、中余辉荧光粉（余辉时间为 1～100 ms）、长余辉荧光粉（余辉时间从 0.1 s 到几 min）。电视屏幕的荧光粉属短余辉，余辉时间为 5～40 ms。

若余辉时间长于帧周期的 40 ms，则同一像素第一帧余辉未尽而第二帧扫描又到了，前一帧的余辉会重叠在后一帧的图像上，整个图像会模糊。若余辉时间太短，屏幕的平均亮度会降低。

屏幕的亮度取决于荧光粉的发光效率、余辉时间及电子束轰击的功率。荧光粉的发光效率高时固然屏幕较亮，但余辉时间长亦可使屏幕亮度增加。因为在一帧的扫描时间内，荧光屏上任意一点的荧光粉受电子轰击的时间虽然很短，但实际发光时间却相当长，余辉时间略短于 40 ms；也就是说，当其他位置上的荧光粉点受电子轰击且发光时，原来曾受过轰击的荧光粉点还在发光。所以余辉时间长，平均亮度就大。如果已知荧光粉的发光时间特性 $L(t)$，那么在一帧时间 T 内平均亮度应为

$$L = \frac{1}{T}\int_0^T L(t)\,\mathrm{d}t \tag{9.2-1}$$

屏幕亮度除了与余辉时间有关外，还取决于电子束的电流密度和屏幕电压的高低。实验

表明，在小电流密度的情况下，屏幕亮度与电流密度 j 成正比，而近似地与阳极电压 U_a 的平方成正比。因此，屏幕亮度可表示为

$$L \approx AjU_a^2S \tag{9.2-2}$$

式中，A 是比例常数，取决于荧光粉的种类和特性。

从上式可以看出，欲增大亮度，可以加大电流密度和电压。两者中以提高电压更为有效，因为亮度与 U_a 的平方成正比。这种现象从物理上可以这样来解释：增加电压 U_a，一方面增加电子的速度，使电子束轰击荧光物质的激励能量增加；另一方面，增加 U_a 可以使荧光粉的发光效率增加，这是因为电子速度大时，荧光粉涂层内部深处的物质也被充分激发，所以亮度增加。

9.2.3 CRT 显示器的驱动与控制

1. 扫描方式

文字及图像画面都是由一个个称为像素的点构成的，使这些点顺次显示的方法称为扫描。一般 CRT 的电子束扫描是由偏转磁轭进行磁偏转控制的。

光栅扫描方式在垂直方向是从左上向右下的顺序扫描方式，由扫描产生的水平线称为扫描线，按该扫描线的条件决定显示器垂直方向的图像分辨率。如图 9-9 所示，光栅扫描方式中有顺序扫描（逐行扫描）方式和飞越扫描（隔行扫描）方式。

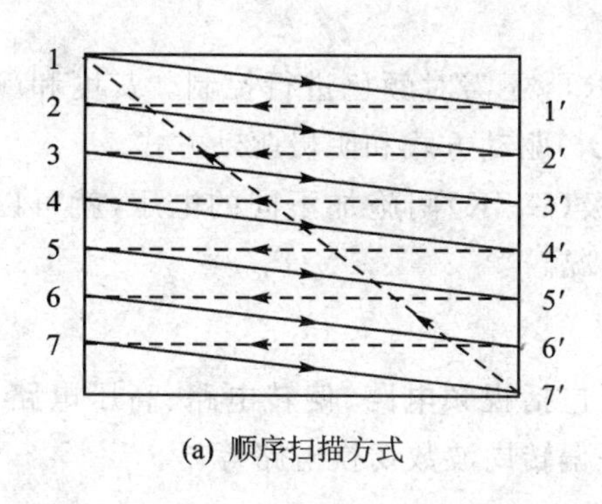

(a) 顺序扫描方式

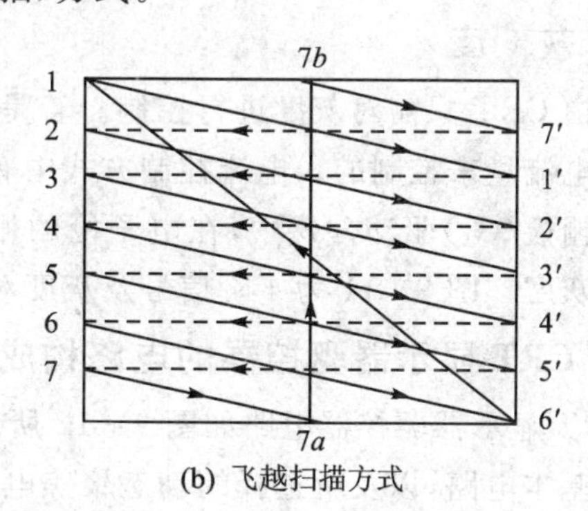

(b) 飞越扫描方式

图 9-9　CRT 扫描方式

在顺序扫描方式中，当场帧为 50 Hz、扫描行数为 625 行、图像宽高比为 4∶3 时，需要 10.5 MHz 的信号带宽。这将使电视设备复杂化，信道的频带利用率下降。实际系统采用隔行扫描方式来降低图像信号的频带。

隔行扫描是把一帧画面分成两场来扫描，第一场扫描奇数行 1，3，5，…；第二场扫描偶数行 2，4，6，…。两场扫描行组成的光栅相互交叉，构成一整帧画面。图 9-10 为相应于图 9-9(b)的 7 行光栅的行扫描与场扫描波形。为明显起见，忽略扫描逆程。在第 7 行扫过一半时，

奇数场扫描结束,偶数场扫描开始,故第 7 行的后一半挪到偶数场开始时扫描,这样它就是在光栅上端的中点开始的,结果使偶数行正好插在奇数行之间,两场组成了一整个光栅。

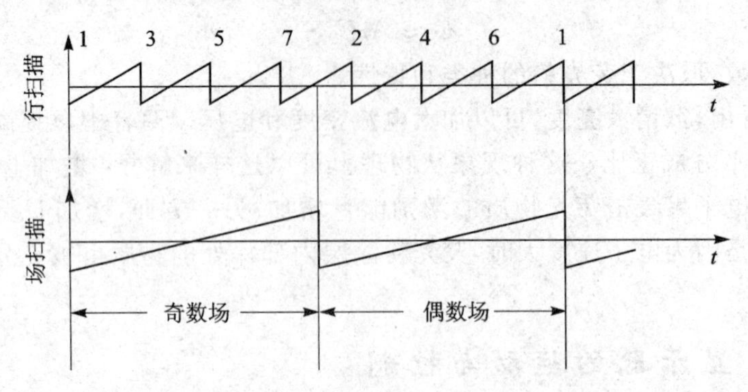

图 9-10　7 行光栅的行扫描与场扫描波形

要实现隔行扫描,就应保证偶数场的扫描行准确地插在奇数场的扫描行之间,否则就会出现并行现象,使图像质量下降。首先,由于每场只包括总行数的一半,因此行扫描与场扫描频率之比应该是行数的一半;其次,为了使偶数场的扫描行正好插在奇数场的扫描行之间,行数必须为奇数。这时扫描完奇数场后才留下一个半行,待扫描电子束回到图像上端开始扫下一行时,才不是从左端开始,而是从中间开始,达到隔行扫描的目的。

2. 灰　度

黑白 CRT 只需对灰度进行控制。若是彩色 CRT,还需对颜色进行控制。灰度和颜色都是通过电流量来控制的。电流控制方式中有栅极(G_1)驱动方式和阴极驱动方式。

在栅极(G_1)驱动方式中,在电子枪的栅极/阴极(G_1/K)间施加不同的电压,就可以得到相应的灰度。图 9-11 为 4 阶信号及灰度对应的情况。

3. CRT 显示器驱控器的电路构成

CRT 显示器驱控器电路如图 9-12 所示,主要包括视频电路、偏转电路、高压电路、电源电路等基本电路,以及所选择的动态聚焦电路、水平偏转周波数切换电路等。

9.2.4　彩色 CRT

彩色 CRT 是利用三基色图像叠加原理实现彩色图像的显示。荫罩式彩色显像管是目前占主导地位的彩色显像管,其结构如图 9-13 所示。彩色 CRT 是通过红(R)、绿(G)、蓝(B)三基色组合产生彩色视觉效果。荧光屏上的每一个像素由产生红(R)、绿(G)、蓝(B)的三种荧光体组成,同时电子枪中设有三个阴极,分别发射电子束,轰击对应的荧光体。为了防止每个电子束轰击另外两个颜色的荧光体,在荧光面内设有选色电极——荫罩。

在荫罩型彩色 CRT 中,玻壳荧光屏的内面形成点状红、绿、蓝三色荧光体,荧光面与单色

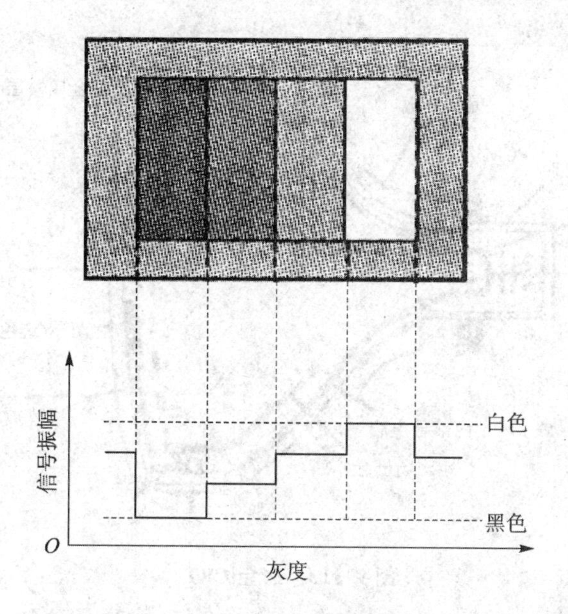

图 9-11　画面的灰度与信号振幅的关系

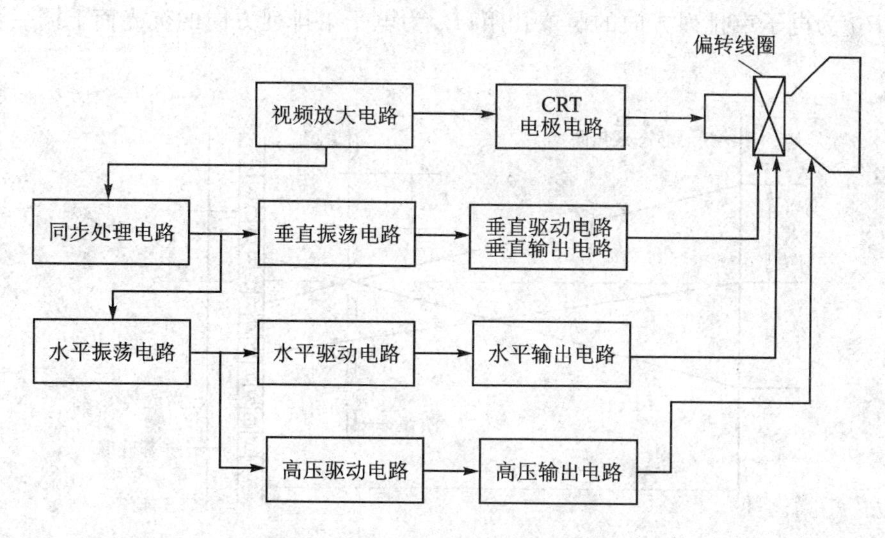

图 9-12　CRT 显示器驱控器的电路

CRT 相同，在其内侧均有 Al 膜金属覆层。在荧光面一定距离处设置荫罩。荫罩焊接在支持框架上，并通过显示屏侧壁内面设置的紧固钉将荫罩固定在显示屏内侧。如图 9-14 所示，荫罩与荧光屏的距离可根据几何关系由下式确定，即

$$q = L \cdot P_M/(3S_g) \tag{9.2-3}$$

$$\lambda = P_s/P_M = L/(L-q) \tag{9.2-4}$$

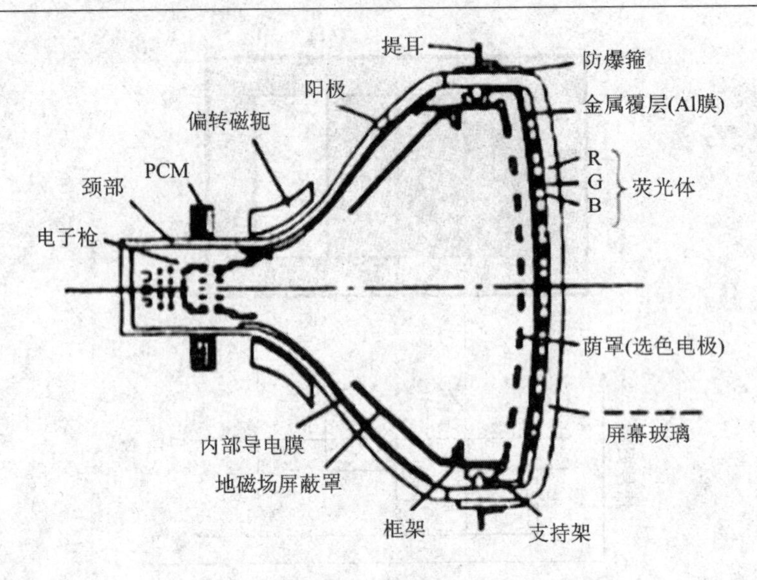

图 9-13　彩色 CRT

式中，q 为荫罩与荧光屏的距离；λ 为孔距放大率；L 为从电子枪到荧光面的距离；S_g 为电子枪的束间距；P_M 为电子束排列方向的荫罩孔距；P_g 为电子束排列方向的荧光面上同一色荧光体的点间距。

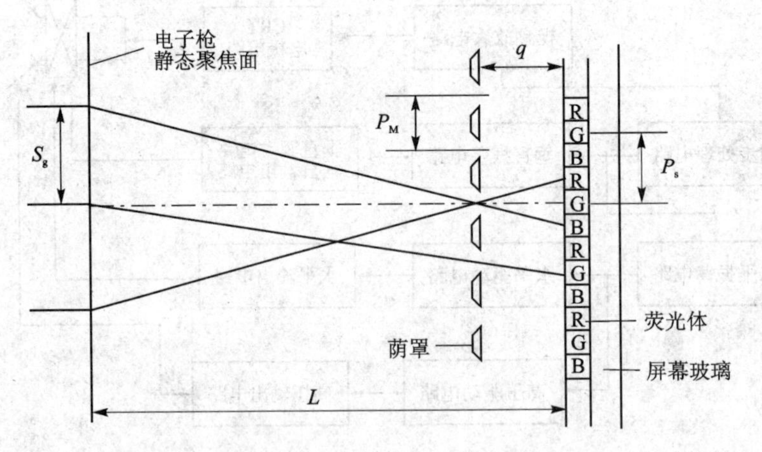

图 9-14　荫罩与荧光面间的关系

荫罩有圆孔形、长方孔形等形式。通常，三角形布置的电子枪采用圆孔形荫罩，直线形布置的电子枪可采用各种形式的荫罩。玻壳内除设有荫罩之外，还设有屏蔽地磁场用的内屏蔽罩，其作用是防止电子束受地磁场的干扰，使电子束不会射向其他颜色的荧光体。

彩色显像管的原始设想是德国人弗莱西(Fleshing)在 1938 年提出的。荫罩彩色显像管有三大类。第一类是三枪三束彩色显像管，由美国无线电公司(RCA)于 1950 年研制成功。

第二类是单枪三束彩色显像管，由日本索尼公司于 1968 年研制成功。第三类是自会聚彩色显像管，它克服了三枪三束管和单枪三束管的不足之处。美国无线电公司于 1972 年研制成功了第一只自会聚彩色显像管，自会聚彩色显像管经过不断改进，已成为目前主要生产的彩色显像管。

1. 三枪三束彩色显像管

三枪三束彩色显像管的原理如图 9－15 所示，荧光屏内壁涂有发光颜色为红、绿、蓝的荧光粉点，每一组三个红、绿、蓝荧光粉点排列成品字形，组成一个彩色像素。通常再现一幅清晰的彩色图像需 40～50 万个像素，即需要 120～150 万个彩色荧光粉点，这些粉点的直径很小（几微米到几十微米）。在红、绿、蓝三个电子枪的激发下，红、绿、蓝荧光色点产生对应颜色的光点，在适当的距离外，人眼分辨不出单色小点，而只是看到一个合成的彩色光点。红、绿、蓝三个电子枪在管颈内成品字形排列，相隔 120°，每个电子枪与管颈中心轴线倾斜 1°～1.5°，在距离荧光屏后约 2 mm 处放置一块荫罩板，一般用 0.12～0.16 mm 厚的低碳钢板制作。在钢板上有规律地排列小孔，一个小孔与荧光屏上的一个像素对应，即小孔与荧光屏上的红、绿、蓝荧光粉点组一一对应。荫罩在彩色显像管中起选色的作用，由红、绿、蓝三个电子枪发射的三个电子束在荫罩上的小孔处会聚，穿过小孔后打在相应的红、绿、蓝荧光粉点上。三枪三束管中的每一个电子枪相当于黑白显像管中的电子枪。

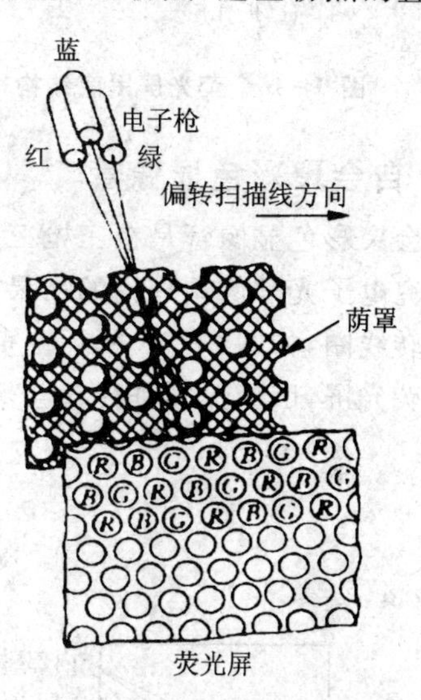

图 9－15　三枪三束彩色显像管原理示意图

为了提高荧光屏的亮度和对比度，采取了黑底技术。荧光屏黑底结构如图 9－16 所示。在早期的荫罩管中，荧光粉点的直径大于射向该点的电子束直径，荧光粉点共约占屏面积的 90 %，未涂荧光粉的部分约占 10 %。所谓黑底技术，就是将荫罩板上的小孔加大，使通过小孔后的电子束直径比荧光粉点大，这样就提高了输出亮度；屏面上除荧光粉点以外的部分涂上石墨，这样又提高了对比度，一般全黑底管荧光屏的 50 %为黑底，50 %为荧光粉点。

2. 单枪三束彩色显像管

单枪三束彩色显像管的基本原理与三枪三束管相似，但结构上有重大改进，如图 9－17 所示。单枪三束彩色显像管有三个阴极，但发射出的三束电子束共用同一个电子枪聚焦。三条电子束在同一个水平面内呈一字排列，因此在任何偏转状态下三条轨迹大致保持在同一水平线上，故只需进行水平方向的动会聚误差校正。静会聚的调整也较三枪三束管简单，大大简化了会聚的调节。用条状结构荧光屏代替点状结构荧光屏，荫罩板也做成栅缝状，提高了电子束

的透过率，图像亮度高。

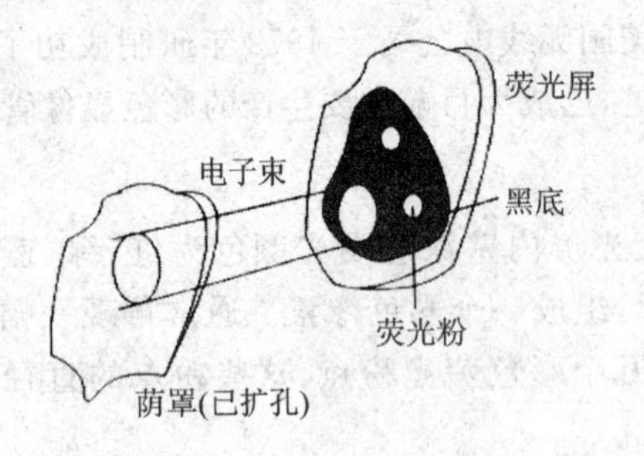

图 9-16 荧光屏黑底结构

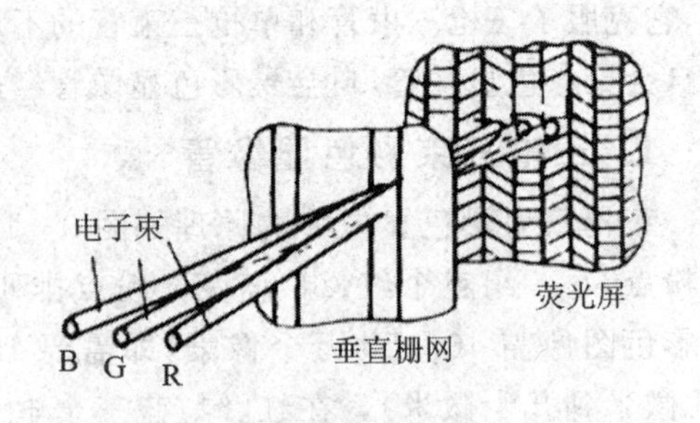

图 9-17 单枪三束彩色显像管原理示意图

3. 自会聚彩色显像管

自会聚彩色显像管是在三枪三束彩色显像管和单枪三束彩色显像管的基础上产生的，是深入研究电子光学像差理论的结果。自会聚彩色显像管采用精密直列式电子枪，配置了精密环形偏转线圈，如图 9-18 所示。直线排列的电子束通过以特定形式分布的偏转场后能会聚于整个荧光屏，因而无须进行动会聚调整，使彩色显像管的安装、调整工作与黑白显像管一样简便。

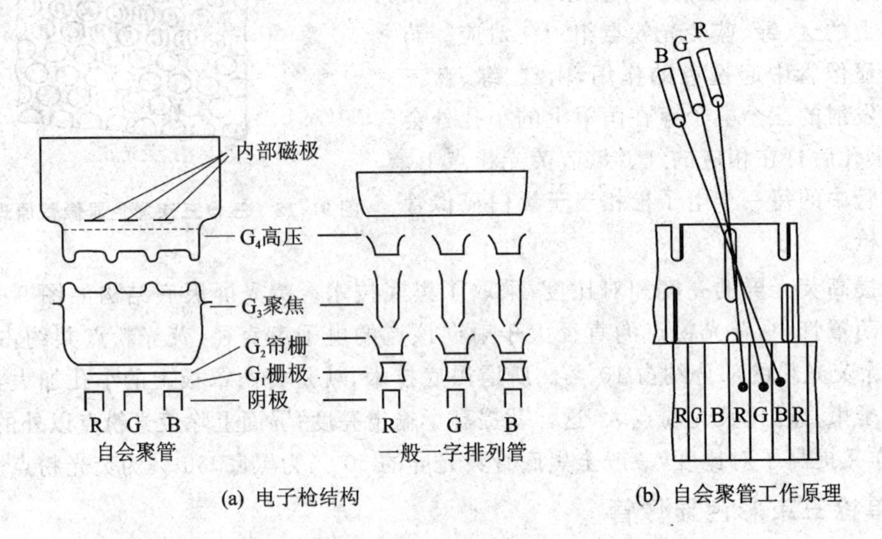

(a) 电子枪结构　　(b) 自会聚管工作原理

图 9-18 精密直列式电子枪与工作原理示意图

(1) 自会聚彩色显像管的结构特点

1) 精密直列式电子枪

自会聚彩色显像管的三个电子枪排列在一水平线上，彼此间距很小，因而会聚误差也很小。除阴极外，其他电极都采用整体式结构，电子枪之间的距离精度只取决于制作电极模具的

精度，与组装工艺无关。电子枪除三个独立的阴极引线用于输入三基色信号和进行白场平衡调节，其他电极均采用公共引线，

2）开槽荫罩和条状荧光屏

自会聚管采用开槽荫罩，是综合考虑了三枪三束管的荫罩和单枪三束管的条状栅网的利弊而采取的折衷方案，这种荫罩的槽孔是断续的，即有错开的横向结，克服了栅网式荫罩板怕振动的缺点，增强了机械强度，降低了垂直方向的会聚精度要求，提高了图像的稳定性。但荧光屏的垂直分解力受到横向结的影响，不如单枪三束管高。与开槽荫罩相对应，荧光屏做成条状结构。对这种结构的荧光屏也可采用黑底管技术，以提高图像对比度。

3）精密环形偏转线圈

自会聚彩色显像管采用了精密环形偏转线圈，其匝数分布恰好给出实现电子束会聚所需的磁场分布，从而无须进行动态会聚，三条电子束就能在整个荫罩上良好会聚。因此，把这种偏转线圈称为动会聚自校正型偏转线圈。

(2) 自会聚原理

由于从直线形排列的电子枪发出的三个电子束在一个水平面内，因而消除了产生垂直方向会聚误差的主要因素。下面主要讨论水平方向的会聚问题。

用来进行静态会聚调整的三对环形永久磁铁安装在彩色显像管的颈部靠近电子枪一侧，一对为二磁极式，一对为四磁极式，一对为六磁极式。二极磁铁也叫色钝磁铁，其作用是使三条电子束一起同方向移动。四极和六极磁铁称为静态会聚磁铁，四极磁铁可以使红、蓝两边束产生等量反方向的移动，六极磁铁可使红、蓝两边束产生等量同方向的移动。四极和六极磁铁在管颈轴线处的合成磁场为零，因此对中束无影响。二极、四极、六极磁铁的调移方法是：当两片磁铁做反方向相对转动时，可改变磁场的强弱，即改变移动量的大小；两片一起做同方向转动，可改变磁场方向，即改变移动方向。反复调整磁铁，就可以达到静态会聚的目的。

动态会聚校正采用两组非均匀分布磁场来解决：一组是桶形磁场分布，解决垂直偏转；一组是枕形磁场分布，解决水平偏转。综合水平枕形和垂直桶形磁场分布的作用，能使三束会聚得到校正，但中间束绿束光栅的垂直和水平幅度都稍小，如9－19所示，需用磁增强器加以修正。

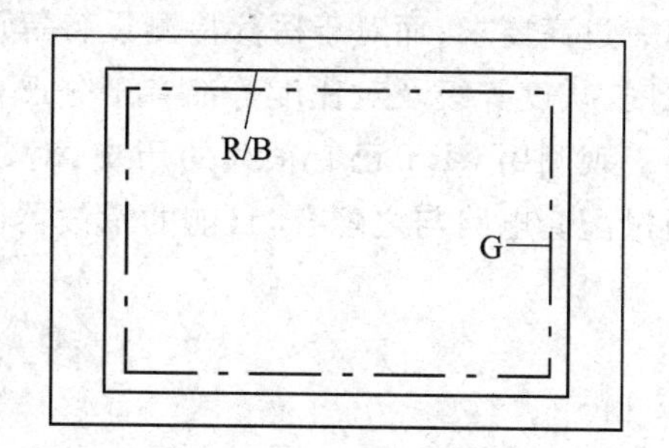

图9－19 RGB三电子束会聚图形

为使三色光栅重合，在电子枪顶部设置了附加磁极，它实际上是四个磁环，与两条边束同心的磁环形成磁场分路使两个边束的光栅尺寸有所减小，故称磁分路器。装在中心束上、下的两个磁环是磁增强器，使中心束光栅尺寸有所增加。因此它们的总效果是使红、绿、蓝三个光栅重合。

9.2.5 CRT的特点及应用

1. CRT的特点

CRT最大的优势是可以在相对低的价格下获得所必需的各种功能和性能，而且，可以进行大画面高密度显示。彩色CRT与单色CRT在装置的布局上无本质变化，可进行无级辉度调节的全色显示。特别是CRT采用电子束扫描方式，与其他电子显示采用矩阵阵列的扫描方式不同，所需要的驱动电极数极少。

在辉度、对比度指标上，与其他显示器相比，CRT也处于有利地位。显示亮度可以任意调节；而且，从电视机用CRT、超高密度显示用CRT到分析观测CRT，均可根据不同使用目的自由设计，从而应用范围极为广泛。

CRT的主要缺点是尺寸和质量都难以减小，由于笨重，又不能实现折叠化、便携化，驱动电压高，给使用带来不便。

2. CRT的应用

显示器CRT可分为电视用CRT、显示器终端用CRT及观测用CRT。电视用CRT的发展趋势主要是大型化，此外设计时采用先进的电子枪，通过管面处理提高对比度；采用纯平、超平显示屏，缩短CRT的长度，降低CRT的功耗。CRT目前在许多方面都取得了新的进展，其中高清晰度电视（HDTV）用CRT的解像度是现行系统解像度的2倍，是非常有发展前景的。

目前计算机显示器普遍采用CRT，但面临着液晶显示器的竞争。飞机、汽车、轮船等搭载的CRT可以向操纵者提供各种信息，显示的信息量大。在这些应用中，与一般的室内应用相比，工作条件比较苛刻，对防振、防尘、防潮、耐热、抗干扰等有更严格的要求。

随着银行自动取款机的普及，CRT作为金融终端的应用增加很快，这种用途对图像分辨率无过高要求；而对于医疗检测设备等应用来说，将提供诊断的依据，所以对CRT的辉度、解像度、灰度等级及对比度等都有十分严格的要求。

观测用CRT已有很久的历史，对超高速现象的观测一直是人们研究开发的重点之一。通过配套电路与之配合，目前的示波器已能适应GHz信号的观测，部分产品已实现彩色化。

9.3 液晶显示

液晶显示器件（LCD）是利用液态晶体的光学各向异性特性，在电场作用下对外照光进行调制而实现显示的。自从1968年出现了液晶显示器装置以来，液晶显示技术得到了很大发展，已经广泛应用于钟表、计算器，仪器仪表、计算机、袖珍彩电、投影电视等家用、工业和军用显示器领域。液晶显示器主要有以下特点：

① 液晶显示器件是厚度仅数毫米的薄型器件，非常适合于便携式电子装置的显示。

② 工作电压低，仅几伏，用 CMOS 电路直接驱动，电子线路小型化。

③ 功耗低，显示板本身每平方厘米功耗仅数十微瓦，采用背光源也仅 10 mW/cm^2 左右，外用电池长时间供电。

④ 采用彩色滤色器，LCD 易于实现彩色显示。

⑤ 现在的液晶显示器显示质量已经可以赶上 CRT，有些方面甚至超过 CRT 的显示质量。

液晶显示器也有一些缺点，主要是：

① 高质量液晶显示器的成本较高，但是目前已呈现明显的下降趋势。

② 显示视角小，对比度受视角影响较大，现在已找到多种解决方法，视角接近 CRT 的水平，但仅限于档次较高的彩色 LCD 显示。

③ 液晶的响应受环境影响，低温时响应速度较慢。

液晶显示的种类很多，我们将介绍几种常见液晶显示器件的工作原理。

9.3.1　液晶的基本知识

1. 什么是液晶

液晶是液态晶体的简称。液晶是指在某一温度范围内，从外观看属于具有流动性的液体，但同时又是具有光学双折射的晶态。液晶分为两大类：溶致液晶和热致液晶。前者要溶解在水中或有机溶剂中才显示出液晶状态，而后者则要在一定的温度范围内呈现出液晶状态。作为显示技术应用的液晶都是热致液晶。

显示用的液晶都是一些有机化合物，液晶分子的形状呈棒状，很像“雪茄烟”。宽约十分之几纳米，长约数纳米，长度为宽度的 4～8 倍。液晶分子有较强的电偶极矩和容易极化的化学团，由于液晶分子间作用力比固体弱，液晶分子容易呈现各种状态，微小的外部能量——电场、磁场、热能等就能实现各分子状态间的转变，从而引起它的光、电、磁的物理性质发生变化。液晶材料用于显示器件就是利用它的光学性质变化，一般情况下，单一液晶材料，即单质液晶满足不了实用显示器件的性能要求，显示器件实际使用的液晶材料都是多种单质液晶的混合体。

2. 液晶的分类

热致液晶可分为近晶相、向列相和胆甾相三种类型，如图 9－20 所示。

近晶相(smectic liquid crystals)液晶分子呈二维有序性，分子排列成层，层内分子长轴相互平行，排列整齐，重心位于同一平面内，其方向可以垂直层面，或与层面成倾斜排列。层的厚度等于分子的长度，各层之间的距离可以变动，分子只能在层内前后、左右滑动，但不能在上下层之间移动。近晶相液晶的粘度与表面张力都比较大，对外界电、磁、温度等的变化不敏感。

向列相(nematic liquid crystals)液晶分子只有一维有序，分子长轴互相平行，但不排列成层，它能上下、左右、前后滑动，只在分子长轴方向上保持相互平行或近于平行，分子间短程相互作用微弱，向列相液晶分子的排列和运动比较自由，对外界电场、磁场、温度、应力都比较敏

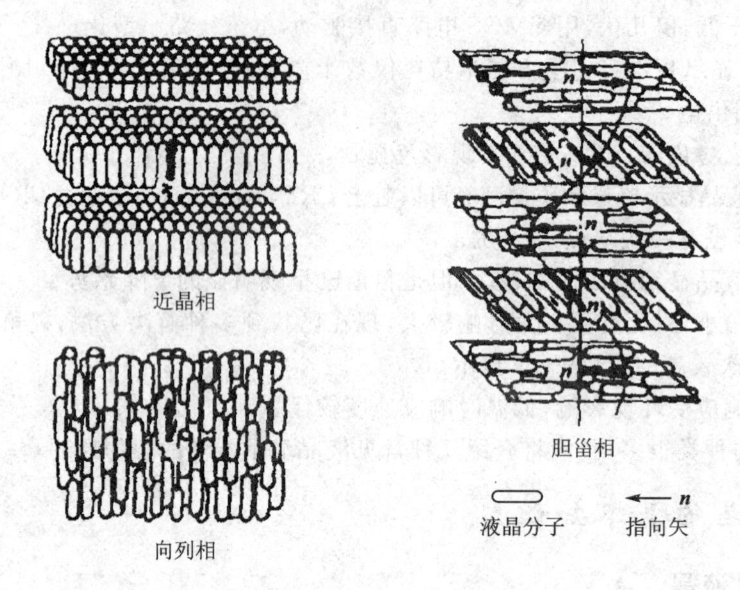

图 9-20　液晶分子排列的三种类型

感，目前是显示器件的主要材料。

胆甾相(cholesteric liquid crystals)液晶是由胆甾醇衍生出来的液晶，分子排列成层，层内分子相互平行，分子长轴平行于层平面。不同层的分子的分子长轴方向稍有变化，相邻两层分子，其长轴彼此有一轻微的扭角(约为 15′)；多层扭转成螺旋形，旋转 360°的层间距离称螺距，螺距大致与可见光波长相当。胆甾相实际上是向列相的一种畸变状态，因为胆甾相层内的分子长轴也是彼此平行取向，仅仅是从这一层到另一层时均择优取向旋转一个固定角度，层层叠起来，就形成螺旋排列的结构，所以在胆甾相中加消旋向列相液晶或将适当比例的左旋、右旋胆甾相混合，可将胆甾相转变为向列相。一定强度的电场、磁场也可使胆甾相液晶转变为向列相液晶。胆甾相易受外力的影响，特别对温度敏感，温度能引起螺距改变，而它的反射光波长与螺距有关，因此，胆甾相液晶随冷热而改变颜色。

热致液晶仅在一定的温度范围内才呈现液晶特性，此时为浑浊不透明状态，其稠度随不同的化合物而有所不同，从糊状到自由流动的液体都有，即粘度不同。如图 9-21 所示，低于温度 T_1，就变成固体(晶体)，称 T_1 为液晶的熔点；高于温度 T_2 就变成清澈透明各向同性的液态，称 T_2 为液晶的清亮点。LCD 能工作的极限温度范围基本上由 T_1 和 T_2 确定。

3. 液晶的光电特性

如果不考虑由于热而引起液晶分子有序排列的起伏，则利用传统的晶体光学理论完全可以描述光在液晶中的传播。在外电场的作用下，液晶的分子排列极易发生变化，液晶显示器件就是利用液晶的这一特性设计的。

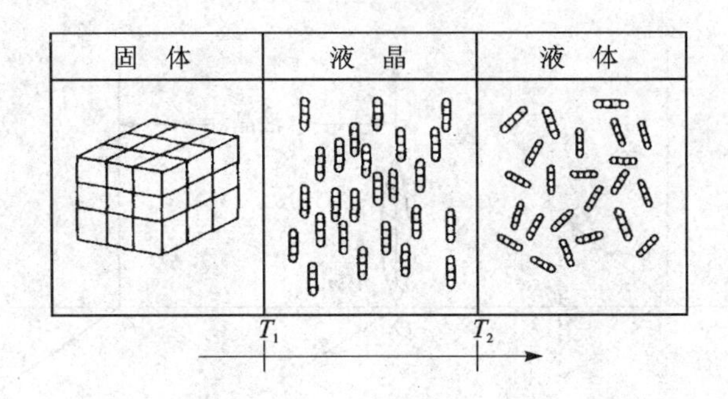

图 9-21　热致液晶的形成

(1) 电场中液晶分子的取向

液晶分子长轴排列平均取向的单位矢量 $\boldsymbol{n}$ 称为指向矢量，设 $\varepsilon_{/\!/}$ 和 $\varepsilon_{\perp}$ 分别为当电场与指向矢平行和垂直时测得的液晶介电常数。定义介电各向异性 $\Delta\varepsilon$：

$$\Delta\varepsilon = \varepsilon_{/\!/} - \varepsilon_{\perp} \tag{9.3-1}$$

将 $\Delta\varepsilon>0$ 的液晶称为 P 型液晶，它具有正的介电各向异性；$\Delta\varepsilon<0$ 的液晶称为 N 型液晶，它具有负的介电各向异性。在外电场作用下，P 型液晶分子长轴方向平行于外电场方向，N 型液晶分子长轴方向垂直于外电场方向。目前的液晶显示器件主要使用 P 型液晶。

(2) 线偏振光在向列液晶中的传播

沿着 P 型向列液晶长轴方向振动的光波有一个最大的折射率 $n_{/\!/}$，而对于垂直这个方向振动的光波有一个最小的折射率 $n_{\perp}$，按照晶体光学理论，这种液晶为单轴的，分子的长轴方向就是光轴，寻常光折射率 $n_o = n_{\perp}$，非寻常光折射率 $n_e = n_{/\!/}$，其折射率的各向异性 Δn 为

$$\Delta n = n_{/\!/} - n_{\perp} = n_e - n_o \tag{9.3-2}$$

即显示用的向列液晶一般呈正单轴晶体光学性质，它可以使入射光的偏振状态和方向发生改变。如图 9-22 所示，在 $0\leqslant z\leqslant z_o$ 的区域内，液晶沿着指向矢 $\boldsymbol{n}$ 的方向排列，偏振光振动方向与 $\boldsymbol{n}$ 成 θ 角，入射光在 x、y 方向上电矢量强度可用下式表示，即

$$E_x = E_o\cos\theta\cos(\omega t - k_{/\!/} z) = a\cos(\omega t - k_{/\!/} z) \tag{9.3-3}$$

$$\gamma = \frac{V_{\text{sat}}}{V_{\text{th}}} E_y = E_o\sin\theta\cos(\omega t - k_{\perp} z) = b\cos(\omega t - k_{\perp} z) \tag{9.3-4}$$

两光场位相差记为 δ：

$$\delta = \frac{\omega z}{c}(n_{/\!/} - n_{\perp}) \tag{9.3-5}$$

则合成光场矢端方程为

$$\left(\frac{E_x}{a}\right)^2 + \left(\frac{E_y}{b}\right)^2 - 2E_xE_y\frac{\cos\delta}{ab} = \sin^2\delta \tag{9.3-6}$$

当 $\theta=0$（或 $\pi/2$ 时），$E_y=0$（或 $E_x=0$），即偏振光的振动方向和状态没有改变，仍以线偏振光和原方向前进。

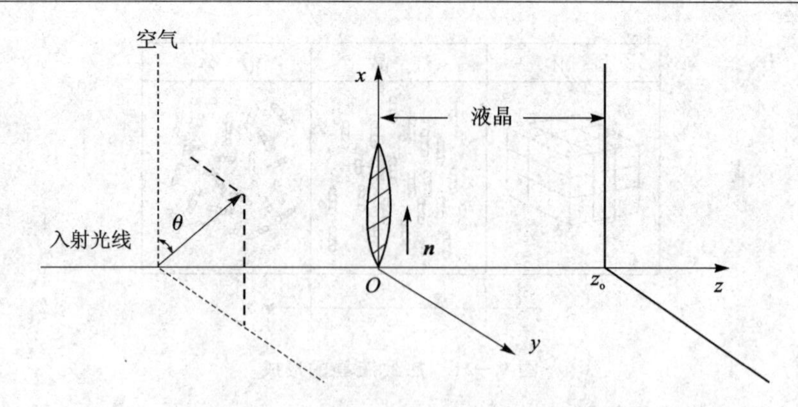

图 9-22　线偏振光在向列液晶中的传播

当 $\theta=\pi/4$ 时，式(9.3-6)变为

$$E_x^2+E_y^2-2E_xE_y\cos\delta=\frac{E_o^2}{2}\sin\delta \tag{9.3-7}$$

随着光线沿着 z 方向前进，偏振光相继成为椭圆、圆和线偏振光，同时改变了线偏振方向。最后，这束光将以位相差 δ 所决定的偏振状态进入空气中。

(3) 线偏振光在扭曲向列相液晶中的传播

如图 9-23 所示，把液晶盒的两个内表面做沿面排列处理并使盒表面上的向列相液晶分子方向互相垂直，液晶分子在两片玻璃之间呈 90°扭曲，即构成扭曲向列液晶，光波波长 $\lambda\leqslant P$(螺距)。当线偏振光垂直入射时，若偏振方向与上表面分子取向相同，则线偏振光偏振方向将随着分子轴旋转，并以平行于出口处分子轴的偏振方向射出；若入射偏振光的偏振方向与上表面分子取向垂直，则以垂直于出口处分子轴的偏振方向射出；当以其他方向的线偏振光入射时，则根据平行分量和垂直分量的位相差 δ 的值，以椭圆、圆或直线等某种偏振光形式射出。

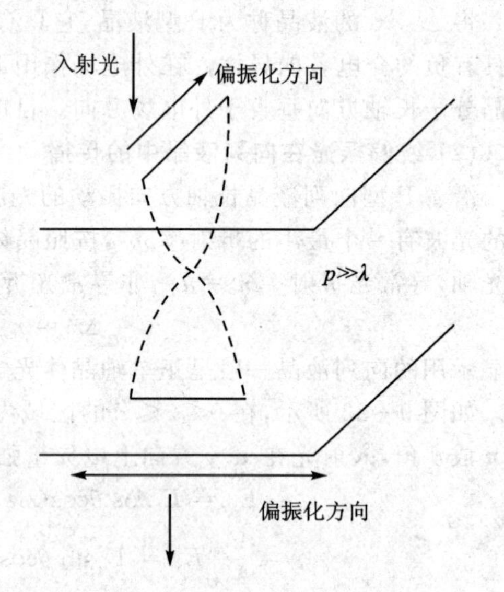

图 9-23　线偏振光在扭曲向列液晶中的传播

9.3.2　扭曲向列型液晶显示(TN-LCD)

扭曲向列型液晶盒的基本结构如图 9-24 所示。在两块带有氧化铟锡(ITO)透明导电电极的玻璃基板上涂有称为取向层的聚酰亚胺聚合物薄膜，用摩擦的方法在表面形成方向一致

的微细沟槽，在保证两块基板上沟槽方向正交的条件下，将两块基板密封成间隙为几微米的液晶盒，用真空压注法灌入正性向列相液晶并加以密封，由于上下基板上取向槽方向正交，故无电场作用时液晶分子从上到下扭曲 90°。在液晶盒玻璃基板外表面粘贴上线偏振片，使起偏振片的偏振轴与该基片上的摩擦方向一致或垂直，并使检偏振片与起偏振片的偏振轴相互正交或平行，就构成了最简单的扭曲向列液晶盒。

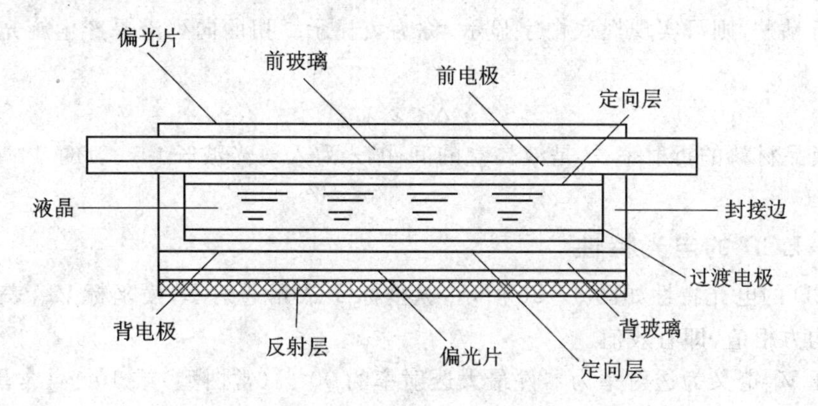

图 9-24　典型 TN 液晶显示器件结构示意图

1. 工作原理

如图 9-25 所示，入射光通过偏振片后成为线偏振光，无电场作用时，根据线偏振光在扭

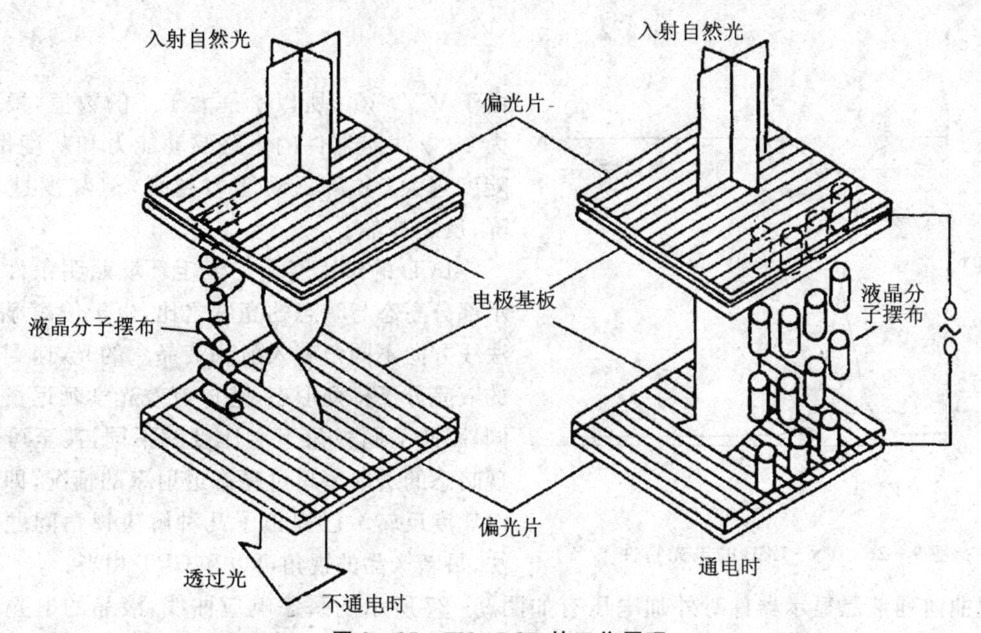

图 9-25　TN-LCD 的工作原理

曲向列液晶中的旋光特性，如果出射处的检偏振片的方向与起偏振片方向垂直，则旋转过 90°的偏振光可以通过，因此，有光输出而呈亮态。在有电场作用时，如果电场大于阈值场强，除了与内表面接触的液晶分子仍沿基板表面平行排列外，液晶盒内各层的液晶分子其长轴都沿电场取向而成垂直排列的状态，此时通过液晶层的偏振光偏振方向不变，因而不能通过检偏振片而呈暗态，即实现了白底上的黑字显示，称为正显示。同样，加果将起偏振片和检偏振片的偏振轴相互平行粘贴，则可实现黑底白字显示，称为负显示。扭曲向列液晶产生旋光特性必须满足以下条件：

$$d \cdot \Delta n \gg \lambda/2 \tag{9.3-8}$$

式中，Δn 是液晶材料的折射率，d 是液晶盒的间距，λ 为入射光波长。一般的 TN－LCD 液晶盒取 $d=10\ \mu$m。

2. TN－LCD 的电光特性

TN－LCD 的电光特性如图 9－26 所示，纵坐标 T 表示透射率，横坐标 V_{rms} 表示加在液晶盒上的电压均方根值，即有效值。

阈值电压 V_{th} 定义为透射率为器件最大透射率的 90 %(常白型)或 10 %(常黑型)所对应的电压有效值。V_{th} 是和液晶材料有关的参数，对于 TN－LCD，在 1～2 V 之间。

饱和电压 V_{sat} 定义为透射率为器件最大透射率的 10 %(常白型)或 90 %(常黑型)所对应的电压有效值。

陡度 γ 定义为

$$\gamma = \frac{V_{sat}}{V_{th}} \tag{9.3-9}$$

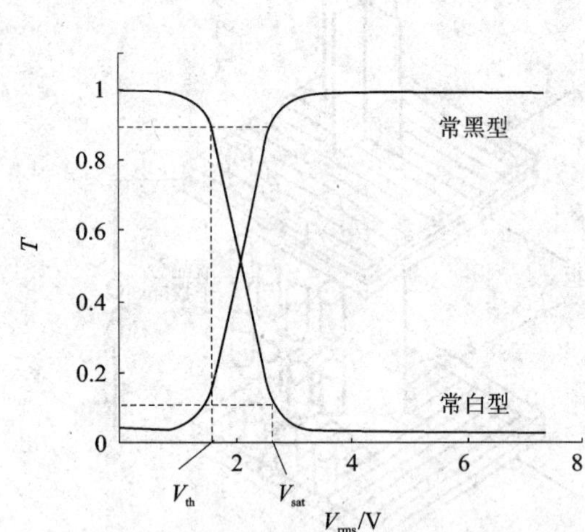

图 9－26　TN－LCD 的电光特性

由于 $V_{sat}>V_{th}$，所以 γ 是大于 1 的数值，极限值为 1。γ 决定器件的多路驱动能力和灰度性能，陡度越大，多路驱动能力越强，但灰度性能下降；反之亦然。

LCD 的对比度是在恒定环境照明条件下显示部分亮态与暗态的亮度之比，由于偏离显示板法线方向不同角度入射到液晶盒的光，遇到不同的液晶分子排列形态，造成有效光学延迟量的不同，因此不同视角下对比度就不同，甚至可能出现暗态的透射率超过亮态透射率的情况，即出现对比度反转。已提出了几种解决视角问题的方法，最新产品的视角可以和 CRT 相当。

扭曲向列液晶显示器件对外加电压有如图 9－27 所示的瞬态响应曲线，液晶的电光响应通常滞后几十毫秒，透光率并不和外电压同时增加，而要经过几个脉冲序列后才开始增加，并

在经历一定序列脉冲后，达到最大值。停止施加外电压后，透光率也并非立即下降到零，而是经过一定时间才达到较小值。

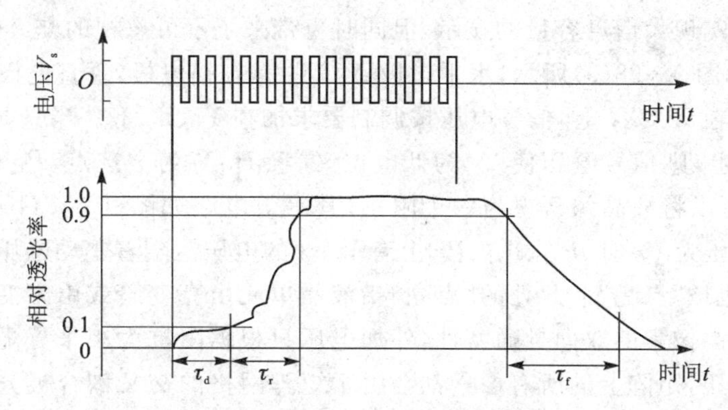

图 9－27　TN－LCD 的响应速度

液晶器件电光效应的瞬态响应特性通常用三个常数表征：延迟时间 τ_d，定义为加上电压后透光率达到最大值 10 %时所用的时间；上升时间 τ_r，定义为透光率从 10 %增加到 90 %所用的时间；下降时间 τ_f，定义为透光率从 90 %下降到 10 %所用的时间。

三个常数与液晶材料弹性系数、粘滞系数、液晶盒温度和外加电压有关。室温时，TN 型器件的 τ_d 为数毫秒，τ_r 在 10～100 ms 之间，τ_f 在 20～200 ms 之间。由于液晶材料的粘滞系数随温度上升而减小，因此 τ_r 和 τ_f 随环境温度上升而减小。目前普通 TN－LCD 的响应时间在 80 ms 左右。

3. TN－LCD 的驱动

TN－LCD 液晶显示的电极可以分为三类：① 段型电极，用于显示数字和拼音字母；② 固定图形电极，用于显示固定符号、图形；③ 矩阵型电极，用于显示数字、曲线、图形及视频图像。

LCD 的驱动有如下一些特点：① 为防止施加直流电压使液晶材料发生电化学反应从而造成性能不可逆的劣化，缩短使用寿命，必须用交流驱动，同时应减小交流驱动波形不对称产生的直流成分；② 驱动电源频率低于数千赫兹时，在很宽的频率范围内，LCD 的透光率只与驱动电压有效值有关，与电压波形无关；③ 驱动时 LCD 像素是一个无极性的容性负载。

TN－LCD 主要有静态驱动和矩阵寻址驱动两种驱动方式。所谓静态驱动，是指在需要显示的时间里分别同时给所需显示的段电极加上驱动电压，直到不需要显示的时刻为止。静态驱动的对比度较高，但使用的驱动元器件较多，因此只用于电极数量不多的段式显示。TN－LCD 的矩阵寻址驱动实际上是一种简单矩阵（或无源矩阵）驱动方式，即把 TN－LCD 的上下基板上的 ITO 电极做成条状图形，并互相正交，行、列电极交叉点为显示单元，称为像素。按时间顺序逐一给各行电极施加选通电压，即扫描电压，选到某一行时，各列电极同时施加相应于该行的信号电压，行电极选通一遍，就显示出一帧信息。若行电极数为 N，则每一行选通

的时间只有一帧时间的 $1/N$，称 $1/N$ 为该矩阵寻址的占空比。占空比越小，每行在一帧时间内实际显示的时间所占的比例越小。

矩阵寻址法可实现大信息容量的显示，但同时也带来了不可忽视的交叉效应问题。以2×2矩阵显示为例，如图9－28(a)所示，水平电极 X_1、X_2 是扫描电极，垂直电极 Y_1、Y_2 是信号电极。电压按序列加在 X_1、X_2 上，信号电压按调制要求加在 Y_1、Y_2 上。当只显示两个灰度等级时，如 V_0 加在 X_1 上，则信号电压使 Y_1 为低电位，像素 P_{11} 称为全选点，P_{12}、P_{21} 称为半选点，P_{22} 称为非选点。可以将液晶像素视为一个阻抗，其等效电路如图9－28(b)所示。从等效电路可知，P_{11} 上的电压为 V_0 时，P_{12}、P_{21}、P_{22} 上有 $V_0/3$ 的电压。随着驱动电压的提高，最初 P_{11} 选中，之后其他点也被“点亮”。此处的“点亮”指液晶单元由亮变暗或由暗变亮。交叉效应的主要原因是由于液晶像素的双向导通特性，外加电压只根据阻抗大小来分配电压，这样，即使只对一个像素加电压，矩阵上的所有像素都会由于矩阵网格的交叉耦合被分摊到一定数值的电压，交叉效应随矩阵行、列数目的增大而加剧，它使图像对比度降低，图像质量变差。

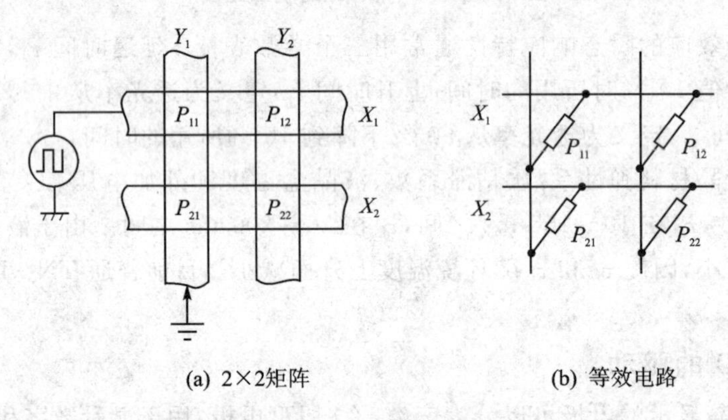

图9－28　矩阵的交叉效应

采用偏压法可以在一定程度上减小交叉效应的影响，即不让非选的行电极悬浮，而是让它加上 V_0/b 的电压，其中 V_0 是被选电极所加电压，b 是偏压比。理论分析表明，当 $b=N^{1/2}+1$ 时，其中 N 为矩阵的行数，则相应的交叉效应最小，称此时的 b 为最佳偏压比。

9.3.3　超扭曲向列型液晶显示(STN－LCD)

1. STN－LCD的结构和基本原理

扭曲向列液晶显示器件，其液晶分子的扭曲角为90°，它的电光特性曲线不够陡峻，由于交叉效应，在采用无源矩阵驱动时，限制了其多路驱动能力。理论分析和实验表明，把液晶分子的扭曲角从90°增加到180°～270°时，可大大提高电光特性的陡度。图9－29表示一组不同扭曲角下液晶盒中央平面上液晶分子的倾角和外加电压的关系曲线。它的形状可近似看做电光曲线的形状。可以看到，曲线的陡度随扭曲角的增大而增大。当扭曲角为270°时，斜率达

到无穷大。曲线陡度的提高允许器件工作在较多的扫描行数下，但要求液晶分子在取向层界面上有较大的预倾角，这在规模生产中比较困难。目前的STN-LCD产品，扭曲角一般在180°～240°范围内，相应预倾角在10°以下，生产中比较容易实现。这种扭曲角在180°～240°范围内的液晶显示称为超扭曲向列型液晶显示。

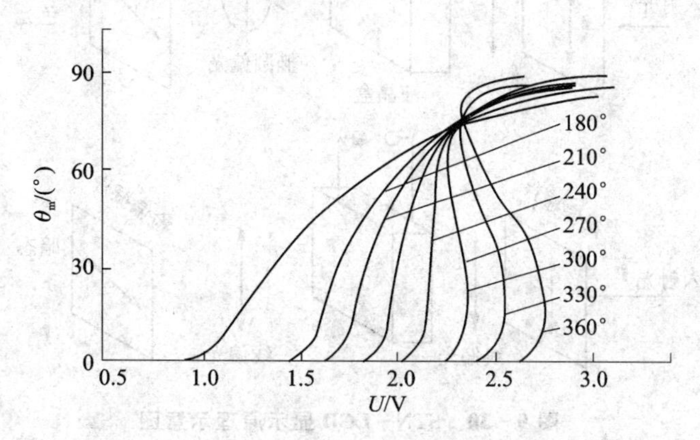

图9-29 不同扭曲角下液晶盒中央液晶分子的倾角和外加电压的关系

STN液晶盒的结构与TN-LCD差别不大。STN-LCD利用了超扭曲和双折射两个效应，是基于光学干涉的显示器件。其工作原理如图9-30所示，取扭曲角为180°。起偏器偏振方向与液晶盒表面分子长轴在其上的投影方向呈45°，检偏器偏振方向与起偏器垂直。在不加电压时，由于入射STN的偏振光方向与液晶分子长轴方向成一定角度，从而使入射偏振光被分解成两束(平常光和异常光)。两束光波通过液晶后，产生光程差，从而在通过检偏器时产生干涉，呈现一定颜色；加电压后，由于两偏振片正交，光不能通过而呈现黑色。根据液晶层厚度的不同和起偏振片、检偏振片相对取向的不同，常有黄绿色背景上写黑字，称为黄模式，以及在蓝色背景上写灰字，称为蓝模式两种。为了对STN-LCD的有色背景进行补偿，实现黑白显示，常采用两种方法：双盒补偿法(DSTN)和补偿膜法(FSTN)。双盒补偿法是在原有STN-LCD的基础上加一只结构参数完全一致但扭曲方向相反的另一只液晶盒，这种方法补偿效果好，但质量增加，成本较高。目前广泛采用的是补偿膜法，用一层或两层特制的薄膜代替补偿盒，这层膜可与偏振片贴在一起。实现黑白显示后，再加上彩色滤色器，就可以得到彩色STN-LCD。彩色滤色器是LCD实现彩色显示的关键部件，其基本原理同彩色CCD中所用的彩色滤色器相似。主体是由制作在玻璃基板上的红(R)、绿(G)、蓝(B)三基色点阵组成，其间镶嵌有黑色矩阵，以增加对比度。三基色点阵的排列方式常用的有品字形、田字形或条形结构，一般显示字符和图形的办公用机都选用条形排列，显示动态图像和电视图像的多选用品字形或田字形排列。

2. STN-LCD的制作工艺和性能特点

STN-LCD所用的液晶材料是在特定的TN材料中添加少量手征性液晶以增加它的扭

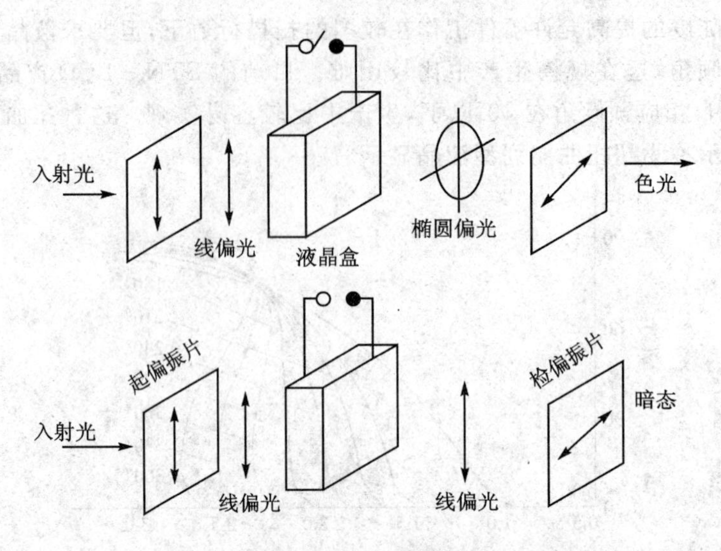

图 9-30　STN-LCD 显示原理示意图

曲程度，盒的厚度较薄，一般为 5～7 μm。STN-LCD 的工艺流程基本上和 TN-LCD 类似。但由于 TN-LCD 是基于光干涉效应的显示器件，对盒厚的不均匀性要求小于 0.05 μm(TN-LCD 只要求小于 0.5 μm)，否则就会底色不均匀。预倾角要求达到 3°～8°，电极精细，器件尺寸较大，因此其规模生产难度较 TN-LCD 大许多。

STN-LCD 可以满足笔记本电脑的大容量信息显示需要，但其光电特性变陡后，灰度显示比较困难，目前产品一般有 64 个灰度等级。另外，扭曲角增大后，响应速度明显下降，普通产品的响应速度在 200～300 μm，采取一些技术措施后，响应速度可达到 50 μm 左右，但成本显著增加。目前，STN-LCD 主要用于手机等中小容量字符显示领域。

彩色 STN-LCD 结构示意图如图 9-31 所示。

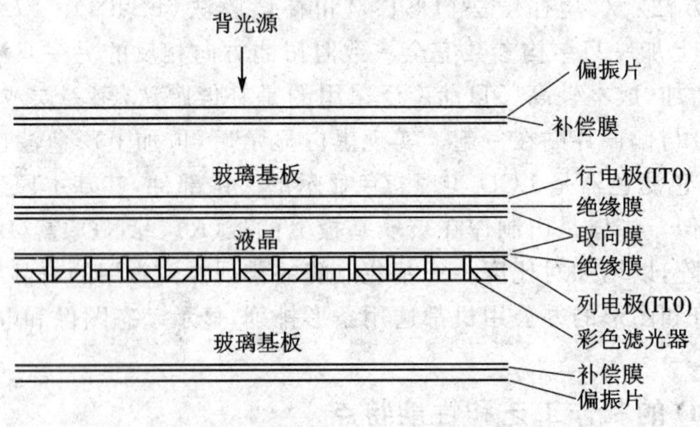

图 9-31　彩色 STN-LCD 结构示意图

9.3.4　有源矩阵液晶显示(AM－LCD)

STN－LCD 采用简单矩阵驱动，没有从根本上克服交叉效应，也没有解决因扫描行数增加、占空比下降所带来的显示质量劣化问题。因此，人们在每一个像素上设计一个非线性的有源器件，使每个像素可以被独立驱动，克服交叉效应。依靠存储电容的帮助，液晶像素两端的电压可以在一帧时间内保持不变，使占空比提高到接近 1，从原理上消除扫描行数增加时对比度降低的矛盾，获得了高质量的显示图像。

有源矩阵液晶显示采用了像质最优的扭曲向列型液晶显示材料，有源矩阵液晶显示根据有源器件的种类分为二端型和三端型两种。二端型以 MIM(金属-绝缘体-金属)二极管阵列为主，三端型以薄膜晶体管(TFT)为主。

1. 二端有源矩阵液晶显示

二端有源矩阵液晶显示的电极排列结构如图 9－32 所示。图 9－33 为 MIM 矩阵等效电路，MIM 与液晶单元呈串联电路。二端有源器件是双向性二极管，正、反方向都具有开关特性。R_{MIM}、C_{MIM} 分别是二端器件的等效非线性电阻和等效电容，R_{LC} 是液晶单元的等效电阻，C_{LC} 是液晶单元的等效电容。由于 MIM 面积相对于液晶单元面积很小，故 $C_{MIM} \ll C_{LC}$。当扫描电压和信号电压同时作用于像素单元时，二端器件处于断态，R_{MIM} 很大，且 $C_{MIM} \ll C_{LC}$，电压主要降在 C_{MIM} 上。当此电压大于二端器件的阈值电压时，二端器件进入通态，R_{MIM} 迅速减小，大的通态电流对 C_{LC} 充电，一旦 C_{LC} 上充电电压的均方根值 V_{rms} 大于液晶的阈值电压 V_{th} 时，该单元显示。当扫描移到下一行时，原来单元上的外加电压消失，二端器件恢复到断态，R_{MIM} 很大，接近开路，此时 C_{LC} 上的信号电荷只能通过 R_{LC} 缓慢放电；如果参数合适，可使此放电过程在此后一帧时间内还维持 $V_{rms} \geqslant V_{th}$。因此该液晶单元不光在选址期内而且在以后的一帧时间内都保持显示状态，这就解决了简单矩阵随着占空比的下降而引起对比度下降的问题。

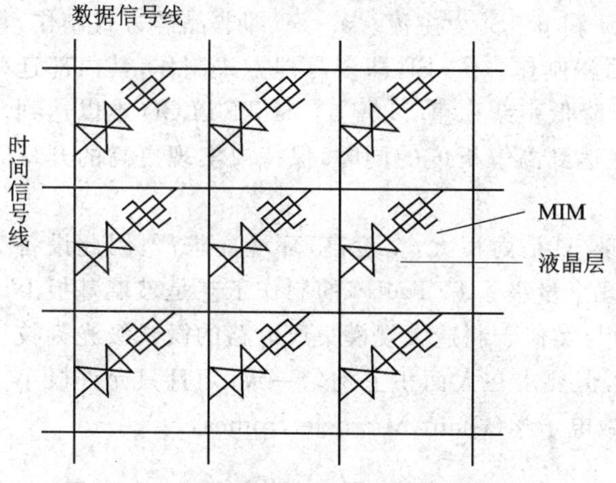

图 9－32　MIM 液晶显示器件电极排列结构

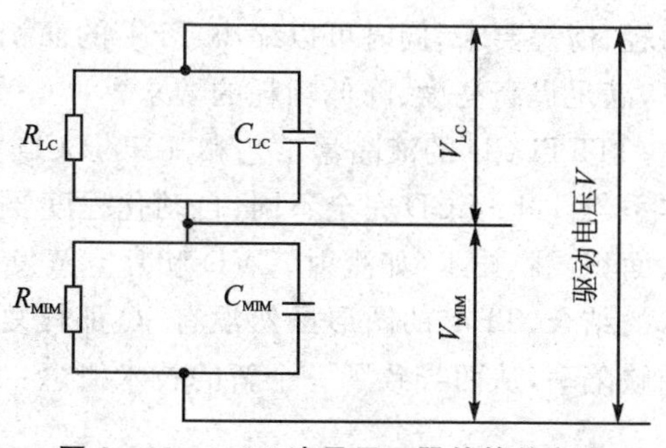

图 9－33　MIM 液晶显示器件等效电路

2. 三端有源矩阵液晶显示

三端有源矩阵液晶显示的结构和等效电路如图 9-34 所示，每个像素上都串入一个薄膜晶体管(TFT)。它的栅极 G 接扫描电压，漏极 D 接信号电压，源极 S 接 TTO 像素电极，与液晶像素串联。液晶像素可以等效为一个电阻 R_{LC} 和一个电容 C_{LC} 的并联。当扫描脉冲加到 G 上时，使 D-S 导通，器件导通电阻很小，信号电压产生大的通态电流 I_{on} 并对 C_{LC} 充电，很快充到信号电压数值。一旦 C_{LC} 的充电电压均方根值 V_{rms} 大于液晶像素的阈值电压 V_{th} 时，该像素产生显示。当扫描电压移到下一行时，单元上的栅压消失，D-S 断开，器件断态电阻很大，C_{LC} 的电压只能通过 R_{LC} 缓慢放电。只要选择电阻率很高的液晶材料，可维持此后的一帧时间内 C_{LC} 上的电压始终大于 V_{th}，使该单元像素在一帧时间内都在显示，这就是所谓的存储效应。存储效应使 TFT-LCD 的占空比为 1∶1，不管扫描行数增加多少，都可以得到对比度很高的显示质量。可见，三端 AM-LCD 的工作原理和二端 AM-LCD 基本相同，只是由于 TFT 的性能更加优越，它的通态电流 I_{on} 更大，断态电流 I_{off} 更小，开关特性的非线性更陡，因而其显示性能也更好。

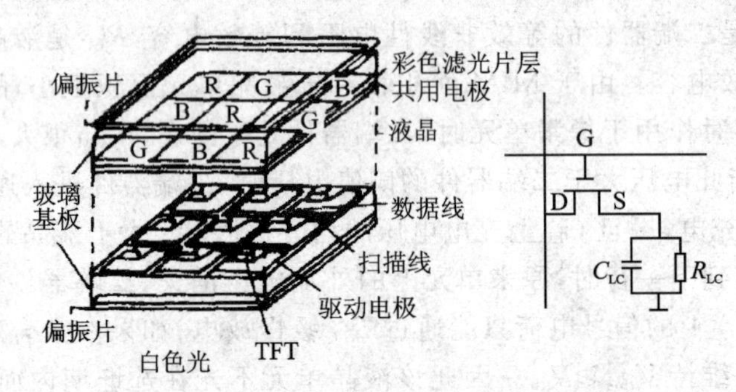

图 9-34　TFT-LCD 的结构和单元等效电路

三端有源液晶显示中的 TFT 目前以 a-Si 和 p-Si 为主流。a-Si，即非晶硅方式制作，其特点是用低温 CVD 方式即可成膜，容易大面积制作。p-Si，即多晶硅方式制作，其内部迁移率高，可以将周边驱动电路集成在液晶层上，降低引线密度，实现 a-Si TFTLCD 难以达到的轻、薄等要求，同时可以缩小 TFT 的面积，在达到高解析度的同时，保持或实现更高的开口率，满足提高亮度、降低功耗的要求。

TFTLCD 的液晶盒工艺和 TN-LCD 类似，只是面积大，精度高，环境要求严，因此设备体系与 TN-LCD 完全不同，自动化程度要高几个量级。TFT 矩阵的制作工艺是玻璃基板上大面积成膜技术(如溅射、CVD 和真空蒸发等)与类似于制造大规模集成电路的微米级光刻技术的结合，TFT 的图形虽然没有 IC 那样复杂，但要求在大面积上均匀一致，而且只允许极小的缺陷率，从而导致了一个新的技术概念：巨微电子学(Giant Microelectronics)。

3. LCD 的背光源

LCD 可以在反射、透射或者透反射模式下工作，但为了实现高对比度的全色显示，往往选择在透射模式下工作，这就需要外照光源。这种光源一般置于液晶盒背后，称为 LCD 的背光源。背光源的色温、发光效率、驱动电路等对 LCD 的色彩、亮度和功耗有直接影响，它消耗的功率是整个 LCD 模块的 90 %以上，因此对便携机的背光源，薄形和低功耗是两个首先要考虑的问题。

目前采用的背光法主要有三种：热阴极荧光灯（HCFL）、冷阴极荧光灯（CCFL）和电致发光板。

背光源用热阴极荧光灯与照明用荧光灯结构上基本相同，亮度高、光效大，但功耗也较大，且需点燃电路。冷阴极荧光灯的结构与热阴极荧光灯相似，只是用空心的金属筒阴极代替了灯丝，灯管可以做得很细，功耗较小且寿命很长，有较高的亮度和发光效率，是广泛使用的背照光源。HCFL 与 CCFL 都是管状，其与液晶的组合方式可分为侧照式和背照式，为了减小厚度，大多数厂家都采用如图 9－35 所示的侧光照明方式。厚为 2.5～5 μm 的聚丙乙烯导光板将灯光导入液晶盒背面并经镜面反射投向它。一般而言，背照式比侧光式照明效率约高 40 %。在液晶显示面积较大时，为提高背照光亮度的均匀性，常采用两只直管灯，或采用 U 形、M 形灯。

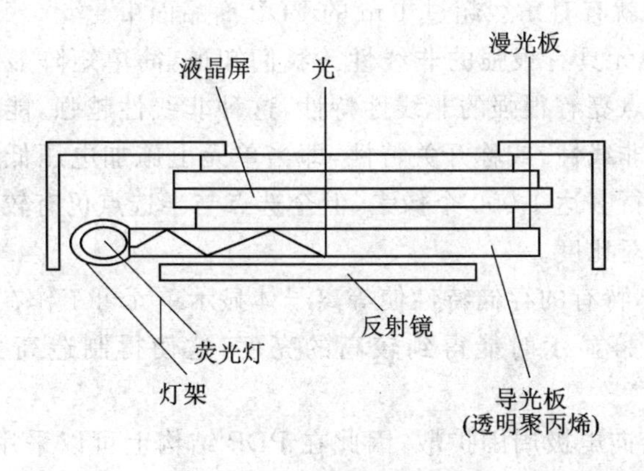

图 9－35　侧光照明方式

电致发光板是全固态平板结构，无需真空，其本身就是面光源，发光均匀，厚度薄，且调光范围大，电压低；但亮度没有荧光灯高，白色不够纯净，寿命较低，只有3 000 h左右。

在有些场合，也有用小型白炽灯和发光二极管作为背光源的，主要考虑色温、功耗和工作温度等因素。

LCD 屏加上控制、驱动电路和背光源就组成了实用的 LCD 模块。LCD 模块的组装技术已发展成一项专门的精密组装技术。

TFT－LCD 经过几年的发展，性能已有了很大的提高，一些主要的光电参数已经接近或达到彩色 CRT 的水平。TFT 目前主要用于个人视频用品(如电视机)、笔记本电脑和桌上监视器等。

9.4 等离子体显示

等离子体显示板(Plasma Display Panel,PDP)是利用气体放电产生发光现象的平板显示的统称。它可以看成是由大量小型日光灯排列构成的。按 PDP 所施驱动电压的不同,PDP 可分为交流等离子体显示板(AC - PDP)与直流等离子体显示板(DC - PDP)两类。自扫描等离子体显示板(SSPDP)有较特别的电极构造,它具有辅助的放电部分,但仍属于 DC - PDP。AC -PDP 因其光电和环境性能优异,是 PDP 技术的主流。

等离子体显示具有以下一些特点:

① 等离子体显示为自发光型显示,有较好的发光效率与亮度。PDP 亮度为 30～1 700 cd/m^2,而充氖(Ne)的 PDP 视渗入的气体成分,发光效率在 0.1～0.5 lm/W。以上数值与其他显示相比虽不算太高,但因 PDP 显示媒质是透明的,对环境光的反射率比较低,能得到较高的对比度。

② 适于大屏幕、高分辨率显示。PDP 商品分辨率达 39.4 线/厘米,实验室中可做到 49.2 线 /厘米。1980 年就有对角线超过 1 m 的 PDP 商品面市。

③ 等离子体显示单元具有很强的非线性。我们知道,简单矩阵显示为了实现单元寻址,要求显示单元从熄灭到点亮有很强的非线性特性,这种非线性越强,能显示的行数就越多;而气体放电单元有很强的非线性,或称开关特性,即当单元上施加电压低于着火电压时,它基本上不发光,因此,即使每行多达 1 000 个像素,但全选点与半选点仍有较高的亮度比,不会显著降低等离子体显示板的对比度。

④ 存储特性。PDP 特有的存储特性使等离子体显示单元可工作在存储方式或刷新方式,而存储工作方式在大屏幕显示时能得到较高的亮度,这使得制造高分辨率大型 PDP 成为可能。

⑤ 由于气体放电会向电极周围扩散,因此在 PDP 结构上可以采用不透明但电阻低的金属电极,这对制作大面积、高分辨率的 PDP 十分重要。

⑥ PDP 有合适的阻抗特性。由于放电气体的介质常数近似为 1,与其他矩阵型显示,如薄膜电致发光板相比,PDP 单元电容小,这使得它有较小的驱动电流。虽然 PDP 要求有较高的驱动电压,这不能不说是一大缺点,但在像素有相同亮度与效率时,如果电压低,则电流势必大,而驱动电流大同样是不希望的。

⑦ 响应快。PDP 响应时间为数毫秒,使显示电视图像时更新像素信号不成问题。

⑧ 刚性结构,耐振动,机械强度高,寿命长。

9.4.1　气体放电基本知识

1. 充气二极管的伏安特性

如图 9-36 所示的电路中，接有一个平板电极的充气二极管，电极所在空间充有惰性气体，例如：充氖气(Ne)，或氖(Ne)+0.1 氩(Ar)混合气体，采用一系列同一类型但结构尺寸不同的充气放电管，改变电源电压 V 和限流电阻 R，实验测得二极管放电的伏安特性如图 9-36 所示。图中曲线按放电形式不同，划分成不同的部分。

曲线 AC 段属于非自持放电。在非自持放电时，参加导电的电子主要是由外界催离作用(加宇宙射线、放射线、光、热作用)造成的。当电压增加时，电流也随之增加并趋于饱和。C 点之前称为暗放电区，放电气体不发光；随着电压增加，到达 C 点后，放电变为自持放电，气体被击穿，电压迅速下降，变成稳定的自持放电(图中 EF 段)。EF 段被称为正常辉光放电区，放电在 C 点开始发光，不稳定的 CD 段是欠正常的辉光放电区。C 点电压 V_f 称为击穿电压或着火电压、起辉电压，EF 段对应的电压 V_s 称为放电维持电压。阴极电流密度为常数是正常辉光放电的特点。当放电电流更大时，进入异常辉光放电 FG 段，这时放电单元阻抗变大。当电流进一步增大，放电进入弧光放电后，在 H 点曲线变得平坦，压降小、电流大是弧光放电的特点。显然，实际的显示器件必须应用在正常或异常辉光放电区，这个区域放电稳定、功耗低。我们还看到，充气二极管的伏安特性有极强的非线性，可以认为充气二极管有开关特性。可将图 9-36 所示的静态伏安特性分成三个状态：熄火态、过渡态和着火态。

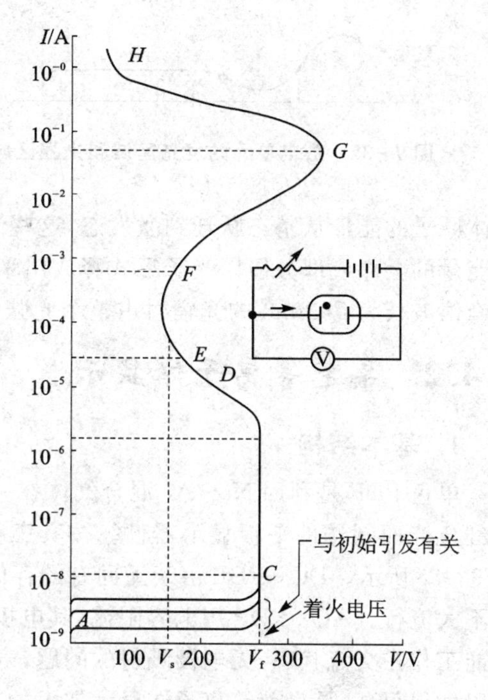

图 9-36　充气二极管伏安特性

2. 气体放电机理

气体放电是气体中带电粒子的不断增殖过程：由外界催离作用或上一次放电残存下来的原始电子从外电场得到能量并电离气体粒子，新产生的电子又参加电离过程，使电子、离子不断增加。初始自由电子对引起放电是不可少的，为了产生稳定可靠的放电，在实际器件中常采用附加的稳定辅助放电源。

图 9-37 为放电单元极间放电时的发光区域和光强度分布图。电极间有两个重要发光

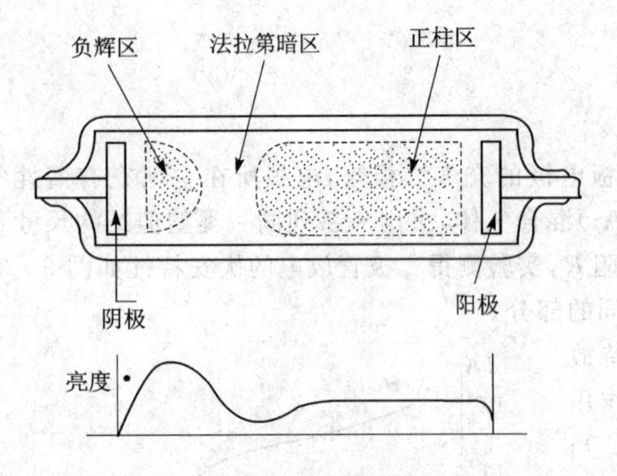

图 9-37 放电单元的发光区域和光强区域

区：负辉区和正柱区（又称等离子区）。负辉区的发光紧靠阴极，它的发光比正柱区强，而气体放电光源常利用正柱区的发光照明。PDP 放电单元的特别之处在于放电间隙小，因极间间隙小，放电常常不能显现正柱区而只利用了负辉区的发光。维持放电的基本过程都在阴极位降区，电极间压降几乎都集中在这里，控制放电气压、电压和间隙大小，可决定是以负辉区还是以正柱区发光为主。负辉区内电场比较弱，自由电子不具备足够的能量使多数气体原子电离，但能使经过该区的多数气体原子的能量从基态跃迁到激发态，这些激发态寿命只有 10^{-8} s。当原子恢复到基态时，这些能量的全部或部分便以光子形式释放出来，氖气产生的可见光波长范围在 400～700 nm，其中峰值波长为 582 nm 的光辐射占整个光强的 35 %～40 %，因此氖气发橙红色光。

9.4.2 单色等离子体显示

1. 基本结构

单色 PDP 是利用 Ne－Ar 混合气体在一定电压作用下产生气体放电，直接发射出 582 nm 橙红色光而制作的平板显示器件。按其工作方式，也可分为交流和直流两种，其单元结构如图 9－38 所示。DC－PDP 由于无固有的存储特性，全靠刷新方式工作，因此亮度比较低，目前已不大流行。AC－PDP 用电容限流，其电极通过介质薄层以电容的形式耦合到气隙上，因此只能工作在交流状态，无电极溅射的问题，寿命很长。AC－PDP 有固有的存储特性，所以亮度可以做得很高，是目前等离子体显示技术的主要发展方向。

AC－PDP 的基本结构如图 9－39 所示，在研磨过的两块平板玻璃上用光刻或真空镀膜的方法制作电极，矩阵型的条形电极彼此正交，交点处构成一个放电单元。电极材料采用金、银、铬合金或透明的氧化锡。变流等离子显示板的介质层材料、厚度对显示质量和放电的稳定性都有决定性影响，通常在电极表面淀积一层厚为 10～50 μm 的介质层。为保护介质层在放电过程中不受离子轰击，在介质表面再涂覆一层 MgO 的保护层。MgO 的二次电子发射系数较大，采用 MgO 保护后可得到稳定的放电和较低的维持电压，并能延长器件的寿命。两块玻璃用衬垫保持间隙为 80～120 μm，周边用低熔点玻璃密封，经排气、烘烤后充入 Ne－Ar 混合气（其中 Ar 占 0.1 %），气压约 50.5 kPa。

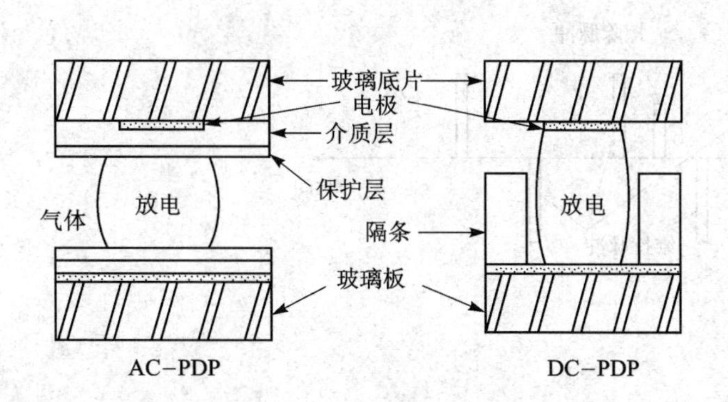

图 9-38 AC-PDP 和 DC-PDP 结构比较

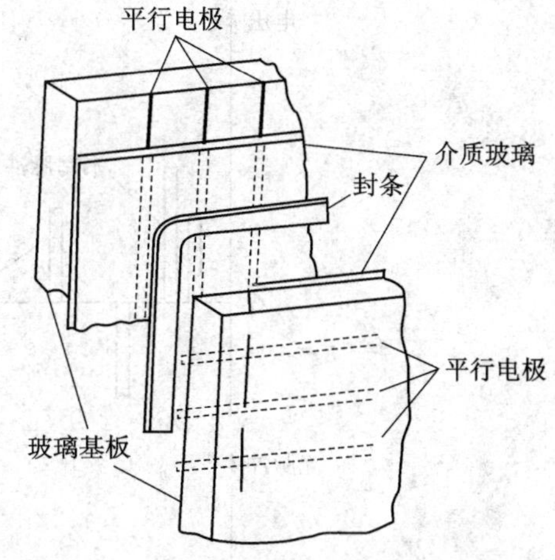

图 9-39 单色 AC-PDP 的典型结构

2. 工作原理

当放电单元的电极加上比着火电压 V_f 低的维持电压 V_s 时，单元中气体不会着火。如在维持电压间隙加上幅度高于 V_f 的书写电压 V_{wr}，则单元将放电发光，放电形成的电子、离子在电场作用下分别向该瞬时加有正电压和负电压的电极移动。由于电极表面是介质，电子、离子不能直接进入电极而在介质表面累积起来，形成壁电荷。在外电路中，壁电荷形成与外加电压极性相反的壁电压，这时，放电空腔上的电压为外加电压和壁电压之和。它将小于维持电压，使放电空间电场减弱，致使放电单元在 2～6 μs 内逐渐停止放电。因介质电阻很高，壁电荷会不衰减地保持下来；当反向的下一个维持电压脉冲到来时，上一次放电形成的壁电压与此时的外加电压同极性，叠加电压峰值大于 V_f，单元再次着火发光并在放电腔的两壁形成与前半周期极性相反的壁电荷，再次使放电熄灭直到下一个相反极性的脉冲到来。因此，单元一旦由书写脉冲电压引燃，只需要维持电压脉冲就可维持脉冲放电，这个特性称为 AC-PDP 单元的存储特性。

要使已放电的单元熄灭，只要在下一个维持电压脉冲到来之前给单元加一窄幅(脉宽约 1 μs)的放电脉冲，使单元产生一次微弱放电，将储留的壁电荷中和，又不形成新的反向壁电荷，单元将中止放电发光。PDP 单元虽是脉冲放电，但在一个周期内它发光两次，维持电压脉冲宽度通常为 5～10 μs，幅度为 90～100 V，主要工作频率范围为 30～50 kHz，因此光脉冲重复频率在数万次以上，人眼不会感到闪烁。以上工作方式为 AC-PDP 的存储模式，如图 9-40 所示。

3. AC-PDP 的驱动

单色 AC-PDP 的驱动原理如图 9-41 所示。它由驱动电路、显示控制电路和电源三大

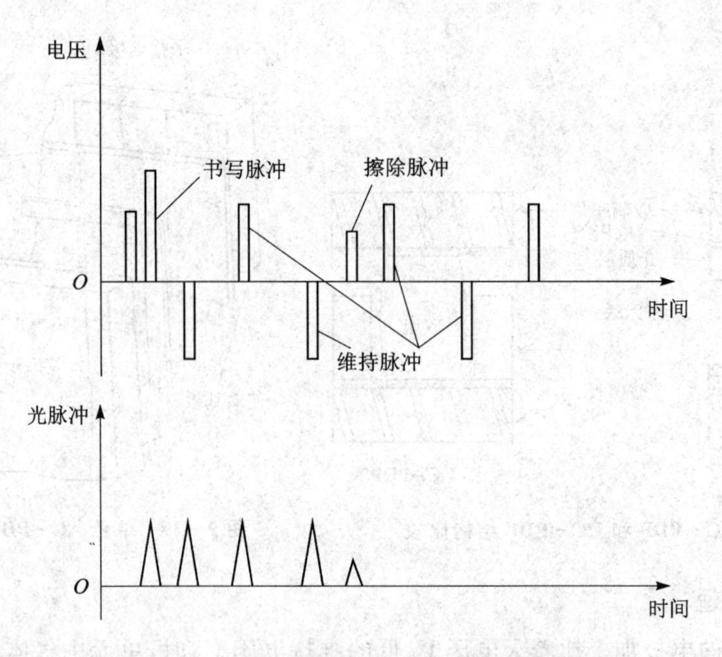

图 9-40 AC-PDP 的维持、书写和擦除脉冲工作方式

部分组成，x、y 方向驱动电路可采用专用集成块，在控制电路的控制下产生 PDP 所需要的维持、书写和擦除脉冲，扫描部分工作在浮地上。显示控制电路以单片微处理器为核心，在系统软件的协调下，提供驱动控制电路所需要的各种信号。电源部分提供整个系统所需的多组电压，并根据驱动控制电路提供的信号产生一个合适的复合波形作为显示屏的浮地信号。整个系统除扫描电路及扫描控制电路工作在浮地以外，其余均工作在系统地上。驱动电压的幅度对显示器亮度有影响，但曲线比较平缓且很快趋于饱和。驱动电压的频率对亮度影响很大，在

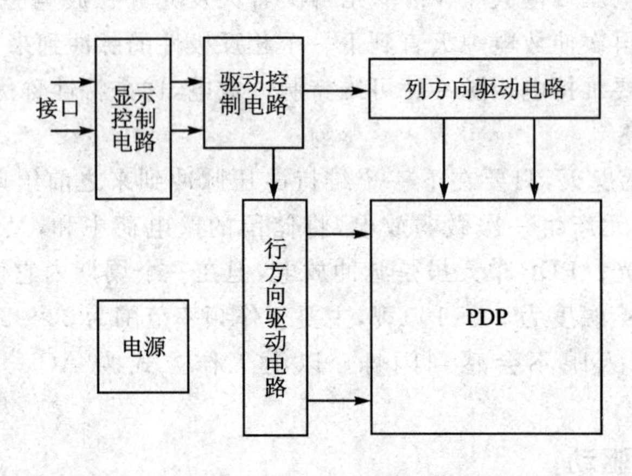

图 9-41 单色 AC-PDP 驱动电路原理框图

一定范围内与亮度有线性关系，因为频率越高，单位时间内发光的次数就越多。但频率高时 PDP 功耗也增加，器件的温升明显，现在最高的维持频率一般在 60 kHz。

9.4.3　彩色等离子体显示

1. 基本结构

单色 PDP 单元中，氖气放电只能产生橘红色单色光，不能产生多色或全色显示的彩色光。彩色 PDP 中，利用气体放电产生的电子或紫外光激发低压荧光粉或光致发光荧光粉发出彩色光，实现彩色图像显示。目前，彩色 PDP 主要采用紫外光激发发光的方式。图 9－42 为两种实现彩色显示的交流 PDP。对相放电式 AC－PDP 与单色结构相同，两个电极分别在相对放置的底板上，在 MgO 层上涂覆荧光粉。当等离子体放电时，荧光粉受离子轰击会使发光性能变差，因此难以实用化。表面放电式 AC－PDP 避免了上述缺点，显示电极位于同一侧的底板上，放电也在同侧电极间进行，现在上市的大多数商品都采用表面放电式结构，是彩色 PDP 的主流技术。表面放电式彩色 AC－PDP 的实际结构有多种，其中一种实用结构如图 9－43 所示。它的前基板用透明导电层制作一对维持电极。为降低透明电极的电阻，在其上再制作细的由金属 Cr－Cu－Cr 组成的汇流电极，电极上覆盖透明介质层和 MgO 保护层，后基板上先制作与上基板电极呈空间正交的选址电极，其上覆盖一层白色介质层，做隔离和反射之用。白色介质层上再制作与选址电极平行的条状障壁阵列，既做控制两基板间隙的隔子，又做防止光串扰之用。之后在障壁两边和白色介质层上依次涂覆红、绿、蓝荧光粉。板子四周用低熔点玻璃封接，排气后充入 Ne－Xe 混合气体即成显示器件。

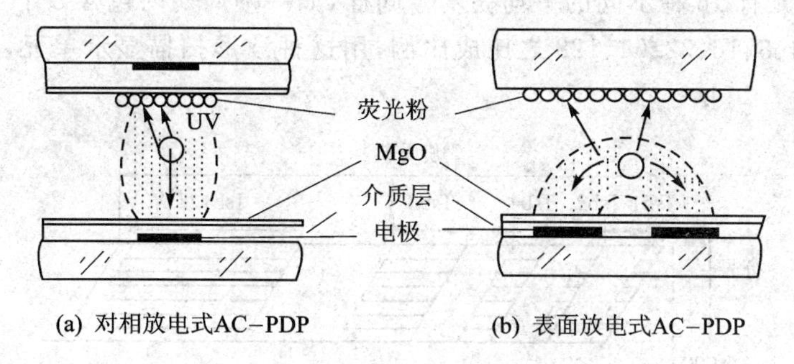

图 9－42　彩色 PDP 单元结构示意图

2. 驱动方式和灰度调制

等离子体显示板可工作在刷新工作方式或存储工作方式。刷新工作方式一行显示单元被按顺序点亮时，前面各行已不再发光，这样，显示板的平均亮度随着显示板行数增加而成比例地下降，因此，刷新方式只适于扫描行数少于 100 行的中小容量显示板。当显示容量增加时，只能采用存储工作方式。这时，当一行显示单元被书写时，其他行的显示信号仍被保持，单元

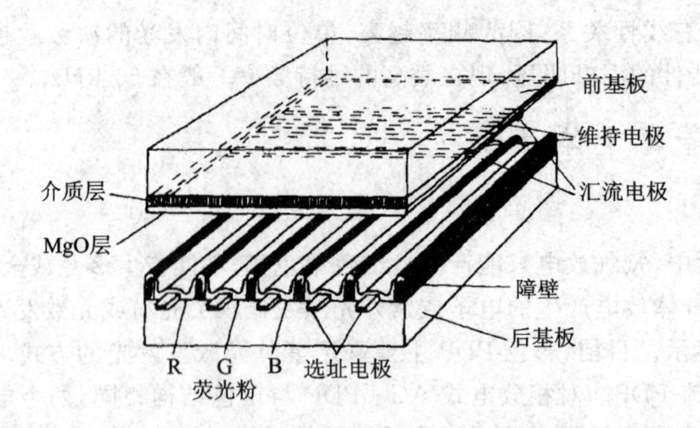

图 9-43　表面放电式彩色 AC-PDP 结构示意图

在一帧时间内持续发光，显示板的亮度比刷新方式高得多。

PDP 放电单元具有双稳态工作特性，它只能处于着火或熄灭两种状态之一，因此，PDP 一般采用时间调制技术实现有灰度层次的图像显示。放电单元的时间调制技术通常采用如图 9-44 所示的"子场扫描法"。为了实现有 16 级灰度的显示，我们将一帧时间分成 4 个子场，每个子场都由写入脉冲、维持脉冲和熄火脉冲组成。写入脉冲使放电单元发光，而 4 个子场的维持脉冲数各不相同，脉冲数与 1、2、4、8 之比成比例，即 K 子场的发光时间是 $K+1$ 子场发光时间的一半，单元相应的平均亮度也减半。这样，当在帧周期内选用不同子场波形驱动时，单元发光时间长短有别，一帧时间内被寻址 4 次，由 4 个子场组合可得 2^4 即 16 种不同的发光时间，对应单元有 16 种不同的平均亮度。同样，如一帧周期内包含 8 个子场，它们具有脉冲维持数与 1、2、4、8、16、32、64、128 之比成比例，用这种波形扫描显示单元，可得到 256 级灰度的图像显示。

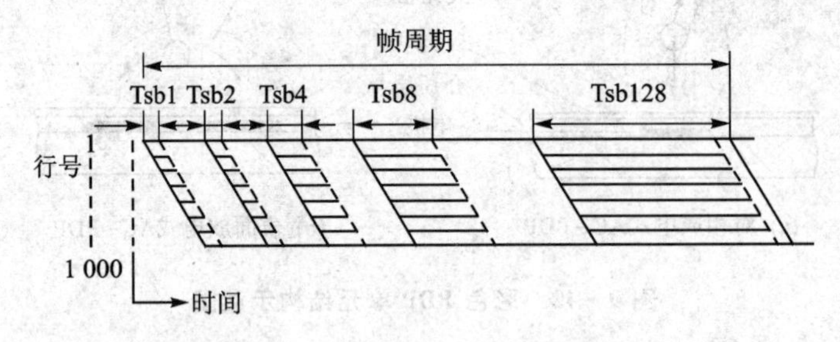

图 9-44　子场扫描法实现灰度显示

9.5　场致发光显示

某些物质加电压后会发光，人们把这种固体发光材料在电场激发下发光的现象称为场致

发光或电致发光(EL)。由于薄膜晶体管(TFT)技术的发展,EL 在寿命、效率、亮度、存储上的缺点得到部分克服,因而成为大型显示技术三大最有前途的发展方向之一。

按照场致发光激发过程的不同将其分为两类。

(1) 注入式电致发光

它是指由直接装在晶体上的电极注入电子和空穴,当电子与空穴在晶体内再复合时发光的现象。注入式电致发光的基本结构是结型二极管(LED)。

(2) 本征电致发光

它又分高场电致发光与低能电致发光。其中高场电致发光是荧光粉中的电子或由电极注入的电子在外加强电场的作用下在晶体内部加速,碰撞发光中心并使其激发或离化,电子在回复基态时辐射发光。而低能电致发光是指某些高电导荧光粉在低能电子注入时的激励发光现象。

低能电致发光的典型代表是荧光显示,虽说这种显示具有亮度高、发光颜色鲜明、工作电压低、功耗小、响应速度快、能用普通 LSI 直接驱动、寿命长、品种多等优点,但主要用在数字、文字、简单图形显示等方面;而高场电致发光与 LED 被认为是大屏幕显示有前途的发展方向,因而本节主要学习注入式电致发光显示与高场本征场致发光显示。

9.5.1　LED 与无机 LED

LED 是注入式电致发光的典型例子。注入式电致发光现象最早要追溯到 1923 年苏联的罗塞夫发现 SiC 中偶然形成的 P－N 结中的光发射,但直到 20 世纪 60 年代,人们才用 GaAsP 外延生长技术制成了第一只实用化红光 LED,其后不久橙色、黄色 LED 也相继问世,LED 得到迅速发展。70 年代绿光 LED 得以实现。80 年代初,高亮度 LED 拓展了 LED 的应用范围。1991 年,利用 MOCBD 外延工艺制作出的超高亮度红、橙、黄 LED 更使 LED 走出室外;1994 年 GaN 超高亮度蓝光 LED 问世及其后不久的超高亮度绿光 LED,还有近年的激光 GaN LED 研制成功,实现了 LED 发光颜色覆盖红、橙、黄、绿、蓝、紫可见光全谱,为全色显示奠定了基础。

P 型和 N 型半导体接触时,在界面上形成 P－N 结,并由于扩散作用而在结两侧形成耗尽层。当给 P－N 结加正电压时,耗尽层减薄,注入到 P 区和 N 区的电子和空穴分别与原空穴和电子复合,并以光的形式辐射出能量。复合发光可以发生在导带与价带之间,称直接带间跃迁复合;也可发生在杂质能级上,称间接带间跃迁复合。直接带间跃迁复合跃迁具有概率大、发光效率高、发光强度高、发光波长随多元化合物组分连续变化等优点。间接跃迁过程较复杂:如果是单杂质材料,则在常温下杂质大部分被电离;若杂质能级靠近导带底,则导带电子被杂质能级俘获并落入价带与空穴复合;若杂质能级靠近价带顶,则价带空穴被杂质能级俘获,并与导带电子复合后落回价带。如果辐射复合发生在两个杂质能级间,则导带电子和价带空穴分别被电离的相应杂质能级俘获并在低能态杂质能级上复合发光,之后再落入价带。

LED一般有台面型与平面型两种结构,如图9-45所示。

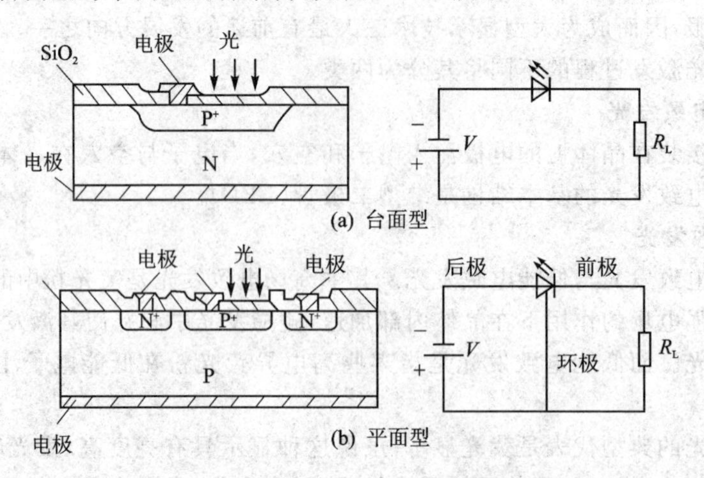

图9-45 发光二极管结构

9.5.2 OLED

有机发光显示器件(OLED)是以有机薄膜作为发光体的自发光显示器件,具有:① 发光效率高、亮度大;② 有机发光材料众多、价廉,且易大规模、大面积生产;③ 发光光谱覆盖红外到紫外光,便于实现全彩色显示;④ 材料的机械性能良好,易加工;⑤ 驱动电压低,能与半导体集成电路的电压相匹配,驱动电路易实现等优点。因此OLED已成为当今超薄、大面积平板显示器件研究的热门。1963年,P. M. Kallmann首次观察到了有机物的电致发光现象,并制备了简单的器件。1987年,柯达公司的W. C. Tang博士研制成功了两层薄膜的有机小分子OLED;同年,英国剑桥大学卡文迪什实验室的Jeremy Burroughes证明了高分子有机聚合物也有电致发光效应,并于1990年制备出相应器件,从此OLED显示技术的研究进入了高速发展阶段。近年,器件发光亮度、发光效率、内量子效率等性能指标得到不断提高。

1. OLED器件的发光机制

OLED由夹在一个透明阳极和金属阴极之间的有机层组成层状结构。用做有机发光器件的材料可分为有机小分子和聚合物两类。当器件工作在正偏置时,有机异质结结构的电子和空穴发生注入与迁移现象,形成电子-空穴对,重新组合,通过透明的电极发光。

OLED有单异质结结构(single - heterostructure)和双异质结结构(double - heterostructure)两种不同的结构形式,如图9-46所示。

OLED的发光机制简单地说是由阴极注入的电子和阳极注入的空穴在发光层相互作用形成受激的激子。激子从激发态回到基态时,将其能量差以光子的形式释放出来。光子的能量为

$$h\nu = E_2 - E_1$$

式中，h 为普朗克常量，ν 为出射光子的频率，E_2 为激子在激发态的能量，E_1 为激子在基态的能量。以典型的三层 OLED 为例，有机电致发光过程由以下步骤完成：

① 载流子的注入，电子和空穴分别从阴极和阳极注入到电极内侧间的有机功能薄膜层；

② 载流子的迁移，载流子分别从电子传输层 ETL 和空穴传输层 HTL 向发光层 ELL 迁移；

③ 激子的产生，空穴和电子在发光层 ELL 中相遇，相互束缚而形成激子；

④ 光子的发射，激发态能量通过辐射失活，产生光子，释放出光能。

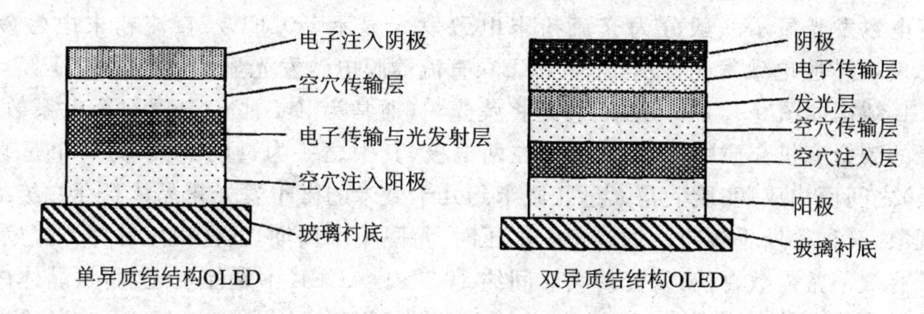

图 9-46　OLED 两种基本结构

绝大多数有机电致发光材料属于有机半导体，它们长程无序，短程有序，分子间的相互作用是范德瓦尔斯力；分子内电子的局域性强，属于非晶固体，这种结构对电子的输运不利。考虑到有机半导体具有光吸收边及其电导率与温度成反比的关系，表明有机半导体也存在能带结构，但其能带结构不能直接套用无机半导体的能带结构，而可用能带结构解释：每个分子由多个原子组成，由各原子轨道线性组合形成分子轨道时，轨道的数目不变，但能级发生变化。两个能级相近的原子轨道组合成分子轨道时，总要产生一个能级低于原子轨道的成键轨道和一个能级高于原子轨道的反键轨道。多个成键轨道或反键轨道之间交叠、简并，从而形成了一系列扩展的电子态，即电子能带。其中成键轨道中最高的被占据分子轨道称为 HOMO (Highest Occupied Molecular Orbits)，反键轨道中最低的未被占据分子轨道被称为 LUMO (Lowest Unoccupied Molecular Orbits)。与无机半导体晶体的能带相比较，可以把有机半导体中的成键轨道比做无机半导体的价带，反键轨道比做导带，HOMO 则是价带顶，LUMO 是导带底，这就是有机半导体的能带结构。

2. OLED 器件的分类

OLED 显示一般分为无源矩阵 OLED 和有源矩阵 OLED。无源矩阵 OLED 显示器件结构简单，价格低廉，适于低信息量的显示应用，如字符、数字显示器，其有机层夹在两个互相垂直的电极层(阳极和阴极)之间，发光像素按矩阵排列，被扫描的像素在相应行、列驱动电压的驱动下，流过电流而发光。电极与发光层上、下分别有保护层与玻璃基板。

有源矩阵 OLED 显示器件主要用于高分辨率、高信息量的显示器，例如视频和图形显示等。其显示面板上增加了一层电子底板，每个像素通过在电子底板上相应的薄膜晶体管和电容器来进行独立的寻址，这样，当某一点像素发生故障时，只会引起该像素点变黑，而不会像传统的 LCD 显示器件那样，造成该点所在的行变成白色。另外，有源矩阵 OLED 器件采用恒定驱动电流，且多晶硅扫描电路都直接集成到底板上，这样减少了许多昂贵的、高密集的 IC 和与外围设备相接的接口电路。

9.5.3 高场电致发光显示

高场电致发光显示一般分为交流粉末电致发光显示(ACEL)、直流粉末电致发光显示(DCEL)、交流薄膜电致发光显示(ACTFEL)、直流薄膜电致发光显示(DCTFEL)。

ACEL 结构如图 9－47(a)所示，它是将荧光粉(通常为 ZnS:Cu)悬浮在介电系数很高、透明而绝缘的胶合有机介质中，并将之夹持在两电极(其中之一为透明电极，另一个是真空蒸镀金属电极)之间而构成，实质上是大量几微米到几十微米的微小发光粉晶体悬浮在绝缘介质中的发光现象，又称德斯垂效应。加以正弦电压时，每隔半个周期，器件以短脉冲方式发光一次，激励电压有效值常需数百伏，发光持续时间约 10^{-3} s。ACEL 不是体发光，而是晶体内的发光线发光。发光线上的亮度可达 3.4×10^{5} cd/m^2，总体光亮度约为 40 cd/m^2，功率转换效率约为1 %，寿命约 1 000 h。采用不同的荧光粉可获得红、蓝、黄、绿等各色光显示。

DCEL 现象由乍姆等人于 1954 年发现，1966 年人们得到了高亮度 ZnS:Mn、Cu DCEL 发光材料。DCEL 结构基本与交流粉末器件相似(见图 9－47(b))，但其荧光粉的涂层是导电的 Cu_xS，正常使用前必须在两电极上施加短暂作用的高电压脉冲，使 Cu^+ 从紧挨着阴极的荧光物表面上失落，形成一薄层高电阻的 ZnS。之后，较低的工作电压主要降在 ZnS 上，使之发光。这种器件转换效率仅 0.1 %，但发光亮度高达 300 cd/m^2(V=100 V)。

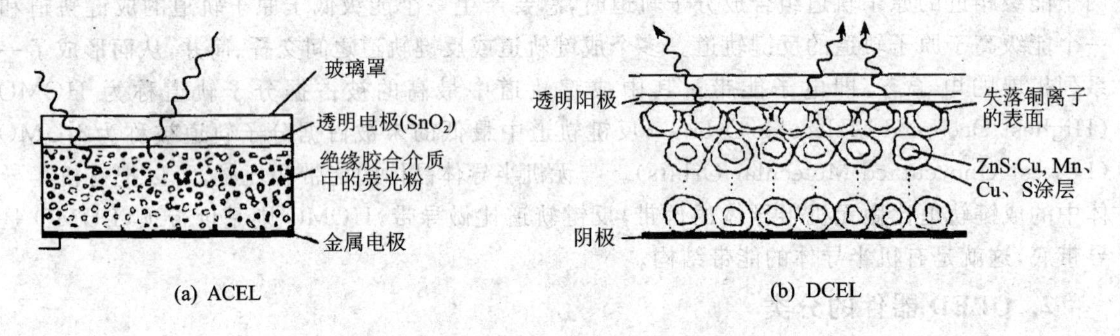

图 9－47 ACEL 与 DCEL 结构原理图

自从 1968 年美国贝尔实验室制作出薄膜 EL(TFEL)器件之后，这方面的研究日益活跃。ACTFEL 早期的名字叫 Lumocen，意即分子中心发光，其发光材料为 ZnS，发光中心是稀土卤素化合物分子(TbF_3)，结构如图 9－48(a)所示。现在的 ACTFEL 一般采用双绝缘层 ZnS:

Mn 薄膜结构,如图 9-48(b)所示。器件由三层组成,发光层夹在两绝缘层间,起消除漏电流与避免击穿的作用。掺不同杂质则发不同的光,其中以掺 Mn 效率最高,加 200 V、5 000 Hz 电压时,亮度高达 5 000 cd/m^2。ACTFEL 具有记忆特性:给之加一系列脉冲电压,若下一脉冲与上一脉冲同方向,则发光亮度明显减小;若下一脉冲与上一脉冲反方向,则发光亮度明显增加。利用记忆效应可以制成有灰度极的记忆板。

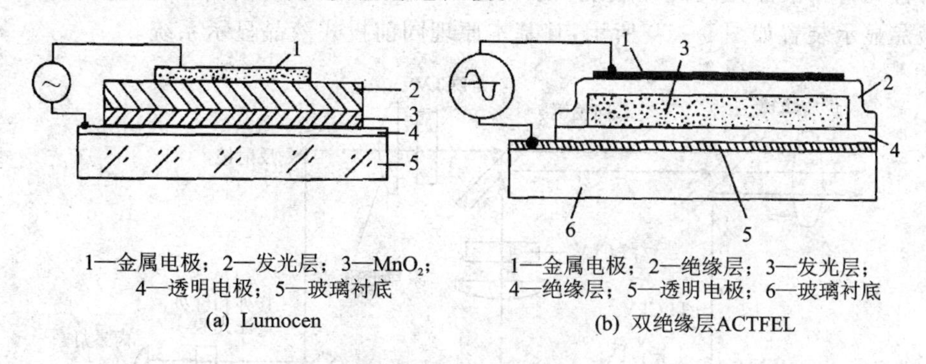

图 9-48 ACTFEL 结构

ACTFEL 的优点是亮度高,寿命长(大于 20 000 h 不劣化),稳定性极好,具有本征灰度存储能力,可用光笔或投影法做光学书写与擦除,能用二电平信号读出,分辨率高,工作范围宽。缺点是静电容大,显示速度慢,无自扫描、自位移功能,驱动复杂,颜色只有橙黄色效率高,工作电压高,集成化困难。

DCTFEL 发光过程中,一方面,当电流通过 ZnS 薄膜时,电子注入到其导带(迁移率 80~140 $cm^2/(V \cdot s)$),空穴注入价带(迁移率 5 $cm^2/(V \cdot s)$),由于二者迁移率的差别,造成注入空穴基本上在阳极附近被发光中心俘获,在靠近阳极一边发光;另一方面,金属电极或 CuS 线与 N 型掺杂 ZnS 接触形成势垒,当反向偏压时电子隧道注入 ZnS 高场区,电子被加速,获得足够能量,碰撞激发或离化发光中心。这两种过程混合进行,形成了 DCTFEL 发光。

DCTFEL 没有介质,可以使发光体直接与电极接触,因而能制作与晶体管和集成电路匹配的低压(十几到几十伏)、直流 ELL 器件,且均匀致密,分辨率高,成像质量优于一般 EL 器件,面积和形状不受影响,工艺简单,造价低,因而成为显示器件中最具发展潜力的一种。

9.6 其他二维显示技术

9.6.1 投影显示

投影显示分为 CRT 投影和 LCD 投影显示两种。

图 9-49 为前投式液晶显示系统结构示意图,采用三基色投影方式,光源为金属卤素灯,

色温为 6 000～7 000 K，其光色近于自然光，寿命可达几千小时。来自光源的白光经两个二向色镜分离成红、绿、蓝三基色，形成三个光路分别照射三个 TFT LCD。经液晶光阀调制后的三基色光再经过两个二向色镜并通过一个投影透镜投射到屏幕上，也可通过三个投影透镜分别投射到屏幕上合成彩色图像。每个基色的亮度取决于光源每种光谱的强度、二向色镜的色彩分离特性和每个液晶光阀的调制度，使用适当的滤色片和调制度能得到正确的亮度比例。背投式液晶显示装置如图 9-50 所示，其基本原理同前投式液晶显示系统。

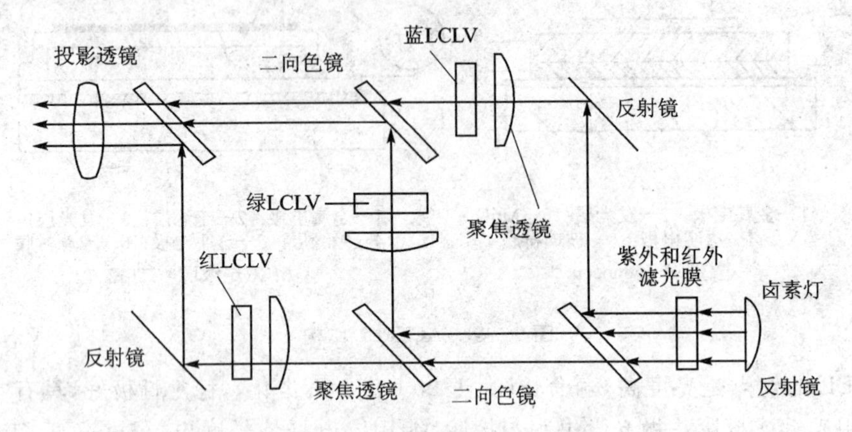

图 9-49　前投式液晶显示光路图

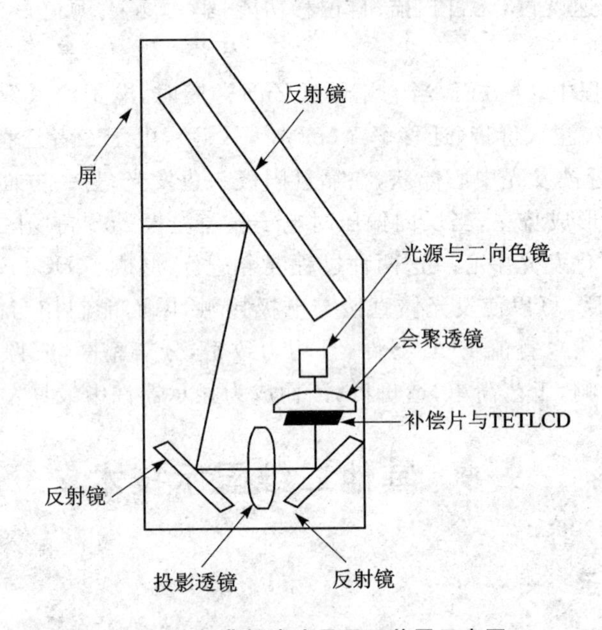

图 9-50　背投式液晶显示装置示意图

通常认为液晶投影适用于前投式系统，在光线较暗的室内显示非常大的影像。液晶前投

式投射装置十分紧凑，体积小，屏幕容易安置（可挂在墙上），光源的寿命也较长。目前，采用强光光源（金属卤素灯）和高分辨率液晶光阀的液晶投影得到的图像质量，已可与直视式CRT显示相媲美。CRT背投式显示无需外光源，它在较亮的室内环境下也能产生十分生动的影像，但由于受投影空间的限制，屏幕尺寸通常在40～60 in之间，最大可达70 in左右。现在，CRT和LCD的前投和背投式显示四种方式中，CRT背投影电视和LCD前投影电视得到了较快的发展。

9.6.2 真空荧光显示

真空荧光显示（VFD）也称低能电子发光显示，它利用了氧化锌（ZnO:Zn）等荧光粉在数十伏以下的低能电子轰击下的发光现象，其基本结构如图9-51所示。VFD器件是一个典型的真空三极管结构，它由阴极、栅极、阳极组成。阴极发射的电子在栅极控制下加速飞向阳极；在阳极电压作用下，这些具有一定能量的电子轰击阳极上的荧光粉使其发光，如对阳极图形电极选址，就可显示出不同数字与图形来。阴极是一根或多根细钨拉的灯丝，上面涂覆一层碱金属钡、锶、钙的三元碳酸盐。在管子制造工艺中，玻壳排气封接前对灯丝通电加热，使阴极激活，这时三元碳酸盐分解，在灯丝上留下碱金属氧化物。这种直热式氧化物阴极是很好的电子发射源，工作温度约650 ℃。阴极的激活条件对VFD的特性有很大影响。位于阴极和阳极之间的栅极是用极薄的金属板蚀刻成的细密格子或龟纹形金属网，它对电子有较高的透过率。透过率的高低对VFD管子中的电流分配、亮度、显示质量等都有直接的影响。阳极和荧光粉层做在玻璃底板上，将涂层材料借助厚膜印刷技术和烧结工艺反复进行，在玻璃底板上依次做好金属导线、绝缘层和阳极的图形。当图形较复杂、连线密度高时，采用厚膜印刷工艺只能在玻璃底板上规定尺寸内做成多层结构，这会使成本增高，驱动不便。这时可采用厚膜、薄膜混合工艺，将阳极和引线做成铝薄膜，而用厚膜技术印制绝缘层。涂在阳极外的荧光粉采用低压电子荧光粉ZnO:Zn等，不同用途要求VFD的荧光粉发不同颜色的光，采用ZnO:Zn发绿色光。

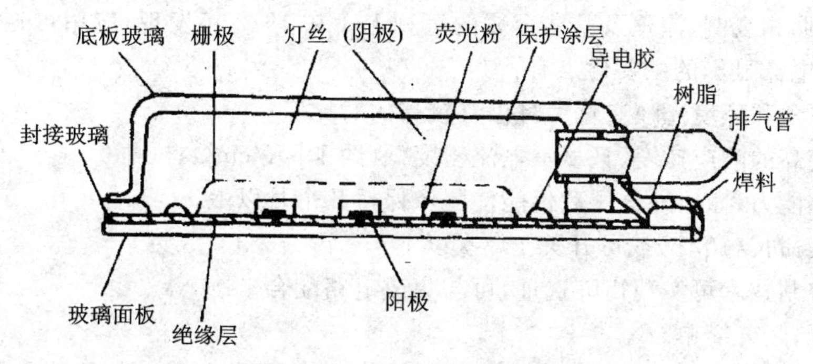

图9-51 VFD结构示意图

9.6.3 电致变色显示

有许多物质在受到外界各种刺激,例如受热、光照、流过电流的时候,其颜色即发生变化,即产生着色现象。所谓电致变色现象,是指电致着色和发光现象,从显示的角度看,则是专门指施加电压后物质发生氧化还原反应使颜色发生可逆性的电致变色现象。

电致变色有三种主要形式:

① 离子由电解液进入材料引起变色;

② 金属薄膜电沉积在观察电极上;

③ 彩色不溶性有机物析出在观察电极上。

与同样是被动显示器的液晶显示相比,电致变色有以下突出的优点:

① 显示鲜明、清晰,优于液晶显示板;

② 视角大,无论从什么角度看都有较好的对比度;

③ 具有存储性能,如书写电压去掉且电路断开后,显示信号仍可保持几小时到几天,甚至一个月以上,存储功能不影响寿命;

④ 在存储状态下不消耗功率;

⑤ 工作电压低,仅为 0.5～20 V,可与集成电路匹配;

⑥ 器件可做成全固体化形式。

电致变色显示也有一些不容忽视的缺点,如响应快,响应速度(约 500 ms)接近秒的数量级,对频繁改变的显示,功耗大致是液晶功耗的数百倍;往复显示的寿命不长(只有 10^6～10^7 次)。许多液态或固态的有机物或无机物都有电致变色功能,其中 WO_3 被研究较多,因为在 WO_3 中离子的迁移率高,电子注入会产生对可见光的强烈吸收。

9.6.4 电泳显示

电泳是指悬浮于液体中的电荷粒子在外电场作用下的定向移动并附着在电极上的现象。电泳广泛用于照相复制、涂覆及某些金属的沉积上。在 1972 年发现,应用可逆的电泳现象可作被动显示。电泳显示的主要优点有:

① 在大视角和环境光强变化大时仍有较高的对比度;

② 具有较高的响应速度,且显示电流密度低(约 1 $\mu A/cm^2$);

③ 有存储能力,撤出外电压后仍能使图像保持几个月以上;

④ 工作寿命长(10^4 h)或可开关 10^8 次以上;

⑤ 采用控制技术可实现矩阵选址,可与集成电路配合;

⑥ 价格低,工艺简单。

电泳显示的基本原理描述如下:在两块玻璃间夹一层厚约 50 μm 的胶质悬浮体,两块玻璃上都涂有透明导电层,胶质悬浮体由悬浮液、可溶性着色染料、悬浮色素微粒及稳定剂或电

荷控制剂组成。其中色素微粒由于吸附液体中杂质离子而带同号电荷，当加上外电场时，微粒便移向一个电极，该电极就呈色素粒子颜色；一旦电场反向，微粒也反向移动，该电极又变成悬浮液的颜色，即悬浮液颜色相当于背景颜色，微粒颜色就是欲显示的字符颜色，两者之间应有较大反差。将透明电极制成需要的电极形状时，就可以显示较复杂的图形。

9.7　三维全息显示

9.7.1　全息技术原理

由于任何三维物体都可以认为是点的集合体，因此可用点物来解释全息技术的原理。在图 9－52 中，一束准直激光束被分束器(BS)分成两束平面波，再分别经过反射镜 M_1 和 M_2，然后通过分束器合并。

一束平面波用来照射小孔光阑(要记录的点物)，另一束平面波直接照射记录胶片。平面波经小孔光阑后产生发散的球面波，在全息技术里这个球面波叫物光波，而直接照在记录胶片上的平面叫参考波。令 ψ_0 表示记录胶片上物光波的场分布，ψ_r 表示记录胶片上参考光的场分布。于是，胶片上记录着参考光波和物光波干涉强度，其数学表达式为 $|\psi_r+\psi_0|^2$，这表示参考光波和物光波在胶片上是相干的，其相干性由激光源来保证。这种记录通常叫做全息记录。

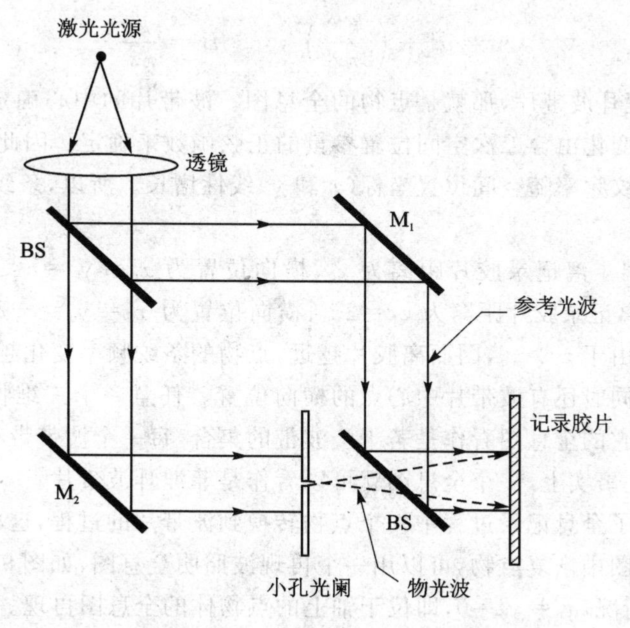

图 9－52　点物的共轴全息记录

在光学领域里，我们用复函数 $\psi(x,y)$ 来描述 $z=0$ 平面上光场的振幅和相位。根据菲涅耳衍射，可以得到在 $z=z_0$ 处的光场分布为

$$\psi(x,y;z_0)=\psi(x,y)*h(x,y;z=z_0) \tag{9.7-1}$$

式中，“*”表示卷积，$h(x,y;z)$ 叫自由空间脉冲响应，即

$$h(x,y;z)=\frac{\mathrm{i}k_0}{2\pi z}\exp[-\mathrm{i}k_0(x^2+y^2)/2z] \tag{9.7-2}$$

式中，$k_0=2\pi/\lambda$，λ 是光的波长。现在，回到刚才的点物光波的例子，用一个偏移 δ 函数来表示在记录胶片前 z_0 处的点物，即 $\psi(x,y)=\delta(x-x_0,y-y_0)$。根据式(9.7-1)，点物在记录胶片形成的物光波为

$$\psi_0=\psi(x,y;z_0)=\frac{\mathrm{i}k_0}{2\pi z_0}\exp\{-\mathrm{i}k_0[(x-x_0)^2+(y-y_0)^2]/2z_0\} \tag{9.7-3}$$

这个物光波是球面波。对于参考平面波，在记录胶片上的场分布是常数，可简写为 $\psi_r=a$（是一个常数）。因此，胶片上记录的强度为

$$t(x,y)=|\psi_r+\psi_0|^2=\left|a+\frac{\mathrm{i}k_0}{2\pi z_0}\exp\{-\mathrm{i}k_0[(x-x_0)^2+(y-y_0)^2]/2z_0\}\right|^2=$$

$$A+B\sin\left\{\frac{k_0}{2z_0}[(x-x_0)^2+(y-y_0)^2]\right\} \tag{9.7-4}$$

式中

$$A=a^2+\left(\frac{k_0}{2\pi z_0}\right)^2,\qquad B=\frac{k_0}{\pi z_0}$$

这个表达式称为菲涅耳波带片，那就是点物的全息图。波带片的中心确定了点物的 x_0，y_0 的位置，波带片的空间变化由含二次空间位置参量的正弦函数来确定。因此，波带片的位相的空间变化率，也就是条纹频率随空间位置坐标（x 和 y）线性增长。所以，条纹频率与深度参数 z_0 有关。

图 9-53(a)给出了离记录胶片距离为 z_0、横向位置为 $x_0=y_0=c<0$ 的点物的全息图。图 9-53(b)给出了离记录胶片距离为 $z_1=2z_0$、横向位置为 $x_0=y_0=-c$ 的另一点物的全息图。在这种情况下，由于 $z_1>z_0$，因而离胶片越远，点物的条纹频率变化越慢。事实上，条纹频率包含了深度信息，同时还有波带片中心点的横向位置。任意一个三维物体都可以看作是点的集合，因而可以将它的全息图看作是若干个波带的集合，每一个波带带有点物的横向位置信息和点的深度信息。事实上，一个全息图就可以看作是菲涅耳波带片。

至此，我们讨论了全息记录过程中一个点物转换到波带片的过程，这相当于编码过程。为了解码，必须从全息图中恢复点物，可以用一个再现波照明全息图，如图 9-54 所示。图 9-54 给出的是一个简单情况，$x_0=y_0=0$，即位于轴上的点物体的全息图再现。

实际情况是，再现光波通常与参考光波相同。设再现光波在全息图平面上的场分布为 $\psi_{rc}(x,y)=a$，那么，全息图后透射的场分布为 $\psi_{rc}t(x,y)=at(x,y;z)$。根据式(9.7-1)可求

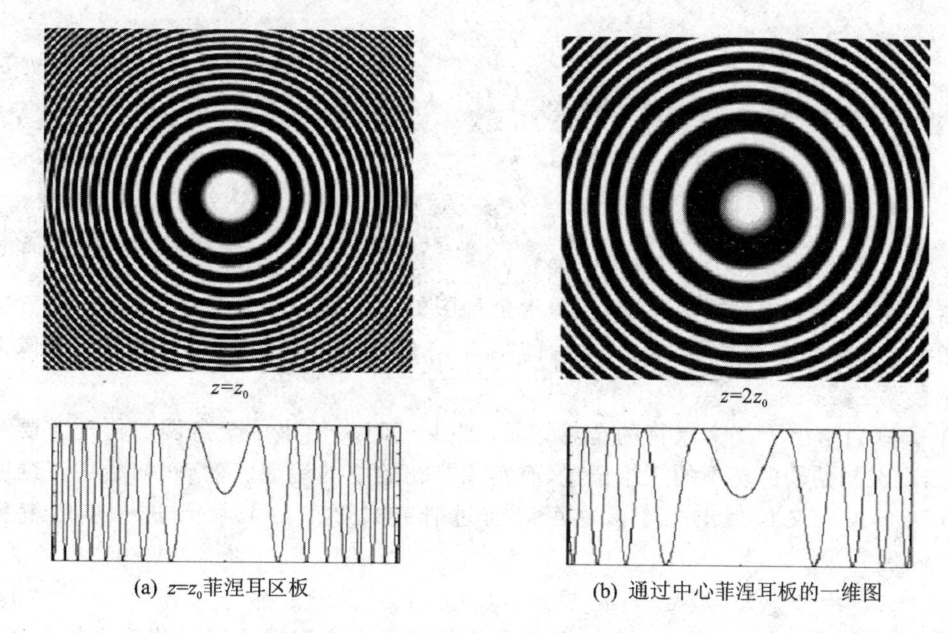

(a) $z=z_0$菲涅耳区板　　(b) 通过中心菲涅耳板的一维图

图 9-53　在不同的 x,y,z 位置的点物全息图

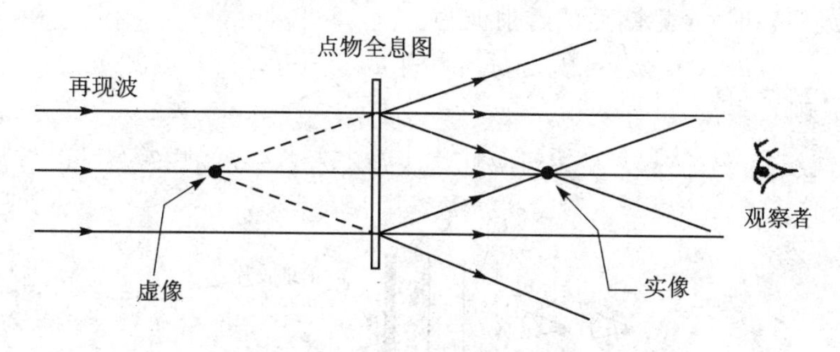

图 9-54　全息图再现

得任意距离 z 处的场为 $at(x,y)*h(x,y;z)$。对式(9.7-4)的点物全息图，将全息图的正弦项展开，得到

$$t(x,y)=A+\frac{B}{2\mathrm{i}}\left\{\exp\left\{\mathrm{i}\frac{k_0}{2z_0}[(x-x_0)^2+(y-y_0)^2]\right\}-\exp\left\{-\mathrm{i}\frac{k_0}{2z_0}[(x-x_0)^2+(y-y_0)^2]\right\}\right\} \tag{9.7-5}$$

再现光波照明全息片会产生三项，根据全息图的菲涅耳衍射，即 $at(x,y)*h(x,y;z_0)$，则

第一项：

$$aA*h(x,y;z=z_0)=aA \quad (零阶) \tag{9.7-6a}$$

第二项：

$$\left.\begin{aligned}&\sim \exp\left(\mathrm{i}\,\frac{k_0}{2z_0}[(x-x_0)^2+(y-y_0)^2]\right)*h(x,y;z=z_0)\\&\sim \delta(x-x_0,y-y_0)(\text{实像})\end{aligned}\right\}\tag{9.7-6b}$$

第三项：

$$\left.\begin{aligned}&\sim \exp\left(-\mathrm{i}\,\frac{k_0}{2z_0}[(x-x_0)^2+(y-y_0)^2]\right)*h(x,y;z=-z_0)\\&\sim \delta(x-x_0,y-y_0)(\text{虚像})\end{aligned}\right\}\tag{9.7-6c}$$

在全息学中，第一项是零级光束，来源于全息图的位置偏移。第二项是实像，第三项是虚像。实像和虚像分别在全息图之前和之后的距离 z_0 处，如图 9-54 所示。实像和虚像也称为轴上的全息孪生像。

图 9-55(a)给出了三个点物的全息记录，图 9-55(b)给出了全息图的再现。要注意的是，虚像出现在初始物的正确的三维位置，而实像是初始物的镜像。的确，初始的三维波前被完整地存储下来后又再现出来了。这可以通过研究式(9.7-4)得到进一步的解释。将式(9.7-4)展开为

$$t(x,y)=|\psi_r+\psi_0|^2=|\psi_r|^2+|\psi_0|^2+\psi_r\psi_0^*+\psi_0\psi_r^*\tag{9.7-7}$$

我们看到，初始物的波前 ψ_0(第四项)的振幅和位相记录在全息图上了。当全息图再现时，也就是全息图被 ψ_{rc} 照射时，全息图后的透射波为

$$\psi_{rc}t(x,y)=\psi_{rc}(|\psi_r|^2+|\psi_0|^2+\psi_r\psi_0^*+\psi_0\psi_r^*)$$

假设 $\psi_{rc}=\psi_r=a$，则

$$\psi_{rc}t(x,y)=a(|\psi_r|^2+|\psi_0|^2)+a^2\psi_0^*+a^2\psi_0$$

参考光波

记录胶片

物光波

(a) 全息图记录

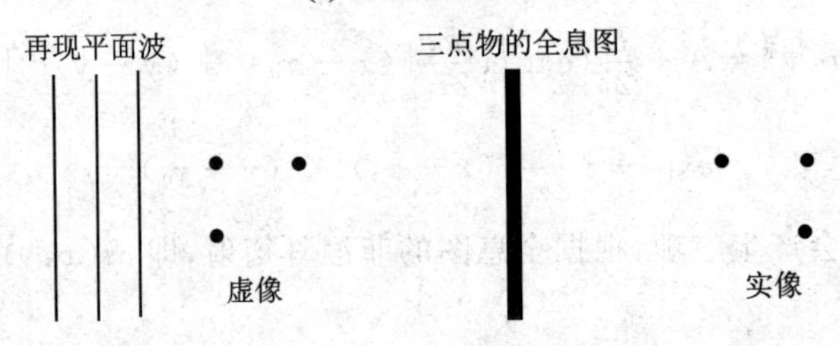

(b) 全息图再现

图 9-55 全息图记录及全息图再现

最后一项等同于全息记录时的全息片上的物光波乘以一个常数因子。如果观察这个再现的物光波，我们将在全息记录时摆放物的位置处看到一个精确的有视差效应和深度效应的虚像，记录过程中考虑视差和深度的影响将会在对象被放的一方看到一个虚像。第三项与 ψ_0 的复共轭成比例关系，它对产生实像起着重要的作用。事实上，如同前面所讨论的，它是三维物的镜像。最后，前两项，即零阶光束 ψ_0 是随着空间变化而变化的，通常是 x 和 y 的函数，这将在观察平面产生空间变化的背景，即噪声。

9.7.2　光学扫描全息

光学扫描全息(OSH)是一种新颖的全息记录技术，它用外差的二维光扫描法记录物的全息信息。对应于全息技术原理，OSH 也包含两个阶段：记录或编码，再现或解码。在记录阶段，对三维物体做二维扫描，得到随时间变化的菲涅耳波带片。随时间变化的菲涅耳波带片与不同时间频率的球面波的叠加，如图 9-56 所示。

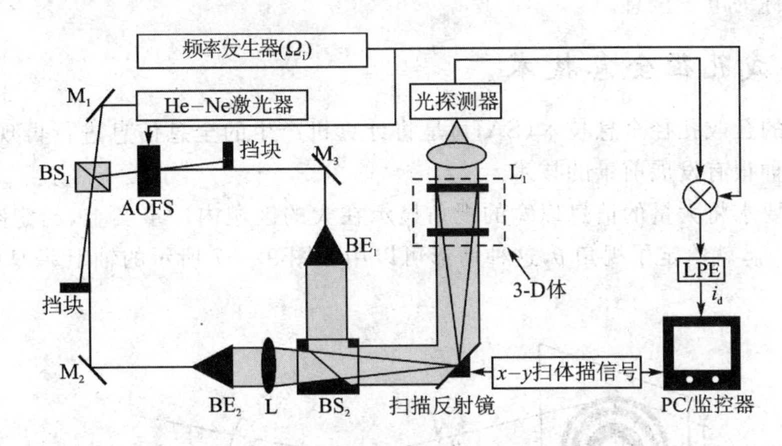

图 9-56　光学扫描全息技术系统图

扩束器 BE_1 输出平面波，声光频率移动器 AOFS 使平面波的频率上移 Ω。光束经扩束器 BE_2 后再经透镜 L 聚焦变为球面波。分束器 BS_2 合并来自扩束器 BE_1 的平面波和球面波。在三维体或三维物上形成平面波与球面波相互干涉得到随时间变化的菲涅耳波带片。合并光束的强度分布的表达式为

$$\left| A\exp[\mathrm{i}(\omega_0+\Omega)t]+B\left(\frac{\mathrm{i}k_0}{2\pi z}\right)\exp[-\mathrm{i}k_0(x^2+y^2)/2z]\exp(\mathrm{i}\omega_0 t)\right|^2 \tag{9.7-8}$$

式中，A 和 B 是常数，分别表示平面波和发散球面波的振幅。$\omega_0+\Omega$ 和 ω_0 分别是平面波和球面波的时间频率。参数 z 是测得的透镜 L 的焦平面(二维扫描反射镜的表面)到三维物的深度参数。式(9.7-8)可以展开为

$$I(x,y;\Omega)=A^2+C^2+2AC\sin\left[\frac{k_0}{2z}(x^2+y^2)+\Omega t\right] \tag{9.7-9}$$

式中，$C=Bk_0/2\pi z$。这与熟悉的菲涅耳波带片表达式相似，但是有一个随时间变化的量，故称为随时间变化的菲涅耳波带片。随时间变化的菲涅耳波带片对三维物体做二维扫描，光电探测器接收所有的投射光。设一个离轴的点物 $\delta(x-x_0,y-y_0)$ 放在离透镜 L 焦平面前 z_0 处。点物随时间变化的菲涅耳波带片扫描将使光电探测器产生一个外差扫描电流 $i_{\text{scan}}(x,y;z,t)$：

$$i_{\text{scan}}(x,y;z,t)\approx\sin\left\{\frac{k_0}{2z_0}[(x-x_0)^2+(y-y_0)^2]+\Omega t\right\} \tag{9.7-10}$$

经过 $\sin(\Omega t)$ 电子倍增和低通滤波后，参照图 9-56，扫描的解调信号 $i_d(x,y)$ 为

$$i_d(x,y)\approx\cos\left\{\frac{k_0}{2z_0}[(x-x_0)^2+(y-y_0)^2]\right\} \tag{9.7-11}$$

在上面的方程中，扫描装置的移动给出 x 和 y 的取值。电信号 i_d 包含离轴点物的位置信息 (x_0,y_0) 和深度信息 z_0。如果扫描的解调信号与扫描装置的 $x-y$ 扫描信号同步存储，那么存储的是物的三维信息，或是一张透过函数为 $t_\delta(x,y)\propto i_d(x,y)$ 的全息图。这种产生全息信息的方法通常称为电子全息。

9.7.3 合成孔径全息技术

本节讨论的合成孔径全息技术(SAH)是将计算机产生的全息信息进行再现，以实现实时三维显示的一种很有发展前景的技术。

全息显示要求将大量的信息以宽的视角显示在大的区域内。事实上，给定空间光调制器的空间分辨率 f_0，就给定了视角 θ，这种情形可以用如图 9-57 所示的轴上菲涅耳波带片的再现来说明。

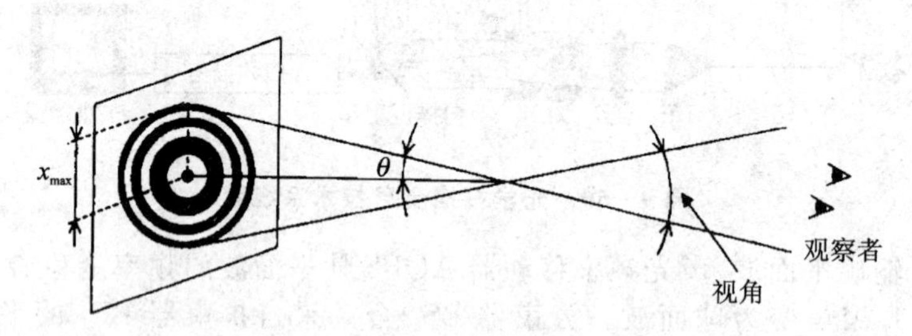

图 9-57 轴上菲涅耳波带片再现的视角

对给定的光强分布形式 $+\cos(k_0x^2/2z_0)$，瞬时空间频率为

$$f_{\text{ins}}=(1/2\pi)(\mathrm{d}/\mathrm{d}x)(k_0x^2/2z_0)=x/\lambda z_0$$

设 $f_{\text{inst}}=f_0$，可求解得到全息图限制孔径 x 的最大值 $x_{\max}=\lambda z_0f_0$，该孔径确定了再现图像的分辨率。系统的数值孔径定义为 $\text{NA}=\sin\theta=x_{\max}/z_0$，则 $\text{NA}=\lambda f_0$。根据奈奎斯特采样理论，采样间隔为 $\Delta x\leqslant1/2f_0$，用 NA 表示，则为 $\Delta x\leqslant\lambda/2\text{NA}$。若空间光调制器(SLM)的尺寸为 $l\times l$，则采样(可分辨像素)数 $N=(l/\Delta x)^2$；用 NA 表示，则为 $N=(l\times2\text{NA}/\lambda)^2$。因此，一个

100 mm× 100 mm 全视差共轴全息图放在 SLM 上，$\lambda=0.6\ \mu m$，视角为 60°，即 $\theta=30°$，则要求在 SLM 上有大约 67 亿个分辨像素。由于人类的视觉系统通常通过水平视差提取物体的深度信息，因此可省略掉垂直视差以减小存储在 SLM 上的信息量。对于 256 条垂直扫描线，若省略掉垂直视差，则所要求的像素为 $256\times(1/\Delta x)\approx$2 100 万。这个信息简化技术就是由 Benton 提出的著名的彩虹全息原理。图 9-58 给出了一个系统的示意图，它使用声光调制器显示计算机产生的全息图(CGH)。

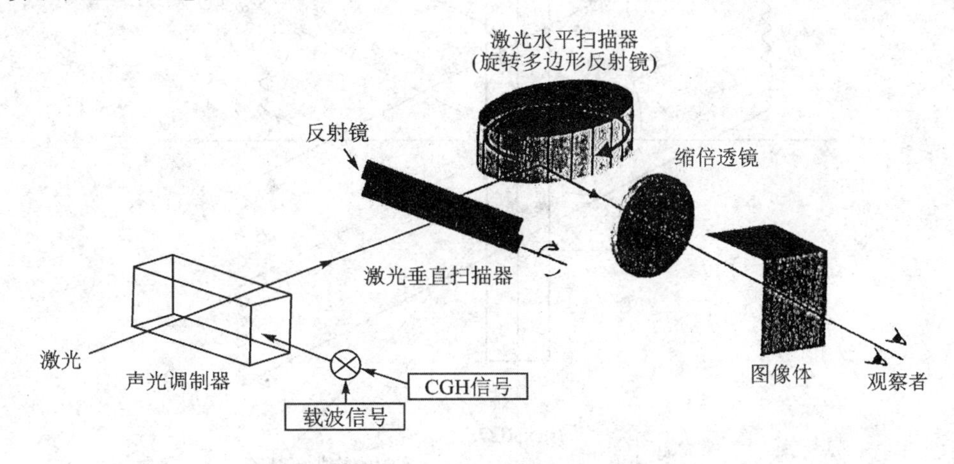

图 9-58　合成孔径全息的示意图

首先讨论仅有水平视差的全息图的计算。简而言之，物体上同一垂直位置的物点对记录水平相应的垂直位置的干涉有贡献，即忽略其他不在此垂直位置的点的贡献。这样的计算使得全息图仅有水平视差。然后，在物的整个垂直范围上对一个 y 值给出垂直线阵列，从而计算得到一个完整的二维 CGH 图。将这些垂直线按顺序送到声光调制器而显示出来。现在讨论这些线怎样用 AOM 显示出来。图 9-59 给出了其中的原理。

频率为 Ω 时，压电换能器的电信号为解析信号 $e(t)\exp(\mathrm{i}\Omega t)$，换能器中的实信号为 $\mathrm{Re}[e(t)\exp(\mathrm{i}\Omega t)]$，那么，声光池中的解析信号可以写为

$$e(t-x/v_s)\exp[\mathrm{i}(\Omega t-Kx)]\propto s(-x+v_s t)\exp[\mathrm{i}(\Omega t-Kx)]$$

根据声光调制器斜入射平面波的理想的布拉格一级衍射的解，有

$$\widetilde{E}_1(\xi)=-\mathrm{i}\frac{A}{|A|}\widetilde{E}_{\mathrm{inc}}\sin(\alpha\xi/2)$$

式中，A 是声波场的复振幅，α 是声波通过介质后的最大延迟，$\xi=L/z$ 是声池的归一化长度，L 是声柱的宽度。这样，在弱散射条件下(也就是 $\alpha\ll1$)的 x 方向的一级衍射光可以写为

$$\widetilde{E}_1(\xi)=-\mathrm{i}\,\widetilde{E}_{\mathrm{inc}}s(-x+v_s t)\exp[\mathrm{i}(\omega_0+\Omega)t-k\phi_B x] \tag{9.7-12}$$

式中，$\phi_B=-\phi_{\mathrm{inc}}$，而 ϕ_{inc} 符号的定义是逆时针为正方向；也就是说，$\phi_{\mathrm{inc}}=-\phi_B$ 表示频率上移衍射；$\widetilde{E}_{\mathrm{inc}}\exp[\mathrm{i}(\omega_0 t+k\phi_B x)]$是零级衍射光。可以看出，如果计算全息(CGH)乘以频率为 Ω 的载

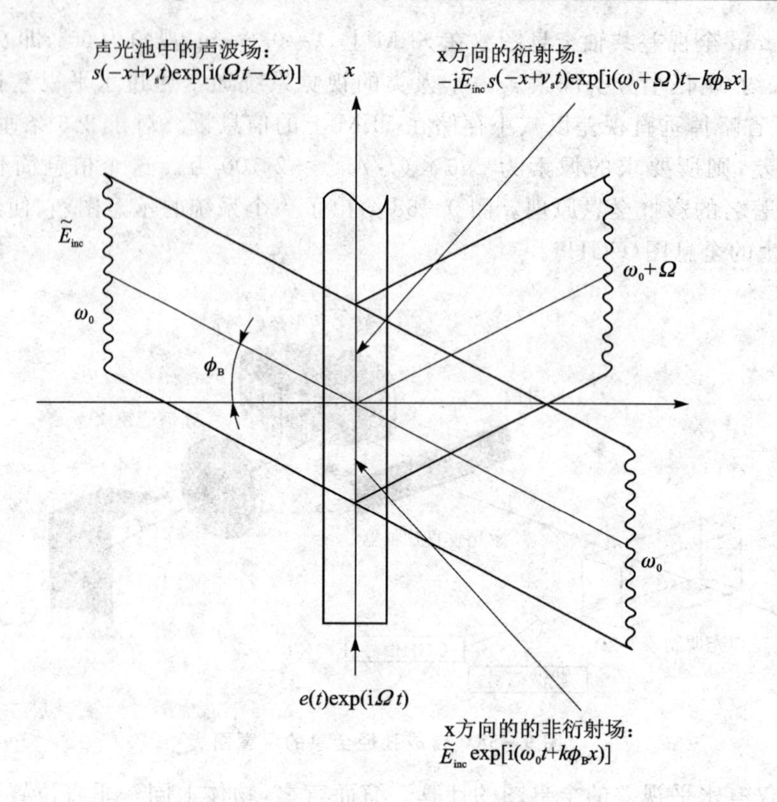

图 9-59　声光衍射的场分布

波后送到换能器中，例如共轴全息形式 $e(t)\approx\sin(bt^2)$，那么一级衍射光正比于 $\sin[b(-x+v_s t)^2\exp[i(\omega_0+\Omega)t-k\phi_B x]$。它是一个焦距受一阶光束方向参数 b 控制的移动焦点，于是，经过声光池的激光根据在三维图像的一条水平线上的全息信息发生衍射。现在用一个旋转多边形的反射镜按衍射光移动的反方向扫描衍射图像，获得稳定的衍射图像。水平扫描实际上产生一个虚拟的声光池，它和 CGH 信号的一条水平线一样。这类似于合成孔径雷达(SAR)小天线做水平扫描给整个扫描线的等效孔径。因此，这种全息显示技术称为合成孔径全息技术。垂直扫描仪将三维图像的每根水平线的一维全息图扫描到相应的垂直位置，使其再现。由于衍射角度小，通常用缩倍透镜放大这个角，如图 9-58 所示。

习　题

1. 什么是三基色原理？什么是彩色的特性？
2. 彩色重现是什么含义？
3. 颜色有哪些性质？

4. 说明 CRT 的基本结构及各部分的作用。

5. 试说明自会聚彩色显像管的特点。

6. 简述发光显示技术的主要分类。

7. 液晶材料的物理性质和显示技术之间存在何种关系？

8. 什么是等离子体？简述等离子体显示的主要发展水平和研究动向。

9. 试说明注入电致发光和高场电致发光的基本原理。

10. 液晶有何特点？它主要有哪些电光效应？主要有哪些应用？

11. 试说明扭曲向列型 LCD 的特点。

12. 已知 GaAs 禁带宽度为 1.4 eV，求 GaAs 的 LED 的峰值波长。而实测 GaAs 的 LED 的峰值波长为 1 127 nm，为什么？

13. 证明方程组(9.7-6)中的三个方程成立。

14. 点物全息图为$+\cos(k_0x^2/2z_0)$，其中，k_0 为记录光的波数，z_0 为该点距全息图胶片的距离。用波数为 k_1 的平面光照射该全息图，求点实像的位置。

15. 对习题 14 中的全息图，给定的 NA 使得记录胶片的分辨率有限。试用 NA 估计再现实像像点的大小。

16. 三点物 $\delta(x,y;z-z_0)+\delta(x-x_0,y;z-z_0)+\delta(x,y;z-(z_0+\Delta z_0))$被式(9.7-9)所描述的一个随时间变化的菲涅耳波带片扫描。试求出全息图 $t_{3\delta}(x,y)$的表达式。

17. 全息图缩放：由习题 16 得到三点物的全息图 $t_{3\delta}(x,y)$后，将全息图缩放到 $t_{3\delta}(M_x,M_y)$，其中 M 为缩放因子。如果用一平面波照射此全息图，求三点物再现实像的位置，画图说明三点物的位置。

18. 参考习题 16 和习题 17，定义横向放大率 M_{lat} 为再现后的横向距离与初始横向距离 x_0 之比。试用 M 表示 M_{lat}。

19. 对全息图 $t_{3\delta}(M_x,M_y)$，定义纵向放大率 M_{long} 为再现后的纵向距离与初始距离 Δz_0 之比，试用 M 表示 M_{long}。

参考文献

[1]　安毓英，刘继芳，李庆辉. 光电子技术. 北京：电子工业出版社，2002.

[2]　朱京平. 光电子技术基础 . 2 版. 北京：科学出版社，2009.

[3]　杨永才，何国兴，马军山. 光电信息技术. 上海：东华大学出版社，2002.

[4]　Francis T S, Suganda Jutamulian, Shi Zhao Yin. Introduction to Information optics. Elsevier (Singapore) Pte Ltd, 2006.

[5]　江月松，李亮，钟宇. 光电技术与实验. 北京：北京航空航天大学出版社，2005.

第 10 章　光电探测方式与探测系统

在经济建设与国防科技工业的许多领域对光电探测有各种不同的需求，如运动物体的速度的高精度测量，导弹制导方向的准确性，航空航天遥感的高分辨率与大视场，物体的三维视觉探测，系统的远作用距离和高灵敏度探测，等等。本章将对这些众多应用需求中基本的光电探测方式和探测系统作系统的介绍，在实际应用中可以根据不同的应用需求，对这些探测方式和探测系统进行组合集成，形成具体的光电探测方式与系统。

10.1　双元探测方式

1. 双元探测原理

双元探测方式是采用两个光电探测器与光学系统组成探测器来实现探测的，它的特点是结构简单。通常把两个探测器接成电桥方式或差动方式，以自动减去背景光能作用下光电探测器输出的光电流。或者用两个光电探测器分别形成双通道，经后续电路适当处理，以消除与目标信号无关的一些直流(不变的)光能量的影响。

图 10-1 为双元探测的简单原理图。两个相同性能的光电探测器对称地放在光学系统的像面上，两探测器与电阻连成电桥方式，如图 10-1(a)所示。图 10-1(b)为两个硅光电池与可调电阻连成电桥形式。当平衡时，输出端两端电压为零，能消除均匀背景的影响。当目标光能量落在某一器件上时，输出端就有信号电压输出。两个探测器分别受照时，输出信号极性相反。图 10-1(c)为用光敏电阻接成电桥形式外加偏压 E，其结果与 10-1(b)一样。这一方案适用于系统接收到的光功率不很弱的场合，例如做成位置敏感器。把目标做成一条宽线成像于两个探测器上；或者目标是细线，把探测器位置相对于像面略微聚焦，使两探测器同时接收到目标光功率，这样当光学系统光轴对准目标时，电桥无信号输出，偏离后就有信号输出。这一方案已应用于线切割机沿线自动切割和控制自动车沿固定线运行等。

2. 双元探测测速器

图 10-2 为简单的测速装置。它可实测车辆行驶速度。尤其是车辆轮胎变形、道路崎岖和车辆打滑程度不同时车辆的行驶速度。它可装在车上对地面测量相对运动的速度。装置由两个梳形光电池组成，二者相对形成一个较大的光敏面。光电池的特点是面积可以做得较大，可不加偏压，具有对阳光光谱响应好的特点。光敏面放在光学系统像面上接收地面对阳光的反射光(或另外加照明灯)。当车辆静止时，两探测器接收到相同的平均光强，有相同直流输

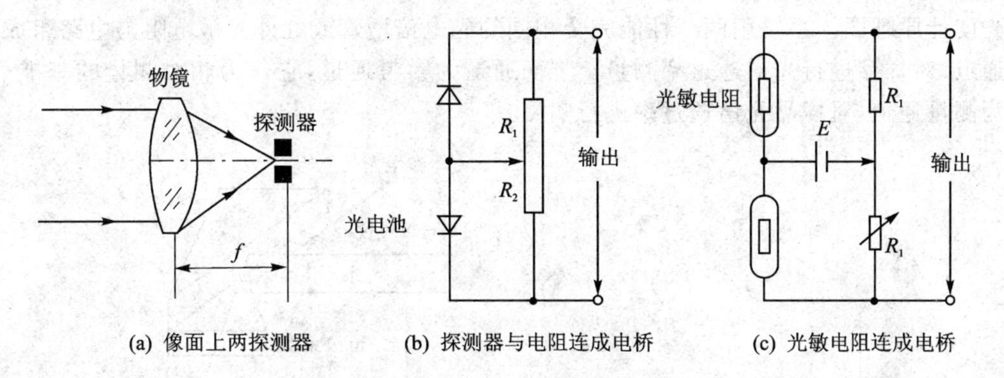

图 10－1　双元探测原理

出。这时后面的差动放大器起共模抑制作用，因而没有信号输出。当车辆运动时，如果地面如同一面反射镜，那么探测器仍得到均匀照明，仍是输出直流。而事实上，地面上各点的反射率是极不均匀的，突出的点所成的像在探测器上将形成交变的调制信号。差动放大器对两探测器的输出信号 V_A、V_B 是相加的，形成交流信号。此信号可经过整形、计数电路，读出所对应的车辆的平均速度；也可送入微机算出瞬时速度的变化，对车辆行驶速度进行研究。

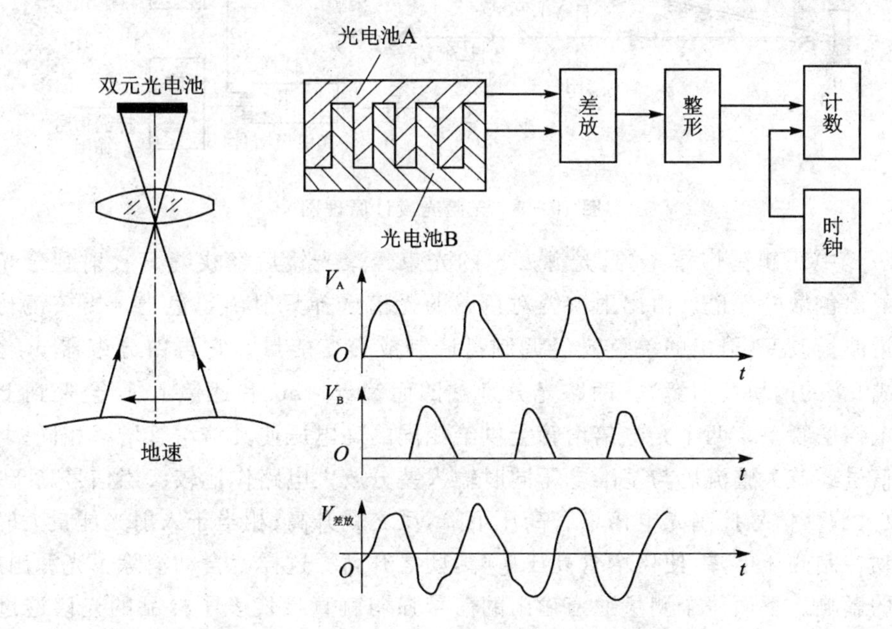

图 10－2　双元探测器测速原理图

3. 双通道测量方式

图 10－3 为双通道测量方式，这种方式在一些工业用的光谱光度计中应用最多，此图即为

光谱光度计原理图。系统用两个性能完全相同的光电倍增管或红外光敏电阻与电路组成两个测量通道，对样品进行光谱透过率测量。上面通道为参考通道，它作为相对测量的基准；下面通道为测量通道，对样品光谱透过率进行实测。

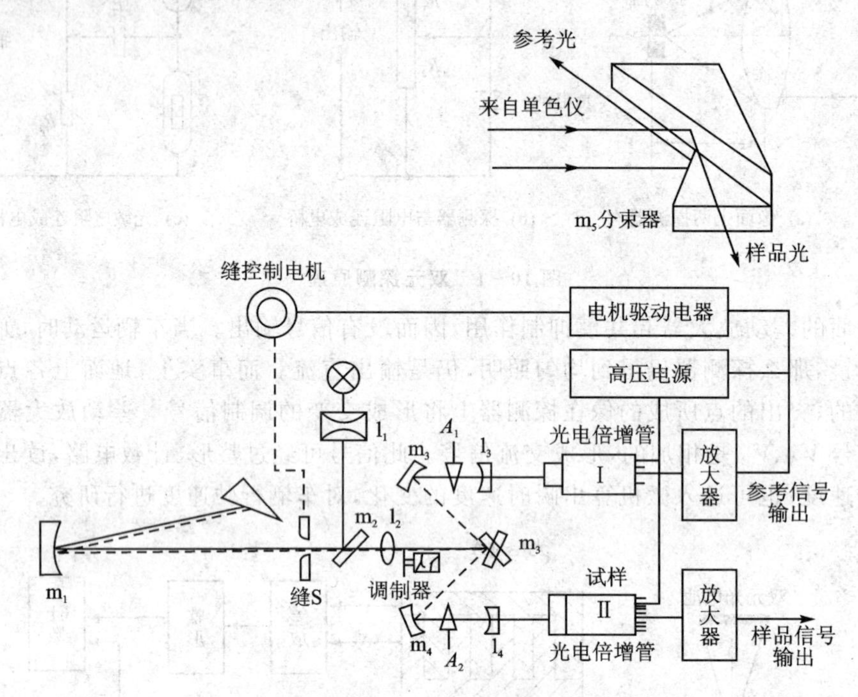

图 10－3　光谱光度计原理图

图 10－3 中用碘钨灯作光源，光源发出的光束经聚光镜后经狭缝 S 投射到分光棱镜上。分光棱镜射出色散的光谱。由出射狭缝对色散的光谱选择只射出单色光。当棱镜转动时，狭缝出射光谱波长改变，射出的单色光经调制盘调制成交变能量。它再由分束器 m_5 分成两路（m_5 为互成 90°的两块反射镜）。两路光分别被凹面镜 m_3、m_4 和透镜 l_3、l_4 会聚到上、下两个通道的光电倍增管上。两个光电倍增管上供给相同的高电压使其倍增管增益相同。参考通路中的光电信号经放大整流后与基准电压同时输入差分放大电路作比较。当信号高于基准电压时，差分放大输出信号控制光电倍增管高压下降，反之就升高；相当于入射光能量大时，信号经电路后自动控制高压下降，使倍增管高压下降，反之升高。这样就自动消除了光源出射光谱量度不均匀的影响。下面一个测量通道输出的信号强弱就直接代表了样品的光谱透过率特性。当光电探测器是采用光敏电阻时，差动输出信号就不再控制光电倍增管的高压，而去控制电机带动光楔垂直于光束做进退运动。当光源光谱亮度高时，光楔前伸使光楔因厚度增加而多吸收一部分，反之就后退。这样可以自动保持入射在测量通道的样品上的光能量在整个光谱范围内都不变。这种双通道比较探测方式不限于光谱测量，也可用于其他场合。

10.2　四象限探测方式

把四个性能完全相同的探测器按照直角坐标要求排列成四个象限做在同一芯片上，中间由十字形沟道隔开，其结构示意图如图 10－4 所示。在可见光和近红外波段，较为广泛应用的是硅光电池和硅光电二极管。

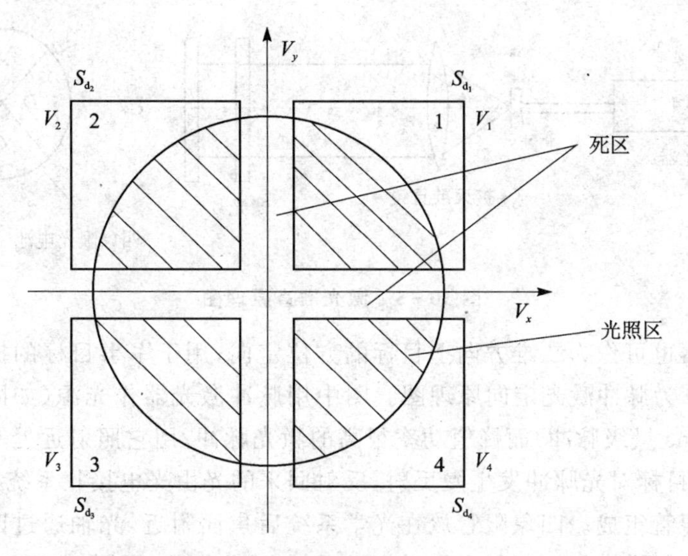

图 10－4　四象限管结构示意图

四象限探测方式是用四象限管和光学系统组成测量头，在位置测量中四象限管相当于直角坐标系中的四个象限。四象限探测器象限之间的间隔称为“死区”，一般要求“死区”做得很窄。若“死区”太宽，而入射光斑较小，就无法判别光斑的位置；而“死区”做得过分狭窄，则可能引起信号之间的相互串扰，同时工艺上也不易达到，所以实际制作时，必须要兼顾这两个方面。此外，四象限探测器在实际工作时要求四个探测器分别配接四个前置放大器，由于四个探测器的相应特性(D^* 、R_V 等)不可能做到绝对一致，为了正常工作，除尽量选择一致性好的器件外，要求配接的放大器能起到补偿和均衡的作用，这是四象限探测器在实际使用中必须注意的问题。

由于探测应用技术的需要，特别是光雷达跟踪、制导系统和扫描系统的研制和发展，对于 8～14 μm 中红外 PV－HgCdTe 四象限探测器给予了极大的关注。四象限探测器主要被用于激光准直、二维方向上目标的方位定向、位置探测等领域。

图 10－5 为简单的激光准直原理图。用单模 He－Ne 激光器(或者单模半导体激光器)作光源。因为它有很小的光束发散角，又有圆对称界面的光强分布(高斯分布)，很有利于作准直

用。图中激光射出的光束用倒置望远系统 L 进行扩束倒置，望远系统角放大率小，于是光束发散角进一步压缩，射出接近平行的光束投向四象限管，形成一圆形亮斑。光电池 AC、BD 两两接成电桥，当光束准直时，亮斑中心与四象限管十字沟道重合，此时电桥输出信号为零。若亮斑沿上下左右有偏移，两对电桥就相应于光斑偏离方向而输出 $\pm x$、$\pm y$ 的信号。哪个探测器被照亮斑的面积大，则输出信号也大。这种准直仪可用于各种建筑施工场合作为测量基准线。

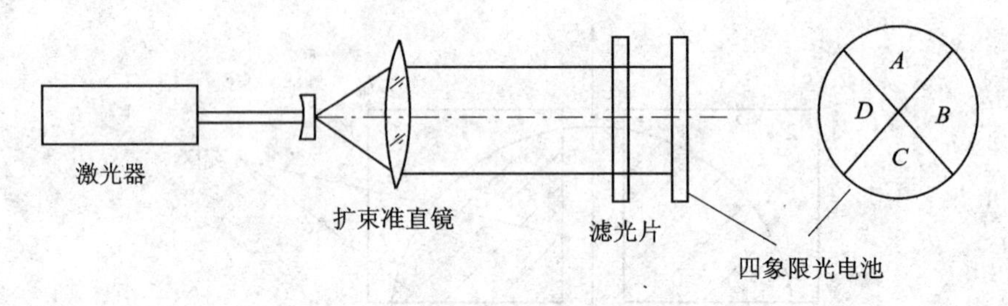

图 10-5　激光准直原理图

四象限探测器也可作为二维方向上目标的方位定向，用于军事目标的探测或工业中的定向探测。图 10-6 为脉冲激光定向原理图。图中用脉冲激光器作光源（如固体脉冲激光器），它发出脉冲极窄（ns 量级脉冲）而峰值功率很高的激光脉冲，用它照射远处军事目标（坦克、车辆等）。被照射的目标对光脉冲发生漫反射，反射回来的光由光电接收系统接收。接收系统由光学系统和四象限管组成。四象限管放在光学系统后焦面附近，光轴通过四象限管十字沟道中心。远处目标反射光近似于平行光进入光学系统，成像于物镜的后焦面上，四象限管的位置因略有离焦，于是接收到目标的像为一圆形光斑。当光学系统光轴对准目标时，圆形光斑中心与四象限管中心重合。四个器件因受照的光斑面积相同，输出相等的脉冲电压。经过后面的处理电路之后，没有误差信号输出。当目标相对光轴在 x、y 方向上有任何偏移时，目标像的圆形光斑的位置就在四象限管上相应地有偏移，四个探测器因受照光斑面积不同而得到不同的光能量，从而输出脉冲电压的幅度也不同。四个探测器分别与图 10-7 所示的运算电路相连。

四个探测器的输出脉冲电压经四个放大器 A、B、C、D 放大后进入和差电路进行运算，得到代表光斑沿 x 或 y 方向的偏移量所对应的电压。可表示为

$$V_x = k(A+B)-(C+D) \tag{10.2-1}$$

$$V_y = k(A+D)-(B+C) \tag{10.2-2}$$

式中，A、B、C、D 代表四个探测器的输出。k 为电路的放大系数。通常为了消除光斑自身功率变化（例如：运动目标远近变化而引起光斑总能量变化），采用和差比幅电路。其输出电压为

$$V_x = k\frac{(A+B)-(C+D)}{A+B+C+D} \tag{10.2-3}$$

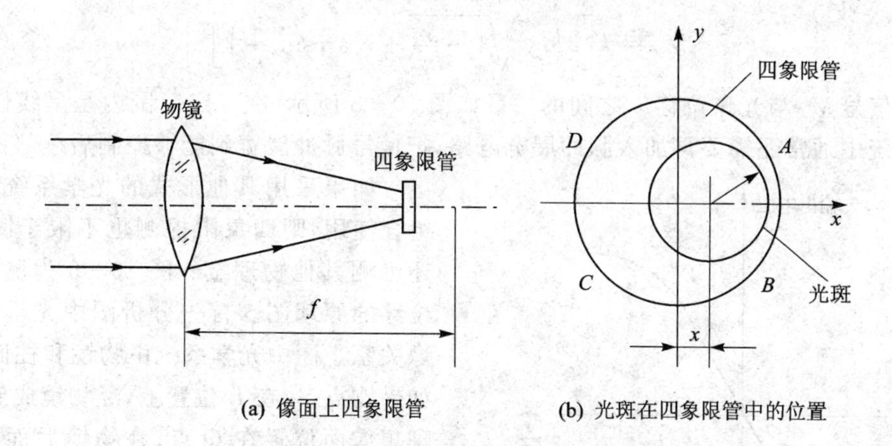

(a) 像面上四象限管　　(b) 光斑在四象限管中的位置

图 10-6　脉冲激光定向原理图

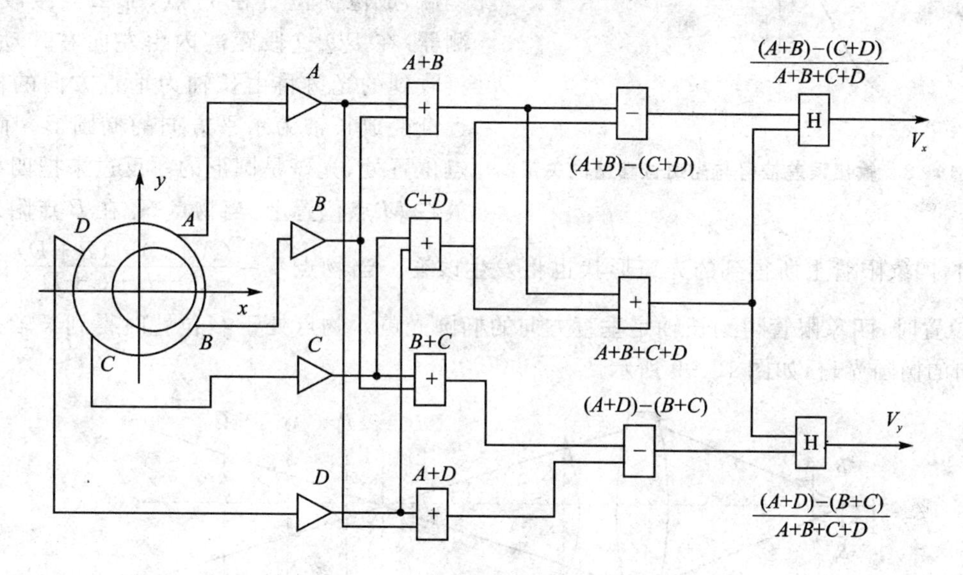

图 10-7　四象限管探测电路方块图

$$V_y = k\frac{(A+D)-(B+C)}{A+B+C+D} \tag{10.2-4}$$

为分析方便起见，假设光斑是光强均匀分布的圆斑，光斑的半径是 r。各象限探测器上得到的扇形光斑面积是光斑总面积的一部分，并且 A、B、C、D 探测器的输出与相应象限扇形光斑面积成正比，则由求扇形面积公式可推得输出信号与光斑偏移量的关系为

$$V_x = k\left[2\left(rx\sqrt{1-\frac{x^2}{r^2}}+r^2\arcsin\frac{x}{r}\right)\right] \tag{10.2-5}$$

$$V_y = k\left[2\left(ry\sqrt{1-\frac{y^2}{r^2}} + r^2\arcsin\frac{y}{r}\right)\right] \tag{10.2-6}$$

输出信号 V_x 与光斑位移 x 之间的关系如图 10-8 所示，在一定范围内是呈线性关系的。在实用系统中通常还需要再加入脉冲展宽电路，把信号脉冲展宽到能够控制后续部件。

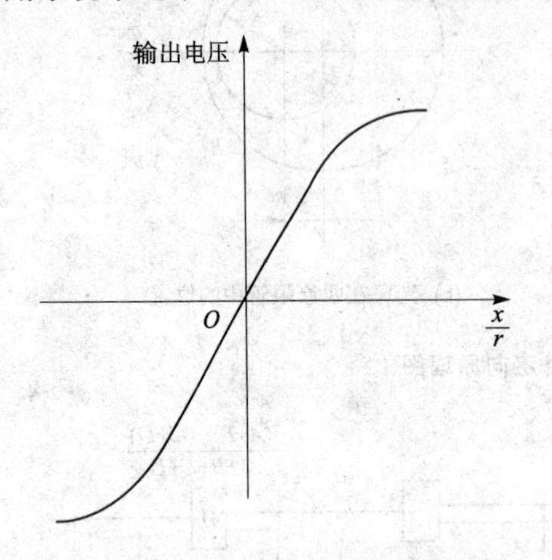

图 10-8　输出误差信号与光斑位移量的关系

如果采用其他形式的光学系统与四象限组合使用，则四象限探测也不限于测量方位，还可测其他物理量。图 10-9 为测量物体微位移的原理图。首先分析图中光学系统的成像关系。图中光学系统由物镜和柱面镜组成。如果物点 S_0 在 B 位置上，经物镜成像后，物的理想像面位置在 Q 点；在物镜后面加一柱面镜后，成像面位置在 P 点，那么当接收面（探测器）在 PQ 这段距离内由左向右移动时，所接收到的光斑将由长轴为垂直方向的椭圆形逐渐变成长轴为水平方向的椭圆形。而在 M 点位置处，光斑是圆形的。反过来把四象限管放在 M 点位置上，当物点 S_0 在 B 点附近有微位移时，四象限管上所得到的光斑形状也将发生改变。当物点 $V=\frac{(A+C)-(B+D)}{A+B+C+D}$ 由 B 移到 A 位置时，四象限管得到长轴是垂直方向的椭圆光斑。物点处于 C 位置时得到长轴处于水平方向的椭圆光斑，如图 10-9 所示。

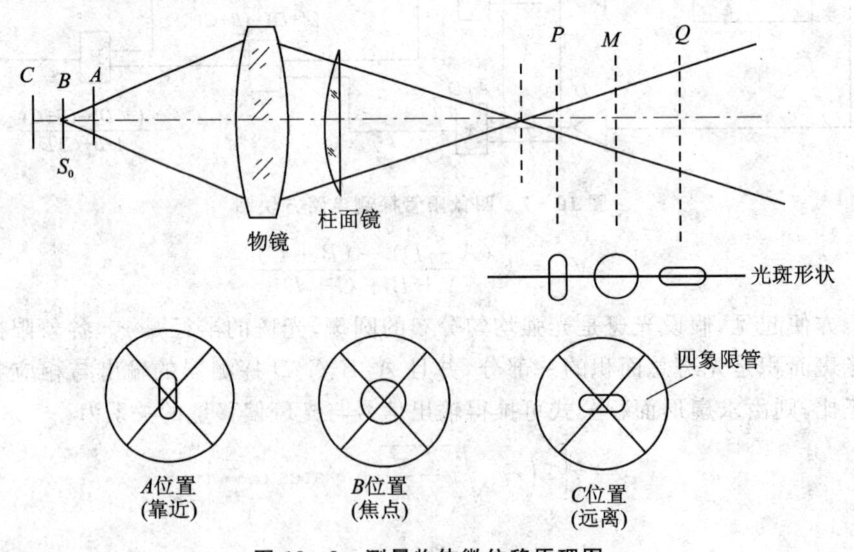

图 10-9　测量物体微位移原理图

这时四象限管的输出信号经过如图10－10所示的和差电路及除法电路后，输出信号为

$$V=\frac{(A+C)-(B+D)}{A+B+C+D} \tag{10.2-7}$$

式中，A、B、C、D代表图示位置四个探测器的输出信号。由最后输出电压的正负可测得物点是远离了还是靠近了，其幅值大小反映微位移量的大小。

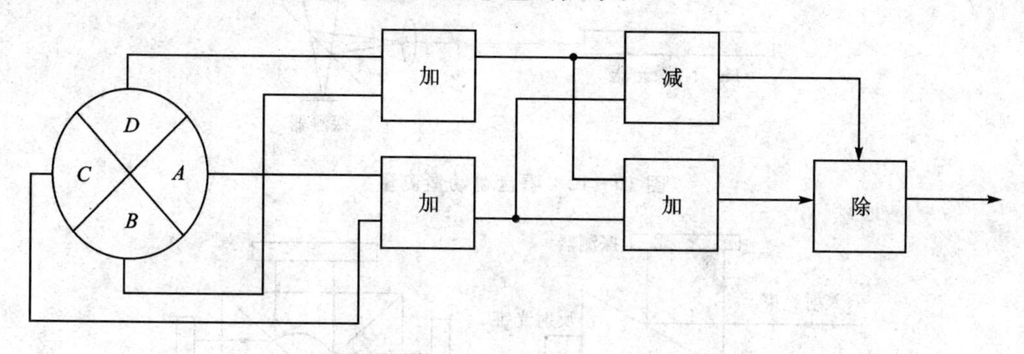

图10－10　微位移测量的电路原理图

这种微位移测量方法用于照相系统自动调焦、激光唱盘跳动量测量等。图10－11为用于集成电路芯片制造中的芯片自动调焦。图10－12为测量激光唱盘的跳动量的原理图。图10－11中加入1/4波片是为了减小芯片中表面由于粗糙、尖角引入的衍射影响。

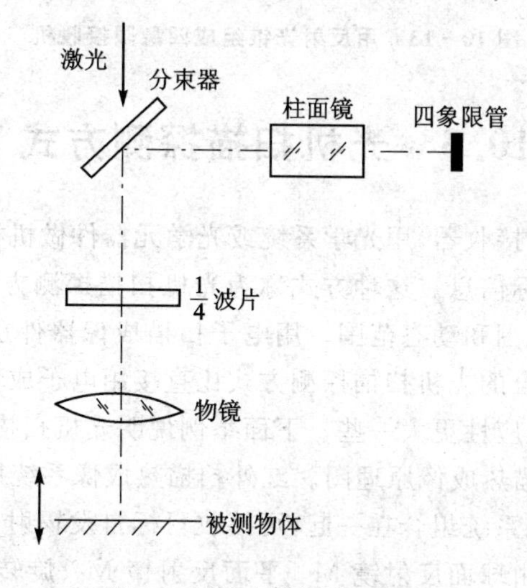

图10－11　自动调焦原理图

尽管目前使用的四象限管多为硅光电池和硅光二极管，若用其他类型探测器需作四象限探测，则可选用四个性能参数相同的器件配合四棱（或圆形）反射光锥接收，如图10－13所示。

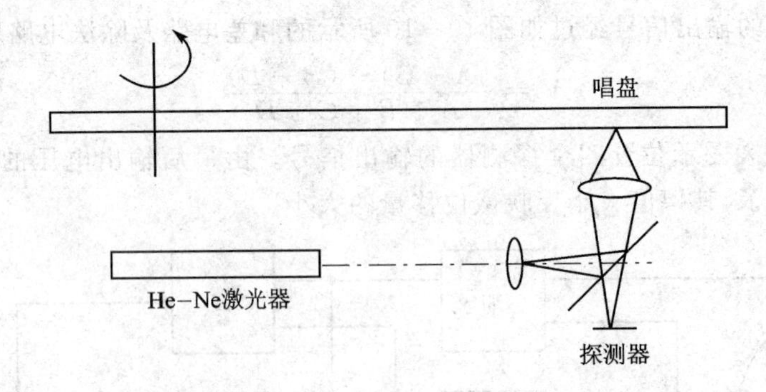

图 10-12　唱盘跳动量测量

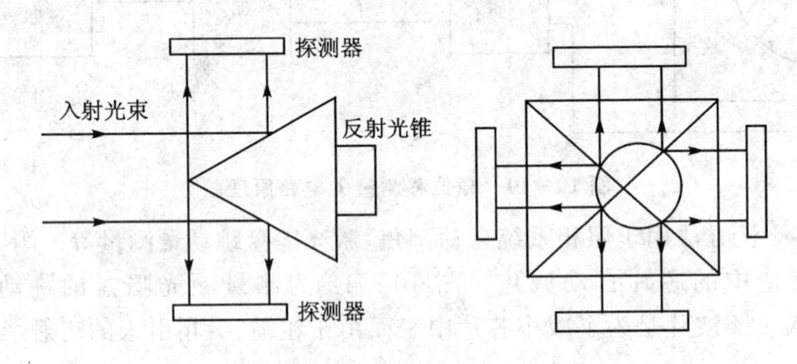

图 10-13　用反射光锥组成四象限接收机

10.3　光机扫描探测方式

用一个或多个探测器作接收器，用光学系统或光学元器件做机械扫描运动，对目标进行瞬间取样，最终获得所需的目标信息。这种方式称为光机扫描探测方式。这种探测方式的主要特点是可获得较大的视场范围和动态范围。用电子扫描成像器件也能获得大视场，而且扫描速度更高。此外，与激光配合的光机扫描探测方式比直接用电子成像器件有更大的动态范围，也就是光能量变化范围的适应性更大一些。下面举例说明光机扫描探测方式。

图 10-14 为一红外扫描热成像原理图。红外扫描热成像系统用 InSb 或 HgCdTe 等红外探测器作接收器与光机扫描系统组合在一起，可接收目标自发辐射，对目标成像。

图 10-14 中光学系统由球面反射镜 M_1、平面反射镜 M_2、旋转折射棱镜 l_1、场镜 l_2、反射镜 M_3 和会聚镜 l_3 组成。入射光束经球面反射镜 M_1 会聚后，经平面反射镜 M_2 折射，再通过折射棱镜 l_1 会聚于场镜 l_2 上；透过场镜的光经反射镜 M_3 再由会聚镜把光会聚于红外探测器上。平面反射镜 M_2 由电机和机械装置（凸轮）传动而发生摆动（摆动的轴垂直于图面）形成垂直方向的扫描。当平面反射镜倾斜时，光电探测器接收到的是倾斜方向来的光束，如

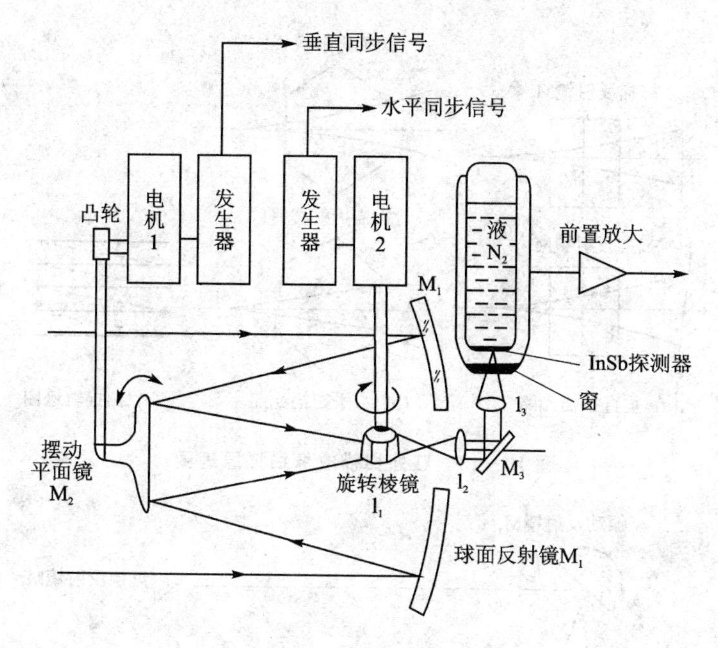

图 10-14　红外扫描热成像原理图

图 10-15 (a)所示。一个平行多面体折射棱镜 l_1 由电机带着转动形成水平扫描，当它处于不同位置时，水平方向上各物点所成的像落在探测器上，如图 10-15 (b)所示。如果水平扫描速度快，而垂直扫描速度慢，就得到如图 10-15 (c)所示的扫描轨迹。光电探测器依次获得物方大面积范围内各点所辐射的光能量，能量强弱不同，可在显示器上显示出物方的热辐射分布图。在光电信号控制显示器中的显像管内控制电子束的速度，而 x、y 方向有控制电子束偏转的信号。由两扫描电机在扫描的同时发出垂直同步脉冲和水平同步脉冲，使热像显示和扫描同步。

扫描热成像系统当采用 InSb 探测器(响应波长 3～5 μm)时，可对高温(45～2 000 ℃)目标进行显像；当采用 HgCdTe 探测器(响应波长 8～14 μm)时，可对常温(20 ℃左右)目标进行显像。这两种探测器都需要液氮制冷。光学系统材料都必须是对红外光透过率高的材料，棱镜和透镜一般用锗，用 HgCdTe 接收时也可采用硅。

扫描热成像在军事上能进行夜间观察，极有价值；在其他方面用途也很广。在医学上可观察人体各点温度变化，进而研究心脏活动、血液循环的影响；在冶金方面可测炉温分布；在电力传输上可监视电网的正常运行，作故障自动诊断；还可用于森林火灾报警等。

图 10-16 为激光飞点扫描系统，用于材料(如硅片)疵病检测。图中 He-Ne 激光器发出的激光束经 l_1、l_2 两透镜组成的倒置望远镜后，使光束的束散角进一步压缩，形成极细(微米量级)直径的光束。在 l_1 和 l_2 透镜的焦点上放小孔，作空间滤波用，也保证光束很细。光束经固定反射镜 M_1、可调反射镜 M_2 和振动反射镜 M_3 射向材料表面。由于振动反射镜 M_3 的摆动

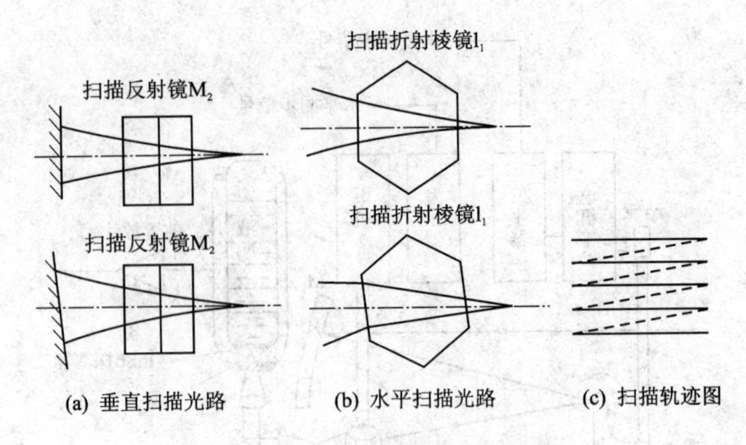

图 10-15　红外扫描成像扫描原理图

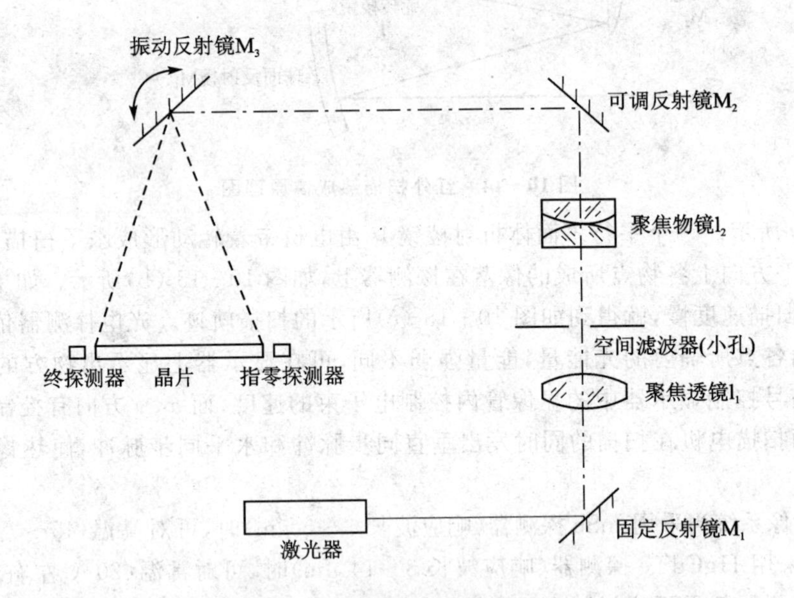

图 10-16　激光飞点扫描原理图

(也可采用旋转棱镜),使光束在材料表面扫描。材料两端由两个光电探测器发出扫描起始与终了的位置信号,控制扫描电机换向,也供显示器作基准。同时,材料在垂直方向移动,这样,两种运动配合起来完成材料全面积的检测。由于疵病的表面较粗糙,它对入射光形成散射,散射光强比光滑表面定向反射光强为弱,所以,用积分球将光能会聚于光电倍增管上,见图 10-17,光电倍增管获得平均光强。光电倍增管对入射光功率变化有较宽的动态范围,对疵病检测很敏感。疵病中裂隙信号通常为窄脉冲,可用阈值电压进行分辨比较和计数。而缺陷与斑痕信号通常为宽脉冲,可把每行信号经模/数转换后存入计算机,计算出缺陷的面积。

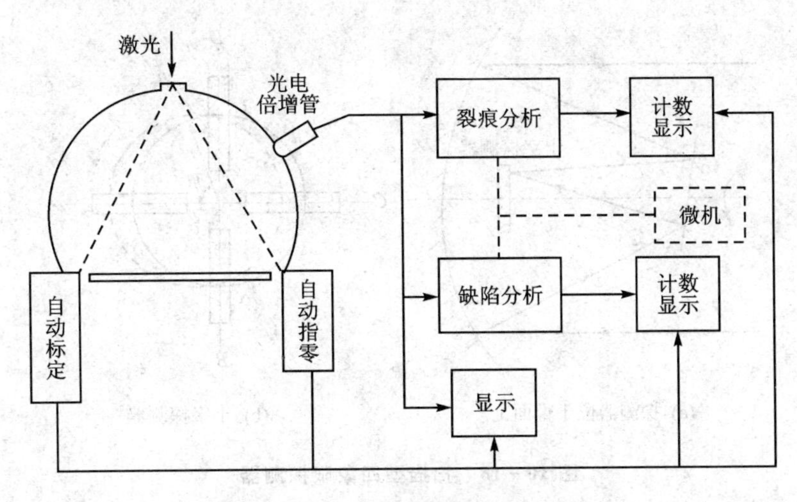

图 10-17　疵病检测方框原理图

光机扫描探测方式在光电系统中除了完成对目标扫描成像的功能外，还可在系统中起到其他作用。比如对军用目标进行被动的二维空间测量系统，如图 10-18 所示。光学系统接收目标的自身辐射，把目标成像于探测器上。由于目标温度高于环境温度，它所辐射的红外光谱和总功率都有别于环境的热辐射，所以光电探测器能够发现目标。图中光学系统中用球面镜作物镜，用平面反射镜折射光路，而且平面镜法线与球面镜光轴略有倾斜。平面镜由电机带动绕球面镜光轴旋转，使光束形成圆锥形扫描，使目标成像点在探测器表面上的运动轨迹为一个圆圈。探测器做成十字形，互相垂直布置。此外，还有另一种四象限探测器形式，探测器准确地放在被测物体的像面上，十字中心与光轴重合，如图 10-18 所示。当物镜光轴对准目标时，像点扫描圆的圆心与十字探测器的交点重合。像点扫描运动一周，探测器分别输出脉冲。四个脉冲的间隔是相同的，如图 10-19 (a)所示。如果目标在 x 方向偏离了光轴，则像点扫描圆中心也发生相应的偏离，偏移量 x 可表示为

$$x = r\sin\varphi_s \tag{10.3-1}$$

式中，r 为像点扫描半径，φ_s 为当扫描圆在十字探测器上扫描时，探测器响应脉冲信号对应的圆弧位置变化量。此时四个探测器输出的脉冲信号不再有相同的间隔，如图 10-19(b)所示。相对于图 10-19(a)的波形，B、D 两个探测器输出脉冲位移了 φ_s 位置。如果电路能检出 φ_s 的大小，就能测得像点的位移量 x，从而获得目标方位的变化信息。

图 10-20 即为 φ_s 的解调电路输出的波形图。检出 φ_s 需要有一个参考电压作为基准与探测器输出信号相比较。基准电压发生器由带动平面反射镜的电机一起带动。基准电压发生器产生两个参考电压 V_x、V_y，以平面反射镜法线与 x 轴的交点作为起始点作顺时针扫描，扫描一周时，参考信号 V_{xL} 和 V_{yL} 为如图 10-20 所示的正弦信号，且两信号有 90°的相位差，初相位如图所示。四个探测器输出脉冲为 A、B、C、D，它们被分成 x、y 两组，分别进入 x、y 两路解调

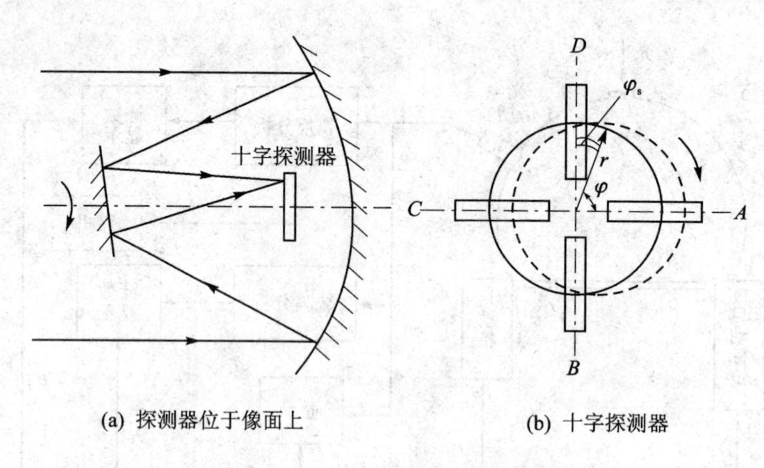

(a) 探测器位于像面上　　(b) 十字探测器

图 10-18　扫描型四象限探测器

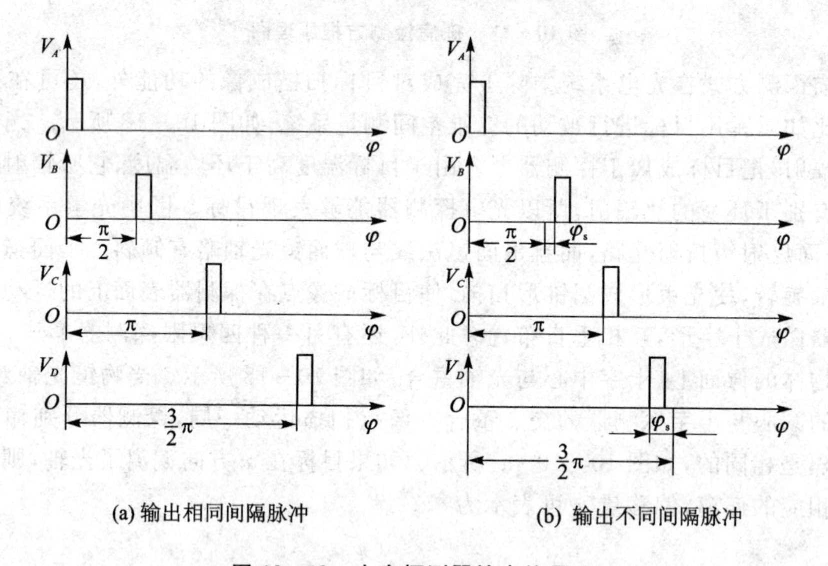

(a) 输出相同间隔脉冲　　(b) 输出不同间隔脉冲

图 10-19　十字探测器输出信号图

信号，并与参考电压 V_{xL}、V_{yL} 同时输出采样保持电路。信号脉冲作为采样保持电路的触发脉冲，而基准电压提供采样保持的输出电平。最后，采样保持电路输出直流幅度的大小就直接反映了目标像点的偏移量，由此可知道目标方位角的大小。

这种扫描型四象限管接收的定向方式比光学调制器调制法的视场角大，抗干扰能力强。因为这里采用了脉冲调制方式，可以通过削波抑制噪声，还可以用脉冲宽度鉴别电路去区分目标和背景。此外，这种脉冲调制方法还可以采用时间选通工作方式，即目标脉冲到来之时，电路接通，其余时间电路不接通，以抑制干扰和噪声。于是系统可以得到较远的作用距离。

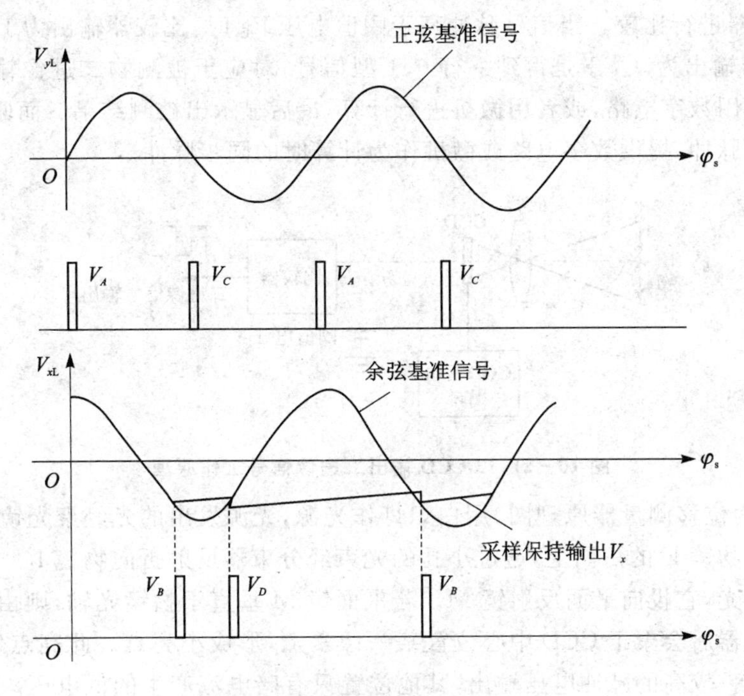

图 10－20　解调后输出的波形图

10.4　线阵器件的探测方式

把多个光电探测器组成一个线阵列称为线阵列探测器。目前，在线阵器件中使用较为广泛而且使用正在增多的器件是线阵光电二极管和线阵 CCD。因为它们对输入光强线性响应好，用电子束扫描有扫描速度快、串行输出、电路简单、结构精细、使用方便等优点。这里以 CCD 为例，说明其探测方式。

线阵 CCD 器件的应用方式可归结为两类：一类是利用其像元尺寸的精确性，对目标获得二进像信号，机信号振幅为 0 或 1 两值，从 0、1 信号中检测出所需信息；另一类是利用它对光强的线性响应特性，能输出有不同等级的模拟信号，去检测所需的信息。

10.4.1　输出二进像信号的工作方式

二进像工作方式可归结为如图 10－21 所示的方框原理图。通常 CCD 芯片、驱动电路和物镜结合在一起，形成线阵 CCD 摄像机。物体通过物镜成像在 CCD 器件上，CCD 器件在驱动电路输出的驱动脉冲作用下，获得与物向光强成正比例的电荷图，并能逐个输出脉冲信号。每个信号脉冲就是 CCD 相应像素所对应的光强。CCD 的输出信号通常与一个固定的阈值电

压 V_L 通过比较器进行比较。当信号脉冲高于阈值电压 V_L 时，比较器输出为 1；当低于阈值电压 V_L 时，比较器输出为 0。于是得到一行 0、1 型信号，对应于被测物二进像输出。此二进像的信号通常可以用数字电路，或者用微机进行计算，最后显示出被测结果。而驱动电路中通常给出行扫描起始脉冲，提供数字电路或微机作为计算时的同步脉冲。

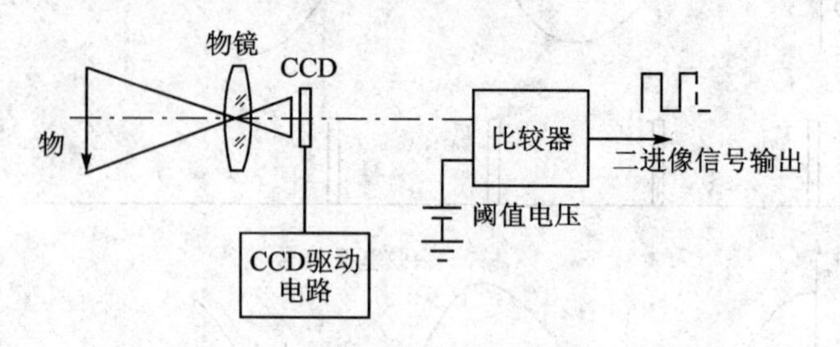

图 10－21　2 CCD 输出二进像信号工作原理

图 10－22 为位移测量器原理图，用白炽灯作光源，光源发出的光经聚光镜 l_1 后会聚于小孔上。小孔处于物镜 l_2 的焦面上，透过小孔的光束经分束器反射折向物镜 l_2。由 l_2 透射以后出射的光为平行光，它投向平面反射镜 M。若平面镜 M 垂直于物镜光轴，则由平面镜反射回去的光透过分束器后会聚于 CCD 中心位置某一像素上，形成小亮点。此亮点使 CCD 输出中只有这一像素有一较高的脉冲电压输出，其他位置只有暗电流产生的低电压。如果平面镜 M 有倾斜，则成像在 CCD 上的小亮点将发生转移。可以通过计数，数出信号脉冲位移了多少个像素去求出平面镜的倾斜角 α：

$$y = f \cdot \tan\alpha \tag{10.4-1}$$

式中，y 是小亮点的位移量，f 是物镜的焦距。当 f 足够大时，$y=K\alpha$。K 为比例系数，角度 α 的分辨率取决于 f 和 y。而 CCD 每个像素尺寸仅为几微米到十几微米，所以角分辨率可达秒级。这种轻便型位移测量器可方便地测量大工件的直线度和垂直度。图 10－23(a)为直线度测量器。平面镜作为合作目标在工件上滑动，测量器即连续显示工件平直度。图 10－23 (b) 可测量大工件的垂直度，只是多插入一块直角棱镜使光束折射 90°，其中平面镜作为合作目标。当它沿工件表面移动时测量器即读出工件垂直度情况。

图 10－24 为自动传动带上工件的自动检测。工件传送带携带工件垂直于图面运动，工件外廓尺寸为 x，经物镜 l 成像在 CCD 上，尺寸为 x'：

$$x' = Mx$$

式中，M 为物镜的放大率。CCD 每个像素的尺寸乘以输出脉冲数就是 x' 的大小。这种方法可用于工件外形或通孔等的测量。进行大工件测量时，也可用两套装置分别放在工件两端进行计数，或接微机进行运算。

这种测法 CCD 扫描速度要快(一般每秒可扫数百次)。而传送带的运动速度应相对低些，以保证测量瞬间工件犹如静止状态。

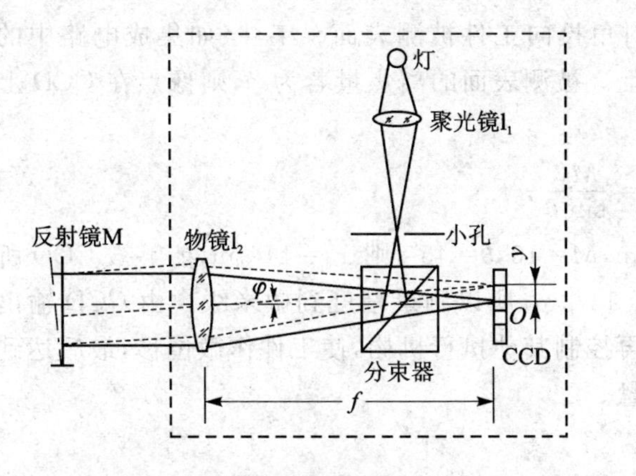

图 10-22　位移测量器原理图

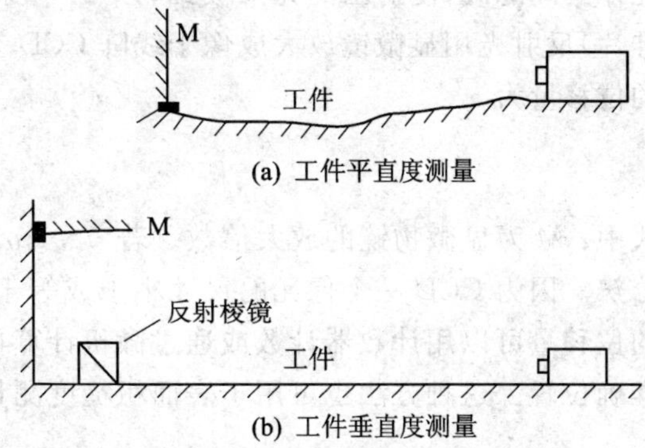

图 10-23　工件平直度测量与垂直度测量

图 10-25 为以类似方法在造纸机中滚轮抖动量的快速测量。当滚轮转动时，滚轮有跳动，就会在 CCD 像面上挡去部分光，使 CCD 上输出脉冲数减小。连续记下 CCD 每扫描一次的脉冲数，就知道了滚轮跳动量。

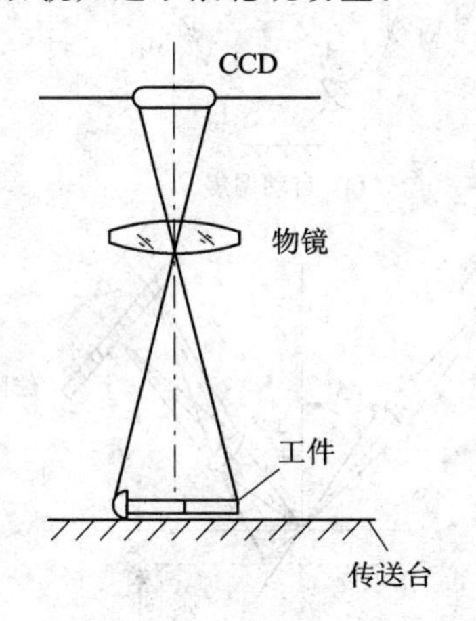

图 10-24　工件的自动检测

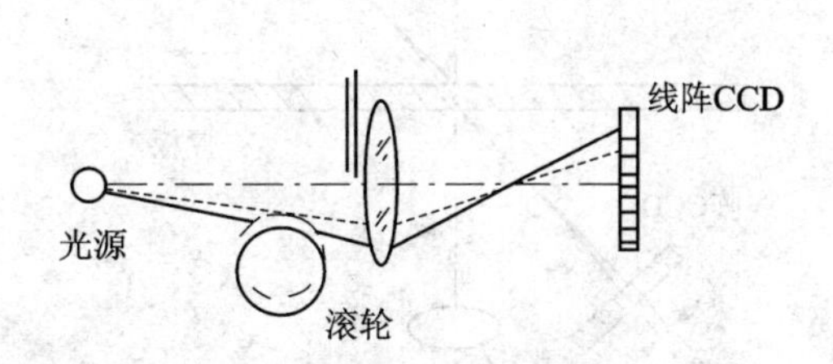

图 10-25　滚轮抖动量测量

图 10-26 为以类似方法在自动线上测量薄板厚度的变化量。可用 LED 管或半导体激光管作光源，CCD 作接收机，做成两个小型测量头，要装在运动金属薄板的两侧。光束经光学系统后形成细光束投向金属薄板。金属板的反射光经会聚透镜成小亮点，成像于 CCD 上。当薄板厚度有变化时，成像点在 CCD 上发生位移，位移量大小由 CCD 输出脉冲位置作出反映。把两个装置的输出经微机计算，可测得厚度，并且清除了传动过程中薄板跳动的影响。

图 10-27 为照相系统中用线阵 CCD 进行被测表面的自动调焦原理图。图中用 He-Ne 激光管作光源，经由 l_1 和 l_2 组成倒置望远镜，使光束散角进一步压缩。在 l_1 和 l_2 焦点处放小

孔作空间滤波，使射出的光束极细，以 45°倾斜角投向工件被测表面。工件(如集成电路中的硅片)反射光用显微镜放大成像于线阵 CCD 上。被测表面的离焦量若为 y，则像点在 CCD 上的位移量为 x'：

$$x' = \frac{My}{\sin\theta}$$

式中：M 为显微物镜的放大倍数。若 $y=1\ \mu\text{m}$，$M=10$，$\theta=45°$，则 $x'=14\ \mu\text{m}$，能够被 CCD 所分辨。因为 CCD 一个像元的尺寸小于或等于 14 μm，所以测量精度到微米级。由 CCD 输出的位移量可以用计数器计数或通过微机计算再控制其他执行机构，使工件作微位移，最后达到准确位置。这种方法也可用于表面粗糙度测量。

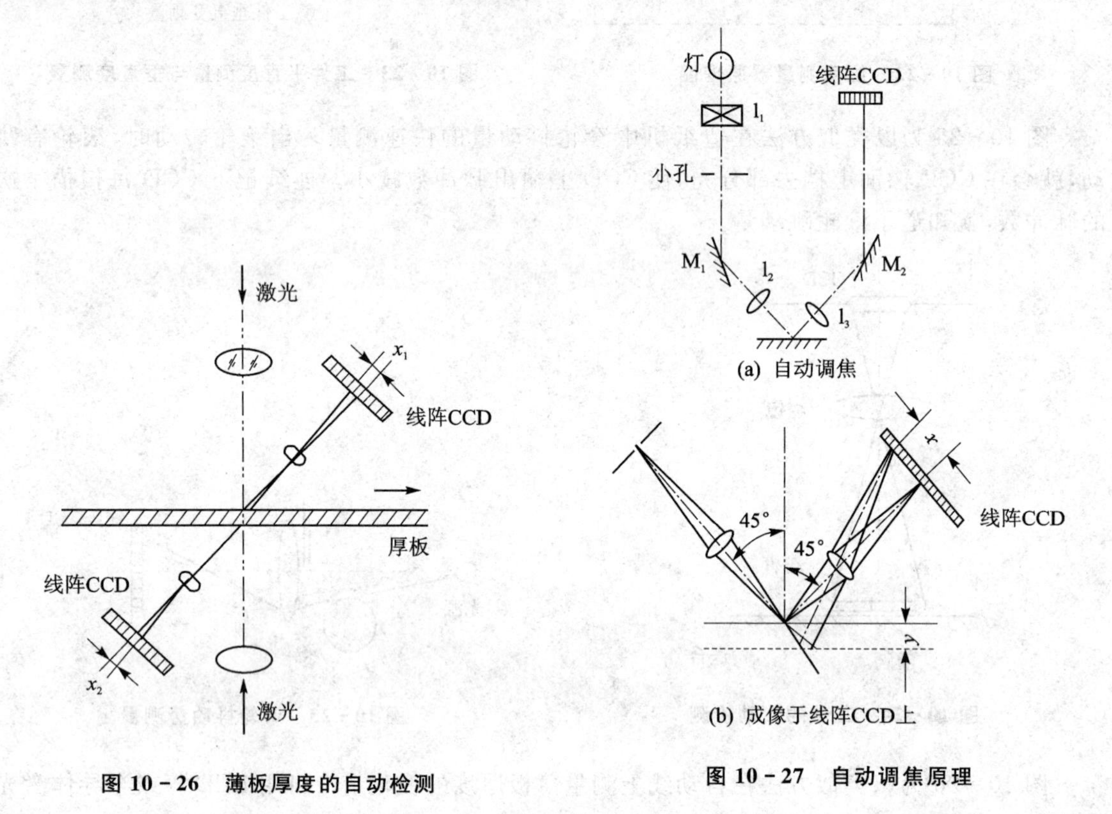

图 10－26　薄板厚度的自动检测

图 10－27　自动调焦原理

10.4.2　输出灰度像信号的工作方式

CCD 对所接收的光辐射具有良好的线性响应。把它放在物镜的像面上对物体进行摄像时，它的输出脉冲的位置准确地对应于物体某一点的采样。而其输出脉冲的振幅正比于物体上各点的亮度。如果把线阵 CCD 一行输出脉冲直接显示(如用示波器)，则可得到物体光强的一维分布图。图 10－28 即为例子。图 10－28(a)即为 CCD 输出脉冲，反映出干涉图的光强分

布，图 10－28(b)反映了 He－Ne 激光器光束腰斑的光强分布。当然还可以用于其他场合得到不同的图形。但是若当其输出脉冲作精确检测(如测光强分布的函数关系、条纹间间隔等)，尤其是物方的状态随时间有变化时，CCD 虽然能够反映各瞬间物方的变化，但通常必须与微机结合起来，把 CCD 每一次摄像的结果都存入计算机，然后用计算机对所需提取的数据进行快速运算。

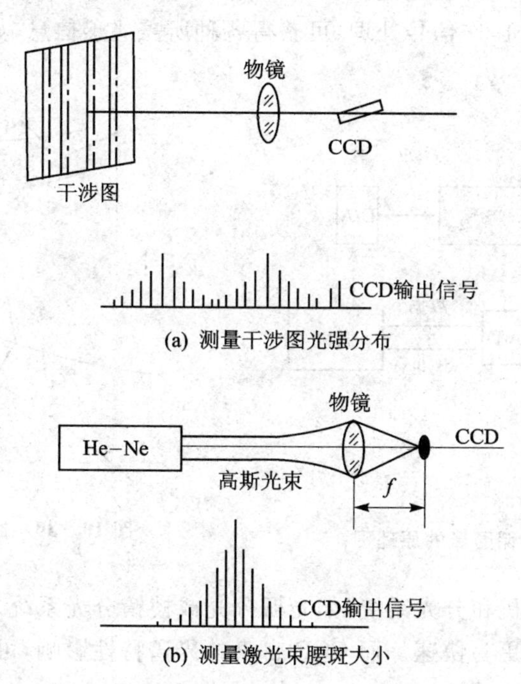

图 10－28　CCD 输出的物体一维光强分布图

图 10－29 为图像存储的一个例子，以此说明 CCD 与微机连接的一般公式。图像为大幅图纸，线阵 CCD 经物镜成像后能对图面上一条直线进行摄像。如果它为 2 048 个像素，每次输出信号就对应于图面上 2 048 个点的亮度。在 CCD 摄像的同时，图纸作慢速水平移动(运动方向与线阵 CCD 垂直)，相当于 CCD 在水平方向还进行了扫描运动。这样 CCD 在前一行信号输出的同时，又开始对下一行图像进行摄像(积分)。CCD 器件的电子扫描和图纸的机械运动配合能输出一整幅图像信号。这些信号脉冲的高低对应于图面上各点的光强，它们是模拟量。通过模/数(A/D)转换后变成 2^N 的数字信号，然后存入帧存储器中。经过一定的时间间隔以后，微机向帧存储器按地址取数进行存储或运算。

由于 CCD 对光强响应应有确定的线性范围，所以照片和图纸运动速度要配合，使 CCD 在摄像时，即 MOS 电容对电荷进行积累的时间内，所接收的光能量总保持在 CCD 的线性范围以内。所以，照明灯电压的高低和带动图纸运动的电机电压都由微机设定数据，经数/模(D/

A)转换成模拟量后进行控制。当纸速低时,图纸的照明强些;当纸速高时,照明弱些。这种图像输入和存储装置可用于计算机辅助设计、图像修正和动画片设计等多方面。

如图 10-30 所示,如果在线阵 CCD 摄像机前面放上光学滤光片,安装在飞机上,对地面进行摄像,飞机运动方向正好与 CCD 线阵像元排列方向垂直,则可对地面获得某种光谱的地形图像信号。如果改变滤光片的透光波长,则可得到地面的多光谱图像信号。这些图像信号经 A/D 转换后存入计算机,作信号处理,可获得各种所需遥感信息,如植物长势、地质资料、地下设施等有关信息。

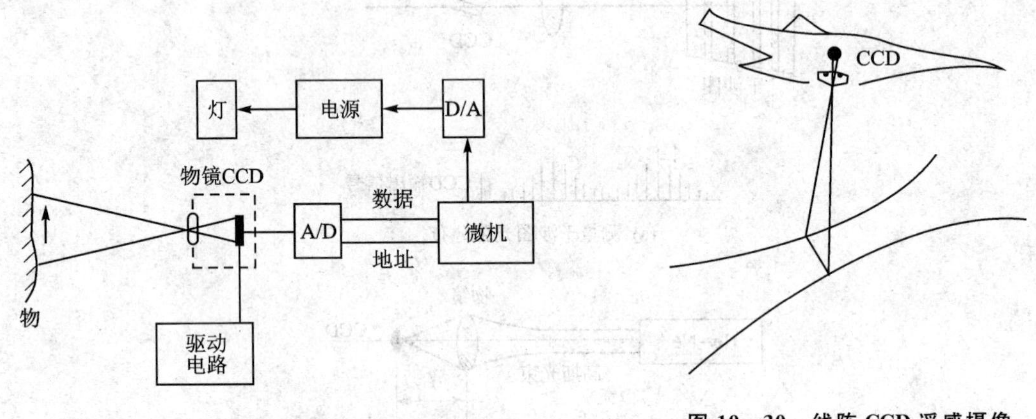

图 10-29 计算机存储图像的原理图

图 10-30 线阵 CCD 遥感摄像

如果线阵 CCD 摄像机和分光系统(如光栅分光或棱镜分光系统)配合,就能做多道光谱光度测量,比其他光度测量更为快速。而 CCD 自身的光谱特性影响,可由计算机软件予以修正。

10.5 光学视觉传感器

光学视觉传感器之所以这样称呼是因为希望它的作用是在某些方面模拟人眼的功能。在许多不宜于人操作的环境和一些对人体有害和危险的作业场合,以及在产品外形的快速测量等操作速度上人力难以达到的一些地方,自动化机器视觉系统都是十分必要的。人的视觉功能主要由人眼和大脑来完成,而机器或机器人的视觉目前主要是用光学、电子学和计算机应用学等分析方法,实现对客观三维世界的感知、度量或识别。类似于人类的视觉效果,视觉传感所提供的信息,不仅是客观世界的局部参量,而且是对观察对象的整体描述,描述的内容包括形状、尺寸、距离和运动速度等。目前人眼视觉机能尚不十分清楚,所以光学视觉只是在局部功能上进行模拟。

光学视觉传感器有二维传感器和三维传感器两类,采用面阵光电摄像器件组成摄像机,可对物体进行摄像获取二维信息,完成二维传感任务。这里主要介绍三维视觉传感系统,它更接

近于人眼的功能。三维视觉传感不仅需要获得物体的二维形状信息，还要获取物体深度变化的信息，也就是如人眼一般有体视感。获取三维面形信息的基本方法可以分为两大类：被动三维视觉传感和主动三维视觉传感。

10.5.1　被动三维视觉传感

被动三维视觉传感采用非结构照明方式，从一个或多个摄像系统获取的二维图像中确定距离信息，形成三维面形数据。从一个摄像系统获取的二维图像中确定距离信息时，人们必须依赖于物体形态、光照条件等的先验知识。如果这些知识不完整，则对距离的计算可能产生错误。从两个或多个摄像系统获取的不同视觉方向的二维图像中，通过相关或匹配等运算可以重建物体的三维面形。双摄像机的传感系统如图 10-31 所示，每台摄像机相当于一个人眼以获取二维图像。从各个摄像系统或取得不同视觉方向的二维图像中确定距离信息，常常要求大量的数据运算。当被测目标的结构信息过分简单或过分复杂，以及被测目标上各点反射率没有明显差异时，这种计算变得更加困难。因此，被动三维传感的方法常常用于对三维目标的识别、理解，以及用于位置、形态分析。这种方法的系统结构比较简单，在无法采用结构照明的时候更具有独特的优点。随着计算技术的发展，运算速度已不再是一个主要的限制因素，在机器视觉领域已经广泛地应用被动三维传感技术。

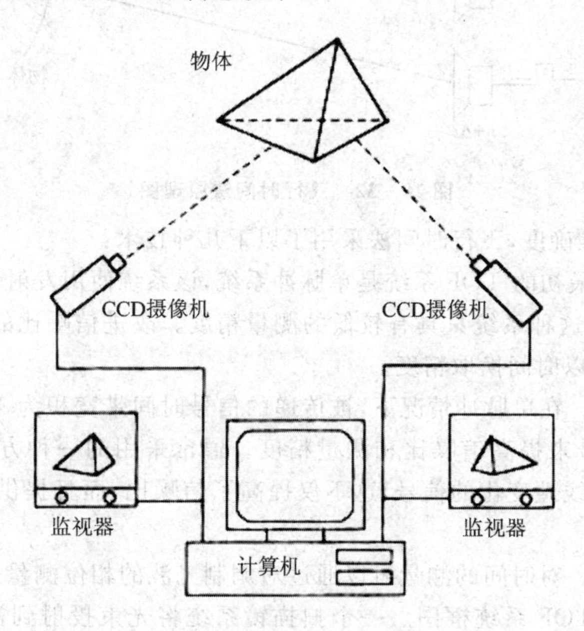

图 10-31　被动三维传感：双摄像机系统

10.5.2　主动三维视觉传感

主动三维视觉传感采用结构照明方式，由于三维面形对结构光场的空间或时间调制，可以从携带三维面形信息的观察光场中解调得到三维面形数据。由于这种方法具有较高的测量精度，因此，大多数以三维面形测量为目的的三维传感系统都采用主动三维传感方式。人们将主动三维传感方法分为时间调制和空间调制两大类。一类方法称为激光脉冲的飞行时间法(Time Of Flight，简称 TOF)，它基于三维面形对结构照明光束产生的时间进行调制。该方法的原理如图 10－32 所示。一个激光脉冲信号从发射器发出，经物体表面漫反射后，沿几乎相同的路径反射传回到接收器；检测光脉冲从发出到接收之间的时间延迟，就可以计算出距离 z。用附加的扫描装置使光束扫描整个物面，可形成三维面形数据。这种方法虽然原理简单，又可以避免阴影和遮挡等问题，但是要得到较高的距离测量精度，对信号处理系统的时间分辨率有极高的要求。为了提高测量精度，实际的 TOF 系统往往采用时间调制光束，例如采用单一频率调制的激光束，然后比较发射光束和接收光束之间的相位，计算出距离。

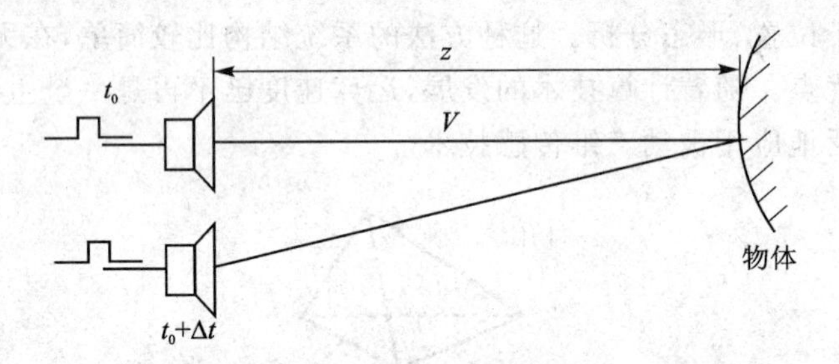

图 10－32　飞行时间法原理图

为了提高测量的准确度，飞行时间法采用了以下几种技术：

① 单脉冲技术。最初的 TOF 系统是单脉冲系统，该系统使用发射短脉冲的固定激光器。由于定时精度的限制，这种系统只具有较低的测量精度。改进信噪比的一个方法是：对一个测点重复多次测量，即以时间换取精度。

② 线性调制技术。在单脉冲情况下，被传递的信号时间带宽积为 1。因此可以考虑用时间带宽积大于 1 的信号来提高信噪比和测量精度。通常采用的一种方法是发射线性调制信号，即在发射期间频率线性变化的信号，这不仅提高了信噪比，而且提供了一种方便的获取距离信息的方法。

③ 相位检测技术。对时间的测量可以通过对调制光波的相位测量来实现。图 10－33 是采用相位检测技术的 TOF 系统框图。一个扫描镜系统将光束投射到被测物体的一个点上，然后共轴返回，由光电倍增管接收。系统采用 15 mW 的 He－Ne 激光作光源，光束经 9 MHz 的调制器调制后投射到物面，接收的信号经 9 MHz 的滤波器后与基准信号比较，然后从相位变化计算出距离的变化。

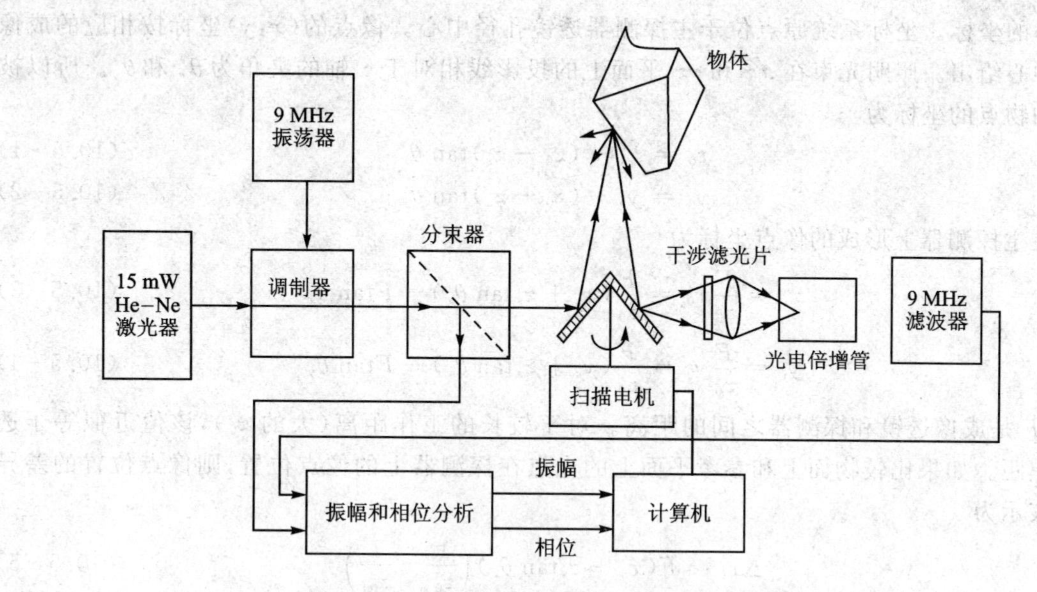

图 10-33　采用相位检测技术的 TOF 系统框图

另一类更常用的方法，称为三角法。它以传统的三角测量为基础，由于三维面形对结构照明光束产生的空间调制，改变了成像光束的角度，即改变了成像光点在检测器阵列上的位置，因此可以通过对成像光点位置的确定和系统光路的几何参数，计算出距离。

三角法的原理可用图 10-34 表示。事实上，大多数三维面形测量仪器都源于三角测量原理，图 10-34 所示的只是一种采用单光束点结构照明的最简单的情况。采用片状光束的线结构照明是三角测量法的扩展。已经研究的另一些更复杂的三维面形测量技术，包括莫尔轮廓术、傅里叶变换轮廓术、相位测量轮廓术等也最终归结于三角测量法，只不过在不同的测量技术中采用不同的方式来从观察光场中提取三角测量中所需要的几何参数。

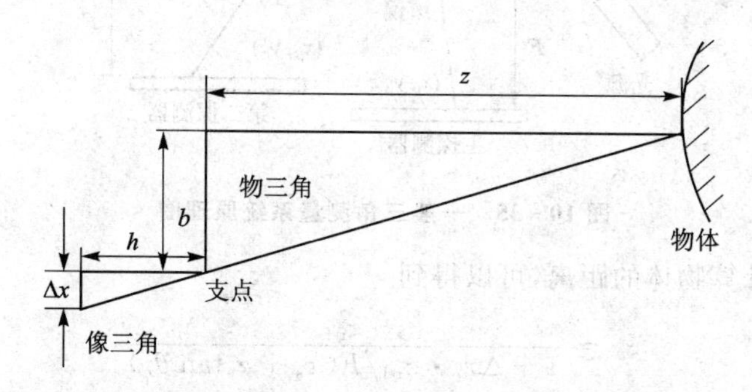

图 10-34　三角测量法原理图

图 10-35 是一般的三角测量系统原理图。图中给出了物体、光源、探测器和成像透镜孔

径中心的坐标。坐标系统原点位于主探测器透镜孔径中心。像点的(x,y)坐标按相应的成像透镜中心给出。照明光束在 xz 和 yz 平面上的投影线相对于 z 轴的夹角为 θ_x 和 θ_y。所以被照明的物点的坐标为

$$x_0 = x_s - (z_0 - z_s)\tan\theta_x \tag{10.5-1}$$

$$y_0 = y_s - (z_0 - z_s)\tan\theta_y \tag{10.5-2}$$

该点在主探测器上形成的像点坐标为

$$x_i = \frac{F}{z_0}x_0 = \frac{F}{z_0}(x_s + z_s\tan\theta_x) - F\tan\theta_x \tag{10.5-3}$$

$$y_i = \frac{F}{z_0}y_0 = \frac{F}{z_0}(y_s + z_s\tan\theta_y) - F\tan\theta_y \tag{10.5-4}$$

式中,F 是成像透镜和探测器之间的距离。对于较长的工作距离(大的 z_0),该值近似等于透镜的焦距。如果比较物面上和参考平面上的光点在探测器上的像点位置,则像点位置的差异可以表示为

$$\Delta x_i = F(x_s + z_s\tan\theta_x)\left(\frac{1}{z_0} - \frac{1}{z_{ref}}\right) \tag{10.5-5}$$

$$\Delta y_i = F(y_s + z_s\tan\theta_y)\left(\frac{1}{z_0} - \frac{1}{z_{ref}}\right) \tag{10.5-6}$$

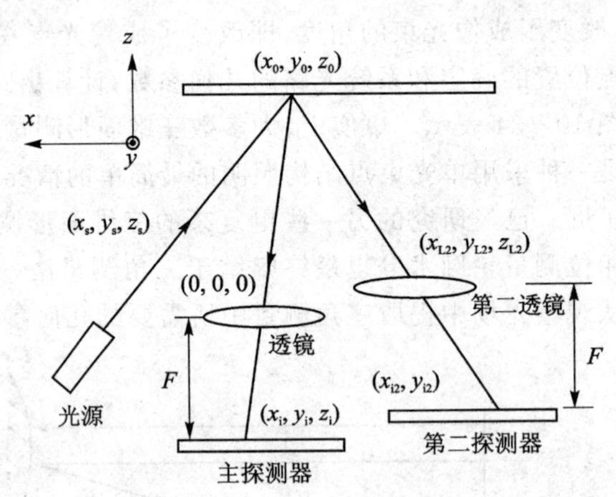

图 10-35　一般三角测量系统原理图

用 x 方向的位移量计算物体的距离,可以得到

$$z_0 = \frac{z_{ref}}{1 + \Delta x_i \cdot z_{ref}/F(x_s + z_s\tan\theta_x)} \tag{10.5-7}$$

上式表明,z_0 和 Δx 之间存在明显的非线性关系。通常,采用一维线阵探测器,使投影光轴、成像光轴和探测器阵列位于同一平面上,这时像点的位置只在 x 方向上沿探测器阵列移动,有效光源位于 x 轴上,即 $\Delta y_i = 0$,$y_s = z_s = 0$,这时上式可简化为

$$z_0=\frac{z_{\text{ref}}}{1+\Delta x_{\text{i}}\cdot z_{\text{ref}}/Fx_{\text{s}}} \tag{10.5-8}$$

这种由一个投影光轴和一个成像光轴构成的测量系统又称为单三角测量系统。这种测量方法要求投影光轴和成像光轴之间保持恒定的夹角。如果用这种系统完成一维或二维物面高度的测量，则必须在整个传感器（包括投影和成像）和被测物体之间附加一维或二维的相对扫描；如果引入第二成像系统，则可以构成双三角测量系统，这时距离的测量可以通过比较在两探测器上像点的差异而实现。而单三角法中距离的测量是通过比较一个相对于物面的像点和一个相对于基准面的像点而实现的。正如图10－35所示，在第二个探测器平面上像点的坐标为

$$x_{\text{i2}}=\frac{F(x_0-x_{\text{L2}})}{z_0-z_{\text{L2}}} \tag{10.5-9}$$

$$y_{\text{i2}}=\frac{F(y_0-y_{\text{L2}})}{z_0-z_{\text{L2}}} \tag{10.5-10}$$

式（10.5－3）和式（10.5－9）两式联立，就可得到

$$z_0=\frac{Fx_{\text{L2}}-z_{\text{L2}}x_{\text{i2}}}{x_{\text{i}}-x_{\text{i2}}} \tag{10.5-11}$$

上式表明，双三角测量法并不依赖于投影光轴与成像光轴之间保持固定的夹角，这意味着简单地沿一个方向扫描投影光轴就可以完成一个剖面的距离测量。

本节主要介绍了飞行时间法和三角测量法。飞行时间法可以避免三角测量法中的“盲点”问题，是一种很有前景的方法。但是由于光波的速度为3×10^8 m/s，为了达到较高的距离测量精度，对于定时系统的时间分辨率有特别高的要求，这给技术上的实现带来了困难。近年来高分辨阵列型探测器和扫描技术的发展，使得基于位置检测的三角测量技术迅速发展，成为三维面形测量技术的一个主要发展方向。但是，飞行时间法在本质上的一些特点，将随高速电子器件的发展和系统定时精度的提高而得以充分发挥。飞行时间法和三角测量法将在三维面形传感领域发挥重大的作用。

10.6　直接探测系统

10.6.1　系统类型

光电探测系统的类型是很多的，我们可以从不同角度出发对系统进行分类。分类的目的是突出同类系统的特点和共性，以便掌握其规律性的内容。

1. 按携带信息的光源分，可分为主动系统和被动系统

被动探测系统所接收到的光信号来自目标的自发辐射和对环境电磁波的散射，例如被测目标是星体、飞机、导弹、云层、大地、车辆和人体等。被动探测系统方框图如图10－36所示。

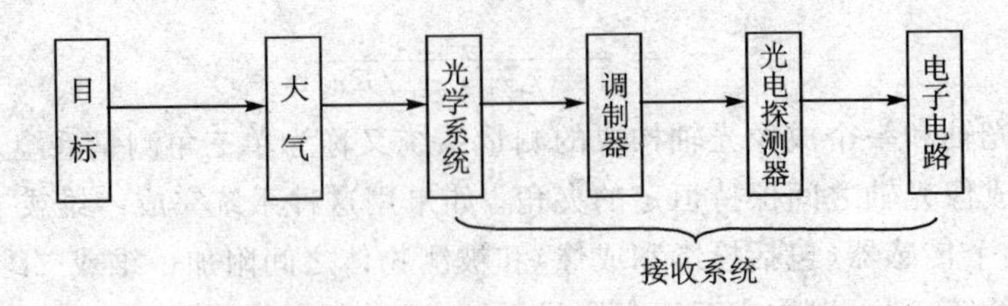

图 10-36　被动探测系统方框图

目标辐射(散射)功率和背景辐射(散射)功率同时进入光学系统，然后会聚到探测器上转换为光电信号，光电信号由处理电路处理以后输出所需信息。系统有加调制的，也有不加调制的。

主动探测系统是发射和接收系统共同配合进行工作的，系统方框图如图 10-37 所示。光源采用人工光源，如激光器、发光管、气体放电灯等。信息源可以通过调制光源的电源电压(或电流)，把信息载到光波上去，通过发射系统发射调制光；或者将光源出射的光(经过或不经过光学调制器)照射目标，利用目标的反射、透射或散射载上目标信息，然后由接收系统进行检测。

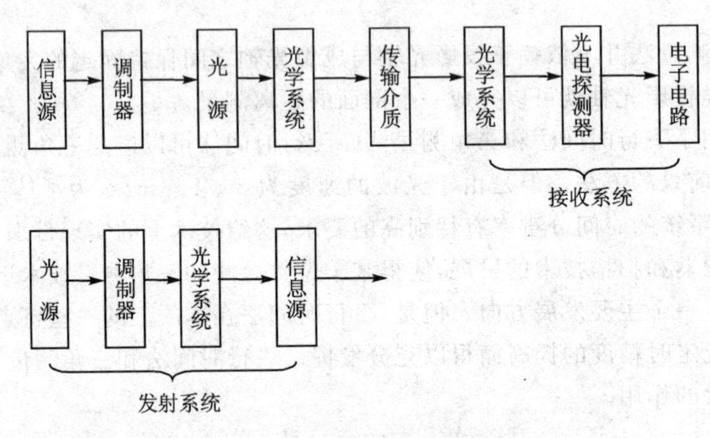

图 10-37　主动探测系统方框图

这两种系统的接收系统都是把目标和背景的入射光能量经光学系统会聚于光电探测器上进行光电转换。探测器输出的信号经处理电路检出信息。在此过程中，背景噪声和系统内部的探测器噪声及电路噪声等都与信号一起进入系统。

2. 按光谱范围分，可分为可见光探测系统和红外探测系统

对军事目标的探测，不论是主动系统还是被动系统，大多工作于红外光波段。工作在这一波段的优越性首先是隐蔽性好，不易被对方发现；其次是光波在大气中传播时，红外波段有几个窗口对光能量的衰减较小，这样系统的作用距离远。而民用装置和仪器中除了必须工作于红外波段外，都尽可能工作在可见光和近红外波段。因为这一波段探测器的量子效率高，系统

设计调试方便。

3. 按接收系统分，可分为点探测系统和面探测系统

对于点探测系统来说，系统把目标作为一个点来考虑，只接收目标总的辐射功率。通常系统只用单元探测器，但是也有用多元阵列的，以分辨目标的空间位置。而面探测系统则同时要测量目标的光强分布，通常用摄像器件或多元探测器阵列完成。但是也有用单元器件完成的，例如扫描热像仪或哈达玛编码系统等。

4. 按光波对信息信号(或被测未知量)的携带方式分，可分为直接探测系统和相干探测系统

不论光源是自然光源还是人造光源，是非相干光源还是相干性好的激光光源，直接探测方式都是利用光源出射光束的强度去携带信息。光电探测器则是直接把接收到的光强度变化转换为电信号变化，最后用解调电路检出所携带的信息。而相干探测方式则是利用光波的振幅、频率、相位来携带信息，而不是利用光强度。所以只有相干光可被用来携带信息，检出信息时需用光波相干的原理。相干探测系统与无线电外差探测系统相似，故又称光外差探测系统。

10.6.2　光电探测系统的指标

光电探测系统具有感知信息、传递信息、测量未知的光学量或非光学量，以及作信息存储等多种功能和用途。各个系统有不同的技术要求。但是，它们最终都是以电信号形式输出，其输出量是模拟电信号或者是数字电信号。从最终输出要求来看，它们有一个公共的指标，这就是信号的输出信噪比。

对于模拟系统来说，人们所关心的是光所传输的信息经过光电探测系统检出以后其波形是否畸变。在系统中影响波形畸变的因素可能有很多，例如系统中各个环节的线性度如何，是否存在外界干扰等因素，但是实际上许多因素可以通过精心设计各个环节而得到解决。不同类型的系统有不同的问题需要个别对待，它们不是光电探测中的共同问题。影响信息信号畸变的最根本因素是噪声，噪声是在光电探测过程中由各个环节引入的，是各个环节所固有的。它们来自光源、背景、光电探测器和电路等环节，因此衡量模拟光电系统的一个重要指标是信噪比 SNR_p：

$$SNR_p = \frac{\text{信号功率}}{\text{噪声功率(方差)}} \tag{10.6-1}$$

这里指的功率不是光辐射功率，而是探测系统输出的电信号功率和噪声功率。由于噪声夹杂在代表信息的信号中而使信息信号发生畸变。对于不同的探测系统，所要求的信噪比不同，有的只要求在 3～5；在一些精密测量中则要求 10～100，甚至更高。

对于数字式光电系统，因为是用“0”、“1”两态脉冲传输信息，当系统不存在噪声时，系统输出信号能准确复现发射的信号编码规律，如图 10-38(a)所示。当噪声随机叠加在信号上时，信号产生畸变,如图 10-38(b)所示。在给定阈值条件下,脉冲高于某阈值电流(或电压)时,电路输出为脉冲高电位"1"态;低于某阈值电流(或电压)时,电路输出为脉冲低电位"0"态。由图 10-38(c)可以看出:由于负向噪声叠加在脉冲"1"上,使脉冲输出为"0";同样,噪声也有可能使脉冲输出"0"误变为"1"。"0"、"1"码出现错误的概率称为误码率。显然,这仍然与信噪比有关。当信噪比高时,误码率就低,只是不用信号噪声功率比来衡量,而由噪声的概率分布规律考虑它超过阈值的概率来衡量。

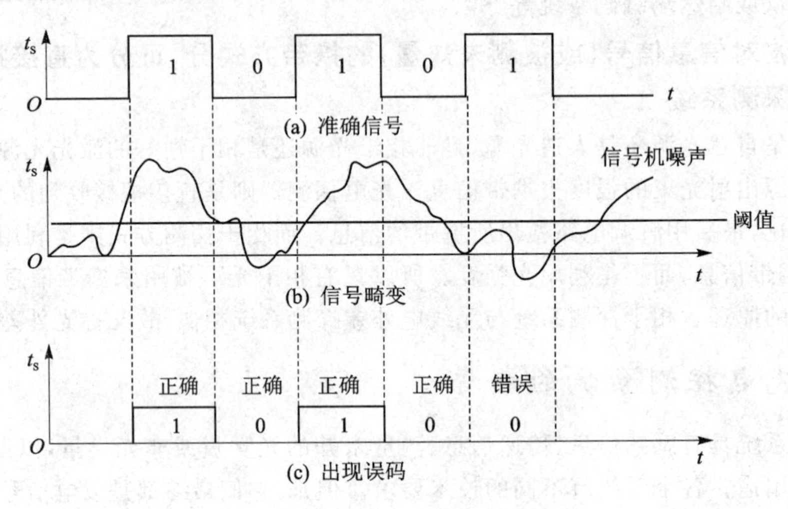

图 10-38 数字信号与噪声叠加

10.6.3 直接探测系统简介

光波携带信息可以采用多种形式,如光波的强度变化、频率变化、相位变化及偏振变化等。在多数场合中,常常采用光波的强度变化来携带信息,这就需要用直接探测的系统将光波的强度变化所包含的信息检测出来。然而,光的频率和相位变化必须采用光外差探测(相干探测)方法。与光外差探测方法相比,直接探测是一种简单而又实用的探测方法,在工业、航空航天、军事、医疗等领域得到广泛的应用。

1. 直接探测的基本物理过程

所谓直接探测是将待检测的光信号直接入射到光电探测器的光敏面上,由光电探测器将光强信号直接转化为相应的电流或电压,根据不同系统的要求,再经后续电路处理(如放大、滤波或各种信号变换电路),最后获得有用的信号。

信号光场可表示为 $E_s(t)=A\cos\omega t$。式中,A 是信号光电场振幅,ω 是信号光的角频率,则其平均光功率 $P=\overline{E_s^2(t)}=A^2/2$。由光电转换的基本规律可知,光电探测器输出的光电流为

$$I_P=\frac{e\eta}{h\nu}P=\frac{e\eta}{2h\nu}A^2 \tag{10.6-2}$$

若光电探测器的负载电阻为 R_L，则光电探测器输出的电功率为

$$S_P = I_P^2 R_L = \left(\frac{e\eta}{h\nu}\right)^2 P^2 R_L \tag{10.6-3}$$

上式说明，光电探测器输出的电功率正比于入射光功率的平方。从这里我们可以看到，光电探测器对光的响应特性包含两层含义：其一是光电流正比于光场振幅的平方，即光的强度；其二是电输出功率正比于入射光功率的平方。如果入射信号光为强度调制(IM)光，调制信号为 $d(t)$，则由式(10.6-2)，可得光电探测器输出的光电流为

$$I_P = \frac{e\eta}{h\nu} P[1 + d(t)] \tag{10.6-4}$$

式中，第一项为直流项，若光电探测器输出有隔直流电容，则输出光电流只包含第二项，这就是直接探测的基本物理过程。需强调指出，探测器响应的是光场的包络，目前尚无能直接响应光场频率的探测器。

2. 直接探测系统的信噪比

众所周知，任何系统都需用一个重要指标——信噪比来衡量其质量的好坏，其灵敏度的高低与此密切相关。

设入射到光电探测器的信号光功率为 P_s，噪声功率为 P_n，光电探测器输出的信号电功率为 S_P，输出的噪声功率为 N_P，由式(10.6-3)可知

$$S_P + N_P = (e\eta/h\nu)^2 \cdot R_L \cdot (P_s + P_n)^2 = (e\eta/h\nu)^2 \cdot R_L \cdot (P_s^2 + 2P_sP_n + P_n^2) \tag{10.6-5}$$

考虑到信号和噪声的独立性，则有

$$S_P = (e\eta/h\nu)^2 \cdot R_L \cdot P_s^2$$

$$N_P = (e\eta/h\nu)^2 \cdot R_L \cdot (2P_sP_n + P_n^2)$$

根据信噪比的定义，则输出功率信噪比为

$$\left(\frac{S}{N}\right)_P = \frac{S_P}{N_P} = \frac{P_s^2}{2P_sP_n + P_n^2} = \frac{(P_s/P_n)^2}{1 + 2(P_s/P_n)} \tag{10.6-6}$$

从上式可以看出：

① 若 $P_s/P_n \ll 1$，则

$$\left(\frac{S}{N}\right)_P \approx \left(\frac{P_s}{P_n}\right)^2 \tag{10.6-7}$$

这说明输出信噪比等于输入信噪比的平方。由此可见，直接探测系统不适于输入信噪比小于 1 或者微弱光信号的探测。

② 若 $P_s/P_n \gg 1$，则

$$\left(\frac{S}{N}\right)_P \approx \frac{1}{2}\frac{P_s}{P_n} \tag{10.6-8}$$

这时输出信噪比等于输入信噪比的一半，即经光电转换后，信噪比损失了 3 dB。这在实际应

用中还是可以接受的。

从以上讨论可知，直接探测方法不能改善输入信噪比，与后面即将讨论的相干探测方法相比，这是它的弱点。但它对不是十分微弱光信号的探测则是很适宜的探测方法。这是由于这种探测方法比较简单，易于实现，可靠性高，成本较低，所以得到广泛应用。

3. 直接探测系统的探测极限及趋近方法

如果考虑直接探测系统存在的所有噪声，则输出噪声总功率为

$$N_P = (\overline{i}^2_{NS} + \overline{i}^2_{NB} + \overline{i}^2_{ND} + \overline{i}^2_{NT})R_L \tag{10.6-9}$$

式中，$\overline{i}^2_{NS}$为信号光引起的噪声；$\overline{i}^2_{NB}$为背景光引起的噪声；$\overline{i}^2_{ND}$为暗电流引起的噪声；$\overline{i}^2_{NT}$为负载电阻和放大器热噪声之和，则输出信号噪声比为

$$\left(\frac{S}{N}\right)_P = \frac{S_P}{N_P} = \frac{(e\eta/h\nu)^2 P_s^2}{\overline{i}^2_{NS} + \overline{i}^2_{NB} + \overline{i}^2_{ND} + \overline{i}^2_{NT}} \tag{10.6-10}$$

当热噪声是直接探测系统的主要噪声源，而其他噪声可以忽略时，我们就说直接探测系统受热噪声限制，这时的信噪比为

$$\left(\frac{S}{N}\right)_{P热} = \frac{(e\eta/h\nu)^2 P_s^2}{4kT\Delta f/R} \tag{10.6-11}$$

当散粒噪声远大于热噪声时，热噪声可以忽略，则直接探测系统受散粒噪声限制，这时的信噪比为

$$\left(\frac{S}{N}\right)_{P散} = \frac{(e\eta/h\nu)^2 P_s^2}{\overline{i}^2_{NS} + \overline{i}^2_{NB} + \overline{i}^2_{ND}} \tag{10.6-12}$$

当背景噪声是直接探测系统的主要噪声源，而其他噪声可以忽略时，我们就说直接探测系统受背景噪声限制，这时的信噪比为

$$\left(\frac{S}{N}\right)_{P背} = \frac{(e\eta/h\nu)^2 P_s^2}{2e\Delta f\left(\frac{e\eta}{h\nu}P_B\right)} = \frac{\eta}{2h\nu\Delta f}\frac{P_s^2}{P_B} \tag{10.6-13}$$

式中，P_B 为背景辐射功率。扫描热探测系统的理论极限即由背景噪声极限所决定。

当入射的信号光波所引起的散粒噪声是直接探测系统的主要噪声源，而其他噪声可以忽略时，我们就说直接探测系统受信号噪声限制，这时的信噪比为

$$\left(\frac{S}{N}\right)_{P信} = \frac{\eta P_s}{2h\nu\Delta f} \tag{10.6-14}$$

此为直接探测在理论上的极限信噪比，也称为直接探测系统的量子极限。若用等效噪声功率NEP值表示，则在量子极限下，直接探测系统理论上可测量的最小功率为

$$(\mathrm{NEP})_{量} = \frac{2h\nu\Delta f}{\eta} = \frac{P_s}{\left(\frac{S}{N}\right)_{P信}} \tag{10.6-15}$$

假定探测器的量子效率 $\eta=1$，测量带宽 $\Delta f=1$ Hz，由式(10.6-15)，得到系统在量子极

限下的最小可探测功率为 $2h\nu$，此结果已接近单个光子的能量。

应当指出，式(10.6－14)和式(10.6－15)是当直接探测系统做到理想状态，即系统内部的噪声都抑制到可以忽略的程度时所得到的结果。但在实际直接探测系统中，很难达到量子极限探测，因为实际系统的视场不能是衍射极限对应的小视场，于是背景噪声不可能为零；任何实际的光电探测器总会有噪声存在；光电探测器本身具有电阻以及负载电阻等，都会产生热噪声；放大器也不可能没有噪声。

但是，如果使系统趋近量子极限，则意味着信噪比的改善。可行的方法就是在光电探测过程中，利用光电探测器的内增益获得光电倍增。例如对于光电倍增管，由于倍增因子 M 的存在，信号功率 i_S^2 增加 M^2 倍的同时，散粒噪声功率也增加 M^2 倍，于是式(10.6－10)变为

$$\left(\frac{S}{N}\right)_P = \frac{(e\eta/h\nu)^2 \cdot P_s^2 \cdot M^2}{(\overline{i_{NS}^2} + \overline{i_{NB}^2} + \overline{i_{ND}^2})M^2 + \overline{i_{NT}^2}} \tag{10.6－16}$$

当 M 很大时，热噪声可以忽略。如果光电倍增管加制冷、屏蔽等措施以减小暗电流及背景噪声，则光电倍增管达到散粒噪声限是不难的。在特殊条件下，它可以趋于量子限。人们曾用光电倍增管测到 10^{-19} W 的光信号功率。需要注意的是，要选用无倍增因子起伏的内增益器件，否则倍增因子的起伏又会在系统中增加新的噪声源。

一般在直接探测中，光电倍增管、雪崩管的探测能力高于光电导器件。采用内部有高增益的探测器是直接探测系统可能趋近探测极限的唯一途径，但由于增益过程将同时使噪声增加，故存在一个最佳增益系数。

10.6.4　直接探测系统的作用距离

对于远距离目标的探测系统，尤其是军用光电系统，首要的参数是系统的作用距离。对于点目标，当目标的张角小于系统的瞬时视场时，光电系统所接收到的目标辐射能量与其间的距离有关。所谓作用距离是指：与接收到的最小可用能量相应的距离。通常希望作用距离越远越好，提高系统作用距离与提高系统输出信噪比有相同的意义。下面讨论直接探测系统各环节对系统作用距离的影响。

1. 发射系统

对于主动系统来说，所接收到的功率与光源发射功率有关。设光源是一个点光源，其辐射功率为 $P(t)$，并向四周发射球面波，如图 10－39 所示。其辐射的光通量为

$$F = CV_\lambda P(t) = \alpha P(t) \tag{10.6－17}$$

式中，C=634 lm/W，为比例常数；V_λ 为视感度。

辐射光强度为

$$I = \frac{\alpha P(t)}{4\pi} \tag{10.6－18}$$

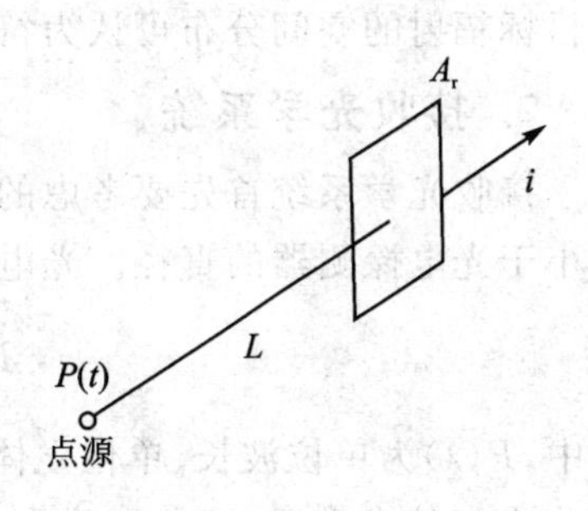

图 10－39　点光源辐射

距光源 L 处的光照度为

$$E=\frac{I}{L^2}=\frac{\alpha P(t)}{4\pi}\frac{1}{L^2} \tag{10.6-19}$$

若距光源 L 处的接收面积 A_r 的尺寸相对于 L 足够小，则辐射可视为垂直入射在接收面上，即 A_r 面接收到的光通量为

$$F'=\int E\cdot \mathrm{d}S=\frac{\alpha P(t)}{4\pi}\frac{A_r}{L^2} \tag{10.6-20}$$

换算成功率，则 A_r 面接收到的功率为

$$P_s(t)=\frac{P(t)}{4\pi}\frac{A_r}{L^2} \tag{10.6-21}$$

要充分利用发射源的能量，就必须提高单位立体角辐射功率，所以发射系统一般都由光源和发射光学系统组成，用光学系统来提高单位立体角发射的能量。

例如最简单的点光源放在球面反射镜的球心（见图 10-40），发射光束的立体角变为 Ω_a，得到的功率增益为

$$G_a=\frac{P(t)/\Omega_a}{P(t)/4\pi}=\frac{4\pi}{\Omega_a} \tag{10.6-22}$$

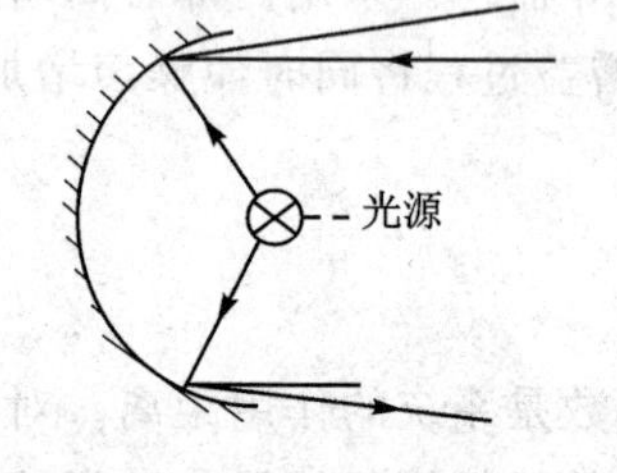

图 10-40　简单的发射系统

实际光源不都是向 4π 立体角辐射的点光源，而是有一确定的发散角 Ω_0，所以功率增益的一般式为

$$G_a=\Omega_0/\Omega_a \tag{10.6-23}$$

发射系统功率增益的大小与发射光学系统和光源特性的配合有关。对于点光源来说，球面反射镜最为方便、易得，因为球面反射镜容易获得高反射率，反射能量损失较小；采用球面透镜，在宽光谱范围内要有高透过率比较困难；非球面镜对点光源压缩光束发散角比球面镜更为有利。气体或固体激光器，光源已有较小的发散角，为了进一步提高发射功率增益，通过采用倒置望远镜与之配合作用。

对于被动光电系统，目标是自然光源，其辐射的空间分布由目标自身特性所决定。许多固体目标辐射的空间分布可认为符合兰伯余弦定律。

2. 接收光学系统

接收光学系统首先要考虑的是把光场能量尽可能多地收集到光电探测器上，并使光束直径小于光电探测器的直径。光电探测器所接收到的功率为

$$P_s(t)=\int_{\lambda_1}^{\lambda_2}P(\lambda)\tau_1\cdot\tau_2\cdot\frac{A_r}{L^2}\mathrm{d}\lambda \tag{10.6-24}$$

式中，$P(\lambda)$为单位波长、单位立体角所接收到的功率；A_r 为光学系统接收面积（见图 10-41）；τ_1 为大气的光谱透过率；τ_2 为光学系统材料的光谱透过率（包括调制器的透过率）；L 为辐射

源到接收系统的距离（$L \gg A_r$）；$\frac{A_r}{L^2}$为接收口径所对应的立体角。

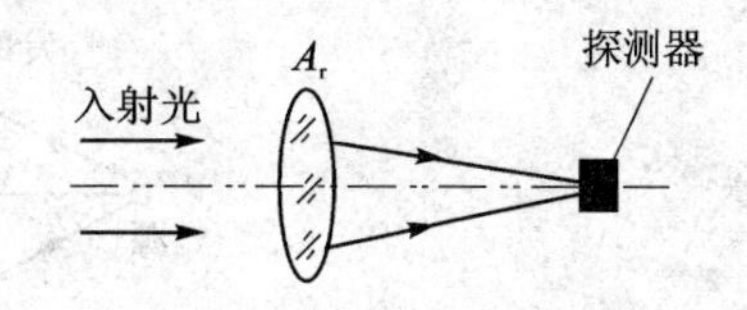

图 10 - 41　接收光学系统示意图

$P(\lambda)$对于不同形式的系统具有不同的表达式，下面是几种典型的系统。

(1) 被动系统

对于被动系统，$P(\lambda)$遵守黑体或灰体光谱辐射率公式。由普朗克公式得

$$P(\lambda) = \varepsilon_\lambda \frac{2\pi h c^2}{\lambda^5} \frac{1}{e^{hc/\lambda kT} - 1} \tag{10.6-25}$$

所以，接收光学系统所接收的系统功率为

$$P_s(t) = \int_{\lambda_1}^{\lambda_2} \varepsilon_\lambda \cdot \frac{2\pi h c^2}{\lambda^5} \frac{1}{e^{hc/\lambda kT} - 1} \tau_1 \cdot \tau_2 \cdot \frac{A_r}{L^2} d\lambda \tag{10.6-26}$$

(2) 主动系统

① 如果接收系统直接接收光源辐射的能量，如图 10 - 42(a)所示，则此时 $P(\lambda)$表示为

$$P(\lambda) = \frac{P(t)_\lambda \cdot G_a}{\Omega_0} \tag{10.6-27}$$

式中，$P(t)_\lambda$ 为光源发射波长为λ 的辐射功率；G_a 为发射光学系统的增益；Ω_0 为光源本身的发散角。

接收光学系统所接收的系统功率为

$$P_s(t) = \int_{\lambda_1}^{\lambda_2} \frac{P(t)_\lambda}{\Omega_0} \cdot G_a \cdot \tau_1 \cdot \tau_2 \frac{A_r}{L^2} d\lambda \tag{10.6-28}$$

② 对于主动系统，当接收系统的功率是来自被照射目标的反射功率时，如图 10 - 42 所示。对于大目标反射，反射体表面积 A'_D比照射光面积 A''_D大时，如图 10 - 42(b)所示。反射功率是在 π 立体角内，于是

$$P(\lambda) = \frac{P(t)_\lambda \cdot \rho}{\pi} \tag{10.6-29}$$

式中，$P(t)_\lambda$ 为光源发射波长为λ 并照射到目标上的功率；ρ 为反射体表面的反射率。

这样，接收光学系统所接收的功率为

$$P_s(t) = \int_{\lambda_1}^{\lambda_2} \frac{P(t)_\lambda \cdot \rho}{\pi} \tau_1 \cdot \tau_2 \frac{A_r}{L^2} d\lambda \tag{10.6-30}$$

③ 对于小目标反射，如图 10 - 42(c)所示。此时反射体表面积 A'_D小于照射光面积 A''_D，则

$$P(\lambda) = \frac{P(t)_\lambda \cdot A'_D}{A''_D} \cdot \frac{\rho}{\pi} = \frac{P(t)_\lambda \cdot A'_D}{\Omega_a L^2} \cdot \frac{\rho}{\pi} \tag{10.6-31}$$

式中，Ω_a 为发射光学系统的发散角。

若光电探测器与发射源在同一基地，可认为接收系统距反射体也为 L，则接收光学系统所

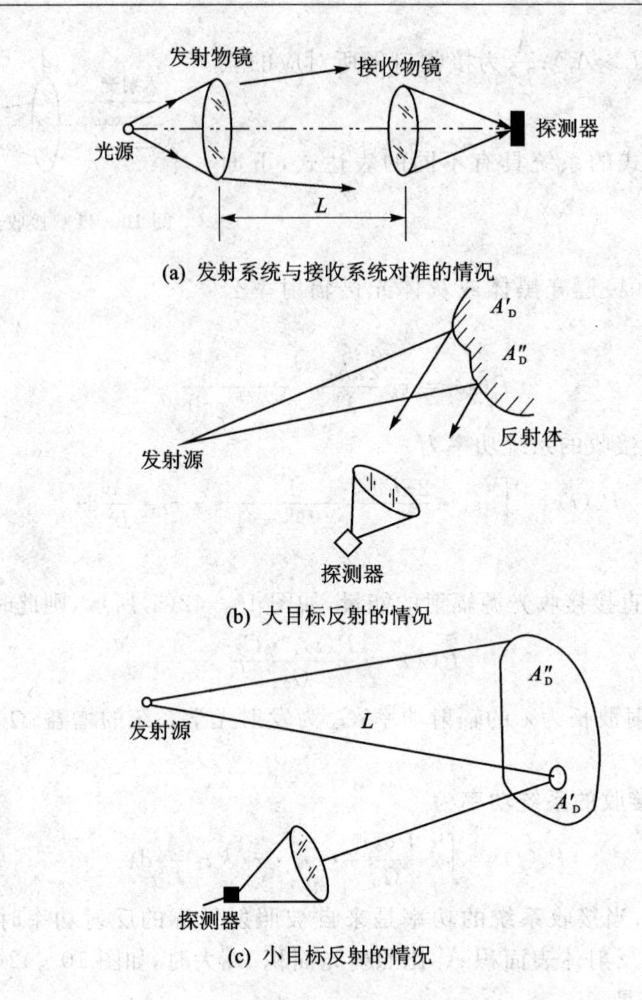

图 10-42 主动光电系统的三种典型接收方式

接收的功率为

$$P_s(t)=\int_{\lambda_1}^{\lambda_2}\frac{P(t)_\lambda\cdot A'_D}{\Omega_a L^2}\cdot\frac{\rho}{\pi}\cdot\tau_1\cdot\tau_2\frac{A_r}{L^2}\mathrm{d}\lambda \tag{10.6-32}$$

由式(10.6-26)、式(10.6-28)、式(10.6-30)、式(10.6-32)可以看出，在某距离上进行直接探测时，接收器所接收到的功率与下述因素有关：

① 一般接收系统所能接收到的功率与距离的平方成反比，随距离的增加而衰减很快；但对于反射目标尺寸小于光源照射面积的系统，这时接收到的功率与距离的四次方成反比，这是激光雷达、激光漫反射测距时遇到的情况。

② 光源光束的发散角越小，接收系统能接收到的功率越大。

③ 目标反射的光功率越大，则在同一距离上接收到的光功率也越大，或在同样的接收灵

敏度下，系统的作用距离也越大。用合作目标（如角反射镜）就是增大接收光功率的方法之一。

④ 接收功率与接收光学系统的口径（接收面积）有直接联系。在结构尺寸允许的条件下，增大光学系统口径是有效的。但必须指出，由于大气传输，会引入随机闪烁，在一定程度上，过大的口径，反而会增大噪声。

⑤ 各种光源发射的能量有确定的光谱，除选用与之匹配的光电探测器外，光学系统的材料也应与之匹配。光学系统应尽可能选择镜片少的透镜组，如用反射或折反射式系统，以减少镜片对光能的吸收损耗。若系统工作距离较长，还应选用处于大气“窗口”之内的光波长。

3. 系统的作用距离

若接收光学系统所接收到的辐射功率全部集中到探测器上，由接收到的辐射功率再考虑到探测器的性能参数和系统带宽，就可得到系统的距离方程。

探测器所得到的电信号 $V_s(t)$，与探测器接收功率 $P_s(t)$ 和探测器光谱响应度 $R_v(\lambda)$ 有关，即

$$V_s(t) = P_s(t) \cdot R_v(\lambda) \tag{10.6-33}$$

对于被动光电系统，把式(10.6-26)代入上式，有

$$V_s = \int_{\lambda_1}^{\lambda_2} \varepsilon_\lambda \cdot \frac{2\pi h c^2}{\lambda^5} \frac{1}{e^{hc/\lambda kT} - 1} R_v(\lambda) \tau_1 \cdot \tau_2 \cdot \frac{A_r}{L^2} d\lambda \tag{10.6-34}$$

由于系统接收到的功率是波长的函数，探测器光谱响应也是波长的函数，而大气透过率 τ_1 则是波长和距离二者的函数，所以上式积分很复杂，通常的处理方法是对上述各量作简化处理：

① 取 τ_1 为被测距离 L 在 $\lambda_1 \sim \lambda_2$ 区域内的平均透过率；

② 光学系统的透过率 τ_2 取为在 $\lambda_1 \sim \lambda_2$ 光谱范围内的平均值；

③ 把探测器在波长 $\lambda_1 \sim \lambda_2$ 内的响应度看成是一个矩形带宽，在 $\lambda_1 < \lambda < \lambda_2$ 的光谱范围内响应度为常值 R_v，在 $\lambda_1 < \lambda < \lambda_2$ 以外的光谱响应度为零；

④ 根据物体的温度和辐射率，可得到物体在 $\lambda_1 \sim \lambda_2$ 内的单位立体角辐射功率 J_1。将以上参数代入式(10.6-34)，有

$$V_s = \frac{J_1 \tau_1 \tau_2 A_r R_v}{L^2} \tag{10.6-35}$$

在弱光下，不能忽略探测器噪声，用 D^* 参数更适宜，则上式表示为

$$V_s = \frac{J_1 \tau_1 \tau_2 A_r V_n D^*}{L^2 (A_d \Delta f)^{1/2}} \tag{10.6-36}$$

式中，A_d 为探测器面积；V_n 为噪声均方根电压；V_s 为信号电压的有效值；Δf 为系统带宽。于是得到被动系统的距离方程为

$$L = \left[\frac{J_1 \tau_1 \tau_2 A_r D^*}{(A_d \Delta f)^{1/2} (V_s / V_n)} \right]^{1/2} \tag{10.6-37}$$

同样可得到主动系统的距离方程。对于接收和发射系统光轴对准的情况，有

$$L = \left[\frac{J_2\tau_1\tau_2 A_r D^*}{(A_d\Delta f)^{1/2}(V_s/V_n)}\right]^{1/2} \tag{10.6-38}$$

对于大目标漫反射主动系统，有

$$L = \left[\frac{J_3\tau_1\tau_2 A_r D^*}{(A_d\Delta f)^{1/2}(V_s/V_n)}\right]^{1/2} \tag{10.6-39}$$

对于小目标漫反射主动系统，有

$$L = \left[\frac{J_4\tau_1\tau_2 A_r D^*}{(A_d\Delta f)^{1/2}(V_s/V_n)}\right]^{1/2} \tag{10.6-40}$$

式中，J_2、J_3 和 J_4 分别为各式中对应于 $\lambda_1 \sim \lambda_2$ 光谱通带内单位立体角的接收功率。

以上公式表明了系统作用距离与系统各主要环节参数之间的关系。提高作用距离需要从每个环节中发掘潜力，但是这一关系式属于比较理想的状态，它没有计入实际系统背景辐射噪声和电路噪声的影响。在上述距离公式中几个因素还需作如下说明：

① 从公式可以看出，A_r/A_d 越大，L 也越大。这里除了理解为光学系统口径尽可能要取大值，探测器面积尽可能取小值外，还需要保证光学系统接收到的能量都落在探测器面积 A_d 以内，所以远距离探测系统的接收物镜通常采用有大的相对孔径(D/f)的强光力系统。

② 从公式还可以看出，探测器的 D^* 值越高越好。系统的信噪比 V_s/V_n 越小，L 就越大。但是 V_s/V_n 小意味着系统工作可靠性差、精度低。对于跟踪系统，一般要求信噪比为 3～5；对于精度测量系统要求较高，一般为 10～100。

③ 从公式还可以看出，系统通频带 Δf 越窄，L 就越大。但是 Δf 不能任意取很小的值，它与信号的性质有关。

10.6.5 直接探测系统的视场

系统都需要有一定的视场，以保证被测对象的信号始终在测量过程中被系统接收到。

1. 点探测器对应的视场及背景辐射

在许多情况下，探测器位于光学系统的后焦面上，探测器光敏面的面积 A_d 一般就决定了系统的视场。视场角 Ω_d 可表示为

$$\Omega_d = A_d/f_\tau^2 \tag{10.6-41}$$

式中，f_τ 是光学系统的焦距，如图 10-43 所示。

从理论上讲，远处的目标在探测器上所得到的尺寸是夫朗和费衍射所形成的艾里斑。实际上由于光学系统存在像差，在光学系统上得到的是比艾里斑要大得多的弥散斑。考虑到大气扰动引起的像点跳动，某些目标可能是运动目标等因素，实际探测器面积、总的衍射极限决定的艾里斑尺寸要大得多。但是即使这样考虑，实际系统的视场还是尽可能取小值。因为探测器中除了光电管和光电倍增管外，其他各种探测器的面积都是较小的。一方面是工艺上的限制，另一方面是探测器不可避免地在接收到目标功率的同时会接收到背景功率，探测器面积

越大，接收到的背景功率也增大，由背景辐射引入系统的噪声也越大。因此，视场和系统的探测能力（作用距离）是矛盾的，需要综合考虑。

下面，对背景辐射进行一些分析，如图 10-44 所示。对于均匀背景（如晴空、大气），可以考虑为灰体辐射。这时从黑体辐射能量分布公式可认为背景辐射源单位面积、单位波长辐射功率为

$$N(\lambda)=\frac{2\pi hc^2}{\lambda^5}\frac{1}{\mathrm{e}^{hc/\lambda kT}-1} \tag{10.6-42}$$

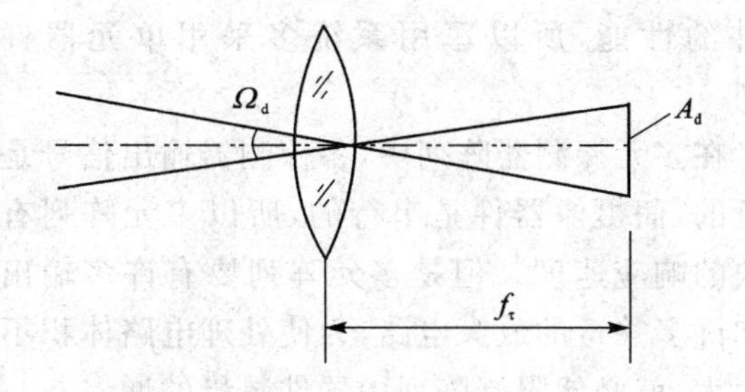

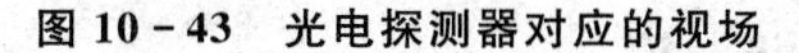

图 10-43　光电探测器对应的视场

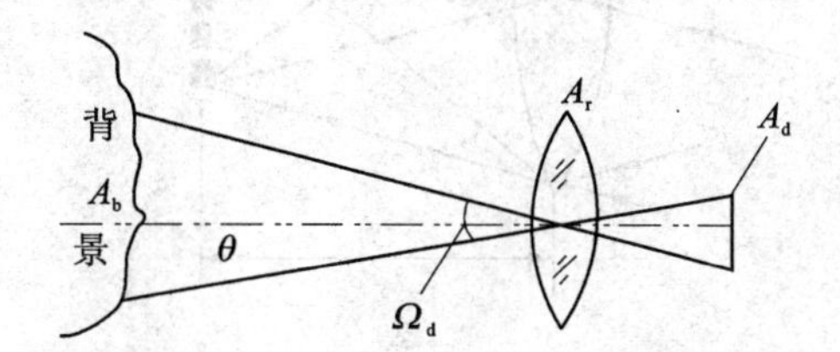

图 10-44　接收系统视场中对应的背景辐射

接收系统接收到的背景功率为

$$P_b(t)=\int_{\lambda_1}^{\lambda_2}\varepsilon_\lambda N(\lambda)\frac{A_r}{L^2}A_b\tau_1\tau_2\,\mathrm{d}\lambda \tag{10.6-43}$$

式中，ε_λ 为背景比辐射率；A_b 为视场对应的背景面积。因为视场角

$$\Omega_d=\frac{A_b}{L^2}=\frac{A_d}{f_\tau^2} \tag{10.6-44}$$

所以接收到的背景功率又可写成

$$P_b(t)=\int_{\lambda_1}^{\lambda_2}\varepsilon_\lambda N(\lambda)A_r\Omega_d\tau_1\tau_2\,\mathrm{d}\lambda \tag{10.6-45}$$

可见，限制背景功率的办法一方面是在空间上限制系统视场角，另一方面是加光学滤光片对背景进行光谱滤波。因为背景的辐射是宽光谱范围的，而信号功率所占的光谱范围不会与背景完全一致，尤其是激光器作光源，光谱范围极窄。采用光谱滤光片，可使滤光片透光波段与信号光谱范围吻合，这是直接探测系统中抑制背景噪声最有效的方法之一。

2. 扩展系统视场的方法

某些实际系统要求有较大的视场，例如某些定向和制导系统、工业控制系统，为了使活动目标保持在视场范围以内，就需要扩大视场。在不严重降低系统灵敏度和空间分辨率的条件下，目标实际系统中扩大视场的方法有以下几种：

(1) 采用多元探测器阵列或采用摄像器件

多元探测器阵列是用多片单元探测器排成阵列放在接收物镜的焦平面上（见图 10-45），

如光电二极管或光敏电阻阵列。这时每一单元探测器面积不增大，只对应一小部分视场，由多元器件合成一个扩展的视场。这样不降低系统探测器的能力，仍保持一定的空间分辨能力。所谓空间分辨能力，就是指系统对目标空间位置变化所能敏感到的最小值。当然每个器件面积越小，空间分辨能力越强。

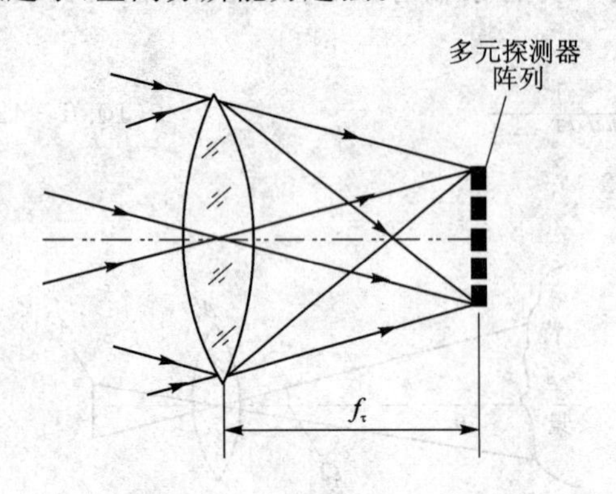

图 10－45　多元探测器扩展视场

目前在民用系统中广泛采用固体摄像器件，因为它有很高的集成度，可达(4 096×4 096)个元。而在红外区域，摄像器的性能还远不如单元器件的性能，所以军用系统多采用单元器件阵列。

在多元探测器阵列中，各探测器输出信号是并行的，而摄像器件是串行的，所以多元阵列有更快的响应速度。但是多元阵列要有许多输出线和许多并行的放大电路，为使处理电路体积不会太大，就必然限制阵列中器件数量的增多。

(2) 场　镜

在接收物镜和探测器之间加入场镜可以扩大单元器件的视场。场镜工作原理如图 10－46 所示。场镜放在视场光阑的附近，光电探测器 A_d 和入射孔径 A_r 相对于场镜是物像共轭位置，即场镜入射孔径 A_r 成像于探测器上，于是入射到物镜上视场内的光束全部会聚于光电探测器敏感面上。场镜的焦距比较短，会聚能力强，于是就能使 A_d 减小，所以场镜就起聚光作用。

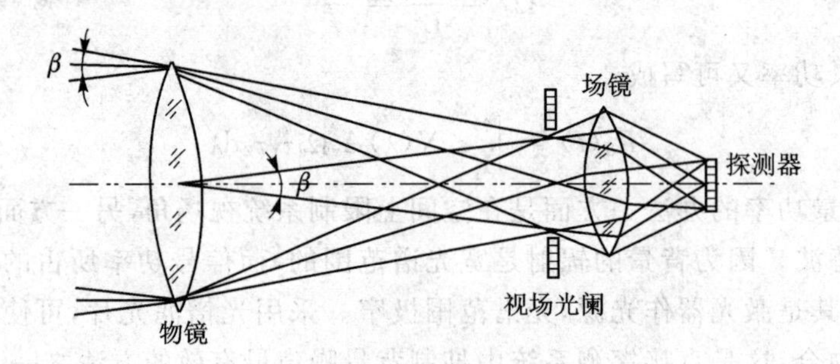

图 10－46　场镜的作用

在这种系统中，通常调制编码器位于视场光阑处。由调制编码器对视场进行分割，以满足空间分辨率的要求。在这种系统中，入射光束不论在视场中以什么角度入射，光电探测器都全表面接收入射光能量，这样可以克服光敏面各点因工艺原因而存在的响应度不均匀的缺点。

这里顺便指出，在光电倍增管接收的系统中往往也加入场镜，其作用不是为了扩展视场，而是为了全部光敏面获得均匀光照，克服表面各点的响应度的差别，提高输出信号的线性度，

减轻光强度较高时可能出现的疲劳现象。这时场镜焦距的适当选取，可使光敏面的全口径与物镜的像面尺寸一样大。

此外锥形聚光镜或称光锥也能起到与物镜相同的作用，如图 10－47 所示。视场内的光束经光锥内表面多次反射后到达探测器，不过锥形表面要求高光洁度以获得高反射率。

(3) 用光学系统镜片作扫描或跟踪运动

有以下几种方法：

① 摆动平面反射镜，使探测器依次接收到来自不同空间方向的辐射，如图 10－48 所示。

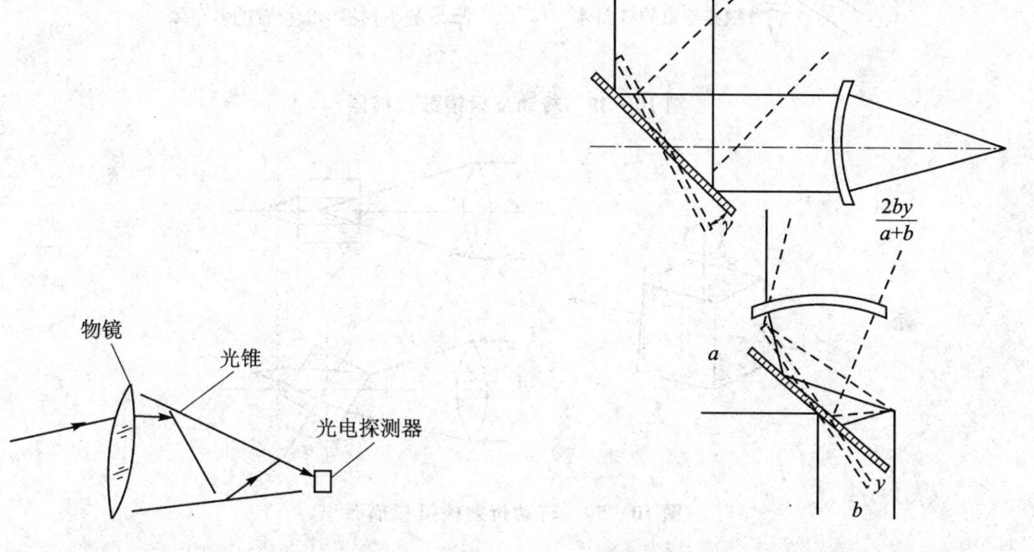

图 10－47　锥形聚光镜　　**图 10－48　平面光束或会聚光束扫描器**

② 用反射镜鼓转动以扩大探测器扫描视场，这种方法比摆动平面镜能达到更高的扫描速度，如图 10－49 所示。

③ 转动折射棱镜，如图 10－50、图 10－51 所示。图 10－51 为转动两片薄棱镜进行扫描。在光学系统前面放置一对薄棱镜，如果两块棱镜旋转方向相同且角速度也相等，则产生圆形扫描轨迹；若速度不等，则得到螺旋形扫描轨迹；如果两块棱镜的旋转方向相反而角速度一样，则产生线扫描轨迹；如果角速度不同，就得到玫瑰形扫描轨迹。

④ 整个镜组运动实现扫描或跟踪，如图 10－52 所示，整个镜组装在二自由度转动支架上，可绕 x、y 轴正反方向转动。探测器处于两轴的交点上，是不动的。

⑤ 其他扫描方式。下面为近距离系统中扫描的例子。图 10－53 是光纤直圆变换扫描装置，把光纤束的一端集成圆形，另一端为长条矩形。矩形端处于物镜的像面位置，圆形端后面接光电探测器，光纤束可绕物镜轴转动，形成圆形扫描。

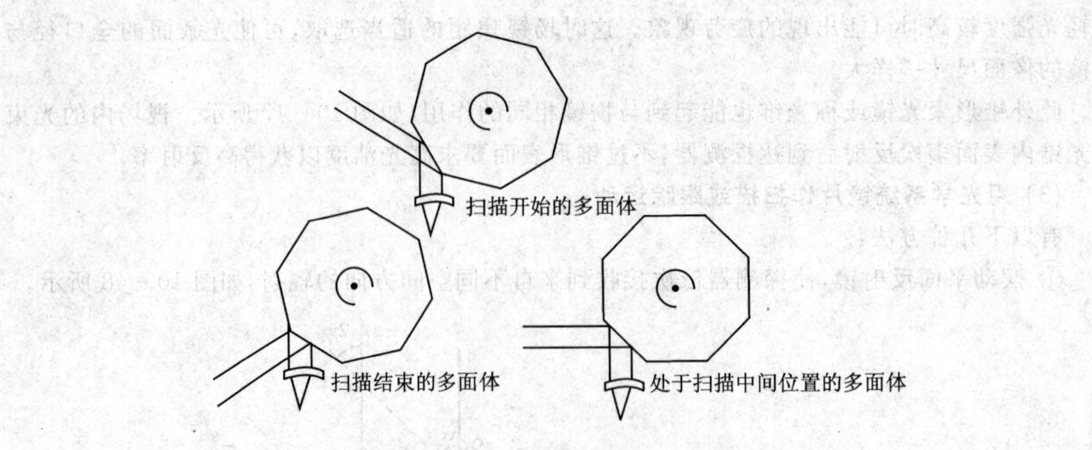

图 10-49　转动反射镜鼓扫描器

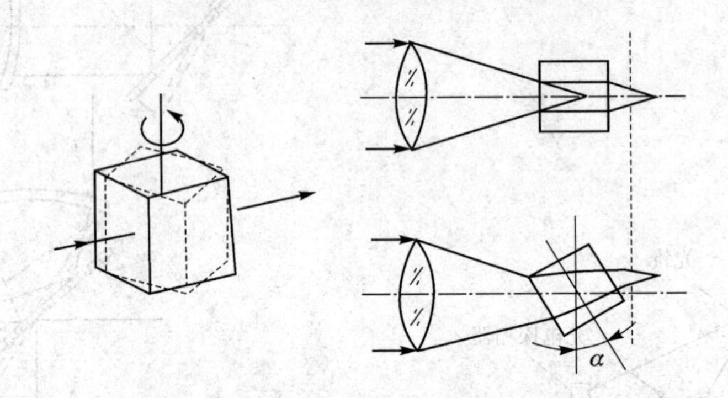

图 10-50　转动折射棱镜扫描器

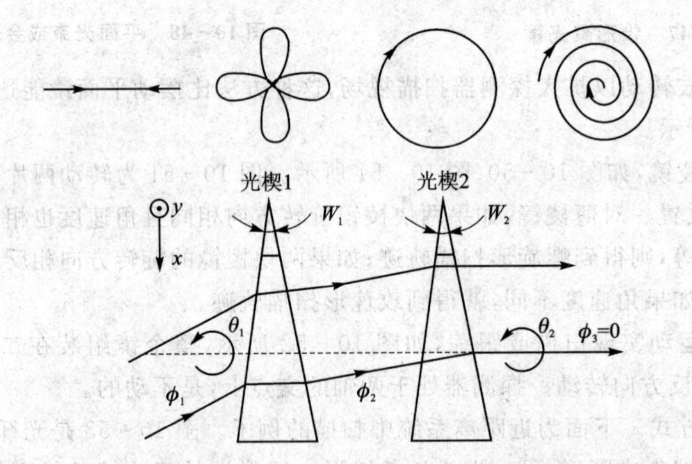

图 10-51　旋转两片薄棱镜扫描

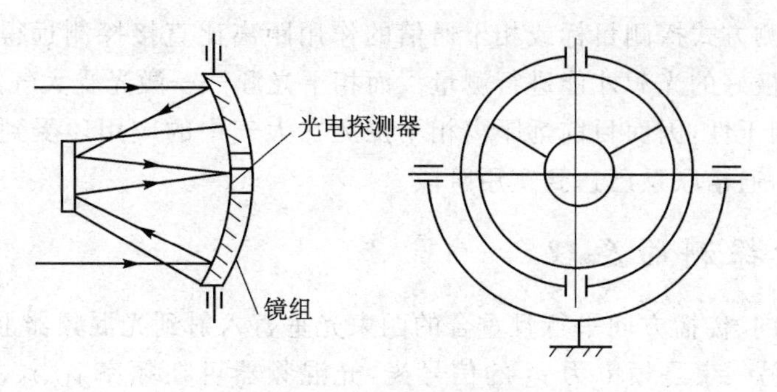

图 10－52　整个镜组运动

图 10－54 为声光器件偏转扫描示意图。利用声光效应也能做成声光偏转器，它具有与声光调制器相同的结构，其不同之处是利用改变声波频率的方法使满足布拉格条件的光束偏转。当然偏转器和调制器实际参数并不完全一样，采用声光偏转扫描有很高的分辨率，它只适用于激光光源。

图 10－54 中，由气体激光器出射的光束，经扩束镜、柱镜形成平行光束入射到声光偏转器上，由声光驱动源改变声场频率，声光偏转器出射光束偏转扫描。

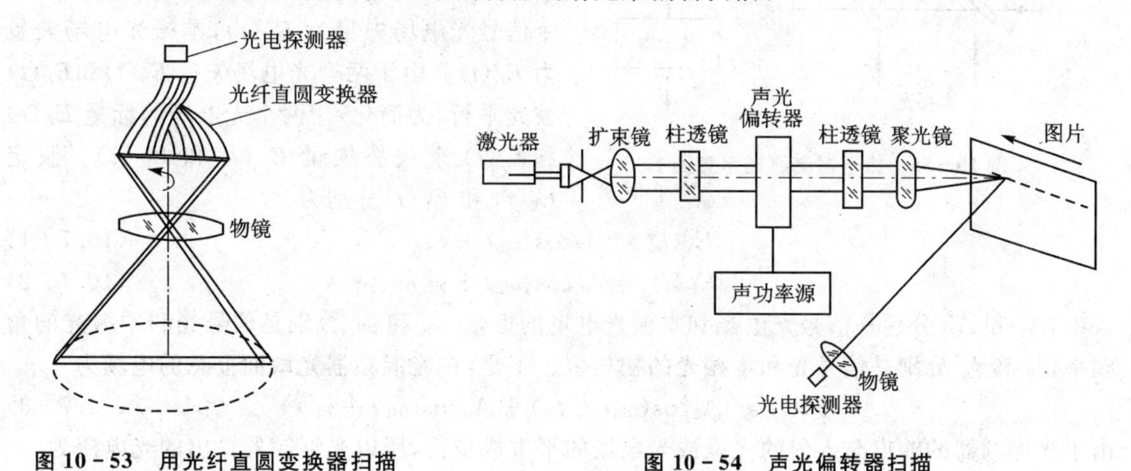

图 10－53　用光纤直圆变换器扫描

图 10－54　声光偏转器扫描

10.7　相干探测方法

相干探测又称为光外差探测，其探测原理与微波及无线电外差探测原理相似。由于光波比微波的波长短 $10^3 \sim 10^4$ 个数量级，因而其探测精度亦比微波高 $10^3 \sim 10^4$ 个数量级。相干探测与直接探测比较，其测量精度高 $10^7 \sim 10^8$ 个数量级，它的灵敏度达到了量子噪声限，可探测单个光子，进行光子计数。相干探测在激光通信、雷达、测长、测速、测振、光谱学等方面应用广泛，显然，用相干探测方式探测目标或相干通信的作用距离比直接探测远得多。遗憾的是，相干探测要求相干性极好的光源才能进行测量。而相干光源——激光受大气湍流效应的影响严重，破坏了激光的相干性，因而目前远距离相干探测在大气中的应用还受到限制，但在外层空间特别是卫星之间，通信联系已达到实用阶段。

10.7.1 相干探测的原理

当偏振方向相同、传播方向平行且重合的两束光垂直入射到光混频器上时，假设一束是频率为 ν_L 的本振光，另一束是频率为 ν_S 的信号光，光混频器可在频率 ν_L、ν_S、和频 $\nu_L+\nu_S$、差频 $\nu_L-\nu_S$ 处产生输出。但在实际情况下，光频 ν_L、ν_S 和 $\nu_L+\nu_S$ 极高，远远超出相干探测系统的响应频率范围。因此在光混频器的输出中只需考虑频率较低的差频项，亦即中频信号 i_{IF} 即可。这个中频(差频)信号包含了信号光所携带的全部信息。图 10-55 示出了相干探测的原理图。

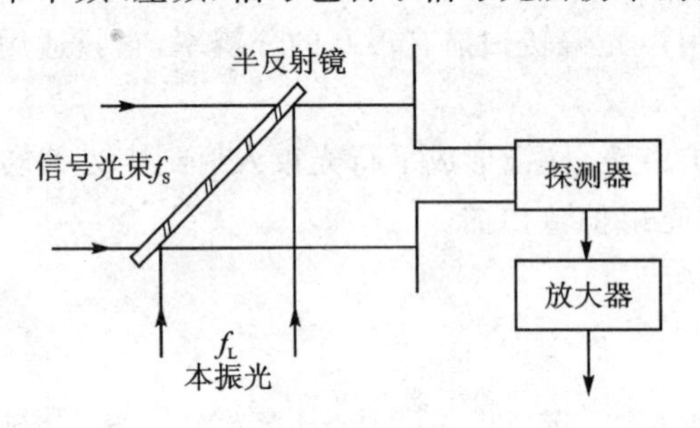

图 10-55 相干探测原理示意图

假设光混频器的光敏面面积为 A_d，在整个光敏面上量子效率是均匀的，且处处都为 η。垂直入射到这个表面的是两束平行且重合的平面波，其电场矢量平行并且位于光敏面上。令信号光电场矢量为 $\boldsymbol{E}_S(t)$，本振光电场矢量为 $\boldsymbol{E}_L(t)$。由于两个光电场矢量 $\boldsymbol{E}_S(t)$和$\boldsymbol{E}_L(t)$彼此平行，为简化，用两个光电场的标量 $E_S(t)$ 和$E_L(t)$ 来代替矢量 $\boldsymbol{E}_S(t)$ 和 $\boldsymbol{E}_L(t)$。假定 $E_S(t)$ 和 $E_L(t)$分别为

$$E_S(t)=A_S\cos(\omega_S t+\phi_S) \tag{10.7-1}$$

$$E_L(t)=A_L\cos(\omega_L t+\phi_L) \tag{10.7-2}$$

式中，A_S 和 A_L 分别是信号光电场和本振光电场的振幅，ω_S 和 ω_L 分别是信号光和本振光的角频率，ϕ_S 和 ϕ_L 分别是信号光和本振光的初相位。于是，在光混频器光敏面上总的电场为

$$E_t(t)=A_S\cos(\omega_S t+\phi_S)+A_L\cos(\omega_L t+\phi_L) \tag{10.7-3}$$

由于光混频器的输出与入射的光强或光电场的平方成正比，所以光混频器输出的光电流为

$$i_P\propto\overline{E_t^2(t)}=\overline{[E_S(t)+E_L(t)]^2} \tag{10.7-4}$$

式中的横线表示时间平均。

将式(10.7-4)写成等式并展开，则有

$$\begin{aligned}i_P=\beta\overline{E_t^2(t)}=\beta\{&A_S^2\,\overline{\cos^2(\omega_S t+\phi_S)}+A_L^2\,\overline{\cos^2(\omega_L t+\phi_L)}+\\&A_SA_L\,\overline{\cos[(\omega_L+\omega_S)t+(\phi_L+\phi_S)]}+A_SA_L\,\overline{\cos[(\omega_L-\omega_S)t+(\phi_L+\phi_S)]}\}\end{aligned} \tag{10.7-5}$$

式中，$\beta=e\eta/h\nu$ 为比例因子。第一项和第二项的平均值，即余弦函数平方的平均值等于 1/2；第三项的平均值为零，表明和频 $\omega_L+\omega_S$ 频率太高，光混频器对其不响应；而第四项为差频项，相对于光频来说要缓慢得多，当差频频率$(\omega_L-\omega_S)/2\pi=\omega_{IF}/2\pi$ 低于光混频器的截止频率时，

光混频器就有频率为 $\omega_{IF}/2\pi$ 的光电流输出。由此可见，当两个光电场同时入射到光混频器上时，其输出光电流由直流项和差频$(\omega_L-\omega_S)$振荡的交流项构成。

如果用平均信号光功率 P_S 和平均本振光功率 P_L 表示，则式(10.7-5)可表示为

$$i_P = 2\beta\left\{\frac{P_S}{2}+\frac{P_L}{2}+\sqrt{P_SP_L}\cos[(\omega_L-\omega_S)t+(\phi_L-\phi_S)]\right\} \tag{10.7-6}$$

如果把信号的测量限制在差频的通带范围内，则可得到通过以 ω_{IF} 为中心频率的带通滤波器的瞬时中频电流为

$$i_{IF} = 2\beta A_SA_L\cos[(\omega_L-\omega_S)t+(\phi_L-\phi_S)] \tag{10.7-7}$$

从此式可以看出，中频光电流的振幅 βA_SA_L、频率 $\omega_L-\omega_S$ 和相位 $\phi_L-\phi_S$ 都随信号光的振幅、频率和相位成比例地变化。这表明信号光的振幅、频率和相位所携带的信息均可通过相干探测方法检测出来。也就是说，相干探测方法可解调强度调制、频率调制和相位调制的光信号。

在中频滤波器输出端，瞬时中频电压为

$$V_{IF} = \beta A_SA_LR_L\cos[(\omega_L-\omega_S)t+(\phi_L-\phi_S)] \tag{10.7-8}$$

式中，R_L 为负载电阻。在中频滤波器输出端输出的有效中频功率就是瞬时中频功率在中频周期内的平均值，即

$$P_{IF} = \frac{\overline{(V_{IF})^2}}{R_L} = 2\left(\frac{\eta e}{h\nu}\right)^2P_SP_LR_L \tag{10.7-9}$$

有效中频功率与信号光平均光功率和本振光信号平均光功率的乘积有关。

下面进一步考虑信号光场为调幅信号，即由光波振幅携带信息时，相干探测的输出信号。

信号信息载在频率为 ω_S 的光波振幅上，信息信号的调制频率为 Ω，则调幅波振幅由各次谐波的合成波构成。调幅光波表示为

$$\begin{aligned}E_S(t) =& A_0\left[1+\sum_{n=1}^{\infty}m_n\cos(\Omega_n+\phi_n)\right]\cos(\omega_St+\phi_S) = \\ & A_0\cos(\omega_St+\phi_S)+\sum_{n=1}^{\infty}\frac{m_nA_0}{2}\cos[(\omega_S+\Omega_n)t+(\phi_S+\phi_n)]+ \\ & \sum_{n=1}^{\infty}\frac{m_nA_0}{2}\cos[(\omega_S-\Omega_n)t+(\phi_S-\phi_n)]\end{aligned} \tag{10.7-10}$$

式中，ω_S 和 ϕ_S 是光载波角频率和初始相位，Ω_n 和 ϕ_n 是第 n 次谐波分量的角频率和初始相位，A_0 为调幅波振幅平均值，m_n 为调幅系数。信号光 $E_S(t)$的频谱如图 10-56 所示。

当调幅信号光 $E_S(t)$与平面本振光 $E_L(t)$相干后，其瞬时中频电流为

$$\begin{aligned}i_{IF} =& \beta A_LA_0\cos[(\omega_L-\omega_S)t+(\phi_L-\phi_S)]+ \\ & \beta A_L\sum_{n=1}^{\infty}\frac{m_nA_0}{2}\cos[(\omega_L-\omega_S-\Omega_n)t+(\phi_L-\phi_S-\phi_n)]+ \\ & \beta A_L\sum_{n=1}^{\infty}\frac{m_nA_0}{2}\cos[(\omega_L-\omega_S+\Omega_n)t+(\phi_L-\phi_S+\phi_n)]\end{aligned} \tag{10.7-11}$$

光电探测器转换的信号电流正比于瞬时中频电流，i_{IF} 的频谱如图 10-57 所示。光波振幅上所载的调制信号完全无畸变地转移到频率为 $\omega_{LS}=\omega_L-\omega_S$ 的电流上去。

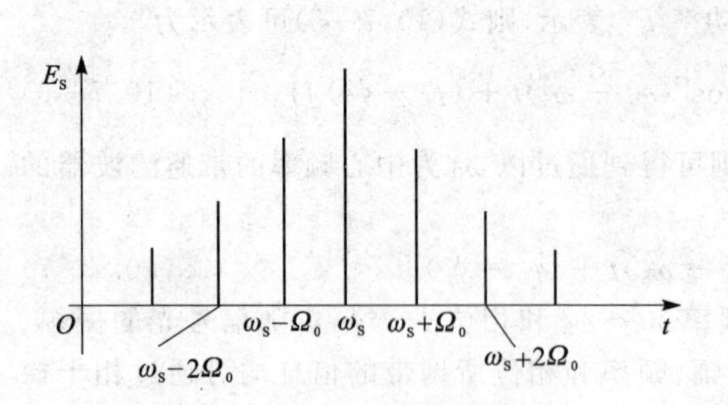

图 10-56　调幅信号光波的频谱

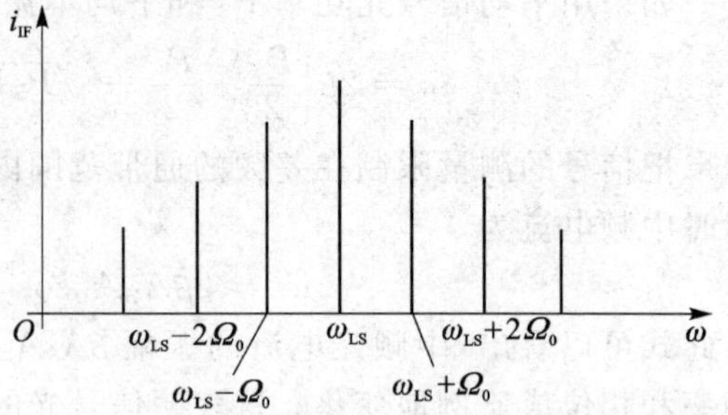

图 10-57　相干探测后瞬时中频信号频谱

对于其他的调制方式也有同样的结果，这是直接探测不可能达到的。如果信号光场和本振光场的频率一样，则相干探测的差频频率 $\omega_{LS}=0$，此时称为零差探测。对调幅信号来说，零差探测所得到的光电流信号是光波调制信号的原形。只是零差探测时，本振光振幅的慢变化会直接引到信号频谱中去造成信号畸变。所以，零差工作时对本振光的振幅稳定性有较高的要求。

10.7.2　相干探测的特点

从理论上讲，在探测能力方面相干探测与直接探测相比，有如下几个特点。

1. 转换增益高

相干探测时，由式(10.7-9)可知，光电探测器经单位电阻输出的信号功率为

$$P_{IF}=2\left(\frac{\eta e}{h\nu}\right)^2 P_S\cdot P_L$$

直接探测时，光电探测器经单位电阻输出的信号功率为

$$S_P=\left(\frac{\eta e}{h\nu}\right)^2 P_S^2$$

在同样信号光功率 P_S 条件下，这两种探测方法所得到的信号功率比为

$$G=P_{IF}/S_P=2P_L/P_S \tag{10.7-12}$$

式中，G 称为转换增益。相干探测中本振功率 P_L 远大于接收到的信号光功率 P_S，高几个数量级是容易达到的，所以 G 可以高到 $10^7\sim10^8$，可见相干探测的转换增益是非常高的。

2. 可获得全部信息

在直接探测中，光电探测器输出的光电流随信号光的振幅或强度的变化而变化，光电探测器对信号光的频率或相位变化不响应。在相干探测中，由式(10.7-7)可知，光电探测器输出

的中频光电流的振幅 $\beta A_S A_L$、频率 $\omega_L-\omega_S$ 和相位 $\phi_L-\phi_S$ 都随信号光的振幅、频率和相位的变化而变化。这使我们能把频率调制和相位调制的信号光像幅度调制或强度调制那样进行解调。

3. 良好的滤波性能

在直接探测过程中，光电探测器除接收信号光以外，杂散背景光也不可避免地同时入射到光电探测器上。为了抑制杂散背景光的干扰，提高信噪比，一般都要在光电探测器的前面加上孔径光阑和窄带滤光片。

相干探测系统对背景光的滤波性能比直接探测系统要高。因为相干接收时要求信号光和本地振荡光空间方向严格调准，而背景光的入射方向是杂乱的，不能满足空间调准要求，于是就不能得到输出。所以相干探测自身有很好的空间滤波性能，无需像直接探测那样在系统中加孔径光阑。另一方面，相干探测也有很好的光谱滤波性能，下面举例说明。

如果取差频信号宽度 $(\omega_S-\omega_L)/2\pi$ 为探测器后面放大器的通频带 Δf，即 $\Delta f=(\omega_S-\omega_L)/2\pi=f_S-f_L$，那么只有与本地振荡光束混频后，相干信号落在此频带内所对应的杂光才可以进入系统，其他杂光所形成的噪声均被放大器滤掉。因此，相干探测系统中不加光谱滤光片，其效果仍比加滤光片的直接探测系统好得多。例如，目标沿光束方向的运动速度 $v=0\sim15$ m/s，对于 10.6 μm 的 CO_2 激光，经目标反射后回波的多普勒频率为

$$f_S=f_L\left(1+\frac{2v}{c}\right) \tag{10.7-13}$$

式中，f_L 是本地振荡 CO_2 激光频率，c 为光速，则信号光束与本地振荡光束的差频为

$$f_S-f_L=f_L\frac{2v}{c}=\frac{c}{\lambda_L}\frac{2v}{c}=\frac{2v}{\lambda_L} \tag{10.7-14}$$

代入 λ_L 和 v 的数值，得

$$f_S-f_L=3\times10^6\ \text{Hz}$$

若取放大器通带宽度 $\Delta f_{相}$ 等于最大频移值，则差频放大器带宽 $\Delta f_{相}=3$ MHz。

如果直接探测加光谱滤光片，滤光片带宽为 1.0 nm，则所对应的带宽为

$$\Delta f_{滤}=f_2-f_1=\frac{c(\lambda_2-\lambda_1)}{\lambda_1\lambda_2}\approx\frac{c}{\lambda_2^2}\Delta\lambda=\frac{3\times10^8}{(10.6\times10^{-6})^2}\times1.0\times10^{-9}\ \text{Hz}=3\times10^9\ \text{Hz}$$

上述两种情况带宽之比为

$$\Delta f_{滤}/\Delta f_{相}=10^3$$

可见，相干探测对背景光谱有很好的抑制作用。

4. 有利于微弱光信号的探测

在直接探测中，光电探测器输出的光电流正比于信号光的平均光功率，即光电探测器输出的电功率正比于信号光平均光功率的平方。在相干探测中，光混频器输出的中频信号功率正比于信号光和本振光平均光功率的乘积。应当指出，在一般的实际情况下，入射到光电探测器上的信号光功率是非常小的(尤其在远距离上应用，例如光雷达、光通信等应用)，因而，在直接

探测中,光电探测器输出的电信号也是极其微弱的。在相干探测过程中,尽管信号光功率非常小,但只要本振光功率足够大,仍能得到客观的中频输出。这就是相干探测对微弱光信号的探测特别有利的原因。

另一方面,从理论上讲,相干探测比直接探测可能达到更低的探测极限。我们可以从极限信噪比来说明这个问题。

假定光混频器具有内部增益 G,根据式(10.7-9)可知,光混频器的中频输出功率为

$$P_{\mathrm{IF}} = 2\left(\frac{e\eta}{h\nu}\right)^2 G^2 P_{\mathrm{S}} P_{\mathrm{L}} R_{\mathrm{L}} \tag{10.7-15}$$

在光外差探测系统中遇到的噪声与直接探测系统中的噪声基本相同,存在多种可能的噪声源。在此,只考虑不可能消除或难以抑制的散粒噪声和热噪声两种。在带宽为 Δf_{IF} 的带通滤波器输出端,电噪声功率为

$$N_{\mathrm{P}} = 2G^2 e\left[\frac{e\eta}{h\nu}(P_{\mathrm{S}} + P_{\mathrm{L}} + P_{\mathrm{B}}) + I_{\mathrm{D}}\right]\Delta f_{\mathrm{IF}} R_{\mathrm{L}} + 4kT\Delta f_{\mathrm{IF}} \tag{10.7-16}$$

式中,P_{B} 为背景辐射功率,I_{D} 为光混频器的暗电流。前一项为信号光、本振光、背景辐射和光混频器暗电流所引起的散粒噪声项,后一项为光混频器内阻和前置放大器负载电阻所引起的热噪声项。

根据信号噪声比的定义,中频滤波器输出端的信号噪声(功率)比为

$$\left(\frac{S}{N}\right)_{\mathrm{IF}} = \frac{P_{\mathrm{IF}}}{N_{\mathrm{P}}} = \frac{G^2\left(\frac{e\eta}{h\nu}\right)^2 P_{\mathrm{S}} P_{\mathrm{L}} R_{\mathrm{L}}}{G^2 e\Delta f_{\mathrm{IF}}\left[\frac{e\eta}{h\nu}(P_{\mathrm{S}} + P_{\mathrm{L}} + P_{\mathrm{B}}) + I_{\mathrm{D}}\right]R_{\mathrm{L}} + 2kT\Delta f_{\mathrm{IF}}} \tag{10.7-17}$$

当本振光功率 P_{L} 足够大时,上式分母中由本振光引起的散粒噪声远远大于所有其他噪声,则上式简化为

$$\left(\frac{S}{N}\right)_{\mathrm{IF}} = \frac{\eta P_{\mathrm{S}}}{h\nu\Delta f_{\mathrm{IF}}} \tag{10.7-18}$$

这是光外差探测系统所能达到的最大信噪比,一般把这种情况称为光外差探测的量子探测极限或量子噪声限。在 η、ν 和 Δf_{IF} 一定时,量子噪声限信噪比与 P_{S} 成正比。

从式(10.7-17)可导出实现量子噪声限探测的条件。对于热噪声为主要噪声源的系统来说,要实现量子噪声限探测,必须满足

$$\frac{e^2\eta}{h\nu}P_{\mathrm{L}}\Delta f_{\mathrm{IF}} R_{\mathrm{L}} > 2kT\Delta f_{\mathrm{IF}}$$

由此得到

$$P_{\mathrm{L}} > \frac{2kTh\nu}{e^2\eta R_{\mathrm{L}}} \tag{10.7-19}$$

下面举例说明本振光功率的取值范围。对于 PV-HgCdTe 探测器,设 $R_{\mathrm{L}}=50\ \Omega$,$T=300\ \mathrm{K}$,$\nu=2.03\times10^{13}\ \mathrm{Hz}$。当 $\eta=0.1$ 时,计算得到 $P_{\mathrm{L}}>1.2\ \mathrm{mW}$。实际中容易得到这样的本

振光源光功率。为了抑制除信号光引起的噪声以外的所有其他噪声，获得高的转换增益，增大本振光功率是有利的；但是，也不是 P_L 越大越好，因为本振光本身也要引起噪声。当本振光功率足够大时，虽然本振光产生的散粒噪声将会远大于其他噪声，但由本振光产生的散粒噪声也会随之增大，以致降低了相干探测系统的信噪比。所以，在实际的光外差探测系统中，要合理选择本振光功率的大小，以便得到最佳的中频信噪比和较大的中频转换增益。

将相干探测量子噪声限信噪比公式与直接探测量子噪声限信噪比公式相比较发现，在滤波器带宽相同的情况下，相干探测的极限信噪比是直接探测的信噪比的 2 倍。这里应特别注意的是，直接探测量子噪声限信噪比公式，表示一个理想光电探测器在理想条件(即光电探测系统不存在噪声)下所能达到的最大信噪比；而式(10.7－19)则是在本振光足够强的情况下导出的(并没有把光电探测器看成是理想光电探测器)，两者有着本质的区别。在实际情况下，直接探测系统中的光电探测器不可能是理想光电探测器，总是存在着可观的热噪声、暗电流噪声和背景辐射噪声等，所以对于直接探测系统来说，量子噪声限信噪比所描述的结果是无法实现的。而式(10.7－19)所描述的结果，利用足够强的本振光是很容易实现的。所以，不能只从公式的形式上就认为相干探测的中频极限信噪比只不过比直接探测的信噪比大一倍而已，要从两种探测方法的本质去理解。

在式(10.7－18)中，若令 $\left(\frac{S}{N}\right)_{\mathrm{IF}}=1$，则可求得相干探测的噪声等效功率值为

$$\mathrm{NEP}=\frac{h\nu\Delta f_{\mathrm{IF}}}{\eta} \tag{10.7-20}$$

这个值有时又称为相干探测的灵敏度，上式是光相干探测的理论极限。该式表明，如果光混频器的量子效率 $\eta=1$，$\Delta f_{\mathrm{IF}}=1$ Hz，则相干探测灵敏度的极限是一个光子。虽然实际上达不到这样高的探测灵敏度，但相干探测方法能探测到极微弱的光信号是无疑的。根据理论计算，相干探测的灵敏度可比直接探测的灵敏度高 7～8 个数量级。探测灵敏度高是相干探测的突出优点。

10.7.3　相干探测的空间条件和频率条件

影响相干探测灵敏度的因素很多，诸如本振场的频率稳定度、噪声；信号光波和本振光波的空间调准及场匹配、光源的模式；传输通道的干扰以及电子噪声等都影响探测灵敏度。在这一小节我们只考虑相干探测的空间条件和频率条件。

1. 相干探测的空间条件

在 10.7.1 小节中，曾假定信号光束和本振光束重合并垂直入射到光混频器表面上，亦即信号光和本振光的波前在光混频器表面上保持相同的相位关系，据此导出了通过带通滤波器的瞬时中频电流。由于光辐射的波长比光混频器的尺寸小得多，实际上光混频是在一个个小面积元上发生的，即总的中频电流等于光混频器表面上每一微分面积元所产生的微分中频电

流之和。很显然，只有当这些微分中频电流保持恒定的相位关系时，总的中频电流才会达到最大值。这就要求信号光和本振光的波前必须重合，也就是说，必须保持信号光和本振光在空间上的角准直。

为了研究两光束波前不重合对相干探测的影响，假设信号光和本振光都是平面波，信号光波前和本振光波前之间有一夹角 θ，如图 10－58 所示。为简化分析，假定光混频器的光敏面是边长为 d 的正方形。在分析中，假定本振光沿垂直于光混频器表面的方向入射，因此，令本振光电场为

$$E_L(t) = A_L\cos(\omega_L + \phi_L) \tag{10.7-21}$$

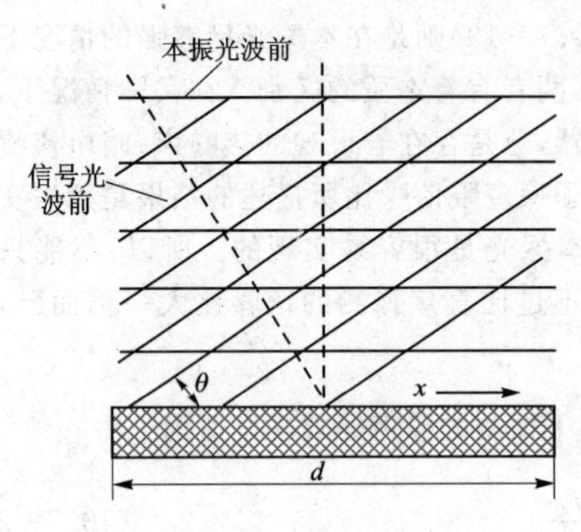

图 10－58　相干探测的空间关系

由于信号光与本振光波前有一失配角 θ，所以信号光斜入射到光混频器表面。在光混频器接收面上沿 x 方向各点的相位是不同的，可将信号光电场写为

$$E_S(t) = A_S\cos\left(\omega_S t + \phi_S - \frac{2\pi\sin\theta}{\lambda_S}x\right) \tag{10.7-22}$$

式中，λ_S 是信号光波长。令 $\beta_1 = \dfrac{2\pi\sin\theta}{\lambda_S}$，则上式写为

$$E_S(t) = A_S\cos(\omega_S t + \phi_S - \beta_1 x)$$

入射到光混频器表面的总电场为

$$E_t(t) = E_S(t) + E_L(t) \tag{10.7-23}$$

于是光混频器输出的瞬时光电流为

$$i_P(t) = \beta\int_{-d/2}^{d/2}\int_{-d/2}^{d/2}\left[A_S\cos\left(\omega_S t + \phi_S - \frac{2\pi\sin\theta}{\lambda_S}x\right) + A_L\cos(\omega_L + \phi_L)\right]^2 dx dy \tag{10.7-24}$$

与 10.7.1 小节中的推导类似，经中频滤波器后，输出端瞬时中频电流为

$$i_{IF}(t) = \beta\int_{-d/2}^{d/2}\int_{-d/2}^{d/2}\left\{A_S A_L\cos\left[(\omega_L - \omega_S)t + (\phi_L - \phi_S) + \frac{2\pi\sin\theta}{\lambda_S}x\right]\right\}dx dy \tag{10.7-25}$$

积分上式得

$$i_{IF} = \beta d^2 A_S A_L\cos[(\omega_L - \omega_S)t + (\phi_L - \phi_S)]\sin\frac{d\beta_1}{2}\bigg/\frac{d\beta_1}{2} \tag{10.7-26}$$

由于 $\beta_1 = \dfrac{2\pi\sin\theta}{\lambda_S}$，所以瞬时中频电流的大小与失配角 θ 有关。显然当式(10.7－26)中的因子 $\sin\dfrac{d\beta_1}{2}\bigg/\dfrac{d\beta_1}{2} = 1$ 时，瞬时中频电流达到最大值，此时要求 $\dfrac{d\beta_1}{2} = 0$，亦即要求失配角 $\theta = 0$。由于

实际上 θ 角很难调整到零，为了得到尽可能大的中频输出，总是希望因子 $\sin\frac{d\beta_1}{2}\Big/\frac{d\beta_1}{2}$ 尽可能接近于 1，要满足这一条件，只有

$$\frac{d\beta_1}{2}\ll 1$$

将 β_1 代入上式得

$$\sin\theta\ll\frac{\lambda_S}{\pi d} \tag{10.7-27}$$

失配角 θ 与信号光波长 λ_S 成正比，与光混频器的尺寸 d 成反比，即波长越长，光混频器尺寸越小，则所允许的失配角就越大。例如，若光混频器的尺寸 d 为 1 mm，则当 $\lambda_S=0.63\ \mu m$ 时，$\theta\ll 41°$；当 $\lambda_S=10.6\ \mu m$ 时，$\theta\ll 11'36''$。由此可见，相干探测的空间准直要求是非常苛刻的。波长越短，空间准直要求也越苛刻。所以，在红外波段，光外差探测比在可见光波段有利得多。正是由于这一严格的空间准直要求，使得相干探测具有很好的空间滤波性能。

在不能完全准直的情况下，即当本振光与信号光有一失配角 θ 存在时，若 $\frac{d\beta_1}{2}=\pi$，则 $d=\frac{2\pi}{\beta_1}=\frac{\lambda_S}{\sin\theta}$。此时，中频电流 $i_{IF}=0$，说明光混频器各点相干探测信号叠加结果使总输出信号为零；而当 $\frac{d\beta_1}{2}=\frac{\pi}{2}$，$d=\frac{\lambda_S}{2\sin\theta}$ 时，光混频器各点相干信号是叠加的，中频电流 i_{IF} 最强。所以中频电流的大小还与我们选用的光混频器尺寸的大小有关。在直接探测系统中，通常在探测器前面加透镜以增大接收口径 d，以便获得更大的目标辐射能量，得到更大的信号输出。在相干探测中，在准直条件不能满足的情况下，增大接收口径不能得到大的信号输出，通常是适得其反。

2. 相干探测的频率条件

为了获得高灵敏度的相干探测，还要求信号光和本振光具有高度的单色性和频率稳定度。从物理光学的观点来看，相干探测是两束光波叠加后产生干涉的结果。显然，这种干涉取决于信号光束和本振光束的单色性。所谓光的单色性是指这种光只包含一种频率或光谱线极窄的光。激光的重要特点之一就是具有高度的单色性。由于原子激发态总有一定的能级宽度，故激光谱线总有一定的宽度 $\Delta\nu$。一般来说，$\Delta\nu$ 越窄，光的单色性就越好。为了获得单色性好的激光输出，必须选用单纵模运转的激光器作为相干探测的光源。

信号光和本振光的频率漂移如不能限制在一定范围内，则相干探测系统的性能就会变坏。这是因为，如果信号光和本振光的频率相对漂移很大，两者频率之差就有可能大大超过中频滤波器带宽，因此，光混频器之后的前置放大和中频放大电路对中频信号不能正常地加以放大。所以，在光相干探测中，需要采用专门措施稳定信号光和本振光的频率，这也是相干探测方法比直接探测方法更为复杂的一个原因。

习　题

1. 简述多元探测器与线、面阵探测器的主要差别。

2. 试绘出四象限探测器在实际工作时光电接收机前端的方框图，并说明在设计前置放大器时应注意的问题。

3. 光电系统探测目标时，有几种扩大视场的方法？简述其原理并比较这几种方法的优缺点。

4. 直接探测方法的基本原理是什么？欲改善系统的性能，应考虑哪些因素？

5. 直接探测系统的主要指标是什么？影响其好坏的参数有哪些？

6. 为什么说直接探测又称为包络探测？并以慢变光功率和调制光功率信号为例加以说明。

7. 一个直接探测系统，其工作波长为 0.6 μm，光电探测器的效率为 50 %，负载阻抗为 100 Ω，系统温度保持在 300 K。

① 试求达到散粒噪声所需的信号光功率。

② 如果黑体背景的有效温度为 1 000 K，试求达到量子噪声限探测所需信号光的功率。

③ 试求带宽为 1 MHz 时量子噪声限探测的 S/N 值。

8. 在相干探测实验中发现，中频滤波器输出端的信噪比与本振光功率的大小有关。当本振光功率较小时，中频信噪比随本振光功率的增加而增加；当本振光功率增加到某一数值时信噪比达到最大；当进一步增加本振光功率时，信噪比反而下降。试对此从物理意义上加以解释。

9. 试从工作原理和系统性能两个方面比较直接探测系统和外差探测系统的特点。

10. 证明：

① 直接探测系统的 NEP 的理论极限

$$\mathrm{NEP}=\frac{2h\nu\Delta f}{\eta}$$

② 外差探测系统的 NEP 的理论极限

$$\mathrm{NEP}=\frac{h\nu\Delta f_{\mathrm{IF}}}{\eta}$$

③ 说明以上两个结果的物理意义。

11. 有一光子探测器运用于相干探测。假设入射到光混频器上的本振光功率 $P_{\mathrm{L}}=10$ mW，光混频器的量子效率 $\eta=0.5$，入射的信号光波长 $\lambda=1$ μm，负载电阻 $R_{\mathrm{L}}=50$ Ω，试求该光外差探测系统的转换增益 $P_{\mathrm{IF}}/P_{\mathrm{S}}=$？

12. 为使相干探测的中频输出不低于最大值的 50 %，本振光和信号波前之间的夹角应在

多大范围内取值?(设信号光波长为 λ_S,光混频器的光敏直径为 d)

13. 实现相干探测必须满足哪些条件?

14. 求光零差相干探测在输出负载 R_L 端的峰值信号功率。

15. 一多普勒速度计使用 CO_2 激光器,波长为 10.6 μm。设目标沿照明光束方向的运动速度为 $v=0\sim15$ m/s,要求测速灵敏度为 1 mm/s,试计算采用相干检测系统所需要的通频带宽和频率测量灵敏度。

参考文献

[1] 江月松主编. 光电技术与实验. 北京:北京理工大学出版社,2000.

[2] 江月松,李亮,钟宇. 光电信息技术基础. 北京:北京航空航天大学出版社,2005.

[3] 刘振玉. 光电技术. 北京:北京理工大学出版社,1990.

[4] 王清正,胡渝,等. 光电探测技术. 北京:电子工业出版社,1994.

[5] 卢春生. 光电探测技术及其应用. 北京:机械工业出版社,1992.

[6] Davis C C. Lasers and Electro - Optics. Fundamentals and Engineering, Cambridge University Press, 1996.

[7] 安毓英,曾晓东. 光电探测技术. 西安:西安电子科技大学出版社,2004.

附　录　黑体的 $F(\lambda T)$ 函数表

附表 1　黑体的 $F(\lambda T)$ 函数表

λT/(μm·K)	$F(\lambda T)$	λT/(μm·K)	$F(\lambda T)$	λT/(μm·K)	$F(\lambda T)$
200	3.418 09(−27)	720	3.003 16(−6)	970	2.237 32(−4)
300	2.685 32(−17)	730	3.796 96(−6)	980	2.529 60(−4)
400	1.864 56(−12)	740	4.767 89(−6)	990	2.852 23(−4)
500	1.298 50(−9)	750	5.943 97(−6)	1 000	3.207 46(−4)
510	2.155 85(−9)	760	7.373 62(−6)	1 020	4.025 25(−4)
520	3.506 47(−9)	770	9.085 99(−6)	1 040	5.002 81(−4)
530	5.593 88(−9)	780	1.113 13(−5)	1 060	6.161 30(−4)
540	8.762 42(−9)	790	1.356 12(−5)	1 080	7.523 12(−4)
550	1.349 10(−8)	800	1.643 34(−5)	1 100	9.111 74(−4)
560	2.043 52(−8)	810	1.981 15(−5)	1 120	1.095 17(−3)
570	3.047 97(−8)	820	2.376 60(−5)	1 140	1.306 82(−3)
580	4.481 09(−8)	830	3.837 40(−5)	1 160	1.548 75(−3)
590	6.494 75(−8)	840	2.372 02(−5)	1 180	1.823 60(−3)
600	9.292 15(−8)	850	3.989 65(−5)	1 200	2.134 08(−3)
610	1.312 94(−7)	860	5.514 78(−5)	1 220	2.482 92(−3)
620	1.833 23(−7)	870	4.700 30(−5)	1 240	2.872 84(−3)
630	2.530 95(−7)	880	6.444 72(−5)	1 260	3.306 75(−3)
640	3.456 84(−7)	890	7.502 67(−5)	1 280	3.786 81(−3)
650	4.673 33(−7)	900	8.701 98(−5)	1 300	4.316 24(−3)
660	6.256 46(−7)	910	1.005 70(−4)	1 320	4.897 45(−3)
670	8.298 21(−7)	920	1.158 29(−4)	1 340	5.533 01(−3)
680	1.090 87(−6)	930	1.329 58(−4)	1 360	6.225 38(−3)
690	1.421 91(−6)	940	1.521 29(−4)	1 380	6.976 96(−3)
700	1.838 38(−6)	950	1.735 20(−4)	1 400	7.790 02(−3)
710	2.358 44(−6)	960	1.973 21(−4)	1 420	8.666 74(−3)

续附表 1

λT/ (μm·K)	$F(\lambda T)$	λT/ (μm·K)	$F(\lambda T)$	λT/ (μm·K)	$F(\lambda T)$
1 440	9.609 18(−3)	2 040	7.306 30(−2)	2 640	1.191 65(−1)
1 460	1.061 93(−2)	2 060	7.632 91(−2)	2 660	1.964 14(−1)
1 480	1.169 88(−2)	2 080	7.795 90(−2)	2 680	2.008 77(−1)
1 500	1.284 95(−2)	2 100	8.305 11(−2)	2 700	2.053 53(−1)
1 520	1.407 29(−2)	2 120	8.650 38(−2)	2 720	2.098 41(−1)
1 540	1.537 03(−2)	2 140	9.001 54(−2)	2 740	2.143 40(−1)
1 560	1.674 30(−2)	2 160	9.358 43(−2)	2 760	2.188 48(−1)
1 580	1.819 20(−2)	2 180	9.720 88(−2)	2 780	2.233 63(−1)
1 600	1.971 84(−2)	2 200	1.008 87(−1)	2 800	2.278 86(−1)
1 620	2.132 29(−2)	2 220	1.046 18(−1)	2 820	2.324 13(−1)
1 640	2.300 62(−2)	2 240	1.083 99(−1)	2 840	2.369 45(−1)
1 660	2.476 88(−2)	2 260	1.122 29(−1)	2 860	2.414 81(−1)
1 680	2.661 10(−2)	2 280	1.161 05(−1)	2 880	2.460 18(−1)
1 700	3.853 32(−2)	2 300	1.200 27(−1)	2 900	2.505 56(−1)
1 720	3.053 53(−2)	2 320	1.239 93(−1)	2 920	2.550 94(−1)
1 740	3.261 73(−2)	2 340	1.280 00(−1)	2 940	2.596 31(−1)
1 760	3.477 91(−2)	2 360	1.320 47(−1)	2 960	2.641 66(−1)
1 780	3.702 50(−2)	2 380	1.361 32(−1)	2 980	2.686 97(−1)
1 800	3.934 08(−2)	2 400	1.402 54(−1)	3 000	2.732 25(−1)
1 820	4.173 97(−2)	2 420	1.444 11(−1)	3 020	2.777 48(−1)
1 840	4.421 66(−2)	2 440	1.486 01(−1)	3 040	2.822 64(−1)
1 860	3.677 06(−2)	2 460	1.528 22(−1)	3 060	2.867 75(−1)
1 880	5.940 09(−2)	2 480	1.570 74(−1)	3 080	2.912 77(−1)
1 900	5.210 66(−2)	2 500	1.613 53(−1)	3 100	2.957 72(−1)
1 920	5.488 67(−2)	2 520	1.656 59(−1)	3 120	3.002 57(−1)
1 940	5.774 01(−2)	2 540	1.699 90(−1)	3 140	3.047 32(−1)
1 960	6.066 56(−2)	2 560	1.743 44(−1)	3 160	3.091 97(−1)
1 980	6.366 20(−2)	2 580	1.787 20(−1)	3 180	3.136 51(−1)
2 000	6.672 80(−2)	2 600	1.831 17(−1)	3 200	3.180 93(−1)
2 020	6.986 21(−2)	2 620	1.875 32(−1)	3 220	3.225 22(−1)

续附表 1

λT/ (μm · K)	$F(\lambda T)$	λT/ (μm · K)	$F(\lambda T)$	λT/ (μm · K)	$F(\lambda T)$
3 240	3.269 38(−1)	3 840	4.510 52(−1)	6 200	7.541 07(−1)
3 260	3.313 40(−1)	3 860	4.548 60(−1)	6 300	7.618 01(−1)
3 280	3.357 28(−1)	3 880	4.586 45(−1)	6 400	7.692 00(−1)
3 300	3.401 01(−1)	3 900	4.624 06(−1)	6 500	7.763 17(−1)
3 320	3.444 58(−1)	3 920	4.661 44(−1)	6 600	7.831 64(−1)
3 340	3.488 00(−1)	3 940	4.698 58(−1)	6 700	7.897 52(−1)
3 360	3.531 25(−1)	3 960	4.735 49(−1)	6 800	7.960 93(−1)
3 380	3.574 34(−1)	3 980	4.772 16(−1)	6 900	8.021 96(−1)
3 400	3.617 24(−1)	4 000	4.808 60(−1)	7 000	8.080 72(−1)
3 420	3.659 97(−1)	4 100	4.987 24(−1)	7 100	8.137 30(−1)
3 440	3.702 52(−1)	4 200	5.159 95(−1)	7 200	8.191 80(−1)
3 460	3.744 88(−1)	4 300	5.326 77(−1)	7 300	8.243 30(−1)
3 480	3.787 06(−1)	4 400	5.487 76(−1)	7 400	8.294 89(−1)
3 500	3.829 04(−1)	4 500	5.642 99(−1)	7 500	8.343 64(−1)
3 520	3.870 82(−1)	4 600	5.792 58(−1)	7 600	8.390 64(−1)
3 540	3.912 41(−1)	4 700	5.936 66(−1)	7 700	8.435 95(−1)
3 560	3.953 79(−1)	4 800	6.075 35(−1)	7 800	8.479 66(−1)
3 580	3.994 97(−1)	4 900	6.208 82(−1)	7 900	8.521 81(−1)
3 600	4.035 94(−1)	5 000	6.337 22(−1)	8 000	8.562 49(−1)
3 620	4.076 70(−1)	5 100	6.460 70(−1)	8 100	8.601 74(−1)
3 640	4.117 24(−1)	5 200	6.579 43(−1)	8 200	8.639 63(−1)
3 660	4.157 57(−1)	5 300	6.693 58(−1)	8 300	8.676 21(−1)
3 680	4.197 68(−1)	5 400	6.803 32(−1)	8 400	8.711 54(−1)
3 700	4.237 57(−1)	5 500	6.908 79(−1)	8 500	8.745 67(−1)
3 720	4.277 24(−1)	5 600	7.010 17(−1)	8 600	8.778 64(−1)
3 740	4.316 69(−1)	5 700	7.107 62(−1)	8 700	8.810 52(−1)
3 760	4.355 91(−1)	5 800	7.201 28(−1)	8 800	8.841 30(−1)
3 780	4.394 91(−1)	5 900	7.291 31(−1)	8 900	8.871 08(−1)
3 800	4.433 68(−1)	6 000	7.377 86(−1)	9 000	8.899 88(−1)
3 820	4.472 21(−1)	6 100	7.461 07(−1)	9 100	8.927 73(−1)

续附表 1

λT/ (μm·K)	$F(\lambda T)$	λT/ (μm·K)	$F(\lambda T)$	λT/ (μm·K)	$F(\lambda T)$
9 200	8.954 68(−1)	14 800	9.678 28(−1)	26 000	9.929 74(−1)
9 300	8.980 75(−1)	15 000	9.689 34(−1)	27 000	9.936 75(−1)
9 400	9.005 99(−1)	15 200	9.699 89(−1)	28 000	9.942 86(−1)
9 500	9.030 42(−1)	15 400	9.709 98(−1)	29 000	9.948 21(−1)
9 600	9.054 09(−1)	15 600	9.719 61(−1)	30 000	9.952 91(−1)
9 700	9.077 00(−1)	15 800	9.728 84(−1)	31 000	9.957 06(−1)
9 800	9.099 20(−1)	16 000	9.737 67(−1)	32 000	9.960 74(−1)
9 900	9.120 71(−1)	16 200	9.746 12(−1)	33 000	9.964 01(−1)
10 000	9.141 55(−1)	16 400	9.754 21(−1)	34 000	9.966 93(−1)
10 200	9.181 35(−1)	16 600	9.761 96(−1)	35 000	9.969 53(−1)
10 400	9.218 78(−1)	16 800	9.769 40(−1)	36 000	9.971 88(−1)
10 600	9.254 00(−1)	17 000	9.776 53(−1)	37 000	9.973 99(−1)
10 800	9.287 18(−1)	17 200	9.783 37(−1)	38 000	9.975 90(−1)
11 000	9.318 45(−1)	17 400	9.789 93(−1)	39 000	9.977 61(−1)
11 200	9.347 95(−1)	17 600	9.796 24(−1)	40 000	9.979 17(−1)
11 400	9.375 80(−1)	17 800	9.802 30(−1)	41 000	9.980 60(−1)
11 600	9.402 11(−1)	18 000	9.808 12(−1)	42 000	9.981 89(−1)
11 800	9.426 99(−1)	18 200	9.813 71(−1)	43 000	9.983 08(−1)
12 000	9.450 52(−1)	18 400	9.819 10(−1)	44 000	9.984 15(−1)
12 200	9.472 80(−1)	18 600	9.824 27(−1)	45 000	9.985 15(−1)
12 400	9.493 91(−1)	18 800	9.829 26(−1)	46 000	9.986 05(−1)
12 600	9.513 92(−1)	19 000	9.834 05(−1)	47 000	9.986 89(−1)
12 800	9.532 91(−1)	19 200	9.838 67(−1)	48 000	9.987 66(−1)
13 000	9.550 92(−1)	19 400	9.843 12(−1)	49 000	9.988 38(−1)
13 200	9.568 04(−1)	19 600	9.847 41(−1)	50 000	9.989 03(−1)
13 400	9.584 31(−1)	19 800	9.851 54(−1)	60 000	9.993 53(−1)
13 600	9.599 77(−1)	20 000	9.855 53(−1)	80 000	9.997 20(−1)
13 800	9.614 49(−1)	21 000	9.873 47(−1)	100 000	9.998 54(−1)
14 000	9.628 51(−1)	22 000	9.888 58(−1)	120 000	9.999 15(−1)
14 200	9.641 86(−1)	23 000	9.901 37(−1)	132 000	9.999 35(−1)
14 400	9.654 58(−1)	24 000	9.912 29(−1)	139 000	9.999 45(−1)
14 600	9.666 71(−1)	25 000	9.921 66(−1)	∞	1.000 00

注：括号中的数表示 10 的幂指数。